Understanding of Energy Engineering

에너지 공학의 이해

김극태 · 김래현 공저

서울과학기술대학교
에너지기술인력양성센터
ENERGY TECHNOLOGY EDUCATION CENTER

도서출판 아진
A-JIN

"내가 가는 길을 그가 아시나니 그가 나를 단련하신 후에는 내가 순금 같이 되어 나오리라 (욥23 : 10)"

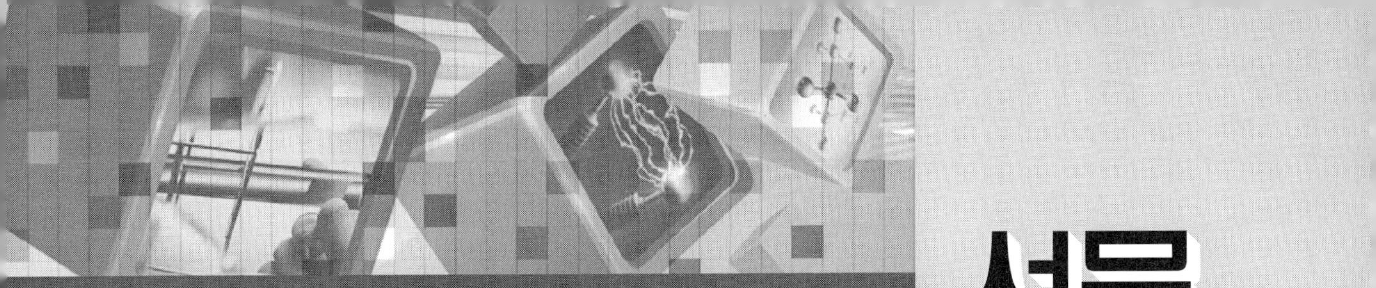

에너지공학의 이해

서문

최근 정치·정책적, 경제적, 사회·문화적, 기술적 요인 등에 의하여 글로벌 산업 환경 변화가 일어나고 있다. 교토의정서 발효 및 발리로드맵 채택, 유해물질규제강화, 에너지사용제품의 친환경설계 등으로 인한 환경규제 강화되고 있으며, 또한 자원보유국의 자원무기화 정책강화, 자원민족주의 대두 등으로 자원공급의 불안정성이 일어나고 있다. 특히, 중국과 인도의 부상으로 해외시장의 산업 트렌드 변화가 일어나고 있으며, 에너지자원와 신재생에너지기술확보가 절실히 요구되고 있다. 구체적으로 살펴보면, 녹색산업 및 실버산업 시장, 선진국형 다학제 융합산업발전 등과 같은 신성장동력 산업육성이 필요하며, 풍력과 태양광 등 신재생에너지 산업확대, 수소경제의 확대 등 신재생에너지자원의 공급확대가 필요하다. 그리고 온실가스발생저감의 효율적 대응하기 위해서는 효율적 이산화탄소의 분리회수 및 에너지원의 변경이 필요하며, 재생가능 자원 및 에너지 활용, 신재생에너지활용, 천연자원 활용(수소 에너지포함)을 하여 탈화석원료화 등 대체에너지 개발의 필요성이 대두된다. 더 나아가, 저에너지 사용 기술의 에너지효율화, 온실가스 저감운동과 같은 저탄소녹색성장, 부산물 자원순환에 의한 순환형 사회구축과 같은 생태환경 보존과 같은 경제적 요인으로 인한 환경변화도 있다. 이러한 시대적 추세에 부응하기 위하여 에너지공학의 전공자뿐만 아니라 비전공자들도 쉽게 이해할 수 있도록 에너지공학의 기초적인 개념부터, 열역학과 열전달의 중요한 개념, 신재생에너지 분야를 총괄적으로 취급하였다. 원자력과 수력, 전력분야는 매우 중요한 부문이나, 지면상의 이유로 본서에서는 취급하지 않았다.

본서는 필자들이 서울과학기술대학교 에너지기술인력양성센터사업의 장기교재로 사용하기 위해 개발·준비한 것이다. 막상 세상에 내놓고자 하니, 너무나 부족한 부분이 많음을 느낀다. 학부생들과 대학원생들, 더 나아가 에너지공학의 개념을 이해하고 응용하고자 하는 비전공자들도 쉽게 이해할 수 있도록 노력하였고, 전반적인 에너지 산업과 기술을 폭넓게 다루었으며, 특히, 최신 기술의 동향과 향후 전망을 소개하려고, 국제에너지기구, 미국에너지성, 미국에너지정보청, 미국신재생에너지연구소, 미국에너지연구소 등의 website와 한국에너지기술연구원, 한국에너지관리공단, 한국에너지경제연구원, 특히 LG 경제연구소의 최신 자료를 많이 참고하며, 인용하였다. 또한, 가능한 가장 최근의 자료로 업데이트하여 현실과 동떨어지지 않도록 노력하였다.

본서에서는 에너지공학의 중요성이 인구변화와 한정된 자원으로 인한 에너지자원의 고갈이라는 문제에 기반하고 있기에 이를 해결하는 데 필요한 신재생에너지기술이 강조되었다. 필자의 한 사람(전민동)은 독자들에게 강조하고 싶은 것은, 인류에게 가용 에너지자원이 부족한 것처럼 보이지만, 정작 우리에게 부족한 것은 에너지기술에 대한 창조적인 아이디어라고 본다. 즉, 에너지자원은 무궁무진하다고 본다. 또한, 에너지공학의 자료를 준비하면서, 우주와 자연의 광대함과 위대함에 피조물로서 경탄하게 된다. "In the beginning God created the heavens and the earth(Genesis 1:1)".

먼저, 본서 출간하게 된 것에 대하여 유일하신 참 하나님과 그의 보내신 자 하나님의 아들 예수(요한복음 17:3), 보혜사 성령님께 모든 영광을 드립니다. 필자의 한 사람(전민동)은 사랑스러운 딸 예은, 미국 뉴욕주 트로이 렌슬러공과대학에서의 석·박사과정부터 지금까지 항상 옆에서 함께 해준 아내 김영실과 함께 그리스도 예수안에서 기쁨을 누리고 싶습니다. 이 책의 편집에서 출판까지 많은 도움을 주신 아진 도서출판사 김근배사장님께 감사의 마음을 전합니다.

2013년 대전 전민동 김극태, 서울 공릉동 김래현

감사의 글

필자들은 1년 6개월 '에너지공학의 이해' 의 집필를 마무리하여 독자들에게 쉽게 읽힐 수 있는 책으로 내놓을 수 있었던 것은 순전히 다음의 '조용한 기여자' 들의 기도와 관심때문이다. 이에 이 분들에게 특별한 감사의 마음을 나타내고자 한다.

1) 지구촌교회 2012년 인도(바라나시) 단기선교팀: 신경식목사, 김명래권사, 곽현희, 김미경, 김선경, 김영이, 박진수, 엄예희 (이상 집사), 박진영 대학원생
2) 지구촌교회 대학부 최철준목사, 5캠퍼스 이성희전도사, 5 캠퍼스 대학부원
3) 광림교회 박은희권사, 순복음마전교회 이성기목사, 지구촌교회 분당7지구 무지개1마을 B무지개2 목장 허기영집사
4) 9개월동안 에너지 관련자료를 타이핑하는 데 많은 시간을 내어 조력하여준 한남대학교 나노생명화학공학과 2년 염윤선, 제1장, 1.3과 제3장 가스하이드레이트 부문에 조력하여준 한남대학교 나노생명화학공학과 3년 정민기
5) 이노스킨(주)의 김관철 대표이사

마지막으로, 훌륭한 연구내용를 사용할 수 있도록 허락해주신 아래의 저자 그리고 기관들에게 특별히 감사드린다. 이들의 허락이 없었더라면 본 책의 집필은 미완성으로 마쳤을 것이다.

1) 제 3장: 한국석유공사, 한국에너지기술연구원, LG경제연구소 이광우 연구위원
2) 제 4장: 에너지경제연구원, 한국에너지기술연구원 김형택
3) 제 5장: 한국에너지기술연구원
4) 제 7장: 이산화탄소저감및처리기술개발사업단
5) 제 8장: LG경제연구소 장이화 연구위원, 한국에너지기술연구원의 강용혁, LG경제 연구소 성낙환 연구위원
6) 제 9장: 한국지질자원연구원, 지열자원연구팀의 이태종, 송윤호, 한국과학기술정보연구원 전문연구위원 차종희, 산업자원부의 신재생에너지센터
7) 제 10장: 퓨어셀투데이(fuelcelltoday)
8) 제 12장: LG경제연구소 성기환 연구위원
9) 제 13장: LG경제연구소 유기돈 연구위원, 한국에너지기술연구원 이진석, LG경제연구소 정유진 선임연구위원
10) 제 14장: 한국에너지기술연구원 이경환

에너지공학의 이해

차례

제1장 에너지공학의 이해

제2장 에너지자원의 일반

제3장 석유

제4장 석탄

제5장 천연가스

제6장 열역학과 열전달

제7장 기후변화협약과 에너지대책

제8장 신·재생에너지의 일반

제9장 지열·풍력·해양에너지

제10장 화학전지

제11장 태양광에너지

제12장 태양열에너지

제13장 바이오에너지

제14장 폐기물에너지

에너지공학의 이해 1장

1.1 에너지자원의 중요성

1.1.1 에너지자원의 중요성

2012년 2월 우리나라 기획재정부가 유럽연합(EU, 27개국)과 영국, 핀란드, 싱가포르 등 주요 8개 선진국들의 장기전략보고서를 분석하여 내놓은 '주요 선진국이 바라본 미래 트렌드와 정책과제'에 의하면, 글로벌경제, 인구구조의 변화, 기후변화와 자원 · 에너지고갈 등을 미래의 핵심트렌드로 제시했다 [1].

첫 번째 핵심트렌드로, 선진국은 앞으로 신흥경제권이 부상하면서 경제가 더 글로벌화될 것으로 예측하고 있다. 신흥경제권이 세계경제에서 차지하는 비중이 지속적으로 상승하고 있으며, 특히, 중국과 인도 등이 신흥강자로 부상함으로써 세계경제의 중심축을 재편성하고 있다. 미국 국가정보위원회(NIC)의 "Back to the Future"에 의하면, 18세기 전 세계의 부(wealth)에서 중국이 차지하는 비중은 30%였으며, 인도는 15%였는데, 18세기 이후 처음으로 중국과 인도가 다시 세계최대경제대국의 지위를 차지하게 될 것으로 전망하고 있다. 2025년에는 GDP가 미국(1위), 중국(2위), 인도(3)순으로 전망했으며, 2030년에는 아시아 경제비중이 G7을 추월하게 된다고 본다. 또, 국가간 금융 · 무역시스템의 상호연계성이 증가하고 경제 · 사회 개방 등으로 특정국의 경제위기가 전 세계 경제 · 금융시스템에 영향을 초래하는 경제적 불안정성도 증대되고 있다.

두 번째로, 선진국들이 공통으로 바라본 또 다른 미래의 핵심트렌드는 인구구조의 변화이며, 인구가 늘어나되 지역적으로 차별화된다. 선진국은 저출산 · 고령화 추세로 생산인구 감소로 인한 노동력 부족과 성장률 둔화가 우려, 고령화로 인한 복지재정으로 과도한 재정지출로 인해 후세대의 부담이 늘어나는 세대간 불평등 문제에 많은 관심을 갖게 된다. UN은 현재 70억명의 인구가 2025년에는 93억명으로 증가하며, 인구증가의 대부분이 아프리카, 아시아, 라틴 아메리카에서 발생할 것이라고 전망했다. 특히 아프리카는 저개발, 빈곤, 식량 · 에너지 부족이란 종래의 어려운 문제에 인구 증가란는 어려움마저 더해진다.

선진국이 예견한 세 번째 미래의 핵심트렌드로는 기후변화와 자원·에너지고갈이다. 1970년대 이후부터 지속적인 온난화로 기상이변이 잦아지고 있다. 기후변화는 곡물 파동, 물 부족 문제를 일으킬 것으로 예상되며, 최근에는 식량·자원 문제가 대두되고 있으며, 또한 대체에너지의 투자는 증가하고 있는 추세이다. 국내 삼성경제연구소는 대형 기상이변의 발생빈도가 1980년대 연평균 12.7회에서 1990년대 19.2회로 늘어난 데 이어 2000년대 들어서서는 24.5회까지 증가한 것으로 분석했다. 또한, 1996년 화학 노벨수상자인 미국 텍사스주 라이스(Rice) 대학교 스맬리(R. Smalley) 교수 [2]는 21세기 인류가 직면하게 될 주요 문제들을 다음과 같이 중요도 순으로 열거하였다: ① 에너지, ② 물, ③ 식량, ④ 환경, ⑤ 가난, ⑥ 테러와 전쟁, ⑦ 질병, ⑧ 교육, ⑨ 민주주의, ⑩ 인구. 그 중에서 에너지가 가장 큰 문제가 될 것으로 전망하고 있는 데, 그 이유는 산업화를 대표하는 것이 에너지이기 때문에, 세계 인구가 증가하고 사람들은 더 높은 수준의 생활을 요구함에 따라, 그에 상응하여 소비하는 에너지의 양은 계속해서 증가하기 때문이다.

에너지가 산업생산, 가정, 상업용 및 수송 등 산업 전반의 경제 활동에 너무나 중요한 필수재이지만, 석유와 같은 에너지 자원이 중동, 러시아 등 특정 지역에 집중되어 있는 등 에너지원의 불균형과 수요와 공급의 불균형으로 인하여 가격에 지대한 영향을 미치게 된다. 한 실례로, 2008년에는 석유 배럴당 미달러 기준으로 150불까지 상승으로 인한 국가간의 무역 수출입 불균형으로 각국의 정치, 경제, 사회, 외교적 문제를 야기되기도 하였다. 또한 비재생에너지의 이용성, 즉 대표적인 예로 오늘날 이용하는 가장 중요한 에너지원인 화석에너지인 액체연료 석유의 채굴 가능한 매장량은 급속히 감소하게 되며, 2050년에는 한계치의 도달로 고갈되리라 전망되므로, 미래의 에너지공급 확보라는 문제가 중요시되고 있다. 비재생에너지원인 석유, 석탄, 천연가스, 우라늄 등이 특정한 지역에만 주로 분포되어 있어 수요에 비해 공급이 부족하여 가격이 계속해서 상승하는 추세에 있다. 여기에 무엇보다도 급속도로 발전하고 있는 BRICS(브라질, 러시아, 인도, 중국)의 폭발적인 에너지수요의 증가가 예상되며, 특히 향후 20년간 이들 국가의 1차 에너지에 대한 수요는 두 배로 증가하리라 예상하고 있다. 국제에너지기구(IEA)는 중국의 자동차가 2030년까지 2억 7000만대로 오늘날의 7배로에 달하리라고 예측한다. 이처럼 증가하는 수요를 화석 에너지원으로만 충족시킬 수 없다.

따라서, 에너지위기를 피하면서 현재의 인류생활을 계속해서 영위하기 위하여 필요한 에너지의 50% 정도는 신재생에너지로 공급되어야 하며, 생산된 에너지의 저장 및 에너지의 효율적 사용(에너지 절감)에서의 기술적 혁신도 필요할 것으로 전망된다. 에너지의 생산, 저장, 및 효율적 사용에 있어 반드시 고려해야 할 요소 중의 하나는 환경에 미치는 영향이라 하겠다.

표 1.1 지구의 과거와 현재 [3]

구분	1970년	1990년	2003년
세계 인구(억)	33	54	64
미국에서 발생하는 납 (1,000톤)	204	5	4
폐기물 재활용(백만톤)	8	49	73
미국에서 태양열이용하는 가정	35,000	2 백만	1 백만
미국에서 연간 생산되는 쓰레기 (백만톤)	121	160	229
미국 석유수입 비중 (%)	23	51	56
미국연방정부의 예산중에서 차지하는 환경예산비중(%)	3	1.5	2.9
대기중 CO_2 농도 (ppM)	325	350	370
전세계 CO_2 배출량 (10^9톤/년)	14	21	24.5

에너지는 산업활동에서 어떤 시스템에 재료, 노동력, 자본과 함께 투입되어 재화를 얻게 되는 필수재이다. 따라서, 인류 역사를 통하여, 산업화가 일어나는 동안 주요한 산업의 발전은 에너지소비의 속도가 증가함과 함께 이루어졌다. 오늘날 현대사회는 방대한 양의 에너지를 계속 소비하며, 그칠 줄을 모르며, 또한 물질의 소비도 마찬가지로 역시 엄청나다. 표 1.1은 1970년부터 2003년까지 세계 인구와 미국의 물질소비, 그리고 세계 이산화탄소 배출량 등의 변화을 나타내고 있다. 특히, 에너지소비는 한 나라의 공업화 단계와 국민의 생활수준과 직접적인 관계성이 있다. 에너지자원이 풍부한 국가들은 공업화 속도와 그에 상응하는 국민총생산의 증가속도가 더 빠르다. 따라서, 세계 인구의 대부분의 생활수준을 향상시키려면, 에너지소비는 크게 증가할 수 밖에 없다, 그림 1.1 참조. 그림 1.1은 1970-2030년 OECD와 비OECD국가의 인구와 1차 에너지, GDP간의 상호 관계성를 나타내고 있다. 그림 1.2을 보면, 중국, 인도, 세계의 GDP 단위 대비 에너지사용량이 1990년 이후부터 계속해서 감소하는 추세를 보이고 있다. 그림 1.3에서, 1970-2030년 세계 인구와 에너지사용량의 증가속도는 감소하나, 1인당 에너지사용량의 증가속도는 증가하며, GDP 대비 에너지사용량의 성장속도는 마이너스(-)로 증가하고 있다.

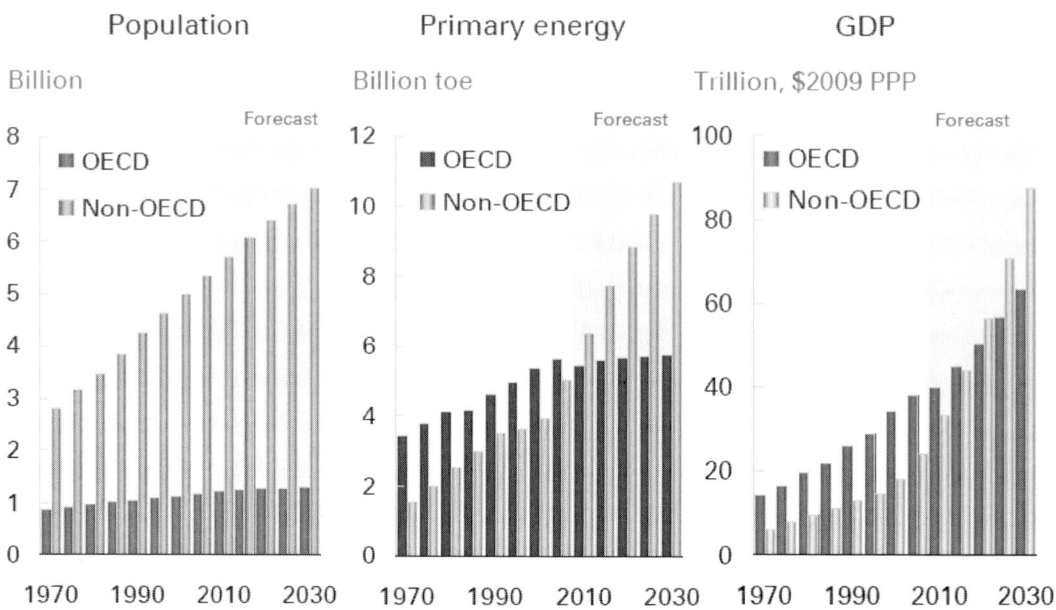

그림 1.1 1970-2030년 OECD와 비OECD국가의 인구와 1차 에너지, GDP의 변화 및 예측
(자료원: "60 years BP Staticstical Review, BP Energy Outlook 2030", http://www.bp.com, [4])

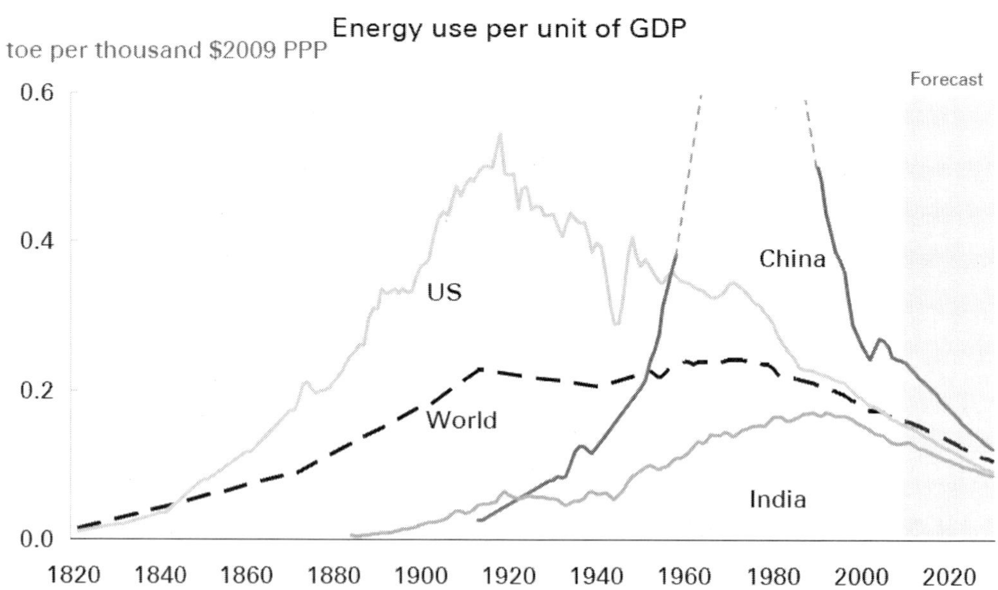

그림 1.2 1820-2030년 미국,중국,인도,세계의 GDP 단위 대비 에너지사용량
(자료원: "60 years BP Staticstical Review, BP Energy Outlook 2030", http://www.bp.com, [4])

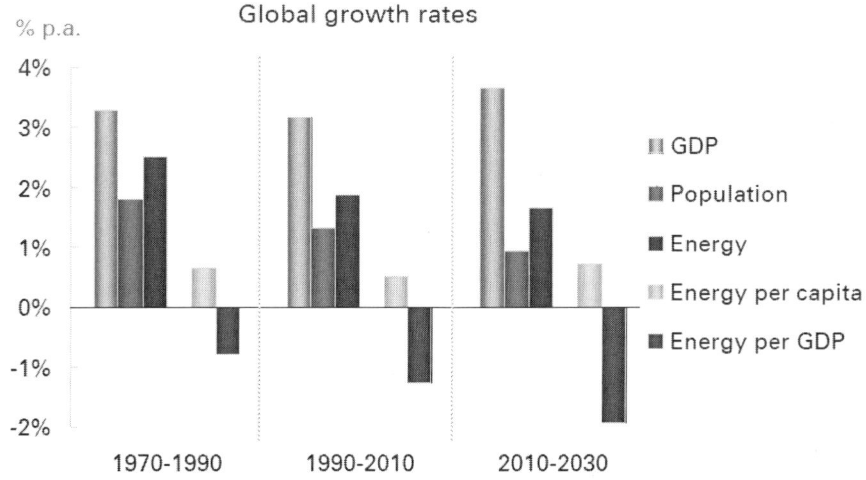

그림 1.3 1970-2030년 세계 GDP, 인구, 에너지, 1인당 에너지, GDP 대비 에너지사용의 성장속도
(자료원:"60 years BP Staticstical Review, BP Energy Outlook 2030", http://www.bp.com, [4])

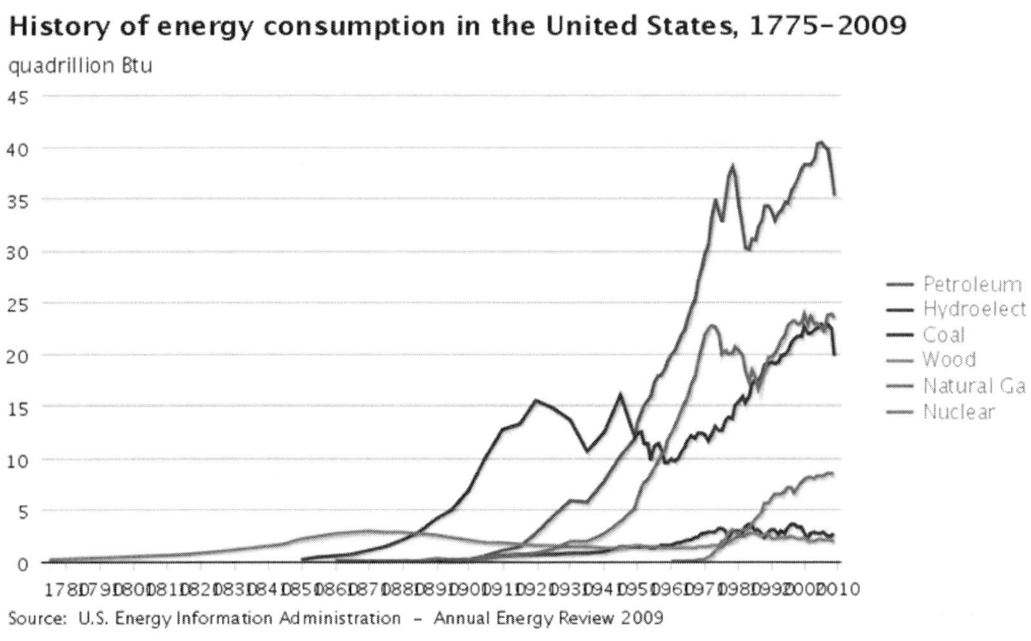

그림 1.4 1775-2009년 미국 에너지 소비패턴의 역사적 흐름

(자료원: "U.S. Energy Information Admistration-Annual Energy Review 2009", http://www.eia.gov/todayinenergy/detail.cfm?id=10#, [5])

미국 총괄 에너지소비의 역사를 통하여 보면, 새로운 형태의 에너지원이 개발되었을 때, 중요한 에너지원의 변화가 있었다. 그림 1.4에서 보는 바와 같이, 미국의 1775-2009년 기간 동안

에, 새로운 에너지자원이 개발되고 에너지 사용의 형태가 변화함에 따라, 에너지소비 형태도 같이 변화하였다. 목재는 새로운 재생에너지원으로, 1800년대 중반까지 중요한 에너지원이었으며, 수력발전력도 초기 산업공업의 성장에 중요한 역할을 하였다. 석탄의 경우에는 19세기말부터 석유가 중요한 에너지원이 되기 전인 20세기 중반까지 중요한 에너지원이었다. 또한, 천연가스도 20세기 중반부터 중요한 에너지원으로 부각되었다. 20세기 중반이후부터는 석탄의 사용이 증가되었는데, 이는 주로 전력생산원의 주요한 에너지원이었기 때문이다. 새로운 에너지원 형태인 원자력발전도 계속 증가하였다. 1970년대부터는, 석유와 천연가스의 사용이 다시 증가하게 되어, 20세기말이후에도 총괄적인 에너지 사용측면에서 가장 안정적인 상태를 유지하고 있다.

과거 100년 동안 국제에너지기구의 2011년 연간에너지의 기준치 기준의 전망(EIA's Annual Energy Outlook 2011 (AEO2011) Reference case)에 의하면, 지난 수십년동안 미국 1차 에너지 전체의 87%정도가 3대 주요 화석에너지원인 석유, 천연가스, 석탄이 미국 연료시장을 지배적으로 차지하였으며, 향후 2035년까지 이들 3대 화석에너지원이 미국 총괄에너지 1차 에너지공급원중에서 적어도 75% 차지하리라 전망된다. 전체 에너지소비에서 화석에너지가 차지하는 비중은 2009년 기준으로 감소하고 있으며, 상대적으로 신재생에너지와 핵전력에너지가 조금씩 증가하고 있으며, 비수소전력의 신재생에너지는 2009년부터 2035년까지 두 배로 성장하는 것으로 전망되며, 이러한 전망은 정치적 요인에 따라 변할 수 있다.

1.1.2 세계 에너지자원의 소비

표 1.2은 1990~2010년간의 전세계 총괄 에너지의 수요변화를 에너지 종류별로 나타내고 있다. 이 기간동안에 재생에너지가 연간변화율 23.2%로 가장 많이 성장하였으며, 석유의 연간소비변화율이 1.4%로 가장 낮다. 즉, 재생에너지, 천연가스, 석탄, 수력, 원자력, 석유 순으로 연간변화율이 낮다. 표 1.3은 세계 1차에너지의 지역별 소비량의 변화를 나타내고 있다. 아시아태평양의 2002년 대비 2010년의 증가율이 16.96%로 가장 높으며, 북미지역은 2.33%로 가장 낮다. 이 기간동안에 세계의 증가율은 7.76%이다. 그림 1.5는 1985~2010년 전세계 1차에너지 에너지소비의 변화흐름을 나타내고 있다 [9]. 2010년 전세계의 1차 에너지소비는 5.6%증가하였으며, 이는 1973년 이후 가장 높은 증가율이다. 소비량은 석유, 석탄, 천연가스, 수력, 원자력, 재생에너지 순으로 되어있다, 그림 1.5와 표 1.2 참조. 그림 1.6은 2010년 전세계 1차에너지의 지역별에 따른 부문별 소비 비중를 나타내고 있다 [9]. 그림 1.6에서 보는 바와 같이, 아시아

태평양지역은 전세계 에너지소비의 38.1% (표 1.3 참조)를 나타낼 정도로 중요하고, 전세계의 석탄의 비중 67.1%를 차지하고 있다. 천연가스의 비중이 중요한 지역은 중동, 유럽, 북미 지역이다. 그림 1.7은 2010년 전세계 1인당 1차에너지 소비 분포도를 나타내고 있다 [9]. 북미지역과 일부 중동지역이 6.0톤 이상이며, 한국, 호주 러시아 등은 4.5 ~ 6톤을 나타내고 있다. 그림 1.8은 2010년 전세계 화석연료 생산대비 매장량의 비율 (R/P, reserves-to-production)를 나타내고 있다 [9]. 전세계 석탄의 R/P는 100년 이상이며, 러시아의 경우에는 400년 이상이다. 비 OECD국가들이 차지하는 전 세계의 석유의 R/P의 비중은 93.4%이며, 천연가스의 비중은 90.9%이며, 석탄의 경우에는 56%를 차지하고 있다. 그림 1.9는 영국계 다국적 석유회사 BP의 2030년 에너지전망(Energy Outlook 2030)을 요약한 것이다 [10]. 2010년 세계 에너지수요는 120억톤이지만, 2030년에는 166억톤으로 전망하며, 중국과 인도의 세계에너지의 비중이 1990년에는 이들 두 국가의 비중이 11%에 불과하지만, 2030년에는 34%을 차지하게 되며, 이는 1990년 대비 3배 정도 증가하는 수치이다. 향후 개발되는 신형 차량들의 평균 연비는 2010년 US 1 갤런당 35마일에서, 2030년 US 1 갤런당 55마일로 향상되리라 전망된다. 2030년 수송연료원의 구성비는석유 87%, 바이오연료 7%, 가스 4%, 석탄 1%, 전기 1% 이다. 2010-2030년 기간동안 재생에너지의 연간 증가율은 8%으로 전망된다. 1990-2030년 기간 동안 연료구성비의 큰 변화는 석유와 재생에너지이며, 석유는 1990년 38.9%에서 2030년 27.2%으로 대폭 감소되며, 재생에너지는 1990년 0.4%에서 2030년 6.3%으로 증가한다. 반면에, 이 기간 동안에 원자력, 수력, 석탄의 구성비는 크게 변화가 없으리라 전망되며, 그리고 천연가스는 21.8%(1990년)에서 25.9%(2030년)으로 약간 증가하리라 전망된다.

표 1.2 세계 총괄 에너지 수요 (단위:MTOE)

에너지 종류	1990	2010	1990- 2010년동안 연간 변화율 (%)
석탄	2,220.3	3,555.8	3.01
석유	3,148.6	4,028.1	1.40
천연가스	1,769.5	2,858.1	3.08
원자력	453.1	626.2	1.91
수력	489.0	775.6	2.93
재생에너지	28.1	158.6	23.2
총 계	8,108.7	12,002.4	2.40

(자료원: 1) "2010 Key World Energy Statistics", International energy Agency, http://www.iea.org, [6],
2) "2011년 에너지통계연보", 에너지경제연구원, [7],
3) "BP Statistical Review of World Energy", June 2011, http://www.bp.com/statisticalreview, [8])

표 1.3 세계 1차에너지의 지역별 소비량의 변화 (단위:MTOE)

에너지 종류	2002	2004	2010	2002-2010년동안 평균증가율	2002년 대비 2010년 증가율
북미(미국)	2,721.1 (2289.1)	2,784.4	2,771.5	0.29	2.33
중남미	454.4	483.1	611.9	0.79	6.32
유럽 및 유로아시아	2,851.5	2,964	2,971.5	0.49	3.95
중동	438.7	481.9	701.1	1.23	9.85
아프리카	287.2	312.1	372.6	1.08	8.67
아시아 태평양	2,734.9	3,198.8	4,573.8	2.12	16.96
세계	9,487.9	10,224.4	12,002.4	0.97	7.76

(자료원: 1) "2010 Key World Energy Statistics", International Energy Agency, http://www.iea.org, [6],
2) BP Statistical Review of World Energy", June 2011, http://www.bp.com/statisticalreview, [8])

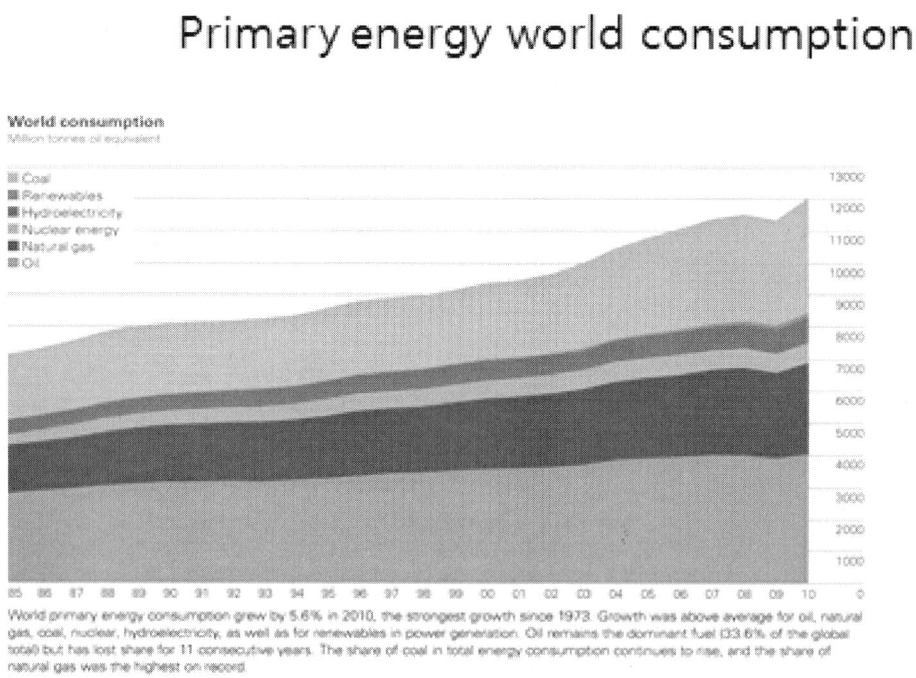

그림 1.5 1985-2010년 전세계 1차에너지 소비의 변화 [9]

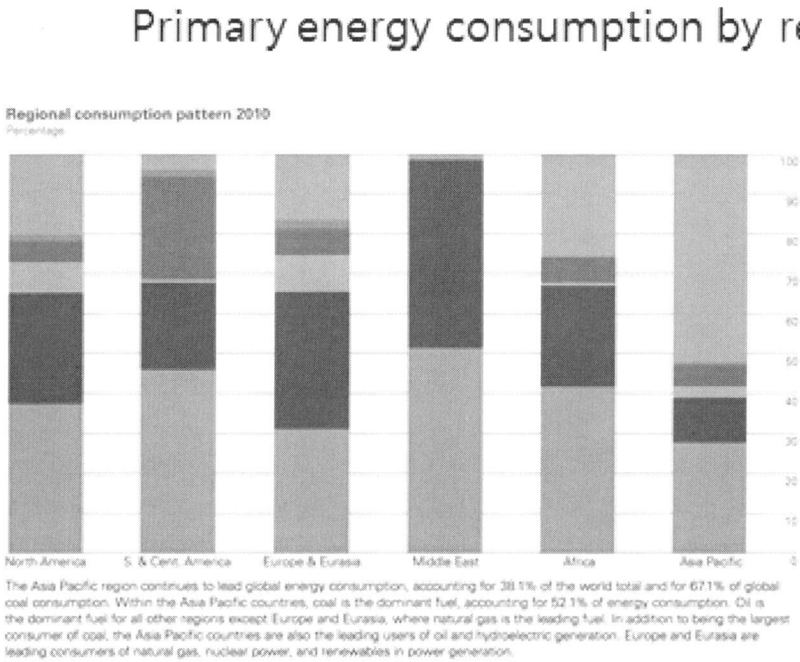

그림 1.6 2010년 전세계 1차에너지 지역별에 따른 부문별 소비 비중 [9]

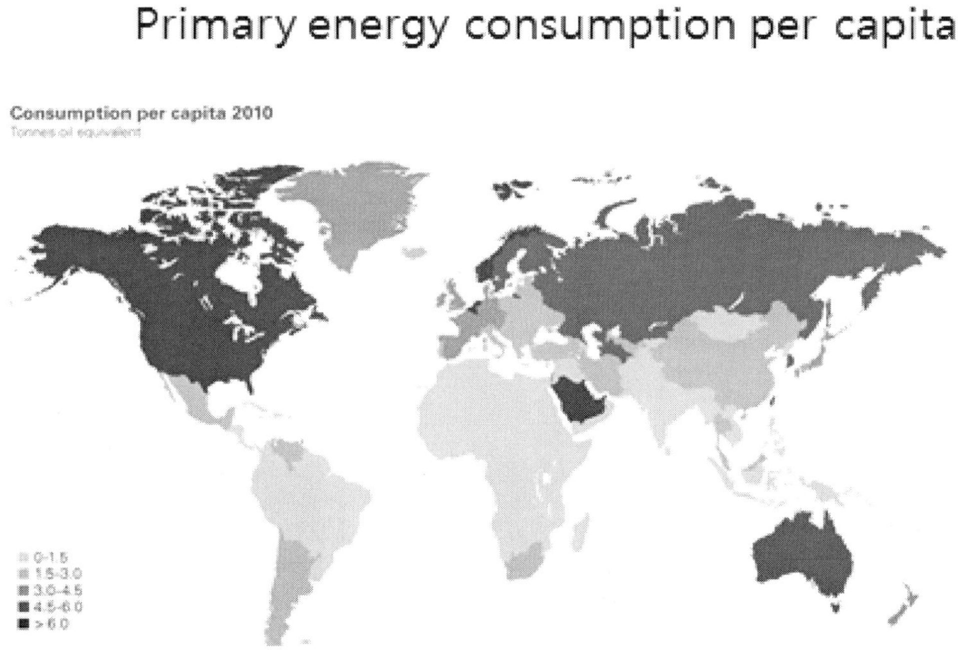

그림 1.7 2010년 전세계 1인당 1차에너지 소비 분포도 [9]

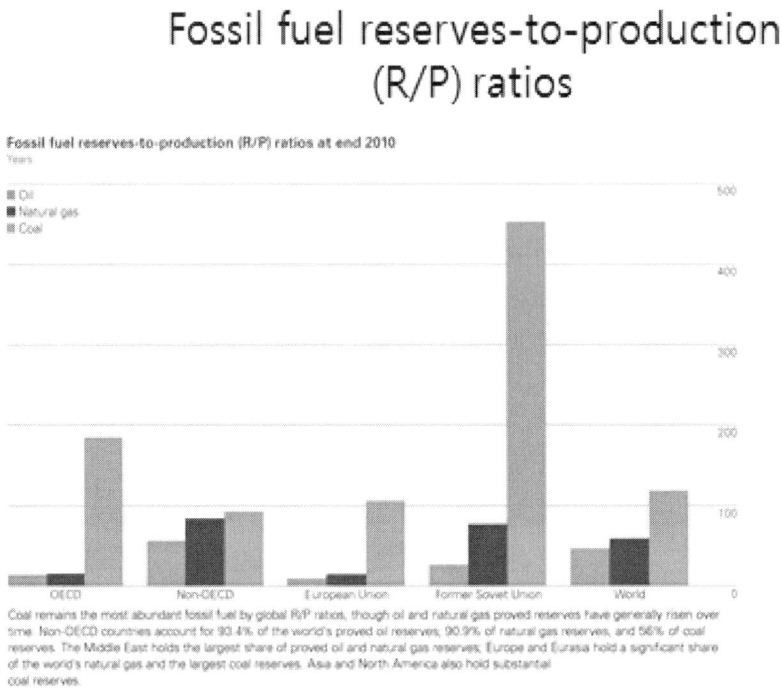

그림 1.8 2010년 전세계 화석연료 생산대비 매장량의 비율 (R/P) [9]

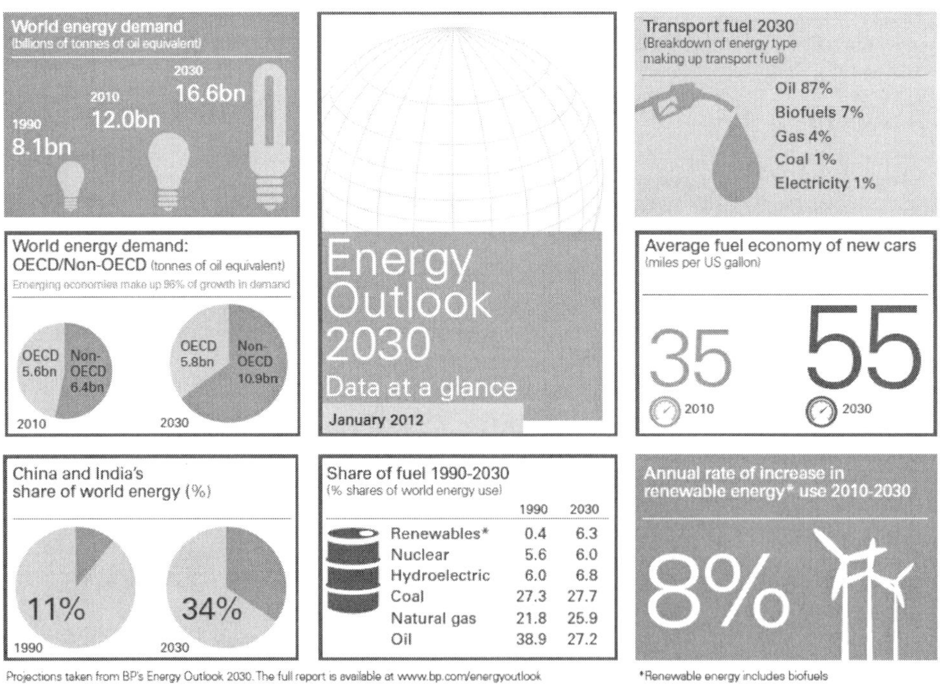

그림 1.9 2030년 에너지전망 [10]

1.2 에너지에 대한 지식

1.2.1 에너지의 자원(Sources of Energy)

에너지는 변화를 유발할 수 있는 능력 즉, 물체가 일을 할 수 있는 능력으로 설명된다. 에너지는 에너지의 가공과 전달과정에 따라서 1차에너지(Primary Energy), 2차 에너지(Secondry Energy), 및 최종에너지(Final Energy)로 분류된다, 표 1.4 참조. 1차에너지는 자연에서 얻을 수 있는 에너지로, 즉, 가공하지 않은 상태의 화석에너지(석유, 석탄, 천연가스, 원자력)과 재생에너지(태양, 풍력, 수력, 지열, 해양 등)로서 에너지원 중 직접에너지로 사용할 수 있는 것은 그 자체를 의미하며, 일정한 생산전환과정을 거쳐야 에너지로 사용할 수 있는 것은 전환과정이 완료된 산출물을 뜻한다. 2차에너지는 1차에너지 중 일정한 에너지 변환과정을 거쳐서 다른 형태의 에너지로 전환된 것(전기, 도시가스, 석유제품 등)을 의미한다. 최종에너지는 최종 소비부문의 에너지 이용설비에 알맞은 형태로 사용되는 에너지로서, 열, 일, 운동, 전기 등을 의미한다.

표 1.4 에너지의 가공과 전달과정에 따른 분류

1차 에너지	2차 에너지	최종에너지
자연에서 얻을 수 있는 에너지 ○ 화석에너지(석탄,석유,천연가스,우라늄): 비순환에너지 ○ 재생에너지(태양,풍력,수력,지열,해양): 반영구적 청정에너지	자연에서 채취한 1차 에너지를 에너지변환장치 (발전소, 정유공장 및 가스공장 등)를 통하여 가공 및 변환 ○ 전기 ○ 석유제품 ○ 가스 및 알콜	에너지 사용 장치 (전기모터, 냉동기, 전열기, 자동차, 기차, 비행기, 전자제품) ○ 열 ○ 일 ○ 운동 ○ 전기

■ **1차에너지**

가. 화석에너지(Fossil Energy)

석유(Petroleum)

석유는 지하에 매장된 탄화수소를 주성분으로 하는 유동체로, 중생대 백악기 동식물의 남은 물질에서 생성된 것으로, '시체 썩은 기름' 이지만 오늘날 이 기름을 흔히 '검은 황금' 이라 한다. 석유는 에너지원로서의 연료 외에도 산업 및 공업용(비료, 합성고무, 합성섬유, 의약품,

건축자재 등)으로서 재료로서의 가치도 매우 크며, 석유는 가장 중요한 에너지 원자재품목이다. 대부분 가정생활을 비롯한 모든 산업활동들이 석유를 기반으로 가동되기 때문에, 유가의 움직임이 원자재 시장뿐만 아니라 전 세계의 경제에 가장 큰 영향을 미친다.

천연가스(Natural Gas)

천연가스는 액화과정에서 분진, 황, 질소 등이 제거되었기 때문에, 연소될 때 공해물질이 거의 발생하지 않는 무공해 연료다. 천연가스는 자연적으로 발생하여 지하에 매장되어 있는 혼합기체로 가스전에서 직접 채취하거나 액화천연가스를 기화시킨 기체상태의 연료용 가스를 말하며 생산지에서 소비지까지의 유통형태에 따라 PNG(Pipeline Natural Gas)와 LNG(Liquefied Natural Gas)로 구분됩니다. PNG는 가스전에서 채취한 천연가스를 소비지까지 배관을 통해 공급되는 가스이다. LNG는 천연가스를 -162℃로 냉각시켜 부피가 1/600로 축소된 액화가스이다 [11].

다른 연료에 비해 열효율이 높아 가정용은 물론 냉난방용과 열병합 발전, 냉동창고, 자동차(택시와 버스 등), 전자, 섬유 및 금속처리 산업 등에 다양하게 이용되고 있으며, 환경오염 방지 차원에서 전 세계적으로 사용량이 늘고 있는 추세이다. 최근 세계 각국은 버스운행에 필요한 에너지원을 경유에서 천연가스로 대체하고 있다. 유럽에서는 2008년까지 천연가스 버스를 시험적으로 운행했으며, 석유 대신 천연가스로 대체할 준비를 하고 있다. 현재 우리나라는 천연가스버스를 운행하고 있다. 천연가스와 LPG(Liquified Petroleum Gas)는 혼합가스이며, 이들 주성분은 각각 메탄(CH_4)과 프로판(C_3H_8), 부탄(nC_4H_{10})이며, 이들의 물성은 각각의 주성분의 물성을 따른다.

석탄(Coal)

석탄은 여러 가지의 식물자원이 땅속에 묻힌 상태에서 오랜 세월이 흐르면서 생성된다. 식물이 겹쳐 퇴적물 아래에 매장되면, 상층부에서 가해지는 중량에 의하여 산소, 탄소, 수소가 치밀하게 모여 석탄이 되고, 물이나 다른 휘발물질은 방출된다. 식물질에서 변질하여 흩어진 섬유소(Cellulose)라고 불리는 것은 이탄에서 갈탄, 역청탄, 무연탄으로 변화해서 양질의 석탄으로 변모해 가는 것인데, 석탄으로의 진화, 즉 석탄화 작용 중에서 물리적 특성이 변화해 가는 것이다. 석탄은 식물질 덩어리이며, 갈탄은 점착력이 없고 무르다. 무연탄은 더욱 단단한데 이는 매우 깊이 매몰되어 용융암체(마그마) 가까이에서 열과 압력을 받았기 때문이다. 그 위에 한층의 탄화가 진행되면 순수한 탄소에서 이루어지는 흑연이 나온다. 이러한 현상을 위해 필요한 열이나 압력은 보통 채굴하여 도달하는 깊이보다 훨씬 깊은 지각속에서 일어나는 것이다. 석탄의 주된 화학적인 성분은 주로 섬유소, 헤미-셀룰로오스(Hemi-Cellulose), 목질소(Lignin) 등으로 구성되어 있다. 과거 오랫동안 석탄이 석유와 천연가스로 대체되는 과정에서 가격이 비교적 낮은 수준을 유지했기 때문에, 많은 생산업체들이 문을 닫았고 생산능력도 크게 감소했다.

원자력(Nuclear Energy)

원자력은 한 원자핵이 다른 원자핵으로 변환되는 과정에서 방출되는 에너지를 말하는 데, 즉, 우라늄의 핵분열에 의한 질량 감소분 만큼의 에너지를 이용하는 것으로, 원자 폭탄을 서서히 반응시키는 물리적인 현상이며, 크게 핵분열과 핵융합으로 나눌 수가 있다. 핵분열은 우라늄, 플루토늄과 같은 무거운 원자핵이 중성자를 흡수하고 이에 의하여 가벼운 원자핵들로 쪼개지는 것을 말하고, 핵융합은 중수소 원자핵들이 결합하여 삼중수소 또는 헬륨과 같은 무거운 핵종으로 변하는 반응이다. 전 세계에서 핵분열을 이용한 발전 방식이 대부분이다. 핵융합을 이용한 전력 생산은 비용 대 효율과 기술적 어려움으로 아직 사용되고 있지 않으며, 이러한 핵융합 발전은 종래의 발전 방법이라고 간주할 수 없으나, 이 분야의 기술에 대한 연구는 계속해서 현재 진행되고 있다. 1938년 노벨상 수상자인 미국 페르미(Fermi Enrico) 박사가 원자력을 평화적으로 이용하는 데 착안하여, 1934년 각종 원소의 원자에 중성자를 조사하여 다른 원소로 변환시키는 연구에 성공하여 처음으로 원자로를 개발하였다. 원자력 발전에서 사용되는 핵원료는 우라늄 235, ^{235}U이다. 자연계에서 발견되는 우라늄의 대부분은 우라늄 238, ^{238}U이고, 약 0.7%정도가 동위원소 우라늄 235, ^{235}U이다. 이 동위 원소 ^{235}U는 원자로내에서 원자핵 ^{235}U이 중성자와 부딪치면 두 개 이상의 파편으로 쪼개지면서 엄청난 열에너지를 방출하면서, 다시 2~3개의 중성자를 생성한다. 같은 질량의 석탄이 발하는 열량보다 무려 20,000배 가량의 열량을 원자로에서 발생시키며, 최근에는 열효율이 높은 증식로의 개발로 같은 질량의 석탄의 발열량보다 최소 200,000만배의 열을 발하는 원자로, 즉 종래의 원자로에 비하여 100,000배 정도의 능력을 갖춘 원자로도 개발되고 있다.

원자력에너지는 1953년 10월 8일 미국 아이젠하워 (Eisenhower) 대통령이 UN총회에서 원자력의 평화적 이용을 제창한 이래, 선진국에서는 연구개발에 많은 노력을 기울여 인류의 번영과 발전에 크게 이바지해 왔다. 원자의 핵분열에서 발생하는 반응열을 이용하여 전기를 생산하는 원자력발전, 원자로의 열을 동력으로 생산하는 원자력선, 열을 직접 이용하는 원자력 제철,

지역난방, 해수의 담수화 등이 열에너지 이용의 범주에 들어간다. 우리나라의 경우 현재까지 원자력에너지의 이용이 폭 넓게 발전되고 있으나, 2004년 부안사태와 같은 핵폐기물 처리장 설치와 방사능의 위험에 따른 안전 문제 등이 심각히 대두되었다. 2011년 일본 원전사태로 인해 불거진 원자력발전에 대한 불신감으로 당분간 높은 성장에는 한계가 있을 것으로 전망된다.

비전통에너지: 비전통석유와 비전통가스

표 1.5은 비전통석유와 비전통가스에 대하여 정리한 것이다. 비전통석유(Non-Conventional Oil)란 일반적으로 "기존의 생산방식과는 다른 방법 및 기술을 사용하여 생산 또는 추출되는 탄화수소"로 정의된다. 비전통석유는 부존되어 있는 형태나 부존되어 있는 저류암이 이제까지 전통적인 방식으로 생산해 오던 원유나 가스와 달리 전통적인 방법으로는 생산이 불가능하다고 하여 비전통석유라고 부르기도 한다. 비전통석유의 종류에는 오일샌드(Oil Sand), 초중질원유(Extra Heavy Oil), 셰일오일(Shale Oil), 가스액화연료(GTL, Gas to Liquids), 석탄액화연료(CTL, Coal to Liquids) 등이 있다. 비전통가스에는 셰일가스(Shale Gas), 타이트샌드가스(Tight Sands Gas), 가스(메탄)하이드레이트(Gas Hydrates), 탄층메탄가스(Coal-Bed Methane) 등이 있다. 최근 들어 비전통 에너지가 다시 주목받고 있다. 유가의 상승과 변동성이 심화됨에 따라 기존 화석연료의 대안으로 비전통 에너지자원에 대한 각국 정부와 글로벌 에너지 기업 등 국제적인 관심도 높아지고 있다. 2012년 에너지 컨퍼런스로 55개국 이상의 에너지 기업의 임원과 정·재계 인사 등이 참가하는 'CERAWEEK 2012' 에서도 비전통 에너지자원이 주요 이슈로 논의됐다.

신흥국을 중심으로 천연가스 등 에너지수요가 증가해 유가 등 에너지가격이 오르거나 폭등할 것이라는 예측이 있으나 에너지의 가격상승은 상대적으로 채굴비용이 높은 비전통에너지 자원의 공급을 촉진함으로써 기존의 예측보다 에너지의 가격상승이 둔화될 것이라는 주장도 힘을 얻고 있는 상황이다. 비전통에너지 자원은 채굴기술의개발에 따른 비용감소로 개발이 확대되고 있고, 생산비중이 계속 늘어날 것으로 전망되고 있다. 국제에너지기구(IEA)의 2011년 보고서[12]에 의하면, 에너지시장에서 천연가스의 수요와 공급 비중이 크게 증가하는 '천연가스의 황금시대' 가 도래하고 이러한 공급의 상당부분을 비전통가스가 차지할 것으로 전망되고 있다.

표. 1.5 비전통석유와 비전통가스

비전통석유		비전통가스	
오일샌드	원유를 함유한 모래 또는 사암으로 아스팔트와 같은 중질유가 10% 이상 함유	탄층메탄가스	석탄에 흡착되어 있는 메탄가스
중질원유	비전통석유 중 가장 대표적인 것으로 비중이 크고 점도가 높아 저류층 내에서 유동성을 갖지 못함	셰일가스	모래와 진흙이 쌓여 굳으면서 지하의 퇴적암층인 셰일층에 함유된 메탄가스
초중질유	타르와 같이 점성이 강한 원유로 물보다 무거운 특징	가스하이드레이트	영구 동토나 심해저의 저온과 고압 상태에서 천연가스가 물과 결합해 생긴 고체 에너지원
셰일오일	원유 성분 물질인 케로겐을 함유한 퇴적암에서 추출	타이트샌드가스	경질 암반층인 사암층에 함유된 가스로 사암의 공극률과 투수율이 셰일보다 높아 수직 시추를 통해 일정규모 이상의 가스 포집이 가능

현재 비전통에너지 자원은 개발 관련 제도와 수송 인프라 등이 잘 구축된 미국(셰일가스)과 캐나다(오일샌드) 등을 중심으로 생산되고 있으나, 비전통에너지 자원매장량이 풍부한 중국과 카자흐스탄과 같은 독립국가연합국가(Common wealth of Independent States, CIS) 등 신흥국의 역량이 크게 확대될 것으로 예측되고 있다. 비전통 에너지 자원 생산 과정에서 발생하는 환경 훼손 논란은 향후 비전통에너지 자원의 생산확대의 관건이 될 전망이다. 비전통가스는 온실가스 배출이 적은 청정연료지만 생산과정에서 발생하는 수질오염과 토지훼손이 심하다는 비판을 받고 있다. 비전통석유는 추출, 운송, 변환 과정에서 전통석유에 비해 에너지 소모에 따른 탄소배출량이 많아 지구 온난화를 가속화 한다는 지적이 있다. 그럼에도 불구하고 비전통에너지는 세계 자원구도를 변화시킬 분명한 축으로 자리잡게 될 것이라는 전망이 지배적이다.

많은 에너지 전문가들은 셰일가스가 가져올 변화에 주목하고 있다. 셰일가스는 전 세계가 59년간 사용할 수 있을 만큼 막대한 양이 매장돼 있는 것으로 확인되고 있다. 이는 기존의 가스나 석유의 매장량과 비슷한 규모다. 기존의 가스가 중동이나 러시아 등에 집중적으로 매장돼 있는 것과 달리 셰일가스는 전 세계에 고르게 매장돼 있다. 특히 에너지수요가 높은 중국과 미국에 많은 양이 매장돼 있다. 1800년대에 발견된 셰일가스가 2000년대에 들어 생산이 본격화된 것은 혁신적인 채굴기술이 개발되었기 때문이다. 이러한 기술개발로 북미 셰일가스 생산량은 2006년 이후 급증했다. 셰일가스 개발이 앞으로 관련 산업에 큰 영향을 끼칠 것으로 전망하고 있다. 우선 가스산업의 경우 미국은 셰일가스 생산확대로 최대 가스수입국에서 2016년에는 순수출국으로 전환될 전망이다. 셰일가스 공급량이 많아지면 세계 천연가스 가격이 장기적으로 안정되는 저가격 가스시대가 개막될 것으로 보고 있다. 따라서, 석유화학산업의 원료는 석유에서 분리한 나프타 중심에서 가스원료 중심으로 전환될 것으로 예상된다. 실제로 셰일가스 개발이 본격화된 북미 석유화학산업은 저렴한 원료를 바탕으로 수익성이 크게 개선돼 부흥기에 진입하고 있다.

발전산업에도 적지 않은 변화를 가져올 것으로 분석되고 있다. 천연가스의 가격이 안정되면서 가스발전 비중이 확대돼 급증하는 전력수요에 대응하는 유력한 방안으로 부상할 것이다. 특히 온실가스 배출이 적어 친환경적이라는 점이 가스발전 비중을 확대시키는 요인으로 작용한다는 것이다. 가스발전이 장기적으로 석탄발전을 대체할 것으로 전문가들은 예상하고 있다.

이에 따라 우리나라도 에너지가격과 수급전망에 있어 수요 확대로 인한 가격 상승 요인과 함께 비전통에너지 공급 확대에 따른 가격 안정 요인도 균형 있게 고려할 필요가 있다는 목소리가 설득력을 얻고 있다. 국내에 매장돼 있는 비전통에너지 자원의 탐사와 해외 에너지자원 개발, 비전통에너지 자원의 채굴기술개발 등을 검토해야 한다는 것이다. 우리나라에는 동해 심해저에 가스하이드레이트가 다량으로 매장돼 있다. '불타는 얼음' 으로 불리는 가스하이드레이트는 영구 동토나 심해저의 저온·고압 상태에서 천연가스가 물과 결합해 생긴 고체 에너지원이다. 우리나라 정부는 지난 2004년 가스하이드레이트 개발사업 계획을 수립한 후 2015년 상업생산을 목표로 3단계에 걸친 시추 작업을 추진 중이다. 2012년부터 2014년까지는 시험적으로 생산하는 한편 최적의 상업적 생산기법을 개발한다는 계획이다. 해외에서도 비전통에너지 자원 확보를 위한 프로젝트가 활발히 진행되고 있다. 한국가스공사는 몽골과 호주에서 탄층메탄가스 확보전에 뛰어들었고 셰일가스 확보를 위해 캐나다 광구지분을 인수해 2018년부터 가스를 국내로 반입할 예정이다. 한국석유공사는 4억9100만 배럴의 셰일오일이 매장된 미국 텍사스주의 광구지분 23.7%를 매입한 상태이다. 셰일오일은 원유 성분의 물질인 케로겐을 함유하고 있는 퇴적암에서 추출하는 비전통석유이다.

오일샌드(Oil Sands): 원유를 함유한 모래 또는 사암으로 아스팔트와 같은 중질유가 10% 이상 함유하고 있다. 세계 추정 매장량의 85%인 약 2조 3,000억 배럴이 캐나다에 매장되어 있다. 캐나다는 2007년 원유의 총생산량이 186만 배럴 정도이며, 이 중 오일샌드가 132만 배럴(약 71%)을 차지하고 있다. 캐나다는 오일샌드 생산량을 2010년에 200만 배럴, 2015년에 300만 배럴로 증산할 계획이며, 이는 캐나다 전체 원유 생산 예정량의 66~77% 수준에 해당한다.

중질원유(Heavy Oil): 비전통석유 중 가장 대표적인 것으로 비중이 크고 점도가 높아 저류층내에서 유동성을 갖지 못하고 있다. 이러한 중질원유의 일반적인 특징은 탄소 대 수소비가 낮으며, 탄소 잔유물(Carbon Residue)과 아스팔트의 함량이 많고, 중금속, 황, 질소가 많이 포함되어 있으며, 이로 인해 검은색을 띠고, 분자질량이 크다. 1차 생산에 의한 석유회수율은 원시부존량의 극히 일부분에 지나지 않으며, 수공법(waterflooding)과 같은 2차 회수에 의한 방법으로도 생산이 어렵다.

초중질유(Extra Heavy Oil): 타르와 같이 점성이 강한 원유로 물보다 무거운 특징을 가지고 있으며 주로 발전용 연료로 사용된다. 초중질유의 전 세계 매장량은 약 2조 5,000억 배럴, 이 중 90%는 베네수엘라에 매장되어 있는 것으로 추정되고 있다. 하지만 초중질유는 오일샌드보다 생산원가가 낮은 장점이 있지만, 회수율이 극히 저조하며, 기존 석유보다 품질이 떨어지기 때문에 소비자 선호도가 비교적 낮다.

셰일오일(Shale Oil): 원유성분의 물질인 케로겐을 함유한 퇴적암에서 추출하는 비전통 석유이다.

셰일가스(Shale Gas): 모래와 진흙이 쌓여 굳으면서 지하의 퇴적암층인 셰일층에 함유된 메탄가스로 셰일의 공극률과 투수율이 낮아 수직시추로는 가스를 포집하기 어렵다.

가스하이드레이트(Gas Hydrates): 많은 전문가들은 하이드레이트가 상용화되는 데 많은 시간이 걸릴 것으로 예상하고 있다. 하이드레이트는 영구 동토나 심해저의 저온과 고압 상태에서 천연가스가 물과 결합해 생긴 고체 에너지원이다. 러시아, 알래스카, 캐나다 등 얼어붙어 있는 땅 속 및 심해저에 주로 분포되어 있으며, 화석연료 고갈시 이를 대체할 수 있는 청정에너지로 주목받고 있다. 매장량은 약 10조 톤으로 추정되고 있다. 이는 2007년을 기준으로 연간 세계 가스 소비량을 17억 톤으로 가정할 경우, 약 6,000년 동안 사용할 수 있는 양이다. 우리나라도 동해 지역에 약 6억 톤이 매장되어 있는 것으로 추정되고 있다. 2007년 이후 유가 급등기에 미국, 캐나다, 일본 등을 중심으로 상용화 추진 움직임이 있었지만, 2009년 기술 부족으로 생산하지 못하고 있다. 미국, 캐나다, 일본 등을 중심으로 이를 에너지원으로 이용하려는 움직임이 일어나고 있으나, 지하에 매장되어 있는 가스하이드레이트의 생산기법이 아직까지 상업적인 단계까지 발전되지 못하여 매장이 확인된 경우에도 생산에 착수하지 못하고 있는 실정이다.

탄층메탄가스(Coal-Bed Methane, CBM): 석탄에 흡착되어 있는 메탄가스를 탄층가스

(Coal-Bed methane, CBM)라 한다. 이는 지질시대동안 석탄이 지열을 받아 가스화된 것으로, 메탄(CH_4)외에 이산화탄소, 질소, 수분 등이 존재하며, 메탄가스가 95%이상을 차지하는 경우가 일반적이다. 석탄층가스를 개발할 경우 석탄채굴에 있어서 안전성 향상, 석탄광산에서 대기로 배출되는 메탄의 양 감소, 개발이 어려운 심도의 석탄층에 대한 이용 등과 같은 추가적인 장점이 있다. 세계적으로 약 60여 개국에 석탄층이 분포하고 있으며, 그 양은 약 13조 톤에 달한다. 순도가 낮은 것까지 포함할 경우 그 양은 25조 톤에 이르며, 여기에 포함되어 있는 메탄가스의 양은 113~198조 입방미터(4,000~7,000조 ft^3 , LNG 환산시 800~1,400억 톤)로 추정된다. 주요 석탄자원 보유국은 미국, 중국, 캐나다 등을 포함하여 12개국 정도인데 이러한 국가들이 차지하는 석탄자원의 양은 세계 석탄부존 추정량의 약 90%정도이다.

타이트샌드가스(Tight Sands Gas): 경질 암반층인 사암층에 함유된 가스로 사암의 공극률과 투수율이 셰일보다 높아 수직 시추를 통해 일정규모 이상의 가스 포집이 가능하다.

나. 재생에너지(Renewable Energy)

재생에너지(Renewable Energy)는 에너지자원에 따라 두 종류로 분류할 수 있다, 즉 재생에너지(Renewable Energy)와 비재생에너지(Non-Renewable Energy). 재생에너지원에는 ① 태양에너지, ② 풍력에너지, ③ 지열에너지, ④ 바이오매스에너지, ⑤ 수력에너지를 포함한다. 비재생에너지원은 ① 오일(Oil; Petroleum), ② 천연가스(Natural Gas), ③ 석탄(Coal), ④ 우라늄(Uranium; Nuclear)이 있다. 재생에너지와 비재생에너지는 전기와 수소와 같은 2차에너지원으로 변환될 수 있다. 우리가 사용하는 에너지의 대부분은 비재생에너지원으로부터 얻으며, 대표적인 비재생에너지원은 석탄, 석유, 천연가스, 프로판, 우라늄 등이 있다. 이런 비재생에너지원을 사용하여 우리 가정을 난방하게 하며, 자동차를 움직이게 하고, 대부분의 필수품을 생산한다. 이런 에너지원의 공급이 제한되어 있으므로 비재생에너지라 한다. 예를 들면, 석유의 경우에는 수백만년전에 식물이나 동물의 잔해물로 생성된 것이므로 짧은 시간내에 추가적으로 석유를 만드는 것은 불가능하다. 그에 반하여 재생에너지는 매일, 태양열이 발생하거나, 바람이 불며, 강이 흐르면, 자연적으로 보충하는 것이 가능하기 때문에 재생에너지라 한다. 그림 1.10은 2011년 미국 비재생과 재생에너지원에 의한 에너지소비를 분류하였다 [13,14]. 미국 에너지소비는 바이오매스(4.5%), 수력(3.3%), 지열(0.2%), 풍력(1.2%), 태양(0.1%)의 재생에너지와 석유(36.2%), 천연가스(25.2%), 석탄(20.4%), 우라늄(8.5%)의 비재생에너지원으로 구성되고 있다.

■ **2차에너지**

전기와 수소는 2차원의 에너지원으로 1차에너지원과는 다르다. 2차에너지원(에너지 운반자)을 사용하여 아주 이용하기 용이한 형태로 에너지를 저장하고 움직이게 하며, 전달하게 한다. 1차에너지원을 사용하여 전기나 수소를 만들어야한다. 석탄도 전기를 생산하는 데 사용되는 에너지원이다. 수소를 얻는 데 가장 쉬운 방법은 수소를 비재생에너지원인 천연가스로부터 분리하는 것이다. 현재 수소는 물이나 재생에너지원으로부터 분리할 수 있지만, 이들 에너지원에서 얻는 수소는 다른 연료에 비하여 너무 비용이 많이 든다. 2차에너지에는 ① 전기에너지, ② 수소에너지 등이 포함된다.

■ **최종에너지**

최종에너지는 최종 소비부문의 에너지 이용설비에 알맞은 형태로 사용되는 에너지로서, 열, 일, 운동, 전기(전기모터, 냉동기, 전열기, 컴퓨터, 선풍기, 자동차, 기차, 비행기 등) 등을 의미한다.

1.2.2 에너지의 형태(Forms of Energy)

에너지는 일을 할 수 있는 능력을 의미하며, 변화를 가능하게 한다. 즉, 우리는 에너지를 사용하여 우리를 위해서 일을 한다. 예를 들면, 에너지는 자동차를 도로 위로 달리게 하며, 물 위로 배를 움직이게 한다. 오븐에 케이크를 만들 수 있으며, 냉장고에 얼음을 보관하게 한다. 에너지는 라디오에 우리가 좋아하는 노래가 나오게 할 수 있으며, 빛을 우리 가정에 보내게 할 수 있다. 우리 몸이 성장하려면 에너지가 필요하고, 에너지를 사용하여 우리의 마음을 생각하게 할 수 있다. 심지어 우주여행선을 보내는 일을 할 수 있다. 과학자들은 에너지를 일을 할 수 있는 능력을 에너지로 정의한다. 현대 산업화가 가능하게 된 것은 인류가 에너지를 한 형태에서 다른 형태로 변환하는 방법을 알았기 때문이며, 또한 에너지를 사용하여 인류를 위해 일하게 하고, 보다 편안한 삶을 만들었기 때문이다. 빅뱅(Big Bang)이론에 의하면 자연계의 힘에는 4가지의 힘, 즉 핵력, 약력, 전자기력, 중력이 존재한다. 공학적인 측면에서는 에너지를 표 1.2와 같이 주요한 6개의 그룹으로 분류할 수 있으며, 서로 여러 가지 형태의 에너지로 변환될 수 있다: 기계에너지, 전기에너지, 전자기(빛)에너지, 화학에너지, 핵에너지, 열에너지. 일반적으로 에너지는 중력을 포함하여 열, 빛, 운동, 전기, 화학, 핵 에너지의 형태로 존재하지만, 두 가지의 종류로 크게 분류할 수 있다: 저장(포텐셜, Potential)에너지, 운동(일하는, Kinetic)에너지, 참조 표 1.6.

그림 1.11는 에너지형태의 변환의 예를 나타내고 있다. 화학에너지는 운동에너지(자전거, 자동차)로, 빛에너지는 화학에너지(광합성반응)로, 전기에너지는 열에너지(주방용 연료)로 변환될 수 있다 [15,16].

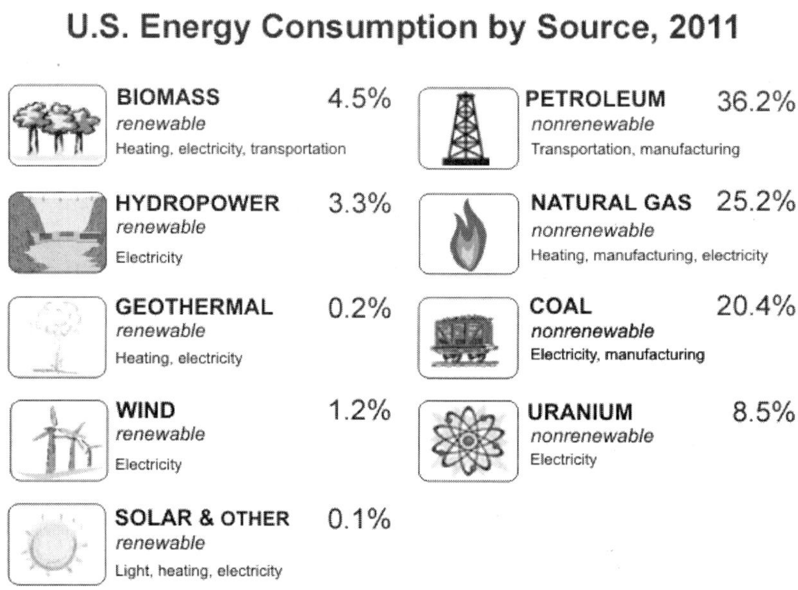

그림 1.10 2011년 미국 비재생과 재생에너지원에 의한 에너지소비 분류 [13,14]

표. 1.6 저장에너지와 운동에너지의 비교

저장(포텐셜, Potential)에너지		운동(일하는, Kinetic)에너지	
화학에너지	원자와 분자에 결합에 저당된 에너지. 배터리, 바이오매스, 석유, 천연가스, 석탄 등. 화학에너지는 목재를 태울 대나 가솔린을 자동차엔진에 서 연소시킬 때 열에너지로 전환된다.	빛에너지	빛에너지는 파장으로 움직이는 전자기 에너지이다. 빛에너지는 가시광선, X-레이, 감마-레이, 라디오파, 등을 포함한다. 빛은 방사에너지의 형태이다. 태양빛은 지구에게 연료와 따뜻함을 주는 빛에너지이다.
기계에너지	응력(tension)에 의하여 저장된 에너지. 압축된 스피링, 펼쳐진 고무 밴드 등.	열에너지	물질내의 원자와 분자의 움직임과 진동의 결과이다. 물체를 가열하였을 때, 원자와 분자는 더 빨리 움직이며, 충돌한다. 지열은 지구내의 열에너지이다.
핵에너지	원자의 핵에 저장된 에너지. 핵이 융합되거나 분열될 때 업청난 양의 에너지가 발생. 핵발전소는 소위 핵분열과정을 통한 우라늄 원자의 핵 분열. 태양은 핵융합과정을 통한 수소원자의 핵융합.	운동에너지	물체의 움직임에 저장된 에너지이다. 물체가 더 빨리 움직일수록, 더 많은 에너지가 저장된다. 물체를 움직이게 할 때 에너지가 필요하고, 물체를 느리게 할 때 에너지가 방출된다. 바람은 운동에너지의 예이다. 운동의 극단적인 예는 자동차의 충돌이다. 즉 자동차가 급정지할 때 모든 운동에너지를 순시간에 방출한다.
중력에너지	어떤 물체에 높이 저장된 에너지. 물체가 높고 무거울수록 더 많은 중력에너지가 저장된다. 자건거를 높은 언덕에서 내려갈 때 중력에너지는 운동에너지로 전환된다. 강에서 물을 저장시킨 댐에서 물을 방출시킬 때 수력은 중력에너지의 대표적인 예이다.	소리에너지	힘이 물체나 물질을 진동시킬 때 소리가 발생한다. 에너지는 물질을 통하여 파(wave)로 전달된다. 세로방향(압축/팽창)의 파로 물질를 에너지가 전달된다.
		전기에너지	소위 전자에 의한 작은 전하된 입자가 전선을 통하여 전기에너지가 전달된다. 번개는 자연에서 일어나는 전기에너지의 예이다.

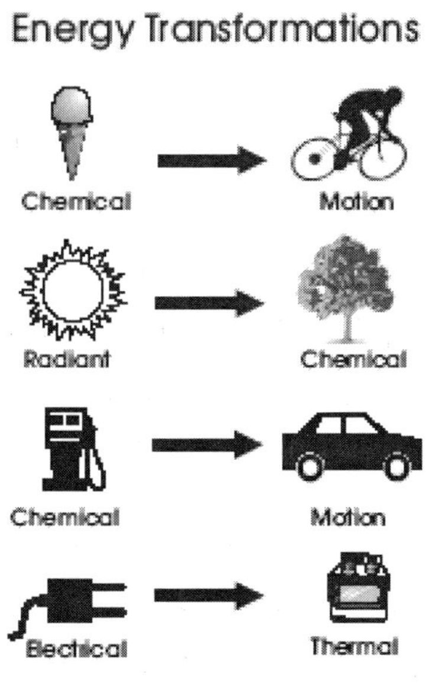

그림 1.11 에너지형태의 변환 [15,16]

1.2.3 에너지법칙(Laws of Energy)

1847년 헬름홀츠(Helmholtz)에 의하여 에너지의 개념이 처음으로 확립되었다. 에너지라는 말은 원래 물리학의 전문 용어인 데, 물리학의 에너지는 불멸의 에너지로 이해되고 있는 데, 즉, 극미의 소립자세계에서도, 초거대한 우주에서도 항상 변하지 않고, 소비되지도 않으며, 단지 전환된다는 의미로 해석된다. 에너지의 가장 본질적인 중요성이란 에너지는 전환하여 모든 같은 단위로 나타낼 수 있다는 것이다. 어떤 형태의 에너지도 열로 전환가능하다. 전환하여도 에너지의 총량은 변하지 않으며, 에너지는 항상 보존된다. 이처럼 일과 열에 한하지 않고, 이러한 것을 모두 에너지로 일반화하여 에너지보존의 법칙을 확립하였는 데, 이 법칙을 에너지불멸의 법칙이라고도 한다. 19세기 중엽, 대부분 물리학자들은 에너지라는 양이 있고, 여러 가지의 형태(열, 일, 화학적에너지, 전기적 에너지, 상변화에 따른 응집에너지 등)로 존재하고, 그 총량은 불변이라는 에너지보존의 법칙을 인정하였다. 1922년, 알버트 아이스타인(Albert Einstein)은 에너지와 질량은 다음과 같이 실제적으로 관련되어 있다고 가정하였다:

$$E = mc^2$$

여기에서, E는 에너지 방출량으로 단위는 에르그(erg)이며, m은 에너지로 전환되는 실제 질량이며 단위는 그램(gram)이며, c는 빛의 속도 (3×10^{10} cm/s)이다. 따라서, 1 그램의 질량이 소비되면서 에너지를 생산하면, 이에 상응하는 에너지는 $E = (1)(3 \times 10^{10})^2 = 9 \times 10^{20}$ erg이다. 이 양은 2,500만 kwh 또는 2,000톤 석유에 해당된다. 이러한 과정은 일상생활에서는 일어나지 않으며, 핵융합(Nuclear Fusion)과 핵분열(Nuclear Fission)과 같은 과정을 통하여 물질이 에너지로 전환된다. 이 식에서 질량과 에너지의 과정이 실제적으로 가역과정(Reversible Process)이며, 또한 질량과 에너지의 합은 어떠한 에너지보존과정에서도 반드시 보존되다는 중요한 결과를 얻을 수 있다. 20세기에 들어와서 질량이 에너지 형태의 하나로 추가되었고, 질량은 에너지로 전환되고, 질량을 광속도의 제곱으로 나눈 것을 에너지로서 환산할 수 있다. 따라서, 오늘날 에너지보존의 법칙은 물질과 에너지의 법칙까지 확장된다.

1852년에 영국의 물리학자 윌리엄 톰슨 (후의 켈빈경)이라는 사람은 "역학적 에너지의 산일을 향한 자연의 경향에 대해서"라는 제목의 논문 중에서 에너지에는 고급인 것과 저급인 것이 있다는 것을 발표하였다. 역학에너지와 전기에너지는 가장 고급인 에너지이며, 언제라도 다른 형태의 에너지로 변환될 수 있다. 이에 비해 열은 가장 저급인 형태의 에너지이며, 열을 일로 바꾸는 것은 실로 능률이 나빠서 낭비가 많으므로 취급하기 어려운 열화된 에너지이다. 화학에너지는 그 중간에 위치한다. 일반적으로 에너지소비라는 것은 물리학에서 말하는 에너지, 즉 불멸의 에너지와 다른 뜻이며, 유용한 에너지의 소비를 의미한다[17].

열역학 제 2법칙에 의하면, 열을 방출하지 않고 하나의 에너지 형태를 다른 형태로 완전히 전환시키는 것이 불가능하며, 이 법칙은 열역학 제1 법칙인 에너지보존의 법칙과 함께 물리학의 기본 원리이다. 두 개의 상이한 온도 사이에서 작용하는 열 기관의 효율은 상위 온도와 하위 온도 수준간의 관계에 의해서, 즉 투입된 에너지의 얼마만큼이 사실상 유용한 일로서 획득되는 지 규정된다. 열이 사용되는 온도가 높으면 높을수록 더욱 더 효율적인 일로 전환될 수 있다. 그러나, 에너지 수요의 약 3분의 1에 해당하는 난방 에너지는 이 열을 상대적으로 낮은 온도의 수준에서 형성되기 때문에 일을 획득하기 위한 상업용이나 산업용 에너지로 사용할 수 없게 된다.

"에너지효율(Energy Efficiency)"은 어떠한 형태의 계로부터 얻는 유용한 에너지의 양을 의미한다. 완전한 에너지-효율적 기계는 투입된 모든 에너지를 유용한 일로 변환시킬 것이다. 그러나, 실제로, 한 에너지의 형태에서 다른 에너지의 형태로 변환시 항상 유용한 에너지의 손실이 발생한다. 실제로 대부분의 에너지의 변환이 매우 효율적이지 못하다. 사람의 몸이 좋은 예이다. 우리의 몸은 기계와 같다고 볼 수있으며, 우리 몸을 위한 연료는 음식물이다. 음식이 우리에게 움직이거나 호흡을 하며, 생각하게 하는 에너지를 주지만, 우리의 몸은 음식에서 유용한 일로 변환하는 데 효율적이지 못하다. 우리의 몸은 대부분의 시간동안 5%이내 효율적이며, 에너지의 대부분이 열로 손실된다. 일반적으로, 기존의 석탄, 석유, 가스의 에너지원 발전의 효율은 30~40%대이며, 나머지는 열의 형태로 방출된다. 최근 20년동안 복합사이클가스터빈에 의한 열변환기술의 발달로 기관의 효율은 50% 이상으로 향상되었다. 또한, 카르노 순환의 한계를 직접 넘어서기 위해서, 열손실을 활용하는 열병합 발전설비를 이용하거나 연료전지를 상업화하는 것이다.

1.3 에너지의 단위(Units and Calculators)

에너지는 일을 할 수 있는 능력으로 정의되며, 일반적으로 J(Joule) 또는 cal (calorie)로 측정된다. 전력은 에너지사용 또는 발생의 강도를 말하며, 즉 에너지가 소산되거나 발생되는 변화

율로 정의된다: 전력 = 에너지/시간, 에너지 = 전력 x 시간. 전력의 일반적인 단위로는 W(Watt)를 사용하며, 1초당 사용되거나 생산된 에너지의 총량이다. 1 W = 1 J/sec이다. 국제 규약에 의하여 에너지의 단위는 J(Joule)이며, 에너지는 Wh (Watt-hour) 또는 KWh(Kilo Watt-hour)로도 표현될 수 있다. 전력밀도는 시스템의 단위 질량당 또는 단위 체적당 생산 가능한 총전력량을 말하며, 이에 상응하는 각각 전력밀도를 중량전력밀도(KW/kg)와 체적전력밀도(KW/cm^3)라 한다. 에너지밀도는 어떤 장치가 단위 질량당 또는 단위 체적당 이용 가능한 총에너지량을 말하며, 이에 상응하는 각각 에너지밀도를 중량에너지밀도(KWh/kg)와 체적에너지밀도(KWh/cm^3)라 한다.

물리적 단위에는 거리, 면적, 부피, 높이, 무게, 질량, 힘 과 에너지 등이 있다. 에너지는 다음과 같은 물리적 단위로 나타낼 수 있다.

- 원유에는 배럴(barrel) 또는 갤런(gallon)
- 천연가스에는 입방피트(cubic feet)
- 석탄에는 톤(ton)
- 전기에는 킬로와트시간(Kilo Watt-hour)

다른 연료를 서로 비교하려면, 측정을 같은 단위로 전환하는 것이 필요하다. 에너지를 비교하는 단위로는 Btu(British Thermal Units), 오일 상당 배럴(barrels of oil equivalent), 오일 상당 미터식 톤(metric tons of oil equivalent), 석탄상당 미터식 톤(metric tons of coal equivalent), 테트라 주울(tera Joule) 등이 있다. 미국식 단위로는 열 에너지의 단위로 Btu를 사용하며, 연료를 비교할 때 가장 많이 사용된다. 각각 다른 나라에서 사용되는 에너지는 다른 장소에서 사용되었기 때문에, 연료의 Btu 함량은 나라별로 약간씩 다르다. 미국에서 사용되는 연료의 평균 에너지 함량을 기준으로 하였을 때, 각 연료의 Btu 함량은 다음과 같다.

- 원유 1 barrel(42 gallons) = 5,800,000 Btu
- 가솔린 1 gallon = 124,238 Btu(미국소비기준, 2010)
- 디젤 연료 1 gallon = 138,690 Btu
- 가열오일 1 gallon = 138,690 Btu
- 남은 연료오일(residual fuel oil) 1 barrel = 6,287,000 Btu

- 천연가스 1 cubic foot = 1,025 Btu(미국소비기준, 2010)
- 프로판 1 gallon = 91,333 Btu
- 석탄 1 short ton = 19,858,000 Btu(미국소비기준, 2010)
- 전기 1 kilo Watt-hour = 3,412 Btu
- 목재 1 cord = 20,000,000 Btu

"British thermal unit(Btu)"는 연료의 열량의 측정단위로서, 액체 물의 밀도가 최대일 때의 온도에서, 대략 39° F에서, 액체 물 1 파운드를 화씨온도 1° F를 상승시키는 데 필요한 열량을 말한다. Btu는 다른 연료의 무게나 부피와 같은 물리적 단위를 연료의 에너지함량에 기초한 공통 측정단위로서 가장 범용적으로 사용되는 에너지함량의 단위이다.

배럴(barrel)은 석유 용량의 단위지만 본래는 「중간이 부푼 통의 의미이다. 1859년 미국 펜실베니아주의 도르크라는 사람이 처음으로 석유의 기계 채유에 성공하여 550갤론의 나무통에 채워 판매하였다. 그 당시에는 수송중의 취급이 조악했었기 때문에 도중에 석유가 새어 42갤런 정도가 되는 경우가 많아, 이것이 현재 1배럴 = 42갤런의 기원이 되었다.

- 석유 또는 석유관련 제품 1 barrel (bbl) = 42 gallons
- 포트랜드 시멘트 1 barrel = 376 pounds
- 밀가루 1 barrel = 196 pounds
- 돼지고기 또는 생선 1 barrel = 200 pounds
- (U.S.) dry measure 1 barrel = 3.29122 부쉘(bushels) or 4.2104 입방 feet
- 배럴은 드럼(drum)이라도 불리우지만, 드럼은 통상 55 gallons이다.

에너지공학에서 사용되는 에너지단위, 동력단위 연료관계, 1000-MWe동력발전소에 필요한 연료량, 미국 에너지필수량, 에너지사용량과 상응한 에너지량, 백만 Btu 에너지량, 동력데이터 등은 아래와 같다, 부록 C 참조.

1) 에너지단위

1Btu = 1055 J = 778ft-lb = 252 cal

1ft-lb = 1.356 J = 0.33 cal

1 calorie = 4.184J

1 food calorie = 1000 cal = 1kcal

1 ton of oil equivalent (TOE) = 40 million Btu (Mbtu) = 42GJ

1 hp-hr = 2.68×10^6 J = 0.746 kWh

1 kWh = 3.61×10^6 J = 3413 Btu = 2.65×10^6 ft-lb

1 Quad = 10^{15} Btu

1 GJ = 10^9J = 948,000 Btu

2) 동력단위

1 Watt = 1 J/s = 3.41 Btu/h

1 hp = 550 ft-lb/s = 2545 Btu/h = 746 Watts

3) 연료 관계

1 barrel (bbl) crude oil = 42 gal = 5.8×10^6 Btu = 6.12×10^9 J

1 standard cubic ft natural gas (SCF) = 1000 Btu

1 therm = 100,000 Btu

1 gal gasoline = 1.24×10^5 Btu

10^6 cu ft natural gas = 172 bbl crude oil

1 ton bituminous coal = 25×10^6 Btu

1 ton 235U = 70×10^{12} Btu

1000 bbl/day of oil = 2.117×10^{12} Btu/yr

1 million bbl/day of oil (1 MBPD)

= 5.8×10^{12} Btu/day

= 80 million tons per year of coal

= $\frac{1}{5}$ ton per year of uranium oxide

4) 1000-MWe동력발전소에 필요한 연료량 (2.4 $\times 10^{11}$ Btu/day input)

- 석탄: 9,000 tons/day of 1 unit train load (100 90-ton cars)/day

- 석유: 40,000 bbl/day or 1 tanker per week
- 천연가스: 2.4 × 10^8 SCF/day
- 우라늄(235U): 3 kg/day

5) 미국 에너지

- 미국총에너지소비(2010)
  = 98 × 10^{15} Btu (98 Quads) = 45 MBPD oil equivalent = 103 × 10^9 GJ
- 미국 인구 (2012. 7., 자료원: CIA, the world factbook): 313,847,465

6) 에너지사용량과 등가(Equivalent) 에너지량

- 1 barrel of oil = driving 1400 km (840 miles) in average car
- Electricity for city of 100,000 takes 4000 bbl per day of oil
- State of California energy needs for 8 hours = 1 million barrels of oil
- 1 gal gasoline = 11 kWh electricity (@ 30% generation efficiency)
  = 5 hours of operation of standard air conditioner
  = 200 days for electric clock
  = 48 hours for color TV
  = average summer day' s solar energy incident on 2 m^2 (22 ft^2)

7) 백만 Btu 에너지량

= 90 lb of coal

= 125 lb of oven-dried wood

= 8 gal of motor gasoline

= 10 therms of natural gas

= 1 day energy consumption per capita in the United States

= 100 kWh of electricity produced at a power plant

8) 동력데이터

- 1000 MWe utility, at 60% load factor, generates 5.3 × 10^9 kWh/year. 이는 백만명

의 도시에 필요한 전력이다.

- U.S per capita power use = 12 kW
- Human, sitting = 60 Watts
- Human, running = 400 Watts
- Automobile at 65 mph = 33 kW

1.4 에너지의 발전사(History of Energy)

불은 인류의 문명화에 필수적인 첫 번째의 위대한 발명이었다. 목재는 오랜 기간 동안 주요한 연료원이었다. 표 1.7 은 인류가 에너지와 관련한 기계 발명을 연대순으로 정리한 것이다.

표 1.7 에너지관련 기계 발명의 역사

연도	발명가	발명 내용	비 고
1698	Thomas Savery	증기가 이끄는 펌프	
1711	Thomas Neweomen	펌프용 대기압피스톤이 이끄는 스증기 엔진	
1785	James Watt	효율적, 고압력,분리형 스팀 엔진- 광범위한 규모용을 위한 동력을 생산하는 최초 생산품	
1862	Beau de Tochas	4 행정, 왕복 피스톤, 스파크점화 내연엔진	
1876	Baron Otto	4 행정, 왕복 피스톤, 스파크점화 내연엔진를 진보시킨 엔진	
1881	Brush Electric Light Co.,Philadephia	최초 전기 동력 발전소	
1892	Rudolph Diesel	디젤엔진	
1896	Henri Becquarel	천연 라디오활성도 벌견	
1903	Fisk St. Sta., Commonwealth Edison Co., Chicago	최초 스팀 터빈이 이그는 전기 동력 발전소	
1932	James Chadwick	중성자 발견	
1933	Irene and Frederic Joliot-Currie	인조 라디오활성도 발견	
1938	Otto Hahn, Lise Meitner and Fritz Strassemann	중선자-유도된 핵분열	
1942	Enrico Fermi	최초 인간이 만든 임계 핵반응기	
1951	Howard Zinn	EBR-1에 의한 최초 핵 전기력 생산	
1954	Hynan Rickover	최초 핵잠수함, USS Nautilus	
1958	Atomic Energy Commission	최초 상업용 핵전력 계획	

(자료원: http://ocw.mit.edu, Courtesy of Michael W. Golay, [18])

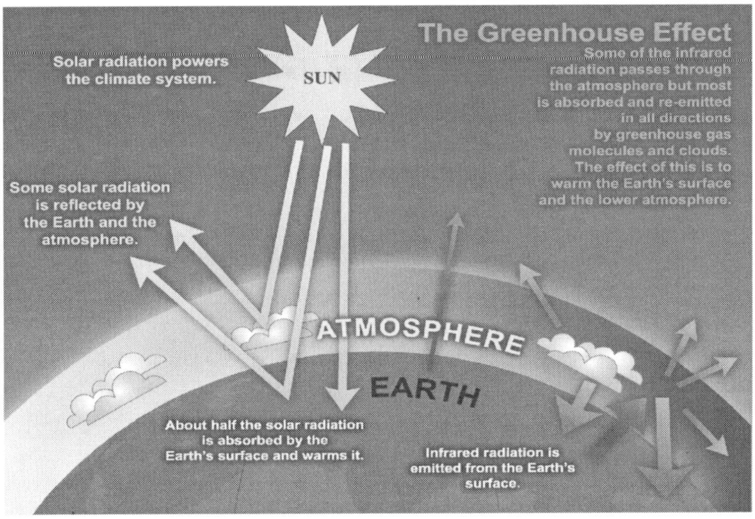

그림 1.12 온실효과(Greenhouse Effects) [19]

1.5 에너지와 환경(Energy and Environment)

우리가 지구환경 속에서 쾌적하게 살아갈 수 있는 이유는 무엇일까? 이것은 대기 중 이산화탄소 등의 온실가스가 온실의 유리처럼 작용하여 지구표면의 온도를 일정하게 유지하기 때문이다. 지구가 평균기온 15℃를 유지할 수 있는 것도 대기 중에 존재하는 일정량의 온실가스에 의한 것으로, 이러한 온실효과가 없다면 지구의 평균기온은 -18℃까지 내려가 대부분의 생명체는 살 수 없게 된다. 지구 대기에서 발견되는 대부분의 화학성분들은 온실가스(Greenhouse Gases, GHG)의 역할을 한다. 이들 가스로 인하여 태양 빛이 대기로 자유롭게 유입되도록 한다. 태양 빛이 지구 표면에 방사하게 되면, 일부는 대기 공간으로 자외선(열)으로서 재방사된다. 온실가스들은 이러한 자외선을 흡수하고 대기 공간에서 이들을 열로서 잡아가둔다. 이러한 자연적인 현상을 "온실효과(Greenhouse Effects)"라 하며, 그림 1.12는 이의 메카니즘을 설명하고 있다. 태양복사열은 쾌청한 대기를 통하여 지구로 유입된다. 유입된 태양열복사의 51%는 지구표면에 의해 흡수되고 가열되며, 지구표면에 의해 평균 4 % 정도가 반사되며, 20%정도가 대기에서 구름에 의하여 산란되며 반사된다. 19%정도는 대기와 구름에 의하여 흡수되며, 6%는 대기로부터 산란된다. 지표에 들어온 태양에너지의 30%는 우주공간으로 반사된다. 따라서, 유입된 단파장의 70%가 지표와 대기에 흡수된다. 대기가 흡수하는 것이 16%, 구름이 흡수하는 것이 3%, 나머지 51%가 지표에 흡수된다. 장파장 적외선 복사의 일부는 대기를 통과하고 일부는 흡수되어 온실가스에 의해서 모든 방향으로 재방사된다. 이러한 영향으로 인하여 지구 표면과 대기의 하부가 가열된다. 많은 가스들이 이러한 온실가스의 성질을 가지고 있으며, 일부 가스들은 자연적으로 발생하며, 일부는 사람의 활동에 의해서도 발생하며, 일부는 산업용 가스처럼 사람에 의해서도 발생된다.

1.5.1 온실가스

미국에서는 사람에 의한 활동에 의한 것도 온실가스로 포함시키고 있으며, 주요한 온실가스은 다음과 같다:

- 이산화탄소(Carbon dioxide, CO_2)
- 메탄(Methane, CH_4)
- 일산화질소(Nitrous Oxide, N_2O)
- 산업용가스:탄화불화수소(Hydrofluorocarbons,HFCs),탄화페르불소 (Perfluorocarbons (PFCs), 육불소황(Sulfur hexafluoride, SF_6)

미국과 국제적으로 온실가스로 분류되지 않는 가스:

- 수증기는 온실가스에서 가장 많은 비중을 차지하는 것으로 분류되나, 대부분의 과학자들은 사람들의 활동에 의하여 발생되는 수증기의 양이 대기의 양에 미량에 불과하다고 믿고 있다. 따라서, 미국에너지정보청(EIA)는 수증기의 방사을 고려하고 있지 않다.
- 오존(Ozone)은 기술적으로 보면 온실가스이다. 그 이유는 지구 글로벌 온도에 영향을 미치고 있기 때문이다. 상당히 높은 대기(Stratosphere)에서는, 오존이 자연적으로 발생하여 인체에 유해한 UV 빛을 차단하게 하는 역할을 한다 낮은 대기(Troposphere)에서는 오존이 인체에 유해하며, 지구온난화의 영향과 독립적으로 규정되는 오염성분이다.

1.5.1.1 기후에 미치는 영향

과거 150년동안 온실가스는 증가하였으며, 중요한 온실가스의 농도수준은 약 40%정도 증가하였다, 그림 1.13 참조. 지난 60년동안 이산화탄소 배출량은 6 배 이상 증가한 것으로 분석된다. 최근 20년동안에, 인간이 발생시킨 인공적인 방사량의 2/3정도는 화석연료의 사용때문이다. 자연적으로 "탄소 순환(Carbon Cycle)"이라고 알려진 수 많은 공정에 의하여 대기의 이산화탄소의 농도는 자연적으로 규제된다. 대기와 지구 표면과 바다 해양사이에서의 탄소의 움직임은 식물의 광합성반응을 포함하여, 자연현상에 의하여 주로 이루어지고 있다. 이러한 자연과정은 매년 인공적인 이산화탄소의 62억 메트릭톤을 흡수(72 억 메트릭톤을 발생시키고, 12억 메트릭톤은 다시 저장소로 들어옴)하고, 약 41메트릭억톤은 매년 대기로 증가시킨다. 이러한 온실가스의 방사와 흡수의 불균형수지는 대기의 온실가스의 농도를 계속해서 증가시키고 있다. 그림 1.14은 글로벌 탄소 순환을 나타내고 있다.

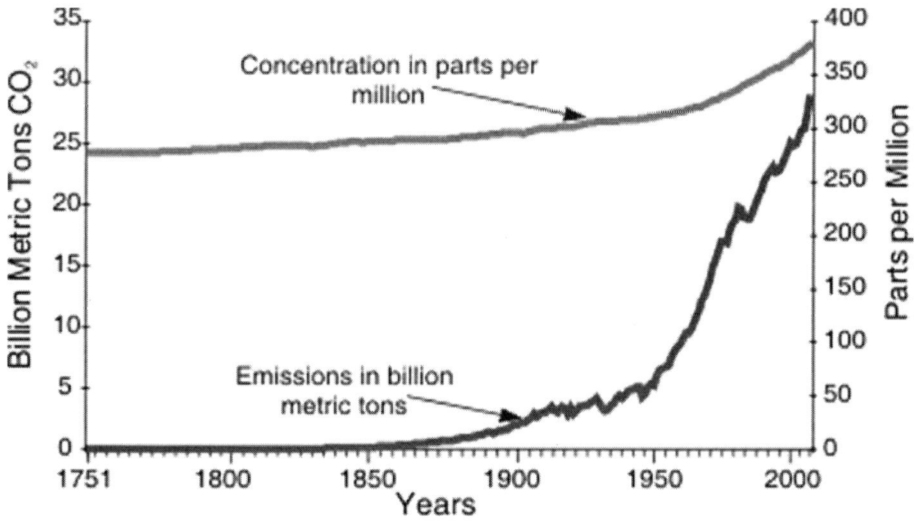

Source: Oak Ridge National Laboratory, Carbon Dioxide Information Analysis Center.

그림 1.13 1751-2004년 동안 이산화탄소의 배출과 농도 [20]

과학자들은 실제적인 확증을 가지고 온실가스를 증가시키면 지구를 온난화시킨다고 확신하고 있다. 컴퓨터기준에 의한 모델에서, 온실가스의 농도증가는 상당기간 지구 평균 표면온도를 증가시키고 있다. 온도증가의 영향은 순환적으로 침식형태, 폭풍의 정도, 해수표면의 높이 등의 변화, 즉, 기후변화를 일으킨다.

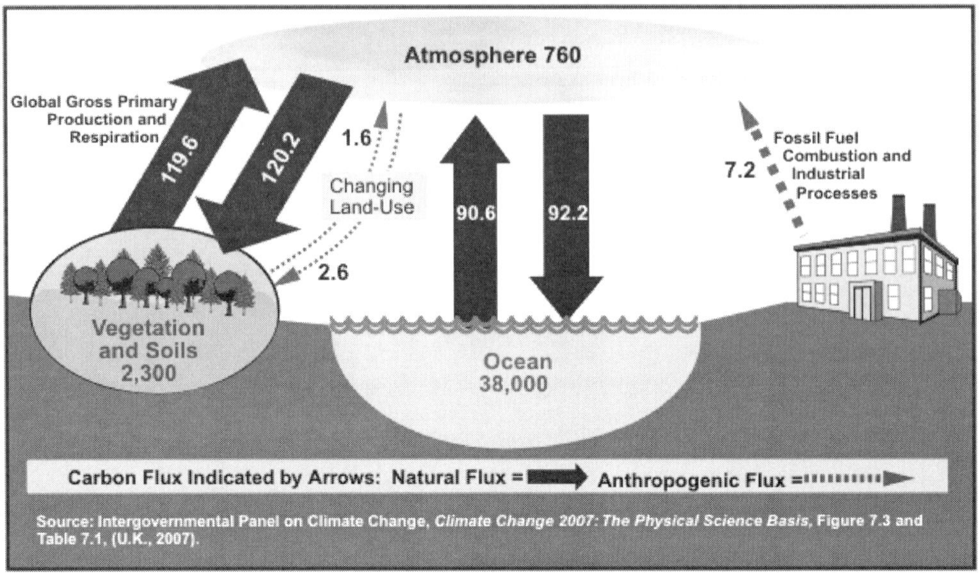

그림 1.14 글로벌 탄소 순환(10,000억톤, billion metric tons)

(자료원: www.eia.gov/energyexplained/index.cfm?page=environment_how_ghg_affect_climate, [20])

기후변화의 상호정부판넬 IPCC(Intergovernmental Panel on Climate Change)의 보고에 의하면, 지구의 온도는 화씨 온도 1.1°F 내지 1.6°F를 상승되었으며, 지난 100년 동안 대기에 영향을 미치는 인간의 활동은 중요한 추진 요인이 되었다. 제 4차 IPCC의 보고서에 의하면, 20세기 중반이후부터 글로벌 온도증가에서 관찰된 대부분 증가요인은 인공적인 온실가스의 농도때문이라고 한다. 미국의 경우에는 소비되는 1차에너지원에서 화석원료가 83%를 차지하고 있으며, 이산화탄소의 배출의 99%를 차지하고 있다.

1.5.1.2 이산화탄소은 어디에서 오는 가?

미국에서는 온실가스(Greenhouse Gas, GHG)의 배출이 주로 화석연료의 사용때문이며, 에너지 소비는 경제 성장과 함께, 기후의 변화에 따른 냉온방에 따른 에너지 수요의 변화에 따라 주로 이루어진다. 화석연료는 주로 수소와 탄소로 이루어지고 있으며, 화석연료가 연소될 때, 탄소는 산소와 결합하여 이산화탄소를 생성한다. 이산화탄소의 배출량은 연료의 탄소의 양에 의존한다. 에너지 발생 각 단위를 기준으로 하였을 때, 석유는 석탄이 발생하는 이산화탄소의 3/4를 발생시키고, 천연가스는 1/2를 발생시킨다.

이산화탄소(Carbon Dioxide)

그림 1.15은 2009년 미국 온실가스 배출을 설명하고 있다. 2009년 온실가스의 미국 배출량은 6,575.5 백만톤이며, 이 중에서 배출량의 약 81%은 주로 석유, 석탄, 천연가스 등 화석연료 에너지와 관련된 이산화탄소(CO_2)이다. 약 1% 온실가스는 시멘트제조공정에서 오는 CO_2이다. 그림 1.16에서는 2010년 미국 에너지관련 이산화탄소배출의 비중 77%은 석탄과 석유로부터 발생하며, 23%는 천연가스로부터 발생한다. 석탄이 에너지소비에서 차지하는 비중은 21%이지만, 이에 해당하는 이산화탄소배출의 비중은 35%을 차지한다. 이는 석탄를 소비하였을 때, 다른 화석연료에 비하여 보다 많은 이산화탄소가 배출된다는 것을 의미한다. 천연가스가 에너지소비에서 차지하는 비중이 25%이지만, 이산화탄소 배출의 비중은 23%이다. 이는 천연가스가 다른 화석연료에 비하여 상대적으로 이산화탄소의 배출이 적은 에너지원임을 의미한다. 그림 1.17에서 보는 바와 같이, 2010년 미국 전력생산과 관련된 주요 연료원의 비중은 석탄 48%이고, 천연가스 19%이다. 전력생산에 따른 이산화탄소 총배출중에서 석탄이 81%를 차지하고 있다. 석탄은 이산화탄소배출를 상대적으로 많이 유발시키는 에너지원이다. 그림 1.18을 보면, 2010년 미국 산업부문이 직접 연료소비와 구입된 전기량를 포함시키면 가장 큰 에너지 소비원이지만, 운송부문이 산업부문보다 석유 연료의 완전한 의존성때문에 더 많이 이산화탄소를 배출시킨다.

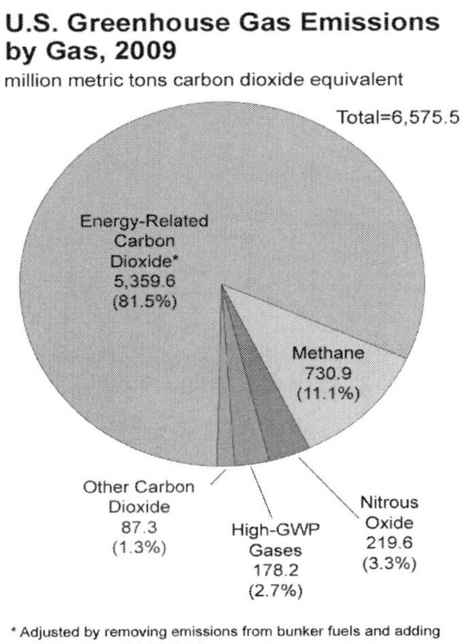

그림 1.15 2009년 에너지관련 미국 온실가스 배출 [21]

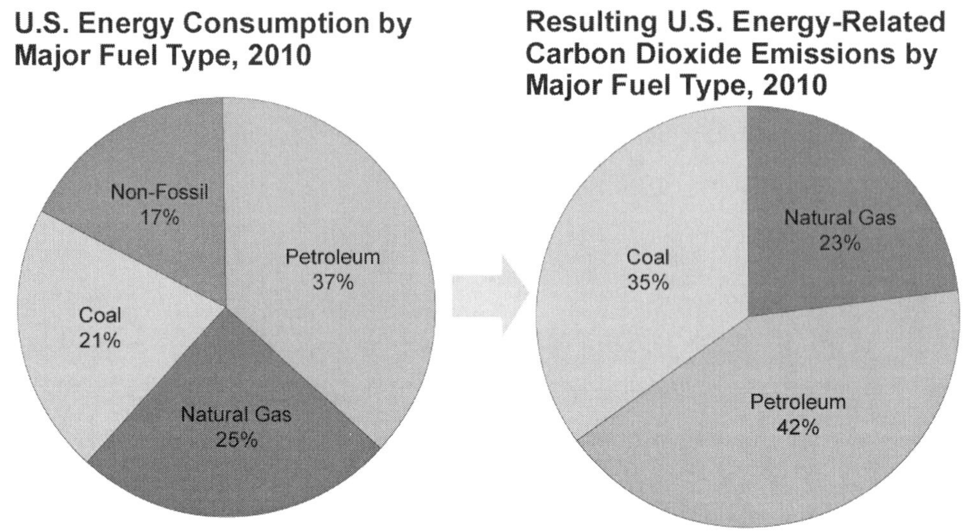

Source: U.S. Energy Information Administration, *Monthly Energy Review*, Table 1.3 (March 2011), preliminary 2010 data.

Source: U.S. Energy Information Administration, *Monthly Energy Review*, Table 12.1 (March 2011), preliminary 2010 data.

그림 1.16 2010년 미국 주요 연료원과 이산화탄소배출 연료원의 구성비 [21]

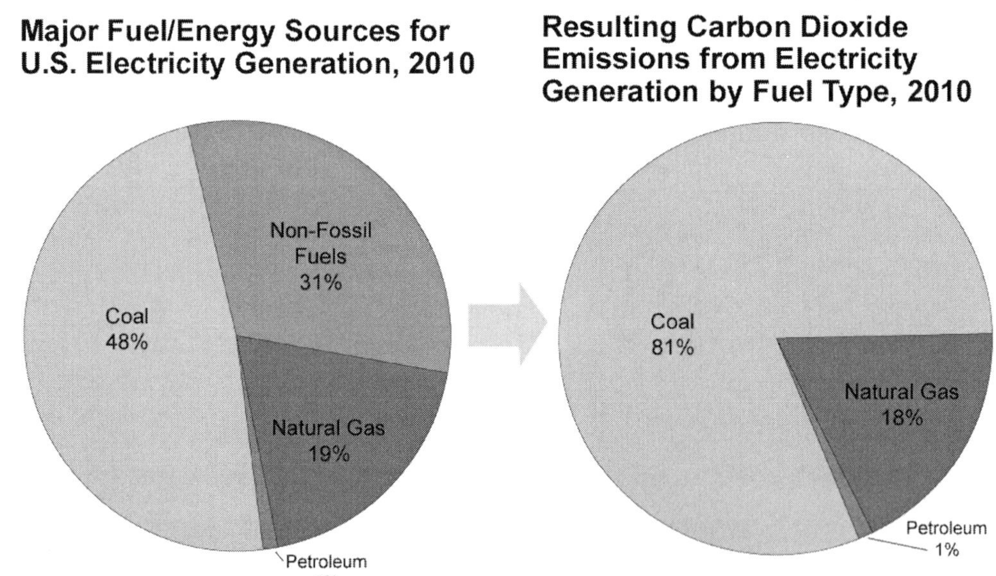

Source: U.S. Energy Information Administration, *Monthly Energy Review*, Table 2.6 (March 2011), preliminary 2010 data.

Source: U.S. Energy Information Administration, *Monthly Energy Review*, Table 12.6 (March 2011), preliminary 2010 data.

그림 1.17 2010년 미국 전력생산용 연료원과 이산화탄소배출 연료원의 구성비 **[21]**

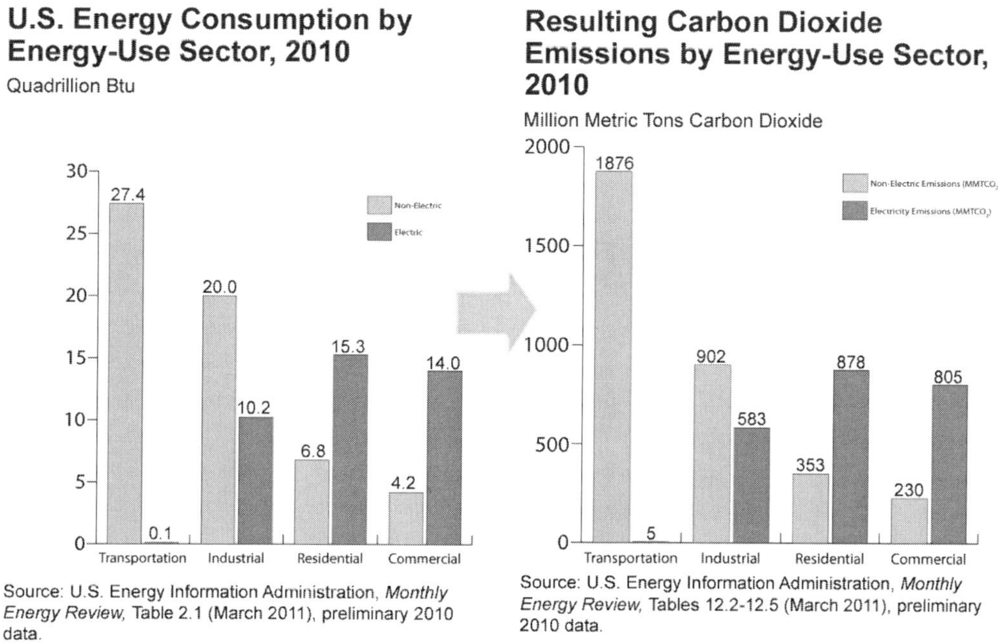

그림 1.18 2010년 미국 소비자부문별의 에너지소비와 이산화탄소배출 연료원의 구성비 [21]

우리나라의 경우에는 2009년 기준으로, 이산화탄소(CO_2)는 기후변화를 일으키는 온실가스 전체 배출량 607.6 백만톤CO_2의 88.9%를 차지하는 등 지구 온난화에 가장 크게 기여하고 있다. 온실가스 종류과 배출비중(%)은 다음과 같다 [22].

(단위: 백만톤CO_2)

	CO_2	CH_4	N_2O	HFCs, PFCs, SF_6
배 출 원	에너지사용/산업공정	폐기물/농업/축산	산업공정/비료사용	냉매/세척용
국내총배출량(%)	540.6(88.9%)	27.7(4.5%)	12.5(2.0%)	18.6(4.4%)

2009년 기준으로, 온실가스 배출원별로는 에너지부문이 총배출량 607.6백만톤CO_2의 84.9%이며, 특히 에너지연소에 의한 CO_2 배출량은 506.01 백만톤CO_2으로 비중이 총 온실가스배출량(607.6 백만톤CO_2)의 83.2%이다 [22], 아래 그림과 표를 참조.

(단위: 백만톤CO_2)

구 분	에너지	산업공정	농업 · 폐기물
이산화탄소 배출비중(%)	516(84.9%)	56.7(9.4%)	34.9(5.7%)

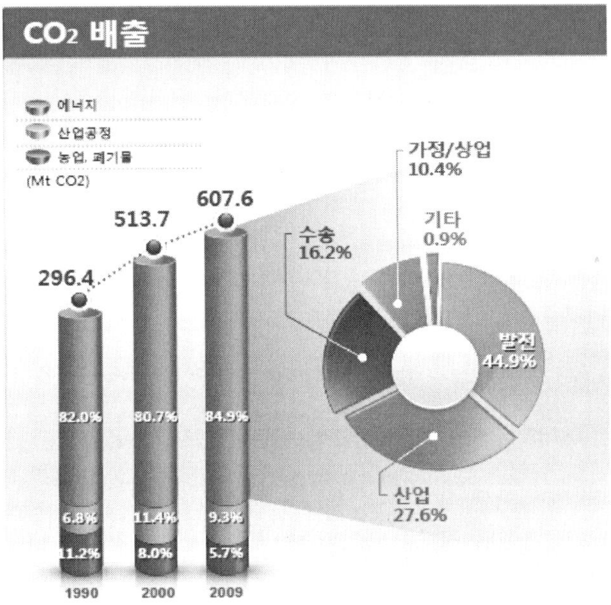

상기 그림의 자료원은 참고문헌 [23]에서 인용된 것이다.

1 CO_2톤의 의미는 다음과 같다 [24].

1) 서울 ↔ 부산 (왕복 820㎞)을 약 7번 왕복시 배출되는 양이다. 이는 휘발유로 환산시 500리터(0.4 TOE)에 해당된다. 승용차기준으로, 주행거리 5,400㎞, 평균연비 11.76㎞/liter로 가정하고 계산한 것이다.

2) 가정에서 년간 사용하는 난방연료(도시가스)에서 배출되는 양이다. 이는 가구당 년간 난방연료(도시가스) 450.4N㎥(0.47 TOE)이며, 2005년 에너지총조사 (지식경제부)에 근거한 것이다.

3) 가정에서 년간 사용하는 전력의 약 80%에 해당되는 양이다. 이는 전기 2,360 kWh를 사용할 경우 배출되는 양이다. 1kWh 당 0.424kg CO_2를 배출하는 것으로 간주하며, 가구당

년간 전력사용량 3,064kWh으로 간주한 것이다 (2005년 에너지총조사, 지식경제부).

4) 년간 1 CO_2톤 감축 하려면 잣나무를 총 310그루 심어야 한다. 국립산림과학원의 자료에 근거하면, 이는 1 그루당 3.22kg CO_2의 감축효과가 있다.

메탄(Methane, CH_4)과 기타 다른 가스

메탄 (CH_4)은 주로 땅매설, 석탄광석, 오일, 천연가스의 사용, 농업 등에서 주로 발생하며, 2009년 총 U.S. 온실가스(Greenhouse Gas, GHG)에서 약 11%였다. 일산화질소 (Nitrous Nxide, N_2O)는 총 온실가스(Greenhouse Gas, GHG)발생에서 약 3%이며, 질소비료화, 화석연료의 연소, 산업와 폐기물 제조공정에서 주로 발생한다. 인간에 의하여 만들어지는 화합물인 HFCs, PFCs, SF_6 등은 총배출량이 3%이며, 산업의 부산물로 발생한다.

1.5.1.3 향후 이산화탄소의 배출전망

최근 국제에너지기구(IEA)의 세계 에너지전망 보고서 [3]에 의하면, 전 세계 국가들이 현재와 같은 에너지 소비형태가를 지속할 경우에는 다음과 같이 전망된다. 향후 비OECD 국가들은 2010년과 2035년 사이 전 세계 인구 성장의 약 90%, 경제 생산증가의 70%, 에너지 소비 증가의 90%를 차지할 것으로 예상되며 이로 인해 2035년이 되면 전세계 에너지 수요가 비약적으로 증가하여 2010년 대비 약 30% 이상 늘어날 것으로 예상된다. 2035년에는 에너지 관련 이산화탄소 배출량이 2010년 304억톤에서 364억톤으로 증가하여 장기적으로 세계 평균 대기온도가 3.5℃정도 상승할 것으로 예상되고 있다, 그림 1.19 참조 [25]. 그것도 현재 세계 각국 정부가 계획하고 있는 다양한 환경, 에너지 정책들을 적극적으로 실행한다는 것을 전제한 것으로 만약 신규 정책의 실현 없이 현재 상태로 진행된다면 2035년 에너지 관련 이산화탄소 배출량이 433억톤으로 증가해서 장기적으로 6℃ 상승하여 인류의 생존을 위협하는 수준이 되리라 예상된다.

세계 인구의 5%를 차지하는 미국은 2008년 화석연료의 연소로 인하여 글로벌 이산화탄소 배출에서 차지하는 비중이 19%이다. 이는 전세계에서 미국 경제규모가 가장 크며, 화석연료관련 에너지 수요의 83%를 차지하고 있기 때문이다.

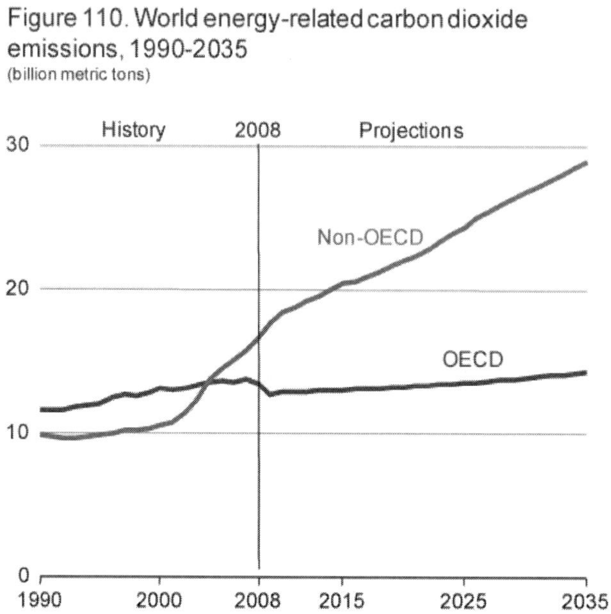

그림 1.19 1990-2035년 전세계 에너지관련 이산화탄소 배출량의 전망 [25]

1.5.2 재활용과 에너지

신문, 알루미늄, 유리 등을 재활용하여 에너지와 천연자원을 보존할 수 있다. 대부분의 경우에는 재활용 물질에서 제품을 만드는 것이 새로운 재료에서 제품을 만드는 것보다 에너지가 절감된다. 알루미늄의 경우에는 재활용 알루미늄에서 만드는 것이 원료에서 알루미늄을 만들 경우 95%의 에너지를 절감할 수 있다. 종이의 경우에는 재활용종이에서 1 톤의 종이를 만들 경우에 17개의 나무와 물 50%를 절감하는 효과가 있다. 최근 국내연구기관에서 재활용하거나 절감, 재생산하는 3R(reuse, reduce, recycle)기술개발에 많은 관심을 갖고 있다.

참고문헌

[1] "주요 선진국이 바라본 미래 트렌드와 정책과제", 기획재정부 보도참고자료, 2012

[2] "Fossil Fuels' enmergy and Their environmental Impact", Courtesy of Ahmed F. Ghoniem, Department of Mechanical Engneering, April, 12, 2005, http://ocw.mit.edu

[3] "Energy: Its use and the environment", fourth edition, Roger A. Hinrichs and Merlin Kleinbach, Thomson Brooks/Cole Publisher, 2006

[4] "60 years BP Staticstical Review, BP Energy Outlook 2030", http://www.bp.com/liveassets/bp_internet/globalbp/globalbp_uk_english/reports_and_publications/statistical_energy_review_2011/STAGING/local_assets/pdf/2030_energy_outlook_booklet.pdf

[5] "U.S. Energy Information Admistration-Annual Energy Review 2009", http://www.eia.gov/todayinenergy/detail.cfm?id=10#

[6] "2010 Key World Energy Statistics, International Energy Agency", http://www.iea.org,

[7] "2011년 에너지통계연보", 에너지경제연구원

[8] "BP Statistical Review of World Energy June 2011", http://www.bp.com/statisticalreview

[9] http://www.bp.com/liveassets/bp_internet/globalbp/globalbp_uk_english/reports_and_public ations/statistical_energy_review_2011/STAGING/local_assets/pdf/statistical_review_of_world_energy_full_report_2011.pdf

[10] http://www.bp.com/sectiongenericarticle800.do?categoryId=9037134&contentId=7068677

[11] http://www.kogas.or.kr

[12] "World Energy Outlook 2011", International Energy Agency, 2011

[13] "Monthly Energy Review", March 2012, Table 1.3, preliminary data for 2011

[14] http://www.eia.gov/energyexplained/index.cfm?page=about_sources_of_energy

[15] http://www.eia.gov/energyexplained/index.cfm?page=about_laws_of_energy

[16] "National Energy Education Development Project"

[17] "에너지로 말하는 현대물리학 (영구기관에서 현대우주론까지)", 전파과학사

[18] http://ocw.mit.edu, Courtesy of Michael W. Golay

[19] http://www.ipcc.ch, IPCC AR4 WG I, FAQ. 1.3 Fig. 1

[20] http://www.eia.gov/energyexplained/index.cfm?page=environment_how_ghg_affect_climate

[21] http://www.eia.gov/energyexplained/index.cfm?page=environment_outlook_for_emissions

[22] http://www.kesis.net/flexapp/KesisFlexApp.jsp?menuId=Q0109&reportId=&chk=Y

[23] "2012년도 에너지 · 기후변화정책방향, 2012년 에너지 · 기후변화정책종합설명회, 에너지관리공단, 2012. 1., http://www.kemco.or.kr

[24] "국내외 주요 에너지 통계 및 녹색성장을 위한 주요추진사업", 생활실천홍보실, 에너지관리공단, 2009.1

[25] http://www.eia.gov/energyexplained/index.cfm?page=environment_where_ghg_come_from

연습문제

1. 1차에너지와 최종에너지의 차이점을 설명하시오.

2. 1차에너지와 최종에너지의 소비를 설명하시오.

3. 석유환산톤(TOE)이란 무엇인가?

4. 에너지 계량단위로 배럴과 갤런에 대하여 설명하시오.

5. 에너지소비와 지구온난화와의 관계를 설명하시오.

6. 온실가스의 종류 및 미국의 온실가스 배출원과 배출 비중을 설명하시오

7. 1 CO_2톤의 의미를 설명하시오.

8. 세계 인구가 연 1.3%의 성장속도로 증가하고 있다면, 1986년에 세계 인구가 50억이라면, 몇 년후에 세계 인구가 2 배로 되는가?

9. 비전통석유의 종류와 특징을 설명하시오.

10. 세계 주요 에너지원을 설명하고 재생에너지와 비재생에너지으로 구분하여라. 그리고 그의 차이점을 설명하시오.

11. 가솔린의 가격이 1 리터당 ₩2,000이라면 1 배럴당 가격은 얼마인가?

12. 과거 50년동안 에너지원에서 가장 빠르게 성장한 에너지원이 무엇인가? 그 이유는 무엇인가?

13. 만일 20년후에 세계 인구가 현재보다 1.5배로 증가한다면, 에너지소비도 1.5배로 증가한다고 생각하는가?

14. 만일 중국의 1 인당 년간 국민소득이 U.S. $5,100이며 연간 8%의 속도로 성장한다면, 몇 년후에 미국의 U.S. $39,000에 도달하게 되는가?

15. 온실효과를 발생시키는 탄소가스외에 다른 온실가스에 대하여 설명하시오. 그리고 우리가 탄산가스를 중요시하는 이유는 무엇인가?

16. 기후온난화를 유발시키는 화석연료의 사용으로 인한 이산화탄소 배출를 감소시킬 수 있는 대체연료는 무엇인가?

17. 200년간 미국 에너지 소비패턴을 통하여 최근 60년간 가장 급격히 에너지 소비를 나타내는 부문은 무엇이며 주요한 원인은 무엇인가?

18. 세계 1 인당 에너지소비가 증가하는 이유는 무엇인가?

19. 개발국에서 에너지 수요가 꾸준히 증가할 때 발생하는 문제점은 무엇인가?

20. 2012년 미국석유의 매장량이 230 억배럴이면, 현재 생산속도는 6 MBPD(million barrels per day)이라면, 미국의 석유가 언제쯤 고갈이 되겠는가?

21. 그림 1.10에서 미국인 1명당 하루 석유 소비량이 7 갤런이라면, 다른 에너지원을 통한 에너지소비량은 얼마인가?

22. 그림 1.10에서, 2011년 미국 총에너지소비량 98 quadrillion Btu라면, 재생에너지원에 의한 소비량은 얼마인가?

23. 온실효과의 원리와 영향, 그리고 대응방안에 대하여 논하시오(2002년 행정고등고시(기술직) '대기오염관리' 출제).

24. 에너지소비를 실제생활에서 피부로 느낄 수 있도록 에너지량을 비교하여 설명하시오. 자료원 http://www.eia.gov/energy_in_brief/comparing_energy_consumption.cfm를 참고하시오.

에너지자원의 일반 2장

2.1 서론

1800년대 산업혁명을 거치면서 인류는 대량 생산과 소비가 발생하면서 많은 전력과 대형 수송 시스템을 필요로 하게 되었다. 따라서 석탄이라는 원자재를 사용하여 화력발전소와 물을 이용한 수력발전소가 건설되고, 증기기관차가 발명되어 주요 도시들이 전기와 철도로 연결되면서 사람과 물자의 대량 이동이 가능하게 되었다. 석유라는 에너지를 자동차, 항공기에 이용하므로써 산업혁명은 더욱 활발하게 전개되었으며, 이로 인하여 인류의 문명은 급속도로 성장했다. 특히 세계 1, 2차 대전을 거치면서 자동차의 발달과 군사적 목적의 전투기의 등장으로 석탄보다는 석유의 중요성이 더욱 증가하게 되었다. 20세기초까지만 하더라도 영국을 비롯한 서구 열강들은 국가들의 증기차, 대형 함정과 같은 수송용 에너지원으로 석탄을 사용하였다. 그러나, 석탄으로 대형 함정을 움직이기 위해서는 너무나 많은 인력, 예를 들면, 5일 동안 1,000명의 작업 인력이 필요하지만, 석유를 에너지원으로 사용할 경우에는 24명이 6시간의 작업으로 대형 함정을 운전할 수 있었다. 이러한 이유 때문에 1910년 무렵 영국의 피셔 제독이 해양을 지배하기 하기 위해서는 석유를 해군 함정의 연료로 사용해야한다고 주장하였다. 그 때부터 석유를 지배하는 국가가 식민지 확보전쟁에서 승리할 수 있다는 공감대가 형성되었고, 오늘날까지 석유은 자본주의 경제성장의 중심에서 가장 중요한 에너지원인 원자재로 부상되어 왔으며, 검은 황금으로도 인식되고 있다 [1].

국제에너지기구(IEA)의 2011년 World Energy Outlook 보고서 [2]에 의하면, 2010년과 2035년 사이 인구가 17억 명이 증가하고, 경제성장률이 연평균 3.5%에 달할 것으로 예상되는 가운데 에너지 서비스와 수송용 수요가 더욱 더 증가하는 것으로 예상된다. 전세계 단기 GDP 성장률이 금번 보고서의 가정보다 낮아질지라도 이것이 장기적 추세에 큰 차이를 가져오지는 않을 것이다. 앞으로 에너지시장의 역동성은 점점 더 OECD 역외 국가들에 의해 좌우될 것이다. 비OECD 국가들은 2010년과 2035년 사이 전세계 인구 성장의 90%, 경제생산 증가의 70%, 에너지소비 증가의 90%를 차지할 것이다. 특히 중국은 세계 1위의 에너지 소비국으로 자리매김할 것이다: 2035년에는 중국의 일인당 에너지 소비가 세계 2위 소비국인 미국의 절반도 되지 않음에도 불구하고 미국보다 에너지를 70% 이상 더 소비할 것이다.

인도, 인도네시아, 브라질 및 중동의 에너지 소비 증가율은 2010년과 2035년 사이 중국보다 훨씬 빠르게 증가할 것이다. 그림 2.1에서 보는 바와 같이, 2010년과 2035년동안에 전세계 에너지수요의 1/3은 중국과 인도에 의하여 증가되는데, 이 기간의 에너지 수요 성장에 50%를 기여한다. 그림 2.2에서는 미국의 석유 수입은 국내 석유생산과 자동차효율의 향상으로 계속 감소하게 되며, 2015년에는 EU의 석유 순수 수입이 미국을 추월하게 되며, 2020년에는 중국이 최대 수입국이 된다. 만일 추가적인 에너지, 환경정책의 추진없이 현재와 같은 에너지 소비패턴으로 지속된다면 장기적으로 지구 온도가 섭씨 6도가 상승하여 심각한 환경파괴 문제가 초래될 수 있다고 경고하고 있다. 세계 에너지수요 증가의 대부분을 차지하는 개발도상국의 경우 비용이 비싼 신재생에너지 보다 쉽게 쓸 수 있는 화석연료 기반의 에너지에 주로 의존할 것으로 예상된다. 2011년 일본 원전사태로 인해 불거진 원자력 발전에 대한 불신감 그리고 세계 경기 침체 및 유럽 재정불안요소의 확대 등으로 세계 기후변화협약에 대한 각국의 의지가 점점 약화되는 현실만 보더라도 미래 지구환경이 그리 낙관적인 것은 아닐 것으로 생각된다. 신재생에너지가 중요 에너지원으로 대두될 것이라는 희망적인 견해도 있지만 향후 에너지소비의 증가의 상당 부분을 차지하고 있는 중국, 인도 등에서는 비용이 비싼 신재생에너지보다는 비교적 쉽게 확보할 수 있는 화석에너지에 우선적으로 눈을 돌릴 가능성이 높다 [3].

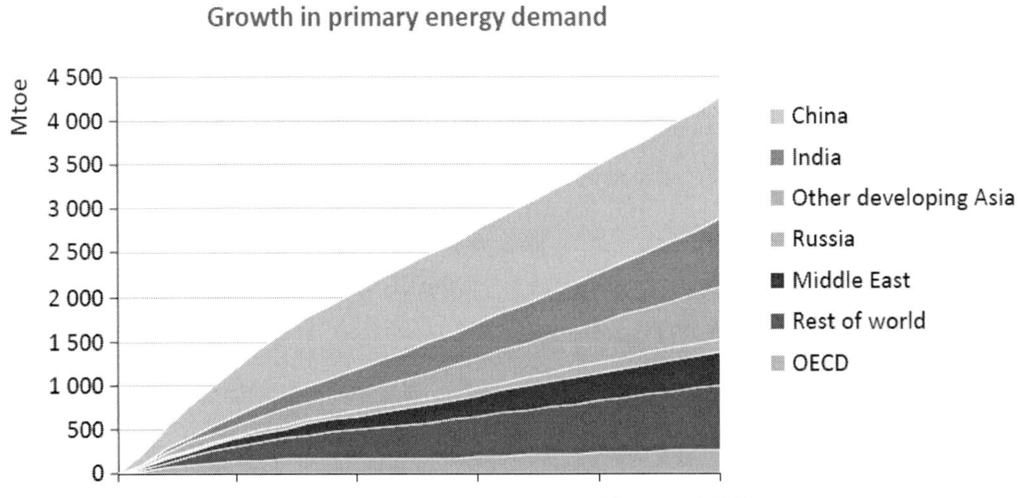

그림 2.1 중국, 인도 1차에너지 수요의 성장 (2010~2035) [2]

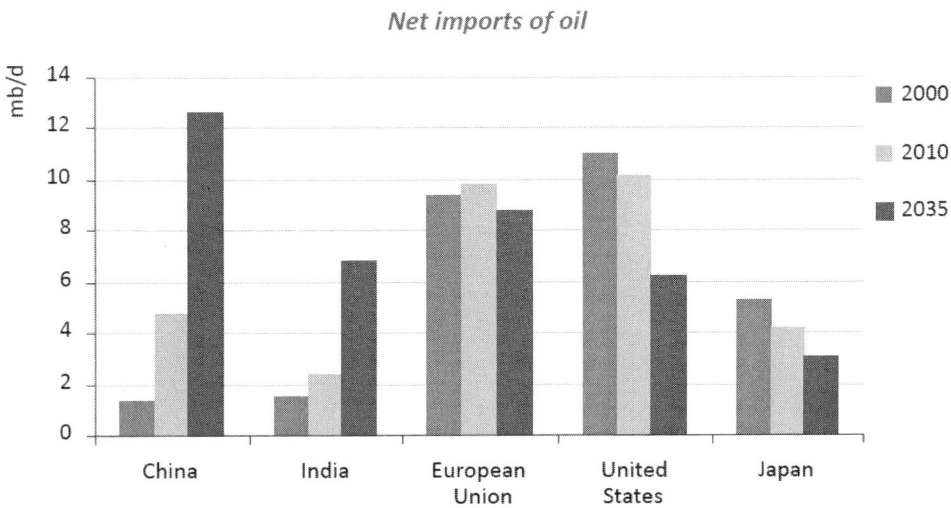

그림 2.2 중국, 인도, EU, 미국, 일본의 순수 석유수입량 (2000~2035) [2]

2.2 우리나라 에너지 현황과 전망

2.2.1 우리나라 에너지부문의 국제위상

우리나라의 에너지와 경제력 국제 위상면에서 보면 선진국에 이미 진입했다. 우리나라는 2012년, 6월에 1인당 국민소득 23,680달러, 5,000만 인구로, 20-50 클럽에 가입하게 되어 명실상부한 세계 7대 강대국에 진입했다 [4]. 즉, 국제적으로 국민 1 인당 소득 2만달러(20K, K는 1,000을 나타냄), 인구 5,000만명 (50M, M은 100만을 의미)을 동시에 충족하는 나라들을 뜻한다. 세계 제2차대전 이후 독립국가 중 우리나라가 유일하게 가입했다. 국제사회에서 1인당 소득 2만달러는 선진국 문턱으로 진입하는 소득 기준, 인구 5,000만명은 인구 강국과 소국을 나누는 기준으로 통용된다. 국가 경쟁력 (명목GDP)은 세계 22위이다 [5]. 2011년 기준으로, 우리나라의 1차에너지 소비는 263백만TOE(세계 9위)로, 세계 에너지소비의 2.1%이다. 1인당 에너지소비는 세계 21위이다. 하루 석유 소비량는 세계 8위, 하루 석유정제능력는 세계 6위, 천연가스 소비는 세계 18위, 석탄 소비는 세계 7위, 원자력 소비는 세계 5위, 전력 생산량는 세계 9위, 수력 소비량는 세계 40위, 이산화탄소 배출량는 세계 7위, 경제규모(명목GDP)는 세계 13위 (2006), 1인당 GNI는 세계 49위 (2007), 국가 경쟁력는 세계 22위 (2012),

표 2.1 우리나라 에너지부문의 국제위상 (2011년 기준)

- ❑ 1차 에너지소비: 263백만TOE(세계 9위), 세계 에너지의 2.1% (1인당 에너지소비: 세계 21위)
- ❑ 하루석유소비량: 2,397 천배럴(세계 8위)로, 세계비중 2.6%
- ❑ 하루석유정제능력: 2,783천배럴(세계 6위)로, 세계비중 3%
- ❑ 천연가스 소비: 46.6억 m^3(세계 18위), 세계비중 1.4%
- ❑ 석탄소비: 79.4백만톤(세계 7위), 세계비중 2.1%
- ❑ 원자력소비: 150.2 Terawatt-hours(세계 5위), 세계비중 5.7%
- ❑ 전력생산량: 520.1 Terawatt-hours(세계 9위), 세계비중 2.4%
- ❑ 수력소비량: 5.2 Terawatt-hours(세계 40위), 세계비중 0.1%
- ❑ 이산화탄소배출량: 738백만톤(세계 7위), 세계비중 2.2%
- ❑ 경제규모(명목GDP): 세계 13위 (2006년, World Bank)
- ❑ 1인당 GNI: 세계 49위(2007, World Bank)
- ❑ 국가경쟁력: 세계 22위(2012, 스위스국제경영개발원 IMD)
- ❑세계 7대 강대국 진입(2012.6, 20-50 클럽가입):GDP US$23,680, 5,000만 인구

순위	에너지소비 (백만TOE)	석유소비 (천B/일)	석유 정제능력 (천B/일)	전력소비* (TWh)	1인당* 에너지소비 (TOE/인)	1인당* 전력소비 (kWh/인)
1	미국 2,361	미국 20,698	미국 17,588	미국 4,052	카타르 22.07	아이슬랜드 31,306
2	중국 1,863	중국 7,855	중국 7,511	중국 2,676	아이슬랜드 14.23	노르웨이 24,295
3	러시아 692	일본 5,051	러시아 5,583	일본 1,050	바레인 11.87	카타르 17,188
4	일본 518	인도 2,748	일본 4,598	러시아 872	UAE 11.04	핀란드 17,178
5	인도 404	러시아 2,699	인도 2,983	독일 591	트리니다드토바고 10.77	캐나다 16,766
6	캐나다 321	독일 2,393	한국 2,668	인도 558	룩셈부르크 9.96	룩셈부르크 16,402
7	독일 311	한국 2,371	독일 2,390	캐나다 547	쿠웨이트 9.73	쿠웨이트 16,314
8	프랑스 255	캐나다 2,303	이태리 2,329	프랑스 479	네덜란드안틸레스 9.15	스웨덴 15,230
9	한국 234	브라질 2,192	사우디아라비아 2,100	브라질 390	캐나다 8.27	아랍에미레이트 14,569
10	브라질 217	사우디 2,154	캐나다 1,919	한국 389	한국(25위) 4.48	한국(21위) 8,063
세계	10,099	85,220	87,913	17,377	1.80	2,659
source	BP	BP	BP	IEA	IEA	IEA

(자료원:
1) BP statistical review of world energy 2012 - 2011년 기준,
2) *: KEY WORLD ENERGY STATISTICS from the IEA (2011년, IEA) - 2009년 기준,
3) http://www.kesis.net/flexapp/KesisFlexApp.jsp [6])

세계 7대 강대국 진입(2012. 6, 20-50 클럽가입)이며, 국민소득 US$23,680, 5,000만 인구(2012 OECD/통계청)이다.

2.2.2 우리나라 에너지현황

가. 개황

우리나라 에너지소비의 추이는 경제구조의 변화와 밀접한 관계를 가지고 있다. 1960년대 이후 산업화를 추구하면서 농업사회에서 산업사회로의 전환이 이루어짐에 따라 에너지수요가 급격히 증가하여 왔다. 1980년 이후의 소비증가율 추이를 살펴보면 1980년대 초반에는 제2차 석유파동으로 탈석유정책을 펴면서 낮은 에너지소비증가율 (1980~1985년간 연평균증가율: 5.1%)를 보였고 이에 따라 에너지의 GDP 탄성치는 0.63을 기록하였다. 그러나 1980년대 후반부터 에너지가격 정책이 소비자 위주로 전환되고 석유화학 산업의 설비투자가 크게 늘어나면서 에너지소비 증가율은 급격히 상승세로 돌아섰다.

표 2.2 우리나라 주요 에너지 지표

구 분	단 위	1980	1990	2000	2003	2004	2008	2009	2010
1차에너지소비 (TPES)	백만 TOE	43.9	93.2	192.8	215.0	220.2	240.7	243.3	260.5
증가율	%	1.5	14.1	6.4	3.1	2.4	1.8	1.1	7.0
최종에너지소비	백만 TOE	37.6	75.1	149.8	164.0	166.0	182.6	182.06	195.02
증가율	%	1.7	14.0	4.7	2.2	1.2	0.6	-0.3	7.1
에너지해외의존도	%	73.5	87.9	97.2	96.9	96.7	96.4	96.4	96.4
에너지수입액	억$ (USD)	65.8	10.9	375.8	383.1	496.0	1,414.7	911.6	1,216.5
증가율	%	76.6	45.1	65.2	18.6	29.5	48.9	-35.6	33.5
총수입중에너지비중	%	29.5	15.6	23.4	21.4	22.1	32.5	28.2	28.6
GDP 성장률	%	-1.9	9.3	8.8	2.8	4.6	2.2	0.2	6.1

(자료원: www.kesis.net [6])

표 2.2는 우리나라 중요 에너지지표를 나타내고 있다. 1980~1990년간 1차에너지 연평균소비증가율은 21.2%를 기록하였다. 1998년 외환위기에 의한 에너지 수요감소는 2001년에 완전히

회복되었으나 이후 정부의 에너지절약정책의 강화, 국제 유가 강세에 따른 국내 에너지가격 인상 및 개편 등으로 에너지소비 패턴과 에너지원별 소비구조에는 상당한 영향을 주었다. 외환위기 이전인 1990년~1997년 연평균 9.9%의 높은 증가율 기록 하였으나 1997~2002년에는 연평균 2.9%로 같은 기간의 경제성장률 4.4% 보다 낮은 수준을 유지하였다. 2000년 6.4%, 2003년 3.1%, 2004년 2.4%, 2008년 1.8%, 2009년 1.1%, 2010년 7.0%의 안정적인 에너지소비의 성장세를 보이고 있다. 2008년 총에너지소비는 미국발 금융위기에서 비롯된 세계적인 경기불황으로 전년대비 1.4% 증가한 240.7백만TOE로 추정된다. 2000년대 들어 경제의 저성장기조 및 에너지저소비형으로의 경제구조 전환으로 에너지수요 증가율은 안정화 추세를 보이고 있다.

우리나라는 2011년 기준으로 세계 상위 10위내에 속한 에너지 소비국이며, 자원부족으로 세계에서 에너지 수입국중에서 최상위 그룹에 속한다. 2010년 기준으로, 원유수입은 세계 제 5위[7], 석탄수입은 세계 제 3위[8], 액화천연가스(LNG)수입는 세계 제 6위[9]에 속한다. 우리나라는 국제적인 원유나 천연가스 파이프라인은 전혀 없으며, 오로지 LNG와 원유를 벌크 탱크 조선에 의하여 수입하고 있다. 국내 에너지 자원이 부족함에도 불구하고, 우리나라는 석유정제 산업에서 가장 발달하고 세계에서 매우 큰 국가중의 하나이다. 현재 우리나라는 에너지 자원의 확보를 위하여, 석유, 가스, 전기 회사들이 공격적으로 세계 탐사와 생산의 산업에 집중하고 있다.

그림 2.3은 우리나라 에너지의 전체 흐름을 도표화한 것이다. 우리나라의 에너지수입의존도는 2010년 기준 96.5% (121.7 Bil. $)를 기록하였다. 1차에너지 소비의 구성비는 석유(39.7%), LNG(16.4%), 유연탄(26.6%), 원자력(12.2%), 무연탄(2.3%), 수력(2.8%)이다. 그림 2.4은 지난 20년동안 우리나라 1차에너지 소비와 GDP, 1인당과 GDP당 1차에너지 소비의 변화흐름과 관계성을 보여주고 있다 [7]. 지난 20년동안 우리나라의 GDP가 꾸준히 증가함에 따라, 1차에너지 소비도 선형적으로 비례하고 있으며, 1 인당 1차에너지 소비도 증가하였다. 그러나, GDP대비 1차에너지 소비는 거의 일정하는 것으로 나타나고 있다. 이는 GDP와 1차에너지 소비가 거의 같은 변화율로 증가하기 때문이다. 우리나라에서 2002년 이후 총수입액 대비 비중이 꾸준히 증가하고 있으며, 2008년에는 총 수입원 중 원자재는 유가·원자재 상승영향으로 사상 최고 32.5%를 차지했다. 2009년과 2010년에는 28.2%, 28.6%를 나타나고 있으며, 각각 총에너지수입액은 911.6억불, 1,216.5억불이다, 표 2.3 참조.

표 2.3 우리나라의 에너지수입액

구 분	2002	2003	2006	2008	2009	2010
• 총에너지수입액(억$)	322.9	383.1	855.7	1,414.8	911.6	1,216.5
• 총수입액 대비 비중(%)	21.2	21.4	27.7	32.5	28.2	28.6

(자료원: 한국무역협회, www.kita.net [8])

나. 에너지원별 수급동향

에너지원별로는 1960년대에는 석탄과 땔감이 주요 에너지였으나 1970년대 들어서는 중화학공업육성 등으로 석유 비중이 급격히 상승하면서 석유가 주요 에너지로 등장하였다. 1980년대 이후에도 석유의 주된 에너지로서의 지위는 견고하게 유지하였으며, 2002년에는 50% 이하로 축소되었다. 1980년대 후반에 도입된 LNG는 1990년대 연평균 20.1%의 급성장을 하면서 2010년에는 소비비중이 16.4%로 확대되었다, 표 2.4 참조. 전력수요의 증가에 따라 석탄의 비중도 점차 확대되고 있으며 석탄은 국내 1차 에너지소비의 28.9%(유연탄 26.6%, 무연탄 2.3%)를 담당하는 주요 에너지원으로 석유에 이어 제 2위의 지위를 유지하고 있다, 표 2.4 참조. 1960년대 국내에너지

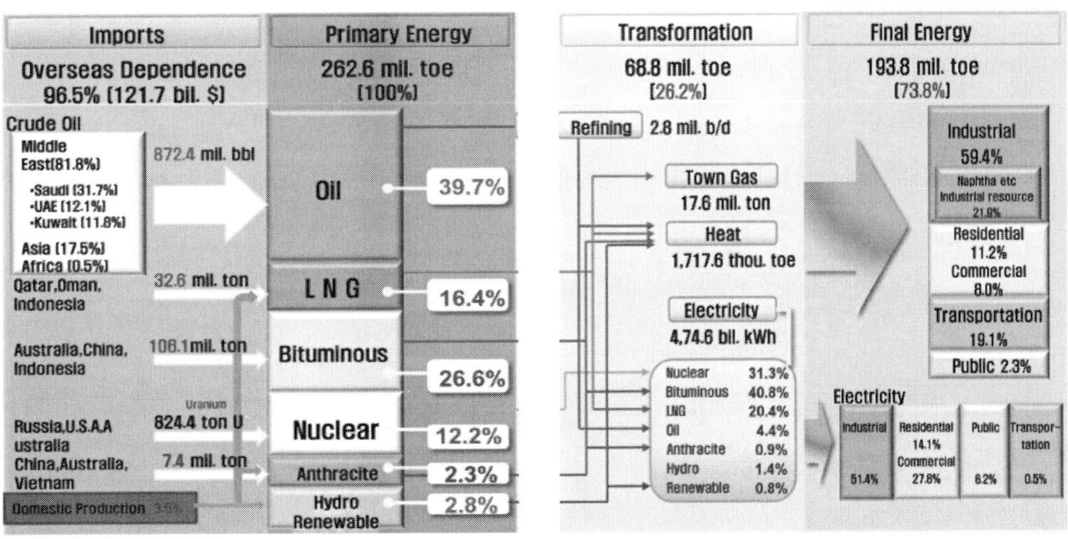

그림 2.3 우리나라 에너지의 전체 흐름 (2010) [7]

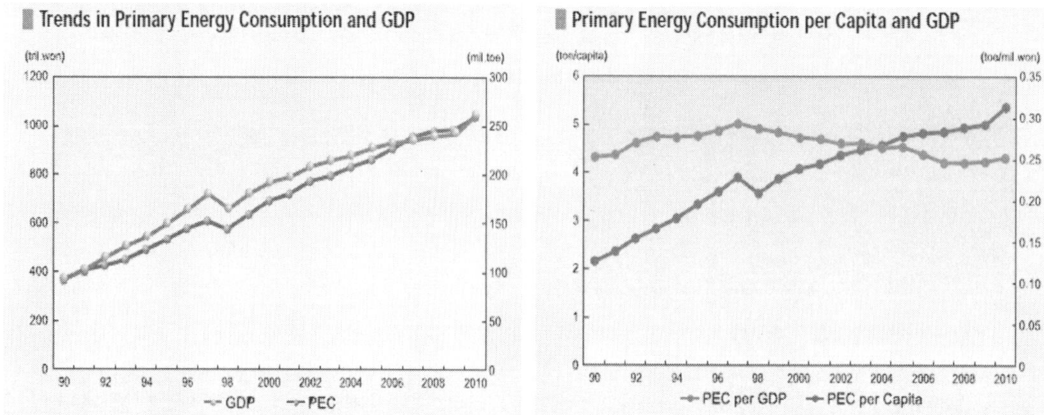

그림 2.4 지난 20년동안 우리나라 1차에너지 소비와 GDP, 1 인당과 GDP당 1차에너지 소비의 변화흐름과 관계성 [7]

소비의 40%를 담당하였던 무연탄소비는 1988년을 기점으로 감소하기 시작하여 2010년에는 그 비중이 2.3%로 감소하였다. 이러한 에너지원별 소비형태의 변화에 따라 에너지 자급율도 크게 낮아져 우리나라의 에너지수입의존도는 2010년 기준 96.5%를 기록하였다. 우리나라 정부는 저탄소 녹색성장을 새로운 국가비전으로 제시하며 당면한 경제위기를 우리 경제의 체질을 개선하고 성장잠재력을 확충하는 계기로 만들기 위해 선도적 노력을 기울여, 에너지 다소비형 경제를 저탄소형 경제로 전환하기 위한 세부전략을 수립하였다. 이를 통해 정부는 43.4%에 이르는 과도한 석유의존도를 2030까지 33% 수준까지 줄여나갈 것입니다. 특히 가장 현실적인 화석원료의 대체에너지원으로 주목받고 있는 원자력발전의 설비 비중을 2030년까지 41%(2008년 24%)로 확대하고 국내 전력생산의 59%를 원자력발전으로 충당할 계획이다.

표 2.4 우리나라 1차에너지 소비 (단위 : 천toe)

구 분	2001	2003	2005	2006	2010		
						구성비	증가율
석 탄	45,711	51,116	54,788	56,687	75,896	28.9%	10.6%
석 유	100,385	102,379	101,526	101,831	104,301	39.7%	1.9%
L N G	20,787	24,194	30,355	32,004	43,,008	16.4%	26.8%
원자력	28,033	32,415	36,695	37,187	31,948	12.2%	0.5%
수 력	1,038	1,722	1,297	1,305	1,392	0.5%	14.7%
재생에너지	2,456	3,241	3,961	4,358	6,064	2.3%	10.6%
계	198,409	215,067	228,622	233,372	262,209	100%	7.9%

표 2.5 국내 최종에너지원별 및 부분별 소비 [10]

구 분	2001	2003	2005	2006	2010		
						구성비	증가율
에너지원별	152,950	163,995	170,854	173,584	193,832	100%	6.5%
석 탄	20,532	22,610	22,311	22,660	27,968	14.5%	17%
석 유	93,357	96,155	96,718	97,037	100,381	51.8% (55.5%)	2.0%
도시가스	13,290	15,470	17,811	18,379	21,081	10.9%	8.3%
전 력	22,165	25,250	28,588	29,990	37,338	19.3%	10.1%
기 타	3,606	4,510	5,426	5,517	7,064	3.6%	10.1%
부 문 별	152,950	163,995	170,854	173,584	193,832	100%	6.5%
산 업	85,159	90,805	94,366	97,235	115,155	59.4%	8.5%
수 송	31,909	34,632	35,559	36,527	36,938	19.1%	2.8%
가정·상업	32,839	34,965	36,861	35,986	37,256	19.2%	4.3%
공공·기타	2,989	3,593	4,068	3,836	4,483	2.3%	4.4%

표 2.6 국가별 1인당 에너지소비 현황(2010년 기준) [10]

국가별	1인당 에너지사용량 (toe/인)	인 구 (백만명)	GDP (2000년, 10억$)	1인당 GDP (2000년, 천$/인)	비교지수 (한국=100)
독 일	4.232	81.75	2,071.24	25,336	155
일 본	4.129	126.91	5,064.07	39,902.8	244
한 국	4.483	48.80	799.22	16,377.5	100
영 국	3.818	62.21	1,698.08	27,295	167
미 국	7.740	310.47	11,681.22	37,624.3	230

(자료원: Energy Balances of OECD Countries, IEA, 2011)

표 2.5는 국내 최종 에너지원별 부분별 소비 [10]을 나타내고, 표 2.6은 국가별 1인당 에너지소비 현황(2010년 기준) [10]을 나타내고 있다. 그림 2.5은 국가별 1인당 에너지소비와 에너지 강도(2010) [10]을 보여주고 있다. 2010년 우리나라의 주요 LNG 수입국은 카타르, 인도네시아, 말레시아, 오만, 브루나이 이다 [10], 그림 2.6 참조.

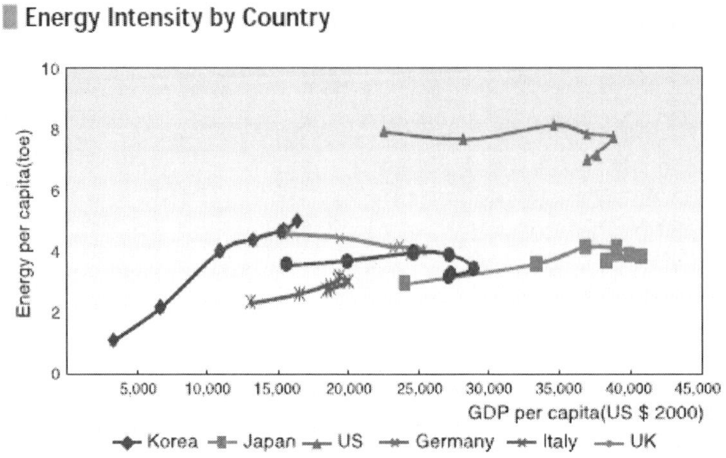

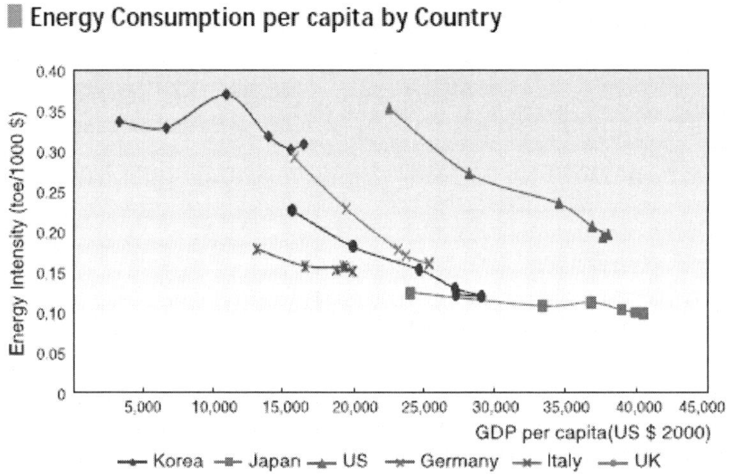

그림 2.5 국가별 1인당 에너지소비와 에너지 강도 (2010) [10]

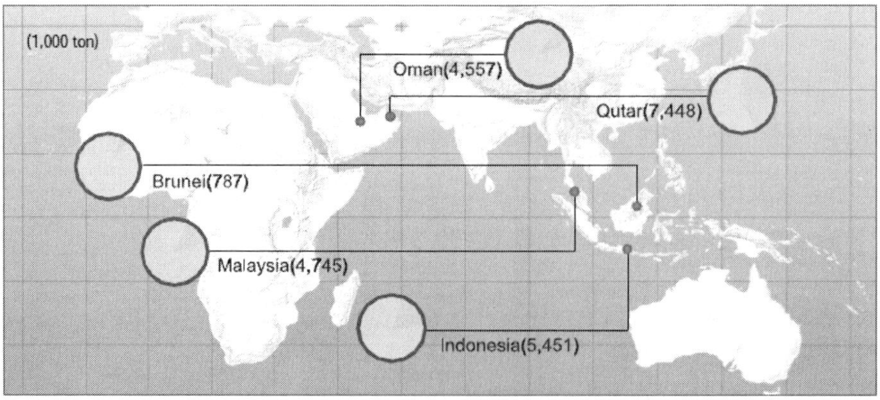

그림 2.6 우리나라 주요 LNG 수입국 (2010) [10]

2.2.3 우리나라 장기 에너지수요의 전망

국가에너지기본계획 수립 및 온실가스 저감잠재량 추정 등 장기 에너지수요 전망에 대한 대내외 수요가 크게 증가하고 있으나 그동안 장기 에너지수요 전망은 개별 과제를 기반으로 수행되었다. 2008년에서 2035년 사이 국내총생산이 연평균 3.1%의 속도로 성장하겠지만 에너지수요는 이보다 낮은 연평균 1.9% 증가하여 2035년 401.2백만 TOE 수준이 될 전망이다. 석유/화학, 철강 등 에너지다소비 산업의 생산활동이 꾸준히 증가하고 서비스업의 급속한 성장으로 건물면적이 빠르게 증가함에 따라 에너지수요도 지속적으로 증가할 전망이지만, 고유가, 에너지 고효율 기술의 시장 진입, 에너지 절약의 확대 등으로 인해 국내 총생산에 비해 에너지수요 증가율이 낮을 전망이며, 이에 따라 총생산당 에너지 원단위가 지속적으로 개선되는 것으로 예상된다. 반면, 인구감소로 인하여 1 인당 에너지수요는 빠르게 증가할 전망이다. 총에너지는 전력수요의 빠른 증가로 인하여 원자력과 신재생에너지를 중심으로 증가할 전망이다. 총에너지수요의 증가에 대한 에너지원별 기여도는 원자력이 41% 이상을 차지하며, 에너지원별 증가율은 신재생 · 기타에너지가 5.0%로 가장 빠르게 증가할 것으로 예상된다. 이에 따라 2035년 총에너지수요는 석유 32.5%, 원자력 24.6%, 석탄 24.5%의 순으로 비중을 차지할 것으로 전망이다. 원자력의 증가는 최종소비부문 전력 수요의 빠른 증가와 함께 정부의 원자력 확대 정책이 반영된 결과이다. 석유는 타에너지원으로의 연료 대체가 지속되겠지만 2035년에도 총에너지에서 가장 큰 비중을 차지할 전망이다. 최종에너지 수요는 2008년 186.6백만TOE에서 2035년 285.5백만TOE에 이를 것으로 전망되고 있으며, 주로 상업부문이 에너지수요 증가를 주도할 것으로 예상된다. 최종에너지는 과거 산업부문을 중심으로 에너지수요가 빠르게 증가하였으나, 2008년 이후 2035년까지는 상업부문이 에너지수요의 증가를 주도(연평균 3.0%)할 것으로 예상되며, 인구감소로 인해 가정부문 에너지수요가 가장 낮은 증가율(연평균 1.1%)을 보일 것으로 전망된다. 이에 따라 2035년 최종에너지소비에서 각 부문이 차지하는 비중은 산업 57.3%, 수송 17.9%, 상업 및 공공기타 14.7%, 가정 10.1% 수준으로 2008년에 비해 상업 및 공공부분의 비중이 증가하고 산업 및 가정부문은 하락하는 것으로 나타났다. 산업부문은 조립 금속업이 제조업의 에너지수요 증가를 주도하는 가운데 에너지다소비 업종인 석유/화학(연평균1.7%), 1차철강(연평균 1.5%)의 에너지수요도 꾸준하게 증가할 전망이다.

에너지원별로는 전력, 열에너지, 도시가스 등 에너지수요의 증가가 빠르게 증가하는 것이 특징이다. 전력수요는 전망기간 동안 연평균 2.3% 증가하여 2008년 385.1TWh에서 2035년

766.3TWh에 이를 것으로 예상되며, 전력 수요 증가 중 45.7%는 상업부문에서, 39.7%는 산업부문에서 증가할 전망이다. 건물의 첨단화, 부가가치의 급속한 증가 등으로 상업부문의 전력수요가 연평균 3.6%로 가장 빠르게 증가하며, 전력소비 비중이 큰 전기전자, 정밀기계, 수송기계 등 조립금속업의 에너지수요가 빠르게 증가함에 따라 산업부문의 전력 수요도 높은 증가를 기록할 것으로 예상된다. 에너지 사용으로 인한 온실가스 배출은 최종소비부문에서 신재생에너지, 전력, 도시가스, 지역난방 등이 에너지수요 증가를 주도하고, 발전부문에서 신재생 및 원자력 발전설비가 확대됨에 따라 에너지수요 증가율보다 낮은 연평균 1.2%의 속도로 증가할 전망이다. 국내총생산 당 온실가스 배출은 2008년 0.55톤/백만원에서 연평균 1.9%의 속도로 감소하여 2035년에는 0.33톤/백만원 수준으로 하락하며, 에너지 당 온실가스 배출도 점차 감소하여 2035년 1.8톤/TOE 수준으로 하락할 것으로 예상되고 있다.

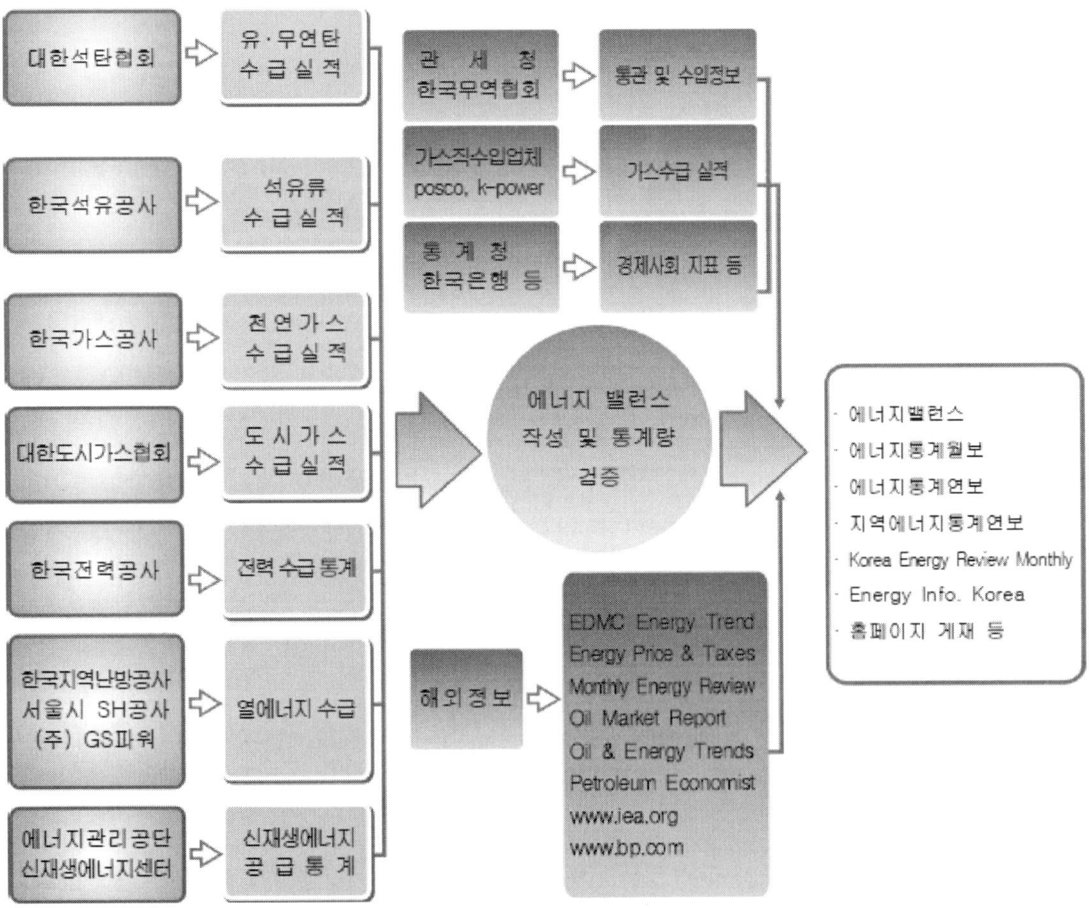

그림 2.7 우리나라 에너지 수급 통계 작성 흐름도 [12]

2.3 세계에너지수요의 전망

2011년 국제에너지기구 기준시나리오의 전망(IEO, International Energy Outlook 2011, Reference cases) [4]에 따르면, 세계 총에너지수요의 전망은 2008년에서 2035년까지 53% 증가할 것으로 전망된다, 표 2.7 참조. 참고로, 예측기간 동안 현재의 법과 정책이 변하지 않고 유지된다는 시나리오를 반영한다. 국제유가와 천연가스 가격 상승이 장기적으로 에너지 수요를 다소 둔화 시키는 요인으로 작용하겠으나 개발도상국의 고성장과 인구증가로 인해 세계에너지 수요 증가율은 높은 수준을 유지할 것이다. 대부분의 에너지를 소비하는 OECD 회원국가는 더 진보적인 에너지 소비자가 될 것으로 전망된다. 그림 2.8 과 2.10은 세계에너지소비시장(1990~2035)을 OECD고국가와 비OECD국가(1990~2035)로 구분하여 나타내는 그래프로, 1990년에서 2008년까지는 수집된 데이터를 나타내며, 이후부터는 IEO2011의 기준 경우를 채택하여 예측을 한 것이다. 세계총에너지수요는 2008년 50.5 만천조Btu(Quadrillion British thermal units: QBtu)에서 2020년에는 61.9 만천조Btu, 2035년에는 77 만천조Btu로 증가할 것으로 예상된다. 에너지수요의 증가율의 대부분은 비OECD 국가인 개발도상국의 에너지수요 때문이다. 2008~2035년 기간중 연 평균 3.1%씩 증가할 것으로 전망되어 2030년에는 2008년 수준에 비해 85%나 늘어날 것으로 예상된다. 반면 OECD 국가들의 같은 기간 에너지수요 증가율은 연 평균 0.7%에 불과할 것으로 전망되어 2030년에는 2008년 수준에 비해 18%나 늘어날 것으로 예상된다. 그림 2.9은 중국, 인도, OECD, 기타 국가들의 에너지수요의 전망을 보여주고 있으며, 특히 중국과 인도의 비중이 계속 증가하고 있음을 보여준다.

2008~2009년 미국발 서브프라임 신용위기로 인한 세계경제의 위기는 전 세계에너지시장에 혼란을 야기하였고, 세계 에너지시장은 전례 없는 불확실한 상황에 직면해 있었다. 세계경제의 회복속도는 향후 몇 년간의 에너지 미래전망의 핵심요소가 될 것으로 보인다. 세계경제의 회복과 석유의 공급부족과 함께, 석유의 꾸준한 수요증가로 2010년 석유가격이 상승하였다. 석유가격이 2010년말에는 배럴당 US $82에서 2011년 4월에는 배럴당 $112까지 상승하였는 데, 이는 중동과 아프리카지역의 사회적, 정치적 불안정한 요인때문이었다. 미국에서의 경질유의 경우, 2011년에는 배럴당 $100정도되며, 장기적으로 꾸준히 상승하여, 2020년에는 배럴당 $108, 2035년에는 배럴당 $125정도로 예측되고 있다. 2011년 3월 일본의 지진과 쓰나미로 인한 일본 핵발전소의 심각한 파손, 인명과 인프라 손실로 향후 세계 핵에너지시장의 전망에 심각한 영향을 끼쳤다.

표 2.7 세계 총 1차에너지 소비 및 수요전망 (Quadrillion Btu)

Region/Country	2008	2010	2015	2020	2025	2030	2035	Growth Rate (2008-2035)
OECD								
OECD Americas	122.9	120.6	126.1	131	135.9	141.6	147.7	0.70%
United States	100.1	97.8	102	104.9	108	111	114.2	0.50%
Canada	14.3	14.3	14.6	15.7	16.4	17.6	18.8	1.00%
Mexico/Chile	8.5	8.5	9.5	10.4	11.5	13	14.7	2.10%
OECD Europe	82.2	79.6	83.6	86.9	89.7	91.8	93.8	0.50%
OECD Asia	39.2	37.9	40.7	42.7	44.2	45.4	46.7	0.70%
Japan	22.4	20.8	22.2	23.2	23.7	23.7	23.8	0.20%
South Korea	10	10.2	11.1	11.6	12.4	13.1	13.9	1.20%
Australia/New Zealand	6.8	6.9	7.4	7.8	8.1	8.5	8.9	1.00%
Total OECD	244.3	238	250.4	260.6	269.8	278.7	288.2	0.60%
Non-OECD								
Non-OECD Europe and Eurasia	50.5	49.3	51.4	52.3	54	56	58.4	0.50%
Russia	30.6	29.9	31.1	31.3	32.3	33.7	35.5	0.60%
Other	19.9	19.4	20.4	21	21.7	22.3	22.9	0.50%
Non-OECD Asia	137.9	159.7	188.1	215	246.4	274.3	298.8	2.90%
China	86.2	104.6	124.2	140.6	160.9	177.9	191.4	3.00%
India	21.1	23.8	27.8	33.1	38.9	44.3	49.2	3.20%
Other	30.7	31.3	36.2	41.3	46.7	52.1	58.2	2.40%
Middle East	25.6	27.6	31	33.9	37.3	41.3	45.3	2.10%
Africa	18.8	19.5	21.5	23.6	25.9	28.5	31.4	1.90%
Central and South America	27.7	28.1	31	34.2	38	42.6	47.8	2.00%
Brazil	12.7	13.3	15.5	17.3	19.9	23.2	26.9	2.80%
Other	15	14.8	15.6	16.9	18.1	19.5	20.8	1.20%
Total Non-OECD	260.5	284.1	323.1	358.9	401.7	442.8	481.6	2.30%
Total World	504.7	522	573.5	619.5	671.5	721.5	769.8	1.60%

Sources: History: U.S. Energy Information Administration (EIA), International Energy Statistics database (as of March
2011), website www.eia.gov/ies; and International Energy Agency, ¿Balances of OECD and Non-OECD Statistics (2010),
website www.iea.org (subscription site). Projections: EIA, Annual Energy Outlook 2011, DOE/EIA-0383(2011) (Washington, DC:
May 2011); AEO2011 National Energy Modeling System, run REF2011.D020911A, website www.eia.gov/aeo, and World Energy
Projection System Plus (2011).

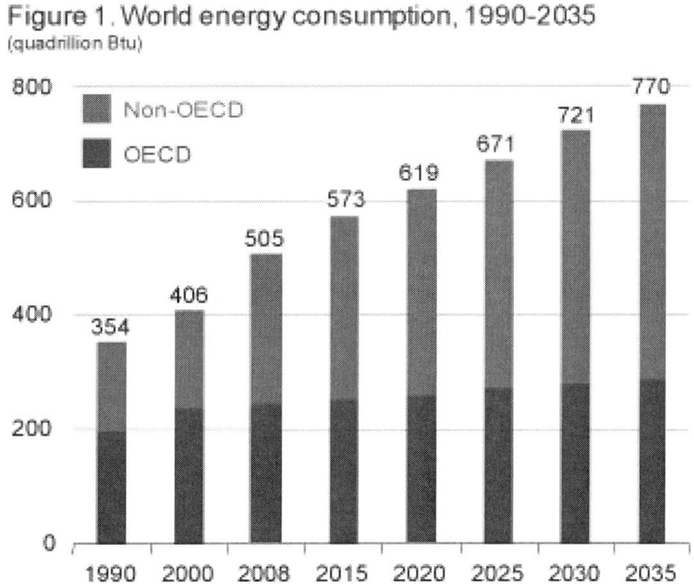

그림 2.8 전세계 에너지 소비 (1990~2035) [13]

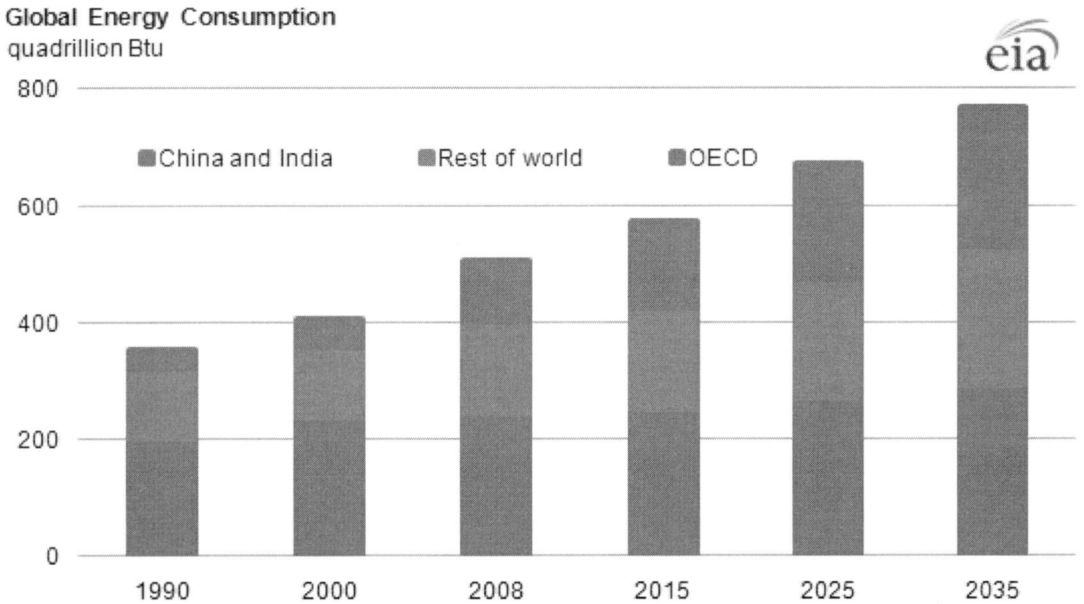

그림 2.9 **중**국, 인도, OECD, 기타 국가들 에너지수요의 전망 (1990-2035) [13]

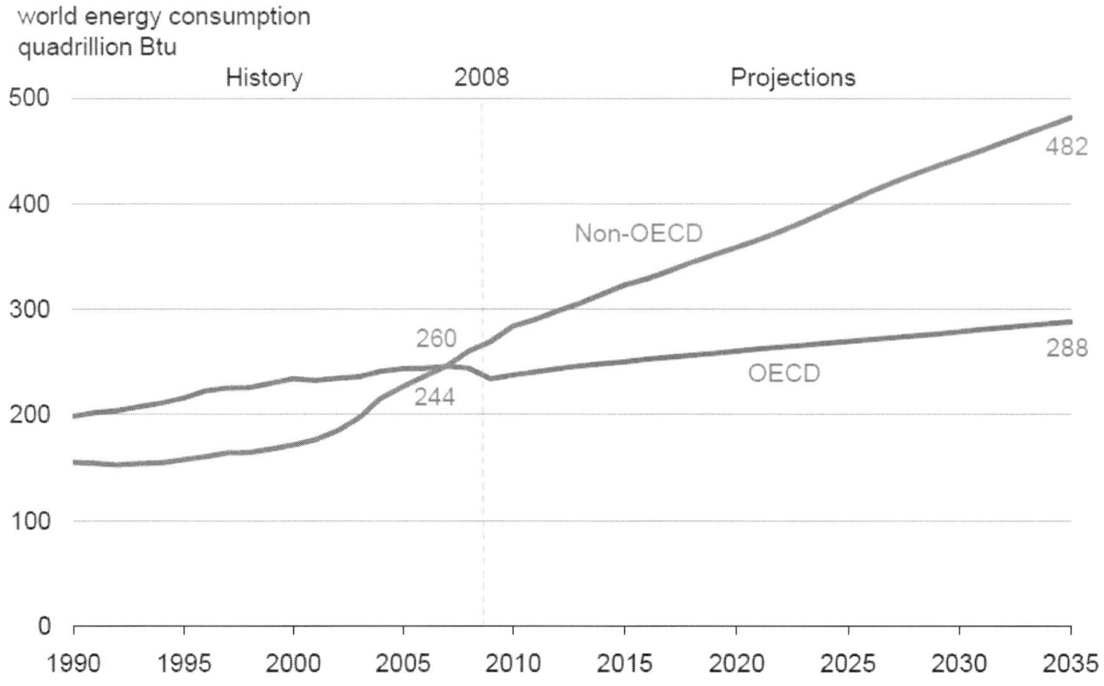

그림 2.10 OECD 과 비OECD 국가들 에너지수요의 전망 (1990~2035) [13]

2.3.1 에너지 자원별 세계에너지시장

그림 2.11는 IEO2011기준시나리오에 기초하여, 1990년부터 2035년까지 5가지 에너지자원(석유, 석탄, 천연가스, 재생에너지, 원자력)에 기초하여 사용되는 세계에너지시장을 나타내는 그래프이다. 2008~2035년동안 모든 에너지자원의 소비가 증가할 것으로 전망된다. 화석에너지자원이 세계 에너지수요의 많은 부문을 공급하리라 예상된다. 재생에너지는 가장 빠르게 성장하는 에너지자원으로, 소비는 년 3.1%로 증가하며, 전체 에너지사용의 비율이 2008년 10%에서 2035년 14%로 증가한다. 액체연료-대부분 석유기준이지만-에너지의 가장 큰 에너지자원이다. 액체연료의 수요는 2008년 34%수준에서 2035년에는 29%로 감소한다. 액체연료의 높은가격은 에너지소비자로 하여금 액체연료사용의 기피현상으로 이어지리라 전망된다. 석유소비는 2008년부터 2035년까지 연평균 1.4%로 증가한다. 2008년부터 2035년까지 석탄, 천연가스은 비교적 빠르게 성장하는 에너지자원으로 소비는 각각 1.5%, 1.9%로 매년 증가한다. 원자력에너지가 가장 가격이 저렴하면서 가장 완만히 성장하는 것으로 전망된다.

표 2.8 World total energy consumption by region and fuel, Reference case

(Quadrillion Btu)

Region/Country	2008	2010	2015	2020	2025	2030	2035	Growth Rate(%) (2008-2035)
OECD								
OECD Americas								
Liquids	47.7	46.2	48.6	48.9	49.4	50.5	52.1	0.3%
Natural Gas	29.6	30.1	31.9	33.1	34.1	36.1	38.1	0.9%
Coal	24.3	22.7	21.3	22.5	24.3	25.2	26.5	0.3%
Nuclear	9.5	9.5	10.1	10.7	10.7	11	11.1	0.6%
Other	11.8	12.2	14.2	15.8	17.3	18.8	19.9	2.0%
Total	122.9	120.6	126.1	131	135.9	141.6	147.7	0.7%
OECD Europe								
Liquids	32	29.7	29.7	30.1	30.4	30.5	30.6	-0.2%
Natural Gas	20.1	19.8	20.4	21	21.6	22.7	23.9	0.7%
Coal	12.5	11.6	11.5	11.2	10.8	10.5	10.4	-0.7%
Nuclear	9.1	9.3	10	10.3	11.1	11.5	11.8	1.0%
Other	8.4	9.1	12	14.2	15.8	16.5	17.1	2.7%
Total	82.2	79.6	83.6	86.9	89.7	91.8	93.8	0.5%
OECD Asia								
Liquids	16.8	15.7	15.9	16.6	16.9	16.9	17	0.1%
Natural Gas	6.6	6.7	6.9	7.3	7.9	8.4	8.6	1.0%
Coal	9.9	9.2	9.7	9.5	9.4	9.5	9.7	-0.1%
Nuclear	3.9	3.9	5.1	5.7	6	6.5	7	2.2%
Other	1.9	2.4	3.1	3.6	3.9	4.1	4.3	3.1%
Total	39.2	37.9	40.7	42.7	44.2	45.4	46.7	0.7%
Total OECD								
Liquids	96.5	91.6	94.1	95.6	96.7	97.9	99.7	0.1%
Natural Gas	56.3	56.5	59.2	61.4	63.6	67.1	70.6	0.8%
Coal	46.8	43.5	42.6	43.1	44.6	45.3	46.7	0.0
Nuclear	22.6	22.7	25.2	26.7	27.8	29.1	29.8	1.00%
Other	22.1	23.7	29.3	33.6	37.1	39.4	41.4	2.4%
Total	244.3	238	250.4	260.6	269.8	278.7	288.2	0.6%
Non-OECD								
Non-OECD Europe and Eurasia								
Liquids	10.1	10.2	10.7	10.5	10.6	11	11.3	0.4%
Natural Gas	25.4	24.6	24.8	24.9	25.3	26.2	27	0.2%
Coal	8.9	8.5	8.5	8.2	8	8.1	8.5	-0.2%
Nuclear	3	3	3.7	4.8	5.8	6.1	6.5	2.9%
Other	3	2.9	3.6	3.9	4.2	4.6	5	1.9%
Total	50.5	49.3	51.4	52.3	54	56	58.4	0.5%
Non-OECD Asia								
Liquids	35	38.5	47	53.5	61.7	66.6	70.2	2.6%
Natural Gas	11.6	13.4	17.6	21.4	25.9	29.8	32.9	3.9%
Coal	77.5	91.6	99.6	106.2	119.5	132.8	144.1	2.3%
Nuclear	1.2	1.6	3.7	6.5	8.9	11	13.3	9.2%

Other	12.6	14.6	20.3	27.3	30.5	34.1	38.2	4.2%
Total	137.9	159.7	188.1	215	246.4	274.3	298.8	2.9%
Middle East								
Liquids	12.8	13.7	14.8	14.8	15.7	17.3	18.3	1.4%
Natural Gas	12.2	13.1	15.4	17.8	20	22.4	25.2	2.7%
Coal	0.4	0.4	0.4	0.4	0.4	0.4	0.4	0.3%
Nuclear	0	0	0.1	0.3	0.5	0.5	0.6	-
Other	0.1	0.3	0.4	0.6	0.6	0.7	0.8	6.6%
Total	25.6	27.6	31	33.9	37.3	41.3	45.3	2.1%
Africa								
Liquids	6.5	6.7	6.8	6.9	7.2	7.6	8.2	0.9%
Natural Gas	3.9	4.2	5.1	6.4	7.7	8.8	9.8	3.5%
Coal	4.6	4.6	5.1	5.4	5.7	6.2	7.1	1.6%
Nuclear	0.1	0.1	0.2	0.2	0.2	0.2	0.3	3.8%
Other	3.7	3.8	4.3	4.7	5.1	5.6	6	1.9%
Total	18.8	19.5	21.5	23.6	25.9	28.5	31.4	1.9%
Central and South America								
Liquids	12.1	12.5	13.8	14.4	15.1	16.2	17.4	1.4%
Natural Gas	4.8	4.8	5.2	6.1	6.9	7.9	9.3	2.5%
Coal	0.8	0.8	1.1	1.2	1.4	1.8	2.3	4.0%
Nuclear	0.2	0.2	0.3	0.4	0.5	0.5	0.7	4.1%
Other	9.8	9.8	10.7	12.1	14.1	16.3	18.1	2.3%
Total	27.7	28.1	31	34.2	38	42.6	47.8	2.0%
Total Non-OECD								
Liquids	76.4	81.6	93.1	100.1	110.3	118.7	125.5	1.9%
Natural Gas	58	60.1	68.1	76.6	85.9	95.2	104.1	2.2%
Coal	92.2	105.9	114.7	121.4	135.1	149.4	162.5	2.1%
Nuclear	4.6	5	7.9	12.2	15.8	18.3	21.4	5.9%
Other	29.2	31.5	39.3	48.6	54.6	61.2	68.1	3.2%
Total	260.5	284.1	323.1	358.9	401.7	442.8	481.6	2.3%
Total World								
Liquids	173	173.2	187.2	195.8	207	216.6	225.2	1.0%
Natural Gas	114.3	116.7	127.3	138	149.4	162.3	174.7	1.6%
Coal	139	149.4	157.3	164.6	179.7	194.7	209.1	1.5%
Nuclear	27.2	27.6	33.2	38.9	43.7	47.4	51.2	2.4%
Other	51.3	55.2	68.5	82.2	91.7	100.6	109.5	2.9%
Total	504.7	522	573.5	619.5	671.5	721.5	769.8	1.6%

Sources: History: U.S. Energy Information Administration (EIA), International Energy Statistics database (as of March 2011), website www.eia.gov/ies; and International Energy Agency, Balances of OECD and Non-OECD Statistics (2010),
website www.iea.org (subscription site). Projections: EIA, Annual Energy Outlook 2011, DOE/EIA-0383(2011) (Washington, DC:
May 2011); AEO2011 National Energy Modeling System, run REF2011.D020911A, website www.eia.gov/aeo, and World Energy
Projection System Plus (2011).

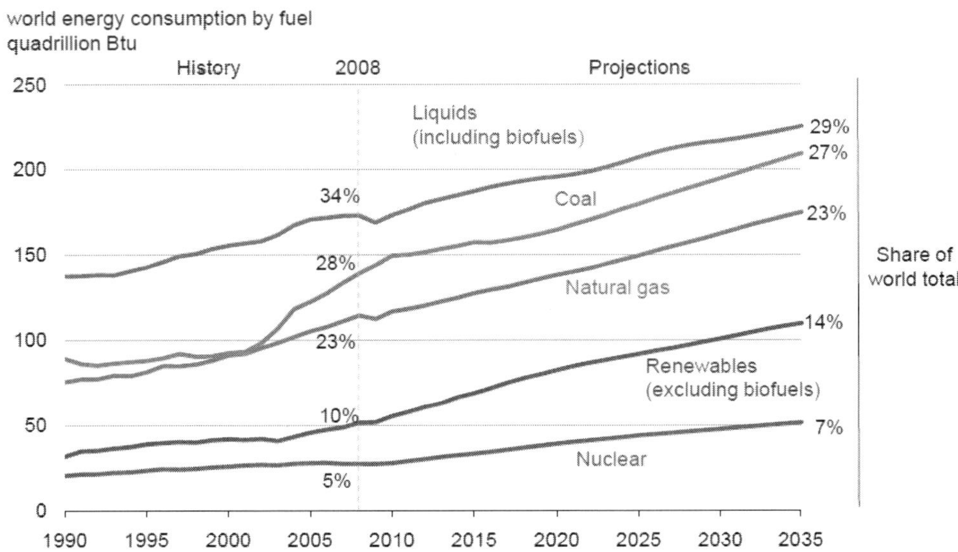

그림 2.11 에너지원에 따른 전세계 에너지소비 전망 (1990~2035) [13]

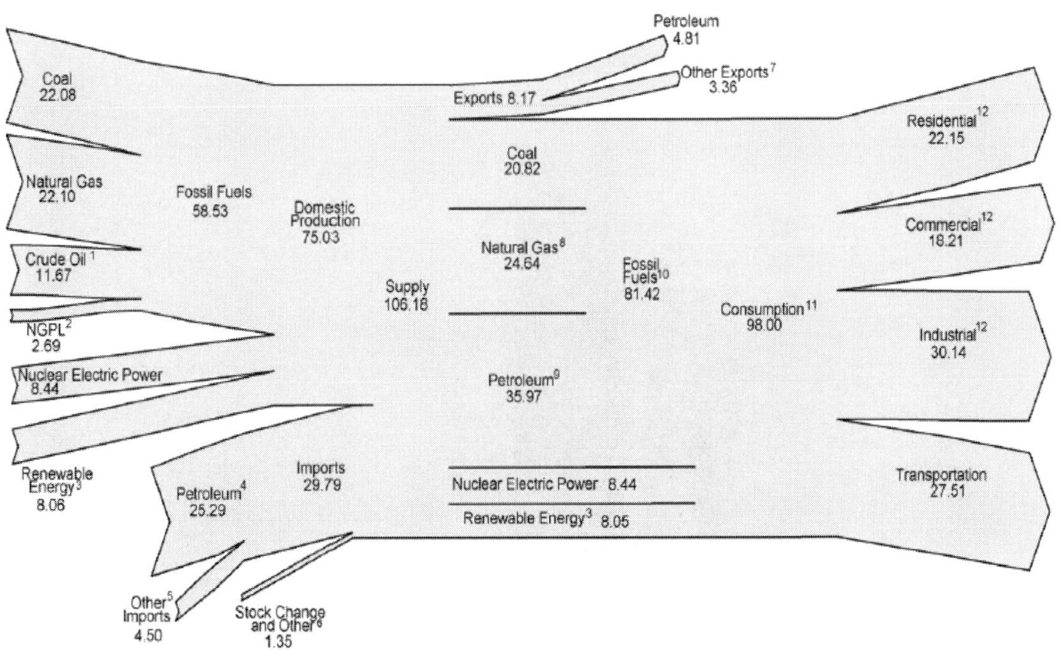

그림 2.12 미국 에너지의 총괄 흐름표 (Energy Flow) (2010), (Quaddrillion Btu)

(자료원: www.eia.gov/totalenergy/data/annual/index.cfm#summary [14], U.S. Energy Information Admistration/ Annual Energy Review 2010 [15])

U.S. Primary Energy Overview

Quadrillion Btu

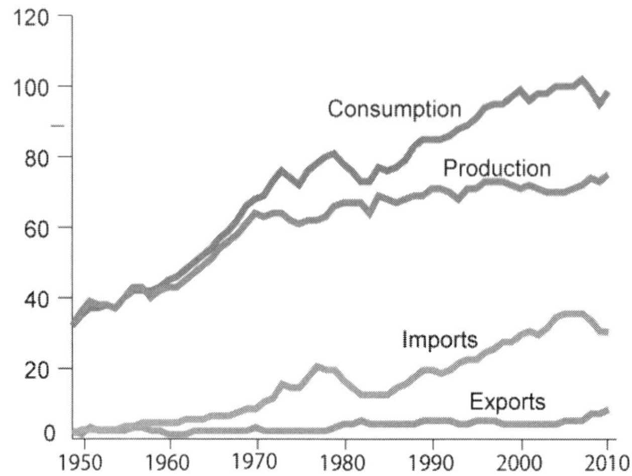

Source: U.S. Energy Information Administration, *Annual Energy Review 2009*, Table 1.1, *and Monthly Energy Review July 2011*, Table 1.1.

U.S. Primary Energy Production and Consumption, 2010

Quadrillion Btu

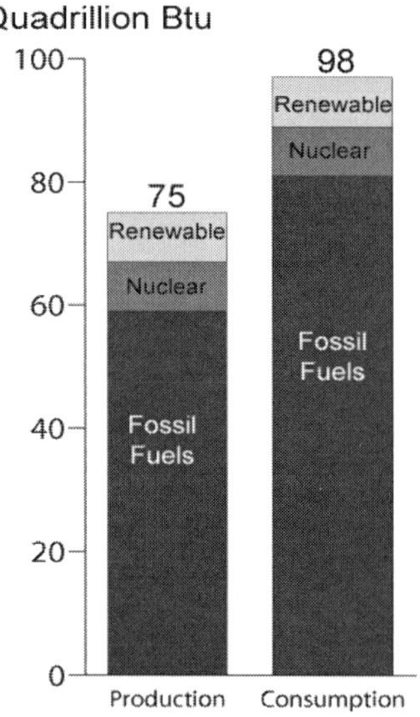

Source: U.S. Energy Information Administration, *Annual Energy Review 2010*, Table 1.1 (October 2011).

그림 2.13 지난 60년간 미국 에너지의 생산과 소비 흐름 (위)과 미국 화석연료, 핵에너지, 신재생에너지의 생산과 소비 (2010) (아래) [13]

U.S. Primary Energy Production by Major Source, 2010

Quadrillion Btu

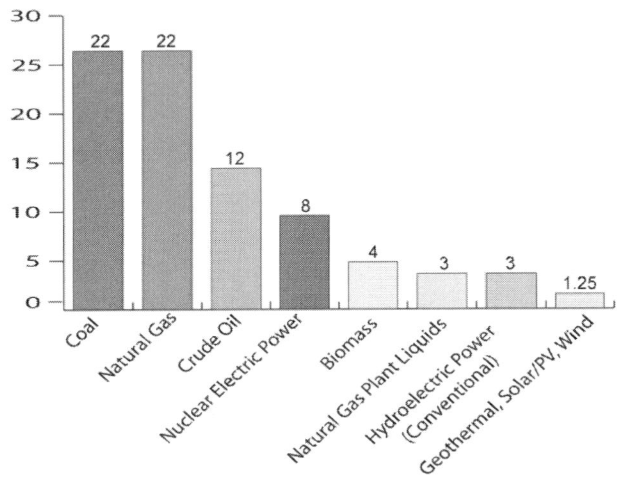

Source: U.S. Energy Information Administration, *Annual Energy Review* (October 2011).

Primary Energy Consumption By Source and Sector, 2010

Quadrillion Btu

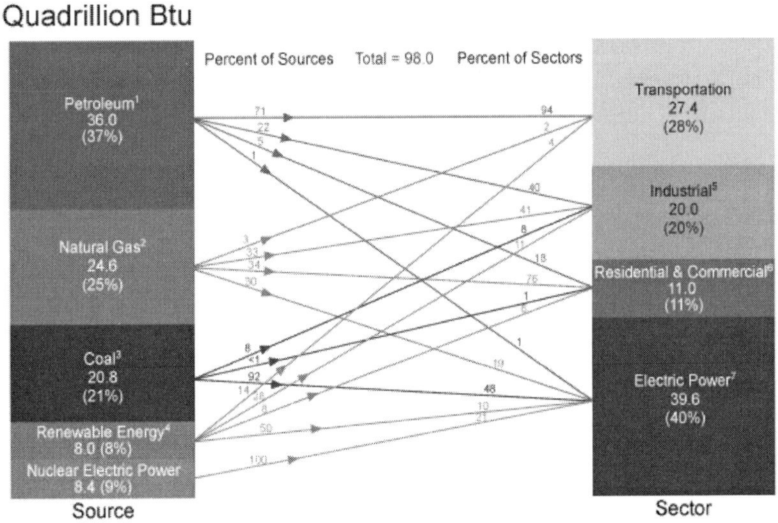

Sources: U.S. Energy Information Administration, *Annual Energy Review 2010*, Tables 1.3, 2.1b-2.1f , 10.3, and 10.4 (October 2011).

그림 2.14 에너지원에 따른 미국 에너지 생산과 소비 (2010) [13]

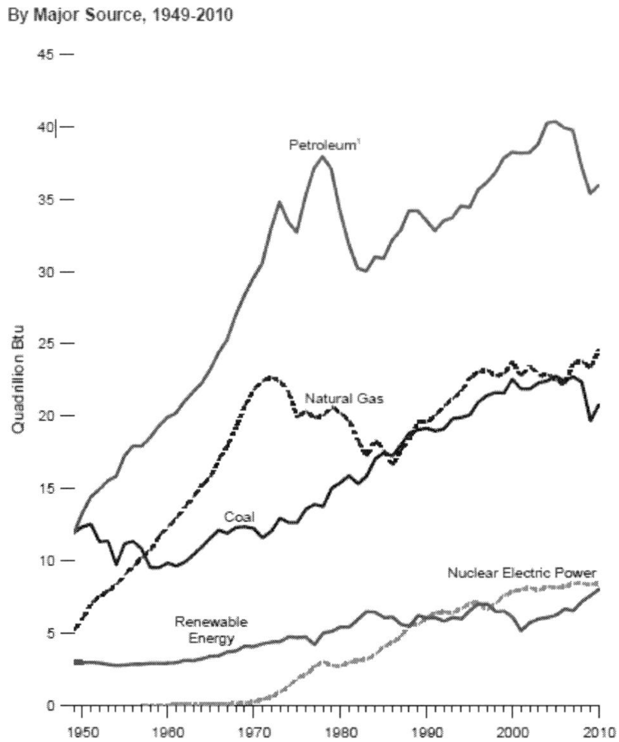

U.S. Primary Energy Imports and Exports

Quadrillion Btu

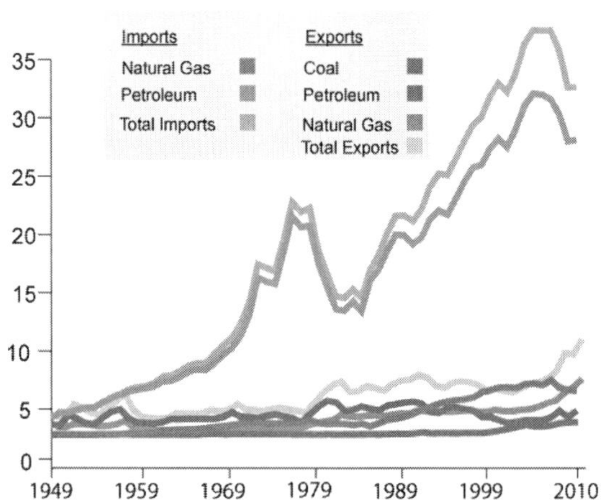

Source: U.S. Energy Information Administration,
Annual Energy Review, Table 1.4 (August 2010), and
Monthly Energy Review July 2011, Tables 1.4.A and 1.4.B.

그림 2.15 미국 주요 에너지의 소비(위)와 수입, 수출의 흐름(아래) (1949~2010) [2]

그림 2.12은 2010년 미국 에너지의 총괄흐름표를 나타내고 있으며, 1차에너지의 전체 공급은 106.18만천조 Btu이며, 석탄(22.08만천조 Btu), 천연가스(22.10만천조 Btu),석유(11.67만천조 Btu), 원자력(8.44만천조 Btu) 순이다, 그림 2.14 참조. 그림 2.13은 지난 60년간 미국 에너지의 생산과 소비흐름을 나타내며, 2010년 미국자체 에너지 생산액은 75만조 Btu이며, 소비액은 98만조 Btu이다. 그림 2.14에서는 미국 1차에너지생산의 에너지원별로 나타내고 있으며, 부문별로는 수송 27만조 Btu(28%), 산업 20만조 Btu(20%),주거와 상업용 11만조 Btu(11%),전력 39.6만조 Btu(40%) 이다. 그림 2.15은 미국 주요 에너지의 소비, 수입, 수출 흐름을 나타내고 있다.

■ 액체연료(Liquid Fuels)

액체연료에는 석유와 석유관련된 연료, 비전통액체연료 등이 있다. 비전통석유연료에는 오일샌드, 초중질유, 바이오연료(에탄올, 바이오디젤), 석탄액화연료(CTL: coal-to-liquids), 가스액화연료(GTL: gas-to-liquids) 등을 포함한다. 전 세계 액체연료는 2008년에는 173만조 Btu(하루 85.7백만 배럴), 2035년에는 225.2만조 Btu (하루 112.2백만 배럴)를 소비할 것으로 예상된다, 표 2.8 참조. 기준시나리오를 기준으로 하였을 때, 획기적인 기술 진보가 없는 한, 액체연료의 소비의 대부분은 수송부문에서 이루어진다. 액체연료는 수송과 산업부문별에서 가장 중요한 에너지자원이다. 연료의 가격상승에도 불구하고, 수송부문별 액체연료의 소비는 매년 1.4%씩 증가하며, 2008년에서 2035년 기간에 46% 성장하는 것으로 예측된다. 2008~2035년 기간 동안에 액체연료 증가비중에서 수송부문이 85%를 차지하며, 산업부문의 증가기여도는 거의 변하지 않는다. 다른 최종수요부문(End-use Sector)와 전력부문에 대한 액체연료의 에너지수요는 감소하고 있다. 기준 시나리오를 기준으로 세계 에너지수요의 증가에 상응하여 에너지 위기를 피하기 위해서는 전통적이고 비전통적인 액체연료 공급은 2008년에서 2035년까지 매일 26.6 백만배럴의 증가분이 이루어져야 한다. 비전통적인 액체연료자원은 2008~2035년까지 매년 3.5% 증가가 이루어져야 한다. 2008년 비전통적인 액체연료 생산은 일일 3.9백만 배럴 생산에서, 2035년에는 일일 13.1백만 배럴 생산으로 증가하리라 예상된다. OPEC국가들이 현재의 전세계 액체연료 시장의 40% 점유율을 2035년까지 계속 유지하기 위해서는 생산능력이 계속해서 증가가 이루어져야 한다.

■ 천연가스(Natural Gas)

국제에너지기구(IEA)의 2011년 세계에너지전망(World Energy Outlook 2011, WEO-2011)에 의하면, 천연가스 황금시대가 도래할 것으로 전망된다. WEO-2011이 제시하는 모든 시나리오에서 가스 소비는 증가할 것으로 전망되며, 가능한 여러가지 향후 정책 방향을 고려하더라도 가스의 역할은 중요할 것이다. 새로운 정책시나리오에 따르면 가스 수요는 거의 석탄 수요와 동일한 수준으로 증가할 것이며, 추가 수요의 80%를 비OECD국가들이 차지할 것이다. 특히 중국의 연료 다변화 정책은 가스 사용의 확대를 촉진할 것이며, 중국의 가스소비는 국내 생산증가와 LNG 교역 및 유라시안 PNG 수입 증가를 통해 확대될 것이다. 전세계 가스교역이 두 배로 증가하고 증가량의 1/3이상이 중국으로 유입될 것이다. 러시아는 2035년에도 여전히 세계 최대 가스생산국으로 남아 있을 것이며 전세계 공급증가에 최대 기여국이 될 것이고, 그 뒤를 중국, 카타르, 미국, 호주가 뒤따를 것이다. 현재 추정된 천연가스 매장량의 절반이 비전통가스로 추정되며, 전통가스보다 훨씬 넓게 분포되어 있는데 이러한 사실은 가스 안보에 긍정적인 의미를 내포하고 있다. 비전통가스 비중은 2035년에 총 가스 생산의 세계 천연가스의 수요는 기준시나리오 기준으로, 2008년 111조ft^3(trillion cubic feet)에서 2035년에는 169조ft^3로 연평균 1.6% 증가할 것으로 전망되었으며, 2008~2035년 기간 동안에 52% 증가하는 것으로 예상된다. 천연가스는 석유나 석탄에 비하여 탄소수가 적어 온실가스 방출를 감소시키는 데 유효한 선택적인 방법으로서, 세계의 많은 국가들에서 전력과 산업 부문별 영역에서 꾸준히 석유나 석탄대체 연료로 수요가 증가하고 있다. 전력분야에서는 천연가스에 대한 낮은 투자비용과 연료 효율성면에서 우수하여 선호도가 높다. 1/5에 달할 것이나 개발 속도는 지역에 따라 상당한 차이가 있을 것이다. 생산량증가 또한 가스산업이 환경적 문제를 어떻게 성공적으로 해결하는 데에 달려있다: 가스 황금시대는 가스생산의 황금률(Golden Standards)을 필요로 한다. 천연가스는 화석연료중 가장 청정하지만 탄소포집저장(CCS; Carbon Capture and Storage)가 없는 가스 사용 증가 그 자체로서는 전세계 온도 상승 2° C 제한에 부합하는 탄소배출저감을 달성하는데 충분하지는 못할 것이다. 전세계 천연가스의 공급면에서 비전통적인 천연가스의 공급이 1.7조ft^3의 40%를 차지하며, 실제적인 실행을 옮기는 데는 환경적인 도전와 어려움을 성공적으로 극복하는 것이 필요하다.

■ 석탄(Coal)

재생에너지와 석탄은 각각 연 평균 2.1%와 2.0%로 에너지원 가운데 가장 높은 수요 증가율을 나타낼 것으로 예상된다. 재생에너지 수요의 빠른 증가 전망은 화석연료 사용에 대한 환경규제 강화와 유가 및 천연가스 가격이 높은 수준을 유지할 것이라는 전망에 기인한다. 석탄은 중국, 인도 그리고 미국 등 에너지 다소비국에 풍부하게 매장되어 있으며 석유나 천연가스에 비해 가격이 상대적으로 낮게 유지될 것으로 예상되어 상대적으로 수요 증가율이 빠르게하나 석탄은 지난 10년 동안 전 세계 에너지수요 증가량의 거의 절반을 차지했다. 현 정책을 유지한다면 2035년까지 석탄소비는 65% 증가하면서 석유를 제치고 전세계 에너지 믹스에서 가장 큰 비중을 차지하는 연료가 될 것이다. 새로운 정책 시나리오에 따르면 전세계 석탄 소비는 향후 십 년 동안 증가할 것이나 2009년 소비량의 25%를 상회하는 수준에서 그칠 것이다. 450시나리오 실현을 위해서는 석탄 소비가 2020년 이전에 정점을 이루어야 하며 이후에는 감소해야 한다. 이러한 세가지 시나리오에 따른 2035년 석탄수요 전망치들간의 차이는 2009년의 전 세계 석탄 수요량과 거의 동일한 수준이며, 중국의 석탄소비는 전세계 수요의 거의 절반을 차지할 것이다. 새로운 정책 시나리오에 따르면 인도의 석탄 사용이 두 배로 증가하면서 인도는 미국을 제치고 세계 2위의 석탄 소비국이 되고, 2020년대에는 세계 최대 석탄 수입국이 될 것이다. 만약 모든 화력발전소의 평균 효율을 2035년에 새로운 정책 시나리오 수준보다 5% 높일 수 있다면, 이렇게 가속화된 저효율 연소기술로부터의 탈피가 전력 부문에서 대기오염과 온실가스 배출량을 8%까지 감소시킬 것이다. 새로운 정책 시나리오에서 CCS는 전망 기간 말엽에야 비로소 역할을 수행한다. 그럼에도 불구하고, CCS는 450 시나리오의 가장 핵심적인 배출저감 방법이며, 추가적으로 요구되는 온실가스 저감량의 거의 1/5을 담당할 것이다. 그러므로 만약 2020년대에 CCS가 널리 보급되지 않는다면 전세계 기후변화협약 목표에 부합하는 온실가스 배출저감을 달성하기 위해 여타 저탄소 기술들이 달성해야 할 추가 부담이 크게 증가할 것이다.

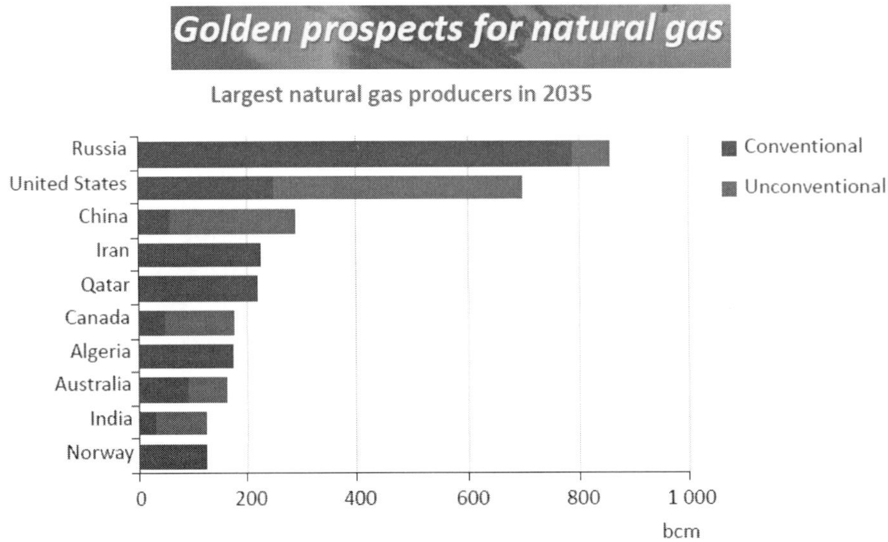

그림 2.16 전세계 주요 전통과 비전통적 천연가스 생산국 (2035) [2]

Growth of regional coal consumption
percent change from 1980 to 2010

World	94%
Asia	403%
North America	50%
Europe	-32%
Former Soviet Union	-42%
Africa	92%
Oceania	96%
Central & South America	156%

Share of global coal consumption
percent of total world consumption, 1980 and 2010

	1980	2010
Asia	24.3%	63.1%
North America	18.2%	14.0%
Europe	34.2%	12.0%
Former Soviet Union	18.2%	5.5%
Africa	2.7%	2.7%
Oceania	1.8%	1.9%
Central & South America	0.5%	0.6%

Growth in global energy demand, 2000-2010

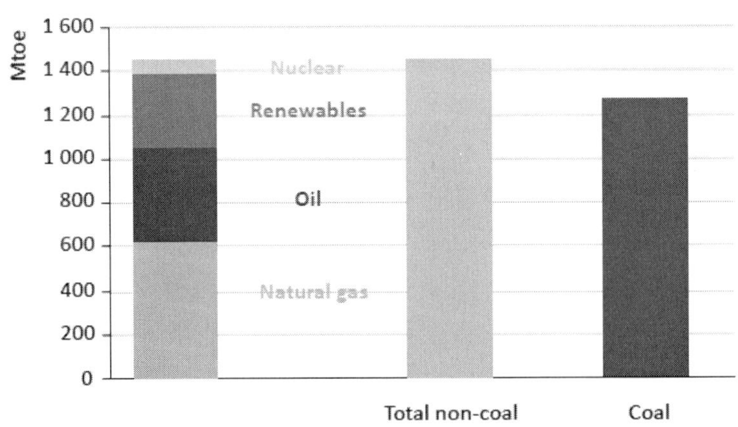

그림 2.17 글로벌 지역별 석탄소비 비중의 변화 (1980~2010); 석탄과 비석탄(원자력, 신재생, 석유, 천연가스) 수요의 비중 (2000~2010) [2,16]

■ 신재생에너지(Renewable Energy)

신재생에너지란 석탄, 석유, 원자력 및 천연가스가 아닌 태양에너지, 바이오매스, 풍력, 소수력, 연료전지, 석탄의 액화, 가스화, 해양에너지, 폐기물에너지 및 기타로 구분되고 있고 이외에도 지열, 수소, 석탄에 의한 물질을 혼합한 유동성 연료를 의미한다. 그러나 실질적인 신재생에너지란, 넓은 의미로는 석유를 대체하는 에너지원으로 좁은 의미로는 신·재생에너지원을 나타낸다. 그림 2.11에서 보는 바와 같이, 신재생에너지는 2035년까지 계속해서 꾸준히 성장하며, 향후 20년 후의 에너지수급의 불균형과 50년 후에는 거의 고갈상태에 도달하게 된다. 2010~2035년에는 천연가스와 함께, 신재생에너지의 수요 증가는 거의 2/3정도 증가하게 된다. 중국과 유럽연합은 신재생에너지 증가분의 거의 절반을 차지하며 신재생에너지 보급 확대를 촉진시킬 것이다. 세계 발전부문에서 수력발전의 비중은 약 15% 정도로 유지될 것이며, 중국, 인도, 브라질이 신규 설비용량 680GW의 거의 절반을 차지할 것이다.

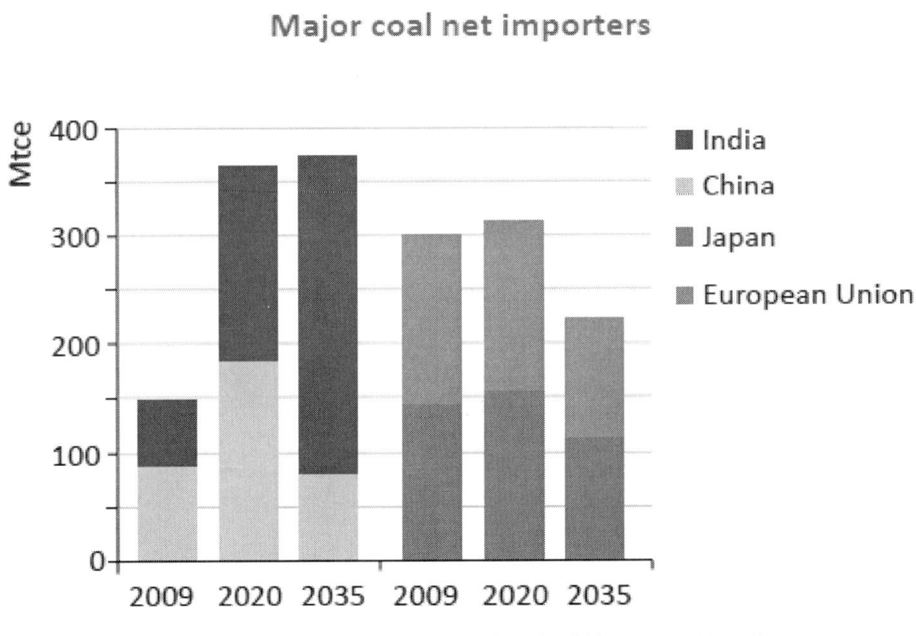

그림 2.18 글로벌 주요 석탄국 비중의 변화 (2009~2035) [2]

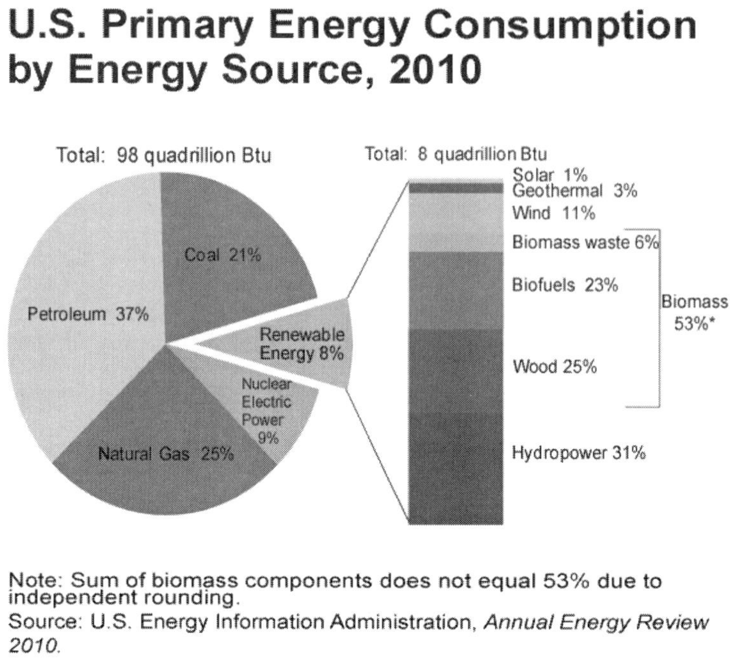

그림 2.19 미국 신재생에너지의 종류와 규모 (2010) [16]

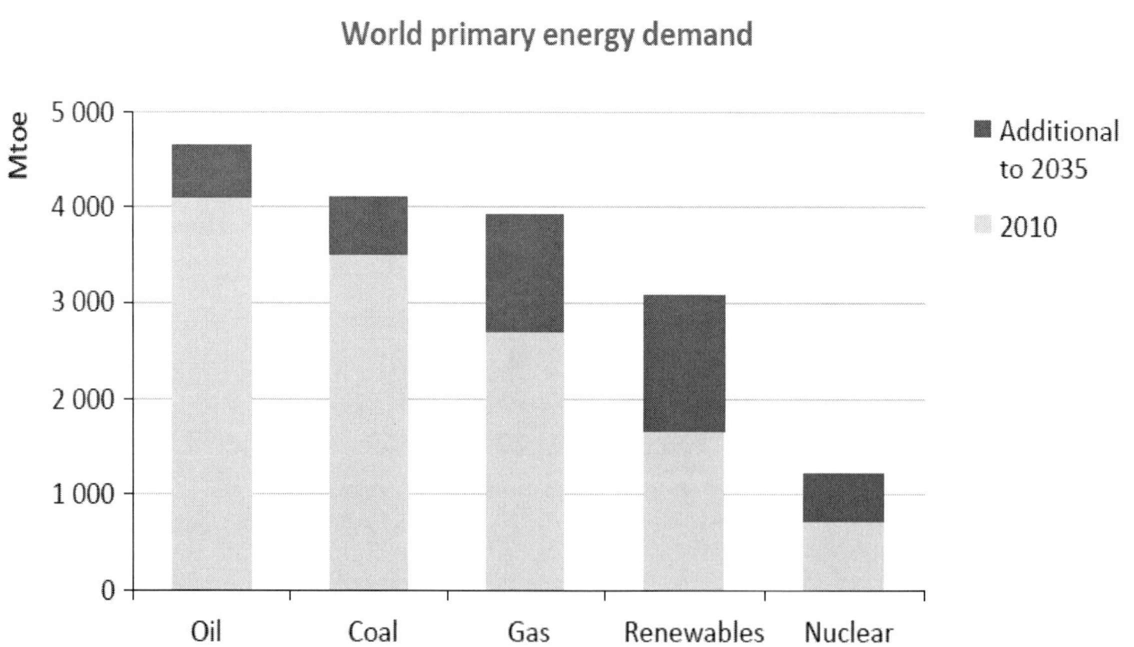

그림 2.20 전세계 신재생에너지와 천연가스의 중요성 (2010~2035) [2]

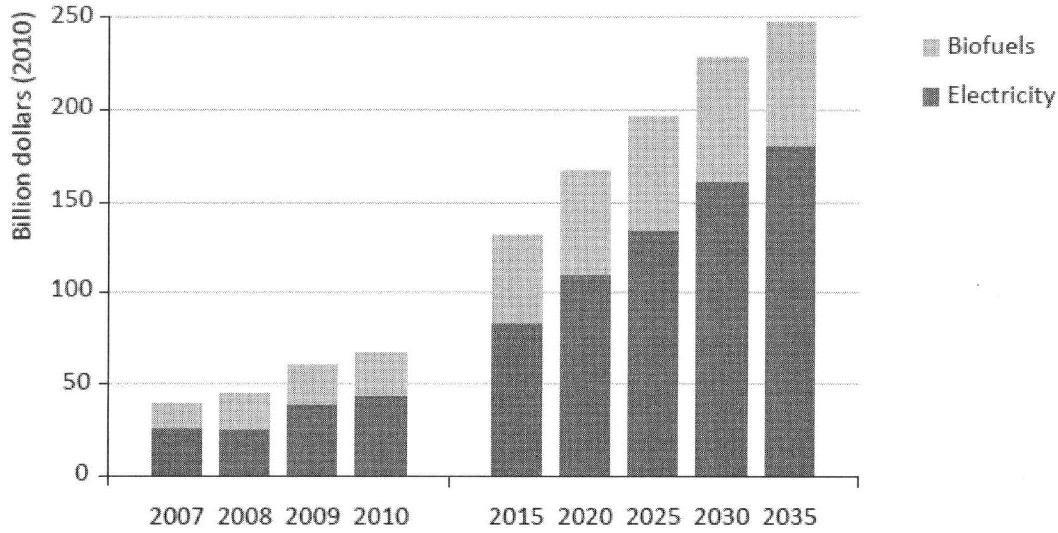

그림 2.21 전세계 바이오연료와 전기에너지의 증가추세 (2007~2035) [2]

■ 원자력(Nuclear Energy)

원자력에 대한 지나친 숙고는 있는 국가들의 정책을 변화시키지는 않았지만, 원자력 에너지의 향후 역할에 대한 의구심을 야기하였다. 새로운정책 시나리오에서 원자력 발전량은 2035년까지의 전망기간 동안 70% 이상 증가할 것으로 전망되고 있으며 이는 작년 전망치와 큰 차이가 없다. 그러나, WEO-2011은 낮은 원자력 케이스 (Low Nuclear Case)-OECD 국가에서 새로운 원전이 건설되지 않고 비OECD 국가들이 새로운 정책 시나리오에서 예상한 추가 원전의 절반만을 건설하며 기존의 원전 운영 수명이 줄어든다고 가정-를 통해 원전 비중 축소로의 전환이 가져올 결과들에 대해서도 점검해 보았다. 향후 원자력 비중을 낮추는 경우 신재생에너지의 확대 기회는 가져올 수 있지만, 반면 화석연료 수요도 증대될 것이다. 따라서, 전세계 석탄 수요는 현재 호주의 연료탄(Steam Coal) 수출량의 2배만큼 증가할 것이며, 가스 수요는 러시아의 현재 천연가스 수출량의 2/3 수준만큼 증가할 것이다. 이러한 결과는 에너지 가격에 대한 추가적인 압박을 야기하고 에너지 안보에 추가적인 우려를 유발하며 기후 변화 대응을 더욱 어렵게 하고 대응 비용도 증가시킬 것이다. 이러한 결과는 특히 에너지 자원이 부족하여 원자력 비중을 상대적으로 크게 높이고자 계획하고 있는 국가들에게 치명적이며, 또한 신흥개도국의 경우 급격히 늘어나는 전력 수요를 충족시키기가 더욱 어려워질 것이다.

석유제품 등 액체연료는 전망 기간 동안 주요 에너지원의 위상은 유지하겠지만 높은 가격

수준 때문에 세계 에너지수요에서 차지하는 비중은 2005년 37%에서 2030년 33%로 줄어들 것으로 예측된다. 특히 발전 부문의 액체연료 수요는 중동지역을 제외한 세계 거의 모든 지역에서 감소하여 전망 기간 중 연 평균 1.0% 감소할 것으로 전망되었다. 산업 부문의 액체연료수요는 에너지효율 개선 및 연료대체에 기인하여 전망 기간 중 증가율이 연 평균 1.1%로 둔화될 것으로 전망되고 있는데 특히 연료대체 여력이 큰 비OECD 국가에서 수요 둔화가 크게 나타날 전망이다. 최근 몇 년간 세계 석탄수요는 급격히 확대 되었으며 이러한 추세는 한동안 지속될 것으로 보인다. 석탄수요는 전체 세계 에너지수요 중 2002년에 24%를 차지하였으며 2005년에는 27%로 확대되었다. 이는 중국의 석탄소비 증가가 큰 원인으로 작용한 결과이다. 중국의 석탄소비가 1990년에서 2001년까지 연 평균 3% 증가한데 반해 2002년부터 2005년까지는 연 평균 17%로 급증 하였다. 이에 따라 중국의 석탄수요는 2000년보다 거의 두 배에 이르고 있는 실정이다. 세계 석탄수요는 2005년에서 2030년까지 연 평균 2.0% 증가할 것으로 전망된다. 2005년과 2015년 기간 중에 3만5천5조Btu가 증가하고 2015년과 2030년 기간 중에는 추가적으로 4만4천Btu가 증가할 것으로 보인다. 이에 따라 2030년 전 세계 에너지수요에서 석탄수요가 차지하는 비중은 29%에 이를것으로 예상된다. 석탄사용을 규제하는 정책이 도입되지 않는 한 미국 중국 그리고 인도는 값 비싼 연료를 대체하는 수단으로 석탄수요를 늘릴 가능성이 높아 보인다. 석탄수요가 감소할 것으로 전망되는 지역은 OECD 유럽과 일본이 유일한데 이들 지역에서는 인구의 정체 또는 감소 전력수요의 둔화 그리고 발전연료로서 천연가스와 원자력 그리고 재생연료의 비중이 매우 높기 때문에 석탄수요 감소가 전망된다. 전 세계 발전량은 2030년에 333억 Wh로 2005년의 173억 Wh의 두배에 이를것으로 전망된다. 비OECD 국가들의 발전량 증가가 두드러질 것으로 예상되는 가운데 연 평균 4.0%의 증가율을 보일것으로 예측 되었으며, 생활수준의 향상으로 가전기기 보급확대 및 상업건물의 건축증가가 주요인으로 작용할 것이다. OECD 국가들에서는 기반시설이 이미 구축되어 있는 가운데 인구증가 둔화로 인해 발전량 증가가 미미할 것으로 보여 발전량 증가율도 연 평균 1.3% 수준에 그칠 것으로 전망된다. 발전용 연료로서의 천연가스와 석탄소비는 전망 기간 동안 가장 높은 증가율을 나타낼 것으로 예상되고 있다. 발전 연료수요에서 천연가스가 차지하는 비중은 2005년 20%에서 2030년 25%로 확대될 것으로 보이며 석탄의 비중 또한 2005년 41%에서 2030년 46%로 확대될 것이다. 미국과 비OECD 국가에서 충분한 매장량을 보유하고 있는 가운데 국제유가와 천연가스 가격상승이 예상되고 있어 발전부문에서 석탄의 경제적 활용가치는 더욱 높아질 것이다. 원자력 발전은 2005년 26억Wh에서 2015년 30억Wh, 그리고 2030년에는 38억Wh까지 확대될 것으로 전망된다. 화석연료 가격상승과 에너지 안보문제 온실가스 배출억제 기조가 신규 원자력 발전소 건설을 촉진할 것이며 OECD와 비OECD 유라시아 지역의 노후 원전들도 활용도가 높은 만큼 폐쇄가 지연될 것으로 예상되고 있다. 원자력 발전소 확장은 비OECD 국가에서 주로 이루어질 것으로 예상된다. 러시아, 중국, 인도가 2005년에서 2030년 사이에 증가할 것으로 예상되는 원자력 발전용량의 67%를 점유할 전망이다. 수력을 포함한 재생에너지를 이용한 발전도 지속적으로 증가할 것으로 예상되는 가운데 2005년에서 2030년까지 연평균 2.1% 증가율을 보일 것이다. 특히 재생에너지는 화석연료 가격 상승과 함께 재생에너지 이용을 장려하는 정부정책으로 경제성을 한층 확보해 나갈 것으로 전망된다. 재생에너지수요증가는 대부분 비OECD 아시아 중남미지역의 중·대규모의 수력발전설비 확장을 통해 이루어질 것으로 보인다. 이들 국가들은 수력발전 건설을 계획하고 있거나 현재 건설을 진행 중에 있다. 중국은 양쯔강에 18.2GW의 Three Gorges 댐 건설을 거의 완공한 상태이며 규모를 추후 22.4GW까지 확대할 것을 계획하고 있다. 한편 12.6GW 규모의 댐 건설이 양쯔강 하류인 Aisha강에서 진행 중인 가운데 2020년에 완공될 것으로 예상되며 Hongchui 강에서는 중국에서 세 번째 규모인 6.3GW 수력 발전 댐이 건설될 계획이다. 인도에서는 14.5GW 용량의 수력발전소가 건설 중에 있으며 중남미에서는 브라질이 5.5GW 규모의 댐 건설과 함께 2010년 이후 전력수요 초과를 우려하여 3.15GW 급의 댐을 Santo Antonio에 3.3 GW급은 Rio Madeira강에 건설할 계획이다. 캐나다와 터키를 제외하면 OECD 국가에서는 수력발전이 지속 적의로 증가하지는 않을 전망이다.

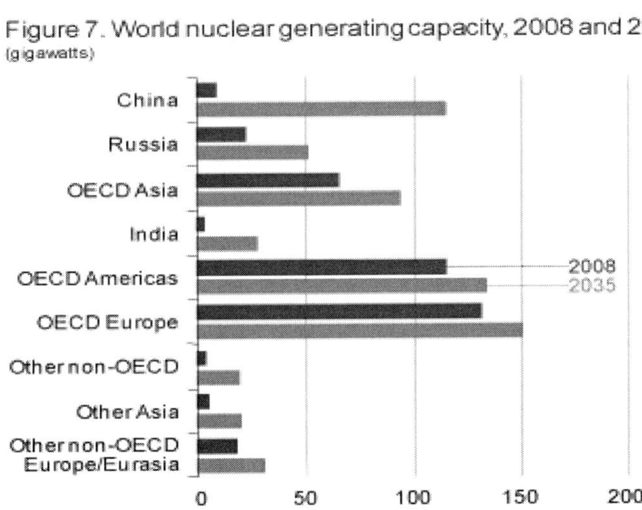

그림 2.22 원자력발전소의 증설 가능성 (2008~2035) [13]

이는 OECD 국가들 대부분이 이미 수력 발전소 개발이 완료된 상태이기 때문이다. 반면 OECD 국가에서의 재생에너지이용은 주로 풍력, 태영광 및 태양열, 지열, 폐기물 또는 바이오매스 등에서 증가할 것이다. 2007년 미국에서만 4,287MW(38%)의 풍력발전 설비가 증가하였으며 이 는 연방정부의 세금감면과 주 정부의 재생에너지 의무사용기준(RPS; Renewable Portfolio Standards) 등의 지원 하에서 이루어지고 있다. 풍 격발전시장은 비OECD 국가에서도 크게 확 대되고 있는데 중국이 3,400MW, 인도가 8,000MW급의 풍력발전설비를 2007년에 도입하였다. OECD 유럽 지역은 대부분의 국가들이 교토의 정서 하에 온실가스 배출를 줄이는데 참여하고 있기 때문에 풍력발전 시장의 핵심이라 할 수 있다. 2007년에 8,554MW 풍력발전설비가 도입되었다. EU는 2020년까지 전체에너지수요 중재 에너지절약의 비중을 20%까지 확대하는것을 목표로 하고 있으며 바이오연료의 비중을 최소 10%이상으로 강제 하고 있다. 대부분의 EU 국가들이 재생에너지생산에 대한 성과보수를 부여하고 있으며 이는 자본투자에 보조금을 지원하고 재생에너지를 통한 발전에 대해 가격을 보장해주는 형태로 나타나고 있다. 풍력시장은 특히 독일과 스페인에서 활성화되고 있는데 2007년말 기준으로 각각 22,247MW와 15,145MW이 설비를 갖추고 있다.

2.3.2 부문별 세계에너지시장

최종수요부문의 에너지수요는 석유가 주종을 이루는 수송부문을 제외하면 지역별 특성에 따라 다양성을 나타내고 있다.

가. 가정부문

전 세계적으로 가정부문의 에너지수요는 2005년을 기준으로 전체 에너지소비의 15%를 차지하고 있다. 국가마다 가정부문의 에너지소비 구조는 매우 다양하게 나타나고 있는데 이는 국가별 소득수준, 자원보유량, 기후 및 에너지 인프라가 다르기 때문이다. 일반적으로 OECD국가의 가구당 에너지소비가 비OECD국가 보다 높게 나타나고 있으며 이는 부분적으로 소득 수준 때문이다. 예를 들면, 미국의 1인당 GDP는 2005년에 30,100 달러 2000년 불변 기준였으며 1인당 에너지소비는 38.7백3만Btu로 나타났다. 반면 중국은 같은 기간 1인당 소득 수준이 5,900 달러였으며 1인당 에너지소비 수준은 3.2백3만Btu였다. 비OECD 국가들의 가정부문 에너지소비가 아직도 전통적인 목재, 쓰레기, 동물배설물 등에 상당히 많은 부분을 의존하고 있다. 예를 들면, 아프리카 사하라 남부의 시골 주민들의 93%는 여전히 요리를 위해 바이오매스, 동물 배설물를 주요 에너지원으로 사용하고 있으며 중국과 인도의 일부 지역에서도 목재나 숯 등을 주로 이용하고 있다.

나. 상업부문

상업부문은 서비스분야로도 인식되고 있는데 다양한 형태의 서비스를 제공하는 학교, 상점, 교도소, 식당, 호텔, 병원, 박물관, 사무용건물, 은행, 체육관 스타디움 등으로 구성되며 주로 건물에 대한 냉난방이나 온수, 조명, 취사 등에 에너지가 사용되고 있다. 건물 이외의 분야에서는 신호등 도심 수도공급 및 하수도처리 등에서 에너지가 사용된다. 상업부문 에너지소비 역시 소득수준과 크게 직결되는 특성을 갖고 있기 때문에 일반적으로 OECD 국가의 상업부문 1인당 에너지소비가 비OECD 국가의 그것에 비해 크게 나타나고 있다. 2005년에 비OECD 국가의 1인당 에너지소비는 1.2백1만Btu에 불과한데 반해 OECD의 1인당 에너지소비는 평균 16.4백1만Btu를 기록하였다. OECD 국가들의 인구증가 둔화 및 지속적인 에너지효율 개선은 전망기간동안 상업부문 에너지수요 증가를 억제하는 요인으로 작용할 것이다.

한편 경제 성장에 따른 비즈니스활동의 증가가 상업용 에너지수요를 증가 시키는 요인으로 작용하기도 한다. 미국은 OECD국가중 상업용 에너지소비가 가장 많은 나라이며 전망기간 동안에도 이러한 추세는 이어져 2030년에는 전세계 상업용 에너지수요의 45%를 점유할 것으로 전망된다. 비OECD 국가에서는 경제성장이 빠르게 진행되고 있는 만큼 상업용 에너지수요도 급격히 증가할 전망이다. 인구증가가 OECD 국가들에 비해 상대적으로 빠르다는 점도 상업용 에너지수요가 OECD 국가에 비해 크게 증가할 수 밖에 없는 요인이다.

다. 산업부문

일반적으로 OECD국가가 비OECD국가에 비해 산업부문 에너지효율성이 높으며 산업구조 측면에서도 에너지 저소비 산업의 비중이 상대적으로 높다. 이에 따라 비 OECD국가의 산업부문 에너지소비 원단위 에너지소비(GDP)가 OECD국가에 비해 거의 40%가량 높게 나타나고 있다. 비OECD 국가들은 산업부문의 노후된 설비들을 교체하는 과정에서 상당한 에너지 원단위 개선을 나타낼 것으로 전망된다. 이에 따라 비OECD국가들의 에너지 원단위는 2005~2030년 기간 중에 연평균 3.0%를 기록할 것으로 전망된다. 전 세계적으로는 연평균 2.1%씩 에너지 원단위가 개선될 것으로 전망된다. OECD국가들은 중공업산업과 에너지 다소비 산업에서 벗어나 서비스 산업으로 이동하거나 에너지 저소비형 산업구조로 이동하고 있는 반면 비OECD국가에서는 점차 에너지 다소비형의 중공업 비중이 높아져 가고 있다. 중국의 경우 최종에너지소비에서 산업부문이 차지하는 비중이 77%에 이르고 있다. 2030년까지 이러한 비중이 줄어들 것으로 기대하고 있긴 하지만, 2030년에도 여전히 72%로 높은 수준을 유지할 것으로 전망된다. 다른 비OECD 아시아지역의 산업부문 최종에너지소비 비중도 2030년까지 60%의 높은 수준을 나타낼 것으로 예상된다.

라. 수송부문

수송부문 에너지소비에 있어서도 경제활동과 인구증가가 추세를 결정짓는 중요한 요소이다. OECD국가와 비OECD국가 모두에서 이러한 요소들이 증가 추세를 지속하고 있으며, 특히 비OECD국가에서 도시화가 진행됨에 따라 항공수송 수요와 자동차운행이 상대적으로 높게 증가하고 있어 역시 비OECD국가에서 수송부문 수요의 급증이 예상되고 있다. 화물수송에 있어서는 트럭의 에너지수요 증가가 높은 비중을 차지할 전망이다. 특히, 국가간 무역이 증가할 것으로 예상되고 있어 향후 항공 및 선박 에너지수요 역시 급격히 증가할 것으로 예상된다.

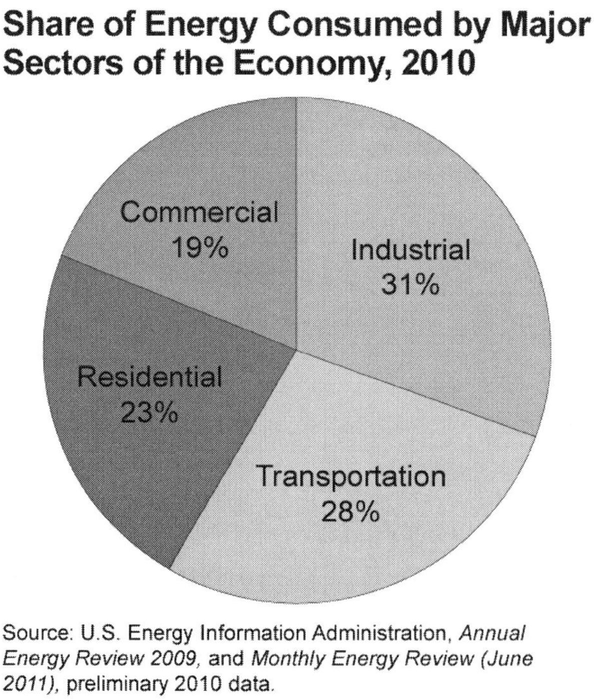

그림 2.23 미국 부문별 에너지소비 비중(2010) [13]

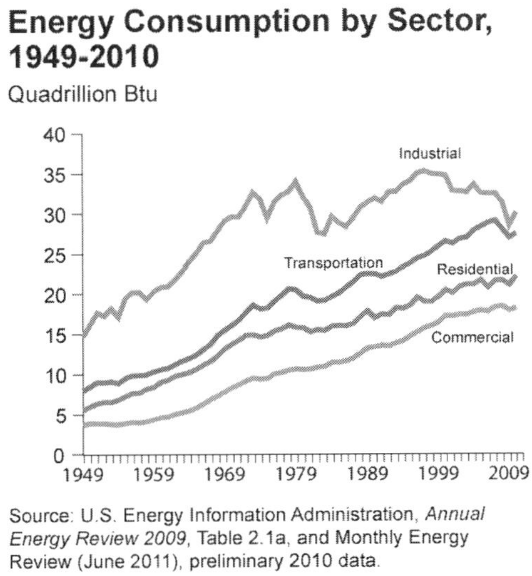

그림 2.24 미국 부문별 에너지소비 (1949-2009) [14]

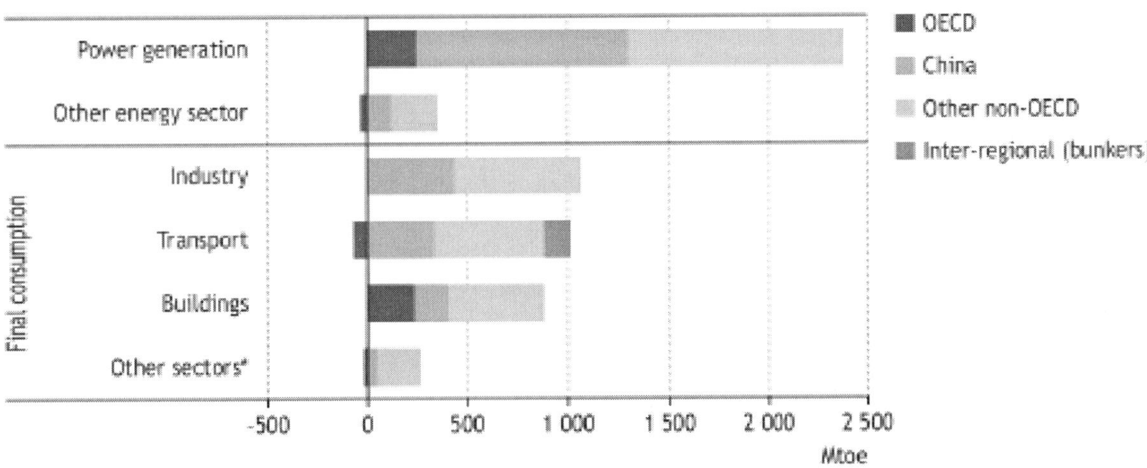

그림 2.25 분야별, 지역별 세계 에너지 수요 증가 (2008~2035) [17,18]

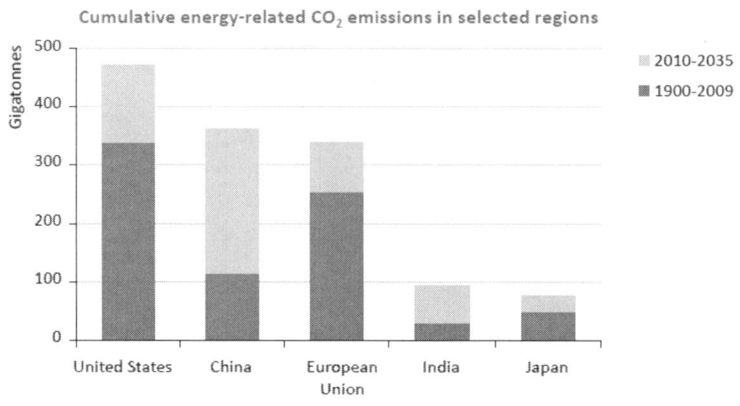

그림 2.26 미국, 중국, EU, 인도, 일본에 대한 1900-2009년 과 2010-2035년 기간의 CO_2 누적배출량 [2]

2.3.3 세계 CO_2 배출량

기후변화협약 목표달성을 위해 국제사회는 올바른 방향으로 움직이고 있으나 목표달성 기회의 문은 닫히고 있다. 만일 전 세계 평균온도 상승을 2° C로 제한하는 장기적 목표를 450 시나리오에서 제시된 바와 같이 합리적인 비용으로 달성하도록 해야 한다. 새로운 정책 시나리오에 따르면 전 세계는 현재 장기적으로 온도를 3.5° C 이상 상승시키는 온실가스 배출 궤도에 올라 있다. 또한 이러한 신규 정책들이 실현되지 못한다면, 우리는 6° C 또는 그 이상의 온도 상승을 야기하는 매우 위험한 온실가스 배출 궤도에 오르게 될 것이다. 450 시나리오가 2035년까지 허용하고 있는 에너지 관련 온실가스 총 배출량의 4/5가 기존의 에너지인프라(발전소, 건물, 공장 등)의 배출량으로 이미 "고착"되어 있다. 만일 온실가스 감축을 위한 강력한 조치의 시행이 2017년까지 지연된다면 2035년까지 450 시나리오가 허용하는 모든 온실가스 배출량을 기존 에너지인프라가 배출할 것이고, 이에 따라 신규로 건설되는 발전소, 공장 및 여타 인프라가 고비용의 무탄소 시설을 갖추지 않는 이상, 기후변화협약 목표 달성은 불가능하게 된다. 이는 곧 막대한 비용증가를 의미한다. 2020년 이전에 전력부문에 필요한 투자액을 1달러 축소할 때마다 온실가스 배출증가로 2020년 이후에는 4.3달러를 추가로 투자해야 하는 상황을 야기시킨다. 신규 에너지효율 정책의 시행은 매우 중요하다. 그러나 그 이상의 조치가 필요하다. 새로운 정책시나리오에서 에너지효율은 모든 분야에 걸쳐 보다 강화된 기준과 화석연료 보조금의 부분적 폐지에 힘입어 지난 25년 동안의 향상율보다 2 배 높은 수준으로 개선된다. 450 시나리오의 에너지효율 향상율은 새로운 정책시나리오보다 높아야 하며, 이는 새로운 정책 시나리오 대비 추가로 감축해야 하는 온실가스의 절반이 에너지효율의 향상을 통하여 이뤄지기 때문이다. 에너지 안보와 기후변화협약 목표 달성에 가장 의미 있게 기여하는 것은 에너지소비의 절감이다.

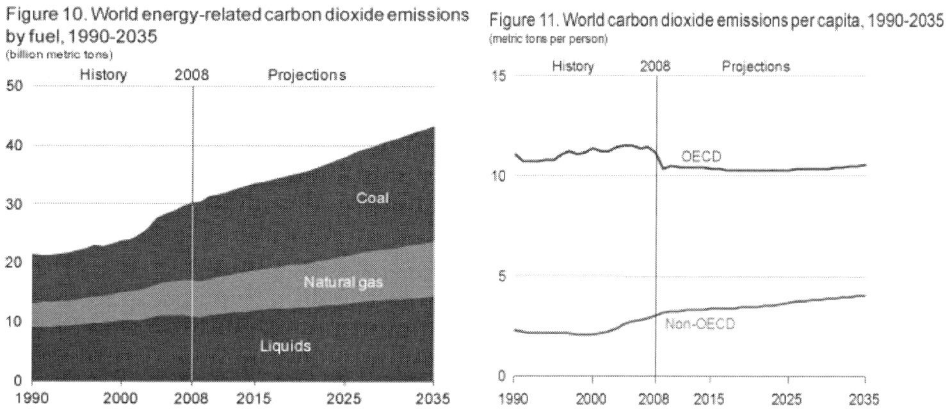

그림 2.27 1990-2035년 전세계 에너지자원별 에너지관련 CO_2 배출량 (좌)과 OECD와 비OECD국가들의 1인당 CO_2 배출량 (우) [13]

2.4 세계 에너지효율향상 및 온실감축

2.4.1 세계 에너지정책

2009년에 전 세계적으로 약 90억 달러가 현대적 에너지서비스에 대한 접근성 제공을 위해 투자되었다고 추산하고 있는데, 2030년까지 전 세계에 이러한 서비스에 대한 보편적인 접근이 가능해지기 위해서는 현재 수준의 5 배 이상인 480억 달러의 투자가 매년 필요하다. 2030년까지의 "모두를 위한 에너지" 달성은 UN 사무총장이 발표한 핵심 목표이다. 현재, 13억 명의 인구에게 전기공급이 이뤄지고 있지 않으며 27억 명의 인구가 취사에 여전히 전통적 방법으로 바이오매스를 사용하고 있다. 모두를 위한 에너지를 달성하기 위해서는 2030년까지 총에너지부문 투자의 3% 수준의 투자가 필요하다.

현재 전 세계 에너지시장의 흐름에서 긴급하게 요구되어 지고 있는 방향으로의 전환이 이루어지고 있다는 징후는 많지 않다. 2009년부터 시작된 세계 경제회복이 지역적으로 불균등하게 이루어지고 향후 경제전망이 불확실함에도 불구하고, 세계 1차에너지 수요는 2010년에 2009년 대비 5% 증가라는 급격한 회복세를 보여주고 있고, 온실가스 배출량도 사상 최고치를 기록하였다. 화석연료의 비효율적인 소비를 부추기는 보조금도 4,000억 달러를 넘어섰다. 전기공급이 이루어지고 있지 않은 인구도 무려 전 세계 인구의 20%에 해당하는 13억명에 달한다. 최근 발생한 일본 후쿠시마 사태와 중동 및 북아프리카 지역의 혼란은 에너지공급의 신뢰성에 대한 우려를 증폭시키고 있으며, 국가재정 건전성에 대한 우려로 인해 에너지정책의 시급성에 대한 각국 정부의 관심이 낮아지고 정책수단 추진에 제약이 생기면서, 전세계 기후변화대응 목표 달성은 더욱 어려워지고 있다.

2011년 세계에너지전망보고서(WEO-2011)의 중심 시나리오인 새로운 정책시나리오는 최근 정부의 정책 공약들이 아직 구체적인 방안들로 뒷받침되고 있지는 못하나 이러한 공약들이 신중하게 이행될 것이라는 가정하에 작성되었다. 450 시나리오는 세계 온도상승을 산업화 이전 대비 2° C 이내로 제한한다는 국제사회의 목표 달성을 위해 준비된 것으로 450 시나리오와의 비교를 통해 이러한 목표 달성에 필요한 적절한 경로를 추적해 나갈 수 있다. 단기 경제성장 전망에 대한 불확실성에도 불구하고 새로운 정책시나리오는 에너지수요가 크게 증가하여 2010년에서 2035년 사이 1/3 가량 증가할 것으로 예상하고 있다. 2010년과 2035년 사이 인구가 17억명이 증가하고 경제성장률이 연평균 3.5%에 달할 것으로 예상되는 가운데 에너지서비스와 수송용 수요가 더욱 더 증가할 것이다. 전 세계 단기 GDP 성장률이 2011년 전망보고서의 가정보다 낮아질지라도 이것이 장기적 추세에 큰 차이를 가져오지는 않을 것이다.

에너지시장의 역동성은 점점 더 OECD 역외 국가들에 의해 좌우될 것이다. 비OECD국가들은 2010년과 2035년 사이 전 세계 인구 성장의 90%, 경제생산 증가의 70%, 에너지소비 증가의 90%를 차지할 것이다. 특히 중국은 세계 1위의 에너지 소비국으로 자리매김할 것이다: 2035년에는 중국의 1인당 에너지소비가 세계 2위 소비국인 미국의 절반도 되지 않음에도 불구하고 미국보다 에너지를 70% 이상 더 소비할 것이다. 인도, 인도네시아, 브라질 및 중동의 에너지소비 증가율은 2010년과 2035년 사이 중국보다 훨씬 빠르게 증가할 것이다. 전세계 에너지공급 인프라에 대한 투자를 위해 2011년에서 2035년 사이 38조 달러(2010년 달러 기준)가 필요하다. 총 투자액의 거의 2/3가 비OECD국가에서 조달되어야 한다. 이 중 석유 및 가스에 대한 투자가 20조 달러에 달할 것으로 예상되는데 이는 석유와 가스의 상류 부문 투자가 필요하고 중장기적으로 관련 비용이 상승하기 때문이다. 나머지 투자액의 대부분은 전력 부문에 투자되며 40% 이상이 송전 및 배전망에 투자될 것이다.

화석연료의 시대가 끝나려면 아직 멀었으나, 그 비중은 줄어들 것이다. 모든 연료의 수요가 증가할 것이지만 전 세계 1차에너지 소비에서 화석연료가 차지하는 비중은 2010년 81%에서 2035년 75%로 약간 줄어들 것이며, 천연가스만이 2035년까지 전세계 에너지믹스에서 비중이 증가하는 유일한 화석연료가 될 것이다. 전력부문에서는 수력 및 풍력발전 기술이 주도하는 신재생에너지가 증가하는 전력수요를 충족하기 위한 신규 설비용량의 절반을 차지할 것이다. UN 기후변화협약(UNFCCC), 교토의정서 등 기후변화협약은 제 7장 7.2절에 상세히 설명되어 있다.

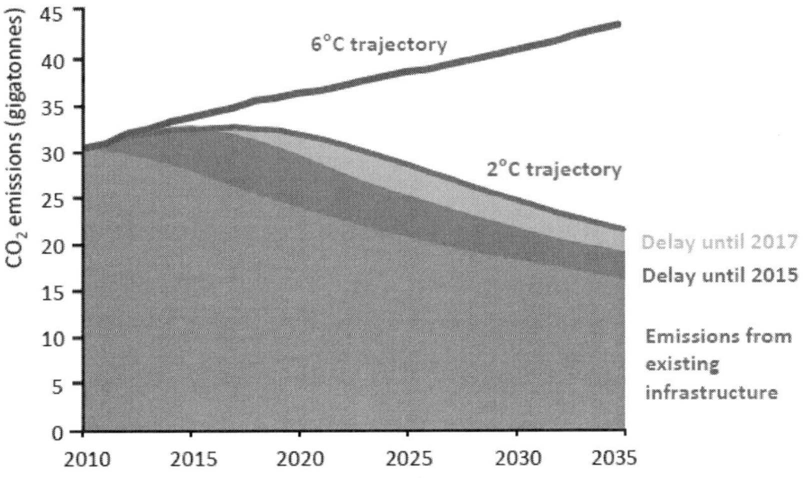

그림 2.28 추가적인 조치없이, 2017년까지 450 시나리오에 기초한 CO_2 배출량: 2°C 추적궤도 [2]

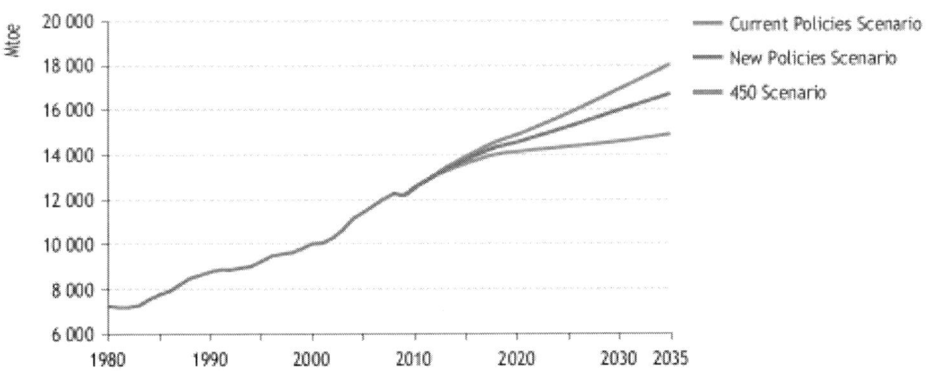

그림 2.29 시나리오별 세계 에너지 수요 [17,18]

2.4.2 OECD의 녹색성장을 위한 에너지정책

녹색성장 보고서를 통해 증가하고 있는 에너지 수요와 CO_2 감축을 위한 실행 방안 및 전략을 제시하였으며, 녹색성장을 이루기 위해서는 국가가 처한 상황에 따른 우선순위에 대한 고려와 국가간 협력이 필요하며, 개별투자를 확대하고 상호 시너지를 일으킬 수 있는 정책이 필요하다.

녹색성장을 위한 개별 투자 5대 방안으로는 다음과 같다.

- 화석연료에 대한 보조금을 합리화하고 단계적으로 폐지
- 온실가스 배출 및 환경에 대한 비용부과와 장기적이고 확실한 변화를 시장에 알림
- 그린에너지 분야 투자를 활성화하기 위한 건전한 시장형성 및 법과 규정 정비
- 에너지 인프라 구축비용 절감과 저소득층 복지를 위한 혁신적인 에너지효율 향상
- 기존 에너지 시스템을 극복할 수 있는 혁신적인 기술개발

구체적인 정책은 국가별 환경(산업구조, 자연환경, 국력수준)에 따라 다르지만 구조적인 변화 전력시장개편, 새로운 서플라이체인 형성)와 자원분배 및 고용효과를 가져올 것으로 기대

- 2050년까지 CO_2 배출을 현재보다 50% 감축 가능할 것으로 예상
- 이를 위해 현재 연 2,500억 달러(약 290조원) 수준의 기술 투자비용을 2020년까지 5,000억 달러 (약 580조원) 수준으로 끌어올릴 필요가 있음

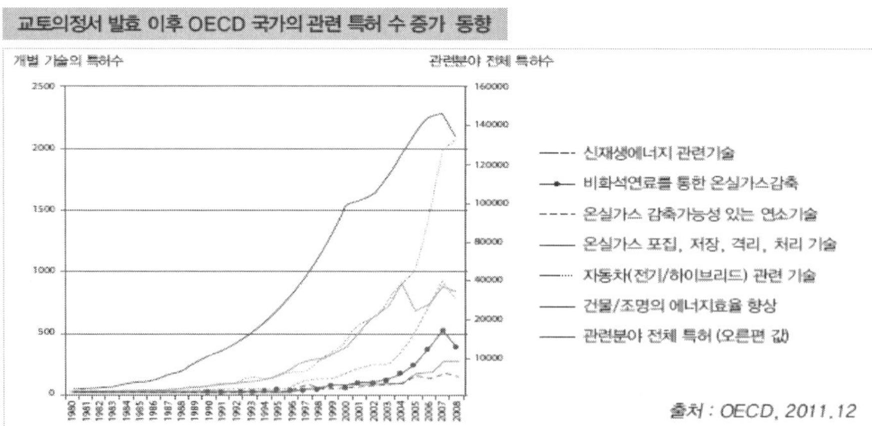

그림 2.30 교토의정서발효이후 OECD국가의 관련 특허 수 증가 동향 [19]

2.4.3 미국 에너지정책

미국 Battle R&D 매거진 회사에서는 2012년 전세계 R&D는 전년대비 5.2% 증가한 1.4조 달러(약 1,600조원)에 이를 것으로 전망된다. R&D 예산 증가는 주로 아시아를 중심으로 9%대 성장을 보일 것으로 예상하고, 유럽은 3.5%, 북미 2.8%로 전망된다. 미국의 경우 2%대 인플레이션을 반영한 2.1% 증가로 4,360억 달러(약 500조원) 예상된다.

부문	내용
민간	2,796억 달러, 작년보다 3.75% 증가
정부	1,256억 달러, 작년보다 1.16% 감소
학계	120억 달러, 작년보다 2.8% 증가
비영리기관 등	183억 달러, 작년보다 2.7% 증가

미국은 특별히 5개(우주 및 국방, 에너지, 생명과학, 정보통신, 화학 및 재료) 분야 중시하며, 에너지 분야는 67억 달러로 전년대비 23.1% 증가될 예정이며, 과거 연도별 예산은 아래와 같으며, 2012년 전 세계 예산은 179억 달러이다.

연도	2009	2010	2011	2012	연평균 증가율
전세계	138	150	165	179	8.9%
미국	42	46	54	67	15.8%

미국은 에너지기업을 통한 R&D도 활발하며, 투자규모는 GE(14억 달러), 엑슨모빌(9억 달러), 셰브론(5억 달러) 수준이다.

2.4.4 EU와 중국 에너지정책

EU의 에너지 로드맵 2050에 의하면, 2050년까지 온실가스 배출량을 1990년도 대비 80~95% 감축하겠다는 기존의 'Europe 2020' * 정책을 기반으로 신재생에너지, 천연가스, 원자력, CCS 기술을 중점적으로 조명하고 있다. Europe 2020에서는, 2020년까지 전력공급량의 20%를 신재생에너지로 발전하고, 에너지 효율을 20% 증대하며, 1990년 대비 온실가스 배출량을 20% 감축할 목표로 2007년에 수립하였다. ' Europe Energy Roadmap 2050' 에서는 온실가스 배출량을 80~95%를 줄이기 위한 단기 전략보다는 장기적 전략수단으로서 7대 탈탄소화 시나리오를 분석하였으며 나라별로 에너지 믹스를 검토하여 적용하는 방안을 권고하고 있다.

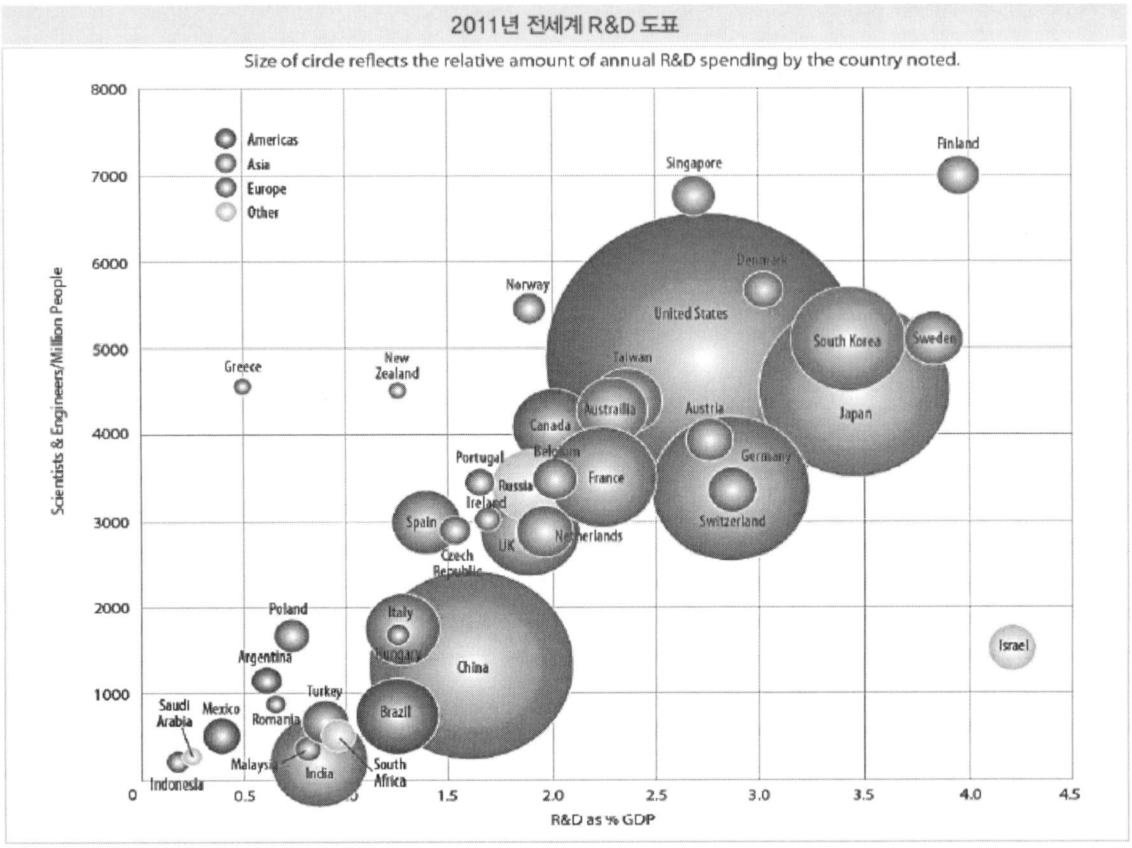

* 가로축은 GDP대비 연구예산, 세로축은 인구백만명당 과학자 및 엔지니어수, 원의 크기는 상대적 R&D 예산의 크기를 나타냄
* 출처 : Battle사, IMF, World Bank, CIA World Factbook, OECD

그림 2.31 전세계 GDP대비 연구예산, 인구백만병당 과학자, 기술자수 [20]

중국 BYD는 SGCC(State Grid Corporation of China)와 합작으로 세계에서 가장 큰 36MWh 규모의 배터리로 구성된 ESS(Energy Storage Station, 에너지저장장치) 설비의 설치를 완료한다. BYD는 중국의 환경친화적인 기업으로서 전기자동차, 버스에 사용되는 배터리와 신재생에너지인 태양광 패널, LED 등을 생산하는 기업이다. SGCC는 중국의 전력회사로 중국 500대 기업중 상위 3위에 위치하는 회사이며 전 세계에서 가장 큰 전력회사이다. 중국 허베이성의 장베이 지역에 설치된 이 ESS 장치는 36MWh 저장능력이 있고, 140MW급 신재생에너지(태양, 풍력)와 연동되며 총 5억달러(약 5,800억원)가 투자되었다. 세계적으로 140MW급 신재생에너지시스템은 있지만, 축구장만큼 큰 규모의 배터리시스템은 전 세계에 전무한 실정이다. 140MW는 100MW 풍력과 40MW 태양광을 이용한 신재생에너지시스템이다. SGCC는 20년 이

상 동작 가능한 BYD의 인산화철 전지기술을 선택하였고, 또한 BYD의 전력피크치를 제한하고 출력부하를 평탄하게 하는 충방전기술을 적용하고 있다. 인산화철 전지기술은 리튬이온 전지기술의 일종이다. 리튬이온전지에는 코발트산화물, 인산화철, 망간산화물 등을 소재로 한 것들이 있으며, 현재 가장 많이 사용되는 것은 코발트산화물을 이용한 전지로 주로 노트북, 핸드폰에 적합하다. 인산화철을 이용한 리튬이온전지는 전기 자동차, ESS 등 중대형에 적합하다.

표 2.9 탈탄소화 시나리오 주요 내용 [20]

탈탄소화 시나리오 주요 내용

구분	7대 시나리오	주요 내용
현재 시나리오	Reference Scenario	2010년도에 채택된 정책시나리오와 현재 경제상황, 장기적 전망을 포함하여 GDP 성장률 및 에너지 수입가격 변동률 등을 분석한 시나리오
	Current Policy Initiatives	후쿠시마 원전, 에너지 2020 정책, 에너지효율 계획, 에너지 세금 등 기존에 채택된 시나리오를 포함하고 있음
탈탄소화 시나리오	High Energy Efficiency	가전기기, 건물 등 에너지를 절약하는 방안을 포함하여 에너지 효율을 증가시켜 2050년까지 2005~2006년 대비 에너지소비량을 41% 줄인다는 시나리오
	Diversified supply technologies	탈탄소화 시나리오 성공 여부는 원자력과 CCS기술이 도입된다는 가정하에 책정되는 탄소 가격과 관련이 있음
	High Renewable energy sources	2050년 최종 에너지 소비량 중 신재생에너지 비율 75%, 전력소비량 중 신재생에너지 비율을 97%까지 달성하겠다는 시나리오
	Delayed CCS	CCS 기술 도입 시점이 늦추어지는 상황에서는 기술 개발보다 탄소 가격에 의해 탈탄소화 성공 여부가 판단될 것이라는 시나리오 (탈탄소화에 원자력 점유율도 포함)
	Low Nuclear	현재 건설 중이거나 건설 예정인 원자력 건설이 중단된다는 가정하에 CCS 기술이 도입되어 에너지공급과 관련한 기술이 다양화 될 것이라는 시나리오

2.4.5 스위스, 영국 에너지정책

스위스 의회는 2007년 환경단체의 온실가스 30% 감축 요구에 대한 답변으로 2020년까지 1990년도에 비해 CO_2를 20% 줄이는 법안을 통과시키며, 2020년까지 1990년도 대비 CO_2를 20% 줄이는 법안을 가결하였다. 더 효율적인 자동차와 도로인프라를 개선함으로써 이러한 감축목표가 일부 가능할 것으로 예측하고 있으며, 가스 발전소에 의해 생산되는 CO_2도 50% 줄일 수 있다고 판단하고 있으며, CO_2 감축강화를 위한 법을 개정하였다.

영국은 2011년에 2050년도 기후변화 대응 에너지절약을 위한 'Carbon Plan' 발표하였다. 풍력, 바이오매스, CCS 등 신재생에너지 및 원자력 발전을 통한 에너지믹스를 통해 2050년까지 온실가스배출량을 80% 감축하겠다는 목표 달성을 위한 구체적 방안을 제시하였다. 2050년도 발전비율: 원자력발전(33GW)+신재생에너지(45GW)+화석에너지(28GW)이며, 영국 정부에서 2008년부터 2027년까지 4~5년 단위로 온실가스 감축량을 법적으로 규제한다는 목표치를 수립하였다. 또한, 'Carbon Plan' 을 통해 4차 탄소 목표치로 2027년까지 50% 감축하겠다는 연도별 구체적 감축량을 발표하였다.

단계별 탄소 감축 목표치

구분	1차 탄소 목표 (2008~2012)	2차 탄소 목표 (2013~2017)	3차 탄소 목표 (2018~2022)	4차 탄소 목표 (2023~2027)
탄소 배출 목표치 ($MtCO_2e$)	3,018	2,782	2,544	1,950
기준 연도 대비 감축 비율(%)	23	29	35	50

참고문헌

[1] "지금당장원자재공부시작하라", 윤채현, 정용구, 한빛비즈출판사

[2] "World Energy Outlook 2011", International Energy Agency, 2011

[3] "에너지 걱정 덜어줄 유망소재", 유기돈, LGERI 리포트, LG Business Insight, 2012. 2. 1, http://www.lgeri.com/industry/chemical/

[4] OECD, 통계청

[5] 스위스국제경영개발원 IMD, 2012

[6] http://www.kesis.net/flexapp/KesisFlexApp.jsp?menuId=Q0109&reportId=&chk=Y, 국가에너지통계종합정보시스템,

[7] "2011 Key World Energy Statics", p. 11, IEA, 2011

[8] "2011 Key World Energy Statics", p. 15, IEA, 2011

[9] "2011 Key World Energy Statics", p. 13, IEA, 2011

[10] "2011 Energy Information Korea", Korea Energy Economics Institute, November 2011

[11] 한국무역협회, http://www.kita.net

[12] "에너지통계월보(2012. 2.)", Vol. 28-05호, 에너지경제연구원, 2012년 5월

[13] "International Energy Outlook 2011", DOE/EIA-0484(2011), September 2011, U.S. Energy Information Admistration

[14] http://www.eia.gov/totalenergy/data/annual/index.cfm#summary

[15] U.S. Energy Information Admistration/ Annual Energy Review 2010

[16] U.S. Energy Information Administration, International Energy Statistics

[17] World Energy Outlook, EIA, 2010

[18] 산업기술로드맵-주력산업(플랜트/엔지니어링), 한국산업기술진흥원, 지식경제부, 2012. 3

[19] Global ET 2011-12월호, 한국에너지기술평가원

[20] Global ET 2012-1월호, 한국에너지기술평가원

연습문제

1. 우리나라 에너지 부문의 국제위상에 대하여 설명하시오.
2. 국민소득이 3만달러 이상인 국가인 일본, 독일, 영국 등과 비교하여 우리나라의 1인당 에너지소비량은 어떤 수준에 있는가?
3. 다음 그림은 탄소시장의 운영메커니즘을 나타내고 있다. 탄소배출권을 설명하시오.

탄소시장의 운영 메커니즘

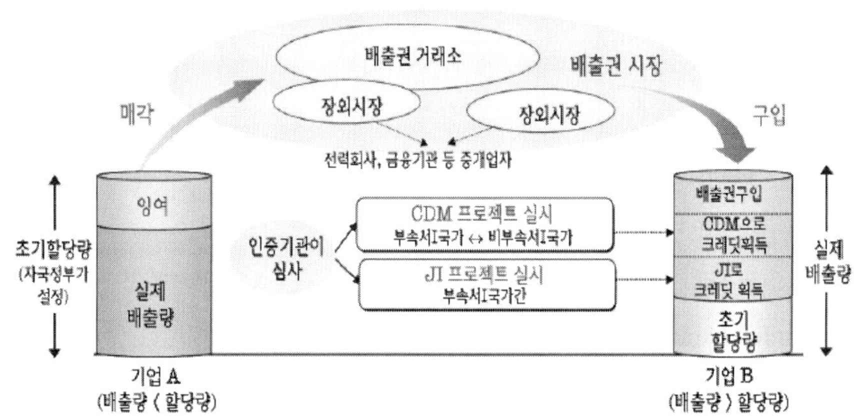

(자료원: "탄소시장의 부상과 비즈니스 모델", 김현진, 삼성경제연구소 CEO Information, 제 630호, 2007. 11.21)

4. 우리나라 1인당 이산화탄소배출량과 세계 순위는 얼마인가?
"KEY WORLD ENERGY STATISTICS" (2011년, IEA)를 참고하시오.

5. 많은 에너지를 사용하는 정유 · 화학회사에서는 에너지효율화 업무를 통하여 에너지낭비를 없애고 보다 적은 에너지를 가지고 생산조업활동을 해야 되기 때문에 넓은 전체 공장에서 사용되고 있는 오일, 가스, 스팀, 전력 등 다양한 에너지현황을 상세히 파악해야 한다. 전세계적으로 이용되는 솔로몬 연료연구(Fuel Study)의 EII(Energy Intensity Index: 에너지사용효율지수. 공장을 운전하기 위한 표준 에너지 대비 실제 투입 에너지 비율)를 최근 정유회사에서는 에너지효율화 정도를 측정하는 데 사용한다. 국내 주요 정유사의 EII는 얼마인가?

6. OPEC(Organization of the Petroleum Exporting Countries)의 12개 회원국가들과 페르시안 걸프(Persian Gulf) 국가들은 어떤 국가들인가?

7. 다음 그림에서, 2010년 전세계 석유생산에서 주요 100대 회사과 국영회사(National Oil Companies)들의 비중은 얼마인가? 여기서, IOCs(International Oil Companies)는 세계석유메이저를 의미한다.

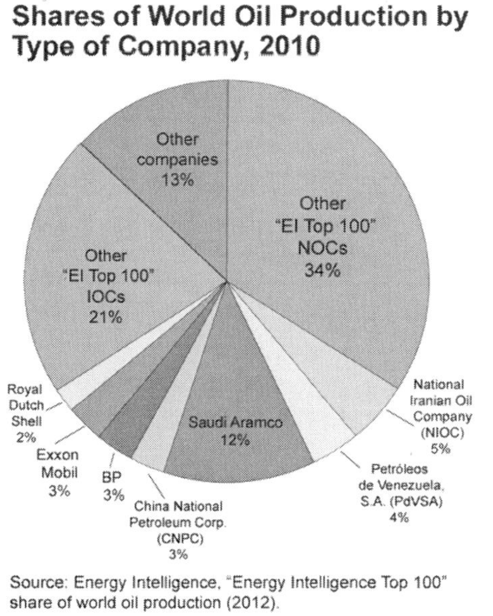

(자료원: http://www.eia.gov/energy_in_brief/world_oil_market.cfm)

8. 우리나라 정부의 2050년 글로벌 온실가스 감축기여도 즉, 1인당 에너지 소비량을 감소시킬 수 있는 방법을 제안하시오.

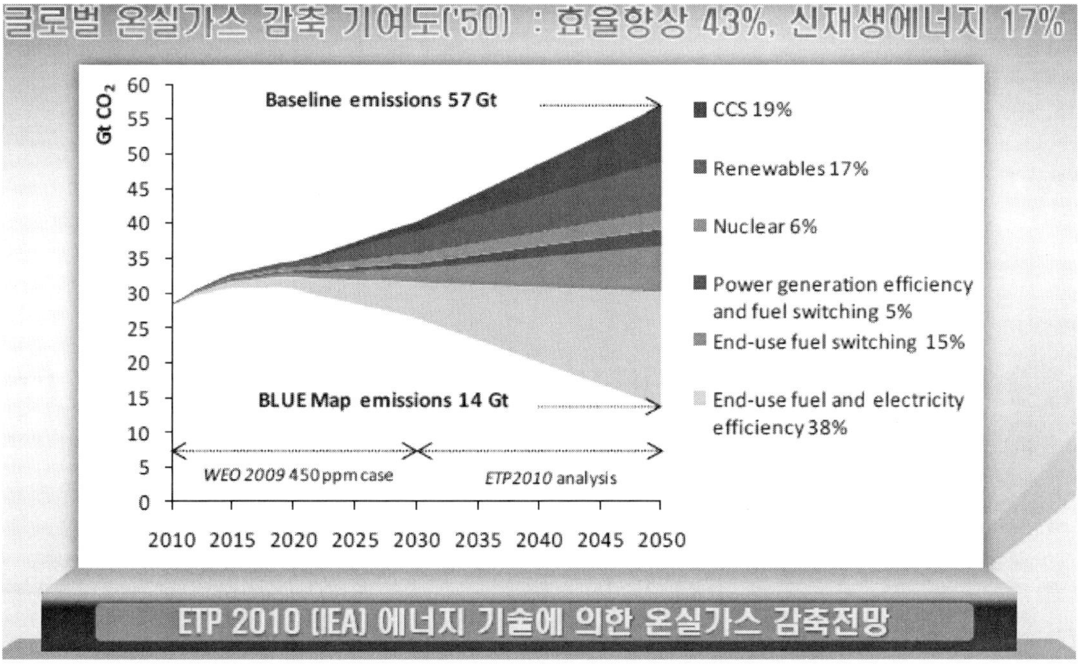

(자료원: 2013년 한국에너지기술평가원, 발표자료)

9. 아래의 그림을 참조하여, 우리나라 정부의 3대 에너지 기술의 전략에 대하여 설명하시오.

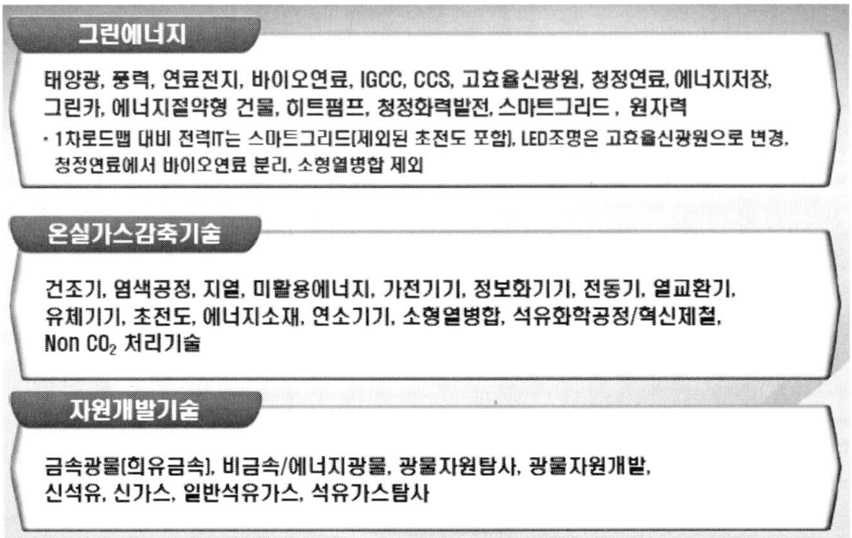

(자료원: 2013년 한국에너지기술평가원, 발표자료)

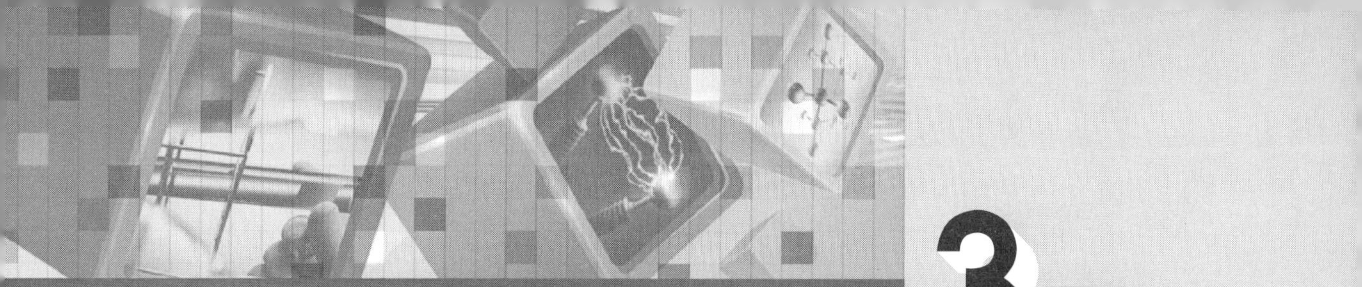

3장 석유

3.1 서론

오늘날 전 세계의 상업용 에너지자원의 85%는 화석연료-석탄, 석유, 천연가스에 의존한다. 우리는 화석연료로부터 얻는 에너지를 화석에너지(Energy from Fossil Fuels)라 부른다, 그림 3.1 참고 [3]. 현재의 소비속도로 유지된다면, 표 3.1에서 보는 바와 같이 석탄을 제외한 화석연료들의 공급은 현재 인류들의 수명보다 길지 않다. 2010년 12월 기준으로 석탄의 가채수명은 118년이며, 천연가스은 58.6년, 석유는 46.2년이다 [4]. 화석연료 중에서 가장 범용적으로 사용되는 연료인 석유는 전 세계의 공급 부족에 부딪칠게 될 것이다. 실제로 석유의 의존성 특히, 수송부문에서, 대부분의 국가들이 석유공급의 문제 발생시에는 상당한 경제적인 충격을 받게 된다. 그림 3.2는 석유를 정제하였을 때 생산되는 제품과 그를 이용하여 응용되는 다양한 범위를 나무 형태로 나타낸 것이다. 석유는 연료(에너지원)로서의 가치 외에도 산업 및 공업용(비료, 합성고무, 합성섬유, 의약품, 건축자재 등)으로서 가치도 크다. 이러한 이유때문에, 석유는 전 세계의 원자재시장에서 가장 중요한 품목이며, 일반 가정생활을 비롯한 모든 산업활동들이 석유를 기반으로 가동되기 때문에, 유가의 움직임이 원자재(석유, 철광석, 석탄, 천연가스, 금, 은, 구리, 아연, 기타 비철금속, 농수축산물, 목재, 천연고무, 면화 등)시장뿐만 아니라 전 세계의 경제에 가장 큰 영향을 미친다. 원유(Crude Oil)는 천연적으로 생성되는 액체 탄화수소의 혼합물로, 원유가 가공되지 않은 형태에서는 여러 종류의 탄화수소를 주성분으로, 황, 질소, 금속 등을 미량으로 함유하고 있으며, 수분과 가스분 등과 같은 불순물을 함유하고 있다. 따라서 수출 또는 정유공장으로의 이송에 앞서 보통 간단한 처리를 거쳐 수분과 가스분을 제거하여 얻은 것을 원유(Crude Oil)라고 부른다. 석유제품(Petroleum Products)은 석유 정유공장에서 원유를 증류공정을 거친후에 얻어지는 제품과 천연가스공장에서 얻어지는 액체 탄화수소의 추출물이다. 석유(Petroleum)은 넓은 의미로 원유와 석유제품을 모두 포함하고 있다. 오일(Oil)과 석유(Petroleum)의 용어는 때로는 혼합해서 사용한다.

낮기 때문에, 원유는 다공질의 암석 상단에, 물은 그 밑에 존재한다. 천연가스(Natural Gas)는 석유와 공존하기 때문에 간혹 이 두 물질을 합하여 원유라고 칭하기도 하는 데, 석유 속에도 소량의 천연가스와 고체인 파라핀왁스가 함유되어 있다. 액화천연가스(Liquefied Natural Gas, LPG 또는 Natural Gas Liquids, NGL)는 천연가스중에 메탄(CH_4)성분을 정화처리한 후 냉각시킨 것을 말하며, 액화석유가스(Liquefied Petroleum Gases, LPG)는 석유가스에서 메탄을 제거하고 난 후에 다시 프로판(C_3)과 부탄(C_4)을 압축 · 흡착의 과정을 거쳐 분리 · 액화시킨 것을 말한다. LPG는 석유를 정제하거나 납사를 크래킹할 경우에도 생성된다.

석유(Oil)[1)]

천연가스(Natural Gas)

석탄(Coal)

1)제3장의 대부분 내용(pp. 94~136)을 참고문헌 [1](http://www.petronet.or.kr, 한국석유공사 석유정보센터에서 발행한 "석유산업의 이해"(2011. 9.21))에서 인용하였음을 밝힙니다. 제3장 일부 내용을 한국에너지기술연구원의 홈페이지 자료, http://www.kier.re.kr [2]에서 인용하였음을 밝힙니다.

그림 3.1 석유, 천연가스, 천연가스 [3]

표 3.1 2010년 세계 화석에너지자원 매장량 [4] (2010년 12월 기준)

구분	석 유	천연 가스	석 탄
가채매장확인량 (Reserved)	1,376.6 십억배럴	186.59 조m^3	860,938백만톤
가채년수 (R/P ratio)*	46.2년	58.6년	118년
생산량(Production)	82,095 천배럴/일	3,193 십억m^3/년	7,273.3백만톤/년
북미	74.6 십억배럴 (5.4%)	9.93조m^3 (5.3%)	245,088백만톤 (28.5%)
중남미	237.6 십억배럴 (17.3%)	7.41조m^3 (4.0%)	12,508백만톤 (1.5%)
유럽 및 유라시아	139.2 십억배럴 (10.1%)	63.08조m^3 (33.7%)	304,604백만톤 (35.4%)
중동	752.6 십억배럴 (54.4%)	75.8조m^3 (40.5%)	-
아프리카	130.3 십억배럴 (9.5%)	14.7조m^3 (7.9%)	32,895백만톤 (3.8%)
아시아태평양	42.2 십억배럴 (3.3%)	16.2조m^3 (8.7%)	265,843백만톤 (30.9%)

주: * 석유가채년수(R/P)는 당해연도 확인된 석유매장량(Reserved)/연간 생산량(Production)

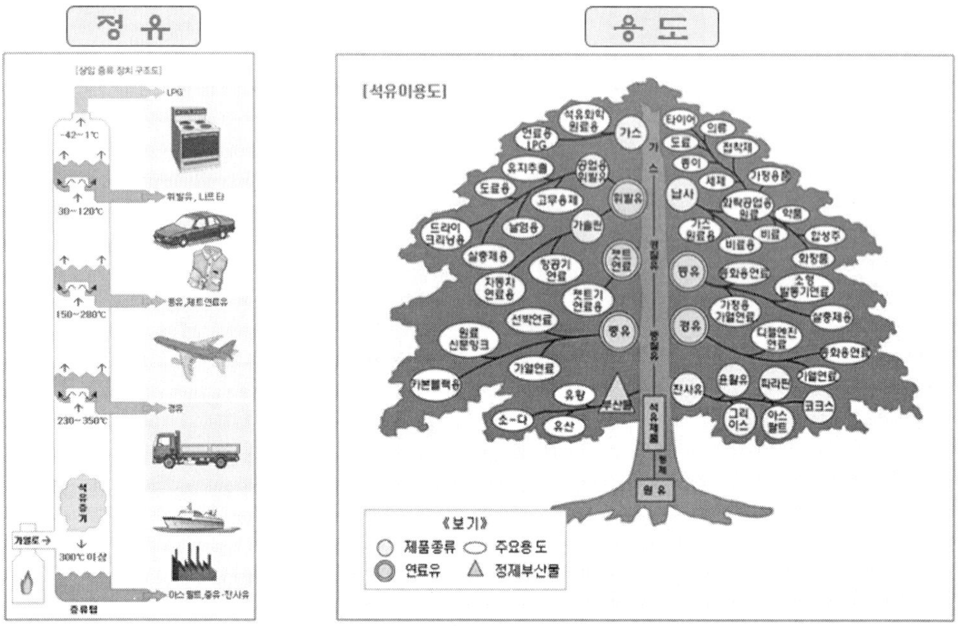

그림 3.2 석유에서 생산되는 제품과 그의 다양한 용도 [1]

3.2 석유

3.2.1 석유의 기원과 생성

원유는 지하의 유전에 고여 있는 천연의 광유로 이를 정제하여 여러 가지의 석유제품을 얻게 되는데, 석유란 원유와 석유제품을 함께 일컫는 명칭이다. 석유(Petroleum)라는 어원은 바위 오일(Rock Oil)이나 땅에서 나오는 오일(Oil from the Earth)라는 의미를 가지고 있다. 1556년 독일의 광물학자인 아그리콜라(Georgius Agricola)가 석유의 회수, 정제에 대한 책을 서술하면서 처음 사용한 단어이며, 석유라는 명칭은 그리스어와 라틴어 Petra(바위 또는 돌)와 Oleum(오일)에서 유래하였다. 석유는 지하에 매장된 탄화수소를 주성분으로 하는 유동체이다. 그림 3.3는 석유의 생성과정을 설명하고 있다. 그림 3.3(a)에서는 300만~400만년전에, 바다의 바닥표면에 작은 바다 식물과 동물이 죽어서 형성된 시체가 모래와 진흙으로 덮여지며, 그림 3.3(b)에서는 50만~100만년전에 식물과 동물시체를 덮은 모래와 진흙 퇴적층에 고온・고압이 가해져, 오늘날 소위 원유로 변화되었다. 이는 석유 퇴적물층은 백악기 및 쥬라기시대에 해당된다. 그림 3.3(c)에서 보는 바와 같이, 오늘날 드릴를 사용하여 모래, 스리트(slit), 바위 층을 통과하여 매장되어 있는 석유와 천연가스를 채굴한다 [5].

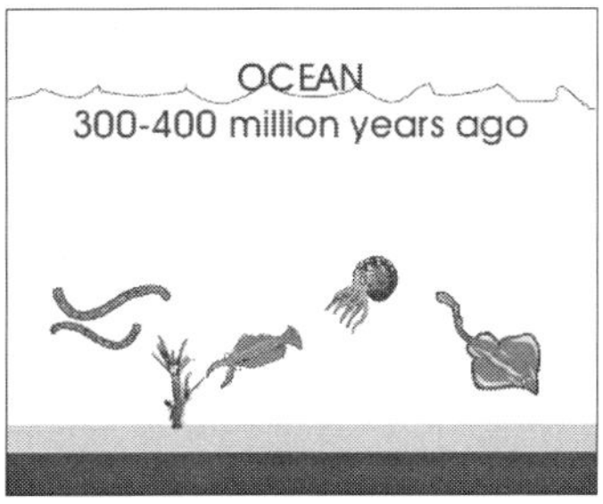

(a)

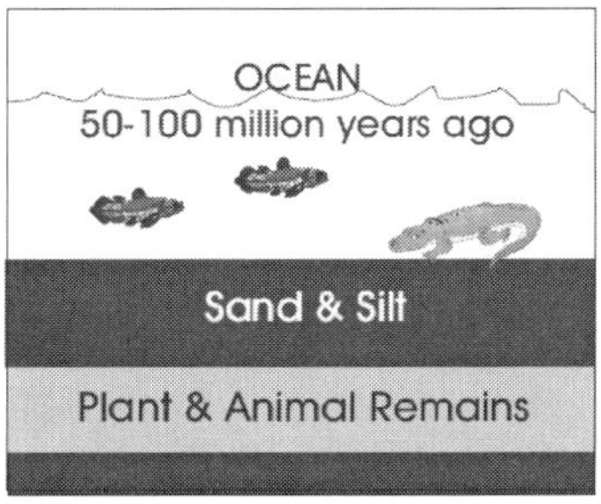

(b)

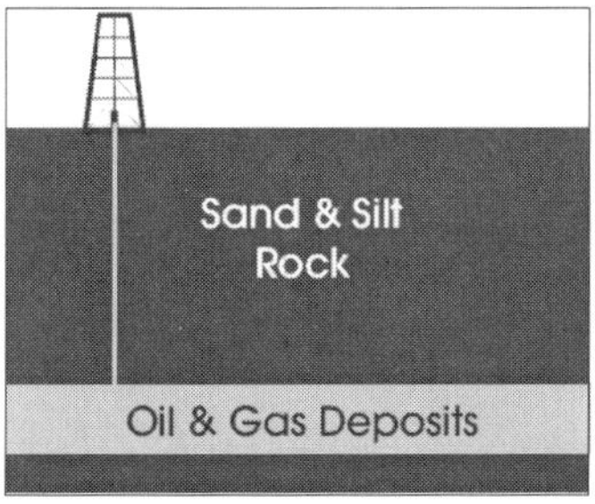

(c)

그림 3.3 석유, 천연가스의 생성과정 [5]

구약성서, 창세기에 의하면, '노아의 방주'에서 방주의 방수를 막기 위해 역청을 사용했다고 기록하고 있으며, 또한, B.C. 3,000년경 수메르인은 아스팔트로 신상을 세웠다고 전한다. B.C. 2,500년경 고대 이집트에서는 미이라의 부패방지를 위해 천연 아스팔트를 사용했으며, B.C. 500년경 고대 페르시아 사원에서는 어둠을 밝히기 위해 지하의 석유를 연료로 사용하여 항상 꺼지지 않는 등불을 밝혔다. A.D. 618년 일본에는 'Fire Water'(불타는 물)가 도입되었다고 한다. 석유는 오랜 옛날부터 시작되어 많은 나라에서 이용되어 왔는데, 그 당시에는 약용, 도장용, 포장용이나 종교적인 의식들에 사용하는데 불과하여 그 활용도 측면에 있어서 아주 초보적인 단계로 걸음마 수준에 불과하였다. 근세사회에 들어서면서 자원으로서의 경제적 가치가 중요해지면서 석유우물을 파서 성공한 이후부터 석유의 산업은 날로 발전을 거듭하기 시작한다. 이때의 이 당시의 석유의 주요한 용도는 등화용이었기 때문에, 등유이외의 휘발유, 경유, 중유는 찌꺼기로 폐기되기도 하였다. 인류의 근대사에서 산업혁명이 발생할 때마다 주요한 에너지원의 전환이 이루어졌다. 다시 말하면, 1차 산업혁명은 석탄에 의존한 증기기관차의 개발로 산업용 주요한 에너지원이 땔감에서 석탄으로 전환되었으며, 이로 인하여 철도·철광업·증기선과 같은 산업이 발달하였다. 2차 산업혁명은 19세기 후반에 들어서면서 석유를 연료로 하는 각종 내연기관이 발명되면서, 산업용과 동력용 주요한 에너지원이 석탄에서 석유로 전환되었다. 19세기말 석유에서 나온 윤활유가 기계의 윤활제로 이용되기 시작했고, 세계 1차 대전 이전부터 영국 등에서 군수용 함대와 선박의 연료로 중유를 사용했다. 20세기에 들어와서는 정제기술의 발달로 제트연료인 항공유를 만들어 다양한 항공기의 연료로 사용되어 왔다. 오늘날에는 석유의 사용이 자동차 · 중화학 · 도로건설 산업 등과 연계된 대규모 건설 산업 등에도 포함하는 특징을 가지고 있으며, 산업의 피로서 가장 중요한 역할을 하고 있다.

석유가 생성되어진 원인에 대해서는 학자들 사이에 여러 가지의 학설이 있으나 아직까지 확실한 이론의 정립을 하지 못하고 있다. 지금까지의 학설은 무기성인설과 유기성인설로 크게 분류하고 있다.

무기성인설에는 지하의 금속탄화물과 물이 고온 · 고압하에서 반응하여 탄화수소가 되었다는 설과 지하에서 탄화수소와 물이 황과 섞이면서 고온 · 고압으로 반응하여 탄화수소를 생성했다는 설 등이 있는데, 그 중에는 우주에서 떨어진 운석이 아스팔트와 비슷한 물질이 붙어있는 것이 발견된 점을 들어 지구에는 본래 탄화수소가 있었다는 학설도 있다.

유기성인설은 태고에 지하에 매몰된 유기물이 지열과 지압에 의해, 또는 토양의 촉매작용도 가해져서 탄화수소로 변성되었다는 학설이 있다. 현재에는, 지금부터 수 억년 내지 수 백만년전 태고때 얕은 바다나 호수 등에서 물밑에 퇴적된 유기물이 그 후 지각변동에 의해서 땅속 깊숙이 매몰되어 그것이 지압과 지열을 받아 탄화수소로 변했다는 설이 가장 유력하다. 현재 석유은 과거 얕은 바다나 호수의 물밑에 형성된 퇴적암으로부터 대부분 발견되고 있다. 석유의 성분속에 질소, 황 등 불순물을 함유하고 있으며, 이러한 불순물은 일반적으로 유기물인 단백질의 분해에 의해 생성된다. 석유는 광학적 특성면에서 선광성을 지니고 있는데, 이는 화학적으로 합성된 탄화수소에는 없는 성질로 유기물에서 생성된 물질에 한정된다.

석유의 생성조건은 ① 유기물을 함유한 퇴적암이 널리 발달하여 큰 퇴적분지 형성되고, ② 적절한 온도와 압력에 의해 화학변화 진행되고, ③ 석유층이 생성되는 사암이나 석회암이 있어야 하며, ④ 지각의 변동에 의해 석유가 고이기 쉬운 지층구조를 이루어야 한다. 이러한 조건이 동시에 성립되어야 하기 때문에 석유를 채취할 수 있는 지역은 극히 제한되어 있다.

석유의 상세한 생성과정은 다음 그림으로 간략히 설명될 수 있다: 분해(Decomposition) → 퇴적(Sedimentation) → 구조형성(Structure) → 성숙(Maturity) → 이동(Migration) → 집유(Trapping)

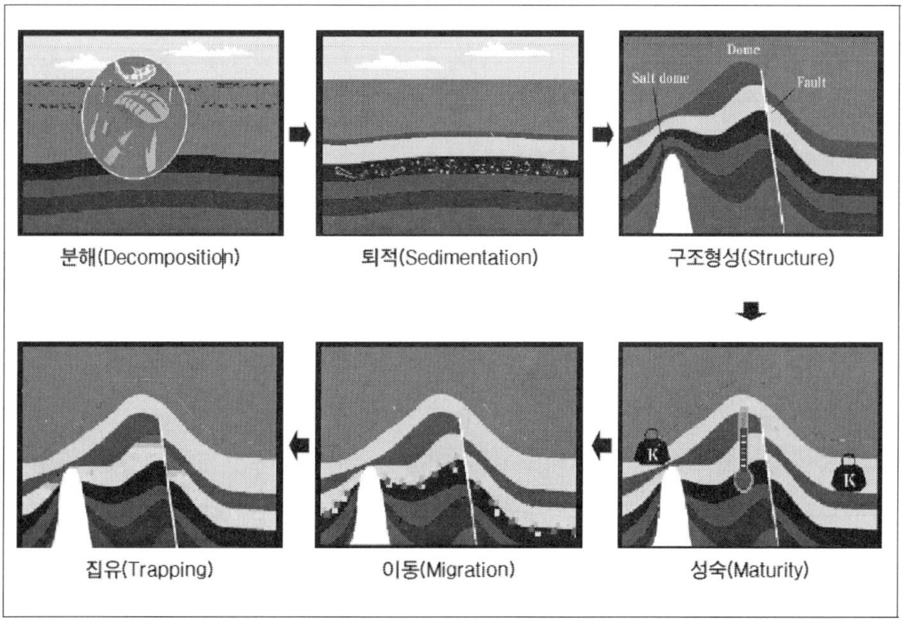

① 셀 수 없이 많은 미세한 생물이 죽고 분해되기 전에 해저에 가라앉은 점토에 묻힌다. 공기가 없는 곳에서 활동하는 혐기성박테리아가 죽은 플랑크톤에 작용하고 해수의 염분 및 점토와 약간의 화학작용이 이루어진 다음 수압과 자체무게로 점토가 셰일로 변환됨에 따라 석유기원 물질이 마침내 밀폐된다.

② 수 백년에 걸쳐 점진적으로 생성된 석유는 압착되어 더 조립질인 암석으로 이동한다. 지하수의 압력에 의하여 석유가 상부의 공극을 가진 지층을 통해서 점점 더 높은 곳으로 이동하는데 치밀한 지층에 가로 막혀서 더 이상 이동이 멈출 때까지 이 과정이 서서히 이루어진다.

③ 지구운동으로 인하여 종종 얕은 해저면이 물위로 솟아올라 건조한 지표로 노출된 곳에서 공기와 태양이 석유의 가벼운 성분을 증발시켜 역청(Bitumen)을 지표에 침전시킨다.

3.3 석유의 매장구조

석유는 지각을 구성하고 있는 어느 지층 속에나 모두 분포되어 있는 것이 아니라 거친 입자형태로 틈이 많은 사암과 같은 지층이나 다공질 또는 자체는 치밀해도 잔금이나 틈새가 많은 석회암과 같은 암석으로 되어 있는 지층 등에 집적되어 있는데, 이러한 지층을 석유광상이라

하며 석유를 저장하고 있는 암석을 저류암(Reservoir Rock)이라 한다. 저류암 속의 석유상태는 비중 때문에 아래쪽에는 지층수, 그 위에 석유, 다시 그 위쪽에 가스상태의 탄화수소(천연가스와 석유가스)가 저류되어 있다.

석유를 함유하고 공극이 있는 암석(저류암)은 언제나 공극이 없는 다른 암석으로 덮여 있어야 하는데 이는 석유가 지상으로 흘러나오지 않게 막아두어야 하기 때문이다. 석유가 발견되기 위한 조건은 ① 오래 전에 해저에서 형성된 지층, ② 이 지층 중 석유의 유출을 막아 집적되도록 불투수성이거나 공극이 없는 암석이 덮개역할을 하는 지층구조로 존재하여야 한다.

트랩(Trap)은 석유 매장이 가능한 지질구조이다. 석유의 비중이 물보다 작기때문에 물과 함께 있을 경우에는 중력의 영향으로 항상 석유가 물위에 뜨는 형태를 이루고, 동시에 지하의 강한 압력에 의해서 끊임없이 위쪽으로 밀어 올려지고 있어, 이와 같은 조건을 견디면서 석유가 빠져나가지 못하도록 단단히 붙잡아 둘 수 있는 구조이다. 따라서, 석유보존이 가능한 트랩으로는 구조트랩, 층위트랩, 콤비네이션 트랩이 있다.

구조트랩에는 아래 그림과 같은 배사, 단층, 관입트랩이 있다. 배사트랩에서는 지각의 습곡작용과 암염돔의 밀어올림에 의해 형성, 즉 퇴적 당시에는 수평이었던 지층이 뒤에 지각의 변동으로 밀리고 구부러져 아치모양의 구조를 가지게 된 곳이다. 대부분의 석유가 이러한 배사구조에서 발견된다. 단층트랩에서는 단층에 의해 저류층 지층의 절단, 그 절단부를 정점으로 석유가 집적된 구조이다. 관입트랩의 경우에는 암염과 용암이 지층에 관입하여 단층트랩과 같은 구조의 형태를 형성하고 있다.

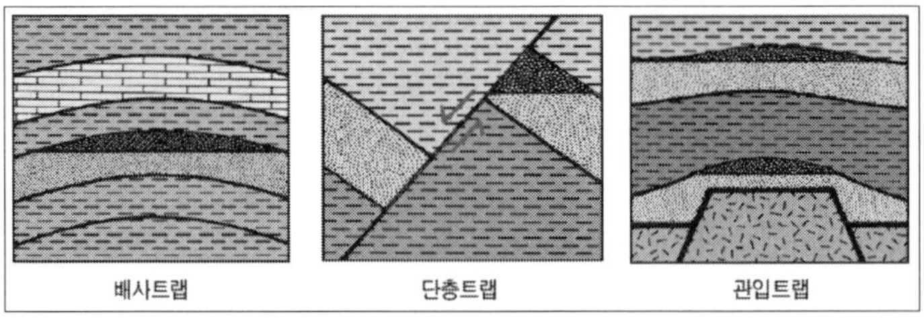

층위트랩에는 아래 그림과 같은 첨감, 부정합, 침투율트랩이 있다. 첨감트랩에서는 저류층의 지층이 퇴적될 때의 어떤 사정으로 지층 끝이 쐐기모양으로 가늘어지고 여기에 석유가 집적된 구조이다. 부정합트랩의 경우에는 지층의 퇴적작용이 일시 중지되어 생긴 공간에 석유가 집적된 구조이다. 침투율트랩의 경우에는 공극이 있는 저류암 지층의 위쪽이 치밀한 암석의 지층으

로 변화할 때, 거기서 석유의 이동이 막혀 집적된 구조이다. 콤비네이션 트랩은 구조트랩과 층위트랩이 혼합되어 만들어진 트랩이다.

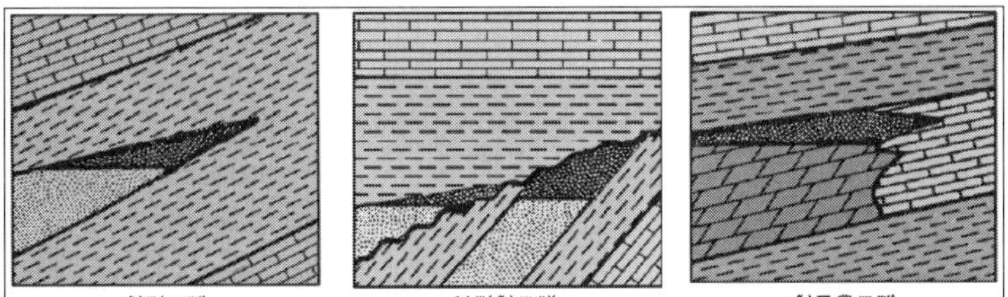
첨감트랩 부정합트랩 침투율트랩

3.4 석유의 성상

가. 물리적 성질

석유의 물리적 성질 중에서는 비등점이 가장 중요하다. 석유는 여러 가지 탄화수소의 혼합물로 되어 있기 때문에 단일 물질과는 달리 일정한 비등점이 없으며, 일정한 증류 범위를 갖고 있다. 비중이 가벼운 석유일수록 저비등점의 성분 (예를 들면, 납사(Naphtha)과 같은 경질유분)이 많으며, 일정한 온도범위에서 유출되는 성분의 양은 석유의 종류에 따라 다르다. 석유는 일반적으로 독특한 냄새를 풍기는 물보다 가벼운 암녹색 혹은 흑갈색의 액체로서, 비중은 0.65~0.95 정도이다. 석유에서 사용되는 비중은 섭씨 4℃의 물에 대한 섭씨 15℃의 석유질량의 비(15/4℃) 또는 화씨 60°F의 물에 대한 화씨 60°F의 석유질량의 비(60/60°F)로 사용한다. 또 다른 석유의 비중을 나타내는 기준으로 API도가 있다. API도는 석유의 비중을 나타내는 지표로 미국석유협회(American Petroleum Institute, API)가 제정한 화학적 석유비중 표시방법으로 다음과 같이 산출되며, API도와 비중은 반비례한다.

$$API\text{도} = \frac{141.5}{\text{비중}(60/60°F)} - 131.5$$

나. 화학적 성질

표 3.2 화학적 성분에 따른 석유의 분류

분 류	내 용
파라핀(Paraffin)계 (포화탄화수소)(C_nH_{2n+2})	•normal-paraffin(C_nH_{2n+2})은 사슬형태, iso-paraffin(C_nH_{2n+2})은 나뭇가지 형태 •탄화수소가 단일결합의 사슬모양 분자구조 •상온·상압에서 탄소수가 증가함에 따라 기체상태(C_1~C_4), 액체상태(C_5~C_{20}), 고체상태(C_{20} 이상) •예로서, 메탄(CH_4, 기체), 에탄(C_2H_6, 기체), 프로판(C_3H_6, 기체), 부탄(C_4H_{10}, 기체), 펜탄(C_5H_{12}, 액체), 헥산(C_6H_{14}, 액체) 등
나프텐(Naphtene)계 탄화수소(C_nH_{2n})	•탄화수소가 단일결합의 고리모양 분자구조 •cycloparaffin (환상탄화수소): 사이클로 펜탄(C_5H_{10}), 사이클로 헥산(C_6H_{14}) 등
아로마틱(Aromatic)계 탄화수소(C_nH_n)	•벤젠고리(benzene ring, 6개 탄소원자가 고리모양으로 결합)을 기본으로 하는 방향족계 탄화수소로 나프텐계 탄화수소와 비슷한 구조 •탄소결합이 하나건너 하나씩 2중 결합 •BTX(benzene, toluene, xylene)의 원료: 벤젠(C_6H_6), 톨루엔(C_7H_8), 자일렌(C_8H_{10})
올레핀(Olefin)계 (불포화탄화수소)	•탄소원자가 사슬모양으로 연결, 단일 또는 이중결합 분자구조 •이중결합은 불안정한 구조로 반응성이 강해 석유화학의 기초원료로 많이 이용 •에틸렌(ethylene)계 (C_nH_{2n}): 이중결합, 석유화학의 기초원료 •아세틸렌 (acetylene)계 (C_nH_{2n-2}): 삼중결합 •부타디엔 (butadiene)계 (C_nH_{2n-2}): 2개의 이중 결합
수지	•벤젠고리를 갖고 있으나 질소(N), 황(S), 산소(O)와 같은 다른 원소 함유 •NSO화합물(타르와 아스팔트의 주요 성분)

다. 석유의 분류

표 3.3 석유의 물리적 성질, 화학적 성분, 유황 함량에 따른 분류

분 류	내 용		
물리적 성질 (API 비중)	경질유: API도가 33도 이상	중간질유: API도가 30도~33도	중질유: API도가 30도 미만
화학적 성분	파라핀계	나프텐계	중간계
유황 함량	저유황 석유: 유황함량 1% 이하	중간유황 석유: 유황함량 1~2%	고유황 석유: 유황함량 2% 초과

석유의 주요한 성분은 주로 탄소(〉80%)와 수소(〉10%)이며, 불순물로는 유황(S), 산소(O), 질소(N), 금속(니켈, 바나듐, 철, 나트륨) 등과 같은 성분이 존재한다. 석유는 복잡한 탄화수소

화합물의 혼합체로서 그 조성에 따라 화학적인 반응도 여러 가지의 차이가 있으나 공통적인 성질은 연소성이 크다는 점이다. 석유의 주성분이 탄화수소이므로 이에 따른 화학적 성분이 다르다. 따라서, 표 3.2과 같이, 화학적 성분에 따른 석유를 분류할 수 있다.

석유를 물리적, 화학적 성분, 유황 함량에 따른 분류하면, 표 3.3과 같다. 미국석유협회(AIP)에서는 원유를 물리적 성질인 비중에 따라 수치화한 API 지수를 만들어 경질유, 중간질유, 중질유로 구분하고 있다. API가 33도 이상이면 경질유, 30~33도까지는 중간질유, 30도 이하를 중질유로 분류한다. 일반적으로, 경질원유는 저유황 원유이며, 벙커씨유의 생산량이 적게 나오며, 주로 동남아, 아프리카, 북해산 원유이다. 중질원유는 고유황 원유이며, 벙커씨유의 생산량이 많게 나오며, 주로 중동지역, 중남미산 원유이다. 밀도가 낮고 유황 함유량이 적은 원유은 정제비용이 적게 들기 때문에 고급유로 간주된다.

석유는 화학적 성분(주성분: 탄화수소)의 종류에 따라 파라핀계, 나프텐계, 중간계 석유로 분류된다. 파라핀계의 주성분은 파라핀계 탄화수소 (정제시: 휘발유-저옥탄가, 경유-고옥탄가, 파라핀왁스성분-많음, 아스팔트성분-적음)이다. 파라핀계 석유로는 아라비안라이트(사우디), 미나스(인니), 대경원유(중), 펜실베니아유(미) 등이 있다. 나프텐계 석유의 주성분은 나프텐계 탄화수소 (정제시: 휘발유-고옥탄가, 경유-저옥탄가, 아스팔트성분-많음)이고, 증유분의 응고점이 낮고 파라핀왁스가 적기 때문에 간단한 처리로 윤활유 제조한다. 나프텐계 석유로는 캘리포니아 석유, 베네수엘라 석유 등이 있다. 중간계 석유에 대해서는 파라핀계 및 나프텐계 석유의 중간에 해당하며, 중동원유의 대부분을 포함하여 세계 석유 대부분이 중간계 석유에 해당한다. 유황 함량에 따라 (1) 저유황 석유: 유황 함량 1% 이하, (2) 중유황 석유: 유황 함량 1~2%, (3) 고유황 석유: 유황 함량 2% 초과로 분류한다.

3.5 석유의 대표 유종과 가격결정

원유는 생산지에 따라 조금씩 성질이 다르다. 석유의 주성분인 탄화수소는 파라핀계와 나프텐계로 나누어 지는데, 성분에 따라 정제과정과 용도가 달라진다. 인도네시아 미나스유와 미국 펜실베이니아유 등은 파라핀계에 속하고, 베네수엘라 티아후아나 라이트나 미국 캘리포니아 원유는 나프텐계에 해당된다.

원유는 일반적으로 각각 생산되는 지형적 위치, 원유의 밀도 및 유황의 함유도에 따라서 분류된다. 지형적 위치는 배럴당 가격을 매기는데 상당히 중요한 역할을 한다. 원유의 정제나 운송비용에 영향을 미치기 때문이다. 원유는 밀도가 가벼울수록 좋은데, 고순도의 가솔린(휘발유)을 뽑아낼 수 있기 때문이다. 한편, 유황의 함유량이 낮을수록 가격이 비싸다. 유황의 함유량이 낮을수록 환경문제에 영향을 덜 끼치고 정제 비용이 저렴하기 때문이다.

가. 석유의 대표 유종

전 세계에서 생산되는 유종은 수 백종이 넘고, 원유마다 품질과 판매시장이 상이하기 때문에 국제유가를 나타내는 기준이 필요하다. 따라서, 거래 유동성이 높고, 가격결정과정이 투명하며, 시장에서 현실적으로 수용이 가능한 유종을 대표 유종으로 선정하고, 이러한 벤치마커 원유(Bench Marker Crude)로 서부 텍사스산 중질유(WTI)와 브렌트유, 두바이유가 세계 3대 유종으로 국제원유 가격의 기준이 되고 있다, 표 3.4 참조. 이들이 기준유가 된 이유는 실제 생산량이 많거나 실물로 많이 거래되는 것은 아니나, 이들 대표유종인 이유는 생산량이 많고, 상품시장의 거래가 개방되어 있어 상품시장에서 활발히 거래되고, 거래되는 가격 투명성이 높고 거래의 유동성이 풍부하기 때문이며, 유통지역, 품질, 가격 등은 조금씩 차이가 있다. 특히 서부텍사스산 중질유(WTI)의 가격은 미국 내 생산유종에 영향을 미칠 뿐 아니라 수입원유가격에도 영향을 준다. 영국 북해에서 생산되는 북해산 브렌트유(Brent)는 런던에 개설된 국제석유거래소(ICE)에서 거래되고 있으며, 유럽 및 아프리카에서 생산되는 원유의 가격결정기준이 된다. 두바이유는 UAE의 토후국인 두바이에서 생산되는 원유로 비교적 유동성과 가격투명성이 높다. 중동원유는 한국, 일본 등 국가들이 주로 사용하는 원유로서, 이들 국가들이 도입할 경우는 두바이 원유가격에 연계되어 가격이 결정된다. 일반적으로, 품질은 WTI가 가장 좋고, 그 다음이 브렌트유, 그 다음이 두바이유 순이다. 가격면에서는 WTI가 가장 비싸고, 그 다음이 브렌트유, 그리고 두바이유가 가장 싸다. 아시아시장에서는 두바이유, 유럽시장은 브렌트유, 미주시장은 WTI를 기준으로 프리미엄을 얻거나 빼는 등으로 가격이 결정된다. 특히 WTI는 미국 시장이 전 세계 석유시장의 1/4정도 되기 때문에 국제유가에 미치는 영향이 크다. WTI 가격이 오르면 브렌트유와 두바이유 가격도 함께 상승한다 [6].

서부 텍사스산 중질유(WTI)

미국의 서부 텍사스에서 뉴멕시코주에 이르는 지역에서 생산되는 원유로, 미주 지역 시장에서 거래되는 모든 원유의 가격을 결정하는 기준 유종이다. 나프타(미국, 캐나다, 멕시코의 경제협정)와 기타 미주지역에 원유를 공급하는 역할을 하는 아메리카 지역 유가의 기준 역할을 한다. WTI는 대표적인 저유황 경질원유로, API(미국석유협회)가 정한 비중이 38.7도 정도의 초경질 원유로, 순도가 매우 높으며, 유황 함유량도 0.45%로 매우 낮다. WTI는 두바이유나 브렌트유보다 가격이 비싸고, 자원 고갈을 대비하는 미국의 국가정책으로 인해 수출하지 않고 미국 내에서만 유통된다. 뿐만 아니라 WTI는 3대 석유 중에서 국제 유가를 선도하는 가격지표로 가장 많이 활용되며, WTI가격이 오르면 대체로 브렌트유와 두바이유 가격도 오를 가능성이 높다. WTI와 브렌트유, 두바이유의 가격 차이는 과거 배럴당 3달러~4달러 대에서 7달러까지 벌어지기도 했다. 이는 미국의 석유 수요가 늘고 있는 반면, 해상운임이 올라 미국 입장에서는 WTI를 대체할 원유가 없고, 원유 선물시장에 투기세력이 가세하고 있기 때문이다 [6].

브렌트유(Brent Blend)

북해산 브렌트유는 북해의 브렌트, 티슬, 휴톤 등 9개 유전에서 생산되는 원유이다. 북해유전은 영국과 노르웨이가 반분하고 있으며, 이 중 브렌트는 영국 소유의 유전으로 1975년부터 원유를 생산했다. 브렌트유는 API 비중 38.5도, 유황 0.41% 정도가 함유된 저유황 경질유이다. 유럽에서는 대부분 북해산 브렌트유를 쓰며, 아프리카도 이 원유를 수입하여 사용하고 있다. 따라서, 유럽과 아프리카에서 거래되는 원유 가격의 기준이 된다. 브렌트유는 가장 광범위한 지역으로 수출되는 원유로 런던 선물시장에서 주로 거래된다 [6].

두바이유

두바이유는 중동지역부터 아시아를 거쳐 태평양 지역까지 걸쳐 있는 지역의 원유를 대표하며, 중동의 두바이 지역(아랍에미리트)에서 생산되는 원유를 말한다. 오만유와 함께 현물시장에서 거래되는 아시아 지역의 대표적인 유종이다. 두바이유는 주로 아시아지역으로 수출되는 중동산 원유의 가격 기준이 되기 때문에, 우리나라의 수입원유 가격에 결정적인 영향을 미친다. 아시아에서 거래되는 석유 가격은 모두 두바이유 가격을 기준으로, 두바이유보다 얼마 비싸고, 얼마 싸다는 식으로 표기된다. 예를 들어, 싱가포르 현물시장에서 거래되는 사우디아라비아산 원유가격은 '두바이유$\pm\alpha$' 식으로 표기된다. 우리나라에서 소비하는 석유 중 80%가 두바이유이고, 나머지는 다른 나라에서 수입하거나 우리나라가 해외에 투자한 유정에서 나오는 것이다.

두바이유는 30.4도의 API 비중, 유황 2.13%가 함유된 고유황 중질유이다. 두바이유는 아랍에미리트의 두바이와 싱가포르에서 주로 현물로 거래된다 [6].

이 밖에 유명한 원유로는 말레이시아산 타피스(Tapis, 가솔린용), 인도네시아산 미나스(Minas, 저순도) 등이 있다. 이외에도 베네수엘라, 러시아, 중국, 나이지리아 등 여러 나라에서 원유를 생산해 자급자족 하거나 수출하고 있다.

표 3.4 3가지 대표유종 현황

	Dubai	Brent	WTI
생산지역	중동(아랍에미레이트)	북해(영국)	미국(텍사스)
API도	30.4도	38.5도	38.7도
황함량	2.13%	0.41%	0.45%
생산량	약 6만b/d	약 16만b/d	약 30만b/d
특징	· 중동원유 거래의 가격지표 · 현물과 선도시장에서 거래 · 최근 생산량 감소로 기준 유종 기능 점차 약화	· 유럽과 국제원유 거래의 가격 지표 · 거래유동성 풍부	· 미국 및 미주권역 가격지표 · 국외 수출금지 · NYMEX에 상장되어 선물거래 중요성이 부각되면서 거래 비중 증가
거래형태	· 현물거래 · 선도거래	· 선물(ICE Brent) · 현물(Dated Brent) · 선도(15day-Brent) · 스왑(Brent CFD)	· 선물(NYMEX WTI) · 현물거래

주 : 런던선물거래소의 명칭이 2006.4.28일부로 IPE에서 ICE(InterContinentalExchange)로 변경됨

나. 가격결정

국제석유시장은 시대별로 가격결정 메커니즘이 변천해왔다. 1990년대말 이후 현재까지, 석유선물시장의 투기자금의 영향력이 강해지고, 잉여 생산능력이 감소하면서, OPEC의 공급조절 기능이 강화되고 있는 상황이다. 현재 국제 석유선물시장에 투기자금의 참여가 늘어나면서 영향력이 증대되었으며, OPEC의 시장 영향력이 다시 증대된 시대로 유가의 가격 변동성이 매우 커지고 있다. 최근 석유시장의 국제유가는 경제적, 지정학적 변수 등 다양한 요인에 의해 가격이 결정된다, 표 3.5 참조. 경제적 요인으로는 ① 석유수급측면: 경제성장률, 기후, 계절적 수요패턴, 대체에너지, 석유 · 에너지 탄성치, 환경세 등, ② 공급측면: E&P투자, 생산능력, OPEC의 공급정책, 비OPEC의 공급증가 등, ③ 재고현황: 미국 에너지정보청(EIA) 및 미국석유협회(API)의 주간 재고, OECD재고 등이 있다. 석유자원의 대부분은 중동지역에 편재하고 있기 때문에

석유자원은 항상 국제 정치적인 사안들과 연관되어 있는 지정학적 요인(정치적 요인)이 있다. 고수익을 목적으로 유입되는 석유시장 투기자금 동향의 영향으로, 국제유가 변동성이 심화되는 등 가격결정에 중요한 요인이 되고 있는 금융상품적 요인도 존재한다, 표 3.6 참조.

표 3.5 국제 석유시장의 가격결정 구조 변화

구 분	메이저 지배시대 (1970년대 이전)	OPEC 지배시대 (1970년대~1985년)	시장상품화시대 (1986~1999년)	고유가시대 (2000년대 이후)
유 가 수 준	저유가 시대	유가폭등위기 시대	저유가 시대	고유가 시대
시 장 환 경	메이저 자원 독점 메이저 판매자 시장	자원 국유화 메이저⇒국영석유사 판매자 시장	개방/자유 시장 국영석유사⇒국제석유사 구매자 시장	자원통제 강화 /확보경쟁 국제석유사⇒국영석유사 판매자 시장
O P E C	–	시장지배자	시장지배력 약화	시장지배력 강화
석 유 수 요	수요점증	수요폭증(년5.3%)	수요증대둔화(0.8%)	수요급증
투 자	공급투자집중	공급투자집중	저유가로 투자부진	투자회복
공 급 능 력	공급 능력 충분	지속적으로 증대	여유공급 능력 충분	여유공급 능력 고갈
정치적불안	안정	중동전, 회교혁명	상대적으로 안정	중동 불안 지속

표 3.6 최근 국제유가의 결정요인

구 분	주요 요인	비 고
경제적 요인 (기본적요인)	· 세계 석유 수요증대 · 비OPEC지역 공급 · OPEC의 시장정책 · 재고수준 및 변동	· 경제성장률 및 개도국산업화 · 러시아 등의 공급 증대 · OPEC 감산/목표 유가정책 · OECD 상업재고 및 미국재고 재고변동(분기별)
지정학적요인 (정치적요인)	· 산유국 정정 불안 · 중동정정 불안	· 베네수엘라, 나이지리아 · 자원편재 및 지역적 정치 불안(이라크사태, 이란 핵 사태, 테러) ⇒ 공급차질가능성(심리적 요인)
기타 금융상품적 요인	· 석유선물시장 · 투기자금 행태 및 전략	· 미국 내 석유수급(local) · 금융시장요인(금리, 환율 등) · 거래전략(기술적 분석/시스템거래) · 미국 원유 및 휘발유시장

3.6 석유산업의 역사

가. 석유산업의 역사

기원전 3000년에 메소포타미아인은 바위 오일을 사용하여 건축용 접착제, 배에 구멍을 메우기용, 의약품, 도로 등에 사용하였다. 기원전 2000년에 중국인은 정제된 원유를 불을 붙이거나 난방용으로 사용하였다. 서기 600~700년 아랍과 페르시아 화학자들이 석유의 가벼운 성분들은 생석회와 혼합하여 그리스 불을 만들 수 있었다.

1750년에 프랑스 군장교가 피츠버그에서 인디언들이 종교행사로 오일로 미끄러워진 바닷가의 작은 만에 불을 지피는 것을 발견하였다. 1859년 콜로넬 에드윈가 북서부 펜실바니아의 티투스빌 근처에서 집에서 손수 만든 삭구장치로 70피트 깊이의 구멍을 뚫어 기름이 젖은 것을 처음으로 얻을 수 있었다. 1890년대 이전에는 난방용으로 사용된 케로신이 주요 오일의 생산품이었으며, 그 이후에 자동차의 대량생산으로 가솔린에 대한 수요가 발생하게 되었다. 1920년에 미국 전역에 자동차가 900만대가 생산되자, 주요소가 모든 지역에 생기게 되었다. 1950년대부터 현재까지 자동차의 수요 증가로 오일이 가장 많이 사용되는 에너지원으로 존재하게 되었다. 표 3.7는 역사적으로 석유산업과 관련된 주요 내용을 정리한 것이다.

표 3.7 석유산업의 주요 역사

연도	내 용
1859	미국 펜실베니아에서 최초 유정 굴착 성공
1870	존 록펠러, Standard Oil 설립(1911년 해체)
1885	Royal Dutch, 인니 수마트라에서 석유발견
1908	Anglo-Persian(BP 전신), 이란에서 석유발견
1938	사우디에서 석유발견, 멕시코 석유국유화
1948	세계 최대의 Ghawar유전(사우디) 발견
1960	석유수출국기구(OPEC) 출범
1970	북해 Brent유전 발견
1973	아랍석유금수, 유가 \$3/B → \$12/B 상승
1974	국제에너지기구(IEA) 출범
1975	사우디/쿠웨이트/베네수엘라, 석유자산 국유화
1979	이란혁명 발발, 유가 \$13/B → \$34/B 상승
1986	유가폭락(→ \$7/B)
1990	걸프전 발발
2003	이라크전쟁 발발
2005	고유가 행진
2008	유가, 사상 최고가 경신(→ \$140.70/B, Dubai기준, 7.4) 및 급락(→ \$36.45/B, 12.31)
2010	미 멕시코만 심해 유정(Macondo) 폭발 및 원유 유출 사고(4.20)

나. 석유회사

석유회사는 크게, 국영석유회사(National Oil Company, NOC), 메이저 석유회사, 독립계 석유회사로 나뉜다. 표 3.8에서 보는 바와 같이, 2010년 세계 25위 석유회사의 순위(2009년 실적 기준)에서 아시아 석유회사들의 순위가 상위에 위치하고 있다. 2010년 순위에서는 중국 CNOOC가 5위이며, 말레이시아 Petronas가 18위에 있다. 사우디 Saudi Aramco는 세계석유회사 중 부동의 1위를 차지하고 있으며, 이란 NIOC, 베네수엘라 PDV, 중국 국영석유회사(CNPC)가 10위권 내를 차지하고 있으며, 현재 국영석유회사의 약진이 두드러졌다. 국가별로는 상위 25위 회사 중 미국 석유회사와 러시아가 3개로 가장 많다.

1) 국영석유회사

국영석유회사는 정부를 대신하여 석유를 개발하고 석유산업 전반에 대한 관리 및 운영권 행사하고 있으며, 자국의 석유상·하류부문을 대부분 독점 개발하고 있다. 대부분 석유시장의 메커니즘보다는 자국 경제나 정책적 결정에 따라 사업을 추진한다. 따라서, 국영석유회사들의 투자나 경영은 민간 석유회사들의 투자경향이나 경영전략과는 상이하다. 세계 주요 국영석유회사로는 Saudi Aramco(사우디), PDVSA(베네수엘라), KPC(쿠웨이트), NIOC(이란), KPC(쿠웨이트), Pemex(멕시코), Gazprom(러시아) 등이 있다. 대부분 1960~70년대 산유국 정부가 메이저 석유회사 등에 대항하기 위하여 설립되었다. 최근에는 중국, 인도 등 신흥 석유소비국 NOC가 석유산업의 중요 주체로 부상하고 있으며, 중국의 CNPC, Sinopec, CNOOC, 인도의 ONGC 등은 해외 석유자원 확보에 주력하고 있다. 말레이시아 Petronas, 브라질 Petrobras 등도 기술 및 운영경험을 바탕으로 해외 석유개발 사업을 확대하고 있다. 최근 영국 FT지는 'New Seven Sisters'를 Saudi Aramco(사우디), Gazprom(러시아), CNPC(중국), NIOC(이란), PDV(베네수엘라), Petrobras(브라질), Petronas(말레이시아)이라고 발표하였다.

2) 메이저 석유회사

메이저 석유회사는 상·하류부문을 관장하는 초대형 수직 일관조업회사로, 전통적으로는 Exxon Mobil, Royal Dutch Shell, BP, Chevron, 1998년과 2000년 인수합병으로 규모가 커진 프랑스의 Total 및 ConocoPhillips를 신흥메이저로 분류한다. 1970년대 이전에는 7대 메이저 석유회사가 세계 석유산업(가격결정권 포함)을 좌우하였으나, 국영석유회사의 출현 및 시장 형성으로 영향력이 감소하고 있다. 1970년대 이전에는 Seven Sisters가 Standard Oil of

New Jersey(Exxon), Standard Oil of New York(Mobil), Standard Oil of California(Chevron), Texaco, Gulf Oil, Royal Dutch Shell, BP 등이었다. 현재 미국계 3개, 영국/화란계 2개, 유럽계 1개 등으로 6개 회사를 지칭하고 있다. 특히 영미계 5대 메이저의 생산량은 전 세계의 12.3%(9.84백만b/d)로 여전히 석유산업를 선도하고 있다.

3) 독립계 석유회사

독립계 석유회사는 메이저의 상대적인 개념의 회사로서, 메이저에 비해 규모가 작고 상류나 하류 한 부문에 사업이 한정되어 있는 회사들을 지칭한다. 에를 들면, Hess, Marathon, Occidental, Anadarko, Apache, EnCana, Husky, Tullow, Cairn 등이 있다. 또한, 특정 분야, 특정 지역의 경쟁우위를 바탕으로 메이저와 경쟁하고 있다. Oxy는 리비아사업, Suncor 및 Cenovus는 캐나다 오일샌드 분야에 강점를 보유하고 있다.

표 3.8 세계 석유회사 순위(2009년 실적)

순위	회 사 명	국 가	구분	매장량		생산량	
				석유 (백만배럴)	가스 (십억cf)	석유 (천b/d)	가스 (백만cf/d)
1	Saudi Aramco	사우디	국영	264,100	275,200	9,713	7,296
2	NIOC	이란	국영	137,600	1,045,700	4,216	12,701
3	ExxonMobil	미국	메이저	11,651	68,007	2,387	9,273
4	PDV	베네수엘라	국영	211,000	178,800	3,170	4,054
5	CNPC	중국	국영	21,912	99,616	2,760	7,141
6	BP	영국	메이저	10,511	45,130	2,535	8,485
7	RoyalDutchShell	네덜란드	메이저	5,687	49,055	1,680	8,483
8	Chevron	미국	메이저	6,973	26,049	1,872	4,989
9	ConocoPhillips	미국	메이저	6,285	24,247	1,616	5,172
10	Total	프랑스	메이저	5,689	26,318	1,381	4,923
11	Pemex	멕시코	국영	11,691	11,966	2,910	4,504
12	Gazprom	러시아	국영	9,562	656,580	837	44,633
12	KPC	쿠웨이트	국영	101,548	64,007	2,500	1,457
14	Sonatrach	알제리	국영	11,300	159,100	1,684	7,329
15	Petrobras	브라질	국영	10,308	11,051	2,112	2,488
16	Rosneft	러시아	국영	18,058	28,834	2,182	1,226
17	Lukoil	러시아	독립계	10,957	18,280	1,578	1,372
18	Petronas	말레이시아	국영	7,880	115,440	707	6,191
19	Adnoc	UAE	국영	52,800	123,000	1,403	2,542
19	Eni	이탈리아	국영	3,463	17,850	1,007	4,374
21	NNPC	나이지리아	국영	22,300	111,000	1,237	1,446
22	QP	카타르	국영	10,700	644,976	968	6,225
23	EGPC	이집트	국영	1,800	46,380	442	3,027
24	INOC	이라크	국영	115,000	111,900	2,482	116
25	Libya NOC	리비아	국영	32,800	40,000	1,222	1,090

자료 : PIW (2010.12), 순위는 원유 및 가스 생산 매장량 등을 기준으로 PIW가 선정

다. 석유산업의 흐름

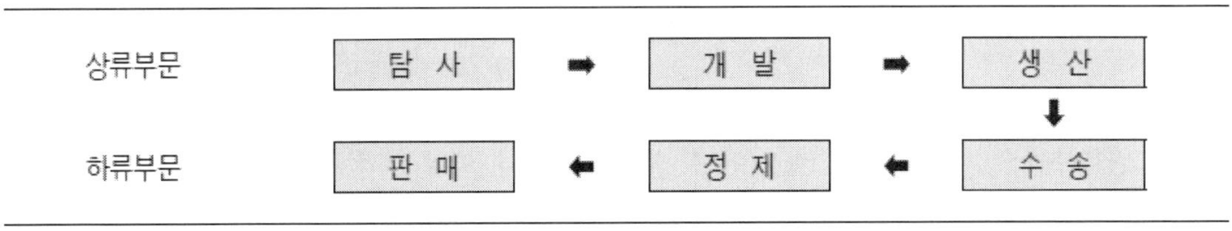

석유산업은 크게 상류부문과 하류부문으로 구분한다.

상류부문은 탐사, 개발, 생산이며, 하류부문에서는 수송, 정제, 판매이다. 석유 상류부문의 사업단계에서의 목적과 주요 작업은 표 3.9과 같다.

표 3.9 석유 상류부문의 사업단계

사업단계	목 적	주 요 작 업
광구취득단계	탐사권리 확보	입찰, 지분참여계약, 직접협상, 자산매입
탐 사 단 계	석유부존 가능성 및 매장량 확인	지질조사, 물리탐사, 탐사정 · 평가정 시추
개 발 단 계	생산준비	개발계획수립, 생산정 시추, 생산시설 건설
생 산 단 계	최적생산/최대회수, 수익극대화	저류층 · 생산시설 관리, 생산정 · 주입정 시추

3.7 석유탐사, 개발, 생산

3.7.1 석유탐사

석유탐사는 지질조사 및 지구 물리탐사를 실시하여 석유의 생성, 이동, 집적 가능성이 높은 유망구조를 파악, 시추 탐사작업을 통하여 석유부존 여부를 확인하는 과정이다. 석유부존을 위한 필수적인 요소로는 ① 근원암, ② 저류암, ③ 트랩, ④ 덮개암, ⑤ 근원암의 성숙도, ⑥ 탄화수소의 이동, ⑦ 타이밍(Timing) 등이 있다. 이 중에서 석유부존을 위한 4대 필수조건은 근원암, 저류암, 트랩, 덮개암이다. 근원암은 석유 및 가스를 생성할 수 있는 유기물을 함유한 암석으로, 50℃~150℃ 석유, 150℃ 이상 가스를 생성하며, 셰일, 석회암 등 퇴적암이다. 저류암은 다공질의 암석으로서 탄화수소 보존에 적합하며, 사암, 석회암, 파쇄된 기반암 등이 있다.

트랩으로는 저류암내에 탄화수소를 포획, 저장할 수 있는 구조이며, 배사구조, 단층트랩, 층서 트랩 등이다. 덮개암은 포획된 석유가 새나가지 않도록 차폐 역할하는 데, 즉 탄화수소의 누출을 막아주는 치밀한 암석으로, 셰일, 증발암 등이 있다. 근원암의 성숙도를 이루려면, 근원암에서 탄화수소가 생성되기 위해서는 열과 압력이 필요하며, 약 지하 2~3km의 심도에서 주로 석유가 생성된다. 탄화수소의 이동에는, 근원암에서 탈출하는 1차 이동 과정과 궁극적으로 트랩 내 저류층으로 이동하는 2차 이동으로 구성된다. 1차 이동에서는 근원암내에 공극내 압력(Pore Pressure)의 증가로 인한 발생한 균열을 통해 이동(360도 방향으로 이동 가능)하며, 2차 이동에서는 밀도차에 의한 부력으로 이동(상부로만 이동)한다. 타이밍(timing)은 탄화수소의 이동시기와 구조 형성시기의 적절성, 구조는 반드시 탄화수소의 이동이 발생하기 전에 형성되어야 한다.

가. 지표 지질조사

지표 지질조사는 야외에서 노두를 통하여, 지층의 형성시기, 근원암 및 저류층의 발달 가능성, 지각운동의 흔적(습곡, 단층, 화산활동 등) 및 지층의 형태 등을 조사하여 지하 지질구조 및 석유부존 가능성을 예측하는 작업이다. 원격탐사 결과 인지된 지형과 이와 관련된 지하 지질구조를 암시하는 습곡, 단층, 균열대 등을 직접 탐사한다. 지질학자들의 현장답사 결과 확보된 각종 지질 정보와 각종 조사 보고서 및 도면 등을 활용하여 충분한 지표 지질를 탐사한다.

나. 물리탐사

중자력 탐사 및 탄성파 탐사를 통하여, 지하의 암석분포나 퇴적분지의 존재여부 판단을 통한 석유부존 가능성이 높은 유망구조를 도출하는 작업이다. 중자력탐사는 지하에 분포하는 암석의 밀도와 자력의 물성차이를 이용, 중력 및 자력값을 측정하여 지하의 암석분포(퇴적암·화성암)나 퇴적분지의 존재 여부를 판단한다. 탐사방법은 항공기 또는 탐사선로 하며, 용도는 광역탐사로 한다. 탄성파 탐사는 지표 또는 해상에서 인위적으로 탄성파를 발사하여 지하지층의 경계면에서 반사되어 돌아오는 반사파를 수진기에 기록하고 전산처리 및 해석작업을 거쳐 석유부를 탐사한다. 자료취득(acquisition)→전산처리(processing)→해석(interpretation)이다.

다. 탐사자료 처리 및 해석

탄성파 탐사장비에 의해 발생된 탄성파신호는 지하내부를 주행하다 지하구조 경계면을 만나면 반사되어 지표로 돌아오지만 이 신호는 지하구조를 알 수 없는 형태로 수신되기 때문에 지구 물리학적 처리를 거쳐 지하구조를 영상화하는 작업이 필요하다. 이러한 일련의 작업을 자료처리라 한다. 수집된 자료를 토대로 지하내부의 형태를 이미지화하여 층서 및 구조해석, 유망구조 도출, 매장량 평가, 위험도 분석, 시추위치 선정를 통하여, 저류층 및 모암의 존재가치를 확인한다.

라. 석유시추

석유시추는 탐사자료의 해석에 따른 석유의 매장이 예상되는 지역을 직접 굴착하여 검층작업이나 산출시험을 통해 부존여부를 확인하고, 나아가 경제성 있는 저류층으로부터 석유를 회수할 목적으로 유정을 굴착하는 과정이다. 종류에는 탐사정, 평가정, 생산정(주입정)이 있다. 탐사시추는 탄성파탐사에 의해 도출된 유망구조에 대하여 굴착작업, 물리검층, 산출시험 등을 통하여 석유부존 여부 확인 및 산출능력을 평가하는 작업이다. 평가시추은 원시매장량을 확인·예측하기 위한 작업이다. 시추선의 종류에는 반잠수식(Semi-Submersible)과 드릴쉽(Drill Ship)이 있다. 전자는 배의 하부 선체 (Lower Hull)의 빈 공간에 해수를 유입 또는 배출하여 예인(Draft)을 조정하고, 8~10개의 닻(Anchor)를 전개하여 위치 고정 및 시추한다. 후자는 자항(Self-Propelling)이 가능한 선박에 시추장비를 탑재한 형식의 시추이다. 8개의 닻(Anchor), 동적위치선정(Dynamic Positioning) 또는 양자를 병행하여 시추선을 고정한다. 주로 심해시추용으로 건조한다. 시추의 물리검층에는 시추공내 측정장비를 투입하고 지층에서 자연적으로 발생되는 물리현상이나 인공적으로 파(음파, 중성자, 전자, 감마선)를 발사하여 이에 대한 반응을 기록하여 해석하는 작업이다. 암석내에는 암석구성 입자간에 공극이 존재하며, 공극내에는 석유, 가스, 물로 채워져 있어 전기적·물리적 자극에 상이한 반응을 보이는 것을 이용, 저류 구간 및 물리적 특성을 판단한다. 물리적 검층의 목적에는 암상판별(검마검층, 자연전위검층), 공극율 측정(음파검층, 밀도검층, 중성자검층), 수포화도 측정(비저항검층), 기타(경사검층, 압력측정, 시멘트 본드검층 등) 등이 있다. 산출시험에는 지층압력 및 생산량을 측정하고 저류층 유체시료를 채취하여 유정의 생산능력 및 저류암과 저류층 유체의 특성을 파악하고, 산출시험자료에 대한 압력분석 및 물질수지법 등을 통하여 매장량 평가 및 향후 생산예측을 위한 저류층 모델을 수립하는 데에 활용한다.

3.7.2 석유개발

석유개발 작업은 탐사단계에서 취득한 정보를 종합 분석하여 유전평가, 개발계획 수립, 생산시설건설, 생산정시추 등을 수행하는 과정이다.

가. 유전평가

탐사단계에서 취득한 지질, 지구물리 및 시추결과 등 모든 자료를 이용하여 종합적인 분석 작업을 실시하고, 저류층의 특성을 파악하여 다양한 개발 시나리오에 따른 매장량 및 생산량을 예측하는 작업이다. 작업내역에는 저류층 특성화와 저류층 시뮬레이션이 있다. 저류층 특성화에는 저류층 모델, 매장량 평가 및 생산성 분석에 필요한 저류층 인자 도출, 지구 통계적 기법을 이용하여 저류층 특성을 규명하는 것이다. 또 가상의 저류층 모델을 구성하고 이 모델을 이용하여 가상의 생산 시나리오 속에서 시간대별 생산량을 예측하는 것이다.

나. 개발계획수립

유전평가 결과를 토대로 다양한 개발 시나리오와 생산예측 등 유전 개발계획을 수립한다. 주요 작업으로는 ①개념설계: 기술 및 경제적 타당성을 비교하여 최적의 개발구도 선정, ②기본설계: 전체적인 타당성을 점검하고 보다 구체적인 계획 수립, ③ 세부설계: 기본설계를 토대로 각 생산시설별 세부 설계 실시 등이 있다.

다. 생산정 시추

탐사시추가 부존확인을 위한 최적시점에 시추하는 것이라면, 생산시추는 최대생산을 목적으로 최적 지점에 시추하는 개념이다. 생산정 시추에는 석유의 생산을 위한 시추공으로 시추후 유정완결을 작업 수행하는 것이다. 유정완결은 시추후 튜빙, 스크린 등 생산설비를 설치하는 작업이다.

라. 생산시설 건설 및 설치

생산시설을 제작하고 제작된 생산설비를 현장에서 조립·설치하며, 생산시설에는 해저생산시설(가스 및 유체를 생산정에서 처리시설로 이송), 해상플랫폼(해상처리시설, 거주시설 및 Deck로 구성), 해상처리시설(가스 및 유체의 분리공정 처리), 파이프라인(해상에서 1차 처리된 가스 및 유체를 해저파이프를 통해 육상으로 이송), 육상 처리시설(해상에서 이송된 가스 및 유체의 분리공정 처리) 등이 있다.

3.7.3 석유생산

석유생산 단계는 석유생산의 예측 및 최적생산을 위한 저류층관리, 생산증진, 생산시설 유지관리 등의 작업 과정이다. 생산처리공정의 개략도은 다음과 같다.

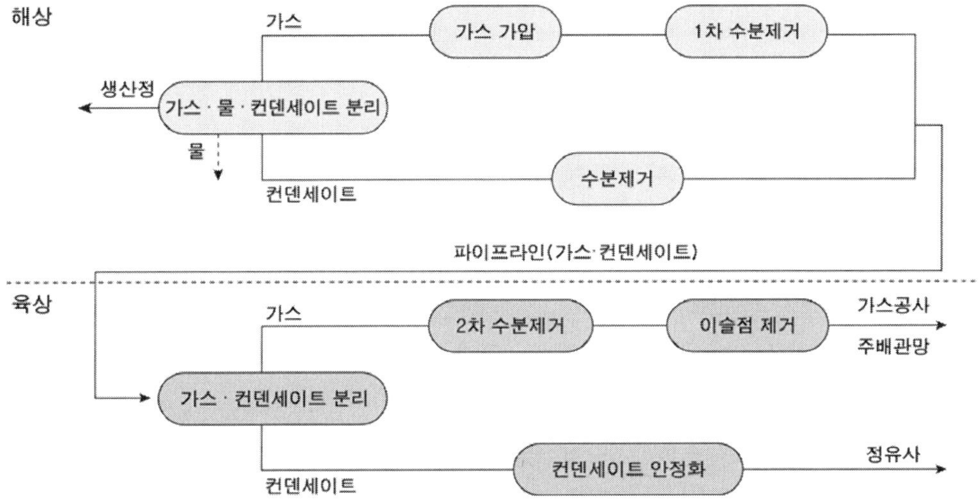

가. 저류층 관리

생산예측은 생산정 및 저류층의 동향을 지속적으로 관찰 · 분석하여 장단기 생산량을 예측하며, 생산 최적화은 저류층 동향 및 생산시스템을 종합적으로 분석하여 생산량을 최적화한다.

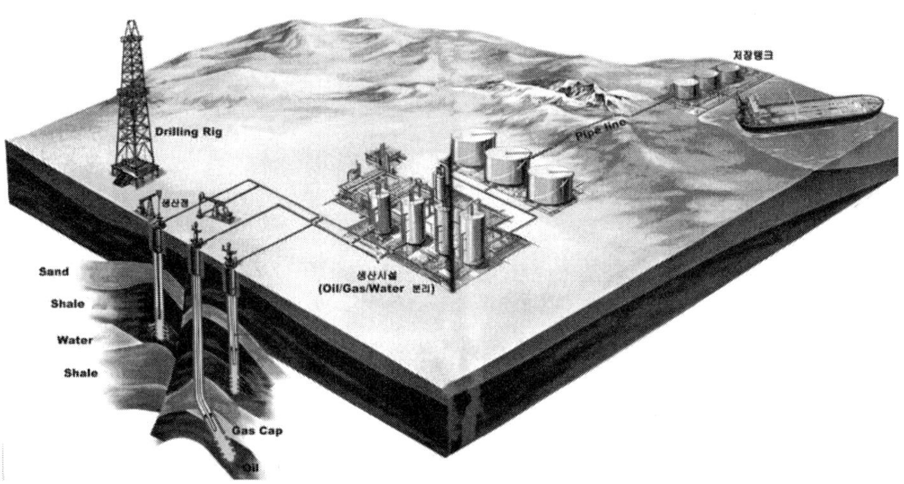

석유 생산현장 조감도

나. 생산증진

추가시추, 수공법, 화공법, 인공채유법이 있으며, 추가시추는 생산정간 추가적인 시추를 통해 생산량 증진하며, 수공법은 생산정 인근의 수주입을 통하여 석유회수율을 증대하며, 화공법은 주입 유체의 화학적 성질을 이용하여 석유회수율을 증대한다. 인공채유법은 공저펌프 등을 이용하여 생산량을 증대한다.

다. 생산시설물 관리

생산물 처리시설의 유지보수 및 환경오염방지, 이상징후 감지 및 설비최적상태 유지, 노후설비교체 등이 있다.

■ 석유개발과정

석유개발작업은 탐사단계에서 취득한 정보를 종합 분석하여 유전평가, 개발계획 수립, 생산시설 건설, 생산정 시추 등을 수행하는 과정이다. 유전 평가은 탐사단계에서 취득한 지질, 지구물리 및 시추 결과 등 모든 자료를 이용하여 종합분석 작업을 실시하고, 저류층의 특성을 파악하여 다양한 개발 시나리오에 따른 매장량 및 생산량을 예측하는 작업이다. 개발계획 수립은 유전평가 결과를 토대로 다양한 개발 시나리오와 생산 예측 등 유전 개발계획을 수립하는 것이다. 생산정시추은 탐사시추가 부존확인을 위한 최적시점에 시추하는 것이라면, 생산시추는 최대생산을 목적으로 최적 지점에 시추하는 개념이다. 생산시설의 건설 및 설치는 생산설비를 현장에서 조립 · 설치생산시설을 제작하고, 제작된 생산설비를 현장에서 조립 · 설치하는 것이다.

3.8 석유수송, 정제

3.8.1 석유수송

가. 세계 석유수송 현황

석유생산은 주로 중동, 아프리카, 구소련연방, 남미 등지에 한정되어 있는 반면, 석유의 소비는 미국, 서부 유럽, 아시아 · 태평양 등 대부분의 지역에서 이루어지고 있어 석유 생산지에서 소비지로의 수송이 활발하다. 생산지에서 소비지로의 석유수송은 대부분 송유관(파이프라인)과 유조선(탱커)에 의해 이루어지고 있다. 표 3.10은 송유관 과 유조선수송의 장단점를 설명하고 있다.

송유관 수송

송유관은 대륙내 석유수송을 위한 수단으로 주로 사용되며, 철도, 도로와 같은 대체수송 수단에 비해 비용이 저렴하기 때문에 대륙간 운송수단으로도 사용된다. 국경 분쟁이 거의 없거나 존재하지 않아 정치적 불안이 없는 미국과 캐나다같은 경우 유용한 수송수단으로 사용된다. 가장 규모가 큰 송유관 시스템은 북미와 구소련 지역에 위치한다. 또한, 장기적인 정치적 안정과 석유산업의 발달, 장거리 송유관 시스템의 통합에 따른 경제적 이익, 내륙에 분포한 유전 등으로 인해 대규모 송유관 네트워크가 발달하였다. 특히, 러시아와 캐나다의 경우 송유관은 거의 유일한 석유수출 출구로 사용된다. 유럽의 경우 비록 송유관 시스템이 훨씬 작고, 단거리를 연결하는데 이용되고 있기는 하지만 이 역시 중요한 수송 방법이다.

유조선 수송

유조선은 6만톤 이상의 석유수송능력을 지닌 선박이며, 총 수송능력은 연간 약 2.75억톤에 달하고 있으며, 20만톤 이상의 유조선이 전체의 절반을 차지한다. 세계 석유거래(원유 및 석유제품 포함) 물량 가운데 약 2/3 가량이 유조선을 통해 수송되고 있으며, 이 가운데 석유 거래량은 4,300만b/d 수준이다. 유조선을 이용한 석유수송은 일정한 항로를 따라 이루어지고 있는데 수송 도중 운하나 해협을 통과해야 한다. 대표적 관문으로 호르무즈 해협(Strait of Hormuz), 말라카 해협(Strait of Malacca), 밥 엘-만답(Bab el-Mandab), 파나마 운하(Panama Canal), 수에즈 운하(Suez Canal), 터키 해협/보스포러스(Turkish Straits) 등이 있다. 또한, 러시아는 석유 및 가스를 항구를 통해 수출하고 있으며 흑해와 발트해, 핀란드 만, 라트비아, 우크라이나를 연결한다.

표 3.10 송유관과 유조선 수송의 장단점

구 분	송유관 수송	유조선 수송
장점	•내륙 정제시설로 직접 전달되어 수송비 절감효과 •수송거리 단축 가능 •VLCC, Suezmax급의 유조선 사용 불가할 경우 보충수단으로 이용가능	•저렴한 비용 •매우 유동적이며 효율적 사용(수송중 언제라도 석유트레이딩 가능)
단점	•유연성 부족(루트변경 불가) •융통성 부족(사전에 물량 결정되어 추가 트레이딩 매우 제한적) •특정 지점의 사고 발생시 전체 수송 중단 •정치적 이유로 이용이 불가할 가능성 상존 •유종간 혼유 현상으로 다양한 유종 수송 어려움	•운하나 해협자체문제(수습이 얕고 통과지역이 좁음) •정치적 문제, 해적, 선박 충돌 등 위험 상존 •선박충돌이나 좌초시 막대한 해양 오염 유발

북미 지역의 주요 송유관 현황

송유관	국가	운영자/소유자	시발점/도착점	길이 km(마일)	수송능력 (천b/d)
Trans-Alaska (Taps)	미국	Alyeska(BP, Arco, ExxonMobil, Phillips, Unocal, Hess)	Prudhoe Bay/Valdez	1,226(762)	2,100
Enbridge	캐나다, 미국	Enbridge	Edmonton(캐나다) /Duluth(미국)를 지나 - 시카고 경유하여 남부로 - 미시간 Bay City를 거쳐 캐나다 몬트리올	1,826(1,135) 1,183(735) 909(565) 1,006(625)	1,470 730 470 550
Loop-Capline	미국	Louisiana Offshore Oil Port, Shell	Loop, St. James /Patoka, Illinois	1,094(680)	1,200
Trans-Panama	파나마	Petrotermina De Panama	Puerto Armuellles /Chiriqui Grande	130(81)	860
Cano Limon	콜럼비아	Occidental	Cano Limon/Covenas	788(490)	220

구소련 및 서부유럽의 주요 송유관 현황

송유관	국가	운영자/소유자	시발점/도착점	길이 km(마일)	수송능력 (천b/d)
Druzhba (Friendship)	러시아, 벨로루시, 우크라이나, 헝가리, 슬로바키아, 체첸, 폴란드, 독일	Transneft 외	Kuybyshev(러시아)/ Mozyr(벨로루시)를 거쳐 - 북쪽으로 Schwedt(독일) - 남쪽으로 Litvinov(체첸)	1,380(861) 1,100(683) 1,475(916)	1,400 700 700
TAL	이태리, 오스트리아, 독일	Trans-Alpine Line	Trieste(이태리)/ Ingolstadt(독일)	450(280)	720
SPSE	프랑스, 독일	Societe Du Pipeline Sud- Europeen	Fos/Lavera(프랑스)/ Karlsruhe(독일)	782(486)	656
CEL	이태리, 스위스, 독일	Central European Line	Genoa(이태리)/ Ingolstadt(독일)	753(468)	180
Adria	크로아티아, 헝가리, 슬로바키아	State-owned	Omisalj(크로아티아)/ Bratislava(슬로바키아)	663(412)	200
Mero	독일, 체코	Mero/Chemopetro l	Ingolstadt(독일)/Kralupy(체코)	340(212)	200
CPC	카자흐스탄	CPC(Caspian Pipeline Consortium)	Tengiz(카자흐스탄)/ Novorossiysk(러시아)	1,580(980)	1,350 (2009년)
BPS	러시아	Transneft	Krishi(서 시베리아)/ Primorsk(핀란드)	270(168)	240
Loop	러시아	Transneft	Sukhodolnaya(러시아)/ Rodionovskaya(러시아)	260(161)	520
BTC	아제르바이잔, 그루지아, 터키	BP	Bahu(아제르바이잔)/Tbilisi (그루지아)/Ceyhan(터키)	1,767 (1,100)	1,000
Sino-Kazak	카자흐스탄, 중국	Kazstroyservice, CNPC	Atyrau(카자흐스탄)/ Alashankou(중국)	3,000 (1,864)	200
ESPO	러시아, 중국	Transneft	Taishet(러시아)/Skovorodino (러시아)/Kozmino(러시아) - Skovorodino(러시아) /Daqing(중국)	4,115 1,028	600 (→1백만) 300

유조선 분류	수송능력
Ultra Large Crude Carrier(ULCC)	32만DWT(280만배럴) 이상
Very Large Crude Carrier(VLCC)	16만~31.9만DWT(200만배럴)
Suezmax	12만~20만DWT(100만배럴)
Aframax	7.5만~12만DWT(60만배럴)
Long Range2(LR2)	8~16만DWT
Long Range1(LR1)	5~8만DWT
Panamax	6~7.5만DWT
Medium Range(MR)	2.5~5만DWT

주 : DWT(Dead Weight Tonnage) - 화물을 포함한 배의 총 무게

나. 동시베리아 지역 수송망 구축

1) 수송망 구축 배경

러시아는 동북아 시장으로의 수출시장 다변화, 낙후된 동시베리아 지역 개발 여건 마련 및 동 지역 유·가스전 개발, 원유·가스 통과국에 대한 의존도 감소를 위해 동시베리아 지역에 대한 수송망 구축을 추진한다. 동시베리아와 러시아 극동지역은 러시아 전체 원유생산량의 3%, 가스생산량의 2%를 차지하고 있으나(2008년) 러시아정부가 2030년까지 각 18~19%, 15%로 증대할 계획이다. 러시아가 우크라이나, 벨로루시를 경유하여 유럽지역으로 원유 및 가스를 수출하고 있으나 경유국과의 석유·가스 수송비, 매매대금 지급 등을 둘러싸고 분쟁이 지속 발생하고 있다. 또한, 2030년경 유럽지역의 원유 수요량이 감소할 것으로 전망되는 반면 아시아 시장은 세계 최대 원유 소비지역으로 부상할 것으로 예상된다.

러시아정부의 동시베리아 송유관의 추진동향으로는 2005년 4월 동시베리아 송유관 건설계획을 승인하여 2006년 4월 건설 착공하여 2009년 12월 1단계 완성하였다. 2009년 4월 중국지선(스코보로디노~다칭)건설을 개시하여, 2010년말 완공하였다. 2010년 1월 2단계 건설 개시하여 2014년말~2015년초 완공 예정이다.

구 분	1 단계	2 단계
건 설 구 간	타이쉐트-스코보로디노 (코즈미노 터미널 건설)	스코보로디노-코즈미노 (코즈미노 터미널 확장)
연 장	2,694km(42~48인치)	2,046km(42인치)
수 송 능 력	30백만톤(60만b/d)	50백만톤(1백만b/d)*
투 자 비	$129억	$109억
건 설 기 간	2006.4월 ~ 2009.12월	2010.1월 ~ 201014년 말/2015년 초

* 이후 80백만톤(1.6백만b/d)으로 증대

다. 우리나라의 석유수송

그림 3.4는 우리나라의 석유도입 수송로(2010년)와 석유도입 주요 해상수송로를 나타내고 있다. 우리나라의 원유수송은 남부해안지역의 정유공장에서 중동 페르시아만까지 왕복으로 약 25,000km (서울-부산: 30회 왕복거리)이며, 유조선이 사우디 석유 선적항 라스타누라에서 울산항까지 소요되는 기간은 대략 20~25일 소요(선적항에 따라 차이 발생)된다. 우리나라는 사우디, 쿠웨이트, 이란 등 중동지역에서 약 80% 이상의 원유를 수입하고 있어 (2009년 중동의존도 84.5%) 해상수송로 상에 테러나 국제분쟁이 발생할 경우 안정적 원유 공급에 차질이 발생

할 가능성이 있다. 현재 호르무즈 해협은 세계에서 가장 중요한 석유 수송루트로 중동지역 석유 물동량의 93% 소화하고 있다. 말라카 해협은 중국, 인도, 인니 등 아시아 지역을 가장 최단거리로 연결하는 주요 관문이다. 최저폭은 2.4㎞로 선박충돌, 좌초, 석유누출 가능성이 있다. 남사군도는 중국, 베트남, 말레이시아, 필리핀, 인도네시아, 대만 등 직접 인접국과 캄보디아, 라오스, 싱가포르, 태국 등 11개국간 영유권을 포함한 다양한 국제분쟁이 발생하는 지역이다. 조어도(센카쿠 열도): 대만 동북부 해역의 해저에 대규모의 석유와 천연가스가 매장되어 있는 것으로 추정되어 중, 일, 대만 간의 분쟁 발생 소지가 있다. 수송로를 둘러싼 테러, 해상범죄, 통행제한, 군사적 충돌 등 국제분쟁이 발생할 수 있는 불안요인은 상존한다. 최근 동아시아 해상수로에 대한 테러위험의 심각성을 인식, APEC 및 국제해사기구 등을 중심으로 테러대응계획 마련을 위해 공동노력하고 있다.

석유제품 수송은 국내 석유제품 수송은 1차 수송과 2차 수송으로 나뉜다. 1차 수송 은 정유공장에서 주요 소비지역에 위치한 저유소까지의 운송단계 (유조선, 철도차량, 유조차, 파이프라인)이며, 2차 수송은 저유소에서 대리점, 주유소, 판매소, 중소규모 수요처까지의 운송단계(유조차)이며, 파이프라인 수송은 다른 수송 수단에 비해 비용이 저렴하고 안전성이 뛰어나며, 우리나라의 경우도 점차 송유관의 역할이 확대되고 유조차 및 유조선의 수송비중이 낮아질 전망이다. 국내 석유제품의 유통단계는 정유사 → 대리점 → 주유소 →소비자 단계로 되어 있다.

3.8.2 석유정제공정

석유는 여러 가지의 탄화수소 혼합물로 일정한 끓는점이 없기 때문에, 석유의 주성분인 탄화수소의 혼합물을 비등점의 차이에 따라 석유를 분별증류(Fractional Distillation)하게 한다. 이렇게 뽑아 낸 여러 가지의 유분 중에 포함되어 있는 불순물을 제거하고, 또 촉매를 첨가하여 탄화수소에 반응을 일으켜 성질이 다른 탄화수소를 만들어 내는 '분해', '개질' 과정을 거친다. 증류, 탈황, 분해, 개질 등의 공정을 총칭하여 석유정제 공정라고 한다. 석유정제 공정은 크게 증류, 전화와 정제, 각종 유분의 혼합 등으로 구분된다. 일반적으로, 석유정제 공정을 거치면 LPG 2%, 휘발유 8%, 납사 12%, 등유·경유 35%, 중유(벙커-C유) 38%, 아스팔트 등 기타 잔사유 5%의 석유제품을 생산하게 된다. 원유의 단위는 BPSD (Barrel per Stream Day)이며, 1 배럴(Barrel)은 0.8 드럼(Drum)이며, 0.14 톤(Ton)이다. 1 년은 330 Stream Day (30일은 정기보수기간)이다.

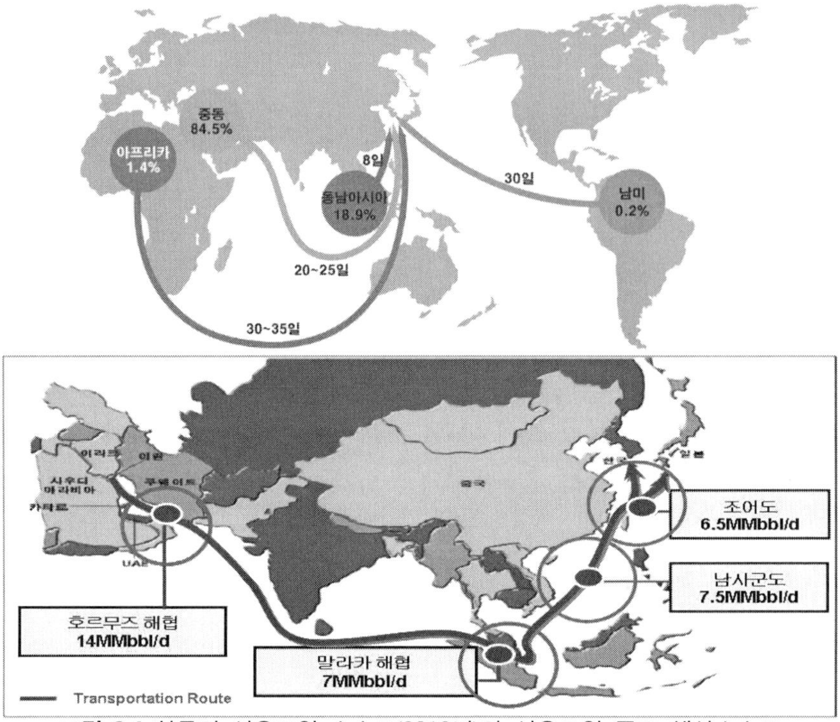

그림 3.4 한국의 석유도입 수송로(2010년)와 석유도입 주요 해상수송로

3.8.2.1 석유정제의 기본원리

가. 증류(Distillation)

증류는 석유를 그 성분의 비점 또는 휘발성의 차이를 이용하여 증발과 응축으로 분리하는 조작을 말한다. 일반적으로, 증류는 상압증류공정(Crude Distillation Unit)와 감압증류공정(Vacuum Distillation Unit)로 분류된다.

상압증류은 정유공정 중 가장 중요하고 기본이 되는 공정으로, 증류의 원리 (그림 3.3)에 의해서 원유를 가열, 냉각 및 응축과 같은 물리적 변화과정을 통하여 일정한 범위의 비점을 가진 석유유분을 분리시키는 공정이다. 증류탑에서 가열된 석유는 먼저 가볍고 휘발성이 강한 탄화수소물이 증기의 형태로 상층부로 올라가고, 가장 무겁고 휘발성이 적은 탄화수소물질로부터 액화되어 분리된다. 상압증류탑에서 석유를 가열할 경우, LPG는 -42~1℃, 휘발유 및 납사는 30~120℃, 등유 및 제트연료유는 150~280℃, 경유는 230~350℃, 아스팔트 및 잔사유는 300℃ 이상에서 생산된다.

감압증류는 압력이 낮을수록 비등점이 낮아지는 원리를 이용하여 탑내의 압력을 진공상태로 만들기 위해 이젝터(Ejector)라는 장치를 사용하며, 증류탑에 의해 산출된 잔사유로부터 윤활유와 같은 고비점 유분을 얻기 위하여 사용된다, 그림 3.3 참조. 잔사유와 같은 중질석유를 그대로 고온에서 증류하면 열분해하여 품질이 나빠져 고수율이 저하되므로 이것을 방지하기 위하여 30~80mmHg 정도로 감압하여 증류한다. 감압증류장치에는 윤활유 제조외에도 접촉분해나 수소화 분해용의 원료제조를 주목적으로 한 것도 있다.

나. 석유의 전화(Conversion) 및 정제(Treating)

전화는 가치가 적은 석유 유분을 여러 방법으로 화학변화를 주어 전보다 성능이 우수한 석유제품으로 바꾸는 것이며 정제는 증류나 전화로 얻은 유분 중 불순물이나 유해한 불용성분을 제거하는 작업이다. 석유의 전화에는 크래킹(Cracking), 개질(Reforming), 수소화분해(Hydrocracking) 등이 있다. 크래킹은 비점이 높고 분자량이 큰 탄화수소를 분자량이 작고 비점이 낮은 경질 탄화수소로 전환하는 것으로 열분해법(Thermal Cracking)과 접촉분해법(Catalytic Cracking)이 있다. 열분해법은 중질유를 원료로 고온의 기압하에서 분해하는 방법으로 저점도의 중유와 경유를 제조하는 방법이며, 접촉분해법은 등유 이상의 고비점 유분을 촉매 존재하에 고온에서 분해하여 높은 수율로 고옥탄가의 가솔린을 제조하는 방법으로 촉매로는 실리카-알루미나계나 합성 제올라이트을 사용한다. 개질은 옥탄가가 낮은 납사성분을 변화시켜 고옥탄가의 가솔린으로 개질하는 방법으로 열개질법(Thermal Reforming)과 접촉개질법(Catalytic Reforming)이 있다. 열개질법은 가솔린의 수율이 낮고 안정성이 떨어져 잘 사용하지 않는다. 접촉개질공정은 백금계 촉매를 이용하여 저옥탄가의 납사에 수소를 첨가시키고 반응시킴으로써 고옥탄가를 가지는 휘발유의 원료류로 전환시키는 공정이다. 접촉개질유에는 방향족화합물이 다량 함유되어 있으므로 벤젠, 톨루엔, 자일렌을 생산하기 위한 방향족 추출공정의 기본원료로도 사용한다.

수소화분해공정은 수소를 촉매로 사용하여 원료유를 고온, 고압에서 분해하고 납사나 중간유분을 제조하는 기술이다. 광범위한 원료유의 처리가 가능하고 탈황이나 분해를 동시에 시행하며, 분해조건을 바꿈으로써 각종 분해 생성률의 수율을 광범위하게 바꿀 수 있다. 또한, 경질가스나 탄소의 생성이 적으며, 원료에 대한 수율은 120%까지 달성할 수도 있다. 분해와 동시에 탈황, 탈질소, 수소화도 행할 수 있으므로 제품은 고품질이다.

석유정제는 황산 및 알칼리를 이용해 탄화수소로부터 황산화물, 황화수소 등 불순물을 제거하는 화학적 정제(산·알칼리 세척)황산 및 알칼리를 이용해 탄화수소로부터 황산화물, 황화수소 등 불순물을 제거하는 방법이 있다. 원료유를 수소와 혼합하여 고온·고압하에서 주로 코발트-몰리브덴-알루미나계의 촉매를 사용하여 반응시킴으로써 황, 질소, 산화화합물 등을 제거하는 수소화정제법이 있다. 또한, 산성백토, 활성백토, 활성탄을 이용하여 석유의 불순물을 제거하는 방법인 흡착정제와 흡착분리법이 있다. 용제를 이용하여 탄화수소물 중 불용성분을 제거하는 방법인 용제추출법이 있다.

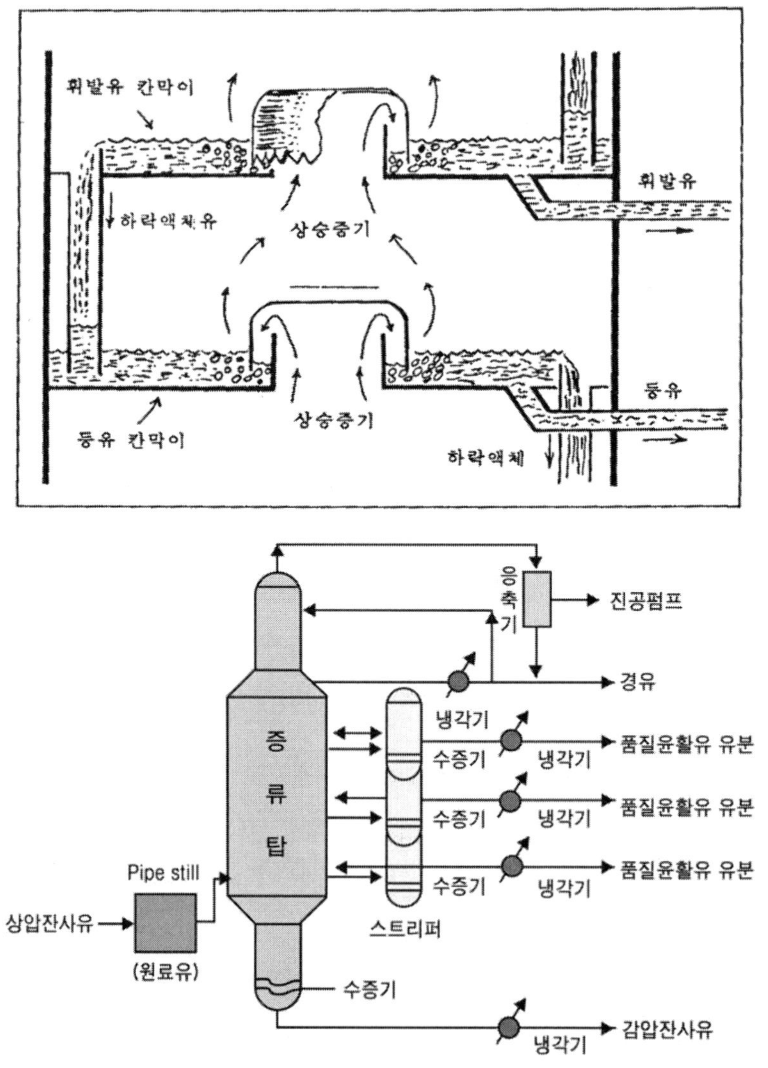

그림 3.5 원유증류의 원리와 감압증류장치

다. 유분의 혼합(Blending)

규격에 맞는 석유제품을 생산하기 위해 각종 유분을 혼합하여 제조하는 작업이다. 상압정제시설이나 2차 처리공정에서 나오는 유분을 제품별로 규격에 맞게 혼합하거나 첨가제를 주입하여 배합하는 것으로 옥탄가 배합와 증기압 배합 등이 있다.

3.8.2.2 석유정제의 방식

가. 단순정제방식(Hydroskimming)

종래의 정유공장의 일반적 유형으로서, 상압증류탑에서 비점의 차이를 이용하여 단순분리하는 것이다. 나프타는 30~200℃, 등유유분은 150~280℃, 경유유분은 250 ~350℃에서 분리된다. 생산수율은 경작되어 있으며, 특히 벙커씨유의 생산이 40~ 60% 정도가 된다. 탈황시설(등유, 경유), 접촉개질시설(가솔린)을 별도로 추가 설치하여야 한다.

나. 고도화 정제시설(Deep Conversion)

고도화된 정제시설은 단순정제방식에 중질유 분해시설을 추가하여 정제하는 방식이다. 중질유인 벙커씨유를 고온·고압상태하에서 경질유(LPG, 가솔린, 등유, 경유)를 생산하는 것이다. 수소화 분해법의 경우에는 별도의 탈황시설이 불필요하다. 직접분해방식과 간접분해방식이 있는데, 직접분해에는 상압잔유를 경질유로, 간접분해방식에서는 감압증류탑을 이용하여 감압경유를 경질유로, 감압잔유를 중질유로 전환시킨다.

3.9 석유제품 및 석유화학제품

3.9.1 석유제품

주요 석유제품으로는 LPG, 휘발유(Gasoline), 납사(Naphtha), 등유(Kerosene), 경유(Diesel Oil), 중유(Bunker Fuel), 항공유(Jet Oil), 아스팔트(Asphalt), 윤활유(Lubricating Oil)등으로 구분된다.

LPG(Liquefied Petroleum Gas, 액화석유가스)

석유 유분중 탄소수가 1~4개인 가벼운 탄화수소는 상온·상압하에서 기체상태로 존재하나 인위적으로 액화시키기 쉬운 탄소수 3개(프로판), 4개(부탄)에다 적정압력을 가해 액화로 변화시킨다. LPG는 액화석유가스로 유전에서 석유를 채취하거나 석유정제시 나오는 탄화수소를 비교적 낮은 압력을 가하여 냉각·액화시킨 것으로, C_3 및 C_4계열의 탄화수소화합물이 섞여있는 혼합물이다. 석유의 상압증류장치의 최상단에서 추출되며 세정장치를 거쳐 황 등의 불순물을 제거한 후 LPG 회수장치에서 프로판과 부탄으로 분리하여 생산한다. 프로판은 약 -42℃, 부탄은 -0.5℃까지 냉각 또는 가압하여 액체상태로 탱크에 저장한다. 프로판은 주로 취사용으로 사용되며, 부탄은 자동차용 연료에 사용된다. 또한, LPG은 석유화학산업의 원료로도 사용된다.

휘발유(Gasoline)

휘발유는 비등점 범위가 섭씨 30~200℃ 정도의 휘발성 액체상태의 석유제품으로, 주성분은 중질납사(Heart-Cut Naphtha) 유분을 개질한 접촉개질유(Reformate)와 B-C유를 촉매 분해하여 생산한 FCC Gasoline 유분이며, 여기에 직류가솔린(Light Straight Run), MTBE, 부탄 및 석유화학 부산물 등의 반제품을 배합하여 규격에 맞도록 제조된다. 휘발유성능의 요구조건으로는 ① 충분한 안티녹크성(녹킹을 억제하는 성능)을 가질 것, ② 휘발유성이 양호하여 시동이 용이하고 가속성이 양호할 것, ③ 연료소비량이 적을 것(연비), ④ 실린더내에서 연소하기 어려운 비휘발성 유분이 적을 것(청정성) 등이 있다. 휘발유에는 자동차용, 항공기, 공업용 휘발유가 있다. 자동차용 휘발유는 옥탄가에 따라 고급휘발유(옥탄가 94 이상, 녹색)와 보통휘발유(옥탄가 91이상 94미만, 노란색)로 분류한다. 납성분 함량에 따라 무연·유연휘발유로 구분되며, 자동차용 휘발유는 모두 무연휘발유이다. 항공기 휘발유는 프로펠러를 가진 경비행기의 연료로, 휘발성이 높고 실린더로의 분배성이 좋고, 저온·저압에서의 사용에 견딜 수 있는 성분이어야 한다. 공업용 휘발유는 연료이외의 용도로서 유지추출용, 드라이크리닝용, 고무공업용, 도료용, 세척용 등으로 쓰이는 휘발유이다.

납사(Naphtha)

납사(Naphtha)는 원유의 정제과정으로부터 생산되는 석유제품 C_4~C_{12}를 주성분으

표 3.11 휘발유의 물리적 성상

구 분	자동차용 휘발유	항공기 휘발유	공업용 휘발유
외 관	액체(착색)	액체	무색액체
냄 새	특이취	특이취	특이취
비 중 15/4 ℃	0.72~0.77	0.69~0.72	0.67~0.08
비 점 범 위 ℃	30~200	40~170	30~200
인 화 점 (℃)	-40이하	-40이하	-40이하~+40
폭 발 한 계	약 1.4~7.6	약 1.1~7.2	약 1.4~7.6

로 하는 탄소화합물이다. 일반적으로 경질납사와 중질납사로 구분한다. 경질납사(Light Straight Run Naphtha, LSR)는 끓는점 100℃이하이며, 용제 및 석유화학(NCC)의 원료로 사용되며, 중질납사(Heavy Straight Run Naphtha, HSR)는 끓는점 100℃이상, 개질시설(Reformer)을 통해 휘발유 제조나 BTX 생산에 사용한다. 납사의 용도로는 연료용과 원료용으로 구분되며, 연료용의 경우에는 휘발유, 제트유 등의 제조 원료로 사용되며, 원료용의 경우에는 석유화학공업용으로 사용되며, 암모니아 비료용과 용제용 원료로 사용한다. 일반적으로 납사를 원료로 에틸렌, 프로필렌, 부타디엔, 벤젠, 톨루엔, 자일렌 등을 생산하고 이를 기초로 다시 농업용 필름, 인쇄잉크, 합성고무, 합성수지, 염료, 의약품 등 광범위한 분야의 제품을 생산한다.

항공유(Jet Oil)

제트엔진에 사용되는 연료로 JP-4와 JA-1로 구분된다. JP-4는 가솔린형 제트연료로 휘발유분과 등유유분을 배합하여 생산한 광범위한 비등범위의 연료로서 석유로부터의 수율은 크나, 인화성이 높아 군용기에 이용된다. JA-1의 주성분은 인화성이 낮은 등유유분으로 되어 있으며, 원료로부터의 수율은 적으나 안정성이 높아 민간용 항공기 연료로 사용된다.

등유(Kerosene)

등유(Kerosene)은 석유제품중 가장 오래전부터 사용되어온 석유제품으로 일반적으로 가정용 난방기에 사용된다. 등유는 상압증류공정에서 유출된 조등유(Raw Kerosene)를 후처리공정(메록스, 수첨탈황 공정 등)에서 탈황처리하여 생산하거나 수첨분해공정에서 생산되는 유분을 규격배합하여 생산한다. 팬히터 등 연소가스를 직접 접촉하게 되는 실내 보조난방용과 가정용 보일러연료로 사용되며, 농기계 연료 및 페인트 용매로도 사용되며, 유황 함량이 매우 낮고 색상이 맑다.

경유(Diesel Oil)

비등점 170~370℃ 범위에 속하며 석유를 증유할 때 등유 다음으로 유출되는 경질가스유(LGO: Light Gas Oil)에 조등유 및 중질가스유(HGO: Heavy Gas Oil)를 적절히 규격 배합하여 생산한다. 주로 자동차와 건설기계 등 고속 디젤엔진에 사용되기 때문에 착화성이 양호해야 하고 점도와 휘발성을 일정수준으로 유지하여야 하며 유해한 불순물이 없어야 하고 특히 저온에서 사용상 문제가 없어야 한다. 주로 디젤 엔진의 연료로 사용한다.

중유(Bunker Fuel)

원료로부터의 수율이 가장 많으며, 상압증류의 고정에서 정유탑의 밑바닥에 최후까지 남는 제품이다. 점도에 따라 B-A유, B-B유, B-C유로, 황함량에 따라 고유황 (B-A 2.0%, LRFO 3.0%, B-C 4.0%), 저유황(0.5%), 초저유황(0.3%)으로 구분한다. 선박내연기관, 보일러 등유의 연료로 사용한다. 분해공정 원료로 투입, 공정처리를 하여 경질유(휘발유, 등유, 경유), 윤활기유, 아스팔트, 왁스, 코크스 등을 제조한다.

표 3.12 점도에 따른 중유의 분류

점도에 따른 구분	내 용
B-A유(60 : 40)	• 점도가 낮아 사용전 예열이 필요 없음 • 회분 및 잔류탄소분의 함량이 낮음 • 오염 및 금속제련용 연료로 주로 사용
B-B유(40 : 60)	• B-A유에 비해 점도, 잔류탄소분의 함량이 높음 • 내연기관용의 연료로 보통 예열하여 사용함
B-C유(0 : 100)	• 가장 점도가 높고 잔류탄소분, 회분 함량이 높음 • 대형공장이나 일반 연료용으로 사용함

* ( )은 경유 : B-C유 혼합비율

아스팔트(Asphalt)

상압 잔사유를 다시 감압 증류하여 경질유분을 분리시킨 감압 잔사유로부터 생산하며, 용도에 따라 물성 조정을 위해 경질유배합이나 산화공정 재처리 등의 과정을 통해 다양한 제품으로 생산한다. 직류 아스팔트(Straight-Run), 아스팔트시멘트(Asphalt Cement), 브로운 아스팔트(Blown Asphalt), 컷백 아스팔트(Cutback Asphalt),유화 아스팔트 등이 있다. 직류 아스팔트는 상압증류탑 하부에서 나오는 상압 잔사유를 감압 증류시켜 얻은 최종 잔류물로서 침입도나 신도, 접착성 등이 커 도로포장용으로 적합하다. 아스팔트 시멘트는 직류아스팔트로부터 직접 생산하거나 산화공정처리를 통해 침입도를 조정, 다양한 아스팔트시멘트 제품을 생산한다. 브로운 아스팔트는 감압증류 잔사유를 적정한 온도에서 가열하여 공기를 흡입시켜 아스팔트 성분에 중합 또는 축합반응을 일으킨 것. 방수방습 공사, 루핑, 전기전열재료 등으로 이용된다. 컷백아스팔트는 직류아스팔트나 아스팔트시멘트에 납사, 등유, 경유 등의 석유용제를 배합하여 생산한다. 유화아스팔트는 직류아스팔트에 물을 혼합하여 양자가 안정된 유액상을 유지토록 하기 위하여 이것에 적당한 유화제를 첨가한다.

윤활유(Lubricating Oil)

기계의 활동부분에 윤활을 위해 사용되는 액상의 물질로, 상온에서 반고체상태의 그리스와 고체분말상의 흑연 및 이황화 몰리브덴과 같은 윤활성을 가진 모든 물질이다. 자동차 엔진용 모터오일, 디젤엔진오일 등 각종 기계류나 엔진의 윤활제로 이용된다.

3.9.2 석유화학제품

석유화학 산업이란 납사와 같은 석유제품이나 천연가스를 원료로 하여 에틸렌, 프로필렌, 벤젠, 톨루엔 등 기초유분을 생산하고 이들 제품을 원료로 하여 합성수지(플라스틱), 합성섬유(폴리에스터, 나일론 등)원료, 합성고무, 기타 정밀화학 중간재 및 화학제품을 제조하는 산업이다. 우리나라의 석유화학산업의 위상은 세계 5위 수준이다. 2009년 기준으로 에틸렌 생산능력은 7.3백만톤이다. 2008년기준으로, 국내 제조업중 4위로 생산액은 66조원이며, 비중은 5.8%이다. 2009년 수출품목으로는 국내 5위로 274억불 수출이며, 총수출의 6.5%이다 [7].

가. 석유화학제품의 원료

석유화학산업의 원료로는 납사(Naphtha, 또는 나프타)와 천연가스(Ethane), NGL(Natural Gas Liquid), LPG(Liquified Petroleum Gas) 등이 있는데, 이중 세계적으로 가장 많이 사용되는 원료는 납사이며, 미국과 중동지역 등 산유국들은 주로 천연가스(Ethane)과 LPG를 석유화학의 원료로 사용한다.

천연가스(Ethane)는 메탄(C_1)에서부터 C_7, 혹은 그 이상의 무거운 탄화수소로 이루어진 혼합물로, 가스전에서 생산되는 천연가스와 석유의 생산과 동시에 생산되는 부수가스(Associated Gas)가 있다. 천연가스를 처리하는 목적은 주로 에탄과 메탄만을 함유하는 물질을 생산하기 위한 것인데, 추운 지역에서는 대도시 난방을 목적으로 생산된다. 이러한 천연가스의 성분중 메탄보다 무거운 성분인 에탄, 프로판, 부탄 등이 석유화학제품의 원료가 된다. 천연가스액체(Natural Gas Liquid, NGL)은 가스전 또는 유전에서 천연가스 생산에 수반되는 것으로, 보통 콘덴세이트(Condensate) 혹은 천연가솔린이라 불린다. 천연가스에는 상온·상압하에서 액체 상태인 탄화수소를 포함하고 있는 것이 있는데, 이를 분리장치로 가스와 액체탄화수소로 분리했을 때 그 액체를 NGL이라고 한다. 성분은 주로 펜탄 이상의 중질 탄화수소로 구성되어 있으며, 원료의 다양화 차원에서 석유화학의 원료로 소비되고 있다.

나. 석유화학제품의 제조공정

석유화학산업은 탄소화합물의 탄소 고리를 분해하는 공장을 모체로 하는 산업으로 이때 원료로 사용되는 것이 납사이며, 납사를 분해하는 설비를 "납사분해설비(NCC, Naphtha Cracking Center)"라고 한다. 납사분해설비에서는 탄소 개수가 둘인 에틸렌에서부터, 탄소가 셋인 프로필렌, 네 개인 C_4유분 등의 올레핀류와 방향족 제품21)의 원료가 되는 RPG(Raw Pyrolysis Gasoline)를 생산하여 석유화학제품의 원료를 공급한다. 납사분해설비에서 생산되는 제품들의 생산수율은 투입되는 납사의 물성에 따라 다르지만, 보통 에틸렌 31%, 프로필렌 16%, C_4 유분 10%(부타디엔 원료), RPG(벤젠, 톨루엔, 자일렌 원료) 14%, 메탄·수소·LPG 등 기타제품이 29% 생산된다. 석유화학제품 생산의 기본이 되는 납사의 분해는 「분해공정 → 급랭공정 → 압축공정→ 분리정제공정」 단계를 거친다.

분해공정

분해공정에서는 납사에 열을 가하여 탄소수가 적은 탄화수소로 분해, 액상원료인 납사와 순환에탄은 희석증기와 혼합된 후, 분해로 내 약 800~850℃의 고온에서 분해된다, 그림 3.6 참조.

급랭공정

분해로의 출구물질은 열교환기를 거치면서 약 400℃로 급랭되며, 이 열교환기 출구물질은 냉각유에 의해 약 200℃로 급랭된 후 급랭공정의 가솔린 정류탑으로 보내진다. 급랭공정에서는 분해된 탄화수소끼리 서로 반응하지 못하도록 온도를 낮춘다. 가솔린 정유탑의 탑저에서는 타르를 포함한 열분해 연료유가 생성되며, 탑정 가스는 급랭탑으로 보내져 분해가솔린과 경질유분으로 분리된다.

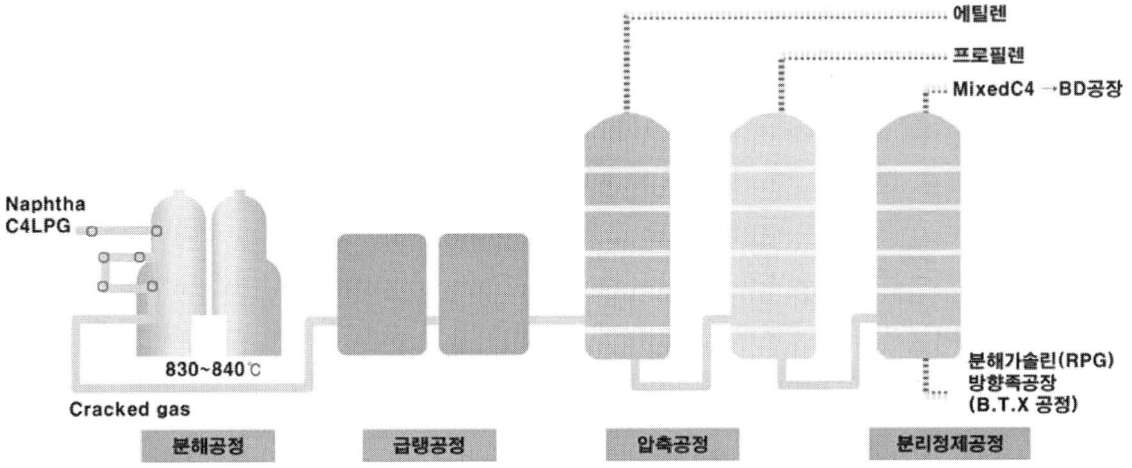

그림 3.6 납사 분해공정 [6]

압축공정

분해가스의 경제적인 분리를 위해 압축하여 부피를 감소시키는 공정이다. 분해가스 압축기에 의해 급랭탑 탑정의 경질 유분은 약 36기압까지 압축된다. 이 과정에서 3, 4단 사이에 있는 가성소다 용액 세척탑에서 산성가스를 제거하고, 압축 과정에서 응축된 1, 2, 3단의 탄화수소는 가솔린 정류탑 및 급냉탑으로 보내지며, 5단 출구로부터 나온 분해가스는 프로필렌 냉매에 의해 15℃까지 냉각되어 응축물 제거 후 건조기로 투입된다.

냉동공정

압축기 토출 가스는 건조기에서 수분이 제거된 후 저온 회수공정으로 들어간다. 수분이 제거된 기체는 프로필렌 및 에틸렌 냉매에 의해 단계적으로 냉각되어 응축물이 분리되며, 응축물은 탈메탄탑으로 보내져 탑정으로 메탄을 분리하게 되고, 나머지 경질유분은 탑저로 분리된다. 저온 회수공정에서 분리된 수소가스 중 일부는 고순도로 정제되어 아세틸렌과 프로파디엔 전환 반응기의 수소첨가용으로 사용된다. 탈메탄탑 탑저 생성물인 메탄가스는 저온 회수과정에서 가열된 후, 연료가스로 사용되고 일부는 액체상태로 인출되어 저온 냉매로서 탈메탄탑으로 순환된다. 탈메탄탑 탑저생성물은 압축기 출구가스와 열교환하여 가열되어 탈에탄탑으로 보내진다.

분리정제공정

마지막으로 분리정제공정을 거쳐 생산되는 에틸렌과 프로필렌은 바로 유도품 생산공정으로 가고, C_4유분과 RPG는 추가로 추출·정제하는 공정을 거쳐 부타디엔과 벤젠, 톨루엔, 자일렌 등 유용한 석유화학 기초유분이 생산된다. 이중 에틸렌과 프로필렌, 부타디엔은 상온에서 기체이기 때문에 일반인들이 실체를 보기 어렵고, 벤젠, 톨루엔, 자일렌은 액체로 자동차 휘발유에도 포함되어 있고 '신나' 라는 이름의 용제로도 사용되어 흔하게 볼 수 있다. 이하 석유화학 최종제품은 폴리에틸렌과 폴리프로필렌과 같이 기초유분 하나만을 가지고 중합반응을 통해 만들어지기도 하고, 스티렌모노머와 같이 기초유분 두개(에틸렌과 벤젠)를 반응시켜 만들기도 하며, AN(아크릴로니트릴)과 PVC 화학제품과의 반응을 통해 만들기도 한다. 이때 반응은 주로 열과 촉매에 의해서 진행되는데, 보통 반응온도는 200~300℃ 수준이다.

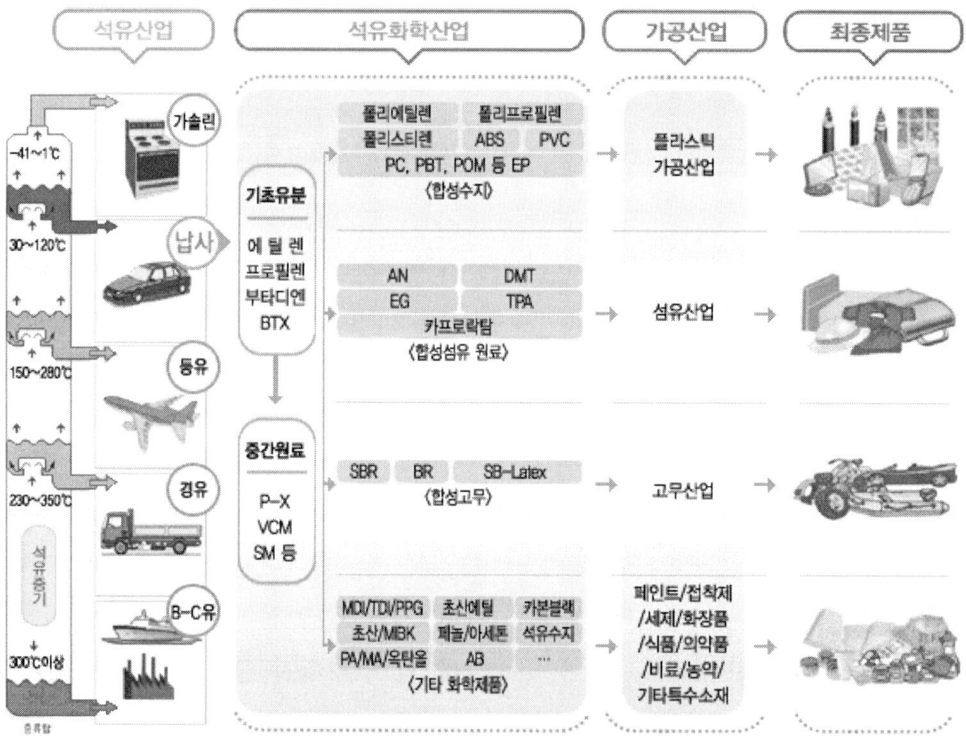

그림 3.7 다양한 석유화학제품 [7]

다. 석유화학산업제품

그림 3.7에서 보는 바와 같이, 석유화학 산업에서는 다양한 석유화학 제품이 얻어진다. 기초유분(에틸렌, 프로필렌,부타디엔, BTX)과 중간원료(P-X, VCM, SM 등)를 사용하여 합성수지(폴

리에틸렌, 폴리프로필렌, 폴리스티렌, ABS, PVC, EP 등), 합성섬유원료(AN, DMT, EG, TPA, 카프로락탐), 합성고무(SBR, BR, SB-Latex), 기타 화학 제품를 생산한다. 이러한 석유화학 제품을 이용하여 가공공정을 거쳐 플라스틱가공제품, 섬유제품, 고무제품, 페인트, 접착제, 세제, 화장품, 식품, 의약품, 비료, 농약, 기타 특수소재관련 제품 등과 같은 최종적인 석유화학 제품을 생산한다. 표 3.11은 국내 석유화학 기업별 제품생산 현황을 나타내고 있다 [8].

표 3.11 국내 석유화학기업별 제품생산현황 [8]

	기초유분						중간원료			합성수지									
	에틸렌	프로필렌	부타디엔	벤젠	톨루엔	자일렌	SM	TDI	PX	LDPE	LLDPE	HDPE	PP	SBR/BR	PS	PVC	ABS	MEG	PTA
호남석유화학	○	○		○	○	○						○	○					●	
롯데대산유화	○	○	○	○			○			○	○	○	○					○	
LG화학	○	○	○	○			○			○	○	○	○	○	○	●	●	○	
LG석유화학	○	○	○	○	○	○						○							
삼성토탈화학	○	○	○	●			●		○	○	○	○	○					○	
금호석유화학㈜			○											●	○		○		
KP케미칼				○					○										○
㈜동양제철화학				○	○			○											
대한유화공업	○	○										●	○						
여천NCC	●	●	●	○	●	●	○												
한화석유화학										●	●					○			
대림산업												○							
태광산업		○																	○
㈜효성		○											○						○
동부하이텍							○								○				
제일모직㈜															○		○		
삼남석유화학																			●
삼성석유화학																			○
폴리미래													●						
한국바스프							○								●		○		
한국화인케미칼㈜								●											

주 : ●는 최대 생산기업

3.10 비전통석유(Non-Conventional Oil)[2)]

제 1장에서 설명한 바와 같이, 오일샌드, 초중질원유, 셰일오일 등과 같은 비전통석유, 메탄 하이드레이트, CBM (Coal Bed Methane), 셰일가스(Shale Gas) 등과 같은 비전통가스, 그리고 가스액화연료 (GTL, Gas to Liquids), 석탄액화연료 (CTL, Coal to Liquids) 등 가스액화를 포함하여 매우 다양하다. 세계 석유수요는 개도국의 빠른 경제 성장으로 지속 증가가 예상되는 반면 세계 석유 공급은 비OPEC의 생산 감소, 중동의 지정학적 긴장 지속으로 증가세가 둔화될 것으로 예상된다. 장기적으로는 원유공급 부진이 발생할 가능성이 높다.

3.10.1 비전통석유의 잠재력

■ 풍부한 매장량

석유를 대체할 에너지원의 발전이 쉽지 않고 원유공급의 확대가 부진할 것으로 예상됨에 따라 매장량이 풍부한 비전통석유에 대한 관심이 고조되고 있다. 비전통석유로는 오일샌드, 초중질유, 가스액화연료, 석탄액화연료, 오일셰일 등이 있다. 오일샌드는 1973년 제1차 오일쇼크 이후부터 석유를 대체할 화석연료로서 주목을 받았는데, 초중질유에 해당하는 비투멘(Bitumen), 모래, 점토, 그리고 미량의 미네랄로 이뤄져 있다. 1차 오일쇼크 이후 관심을 받아 온 초중질유는 타르와 같이 점성이 강한 원유로서 물보다 무거운 특징을 가지고 있으며 주로 발전용 연료로 사용되고 있다. GTL은 천연가스를 화학적, 물리적으로 가공해서 상온에서도 사용이 가능하게 만든 액체상태의 석유를 뜻하며 1920년대부터 기술발전으로 사용돼 왔다. 세계 2차 대전 당시 석유부족을 겪던 독일이 처음 개발해 사용한 CTL은 석탄에 촉매를 사용해 직접 원유 성분을 추출하거나 석탄의 가스화와 화학반응을 통해 만든 액체상태의 석탄을 지칭한다. 다른 비전통석유에 비해 개발 기술이 아직 초기단계에 있는 오일셰일은 원유 성분 물질인 케로겐(Kerogen)을 함유한 퇴적암을 뜻하며, 2020년 이후에나 상용화될 것으로 예상되고 있다.

비전통석유가 관심을 받는 가장 큰 이유는 석유로 사용이 가능하면서도 매장량이 풍부하기 때문이다. 국제에너지기구(IEA)에 따르면 생산된 것을 제외한 원유의 궁극 가채매장량(기존 발견 매장량에 발견 가능성이 있는 미발견 매장량을 합한 매장량)은 약 2.4조 배럴이다. 반면 오

2) 본 3.10절의 대부분 내용을 다음의 문헌에서 인용하였음을 밝힙니다. 인용된 문헌:"석유시장의 잠재적인 안전판 Non-Conventional Oil", 이광우, LG Business Insight 2010. 6. 9., http://www.lgeri.com, [9].

일샌드, 초중질유, 오일셰일 등의 매장량은 약 8.5조~9조 배럴로 예상하고 있다. 또한 석유보다 가채연수가 긴 석탄이나 가스를 석유화 하는 GTL, CTL을 석유매장량으로 환산하면 이들의 매장량은 2.5조 배럴로 추정된다. 비전통석유의 매장량 전체가 원유 매장량에 약 4.8배 많다. 다만, 비전통석유의 경우는 기존 전통 석유에 비해 생산비용이 높기 때문에 유가 수준에 따라 매장량이 의미를 갖게 되는 특징이 있다.

■ 채산성 상승

풍부한 부존량을 가진 비전통석유는 최근 들어 유가상승으로 인해 채산성을 확보할 것으로 보인다. 초중질유와 오일샌드를 1배럴 생산하기 위해서는 40~80 달러정도의 비용이 든다. 또한 GTL과 CTL도 석탄과 가스의 가격에 영향을 받지만 1배럴 당 40~120 달러정도의 생산비용이 든다. 오일셰일은 배럴당 60~120 달러 정도의 생산 비용이 든다. 현재의 유가 수준을 고려해 보면 비전통석유가 채산성을 부분적으로는 확보한 것으로 보인다. 앞으로도 석유수요의 증가에 따라 유가가 지속 상승할 것으로 보이기 때문에 비전통석유의 채산성은 확보될 전망이다. 캐나다의 오일샌드 경우 채산성이 개선됨에 따라 세계 생산량이 2000년 1일 60만배럴의 생산에서 2008년에는 130만배럴로 두 배 증가하였다.

비전통석유는 장기적으로 볼 때 가혹한 자연환경에서 생산되는 일부 원유에 대해서도 경쟁력을 가질 수 있다. 사우디아라비아가 유전탐사를 육상에서 해상으로 옮긴 것처럼 향후 유전개발이 미탐사 지역인 심해나 극지를 중심으로 이뤄질 것으로 예상되기 때문이다. 국제에너지기구(IEA)는 심해유전이나 극지유전의 생산비용을 배럴 당 각각 65달러, 40~100 달러로 추정하고 있다. 이 수치를 비전통석유와 비교해 보면 초중질유와 오일샌드는 가격경쟁력을 확보한 것으로 판단된다. 또한 GTL도 셰일가스(Shale Gas)의 생산 확대로 천연가스의 가격이 하향 안정화될 가능성이 있기 때문에 가격경쟁력이 개선될 여지가 있다.

■ 환경문제

채산성을 확보한 비전통석유가 원유에 대해 가격경쟁력도 갖출 것으로 보이지만 여전히 극복해야 할 과제가 남아있다. 비전통석유는 원유에 비해 탄소배출이 많고 토양을 오염시키는 등 환경문제를 안고 있다. 비전통석유는 추출, 운송, 변환 등에서 에너지 소모가 많기 때문에 원유보다 탄소 배출량이 더 많다. 비전통석유 중에서는 오일셰일, CTL, 오일샌드, 초중질유, GTL

등의 순서로 탄소 배출량이 많다. 오일샌드의 경우 원유 추출을 위해서 고온·고압의 증기가 주입되는데 이때 천연가스를 통한 에너지 투입과 탄소 배출이 크게 나타난다. 초중질유 역시 오일샌드보다 점성이 낮아 증기를 사용하지 않는 등 생산 조건이 좋지만 운송과정에서 점성을 낮추기 위해 가열을 해야하기 때문에 원유보다 더 많은 탄소를 배출한다. 또한 연료 자체로서는 탄소배출량이 적어 청정연료로 각광받고 있는 GTL과 CTL도 생산 과정에 에너지가 많이 투입됨에 따라 탄소를 원유보다 많이 배출한다.

탄소배출 문제 외에도 오일샌드, 초중질유, 오일셰일은 토양오염, 대기오염 등의 문제도 가지고 있다. 오일샌드에서 원유 1 배럴을 추출하기 위해서는 물 1.8~4.5 배럴이 필요하다. 오일샌드 덩어리를 조각 내고 원유 성분인 비투멘의 점도를 낮추기 위해서 증기가 주입되어야 한다. 막대한 물이 투입되는 것도 문제이지만 더 큰 문제는 오일샌드의 원유 성분이 증기로 사용된 물에 섞이면서 토양을 오염시킨다는 데 있다. 오일셰일 역시 암석을 녹이는 발열기를 식히기 위해 많은 물이 사용되고 폐기물을 처리하는 과정에서 지하수가 오염되는 등 환경문제를 낳고 있다. 또한 원유보다 황이 많이 포함돼 있고 석탄이나 원유에 비해 바나듐 함유량이 10배 이상 높은 초중질유는 석유 생산 과정에서 탈황설비와 중금속 처리설비 등을 필요로 하고 있다.

■ 개발활성화

비전통석유가 환경오염을 발생시키는 단점을 가지고는 있지만, 보유량이 많은 국가들은 경제적 이익을 위해 개발을 확대해 나갈 전망이다. 다만 초중질유는 베네수엘라가 자원민족주의를 추진하고 있어 다른 비전통석유에 비해 개발이 더딜 것으로 예상된다. 비전통석유 중에서 오일샌드, 초중질유, 오일셰일은 캐나다, 베네수엘라, 미국에 집중적으로 매장돼 있는데, 세계 매장량 대비 점유율이 각각 71.6%, 97.9%, 73.8%이다.

비전통석유중 개발이 가장 활발히 나타나고 있는 나라는 오일샌드 부국(확인매장량 기준으로 15억 배럴)인 캐나다이다. 오일샌드의 매장량까지 합칠 경우 캐나다는 사우디아라비아 다음의 석유부국이다. 이러한 캐나다는 오일샌드의 개발을 개방하고 있어 국내외 기업의 참여가 활발하다. 오일샌드는 캐나다의 전체 원유생산 중 36%를 차지하고 있으며 알버타 주정부의 최대 수입원이다. 초중질유의 개발 환경은 오일샌드와 대조적으로 열악하다. 베네수엘라 정부가 자원민족주의를 추구하고 있기 때문에, 베네수엘라의 초중질유 개발은 기술력이 상대적으로 뛰어난 석유메이저 보다는 Gazprom, Petrobras, CNPC 등 외국계 국영 석유기업들이 직접 협상을 통해 많이 참여하고 있다. 오일셰일의 경우 최대 매장국인 미국이 수자원 등 환경문제를 놓고 개발 활성화에 대해 논의 중이다. 미국, 러시아에 이어 오일셰일 3대 매장국인 요르단은 발전용 연료로 사용하기 위해 셸(Shell) 등 메이저 기업, 오일셰일 개발 경험이 풍부한 에스토니아 기업(Eesti Energia) 등과 협력해 오일셰일을 개발하고 있다.

GTL, CTL은 천연가스와 석탄이 풍부한 국가들을 중심으로 개발이 이뤄지고 있다. GTL의 경우 남아프리카 공화국, 말레이시아, 카타르 등 3 개국에서 생산되고 있으며, CTL은 남아프리카 공화국, 미국, 중국 등에서 상용화가 진행되고 있다. LNG 최대 생산국인 카타르는 천연가스 가격이 저렴하고 정세가 안정돼 있어 셸(Shell) 등 메이저 석유기업이 GTL 개발 사업을 진행하고 있다. GTL, CTL 개발이 다른 비전통석유 개발과 다른 점은 천연가스, 석탄 등 원료를 수입해서 생산할 수 있다는 점이다. 2006년부터 일본은 경제산업성, 신일본석유 등 기업연합을 구성해 GTL의 상용화 사업을 추진하고 있다.

3.10.2 유가 변동성 감소

채산성확보로 개발이 진행중인 비전통석유는 장기적으로 원유공급의 확대 부진에 의해 가치가 높아질 것으로 보인다. 채산성 측면에서는 초중질유가, 환경측면에서는 GTL이, 공급 안정성 측면에서는 오일샌드가 유망한 비전통석유로 평가된다. CTL은 탄소포집저장(CCS: Carbon Capture and Storage) 기술이 상용화된다면 급속히 부각될 잠재력을 가지고 있다. 그러나 비전통석유가 유발하는 환경오염 문제는 당분간 지속될 것으로 예상된다. 따라서 비전통석유의 개발·생산 비용에 환경비용이 추가적으로 발생할 위험을 충분히 고려할 필요가 있다. 특히 수자원 관리비용은 생산이 확대될수록 커질 것이기 때문에 대응기술의 마련이 절실해질 것으로 보인다. 이를 해결하기 위해 기술개발 투자가 이뤄지고는 있지만 기술발전의 시기를 예측하기는 어려운 실정이다. 2010년에 발생한 멕시코만 원유의 유출사태로 인해 비전통석유의 환경오염 문제가 원유생산에 비해 그다지 특별한 것은 아니라는 주장이 제기되고 있어 주목된다. 오히려 오일샌드나 초중질유는 육상에서 통제가 가능하기 때문에 심해유전의 개발보다 안전할 수도 있다.

비전통석유는 생산과정에서 많은 에너지가 투입되기 때문에 석유수급의 개선효과에는 한계가 있다는 점을 고려해야 한다. 캐나다 오일샌드의 경우 투입 에너지에 대한 산출 에너지의 비중(EPR: Energy Profit Ratio)이 1.5로 60 정도인 중동 석유에 비해 너무나 빈약하기 때문이다. 또한 기술발전으로 생산비용이 줄어들기 위해서는 이를 적용할 수 있는 인력, 장비의 공급도 충분히 이뤄져야 한다. 개발 프로젝트의 생산비용이 계속 상승하고 있고 과거 모든 자원 광구의 개발비용이 기술발전에도 불구하고 탐사 등 개발 서비스의 공급이 부족해 비용이 상승세를 보여왔기 때문이다. 그럼에도 불구하고 비전통석유의 가치 상승은 생산확대로 이어지면서 세계 석유공급 확대에 대한 기여도를 높일 전망이다. 미국에너지정보청(EIA)은 2035년까지 비전통석유의 생산이 현재의 사우디아라비아(2010년 4월에 797만 bbl/d)의 약 90%만큼 늘어날 것으로 예상하고 있다. 또한 과거 15년간 비전통석유의 세계 석유생산증가의 기여율이 7.7%였지만 향후 15년 동안에는 약 21%로 크게 늘어날 것으로 내다보고 있다.

국제 석유시장에 미치는 비전통석유의 파급력도 커질 것으로 예상된다. 베네수엘라의 초중질유가 OPEC의 생산쿼터 제한을 받지 않는 등 비전통석유의 공급은 유가 안정에 기여할 수도 있다. OPEC의 공급비중의 확대로 향후 유가의 변동성이 심화될 가능성이 있으나 비전통석유는 이를 억제하는 효과를 가진다. 더욱이 비전통석유에서 비약적인 기술발전이 빨라질 경우에는 유가의 하향 안정화가 기대된다. 따라서, 비전통석유는 양적측면에서 기존 석유를 대체할 수 있는 잠재력이 충분하지만 질적 측면에서 한계가 있고 생산비용, 환경문제 등의 극복이 과제가 될 것이다. 따라서 석유공급의 부족문제를 단독으로 해결할 것이라고는 단정하기 어렵다. 다만, 비전통석유가 석유시장에서의 영향력을 점차 높일 것으로 보이기 때문에 에너지절약, 신재생에너지개발 등과 함께 에너지문제 해결에 많은 영향을 끼치리라 본다.

3.10.3 셰일가스

3.10.3.1 셰일가스의 동향

많은 에너지 전문가들은 셰일가스, 셰일오일과 오일샌드가 가져올 변화에 주목하고 있다. 셰일가스·셰일오일은 오랜 세월 모래·진흙이 쌓여 단단하게 굳은 퇴적암 암석(셰일)에 갇혀 있는 가스·원유를 뜻한다. 과거에는 경제성 부족으로 개발이 안됐지만, 최근에는 고유가와 기술 발전으로 대량 생산이 가능해졌다, 그림 3.8 참조. 그림 3.8 (상부)은 셰일가스를 생산하는 과정을 나타내고 있다 [10]. 셰일오일샌드는 지하에서 생성된 원유가 지표면끝 근처까지 이동해 수분이 없어지면서 돌·모래와 함께 굳은 원유이다. 최근 미국에서 셰일가스가 새로운 에너지원으로 부상하고 있는데, 이는 셰일가스 시추가 늘어나면서 유가 하락으로 이어질 것이란 기대 때문이다. 2012년 4월에는 미국시카고상품거래소(CME)에선 평소 1 MMBTU당 2~3달러 하던 천연가스 가격이 1달러대로 내려가기도 했다. 이제는 세계 각국들이 셰일가스를 석유 이외의 값싼 새로운 에너지원으로 여기기 시작한 것이다. 셰일가스의 화학적 성질은 기존 가스와 같다. 기존의 가스는 셰일층에서 만들어져 지표면으로 올라간 것이지만, 셰일가스는 암석층에 막혀 이동하지 못한 채 갇혀 있었다는 점이 다를 뿐이다. 전 세계 매장량은 187.5조m^3이며, 이는 향후 60 여년간 사용할 수 있는 양이다. 중국 36.1조m^3로 1위, 미국 24,4조m^3로 2위이다 (2011년 4월기준, EIA) [11].

그림 3.9는 셰일가스의 분포 개략도를 나타내고 있다[12]. 셰일가스는 채굴기술이 발달하지 않은 1990년대까지만 해도 외면받았다. 하지만, 2000년대 들어 물과 모래, 화학약품을 섞은 혼합액을 고압으로 분사하는 수압파쇄기법(Hydraulic Fracturing)등이 상용화되면서 본격적으로 개발됐다. 셰일가스의 붐은 기술력과 자본력에서 앞선 미국이 이끌고 있다. 셰일가스의 생산이 늘면서 미국은 2009년 이후 러시아를 제치고 천연가스 세계 1위 생산국에 올라섰다. 그림 3.10은 미국 셰일가스의 분포도를 나타내고 있다 [12]. 2012년 연두교서에서 오바마 미국 대통령은 미국은 앞으로 100년 동안 공급할 수 있는 새로운 에너지인 셰일가스를 가지고 있다고 선언했다. 셰일가스가 갑작스레 세계인의 관심을 받았다. 미국은 이미 전체 가스소비량의 30% 이상을 셰일가스로 충당하고 있다. 그 덕분에 기존 액화천연가스 소비자가격이 절반 가까이 떨어졌으며, 세계 각국이 셰일가스 개발에 발벗고 나서고 있다, 그림 3.8과 3.10 참조. 미국의 셰일가스 생산량이 2035년에는 2010년보다 3 배 정도 늘어날 것으로 보고 있다. 중국은 2004년 셰일가스와 관련된 지질 조사를 시작했으며, 2015년까지 천연가스 공급비율을 지금의 두 배 수준인 8%까지 늘릴 예정이다. 대규모 셰일가스층이 있는 폴란드를 비롯한 유럽도 러시아산 가스에 대한 의존도를 줄이기 위해 개발을 서두르고 있다.

국내 소비자들에겐 셰일가스 개발이 국내 유가에 어떤 영향을 미칠지가 최대 관심사다. 국내에서 수입하는 중동산 LNG 가격은 1 MMBTU당 15달러다. 배럴로 따지면 87달러 수준이다. 이 때문에 1 MMBTU당 2~3달러 수준인 미국산 천연가스가 국내에 수입되면 중동산 가스 가격이 내려갈 것이란 기대가 없지 않지만, 도입 시점이 아직 멀었다. 셰일가스개발이 가장 앞선 미국에서 현재 추진되고 있는 8개의 LNG 프로젝트에서 생산할 물량은 연간 최대 9000만톤이며, 생산시기는 빨라야 2015년이다. 천연가스 상태에선 싸기는 하지만 기체 상태인 가스를 액화하는 비용과 수송비, 액화에 소요되는 전기료와 손실 등을 포함하면 1 MMBTU당 7달러 정도가 추가로 들기 때문이다. 따라서 셰일가스의 국내 수입가격은 1 MMBTU당 11~12달러가 될 전망이다. 중동산 LNG 가격과의 차이는 2~3달러에 불과한 것이다. MMBTU(Million Metric British Thermal Unit · 100만 영국열량단위)는 100만 파운드의 물을 화씨 1도 올리는 데 필요한 열량이다. 1 BTU는 0.252 Kcal이며, 천연가스 · LNG 등에 주로 사용된다. 셰일가스에서 부산물로 10% 이상 얻어지는 LPG도 2014년 이전엔 도입이 어려울 것으로 보인다. 향후 셰일가스에서 얻어진 LNG · LPG를 도입하더라도 가격인하 효과보다는 수입선 다변화 측면에서 접근하는 것이 바람직하다.

중국, 인도 등 신흥국의 고성장이 계속되어 원유부족 문제가 심각해질 경우에 대비하여 태양광, 풍력 등 신재생에너지 개발, 에너지 절약 등 다각적인 방안이 모색되고 있다. 비전통석유(Non-Conventional Oil)의 개발도 이러한 방안 중의 하나이다. 비전통석유는 전통적인 방식으로는 석유 추출이 불가능했던 자원을 기술발전과 채산성 확보에 힘입어 생산되는 탄화수소를 말한다. 유전에서 생산되는 원유가 아닌 에너지자원이 석유의 형태로 사용되는 것이다.

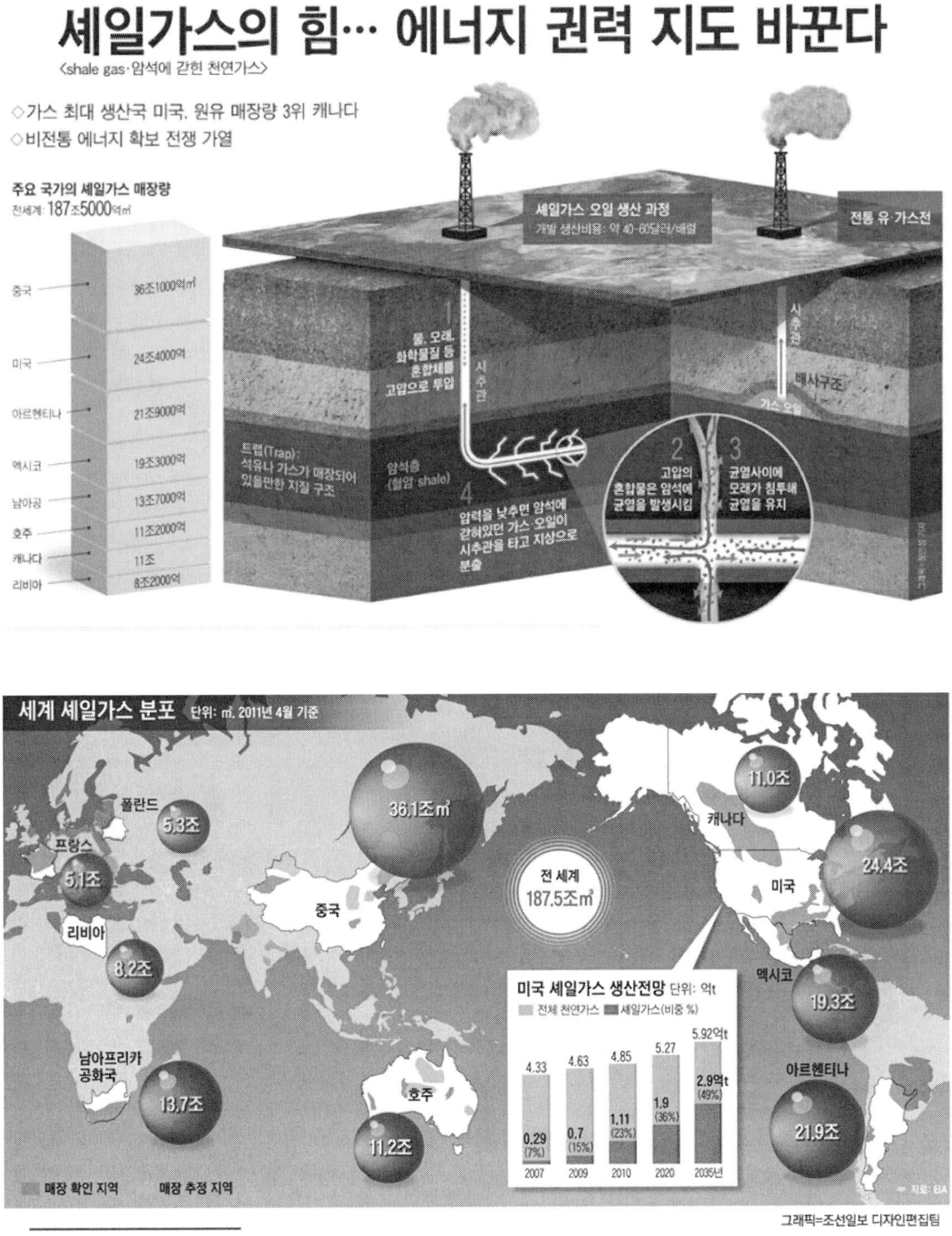

그림 3.8 셰일가스 생산과정 [10]과 세계 셰일가스분포 [11]

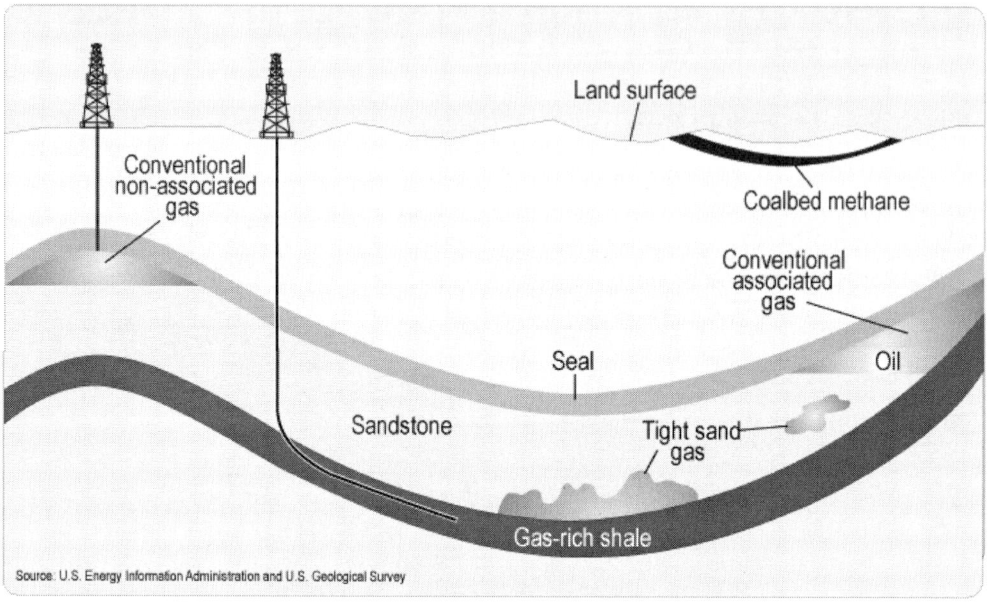

그림 3.9 세일가스의 분포 개략도 [12]

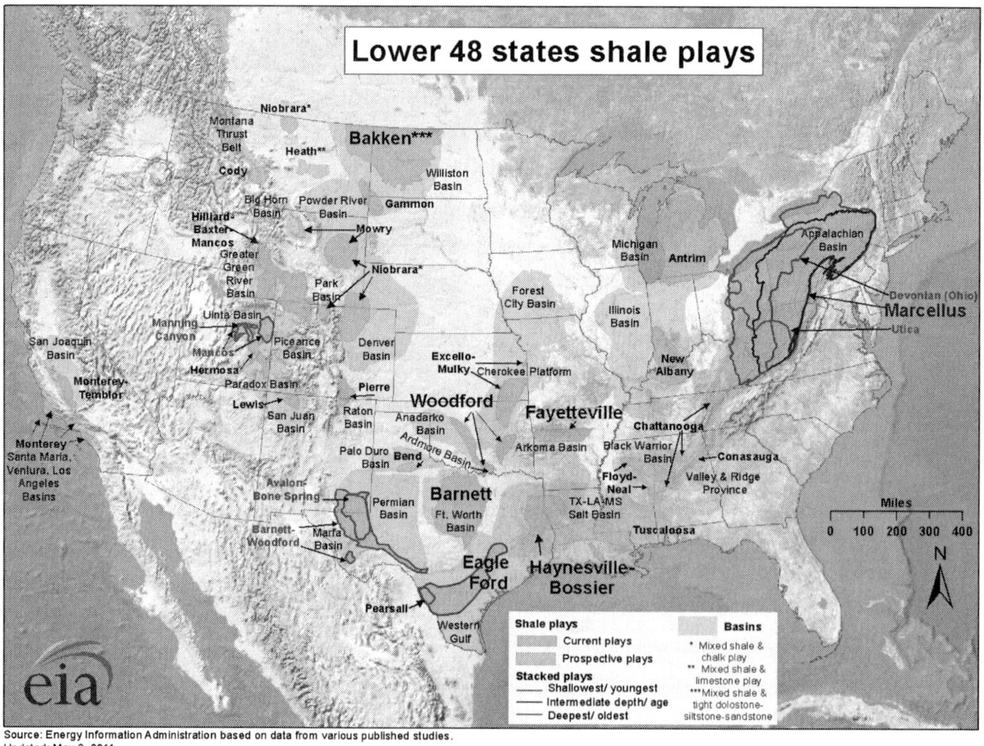

그림 3.10 미국 세일가스의 분포도 [12]

3.10.3.2 셰일가스가 왜 중요한 가?

셰일가스의 중요성과 파급효과는 다음과 같다.

① 셰일가스가 석유의 대체재 에너지원으로 사용할 수 있으려면 양이 충분해야 하고, 경제성이 있어야 하며, 안전하게 제때 원하는 양만큼 생산할 수 있어야 하는데 셰일가스가 그 요건을 갖추고 있다. 그러나, 셰일가스를 생산하는 과정에서 환경오염, 소음발생, 식수원 오염 등 여러 문제가 발생한다.

② 미국의 입장에서는 2020년에는 셰일가스와 관련하여, 110만개의 일자리 창출로 실업문제의 해결과 무역적자의 해소가 이루어진다, 그림 3.11 참조 [13].

③ 미국이 셰일가스를 생산함으로써, 미국에 LNG를 수출하는 호주, 캐나다, 카타르는 새로운 수출국을 찾아야 하는 상황이다.

④ 2035년까지 셰일가스의 생산량은 전체 가스 생산량의 49%까지 올라설 것으로 예상하지만, 우리나라는 수입을 할 경우 비용이 원가의 MMBTU당 두 배 가량 될 것으로 예상된다.

⑤ 셰일가스의 가격이 저렴하더라도 우리나라에서 원자력 발전과 석탄 발전의 가격경쟁력이 워낙 높기 때문에 낮은 가격의 셰일가스를 도입하더라도 경쟁력을 갖기 어렵다. 수입과정에서 수송비 등의 가격이 추가로 붙기 때문이다. 수송분야에서, CNG(Compressed Natural Gas)자동차가 가격 경쟁력을 갖춰 전기자동차와 경쟁할 것이라는 전망이다.

⑥ 셰일가스로 인해 가스가격이 낮아지면서 미국의 석유화학산업에 비해 국내 석유화학산업의 경쟁력은 낮아질 것이라고 예상한다. 원료비뿐만 아니라 발전비용도 낮아져 미국의 석유화학산업의 경쟁력은 한층 높아질 것으로 보며, 이미 2300만톤의 생산설비를 갖추고 있는 미국은 2018년까지 추가로 1254만톤 규모의 에틸렌 설비를 늘릴 것으로 예상된다.

세계 5위인 우리나라 에틸렌 생산규모 (7.3백만톤, 2009년 기준) [7] 와 비교하면 미국은 우리나라보다 4배가 넘는 규모의 에틸렌 설비를 갖추게 되는 것으로, 우리나라는 경쟁력을 잃지 않기 위해서는 콘덴세이트와 LPG도 활용할 방안을 마련해야 한다. 또한, 해외 가스전을 개발하거나 SNG(Synthetic Natural Gas, 합성천연가스 또는 대체천연가스) 사업을 지속해야 한다.

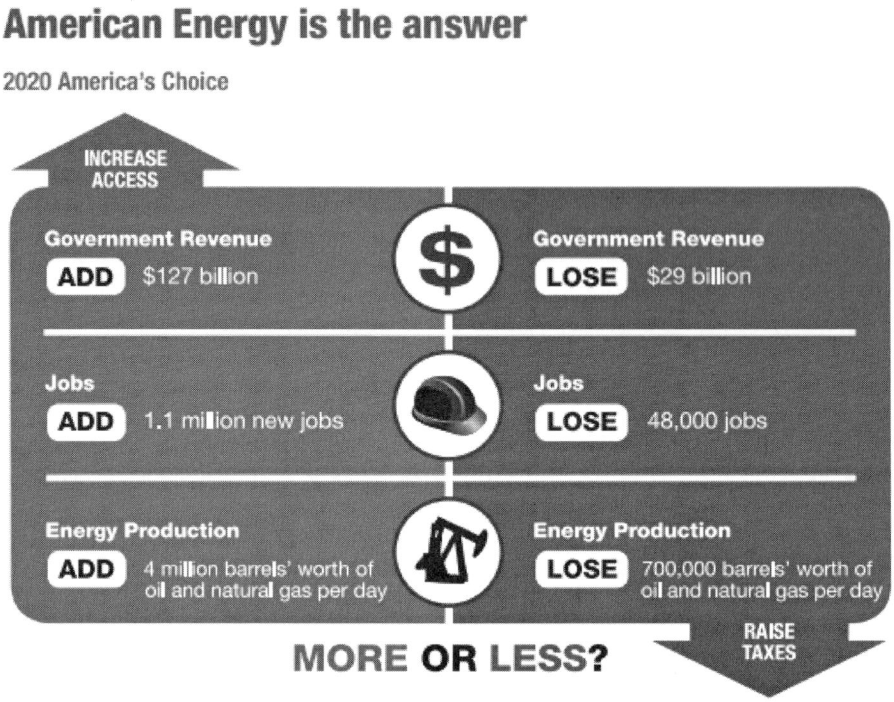

그림 3.11 미국 셰일가스와 오일 개발 [13]

3.10.3.3 천연가스화학제품

조만간 셰일가스의 생산증가로 인하여 메탄을 이용으로 기반하는 본격적인 천연가스 화학시대가 올 수있다. 장기적으로는 천연가스내에 가장 많은 성분인 메탄을 이용해서 에틸렌계 제품 내지 비에틸렌계 제품을 만드는 기술이 개발되면서 석유화학 산업에 더 많은 영향을 미칠 것으로 예상된다, 표 3.12 참조 [14]. 천연가스내에서 비중이 70~98%에 달하는 메탄을 이용하는 기술이 개발되면 석유화학 산업에 미치는 파급효과가 그 어느 기술보다 크리라 예상된다. 왜냐하면 지금까지는 석유화학기업들은 천연가스에서 비중이 높지 않은 에탄올을 원료로 한 화학제품 개발에 주력했다면 향후에는 메탄올을 원료로 하는석유화학제품을 만들 수 있는 기술개발에 집중할 것이다. 메탄에서 에틸렌계 내지 비에틸렌계 제품을 생산하는 기술로서 주목을 받고 있는 것은 MTO(Methanol To Olefin), MTP(Methanol To Propylene) 등이 있다. 이 기술은 메탄을 이용해서 메탄올을 만든 후 이를 프로필렌이나 에틸렌을 만드는 기술이다. 지금까지 개발된 MTO, MTP 공정을 이용할 경우 프로필렌 제조 원가가 높다는 단점이 있지만 향후 적극적인 기술개발을 통해 이러한 단점 요소는 극복될 수 있을 것으로 예상된다 [14].

표 3.12 세일가스가 석유화학산업전반에 미치는 영향 [14]

		단기	중장기
석유화학 제품 구분	에틸렌계	미국에서 PE, PVC 중심으로 설비가 확대되면서 전체 PE, PVC 시장에서의 경쟁 심화	북미외에 중국, 폴란드, 아르헨티나 등으로 세일가스 생산이 확대되면서 PE, PVC, EG, PS 등 다양한 제품 생산 확대
	非에틸렌계	저가 PE가 PP 시장으로 영역 확장. PP 시장이 축소 PP 생산 기업들이 생존을 위해 ABS 등 고부가 제품 시장으로 진출 가능성	에탄 외에 천연가스의 다른 성분을 원료로 사용한 공정이 개발되면서 非 에틸렌계도 천연가스를 이용해서 생산 가능→궁극적으로 '천연가스 화학' 산업 발전

3.10.4 셰일오일

셰일오일은 투과율이 매우 낮은(0.1 md 이하) 암석층(셰일층)에 포집되어 있는 석유를 일컫는다. 일반적으로 석유는 근원암에서 기원하여 이동한 후 저류층(Reservoir)에 저장되어 있으나, 셰일오일의 경우에는 이러한 구조에 있지 않고 근원암 근처에 위치하고 있어 비전통석유로 분류된다. 셰일오일의 생산을 위해서는 투과율을 향상시키기 위해 수압파쇄 (Hydraulic Fracturing) 및 수평정 시추 기술이 요구된다. 수압파쇄 기술은 고압의 액체를 주입하여 셰일층에 인공적으로 균열을 내어 포집되어 있는 석유가 이동할 수 있도록 조치한다. 넓은 셰일암 지역에 포집된 석유를 추출하기 위해서는 수평정 시추를 통해 회수율을 높이고 경제성 확보 가능하다. 생산되는 원유는 대부분 저유황 경질원유(API 40도 내외)이며, 현재까지 셰일오일은 미국에서 집중적으로 부존하고 있으며, 미국에너지정보청은 미국의 셰일오일 부존량은 240억 배럴로 추정된다. 바켄(Bakken) 셰일지역의 가채부존량은 35억 배럴로 추정되며, 이글 포드(Eagle Ford)의 경우 33억 배럴로 추정된다. 2010년 중 바켄(Bakken) 지역의 셰일오일 생산량은 약 40만b/d로 추정되며, 2016~2018년에는 약 2 배로 증가할 것으로 예상된다.

3.10.5 오일샌드

오일샌드는 비투멘(Bitumen, 역청), 모래, 물, 점토의 자연상태 혼합물이며, 무기물(75~80%), 물(3~5%), 비투멘(10~12%)를 함유하고 있다. 비투멘는 검은색의 무겁고 끈적끈적한 형태의 점

성질 초중질원유(API 10° 미만)이며, 아스팔트로 직접 사용하거나 경질유로 희석 또는 합성원유로 만들어 정유공장에 공급한다. 비투멘은 상온에서는 유동성이 제로, 90℃로 가열하거나 경질유로 희석하여야 이동 가능하며, 경질유로 희석시키면 중질원유, 개질화(upgrading)하면 합성원유(Synthetic Crude Oil; SCO)가 된다.

통상 2톤의 오일샌드에서 1배럴의 원유를 생산하며, 채굴, 원유 추출, 합성원유로 개질 과정을 거치며 통상 개발 · 생산비용은 배럴당 25달러이며, 생산방식으로는 노천채굴, 지하회수(in situ) 방식이 있으며, 노천채굴은 일반 석유채굴과 유사하며 대형트럭과 셔블로 채굴한다. 처리공정은 지표면제거→채굴→트럭수송 →분쇄→ 역청분리→2차추출(미세 clay와 물 제거)→개질화→제품완성(분리, 탈황)이다. 지하회수는 증기를 이용하여 역청과 점토를 분리하는 방법이며 SAGD(Steam Assisted Gravity Drainage), CSS(Cyclic Steam Stimulation), 1차생산(Cold Production) 방법이 있으며, SAGD 처리공정은 대상 저류층에 한 개의 스팀 주입정을, 그 밑으로 약 5 m 이격하여 생산정을 설치하며, 주입정에 스팀을 주입하여 대상 저류층의 점도를 떨어뜨리고, 중력에 의해 아래쪽 생산정으로 흘러드는 비투멘을 추출한다. CSS 처리공정에서는 1단계로 스팀을 대상 저류층에 주입하고, 2단계로는 대상 저류층에 스팀이 완전히 포화될 수 있도록 폐쇄하며, 3단계로는 포화된 저류층에서 생산 시작한다, 그림 3.12 참조.

오일샌드 생산기술의 개발로 생산비용은 낮아지고 있으나 최근 연료비와 인건비 상승으로 다시 상승세($25/bbl)를 나타내고 있다. 1980년대 $22/bbl에서 1990년대 말 $10/bbl까지 감소하였으며, 오일샌드 수송방식, 지하회수법 중 SAGD공법 등의 생산기술 개발이 생산비용 저감에 크게 기여하고 있다. 전통적으로 노천채굴로 채취한 오일샌드를 컨베이어벨트를 이용해 수송하고 있다. 수력수송(Hydro-Transportation) 방식 개발은 유동화(슬러리화)하여 파이프라인으로 수송하는 것이다. 1997년 노천채굴의 경우 생산비용은 $18/bbl 전후, 지하회수법의 경우 $10~12/bbl 전후이다. 비투멘 회수를 위한 증기주입 연료로 사용되는 LNG 가격 상승이 가장 큰 원가 상승요인이 되고 있다.

오일샌드는 과거 비전통석유로 분류되어 석유매장량 통계에서 제외되었으나 현재는 캐나다 오일샌드를 세계 석유통계에 포함시키고 있고 있다. 비전통석유는 오일샌드(캐나다), 오리노코강 주변 중질원유(베네수엘라), 오일셰일(미국, 캐나다, 브라질, 호주 등)이 대표적이다. 세계 오일샌드의 원시 매장량은 약 1조6천억배럴로 추정되며 주로 캐나다와 베네수엘라에 부존되어 있다. 오일샌드의 가채년수는 약 50년으로 추정되고 있다. 오일샌드의 97% 이상은 캐나다(가채매장량 1,740억배럴)에 부존되어 있다. 사우디아라비아 석유매장량은 2,646억배럴, 베네수엘라 중질원유 확인매장량은 2,700억배럴이다. 오일샌드 매장지역은 앨버타 북부 아다바스카(Athabasca)가 최대 매장지이며 콜드레이크(Cold Lake)지역 및 피스리버(Peace River) 지역도 대표적인 매장지이다. 특히, 아다바스카 지역은 노천채굴이 가능한 지역으로서 개발의 역사가 상대적으로 오래 되었으며 가장 활발하게 개발되고 있다. 캐나다 오일샌드 매장지의 80%는 지하 깊은 곳에 매장되어 있어 노천채굴이 어려우며 향후 노천채굴 방식보다는 지하회수 방식에 의한 오일샌드 생산량이 크게 증가할 전망된다.

3.10.6 가스하이드레이트

가스(메탄)하이드레이트는 화학적으로는 물분자들내에 메탄분자가 끌려들어간 일종의 셔벗(Sherbet)같은 결정체이며, 저온고압 조건하에서 메탄가스(Methane)가 물분자에 포획되어 형성된 얼음같은 고체상태 물질이며, 포함된 천연가스의 95% 이상이 메탄으로 구성되어 있다. 메탄은 에너지가 풍부한 가스이며, 천연가스의 주요한 성분을 이루고 있다. 바다 밑바닥의 침전물에 매장되어있는 메탄은 전 세계의 에너지원으로 이용될 수 있다. 메탄은 대부분 침전물인 바다의 유기물의 부패과정을 통해 생성된다. 심해하에서의 높은 압력과 차가운 온도하에서 메탄가스들은 용해된다. 메탄의 분자들은 물 분자에 의해 갇혀있으며, 얼음같이 보이는 결정형태를 가지고 있다. 그 결과로, 바다 침전물들과 결합하게 된다. 이러한 메탄하이드레이트(Methane Hydrate)라고 불리는 메탄 결정 고체층은 수 백미터 심해의 바닥에서 생성된다. 메탄은 하이드레이트에 집중되어 있어서, 하이드레이트는 메탄의 저수지라고 볼 수 있다. 그림 3.13의 상부 그림은 가스하이드레이트을 나타내고 있으며 [15], 그림 3.13의 하부 그림은 심해에서 간략도[16]를 나타내고 있다.

가스하이드레이트는 안정하게 형성되고 존재하기 위한 물리적 조건을 충족하는 영구동토지역과 수심이 깊은 해저의 퇴적층에 광범하게 분포되어 있는데 심도가 깊어지면 고체상태가 해리되어 가스 상태로 존재한다. 여기서, 셔벗은 과즙을 얼린 빙과같이 버석거리는 얼음상태이다, 그림 3.12 참조. 가스하이드레이트는 러시아의 시베리아 같은 툰드라지대와 심해 해저의 퇴적물 또는 퇴적암층에 광범위하게 분포되어 있다. 그리고, 캐나다 북쪽의 비포트해를 비롯, 베링해, 오호츠크해, 울릉도 및 독도 부근 해저에도 매장되어 있는 것으로 추정된다. 미국 노스캘롤리나의 30~100 마일 부근에서 발견되어지는 가스하이드레이트의 매장량은 미국이 향후 100년 동안 쓸 수 있는 양이며, 심해 1,000~3,000m 에 위치하고 있다. 가스하이드레이트의 탐사법은 보통의 탄성파 자료(Seismic Data)를 이용하는 데, 이 가스하이드레이트 하부에는 강한 진폭 반사면인 BSR(Bottom Simulating Reflections)가 강하게 나타나므로 쉽게 인지할 수 있다. 이는 가스층과 하부지층간의 속도, 밀도차이에 의해 위상역전(Phase Reversal)이 일어나기 때문이며, 하이드레이트 지역의 수온 구배를 측정하기 위해서는 XBT라고 하는 온도계를 이용한다.

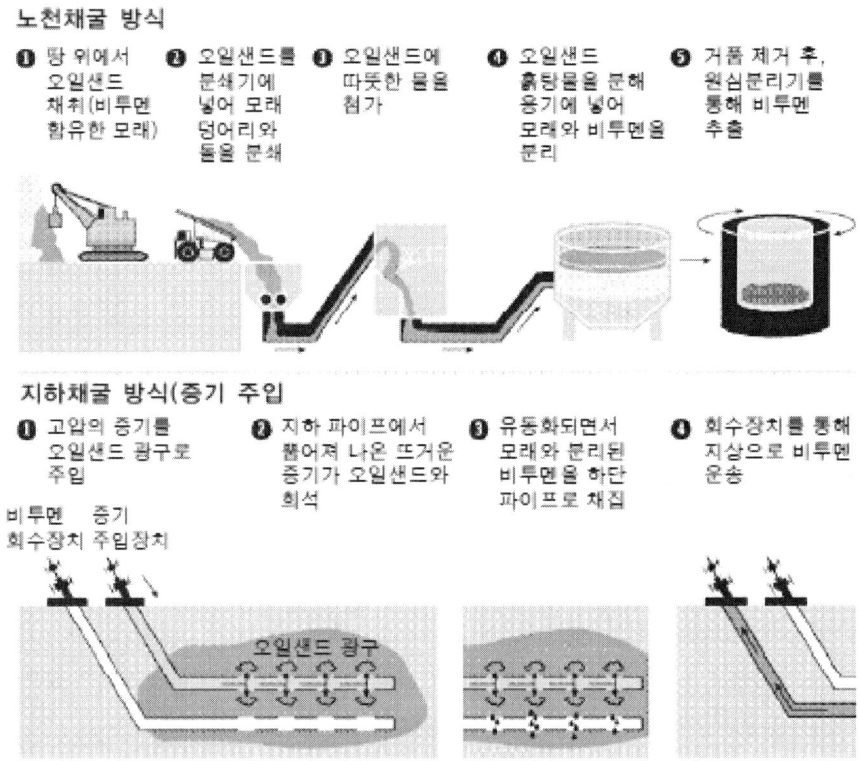

주 : 환경 및 생산 효율화를 위해 최근에는 다양한 지하채굴 방식(In-situ method)이 적용되고 있음.
자료 : Syncrude, Petro-Canada, Washington Post

그림 3.12 오일샌드의 생산방법 [9]

과학자들은 빙하기동안 물이 얼어, 바다의 수면이 낮아짐에 따라, 바다 밑의 압력은 감소하였으며, 그로 인해 엄청난 양의 메탄가스들이 하이드레이트층으로부터 발생하였으며, 메탄가스로 인하여 온실효과가 발생하여 지구가 온난화가 되어 적당한 온도를 유지할 수 있었다고 생각한다. 또한, 온난화 시기에는, 빙하들이 녹으면서, 해수면이 상승하게 되고, 그에 따라 심해 바닥에서 압력이 높아짐에 따라, 하이드레이트의 압력을 높게 만들어 메탄이 내기로 유출되는 것을 막는다. 따라서, 메탄을 하이드레이트로부터 추출되면, 고체상을 잃게 되기 때문에, 바닥에서 산사태 및 환경오염과 바다의 생태계에 많은 영향을 미치게 될 것이다.

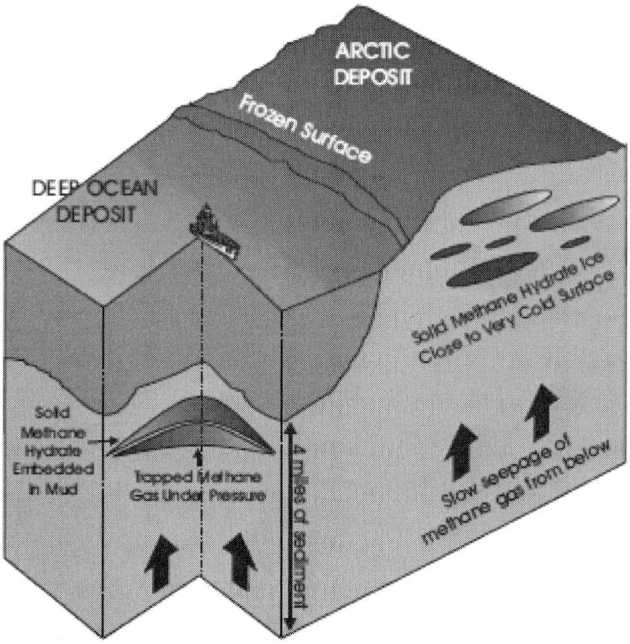

그림 3.13 가스하이드레이트의 사진(상) [15]과 심해에서 간략도 (하) [16]

3.11 오일의 재회수

미국 에너지부의 화석에너지 사무국(Office of Fossil Energy, FE)가 기름과 가스 자원들로부터 더 많은 에너지를 추출하고 동시에 환경부담도 저감시키기 위한 방법을 찾는다. 미국 FE는 셰일가스 개발에 따른 환경적 위험들을 저감시키고 동시에 새로운 탐사 기술의 적용과 생산 기술들의 적용을 가속화시키기 위한 목적으로 셰일가스와 오일 재회수 프로젝트에 연구를 하고 있다.

채굴하기 어려운 석유를 얻기 위해 이산화탄소, 기타 가스, 증기 또는 화학적 주입 등을 이용하는 오일재회수 공정은 현재 미국의 석유 생산에 13% 가량을 제공한다. 미국 에너지청(EIA)는 오일재회수 공정의 보다 많은 이용이 2035년까지 미국 내의 석유생산의 33%를 차지하게 될 것으로 예측했다. 더불어 발전 플랜트들과 산업 시설들로부터 발생되는 수 백만톤의 이산화탄소를 저장에 기여할 전망이다. 오일재회수 프로젝트가 진행되는 지역들은 이미 석유와 가스 인프라구조가 완료돼 있고 수 십년 동안 생산 활동이 이뤄졌기 때문에 생산 증가에 따른 환경적 영향은 새로운 석유생산 지역의 영향에 비하면 무시할 만하다. 미국 일리노이즈주에서 진행되는 프로젝트는 석유생산이 거의 종료돼 일일 48만 배럴 생산에서 하루 25만 배럴로 저감된 생산량을 오일재회수 공정을 통해서 증가시키는 것이다. 이 외에도 오일재회수와 관련된 다양한 기술들이 개발이 진행된다.

참고문헌

[1] "석유산업의 이해", 한국석유공사 석유정보센터, 2011. 9.21, http://www.petronet.or.kr

[2] 한국에너지기술연구원, http://www.kier.re.kr.

[3] http://www.fossil.energy.gov/education/HS_FossilFuels_Studyguide_draft1.pdf

[4] "BP Statistical Review of World Energy June 2011", http://www.bp.com/statisticalreview

[5] http://www.eia.gov/energyexplained/index.cfm?page=oil_home

[6] "지금당장원자재공부시작하라,"윤채현,정용구, 한빛비즈출판사

[7] 한국석유화학협회, http://www.kpia.or.kr

[8] "중동석유화학공급확대에 따른 파급효과분석", 안혜영, 정귀수, 이은창, 산업연구시리즈 2009년 1월 31일 제 1호, 하나금융경영연구소

[9] "석유시장의 잠재적인 안전판 Non-Conventional Oil", 이광우, LG Business Insight 2010. 6. 9, http://www.lgeri.com

[10] 조선일보, 2011. 11. 22, http://biz.chosun.com/site/data/html_dir/2011/11/21/2011112102168.html

[11] 조선일보, 2012. 7. 21, http://news.chosun.com/site/data/html_dir/2012/07/21/2012072100268.html

[12] http://www.eia.gov/energy_in_brief/about_shale_gas.cfm

[13] http://www.api.org/~/media/Files/Policy/Taxes/2012SummerRecessToolkitBrochure.ashx

[14] "석유화학산업, 셰일가스가 몰고 오는 천연가스화학시대 대비해야", 유기돈, LG Business Insight 2012. 9. 5, http://www.lgeri.com

[15] http://www.fossil.energy.gov/programs/oilgas/index.html

[16] "Ocean Energy", Minerals Management Service, U.S. Department of the Interior, http://www.mms.gov

연습문제

1. 전 세계적으로 인류의 생활에 필요한 원유(Crude Oil)를 충분히 보유하고 있는 가?

2. 정유회사에서 정제한 원유의 품질과 종류는 무엇인 가?

3. 원유(Crude Oil)과 에탄올(Ethanol)은 철도와 트럭으로 수송하는 비율은 얼마인 가?

4. 국내 정유회사의 종류와 위치는?

5. 우리나라와 미국은 오일의 수입의존도(Foreign Oil)가 얼마인 가?

6. 1 배럴오일(One Barrel of Oil)은 몇 갤런의 가솔린을 생산하는냐?

7. 원유의 증류에는 상압증류와 감압증류를 실시한다. 감압증류와 상압증류의 차이점을 설명하고, 감압증류 공정에서 사용되는 원료는 주로 무엇인 가?

8. 1 킬로와트시간의 전기(One Kilowatt-Hour of Electricity)를 생산하기위하여 얼마만큼의 석탄, 천연가스, 석유가가 사용되는 가?

9. 인터넷 웹사이트(Website)를 통하여 원유의 생산비용은 얼마인 가를 검색·조사하시오.

10. 미국에서 생산되는 오일이 얼마만큼 미국에서 소비되는 가?

11. 미국은 1년에 얼마만큼 석유를 소비하는 가?

12. 플라스틱(Plastic)을 만드는 데 얼마만큼의 석유가 소비되는 가?

13. 우리나라는 석유를 얼마만큼 수입하며, 어디에서 수입하는가?

14. 원유의 가격이 다른 데, 그 차이점은 무엇인 가?

15. 석유(Petroleum)으로부터 얻어지는 공산물과 용도는 무엇인 가?

16. 전 세계 상위 원유 소비국은?

17. 전 세계 상위 원유 수출국은?

18. 전 세계 상위 원유 수입국은?

19. 전 세계 상위 석유 생산국은?

20. 원유(Crude Oil), 석유제품(Petroleum Products), 석유(Petroleum)의 차이점은 무엇인 가?

21. 미국의 주와 연방정부의 대륙붕 오일(Offshore Oil)과 가스생산(Gas Production)의 경계선은 어디이냐?

22. 원유의 가격이 급격히 변하는 만큼 연료비용은 변하지 않는 이유는 무엇인 가?

23. 가스하이드레이트를 통하여 인류의 에너지문제를 해결하려고 할 때, 반드시 고려해야할 문제점은 무엇인 가?

24. 석유의 물리적과 화학적 성상을 설명하시오.

25. 납사의 제조원료가 될 수 있는 화학제품을 나열하고 설명하시오.

26. 윤활기유(Base Oil)이란 무엇인 가를 인터넷 웹사이트(website)를 통하여 검색 · 조사하시오.

27. 셰일가스가 무엇이며, 왜 최근 미국에서 셰일가스에 대한 개발을 집중하는 이유는 무엇인가? 자료원 http://www.eia.gov/energy_in_brief/about_shale_gas.cfm를 참고하시오.

28. 세계 석유시장를 주도하는 핵심세력은 누구인가? 자료원 http://www.eia.gov/energy_in_brief/world_oil_market.cfm를 참고하시오.

29. 다음 그림은 석유가격을 결정하는 요인을 도식화한 것이다. 결국에는 석유가격은 수요와 공급에 의해서 결정된다, 표 3.6 참조. 따라서, 석유가격의 결정구조와 요인을 포함한 향후 중·단기 석유가격전망을 에세이 형태로 제시하시오.

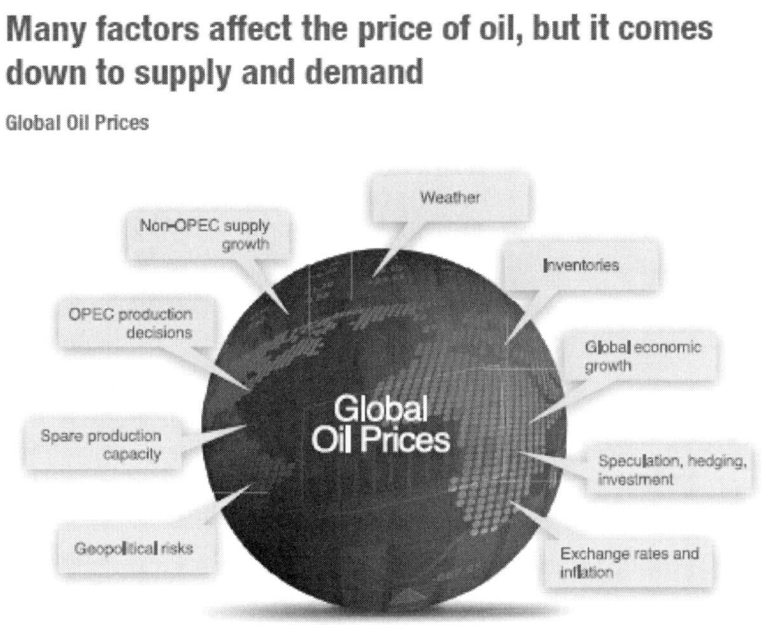

(자료원: "2012 Energy in Charts, API,
http://www.api.org/policy-and-issues/policy-items/american-energy/energy-in-charts.aspx)

4장 석탄

4.1 석탄의 생성과 분류

(1) 석탄의 생성

석탄은 주로 탄소로 구성된 퇴적암으로, 지질시대의 육생식물이나 수생식물이 수중에 퇴적하여 매몰된 후 가열과 가압작용을 받아 변질하여 생성된 흑갈색의 가연성 암석을 말한다. 석탄의 생성시기는 3억년전인 고생대와 중생대 시기에 이 시기에 양치식물, 겉씨식물, 속씨식물 등의 여러 가지의 식물자원들이 무성하게 자라나 숲을 이루었으며 이들 숲의 나무들이 폭우와 바람에 가지가 부러지고 뿌리가 뽑혀 탁류에 휩쓸려 간다. 이렇게 떠내려 간 식물들의 잔해가 이 땅속에 묻힌 상태에서 1억년동안에 퇴적되어 거대한 층을 이루게 되어, 퇴적물 아래에 매장되면, 상층부에서 가해지는 중량에 의하여 산소, 탄소, 수소가 치밀하게 모여 석탄이 되고, 물이나 다른 휘발물질은 방출된다, 그림 4.1 참조 [2].

석탄은 식물질에서 변질하여 흩어진 섬유소(Cellulose)라고 불리는 것이 오랜 기간 탄화작용의 작용으로 생성된다. 최초의 탄화 물질은 이탄(토탄이라고도 함)이다. 즉, 두꺼운 식물의 층은 이탄을 이루었다가, 지각의 침강으로 지층이 그 위에 두껍게 쌓여 위에서 가해지는 큰 압력과 지구 내부의 열인 지열을 받는 동안에 식물의 구성 성분인 수소 · 질소 · 산소의 대부분은 달아나 버리고 탄소로 치환되는 작용, 즉, 이탄이 박테리아 감소, 열, 시간, 압축작용의 결과로 여러 단계의 충밀이 과정을 거치면서 물리적과 화학적으로 변하는 과정을 석탄화(Coalification)를 거치면서 석탄이 생성된다, 그림 4.2 참조 [3]. 이탄의 퇴적은 석탄 형성의 첫번째 단계이다. 이탄퇴적물은 아주 다양하며, 원시나무뿌리, 나무껍질, 생물홀씨, 부패한 식물, 부패한 생성물, 목탄 등을 포함하고 있다. 이탄퇴적물은 식물잔해가 축적되어 있는 전형적으로 물에 잠긴 환경, 습지에서 형성되는데, 전형적인 예가 이탄습지이다. 그런 환경에서는 식물잔해의 퇴적물이 잔해들의 박테리아의 부패속도를 초과하게 된다. 박테리아의 부패속도는 감소하는 이유는 유기물이 풍부한 물에서 이용 가능한 산소가 부패과정을 통하여 완전히 소모되기 때문이다. 산소가 없이도 자라는 부패은 산소가 있으면서 진행되는 부패속도보다도 훨씬 느리다.

식물은 분해 정도에 따라, 일부는 갈색의 푸석푸석한 이탄으로, 또 일부는 흑색의 치밀한 이탄으로 변한다. 해침이 일어나 해수가 이런 퇴적물 위를 덮으면 새로운 퇴적물이 그 위에 쌓이게 된다. 압력을 받으면 이탄은 건조되고 단단해져 저질의 석탄이나 갈탄이 되며, 압력이 더욱 커지고 시간이 경과되면 역청탄이 되고, 보다 극심한 압력하에서는 무연탄이 된다. 이탄이 석탄으로 되는 비율은 다양하며 이탄의 최초의 형태 즉, 석탄의 기원과 석탄의 등급에 따라 달라진다. 즉, 이탄은 그 위에 퇴적물이 쌓이면서 압력을 받아 수분과 휘발 성분이 제거되고, 고정 탄소의 함량이 증가되면서 갈탄→역청탄(유연탄)→무연탄→흑연으로 변화된다. 이탄은 식물질 덩어리이며, 갈탄은 점착력이 없고 무르다. 무연탄은 더욱 단단한데 이는 매우 깊이 매몰되어 용융암체(마그마) 가까이에서 열과 압력을 받았다. 흑연이 생성되려면, 필요한 열이나 압력이 보통 채굴하여 도달하는 깊이보다 훨씬 깊은 지각속에서 일어난다. 석탄의 주된 화학적인 성분은 주로 섬유소, 헤미-셀룰로오스(Hemi-Cellulose), 목질소(Lignin) 등으로 구성되는 것으로 분석되며, 수소, 산소, 질소와 같은 원소를 포함하고 있으며, 다양한 광물을 포함하고 있으며, 석탄 그 자체는 유기 물질원의 광물로 생각해도 된다.

석탄는 석탄속에 포함되어 있는 탄소의 형태와 양, 석탄의 발열량을 기준으로 하여 무연탄(Anthracite), 유연탄(Bituminous), 갈탄 (Lignite), 이탄(Peat) 등의 4가지 종류로 크게 분류할 수 있다. 석탄의 등급은 석탄이 수 백만년동안 깊은 곳에서 저장되어 있을 때, 식물 덩어리에 가하여지는 압력과 온도에 따라 결정된다. 대부분의 경우에, 높은 등급의 석탄은 보다 더 많은 열을 발생시키는 에너지를 포함하고 있다.

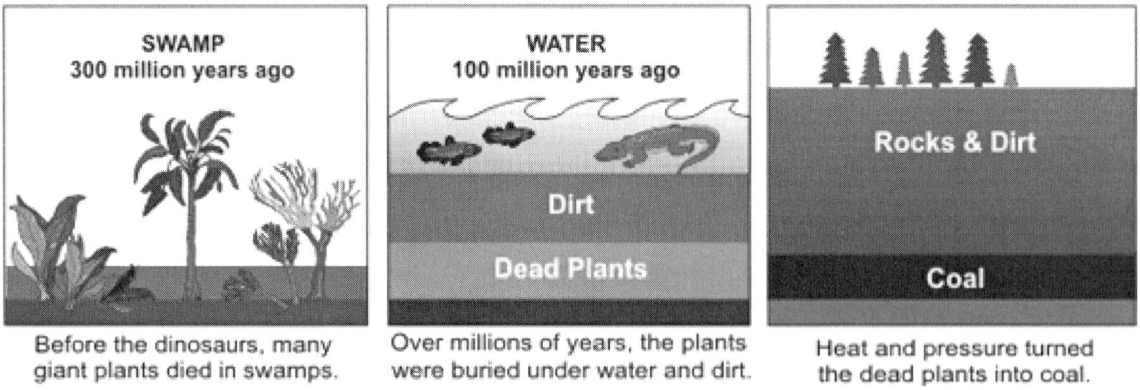

그림 4.1 석탄의 생성과정 [2] (자료원:National Energy Education Development Project (Public Domain))

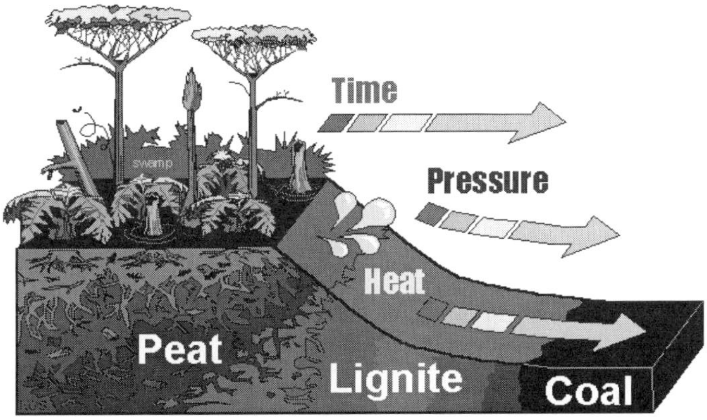

그림 4.2 석탄과정에 따른 석탄형성 [3]

(2) 석탄의 정의

석탄이란 지표에 퇴적된 유기물질이 물리화학적 변화에 의한 탄화작용에 의해 생성된 물질로 정의된다. 1957년 국제석탄학회는 (성분내에 중량 50%이상의 탄소분이 함유되어 있고, 용적 70%이상의 탄소분이 함유되어 있어야 석탄이 될 수 있다)고 정의를 내리기도 한다.

석탄은 주로 탄소로 되어 있으며 수소와 산소, 질소와 황, 무기물이 포함되어 있다. 또 탄소의 집합체이기 때문에 열을 가하면 연소하면서 에너지를 발산한다. 석탄의 분자는 종합 방향고리를 단위체로 한 일종의 고분자로서 탄화도의 진행에 따라 무연탄에서 흑연이 된다. 단위체는 탄소사슬 등으로 연결되어 있어 저분자체를 감싸는 구조를 하고 있다. 석탄을 구성하는 화학성분은 셀룰로오스(40~50% 질량비), 헤미셀룰로오스(10~40%), 리그닌(18~27%), 탄분(0.4~1.2%), 단백질(0.6~2.3%), 지방/수지(0.7~3.3%) 등이며 그 외에 지방, 수지, 광물질 등이 포함되어 있다. 앞에서 기술한 바와 같이 석탄의 질은 탄화의 정도에 따라 물리화학적 성질이 변화하므로 탄질은 공업분석을 통하여 결정되고 있으며 주요한 기준으로는 다음과 같은 것들이 있다.

(3) 석탄의 분류

석탄은 크게 무연탄과 유연탄으로 구분되며, 역청탄, 갈탄, 아역청탄이 유연탄에 속한다. 석탄은 탄화정도에 따라 5가지의 종류, 즉, 무연탄, 역청탄, 갈탄 아역청탄, 이탄으로 분류된다. 지질학자들은 밀도나 수분함량, 열량, 불순물의 정도, 기타 다른 특징을 기준으로 석탄을 더 세부적으로 구분할 수 있다. 석탄의 휘발성분이 5%이하, 고정 탄소가 80%이상으로 되면 흑연으로 변성된다. 표 4.1는 각 석탄에 대한 특성를 설명하고 있다.

■ 무연탄(Anthracite)

무연탄은 석탄중에서 탄화작용이 가장 많이 이루어져, 휘발분이 3~7%로 적고 고정탄소의 함량이 86~97%로 높으며, 일반적으로 유연탄보다 약간 높은 열량을 가지고 있어 연소시 불꽃이 짧고 연기가 나지 않는다. 비점결성으로 코크스는 되지 않는다. 점화점이 약 490℃이므로 불이 잘 붙지 않지만 화력이 강하고 일정한 온도를 유지하면서 계속적으로 탄다. 발열량은 7,700 Kcal/kg정도가 된다. 한국의 석탄은 대부분 무연탄으로 주로 고생대 평안계 지층에서 산출되는 것이다. 우리나라에서 생산되는 석탄은 거의 대부분이 무연탄이다. 무연탄은 휘발성분이 거의 없어 점화가 어렵고, 발열량이 적어 연료로 적당하지 않다. 특히 국내에서 출토되는 무연탄은 탄화가 심하게 진행되어 흑연에 가까운 성질을 띠기 때문에 잘 타지 않는다. 조개탄(Oval Briquettes)무연탄을 주원료로 하여 이것에 목탄분말(숯가루), 콜라이트(Coalite) 등을 혼합하고 펄프폐액이나 전분을 점결제로서 첨가하여 조개 모양으로 성형 건조시킨 고체연료이다. 조개탄은 대부분은 가정용으로 사용되며, 발열량은 5,800 Kcal/kg이다.

■ 역청탄(Bituminous)

통상 무연탄와 유연탄을 가르킬 때 역청탄을 유연탄이라 칭한다. 역청탄(Bituminous Coal)은 휘발성 물질이 많이 포함된 석탄으로, 45~86%의 탄소를 함유하고 있으며, 일반적으로 유연탄은 높은 온도와 압력하에서 형성된다. 유연탄은 휘발 성분이 많아 쉽게 연소되기 때문에 주로 화력발전용으로 쓰이며, 제철에 필요한 코크스의 원료가 되기 때문에 매우 중요한 연료원이다. 우리나라에서는 역청탄이 생산되지 않아 전량을 수입에 의존하고 있다. 석탄을 분류할 때, 휘발성 물질의 함유량이 많은 것이 유연탄, 적은 것이 무연탄이다. 유연탄은 연소할 때 화염과 연기를 낸다. 무연탄과 유연탄의 구분하는 데에 있어서, 휘발성물질의 함유량이 14%이하이면 무연탄, 14%초과이면 유연탄으로 구분한다. 발열량은 6,000~8,300Kcal/kg이다.

■ 갈탄(Lignite)

갈탄 (Lignite)은 아탄이라고도 하며, 부드럽고, 갈색스러우면서 검정색을 지닌 유연탄의 일종이다. 영국에서는 일반적인 갈탄(Lignite)과 같은 뜻으로 쓰이며 기타 유럽 국가들과 오스트레일리아에서는 갈탄과 아역청탄(Subbituminous)으로 구분해 정의한다. 갈탄은 세계 석탄매장량의 약 45%으로, 비중이 가장 크지만 고급 석탄(예를 들어 역청탄)에 비해 발열량, 저장 안정성, 그밖의 성질이 뒤떨어지기 때문에 아직까지 많이 채굴되지는 않고 있다. 탄화의 첫 산물이며, 이탄과 역청탄의 중간에 속한다. 건조갈탄은 약 60~75%의 탄소를 함유한다. 역청탄에 비해 탄화도가 낮으며 때때로 수분 함량이 66%가 넘어갈 정도로 많은 수분이 있으며, 또한 재도 많다. 수분과 재가 많기 때문에 건조시키면 가루가 된다. 광물이 없는 축축한 상태의 갈탄은 대략 2,700 ~ 3,800Kcal/kg의 발열량을 낼 수 있다. 4배위 암모늄 양이온과 반응하면 ATL(Amine Treated Lignite)이라는 화합물이 생성된다. ATL은 굴착 이수에 유체 손실을 막기 위해 사용한다. 좀 더 질 좋은 석탄과 비교할 때, 갈탄은 낮은 에너지 밀도때문에 운송 수단의 연료로 사용되기에는 비효과적이며, 국제 시장에서 광범위하게 거래되지않는다. 갈탄은 종종 산지와 가까운 화력 발전소에서 사용된다.

■ 아역청탄(Subbituminous)

아역청탄(Subbituminous)은 갈색탄(Brown Coal)이라고도 한다. 석탄화도를 분류함에 있어 갈탄보다 높고 역청탄보다 낮은 석탄으로, 유연탄의 일종으로 석탄중에서 가장 탄화도가 낮은 석탄, 흑갈색을 띠며, 발열량이 4,400~5,500 Kcal/kg이며, 휘발성분은 40%정도이고 주로 연료용, 발전용에 사용된다. 아역청탄과 역청탄의 구별 기준은 ASTM D 388의 석탄 분류표와 일본의 석탄분류표, 연료비(고정탄소/휘발분)를 이용한 석탄 분류표를 참고하면 된다. 분류표상에서는 역청탄과 아역청탄의 구분이 잘 되어있지만 실제로는 큰 구분을 두지 않으며 유연탄으로 통칭하고 오히려 앞에서도 언급했듯이 탄종보다는 제철용(코크스제조), 발전용, 활성탄제조용, 연탄제조용 등의 각 공정에 필요한 석탄 규격이나 경제성을 더 고려한다.

■ 이탄(Peat)

이탄(Peat)은 햇수가 오래지 않아 완전히 탄화하지 못한 석탄의 일종으로, 토탄이라고도 하며, 가정용으로 사용되고 있다. 이탄은 석탄이 만들어지는 첫 번째 단계에서 만들어지는 것으로 층 모양으로 이루어진다. 엷은 색깔을 띠는 위층은 죽은 나무 · 관목 · 이끼 등이 얕은 산성수에서 썩어서 만들어진다. 이런 물질이 물이나 그 위에 쌓인 다른 나무 때문에 압축되면 이탄이 된다. 90%가 물로 되어 있어 마치 진흙처럼 보인다. 발열량이 낮으며, 화학성분중 탄소성분이 70%이하이고, 수분은 20~30%정도 함유하고 있다. 탄화과정의 1단계에 속하며, 부분적으로 분해된 식물의 집적체로서 육안으로도 식물질의 구조를 확인하는 가능하다. 발열량이 적으며 연탄의 원료로 쓰인다.

표 4.1 석탄의 특성

구분	탄소 함유율 (%)	발열량 (Kcal/kg)	착화온도(℃)	성 질	용 도
무연탄 (Anthracite)	90	5,200~5,400	440~500	연소시 연기가 없고 발열량 높음	연탄, 가스발생용, 전극
역청탄 (Bituminous)	50~70	6,000~8,300	300~400	건류시 가스와 콜타르가 생성하며, 발열량이 비교적 높음	발생로 가스원료, 보일러용, 코크스, 가스제조
갈탄 (Lignite)	30	2,700~3,800	250~450	15~20%정도의 수분을 포함하고있으며, 탄화도가 낮음	일반 가정연료용, 수성가스발생용
아역청탄 (Subbituminous)	40	4,400~5,500	300~400	70~80%정도 수분을 포함하고 있어 건류하여 사용	일반 가정용

주: 발열량의 수치는 참고문헌 [4] (Energy-its use and the environment, 4th edition, Roger A. Hinrichs, Merlin Kleinbach, p. 264, 2006)에서 환산된 것임

4.2 석탄이용[3)]

■ 고체로서의 이용

(1) 건류 코크스

석탄은 다른 유기질 지하자원과 비교해서 조성적으로 방향족 축합환수가 많고 탄소함유량이 많은 특징을 갖고 있다. 따라서 석탄을 고온 건류해서 코크스, 가스 및 타르를 생산하는 코크스업은 경제의 급속한 발전에 의해 현저하게 진전된 분야로 석탄의 직접 연소에 의한 전력과 함께 석탄산업 주력을 이루는 분야이다. 성형 코크스는 주물용 코크스로서 철에 탄소를 주입시키는 가탄재 역할을 한다. 주물용 코크스는 제철용 코크스와는 달리 비점결탄인 무연탄도 원료의 일부로서 사용도니다.

(2) 활성탄

목탄(숯) 그 자체가 탈색, 탈 가스등의 흡착작용을 하는 것은 이미 17세기경부터 알려져 왔

3) 제4장의 내용(pp. 158~170)을 인용하였음을 다음의 문헌에서 밝힙니다. 인용된 문헌: http://www.jeongseon.go.kr/upload/seoktan/2006_3.pdf, "제 1장 석탄의 기원과 세계의 석탄산업, 정선군 석탄 사업사", 에너지경제연구원, 2005.12 [1].

다. 목질계 원료를 사용하여 흡착성능을 증대시킨 활성탄은 식품, 약품 공업 등에서 우수한 공업용 흡착제로서 널리 산업계에 이용되고 있다. 최근 미국, 일본, 독일 등의 선진국에서 대기오염, 수질오염, 악취제거 등의 환경보전대책으로서 활성탄의 이용이 관심을 받고 있다. 지금까지의 활성탄의 주류는 분말활성탄으로 식품, 약품관련분야가 많았지만 최근에는 입상활성탄 및 환경 보존관련 제품이 크게 늘고 있고 특히 미국에서는 생산량의 약 30%가 정수용으로서 사용되고 있다. 우리나라 경우에도 현재 일부 정수장에서 정수처리의 최종단계로 활성탄이 이용되고 있다. 활성탄은 원료, 제조방법의 차이에 의해 입형, 크기 등의 형상은 물론 흡착성능이 다른 품질이 되므로 각각의 목적, 용도에 따른 제조과정의 선정이 중요하다.

(3) 탄소재

탄소는 단일물질이면서도 구조나 성질이 다른 여러 종류가 있다. 다이아몬드, 천연흑연 등은 천연으로 존재하는 탄소이며 코크스, 카본블랙(Carbon Black), 목탄 등은 유기물의 탄화에 의해 인공적으로 만들어진 것이다. 공업재료로서는 다이아몬드를 제외하고 단독으로 사용되는 것은 드물고 대부분의 경우, 이것들을 주원료로 한 성형체를 탄소재로서 사용하고 있다. 탄소의 결정구조로 보면 무색의 다이아몬드와 흑색의 탄소(흑연)로 크게 나눌 수 있다. 보통 탄소재는 결정구조가 모두 흑연계에 속하는 것이지만, 통상 탄소질과 흑연질로 구별된다. 탄소질은 무정형 또는 미정질탄소같이 결정의 발달정도가 낮은 것이며, 결정의 대소, 그 배열의 상태 등에 의해 흑연질에 이르기까지 여러 가지 중간적인 구조가 존재한다. 석유코크스와 같이 흑연화되기 쉬운 것은 이흑연화성 탄소 또는 연질 탄소, 합성수지와 같이 흑연화되기 어려운 것은 난흑연화성탄소 또는 경질탄소라고 부르고 있다. 연결정은 고도의 이방성 구조를 갖고 있다. 또한 탄소원자의 결합은 유기화합물과 마찬가지로 공유결합이면서도 금속적 성질과 비금속적 성질을 보유하고 있다. 또한, 탄소재는 이러한 결정이 불규칙하게 집합한 다결정체이기 때문에 이러한 성질이 복합되어 결정의 크기나 그 집합의 상태에 따라 각각의 성질이 달라지므로 여러가지 성상을 갖는 재료를 제조할 수 있다. 탄소재의 중요한 성질은 윤활성, 전기 및 열의 전도성, 내열성, 내식성을 들 수 있고 이러한 성질은 몇 개가 합쳐져 공업재료로서의 가치를 높이고 있으며, 그 용도는 철강, 알루미늄 그 외의 야금공업, 화학공업, 전기공업을 시작으로 최근에는 전자공업, 우주공업 등 넓은 분야에 이용되고 있다. 보통, 공업적으로 사용되는 탄소원료는 싼값으로 대량 구입할 수 있는 석탄, 핏치 등이 있으며 그들의 탄소화 기술은 계속 발전되고 있다. 그러나, 특수한 품질을 얻으려고 할 때는 출발원료의 선택 및 그 탄소화 방법은 여러 가지로 선택해야 한다. 출발원료의 성질에 따라, 탄소화 현상 및 생성탄소의 구조와 성질이 달라진다. 탄소화의 주된 반응은 일어나는 온도범위에 따라, ① 액상인 경우(액상탄화), ② 고체인 경우(고상탄화), ③ 기체인 경우(기상탄화)로 분류된다. 탄화수소가스 또는 탄화수소액체로부터의 기화물을 기상 중에서 열분해하면 소위 카본블랙이 생성되며, 또 고온으로 가열된 고체표면에서 열분해하면 소위 열분해 흑연이 생성된다. 양쪽 모두 기상으로부터의 열분해이지만 생성탄소의 형상 및 성상이 현저하게 다르며 용도도 다르므로 구별해서 생각하고 있다. 기상탄화는 비교적 저분자의 탄화수소를 원료로 하며 매우 빠른 승온속도로 열분해처리가 일어나는 점에서 액상 및 고상탄화 와는 다르다. 기상에서 생성되는 카본블랙의 대부분은 고무의 증강용 충진재 및 흑색안료로서 사용되며 그 자신 탄소제품의 하나로서 공업적으로, 질적, 양적으로 매우 중요한 위치를 차지하고 있다. 카본블랙은 컴퓨터 프린터의 토너원료로서 빼놓을 수 없는 것이며 또한 특수한 용도에 사용되는 탄소재료 (아크 탄소봉, 건전지용 전극, 탄소저항체, 고밀도 탄소재 등)에도 배합되어 중요한 역할을 하고 있다.

일반 탄소재료를 제조하는 경우 가장 표준적인 공정은 골재로서의 역할을 하는 코크스 등의 분말에 콜타르 핏치들의 결합재를 혼열한 후 압력을 가해 뽑거나 형틀에서 성형해 이것을 700~1,300℃로 소성해서 결합재를 탄화 고결시킨 뒤에 흑연화 노에서 약 3,000℃로 흑연화 한다. 이때 소송만 된 것은 탄소질이며 흑연화된 것은 흑연질이다. 현재 대량으로 생산되고 있는 탄소재는 대부분이 공정에 의해 만들어지고 있다. 그러나 탄소재에는 여러종류가 있어 그중에는 제조공정의 부분적 수정 등 특수공정의 부가 또는 특정조건의 조정 등에 의해 만들어지는 것도 있다. 탄소섬유는 항공기, 자동차의 분야에 구조재료로서 정착해 있다. 또한 약적으로는 적지만 인공장기 등의 생체재료 외에 우주, 해양, 원자력용 재료로서 탄소의 잠재적 특성이 발굴되어 실용화되어 있다고 할 수 있다. 이것들은 모두 탄소가 갖고 있는 특성을 응용한 것이지만 특히 강도, 탄성률이 함께 중대한 성형재료가 얻어 질 수 있게 된 것은 기술개발의 큰 성과이다.

■ 기체로서의 이용

(1) 건류가스

석탄을 건류함으로써 얻어지는 코크스로 가스는 일반적으로 수소 50~60%, 메탄 30%, 에틸렌3% 그 외에 일산화탄소 7%, 질소 4% 등의 가스조성을 가지고 있다. 이 코크스로 가스는 연료용의 도시가스와 발전용가스로 그리고 제철소의 고로, 코크스로용으로 이용된다. 또한, 연료 이외에 화학원료로도 이용되고 있는데, 즉 황산암모늄의 제조에 있어서 암모니아 원료가 되며, 또한 제철, 제철화학 콤비나이트에틸렌을 원료로 하는 스틸렌모노머, 에틸렌옥사이드 등의 다양한 화학제품을 만들어, 부가가치를 높여왔지만 현재는 석유화학계 에틸렌의 제조가 대형화한 것 등의 이유로 암모니아공업과 함께 그 발전이 지체되고 있다.

표 4.2 석탄이용의 계통도

석탄	에너지원료	직접 또는 혼합원료	발 전	전기에너지, 회이용(플라이애쉬, 정수용)
			연 소	열에너지, 회이용(경량골재, 시멘트)
	석탄화원료	고체로서 이용	건류코크	제철, 주물용, 일반연료
			성형코크	카바이트, 아세틸렌 가스화연료, 합성화학원료
			부 합	활성탄(기상, 액상흡착제)
			탄 화	전극, 탄소재, 탄소계분자/카본블랙
			산 화	휴민산, 방향폭캘빈산
		기체로서 이용	건류가스	도시가스, 합성천연가스, 연료
			가스화	가스화발전 아세틸렌(플라즈마 가스화) 합성화학원료 액체원료
		액체로서 이용	건류타르	특수연료(제트연료, 고로분사) 타르화학, 합성화학원료, 염료
			액 화	액체연료(가솔린, Jet연료) 용제처리탄(STC), SRC, 바인더, 탄소섬유 방향족화학제품
			할로겐화	윤활유, 유기불소화합물
			용제처리	팽윤탄, 방향족화학제품

(2) 가스화

석탄가스화는 과거에는 발생로가스, 수성가스, 증열수성가스, 혼성가스 등 다양한 과정과 제조법을 이용해서 도시가스, 합성원료가스를 생산하여 왔지만, 현재는 거의가 석유계의 가스로 바뀌는 추세이다. 즉 도시가스로서는 보통 원류 및 나프타의 열분해 혹은 접촉열분해에 의한 오일가스 제조법이 이용되고 있다. 또한 천연가스 혹은 LPG, LNG 등을 그대로 열분해 하지 않고 공기와 혼합 사용하는 방법이 주류를 이루고 있다. 그러나 최근 에너지위기로 인해 석탄가스화가 다시 주목되고 있다. 세계적 규모로 화석탄의 가스화에 의해 만들어진 가스는 중·고 칼로리는 연료 및 도시가스에, 저칼로리는 가스화발전에 쓰여진다.

■ 액체로서의 이용

(1) 건류타르

석탄을 고온 건류함으로서 45% 정도의 콜타르(Coal Tar)가 얻어지고 이 콜타르는 공업적으로 다방면에 활용되고 있다. 소위 타르(Tar)화학으로서 분류되는 분야이다. 최근에 활용되고 있는 몇 가지 방법을 보면, (1)고로에의 타르분사, (2)핏치(Pitch)로부터 니들 코크스(Needle Coke)제조, (3)제트연료의 제조 등이 있다.

(2) 수소화

석탄을 수소화해서 액체연료, 화학원료를 제조하는 소위 석탄의 액화연구는 오래 전부터 진행되어왔다. 특히 석유자원이 부족한 독일에서 먼저 개발된 베기우스(Begius)법, 피셔(Fischer)법 및 트로프슈(Tropsch)법은 널리 알려진 석탄액화법이다. 최근의 액화는 석탄에서 액화되기 쉬운 부분만을 추출하는 방법을 쓰고 있다. 이 방법은 비싼 수소의 절약 대책도 되지만 2차로 수소를 첨가함으로써 합성원유를 제조하고 동시에 각종 화학원료, 결합재, 탄소재 등의 제조도 가능하기 때문이다. 특히, 석탄은 석유보다도 방향족 성분이 많으므로 석유로부터 얻기 어려웠던 여러 가지 방향족화합물을 얻을 수 있을 것이다.

(3) 할로겐화 및 용제처리

석탄을 할로겐화, 특히 염소화, 불소화해서 특수윤활유, 유기불소화합물 등에 이용하고 석탄에 대한 각종 용제처리 후 역청재, 신고분자원료로 이용 할 수 있다. 이 가운데 팽윤탄은 점결재, 도로포장재, 지하매설용 수도관, 가스관의 도료화로서 이용되고 있다. 이 밖에 팽윤탄과 비슷한 용제처리탄의 제조가 있다. 이것은 석탄을 용제 처리함으로서 유황분 0.3% 및 회분 0.01% 정도의 무유황 무회탄으로 만드는 것이다. 용제처리탄은 각종 결합재, 탄소섬유 등 소위 콜로이드연료로서 중유의 대용품으로 쓰이며 또한 건류해서 무회 코크스로서 알루미늄제조 전극용 탄소의 원료로도 이용이 가능하다.

4.3 석탄이용의 역사와 산업혁명

4.3.1 석탄이용의 역사

인류가 석탄과 인연을 맺은 것은 지금으로부터 3,000년 전으로 알려졌지만 문헌상 인류가 석탄을 이용했다는 기록으로는 B.C. 315년 그리스 철학자 데오프라테스가 석탄을 대장간의 연료로 사용했다. 중국에도 4세기(삼국시대)에는 석탄이라는 글자가 나타났고, 12세기(송대)에는 석탄을 채굴해서 가정연료로 이용했으며, 이에 세금이 부과되었다. 영국에서는 9세기, 독일에서는 10세기에 석탄이 발견되었다고 전한다. 유럽에서는 영국의 헨리 3세가 13세기에 채탄면허를 부여한 일이 기록에 남아 있으나, 석탄의 이용이 비약적으로 증대한 것은 산업혁명이 일어난 후 부터이다. 18세기에 접어들면서 1735년경에 영국에서부터, 그리고 뒤늦게 독일에서도 그 때까지 제철에 사용한 목탄 대신에 코크스가 제조되었다. 1769년에는 와트의 증기기관이 발명되어 동력원으로서의 석탄수요가 증대하기 시작했다. 1792년 영국의 W.머독이 석탄가스제조를 개시하고 1807년에는 런던에서 처음으로 가스등이 점등되었다. 이 사이에 석탄의 생산량도 급격히 증가하고, 1835년에는 전 세계에서 3.600만M/T에 불과했던 채탄량이 1855년에는 8,900만M/T, 1885년에는 4억 2,200만M/T으로 증가하였다. 한편, 1856년에는 석탄가스에서 타르 및 암모니아를 회수하는 방법이 발명되었고, 1858년에는 영국에서 콜타르를 원료로 해서 합성염료를 만드는 일에 성공하여 종래의 복잡했던 콜타르를 이용한 화학공법이 발달하게 되었다. 1906년에는 독일 프라이츠 하버(Fritz Harber)에 의해 암모니아의 공업적 합성법이 발명되었으나, 그 원료가스는 단지 석탄에서만 제조되었다. 1913년 독일의 F.C.R. 베르기우스는 석탄의 수소첨가액화법에 의한 인조석유를 발명하여 이 해의 세계 출탄량은 12억 6,000만M/T에 달했다. 그리고 석탄은 세계 에너지자원의 3/4을 차지했다. 또 1923년에는 독일에서 석탄을 가스화해서 얻은 일산화탄소와 수소에서 메탄올을 합성하는 방법이 발명되고, 1926년에는 일산화탄소와 수소를 원료로 석유를 합성하는 피셔트로프슈법이 발명되었다. 세계 2차 대전후에는 원료가스를 목적으로 한 석탄의 완전가스로가 세계 각국에서 연구·개발되었으나, 1960년대에 접어들면서 합성화학공업 원료로서의 석탄의 지위가 석유와 천연가스로 대체되었다. 따라서 에너지원으로서 석탄의 지위는 석유의 진출에 따라 그 중요성이 상대적으로 저하되었다. 출탄량의 증세도 정지되어 1957년 세계의 출탄량은 20억 1,000만M/T, 1963년 세계 출탄량은 18억 9,700만M/T, 1972년의 세계 출탄량은 21억 900만M/T이었다.

표 4.3 석탄이용의 역사

BC 315	그리스 문헌에 석탄을 대장간의 연료로 사용한 사실 기록
3~6C	중국(삼국시대)문헌에 석탄이란 글자가 나타남
9C	영국에서 석탄 발견, 10C에는 독일에서 석탄발명
12C	중국 송대에 석탄을 채굴해 가정연료로 이용하고 세금을 부과
13C	영국 뉴캐슬지방에서 석탄을 상업적으로 채굴, 이용시작. 영국 헨리(Henry) Ⅲ가 채탄 허가 부여
1735	영국에서 제철에 목탄 대신 코크스 제조, 사용
1765	제임스왓트의 증기기관 발명으로 석탄수요 증가(산업혁명의 서막)
1792	영국의 윌리엄 머독(William Murdock)이 석탄가스 제조
1807	런던에서 최초로 가스등 점등
1856	석탄가스에서 타르 및 암모니아를 회수하는 방법를 발명
1858	영국 마틴이 콜타르를 원료로 합성염료제조
1906	독일 프라이츠 하버(Fritz Harber)가 석탄가스를 원료로 암모니아의 공업적 합성법 발명
1913	독일 베르기우스(Bergius)가 석탄수소첨가액법으로 인조석유발명
1923	독일에서 석탄가스화로 얻은 CO와 H_2에서 메탄 합성
1926	CO와 H_2를 원료로 석유를 합성하는 피셔트로프슈법 발명
1960년 이후	합성화학공업의 원료로서 석탄은 석유와 천연가스로 대체 시작

오늘날 세계경제를 이끄는 미국산업 역시, 그 원동력이 된 것은 다름 아닌 석탄였다. 1800년대 신대륙에서 산업혁명이 일어나기 시작하면서, 미국은 영국으로부터의 석탄수입에 크게 의존하게 된다. 그러나 1812년 전쟁으로 영국이 미국으로의 석탄수출을 차단하자, 자체 에너지원을 찾던 미국은 북미대륙에 무한정으로 묻혀 있는 탄광을 발견하게 되고 그 때부터 미국에서는 본격적인 탄광개발이 시작된다. 지금도 석탄은 많은 곳에서 에너지원으로 사용되고 있으며, 지구상의 원유가 모두 고갈된 후에도 오랫동안 에너지원으로 활용하게 될 석탄, 이 검은 화석은 단순히 산업과 경제의 원동력을 넘어 인류의 역사를 움직이는 원동력이라 해도 과언이 아니다.

4.4 세계 석탄매장, 생산 및 소비

4.4.1 세계 석탄매장

최근 중국, 인도 등 개도국 성장에 따른 에너지 수요의 지속적인 증가와 중동지역의 정세불안, 2011년 일본 원전사태 등으로 인해 고유가는 향후 지속될 것으로 전망된다. 석탄은 전 세계에 고루 분포되어 있고, 2011년 기준으로 가채매장량만 해도 8,609억톤에 이르며 이는 앞으로 약 112년을 채굴할 수 있는 양이 매장되어 있다 [5]. 이와 같이 석탄 자원량은 풍부할 뿐만 아니라 세계 각지에 널리 분포하여 장기적으로 안정적인 공급이 기대되고 있다. 현재의 수요증가를 고려하더라도 현재 확인된 매장량만으로도 다른 화석에너지보다 오랜 기간 사용가능한 자원이다. 이에 비하여 석유의 전체 확인매장량은 약 16,526억배럴이며, 이를 연간 생산량으로 나눈 가채년수는 54.2년으로 석탄의 가채년수 112년에 비하면 1/2 수준이다. 더욱이 석유 자원 부국인 중동 지역 OPEC의 매장량은 2010년 기준으로 전 세계 매장량의 55% 수준을 차지하고 있으며, OPEC회원국의 매장량은 전체의 70%이상으로 석유는 석탄과 달리 지역적 편재가 심하다는 특징을 가지고 있다 [6]. 그러나, 미국 및 유럽 등에서는 석유부존량에 비해 생산량이 비교적 높아 가채년수는 매우 짧다. 석유 가채년수는 신규 유전개발과 석유탐사 및 생산기술의 발달로 지난 수 십년간 계속 40년이상 수준을 계속 유지해 왔다. 석탄 가채매장량이 8,609억톤이지만 앞으로 잠재적인 확인매장량은 더욱 증가할 것으로 예상된다. 잠재적인 석탄의 예상매장량과 현재의 석탄생산량을 고려하면 석탄에너지는 향후 장기간동안 안정적인 석탄에너지의 공급이 가능하다. 2011년 기준으로, 세계의 석탄매장량을 지역별로 살펴보면, 유럽과 구소련이 전 세계 석탄매장량의 35.4%를 차지하여 가장 많이 분포되어있다. 이에 따라 동 지역의 가채년수는 242년에 달한다. 다음으로는 아시아, 태평양지역으로 약 30.9%가 매장되어 있으며 동 지역의 가채년수는 53년에 달한다. 북미(캐나다 및 미국)는 28.5%가 매장되어 있고 가채년수는 228년에 달한다. 중남미, 중동 및 아프리카 지역은 비교적 작은 양이 분포되어 있으며 생산량은 크지 않지만 가채년수는 비교적 길다 [5]. 표 4.4는 전 세계 국가별 에너지자원의 매장비율을 설명하고 있다 [7-8]. 그림 4.3은 2011년 전 세계 국가별로 석탄 가채매장량(860,938백만톤)을 나타내고 있다 [5].

4.4.2 세계 석탄생산과 소비

세계 석탄생산은 석탄소비의 성장 둔화와 함께 점진적으로 감소되는 경향을 보이고 있다. 세계 석탄생산은 1992년에 45.3억톤으로 10년 동안 6.5% 증가에 그치고 있다. 이같이 세계 석탄생산량이 높지 않는 이유는 1992년부터 2002년까지 다른 화석연료의 생산증가율을 보면 석탄생산의 성장둔화가 구체적으로 나타내고 있는데, 동 기간에 석유생산 증가율은 11.6%, 천연가스 생산증가율은 22.1%로써 석탄에 비해 상대적으로 높은 생산증가율을 보이고 있다.

세계 석탄생산에서 아시아·태평양지역의 점유율이 2011년 기준으로 67.9%로 전체생산 76.5억톤의 3/5이상를 차지하고 있다. 중국 석탄생산은 2002년 35.2억톤(49.5%)으로 최대생산국이며, 미국은 9.9조톤(14.1%)으로 두 번째 생산국이다. 이에 따라 세계 석탄시장에서 중국과 미국이 차지하는 생산점유율은 82%이다. 지역별로 보면, 북미의 점유율이 15.2%, 중남미가 1.6%, 유럽 및 유라시아가 11.6%, 그리고 아프리카가 3.7%를 점하고 있다. 2011년 기준으로, 확인매장량이 많은 국가들은 미국(27.6%), 구소련(18.2%), 중국(13.3%), 호주(8.9%), 인도(7.0%), 남아프리카(3.5%), 독일(4.7%) 순이며, 이들 국가들의 세계매장량의 83.2%를 차지하고 있다. 생산량은 중국, 미국, 호주, 인도, 인도네시아, 러시아 순으로 많으며, 확인매장량이 많은 국가 위주로 많은 석탄생산이 이루어지고 있음을 알 수 있다. 인도네시아는 석탄매장량이 많지 않음에도 불구하고 세계 석탄매장량의 비중이 0.6%에 불과하지만, 세계 생산비중은 5.1%으로 매우 높다.

세계 석탄소비는 1980년 후반이후로 성장이 둔화되었으며 특히 서유럽, 동유럽, 구소련에 이러한 경향이 크게 나타났고, 이러한 경향은 계속될 전망이다. 세계 석탄소비는 1980년 대비 2010년까지 94% 성장하였다. 아시아는 1980 - 2010년 동안에 403% 성장하였다. 아시아지역의 석탄수요증가는 세계 석탄소비의 성장을 주도하고 있다. 아래 그림에서 보는 바와 같이, 1980년에는 세계 석탄소비의 비중이 24.3%에 불과했으나, 2010년에는 63.1%까지 증가하였다 [9].

표 4.4 세계 국가별 에너지자원 매장비율 [5,7-8]

석탄		석 유		천연 가스	
미국	27.5%	사우디아라비아	17.7%	러시아	25.2%
러시아	18.3%	베네쥬엘라	14.4%	이란	15.7%
중국	13.3%	캐나다	11.9%	카타르	13.4%
기타 비OECD 및 유라시아	10.7%	이란	9.3%	사우디아라비아	4.1%
호주와 뉴질랜드	8.9%	이라크	7.8%	미국	4.1%
인도	7.0%	쿠웨이트	6.9%	투르케니스탄	4.0%
OECD유럽	6.5%	아랍에미레이트	6.7%	아랍에미레이트	3.4%
아프리카	3.7%	러시아	4.1%	나이지리아	2.8%
중남미	0.9%	리비아	3.2%	베네쥬엘라	2.7%
기타	3.2%	기타	18.2%	기타	24.7%
소계	100.0%	소계	100.0%	소계	100.0%

Growth of regional coal consumption
percent change from 1980 to 2010

World	94%
Asia	403%
North America	50%
Europe	-32%
Former Soviet Union	-42%
Africa	92%
Oceania	96%
Central & South America	156%

Share of global coal consumption
percent of total world consumption, 1980 and 2010

	1980	2010
Asia	24.3%	63.1%
North America	18.2%	14.0%
Europe	34.2%	12.0%
Former Soviet Union	18.2%	5.5%
Africa	2.7%	2.7%
Oceania	1.8%	1.9%
Central & South America	0.5%	0.6%

Source: U.S. Energy Information Administration, International Energy Statistics.

(자료원:http://www.eia.gov/todayinenergy/detail.cfm?id=4390 [9])

중국은 타자원에 대한 접속이 어렵고 석탄이 풍부하기 때문에 급속하게 성장하고 있는 산업부문에서 석탄이 주요 연료로 사용한다. 원료탄(Coking Coal)의 소비는 철강제조기술의 향상으로 인해 급격히 감소할 것으로 보인다. 서유럽, 동유럽, 구소련의 석탄사용률은 계속 하락할 것으로 전망된다. 서유럽의 석탄소비는 1990~2001년 사이에 30% 감소했는데, 그 이유는 많은 국가들이 천연가스로 대체했으며, 프랑스는 원자력으로 대체했기 때문이다. 세계 석탄소비는 2001년 53억톤에서 2025년 72억톤으로 22억톤정도 증가할 것으로 전망되며, 경제성장률 가정에 따라 2025년 세계 석탄소비의 범위는 59~88억톤으로 추정된다. 중국 석탄발전용량은 2001년 232GW에서 2025년 371GW로 60%증가가 예상되며, 인도 석탄발전용량은 2001년 66GW에서 2025년 96GW로 45%증가할 것으로 보인다. 한편, 부문별 석탄소비를 볼 때, 전력부문의 경우 석탄이 34%의 높은 점유율을 보이며, 다른 부문에서는 점유율이 18%에 불과하다. 석탄소비의 55%가 발전부문에서 사용되었다, 전력설비에서 석탄설비가 차지하는 비중이 1999년 기준으로 31%를 차지하여 가장 높다. 향후 가스발전설비의 증가가 두드러져 2030년에는 가스발전의 비중이 35%로 가장 높지만 석탄발전시설의 비중은 아직 30% 정도이다. 전원설비 구성에서는 2030년에 비록 가스설비의 비중이 가장 높지만 발전량은 여전히 석탄발전이 가장 크다. 2000년 기준으로, 석탄의 발전량은 총 발전량의 40%를 차지하고 있다. 이러한 석탄발전의 중요성은 2030년에도 세계 전원구성에서 석탄의 비중이 37%로 여전히 발전량이 가장 많다.

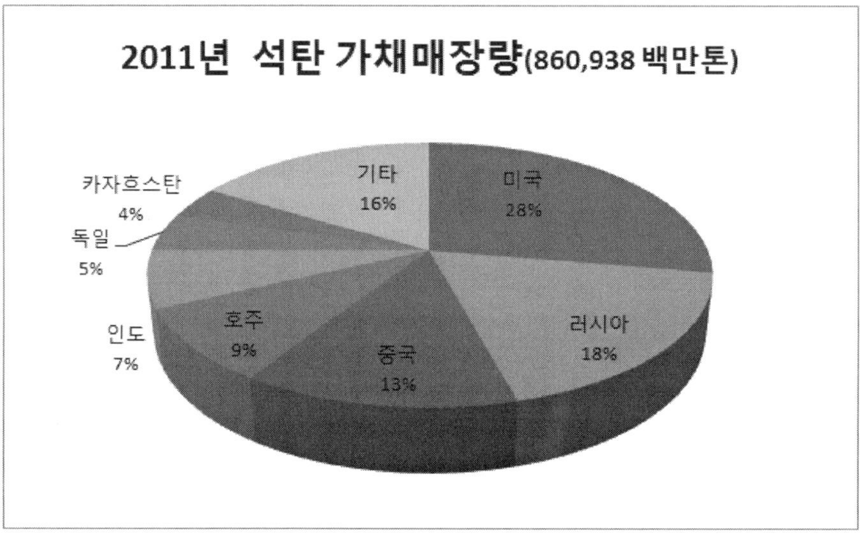

그림 4.3 2011년 세계 석탄가채매장량 [5]

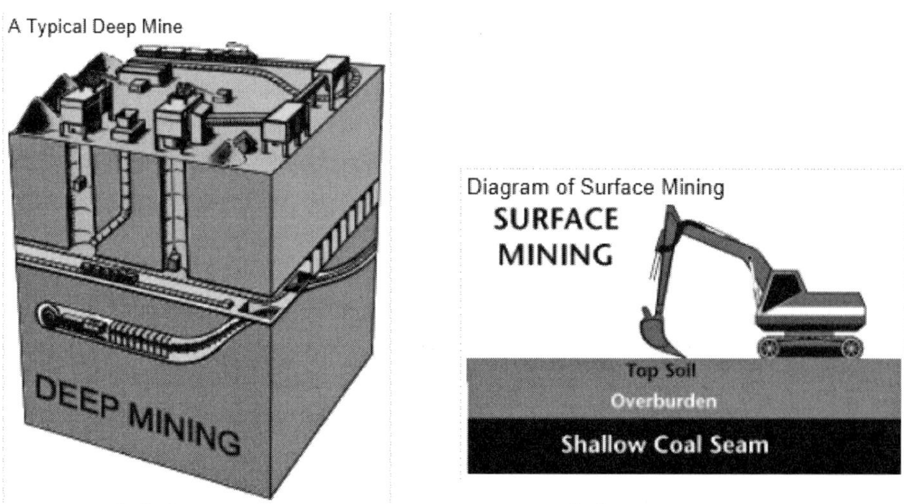

(a) 지하채굴 (b) 표면채굴

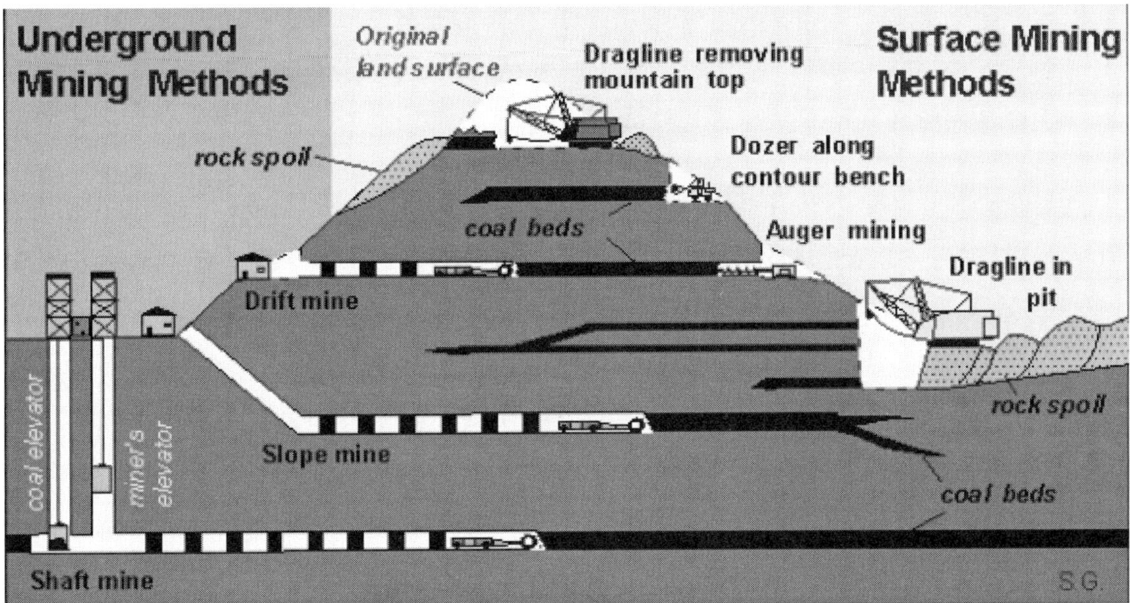

(c) 지하채굴과 표면채굴의 방법

그림 4.4 (a) 지하채굴 [10], (b) 표면채굴 [10], (c) 채굴방법 [11]

4.5 석탄채굴·공정·운송

석탄채굴회사는 대형 기계를 이용하여 지하에 있는 석탄을 채굴한다. 보통 2 가지의 방법, 표면 채굴과 지하채굴 방법이 있다, 그림 4.4 참조. 미국에는 지표면 근처에 많은 석탄층이 있으며, 미국의 석탄채굴의 약 67%이상이 표면채굴이다. 현대적 채굴 방식은 대부분의 석탄 매장층에 쉽게 접근하여 채굴 가능하게 한다. 표면채굴의 증가와 채굴기술의 진보로 인하여, 시간당 석탄채굴업자의 석탄 생산량이 1978년에 비하여 3배 이상 증가하였다. 미국에서는 산의 정상부분의 없애는 부분을 포함하여 표면채굴은 대부분의 석탄을 생산하는 데 사용되는 데, 이는 지하 석탄채굴보다 비용면에서 저렴하기 때문이다. 표면채굴의 방법은 지하 200ft 이하에 석탄이 매장되어 있을 때 주로 사용한다. 지하채굴은 심도채굴이라고도 불리우며, 석탄이 지상표면으로부터 수 백 ft 이하에 매장되어 있을 때 이용된다. 이러한 지하채굴에서 석탄을 얻으려면, 광부들은 심도광산의 엘리베이터를 이용하며, 하강하여 석탄을 채굴할 수 있도록 기계인 샤프트를 이용하여 석탄을 채굴한다. 채굴한 석탄을 석탄공정을 거치게 된다. 즉, 석탄을 채굴하여 지상으로 이송시킨 후에는, 전형적으로 켄베이어 벨트로 이용하여 예비 석탄 공장으로 운반한다, 그림 4.5 참조. 예비공장에서는 석탄을 깨끗하게 청소하며, 다른 바위, 재, 황, 불필요한 물질 등을 제거하여 석탄의 발열량을 높이도록 한다.

석탄채굴과 공정을 거친 후에는 석탄판매시장으로 운반될 준비를 한다. 석탄운반 비용은 석탄채굴 비용보다 더 높을 수도 있다. 미국에서 생산되는 석탄의 약 71%는 철도를 이용하여 시장으로 운송된다. 석탄은 바지선 (barge), 배, 트럭, 또는 파이프라인으로도 운송될 수 있다. 때로는 하천의 바지선을 이용하여 석탄을 운송하는 것이 비용이 저렴하나, 석탄을 옮기고자 하는 목적지까지 활용하기가 어렵다. 석탄을 분쇄하여 물과 혼합시켜 슬러리 파이프라인으로 운송하기도 한다. 때로는 석탄화력 발전소를 석탄광산근처에서 설치, 운영하여 운송비용을 절감하기도 한다.

그림 4.5 미국 서부버지니아, 컨베이어벨트에 의해 석탄운송 [12]

4.6 석탄액화 · 가스화(Coal Liquefaction · Gasification)

4.6.1 석탄액화 · 가스기술의 역사

석탄액화 · 가스화는 고체상태인 저급석탄에서 수분과 회분, 유황분을 제거하여 고급탄으로 바꾼 뒤 이를 수소, 일산화탄소 등으로 가스화해 합성석유와 합성천연가스, 화학제품 등 다양한 에너지와 자원으로 전환하는 기술이며, 이로써 도시가스 또는 복합발전시스템 등 폭넓은 용도에서의 이용을 가능하게 하려는 것이다. 가스액화기술로부터 얻은 합성가스 제조공정을 거쳐 다양한 상태의 액체석유제품을 만드는 기술이 대종을 이루며, 이때 제조된 석유제품은 합성원유라 하며, 깨끗한 탄화수소제품이다. 이러한 제품은 C_5에서 C_{30}까지의 범위를 가지며 일반적 명칭인 가솔린이나 디젤, 납사 등으로 구분할 수 있다. 합성원유는 정유공장에서 원유정제와 같이 최종제품으로 사용되기 전에 정제와 분리공정을 거쳐야 하지만 순수한 형태의 수송용 연료 또는 정제설비의 공급원료로 구성되어 있기 때문에 원유정제와 같이 많은 공정을 거치지는 않는다.

석탄액화·가스화는 기본 원리적으로는 고분자 유기화합물을 저분자화 하는 것이다. 석탄의 화학적구조는 다음 그림과 같으며, H/C = 0.84, 분자량은 1,449, 화학식은 $C_{103}H_{87}O_3NS_2$이다. 고체질 석탄은 주로 탄소, 수소 및 산소 등의 다수의 원자로 구성되어 있는데, 원자간 결합이 약한 $-CH_2-$ 결합부를 절단하면 6각형의 방향고리 2~4개로 구성된 석탄액화유가 만들어지게 된다. 액화반응는 고온 (430~460℃) 및 고압 (약 100~280 기압)의 반응조건하에서 곳곳에서 볼 수 있는 $-CH_2-$의 결합이 끊어지기 쉬운 상태가 되어, 절단된 결합부는 다른 원자와 결합하여 안정화하려 한다. 이 안정화를 위해 액화에서는 일반적으로 수소를 첨가시켜서 생성물의 수소/탄소-비를 1.5~2.0 정도로 한다. 그러나 절단된 결합부가 모두 수소를 잡아들여 안정화한다고는 볼 수 없기때문에, 석탄액화반응의 어려움이 있다. 수소와 결합하지 않은 결합부는 재차 결합부끼리 재결합하며, 그러면 분자는 거대화한다. 또한 거대화한 분자는 6각형 방향고리의 집합이 커진다. 이 현상을 탄화 또는 코킹이라고 부른다. 이와 같이 석탄액화에서는 석탄의 저분자화와 탄화라는 전혀 역반응이 동시에 일어난다. 따라서 탄화방지법의 확립은 석탄액화기술에 있어 중요한 과제이다.

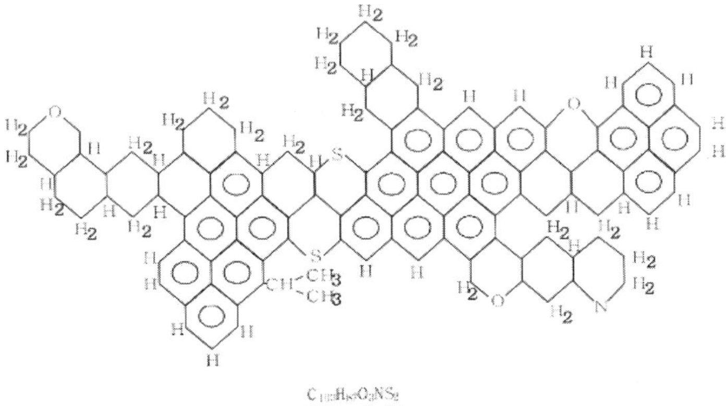

$C_{103}H_{87}O_3NS_2$
H/C = 0.84
분자량 = 1,449

<석탄의 화학구조>

석탄액화 · 가스화기술은 이미 세계 대전중에 독일에서 자국의 부족한 항공기 및 휘발유 연료를 충당하기 위하여 최초로 개발되었으며, 현재는 미국, 일본, 영국, 서독 그리고 캐나다와 같은 선진국을 중심으로 경제성 향상을 위하여 국가적인 차원에서 반응조건의 완화와 품질개선을 위한 연구가 중점적으로 수행되고 있다. 특히 대표적인 석탄액화공정으로는, 미국의 경우 촉매-이단계 공정인 CTSL(catalytic two stage process)과 일본의 NEDOL공정으로서, 각각 미국 에너지부(Departememt of Energy) 및 일본의 뉴선샤인(New-Sunshine)계획의 지원하에 파이롯트 규모로 개발되어 연구되고 있으며, 주요 개발대상 핵심기술로는 반응효율의 극대화 및 최적화를 위한 고활성 신촉매 개발기술 및 공정 최적화이다.

표 4.5 석탄액화가스기술의 역사

1920년대	독일 과학자들에 의해 석탄액화기술이 발명된 이후 나치가 세계2차대전 당시 주요 연료로 사용
1950년	아프리카공화국은 국영기업으로 사솔을 설립하고 공장을 준공
1955년	남아프리카공화국 국영기업 사솔이 처음으로 석탄액화연료를 생산
1970년대	남아프리카공화국의 사솔(Sasol)사는 대규모 석탄액화연료 생산 공장을 준공. 독일의 석탄액화연료 기술을 도입. 2005년 사솔은 상업화 성공한 세계에서 유일한 회사이며, 하루 15만배럴 이상의 액화연료 생산. 2010년 현재 사솔은 세계 최고의 석탄액화기술 보유 회사.
2004년	중국이 석탄액화연료를 자동차 연료 등으로 사용하도록 하는 사업에 로열더치셸 등과 석탄액화연료 공장 설립에 대한 연구를 진행.
2006년	중국은 남아프리카공화국 사솔의 기술 지원을 받아 네이멍구에 석탄액화연료 공장을 건설하고 있으며 수년 내 최대 27개 공장을 지을 계획
2010년	SK에너지가 세계 최고 수준의 석탄액화기술(CTL)을 보유하고 있는 남아프리카공화국의 사솔(Sasol)과도 그린콜과 관련해 상호 협력키로 합의
2018년	SK에너지는 1조8000억원을 투자해 해외의 저급탄 광산부근에 석탄액화연료 공장을 준공해 연간 600만배럴을 생산할 예정

미국에서는 걸프 오일사가 중심이 되어 구서독, 일본 등이 참가한 SRC-II법의 프로젝트가 중지되는 등의 에너지정책의 변경이 있었으며, 지금까지 엑슨(Exxon)사를 중심으로 한 EDS법, Ashland사를 중심으로 한 H-Coal법에 대하여 파일로트 플랜트의 운전연구가 이루어져 왔다. 현재 파일로트 플랜트의 운전연구를 종료하고 공정개량을 위한 실험연구가 실시중에 있다. EDS법은 수소공여성의 용제를 사용하여 유화하는 방법으로서, 250톤/일 파일로트 플랜트가 미국 텍사스주 휴스톤에서 운전되었다. 일본 석탄액화기술개발(주)외에 독일 루루코레사가 여기에 참가하였다. 이 방법은 용제를 사전에 수소첨가함으로써 1차 수소첨가를 촉매없이 또 반응압력

도 내리는 것을 목표로 하고 있다. H-Coal법은 Co-Mo 등의 촉매를 사용하여 비등상형 반응기에서 수소첨가액화하는 방법으로서 200~600 톤/일 (운전조건에 따라 능력이 다르다)의 파일로트 플랜트를 켄터키주 캐트렛츠버그(Catlettsburg)에서 운전연구를 수행하였다. 이 방법은 고활성의 촉매에 의한 수소첨가효과를 겨냥하고 있는데, 촉매의 피독, 비등상태의 유지 등 어려운 문제점을 가지고 있다. 또 걸프 오일사를 중심으로 한 SRC-II법에 대해서는 6,000 톤/일의 시범플랜트의 기본설계를 수행하고 프로젝트를 종료하였는데, 이 방법은 철분이 많은 석탄에 적합하다.

독일에서는 전쟁중에 개발된 IG법 이래, 촉매를 이용하는 직접수소첨가에 의해 연료유, 화학원료 등을 제조하는 공정에 대해 반응압력의 저감(700 기압에서 300 기압), 열경제성향상, 대량처리 플랜트의 실현, 값싼 촉매이용 등을 기술개발의 목표로 연구개발이 이루어지고 있다. 루르콜레사의 파일로트 플랜트의 운전연구를 종료하고, 중질유의 분해와 폐기물의 처리용 플랜트로서 운전을 하였으며, 이 기술은 상업화 기술로 확립하기까지는 더 개선의 여지를 남기고 있다.

최근 유가가 배럴당 U$100이상 유지하면서, 석탄 화학사업이 부활하고 있다. 이와 함께, 최근 가장 주목을 받고 있는 기업으로는 남아프리카공화국의 종합 에너지·화학 기업인 사솔(Sasol)을 들 수 있다. 남아공은 인종차별정책(아파르트헤이트)으로 석유 수입이 봉쇄당하자 궁여지책으로 자국 내의 풍부한 석탄 자원을 활용하기로 결정하였고, 이것이 계기가 되어 1950년 사솔을 설립한다. 사솔은 독일 기술을 기반으로 1955년 석탄액화 및 이를 기반으로 한 화학 콤플렉스를 구축, 운영하기 시작하였다. 현재 남아공의 세쿤다(Secunda) 콤플렉스는 연간 4천만 톤 이상의 석탄을 이용하여 일산 16만 배럴 규모의 합성연료와 각종 화학제품을 생산하는 거대 거점으로 성장하였고, 석탄액화에 관한한 세계에서 유일하게 검증된 설비로 평가받고 있다. 2000년대 들어 고유가로 석탄에 대한 관심이 높아지자 사솔은 화학산업의 변방 기업에서 하루 아침에 가장 인기있는 기업의 하나로 변신하였다. 무려 60년간의 사업 경험과 노하우, 숙련된 기술 인력 등은 쉽게 모방하기 힘든 핵심역량이 되었다. 현재 사솔은 이러한 강점을 바탕으로 중국, 인도 등의 거대 석탄화학 프로젝트와 연결되고 있다. 특히 중국에서 합작으로 추진중인 석탄액화 프로젝트는 약 200억 달러 규모의 초대형 프로젝트로 현재 중국 정부의 최종승인을 기다리고 있다. 사솔은 자국내 제 2의 석탄화학 콤플렉스를 포함해 석탄자원을 보유한 국가들을 대상으로 향후에도 적극적인 사업확대를 추진한다는 계획이다. 사솔이외에도 중국에서의 석탄화학사업에 관심을 보이는 기업들은 점차 증가하는 추세이다. 실례로, 중국 최대의 석탄기업인 셴후아(Shenhua)의 경우 사솔, 다우케미칼 등과의 합작을 추진하는 한편 자체 연구를 통해 세계 최초로 석탄직접액화 설비를 가동 중이기도 하다. 중국 최대의 석유화학기업인 Sinopec도 자체 석탄액화기술 확보를 위해 최근 미국의 신트로륨(Syntroleum)에 2천만 달러를 투자한 바 있다 [13].

4.6.2 석탄이용기술

그림 4.6은 종래에는 석탄의 연소에 의하여 전력을 생산하는 화력발전소의 개념을 보여주고 있다 [14]. 석탄이용기술의 석탄가스화 기본반응을 그림 4.7과 같다. 그림 4.8은 가스정제공정을 설명하고 있다. 가스정제공정은 생성된 합성가스를 고효율 청정발전 및 청정에너지에 사용할 수 있도록 오염가스와 분진(H_2S, HCl, NH_3 등) 등을 제거하는 기술이다. 일반적으로, 석탄이용기술은 가스화부, 가스정제부, 발전부 등 3가지 주요 블록(Block)과 활용에너지의 다변화를 위해 추가되는 수소 및 액화연료부 등으로 구성되어 있다, 그림 4.9참조 [15]. 그림 4.10은 석탄가스액화기술의 응용을 설명하고 있다. 석탄가스액화기술을 이용하여 얻어진 석탄화학제품은 LNG대체용 가스, 초산 등 화학원료, 석유화학원료, 경유대체품, 석유대체품, 비료, 냉매, 산업용가스, 석탄발전대체 등으로 사용된다.

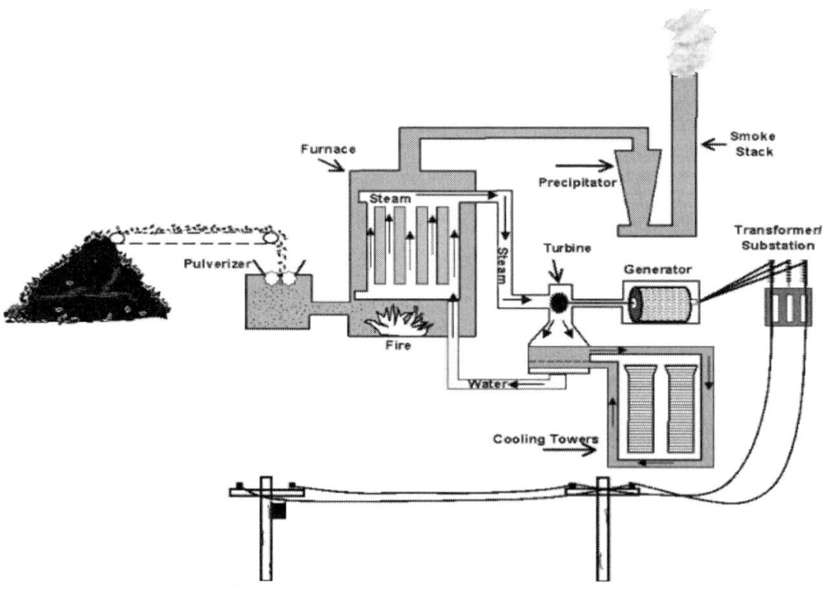

Electricity generation by conventional coal combustion.

그림 4.6 석탄을 이용한 화력발전소의 개념 [14]

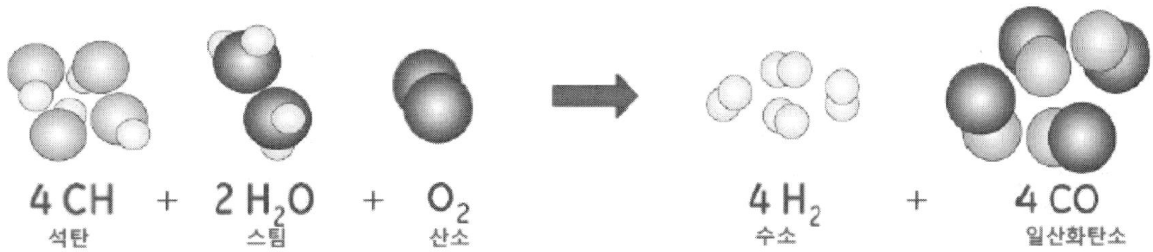

그림 4.7 석탄가스화의 기본반응

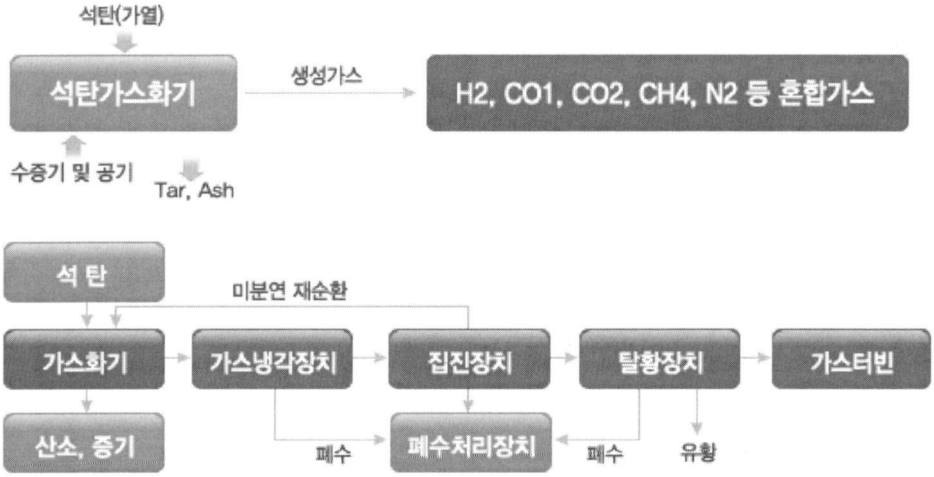

그림 4.8 가스정제공정

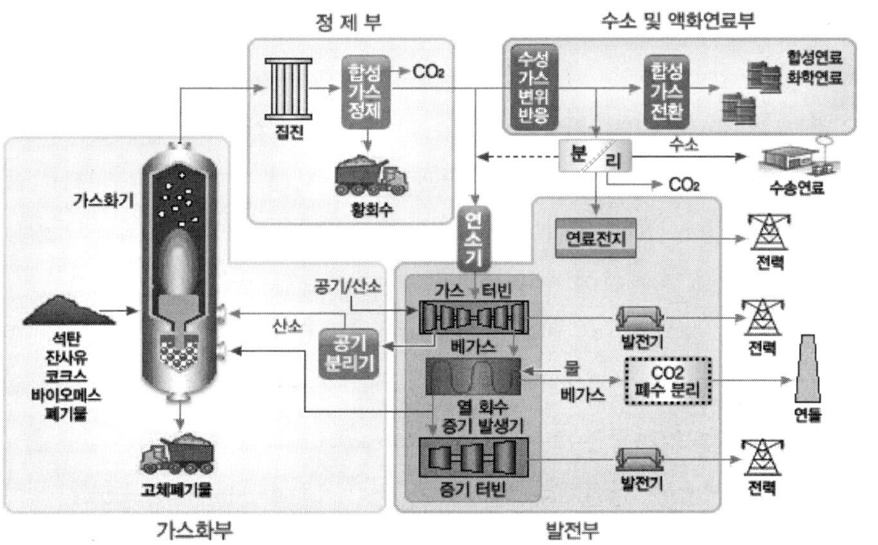

그림 4.9 석탄이용기술의 시스템 (가스화부, 가스정제부, 발전부) [15]

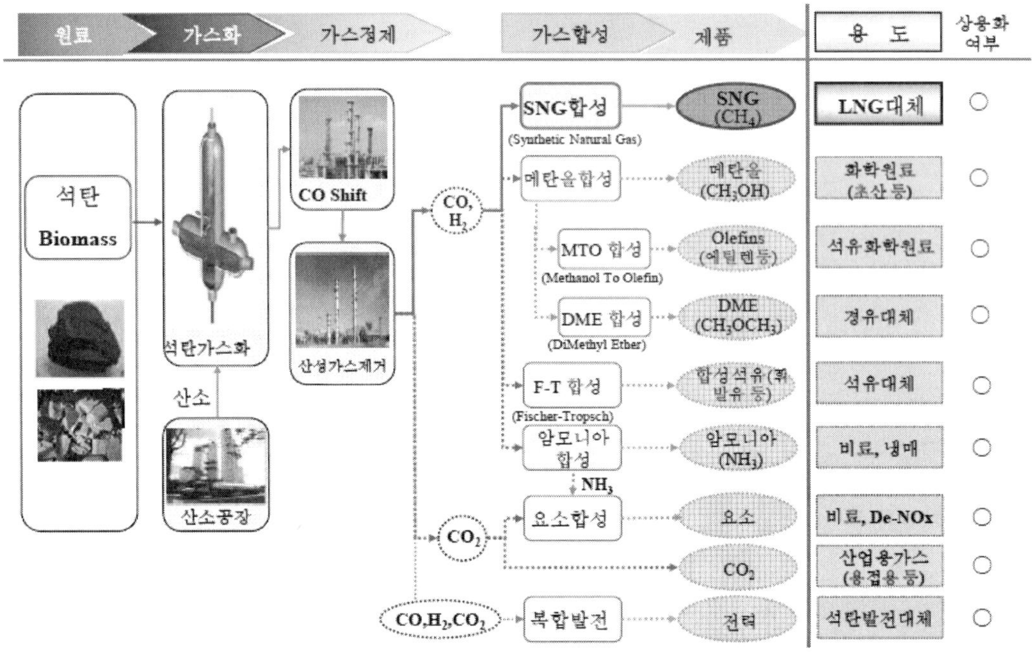

그림 4.10 석탄가스액화기술의 응용

4.6.3 석탄액화의 기술

석탄액화(CTL: Coal to Liquids)은 석탄가스화, 탈황, CO_2분리 등의 과정을 거쳐 만들어진 합성가스를 피셔트로프슈법(Fisher-Tropsch;FT) 등의 공정을 통하여 디젤을 위주로 한 중질유, 가솔린, 올레핀 등의 합성석유를 제조하는 것에 관한 것이다. 석탄액화기술은 두 가지 기술로 대별할 수 있다. 그것은 직접액화기술 (그림 4.11 [16])과 간접액화기술 (그림 4.12 [16])이다. 그림 4.13은 하이브리드 직접액화/간접액화 플랜트 개념도에 대한 것이다 [16]. 표 4.6은 석탄액화기술을 설명하고 있다 [16]. 직접액화기술은 액체용매와 함께 석탄을 수소와 400℃ 이상, 100기압 이상에서 촉매를 사용하여 반응시키는 기술이고 간접액화기술은 석탄을 가스화시켜서 CO와 수소가 주성분인 합성가스를 만들고 이를 피셔트로프슈법(Fisher-Tropsch:FT) 공정이나 MTG(Methanol-to-Gasoline) 공정으로 합성 연료유를 생산하는 기술이다. 직접액화기술은 독일에서 1920년대초, 간접액화기술은 1930년대에 상용급으로 개발되었다. 상용급 액화설비로는 1970년대 남아공에서 사용한 간접액화 방식으로 연간 1,000만톤의 연료유를 생산하여 남아공 원유 수급량의 60%를 담당하고 있는 사솔 플랜트이다 [17]. 일본에서는 NEDOL법으로서 ①직접수소첨가, ②용제추출법, ③솔루빌리제이션법 의 세 가지 역청탄액화법의 각각의 장점을 모은 기술적·경제적으로 우수한 액화기술을 독자적으로 개발하였다. 일본 NEDOL공정의 개요를 그림 4.9에서 보여 주고 있다. 이 기법에 의한 역청탄 액화기술에 대해서는 석탄처리량 150 톤/일 능력의 파일럿플랜트이다. 그림 4.10은 일본 NEDOL공정에서 액화반응의 가혹도(Severity)와 석탄-액화 오일의 수율의 관계성을 보여주고 있다. 표 4.7은 전 세계 석탄액화공정 플랜트와 향후 추진계획에 대하여 설명하고 있다. 역청탄액화 기술과 갈탄액화 기술로 자동차나 항공기의 연료유를 제조한다. 역청탄 액화기술에 대해서는 화학결합의 절단점에 어떻게 수소를 공급하는가의 차이에 의한 다음의 세 가지 방식으로 분류된다.

① 직접수소첨가액화법

석탄의 유기고분자성분에 직접 수소를 반응시킴으로써 액상유를 얻는 방법이다.

② 용제추출액화법

석탄과 재순환유를 혼합하여 압력 100~150 기압, 온도 400~450℃으로 열처리하여, 석탄에서 가용분을 추출하는 동시에 재순환유의 수소공여성을 이용하여 석탄에 수소를 공급하는 방법이다. 따라서 이 방법에서는 재순환유에 수소 공여성을 주기 위해 재순환유의 수소첨가 공정이 필요하다.

③ 솔루빌리제이션액화법

석탄을 상압~수십 기압이라는 저압에서 액화유의 일부를 사용하여 수분~10분 정도의 매우 단시간의 반응으로 액화하는 방법이며, 반응조건이 온화한 만큼 얻어지는 액상물은 중질이며, 유분을 얻으려면 다시 2 단째의 수소첨가 공정을 가할 필요가 있다.

표 4.6 석탄액화기술 [16]

Mild Pyrolysis	Single-Stage Direct Liquefaction	Two-Stage Direct Liquefaction	Co-Processing and Dry Hydrogenation	Indirect Liquefaction
• Liquids from Coal (LFC) Process – Encoal • Coal Technology Corporation • Univ. of North Dakota Energy and Environmental Center (EERC)/AMAX R&D Process • Institute of Gas Technology • Char, Oil Energy Development (COED)	• Solvent Refined Coal Processes (SRC-I and SRC-II) – Gulf Oil • Exxon Donor Solvent (EDS) Process • H-Coal Process – HRI • Imhausen High-Pressure Process • Conoco Zinc Chloride Process • Kohleoel Process – Ruhrkohle • NEDO Process	• Consol Synthetic Fuel (CSF) Process • Lummus ITSL Process • Chevron Coal Liquefaction Process (CCLP) • Kerr-McGee ITSL Work • Mitsubishi Solvolysis Process • Pyrosol Process – Saarbergwerke • Catalytic Two-Stage Liquefaction Process – DOE and HRI • Liquid Solvent Extraction (LSE) Process – British Coal • Brown Coal Liquefaction (BCL) Process – NEDO • Amoco CC-TSL Process • Supercritical Gas Extraction (SGE) Process – British Coal	• MITI Mark I and Mark II Co-Processing • Cherry P Process – Osaka Gas Co. • Solvolysis Co-Processing – Mitsubishi • Mobil Co-Processing • Pyrosol Co-Processing – Saabergwerke • Chevron Co-Processing • Lummus Crest Co-Processing • Alberta Research Council Co-Processing • CANMET Co-Processing • Rheinbraun Co-Processing • TUC Co-Processing • UOP Slurry-Catalysed Co-Processing • HTI Co-Processing	• Sasol • Rentech • Syntroleum • Mobil Methanol-to-Gasoline (MTG) Process • Mobil Methanol-to-Olefins (MTO) Process • Shell Middle Distillate Synthesis (SMOS)

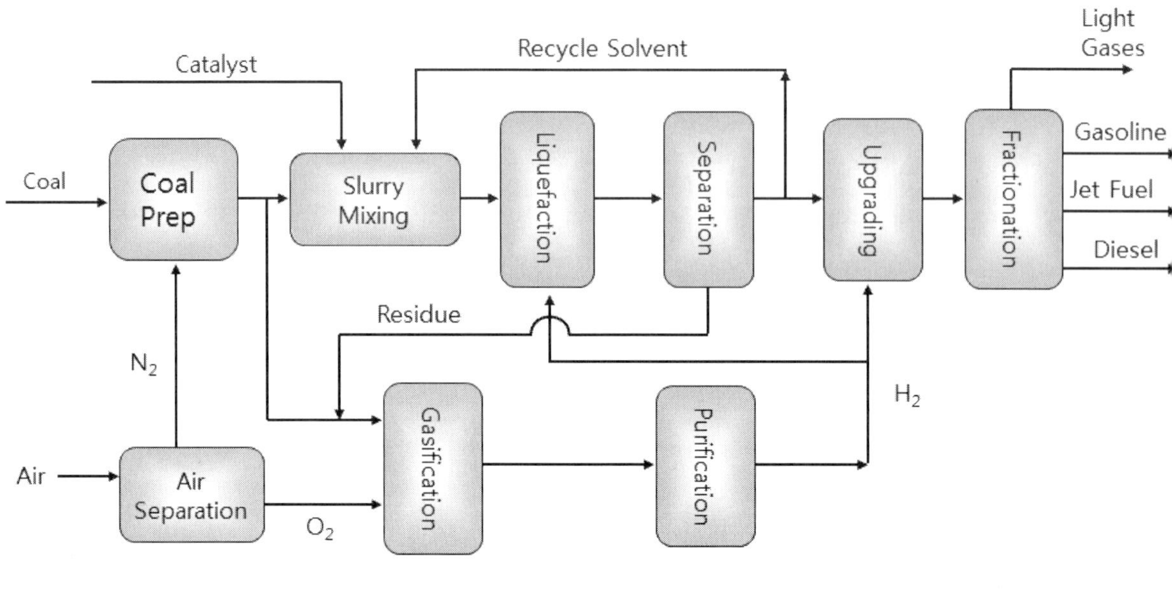

그림 4.11 중국 Shenhua 직접액화공정 [16]

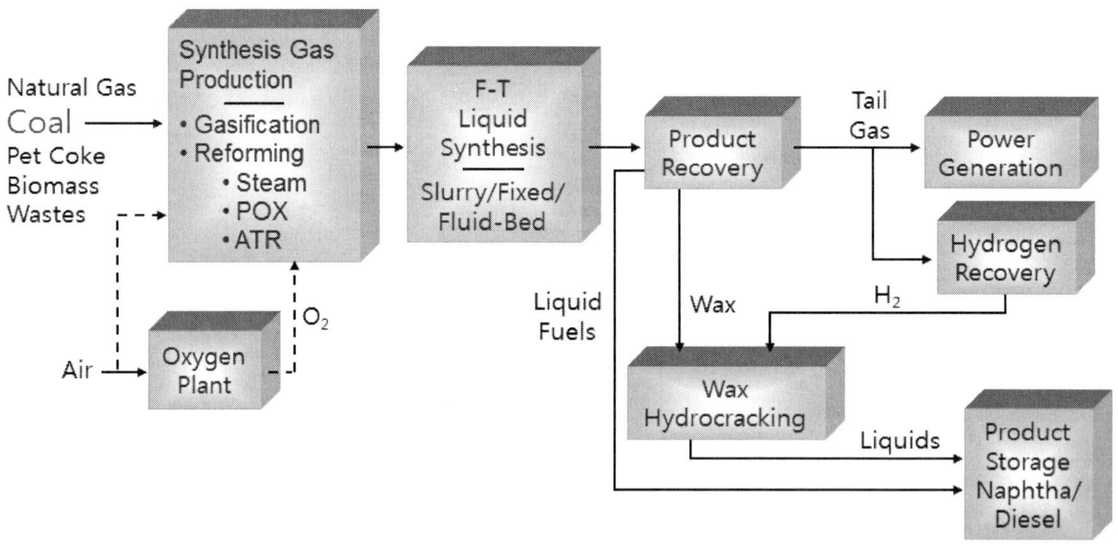

그림 4.12 간접액화의 전체 개략도 [15]

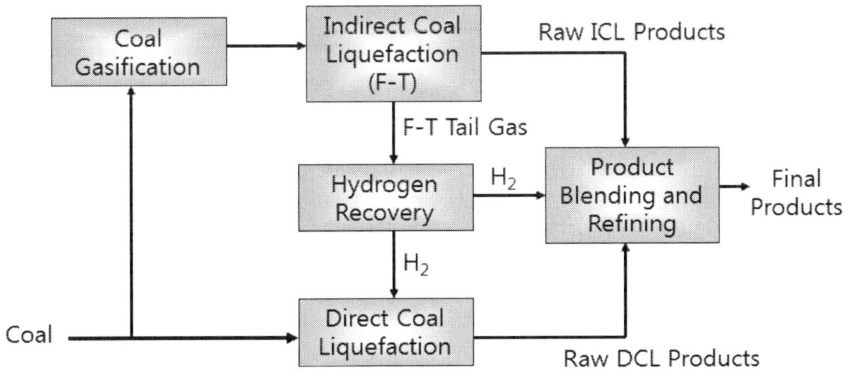

그림 4.13 하이브리드 직접액화/간접액화 플랜트 개념도 [15]

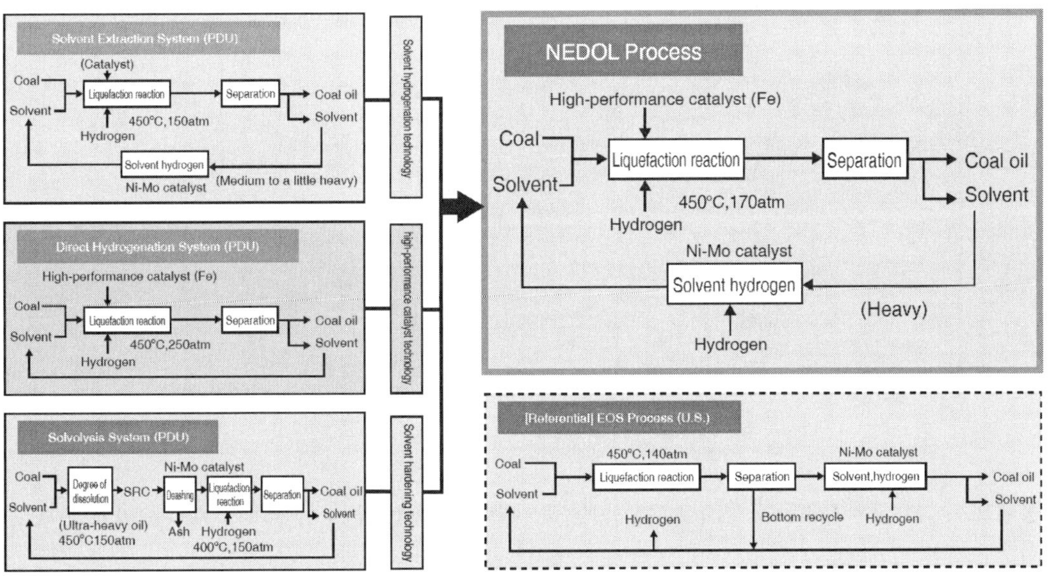

그림 4.14 일본 NEDOL공정의 기본개념

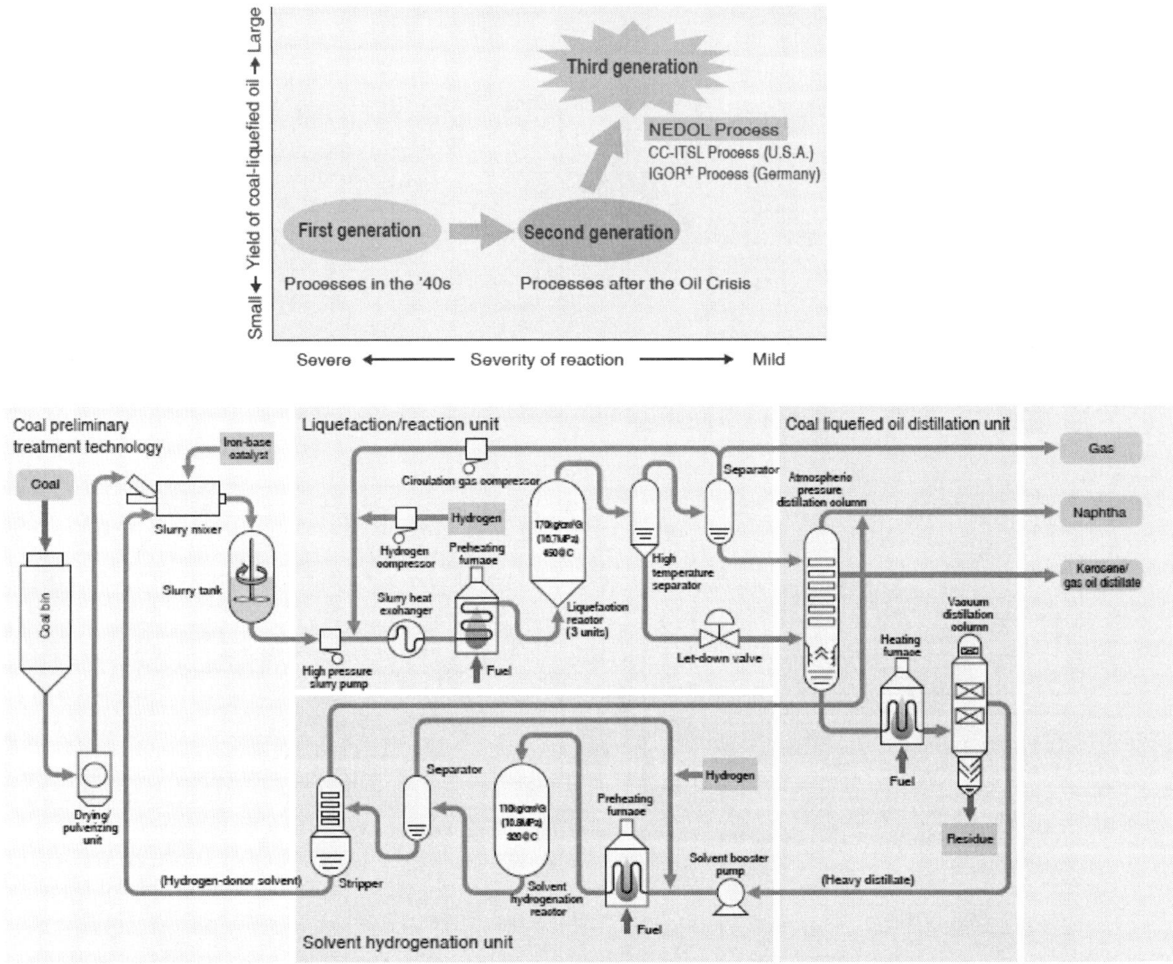

그림 4.15 일본 일본 NEDOL공정에서 액화 반응의 가혹도(Severity)와 석탄-액화 오일의 수율의 관계성

4.6.4 석탄가스화

4.6.4.1 석탄가스화의 개요

석탄가스화기술은 석탄을 고온·고압 상태의 가스화기에서 한정된 산소와 함께 불완전연소 시켜 CO와 H_2가 주성분인 합성가스를 생성하는 기술로 가스화기술, 합성가스 정제기술, 합성가스 전환기술로 구분된다. 또한, 전체 시스템중 가장 중요한 부분으로 석탄 종류 및 반응조건에 따라 생성가스의 성분과 성질이 달라진다. 가스화 기술에는 건식과 습식기술이 있다.

표 4.7 전 세계 석탄액화공정 플랜트와 향후 추진계획

Country	Owner/Developer	Capacity (bpd)	Status
South Africa	Sasol	150,000	Operational
China	Shenhua	20,000 (initially)	Construction Operational in 2007–2008
China	Lu'an Group	~3,000–4,000	Construction
China	Yankuang	40,000 (initially) 180,000 planned	Construction
China	Sasol JV (2 studies)	80,000 (each plant)	Planning
China	Shell/Shenhua	70,000–80,000	Planning
China	Headwaters/UK Race Investment	Two 700-bpd demo plants	Planning
Indonesia	Pertamina/Accelon	~76,000	Construction
Australia	Anglo American/Shell	60,000	Planning
Australia	Altona Resources plc, Jacobs Consultancy, MineConsult	45,000	Planning
Philippines	Headwaters	50,000	Planning
New Zealand	L&M Group	50,000	Planning

앞으로 비전통 가스인 셰일가스의 개발과 석탄가스화이용 사업이 확장될 것으로 예측된다. 최근 국제에너지기구(IEA) 특별보고서의 가스 시나리오에 따르면 2030년 석유는 최대 에너지원의 지위를 고수하나 비중은 33%에서 27%로 저하될 것이고 세계적으로 셰일가스의 개발이 점차 증가함에 따라 천연가스는 2위 에너지원으로 부상할 것이다. 2020년부터는 북미 이외의 나라에서도 생산에 가담해 셰일가스가 급속히 확산될 것으로 예상되며 특히 중국의 셰일가스의 개발속도가 국제가스시장에 적지 않은 영향을 미칠 것이라고 전망하고 있다. 한편으로는 국제에너지기구(IEA)가 회원국 정부에 식수원오염, 물 부족 발생, 토지훼손 등 비전통가스 개발과정에서 생기는 환경문제에 대한 환경규제 가이드라인을 발표할 예정이다.

청정석탄기술을 적용하면 제조공정상 발생하는 불순물 황, 슬래그 등의 재활용 및 판매로 추가 수익창출이 가능하고 고순도로 발생되는 이산화탄소의 경제적 포집으로 이산화탄소 자원화와 이산화탄소 포집 · 저장에 유리하며, 향후 석탄가스화 이용시장은 청정기술개발에 따라 급격한 성장이 예상된다. 또한, 석탄가스화후 이 가스를 정제 및 합성하면 초산 등의 화학원료와 석유화학 원료와 합성석유 등의 제품이 만들어지며, 이러한 이유때문에 석탄은 화학산업의 소재라고 볼 수있다. 국내 석탄가스화 사업의 동향에 대해서는, 최근 국내 기업인 포스코, 서부발전 등이 매장량이 풍부하고 가격이 저렴한 석탄을 이용한 합성천연가생산 사업과 석탄을 가스

화해 디젤, 가솔린, LPG등 고가 석유계제품 생산사업을 추진하며 최근 기술개발중이다.

석탄(중질잔사유) 가스화는 가스화복합발전기술(IGCC:Integrated Gasification Combined Cycle)은 석탄, 중질잔사유 등의 저급원료를 고온·고압의 가스화기에서 수증기와 함께 한정된 산소로 불완전연소 및 가스화시켜 일산화탄소와 수소가 주성분인 합성가스를 만들어 정제공정을 거친 후 가스터빈 및 증기터빈등을 구동하여 발전하는 신기술이다. 석탄액화는 고체 연료인 석탄을 휘발유 및 디젤유 등

의 액체연료로 전환시키는 기술로 고온·고압의 상태에서 용매를 사용하여 전환시키는 직접 액화 방식과, 석탄가스화 후 촉매상에서 액체연료로 전환시키는 간접액화 기술이 있다. 석탄가스의 장점은 고효율 발전, SO_x를 95%이상, NO_x를 90% 이상 저감하는 환경친화기술이며, 다양한 저급연료(석탄, 중질잔사유, 폐기물 등)를 활용한 전기생산 가능, 화학플랜트 활용, 액화연료생산 등 다양한 형태의 고부가가치의 에너지화하는 것이다. 그러나, 소요면적이 넓은 대형 장치산업으로 시스템 비용이 고가이므로 초기 투자비용이 높고, 복합설비로 전체 설비의 구성과 제어가 복잡하여 연계시스템의 최적화, 시스템 고효율화, 운영안정화 및 저비용화가 요구되는 단점이 있다.

석탄가스화의 가장 대표적인 활용 방식은 가스화복합발전(Integrated Gasification Combined Cycle:IGCC)이다. 이산화탄소 포집의 용이성은 IGCC가 차세대 석탄 발전 기술로 각광받는 가장 큰 이유이다. 그림 4.16은 IGCC를 포함한 석탄활용 개념도 [17]를 설명하고 있다. 표 4.8은 세계 대표적인 IGCC 플랜트를 나타내고 있다 [18]. 이 시스템에서는 석탄을 고온 고압에서 가스화시켜 합성가스를 만든 다음 정화공정을 거쳐 가스터빈에서 1차 발전, 증기터빈으로 2차 발전하는 고효율의 복합발전을 한다. 석탄가스화 시스템은 가스화기, 산소공급장치인 공기분리설비, 가스정제설비로 구성되며, 최종 활용목적에 따라 다른 설비가 연계된다. 최종 목적이 비료를 생산하는 경우에는 석탄을 가스화 시킨 후 정제과정을 통한 다음 암모니아가스로 합성하여 비료의 원료로 사용한다. 이는 주로 중국과 일본에서 현재 많이 활용하는 방안이다. 가스화복합발전으로서 먼저 앞에서 설명한 가스화 방법을 이용하여 연료가스로 전환하고 고온에서 연료가스 중 부식성가스인 H_2S를 정제한 후, 미반응 석탄과 분진 등 입자를 제거하고 연소하여 가스터빈을 구동시키고, 고온의 연소가스에서 스팀을 회수하여 스팀터빈을 구동시킴으로서 석탄화력발전소와 같이 전력을 생산하는 차세대 전력생산시스템이다. 이 기술은 기존의 같은 용량 기준의 석탄보일러보다 40%이상의 고체폐기물의 양 을 감소시킬수 있으며 99%의

SO_x와 80%의 NO_x를 제거할 수 있다. 또한 기존 석탄화력의 발전효율이 36~39%인데 비하여 IGCC에 의한 발전효율은 45~55%까지 향상될 수 있을 것으로 기대되고 있다. 석탄 화력발전소에서 석탄이 보일러에서 연소되고 회분이 고체상태(연탄재와 같은 용융 전상태)로 배출되는 데 비하여 IGCC시스템에서의 회재는 석탄을 가스화시키고 회분은 녹여서(용융후) 스래그형태로 배출시킨다. IGCC시스템에서의 Slag 점도는 대부분 250 Poise를 임계점으로 설정하고 그 이하의 점도상태를 유지하도록 약 1,400℃에서 가스화기를 운전한다. IGCC에서는 운전온도와 재(Ash)의 조성과 재(Ash)의 스래그(Slag) 상태에서의 점도가 중요한 요소이다. 만일 재 스래그의 점도가 높은 석탄이라면(석탄의 종류마다 재 스래그의 점도는 각각 다름) 가스화기의 운전온도가 높게 되어야 하고 그만큼 전력소모가 많고 중요한 것은 온도가 높을수록 운전상 위험성도 높아지게 되므로, CaO, MgO의 Flex를 사용하여 스래그의 점도를 낮춰야한다. 슬래깅 연소는 신연소기술중의 하나로서 연소시 석회석을 주입하여 황성분을 미리 제거하는 기술로 반응기의 온도가 석탄중의 회분을 용융시킬 수 있을 만큼 충분히 높아야 한다. 이 경우도 회분성분은 반응기 하부로 스래그 형태로 배출되고 연소가스는 기존의 화력발전소의 보일러로 주입되면서 스팀을 발생시키고 터빈을 구동시켜 전력을 생산하는 차세대 발전시스템에 이용되고 있다.

석탄중의 회분 및 석고 형태로 황산화물을 제거시키는 이 방법은 분진으로 배출되는 입자는 스래그로 제거되기 때문에 분진이 거의 제거되는 기술입니다. 따라서 스래그의 점도가 높다면 반응기하부 배출구로 흘러 배출시키기가 어렵게 되므로 스래그의 점도가 낮아야 반응기를 조업시킬 수 있다. 이 경우 미리 석탄 스래그의 점도를 측정하여 원료탄으로 사용하게 되며 석회석의 CaO성분이 석탄 스래그의 점도를 낮추는 Flex로 역할을 할 수도 있는(황산화물도 잡아주고) 장점이 있다 [19].

4.6.4.2 석탄가스화 반응4)

석탄가스화·액화기술의 주요 내용으로는 가스화기술, 합성가스 정제기술, 합성가스 전환기술이 있다. 석탄의 가스화는 대부분 벤젠고리 형태로 존재하는 석탄의 화학결합을 절단하여 CO, H_2, CH_4, CO_2 등의 저분자로 분해시키는 것이다. 이에 관여하는 반응으로는 건류열분해, 부분산화, 수성가스화, 가스화반응 등의 여러 반응이 있으며, 이 반응을 통하여 석탄은 연료용 가스

4) 4.6.4.2의 대부분 내용(pp. 183~189)을 다음의 문헌에서 인용하였음을 밝힙니다. 인용된 문헌:"석탄액화•가스화", 김형택, 한국에너지기술연구원, 2010 신재생에너지백서, pp. 534~537, 2011, [19].

나 합성용 가스로 전환된다. 가스화 반응기 내에서는 이 반응들이 연속적이거나, 동시에 일어나 석탄의 대부분이 가스화되고, 일부는 소량의 타르나 또는 회분으로 반응기 외부로 배출된다.

석탄가스화 반응은 천연 고분자 혼합물로 존재하는 석탄의 탄소계 연료가 소량의 산소에 의해 부분 산화되고 일부의 탄소는 스팀에 의해 수성가스화 되어 일산화탄소 및 수소로 전환되는 반응이 고온(800~1500℃)에서 일어나는 것을 지칭하는 것으로 반응식은 다음과 같다. 가스화반응은 일반적으로 815℃이상에서 활발히 진행된다. 가스화 공정의 대표적인 화학반응식은 다음과 같다.

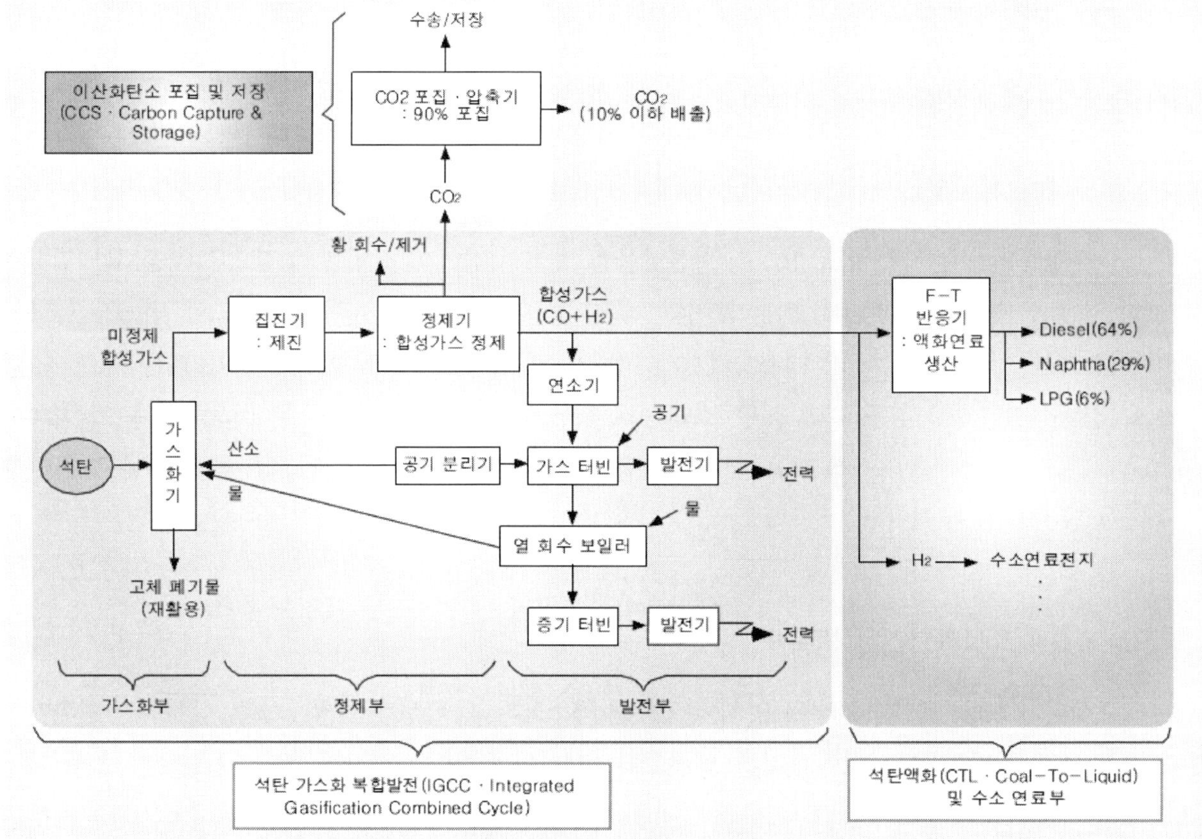

그림 4.16 IGCC를 포함한 석탄 활용의 개념도 [17]

표 4.8 세계 대표적인 IGCC 플랜트 [18]

국가명	플랜트명칭	설비용량 (MW)	적용가스화기술	운전시기
네덜란드	Nuon (Buggenum)	253	Shell(건식,산소)	1994.1
미국	Wabash River	262	E-gas(습식,산소)	1995.10
	TECO Plk (Tampa Electric)	250	Texaco(습식,산소	1996.9
스페인	Puertollano (ELCOGAS)	350	Prento(건식,산소)	1997.12
일본	Nakoso	250	CRIEP/MHI (건식,공기)	2007.9

① Gasification with oxygen or air (Partial combustion)

아래 두 반응은 석탄연소반응으로서 흡열반응에 필요한 열을 공급하기 위한 주 발열반응이다.

$C + 1/2O_2 = CO \quad \Delta H = -123.1KJ/mol$

$C + O_2 = CO_2 \quad \Delta H = -405.9KJ/mol$

② Gasification with steam (Water gas reaction)

석탄가스화에서 가장 중요한 수성가스반응으로 수증기를 수소 공급원으로 하는 간접수소첨가반응이다. 이 반응은 화학평형 상·고온, 저압에서 반응이 활발하므로 석탄의 가스화는 수증기존재하에서 고온에서 반응시키지 않으면 안 된다.

$C + H_2O = CO + H_2 \quad \Delta H = 135.7KJ/mol$

③ Gasification with carbon dioxide (Boudard reaction)

이 반응은 고온의 가스화 반응기 내에 있어서 CO_2의 환원반응, 즉 발생로 가스 반응이며, 일명 Boudard 반응이라고 한다. 이 반응도 수성가스화 반응과 같이 고온, 저압의 조건에서 유리하며, 850℃이하에서는 거의 일어나지 않는다.

$CO_2 + C = 2CO \quad \Delta H = 159.7KJ/mol$

④ Gasification with hydrogen (Hydrogasification reaction)

이 반응은 석탄의 수소화 반응에 의한 메탄 생성반응을 나타내며, 연료용 가스를 제조하는 경우에는 CH_4 함량이 높아야 하므로 가스화제로 수소를 사용하는 직접 수소첨가반응을하는 경우도 있다. 이 반응에 의한 수소첨가 메탄화반응은 저온, 고압에서 수소분압이 높은 조건을 필요로 하며, 고온가스화의 경우에는 이 반응속도가 감소된다.

$C + 2H_2 = CH_4 \quad \Delta H = -87.4KJ/mol$

⑤ Water-gas shift reaction

이 반응은 균일계의 수성가스 전환반응으로 고온하에서 수증기가 존재하는 경우 CO는 CO_2로 변화되고 새로운 H_2를 생성한다.

$CO + H_2O = CO_2 + H_2 \quad \Delta H=-40.9KJ/mol$

⑥ Methanation

이 반응은 생성 CO와 H_2의 결합에 의한 메탄 합성반응으로 가스화 반응기에서는 큰 비중을 차지하지 않고 생성가스의 고에너지화를 위한 2차 처리반응에서 중요한 역할을 한다.

$CO + 3H_2 = CH_4 + H_2O \quad \Delta H=-206.3KJ/mol$

이상의 여러 반응은 가스화 반응기 내에서 복합적으로 일어나며 생성 가스의 열역학적상태를 고려하여 이상기체화한 석탄가스의 농도변화를 살펴보면, CO는 온도가 증가할수록 증가하나, 압력과 H/O 비가 증가할수록 감소한다. 또한 전체 탄소 중 메탄으로 존재하는 탄소의 양은 H/O 비가 증가할수록 증가하나, 온도의 영향은 H/O 존재 비에 의하여 영향을 받는다. 즉 H/O 비가 2 이하의 경우 최대값을 가지며 변화되나, H/O비가 2보다 같거나 클 경우 온도에 따라 감소한다.

합성가스 정제기술은 가스화에 의해 발생된 생성 가스중에 포함된 황화합물(H_2S, COS), 분진, 질소화합물(NH_3), 할로겐화합물(HCl) 및 수은 등의 불순물을 제거하는 기술로 분진제거에는 세라믹 필터 및 금속필터가 사용되며 황화합물 제거 방법은 주로 선회류식 세정장치, 이온교환섬유의 물리화학적 흡착원리를 이용한 H_2S 제거방법, Chem-Bio 탈황공정, 액상촉매(철 촉매, Fe-EDTA)를 이용한 H_2S제거 방법, 고체흡착제(활성탄)와 흡수액(가성소다)을 이용한 H_2S 제거 방법, 유전체 방전기술을 이용한 H_2S제거 방법, 촉매-스크러버 방식의 H_2S제거 방법 등이 있으며, 일반적인 정제공정으로는 COS가 제거되지 않으므로 COS 가수분해반응을 이용하여 COS를 H_2S로 전환시킨 후 탈황 공정에서 H_2S를 제거하는 방식을 택하기도 한다. 습식정제공정은 이미 상용화되었으며 미국의 경우, 1984-1989년 Selexol 탈황공정을 100 MW급에 실증연구 적용 후 계속적인 가스정제 핵심기술을 개발중이고, 네덜란드에서는 Shell사를 중심으로 1972년부터 Sulfinol공정을 비롯한 탈황공정을 개발하고 있으며, 독일에서는 MDEA 공정을 적용하여 300 MW급 ELCOGAS 프로젝트 실증연구를 진행하고 있다.

합성가스 전환기술로는 전기생산 및 액체연료, 화학원료, DME(dimethyl ether), 수소로의 변환방법이 있다. 석탄가스화반응을 통하여 생산된 합성가스의 조성은 후속 스팀개질 반응과 탈황정제공정을 거치면 FT 합성디젤유생산에 적합한 합성가스 조성으로 변환이 가능하다. 합성가스를 디젤, 가솔린 등 액체연료로 전환시키는 Fischer-Tropsch(F-T) 반응은 Fe 또는 Co 촉매상에서 진행되는 고압반응이며 아래 식과 같고, n의 숫자에 따라 많은 종류의 생성물이 발생한다.

$$\text{F-T:}\ 2nH_2 + nCO \rightarrow (CH_2)n + nH_2O$$

F-T공정은 남아공의 사솔, 네덜란드의 Shell 및 미국의 Rentech사에서 상용화되어 있고, F-T용 촉매, 반응기 및 최적 조업조건 확립 등이 핵심기술로 알려져 있다. 화학원료 및 비료생산은 F-T공정을 고온에서 운전하여 에틸렌 및 프로필렌 등의 수율을 높여 화학원료로 이용하는 기술로 암모니아 비료제조공정 및 초산제조공정 등은 이미 상용화되었다. 석탄가스를 이용한 천연가스합성석유(GTL: Gas-to-Liquids) 분야 중 비F-T 공정으로는 메탄올과 DME (dimethyl ether) 제조를 들 수 있다. 석탄가스화 기술을 이용하여 메탄올을 제조하는 사업용 설비로는 1983년부터 가동하기 시작한 미국의 이스트만 화학회사를 들 수 있다. 합성가스를 메탄올 제조 조건(250~300℃, 50기압)과 유사하게 유지하면서 메탄올제조 촉매와 산촉매의 혼합체에 흘려주면, DME(dimethyl ether)가 만들어지며(직접합성법) 메탄올을 먼저 만든 후에 탈수반응에 의해 제조도 가능하다(간접합성법). 특히 DME제조에 사용되는 비F-T 공정은 F-T공정에 비해 공정이 단순하고 별도의 수소제조설비가 필요하지 않기 때문에 상대적으로 소규모 설비에서도 경제성이 확보될 수 있다. DME는 가정용으로 LPG 대용이 되며, 수송용으로는 디젤 대용이 가능하여 일본 등에서 개발이 진행 중이다. DME 제조방법은 크게 합성가스로부터 직접 DME를 제조하는 직접법(1단계)과 메탄올을 생산한 후 탈수반응에 의해 제조하는 간접법(2단계)이있다.

$$\text{DME:}\ 3H_2 + 3CO \rightarrow CH_3OCH_3 + CO_2$$

$$\text{또는}\ 2CH_3OH \rightarrow CH_3OCH_3 + H_2O$$

초기 DME 생산공정은 이미 생산된 메탄올을 탈수하여 얻는 것이 대부분이고 이미 확보된 기술을 적용하기 때문에 대부분 간접법으로 제조하였지만, 최근에는 직접법으로 합성가스로부터 직접 DME를 합성하는 공정 및 촉매 개발에 대한 연구가 주로 진행되고 있다. 특히, 미국이나 일본 등에서 직접법을 선호하고 있고 기존 메탄올 제조 기술을 확보하고 있는 중국은 아직까지 간접법으로 DME를 제조하고 있다. 합성가스를 수증기와 반응시키면 수성가스반응에 의하여 추가적인 수소가 생성되며 흡착기술(PSA: Pressure Swing Adsorption) 등에 의해 분리하면 대량 수소생산이 가능하다. 상용화를 위해서 대규모 가스처리용 수성가스반응기술과 고효율 수소분리기술이 필요하다.

4.6.4.3 상용화 석탄가스화 공정

최근 주요 선진국들은 실증플랜트 건설·운영을 위해 민간과 정부가 공동 노력중이며,차세대 발전기술 분야의 수출전략 산업으로 육성 중이다. 현재, 외국에서 운용중인 상용화 단계의 300MW급 주요 5기(미국 2기, 네덜란드 1기, 스페인 1기, 일본 1기) IGCC 실증 플랜트가 운전 중이다. 오늘날 상업적으로 성공한 대표적인 가스화공정들은 GE(구 Texaco), Shell, CoP(EGas,구 Destec), Sasol-Lurgi 등을 들 수 있다. 표 4.9는 석탄가스화기술을 설명하고 있다. 고정층/이동층을 이용한 남아프리카 사솔은 현재 80기 운용중이며, 가장 오랜된 기술이다. 고정층/이동층을 이용한 기술은 덩어리 석탄을 사용가능하며, 낮은 온도로 열효율이 높으나, 부하 추종성이 없어, 석탄액화와 화학용으로 적합하다. 고속유동층의 기술은 상용화식녁은 없으며, 모래알 크기의 석탄을 사용하며, 액체연료는 부적합하며, 구성이 비교적 복잡하다. 분류층은 발전용과 활격용으로 적합하며, 부하 추종성이 요구되는 대규모의 발전용에 적합하다.

4.7 이산화탄소 포집기술(Carbon Sequestration)

그림 4.17은 이산화탄소포집기술의 전반적인 개략도를 설명하고 있다. 이산화탄소포집 및 저장(CCS: Carbon Capture &Storage 또는 Carbon Sequestration)은 발전 과정에서 생성되는 이산화탄소를 물리·화학적인 방법으로 분리한 후 파이프를 통해 운송, 저장소에 주입시키는 기술이다 [21]. 이산화탄소의 포집, 운송, 저장 등 세 부분으로 이루어진다. 이 가운데 포집은 기술개발 초기단계에 있어 현재 처리비용이 많이 든다. 배출처의 특성에 따라 포집이 불가능한 경우도 많다. 배기가스의 배출량, 배기가스 중 이산화탄소함량, 저장소와의 근접성 등의 측면에서 기

준에 부합하는 대규모 배출처만이 이산화탄소 포집기술의 적용 대상이 될 수 있다. 예를 들면, 자동차에서 배출되는 이산화탄소의 경우 전체 이산화탄소 배출량의 약 13%에 해당하는 막대한 양이지만 여건상 포집의 대상이 될 수 없다. 포집 가능한 고정 배출처로는 발전소가 대표적이며, 이 가운데 석탄기반 발전소에서 배출하는 이산화탄소가 전체 포집가능한 이산화탄소의 약 60%를 차지한다. 이산화탄소저장 방법으로는 지표면에 주입시키는 방법과 바닷속에 저장하는 방법이 있다, 그림 4.18 참조 [12]. 지표면에 주입하는 방법이 안정성 및 모니터링의 용이성 측면에서 선호되고 있다. 고갈된 유전, 가스전, 채굴 불가능한 탄층 등이 저장소로 활용된다.

표 4.9 석탄가스화 기술

	분류층 (Entrained Flow Gasifier)	고속유동층 (Transport Gasifier)	고정층/이동층 (Fixed Bed Gasifier)
용도	발전용 및 화학용	발전용	석탄액화용 및 화학용
실적	2000톤/일급 약 136기 운용 (GE, Shell ,CoP, Udhe 공정)	상용화 실적 없음 (SC 285MW 2010년 예정)	가장 오래된 기술 (남아프리카 SASOL 80기운용)
기술 특징	-부하추종성이 요구되는 -대규모 발전용에 적합.	-모래알 크기 석탄 사용. -넓은 범위의 고체연료를 사용할 수 있으나, -액체연료는 부적합. -구성이 비교적 복잡함	-덩어리 석탄 사용가능하며 -낮은 온도로 열효율 높으나 -부하 추종성이 없어, 석탄액화/화학용으로 적합.
연료	역청탄, 아역청탄	아역청탄, 갈탄 등 저급탄	아역청탄, 역청탄
형상	[Shell 가스화기]	[KBR 가스화기]	[Saso-Lurgi 가스화기]
	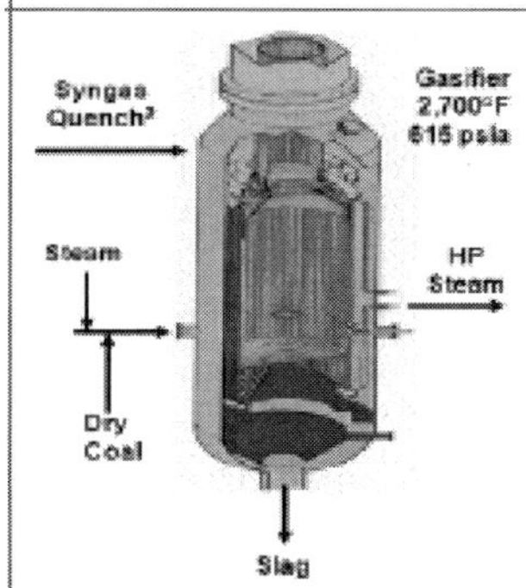	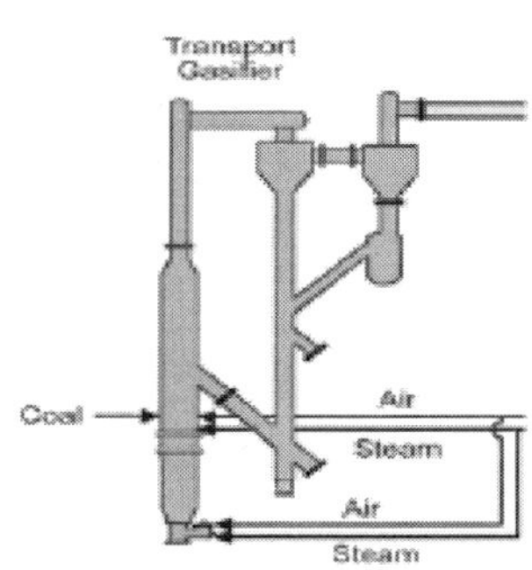	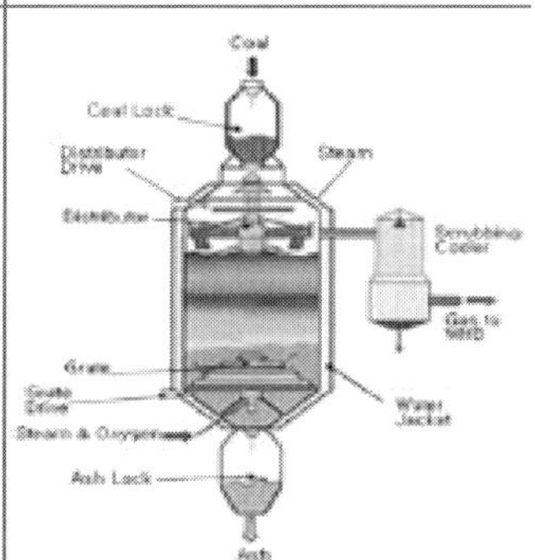

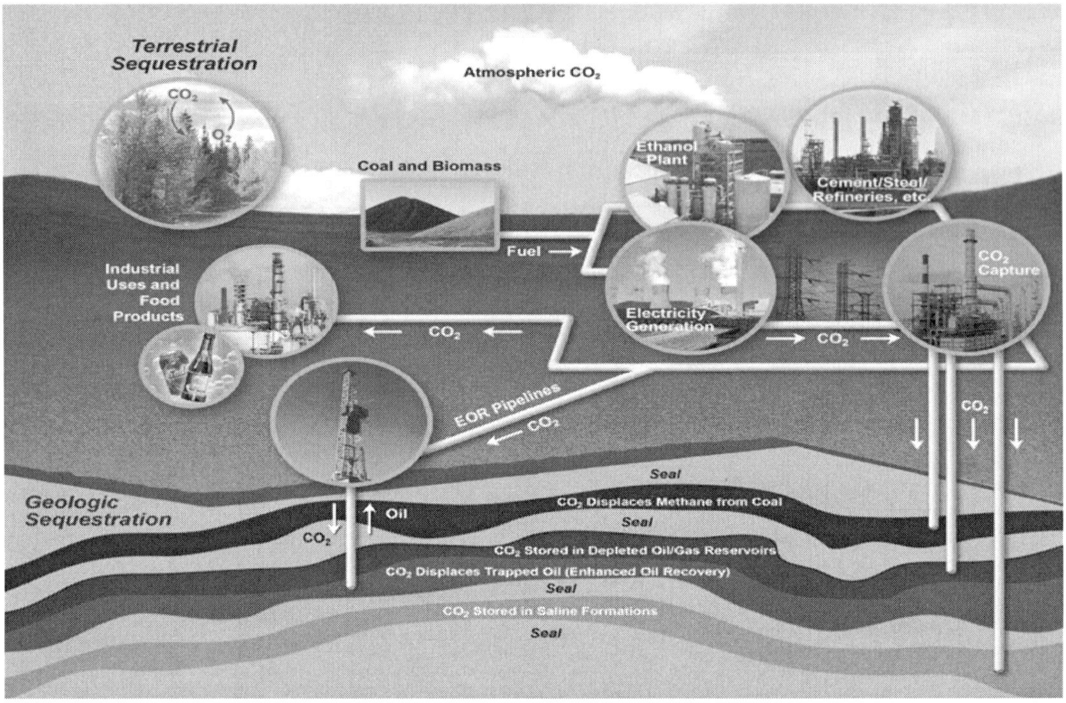

그림 4.17 이산화탄소의 포집 기술의 개략도 [21]

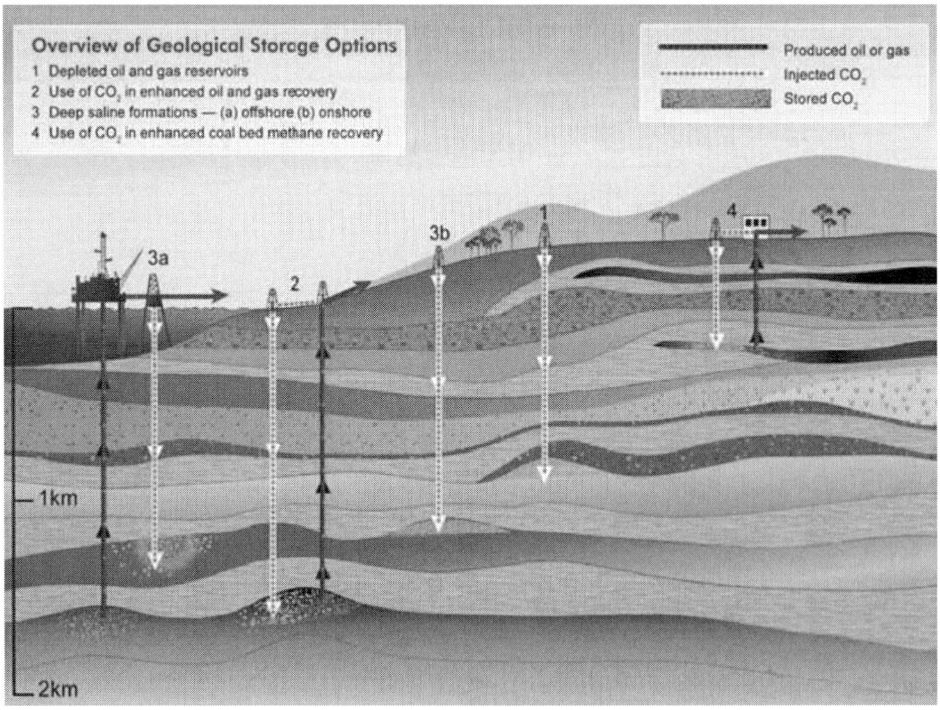

그림 4.18 지질학적 CO_2 저장방법에 대한 개략도 [12]

참고문헌

[1] http://www.jeongseon.go.kr/upload/seoktan/2006_3.pdf, "제 1장 석탄의 기원과 세계의 석탄산업, 정선군 석탄 사업사", 에너지경제연구원, 2005.12

[2] http://www.eia.gov/energyexplained/index.cfm?page=coal_home

[3] http://www.uky.edu/KGS/coal/coalform.htm

[4] Energy - its use and the environment, 4th edition, Roger A. Hinrichs, Merlin Kleinbach, p. 264, 2006

[5] "BP Statistical Review of World Energy June 2012", http://www.bp.com/statisticalreview

[6] http://www.eia.gov/energy_in_brief/world_oil_market.cfm

[7] "International Energy Outlook", Tables 5, 7, and 10; U.S. Energy Information Administration,September 2011

[8] http://www.eia.gov/energyexplained/index.cfm?page=coal_reserves

[9] http://www.eia.gov/todayinenergy/detail.cfm?id=4390

[10] http://www.eia.gov/energyexplained/index.cfm?page=coal_mining

[11] http://www.uky.edu/KGS/coal/coal_mining.htm

[12] http://www.fossil.energy.gov/education/energylessons/coal/HS_Coal_Studyguide_draft1.pdf

[13] "화학산업의 새로운 지평을 여는 석탄화학과 바이오화학", 홍정기, LG Business Insight, 2011. 8. 24

[14]http://www.uky.edu/KGS/coal/uses_of_coal.htm

[15] http://www.knrec.or.kr/knrec/11/KNREC110900.asp

[16] "Coal conversion – A rising Star, "23rd Int' l Pittsburgh Coal Conference, September 25-28, 2006, by Miller, EIA, U.S. Department of Energy, March 28, 2007

[17] "가스화 복합발전, 유망 청정석탄기술인가", 문상철, LG Business Insight, 2008. 8. 20

[18] "석탄액화 · 가스화", 김형택, 한국에너지기술연구원, 2010 신재생 에너지 백서, pp. 532 ~533, 2011

[19] "석탄액화 · 가스화", 김형택, 한국에너지기술연구원, 2010 신재생 에너지 백서, pp. 534~537, 2011

[20] https://www.kocoal.or.kr/board/read.php?table=1019&number=115&page=1&sel_cat=A&sel=&search=

[21] http://www.fossil.energy.gov/programs/sequestration/overview.html

연습문제

1. 우리나라와 미국은 석탄을 각각 가장 많이 수입하는 국가는?

2. 제철용으로 쓰이는 원료탄(Coking Coal)이 강점결탄, 부분강점결탄, 약점결탄, 부분 약점결탄으로 분류되는 기준은 무엇인가?

3. 석탄을 갈탄, 아역청탄, 역청탄, 무연탄으로 분류할 때, 각각의 용도는?

4. 석탄을 왜 가스화하려고 하는가? 석탄 변환기술의 종류를 나열하고 그에 대한 특징을 설명하시오. 그리고 1 (kilowatt-hour of electricity)을 생산하려면 얼마만큼의 석탄이 필요한가?

5. 석탄의 평균발열량과 석탄 성분의 구성비는?

6. 미국에서의 석탄의 역할을 매장량, 가격, 환경적인 측면, 그리고 미래의 석탄이용 전망측면에서 논하시오. 자료원 http://www.eia.gov/energy_in_brief/role_coal_us.cfm을 이용하시오.

7. 석탄을 분석할 때 여러 수치가 나오는데 그 수치의 높고 낮음이 석탄의 분류에 어떠한 영향을 미치는지 설명하시오.

8. 600MW 발전소는 평균 수분함량 14%과 재(ash)함량 11%를 가진 미국 미주리주, 라파예트 석탄를 연소원료로 사용한다. 이 발전소는 8863 Btu/KWh의 열량속도로 가동한다. 쓰레기 폐기물 채굴장을 분석한 결과, 2605 KJ/kg의 열량수치를 얻었다. 굴뚝에서 배출되는 가스를 오르자트 가스분석(Orsat analysis of the flue gas)을 한 결과는 13.78% CO_2, 4.49% O_2, 0.75% CO을 얻었다.

   1) 발전소의 열효율을 구하시오

   2) 석탄공급속도(coal rate)을 구하시오

   3) 희석계수(dilution coefficient)과 과잉공기 %를 구하시오

   4) 50℃, 0.3기압의 대기 조건과 상대습도 50%일 때, 강제 드래프 팬(forced-draft fan)의 용량을 kg/min, ft^3/min으로 구하시오.

   5) 288℃, 0.88기압의 배출가스의 조건하에서, 유도 드래프 팬(induced-draft fan)의 용량을 kg/min, ft^3/min으로 구하시오.

   6) 강제 드래프 팬(forced-draft fan)와 유도 드래프 팬(induced-draft fan)을 가동하는 필요한 모터의 규모를 마력(hp)fh 구하시오. 단, 각 팬의 기계적인 효율은 86%이고, 수두 압력 상승은 25 inch H_2O 이다.

   7) 유도 드래프 팬(induced-draft fan)에서의 배출가스의 이슬점 온도는 얼마인가?

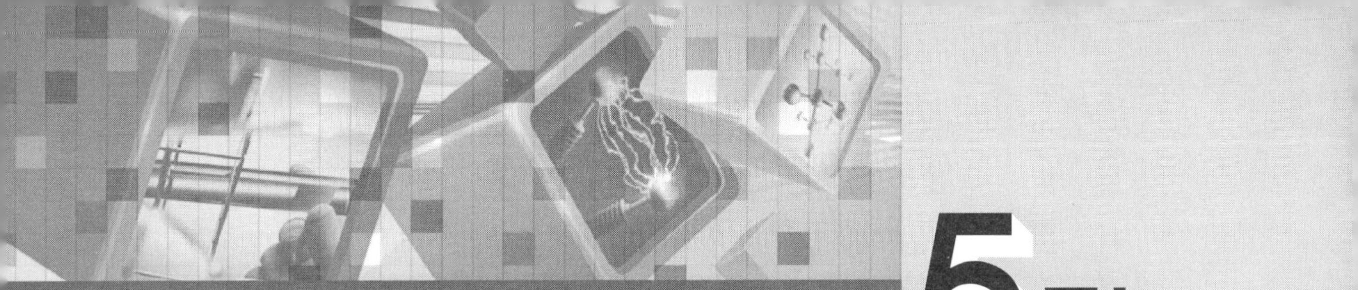

천연가스 5장

5.1 천연가스[5]의 매장과 이용

천연가스는 석탄이나 석유와 같이 지금부터 약 300~400백만년전에 생물이 묻혀서 만들어진 화석연료입니다. 천연가스의 생성과정은 석유와 유사하다 [2]. 석탄은 나무와 같은 식물이 흙 속에 파묻혀서 오랜 세월 동안 압력을 받아 만들어진 것이고, 석유와 천연가스는 바다에 살고 있던 플랑크톤이나 동물이 묻힌 후 그 위에 퇴적된 흙 속에서 유체로 변한 것이다. 석유를 채굴하는 것과 마찬가지로 시추공을 바다밑이나 땅속 깊이 박아 천연가스를 채굴합니다. 천연가스만 매장되어 있는 경우도 있지만 보통은 석유와 함께 매장되어 있다. 하지만, 석유가 생산될 때 함께 섞여서 생산되기도 하나 대부분 별도로 생산된다. 천연가스의 주요성분은 80~85%가 메탄(CH_4)가스로 되어 있는 반면에 공해요인이 거의 없는 청정에너지로 최근 들어 크게 각광받는 에너지원의 하나이다. 특히 폭발범위가 적어 위험성 측면에서 어느 정도 보장이 가능하며, 높은 발열량에 따라 그 이용분야가 다양하다. 그림 5.1에서 보는 바와 같이, 2010년 세계 천연가스의 생산은 1980년 대비 거의 두 배가 되었다. 1980년 세계생산량은 1.43조m^3이며, 2010년에는 3.27조m^3이다. 이 기간동안에 북미와 구 러시아의 주요 2개의 천연가스지역 생산비중는 1980년에 72%에서 2010년 49%으로 감소하였다. 이들 지역을 제외한 다른 지역들은 이 기간동안에 모두 천연가스 생산이 증가하였다. 특히, 중동지역 거의 7 배이상으로 급성장하였다 [3]. 지구상에 존재하는 천연가스는 무한정 사용할 수 없으며, 세계적인 확인 가채매장량은 208.4조m^3로서 현재 사용하고 있는 추세대로라면 63.6년간 사용할 수 있다. 이를 매장된 지역별 분포율로 살펴보면 중동지역이 가장 많은 80조m^3인 38.4%를 차지하고 있으며, 그 다음으로는 유럽과 유라시아가 78.7조m^3인 37.8%, 아시아태평양이 16.8조m^3인 8%, 기타 지역이 32.9조m^3인 15.8%를 점유하고 있다, 표 5.1 참조 [4].

5) 제5장의 대부분 내용을 "한국에너지기술연구원의 홈페이지 자료 www.kier.re.kr"에서 인용하였음을 밝힙니다.

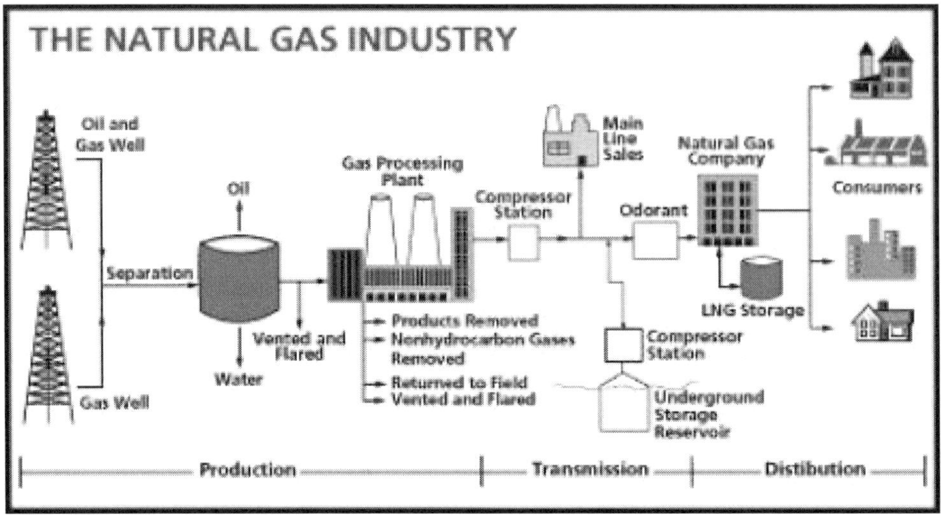

Growth of regional natural gas production
percent change from 1980 to 2010

World	110%
North America	24%
Central & South America	335%
Europe	18%
Former Soviet Union	71%
Middle East	1068%
Africa	975%
Asia	617%
Oceania	434%

Share of world natural gas production
percent of total world production, 1980 and 2010

	1980	2010
North America	43%	26%
Central & South America	2%	5%
Europe	17%	10%
Former Soviet Union	29%	23%
Middle East	3%	15%
Africa	1%	7%
Asia	4%	13%
Oceania	1%	2%

Source: U.S. Energy Information Administration, International Energy Statistics.
Note: Natural gas production represented by dry natural gas production.

그림 5.2 천연가스 생산 및 공급과정 [5]

(자료원 : http://www.eia.gov/energyexplained/index.cfm?page=natural_gas_delivery)

약 1000년 전부터 중국 사람들이 대나무 통을 땅 속에 박아 천연가스를 채집하여 소금 제조와 취사에 사용했다는 역사 기록이 있다. 1802년 이태리 제노아에서 가스로 가로등을 켠 것이 유럽에서 최초로 가스를 상업적으로 이용한 것이며, 1821년 미국 뉴욕주 프레도니아(Fredonia)에서 가로등용, 가정 및 공업용 연료로서 사용하기 시작했습니다. 그 당시에는 가스값보다 가로등을 점등하는 인건비가 더 비싸서 가로등을 하루종일 켜 놓았었다고 합니다. 초기 단계에는 천연가스를 생산지로부터 소비지로 수송하는 적당한 방법이 없었기 때문에 가스전에서 그대로 태워 버렸으나 제 2차 세계대전 이후부터 용접과 배관 제조기술이 발달함에 따라 가스를 생산지로부터 소비지까지 파이프라인을 부설하여 수송할 수 있게 되어 비로소 본격적으로 천연가스를 사용할 수 있게 되었다. 천연가스는 기체 상태이기 때문에 많은 양을 한 곳에 저장하는 데에는 많은 어려움이 있을 뿐만 아니라 파이프라인을 통한 수송 이외에는 대량으로 운반하는 데에 큰 문제가 따르고 있다. 그러나 천연가스 액화기술의 개발로 인하여, 대량저장과 원거리 대량수송이 가능하다. 액화천연가스(LNG, Liquified Natural Gas)는 천연가스가 생성될 때 포함된 수분과 질소 같은 불순물을 제거한 후 -162℃의 아주 낮은 온도에서 액화시킨 상태로서 필요한 곳으로 수송한 후 다시 기화시켜 사용한다. 천연액화가스는 유전가스, 구조성가스, 수용성가스로 분류된다. 유전가스는 지곡중의 유조내에 원유와 공존하는 가스로, 유정의 상부나 원유중에 용해되어 존재한며, 원유생산과 동시에 채취하며 에탄과 프로판를 많이 포함하고 있다. 구조성가스는 지질 구조내에 고압가스로 따로 분리되어 존재하며, 가스로서 용출하므로 감압하여 채취한다. 수용성가스는 지하수에 용해된 형태로 존재하며, 압력이 낮으므로 물을 펌핑하여 가스를 분리, 채취한다. 그림 5.2은 천연가스의 생산과 압축, 공급과정을 도식화한 것이다 [5].

우리나라는 1986년 인도네시아에서 처음 LNG를 수입하여 도시가스용으로 사용하기 시작하였으며 사용량이 점차 증가하는 추세이다. 2010년 기준으로, 카타르, 인도네시아, 말레시아, 오만, 브루나이에서 32.6 백만톤 수입하고 있으며(그림 2.3, 2.6 참조), 발전용은 14.6백만톤, 지역난방용 0.65백만톤 [6]으로 사용되고 있는데, 이것은 1차 에너지 수요(262.6 백만톤, 2010년 기준, 그림 2.3 참조)[7]의 5.8%에 해당한다. 표 5.2은 산지별 천연가스의 주요 성분을 나타내고 있다. 아랍에미레이트에서 1998년부터 2007년까지 수입했으나, 2008년부터 현재까지 거의 수입을 하고 있지 않고 있다. 한국과 일본의 경우에는 천연가스를 −161℃로 액화시켜 천연가스(LNG) 선박으로 수송해 들어오고 있다. 인도네시아나 말레시아 등에서 LNG선박으로 수송해서 들어온 LNG은 그림 5.1에서 나타낸 인천기지, 평택기지, 통영기지 등에 저장된다. 그림 5.3은 우리나라의 LNG 배관망을 나타내고 있으며, 배관 구축이 상당히 잘 구성되어 있음을 알 수 있다 [8].

액화천연가스의 이용분야는 도시가스로서 가정용 연료로 사용되거나, 발전용 또는 산업용 가스보일러의 연료로 사용되는 것 이외에 새로운 이용기술로서 LNG 냉열을 이용하는 방법이 있다. LNG가 수입기지에서 재기화될 때 흡수하는 열을 냉열이라 부르

표 5.1 세계 천연가스 매장량과 생산량 (2011) [4]

지역/국가	매장량 (1조m³)	비중 (%)	생산량 (10억m³)	비중 (%)	사용연수 (R/P)
US	8.5	4.1%	651.3	20.0%	13.0
Canada	2.0	1.0%	160.5	4.9%	12.4
Mexico	0.4	0.2%	52.5	1.6%	6.7
Total North America	10.8	5.2%	864.2	26.5%	12.5
Argentina	0.3	0.2%	38.8	1.2%	8.8
Bolivia	0.3	0.1%	15.4	0.5%	18.3
Brazil	0.5	0.2%	16.7	0.5%	27.1
Colombia	0.2	0.1%	11.0	0.3%	14.9
Peru	0.4	0.2%	11.4	0.3%	31.1
Trinidad & Tobago	0.4	0.2%	40.7	1.2%	9.9
Venezuela	5.5	2.7%	31.2	0.9%	*
Other S. & Cent. America	0.1	*	2.7	0.1%	23.7
Total S. & Cent. America	7.6	3.6%	167.7	5.1%	45.2
Azerbaijan	1.3	0.6%	14.8	0.5%	85.8
Denmark	^	*	7.1	0.2%	6.5
Germany	0.1	*	10.0	0.3%	6.2
Italy	0.1	*	7.7	0.2%	11.4
Kazakhstan	1.9	0.9%	19.3	0.6%	97.6
Netherlands	1.1	0.5%	64.2	2.0%	17.2
Norway	2.1	1.0%	101.4	3.1%	20.4
Poland	0.1	0.1%	4.3	0.1%	28.3
Romania	0.1	0.1%	11.0	0.3%	9.9
Russian Federation	44.6	21.4%	607.0	18.5%	73.5
Turkmenistan	24.3	11.7%	59.5	1.8%	*
Ukraine	0.9	0.4%	18.2	0.6%	51.3
United Kingdom	0.2	0.1%	45.2	1.4%	4.5
Uzbekistan	1.6	0.8%	57.0	1.7%	28.1
Other Europe & Eurasia	0.3	0.1%	9.6	0.3%	29.4
Total Europe & Eurasia	78.7	37.8%	1036.4	31.6%	75.9
Bahrain	0.3	0.2%	13.0	0.4%	26.8
Iran	33.1	15.9%	151.8	4.6%	*
Iraq	3.6	1.7%	1.9	0.1%	*
Kuwait	1.8	0.9%	13.0	0.4%	*
Oman	0.9	0.5%	26.5	0.8%	35.8
Qatar	25.0	12.0%	146.8	4.5%	*
Saudi Arabia	8.2	3.9%	99.2	3.0%	82.1
Syria	0.3	0.1%	8.3	0.3%	34.3
United Arab	6.1	2.9%	51.7	1.6%	*

Emirates					
Yemen	0.5	0.2%	9.4	0.3%	50.7
Other Middle East	0.2	0.1%	4.5	0.1%	49.3
Total Middle East	80.0	38.4%	526.1	16.0%	*
Algeria	4.5	2.2%	78.0	2.4%	57.7
Egypt	2.2	1.1%	61.3	1.9%	35.7
Libya	1.5	0.7%	4.1	0.1%	*
Nigeria	5.1	2.5%	39.9	1.2%	*
Other Africa	1.2	0.6%	19.4	0.6%	63.4
Total Africa	14.5	7.0%	202.7	6.2%	71.7
Australia	3.8	1.8%	45.0	1.4%	83.6
Bangladesh	0.4	0.2%	19.9	0.6%	17.8
Brunei	0.3	0.1%	12.8	0.4%	22.5
China	3.1	1.5%	102.5	3.1%	29.8
India	1.2	0.6%	46.1	1.4%	26.9
Indonesia	3.0	1.4%	75.6	2.3%	39.2
Malaysia	2.4	1.2%	61.8	1.9%	39.4
Myanmar	0.2	0.1%	12.4	0.4%	17.8
Pakistan	0.8	0.4%	39.2	1.2%	19.9
Papua New Guinea	0.4	0.2%	*	*	*
Thailand	0.3	0.1%	37.0	1.1%	7.6
Vietnam	0.6	0.3%	8.5	0.3%	72.3
Other Asia Pacific	0.3	0.2%	18.3	0.6%	18.9
Total Asia Pacific	16.8	8.0%	479.1	14.6%	35.0
Total World		100.0%			63.6
of which: OECD	18.7	9.0%	1168.1	35.8%	16.0
Non-OECD	189.7	91.0%	2108.1	64.2%	90.0
European Union	1.8	0.9%	155.0	4.7%	11.8
Former Soviet Union	74.7	35.8%	776.1	23.6%	96.3

는데, 이때 Kg당 200 Kca1의 냉열이 발생되고 이 열을 이용하는 기술이 개발되어 활용되고 있다. LNG냉열을 이용하여 발전을 하거나 공기를 액화시켜 액체산소, 액체질소 및 액체 드라이아이스 등을 만들기도 한다. 또 냉열은 식품의 냉동 및 냉장에 이용될 수 있으며 고무, 플라스틱 및 금속을 저온 분쇄하여 가공 처리하는 데에 이용되기도 한다. 표 5.3은 액화천연가스의 이용분야를 나타내고 있다. 표 5.4는 LNG와 LPG의 주성분과 물성치를 비교하였다. 표. 5.5는 천연가스버스와 일반 경유버스에 대하여, 질소산화물(NO_x) 배출량, 탄화수소(HC) 배출량, 연료비, 주행연비, 가속주행 소음을 비교하였다. 주행연비와 연료비 측면에서는 천연가스 버스와 일반경유 버스와 큰 차이점은 없으나, 환경적 관점에서 보면, 청정연료서 상당히 매력적이다. 표

5.6은 천연가스, 석유, 석탄 연소시 배출되는 환경오염물질의 배출수치를 나타내고 있다(에너지 백만Btu의 유입에 대한 lb) [9]. 천연가스가 석유와 석탄에 비하여 가장 이산화탄소 배출량이 적다.

표 5.2 산지별 천연가스의 주요 성분

산지성분(%)	부루나이 (루므트)	아부다비 (다스)	인도네이시아 (아룬)
메탄(CH_4)	89.83	82.07	86.18
에탄(C_2H_4)	5.89	15.86	8.27
프로판(C_3H_8)	2.92	1.89	4.13
노멀부탄(n-C_4H_{10})	0.74	0.07	0.41
이소부탄(i-C_4H_{10})	0.56	0.06	1.53
펜탄(C_5H_{12})	0.04	0.00	0.03
질소(N_2)	0.02	0.05	0.05

표 5.3 액화 천연가스의 이용분야

분야		주 이용기기
도시가스		가정용 연료, 냉난방기기
연료	산업용	가스보일러
	발전용	화력발전, 연료전지발전
냉열		냉열발전, 저온분쇄, 식품가공

표. 5.4 LNG와 LPG의 비교

구분		LNG	LPG	
주성분		메탄(CH_4)	프로판(C_3H_8)	부탄(C_4H_{10})
물성	비중(공기 대비)	0.55	1.52	2.01
	연소범위(%)	5~15	2.0~9.5	1.5~9.0
	발화온도(℃)	537	450	287
	액화온도(℃)	-162	-42.1	-0.5
주용도		도시가스	가정, 취사	수송

표. 5.4 천연가스 버스와 일반경유 버스

구분	천연가스 버스	일반경유 버스
질소산화물(NOx) 배출량	2.64 g/kwh	7.15 g/kwh
탄화수소(HC) 배출량	0.15 g/kwh	0.50 g/kwh
연료비	155원/km	190원/km
주행연비	1.85 km/㎥	2.10 km /liter
가속주행 소음	77dB	79dB

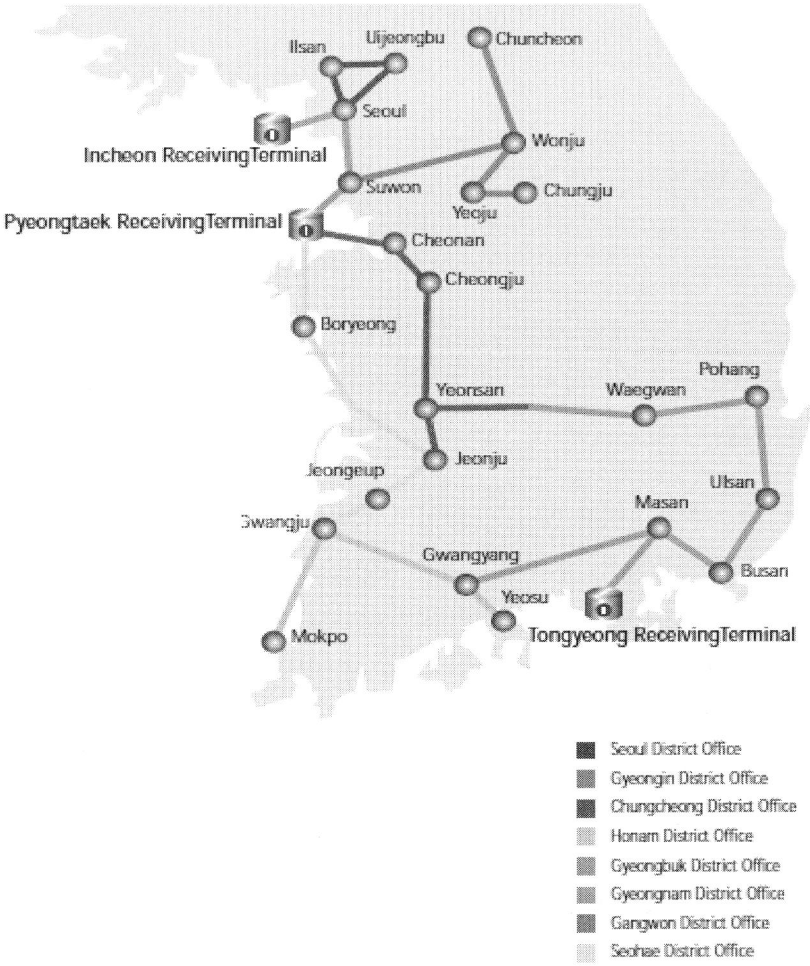

그림 5.3 우리나라 LNG 배관망 [8]

표 5.6 환경배출수치(에너지 백만Btu의 유입에 대한 lb)[10] (자료원: EIA, 1998)

환경오염물질	연소물질		
	천연가스	석유	석탄
이산화탄소(CO_2)	117,000	164,000	208,000
일산화탄소(CO)	40	33	208
질소산화물(NO_x)	92	448	457
이산화황(SO_2)	0.6	1,122	2,591
고체입자성물질(PM)	7.0	84	2,744
포르말데히드 (Formaldehyde)	0.75	0.220	0.221
수은(Hg)	0.000	0.007	0.016

5.2 LPG연료의 특성

LPG는 액화석유가스(Liquefied Petroleum Gas)의 영문 약자이며, 부탄과 프로판이 있다. LPG는 원유의 채굴, 정제과정에서 생산되는 기체상의 탄화수소를 액화시킨 혼합물로서, 프로판(Propane) 제품과 부탄(Butane) 제품으로 구분하여 사용된다. 프로판 제품은 프로판(C_3H_8)이 주성분이며, 소량의 메탄, 에탄, 부탄등도 혼합되어 있다.

주로 가정. 상업용 취사, 난방등에 사용되며 도시가스의 제조원료로도 공급되고 있으며 산업체 (도자기 공장의 가열로)에서 사용된다. 부탄제품은 노말부탄(n-C_4H_{10}), 이소부탄(i-C_4H_{10})등 부탄성분등이 대부분을 차지하며, 프로판 등 타성분이 일부 혼합되어 있는 제품으로서, 국내에서는 주로 자동차용 연료로 사용되며 이동용 버너 캔, 일부 난방용과 석유화학 연료로도 사용된다. 또한, LPG는 산업용으로 일부 사용되고 있으나, 외국의 예를 볼 때 LPG가 가진 우수한 특성 등으로 향후 비약적인 보급, 확대가 예상된다.

순수한 LPG는 무색, 무취, 무미이나 누설시 이를 감지할 수 있도록 미량의 착취제를 첨가하고 있으며, 독성물질 및 불순물을 함유하지 않은 청결한 연료이다. 일부 청소년들이 환각을 목적으로 흡입하는 경우가 있으나 환각작용이라기 보다는 뇌에 산소공급이 중단되는 질식상태인 것이다. 뇌에 장시간 산소공급이 중단되면 질식사하거나 심각한 장애를 초래할 수 있다.

LPG는 액화 및 기화가 용이하다, 즉, 프로판의 경우 대기압 상태에서 -42.1℃ 이하로 냉각시키거나 상온에서 7 kg_f/cm^2이상으로 압력을 가하면 쉽게 액화되며, 부탄은 -0.5℃, 2 kg_f/cm^2로서 더욱 쉽게 액화시킬 수 있다. 또한 LPG는 액화시키면 부피가 매우 작아지므로 (프로판은 약 1/270, 부탄은 약 1/240) 수송과 저장이 용이하다. 예를 들면, 이동용 버너 가스(520*ml*) 2개를 기화시키면 약 250 리터의 기체가스로 변한다. 밀폐된 장소의 경우는 산소가 전혀 없으므로 질식하게 되며 어느 정도의 산소(폭발범위)가 유입되면 폭발원(정전기, 전기스위치의 스파크, 냉장고의 자동스위치등)이 발생되면 폭발하게 된다. 부탄은 프로판보다 기화가 잘 안되어 캔 부탄이 높은 산이나 추운 겨울에 연소가 잘 안되며, 겨울철에는 택시 시동성 향상을 위해 부탄에 일정량의 프로판을 기화촉진용으로 혼합하여 사용한다. LPG는 기화하면 공기보다 무겁고, 액화하면 물보다 가볍다. 또한 공기중에서의 연소 한계농도가 낮아 누설이 되면 낮은 부분에 고여 화재 또는 폭발의 위험이 있으므로 별도의 안전장치를 구비하여 이에 대비하여야 한다. 실내에 가스탐지기를 설치하는 경우에는 LPG의 경우 공기보다 무거우므로 바닥에 가깝게 설치하며 LNG의 경우에는 공기보다 가벼우므로 천정에 가깝게 설치한다. LPG를 연료로 하는 난방기(케비넷히터 등 히터류, 보일러)를 사용시는 환기에 주의하여야 한다. LPG는 연소시 산소 소비량이 많기 때문에 밀폐된 공간에서 사용시는 환기에 주의하여야 하며, 보일러실은 적정한 통풍구를 설치하여야 산소결핍에 의한 질식 사고를 미연에 예방할 수 있다. LPG는 기화잠열이 높아 기화시킬 때 많은 기화열이 필요하다. 따라서 공업용 등 대량 사용시에는 별도의 기화설비를 갖추어야 한다.

표 5.7 LPG의 물리화학적 특성

구분	LPG	
	프로판(C_3H_8)	부탄(C_4H_{10})
분자량	44.09	58.12
비점(atm)[℃]	-42.1	-0.5
빙점(atm)[℃]	-187.7	-138.3
비중[15/4 ℃]	0.508	0.584
비중(가스) [15/4 ℃]	1.522	2.006
총발열량[Kcal/㎏]	12,047	11,850
총발열량(15℃)[Kcal/㎥]	22,827	30,056
잔발열량[Kcal/㎏]	11,085	10,941
폭발범위(공기중)[%]	2.37 ~ 9.50	1.86 ~ 8.41
착화온도(공기중)[℃]	481	441
임계압력[atm]	42.0	37.5
증기압[20℃/atm]	8.0	2.0

LPG의 물리화학적 특성은 표 5.7에 정리되어 있으며, LPG 연료로서의 특성은 다음과 같다.

① 액화/기화가 용이

② 액화하면 체적이 작아져서, 수송 저장이 용이

③ 기체 상태에서는 공기보다 무겁고, 액체 상태에서는 물보다 가볍다

④ 기화할 때 다량의 열을 필요

프로판 1 Kg이 기화하기 위해서는 101.8 Kcal의 열량(기화열)을 필요로 하며, 부탄 1 Kg이 기화하기 위해서는 92.1 Kcal의 열량(기화열)이 필요하다.

⑤ 무색,무취

LPG는 무색, 무취이나 누설시 감지할 수 있도록 착취제를 섞어 출하한다. 분사제용(스프레이 등)으로 사용하는 부탄은 착취제를 첨가하지 않는다. 착취제로는 보통 머켑탄(mercaptan)이나 썩은 계란냄새을 지닌 황화합물을 강력한 착취제로 사용한다.

⑥ 연소시 다량의 공기가 필요

프로판과 부탄은 연소시 각각 25배 와 32배 용량의 공기가 필요하다. 따라서 밀폐된 공간에서 LPG를 장기간 연소시킬 때 산소부족 현상을 일으킬 수 있으며, 또한 불완전 연소로 일산화탄소를 생성케되므로, 실내 사용시에는 충분한 산소가 공급될 수 있도록 환기에 유의하여야 한다.

⑦ 높은 발열량

프로판의 발열량은 12,000 Kcal/Kg, 부탄은 11,800 Kcal/Kg, B-C유는 10,500 Kcal/Kg, 경유는 10,800 Kcal/Kg, 등유는 11,000 Kcal/Kg 이다.

⑧ 높은 옥탄가

프로판의 옥탄가는 111.4, 노말 부탄는 94.0, 이소 부탄는 102.1, 고급 휘발유는 96.0, 보통 휘발유는 92.5 이다.

LPG 연료의 장점은 다음과 같다.

① 우수한 착화성: 가스상태로 연소, 간단히 착화, 소화가능

② 우수한 연소성: 공기와 균일하게 혼합되므로 완전연소 가능

③ 균일한 연소 가능: 불꽃 조절이 용이, 균일한 연소상태

④ 청결한 가스: 유황함유량이 매우 적고, 완전 연소하므로 환경오염문제 없음
⑤ 높은 열효율: 직화식 가열이 가능, 설비규모가 작아 열손실 최소화 가능
⑥ 폭 넓은 온도조절: 밸브조작에 의해 온도조절 용이, 급속가열 가능

5.3 비전통가스(Non-Conventional Gas)

셰일가스(Shale Gas)는 비전통석유로 제 2의 석유로 여기고 있다. 셰일가스의 시추기술 발전덕분에 본격적으로 개발되면서 제 2의 산업혁명을 촉발할 수도 있다는 전망까지 나오고 있다. 모래와 진흙이 굳어진 암반 안에 갇혀 있는 셰일가스는 19세기에 처음 발견됐는데요. 종래의 수직 시추로는 생산이 어려워 방치되다가 10여년 전부터 수평 시추기술이 발전하면서 생산이 본격화되기 시작됐다 [9]. 셰일가스는 전 세계 지하에 골고루 분포되어있으며(그림 5.2 참조 [10]), 국가별 매장량은 중국이 36.1조㎥, 미국은 24.4조㎥, 아르헨티나는 21.9조㎥, 멕시코는 19.3조㎥ 순으로 가장 많다. 셰일가스는 무엇보다 이산화탄소 배출량이 석탄의 1/3 정도, 가격은 액화천연가스의 2/3 정도이다, 그림 3.8 참조. 이러한 이유때문에, 세계 각국이 셰일가스의 개발에 많은 관심을 갖고 있다.

미국 셰일가스 생산이 본격화된 이후 미국의 에너지 수입은 감소하고 있다. 석유제품은 순수출로 전환되었다. 미국의 가스가격은 유럽의 1/2, 아시아의 1/4이다. 미국의 WTI는 두바이, 브렌트보다 약간 저렴하다. 이것이 모두 셰일 가스때문 이라고 전문가들은 분석하고 있다. 이런 내용은 셰일가스혁명이라는 선전에 일부 부합한다. 1년 사이에 공급과 소비 전망치가 크게 상향되었다. 공급증가가 더 빨라서 수입량이 감소할 것이다. 미국의 경우, 천연가스 수입감소가 빨라지기 시작하여, 2020년이후부터 순수입국에서 순수출국으로 전환된다, 그림 5.3 참조 [11].

우리나라는 아직 걸음마 단계이지만, 미국과 FTA를 통해 장기 구매 계약을 맺었다. 즉, 미국의 사빈테스라는 셰일가스회사와 장기 구매 계약을 체결해 연간 350만톤을 2017년부터 20년간 구매한다. 2030년까지 천연가스 비중을 12%로 낮추려는 우리 정부의 에너지정책에도 변화가 불가피하다. 한국형 셰일가스개발사업 모델과 최적의 도입방안에 대한 집중연구가 필요하다. 우리나라는 석유자원 확보에는 우리가 뒤처졌지만, 셰일가스 확보에는 그 같은 전철을 다시 밟지 않도록 체계적으로 준비해야한다.

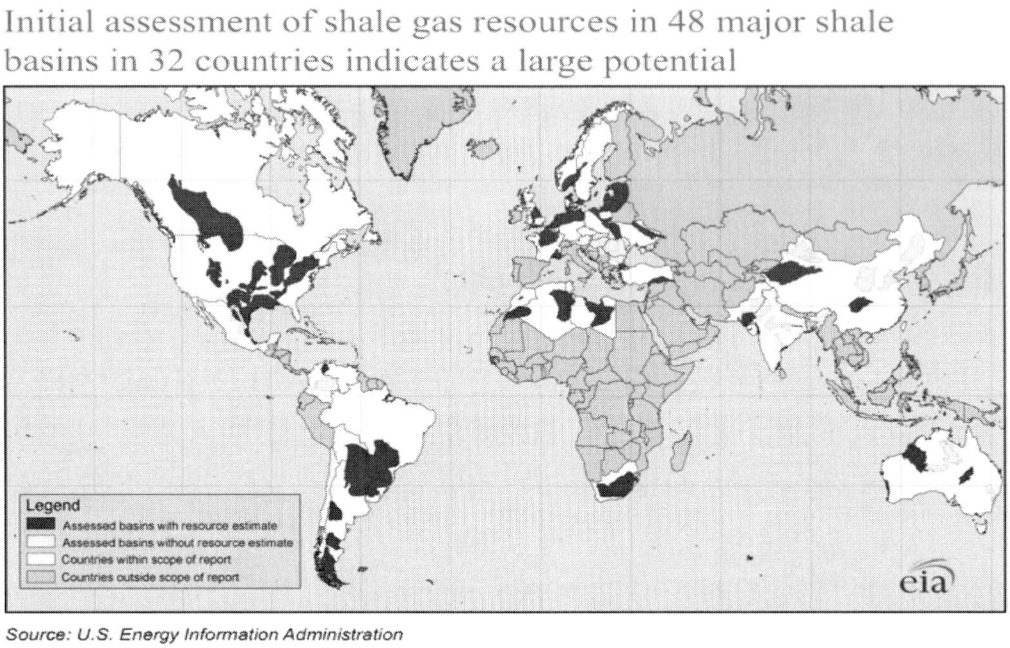

그림 5.2 세계 셰일가스분포도 [10] (자료원:http://www.eia.gov/analysis/studies/worldshalegas/)

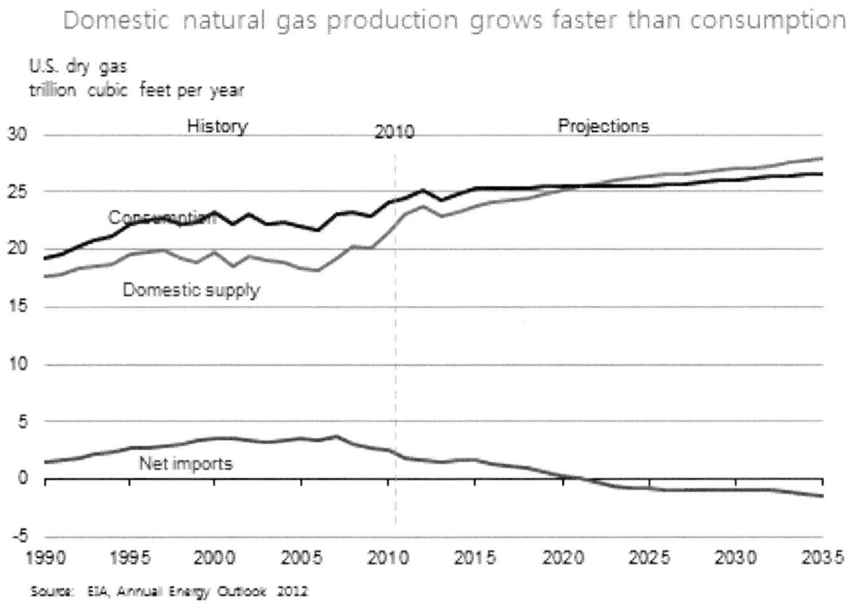

그림 5.3 미국 2010-2035년 천연가스 소비와 공급 전망 [11]
(자료원: Annual Energy Outlook 2012, http://www.eia.gov/forecasts/aeo)

5.4 천연가스액화기술

2011년 9월 13일 greencarcongress [12]에 따르면, 남아프리카 공화국의 에너지 및 화학제품 그룹인 사솔(Sasol)사는 미국 루지애나주에서 가스액화 투자를 검토하고 있다고 발표했다. 사솔사는 향후 18개월 동안 가스액화 벤처의 가능성을 평가하기 위한 2가지 방법의 타당성 연구를 실시한다. 하나는 매일 4만배럴의 기름을 생산하는 200만톤의 설비이며, 다른 하나는 매일 8만배럴을 생산하는 400만톤 설비이다. 사솔사 관계자는 "이 프로젝트는 피셔 트롭쉬 가스액화 수송 연료들과 기타 제품들을 천연가스로부터 생산하기 위한 미국 최초의 플랜트가 될 것"이라고 발표했다. 이 프로젝트는 사솔사가 지난해 건설한다고 발표한 세계 최초의 에틸렌 테트라머라이제이션 설비에 이어 '최초'로 이름 붙은 2번째 프로젝트이다. 사솔사는 석탄과 천연가스로부터 액체 연료들과 석유화학 물질들을 16억배럴 이상 생산한 60년 이상의 기술력을 이용하고 있다. 가스액화 수소연료는 단순 비교해 전통적인 경유보다 청정한 연소가 가능하다. 가스액화 연료들은 전체 온실가스 효과의 75% 또는 그 이상을 차지한다.

가스액화 연료들은 이론적으로 황과 아로마 혼합물들이 전혀 없으며 입자상 물질들, 질소산화물들, 일산화탄소, 기타 오염물질들의 배출량을 저감시키며 대기 품질을 향상시킨다. 사솔사는 가스와 석탄을 액체 연료들, 연료 구성물질들, 화학 물질들을 피셔 트롭쉬 공정들을 이용해 생산한다. 카타르 페트롤리움과 협력해 사솔사는 최초의 가스액화 플랜트를 2007년에 가동했다. 사솔사는 현재 ①오릭스 가스액화 연료생산을 위한 낮은 온도의 코발트 이용, ②사솔버그 왁스(Sasolburg wax)와 화학물질들 생산을 위한 낮은 온도의 철 이용, ③세쿤다(Secunda) 연료들과 화학물질들 생산을 위한 고온의 철 이용 등 3개의 구별되는 피셔 트롭쉬 공정들을 운전하고 있다.

천연가스 처리공정은 천연가스에 포함되어 있는 불순물들에 해당하는 이산화탄소, 황화수소 및 수분 등을 제거하기 위한 전처리공정과 천연가스의 구성성분중에서 에탄, 프로판 및 부탄 성분 등을 회수하기 위한 천연가스액화 회수공정 및 탈메탄탑 상부의 주성분이 메탄인 성분을 액화시키기 위한 LNG 제조공정 등으로 크게 나눌 수 있다. 천연가스 전처리공정으로는 산성가스를 제거하기 위한 공정으로 아민공정, 물리적 흡수제를 이용한 공정, 신용매 공정 및 수분제거를 위한 글리콜 탈수소화(Glycol Dehydration) 공정 등이 있다. 흡착공정은 천연가스처럼 저온 공정에서 요구되는 매우 낮은 수분함량을 제거하기 위하여 사용되는 공정이다. 천연가스는 일반적으로, ①글리콜 탈수화 흡착공정, ②분자시브, 실리카 겔, 또는 활성화 알루미나에 의한 흡착공정, ③글리콜이나 메탄올주입으로 냉동에 의한 응축 공정 등 으로 상용적으로 탈수소화 한다. 천연가스 액화공정으로는 증기 압축식 냉동사이클을 기초로 한다.

참고문헌

[1] 한국에너지기술연구원의 홈페이지 자료, http://www.kier.re.kr

[2] http://www.eia.gov/energyexplained/index.cfm?page=natural_gas_home

[3] http://www.eia.gov/todayinenergy/detail.cfm?id=4790

[4] BP Statistical Review of World Energy June 2012, http://www.bp.com

[5] http://www.eia.gov/energyexplained/index.cfm?page=natural_gas_delivery

[6] "에너지통계연보", p. 66, 에너지경제연구원, 지식경제부, 2011. 11

[7] "2011 Energy Info. Korea", p. 4, Korea energy Economics Institute, 2011. 12

[8] "2011 Energy Info. Korea", p. 77, Korea energy Economics Institute, 2011. 12

[9] "Modern Shale Gas-Development in the United States: A Primer"Work Performed Under DE-FG26-04NT15455, prepared by Ground Water Protection Council (http://www.gwpc.org), ALL Consulting(http://www.all-llc.com), 2009 April

[10]http://www.eia.gov/analysis/studies/worldshalegas/

[11] Annual Energy Outlook 2012, http://www.eia.gov/forecasts/aeo

[12] http://www.greencarcongress.com, 2011년 9월 13

연습문제

1. 온실효과를 감소시키기 위해서 청정연료인 LNG를 많이 사용해야하는 이유는?

2. LNG의 주성분은 메탄인데, 다른 탄화수소와 혼합시 발열량은 어떻게 변하는 가?

3. LNG와 LPG의 생산방식에 따른 차이점과 각각의 물리적 특성을 설명하시오.

4. 액화천연가스 냉열에 의한 드라이스 제조에 대하여 인터넷 웹사이트(Website)를 통하여 검색·조사하시오.

5. 아래 그림은 2011년 미국 천연가스의 부문별 사용 비중을 나타내고 있다: 전력생산 31%, 산업 28%, 가정 19%, 상업용 13%, 기타 9% 이다. 우리나라의 경우, 천연가스의 부문별 최근 사용비중을 나타내시오. 그리고 우리나라 연간 천연가스 소비량은? 자료원 (1) "에너지통계연보", 에너지경제연구원, 지식경제부, 2011. 11, (2) "2011 Energy Info. Korea", Korea energy Economics Institute, 2011. 12 등을 이용하시오. 또한, 부록 A-유용한 웹사이트를 참조하시오.

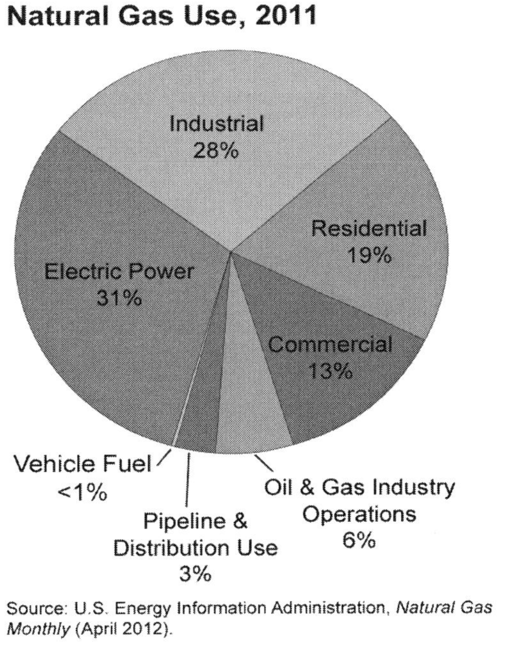

(자료원: http://www.eia.gov/energyexplained/index.cfm?page=natural_gas_use)

6. 천연가스의 세계 매장량은 얼마이며, 향후 몇 년동안 생산가능하는냐?

7. 미국 주정부와 연방정부의 연안(Offshore) 석유와 가스 생산의 경계선은 어디에 있는가?

8. Mcf, Btu, Therms은 무엇이냐? Mcf를 Btu와 Therm로 전환시 가격이 어떻게 환산되는냐?

9. 천연가스의 가격에 영향을 미치는 주요한 요인은 무엇이며, 천연가스의 국제적 가격은 어디에서 알수있는가?

10. 전력생산시 사용되는 천연가스의 평균비용은 얼마인가?

11. 천연가스 탐사, 드릴, 생산은 많은 환경문제를 유발시킬 가능성이 있기 때문에, 드릴과 생산의 본격화는 환경에 긍정적과 부정적인 영향을 미치는 결과를 가져온다. 천연가스의 70~90% 성분은 메탄(Methane)인데, 메탄은 강력한 온실가스(Greenhouse Gas)이다. 천연가스의 환경과 안전성 이슈측면에서 논하시오.

12. 연안(On-Shore)과 연안 외부(Off-Shore)에서 1 배럴 천연가스와 석유를 생산하는 총 업스트림(Total Upstream)비용은 얼마인가? (참고로, 1 배럴의 석유는 5.618ft^{3}의 천연가스에 해당한다.)

13. 세일가스(Shale Gas)와 탄층메탄가스(Coal Bed Methane)의 매장량은 얼마인가?

14. 다음 그림은 2011년 미국 천연가스의 주요 수입국을 나타내고 있다. 우리나라 경우의 주요 수입국과 그의 비중을 나타내시오. 자료원 "2011 Energy Info. Korea", Korea energy Economics Institute, 2011. 12를 이용하시오.

U.S. Natural Gas Imports by Country (Percent), 2011

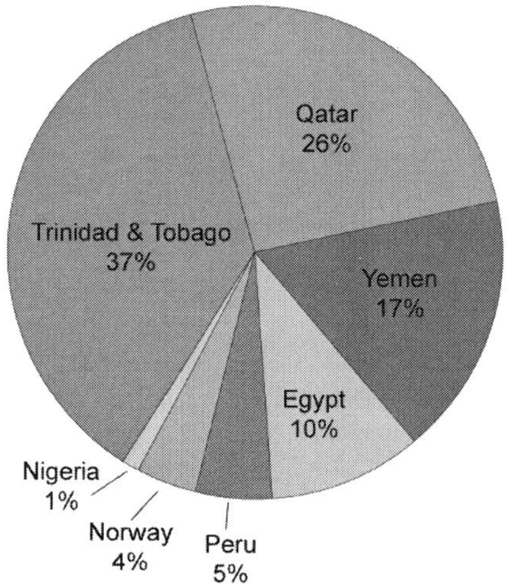

Source: U.S. Energy Information Administration, *Natural Gas Monthly*, Table 4 (April 2012).

(자료원: http://www.eia.gov/energyexplained/index.cfm?page=natural_gas_lng)

열역학과 열전달 6장

6.1 열역학의 개요

열역학은 여러 가지 에너지간의 상호변환과 그에 관련된 물리적 성질의 변화를 다룬다. 열역학은 물질의 평형상태와 관련되며, 시간과는 관계없다. 열역학 제 1법칙은 화학적 또는 물리적 과정에 의해 이루어질 수 있는 일의 양과, 흡수 또는 방출되는 열의 양과 관련한 에너지보존의 법칙의 원리를 열역학의 입장에서 말하는 것이다. 계와 계사이의 에너지의 출입이 있을 경우 이 계의 에너지의 합은 항상 일정하며, 에너지는 상호 전환만으로는 생성될 수 없고 소멸도 될 수 없다. 제 1 법칙을 근거로 생성엔탈피표의 작성이 가능하며, 아직 연구된 바 없는 반응에 대한 엔탈피 변화의 계산에 사용할 수 있다. 반응물과 생성물의 열용량에 관한 자료를 얻을 수 있다면, 아직 연구된 바 없는 온도에서의 반응열을 계산할 수도 있다.

열역학 제 2 법칙은 과정들이 진행될 자연적인 방향과 주어진 화학반응이 자발적으로 일어날 수 있는지에 대한 문제점을 다룬다. 최초에는 제 2법칙을 열기관의 효율로 명확히 나타내었으나, 화학변화의 방향을 결정하는 데 중요한 엔트로피의 정의에까지 이르게 되었다. 제 2법칙은 화학반응에 대한 평형상수를 정의하는 데 근거를 제공해 주며, 이는 어떤 반응이 평형에 도달하기 전에 얼마만큼 진척될 것인가 하는 문제에 대한 해답을 제공해 준다. 이것은 또한 화학적 및 물리적 평형에 미치는 온도, 압력 및 농도의 효과를 믿을 만하게 예측하는 근거를 제공해준다.

열역학 제 3법칙은 열계량적 측정만으로써 평형상수를 계산하는 근거를 제공한다. 이것은 열역학이 평형상태의 계에 겉보기로는 무관한 측정값들을 서로 관계지어 주는 방법임을 설명해준다.

6.2 열역학 제 0 법칙

만일 고정된 부피를 갖는 2 개의 닫힌계를 열접촉이 되도록 접근시키면, 두 계의 성질들에 변화가 일어날 수도 있다. 결국에 가서는 더 이상 변하지 않는 상태에 도달하게 되는데, 이것이 열평형 상태이다. 이 때 두 계는 동일한 온도를 갖는다. 이와 같이 두 계를 열접촉시켜 어느 한 계의 성질에 관측할 수 있는 변화가 일어나는지, 일어나지 않는지를 확인함으로써, 두 계가 똑같은 온도에 있는지의 여부를 쉽게 판정할 수 있다. 만일 아무런 변화도 일어나지 않으면 두 계가 똑같은 온도하에 있는 것이다. A, B 및 C의 세 가지 계를 생각해 보자. 계 A와 계 C가 열평형을 이루고 있고, 또 계 B와 계 C가 열평형을 이루고 있다면 A와 B도 서로 열평형을 이룬다는 것은 실험적 사실이다. 이 경험적 사실을 열역학 제 0 법칙이라 한다. 이상기체 온도척도는 열역학 제 2법칙에 근거하여 온도척도와 동등하다. 열역학 제 1법칙과 제 2법칙이 확립된 이후까지도 온도를 정의하는 데 관련된 원리가 인식되지 못하였기 때문에, 그 원리를 제 0 법칙이라 한다.

열역학에서 계(system)라는 것은 고려중인 물리적 우주의 일부분으로, 고정되고 동일성을 가진 물질의 질량으로 정의된다. 계의 경계(boundary)는 계를 우주의 나머지 부분(surrounding)과 분리시킨다. 계의 경계는 고정될 수도 있고 움직일 수도 있으나 계의 경계를 횡단하는 질량전달은 없다. 그림 6.1은 피스톤-실린더 장치에서 실린더안의 기체는 계이다. 만일 고온의 열원이 실린더의 상단 벽에 접촉하게 된다면 피스톤은 윗쪽으로 움직이게 될 것이요, 계의 경계도 함께 움직이게 될 것이다. 열과 일은 계의 경계를 가로 질러 전달될 수 있으나, 계의 경계안에 있는 물질의 양은 일정하게 남아 있다. 즉, 계의 경계를 횡단하는 질량전달은 없다. 따라서, 어떤 계가 경계로 둘러싸여 있다 할지라도 열은 계와 주위 사이에 전달될 수 있으며, 주위가 계에, 또는 계가 주위에 일을 행할 수도 있다.

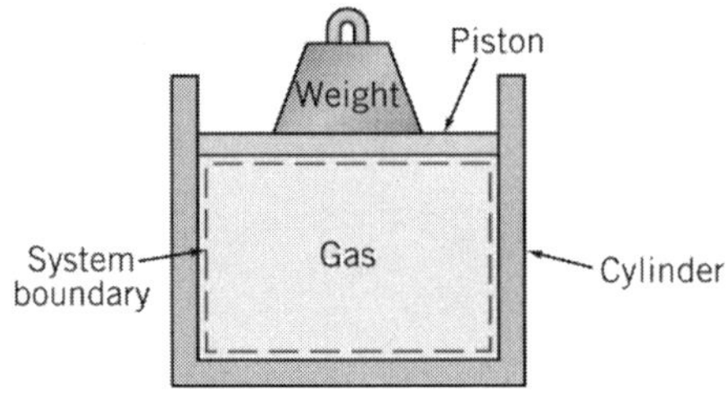

그림 6.1 피스톤-실린더 장치를 통하여 계(system)와 주위(surrounding)

만일 계 둘레의 경계가 계와 주위 사이의 상호작용을 차단해 버린다면, 이런 계를 고립계(isolated system)라 한다. 만일 주위로부터 계로, 또는 계로부터 주위로 물질이 전달될 수 있다면, 그러한 계를 열린계(open system)라 하고, 그렇지 못하면 닫힌계(closed system)라 한다. 어떤 계가 주어진 일련의 조건하에서 평형일 때, 일정한 상태에 있다고 한다. 즉, 일정한 상태의 각 성질들은 시간에 무관한 일정한 값을 갖는다. 일정한 열역학적 상태에 있는 계에 있어서 그 계를 통한 어떤 유체의 흐름이 없어야만 한다는 것은 중요한 것이다. 예를 들면, 열은 그 일정한 계를 통하여 흘러서는 안 된다.

6.3 열역학 제 1 법칙

에너지는 효과를 일으키는 능력, 즉 일을 할 수 있는 능력이다. 공학상 우리가 필요한 것은 에너지의 변환량이고, 열역학에서 취급하는 에너지는 기계적 에너지, 내부에너지 및 열 에너지가 있다. 기계적 에너지는 역학적 에너지라고도 하는데 운동 에너지, 위치 에너지 및 일 에너지 등이 여기에 속한다. 열 에너지와 일 에너지는 등가관계임을 알 수 있어 쥬울(Joule), 메이어(Mayer) 등에 의해 에너지보존의 법칙이 성립됨을 알았다. 따라서 "독립된 계에서 에너지의 합은 항상 일정하며, 이는 창조될 수도, 소멸될 수도 없다". 이 법칙은 이론적으로 증명된 일은 없으나 지금까지 자연현상의 관찰결과, 이 법칙에 어긋나는 사실은 발견되지 않았다. 만일 제 1 종 영구운동기관이 존재한다면 위의 법칙을 부정하는 기관이라 할 수 있다. 즉, ‘에너지 소비 없이 동력을 발생시키는 기관은 존재할 수 없다’ .

역학적으로 정의한 에너지보존의 법칙은 에너지의 합은 항상 일정하다고 했다. 그러나 대기 중의 물체가 운동 중에는 잃어버리는 위치에너지에 비해 증가된 운동에너지는 항상 작아져서 에너지보존의 법칙이 성립되지 않는다. 그러면 여기서 생긴 에너지의 차이는 무엇으로 되는가를 생각할 필요가 있다. 이는 자연계에 존재하는 마찰에 의해 발생하게 되는데, 이것으로 인해 실제적 현상에 대해서는 에너지보존의 법칙이 성립된다. 이와 같이 역학적 에너지와 열적 에너지를 통하여 열역학은 발전하였다. 에너지란 일을 할 수 있는 능력 또는 저장된 일이라고도 표현되므로 일과 열은 모두 이에 속한다. 이들 사이에서 하나의 법칙이 생겨났는데 이를 열역학 제 1 법칙이라고 한다.

즉, "열은 본질적으로 일과 같이 에너지의 일종이다. 일은 열로, 열은 일로 일정비율 유지하며 변환이 가능하다." 이들 사이에 관계를 양적으로 표현하면 열량 Q(kcal), 일량 W $(kg_f \cdot m)$ 사이에는 다음과 같이 표현된다. 즉,

$$Q = AW,\ \frac{Q}{W} = A$$

$$W = JQ,\ \frac{W}{Q} = J = \frac{1}{A}$$

위 식에서 A는 단위량의 일이 열로 전환될 때 생기는 열량으로, A를 일의 열당량(Tthermal Equivalent of Work), 반대로 J를 열의 일당량(Mechanical Equivalent of Work)이라 한다. 쥬울의 실험에 의해 1 kcal≒ $kg_f \cdot m$에 상당함을 알 수 있으므로 쥬울의 이름에서 얻어졌다고 하며, A와 J의 값은 다음과 같다.

$$A = \frac{1}{J} = \frac{1}{427}(kcal/kg_f \cdot m)$$

$$J \fallingdotseq 427(kg_f \cdot m/kcal)$$

그러나 이것은 열량 Q(kcal), 일량 $W(kg_f \cdot m)$를 공학단위로 나타낸 경우이고, SI단위에서는 열이나 일을 모두 같은 단위 [J]로 나타내므로 $A = J = 1$로 된다. 따라서, $Q = W$.

6.4 열역학 제 2 법칙

6.4.1 열역학 제 2 법칙과 열기관

열역학 제 1 법칙은 열과 일 등이 항상 일정한 비로 전환되는 것을 나타내고 있다. 그러나 이것은 단지 양적 관계를 나타내rh 있으며, 전환 방향이 쉽고, 어려움을 밝히지는 않는다. 즉, $Q = AW$인 관계가 주어졌을 뿐, Q(kcal)의 열을 모두 $W(kg_f \cdot m)$의 일로 바꾸는 것과 W $(kg_f \cdot m)$의 일을 모두 Q(kcal)의 열로 바꾸는 것이 마치 가능한 것처럼 보였다. 그러나 실제 자연계에 대해서 우리들이 경험한 대로는 일을 소비하여 열을 얻는 것은 쉽지만, 열로부터 일

을 얻는 데는 어떤 제한이 있다. 예를 들어 수중에서 프로펠러를 회전시키면 물의 온도가 상승하지만, 이 물을 냉각하여도 그만큼 프로펠러를 회전시키는 것은 불가능하다. 이와 같이 일은 쉽게 열로 변하는데 열은 일로 변하는 것이 쉽지 않다. 그런데 에너지 계는 모두 그 자체의 변화대로 맡겨져서 다른 에너지로부터 영향을 전혀 받지 않으면 반드시 안정상태로 되려고 하는 경향이 있다. 열에너지에 대해서도 마찬가지로 열전달은 반드시 고온체 열원에서 저온체 열원으로 향하여 행해지고, 이 두 물체의 온도가 평형 상태에 이르러 열전달이 중지된다. 그리고 이 현상을 이용하는 경우에는 열로부터 일을 얻어 낼 수가 있는 것이다. 이상의 관계를 설명한 것이 열역학 제 2 법칙이다. 이 법칙은 카르노(Carnot), 클라우시우스(Clausius), 켈빈(Kelvin) 및 프랭크(Planck) 등에 의해 제창되어 발전한 것이다. 이는 제 1 법칙에 비해 실험적으로 관찰되었지만 매우 타당한 것으로 믿게 되었다. 그리고 이 법칙이 맞지 않는 사실을 찾아 내어 잘못인 것을 증명하려고 노력했지만 더욱더 그 법칙이 옳음을 뒷받침하게 되었다. 따라서 열역학 제 2 법칙은 실험적으로 정확한 것이 인정되어 제 1 법칙과 같이 열역학에 대한 기초법칙으로서 중요한 위치를 차지하게 되었다.

클라우시우스(Clausius)는 1850년에 이 법칙의 가장 근본적인 표현으로 다음과 같이 나타내었다. "열은 그 스스로 저열원체에서 고열원체로 이동할 수 없다." 고열원체와 저열원체가 서로 접촉되는 경우, 열은 고열원체에서 저열원체로 향해 이동하고, 양자가 같은 온도에 도달하면 즉, 열의 평형상태에 도달하면 열의 이동이 멈춘다. 이것에 대하여 저열원체로부터 고열원체로 열을 이동시키는 데는 냉동기처럼 외부에서 에너지를 공급받아야만 한다. 즉, 열 자신은 어떤 에너지의 도움을 받지 않는 한 스스로 자연히 저열원체에서 고열원체로 이동할 수 없다. 여기서 스스로라는 말은 매우 중요한 의미를 갖는다. 열역학 제2법칙의 다른 표현으로 켈빈(Kelvin), 플랭크(Planck)는 다음과 같이 말하였다. "열기관에 대해서 동작유체에 일을 시키려면 이보다 낮은 열원의 물체가 있어야 한다."

열원에서 열이 온도 강하를 따르지 않고, 다른 변화도 일으키지 않으며 기계적 일로 변하는 운동을 행하는 기관을 제 2 종 영구 운동기관이라 한다. 이 경우는 열을 전부 일로 바꾸어 이용하는 것이 되고 따라서 열로부터 일, 일로부터 열로 에너지 변환을 반복함에 따라, 외부로부터 어떤 에너지 공급을 받지 않고 영구히 일을 계속하는 기관이 된다. 열역학 제 2 법칙에 의하면 열에서 일을 만들어 내는 데도 반드시 온도 강하와 저온도에 대한 열의 방출을 필요로 한다. 따라서 외부로부터 에너지 공급을 받지 않고 영구적으로 일을 얻는 것은 절대로 불가능하다. 따라서, 열역학 제 2 법칙은 제 2 종 영구 운동의 존재를 부정하는 법칙이기도 하다. 열역학 제 2 법칙을 기초로 하여, 연속적으로 열에서 일을 만들어 내는 경우, 열은 그 일부를 일로 바꿀 수 있을 뿐이지만, 가장 효율이 좋은 일을 만들어 내려면, 어떻게 하면 좋은 가를 보여주는 것이 카르노 사이클(Carnot Cycle)이다. 열 현상은 자연대로 반드시 일정한 방향으로 변화한다. 이 사실을 양적으로 표현한 것이 엔트로피량이다.

외부로부터 열을 받아서 사이클 과정을 거쳐 일을 발생시키는 기계를 열기관이라 한다. 열기관에서 유체에 열량 q_1이 공급되어 그 중 $q_1 - q_2$만큼이 일로 변하는 것이다. 따라서 $q_1 - q_2$의 q_1에 대한 비를 열효율(Thermal Efficiency of Heat Engine)이라 하고, 다음 식으로 나타낸다.

$$\eta = \frac{q_1 - q_2}{q_1} = \frac{Q_1 - Q_2}{Q_1} = 1 - \frac{Q_2}{Q_1} = \frac{W}{Q_1}$$

열기관이 행한 일은 고열원에서 흡수한 열량과 저열원으로 배출한 열량의 차이다. 열효율이 100%가 되려면 $q_2 = 0$ 또는 $q_1 = \infty$가 되어야 한다. 이는 두 가지의 경우 모두 불가능하다. 결국 100% 열효율을 갖는 열기관이 존재할 수 없으며 그 상한 문제가 대두된다. 따라서, 열효율은 1 보다 항상 작으므로, "열효율 100%인 열기관을 제작할 수 없다"라는 것도 또 하나의 열역학 제 2 법칙을 표현하는 것이다. 열역학 제 2 법칙 은 사이클 과정이 진행되는 방향에 대해 제약을 부과하는 것으로, 이를 수식화함으로써 열역학 학문의 기반을 완전하게 하였다. 따라서, 일반적으로 에너지 수지에서 열(heat)와 일(work)는 더할 수 있는 항으로 표시할 수 있으나, 질적으로 차이가 있어 일은 에너지로 전환시 100% 가까운 전환효율을 가질 수 있으나, 열은 약 40%를 넘지 못하는 경향이 있다.

6.4.2 카르노사이클(Carnot Cycle)

1824년 프랑스의 사디 카르노(Sadi Carnot)가 이것을 발표했을 때 그의 나이가 28세였는데, 세상 사람들이 이에 관해 전혀 주목을 하지 않았다. 20년 후 쯤 돼서야 그 가치가 나타나기 시작했으나 그는 이미 36세에 타계한 후였다. 1824년 증기기관의 효율을 생각, 열기관의 기본 특징에 대한 가장 효율적으로 일을 만들 수 있는 이상적인 이론적 모형을 생각을 한 것은 그림 6.2와 같다. 그림 6.3에서와 같이 카르노 사이클은 12, 34의 등온 변화와 23, 41의 가역

단열 변화로 구성되어 있다. 동작유체는 실린더 속에 들어 있고 실린더는 열의 완전 부양도체, 실린더와 피스톤의 사이에는 마찰이 없는 것으로 보고 실린더 헤드는 열의 완전 양도체로 생각하면 카르노 사이클은 다음과 같이 이루어진다.

열을 일로 변환시키는 방법은 열이 고온체 열원에서 저온체 열원으로 이동하는 도중에, 열을 동작유체에 가하여 상태 변화를 일으켜 일을 얻는 방법이다. 그러나 동작유체에 열을 가하는 방법, 상태 변화의 형태, 저온체 열원에 방열하는 수단 등은 여러 가지가 있으므로, 이를 이용한 사이클도 많이 있다. 그러나 어떻게 하여 공급열량 Q_H이 유효한 일 W로 바뀔 수 있는지 즉, 열효율의 개선과 그 사이클의 실제적인 적용성 여부가 중요하다. 이유는 사이클에서서는 저온체 열원으로 반드시 방출열량 Q_C가 불가피하므로 열효율이 100%는 불가능하기 때문이다. 주어진 고·저온체 열원의 온도 $T_H, T_C(T_H > T_C)$ 사이에는 여러 가지 사이클을 생각할 수 있지만 우선 이론적인 최고 열효율을 얻기 위해서는 무엇보다도 사이클을 형성하는 각 상태 변화가 모두 가역 사이클이어야 한다. 왜냐하면 비가역 변화는 반드시 에너지 손실을 수반하기 때문에 그만큼 효율이 저하된다. 따라서 등온, 단열 두 변화를 제외하고는 열 출입과 온도 변화가 있으므로 앞에서 설명한 바와 같이 가역 등온변화 2개와 가역 단열변화 2개로 이루어진 것이라야 가역사이클을 이룰 수 있다. 이 이론을 착안한 사람이 카르노(Carnot)이며 이 사이클을 카르노사이클(Carnot Cycle)이라 한다.

계를 이상기체를 가진 가역과정에 대하여 적용하면, 다음과 같다.

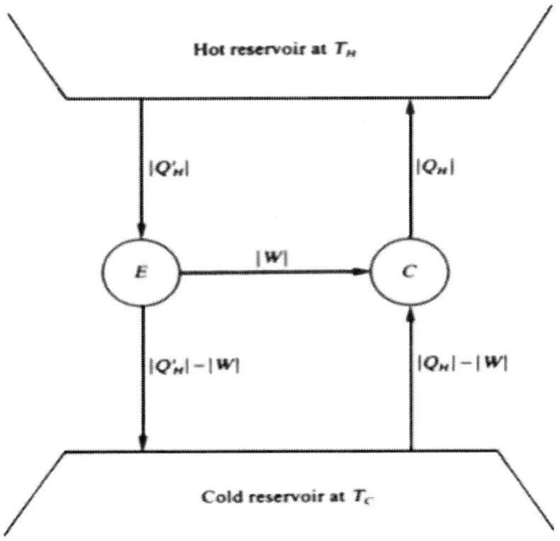

그림 6.2 카르노 사이클(Carnot Cycle)의 이론적 모형

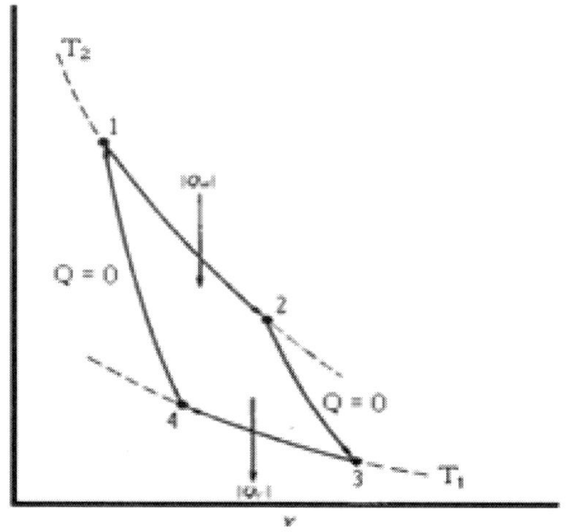

그림 6.3 이상기체에 대한 PV 그림에서 카르노 사이클(Carnot Cycle)

① 과정 1→2 : 등온팽창

온도가 T_H인 고열원에서 Q_H인 열량을 공급받아 등온팽창하며 외부에 대하여 팽창일을 한다. 흡수열량 Q_H는 다음과 같다.

$$Q_H = RT_H \ln\frac{V_2}{V_1} = RT_H \ln\frac{P_1}{P_2}$$

② 과정 2→3 : 단열팽창

상태 2에서 단열 상태하에서 팽창시켜 온도 T_2에서 T_3가 되는 상태 3이 될 때까지 외부에 대하여 일을 한다. 이 때 피스톤은 마찰이 없고 과정은 준정적이므로 가역 단열팽창으로 생각한다. 이에 해당하는 과정에 대한 온도비는 다음과 같다.

$$\frac{T_C}{T_H} = \frac{T_3}{T_2} = \left(\frac{V_2}{V_3}\right)^{k-1}$$

③ 과정 3→4 : 등온압축

작동유체는 상태 3에서 T_C인 저열원으로 Q_C의 열량을 방출하고 등온압축하여 상태 4로 된다. 이 때 방출되는 열량 Q_C는 다음과 같다.

$$Q_C = RT_C \ln \frac{V_3}{V_4} = RT_C \ln \frac{P_4}{P_3}$$

④ 과정 4→1 : 가역단열압축

상태 4에서 동작유체와 저열원과의 접촉을 차단하고 고열원 온도 T_H까지 단열압축시켜 상태 1로 되돌아온다. 외부에서 압축일을 공급받고 내부 에너지는 증가하며 온도는 T_C에서 T_H으로 증가한다. 이에 해당하는 과정에 대한 온도비는 다음과 같다.

$$\frac{T_C}{T_H} = \frac{T_4}{T_1} = \left(\frac{V_1}{V_4}\right)^{k-1}$$

이와 같이 완성된 사이클에서 고온체 열원에 의해 공급된 열량은 Q_H이고, 저온체 열원으로 방출한 열량은 Q_C이다. 따라서 사이클중에서 열로부터 바뀐 일에 대해서 다음 관계가 성립된다.

$$Q_H - Q_C = W \quad (kcal)$$

따라서 카르노 사이클의 열효율은

$$\eta_c = \frac{Q_H - Q_C}{Q_H} = \frac{W}{Q_H} = 1 - \frac{Q_C}{Q_H}$$

이 된다.

상기 4 과정으로 이루어지는 카르노 사이클의 효율이 같은 열 저장소에서 작동하는 기관중에서는 가장 좋다. 또한, 임의의 2개 온도의 열 저장소 사이에서 가역 사이클인 카르노 사이클로 작동하는 기관은 모두 같은 열효율을 갖는다.

한편, 카르노 사이클의 작동은 시계방향으로 이루어지지만, 그림 6.3에서, 이와 반대로 반시계방향으로 이루어지는 카르노 사이클도 있다. 이를 역카르노 사이클(Inverse Carnot Cycle)이라 한다. 이는 외부에서 일 W를 받아서 T_C인 저온체 열원으로부터 열량 Q_C를 흡수하여 고온체 열원 T_H으로 Q_H의 열량을 방열하는 경우이다. 역카르노 사이클에서 계는 저온체 열원에서 열을 흡수하여 이것을 고온체 열원으로 방열하므로 열은 사이클의 도움을 받아 저온부에서 고온부로 이동한다. 이 사이클은 냉동기나 열펌프에 이용하므로 냉동사이클이라고도 한다. 역카르노 사이클을 냉동기에 적용하면 외부에서 받은 일로 저온체 열원에서 흡수하는 열량이 얼마나 큰 지에 따라 성능을 알 수 있다. 이를 성능계수 COP(Coefficient of Performance)이라 한다. 즉,

$$COP = \frac{Q_H}{W} = \frac{Q_C}{Q_H - Q_C}$$

6.4.3 엔트로피 (Entropy)

열역학 제 2 법칙을 수식으로 나타내려면 새로운 상태량을 도입하지 않을 수 없다. 이것이 엔트로피(Entropy)이다. 카르노 사이클에서 등온과정에서 흡수된 열, 또는 방출된 열은, 그 과정에서 온도에 좌우된다는 것을 알았다. 즉, 열량이 dQ일 때 열원의 온도가 T라면 엔트로피 dS라 하고, 다음과 같이 표시된다.

$$dS = \frac{dQ}{T}$$

따라서

$$\Delta S = S_2 - S_1 = \int_1^2 \frac{dQ}{T} \quad (kcal/K)$$

1850년 클라우시우스(Clausius)는 계가 가역적인 경로 한 상태에서 다른 상태로 통과할 때 일정한 절대온도에서 엔트로피의 변화 $\frac{dQ}{T}$는 성질이 될 수 있으나, dQ는 온도가 변하면 달라지므로 성질이 아니라는 것을 알았다. 톰슨(W. Thomson)도 마찬가지로 $\frac{dQ}{T} = 0$인 경우, dQ는 가역과정이어야 한다고 주장하였다. 즉, 엔트로피란 동작유체나 계의 상태에만 관계되는 것이며, 가역과정이나 비가역과정에 무관하고, 동일한 유체의 종류에는 아무 관계가 없다는 것을 알았다.

엔트로피 증가의 원리 (Principle of the Increase of Entropy)를 수학적으로 표시하면 $S_B - S_A = \Delta S_{total} \geq 0$이다. 그림 6.4은 압력과 부피 (PV) 선도에서 가역과 비가역과정을 설명하고 있다. A → B는 단열팽창 비가역과정이며, B → A는 가역과정이다. 가역과정의 클라

우시우스의 적분은 $\Delta S = S_A - S_B = \int_B^A \frac{dQ_{rev}}{T}(kcal/K)$이지만, 사이클 전체로 볼 때 일부가 비가역이므로 클라우시우스의 부등식(Inequality of Clausius)을 적용하면 $\oint \frac{dQ}{T} \leq 0$ 이다. 그림 6.4에서 보는 바와 같이, 사이클을 두 부분으로 구분하여 정리하면, $\int_A^B \frac{dQ_{irrev}}{T} + \int_B^A \frac{dQ_{rev}}{T} \leq 0$이다.

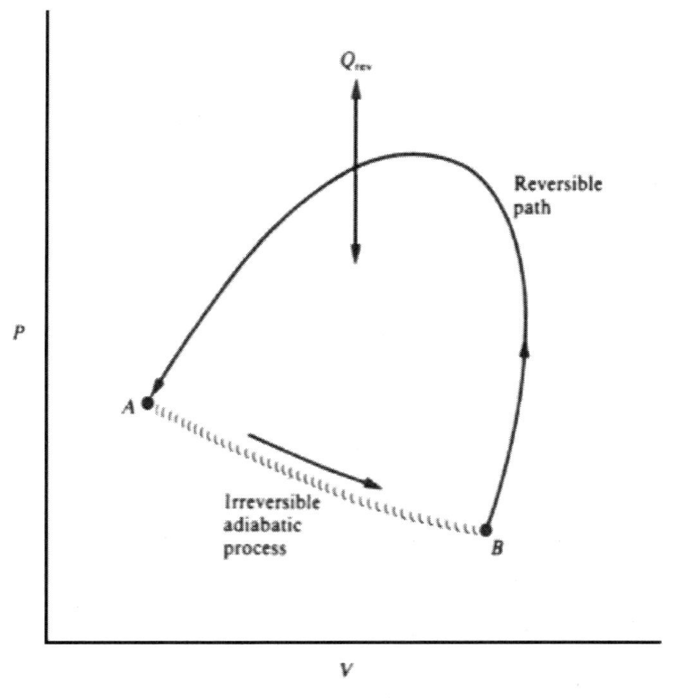

그림 6.4 압력과 부피 (P-V) 선도에서 가역, 비가역과정

A → B는 단열팽창 비가역과정이므로, $\int_A^B \frac{dQ_{rev}}{T} = 0$이며, B → A는 가역과정에 대해서는 $\int_A^B \frac{dQ_{rev}}{T} = S_A - S_B$ 이므로, 전체 사이클에 대해서는 $\oint \frac{dQ}{T} = \int_A^B \frac{dQ_{irrev}}{T} + \int_B^A \frac{dQ_{rev}}{T} = 0 + S_A - S_B \leq 0$ 이다. 즉, $S_B - S_A = \Delta S_{total} \geq 0$.

결론적으로 모든 과정은 총 엔트로피변화가 양의 값을 갖는 방향으로 진행되며 총 엔트로피가 감소하는 과정은 없다.

가역사이클에 있어서는 클라우시우스 적분식 $\oint \frac{dQ}{T} = 0$이지만 비가역 사이클에서는 엔트로피가 보통 증가하는데 이는 열전도나 마찰 저항 등의 영향때문이다. 여기에 비가역 변화가 행해진다. 이 계의 온도를 T라 하면 엔트로피는 $\Delta S = \frac{\Delta Q}{T}$만큼 증가한다. 열기관에 있어서는 고온체 열원으로부터 공급열량 Q_H이 기계적 일로 변환되어, 나머지 열량 Q_C가 저온체 열원으로 버려진다. 열에서 일로 변환은 자연적 과정이며 이것을 수행하기 위해서는 아무런 다른 자연적 과정의 도움을 받지 않으면 안된다. 열기관에 대해 이 자연적 과정은 열량 Q_H의 고온체 열원에서 저온체 열원으로 이동한다. 이 때 열을 일로 변하게 하는 비자연적 과정에 의해 엔트로피는

$$\Delta S = \frac{Q_H - Q_C}{T}$$

만큼 감소한다. 또 열량 Q_2의 이동에 의한 엔트로피 증가량은

$$\Delta S' = \frac{Q_C}{T_H} - \frac{Q_C}{T_H}$$

자연적 과정이 가역 과정이면 $\Delta S' = \Delta S$이지만 실제의 비가역 과정이므로 되고 $\Delta S' > \Delta S$이 $(\Delta S' - \Delta S)$만큼 엔트로피 증가를 갖는다. 이와 같이 비가역 변화가 생길 때 그 계 전체의 에너지 합은 변하지 않지만, 엔트로피는 항상 증가하는 경향이 있다. 열역학 제 2 법칙은 위의 엔트로피 증가의 원리를 나타내는 것 이외에는 아무 것도 알 수 없다. 이처럼 에너지는 모두 열로 되려 하고 그 열은 온도를 평균으로 하려는 경향이 있다. 즉, 엔트로피는 보통의 방향을 향해 우주가 모두 같은 온도로 될 때 그 기대값에 도달 한다.

이상기체의 엔트로피 변화는 열역학 제 1 기초식으로부터 다음과 같이 구한다.

$$dq = dU + PdV = C_v dT + PdV$$

$$dS = \frac{dq}{T} = C_v \cdot \frac{dT}{T} + \frac{PdV}{T}$$

$$dS = C_v \cdot \frac{dT}{T} + R\frac{dV}{V}$$

$1\,kg_f$에 대한 엔트로피 변화량은 다음과 같다.

$$\therefore \Delta S = S_2 - S_1 = S = \int_1^2 C_v \frac{dT}{T} + R\int_1^2 \frac{dV}{V}$$

$$= C_v \cdot \ln\left(\frac{T_2}{T_1}\right) + R \cdot \ln\left(\frac{V_2}{V_1}\right)$$

$$= C_v \cdot \ln\left(\frac{P_2 V_2}{P_1 V_1}\right) + R \cdot \ln\left(\frac{V_2}{V_1}\right)$$

$$= C_v \cdot \ln\left(\frac{P_2}{P_1}\right) + C_v \cdot \ln\left(\frac{V_2}{V_1}\right) + R \cdot \ln\left(\frac{V_2}{V_1}\right)$$

$$= C_v \cdot \ln\left(\frac{P_2}{P_1}\right) + \ln\left(\frac{V_2}{V_1}\right)(C_v + R)$$

$$= C_v \cdot \ln\left(\frac{P_2}{P_1}\right) + C_p \cdot \ln\left(\frac{V_2}{V_1}\right) \quad (kcal/kg_f \cdot K)$$

열역학 제 2 기초식을 이용하여 엔트로피 변화를 구하면 다음과 같다.

$$TdS = dq = dH - VdP = C_p dT - VdP$$

$$dS = \frac{dq}{T} = C_p \frac{dT}{T} - V\frac{dP}{T}$$

$$= C_p \frac{dT}{T} - R\frac{dp}{p}$$

$1\,kg_f$의 이상기체에 대한 엔트로피 변화량은 다음 식으로 구한다.

$$\Delta S = S_2 - S_1 = \int_1^2 dS$$

$$= \int_1^2 C_p \frac{dT}{T} - R\int_1^2 \frac{dP}{P}$$

$$= C_p \cdot \ln\left(\frac{T_2}{T_1}\right) + R \cdot \ln\left(\frac{P_2}{P_1}\right)$$

$$\Delta S = S_2 - S_1$$

상태 1에서 상태 2로 변화되었을 때 등온팽창, 정용변화, 정압변화, 단열변화, 폴리트로프 변화에 대한 각각의 엔트로피 변화는 다음과 같다.

① 등온팽창변화

이상기체가 등온하에서 상태 1에서 상태 2로 변화할 때, 엔트로피 변화량은

$$\triangle S = S_2 - S_1 = R\ln\left(\frac{V_2}{V_1}\right) = R\ln\left(\frac{P_1}{P_2}\right)$$

이다.

② 정용변화

일정한 체적 즉, $V_1 = V_2$이므로 열역학 제 1 기초식으로부터 엔트로피 변화를 구하면 다음과 같다.

$$TdS = dq = dU + PdV = dU = C_v dT$$

$$dS = \frac{dq}{T} = C_v \frac{dT}{T}$$

$$\triangle S = \int_1^2 dS = \int_1^2 C_v \frac{dT}{T}$$

$$= C_v \ln\left(\frac{T_2}{T_1}\right) = C_v \ln\left(\frac{P_2}{P_1}\right) \quad (kcal/kg_f \cdot K)$$

③ 정압변화

일정한 압력변화이므로, 즉, $P_1 = P_2$ 열역학 제 2 기초식으로부터 엔트로피 변화를 구하면 다음과 같다.

$$TdS = dq = dH - VdP = dH = C_p dT$$

$$dS = \frac{dq}{T} = C_p \frac{dT}{T}$$

$$\triangle S = \int_1^2 dS = \int_1^2 C_p \frac{dT}{T}$$

$$= C_p \ln\left(\frac{T_2}{T_1}\right) = C_p \ln\left(\frac{V_2}{V_1}\right) \quad (kcal/kg_f \cdot K)$$

④ 단열 변화

가역단열변화는 $dq = TdS = 0$이므로 $dS = 0$인 변화이다. 따라서 $S_1 = S_2$이고 단열변화에서 엔트로피는 변하지 않는다.

⑤ 폴리트로프 변화

이상기체가 폴리트로프 변화의 경우에는 가열량 dq는 다음과 같다.

$$TdS = dq = C_n dT$$

$$dS = \frac{dq}{T} = C_n \frac{dT}{T}$$

$$\Delta S = S_2 - S_1 = \int_1^2 C_n \frac{dT}{T}$$

$$= C_n \ln\left(\frac{T_2}{T_1}\right) \quad (kcal/kg_f \cdot K)$$

6.4.4 이상기체에 대한 관계식

이상기체일 때 가장 간단한 PVT 상태방정식은 $PV = RT$이다. 여기에서, R은 이상기체상수이다. 표 6.1은 이상기체 상수 R의 값을 다양한 단위로 정리한 것이다.

표 6.1 이상기체 상수 R 에 대한 값

R	$= 8.314 J mol^{-1} K^{-1} = 8.314 m^3 Pa mol^{-1} K^{-1}$ $= 83.14 cm^3\ mol^{-1} K^{-1} = 8{,}314 cm^3 kPa mol^{-1} K^{-1} = 82.06 cm^3 (atm) mol^{-1} K^{-1}$ $= 62{,}356\ cm^3 (torr) mol^{-1} K^{-1}$ $= 1.987\ (cal) mol^{-1} K^{-1} = 1.986\ (Btu)(lb mol)^{-1} (^\circ R)^{-1}$ $= 0.7302 (ft)^3 (atm)(lb mol)^{-1} (^\circ R)^{-1} = 10.73\ (ft)^3 (\psi a)(lb mol)^{-1} (^\circ R)^{-1}$ $= 1545 (ft)(lb_f)(lb mol)^{-1} (^\circ R)^{-1}$

아래 식들은 이상기체일 때 해당되는 중요한 열역학적 관계식를 정리하여 나열한 것이다.

$$\left(\frac{\partial P}{\partial T}\right)_V = \frac{R}{V} = \frac{P}{T}$$

$$\left(\frac{\partial^2 P}{\partial T^2}\right)_V = 0$$

$$\left(\frac{\partial V}{\partial T}\right)_P = \frac{R}{P} = \frac{V}{T}$$

$$\left(\frac{\partial^2 V}{\partial T^2}\right)_P = 0$$

$$\left(\frac{\partial P}{\partial V}\right)_T = -\frac{P}{V}$$

$$\left(\frac{\partial S}{\partial V}\right)_T = \frac{R}{V}$$

$$\left(\frac{\partial S}{\partial P}\right)_T = -\frac{R}{P}$$

$$\left(\frac{\partial H}{\partial P}\right)_T = 0$$

$$dH = C_P dT$$

$$dS = \frac{C_P}{T} dT - \frac{R}{P} dP$$

$$\mu \equiv \left(\frac{\partial T}{\partial P}\right)_H = 0$$

$$\left(\frac{\partial U}{\partial V}\right)_T = 0$$

$$dU = C_V dT$$

$$dS = \frac{C_V}{T} dT + \frac{R}{V} dV$$

$$dS = \frac{C_V}{P} dP + \frac{C_P}{V} dV$$

$$\left(\frac{\partial C_P}{\partial P}\right)_T = 0$$

$$\left(\frac{\partial C_V}{\partial V}\right)_T = 0$$

$$C_P - C_V = R$$

6.5 열역학 제 3법칙

열역학 제 3법칙은 $S = k \ln W$으로 표현될 수 있는 데, 여기에서 k는 Boltzmann 상수이며, W는 열역학적 확률 (한 개의 계가 미시적으로 배열될 수 있는 방법의 수)이다. 네른스트(Nernst)에 의해서 고안된 열정리로 이 법칙은 1906년 발표되었다. 이는 1902년 리차드(F. W. Richards) 등에 의한 자유 에너지와 절대 온도 T와의 곡선 기울기가 $T=0$에 가까워진다는 지적을 얻은 후에 결론지어졌다. 즉, $T=0\,K$에서는 $\Delta S \fallingdotseq 0$이라는 사실을 알게 되었다. 0℃에서 $C_p=0$가 실험에 의해 얻어졌고 이 때 팽창 계수도 0에 접근함을 알게 되었다. 그러나 이와 같은 사실들로 미루어 볼 때 $T=0\,K$에 도달한다는 것은 불가능하다는 일이므로 "어떤 방법에 의해서도 물체의 온도를 -273.15℃ 이하로 내릴 수 없다"라는 하나의 법칙을 얻었는데, 이는 가역과정일 때 증명이 가능하다.

즉, 열기관에서 저열원이 절대온도 $0\,K$로 된다면

$$dQ = T \cdot dS = 0$$

로 되어 방출 열량은 없으므로 T_1인 단일 고열원만으로 열교환을 하는 결과가 되어 이는 열역학 제 2 법칙을 위반하게 된다. 따라서 절대온도 $0\,K$는 어떤 방법에 의해서도 실현 불가능하며 이 사실에서 순수 물질의 엔트로피값은 절대온도 $0\,K$에 접근할 때 0에 가까워진다는 결론을 얻는다. 이것을 열역학 제 3 법칙 또는 네른스트의 열정리(Heat Theorem of Nernst)라 한다. 따라서, 열역학적으로 안정한 결정(Crystal) 열용량의 측정를 하면 다음의 식으로부터 어느 온도에서의 절대 엔트로피를 구할 수 있다. 즉,

$$S = \int_{0K}^{T} \frac{C_P}{T} dT.$$

6.6 유효에너지와 무효에너지

앞에서, 카르노 사이클은 두 개의 등온과정과 두 개의 가역 단열과정으로 구성되어 있다는 것을 알았다. 그림 6.5에서, 카르노 사이클은 직사각형이 되어 면적 12 S_2S_1은 T_H 고열원에서 공

급된 열량 Q가 되고 면적 43 S_2S_1은 T_0저열원으로 방출된 열량 Q_0가 됨을 알 수 있다. 그러나 Q의 열량을 받더라도 일로 전환될 수 있는 것은 일부분인 Q_a뿐이고 나머지 부분 $Q_0 = Q - Q_a$는 저열원 T_C에 버려야 한다는 것은 주지된 사실이다. 이때의 Q_a를 유효에너지(Available Energy), Q_0를 무효에너지(Unavailable Energy)라 한다. 카르노 사이클에서 유효에너지 Q_a 및 무효에너지 Q_0를 $T-S$ 선도상의 면적으로 표시할 수 있다. 여기에서, 상태 1, 4에 해당하는 엔트로피는 S_1이고, 상태 2, 3에 해당하는 엔트로피는 S_2이고 엔트로피 변화 $\triangle S$는

$$\triangle S = Q_0 / T_0 = Q / T$$

따라서 무효 에너지는

$$Q_0 = T_0 \cdot \triangle S \ (kcal)$$

유효 에너지는

$$Q_a = Q - Q_0 = Q - T_0 \cdot \triangle S \ (kcal)$$

로 되고, 동작유체가 고열원으로서 열량 Q를 받을 때의 엔트로피 증가 $\triangle S$는 무효 에너지 Q_0에 비례하고 유효 에너지 Q_a에 반비례한다. 이로부터 엔트로피는 에너지의 무효성을 나타내는 척도로 짐작되고 제 2법칙은 엔트로피라는 상태량을 질적 에너지 관계(유, 무효성)를 밝힌 법칙이고, 제1법칙은 에너지의 양적관계를 밝힌 법칙이다. 표 6.2은 이상기체, 액체, 고체에 관하여 정온과정, 정용과정, 정압과정, 정온자유팽창과정에 대한 열역학적 중요한 관계식를 나타내고 있다.

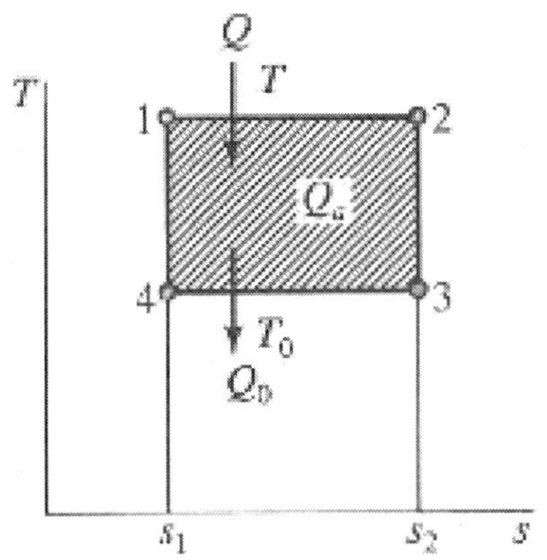

그림 6.5 T-S 선도에서 유효에너지와 무효에너지

표 6.2 열역학적 중요한 관계식

과정	항목	상		
		이상기체	액 체	고 체
	(1) 열역학 제1 법칙	$d\overline{U}= d\overline{Q}+ d\overline{w}$	$d\overline{U}= d\overline{Q}+ d\overline{w}$	$d\overline{U}= d\overline{Q}+ d\overline{w}$
	(2) 특 성	$\Delta T = 0$	$\Delta T = 0$	$\Delta T = 0$
	(3) 내부에너지 변화량	$\Delta\overline{U}= \int_{T_1}^{T_2} C_V dT = 0$	$\Delta\overline{U}= \int_{T_1}^{T_2} C_V dT + \int_{T_1}^{T_2} \pi_T dV = 0$	$\Delta\overline{U}= \int_{T_1}^{T_2} C_V dT + \int_{T_1}^{T_2} \pi_T dV = 0$
정온 과정	(4) 엔탈피 변화량	$\Delta\overline{H}= \int_{T_1}^{T_2} C_P dT = 0$	$\Delta\overline{H} \fallingdotseq \overline{V}\Delta P$	$\Delta\overline{H} \fallingdotseq \overline{V}\Delta P$
	(5) 일	$\overline{\omega}= -RT_1 In\frac{\overline{V_2}}{\overline{V_1}} = -RT_1 In\frac{\overline{P_1}}{\overline{P_2}}$	$\overline{\omega}= -\int_{\overline{V_1}}^{\overline{V_2}} PdV \fallingdotseq 0$	$\overline{\omega}= -\int_{\overline{V_1}}^{\overline{V_2}} PdV \fallingdotseq 0$
	(6) 열	$\overline{Q}= -RT In\frac{\overline{V_2}}{\overline{V_1}} = -RT In\frac{\overline{P_1}}{\overline{P_2}}$	$\overline{Q}= 0$	$\overline{Q}= 0$
	(7) 상태방정식	$P_1\overline{V_1}/P_2\overline{V_2}, P\overline{V}= RT$		
	(1) 열역학 제1 법칙	$d\overline{U}= d\overline{Q}+ d\overline{w}$	$d\overline{U}= d\overline{Q}+ d\overline{w}$	$d\overline{U}= d\overline{Q}+ d\overline{w}$
	(2) 특 성	$\Delta V = 0$	$\Delta V = 0$	$\Delta V = 0$
	(3) 내부에너지 변화량	$\Delta\overline{U}= \int_{T_1}^{T_2} C_V dT$	$\Delta\overline{U}= \int_{T_1}^{T_2} C_V dT$	$\Delta\overline{U}= \int_{T_1}^{T_2} C_V dT$
정용 과정	(4) 엔탈피 변화량	$\Delta\overline{H}= \int_{T_1}^{T_2} C_P dT$	$\Delta\overline{H}= \int_{T_1}^{T_2} C_P dT + \overline{V}\Delta P$	$\Delta\overline{H}= \int_{T_1}^{T_2} C_P dT + \overline{V}\Delta P$
	(5) 일	$\overline{\omega}= 0$	$\overline{\omega}= 0$	$\overline{\omega}= 0$
	(6) 열	$\overline{Q}= \Delta\overline{H}= \int_{T_1}^{T_2} C_V dT$	$\overline{Q}= \Delta U = \int_{T_1}^{T_2} C_V dT$	$\overline{Q}= \Delta U = \int_{T_1}^{T_2} C_V dT$
	(7) 상태방정식	$P_1\overline{V_1}/P_2\overline{V_2}, P\overline{V}= RT$		
	(1) 열역학 제1 법칙	$d\overline{U}= d\overline{Q}+ d\overline{w}$	$d\overline{U}= d\overline{Q}+ d\overline{w}$	$d\overline{U}= d\overline{Q}+ d\overline{w}$
	(2) 특 성	$\Delta P = O$	$\Delta P = O$	$\Delta P = O$
	(3) 내부에너지 변화량	$\Delta\overline{U}= \int_{T_1}^{T_2} C_V dT$	$\Delta\overline{U} \fallingdotseq \int_{T_1}^{T_2} C_V dT$	$\Delta\overline{U} \fallingdotseq \int_{T_1}^{T_2} C_V dT$
정압 과정	(4) 엔탈피 변화량	$\Delta\overline{H}= \int_{T_1}^{T_2} C_P dT$	$\Delta\overline{H}= \int_{T_1}^{T_2} C_P dT$	$\Delta\overline{H}= \int_{T_1}^{T_2} C_P dT$
	(5) 일	$\overline{\omega}= -P\Delta\overline{V}$	$\overline{\omega}= -P\Delta\overline{V} \fallingdotseq 0$	$\overline{\omega}= -P\Delta\overline{V} \fallingdotseq 0$
	(6) 열	$\overline{Q}= \Delta\overline{U}+ P\Delta\overline{V} = \Delta\overline{H}$	$\overline{Q}= \Delta\overline{H} \fallingdotseq \Delta U$	$\overline{Q}= \Delta\overline{H} \fallingdotseq \Delta U$
	(7) 상태방정식	$\overline{V_1}/T_1 = \overline{V_2}/T_2, P\overline{V}= RT$		

과정	항목	상: 이상기체	액 체	고 체
4. 정온 자유 팽창 과정	(1) 열역학 제1법칙	$d\overline{U}= d\overline{Q}+ d\overline{w}$	$d\overline{U}= d\overline{Q}+ d\overline{w}$	$d\overline{U}= d\overline{Q}+ d\overline{w}$
	(2) 특 성1	$P_{ex} = o$	$\overline{Q}= \Delta\overline{H} \fallingdotseq \Delta U$	$\overline{Q}= \Delta\overline{H} \fallingdotseq \Delta U$
	(3) 특 성2	$\Delta T= 0$	$\Delta T= 0$	$\Delta T= 0$
	(4) 내부에너지 변화량	$\Delta\overline{U}= \int_{T_1}^{T_2} C_V dT = 0$	$\Delta\overline{U}= 0$	$\Delta\overline{U}= 0$
	(5) 엔탈피 변화량	$\Delta\overline{H}= \int_{T_1}^{T_2} C_P dT= 0$	$\Delta\overline{H}= \int_{T_1}^{T_2} C_P dT+ \Delta(PV) = 0$	$\Delta\overline{H}= \int_{T_1}^{T_2} C_P dT+ \Delta(PV) =$
4. 정온 자유 팽창 과정	(6) 일	$\overline{\omega}= -\int_{\overline{V_1}}^{\overline{V_2}} P_{ex} d\overline{V}=0$	$\overline{\omega}= -\int_{\overline{V_1}}^{\overline{V_2}} P_{ex} d\overline{V}=0$	$\overline{\omega}= -\int_{\overline{V_1}}^{\overline{V_2}} P_{ex} d\overline{V}=0$
	(7) 열	$\overline{Q}= 0$	$\overline{Q}= 0$	$\overline{Q}= 0$
	(8) 상태방정식	$P_1\overline{V_1}/P_2\overline{V_2}\,,\ P\overline{V}= RT$		
5. 단열 과정	(1) 열역학 제1법칙	$d\overline{U}= d\overline{Q}+ d\overline{w}$	$d\overline{U}= d\overline{Q}+ d\overline{w}$	$d\overline{U}= d\overline{Q}+ d\overline{w}$
	(2) 특 성	$\Delta Q= 0$	$\Delta Q= 0$	$\Delta Q= 0$
	(3) 내부에너지 변화량	$\Delta\overline{U}= \int_{T_1}^{T_2} C_V dT$	$\Delta\overline{U}\fallingdotseq \int_{T_1}^{T_2} C_V dT$	$\Delta\overline{U}\fallingdotseq \int_{T_1}^{T_2} C_V dT$
	(4) 엔탈피 변화량	$\Delta\overline{H}= \int_{T_1}^{T_2} C_P dT$	$\Delta\overline{H}= \int_{T_1}^{T_2} C_P dT+ \overline{V}\Delta P$	$\Delta\overline{H}= \int_{T_1}^{T_2} C_P dT+ \overline{V}\Delta P$
	(5) 일	$\overline{\omega}= \Delta\overline{U}= \int_{T_1}^{T_2} C_V dT$ $= \frac{1}{\gamma-1}(RT_2 - RT_1)$ $= \frac{1}{\gamma-1}(P_2\overline{V_2} - P_1\overline{V_1})$ $= \frac{P_1 V_1}{\gamma-1}\left[\left(\frac{P_2}{P_1}\right)^{\frac{\gamma-1}{\gamma}} - 1\right]$ $= \frac{RT_1}{\gamma-1}\left[\left(\frac{P_2}{P_1}\right)^{\frac{\gamma-1}{\gamma}} - 1\right]$	$\overline{\omega}= -\int_{\overline{V_1}}^{\overline{V_2}} PdV$	$\overline{\omega}= -\int_{\overline{V_1}}^{\overline{V_2}} PdV$
	(6) 열	$\overline{Q}= 0$	$\overline{Q}= 0$	$\overline{Q}= 0$

	(7) 상태방정식	$\frac{P_1\overline{V_1}}{T_1}=P_2\frac{\overline{V_2}}{T_2}$, $P\overline{V}=RT$ $\frac{T_2}{T_1}=\left(\frac{\overline{V_2}}{\overline{V_1}}\right)^{1-\gamma}$ $\frac{T_2}{T_1}=\left(\frac{\overline{P_2}}{\overline{P_1}}\right)^{\frac{\gamma-1}{\gamma}}$ $P_1\overline{V_1}^{\gamma}=P_2\overline{V_2}^{\gamma}$		
3. 정압 과정	(1) 열역학 제1법칙	$d\overline{U}=d\overline{Q}+d\overline{w}$	$d\overline{U}=d\overline{Q}+d\overline{w}$	$d\overline{U}=d\overline{Q}+d\overline{w}$
	(2) 특 성	가역적이라는 조건만이 가하여진 일반적인 과정	가역적이라는 조건만이 가하여진 일반적인 과정	가역적이라는 조건만이 가하여진 일반적인 과정
	(3) 내부에너지 변화량	$\Delta\overline{U}=\int_{T_1}^{T_2}C_V dT$	$\Delta\overline{U}\fallingdotseq\int_{T_1}^{T_2}C_V dT$	$\Delta\overline{U}\fallingdotseq\int_{T_1}^{T_2}C_V dT$
	(4) 엔탈피 변화량	$\Delta\overline{H}=\int_{T_1}^{T_2}C_P dT$	$\Delta\overline{H}\fallingdotseq\int_{T_1}^{T_2}C_P dT+\overline{V}\Delta P$	$\Delta\overline{H}\fallingdotseq\int_{T_1}^{T_2}C_P dT+\overline{V}\Delta P$
	(5) 일	$\overline{\omega}=-\int_{\overline{V_1}}^{\overline{V_2}}P dV$	$\overline{\omega}=-\int_{\overline{V_1}}^{\overline{V_2}}P dV\fallingdotseq 0$	$\overline{\omega}=-\int_{\overline{V_1}}^{\overline{V_2}}P dV\fallingdotseq 0$
	(6) 열	$\overline{Q}=\Delta\overline{U}-\overline{\omega}$	$\overline{Q}=\Delta\overline{U}-\overline{\omega}\fallingdotseq\Delta\overline{U}$	$\overline{Q}=\Delta\overline{U}-\overline{\omega}\fallingdotseq\Delta\overline{U}$
	(7) 상태방정식	$\frac{P_1\overline{V_1}}{T_1}=P_2\frac{\overline{V_2}}{T_2}$, $P\overline{V}=RT$ $P_1\overline{V_1}^{\delta}=P_2\overline{V_2}^{\delta}$ $1<\delta<\gamma$		

6.7 열전달의 개요

물리적인 상황이 주어졌을 경우에 실제 문제를 풀기 위해서는 문제를 고찰하고, 관련된 전달현상을 파악할 수 있어야 한다. 따라서, 수많은 열전달 문제들을 푸는 데 이용되는 전달률

방정식의 중요성을 인식하고, 에너지 보존법칙과 함께 전달률 방정식을 사용하여 전달률을 계산하는 것이 중요하다.

종 류		법 칙
전도(conduction) 물질을 이루는 입자사이의 상호작용에 의한 에너지가 전달되는 현상	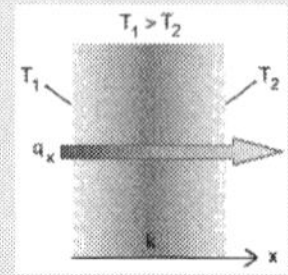	Fourier 열전도법칙 k 는 열전도도 $\dot{Q}_{cond} = -kA\frac{dT}{dx}$
대류(convection) 고체 벽면과 인접하여 유동하는 유체사이의 열전달 현상	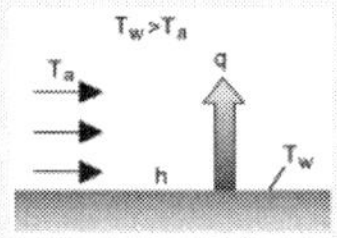	Newton의 냉각법칙 h 는 열전달 계수 $\dot{Q}_{conv} = hA(T_s - T_f)$
복사(radiation) 전자기파 또는 광자(photon) 형태로 방사하는 에너지	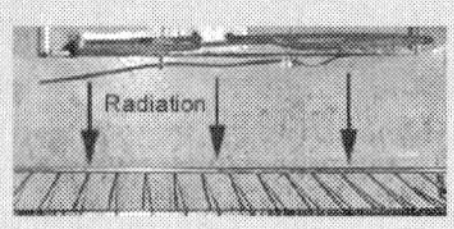	Stefan-Boltzmann 법칙 ε 은 방사율(emissivity) $\dot{Q}_{max} = \varepsilon\sigma A T^4$

그림 6.6 열전달의 메카니즘과 관련 법칙

하나의 매체 내에서 또는 매체 사이에서 온도차가 존재할 때는 언제나 열전달이 반드시 일어나는 데, 이 때 열이 한 곳에서 다른 곳으로 전달되는 추진력은 온도차에 의한 에너지이다. 그림 6.6은 열전달의 메카니즘과 열전달률 방정식를 나타내고 있다. 고체나 액체와 같이 정지한 매체 내에 온도구배가 존재할 때 그 매체를 통해 일어나는 열전달을 전도(Conduction)라 한다. 반면에 주로 기체와 액체에서 일어나는 열전달방법으로, 온도가 다른 기체나 액체의 밀도가 달라질 때 일어나는 열전달의 형태, 즉 온도가 서로 다른 표면과 이동하는 유체(기체나 액체)사이에서 일어나는 열전달을 대류(Convection)라 한다. 대개의 경우 온도가 높아질 때, 유체의 부피가 팽창하여 밀도가 작아지며, 밀도가 작아진 유체는 위로 올라가고, 밀도가 높은 차가운 유체는 아래로 내려온다. 따라서, 유체의 아래쪽에서 가열하면, 유체는 계속 순환하면서 열을 아래에서 위로 전달된다. 바닷물이나 대기에서의 열의 순환은 주로 물과 대기의 대류 작용에 의해 일어난다. 따라서 대류작용은 지구의 기후와 환경을 결정하는 요소이다. 열전달의 세 번째 형태는 열복사(Thermal Radiation)라 하며 유한한 온도의 모든 표면은 전자기과 형태로 에너지를 방사한다. 그러므로 중간 매체가 없어도 서로 온도가 다른 두 표면 사이에서는 복사에 의하여 순(net) 열전달이 일어난다. 복사는 물체를 이룬는 입자들의 열운동에 의해 전자기파를 발생시킨다. 물체가 전자기파의 형태로 에너지를 방출하는 것을 복사선이라고 한다. 물체가 방출하는 복사선의 종류와 복사에너지의 양은 물체의 온도에 따라 달라진다. 온도가 낮은 물체는 주로 파장이 긴 적외선을 방출한다. 다라서 우리는 이런 물체가 내는 복사선을 볼 수가 없다. 그러나 온도가 높아지면 파장이 짧은 전자기파를 내기 시작해 우리 눈에 보이게 된다.

6.8 열전달률 방정식 (Equation of Heat Transfer Rate)

공학자들로서 열전달 형태의 근간을 이루는 물리적인 기구를 이해하는 것과 단위시간당 전달되는 에너지의 양을 정량하는 전달률방정식을 사용할 수 있는 것은 중요하다.

6.8.1 전도(Conduction)

전도라는 용어를 언급할 때는 전자와 분자의 활성의 개념을 즉각적으로 생각해내야 한다. 왜냐하면 전도열전달의 형태를 유지하는 것은 전자와 분자 수준에서 일어나기 때문이다. 전도는 입자 사이의 상호작용에 의해 물질 내의 좀 더 활동적인 입자로부터 덜 활동적인 입자로의 에너지전달로 볼 수 있다.

전도의 물리적인 기구는 기체를 고려하고, 열역학적 배경으로부터 잘 알고 있는 개념을 이용함으로서 가장 쉽게 설명할 수 있다. 온도구배가 존재하는 기체를 고려하고, 체적운동(Bulk Motion)이 없다고 가정하자. 기체가 서로 다른 온도로 유지되어 있는 두 표면 사이의 공간을 채울 수 있다. 임의의 점에서의 온도를 그 점 주위의 인접한 기체 분자들의 에너지와 연관시키자. 이 에너지는 분자들의 내부 회전운동과 진동운동뿐만 아니라 불규칙 병진운동과 관련되어 있다.

더 높은 온도는 더 높은 분자에너지와 연관되어지며, 인접하는 분자들이 일정하게 충돌할 때 더 활동적인 분자들로부터 덜 활동적인 분자들로 에너지전달이 일어나게 된다. 온도구배가 존재하면 전도에 의한 에너지전달은 온도가 감소되는 방향으로 일어난다. 분자들이 불규칙한 운동으로 인하여 위와 아래로부터 x_0 위치에서의 가상 평면을 일정하게 통과하고 있다. 그러나 위로부터 오는 분자들은 아래로부터 오는 분자들보다 더 높은 온도를 가지고 있으므로 이 경우 정미 에너지전달은 양(+)의 방향으로 일어나야 한다. 불규칙한 분자운동에 의한 정미 에너지전달(Net Transfer of Energy)을 에너지 확산이라 할 수 있다.

이러한 상황은 비록 분자들이 더욱 조밀하게 배치되어 있으며, 분자 상호작용이 더 강하고 자주 일어나는 액체에서도 거의 같다. 마찬가지로 고체 내에서의 전도는 격자 진동의 형태인 원자적 활성으로 간주될 수 있다. 현대적인 관점은 에너지전달이 원자운동에 의하여 유도된 격자파서 기인한다는 것이다. 부도체내에서 에너지전달은 주로 이러한 격자파에 의하여 일어나며, 도체 내에서는 자유전자의 병진운동에 의해서도 일어난다. 전도열전달의 예는 많다 뜨거운 커피잔에 갑자기 넣은 금속 스푼의 노출된 끝은 스푼을 통한 에너지 전도에 의하여 결국 뜨거워질 것이다. 겨울철에는 가열된 방으로부터 바깥공기로 많은 에너지손실이 있다. 이 손실은 주로 방공기를 바깥공기와 분리하고 있는 벽을 통한 전도열전달에 의한 것이다.

적당한 전달률방정식(Rate Equation)의 항으로 열전달 과정을 정량화하는 것이 가능하다. 이 방정식들은 단위시간당 전달된 에너지의 양을 계산하는 데 사용될 수 있다. 열전도에 대한 전달률방정식은 Fourier 법칙(Fourier's law)으로 알려져 있다. 온도분포가 $T(x)$인 1차원 평면벽에 대하여 전달률방정식은 다음과 같이 표현된다.

$$q_x'' = -k\frac{dT}{dx}$$

열유속(heat flux)$q_x''(W/m^2)$은 전달방향에 수직되는 단위면적당 x방향으로의 열전달률이며, 이 방향으로의 온도구배 dT/dx에 비례한다. 비례상수k는 열전도율(Thermal Cconductivity, W/m · K)로 알려진 전달물성값이며 벽 재질의 특성값이다. 음의 부호는 열이 온도가 감소되는 방향으로 전달된다는 사실의 결과이다. 온도구배가 선형적인 정상상태에서의 온도구배는 다음과 같이 표현될 수 있다.

$$\frac{dT}{dx} = \frac{T_2 - T_1}{L}$$

그리고 열유속은 다음과 같다.

$$q_x'' = -k\frac{T_2 - T_1}{L}$$

또는

$$q_x'' = k\frac{T_1 - T_2}{L} = k\frac{\triangle T}{L}$$

이 방정식은 열유속, 즉 단위면적당 열전달률을 규정하는 것임을 주목해야 한다. 면적 A의 평면벽을 통한 전도에 의한 열전달률$q_x\,(W)$은 열유속과 면적의 곱인 $q_x = q_x'' \cdot A$이다.

6.8.2 대류(Convection)

대류 열전달 형태는 두 가지 기구로 구성되어 있다. 불규칙 분자운동에 의한 에너지전달에 더하여 유체의 벌크(Bulk)적 혹은 거시적인 운동에 의해서도 에너지가 전달된다. 이러한 유체 운동은 어느 순간에 많은 수의 분자들이 집합적으로 또는 집합체로서 움직인다는 것과 연관된다. 온도구배가 존재하는 경우에 이러한 운동은 열전달의 원인이 된다. 왜냐하면 집합체에서 분자들은 불규칙한 운동을 유지하기 때문에, 총열전달은 분자들의 불규칙한 운동에 의한 에너지 전달과 유체의 체적운동에 의한 에너지전달과의 중첩에서 기인되는 데, 이러한 중첩전달을 대류란 말로 보편적으로 사용하고 있다.

흐르는 유체와 경계표면이 다른 온도일 때 그 사이에서 일어나는 대류열전달에 특히 관심이 있다. 가열된 표면 위를 흐르는 유체의 경우에, 유체-표면 상호작용의 결과로 흐름에 연관되어 있는 유체속도는 표면에서 0으로부터 유한속도 u_∞까지 변하는 유체영역으로 발달된다. 이 유체영역을 수력학적 경계층(Hydrodynamic Boundary Layer)또는 속도경계층(Velocity Boundary Layer)이라 한다. 만일 표면온도와 유체온도가 다르다면, 온도가 y=0에서 T_s로부터 외부흐름에서의 T_∞까지 변화하는 유체영역이 있다. 열경계층(Thermal Boundary Layer)이라 부르는 이 영역은 속도가 변하는 속도경계층에 비하여 작거나 크거나 혹은 같을 수 있다. 어느 경우에나 $T_s > T_\infty$이면 표면과 외부흐름 사이에서 대류열전달이 발생될 것이다.

대류 열전달 형태는 불규칙한 분자운동과 경계층 내에서의 유체의 체적흐름에 의하여 유지된다. 불규칙한 분자운동(확산)에 의한 기여는 유체속도가 낮은 표면 부근에서 두드러진다. 사실 표면과 유체 사이의 경계면(y = 0)에서 유체속도는 0이고 열은 이 기구에 의해서만 전달된다. 체적 유체운동에 의한 기여는 x방향으로 흐름이 진전됨에 따라 경계층이 성장한다는 사실로부터 일어난다. 사실 이 경계층 내로 전도된 열은 하류로 쓸려 내려가면서 결국 경계층 바깥의 유체로 전달된다. 경계층 현상의 이해는 대류열전달을 이해하는 데 필수적이다.

대류열전달은 흐름의 특성에 따라 분류될 수 있다. 흐름이 팬, 펌프, 대기의 바람과 같은 외부 수단에 의해 발생될 때의 대류열전달을 강제대류라 한다. 예로서 그림 6.7(a)와 같이 다량의 프린트된 회로판들에 있는 고온 전자 부품들을 냉각하기 위하여 강제대류 공기를 공급하는 팬의 사용을 생각할 수 있다. 이에 반하여 유체 내에서 온도변화에 의한 밀도차로부터 발생하는 부력에 의하여 흐름이 일어나는 것을 자유대류 또는 자연대류라고 한다. 예로서 그림 6.7(b)과 같이 정지하고 있는 공기 속에 수직 배열된 회로판들에 있는 고온 부품들에서 일어나는 것이 자유대류 열전달이다. 부품들과 접촉하고 있는 공기는 온도가 상승하고 그 결과 밀도가 감소한다. 이 공기는 주위의 공기보다 더 가벼워졌기 때문에 부력은 회로판으로 부터 올라가는 더워진 공기를 더 차가운 주위 공기의 유입으로 교체되는 수직운동을 유발한다.

그림 6.7(a)는 순수 강제대류, 그림 6.7(b)는 순수 자연대류라 볼 수 있지만, 강제와 자연대류가 혼합된 경우도 존재할 수 있다. 예로서 그림 6.7(a)의 흐름과 연관된 속도가 작고 부력이 크다면, 부가된 강제흐름에 비교할 수 있는 2차 흐름이 유도될 수 있다. 부력에 의해 유도된 흐름은 강제흐름에 수직방향이고, 부품들로부터 대류 열전달에 중요한 효과를 가진다. 그림 6.7(b)에서 팬을 사용하여 회로판을 통해 공기가 위로 향하도록 하여 부력흐름을 돕거나, 아래로 향하도록 하여 부력흐름을 방해한다면 그 결과 복합대류가 된다.

전형적으로 전달되는 에너지는 유체의 현열에너지 또는 내부 열에너지이다. 그러나 그밖에 잠열 교환이 있는 대류과정도 있다. 일반적으로 이 잠열 교환은 유체의 액체와 증기상태 사이에서 상변화와 관련되어 있다. 이 책에서 관심을 가질 두 가지 특별한 경우는 비등과 응축이다. 예로서 그림 6.7(c)의 비등수의 냄비 바닥에서 발생하는 증기 기포에 의해 또는 그림 6.7(d)의 냉각수 파이프의 바깥 표면에서 수증기의 응축에 의해 야기된 유체운동으로 대류 열전달이 일어난다.

대류열전달 형상의 특별한 성질에도 불구하고 적절한 전달률 방정식은 다음 형식으로 표현된다.

$$q'' = h(T_s - T_\infty)$$

여기서 대류열유속 $q''(W/m^2)$는 표면온도 T_s와 유체온도 T_∞ 사이의 온도차에 비례한다. 이 식을 Newton의 냉각법칙(Newton's Law of Cooling)이라 하고, 비례상수 $h(W/m^2 \cdot K)$를 대류열전달계수(Convection Heat Transfer Coefficient)라 한다. 대류열전달계수는 표면의 기하학적 형상, 유체운동의 성질, 유체의 열역학적 물성값과 전달 물성값에 의해 영향을 받는 경계층 내에서의 조건들에 의해 지배를 받는다.

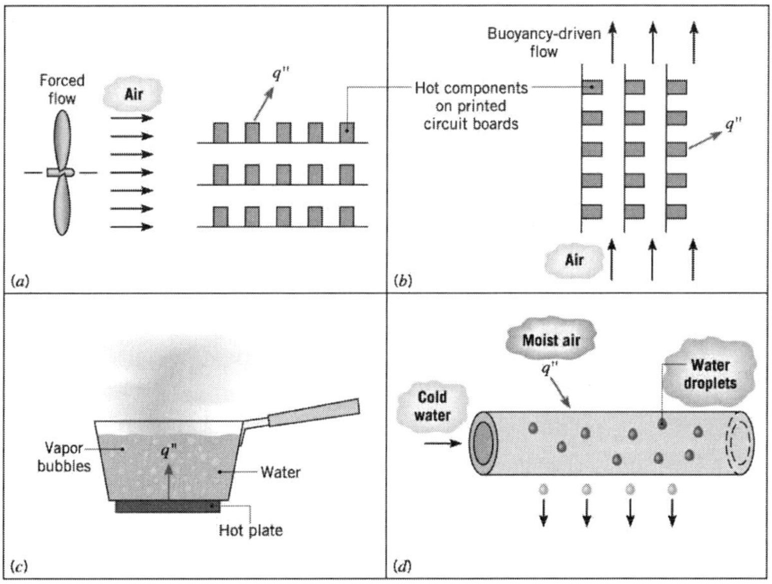

그림 6.7 대류에 의한 열전달: (a) 강제대류, (b)자연대류, (c)비등, (d) 응축 (자료원: "**Fundamentals of Heat and mass Transfer, 6th, F. P. Incoropera and David P. DeWitt,"에서 Ch. 1.에서 그림인용)**

대류열전달의 연구는 궁극적으로 h를 결정할 수 있는 방법을 연구하는 것이라고 볼 수 있다.

대류 열유속은 열이 표면으로부터 전달된다면($T_s > T_\infty$) 양(positive)이고, 열이 표면으로 전달된다면($T_\infty > T_s$) 음(negative)이라고 가정한다. 그러나 $T_\infty > T_s$일 때 Newton의 냉각법칙을 다음과 같이 표현한다.

$$q'' = h(T_\infty - T_s)$$

이 경우 열이 표면으로 전달될 때 열전달은 양(+)이 된다.

6.8.3 복사(Radiation)

열복사는 유한 온도의 물질에 의하여 방사되는 에너지이다. 주로 고체표면으로부터의 복사에 초점을 맞출 것이지만, 방사는 또한 액체와 기체로부터 일어날 수 있다. 물질의 형태에 관계없이 방사는 구성하고 있는 원자나 분자들의 전자배열의 변화로 생각할 수 있다. 복사장의 에너지는 전자기파(또는 광자)에 의하여 전달된다. 전도나 대류에 의한 에너지전달은 매질을 필요로 하지만, 복사는 그렇지 않다. 사실 복사전달은 진공 중에서 가장 효과적으로 일어난다.

표면에서 방사된 복사는 표면과 접하고 있는 물체의 열에너지로부터 생기고, 단위면적당 방출된 에너지율을 표면 방사력 (Surface Emissive Power) E라 한다. 방사력에는 상한이 있으며, 이것은 다음의 스테만-볼츠만(Stefan-Boltzmann) 법칙으로 주어진다.

$$E_b = \sigma T_s^4$$

여기서 T_s는 표면의 절대온도(K)이고, σ는 스테만-볼츠만(Stefan-Boltzmann) 상수 ($\sigma = 5.67 \times 10^{-8}\, W/m^2 \cdot K^4$)이다. 이러한 표면을 이상적인 복사체 또는 흑체라 한다.

실제 표면에서 방사된 열유속은 같은 온도의 흑체로부터의 열유속보다 적고 다음 식으로 주어진다.

$$E = \varepsilon \sigma T_s^4$$

여기서 ε는 방사율(Emissivity)이라 하는 표면의 방사물성값이다. $0 \le \varepsilon \le 1$ 범위의 값을 갖는 이 물성값은 표면이 흑체에 비하여 얼마나 효과적으로 에너지를 방사하는가를 나타낸다. 방사율은 표면의 재질과 표면 상태에 크게 지배되며,

6.8.4 열역학과의 관계

열전달과 열역학 사이의 근본적인 차이점을 아는 것이 중요하다. 열역학은 열 상호작용과 열역학 제 1 법칙과 제 2 법칙에서 중요한 역할을 하는 것에 관련되어 있지만, 열교환을 제공하는 기구나 열교환의 율(Rate)을 계산하는 방법은 고려하지 않는다. 열역학은 물질의 평형상태에 관련되며, 평형상태는 온도구배의 존재를 반드시 제외한다. 열역학은 하나의 계에 대하여 한

평형상태에서 다른 평형상태로 이동하기 위한 열의 형태로 에너지의 양을 결정하는 데 사용 될 수 있지만, 열역학은 열전달이 원천적으로 비평형과정(Nonequilibrium Process)이라는 것을 인정하지 않는다. 열전달이 일어나기 위해서는 온도구배가 존재해야 하므로 결국 이것은 열역학적 비평형이다. 그러므로 열전달의 원리는 열역학이 원천적으로 할 수 없는 것을 할 수 있게 하고 열적인 비평형의 정도에 따라 일어나는 열전달률을 정량화하는 것이다.

6.9 에너지의 단위와 차원

열전달에서의물리량은 단위들에 의하여 측정되는 차원(Dimension)에 의하여 규정된다. 길이(L), 질량(M), 시간(t) 그리고 온도(T)인 4개의 기본 차원은 열전달의 전개를 위하여 필요하다. 관련되는 모든 다른 물리량들은 이 4개의 기본 차원과 관련되어 있다.

미국에서는 다음과 같은 영국 단위계(English System of Units)에 의하여 차원을 정하는 것이 관례이고 기본 단위는 표 6.3과 같다.

표 6.3 차원과 단위

차원		단위
길이(L) 질량(M) 시간(t) 온도(T)	→ → → →	foot(ft) pound mass($1b_m$) second(s) degree Fahrenheit(°F)

다른 물리량들을 규정하는데 필요한 단위는 이 그룹으로부터 추정될 수 있다. 한 예로서, 힘의 차원은 Newton의 운동 제 2 법칙에 의하여 질량과 관련되어 다음과 같이 정의된다.

$$F = \frac{1}{g_c} Ma$$

여기서, 가속도a의 단위는 제곱초당 피트이며, g_c는 비례상수이다. 만약 이 상수가 임의로 1로 정해지고 무차원(Dimensionless)이 된다면, 힘의 차원$(F) = (M) \cdot (L)/(t)^2$이고, 힘의 단위는 다음과 같다.

$$1 \text{ poundal} = 1\ lb_m \cdot ft/s^2$$

이와 달리 질량과 힘을 포함하는 기본 차원계를 선택할 수도 있다. 그러나 이 경우에 비례상수는 $(M) \cdot (L)/(F) \cdot (t)^2$의 차원을 가져야 한다. 더욱이 만약 1파운드의 질량을 $32.17 ft/s^2$의 가속도로 가속시키는 힘의 단위로서 파운드 힘($1b_f$)을 정의한다면, 비례상수는 다음과 같은 형태로 표시되어야 한다.

$$g_c = 32.17\ lb_m \cdot ft/lb_f \cdot s^2$$

일의 단위는 그 정의로부터 힘과 거리의 곱으로 추론될 수 있고, 이때의 단위는 $ft \cdot lb_f$이다. 물론, 일과 에너지의 단위는 열에너지의 단위로서, 영국식 열량 단위(Btu)를 사용하는 것이 보통이다. 1 Btu는 질량이 1 lb_m이고, 온도가 68°F인 물의 온도를 1°F만큼 상승시킨다. 이것은 열의 일당량(Mechanical Equivalent of Heat)이라 하는 $778.16 ft \cdot lb_f$에 상당한다.

최근에 표준단위를 전 세계적으로 사용하는 경향이 강하게 일고 있다. 1960년에 SI (Systèm International d'Unités) 단위계는 제 11차 General Conference on Weights and Measures에서 정의되었으며, 세계적인 표준으로 추천되었다. 이러한 추세에 부응하여 미국 기계공학회(ASME)는 1974년 7월 1일부터 ASME의 모든 발행물에 SI 단위의 사용을 의무화하였다. 이러한 이유와 영국 단위계보다 조작상의 편리함 때문이다. 그러나 공학자들은 앞으로도 영국 단위계로 표시된 결과를 취급하게 되므로, 영국 단위계를 SI 단위로 바꿀 수 있어야 한다, 표 6.4 참조.

표 6.4 SI 기본단위와 보조단위

양과 기호	단위와 기호
길이(L)	meter(m)
질량(M)	kilogram(kg)
농도(C)	mole(mol)
시간(t)	second(s)
전류(I)	Ampere(A)
열역학적 온도(T)	Kelvin(K)
평면각[a](θ)	radian(rad)
입체각[a](ω)	steradian(sr)

[a]보조 단위

SI 기본단위인 몰(mol)은 $12g$의 탄소-12(^{12}C)내에 존재하는 만큼의 원자나 분자수를 가지는 물질의 양이며, 이것이 그램-몰(mol)이다. 몰이 SI 단위계에서 물질의 단위량으로 추천되었지만, 킬로그램-몰(kmol, kg-mole)을 취급하는 것이 더 모순이 없다. 1 kmol은 단순히 ^{12}C의 12kg 내에 있는 원자들만큼의 원자수나 분자수를 갖는 물질의 양이다. 물질의 분자량은 mole이나 kg-mole과 관련된 질량이다. 한 예로서, 산소의 분자량 M은 16kg/mol 혹은 16kg/kmol이다. 온도의 SI 단위는 켈빈(Kelvin) 온도이지만, 섭씨온도 척도도 널리 사용되고 있다. 섭씨온도 0 도(0℃)는 다음과 같은 열역학적 척도로서 273.15K에 상당한다.

$$T(K) = T(℃) + 273.15$$

그러나 온도차는 두 가지 척도에서 같고 ℃나 K로 나타낼 수 있다. 또한 시간의 SI 단위는 초이지만, 다른 시간 단위(분, 시간, 그리고 일수)가 보통 사용되므로, 일반적으로 SI 단위와 함께 이들의 사용이 허용되고 있다.

SI 단위는 미터 단위계의 체계적인 형태를 포함한다. 즉, 모든 여타 단위는 환산계수를 포함하지 않는 식을 사용하여 기본단위로부터 유도될 수 있다. 선정된 양에 대한 유도단위(derived unit)는 표 6.5에 열거되어 있다. 힘은 뉴톤(Newton)으로 측정되며, $1N$의 힘은 질량이 1 kg인 물체를 $1m/s^2$로 가속시키므로, $1N = 1kg \cdot m/s^2$이다. 압력의 단위(N/m^2)는 흔히 Pascal로 불리운다. SI 단위계에서는 에너지(열, 기계, 또는 전기)의 단위로서 Joule(J)이라는 하나의 단위가 존재하며, $1J = 1N \cdot m$이다. 에너지율, 즉 동력에 관한 단위는 J/s이며, 여기서 초당 1 Joule은 1 Watt($1\,J/s = 1\,W$)에 상당한다. 극히 크거나 작은 수를 취급할 필요가 자주 있으므로, 표기를 단순화시키기 위하여 한 세트의 SI 수 표준 접두사를 도입하였다, 표 6.6 참조. 한 예로 1 megaWatt(MW)=$10^6\,W$이고, 1 micrometer(μm)=$10^{-6}m$이다.

표 6.5 선정된 양에 대한 SI 유도단위

양	이름과 기호	식	SI 기본단위에 의한 표현
힘	Newton(N)	$m \cdot kg/s^2$	$m \cdot kg/s^2$
압력과 응력	Pascal(Pa)	N/m^2	$kg/m \cdot s^2$
에너지	Joule(J)	$N \cdot m$	$m^2 \cdot kg/s^2$
동력	Watt(W)	J/s	$m^2 \cdot kg/s^2$

표 6.6 SI 수 접두사

접두사	기호	환산량
pico	p	10^{-12}
nano	n	10^{-9}
micro	μ	10^{-6}
milli	m	10^{-3}
centi	c	10^{-2}
hecto	h	10^{2}
kilo	k	10^{3}
mega	M	10^{6}
giga	G	10^{9}
tera	T	10^{12}

6.10 에너지 보존법칙의 응용

열역학과 열전달의 분야는 상호보완적이다. 예로서 열전달 분야는 열이 전달되는 전달률을 취급하기 때문에 열전달 분야는 열역학의 확장이라고 할 수 있다. 또한, 열전달 문제에 대하여 열역학 제 1 법칙은 유용하고 근본적인 도구를 제공한다.

6.10.1 검사체적에 대한 에너지 보존

검사체적이란 열유체가 흐르는 공간 안에서의 임의의 체적이다. 검사체적의 기하하적인 경계면을 검사표면이라고 하며, 검사표면은 실제로 존재하는 면일 수도 있으며, 가상적일 수도 있으며, 검사체적은 정지상태이거나 운동중일 수도 있다. 그림 6.8은 관을 통과하는 열유체흐름을 해석하기 위한 검사체적을 보여주고 있다. 여기서 관의 내면은 실제적인 물리적인 경계면으로 검사표면의 일부가 되지만, 관의 수직적인 단면 부분(그림 6.8)에서 ①, ②, ③)은 가상적인 면이다. 이 수직 단면에 해당하는 물리적인 면이 없기 때문에 이 면을 고려할 목적으로 가상의 경계면이 선택되었다. 에너지와 물질이 통과할 수 있는 검사표면(Control Surface)으로 정의되는 경계가 지어진 공간영역인 검사체적(Control Volume)에 대하여, 입구영역①에서, 출구영역 ②, ③에 대하여 열역학 제 1법칙을 적용한다. 일단 검사체적에 대하여, 적절한 시간 기준(time basis)을 결정해야 한다. 두 개의 선택이 있다. 제1법칙은 순간시간t에서 만족되어야 하므로 선택 중의 하나는 전달률 기준(Rate Basis)으로 제 1 법칙을 공식화하는 것이다. 즉 어느 순간에 초당 줄(W)로 측정된 모든 에너지율(Energy Rate) 사이에는 균형이 있어야 한다. 양자택일로 제1법칙은 역시 시간간격(Time Interval) Δt에 걸쳐 만족되어야 한다. 그러한 시간간격에 대하여 줄(Joule)로 측정된 모든 에너지변화의 양들 사이에는 균형이 있어야 한다는 것이다.

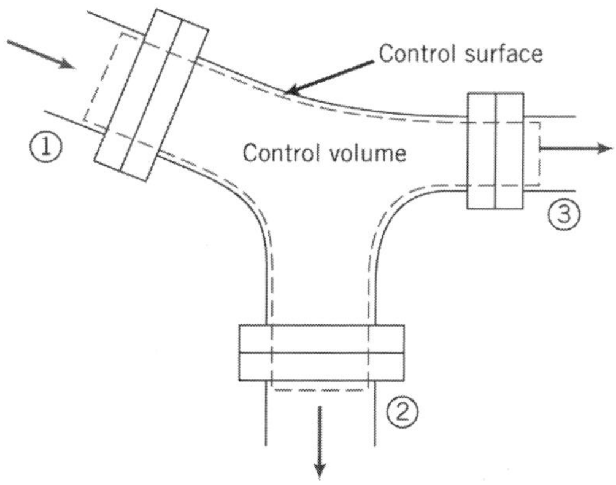

그림 6.8 열유체 관흐름의 경우 검사표면(control surface)과 검사체적(control volume)

시간 기준에 따라 열전달 해석에 대하여 아주 적합한 제1법칙 공식은 다음과 같이 기술될 수 있다. 순간(t)에서 검사체적으로 들어간 열에너지와 기계에너지율과 검사체적 내에서 발생된 열에너지율의 합에서 검사체적에서 나간 열에너지와 기계에너지율을 뺀 것은 검사체적 내에 저장된 에너지 증가율과 같아야 한다. 시간간격(Δt)에 걸쳐서 검사체적으로 들어간 열에너지와 기계에너지의 양과 검사체적 내에서 발생된 열에너지의 양의 합에서 검사체적에서 나간 열에너지와 기계에너지의 양을 뺀 것은 검사체적 내에 저장된 에너지 증가량과 같아야 한다. 흘러들어간 에너지와 발생된 에너지가 흘러나간 에너지를 초과한다면, 검사체적내에 저장된 에너지량은 증가될 것이다. 반대로 된다면 에너지 저장이 감소될 것이다. 흘러들어간 에너지와 발생된 에너지가 흘러나간 에너지와 같다면, 검사체적 내에 저장된 에너지량의 변화가 없다라고 하는 정상상태 조건이 되어야 한다.

그림 6.8에 나타낸 검사체적에 에너지 보존을 적용시켜보자. 첫 번째 단계는 검사체적을 점선으로 표시하는 것이다. 뚤째 단계는 에너지 항을 표시하는 것이다. 한순간에서 검사면을 통해 들어가고 나가는 열에너지와 기계에너지율인 $\dot{E}_{in}$과 $\dot{E}_{out}$을 포함한다. 또한 열에너지는 다른 에너지 형태로부터 전환되어 검사체적 내에서 창조될 수 있다. 이 과정을 에너지발생이라고 하

고, 발생률은 $\dot{E}_g$로 표시된다. 검삿적 내에 저장된 에너지의 변화율 dE_{st}/dt는 $\dot{E}_{st}$로 표시된다. 에너지 보존 필요조건의 일반적인 형태는 전달률 기준으로 다음과 같이 나타낼 수 있다.

$$\dot{E}_{in} + \dot{E}_g - \dot{E}_{out} = \frac{dE_{st}}{dt} \equiv \dot{E}_{st}$$

이 식은 임의의 시간의 순간(instant of time)에 적용될 수 있다. 시간간격 $\triangle t$에 대하여 적용하는 다른 형태는 시간에 관하여 적분하여 얻는다.

$$E_{in} + E_g - E_{out} = \triangle E_{st}$$

이 상관식은 흘러들어간 에너지와 발생된 에너지의 양은 검사체적 내에 저장된 에너지량을 증가시키는 작용을 하는 반면에, 흘러나간 에너지량은 저장된 에너지량을 감소시키고 있음을 표현한 것이다.

유입과 유출이란 말은 표면현상이다. 즉 이들은 오직 검사면에서 일어나는 과정과 연관되어 있으며 표면적에 비례한다. 일반적인 상황에서는 전도, 대류, 및(또는) 복사에 의한 열전달로 유입과 유출하는 에너지를 포함한다. 검사면을 지나는 유체흐름을 포함하는 경우에서는 검사체적에 들어가고 나가는 물질이 갖고 있는 에너지를 역시 포함한다. 이 에너지는 내부에너지, 운동에너지 및 위치에너지 형태로 이루어질 수 있다. 유입과 유출항은 계 경계에서 일어나는 일의 상호작용을 역시 포함할 수 있다. 에너지 발생항은 어떤 다른 에너지 형태(화학, 전기, 전자기 또는 핵에너지)로부터 열에너지로의 변환과 연관이 되어 있다. 이것은 체적현상이다. 즉 에너지 발생은 검사체적 내에서 일어나며, 검사체적의 크기에 비례한다. 예를 들면 화학에너지가 열에너지로 전환하는 발열화학반응이 일어날 수 있다. 정미효과는 검사체적 내에 있는 물질의 열에너지의 증가이다. 열에너지의 다른 근원은 전류가 전도체를 통해 흐를 때 저항열로 인하여 일어나는 전기에너지로부터의 전환이다. 즉 전류 I가 검사체적 내에 있는 저항 R을 통해 흐른다면, 열에너지가 검사체적 내에서 발생(방출)하는 율과 같은 I^2R의 율로 전기에너지가 소산된다. 이 과정은 양자택일로 전기적인 일이 계 내에서 일어나는 과정(에너지유입)의 하나로서 취급될 수 있지만, 정미효과는 열에너지 발생의 하나이다.

에너지 저장도 역시 체적현상이며, 검사체적 내에서의 에너지변화는 포함되어 있는 내부에너지, 운동에너지 및(또는) 위치에너지의 변화에 기인될 수 있다. 따라서 시간간격$\triangle t$ 동안에 대하여 저장항$\triangle E_{st}$는 $\triangle U + \triangle KE + \triangle PE$의 합과 같다고 표시할 수 있다. 내부에너지의 변화 $\triangle U$는 물질을 구성하고 있는 원자나 분자들의 병진운동, 회전운동 및(또는)진동운동이 되는 현열성분, 고체, 액체 및 증기상태 사이에서 상변화에 영향을 주는 상호 분자력과 관계되는 잠열 성분, 원자들 사이에서 화학 결합에 저장된 에너지가 되는 화학에너지 성분(및 원자핵 내에서 결합력이 되는 원자핵 성분으로 구성되어 있다. 만일 고체에서 액체로(용융), 또는 액체에서 증기로(증발, 비등) 되는 것과 같은 상변화가 있다면 잠열에너지 효과를 고려할 필요가 있다. 이러한 경우에서는 잠열에너지가 증가한다. 반대로 상변화가 증기로부터 액체로(응축) 또는 액체로부터 고체로(응고, 동결) 되면 잠열에너지는 감소된다. 그러므로 열전달 해석에서 거의 모든 경우에 운동에너지와 위치에너지 효과를 무시할 수 있다면, 에너지 저장의 변화는 오직 내부 열에너지의 변화에 기인하며, 상변화의 경우에서는 잠열에너지($\triangle E_{st} = \triangle U = \triangle U_t + \triangle U_{lat}$)의 변화에 기인한다.

경계를 통하는 에너지가 열과 일의 상호작용에 의해 전달되는 질량이 고정된 밀폐계(Closed System)을 고려하자. 시간간격 $\triangle t$동안에 걸쳐 열이 Q만큼 계로 전달되고(에너지 유입), 일이 계에 의해 W만큼 행해진다면(에너지 유출), 계 내에서 일어나는 에너지 전환은 없고($E_g = 0$), 운동 및 위치에너지 변화를 무시할 수 있다면, 즉,

$$Q - W = \triangle U$$

일의 항 W는 경계의 이동, 회전축 및(또는) 전자기 효과에 기인될 수 있다. 양자택일로 순간에서의 에너지 보존 필요조건은 다음과 같다.

$$q - \dot{W} = \frac{dU}{dt}$$

잘 알고 있는 에너지 보존 필요조건의 다른 형태는 계에 들어가고 나가는 내부에너지, 운동에너지 및 위치에너지를 전달할 수 있는 질량 흐름이 있는 개방계(Open System)에 관계된다. 그러한 경우에 일의 형태에서 에너지 교환을 2개의 영역으로 나누는 것이 통상적이다. 흐름일이라고 하는 첫 번째 영역은 계의 경계를 통하여 흐르는 유체에 압력이 한 일과 연관되어 있다. 단위 질량(Unit Mass)에 대한 일의 양은 압력에 유체의 비체적을 곱한 것(pv)과 같다. 모든 다른 일은 계에 의한 것이라고 가정하고 W항으로 나타낸다. 따라서 열이 계로 전달되었다고 가정하고, 계 내에서 일어나는 에너지 변환은 없으며 조작이 정상상태 조건하($\dot{E}_{st} = 0$)에서

일어난다면, 다음의 정상상태 흐름에너지 방정식 형태로 축소된다, 그림 6.9 참조.

$$\dot{m}\left(u+pv+\frac{V^2}{2}+gz\right)_i-\dot{m}\left(u+pv+\frac{V^2}{2}+gz\right)_o+q-\dot{W}=0$$

물론 내부에너지와 흐름일의 합은 엔탈피 $i=u+pv$로 대체될 수 있다.

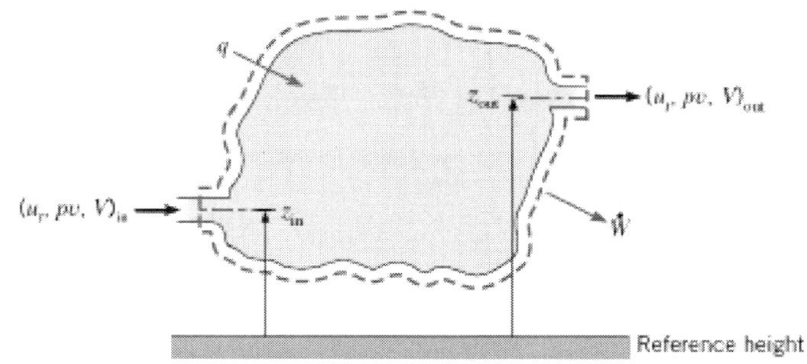

그림 6.9 정상태, 개방계에서의 에너지 보존의 법칙 응용

6.10.2 열전달 문제해결

열전달 현상은 많은 산업 및 환경 문제에서 중요한 역할을 한다. 한 예로서 에너지생산과 전환의 중요한 영역을 생각해보자. 이 분야에서 어떤 방식으로든 열전달 효과를 포함하지 않는 적용은 단 한 개도 없다. 핵분열 또는 핵융합, 화석 연료의 연소, 자기 유체 역학적 과정 또는 지열 에너지원의 사용에 의한 전력의 발생에서 풀어야할 열전달 문제가 매우 많이 있다. 이 문제들은 전도, 대류 및 복사과정을 포함하고, 보일러, 응축기, 터빈과 같은 시스템의 설계와 연관되어 있다. 우리는 열전달률을 최대로 하면서 고온 환경에서 물질의 상태를 원형대로 유지시킬 필요성에 자주 직면하게 된다.

더 작은 규모로는 전력 생산뿐만 아니라 공간 가열을 위한 태양에너지 전환 시스템의 개발과 관련된 많은 열전달 문제들이 있다. 열전달 과정은 역시 내연기관, 가스터빈 및 로켓엔진과 같은 추진 시스템의 성능에 영향을 미친다. 열전달 문제들은 전통적인 공간과 물 가열 시스템의 설계, 소각로와 저온저장 장치의 설계, 전자 장치의 냉각, 냉동과 공기 조화 시스템의 설계 및 많은 제조과정에서 발생된다. 열전달은 역시 공기와 물의 오염과 관계가 있으며, 국부적 그리고 지구의 기후에도 큰 영향을 미친다.

표 6.7 The Three "Levels" of Transport Phenomena in Energy Enegineering

	Basic Equations		Expirical Expressions		Results
Macroscopic Level	Microscopic balances over engineering system	+	Dimensionless correlations f,h,k_x, and e_v	→	Solve to get relations among inlet, outlet, and transfer quantities
	↑∫		dimensional analysis		
Macroscopic Level	Equations of change for conserved quantities	+	Flux expressions for j_a,τ,q	→	Solve to get concentration, pressure, velocity, and temperature
	↑∫				
Molecular Level	Equation for time evolution of phase-space distribution function	+	Intermolecular force expression	→	Solve to get D_{AB},μ,κ, and k_T in the flux expressions

표 6.8 에너지공학에서 모멘텀, 에너지, 물질전달의 유사성

구 분	모멘텀	에너지	물질
플럭스	τ_{yx} [dyne/cm²]	q_y'' [cal/cm²sec]	N_{Ay} [gmole/cm²sec]
플럭스식 (구성방정식)	$\tau_{yx} = -\mu \frac{\partial v_x}{\partial y}$	$q_y'' = -k\frac{\partial T}{\partial y}$	$N_{Ay} = -D_{AB}\frac{\partial C_A}{\partial y}$
	Newton's law of viscosity	Fourier's law	Fick's law
전달계수	점도 μ [g/cmsec]	열전도계수 k [cal/cmsec℃]	확산계수 D_{AB} [cm²/sec]
포텐셜구배	$\frac{\partial v_x}{\partial y}$	$\frac{\partial T}{\partial y}$	$\frac{\partial C_A}{\partial y}$
확산계수	동점도 $\upsilon = \mu/\rho$ [cm²/sec]	열확산계수 α = k/ρCp [cm²/sec]	물질확산계수 DAB [cm²/sec]
단위부피당 모멘텀(에너지, 농도)	$V_x\rho$ [momentum per volume]	$\rho Cp T$ [energy per volume]	C_A [moles per volume]
모멘텀(에너지,농도)구배	$\frac{\partial (v_x \rho)}{\partial y}$	$\frac{\partial (\rho C_p T)}{\partial y}$	$\frac{\partial C_A}{\partial y}$
무차원 파라미터	Skin friction 계수 or Fanning friction factor = f (Re, roughness)	Nusselt 수 Nu = Nu (Re, Pr) Nu = hD/k	Sherwood 수 Sh = Sh (Re, Sc) Sh = kcD/DAB

표 6.7은 에너지공학에 응용될 수 있는 이동현상에서 3 단계의 접근방법을 도식화 한 것이다. 2 단계에 매크로단계와 1 단계의 마이크로단계에서 이론적인 방법과 실험적 방법을 이용하여 결과를 도출하는 공학적인 접근방식을 도식화한 것이다. 표 6.8은 에너지공학에서 유체동역학, 열전달, 물질전달과의 유사성을 요약 정리한 것이다. 유체동역학에서는 뉴톤의 점성법칙,

열전달에서는 후리에의 열전도법칙, 대류에서는 뉴톤의 냉각법칙, 그리고 물질전달에서는 픽크의 확산법칙을 설명하고 있다.

심화학습용 참고문헌 (Further Studies and Readings)

- "Introduction to Chemical Engineering Thermodynamics", 5th, J. M. Smith, H. C. Van Ness, M. M. Abbott, McGraw-Hill, 1996
- "Chemical and Engineering Thermodynamics", Stanley I. Sandler, John Wiley & Sons, 1977
- "Classical Thermodynamics of Nonelectroylyte Solutions",Van Ness, M. Abbott, McGraw-Hill, 1982
- Fundamentals of Heat and mass Transfer, 6th, F. P. Incoropera and David P. DeWitt,
- "Fluid Mechanics", 8th, Robert W. Fox, Alan T. McDonald, John C. Leylegian, 2012
- "Transport Phenomena", R. B. Bird, W. E. Stewart, E. N. Lightfoot, John Wiley & Sons, 1960
- "유체역학", 2판, 부정숙, 서용권,송동주, 김경천 공역, 반도출판사
- "Process Fluid Mechanics", Morton M. Denn
- "쉽게 배우는 열역학", 윤천석, 김택영, 박성영, 박성호, 엄용균, 오율권, 한진호 공역, 교보문고, 2009
- "신판 이동현상론", 平岡正勝, 田中幹也

연습문제

1. 열역학 제 1 법칙을 설명하고 수식적으로 표현하시오.

2. 폐쇄계에 대한 에너지수지식과 정상상태의 개방계에 대한 에너지수지식을 유도하시오.

3. 우리 생활속에서 엔트로피가 증가하는 현상을 예를 들어 설명하시오.

4. 카르노사이클의 P-V 및 T-S 선도를 그리고 그리고 열효율을 구하시오.

5. 에너지 이용의 총괄효율을 결정하시오. 그리고 손실 에너지을 계산하시오.

6. 지구와 태양사이에는 완전 진공으로 되었다고 가정할 때, 완전 진공에서는 열전달현상이 일어나는가? 일어나면 어떠한 열전달의 메카니즘으로 설명될 수 있느냐?

7. 이동현상 (운동량, 열전달, 물질전달)에서의 유사성을 설명하시오.

8. 어떤 과정에서 비가역성이 존재하는 순환사이클에서 $\frac{dQ}{T}$의 적분이 반드시 0 보다 작다는 것을 증명하시오.

9. 2 원자 분자의 이상기체에 있어서 정압변화에서의 엔트로피 변화와 정적변화에서의 엔트로피 변화의 비는 1.40임을 표시하시오.

10. 에너지의 차원을 MLT계로 표시하시오.

11. SI단위에서 압력단위는 Pascal이다. 1 Pa는 몇 kg_f/cm^2인가?

12. Newton의 냉각법칙에서 대류열전달계수의 단위는 무엇인가? 대류열전달계수는 무슨 역할을 하는가?

13. 자연대류와 강제대류의 차이점은 무엇인가?

14. 온도구배란 무엇인가? 온도구배와 열흐름과의 관계는 무엇인가?

15. 전도, 대류, 복사에 의한 열전달과 관련된 물리적 기구는 무엇인가?

16. 열유속과 열전달율의 차이점은 무엇인가? 이들의 각각 단위는 무엇인가?

17. 속도(수력학적)경계층이 발달하기 위해서는 필요한 조건은 무엇인가?

18. 초기상태로 온도 373K, 부피 10 liter 조건의 네온(Ne) 2 mol이 단열가역팽창되어 최종온도가 초기온도 값의 반으로 떨어졌을 때, 최종상태의 부피를 구하시오. (단 네온은 이상기체라 가정하고, $C_V = \frac{3}{2}R$이다) (2008년 행정고등고시(기술직) '화공열역학' 출제)

기후변화협약과 에너지대책 7장

7.1 지구 온난화현상6)

7.1.1 개요

나무를 많이 베어내는 일 등에 의하여 자연의 자정능력이 약화되고, 산업발전에 따른 화석연료의 사용량 증가로 인하여 인위적으로 발생되는 이산화탄소 (CO_2)의 양이 증가됨에 따라 두터운 온실이 형성되어 온실효과(Greenhouse Effect)가 커졌습니다. 이로 인하여 지구의 평균기온이 점차 올라가는 것이 바로 지구 온난화현상 (Global Warming)이라고 한다. 지난 100년간 지구의 평균기온은 점점 증가하는 추세를 보이면서 지구 온난화현상이 나타나고 있는 것은 이산화탄소 등과 같은 온실가스의 증가로 대기의 온도가 상승하는 온실효과에 의한 것으로, 지구의 자동온도조절능력이 한계에 도달하고 있음을 보여준다. 지구 온난화로, (1) 20세기에 지구 평균기온은 0.6℃가 상승하였고, 그림 1.12 참조, 이로 인하여 극지방과 고산지대의 빙하가 감소하고, 겨울철이 짧아지며, (2) 봄과 여름에 북반구의 빙산이 1950년 이래로 약 10~15% 감소하고, (3) 지난 100년 동안 지구 해수면의 높이가 10~25cm 상승하여 투발루, 키리바시 공화국의 일부 도서, 몰디브, 파푸아뉴기니 등 남태평양 섬나라가 물에 잠기고 있으며, (4) 폭염과 폭풍 등의 기상이변 및 사막화되고 있으며, (5) 식물의 생육기간은 늘어나 집중호우와 같은 극한 기상현상이 자주 발생하고, (6) 우리나라의 경우도 1912년 이래로 지구 온난화와 도시화 효과로 평균기온이 1.5℃가 상승하였습니다. 따라서, 이러한 기후변화는 기상이변, 해수면 상승 등을 초래하여 생태계와 사회 · 경제분야 등에 불가항력적 재난 (그림 7.1)과 같은 나쁜 영향을 끼친다.

---

6) 본 7 장의 대부분 내용을 다음의 문헌에서 인용하였음을 밝힙니다. 인용된 문헌: http://www.cdrs.re.kr, "기후변화협약 더워지는 지구, 그 원인과 대책" 이산화탄소저감 및 처리기술개발사업단의 연구 및 홍보자료, 2012 [1].

지구가 평균기온 15℃를 유지할 수 있는 것도 대기 중에 존재하는 일정량의 온실가스에 의한 것으로, 이러한 온실효과가 없다면 지구의 평균기온은 -18℃까지 내려가 대부분의 생명체는 살 수 없게 된다. 지난 100 년동안 이러한 온실효과를 일으키는 물질들의 대기중 농도가 증가하여 인류는 기후변화라는 전 세계적인 문제에 직면하게 되었다, 그림 7.2 와 7.3 참조. 즉, 삼림벌채 등에 의하여 자연의 자정능력이 약화되고, 산업발전에 따른 화석연료의 사용량 증가로 인하여 인위적으로 발생되는 이산화탄소의 양이 증가됨에 따라 두터운 온실이 형성되어 온실효과가 커졌다. 이로 인하여 지구의 평균기온이 올라가는 지구 온난화 현상이 나타나고 있는 것이다.

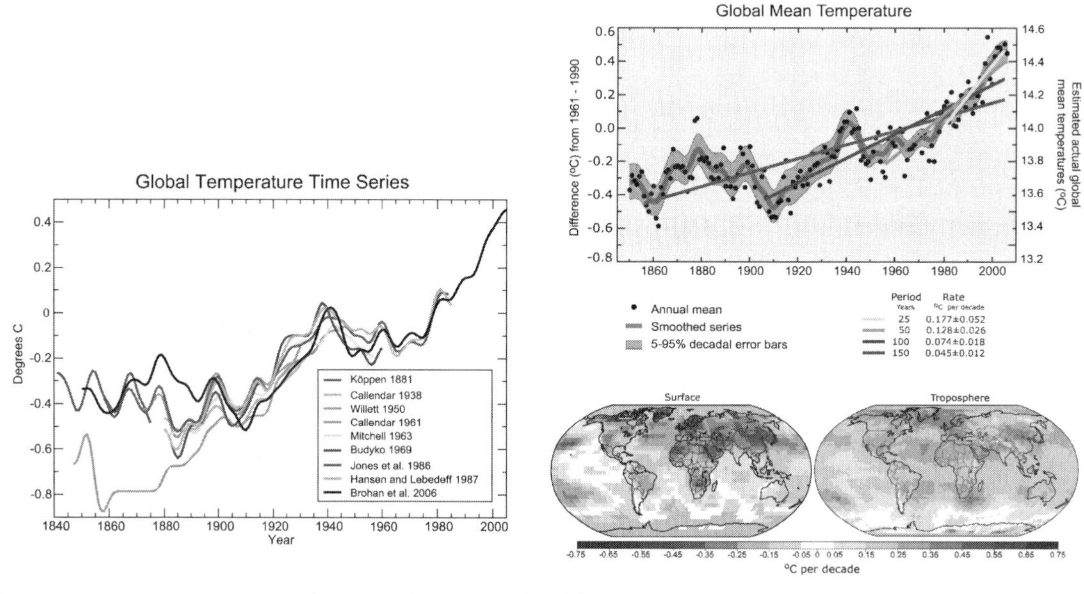

그림 7.1 지구표면온도의 변화 (1840~2000) [2,3]

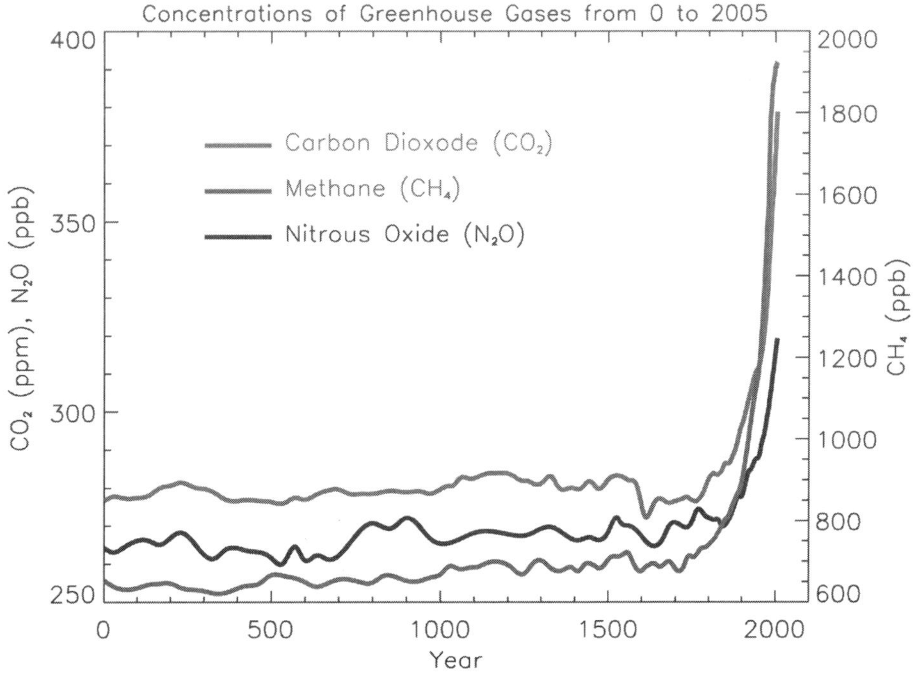

그림 7.2 0~2005년 대기중 온실가스의 농도 변화 [4]

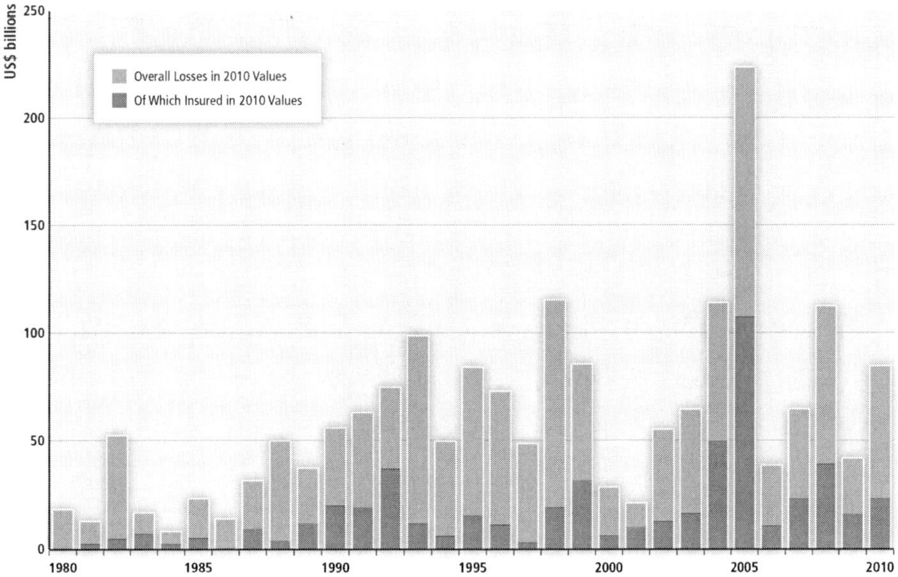

그림 7.3 기후변화로 인한 재난 (1980~2010) [5]
(자료원: www.ipcc.ch, Data from Munich Re, 2011)[6]

7.1.2 지구의 기후를 변화시키는 인자들은 무엇인가?[7)]

기후시스템은 대기, 육지, 눈, 얼음, 바다, 기타 수원, 생물체가 서로 복잡하게 상호작용 하며 구성하고 있는 시스템이다. 기후계의 요소 중에서 기후를 가장 뚜렷이 특징짓는 것은 대기이다. 기후는 종종 '평균기상(Average Weather)'으로 정의되는데 수개월에서 수백만 년까지(일반적으로 30년) 일정 기간 동안 기온의 평균 및 변동성, 강수, 바람 측면에서 기술한다. 기후계 내부 역학의 영향과 기후에 영향을 주는 외부 인자들('강제력(Forcing)'이라고 부름)의 변화로 인해 기후계는 시간이 지나면서 발달하게 된다. 외부강제력에는 화산분출이나 태양활동의 변화 같은 자연현상뿐 아니라 인간에 의한 대기조성 변화 등 인위적 변화도 포함된다. 기후계의 동력원은 태양 복사(Solar Radiation)이다. 지구의 복사 균형이 변하게 되는 주요 3가지 방식은 1) 태양복사 입사량의 변화(예: 지구궤도의 변화 혹은 태양 자체의 변화), 2) 태양복사가 반사되는 비율('알베도' 라고 불림)의 변화(예: 운량이나 대기 입자, 식생 등의 변화), 3) 지구에서 외부로 되돌아가는 장파복사의 변화(예: 온실가스 농도 변화)이다. 이에 기후계는 다양한 피드백 메커니즘을 통해 그런 변화에 직·간접적으로 반응한다.

낮에 태양 쪽 지구 대기의 상부 1 m^2에 1초 동안 들어오는 태양에너지의 양은 약 1,370 와트(W)이며, 지구 전체를 평균하면 1초 동안 1 m^2 에 도달하는 일광의 약 30%는 반사되어 다시 우주로 돌아간다. 이 반사량의 약 2/3는 구름과 '에어러솔(Aerosol)'로 알려진 대기의 작은 입자들에 의해 반사되고, 나머지 1/3은 지구 표면의 밝은 색 부분 -주로 눈과 얼음, 사막-에 반사된다. 에어러솔로 인한 반사의 가장 극적인 변화는 화산이 크게 분출하여 분출물이 아주 높이 배출될 때 발생한다.

이러한 에어러솔은 일반적으로 비를 통해 1~2주 내에 대기로부터 씻기지만, 폭발적인 화산분출에서 나온 물질이 최고층 구름너머까지 분출된 경우에는 약 1~2년 동안 기후에 영향을 준 다음에야 대류권으로 떨어져 강수에 의해 지표에 떨어진다. 따라서 거대한 화산분출은 평균 기온을 약 0.5℃ 하강시킬 수 있으며, 이 상태는 수개월에서 수년까지 지속될 수 있다. 일부 인위적 에어러솔 역시 일광을 상당히 반사한다. 그림 7.4은 지구의 연간 지구평균 에너지균형을

7) Le Treut, H., R. Somerville, U. Cubasch, Y. Ding, C. Mauritzen, A. Mokssit, T. Peterson and M. Prather, 2007: Historical Overview of Climate Change. In: Climate Change 2007: The Physical Science Basis. Contribution of Working Group I to the Fourth Assessment Report of the Intergovernmental Panel on Climate Change [Solomon, S., D. Qin, M. Manning, Z. Chen, M. Marquis, K.B. Averyt, M. Tignor and H.L. Miller (eds.)]. Cambridge University Press, Cambridge, United Kingdom and New York, NY, USA, See Ref. [7].

나타내고 있다 [8].

우주로 반사되지 않은 에너지는 지구 표면과 대기에 흡수된다. 이 양은 1 m^2 당 대략 240 W이다. 입사되는 에너지와 균형을 유지하기 위해 지구는 평균적으로 동량의 에너지를 우주로 배출한다. 이것은 외부로 나가는 장파복사를 배출함으로써 이루어진다. 지상의 모든 것은 계속해서 장파복사를 장기적으로, 지구와 대기에 입사되는 태양복사의 양은 지구와 대기가 외부로 배출하는 동량의 장파복사에 의해 균형이 유지된다. 입사되는 태양복사의 약 절반이 지표에 흡수된다. 이 에너지는 지표에 접하는 공기의 가열, 증발, 구름과 온실가스에 흡수되는 장파복사에 의해 대기에 전달된다. 이에 대기는 다시 지구와 우주로 장파복사를 배출한다. 우리가 불에서 느끼는 열에너지도 바로 이렇게 배출된 열에너지다. 물체가 따뜻할수록 그 물체는 더 많은 열에너지를 복사하고 있는 것이다. 240 W/m^2를 배출하려면 표면의 온도는 약 -19℃이어야 할 것이다. 이것은 지표의 실제 온도보다 훨씬 낮은 온도이다(지구평균 기온은 약 14℃이다). 이 -19℃는 지표 위 5 km에서 나타난다.

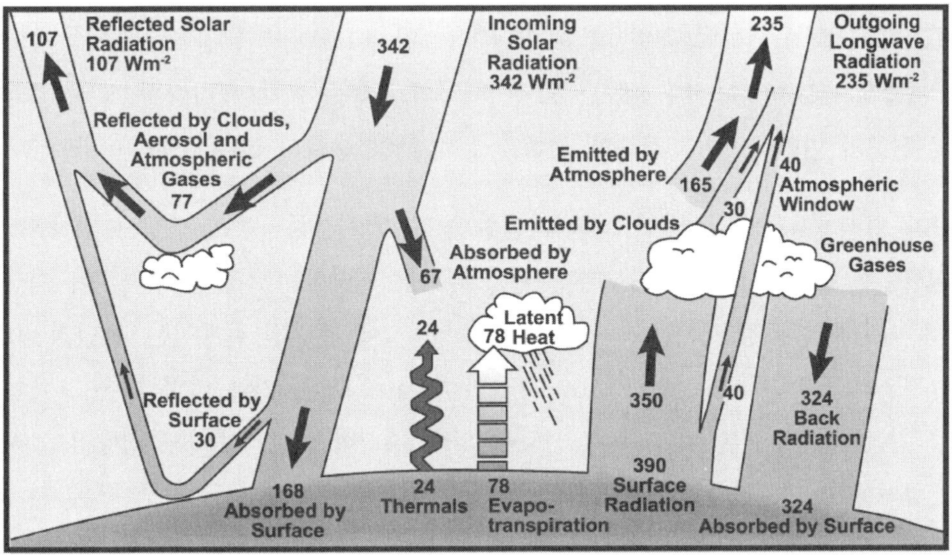

그림 7.4 지구의 연간 지구평균 에너지균형
(자료원: Kiehl 및 Trenberth (1997), FAQ 1.1 Fig 1, [8])

지표가 이렇게 따뜻한 이유는 온실가스가 존재하기 때문이다. 온실가스는 지표에서 나오는 장파복사의 부분적 담요 역할을 한다. 이 담요 효과를 자연적 온실효과 (Natural Greenhouse

Effect)라고 부른다. 가장 중요한 온실가스는 수증기와 이산화탄소이다. 대기에 가장 많이 존재하는 두 성분인 질소와 산소는 그런 효과를 내지 않는다. 반면에 구름은 온실가스와 비슷한 담요 효과를 발휘한다. 그러나 이 효과는 구름의 반사성에 의해 평균적으로 상쇄되어 버리기 때문에 결국 구름은 기후에 냉각 효과를 주는 경향이 있다 (국지적으로는 따뜻한 효과를 느낄 수도 있다: 구름이 많이 낀 밤은 구름이 없는 밤보다 따뜻한 상태로 유지되는 경향이 있다. 이것은 구름이 장파 에너지를 지표로 다시 돌려보내기 때문이다). 인간 활동은 온실가스 배출을 통해 이 담요 효과를 강화시킨다. 한 예로, 대기의 CO_2 양은 산업시대에 약 35% 증가했는데 이 증가분은 인간 활동, 그 중에서도 주로 화석연료 연소와 삼림제거 때문인 것으로 알려져 있다. 따라서 인류는 지구 대기의 화학적 조성을 극적으로 변경시키며 기후에 실질적 영향을 준 것이다.

지구는 구(sphere)의 형태이기 때문에 고위도보다는 적도지역에 단위 면적 당 더 많은 태양 에너지가 도달한다. 고위도에서는 일광이 적도에서보다 작은 각도로 대기에 충돌한다. 에너지는 폭풍을 비롯해 대기 순환과 해양 순환을 통해 적도지역에서 고위도지역으로 전달된다. 에너지는 바다나 육지표면에서 물을 증발시키기 위해서도 필요한데 잠열이라고 불리는 이러한 에너지는 수증기가 구름 안에서 응축될 때 배출된다 (그림 1.12 와 7.4 참조). 대기 순환은 주로 이 잠열이 배출됨으로써 일어난다. 대기 순환은 해양의 표층수에 대한 바람의 작용, 해양의 해수면 온도 및 염도의 변화, 그리고 강수와 증발을 통해 해양 순환의 많은 부분을 일으킨다.

지구가 회전하기 때문에 대기 순환 패턴은 남북 방향보다는 동서 방향의 경향을 갖는다. 중위도 편서풍에 포함된 대규모 기상계는 열을 극지로 전달하는 작용을 한다. 이 기상계가 바로 우리에게 익숙한 이동성 저기압 및 고기압 시스템, 그에 관련된 한랭전선, 온난전선이다. 이 순환계의 지구적 규모의 대기 파동 (Atmospheric Waves)은 육지와 바다간 온도 차이와 산맥이나 빙상 같은 장애물 때문에 대륙과 산악에 의해 지리적으로 정체되는 경향이 있지만 규모는 시간과 함께 변할 수 있다. 파동 패턴때문에, 북미의 추운 겨울은 북반구 다른 지역의 특별히 따뜻한 겨울과 관련 있을 수 있다. 기후계의 다양한 측면, 이를테면 빙상의 크기, 식생의 종류와 분포, 대기나 해양의 기온 같은 것들의 변화는 대기와 해양의 대규모 순환에 영향을 준다.

기후계에는 기후강제력 변화의 효과를 강화('양의 피드 백')시키거나 감쇠('음의 피드백')시킬 수 있는 피드백 메커니즘이 많이 있다. 예를 들어, 온실가스 농도가 증가하면 지구 기후가 온난화되고 눈과 얼음이 녹기 시작한다. 이렇게 융해되면 눈과 얼음에 덮여 있던 육지와 수면이 드러나게 되고, 이 부분 때문에 태양의 열이 더 많이 흡수되어 더 많은 온난화가 야기된다. 이것은 다시 더 많은 융해를 야기하고 이런 식으로 자동강화 순환을 돌게 된다. '얼음-알베도 피드백 (Ice-albedo feedback)'이라고 불리는 이 피드백 반복과정은 온실가스 농도의 증가에 의해 야기된 초기 온난화를 증폭시킨다. 기후 피드백을 탐지, 이해, 정확히 정량하는 것이 바로 지구기후의 복잡성을 파헤치는 과학자들의 연구초점이었다.

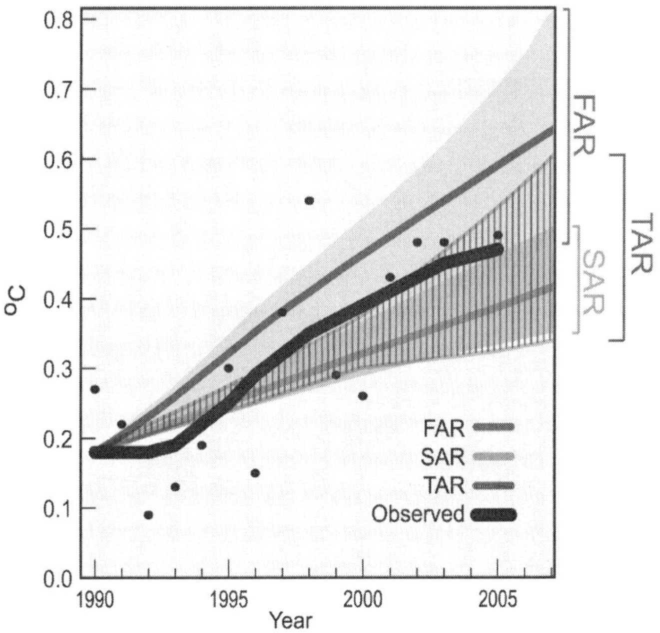

그림 7.5 1990년에서 2007년 평균값에 대한 전구 평균지표온도 (Brohan et al., 2006), FAR(IPCC, 1990), SAR(IPCC, 1996), TAR(IPCC, 2001a)의 전망치 [9].

FAR와 SAR의 '최적추정치' 모델전망은 음영으로 나타난 추정된 전망의 범위와 함께 실선으로 제시되었다. TAR는 '최적추정치' 모델전망을 제시하지 않았지만 범위가 제시되었다. 연평균관측값(3.2절)은 검은 점으로 제시되었으며 두꺼운 검은 선은 13개 포인트 필터를 사용한 시계열을 평활하여 얻어진 10년 변동을 보여준다, 그림 7.5 참조 [9].

그림 7.6 기후모델의 복잡성은 최근 수 십년에 걸쳐 증가하였다. 모델에 부가된 물리 과정은 모델화된 세계에 대한 여러 모습으로 그려졌다 [10].

지구과학의 특성은 지구과학자가 지구를 대상으로 실험을 수행하고 그 결과를 관측할 수 없다는 것이다. 이러한 의미에서 지구과학은 은하나 우주를 대상으로 실험할 수 없는 천문학과 우주론의 분야와 유사하다. 바로 그 지구 전체를 대상으로 매우 복잡한 상호작용과 되먹임을 포함하는 대규모 실험이 기후변화에 관한 가설의 참과 거짓을 명확하게 검증하는 이상적인 방법이기 때문에, 이것은 중요한 고려사항이다 (Schellnhuber, 2004). 그럼에도 불구하고 수많은 가설의 무수한 실험적인 시험은 지구과학에 대한 지식의 대량 축적하게 하였다. 이러한 반복된 시험은 해양심층순환에서 성층권 화학에 이르기까지 기후시스템의 수많은 현상에 대한 이해를 증진시켰다. 그림 7.6은 기후모델의 복잡성과 변화를 설명하고 있다 [10]. FAR(First Assessment Report, 1차 평가보고서, 1990)과 SAR (Second Assessment Report, 2차 평가보고서, 1996)은 IPCC의 보고서이다.

7.1.3 기후변화와 기상은 어떤 관계가 있는가?8)

일반적으로 기후는 평균기상(average weather) 이라고 정의되고, 그런 식으로 기후변화와 기상이 얽혀 있다. 관측치를 보면 기상에 변화가 있다는 것을 알 수 있는데, 기후변화를 확인해주는 것이 이러한 시간 경과에 따른 기상변화의 통계자료이다. 기상과 기후는 서로 밀접히 관련되어 있지만 중요한 차이점이 있다. 기상의 카오스 성격 때문에 며칠 이상은 예측 불가능하다. 대기 조성이나 기타 인자들의 변화로 인한 기후 변화(즉, 장기적 평균 기상)를 전망(projecting)하는 것은 그것과는 매우 다른 일이며 다루기도 훨씬 쉽다. 유사한 예로서, 어떤 남자가 몇 살에 사망할 지 예측하기는 불가능하지만 선진국 남성의 평균 사망연령이 약 75세라는 것은 확신 있게 말할 수 있다. 또 하나 흔히 혼동하는 것 한 가지는 지구상의 추운 겨울 혹은 냉각점(cooling spot)을 지구 온난화의 증거라고 생각하는 것이다. 기후가 변함에 따라 그 빈도와 세기는 변할지라도 극단적인 더위와 추위는 항상 존재한다. 그러나 기상 데이터를 공간적, 시간적으로 평균해보면 지구가 온난화되고 있다는 사실이 명확히 나타난다.

또 하나의 예는 우리에게 익숙한 여름과 겨울의 차이이다. 계절의 진행은 지구계가 흡수하고 복사로 배출하는 에너지의 지리적 패턴이 변화되기 때문에 생긴다. 마찬가지로 미래 기후에 대한 전망은 지구계에서 열에너지의 근본적 변화, 특히 지표 근처의 열을 가두는 온실효과의 점점 증가하는 세기의 변화를 통해 도출된다. 온실효과의 세기는 대기의 CO_2와 기타 온실가스의 양에 의해 결정된다. 그러나 지금부터 50년 동안 온실가스의 변화로 인한 기후변화를 전망하는 것은 이와는 다른 일이며, 앞으로 몇 주 동안의 기상패턴을 예측하는 일보다 훨씬 쉽게

8) Le Treut, H., R. Somerville, U. Cubasch, Y. Ding, C. Mauritzen, A. Mokssit, T. Peterson and M. Prather, 2007: Historical Overview of Climate Change. In: Climate Change 2007: The Physical Science Basis. Contribution of Working Group I to the Fourth Assessment Report of the Intergovernmental Panel on Climate Change [Solomon, S., D. Qin, M. Manning, Z. Chen, M. Marquis, K.B. Averyt, M. Tignor and H.L. Miller (eds.)]. Cambridge University Press, Cambridge, United Kingdom and New York, NY, USA, See Ref. [7].

해결되는 문제다. 다른 식으로 생각하면, 대기조성의 변화에 의해 일어나는 장기적 변동은 개별 기상현상보다 예측하기가 훨씬 더 쉽다. 한 예로, 동전이나 주사위를 한 번 던졌을 때의 결과를 예측할 수는 없지만 그런 시도를 수 회 했을 때의 통계적 행동은 예측할 수 있다.

많은 인자들이 계속해서 기후에 영향을 주고 있지만 과학자들은 인간활동이야말로 지배적인 강제력이었고 지난 50년 간 관측된 온난화의 대부분도 인간활동이 원인이었다고 결론을 굳혔다. 인간에 의해 야기된 기후변화는 대기 온실가스량의 변화뿐 아니라 작은 입자들(에어러솔)의 변화, 토지사용의 변화에서 생긴 결과였다. 기후가 변함에 따라 특정 종류의 기상현상이 일어날 확률도 영향을 받는다. 예를 들면, 지구 평균기온이 상승하자 어떤 기상현상은 빈도와 세기가 더 강해졌고(예: 열파와 집중호우), 반면에 어떤 기상현상은 더 드물게 출현하고 더 약해졌다(예: 극단적 한파).

7.1.4 온실효과와 온실가스

태양은 매우 짧은 파장의 에너지, 주로 스펙트럼의 가시부 혹은 근가시부(즉, 자외선)를 배출하여 지구 기후에 동력원이 된다. 지구대기의 상부에 도달하는 태양 에너지의 약 1/3은 곧장 우주로 반사된다. 나머지 2/3는 지표와 양은적지만 대기에 흡수된다. 흡수된 입사 에너지와 균형을 유지하려면 지구는 동일한 양의 에너지를 우주로 배출해야한다. 지구는 태양보다 온도가 훨씬 낮기 때문에 태양보다긴 파장, 주로 적외선을 배출한다(그림 7.4 참조). 육지와 바다가 배출하는 이 열 복사의 많은 부분이 구름을 포함해 대기에 흡수되어 다시 지구로 배출된다. 이것을 온실효과라고 부른다. 온실의 유리벽은 공기흐름을 감소시키고 내부공기 온도를 상승시킨다. 이와 비슷하게, 그러나 물리적으로는 약간 다른 과정을 통해 지구의 온실효과도 지구표면을 가온한다. 자연적 온실효과가 없다면, 지표의 평균 기온은 물의 어는점보다 낮을 것이다. 따라서 지구의 자연적 온실효과 때문에 지구상에 생명체의 존속이 가능해진다. 그러나 인간활동, 주로 화석연료의 연소와 삼림제거로 인해 이 자연적 온실효과가 크게 강화되었고 지구 온난화가 야기되었다.

대기를 가장 많이 차지하고 있는 두 성분, 질소(건조공기의 약 78%) 와 산소(건조공기의 약 21%)는 거의 전혀 온실효과를 일으키지 않는다. 오히려 온실효과는 이들보다 더 복잡하고 훨씬 더 희소한 분자들로부터 생긴다. 가장 중요한 온실가스는 수증기이고, 두 번째로 중요한 온실 가스는 CO_2이다. 대기에 소량으로 존재하는 CH_4, N_2O, 오존, 몇몇 다른 가스들도 온실효과에 기여한다. 습한 적도지역에서는 공기에 수증기가 무척 많아 온실효과가 매우 크기 때문에 CO_2나 물이 소량 추가되어도 하향 적외선 복사에 미치는 직접적 영향은 작다. 그러나 춥고 건조한 극지역에서는 CO_2나 물이 소량만 증가해도 큰 효과가 생긴다. 이것은 춥고 건조한 대기 상층부에서도 마찬가지다. 대기 상층부에서는 수증기량이 약간만 증가해도 지표 근처에서 수증기가 동량으로 증가할 때보다 온실효과에 훨씬 큰 영향이 생긴다.

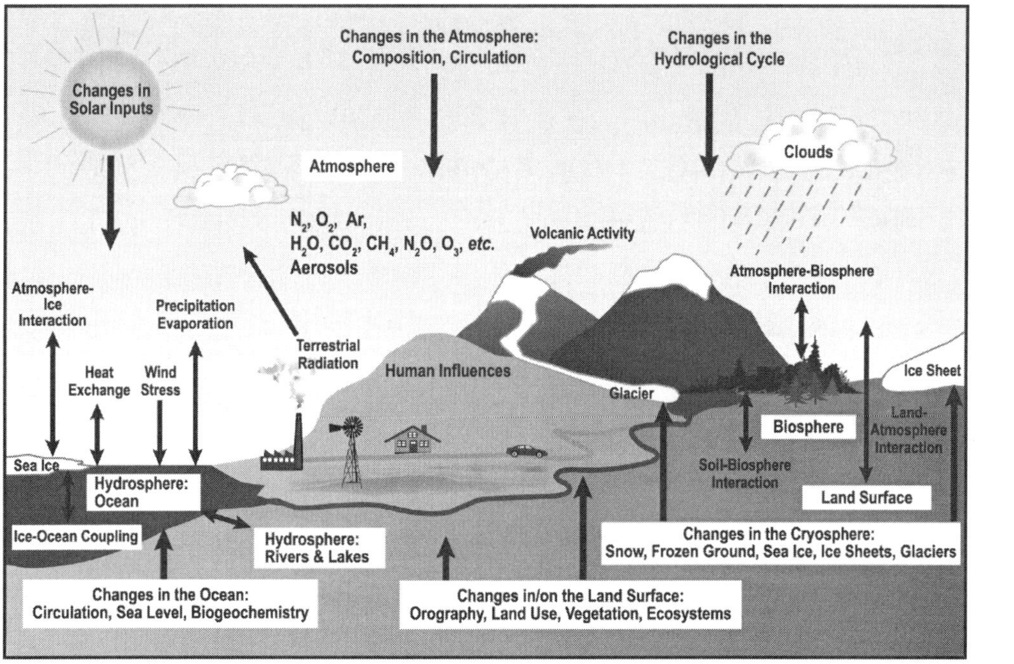

그림 7.7 기후계의 구성요소, 구성요소들의 과정 및 상호작용 [11]

기후계의 몇몇 구성요소, 특히 해양과 생물체는 온실가스의 대기 농도에 영향을 준다. 가장 대표적인 예가 식물인데 식물은 광합성을 통해 대기로부터 CO_2를 흡수하고 그 CO_2와 물을 탄수화물로 전환시킨다. 산업 시대에는 주로 화석연료 연소와 삼림 제거를 통한 인위적 원인으로 대기에서 온실가스 농도가 증가했다, 그림 7.7 참조. CO_2 같은 온실가스가 대기에 더 많이 추가될수록 온실효과는 강화되고 그럼으로써 지구 기후의 온난화도 심화된다. 온난화의 양은 여러 피드백 메커니즘에 달렸다. 예를 들면 온실가스 농도 증가로 인해 대기가 온난화될수록 대기의 수증기 농도가 증가하게 되고 이것은 다시 온실효과를 더욱 심화시킨다. 이것이 또 더 많은 온난화를 야기하고 이런 식으로 자동강화 순환이 반복된다. 이 수증기 피드백은 추가된 CO_2 단독에 의한 온실효과보다 거의 두 배나 강력할 수 있다, 그림 7.8 참조.

또 하나 중요한 피드백 메커니즘은 구름과 관련 있다. 구름은 적외복사를 잘 흡수하기 때문에 큰 온실효과를 일으키고 그리하여 지구를 온난화 시킨다. 구름은 태양복사를 반사하기도 하기 때문에 지구를 식히기도 한다.구름의 특징, 이를테면 구름의 종류, 위치, 함수량, 형성 고도, 입자의 크기와 모양, 수명 등이 약간만 변해도 구름에 의한 지구 온난화 혹은 냉각의 정도가 달라진다. 어떤 변화는 온난화를 증폭시키는가 하면 어떤 변화는 온난화를 완화시킨다.

대기를 구성하는 여러가지 기체들 가운데 온실효과를 일으키는 기체를 '온실가스(Greenhouse Gas, GHG)' 라 하며, 온실가스로는 이산화탄소(CO_2), 메탄(CH_4), 아산화질소(N_2O), 프레온(CFCs, 수소불화탄소 HFCs, 과불화탄소 PFCs, 육불화황 SF_6), 오존(O_3) 등이 있다. 이 중 제3차 당사국총회(Conference of the Parties)에서는 이산화탄소(CO_2), 메탄(CH_4), 아산화질소(N_2O), 수소불화탄소(HFCs), 과불화탄소(PFCs), 육불화황(SF_6)을 6대 온실가스로 지정하였다. 이들 온실가스들이 지구온난화에 기여하는 정도는 IPCC (Intergovernmental Panel on Climate Change)가 제시한 지구온난화지수(Global Warming Potential, GWP)를 통해 알 수 있으며, 이산화탄소를 1로 보았을때, 메탄은 21, 아산화질소 310, 프레온가스는 1,300 ~ 23,900이다, 그림 7.9 참조. 표 7.1은 온실가스의 특성을 나타내고 있다. HFC(수소불화탄소)는 냉매로 사용되던 프레온가스와 같은 물질이 오존층 파괴를 함에 따라 사용되기 시작된 물질이지만 이산화탄소에 비해 약 1,600배나 되는 온실가스 유발 효과가 있어서 UN에서 사용을 경고하는 물질이다.

7.1.5 지구온난화가 환경에 미치는 영향

급격한 산업화로 인한 이산화탄소 발생량 증가는 지구 온난화 현상을 가중시키고, 이로 인한 기후변화는 해수면의 상승과 국지성 폭우및 폭설 등의 기상이변을 가져오며, 육상 및 해양 생태계의 변화 및 인류 건강에 직·간접적인 영향을 끼칠 것으로 전망된다. IPCC 보고서에 의하면 다가올 미래에는 온난화율이 더욱 가속화 되어 인류사회에 심각한 영향을 줄 것으로 예상된다.

온실가스의 인위적 배출에 대한 규제 및 감축 정책이 시행되지 않을 경우, 2100년에는 지구평균 온도가 1990년 대비 1.4~5.8℃ 상승 될 것으로 예상되며, UNEP(United Nations Environment Program)는 해수면의 높이가 50cm 높아질 경우, 마셜군도 내 환초의 약 80%가 없어지고, 방글라데시의 17.5%, 우루과이의 0.05%가 침수된다고 밝혔다. 또한 해수면이 1m 상승하면 방글라데시 같은 저지대 지역은 지도상에서 사라지고, 세계 경작지의 1/3 이상이 피해를 입게 될 것이라고 경고하였다. 우리나라의 경우, 연평균 기온이 4℃ 상승하면 제주도 서귀포는 대만과 비슷한 기온분포를 보여 열대작물도 재배가 가능하나 기후변화는 농업생태계에 매우 복잡한 변화를 가져오기 때문에 부정적 영향이 더 클 것으로 예상된다.

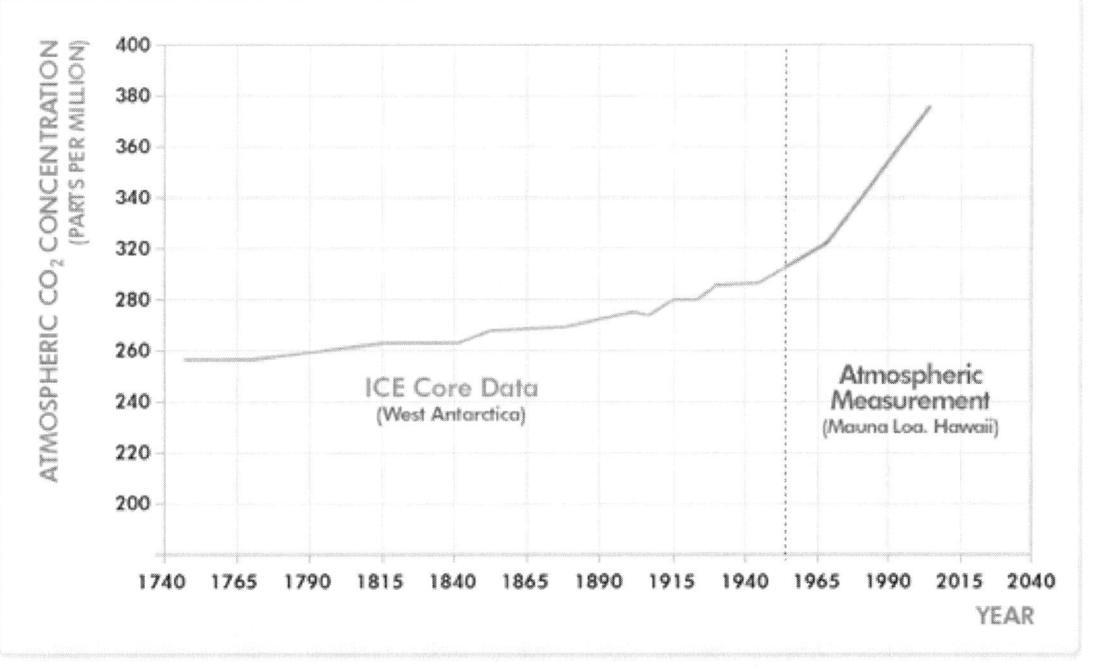

그림 7.8 이산화탄소농도의 변화 및 예측 [1]

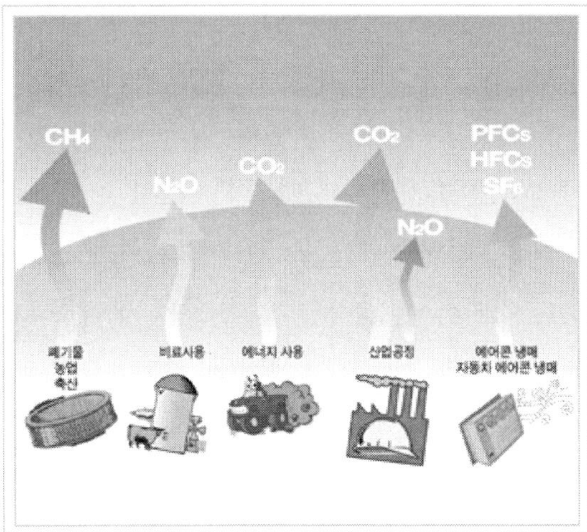

구분	지구온난화지수(GWP)
이산화탄소 (CO_2)	1
메탄 (CH_4)	21
아산화질소 (N_2O)	310
수소불화탄소(CFCs)	150 ~ 11,700
과불화탄소 (PFCs)	6,500 ~ 9,200
육불화황 (SF_6)	23,900

그림 7.9 이산화탄소농도의 변화 및 예측 [1]

표 7.1 6대 온실가스 특성

온실가스	CO_2	CH_4	N_2O	$PFCs, HFCs, SF_6$
배출원	에너지사용/산업공정	폐기물/농업/축산	산업공정/비료사용	냉매/세척용
대기중 농도 (ppm)	353	1.72	0.31	0.002
국내 총배출량 (%)	88.6*	4.8	2.8	3.8
대기체류시간 (년)	50 ~ 200	20	120	65 ~ 130
증가율/년 (%)	0.5	0.9	0.25	40
온실효과기여도 (%)	55	15	6	24
지구온난화지수 (GWP)	1	21	310	1,300 ~ 23,900

- ppm(part per million) : 백만분율

* 88.6%: 에너지관련 CO_2 배출량이 82.2%, 기타부분 CO_2배출량이 6.4% 차지

지구온난화가 환경에 미치는 영향를 정리하면 다음과 같다.

(1) 생태계

산림분포지역이 광범위하게 소멸되고, 산림의 평형이 깨어지고, 전반적으로 식생대가 중위도 기준 북극쪽으로 55~100km 북상 예상하고, 우리나라의 경우, 현재의 온대성 식생 외에 아열대성 식생이 증가하는 등 생태계의 혼란이 예상된다, 그림 7.10 참조.

(2) 수자원

CO_2 농도가 2배 증가시 2050년까지 산악지역 빙하의 25% 이상 감소 예상되며, 물 공급 부족국가인 우리나라의 경우 물 부족에 따른 수질악화 예상된다.

(3) 식량

전세계적으로 기후대가 변하여 식량 생산 변화가 일어나며, 어류의 이동경로 변화, 해양 생태계 변화, 산소량 감소, 물고기의 질병 증가로 인해 수산업 타격을 받는다. 우리나라의 경우, 온난화로 인해 다모작 농사가 가능해지지만 병충해가 늘어나게 되어 토양이나 수질오염이 심각해진다, 그림 7.11 참조.

(4) 해안계

2100년 세계의 해수면은 최대 88㎝ 상승하고, 우리나라의 경우, 경사가 완만한 서해안과 남해안에서는 침수의 우려가 있다, 그림 7.12, 7.13 참조.

(5) 인간의 건강

더위로 인한 스트레스와 질병이 2배 정도 증가하며, 전염성 질병체의 분포변화로 전염병 이동의 증가하며, 또한 말라리아와 같은 열대성 질병이 고위도로 확산되어 우리나라의 경우 열대성 질병 발생이 예상된다.

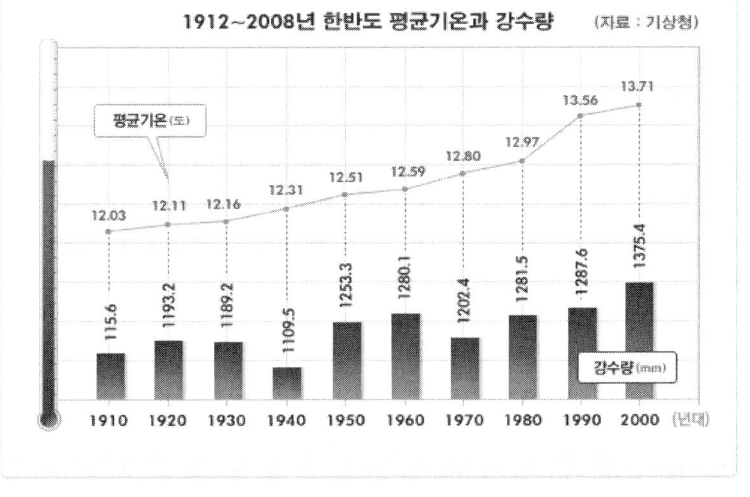

그림 7.10 기후변화로 인한 재난 (1980~2010) [1]

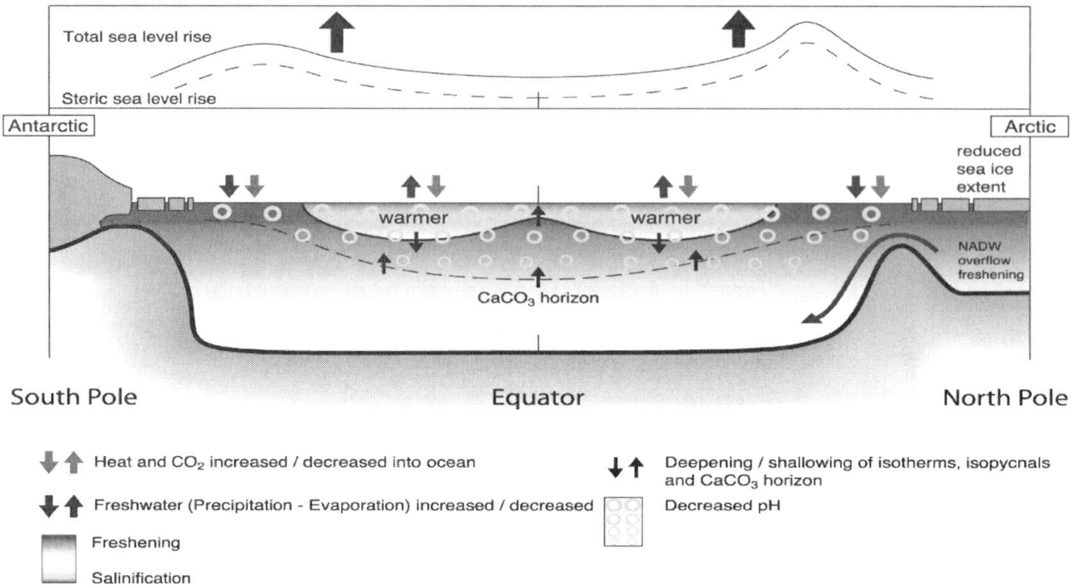

그림 7.11 해양의 수온과 염분, 해수면, 해빙 그리고 생지화학순환 등을 포함하는 해양 상태의 변화에 대한 관측결과들을 나타낸 모식도. 기호들은 이 변수들의 변화가 진행되는 방향을 나타냄 [12].

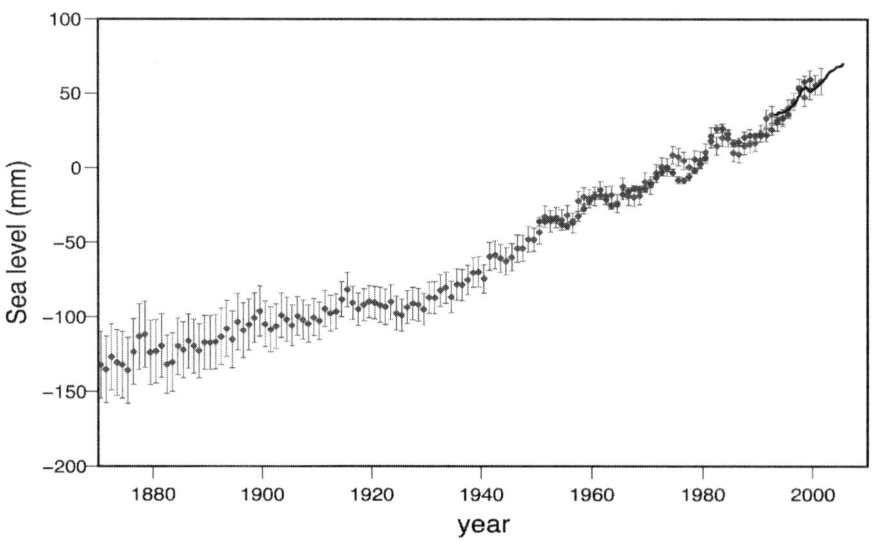

그림 7.12 전지구평균해수면의 연평균(mm) [13]

빨간색 곡선은 1870년 이후로 재구성된 해수면장을 나타낸다(Church and White(2006)로부터 갱신함); 파란색 곡선은 1950년 이후의 연안 검조기 측정치를 나타내며(Holgate and

Woodworth, 2004) 검은색 곡선은 위성고도측정에 의한 것이다(Leuliette et al., 2004). 빨간색과 파란색 곡선은 1961~1990년까지 기간의 평균으로부터의 편차를 나타내고, 검은색 곡선은 1993~2001년 기간 동안의 빨간색 곡선의 평균으로부터의 편차를 나타낸다. 오차막대는 90% 신뢰구간을 나타낸다 [12], 그림 7.12. 참조.

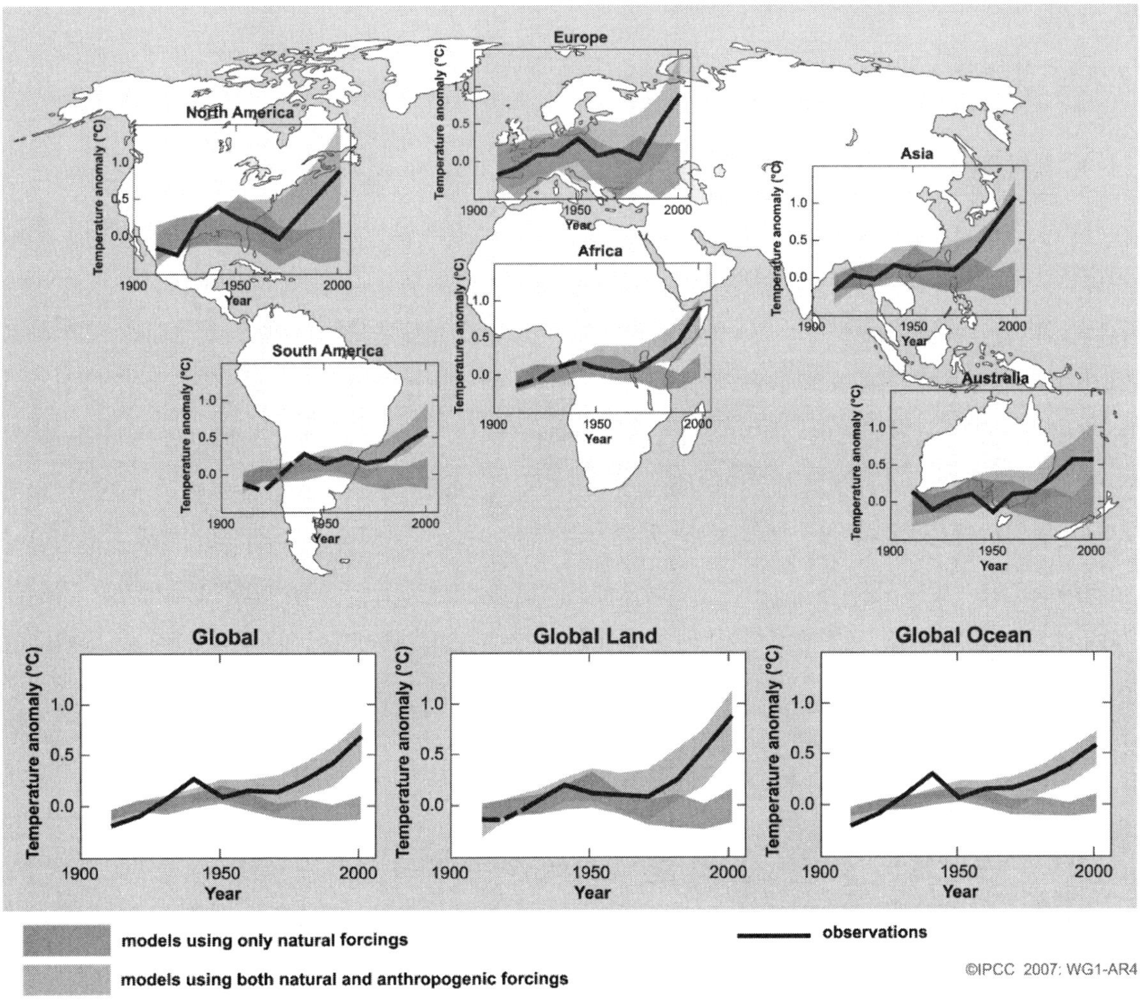

그림 7.13 지역별 기후, 지표, 해상 온도의 변화 (1900~2000) [14]

7.2 국제 기후변화협약

1992년 6월 브라질의 리우환경회의에서 유엔기후변화협약이 채택됨으로써 지구온난화로 야기되는 이상기후현상을 예방하기 위한 국제적 공동대응이 시작되었으며, 교토의정서가 도입됨으로써 지구온난화는 단순한 환경문제로만 그치지 않고, 세계 경제질서가 재편 될 수 있는 경제문제로 부각되고 있다.

7.2.1 기후변화협약 (UNFCCC)

■ **채택 배경**

1992년 6월 브라질의 리우환경회의에서 지구온난화에 따른 이상 기후현상을 예방하기 위한 목적으로『기후변화에 관한 국제연합 기본협약』(UNFCCC: United Nations Framework Convention on Climate Change)이 채택되었다. 이 협약은 인류에 의해 발생되는 위험하고 인위적인 요소들이 기후시스템에 영향을 미치지 않도록 대기 중 온실가스의 농도를 안정화시키는 것을 궁극적인 목적으로 하고 있다. 협약 채택 당시, 도서국가연합 및 EU 등은 구속력 있는 감축의무를 추가 규정할 것을 주장하였으나 미국 등 여타 선진국들이 반대하여 단순한 노력사항으로 규정되었다. 회의 참가국 178개국 중 우리나라를 포함한 154개국이 기후변화협약에 서명하였으며, 이후 1994년 3월에 공식적으로 발효되었고, 2002년 5월 현재 186개국이 가입한 상태이다. 표 7.2에서 기후변화협약 체결과정, 표 7.3는 기후변화협약의 주요 내용를 나타내고 있다.

■ **기본 원칙**

기후변화협약에서는 다음의 기본원칙을 협약서 제3조에서 규정하고 있다.

① 공동의 차별화된 책임 및 능력에 입각한 의무부담의 원칙: 온실가스 배출에 역사적인 책임과 기술.재정 능력이 있는 선진국의 선도적 역할을 강조

② 개발도상국의 특수사정 배려의 원칙

③ 기후변화의 예측, 방지를 위한 예방적 조치 시행의 원칙

④ 모든 국가의 지속가능한 성장의 보장원칙

■ **의무부담 원칙**

기후변화협약의 의무부담 원칙은 모든 당사국이 부담하는 공통의무사항과 일부 회원국만이 부담하는 특정의무사항으로 구분하여 협약서 제4조에 규정되어 있다.

① 공통의무사항

온실가스 배출감축을 위한 국가전략을 자체적 수립 시행하고 공개한다. 온실가스 배출량 및 흡수량에 대한 국가 통계와 정책이행에 관한 국가보고서 작성 및 당사국 총회에 제출한다.

② 특정의무사항

공동·차별화 원칙에 따라 협약 당사국을 Annex Ⅰ, Annex Ⅱ 및 non-Annex Ⅰ 국가로 구분, 각기 다른 의무를 부담토록 규정한다.

표 7.2 기후변화협약 체결과정

년도	내 용
1896년	스웨덴의 화학자 Sante Arrhenius, 온실가스에 의한 지구온난화 현상과 그 영향에 대해 문제제기
1979년	제1차 세계 기후회의 · 인간활동에 의한 기후변화 가능성 인정
1985년	온실가스의 기후변화에 대한 영향평가 회의 - 현재수준 배출시 5℃ 상승
1988년	기후변화와 이의 환경, 경제, 과학적 영향, 대응전략 평가 및 수립을 위한 정부간협의체(IPCC, Intergovernmental Panel on Climate Change) 설립
1990년	제2차 세계기후회의에서 기후변화에 관한 조약의 필요성 제기
1992년	6월, 라우유엔환경개발회의, UN 환경개발회의(UNCED)에서 총회 결의로 정부간 협상위원회를 구성하여 기후변화협약 채택 및 서명
1994년	기후변화협약 발효(50개국 비준), 한국은 1992년 6월 UNCED에 서명

표 7.3 기후변화협약의 주요 내용

전 문	내 용
목적 (2조)	지구온난화를 방지할 수 있는 수준으로 온실가스의 농도 안정화
원칙 (3조)	형평성: 공통의 차별화된 책임, 국가별 특수사정 고려
	효율성: 예방의 원칙, 정책 및 조치, 대상온실가스의 포괄성, 공동이행
	경제발전: 지속가능한 개발의 촉진, 개방적 국제경제체제 촉진

의무사항	일반 의무사항	온실가스 배출통계 작성발표, 정책 및 조치의 이행(4조1항), 연구 및 체계적 관측(5조), 교육훈련 및 공공인식(6조), 정보교환
	특정 의무사항	배출원 흡수원에 관한 특정의무사항: 1990년 수준으로 온실가스 배출 안정화에 노력 (4조 2항)
		재정지원 및 기술이전에 관한 특정공약 (4조 3항 ~ 5항)
		개도국의 특수상황 고려 (4조 8항 ~ 10항)
기구 및 제도	기구	당사국총회(7조)/ 사무국(8조)/ 과학기술자문 부속기구(9조)/ 이행자문기구(10조)/ 재정기구(11조)
	제도	•서약 및 검토(Pledge and Review) 제도(12조) : 국가보고서 제출 및 당사국 총회 검토 •이행과 관련된 의무점 해소를 위한 다자간 협의 과정(13조) •분쟁조정제도(14조)

7.2.2 교토의정서(The Kyoto Protocol)

■ 채택 배경

1995년 3월 독일 베를린에서 개최된 제1차 당사국총회는 협약상의 감축의무만으로는 지구온난화방지가 불충분함을 인정하였다. 따라서 Annex Ⅰ 국가의 감축의무 강화를 위해 2000년 이후의 감축목표에 관한 의정서를 제3차 당사국총회에서 채택키로 결정하였고, 1997년 12월 일본 교토에서 개최된 제3차 당사국총회에서 2000년 이후 선진국의 감축목표를 주요 내용으로 하는 교토의정서가 채택되었다. 이는 온실가스 배출량을 줄이기 위한 경제적 비용이 막대하여 그동안 많은 논란에도 불구하고 구속력 있는 감축목표가 설정되지 못하였으나, 선진국들이 환경문제에 대한 국제사회의 여론 및 온실가스 배출에 대한 역사적 책임을 외면할 수 없어 감축목표에 합의하게 된 것이다. 교토의정서는 온실가스 감축에 대한 법적 구속력이 있는 국제협약으로 전세계 국가들이 지구 기후변화 방지를 위한 노력을 하겠다는 기후변화협약과는 달리, 이를 이행하기 위하여 누가, 얼마만큼, 어떻게 줄이는가에 대한 구체적 방법이 명시되어 있다.

■ 교토의정서 주요내용

교토의정서는 ①Annex Ⅰ국가의 구속력 있는 감축목표 설정(제3조), ②공동이행제도(JI: Joint Implementation), 청정개발체제(CDM: Clean Development Mechanism) 및 배출권거래제(ET: Emission Trading) 등 시장원리에 입각한 새로운 온실가스 감축 수단의 도입(제6조, 12조, 17조) ③ 국가간 연합(EU 등 지역경제통합기구)을 통한 공동 감축목표 달성 허용(제4조)

등을 주요 내용으로 하고 있다. 교토의정서는 온실가스 감축을 위하여 경제적이며 유연성 있는 수단을 인정하였고, Annex I 국가들의 차별화된 목표와 온실가스 대상 물질 등을 명시하였다. 의정서에 따르면 기후변화협약 Annex I 국가들은 2008~2012년 기간 중 자국내 온실가스 배출 총량을 1990년대 수준대비 평균 5.2% 감축하여야 하며 그 세부사항은 다음과 같다.

- 대상국가: 38개국(협약 Annex I 국가 40개국 중 ' 97년 당시 협약에 가입하지 않은 터키, 벨라루스 제외)
- 목표연도: 2008년~2012년
- 감축목표율: 1990년 배출량 대비 평균 5.2% 감축 (각국의 경제적 여건에 따라 -8%~+10%까지 차별화된 감축량 규정)
- 감축대상 온실가스: CO_2, CH_4, N_2O, HFCs, PFCs, SF_6 6종 (각국 사정에 따라 HFCs, PFCs, SF_6 가스의 기준년도는 1995년도 배출량 이용가능)
- 온실가스 배출원: 에너지 연소, 산업공정, 농축업, 폐기물 등으로 구분
- 온실가스감축 도입수단: 교토 메카니즘 도입

■ 교토 메카니즘

- 도입 경위

대부분의 선진국들은 온실가스 배출량이 계속 증가되고 있는 바 국내적 수단에만 의존하여 감축목표를 달성하는 경우 경제적 비용이 막대할 것으로 분석되어 이를 최소화하기 위한 목적으로 시장성(또는 신축성) 원리가 도입된 교토메카니즘을 고안하였다. 공동이행제도, 청정개발체제 및 배출권 거래제가 이에 속한다.

① 공동이행제도(JI : Joint Implementation)

교토의정서 제6조에 규정된 제도로써 선진국인 A국이 선진국인 B국에 투자하여 발생된 온실가스 감축분의 일정분을 A국의 배출저감 실적으로 인정하는 제도

② 청정개발체제(CDM : Clean Development Mechanism)

교토의정서 제12조에 규정된 것으로 선진국이 개도국과 공동이행(JI)을 통하여 발생되는 온실가스 배출감축분을 자국의 감축실적에 반영할 수 있도록 하는 동시에 부담금(User Fee)을 납부토록 하여, 이를 청정개발 체제 운영비 및 개도국의 기후변화에의 적응비용에 충당하는 제도. 청정개발체제는 공동이행제도와는 달리 1차 의무기간(2008~2012) 이전의 조기감축활동

(Early Action)을 인정하는데, 2000~2007년에 발생한 CERs(Certified Emission Reductions : CDM 사업을 통해 인정받은 온실가스 감축량)을 소급하여 인정한다.

③ 배출권거래제(ET: Emission Trading)

교토의정서 제17조에 규정된 제도로써 온실가스 감축의무가 있는 국가에 배출 쿼터를 부여한 후, 동 쿼터를 초과한 경우 배출권을 구매하고, 미달하는 경우 잉여분을 판매하도록 하는 제도이다. 미국의 경우, 국내에서만 감축의무를 이행하는 경우 저감비용이 530억불이 소요되나, Annex Ⅰ국가간 배출권 거래가 이루어지는 경우 동 비용이 270억불, 개발도상국이 참가하는 경우 120억불로 각각 줄어들 것으로 전망하고 있다. 또한, 온실가스를 상품화하여 사고 팔 수 있게 함으로써 온실가스 저감관련 기술시장을 확대시키고, 개발도상국의 참여유도로 온실가스 감축비용을 최소화시키는 등의 효과가 있다.

7.2.3 코펜하겐합의(Copenhagen Accord)

코펜하겐합의의 주요내용은 표 7.4에 요약되어 있다.

표 7.4 코펜하겐합의(Copenhagen Accord) 주요내용

장기비전	•기온상승폭을 산업화 이전에 비해 섭씨 2℃이내로 제한 •2015년에 상승제한 목표치를 1.5℃로 재조정하는 방안 검토
온실가스 감축	•2010년 1월말까지 선진국은 교토의정서보다 강화된 '중기(2020년)감축목표'제시 •2010년 1월말까지 개도국은 국가별 '감축계획'을 지시 •온실가스 배출의 피크시점을 '가능한 한 빨리' 달성
선진국 자금지원	•2010~2012년까지 총 300억 달러를 긴급지원 •2013~2020년까지는 매년 1000억 달러를 목표로 함 •개도국 자금 지원받으려면 2년마다 온실가스 감축계획 검증받아야함
기후변화 적응	•선진국은 개도국의 기후변화 적응을 위해 적절한 기술자금등을 지원
산림보호	•선진국은 산림보호를 위한 개도국의 노력을 지원
향후계획	•코펜하겐 합의의 이행평가를 2015년까지 완료

7.2.4 기후변화협약의 향후 전망

미국은 1990년대 이후 전통 제조업의 경쟁력 회복 등의 이유로 1990년 수준에서 7%를 감축하는 교토의정서의 목표를 달성하는 것이 현실적으로 불가능한 상태이며, 따라서 1차 공약기간 중에는 교토메카니즘 체계에 가입하지 않는 것이 거의 확정적이나, EU와 일본 중심의 국제적 합의는 머지않아 이루어질 것으로 예상된다. 또한 OECD 가입국인 한국과 멕시코, 브라질, 아르헨티나 등의 온실가스 감축의무부담이 주요 협상현안이 될 2차 공약기간에서 미국이 교토메카니즘 체계 밖에 있기는 어려울 것으로 판단되며, 한국 등 선발개도국의 참여와 함께 미국의 복귀가 향후 기후변화협약 협상에서 주요 변수로 등장할 전망이다.

7.3 온실가스배출 및 에너지소비 통계자료

교토의정서가 발효되고 우리나라에 대한 의무감축부담이 현실화되면 경제의 근간이 되는 산업과 대외교역 그리고 국민생활 전반에서의 변화를 요구받게 될 것이다. 우리나라의 주요 산업인 철강, 석유화학 등 에너지 다소비형 소재산업이 온실가스 배출저감으로 인한 경쟁력 약화가 예상되며, 온실가스 배출을 제품 또는 제품 생산공정과 연계하고자 하는 비관세 무역장벽이 증가할 전망이다. 이외에도 에너지 소비절약과 같은 환경친화적 행동으로의 변화를 요구받게 될 것이다. 따라서, 온실가스배출 및 에너지소비 통계자료를 체계적으로 구축해야한다.

우리나라는 1993년 12월 개발도상국의 지위로 기후변화협약에 가입하고 2002년 10월에 교토의정서를 비준하였으나 구속적인 온실가스 감축 의무부담은 받고 있지 않다. 그러나 앞으로는 온실가스 배출 감축 의부무담 논의에서 자유로울 수 없다. 특히, 발리로드맵 채택에 따른 포스트 교토협상에서 우리나라는 국제사회로부터 경제규모에 상응하는 기여를 해 줄 것을 요청받고 있다. 우리나라의 경우, 1970년대 이후 고도 경제성장에 따른 에너지소비의 증가로 온실가스 배출량이 지속적으로 증가하고 있으며 대부분이 에너지·산업부문에서 발생한다. 2007년 온실가스 총배출량은 620.0백만tCO_2,를 기록하여 2006년(602.6백만tCO_2,) 대비 2.9% 증가하였으며, 이는 절대적으로 에너지 소비증가에 기인한다. 연료 연소에 따른 온실가스 총 배출량은 2007년 525.4백만tCO_2, 로 2006년 505.9백만tCO_2, 대비 3.9% 증가하였다. 연료연소에 따른

2007년 부문별 온실가스 배출량 중 전환(5.9%), 산업(6.1%) 공공·기타(1.2%)는 증가한 반면 가정상업부문(-4.0%)은 감소하였고, 전환과 산업부문이 연료연소로 인한 온실가스 배출량 증가를 주도하였다. 온실가스 총 배출량 중 에너지, 산업공정, 농업, 폐기물 등이 각각 84.7%, 9.8%, 3.0%, 2.5%를 차지하고 있다. 1990년부터 2007년까지 온실가스 총 배출량은 연평균 4.3%의 증가세를 기록하였고, 1인당 배출량도 1990년 이후 연평균 3.5%씩 증가하여 2007년에 12.80tCO_2,를 기록하였다. 한편, 온실가스원단위는 1990년대에 들어 1996년까지 증가 추세를 보이다가 이후 낮아지는 경향을 보이고 있다. 향후 우리나라는 지속적인 경제 성장과 장기적인 국가 경쟁력 등을 고려할 때, 우리나라의 온실가스 배출량도 계속 증가할 것으로 전망된다 [15].

7.4 우리나라의 기후변화협약 대응방안[9)]

(1) 개요

정부는 기후변화협약에 대응하기 위하여 1998년 4월 관련부처 및 유관연구소 등으로 범정부대책기구를 구성하였으며, 2001년 9월 국무총리령을 제정하여 이 기구를 기후변화협약대책위원회로 확대·개편하였다. 2007년에는 국무총리 산하에 기후변화대책기획단을 발족하고 「기후변화협약 대응 제4차 종합대책」을 수립하였다. 이후 2008년 8월 이명박 대통령께서 건국 60주년 기념행사에서 새로운 국정이념으로 저탄소 녹색성장을 제시한 이후 2008년 9월 「기후변화대응 종합기본계획」을 수립하였다. 특히, 2009년 2월에는 기후변화대응, 지속가능발전, 에너지 정책 등을 포괄하는 대통령 소속의 녹색성장위원회를 설치하고, 기후변화 등에 체계적으로 대응하기 위해 2010년 1월 「저탄소 녹색성장 기본법안」을 제정·공포하였다.

(2) 의무부담 협상에의 적극적인 대응

교토의정서가 2005년 2월 16일 발효되면서 제11차 당사국총회에서 제2차 의무이행기간에 대한 온실가스 감축의무부담 협상이 시작되었으며 이로 인해 선진국 추가의무부담 결정을 위한

9) "본 7.4절의 대부분 내용을 다음의 참고문헌에서 인용하였음을 밝힙니다. 인용된 문헌 :2009~2010 지식경제백서 ", 제 5편 에너지 자원 정책, 지식경제부 . p.p. 762~766, [15].

협상작업그룹(AWG)과 선진국과 개도국을 모두 포함한 의무부담 논의에 대한대화체제(Dialogue) 구성이 합의되었다. 13차 당사국총회에서는 발리로드맵 채택으로 선진국과 개도국이 모두 참여하는 포스트 교토체제 협상 프로세스가 발족하였다. 즉, 의무감축국(Annex I) 국가뿐만 아니라 모든 개도국이 포스트 교토협상에 공식 참여하게 된 것이다. 특히, 경제규모와 온실가스 배출순위가 상대적으로 높은 우리나라의 경우에는 포스트 교토체제에 어떠한 형태로든 참여가 불가피할 전망이다. 이에 우리나라는 국제적인 지구온난화 방지노력에 적극 참여한다는 원칙 아래 감축의무 부담으로 인한 경제성장 잠재력 저하가 최소화 될 수 있도록 온실가스 감축기술과 효율개선 중심의 국제협력 강화를 적극 추진하고 있다.

(3) 온실가스 감축시책의 지속 추진

우리나라 온실가스 배출량의 84.7%를 차지하는 에너지부문에서의 온실가스 감축을 위하여 신재생에너지, 원자력 등 이산화탄소를 적게 배출하는 에너지원의 공급확대 시책과 산업·건물·수송부문 등의 에너지이용합리화 및 에너지절약 시책을 강력하게 추진하고 있다. 우선 정부는 신재생에너지 보급 비율을 2030년까지 11%로 확대해 나갈 계획이다. 이를 위해 신재생에너지 보급 촉진을 위해 RPS(신재생에너지 공급 의무화) 도입 등 신재생에너지촉진법 및 하위법령 개정을 추진하고 있으며, 신재생에너지 기술 및 상용화 등에 대한 R&D 지원과 함께 보급지원 사업도 적극 추진하고 있다. 그리고 그린에너지 산업발전전략의 후속조치로 9대 기술을 포함한 15대 유망분야에 대한 기술개발 세부 로드맵을 추진하고 있다. 선진국과의 기술격차를 조기 해소하고 기술 개발과 시장창출을 연계하는 한편, 온실가스 감축을 촉진하기 위해 그린에너지산업을 적극 육성해 나갈 계획이다. 우리나라는 높은 수준의 에너지 소비율에 비해, 에너지효율은 선진국에 비해 낮은 수준이다. 이에 따라 산업·수송·건물 등 에너지소비 전 부문별 수요관리 혁신을 통해 2012년까지 에너지효율을 11.3% 향상시키고, 2030년까지 46% 수준으로 향상시킬 계획이다. 특히 녹색성장기본법 시행에 따라 에너지 다소비 업체 또는 온실가스 다배출업체 등에 대해 온실가스·에너지 감축목표를 설정·관리하는 온실가스·에너지 목표관리제를 2010년부터 추진하고 있다.

(4) 온실가스통계 기반구축

우리나라는 저탄소녹색성장기본법에 온실가스 통계의 종합정보관리체계 구축 및 관리에 대한 조항을 명시하는 등 온실가스 통계를 국가 통계로 지정하고, 온실가스 총배출량에 대한 통계작성, 관리, 발표에 관한 법적근거를 제정하였다. 이에 근거하여 지식경제부는 총 온실가스 배출량의 95% 이상을 차지하는 에너지 · 산업공정 부문의 온실가스 정보 및 통계를 총괄하여 관리하고 있다. 특히, 녹색성장기본법 시행에 따라 에너지 · 산업부문의 온실가스 통계 관리 뿐만 아니라 온실가스 다배출 및 에너지 다소비 사업장들의 에너지 · 온실가스 통계를 체계적으로 구축하고 있다.

(5) 교토메카니즘의 국내 기반 활성화

우리나라는 비용효과적 온실가스 배출 감축을 위해 교토의정서에서 채택한 청정개발체제(CDM: Clean Development Mechanism)사업의 국내외 투자 활성화를 추진하고 있다. UN에 등록된 국내 CDM사업은 총 56건(2011년 .5월 기준)으로 온실가스 감축량 기준시 연간 약 17백만tCO2톤 규모이며 이는 중국, 인도, 브라질에 이어 세계4위 수준이다. 우리나라는 기업들의 자발적 감축 노력에 따른 인센티브 지급 차원에서 발행된 탄소배출권(KCER) 구매, 기업들의 감축노력을 확산하고 경제적 메카니즘을 강화하기 위해 탄소중립 프로그램 등과 연계하여 KCER 거래를 확산시키는 등 자발적 탄소시장을 확산시켜 나가고 있다.

(6) 에너지·산업부문의 대응체계 강화

기후변화협약에 능동적으로 대응하고 에너지이용합리화를 촉진하기 위한 에너지 · 산업부문의 제도정비를 위하여 2003년 에너지이용합리화법을 개정(2003.12.30 공포)하고, 2005년에 에너지기본법을 제정하였다.법 개정을 통해 국가에너지 기본계획, 에너지이용합리화기본계획 등 수립시 온실가스 배출 감축 대책을 포함하도록 하고 감축대상 온실가스 CO_2를 CH_4, N_2O, HFCs, PFCs, SF_6 등 교토의정서상의 온실가스로 확대하였다.

7.5 온실가스의 저감 및 처리기술

(1) 개 요

지구온난화 방지를 위해서는 지구온난화 물질로 정의된 6대 온실가스의 배출을 저감시키거나 배출된 온실가스를 효율적으로 처리할 수 있는 기술이 필요하다. 이들 온실가스 처리기술은 크게 이산화탄소 처리기술과 이산화탄소를 제외한 나머지 다섯 가지 온실가스 처리기술의 두 가지로 구분할 수 있다.

이중 이산화탄소는 규제 가능한 가스(Controllable Gas)로써 전체 온실가스 배출량 중 약 80%를 차지하고 있으므로 온실가스 처리의 주요 대상이 되고 있으며, 이산화탄소 저감기술은 ㉮이산화탄소의 배출저감을 위한 에너지 이용 효율 향상기술 ㉯대체에너지를 포함한 신에너지원 개발 기술 ㉰배출된 이산화탄소 처리기술로 구분할 수 있다.

(2) 온실가스 저감 및 처리 기술

- **PFCs, HFCs, SF_6**

자연계에서는 존재하지 않는 합성가스인 PFCs, HFCs, SF_6는 염소나 브롬을 포함하지 않아 오존층을 파괴하지 않기 때문에 특정 프레온(CFCs)의 대체로서 냉매, 발포제, 에어졸, 세정 등의 분야에서 폭넓게 사용되고 있어 배출증가가 예상되고 있으나, 이산화탄소의 수천 배에 달하는 온실효과를 나타내기 때문에 이들을 처리할 수 있는 기술을 개발하는 것이 중요하다. PFC는 화학적으로 대단히 안정된 물질이기 때문에 분해가 어렵고, SF_6은 유황분을 포함하기 때문에 처리가 CFC 이상으로 어려워 파괴 처리기술이 확립되어 있지 않은 상태이다. 일본의 경우, 파괴처리를 위하여 '로타리 킬른 방식, 플라즈마 방식, 촉매연소방식' 의 세가지 방식을 검토하고 있다.

- **CO_2**

이산화탄소 감축을 위한 기술은 아래와 같이 화석에너지를 사용할 때 발생되는 이산화탄소의 배출량을 줄이는 이산화탄소 저감기술과 발생된 이산화탄소를 처리하는 이산화탄소 처리기술로 구분되며, 구체적으로 에너지 절약, 대체에너지 및 이산화탄소 처리 기술로 분류된다. 이산화탄소 저감 및 처리 기술의 개발 및 적용을 통한 지구온난화 방지는 아래 그림과 같이 단계적으로 적용이 가능하다. 즉, 일본은 1단계로 이산화탄소 저감기술(에너지절약기술, 청정에너지 이용기술), 2단계로 이산화탄소 처리기술(혁신적인 환경기술, CO_2 흡수원 확대), 3단계로 혁신적인 이산화탄소 저감기술(차세대 에너지기술)의 개발보급을 통한 청정한 지구의 재생을 계획하고 있다.

(가) 에너지 절약용 효율향상 기술

- 화석연료의 사용 및 관련 기술의 에너지 사용을 저감시키므로 직접적인 이산화탄소 저감 효과를 유발하는 기술
- 산업에너지기술: 산업공정에 투입하는 에너지를 줄이는데 기존공정을 탈피한 새로운 공정 기술개발, 화석에너지를 연소시켜 열이나 동력을 얻는 동력발생장치의 효율향상기술 및 생산된 열에너지를 시간적이나 공간적에서 보다 효율적으로 이용할 수 있는 시스템 기술
- 건물에너지기술: 가정용·건물용 각종 공조 설비의 효율 향상에 의한 전기나 화석에너지의 소비 저감 및 환경 친화적 건축물을 위한 자연에너지 이용기술
- 수송에너지기술: 기존차량의 연비개선에 의한 이산화탄소의 배출저감 기술개발, 이산화탄소의 배출이 적은 대체연료 자동차개발, 차세대 저연비 자동차 기술
- 전기에너지 기술: 부하관리에 의한 전기에너지의 수요공급 안정화 및 다기능 전력저장에 의한 전기에너지 소비 저감 기술
- 청정발전 기술: 기존의 미분탄발전(Pulverized Coal Combustion)에서 발전효율을 향상시킨 신미분탄연소(Advanced Pulvurized Coal Combustion), 가압유동층복합발전(Pressurized Fluidized Bed Combustion Combined Cycle), 가스화복합발전(Integrated Gasification Combined Cycle) 및 석탄가스연료전지복합발전(Integrated Gasification Fuel Cell) 기술
- 이러한 기술들은 21세기 시장이 요구하는 고효율, 무공해, 경제성의 세가지 목표를 동시에 달성하고 각각의 기술이 지닌 한계성을 극복하기 위하여 경쟁적으로 연구가 진행되고 있다.

(나) 대체에너지 기술

- 화석연료를 대체할 수 있는 에너지원으로 태양, 풍력, 소수력, 해양, 지열, 바이오와 같은 자연에너지 이용기술과 연료전지, 수소 등과 같은 신에너지 이용기술 및 폐기물 이용기술
- 재생에너지 8개 분야: 태양열, 태양광발전, 바이오매스, 풍력, 소수력, 지열, 해양에너지, 폐기물 에너지
- 신에너지 3개 분야: 연료전지, 석탄액화 가스화, 수소에너지
- 대체에너지원은 에너지자원의 다변화에 의한 화석연료의 수입의존도 감소 및 청정에너지 사용으로 환경보전에 기여하고 미래의 에너지원을 확보 가능

(다) 이산화탄소 처리기술

- 화석연료 연소 후 생성되는 이산화탄소를 대기 중으로 배출시키지 않는 기술로서, 발생된 이산화탄소의 회수, 저장 및 고정화/재활용 기술로 분류된다.
- 이산화탄소 회수기술 중 흡수법은 선진국에서 이미 상용화되어 운전하고 있으며, 흡착법은 실증실험단계임. 막분리법은 현재 연구개발 단계에 있다.
- 미국 에너지부(DOE, Department of Energy)에서는 현재의 재래식 CO_2 회수기술을 대체할 수 있는 혁신적 미래기술로 건식 재생 흡수제를 이용한 이산화탄소 회수기술 등의 5가지 기술 분야에 연구개발 노력 집중하고 있다.
- 회수된 이산화탄소는 해저 2,700m이하의 심해 중에 저장하는 것이 현재 가장 경제적인 기술이며, 이외에도 해저 퇴적층 또는 폐광 및 폐유전 등을 활용한 이산화탄소 저장기술이 개발중이다.
- 더불어 회수된 이산화탄소를 단순 저장하는 대신, 이를 고정화하고 재활용하여 고부가가치를 지닌 상품 생산을 위해 화학적, 생물학적, 광학적, 전기화학적 기술이 개발 진행중이다.

참고문헌

[1] http://www.cdrs.re.kr, "기후변화협약 더워지는 지구, 그 원인과 대책" 이산화탄소저감및처리기술개발사업단의 연구 및 홍보자료, 2012

[2] http://www.ipcc.ch, IPCC AR4 WG I, Fig. 1.3.

[3] http://www.ipcc.ch, IPCC AR4 WG I, FAQ. 3.1 Fig. 1.

[4] http://www.ipcc.ch, IPCC AR4 WG I, FAQ. 2.1 Fig. 1.

[5] http://www.ipcc.ch/news_and_events/docs/srex/SREX_slide_deck.pdf, "The IPCC Special Report on Managing the Risks of Extreme Events and Disasters to Advance Climate Change Adaptation"

[6] http://www.ipcc.ch, IPCC AR4 WG I, FAQ. 1.3 Fig. 1

[7] http://www.ipcc.ch/publications_and_data/ar4/wg1/en/ch1.html, Le Treut, H., R. Somerville, U. Cubasch, Y. Ding, C. Mauritzen, A. Mokssit, T. Peterson and M. Prather, 2007: Historical Overview of Climate Change. In: Climate Change 2007: The Physical Science Basis. Contribution of Working Group I to the Fourth Assessment Report of the Intergovernmental Panel on Climate Change [Solomon, S., D. Qin, M. Manning, Z. Chen, M. Marquis, K.B. Averyt, M. Tignor and H.L. Miller (eds.)]. Cambridge University Press, Cambridge, United Kingdom and New York, NY, USA.

[8] http://www.ipcc.ch, IPCC AR4 WG I, FAQ. 5.1 Fig. 1.

[9] http://www.ipcc.ch, IPCC AR4 WG I, Fig. 1.1.

[10] http://www.ipcc.ch, IPCC AR4 WG I, Fig. 1.2.

[11] http://www.ipcc.ch, IPCC AR4 WG I, FAQ. 1.2 Fig. 1.

[12] http://www.ipcc.ch, IPCC AR4 WG I, Fig. 5. 23.

[13] http://www.ipcc.ch, IPCC AR4 WG I, Fig. 5.13.

[14] http://www.ipcc.ch, IPCC AR4 WG I, FAQ. 9.2 Fig.1.

[15] "2009~2010 지식경제백서", 제 5편 에너지 자원 정책, 지식경제부

연습문제

1. 온실효과는 전 세계의 기후에 큰 영향을 미치고 있는 것으로 알려져 있다. 주요 온실가스인 이산화탄소와 메탄의 배출원 및 온실효과에 미치는 영향을 비교 설명하시오. (2005년 행정고등고시(기술직) '환경화학' 출제)

2. 대기 중 지표 오존 및 성층권의 생성과 소멸과정을 서술하고, 대기오염으로 야기되는 각각의 오존의 대한 환경문제를 비교 설명하시오. (2005년 행정고등고시(기술직) '대기오염관리' 출제)

3. 지구온난화가 계속될 경우 태풍의 발생 빈도와 강도(세기)에는 어떤 변화가 예상되는지 태풍의 (열)역학적 관점에서 설명하시오. (2008년 행정고등고시(기술직) '기상역학' 출제)

4. 지구온난화는 기온상승과 홍수, 질병발생 등 부정적인 영향을 초래하고 있으며, 이에 따라 기후변화대응책이 주요 정책 이슈로 등장하고 있다. 이와 관련하여 다음 항목에 대하여 설명하시오 (2008년 행정고등고시(기술직) '환경계획' 출제)

   1) 기후 변화대응을 위한 중앙정부, 시민, 기업의 역할
   2) 환경계획 측면에서의 CO_2 배출 감축 계획과 기후변화적응(adaption)방안

5. 기후변화협약을 위한 쿄토의정서의 배경과 교토의정서에서 제안한 온실가스 감축·저감을 위한 3대 메카니즘을 설명하고, 온실가스 저감을 위한 우리나라 정책 대응방향에 대하여 논하시오. (2008년 행정고등고시(기술직) '대기오염관리' 출제)

6. 최근 지구온난화와 관련하여 이산화탄소(CO_2)배출량을 규제하려는 움직임이 전 세계적으로 활발하게 전개되고 있다. 아음 물음에 답하시오. (2008년 행정고등고시(기술직) '건축시공학' 출제)

   1) 건설산업에서 직간접적인 이산화탄소발생 가능성을 설명하시오

   2) 친환경적 관점에서 이산화탄소 발생량을 저감할 수 있는 방안에 대하여 설명하시오.

7. 최근 정부는 지구온난화방지와 에너지소비 저감을 위하여 '저탄소녹색성장'의 정책을 제시하고, 도시개발분양에는 탄소중립도시의 건설정책을 추진하고 있다. 이와 관련한 다음 물음에 답하시오. (2009년 행정고등고시(기술직) '환경계획' 출제)

   1) '저탄소녹색성장'을 위한 에너지정책방향을 설명하시오.
   2) 건축·주택에 적용 가능한 탄소저감방안을 설명하시오.
   3) 교통분야에 적용 가능한 탄소저감방안을 설명하시오.

8. 지구온난에 미치는 영향이 가장 큰 이산화탄소에 대해서는 국제사회는 다각적인 방법으로 감축기술의 개발을 독려하고 있다. 이산화탄소를 감축하기 위한 기술은 크게 이산화탄소 배출억제기술, 제거·처리기술, 고정화기술로 구분할 수 있다. 다음 물음에 답하시오. (2009년 행정고등고시(기술직) '대기오염관리' 출제)

1) CO_2 배출 억제를 위한 연료전환기술에 대해 설명하시오.
2)CO_2의 제거·처리기술인 흡착, 흡수, 막분리법에 대해 설명하시오.
3) 해양을 이용한 CO_2 고정기술에 대하여 논하시오.

9. 기후변화협약의 동향과 이에 대한 산림정책의 대응방안에 관하여 논하시오. (2002년 행정고등고시(기술직) '산림정책학' 출제)

10. 지구 대기중에 탄산가스(CO_2)가 증가하는 원인을 설명하고 탄산가스의 증가가 작물의 생육 및 생태 환경에 미치는 영향을에 대하여 논하시오. (2002년 행정고등고시(기술직) '재배학원론' 출제)

11. 최근 경유차의 증가에 의해 자동차에 의한 대기오염이 심화되고 잇는 데, 경유차량의 증가가 왜 대기오염을 악화시키는지를 경유차의 엔진특성 및 대기오염물질의 배출특성과 연관지어 설명하시오. 또한 이를 방지하기 위한 대책을 기술하시오. (2004년 행정고등고시(기술직) '대기오염관리' 출제)

12. 최근 지구온난화현상이 식량작물 생산에 미치는 영향에 대하여 설명하시오. (2004년 행정고등고시(기술직) '식용작물학' 출제)

13. 아래 그림은 기후변화에 관한 국가간 협의체(IPCC)의 평가보고서에 수록된 미래 기온 변화를 예측한 결과이다. 다음 물음에 답하시오. (2011년 행정고등고시(기술직) '기후학' 출제)

1) 그림의 미래기온 예측결과를 산출하는 방법론에 대해 구체적으로 설명하시오.
2) 그림에 표시된 각 경향선과 그래프 우측에 표기된 바(bar)의 의미를 각각 설명하시오.
3) 좌측 상단의 AIF1, A1B, A1T ---- 등의 의미를 설명하시오.

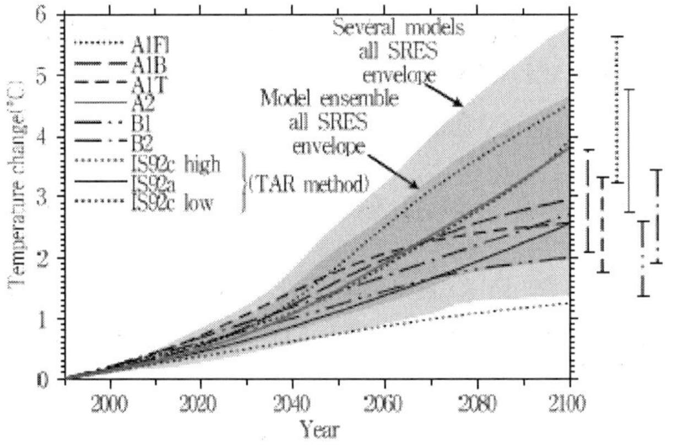

14. 발전용 석탄의 발열량은 7,000kcal/kg, 연소효율은 80%이다. 석탄의 탄소함유율은 27 ton-C/TJ, 석탄의 발전부문 N_2O의 배출계수는 1.4kg/TJ, CH_4의 배출계수는 1.0kg/TJ이다. 100 MW석탄 사용화력발전시설에서 배출되는 이산화탄소 환산온실가스(CO_2, N_2O, CH_4)의 연간 총 배출량을 구하시오. (단, GWP(온난화잠재력지수)는 N_2O의 경우 310, CH_4의 경우 21을 적용하고, 1 TJ = 10^{12} Joule이다.) (2006년 행정고등고시(기술직) '대기오염관리' 출제)

15. 오존층이 파괴되는 원인을 화학적 mechanism으로 기술하고, 오존층파괴가 지구환경에 미치는 피해와 오존층의 보호를 위한 국내외 대처 방안에 대하여 설명하시오. (2006년 행정고등고시(기술직) '환경화학' 출제)

16. 온실가스란 무엇인가? 그리고 미국에서 얼마만큼 배출하는가?

자료원 http://www.eia.gov/energy_in_brief/greenhouse_gas.cfm를 참고하시오.

17. 탄소순환(Carbon Cycle)을 설명하시오.

8장 신 · 재생에너지의 일반

8.1 신 · 재생에너지의 개요

신 · 재생에너지(New and Renewable Energy)란 기존의 화석연료를 변환시켜 이용하거나 햇빛 ·물·지열·강수·생물유기체 등을 포함하여 재생가능한 에너지를 변환시켜 이용하는 에너지로 정의 된다. 즉, 석탄, 석유, 원자력 및 천연가스가 아닌 태양에너지, 바이오매스, 풍력, 소수력, 연료전지, 석탄의 액화, 가스화, 해양에너지, 폐기물에너지 및 기타로 구분되고 있고 이외에도 지열, 수소, 석탄에 의한 물질을 혼합한 유동성 연료를 의미한다. 그러나 실질적인 신 · 재생에너지란, 넓은 의미로는 석유를 대체하는 에너지원으로 좁은 의미로는 신 · 재생에너지원을 나타낸다.

우리나라는 미래에 사용될 신 · 재생에너지로 석유, 석탄, 원자력, 천연가스가 아닌 에너지로 11개분야를 지정하였고 (신재생에너지개발 및 이용 · 보급촉진법 제 2조) 세분하여 보면 아래와 같다.

- 재생에너지 8개분야: 태양열, 태양광발전, 바이오매스, 풍력, 소수력, 지열, 해양에너지, 폐기물에너지
- 신에너지 3개분야: 연료전지, 석탄액화 · 가스화, 수소에너지

그림 8.1은 신 · 재생에너지의 분류와 특성을 간략히 설명하고 있다 [1].

최근 10년간 우리나라의 에너지 소비는 매년 10%라는 세계 최고의 증가율을 기록하고 있으며, 온실가스배출량 증가율 역시 세계 1위를 기록하고 있다. 다행히 세계기후협약 이행이 늦추어지고는 있지만 머지않아 우리도 여기에 참여하지 않을 수 없는 형편이어서 신재생에너지 개발의 필요성은 더욱 무게 중심을 더해가고 있는 실정이다.

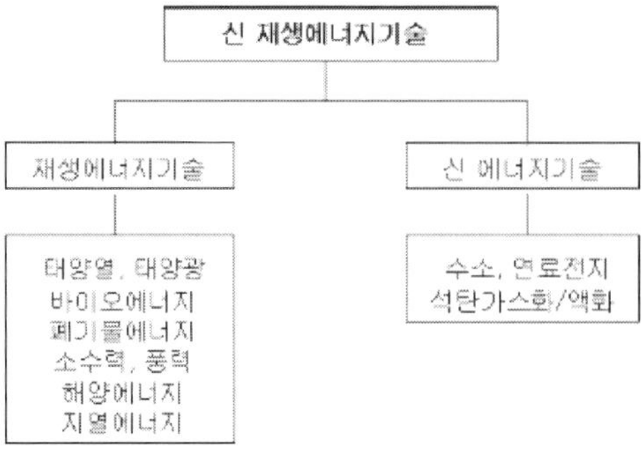

Character 신·재생에너지 특성 – 지속 가능한 에너지 공급체계를 위한 미래에너지원

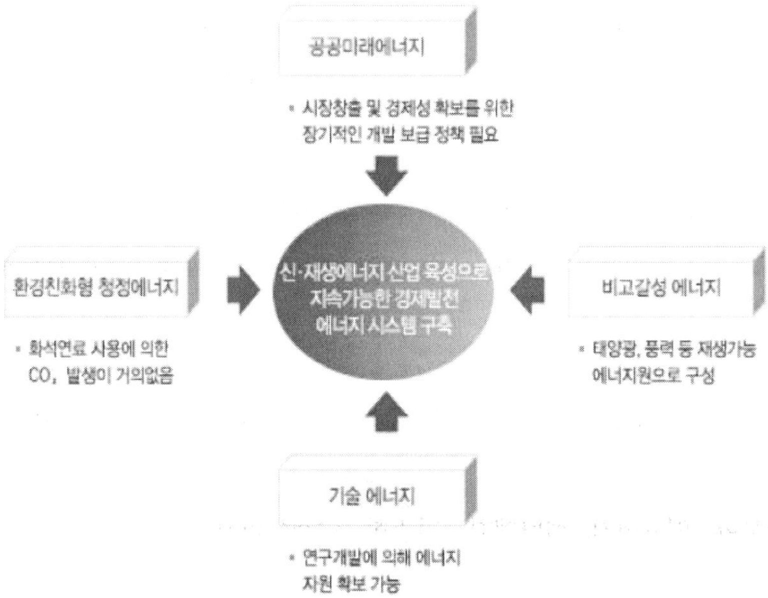

그림 8.1 신·재생에너지의 분류와 특성

현재 선진각국에서 활발히 기술개발이 진행되어 실용화 단계에 접어든 신·재생에너지로는 태양에너지, 풍력에너지가 주종을 이루며, 바이오매스, 지열, 파력, 조력 등을 이용한 신재생에너지 개발이 활발히 진행되고 있다.

미국은 교통의정서를 비준하지 않는 등 국제적인 기후변화협상에서 소극적인 자세를 견지해 왔으나, 오바마 행정부 출범이후 "New America Energy" 정책을 채택하여 Capand-Trade 방식 중심의 기후변화협약 협상에 재참여 논의를 할 것으로 예상된다.특히, 미국은 2009년 6월 26일 중기 온실가스 감축목표 등이 포함된 일명 Waxman-Markey법안이라 불리는 '청정에너지 안보법안'이 하원에서 통과하였는데, 그 내용을 살펴보면 2020년 온실가스 배출을 2005년 대비 17% 감축하고, 온실가스 배출을 제약하기 위한 배출 상한 및 배출권거래제도, 신 · 재생에너지 발전비율 15% 달성을 포함한 청정에너지 개발, 에너지효율 향상 대책 등이 포함되어 있다 유럽연합(EU)는 전 지구적 차원에서 기온상승을 산업화 이전 대비 2℃ 이내로 억제하는 것을 전제로 하고, EU 자체적인 2020년까지 중기 온실가스 감축목표를 1990년 대비 20%로 설정하였다. 범세계적인 동참시 30%로 감축목표 상향조정하며, 아울러 2050년까지 장기감축목표로 1990년 대비 50% 이상을 설정하였다 [2].

현재 우리나라는 여전히 원자력위주의 에너지정책에서 탈피하지 못하고 2015년까지 원자력 발전의 비중을 1998년 27.5%에서 34.2%로 늘릴 계획이다. 정부에서는 2008년 「제3차 국가에너지기본계획」을 발표하고 탄소 녹색성장을 위하여 신 · 재생에너지 산업화를 유도하고 궁극적으로 2030년까지 전체 에너지의 11%를 신 · 재생에너지로 공급하겠다는 계획을 제시하였다. 이에 따라 국내 현실과 역량을 고려한 새로운 목표와 실행 계획의 필요성이 제기되었고 이에 맞추어 「제3차 신 · 재생에너지 기술개발 및 이용보급 기본계획」이 수립되었다. 제3차 신 · 재생에너지 기술개발 및 이용보급 기본계획에서는 신 · 재생에너지 보급목표를 1차 에너지 대비 신 · 재생에너지 비중으로 '15년 4.3%, '20년 6.1%, '30년 11.0% 달성을 제시하고 이와 함께 집중적인 노력을 통해 '20년 이전에 신 · 재생에너지의 Grid Parity (화석연료 수준의 발전단가와 동일수준) 달성을 목표로 하고 있다, [2].

8.2 신 · 재생에너지의 중요성[10)]

2006년 1월 국정 연설에서 부시 미국 대통령은 '석유 중독' 현상을 해소하기 위해 신 · 재생에너지를 적극 개발하겠다고 발표했다. 지구온난화 방지를 위한 교토의정서와 UN 기후변화협약의 이행에 소극적이었던 과거와는 사뭇 달라진 모습이다. 또한, 2006년 스웨덴 정부가 2020

10) 8.2절의 대부분 내용을 인용하였음을 밝힙니다. 인용된 문헌: http://www.lgeri.com "대체에너지산업활성화 시급하다", 장이화, LG주간경제, 2006. 2.22 [3].

년까지 '석유를 한 방울도 사용하지 않는 국가'가 되기 위한 대규모 프로젝트를 추진하겠다고 발표하는 등 세계 각국은 신·재생에너지 개발에 박차를 가하고 있다. 이는 중동의 정세 불안과 지속적인 고유가 상황에서 석유자원에만 의존할 수는 없다는 위기의식에서 비롯된 것으로 보인다.

신·재생에너지는 넓은 의미에서 화석연료를 대체하는 모든 에너지원을 뜻하지만, 좁은 의미로는 재생가능 에너지(Renewable)와 신 에너지를 포괄한다. 표 8.1은 신·재생에너지의 장단점를 간략적으로 설명하고 있다. 풍력, 태양광 등 재생가능에너지가 가장 실용화 되어 있으며, 연료전지, 수소에너지 등을 포함하는 신 에너지는 실용화 이전으로 주로 연구개발 단계에 머물러 있다. 신·재생에너지는 공해와 환경오염이 적고, 전세계적으로 지역적 편중이 낮은 에너지라는 것이 장점이다. 반면 에너지 전환 효율이 낮아 화석연료보다 가격이 비싸다는 단점 때문에 지금까지는 주목을 받지 못해 왔다. 그러나 석유, 천연가스 등 주요 화석연료의 지속적인 가격 상승 및 온실가스감축 등 점차 강화되는 국제적인 환경규제 강화로 신 ·재생에너지를 둘러싼 세계 각국의 움직임이 빨라지고 있는 가운데 각국 정부가 적극적인 신·재생에너지 산업 육성에 나서고 있다. 즉, 현재 전세계적으로 신·재생에너지 육성은 에너지시장에서 대세이다. 따라서, 국내에서도 신·재생에너지 산업 활성화를 위한 보다 강도 높은 노력과 정책적 지원이 필요하다.

2010년 기준으로, 독일 신·재생에너지 생산은 지난 10여 년간 급성장을 보였으며, 독일정부는 독일 연방환경부의 주도하에 미래성장 산업지원 차원에서 신 · 재생에너지 기술 개발에 대한 적극적인 지원을 아끼지 않고 있다. 연방정부는 전력 생산 및 1차 에너지소비에서 신·재생에너지 사용 비율을 2010년까지 2000년도 대비 4.2%, 전력 사용에서 12.5%로 확대한다는 계획을 추진하고 있다. 이는 거의 2배 이상의 증가를 의미하며, 더 나아가서 독일 정부는 신·재생에너지원을 통한 전기 생산을 2020년까지 30%로 높일 계획이다. 신흥공업국인 중국과 인도 등도 예외는 아니다. 중국은 신·재생에너지 분야의 최대 투자국으로 막대한 외환보유고를 무기로 세계 신·재생에너지의 실세로 떠오르고 있다. 2009년 중국의 신·재생에너지 분야 투자는 전년대비 50% 증가한 346억 달러를 투자, 미국을 추월하여 신·재생에너지 투자분야 1위 기록하고 있다. 특히 중국은 풍력과 태양열 발전을 중심으로 정부의 적극적인 지원을 받고 있으며, 향후 국내 수요를 신·재생에너지를 통해 충족시키기 위한 계획을 수립 추진 중에 있다.

표 8.1 신·재생에너지의 장단점

재생 에너지	장 점	단 점
태양열	• 무공해, 무한량, 무가격	• 밀도가 낮고, 간헐적임, 비경제적 • 에너지량과 질은 정비례 관계가 아님
태양광	• 햇빛이 있으면 간단히 설치 가능 • 유지 비용 거의 없음. • 많이 설치할수록 유리. • 소음과 진동등이 없어 환경 오염이 없음 • 반영구적 (수명은 20년 이상)	• 낮은 에너지 밀도로 많은 태양전지 즉, 많은 공간 필요 • 실리콘 사용으로, 태양광 발전 시스템 설치 많은 초기 비용
바이오매스	• 지구온난화 진행억제에 기여 • 메탄가스가 이산화탄소로 전환하는 부가적인 유익한 효과 • 잠재적 에너지의 가치가 높다	• 산림고갈의 우려, 복잡한 생물학적 공정
풍력	• 무한정의 청정에너지원입니다. • 화석연료를 대신하여 자원 고갈에 대비할 수 있습니다. • 풍력발전시설은 가장 비용이 적게 들고, 건설 및 설치기간이 짧습니다. • 풍력발전시설단지는 농사, 목축 등 토지 이용의 효율성을 높입니다.	• 항상 바람이 존재하지 않으므로, 에너지 충전 기술의 요구로, 많은 비용이필요함
소수력	• 발전원가 저렴, 무공해	• 수몰 보상, 지역적 편재
지열	• 발전 비용이 저렴함, 깨끗함	• 국내에는 적격지가 없음
해양 에너지	• 조력발전: 깨끗함, 양이 무한함, 규치적인 에너지 공급량 • 파력발전: 깨끗함, 양이 무한함, 장소에 제약이 없음 • 해양온도차발전: 깨끗함, 양이 무한함, 소규모 발전 가능.	• 조력발전 : 수몰 지역 발생, 해안 생태계에 영향, 큰 시설 규모 • 파력발전 : 발전량에 비해 시설비가 비쌈, 에너지 밀도가 작음, 소비자와의 거리가 멀다. • 해양온도차발전 : 소비자와의 거리가 멀고, 에너지 밀도가 작고, 시설비가 비쌈.
폐기물 에너지	• 원료(폐기물)의 가격이 낮거나 도리어 처리비를 받을 수 있어 에너지 회수의 경제성이 비교적 높음 • 쓰레기 매립지의 문제가 심각한 요즘 쓰레기를 에너지화 함으로써 쓰레기의 양을 줄일 수 있음 • 폐기물에 의한 환경오염의 방지 효과	• 고도의 기술과 연구 개발이 요구 • 폐기물 에너지화 과정에서 또 다른 환경오염(공해)을 유발 가능 • 문화나 산업의 특성에 따라 다른 많은 처리기술이 필요

신에너지	장 점	단 점
연료전지	• 저공해 고효율 에너지원 : 도심지에서의 대기 공를 많이 줄일수 있음. 동력원의 시스템 효율이 50% 이상(기존 내연기관의 효율은 25% 이하), NOx, SOx 등의 유해 가스의 배출이 1% 이하인 청정 고효율 발전 시스템. • 차세대 에너지원 : 메탄올, 에탄올, 천연가스 등의 대체에너지를 이용하여 발전 가능. 잠재력 큰 새로운 시장. 연료전지관련 금속, 전기, 전자, 기계 및 제어 산업의 새로운 시장형성으로 많은 전문직 직업창출과 무역수지개선에 기여	• 밀도가 낮고, 간헐적임, 비경제적 • 에너지량과 질의 관계가 정비례하지 못함
석탄 액화 가스화	• 석탄 : 풍부한 부존량, 편재성이 적음, 가격이 저렴 • 가스 : 불순물 거의 없음, 연소조정 편리 • 연소장치 간단, 석유와 유사특징	• 석탄 :취급불편, 석탄재의 처리, 공해대책, 수송시설, 노동력 확보 해결 • 가스: 저장과 해상수송상의 제한, 대자본 소요(LNG), 고가격(LNG/LPG)
수소 에너지	• 극소량의 NOx 발생을 제외하고는 공해물질이 거의 없음, 연료전지 또는 직접연소 등의 연료로서 사용이용. 수송가능, 고압가스, 액체수소, 금속수소화물 또는 수소흡장합금 등의 다양한 형태로 저장이 용이 • 궁극적으로는 무한정인 물을 원료로 하여 제조가능, 사용후에는 물로 재순환 가능 • 산업용의 기초 소재로부터 일반 연료, 수소자동차, 수소비행기, 연료전지 등 현재의 모든 에너지 시스템에서 이용 가능	

8.3 세계 각국의 신·재생에너지의 산업 현황[11)]

8.3.1 해외 현황

1970년대 2차에 걸쳐 발생한 석유파동 이후 많은 선진국들은 신·재생에너지 기술개발과 보급에 관심을 갖기 시작하였다. 당시에는 석유와 화석에너지의 수입의존도를 줄이고 에너지 자급도를 제고하기 위한 것이 주요 목적이었으나 1980년대 후반부터 본격적으로 시작된 환경문제에 대한 논의와 지속가능한 에너지미래 구축 전략의 일환으로 신재생에너지의 개발과 보급이 새롭게 조명을 받게 되었다. 2009년의 신재생에너지 투자는 중국이 346억 달러로 세계 최

11) 8.3절의 대부분 내용을 인용하였음을 밝힙니다. 인용된 문헌:"외국의 신재생에너지 현황", 강용혁, 한국에너지기술연구원, 2010 신재생에너지백서, pp. 38 ~143, 2011, [4].

대이며, 이어서 미국186억 달러(16.4%), 영국 112억 달러(9.9%)의 순으로 나타났다. 수용량 기준으로는 미국이 중국에 소폭 앞서 1위를 기록하였다. 지난 5년간 투자 증가율은 중국, 미국, 영국 등 투자 상위 3개국 모두 100%를 상회하였고, 대부분 국가들 역시 50%를 넘는 성장세를 나타내었다. 한편 우리나라는 투자규모는 20억 달러 수준이며, 수용량은 0.7GW(기가와트)에 불과하여 상대적으로 낮은 수준이다.

G20 국가들을 중심으로 살펴보면, 지난 2008년 후반부터 2009년 사이 약 1,840억 달러의 신·재생에너지 지원책을 발표했으며, 국가별로는 미국과 중국이 최대를 나타내고 있다. 우리나라의 신·재생에너지 분야 투자는 아직 G20 중 하위권으로 적극적인 재생에너지 개발 기술 투자가 필요한 모습이다. 우리나라의 재생에너지 수용량은 전체 수요의 0.8%에 불과, 아직 충분한 개발여지가 남아있다. 향후 G20를 중심으로 환경보호와 온난화 방지에 대한 여론 확대로 재생에너지 개발에대한 수요 증대 예상된다. 우리나라는 향후 증가할 재생에너지 수요에 대비, 재생에너지 개발기술 능력 축적을 위해 적극적인 투자가 필요하다. 미국은 신재생에너지 분야에 666억 달러, 중국은 469억 달러, 한국은 278억 달러 등을 지원할 예정이다. 아울러 나머지 2/3에 해당하는 지원액은 2010년과 2011년 사이에 집행 될 것으로 예상된다.

최근 글로벌 신재생에너지 산업 트렌드은 ①신재생에너지 관련 투자 급증, ②경제위기 속에서 투자 지속, ③G20는 세계 신재생에너지 부문 투자의 90%이상을 차지, ④경기부양책으로 신재생에너지 개발 활용 등 이다. 지난 2005년~2009년 사이 G20 국가의 신재생에너지 산업 투자는 230% 이상 증가했으며, 지난 2년간 G20 회원국들은 분기당 평균 320억 달러 투자하였다. 2009년 기준, 전 세계적으로 신재생에너지는 약 250GW의 수용량을 보유하였으며, 이는 전 세계 가구 수의 6%(7,500만 가정)에 전력을 공급할 수 있는 규모이다. 또한, 지난 2009년에는 세계 신재생에너지 산업에 약 1,620억 달러가 투자되어, 전년대비6.6% 감소에 그쳤으나, 석유 및 가스 산업에 대한 투자는 19%나 감소하였다. G20는 기본적인 개발연구(R&D)를 제외하고, 약 1,100억 달러 이상을 신재생에너지 분야에 투자하였다. 중국, 독일, 스페인, 브라질 등 국가들은 정부의 적극적인 신재생에너지 개발 지원 정책으로 빠른 성장을 보이는 반면, 미국, 일본, 호주, 남아공 등은 뒤처지는 양상이다. G20 회원국들은 경기부양 목적으로 약 1,840억 달러의 신재생에너지 지원액을 발표하였으며, 국가별로는 미국이 670억 달러, 중국이 470억 달러로 최대지원액을 발표하였다. 지난 2009년 신재생에너지 관련 국가별 투자는 10%에 불과하여 2010년과 2011년사이에 대부분 자금이 집행되었다.

표 8.2 주요 국가의 신·재생에너지 투자 현황

(단위 : 100만$, 기가와트, %)

순위[6]	국가명	투자			수용량		
		금 액	증가율[7]	G-20 비중	수용량	증가율[8]	G-20비중
1	중 국	34,600	147.5	30.5	52.5	78.9	16.5
2	미 국	18,600	102.7	16.4	53.4	24.3	18.5
3	영 국	11,200	127.4	9.9	7.5	29.8	2.8
4	EU(27개국)	10,800	87.0	9.5	12.3	17.2	6.7
5	스페인	10,400	79.7	9.2	22.4	9.1	N/A
6	브라질	7,400	147.8	6.5	9.1	13.9	3.2
7	독 일	4,300	75.3	3.7	36.2	14.4	14.6
8	캐나다	3,300	70.2	2.9	7.6	18.1	2.7
9	이탈리아	2,600	110.6	2.3	9.8	12.4	4.0
10	인 도	2,300	72.0	2.0	16.5	31.0	6.6
11	멕시코	2,100	91.9	1.9	3.2	10.1	1.0
12	프랑스	1,800	97.9	1.6	9.4	31.3	3.5
13	터 키	1,600	178.3	1.4	0.6	29.6	0.1
14	호 주	1,000	62.5	0.9	3.3	40.0	1.2
15	일 본	800	51.1	0.7	12.9	4.2	5.2
16	인도네시아	354	94.5	0.3	1.1	7.9	0.4
17	남아프리카공화국	125	N/A	0.1	N/A	N/A	N/A
18	아르헨티나	80	N/A	0.1	0.5	0.1	0.2
19	한 국	20	N/A	0.02	0.7	249.4	0.3

주) G-20국가 중 러시아, 사우디아라비아 자료 제외
스페인은 G-20국가는 아니지만, 유럽연합(EU)내 신·재생에너지 투자에 큰 비중 차지하여 포함됨

(단위 : 10억$)

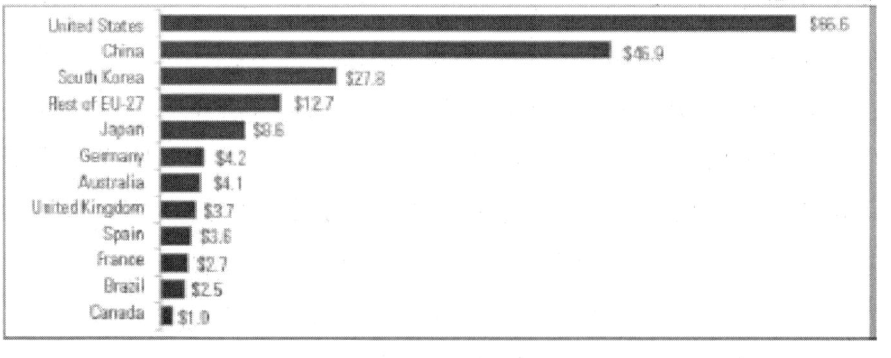

그림 8.2 국가별 신 . 재생에너지 지원액 발표 추이

선진 각국 신재생에너지 정책의 특징은 아래와 같다. 최근 수 년사이에 각국 정부는 에너지 관련 정책을 수정하거나 보완하거나 새롭게 제정하는 등 대체 에너지 육성에 강한 의지를 보이고 있다. 이들 정책의 공통적인 특징은 다음의 4가지로 요약할 수 있다.

• 풍력/태양광 발전을 중심으로 전력 생산 비중 확대에 중점

각국은 기본적으로 모든 신재생에너지를 지원한다는 방침이나 전력 생산 부문에서 풍력과 태양광 발전의 비중을 확대하는 데 중점을 두고 있다. 실제로 독일, 스페인, 중국, 인도 등은 전력 생산에서 재생가능 에너지의 비중을 최대한 끌어 올려 화석연료 의존도를 줄인다는 계획이다. 특히, 독일은 2004년 개정된 재생에너지법(Renewable Energy Law; EEG)을 통해 재생에너지의 전력공급비중을 2010년까지 최소 12.5%로 끌어올리고, 2020년까지 20%이상으로 확대하는 정책을 수행중이다. 독일은 태양열 발전위주의 대표적인 신재생에너지 개발국으로 지난 2009년 43억 달러를 신 · 재생에너지 개발 부문에 투자하여 G20 국가 중 투자 규모 7위를 기록하였다. 지난 2009년 경기침체에도 신 · 재생에너지 개발 투자액 18% 증가하여 지난 5년간 전체 전력의 29%를 신 · 재생에너지로 대체, 이중 태양열 에너지 7.8GW, 풍력에너지 23.9GW 의수용량을 보유하고 있다. 전체 투자액 중 태양열 44.3%, 풍력 31.2%, 기타 신 · 재생에너지 15.1% 등 태양열과 풍력에 집중적인 투자를 하고 있는 모습이다. 한편 바이오매스 관련 정책 강화 추세도 뚜렷한데, 주로 수송 부문에서 석유를 대체하는 연료로서의 사용 확대에 초점을 맞추고 있다. 브라질을 대표로 독일, 영국 등에서 바이오매스 관련 용도의 범위를 넓히는 동시에 세제 혜택도 강화하는 모습이다.

• 실효성이 높은 정책 개발

신 · 재생에너지는 중앙정부의 역할이 중요한 산업이지만, 신 · 재생에너지의 가격경쟁력은 자생력을 확보하기에는 아직 미흡한 수준이다. 사막이나 섬 등 특정 지역이나 일정 조건하에서는 지열, 풍력, 태양광 발전 등이 유리한 경우도 존재하나 평균적으로 신 · 재생에너지의 발전 단가는 비싼 편이다. 또한 화석연료에 비해 초기 투자비용이 높기 때문에 신 · 재생에너지 산업은 정부 지원 없이 시장이 형성되거나 성장하기 어려운 특징이 있다. 실제로 신 · 재생에너지 산업에서 앞서 나가고 있는 독일, 일본 등의 자국 산업육성은 정부의 적극적인 보조금 지급 및 수요창출 노력에 힘입은 바가 크다. 반면 미국과 네덜란드의 경우는 정부의 지원정책이 현실적인 전력가격을 반영하지 못하거나 빈번하게 바뀌면서 기업들이 수익성 확보는 물론 초기 투자

비용 회수에도 어려움을 겪은 예이다. 이밖에 신·재생에너지 발전소와 기존 전력 설비와의 호환을 위한 추가적인 인프라 구축 등도 정부의 적극적인 지원이 필요한 부문이다.

최근 신·재생에너지법안을 개정 또는 제정하는 국가들의 경우, Feed-in tariff(전기요금 고정가격 매입 제도)나 RPS(Renewables portfolio standard)를 중심으로 정책을 입안하고 있다. Feed-in tariff는 신·재생에너지를 통해 생산된 전기를 정부가 결정한 가격에 전력사업자(우리나라의 한국전력 등)가 의무 구매하도록 하는 제도로 독일, 이탈리아, 중국 등을 비롯해 인도와 캐나다 일부 주에서 이를 도입하고 있다. 과거 스페인과 덴마크의 풍력 시장이 크게 성장한 것은 이 제도를 통한 시장 수요 창출이 이루어졌기 때문이다. RPS는 전력사업자가 재생가능 에너지로 생산한 전기를 정부가 일정 수준 이상 구매하도록 하는 규정이다. 주로 미국과 캐나다의 각 주와 인도, 폴란드, 태국 등이 추진하고 있다. 두 제도의 핵심은 신·재생에너지 생산 전력에 대해 우선적 구매 의무를 부여하고 수익성을 보장하는 요금체계를 보장하는 데 있다. 과거 신·재생에너지 관련 정책 중 시장 수요 창출에 있어 가장 실효성이 높은 정책으로 평가받는 제도이기도 하다. 이 외에도 미국의 생산세 환급이나 독일의 투자비 지원, 기타 세금 환급 제도 등 재정적 지원을 중심으로 한 정책이 추진되고 있다. 또한 기존 전력 인프라와의 연결과 같은 전환 비용 부담을 전력 사업자에게 부과하는 등 각국은 소비자 입장에서도 대체 에너지 선택을 유인하는 정책을 병행하고 있다.

• 지방정부 차원의 활동 활발

얼마 전 미국 캘리포니아 주 정부는 '캘리포니아 태양에너지 발전 계획(California Solar Initiative)'을 최종 승인하고, 32억 달러의 예산을 확보했다. 독일, 일본에 이어 세 번째로 큰 태양광 발전 지역으로 부상할 수 있는 규모다. 실제로 미국에서는 주 정부마다 다른 신·재생에너지 목표를 가지고, 자체적인 에너지 법안과 자금 확보를 추진하는 것이 보편적이다. 이러한 지방 정부 차원의 대체 에너지 개발 움직임은 미국은 물론 캐나다의 일부 주와 EU, 인도에서도 활발하다. 무엇보다 지역 사회의 수요 규모에 적합한 지역 분산형 공급시스템을 도입할 수 있고, 지역 주민의 의견이 반영된 에너지를 개발할 수 있기 때문이다.

• 소비자를 고려한 정책 입안을 통한 수요 촉진

일본과 덴마크, 스페인 등에서 신·재생에너지가 활성화된 것은 환경보호와 재생가능 에너지의 우월성에 대한 국민적 공감대가 있었기 때문이다. 이와 유사한 차원에서 신·재생에너지에 대한 정부 차원의 마케팅 및 홍보 활동이 필요하다. 소비자들이 재생가능 에너지에 대해 어떤 생각을 가지고 있고, 어느 가격 수준에서 지불 용의가 있는지에 대한 조사가 이루어져야 한다. 예를 들어, 도요타의 하이브리드 차가 인기를 끄는 것처럼 웰빙 열풍을 활용한 고품격 태양광 아파트가 프리미엄 시장 활성화의 아이디어가 될 수도 있다. 전기 누진세를 많이 물고 있는 가정에서는 태양광 발전을 통한 절약이 효과적인 마케팅 포인트일 수 있다. 소비자의 신 · 재생에너지로의 전환 비용을 최소화하는 정책적 배려도 효과적인 대안이다. 신 · 재생에너지 발전과 관련한 전력 인프라의 연결과 유지, 보수 등을 전력 사업자에게 의무화하고, 복잡한 인허가 절차를 간소화하는 등 소비자의 편이를 꾀한다면 수요는 자연스럽게 증가할 것이다.

8.3.1.1 미국

미국의 신 · 재생에너지 수용량은 전 세계에서 가장 높으며, 미국은 신 · 재생에너지를 통해 53.4GW(기가와트)의 전력을 생산하여 신 · 재생에너지 활용도가 가장 높다. 2위는 중국으로 약 52.5GW, 3위는 독일로 36.2GW 순으로 나타났다. 하지만 신 · 재생에너지 관련 투자는 최근 경기침체 여파로 인해 다소 주춤하여, 미국의 신재생에너지 관련 투자는 지난 5년간 2배 이상 증가함으로써 신재생에너지투자부문 에서 1위를 고수하였지만, 지난 2009년 중국이 1위로 추월한 모습이다. 2009년 미국 신재생에너지 투자는 전년대비 40% 감소하였지만, 2009년 후반기 들어 경기부양법안(American Recovery and Reinvestment Act)과 연방정부의 생산 및 투자관련 세금감면 등으로 감소세는 진정되는 양상을 보이고 있다. 미국의 신 · 재생에너지 투자 위축은 지구온난화 방지 및 재생에너지의 개발 지원 정책의 미 의회 법안 통과 지연에기인한 것이다. 반면, 신 · 재생에너지 정책에 적극적인 영국, 독일, 스페인, 브라질 등 국가들의 성장률은 높은 모습이다.

미국은 교통의정서를 비준하지 않는 등 국제적인 기후변화협상에서 소극적인 자세를 견지해 왔으나, 오바마 행정부 출범이후 "New America Energy" 정책을 채택하여 Capand-Trade 방식 중심의 기후변화협약 협상에 재참여 논의를 할 것으로 예상된다. 2008년 10월에 발효된 '위기경제안정법'에 '에너지개선 및 연장법'을 포함하여 당초 2008년 말에 종료예정이던 다양한 재생에너지원에 대한 생산세 및 투자세액 공제를 연장하고 에너지효율 투자에 대한 기존의 세금 인센티브를 보완하고자 하였다. 풍력, 지열, 바이오매스, 태양에너지설비, 폐기물에너지화설비, 관계용수를 이용하는 소수력, 기존 수력의 용량 확장, 기존 댐의 추가 수력설비에서 생산된 전력과 가정용 및 상업용 태양에너지설비, 에너지효율 향상 설비, 연료전지, CHP와 지열 히트펌프, 셀룰로스 바이오에탄올설비, 바이오디젤, 플러그인 하이브리드 자동차에 대한 생산세 공제를 2009년까지 연장하였다. '연료경제 및 녹색자동차 가이드'를 통해 소비자들에게 2009년 모델의 연료경제, 탄소발자국(carbon footprint), 대기오염지표들에 대한 상세한 정보를 제공하며, 하이브리드, 대체연료자동차, 전기자동차, 연료전지자동차 등 자동차의 상세 모델별로 연료경제, 대기오염, 온실가스 배출 정보 등을 제공하고자 하였다.

미국의 신 · 재생에너지 총소비량은 2007년 기준으로 전년에 비해 96조 BTU(British ThermalUnit) 감소한 6,813조 BTU로 이는 전년에 비해 1% 감소한 것이다. 바이오연및 풍력 에너지소비는 증가했으나 수력에너지 소비가 감소한 모습이다. 미국의 에너지 소비비중을 보면 석유(39%), 천연가스(23%), 석탄(22%), 원자력(8%), 신 · 재생에너지(7%)의 순으로, 신 · 재생에너지 소비에서는 바이오매스(53%), 수력(36%), 풍력(5%), 지열(5%), 태양(1%)의 순으로 소비되고 있다.

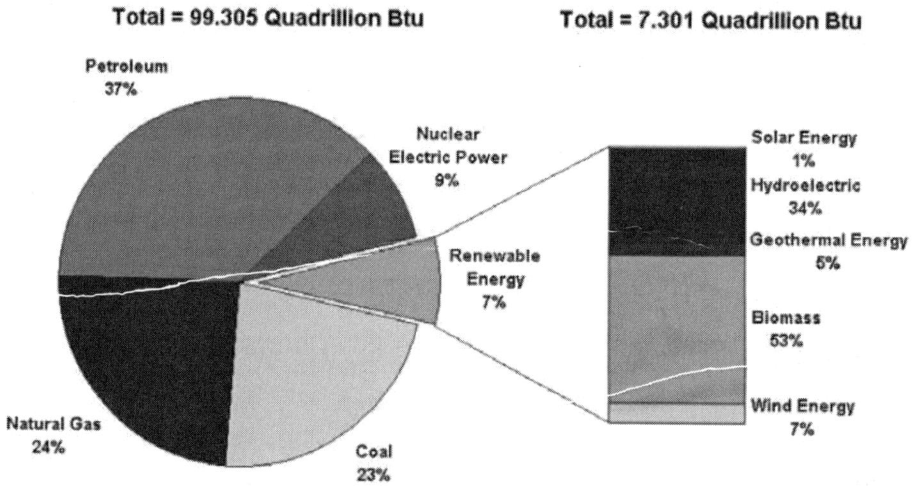

그림 8.3 미국의 전통에너지 및 신 . 재생에너지 소비비중 [3]

8.3.1.2 일본

일본은 2007년 2050년까지 온실가스 배출 장기 목표를 달성하기 위한 혁신적 에너지기술개발 계획으로서 'Cool Earth 50'을 발표하였다. 전 세계의 온실가스 배출량을 현재의 절반 수준으로 감축하기 위해서는 기존기술의 연장으로는 불가능하고, 혁신적인 기술의 개발을 통해서 실현이 가능하다는 인식하였다.

일본은 2008년에 2010~2030년의 장기 에너지수요 및 공급전망을 발표하였으며, 장기전망에 따른 신국가에너지전략을 수립하였다. 장기전망에서 경제성장은 2005년~2010년까지 2.1%, 2010년~2020년까지 1.9%, 2020년~2030년까지는 1.2%로 전망하였으며, 원유가격은 2020년 90 달러/bbl, 2030년 100달러/bbl로 전망하였다. 에너지효율 최소 30% 이상 개선을 목표로 하였으며, 수송분야 석유 의존도를 80% 수준으로 유지하고자 하였다. 원자력발전비율을 전체 전력 생산의 30~40%이상 수준으로 유지하며, 2020년까지 에너지효율을 30% 이상 달성할 경우 향후 2030년까지 더 높은 에너지 효율치 목표 설정 예정이다. 수력 및 지열발전을 포함한 재생에너지는 2030년경 국내 주요 에너지공급원의 11.1%를 차지할 예정이다.

8.3.1.3 유럽연합(EU)

유럽연합(EU)은 배출가스 규제의 시행과 함께 따라 다른 국가들보다 신 · 재생에너지 개발에 적극적인 투자하여 지난 2009년 스페인을 제외한 유럽연합 국가들은 총 108억 달러를 투자한 모습이다.EU는 전 지구적 차원에서 기온상승을 산업화 이전 대비 2℃ 이내로 억제하는 것을 전제로 하고, EU 자체적인 2020년까지 중기 온실가스 감축목표를 1990년 대비 20%로 설정하였다. 범세계적인 동참시 30%로 감축목표 상향조정하며, 아울러 2050년까지 장기감축목표로 1990년 대비 50% 이상을 설정하였다.

EU의 온실가스 감축목표 달성을 위한 주요 감축수단은 다음과 같다.

- 유럽 온실가스배출권거래제(EU ETS: European Emission Trading Scheme)
- ETS 제외부문(건물, 교통, 농업, 서비스업 등)에서의 회원국간 감축 분담노력
- 재생가능에너지 보급확대
- 승용차의 이산화탄소 배출량 규정은 2012년 평균 EU 배출량 제한을 130g/km로 확정하였으나 신규 자동차 중 65%에만 적용할 방침이며 2013년 75%, 2014년 80% 등순차적으로 늘려 2015년부터 전체 신규 자동차로 확대 적용할 예정

EU는 2006년 12월 새로운 에너지 스타 프로그램을 미국과 합의한 바 있으며, 이는 2007년부터 5년간 계속 수행 중에 있다. 공공 분야의 제품 및 설비 구매시 에너지 효율 기준을 준수

하며 효율 기준은 지속적으로 위원회에 의해 업그레이드된다. 특히 컴퓨터, 모니터, 프린터, 팩스, 복사기, 스캐너 등과 같은 사무, 정보 기기에 엄격한 기준 적용한다.EU는 또한 2008년에 최종에너지 소비에서 재생에너지 비율을 2020년까지 적어도 20%로 향상시키는 정책을 시행하고자 하였다. EU의 온실가스 배출 감축과 석유의존도감축을 위해 각 회원국은 적어도 2020년 수송부분에서 10%의 공급 달성 권고하고 있다.

8.3.1.4 독 일

독일은 태양열 발전 위주의 대표적인 신재생에너지 개발국으로 지난 2009년 43억 달러를 신재생에너지 개발 부문에 투자하여 G20 국가 중 투자 규모 7위를 기록하였다. 지난 2009년 경기침체에도 신재생에너지 개발 투자액 18% 증가하여 지난 5년간 전체 전력의 29%를 신재생에너지로 대체, 이중 태양열 에너지 7.8GW, 풍력에너지 23.9GW의수용량을 보유하고 있다. 전체 투자액 중 태양열 44.3%, 풍력 31.2%, 기타 신 · 재생에너지 15.1% 등 태양열과 풍력에 집중적인 투자를 하고 있는 모습이다.독일은 환경산업과 에너지효율 측면에서 세계 선도적인 위치에 있으며, 이를 기반으로 2008년 11월 교토의정서 감축목표를 조기에 달성하였다고 독일연방 환경자연보호원자력안전부가 발표 하였다. 독일의 교토의정서 감축목표는 2012년까지 기준년도 대비21% 감축이었으나, 2007년에 이미 기준년도 대비 22.4% 감소한 모습이다. 독일은 2004년 개정된 재생에너지법(Renewable Energy Law; EEG)을 통해 재생에너지의 전력공급비중을 2010년까지 최소 12.5%로 끌어올리고, 2020년까지 20%이상으로 확대하는 정책을 수행 중이며, 2008년 6월 풍력에너지에 대한 더 높은 발전차액지원 제도를 지원하고 육상 및 해상풍력발전 개발을 강화하는 방안 등을 포함하는 개정안이 의회를 통과(신규법안은 2009년 1월부터 발효)하였다. 향후 5년간 발전차액지원제도는 개정 전 8.03유로/kWh에서 9.2유로/kWh로 운영되며, 5년 후에는 약 5.02유로/kWh로 감소 예정이다. 해상풍력은 초기 발전차액지원제도가 2015년까지 15유로/kWh로 지원되며, 향후 13유로/kWh로 매년 5%씩 감소할 예정이다. 소규모 바이오가스, 지열설비에 관해 세제지원을 실시하며 태양광 설비에 대한 세제지원은 점차 감소시킨다.

2008년 6월 독일 정부는 2020년 CO2 배출량을 1990년 수준의 40% 감축하기 위해 기후변화 및 에너지 프로그램을 통합한 신규 기후규정을 법제화하였다. 수송 및 건설 분야에 중점을 두어 CO_2에 기반한 차량세제 개정, 전력시스템 확대를 위한 에너지산업법 개정, 승객수송용 차량의 에너지소비 라벨링, 난방비용 법규 개정, 대형트럭 도로세 법규 개정 등을 포함하였다. 트력의 도로세 인상(13.5유로 → 16.2유로), 에너지절약형 주택 리모델링, 풍력 발전 전송용 850km 배전 시스템 구축을 포함하였다. 2008년의 재생에너지난방법에서는 2020년까지 난방에너지의 14%를 재생에너지를 이용하여 공급하는 목표를 설정하여 신규 건물의 공간 및 온수 난방용으로 재생에너지 사용 의무화하고, 빌딩 소유주는 난방용으로 재생에너지 최소 사용 비율 의무화(태양열 설치비율: 15%, 바이오매스: 30%, 타 바이오매스 설치, 액체 바이오매스 이용, 지열: 50%) 하였다.

8.3.2 국내 현황

국내 신재생에너지 정책 현황 및 문제점이 있다. 즉, 외국과 비교했을 때 대체 에너지와 관련한 우리나라의 위상은 미약하다. 2010년기준으로, 우리나라의 1차 에너지소비는 2010년 세계 8위이며, 석유소비는 세계 9위이다. 해외 에너지 의존율은 96.4% (2010년 년기준)에 달하지만 2010년 현재 1차 에너지 소비 중 재생가능 에너지가 차지하는 비중은 2.5%로 독일 10.0%, 프랑스 8.1%, 덴마크 20.1%에 비해 한참 뒤떨어진다, 표 8.3 참조. 신재생가능 에너지의 전력 발전 비중도 OECD의 1/3 수준에 불과하다. 최근 IEA는 우리나라의 높은 에너지 수입 의존도에 따른 문제점을 지적하고, 장기적인 관점에서 신재생에너지 등을 통한 에너지원 다변화를 추진하도록 권고한 바 있다. 따라서, 국내 신재생에너지 산업활성화 필요하다. 국내에서도 신재생에너지 보급이 확대되기 위해서는 선진 각국 신재생에너지 정책에서 보듯이 먼저 기업의 자발적인 참여와 민간 자본의 유입을 통한 산업 활성화가 필요하다. 이를 위해서는 우선 기존 국내 정책의 실효성을 높이고, 기업의 수익성을 일정 수준으로 보장해주는 정책이 보완되어야 할 것으로 보인다.

세계적으로 신재생에너지 육성에 성공한 국가에서는 신 · 재생에너지의 가격경쟁력을 보완해주는 강력한 정책적 뒷받침이 있었다. 우리나라에서도 발전 차액 제도의 신 재생에너지 가격을 현실적인 수준에서 책정하고, 에너지의 전력 프리미엄을 적정 수준에서 유지시켜 나갈 필요가 있다. 기업의 투자 수익성을 보장함으로써 민간 자본의 유입을 유도할 수 있기 때문이다. 이밖에 RPS 등의 전력사업자의 신재생에너지 전력 의무 구매 제도 도입 등을 통한 지원 강화도 검토해 볼 수 있다. 이와 함께 일관성 있는 정책 추진이 이루어져야 한다. 네덜란드의 경우, 빈번한 법개정으로 시장의 신뢰를 얻지 못해 우수한 정책을 가지고도 실패한 사례가 있다. 미국에도 유사한 제도가 있지만 신 · 재생에너지 인센티브 예산을 편성할 때 의회의 정기적인 갱신이 필요하기 때문에 가격 불확실성이 커져서 신재생에너지 시장이 불황, 호황의 사이클을 타며 꾸준한 성장을 이루지 못했다는 평가다. 반면 전력 매입 가격보증을 통해 투자 수익성을 보장해준 독일과 스페인의 경우 기업의 적극적인 참여와 민간 투자 자본 유입으로 산업이 빠르게 활성화될 수 있었다.

표 8.3 세계 각국의 신·제생에너지 공급비중

구 분	한국	덴마크	프랑스	미국	독일	일본
공급율(%)	2.5	20.1	8.1	5.7	10.0	3.4

주) IEA 2010 자료 : 폐기물, 대수력 포함

국내 기업들도 정책적 지원에만 의존하지 않고 수익 모델을 적극 찾아나서야 한다. GE가 Enron의 풍력발전 부문에 이어 Astro Power라는 태양전지 기업을 인수하고, 세계 2위의 석유 기업인 BP도 신·재생에너지분야에 매년 많은 투자하고 있어, 기업들의 참여도 활발해지고 있다. 또한, 혁신적인 사업 모델 창출을 통한 성공 사례의 하나인 미국의 Sun Edison사는 골드만삭스 자금으로 BP로부터 태양광 발전 시스템을 공급 받아, 이를 운용하고 대규모 소매점에 전기를 고정 가격에 판매함으로써 수익을 창출하고 있다. 관련 세제 감면 혜택은 골드만삭스가 받고, 동시에 BP는 매출 증대, 소매점은 보다 싸고 안정된 가격에 전기를 공급 받는 구조다. 국내 기업도 이러한 윈-윈 모델 창출을 통한 적극적인 사업 기회 모색 노력이 필요하다.

8.4 최근 신·재생에너지의 산업 부진 과 향후 전망

8.4.1 최근 신·재생에너지의 산업 부진

2011년 이후 세계경제의 불확실성이 해소되지 않고 있는 가운데 풍력과 태양광 등 신재생에너지 산업은 다른 산업들 보다 더욱 부진한 모습이다. 특히, 풍력과 태양광의 부진은 유럽에서의 보조금 축소와 화석 에너지 가격의 하락으로 수요가 위축되면서 중국발 공급과잉이 더욱 심화되고 있기 때문이다.

유럽과 미국의 재정위기와 저성장이 이어지면서 당분간 태양광과 풍력의 세계 수요가 뚜렷이 반등하기는 어려울 것으로 예상된다. 중국 인도 등 개도국과 일본에서 수요가 증가할 것으로 보이지만 공급과잉을 해소하기에는 턱없이 부족할 전망이다. 수요가 부족한 상황에도 불구하고 공급 확대를 위한 투자는 계속될 것으로 보인다. 중국기업들이 시장 점유율 확대를 위해 설비증설에 적극 나서고 있고 일부 선진국 기업들의 생산능력 확대도 계속되고 있다. 최근의 공격적인 투자확대의 모습은 아니라 하더라도 생산능력은 계속 확대될 전망이어서 풍력, 태양광에서의 공급과잉은 단기간내 해소되기 어려울 전망이다. 이에 따라 풍력과 태양광 산업에서의 치열한 경쟁과 혹독한 구조조정은 불가피할 전망이다. 가격 경쟁력이 약한 중소형 기업들이 특히 큰 타격을 받을 것으로 보이며 대형 기업을 중심으로 한 산업재편이 예상된다. 특히 중국 대형 기업들의 약진이 두드러질 전망이다. 향후에도 이들의 성장세는 정부지원과 내수시장을 발판 삼아 이어질 것이다. 또한, 이에 대응해 선진국들은 자국 신 · 재생에너지 산업을 보호하기 위해 녹색보호주의를 강화할 것으로 보인다. 신재생에너지 산업의 구조조정의 흐름에서 우리나라도 예외가 될 수는 없을 것이다. 그러나 신재생에너지 산업은 아직 성장 초기 단계에 있기 때문에 중장기적인 도약의 기회는 열려있다. 신재생에너지 산업의 가치 사슬 속에서 핵심이 되는 부품 및 소재의 경쟁력을 강화해 나가는 노력이 필요할 것이며 이러한 노력을 지속적으로 지원하고 촉진할 수 있는 정책개발도 중요한 과제가 될 것이다.

최근 몇 년동안 세계 풍력시장에서는 풍력발전 설치량이 연평균 24.4%씩, 세계 태양광 시장에서는 태양광 발전 설치량이 연평균 86.4%씩 증가했다. 지구 온난화를 억제하고 화석 에너지 제약을 극복하는 등 신성장 동력으로 각광받는 신재생에너지 산업에 성장 탄력이 붙은 것이다. 게다가 2011년 3월에는 일본 원전사고에 따른 탈원전 기류가 일본을 비롯해 독일, 스위스 등을 중심으로 형성되면서 신재생에너지가 더욱 주목을 받았다. 2011년부터 2012년 9월까지 현재 미국과 독일의 태양광발전산업이 침체에 빠졌다. 장밋빛 미래가 기대되던 신재생에너지 산업에 먹구름이 드리워진 것이다. 이러한 가운데 신재생에너지 시장과 산업을 바라보는 시각 차이가 확대되는 등 신재생에너지 산업에 불확실성이 커지고 있다. 신재생에너지 산업이 조만간 성장을 재개할 것이라는 낙관적인 전망이 있는 반면, 일각에서는 그린버블 붕괴, 녹색 신기루라는 말이 나올 정도로 회의론이 강해지고 있다.

최근 신재생에너지 산업의 부진 배경에는 신재생에너지 산업, 경기둔화에 취약하기 때문이다. 신재생에너지 산업의 동향을 주가지수로 가늠해 보자. 미국 경제 부진과 유로존의 재정위기로 인해 세계경제가 선진국 중심으로 둔화되면서 수요 둔화에 따른 기업의 매출 위축 우려가 때문이다. 신재생에너지 산업 중에서는 특히 태양광이 크게 타격을 받았다. 특히, 유럽의 수요 감소와 중국의 공급확대가 공급과잉 초래하였다. 신재생에너지 산업이 다른 산업에 비해 더욱 부진한 원인은 지난 수년간 공급능력이 크게 확대된 반면 유럽의 보조금 감축과 화석 에너지 가격의 하향 안정화가 풍력과 태양광의 수요를 둔화시켰기 때문이다.

• 유럽 재정위기와 세계경기 둔화로 인한 수요 위축

그 동안 기술 개발 투자가 확대되고 관련 생산시설이 확충되면서 신재생에너지의 에너지 생산단가가 지속적으로 개선돼 왔다. BENF(Bloomberg New Energy Finance)에 따르면 풍력 터빈 가격이 2009년 이후 20% 하락했고 태양광 모듈 가격은 2008년 중반 이후 70% 하락했다. 주요 부품가격 하락이 신재생에너지의 발전단가 개선으로 이어지고는 있지만, 현재까지는 일사량이나 풍속이 좋고 전력요금이 높은 일부 지역을 제외하고는 화석 에너지 등 경쟁 관계에 있는 다른 에너지보다 신재생에너지의 발전 단가가 높다. 여전히 신재생에너지가 보조금에 의지할 수 밖에 없는 실정이다. 이러한 상황에서 세계 풍력 수요의 25.9%(2010년 신규 설치 기준), 세계 태양광 수요의 79.7%(2010년 신규 설치 기준)를 차지하는 유럽이 재정위기로 인해 신재생에너지를 지원하는 각종 보조금을 축소하고 있다.

게다가 석탄, 천연가스 등 화석 에너지 자원의 가격 하락도 신재생에너지의 가격 경쟁력을 약화시키는 요인이다. 세계 최대 석탄 수출국인 호주가 대홍수로 인해 공급 차질을 겪으면서 지난 해 말에 급등했던 석탄 가격은 공급사정 개선과 세계경기 둔화로 인한 수요 위축에 따라 하향 안정세를 보이고 있다. 천연가스 역시 비전통 가스인 셰일가스의 공급확대와 세계경기 둔화에 따른 수요 위축으로 인해 약세를 나타내고 있다. 그 결과 석탄, 천연가스와 경쟁 관계에 있는 신재생에너지의 발전단가가 상대적으로 비싸지고 있다. 결국 세계경기 둔화로 인해 전력 수요 증가세가 위축되는 가운데 유럽 주요국에서 보조금이 줄어들고 화석 에너지 가격이 하락함에 따라 태양광, 풍력 등 신재생에너지에서 수요가 위축될 수밖에 없는 상황이다. BNEF는 올해 태양광 신규 설치량의 증가율이 지난 해 증가율에 비해 116.3%포인트 감소할 것으로 예상하고 있다. 다만 배럴당 생산단가가 40~80달러인 바이오연료의 경우에는 경합품목인 국제유가가 올해 4월보다는 하락했지만 브렌트 유가가 현재 110달러 내외를 유지하고 있기 때문에 가격 경쟁력 저하 문제가 발생하지는 않은 것으로 보인다.

• 심화되는 중국발 공급과잉 압력

풍력과 태양광 발전 시장에서 나타나고 있는 수요 둔화는 공급과잉 상황을 더욱 심화시키면서 신재생에너지 산업에 타격을 주고 있다. 리먼 브라더스 파산 이후 세계경제가 극심한 침체로 접어들면서 유럽, 미국, 중국 등 주요국들이 단기적으로는 경기부양을, 장기적으로는 화석에너지 제약 극복을 위해 수요 촉진 지원책을 마련하는 등 신재생에너지 산업 육성에 적극 나섰다. 이에 따라 태양전지 생산능력이 최근 2년간 174.7% 늘어나면서 2010년에 29.3GW에 이르게 됐고 풍력터빈 생산능력의 경우에는 지난 해에 전년 대비 11.3% 증가하면서 62.6GW로 확대됐다. 태양전지와 풍력터빈의 생산능력 확대에는 특히 중국의 기여가 크다. 중국의 세계 태양전지 생산능력 확대 기여율은 66.4%(최근 2년 기준), 풍력터빈의 경우에는 67.8%(2010년 기준)이며 2010년 기준으로 중국은 세계 태양전지 생산능력의 58.3%, 세계 풍력터빈 생산능력의 38.6%를 차지하고 있다.

이렇게 중국을 중심으로 풍력터빈과 태양전지의 생산능력이 빠르게 확대되자 풍력과 태양광 시장에서 공급능력이 수요를 넘어선 상황이 이어지고 있다. 2010년 기준으로 태양전지와 풍력터빈에서 공급과잉 정도가 수요의 절반 이상을 기록했다. 이러한 공급과잉 상황에서 발생한 유럽 중심의 수요 위축은 풍력과 태양광 시장의 공급과잉 현상을 심화시키고 있다.

8.4.2 향후 신재생에너지의 산업 전망

그렇다면 수요가 위축되는 반면 공급능력은 확대되면서 고전하고 있는 풍력과 태양광 등 신재생에너지 산업이 언제 활기를 되찾을까? 풍력, 태양광, 바이오연료 등 주요 신재생에너지 시장을 수요와 공급 측면으로 나눠 살펴보자. 당분간 신재생에너지의 수요 둔화 불가피하다.

유럽과 미국에서 재정위기와 경기부진이 이어지면서 태양광과 풍력의 세계 수요는 당분간 뚜렷한 반등을 보이기는 어려울 것으로 예상된다. 그러나 중국, 인도 등 개도국과 일본에서 수요가 지속 증가하고 석탄과 천연가스의 가격도 완만히 상승할 것으로 예상되기 때문에 풍력과 태양광의 세계 수요의 확대는 이어질 것이다. 바이오연료는 배럴 당 100달러 이상의 유가가 예상됨에 따라 수요 증가세가 지속될 전망이다.

- 유럽의 수요 감소 이어 미국의 부진 가능성

태양광과 풍력 설치 10대국에 각각 6개 나라가 포진하는 등 신재생에너지 수요에 큰 비중을 차지하고 있는 유럽에서 수요가 살아나려면 남유럽 재정위기가 진정되고 EU 회원국들의 재정상황도 개선돼야 할 것이다. 그러나 남유럽 국가들의 부채상환능력이 근본적으로 개선되지 못하고 프랑스와 독일 등 각국들의 이해관계가 대립한 채 재정위기가 그리스에서 이탈리아와 스페인으로까지 확대되는 양상을 보이고 있다. 최소한 내년까지도 재정위기의 긴장과 불안이 지속될 것으로 보이며 장기화될 가능성도 배제할 수 없는 상황이다. 재정위기가 민간금융의 리스크 확대로 확산되면서 프로젝트 파이낸싱 등 자금조달 여건이 악화된 것도 신재생에너지의 도입에 제약으로 작용할 것이다. 따라서 유럽에서 풍력과 태양광 수요 위축이 당분간 이어질 것으로 예상되며 특히 세계 태양광 수요가 크게 영향을 받을 전망이다. 미국 역시 재정 건전성 제고를 위해 신재생에너지에 대한 보조금 지원이 축소될 가능성이 있다. 따라서, 미국에서 태양광과 풍력의 수요 증가세가 높아질 가능성은 낮아 보인다. 그리고 비전통 가스인 셰일가스 개발이 활발히 진행되고 있기 때문에 미국내 천연가스 공급이 대폭 확대될 경우에는 미국내 신재생에너지 발전의 가격 경쟁력은 상대적으로 저하될 가능성도 있다.

• 중국, 인도 등 개도국과 일본의 수요는 지속 증가

개도국과 일본 등 기타 국가들에서는 풍력과 태양광 수요가 지속 증가할 것으로 예상된다. 중국과 인도 등 개도국들은 유럽과 미국에 비해 재정사정이 양호한 편이며 산업화와 인구증가로 인해 전력수요가 빠르게 늘어나면서 전력 부족 현상이 심화되고 있다. 그리고 일본은 원전사고를 경험하면서 각종 도입 지원책을 강화하는 등 신재생에너지 사용 확대에 적극적이다. 특히 최근 들어서는 중국과 일본이 태양광에 대한 발전차액제도를 도입함에 따라 이들 지역에서 태양광 수요 증가세가 가속화될 것으로 예상된다. 중국의 경우 태양광 발전차액제도를 전국적으로 확대했는데, 일사량이 풍부한 서부지역을 중심으로 태양광 설치 수요가 빠르게 늘어날 것으로 보인다. 일본과 중국의 태양광 수요 증가가 유럽의 수요 감소를 만회할 수 있을 것이다. 풍력의 경우에는 세계 풍력 신규설치 규모로 세계 1위(49.5%), 세계 3위(5.6%)를 차지한 중국과 인도가 세계 수요를 견인할 것으로 예상된다. 결국 풍력과 태양광 등 신재생에너지의 세계 수요는 중국, 인도 등 개도국과 일본을 중심으로 확대될 전망이다. 특히 풍력은 유럽 비중이 26%로 작기 때문에 태양광 보다 높은 증가율을 기록할 것으로 보인다. 바이오연료의 경우에는 개도국이 견인하는 수요 증가에 맞춰 국제유가가 배럴당 100달러 이상에서 완만히 상승할 것으로 예상되기 때문에 가격 경쟁력 확보 속에서 연간 10%대의 수요 증가세가 이어질 전망이다.

• 석탄, 천연가스 가격 상승이 신재생에너지 수요 기반

이러한 가운데 석탄과 천연가스의 가격 상승은 신재생에너지의 수요 확대를 촉진할 것이다. 화석에너지 가격 상승은 상대적으로 신재생에너지 발전의 가격 경쟁력을 강화시키기 때문이다. 석탄과 천연가스 가격은 개도국 중심의 수요 증가를 바탕으로 완만히 상승할 것으로 예상된다. 다만 신재생에너지 수요 증가의 기폭제 역할을 할 것으로 기대되는 기후변화협약 회의가 더딘 행보를 보이고 있다. 따라서 세계적으로 친환경에 대한 규제 강화가 더욱 탄력받을 가능성은 낮을 전망이다. 만약 기후변화협약 회의에서 post-Kyoto 체제가 도입되는 등 진전을 보일 경우에는 각 국가마다 온실가스 배출 절감이 엄격히 적용되고 관련 규제가 강화되면서 친환경 에너지인 신재생에너지의 입지가 크게 강화될 것이다. 하지만 온실가스 감축 의무 부여, 개도국 지원금 등에서 선진국과 개도국 간의 대립이 이어지고 있어 기후변화협약 회의가 큰 진전을 보이기는 힘들 것이다.

공급과잉 심화와 부품가격 하락 국면 당분간 지속된다. 공급측면에서는 풍력과 태양광 수요 둔화에도 불구하고 대형기업들을 중심으로 기존의 증설계획에 따라 공급확대는 제한적으로나마 이어지고 있다. 단기적으로 공급과잉이 심화되면서 이익이 감소할 수 있지만 화석 에너지 제약에 대응한 잠재성을 감안할 때 중장기적인 차원에서 신재생에너지에 대한 투자가 필요하다고 판단한 것이다. 그 결과로 최근 2년간의 공격적인 모습은 아니지만 공급투자가 지속되면서 신재생에너지의 생산능력은 확대될 것으로 예상된다. 태양광에서는 특히 정부로부터 자금을 지원받은 Suntech, LDK, JinkoSolar 등 중국 기업들이 시장 점유율 확대를 위해 설비 증설에 적극 나서고 있다. 또한 일본 태양광 기업들은 정부의 탈원전 정책과 태양광 발전 차액지원제도 도입에 힘입어 기술 개발 중심으로 투자를 늘릴 것으로 보인다. 태양광의 주요 부품인 폴리실리콘에서는 세계 최대 생산업체인 미국 Hemlock이 2012년 1만 톤 규모의 테네시 공장을 신규 가동할 계획이다. 풍력의 경우에도 중국 기업뿐만 아니라 미국 에너지부가 4,300만 달러 규모의 해상풍력 기술개발 계획을 9월에 발표하는 등 생산능력 및 기술개발 투자가 지속되고 있다. 따라서 수요가 둔화되는 상황에서도 공급투자가 확대될 것으로 보이기 때문에 풍력과 태양광 시장에서 공급과잉 상황이 당분간 지속될 것으로 예상된다. 풍력 터빈과 태양전지의 가격도 공급과잉 흐름에 맞춰 하락세를 이어갈 전망이다. 기술발전 속도를 예측하기는 어렵지만 당분간 태양광과 풍력이 그리드 패리티(Grid Parity, 신재생에너지 발전 단가가 화석에너지 발전 수준에 이름)에 도달하기는 어려울 것으로 보인다. 한편 채산성을 확보한 바이오연료에서는 공급능력 확대를 위한 투자가 탄력을 받을 것으로 보인다. 국제에너지기구(IEA)는 향후 5년 동안 바이오연료의 생산능력이 남미와 북미를 중심으로 연평균 5%씩 증가할 것으로, 석유의 수요 대비 여유생산능력이 0.3%포인트 감소하는 데 그칠 것으로 예상하고 있다. 석유 수급 사정이 급변하지는 않을 것이기 때문에 바이오연료 시장은 풍력과 태양광에 비해 안정적일 전망이다.

바이오연료를 제외한 풍력과 태양광 시장에서 공급과잉 심화가 당분간 지속되면서 이들 산업에서는 경쟁이 계속 치열해질 것으로 보인다. 특히 기술이 범용화되면서 진입장벽이 낮은 실리콘과 같은 하위 부품소재의 경우에는 대량생산을 통한 공급 경쟁이 더욱 격화될 것이다. 향후에도 중국 기업들은 정부지원과 내수시장을 발판 삼아 성장세를 이어갈 것으로 예상된다. 특히 중국 태양광 시장에서 발전차액지원 제도가 도입됨에 따라 세계 태양광 수요 둔화에 따른 실적부진을 내수에서 보완할 것으로 기대된다.

신재생 에너지 분야는 중요한 미래 산업일뿐 아니라 중장기적인 산업 발전 전략이나 에너지 안보 차원에서 볼 때에도 우리나라가 이 산업을 포기할 수 있는 대상은 아닐 것이다. 신재생에너지 산업은 아직 성장 초기 단계에 있기 때문에 도약의 기회는 중장기적으로 열려있다. 세계 각국들이 신성장 동력으로 인식하고 치열한 각축을 벌이는 이유는 Easy Energy 시대가 종료되면서 신재생에너지의 가치가 높아질 것을 알기 때문이다.

8.5 신재생에너지 의무할당제[12)]

우리나라의 경우 2008년 저탄소 녹색성장의 첫 세부 실천계획으로 정부는 그린에너지 산업을 성장 동력화하기로 천명하였다. 총 9개의 유망분야를 전략적으로 선정하여 시장지향형 기술개발 및 시장 창출과 인프라 구축을 위한 세부 계획을 제시하였다. 특히 정부는 태양광, 풍력, 수소 연료전지 등의 산업화를 위해서 발전량의 일정비율을 신재생에너지로 의무화하는 RPS (Renewable Portfolio Standard)를 2012년부터 도입하기로 결정하였다. 그리고 현재의 신재생에너지 발전차액제도, 즉 신재생에너지로 생산한 전기의 거래가격이 정부가 제시한 기준가격보다 낮은 경우 그 차액을 지원해주는 제도는 단계적으로 축소하기로 결정하였다. 이러한 정부 방침의 결정으로 원유가격 상승과 환경문제로 빠르게 성장하고 있는 신재생에너지 산업에 향후 큰 변화가 예상된다.

---

12) 8.5절의 대부분 내용(pp. 304~310)을 인용하였음을 밝힙니다. 인용된 문헌: http://www.lgeri.co,m, "신재생에너지 의무할당제 영향과 기업의 대응".성낙환, LG Business Insight, 2008. 10.29, [5].

8.5.1 RPS(Renewable Portfolio Standard)

RPS는 에너지를 공급하는 사업자의 총 공급량 중 일정비율을 신재생에너지로 의무화하는 제도이다. 정부 및 감독기관이 의무 대상자와 의무량을 정하면, 의무 대상자는 일정 기간 내에 목표를 완수해야 벌금을 피할 수 있다. 의무 대상자는 신재생에너지 분야에 직접 투자하거나 신재생에너지 인증서(REC, Renewable Energy Certificate)를 거래하여 의무 이행이 가능하다. REC란 정부의 감독하에 관리되는 신재생에너지 인증서로서 신재생에너지 사업자는 전기를 생산함과 동시에 REC를 얻게 된다. 이 증서는 신재생에너지 의무 대상자가 의무량 달성을 위해 정부에 제시하기 전까지 유효기간 내에 자유롭게 거래될 수 있다. 실물인 전력과 생산인증서인 RECs를 분리시켜 실물 대신 인증서 거래가 이루어지기 때문에, RECs 거래는 신재생에너지의 양도 및 분배 비용을 낮추어 RPS제도를 원활하게 한다.

RECs 거래 메커니즘은 청정개발체제(CDM, Clean Development Mechanism)의 탄소배출권 거래 메커니즘과 유사하다. 즉 개발도상국의 온실가스 감축 사업을 통해 얻은 탄소배출권을 온실가스 감축 목표를 부여받은 선진국에게 판매하는 CDM 거래 방식과 비슷하다. 그러나 탄소배출권 시장에 비해 신재생에너지 시장 규모가 작고 국가별 거래 제약이 존재하기 때문에 RECs 거래는 아직 활발하지 않은 편이다. RPS가 활성화된 미국에서조차 공식 거래 시장이 존재함에도 불구하고 구매자와 판매자 간의 일대일 거래가 많이 이루어져, 구체적인 가격 정보가 잘 공개되지 않고 있는 상황이다.

RPS는 기준가격 의무구매 제도(FIT, Feed-In Traff)와 함께 신재생에너지 산업 발전을 위한 대표적인 제도이다. 1995년부터 미국에서 본격적으로 도입되어 2000년대 초반에 미국의 몇몇 주와 영국, 스웨덴 등의 유럽, 그리고 호주, 일본으로 확산 실행되고 있다. RPS의 장점은 신재생에너지 사업자간의 경쟁을 촉진시켜 지속적인 생산 비용절감이 가능하다는 것이다. 또한 시장 개입을 최소화하고, 신재생에너지 의무량 설정으로 정부 정책 목표의 달성이 용이하다. 그러나 청정전력 생산비용을 줄이기 위한 치열한 경쟁의 여파로 부작용도 일부 나타날 수 있다. 신재생에너지 생산 효율이 높은 특정 지역에 생산시설이 집중되어 지역 균형 발전을 저해할 수 있다. 그리고 전력 생산 기업들은 내부의 청정 기술 개발을 추구하기 보다는 외부에서 가격이 싸고 효율이 높은 전력 제품을 구매할 유인이 커지는 단점이 있다.

8.5.2 국가별 RPS 동향

RPS는 세부적인 제도 설계와 실행에 있어 국가별, 지역별 차이가 있다. 미국에서는 주정부에 따라 실행 방식에 차이가 있다. 호주에서는 의무 신재생 전력목표(MRET, Mandatory Renewable Electricity Target), 영국에서는 신재생 의무제도(RO, Renewable Obligation) 등의 이름으로 불리면서 실행되고 있다. 이외에도 2007년 일본, 이탈리아, 벨기에, 폴란드, 스웨덴 등에서 RPS가 실행 중이다.

미국은 아직 전국적인 RPS 제도는 없지만 실시하는 주가 계속 늘어나는 추세이다. 2007년 25개 주와 워싱턴 D.C.에서 실행하고 있으며 이들 지역은 미국 전력 생산량의 절반 가까이를 차지한다. 로랜스 버클리 연구소는 RPS 의무가 모두 지켜질 경우 신재생에너지 발전용량이 누적 기준으로 2007년 4GW에서 2025년 60GW까지 늘어날 것으로 예측하였다. 현재까지 RPS 의무량의 90% 이상이 발전단가가 싼 풍력에 의해 공급되고 있지만, 각 주마다 주변 여건과 신재생에너지의 고른 발전을 위해 적용 범위에 차이를 두고 있다. 신재생에너지 분야를 2개의 그룹으로 나누어 목표치를 다르게 적용하거나, 태양에너지 같은 특정 분야에 가중치를 두는 주가 늘어나고 있다. RECs 거래에 있어서도 전기 공급과 RECs 판매가 동시에 이루어지는 경우만 허용하는 등 주 별로 차이가 존재한다.

호주는 MRET를 활용하여 신재생에너지 의무량을 주요 전력 사업자들에게 할당하고 있다. 신재생에너지(전기)법(Renewable Energy(Electricity) Act)을 바탕으로 하여 2010년까지 총 9,500GWh의 전기를 신재생에너지로 생산하고 이를 2020년까지 유지하도록 규정하였다. 그러나 최근 전기 사용량이 증가하고 이산화탄소 배출 감소의 필요성이 커지면서 2020년 발전목표량을 45,000GWh로 크게 확대하였다. 호주의 RECs 거래는 재생에너지 감독사무소(ORER, Office of the Renewable Energy Regulator)에서 관리하는 IBRS (Internet Based Registry System)라는 등록 시스템을 통해 활성화되어 있다.

영국은 RO 제도를 2002년부터 실시하고 있다. 재생에너지명령 2002(Renewable Order 2002)를 바탕으로 하여 2010년까지 신재생에너지 전기생산 비중을 10%까지 확대할 계획이다. 2007년 약 6.7% 정도의 신재생에너지 전기 생산량을 매년 1%씩 늘려나갈 예정이다. 영국의 RO제도는 구입대체기금(Buy-out Fund)을 운영하는 것이 특징이다. 의무 대상자는 REC와 유사한 재생의무증서(ROC, Renewable Obligation Certificate)를 제출해야 하는데, 이를 완수하지 못하면 목표량에 부족한 만큼의 금액을 구입대체기금에 지불해야 한다. 이렇게 모인 구입대체기금은 ROCs를 제출한 비율에 따라 전기 공급자에게 돌려준다.

신재생에너지 성장 정책에 대한 정답을 찾기는 어렵다. 국가별 경제, 환경, 사회문화적 차이뿐만 아니라 신재생에너지의 확산, 기술개발, 비용 절감, 이산화탄소 배출감소, 고용 증가 같은 다각적인 요소를 고려해야 하기 때문이다. 또한 2000년 초반부터 실행된 RPS는 성공여부를 평가하기에 아직 이른 문제점도 존재한다. 위의 세 나라도 마찬가지로 각각 세부적으로 다른 RPS 제도를 운영하여 산업과 지역 특성에 맞는 최적의 정책 대안을 찾기 위해 노력하고 있다.

8.5.3 해외 기업들의 RPS 활용 현황

그렇다면 RPS 제도 시행에 따라 기업들은 어떤 영향을 받게 될까? 해외 사례를 분석해 볼 때, 우선 신재생에너지 의무량을 부과 받은 전력 공급자가 직접적인 영향을 받는다. 전력 공급자의 경우 RECs 구매로 인한 추가 비용을 대부분 전기 판매가격에 전가시키는 경향이 있다. 이때 전기 가격을 일괄 인상할 수도 있지만, 녹색가격(Green Pricing)제도를 실행하여 소비자 저항을 줄이고 자발적 참여를 유도할 수도 있다. 녹색가격제도는 신재생에너지로 생산된 전력을 소비자에게 일반전력보다 높은 가격에 판매하는 것이다. 신재생에너지에 대한 홍보와 소비자 신뢰를 바탕으로 고객에게 친환경 전기를 선택할 수 있는 옵션을 제공한다. 녹색가격제도는 유럽과 미국의 기업체, 공공기관, 대학 등에서 친환경 이미지 제고를 목적으로 많이 사용하고 있다. 미국 오스틴 에너지(Austin Energy)사의 경우 녹색가격제도로 2007년 한 해에 풍력과 매립지가스의 신재생에너지 577GWh를 판매할 정도이다.

신재생에너지 사업자도 RECs의 시장 판매로 경쟁 상황에 놓여진다. 그러나 경쟁 강도는 RPS가 의무 부과하는 신재생에너지 종류와 양에 따라서 다르다. 즉 기업은 경쟁이 심해 이윤을 얻기 힘든 분야보다 사업자가 적은 미개척 분야나 인센티브가 주어지는 분야에 투자하기 쉽다. 예를 들어 미국에서는 발전단가가 싼 풍력에 집중되는 경향이 있어, 네바다와 애리조나 주에서는 태양에너지 산업에 대한 지원 정책을 별도로 제정하였다. 이에 힘입어 청정에너지 사업자인 아시오나(Acciona)사는 두 지역에 2006년부터 각각 1MW, 64MW급의 태양열 발전소를 건설하였다.

전력산업 이외의 분야에서도 RPS 제도를 활용하고 있다. 전력 사업자가 아닌 선진 기업들이 그린 이미지를 강화하기 위해 RECs 구매에 나서고 있다. 인테리어 자재회사인 인터페이스 페브릭 그룹(Interface Fabrics Group)은 RECs를 구매하여 친환경 제품인 테라텍스(Terratex) 브랜드를 타사의 제품과 차별화 하였다. 홀푸드마켓(Whole Food Market)과 듀퐁도 RECs를 구매하여 환경에 관심이 많은 고객의 요구를 만족시키고 기업의 이미지를 제고하였다. 녹색전력시장 성장모임(Green Power Market Development Group)에 참여한 IBM, Fedex Kinko's, GM, 스타벅스 등의 많은 기업들도 RECs 거래에 관심이 높다. 또한 2004년에 시작한 그린-e(Green-e) 기구도 RECs 거래를 통해 신재생에너지를 사용한 소비자 제품에 그린-e로고를 부착하여 고객의 관심을 환기시키고 있다.

RPS 제도는 기업에게 새로운 사업 모델 탐색의 기회가 된다. 다른 신재생사업자와의 경쟁에 부담을 느끼는 사업자들은 수익 창출과 매출 다각화를 위한 다른 방법을 찾게 된다. 일본의 NER(Next Energy and Resources)사는 세븐-일레븐 편의점에 태양광 발전시설을 설치한 후 여기에서 나온 전기와 RECs를 판매하여 투자금을 회수하는 사업 모델을 제시하였다. 또한 탄소배출시장과 연계하여 사업 매출을 다각화할 수도 있다. 2013년에 우리나라가 탄소 의무감축대상국에 포함되면 국내에도 탄소배출권 시장이 형성될 것으로 예상된다. 이 때 신재생에너지의 경우 취득 기준 조건을 만족한다면 탄소배출권을 인정받을 수도 있다. 물론 RPS 제도와 겹칠 수 있고 탄소배출권의 취득이 문제가 되지만, 정부 법규가 뒷받침이 되고 철저한 사전준비를 한다면 신재생에너지 사업의 부수적 매출원으로 고려해 볼 수 있다.

8.5.4 한국의 RPS와 사업기회

우리나라의 경우 한국전력이 산업의 지배적 사업자로, 여러 민간기업이 경쟁하고 있는 외국과는 다른 변화가 예상된다. 우선 RPS 의무 대상자를 대규모 발전시설을 갖춘 발전 사업자로 규정할 경우 한국전력의 발전자회사와 소수의 민간 발전 사업자가 이에 포함되리라 예상된다. RECs 발행은 정부 산하기관이 담당하고 RECs 구매를 위한 거래 시장이 조성될 것이다. 또한 2012년 전력 생산량의 3%에서 2020년에는 10% 이상을 RPS 제도의 목표로 하고 있어 많은 시설투자가 예상된다. 특히 발전단가가 낮은 풍력에 신재생에너지 산업이 쏠리는 것을 막기 위해 태양광에 가중치가 부여될 것으로 보인다.

그렇다면 향후 RPS 도입에 따라 미래 신재생에너지 산업에는 어떤 변화가 일어날까?

첫째, 미국과 호주처럼 의무 대상자가 RECs를 구매하기 위한 새로운 시장이 조성이 될 것이다. 초기에는 시장 안정화를 위해 RECs의 자유 거래가 제한되겠지만, 단계적으로 개방이 이루어진다면 결국 신재생에너지 조달 가격이 시장에서 결정될 수 있을 것이다.

둘째, 신재생에너지 사업자는 시장 경쟁이 치열해지면서 비용 절감에 집중할 것이다. 생산 비용을 줄이기 위해 대규모 중앙집중식 발전에 투자가 이루어질 것이고 우수한 시설 장비의 도입이 늘어날 것이다.

셋째, 현재의 발전차액제도가 없어지고 시장 경쟁이 자리잡게 되면서 RECs 가격의 단기적 변동성이 커질 수 있다. 이것은 산업 성장 및 기술 개발을 불안정하게 만들기 때문에, 신재생에너지 사업자는 시장 불확실성을 줄이기 위해 장기계약을 활용해야 한다. 마지막으로 안정적인 전력 연계 방법에 대한 연구가 활발해질 것이다. 태양광 및 풍력 같은 신재생에너지는 특성상 햇빛이 없거나 바람이 불지 않을 경우 전력을 만들 수 없기 때문에 꾸준한 전력 생산이 어렵다. 따라서 안정적인 전력 공급을 위해 전력을 모니터링하고 소규모 전력 시설의 송배전 및 전력관리를 가능하게 하는 스마트 그리드(Smart Grid)에 대한 관심이 높아질 것이다.

이러한 산업 변화를 감안할 때, RPS 제도의 수혜 기업은 추진 시기별로 달라질 것으로 판단된다. 우선 초기에는 신재생에너지 설비 및 전력 연계 시스템 구축의 하드웨어 사업이 혜택을 받을 것이다. 신재생에너지 사업자들은 비용 절감을 위해 앞다투어 최신의 시설에 투자를 할 것이고 계통 연계를 위한 인프라를 구축해야 하기 때문이다. 미국에서는 태양에너지 지원 정책에 따라 태양광 및 태양열 발전 시설이 급속히 늘어나고 있다. 2000년부터 2007년까지 102MW의 태양광과 65MW의 태양열 발전 시설이 건설되었고, 앞으로도 꾸준히 증가할 것으로 예상된다. 다음으로 RECs 거래가 활성화되는 중기에는 경쟁에 앞서 있는 신재생에너지 발전 사업자가 유리하리라 추측된다. 가격 경쟁력을 갖춘 사업자는 후발 사업자와 격차를 유지하면서 의무대상기업과 안정적인 거래관계를 유지할 수 있기 때문이다. 또한 RPS 의무량이 증가하거나 RECs 구매를 통해 친환경 이미지를 높이려는 기업이 늘어날수록 수익을 증대시킬 수 있다. 그린-e 기구를 보면 2006년에 약 9백만MWh의 RECs를 중개판매하여, 전년 대비 2배 가까운 판매 증가를 보이고 있다. 마지막으로 RECs의 거래가 안정화되는 후기에는 의무 대상자인 전력사업자에게 이득이 될 수 있다. 시장 가격 조정으로 RECs 구매 비용을 합리적으로 유지할 수 있고 녹색가격제도 등을 홍보하여 소비자의 참여를 유도할 수 있기 때문이다. 의무 대상기업들의 친환경 이미지 확립, 가격옵션의 다양화, 장기계약을 통한 안정성 확보 같은 적극적인 대응이 필요하다.

8.5.5 RPS 도입에 따른 우리의 대책

정부는 녹색성장시대에 발맞추어 신재생에너지 산업 발전제도로 미국, 호주, 영국 등에서 실시하고 있는 RPS를 도입할 예정이다. RPS는 기존의 발전차액제도와 달리 발전사업자에게 신재생에너지 의무량을 부과하여 청정에너지 사업자들간의 시장 경쟁을 촉진시킨다. 경쟁을 통해 신재생에너지의 생산 비용 절감이 가능하고, 실제 청정에너지 생산 비율을 확대할 수 있다. 이러한 특성을 바탕으로 RPS를 시행중인 외국의 정부는 국가별 상황에 따라 최적의 정책을 찾기 위해 노력하고 있다. 마찬가지로 기업들도 녹색가격제도나 RECs 거래 등의 다양한 RPS 활용 방법을 모색하고 있다.

향후 RPS 제도의 성공적인 정착을 위해서는 정부와 기업의 노력이 모두 중요할 것이다. 우선 정부는 신재생에너지 분야별 의무량을 세분화하여 균형 있는 발전을 이루고, RECs 거래의 활성화와 RECs의 차입 및 저축 허용을 통해 의무이행률을 높여야 한다. 또한 장기간의 신재생에너지 목표를 설정한 후 이를 지속적으로 추진해야 할 것이다. 기업 입장에서는 RPS에 따른 사업환경 변화에 적응하는 것이 필요하다. 생산 비용 절감을 통해 경쟁에 대비해야 하고 장기계약을 활용하여 사업 안정성을 확보해야 한다. 또한 안정적인 계통 연계를 위해서 기술 개발에도 힘을 써야 할 것이다.

8.6 국내 신 · 재생에너지 핵심기술

신재생에너지 플랜트엔지니어링 분야는 "신에너지 및 재생에너지 개발·이용· 보급 촉진법(2004년 12월 개정)"에 근거한 재생에너지 및 신에너지분야 2개 그룹의 11개 기술 분야로 구분된다. 이 기준에 따른 11개 기술분야 중 해양에너지는 해양플랜트분야로 분류하였고, 해상풍력의 경우 많은 전문가들의 논란끝에 해양플랜트가 아닌 신재생플랜트 분야로 분류하였음. 또한 석탄가스화/액화 기술은 최종제품이 액체 연료(CTL)인 경우는 정유/석유화학 분야로 분류하였으며, 폐기물에너지는 환경플랜트분야로 분류하였음. 특히 수요조사 결과, 제안기술이 없는 지열 및 소수력 분야는 미래수요를 고려하여 기존 신재생에너지 기술개발 로드맵상의 플랜트 단계의 기술을 적용키로 하였으며, 태양광 및 태양열의 경우 태양에너지 플랜트로 통합하여 중분류하였다. 신재생에너지 플랜트엔지니어링 분야로 통합 분류된 8개 분야에 대한 기술체계는 기존 국가

R&D 로드맵상의 중복성 여부와 관계없이 플랜트/엔지니어링 산업 발전을 위한 원천기술(FEED) 확보여부를 중심으로 분류되었다. 각 중분류별 소분류 및 핵심기술에 대한 기술체계도 작성과정은 다음과 같다. 태양에너지 플랜트 분야는 크게 태양광 발전과 태양열 발전/저장 분야로 분류하여 도출된 핵심기술은 다음과 같다.

풍력발전 플랜트 분야는 기존의 육상풍력과 해상풍력 발전시스템에 차세대 풍력발전시스템과 이와 연계한 대용량 공기압축 저장 발전시스템(CAES)이 추가됨으로써 풍력발전의 순시 부하변동 특성에 대응하는 체계를 구축하였다. 지열/소수력 플랜트 분야는 현재의 시장규모가 그리 크지 않아 기술수요 조사에 대한 관심은 적지만, 미래 수요를 고려하여 플랜트 수준의 핵심기술만 도출하였다. 바이오에너지 플랜트 분야는 바이오메스기반 액체연료(BTL) 및 원료기술을 정유/석유화학 플랜트 분야로 대분류하였고, 바이오가스 발전플랜트 만을 신재생분야로 포함하여 30MW급 발전플랜트를 제품으로 하는 핵심기술을 도출하였다. 신에너지 분야 중 최근의 온실가스감축 프로그램과 유가급등에 따라 전세계적으로 관심이 높은 청정석탄 활용기술 중 액화기술(CTL)은 정유/석유화학 플랜트로 구분하였고, 석탄가스화 복합발전(IGCC)을 중심으로 미분탄 가압 이송시스템, 가스화시스템, 합성가스 복합발전시스템으로 대별하여, 이에 필요한 핵심기술을 도출하였다. 수소/연료전지 플랜트분야는 미래 수소경제사회 구현을 위한 기반기술로 현 시점에서 플랜트 수준의 수요가 그리 크지 않은 것으로 판단하고, 향후 수요가 예측되는 IGCC와 천연가스 기반 수소생산 및 저장기술을 소분류로 하여 도출된 핵심기술이 다음과 같다.

대분류	중분류	소분류	핵심기술
신재생	태양에너지	① 태양광 발전	· 태양광 발전 시스템 저가/고효율화 기술
		② 태양열 발전	· 태양열 고집광 기술 · 태양열 흡수기 설계 및 제작 기술 · 태양열 저장 기술
	풍력	① 풍력연계 압축공기 저장발전 시스템 (CAES)	· 풍력 연계 출력 평활 시스템 통합 FEED 기술 · CAES Top side 설계기술 · CAES 지하 저장 공동 설계 기술 · CAES 통합 실증 기술
		② 육상풍력 발전시스템	· 풍력 발전기용 증속기 설계/제작/신뢰성 평가기술 · 대형 블레이드 동적 하중 저감 기반 설계/제작/신뢰성 평가기술 · 대형 풍력발전기용 지능형 브레이크 설계/제작/신뢰성 평가기술 · 하이브리드형 풍력 타워 설계/제작/신뢰성 평가기술

대분류	중분류	소분류	핵심기술
		③ 해상풍력 발전시스템	· 해상풍력시스템 신뢰성 향상 기술 · 해상 단지설계/운영 기술 · 해상 지지 플랫폼 거동 예측 프로그램 개발 · 풍력발전 시스템 성능 예측 및 해석 프로그램 개발 · 천해용(40M 이내) 해상풍력 기초 구조물 설계/제작/신뢰성 평가기술 · 대단위 해상풍력단지 전력망 설계 및 설치 기술 · 해상풍력 Substructure 및 해저 케이블 유지 관리 기술 · 대용량 해상 풍력 발전기용 Yaw System 설계/제작/신뢰성 평가기술 · 해상풍력 확대 보급을 위한 단지 발굴 기술 · 복잡지형에서의 풍력단지 최적 설계 기술
		④ 차세대 풍력발전 시스템	· 차세대 초대형 5MW급 이상 풍력발전 시스템 개발 · 해상풍력기초구조물 설계/설치 기술 · 부유식 풍력발전 시스템 설계/설치 및 시스템 제어기술 · 부유식 풍력발전 시스템 해상실증 및 단지설계/운영 기술 · 풍력수소 융합발전시스템 기술 · 초전도 발전기 풍력발전 적용 기반 기술
	석탄가스화 복합발전 (IGCC)	① 미분탄 가압 이송 공정 설계기술	· 건식/습식 석탄 가압 이송 공정 설계 기술
		② 가스화 플랜트	· 분류층 습식석탄 가스화 공정 설계 기술 · 분류층 건식석탄 가스화 공정 설계 기술 · 유동층 석탄 가스화 공정 설계 기술 · 고정층 석탄 가스화 공정 설계 기술 · 가스화플랜트 공정 모델링 및 해석 기술 · 가스화플랜트 공정 기본/상세 설계 기술 · 핵심기자재 상세 설계/제작기술 · 랜트 동적 운전 모사 기술 · CCS 연계형 가스화플랜트 공정 설계 기술 · 저온 합성가스 정제 공정 설계 기술 · 고온 합성가스 정제 공정 설계 기술
		③ 합성가스 복합발전 시스템	· 공기분리기-가스터빈 통합 시스템 설계 기술 · 연료전지 연계형 발전 시스템 설계 기술 · 합성가스 전용 가스터빈 설계 및 제작 기술
	수소에너지	① 수소생산/저장	· 천연가스 SR 및 수전해 플랜트 개발 · 신재생에너지연계된 수소생산 스테이션
		② 수소액화/수송	· 대용량 수소액화 플랜트 개발
		③ 수소생산 및 응용	· 중온 수전해-제철 환원 연계시스템

대분류	중분류	소분류	핵심기술
	바이오 에너지	① 바이오가스	· 고효율 바이오가스 발전기 및 성능평가 원천기술 개발
		② 바이오매스 발전 플랜트	· 30MW급 목질계 Biomass 발전 플랜트 엔지니어링 기술개발
	연료전지	용융탄산염 연료전지	· 원가절감형 구성요소 원재료 국산화 대량 생산기술 개발 · 전해질 내부식성 분리판 용접기술 개발 · 장수명 분리판 코팅기술 개발 · 원가절감형 분리판 성형기술 및 품질 관리 기술 개발 · 건물용(200kW이하) 가습기 및 촉매 반응기 설계 기술 개발 · Multi-MW(10MW이상) 가습기 및 촉매 반응기 설계 기술 개발 · 해양구조물용 BOP 설계기술 개발 · 원가절감형 바이오가스 전처리 공정 개발 · 건물용 중대형 MCFC 시스템 개발 · H2/CO_2 methanation 연료공급 시스템 개발 · 그린빌딩용 MCFC Tri-Gen 시스템 국산화 설계 기술 개발 · MCFC 스택 소재 재활용 기술
		연료전지 하이브리드 시스템	· 연료전지-바이오가스 연계 고효율 시스템 설계 · 연료전지-가스엔진 하이브리드 시스템 기술 · 연료전지-가스터빈 하이브리드 시스템 기술 · 선박추진동력용 연료전지 시스템 개발
		연료전지-BOP	· 촉매연소기-개질기 통합 시스템 기술 · LNG선박용 BOP 및 제어시스템 · 디젤 선박용 BOP 및 제어시스템
		SOFC System	· SOFC 연료 리사이클형 stack 시스템 · 개량 분할평관형 cell/stack 개발 · 고효율 공기열교환 공급 시스템개발 · 건물용 SOFC 시스템 개발

참고문헌

[1] http://www.kier.re.kr, "신재생에너지"

[2] "외국의 신재생에너지 현황", 강용혁, 한국에너지기술연구원, 2010 신재생에너지백서, p. 57, 2011

[3] http://www.lgeri.com "대체에너지산업활성화 시급하다", 장이화, LG주간경제, 2006. 2.22

[4] "외국의 신재생에너지 현황", 강용혁, 한국에너지기술연구원, 2010 신재생에너지백서, pp. 38~143, 2011

[5] http://www.lgeri.co,m, "신재생에너지 의무할당제 영향과 기업의 대응",성낙환, LG Business Insight, 2008. 10.29

[6] 2011 산업기술로드맵- 주력산업 (플랜트/엔진니어링), 지식경제부, 한국산업기술진흥원, 2012.3

연습문제

1. 미국의 경우, 신재생에너지로부터 얼마만큼의 전기를 생산할 수 있느냐?
자료원 http://www.eia.gov/energy_in_brief/renewable_electricity.cfm를 참고하시오.

2. RPS 프로그램이란 무엇이며, 어떻게 실시되는 가?

3. 미국이 RPS제도를 시행하면 가장 빠르게 성장하는 신재생에너지분야는 무엇인가? 이에 대하여 설명하시오.

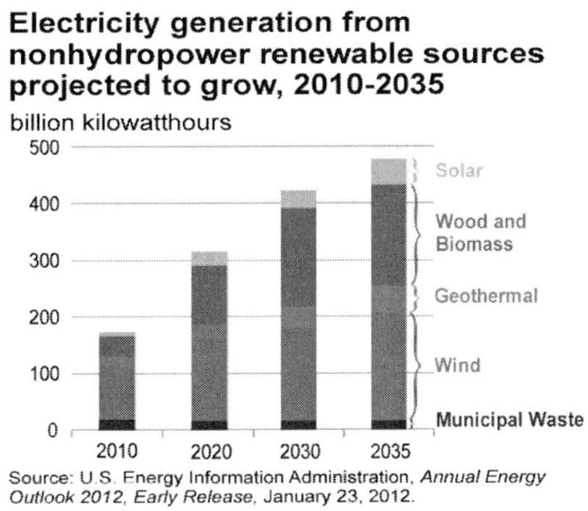

(자료원:http://www.eia.gov/energy_in_brief/renewable_portfolio_standards.cfm)

4. 캡-트레이드 프로그램(Cap-and-Trade Program)에 대하여 설명하시오.
(참고자료원: http://www.eia.gov/energy_in_brief/cap_trade_program.cfm)

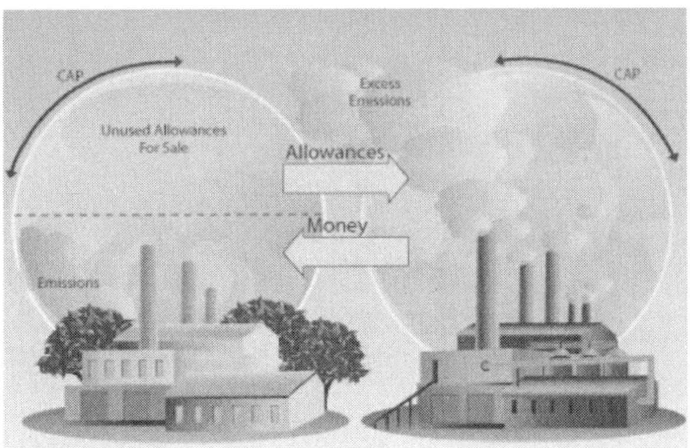

llustration Source: Julie Ridge

지열 · 풍력 · 해양에너지 9장

9.1 지열에너지

9.1.1 지열에너지의 개요

지구는 외측부터 암석질의 지각, 암설질의 점탄성체인 맨틀, 금속질 유체인 외핵, 금속질 고체인 내핵이라는 구조로 나뉜다 [1].

0 ~ 150 km -- 암석권

0 ~ 30-35 km -- 지각

6-35 ~ 2,891 km -- 맨틀

6-35 ~ 670 km -- 상부 맨틀

670 ~ 2,891 km -- 하부 맨틀

2,891 ~ 6,371 km -- 핵

2,891 ~ 5,151 km -- 외핵

5,151 ~ 6,371 km -- 내핵

핵은 외핵과 내핵으로 나뉘는데, 유동적인 외핵은 반경 약 3,480 km, 고체인 내핵은 반경 약 1,220 km이다. 외핵은 철과 니켈이 주성분으로 추정되나 수소나 탄소 등의 경원소가 10% 이상 포함되어 있다고 가정하고 있다. 내핵은 지구내부가 차가워질 때 외핵의 철과 니켈이 침강되어 생긴 것으로 보며, 현재에도 계속 성장하고 있다. 대류와 지구자전의 원인으로 여겨지는 외핵의 유동적인 특성에 의해 전류가 발생하고, 이 전류에 의해 자기장이 생기는데 이것이 지구 자기장이다. 이처럼 지구의 자기장의 발생은 역학적 운동과 관련이 있고, 이것의 유지구조를 다이나모구조라고 한다.

맨틀은 지각 아래 있으면서 내부의 핵을 둘러 존재하는 두꺼운 암석층이다. 이것은 깊이 약 2,900 km까지 존재하며 지구 부피의 약 83%, 질량의 약 67%를 차지하고 있다. 맨틀 전체의 화학조성은 직접적으로 알 수 없으나 감람석과 휘석 등의 물질들이 주로 구성되어 있고, 지각에 비하여 철과 마그네슘의 함량이 높다고 알려져 있다. 맨틀 대류의 양상도 포함하여 맨틀은 화학적으로도, 역학적으로도 연구대상인 영역이다. 지각과의 경계에는 지진파 속도가 불연속으로 변화하는 층이 있는데 이것을 모호로비치 불연속면(모호면)이라고 한다.

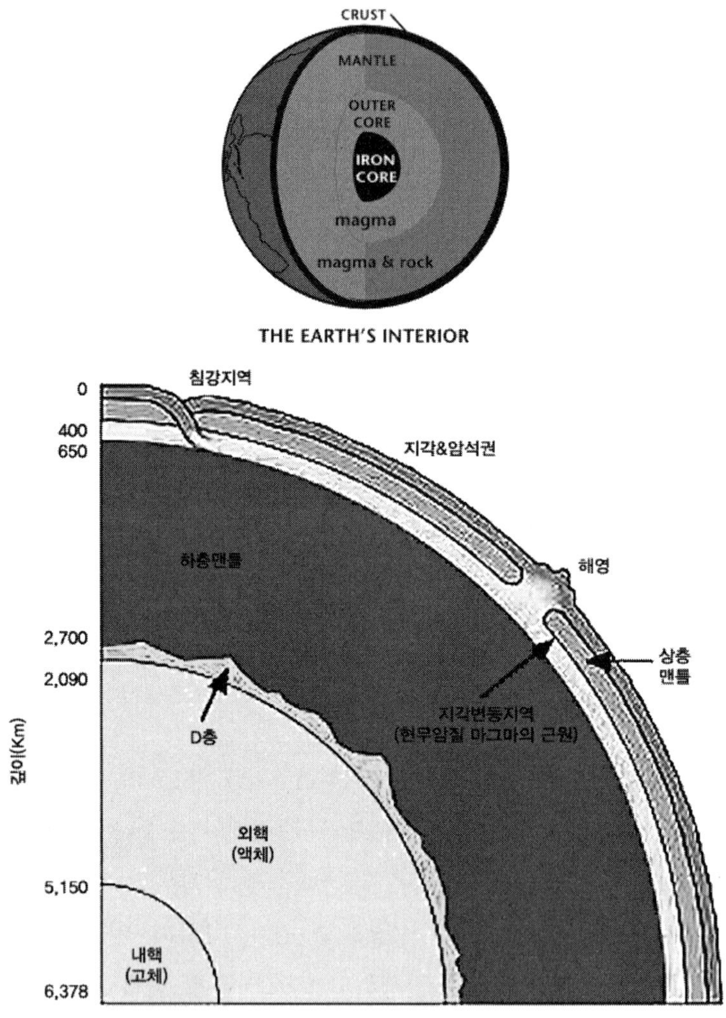

그림 9.1 지구의 내부: 지열의 근원 [1,2]

(자료원: (1) 상부 그림: National Energy Education Development Project graphic [1], (2) 하부 그림: http://www.kasi.re.kr [2])

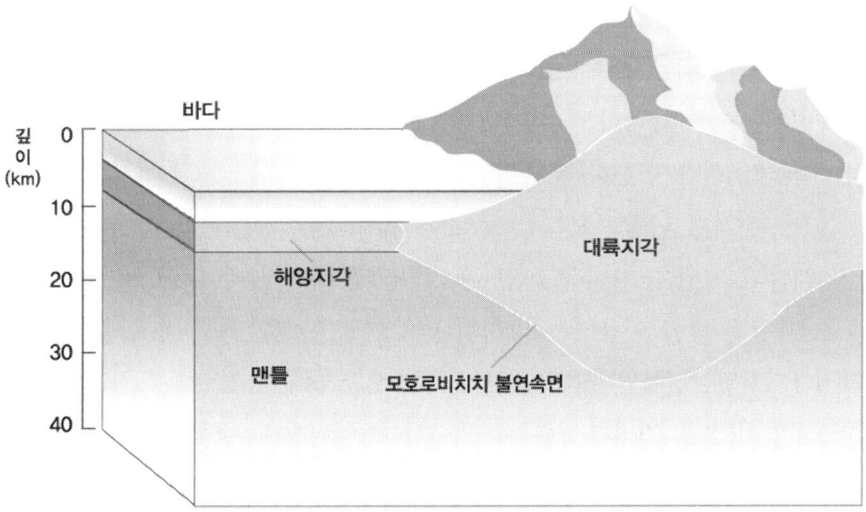

그림 9.2 지각 [2]

표 9.1 지열에너지 (Geothermal Energy)의 특징 [3]

구분	장 점	단 점
지열에너지	•발전 비용이 비교적 저렴하고 운전 기술이 비교적 간단하다. •공해물질의 배출이 없다. •가동률이 높으며 잉여열을 지역에너지로 이용할 수 있다.	•지열 발전이 가능한 지역이 한정되어 우리나라는 적격지가 드물다. •다시 보충할 수 없어 재생불가능한 에너지이다. •땅의 침전이 있을 수 있으며 지중상황 파악이 곤란하다.
원리	지하 수 km 아래로부터 고온의 건조 증기를 얻어, 이것을 증기터빈에 유도하고 고속으로 터빈을 회전시킨다. 터빈에는 발전기가 연결되어 있어 에너지를 생산한다. 열수(hot water)로써 분출하는 경우는 증기만을 얻고 물은 흘려보내거나, 열교환기에 보내어 물을 증발시켜 보내는 방식을 취하기도 한다.	

지각은 대륙지각과 해양지각으로 나눌 수 있다. 대륙지각은 현무암질의 하부지각과 화강암질의 상부지각으로 이루어져있다. 두께(모호면까지의 깊이)는 지역에 의한 차가 커서 대략 30~60 km으로 알려져 있고, 평균밀도는 약 2,650 kg/m³ 이다. 그리고 해양지각에 비해 알루미늄이 많으며 철과 마그네슘의 양이 적다. 해양지각은 대부분 현무암질로, 두께의 대략적인 평균은 6~7 km이고 평균밀도는 약 2,950 kg/m³ 이다.

지열은 지구 내부에서 표면을 거쳐 외부로 나오게 되는 열을 말한다. 지구는 중심부로 갈수록 온도가 높아져 지구 중심부의 온도는 4,000℃에 달한다. 이러한 지열은 열전도에 의해서나

가스, 온수 및 화산분출 등에 의해 유출되는데, 그 양은 지역적으로 크게 다르지만 지구의 전 표면에서 방출된다. 엄밀히 말해 지열에너지는 재생이 불가능한 에너지원이지만 지구 자체가 가지고 있는 에너지이므로 굴착하는 깊이에 따라 잠재력은 거의 무한이라고 할 수 있다. 지열에너지는 저온 열수를 직접 이용하는 온천 등의 관광 자원 또는 프랑스나 헝가리에서 전형적인 예를 찾을 수 있는 것처럼 난방 열원 등으로서는 많이 개발되었다고 할 수 있으나, 에너지원으로서는 그다지 개발된 자원은 아니라고 할 수 있다. 현재 지열에너지의 이용에 가장 많이 채택되고 있는 것은 지열을 직접 이용하는 방식이나 앞으로는 지열 발전의 비중이 직접 이용방식보다 커질 전망이다. 지열발전은 지하에 있는 고온층으로부터 증기 또는 열수의 형태로 열을 받아들여 발전하는 방식이다. 지구는 하나의 거대한 보일러이며 이것을 이용한 에너지 전환장치는 여러 가지를 생각할 수 있지만, 현재 발전에 이용되는 것은 지열로 발생한 증기를 이용하는 것이다. 빗물이 단층 등을 통해서 지하로 흘러 들어갈 때, 그 근처에 마그마가 모여 있으면 고온의 물이 되는데 이 때 우물을 파면 물의 압력이 낮아지면서 고온의 수증기가 되어 뿜어 나오게 된다. 이 증기로 터빈을 돌리는 것이 지열발전이다 [3].

지열발전은 운전기술이 비교적 간단하고 가동률이 높으며 잉여열을 지역에너지로 이용할 수 있다는 이점이 있다. 이러한 지열자원은 저온(90° C 이하), 중온(90° C~150° C) 그리고 고온(150° C 이상) 지열자원으로 구분할 수 있다. 온도에 따라서 이용방식이 달라진다. 고온 지열자원은 주로 발전에 사용된다. 전 세계 지열에너지의 양은 그리 크다고 할 수 없지만, 하와이와 일본에서 개발 가능한 지열지대가 60군데 이상 발견되었다. 그러나 환경과의 조화, 지진에너지와의 관련때문에 현재 세계적으로 이용 가능한 지열발전 시설용량은 8,000MW 그리고 연간 지열발전량은 53TWh에 달한다. 중온 및 저온의 지열에너지는 직접이용과 지열 히트펌프로 이용방식을 구분할 수 있다. 전 세계에서 지열에너지의 생산량은 신재생에너지 중에서 수력, 바이오매스 다음으로 세 번째를 차지한다. 재생에너지 전력생산에서 보면 지열 발전은 수력, 바이오매스, 풍력에 이어서 네 번째를 차지하고 있다. 그러나 지열에너지의 보급은 가능한 보급 잠재량에 비하여 낮은 수준이다. 보급을 확대하기 위해서는 각종 지원제도와 더불어 지열에너지에 대한 인식을 확대하고, 그리고 기술 지원이 필요하다.

직접이용은 그 이름이 뜻하는 바와 같이 발전기나 히트펌프를 사용하지 않고 지열수의 열을 그대로 이용하는 것을 의미한다. 예를 들면, 건물의 난방, 산업 공정에 이용, 온실, 양식장, 그리고 온천 등을 들 수 있다. 직접이용은 대략적으로 38° C에서 150° C사이의 지열자원을 이용하며, 세계적으로 지열의 직접이용 시설용량은 11,000 MW 그리고 연간 지열이용량은 55 TWh에 달한다. 지열히트펌프는 지중이나 지하수의 열을 히트펌프의 열원으로 이용하는데, 동절기에는 열원으로 하절기에는 히트 싱크로 사용한다. 직접이용하기에는 온도가 충분하지 않은 지열자원을 이용하는 히트펌프는 동절기에는 지중의 열을 건물 내부로 이동시키며, 하절기에는 건물 내부의 열을 지중으로 전달한다. 지구상에는 시설용량은 6,849 MW이며 연간이용량은 6.5 TWh에 달하는 것으로 발표되었으나, 현재에는 이보다 훨씬 더 많은 양이 보급되었을 것으로 추정된다 [4].

표 9.2은 2000~2010년 사이에 설치된 세계 국가별 지열 지역발전소의 현황을 나타내고 있다 [5]. 2010년 기준, 지열발전소를 이용하여 전기를 생산하는 최대 생산국은 미국, 그 다음이 필리핀이다. 필리핀, 인도네시아, 태국은 지열에너지를 주로 전기생산에 사용하며, 중국과 대만은 직접 지열적용을 대부분 하고 있으며, 나머지는 전기생산에 사용한다. 뉴질랜드는 전체 에너지 소요의 75%를 지열에너지로 생산한다. 그림 9.3은 뉴질랜드 Wairakei 지열발전소를 나타내고 있다 [6]. 그림 9.4은은 미국에서 가장 큰 지열발전소은 미국 북서 캘리포니아 Geysers에 있는 Calpine 회사로 15개의 플랜트를 가동시켜 725 MW를 생산시키고 있는 데, 이는 샌프란시스코 도시 규모의 도시에 전력을 공급할 수 있는 전력량이다 [7].

표 9.2 국가별 지열발전 현황 [5]

Country	2000 MWe	2005 MWe	2010 MWe
Argentina	0	0	0
Austrailia	0.2	0.2	1.1
Austria	1	1	1.4
China	29.2	28	24
Costa Rica	142.5	163	166
El Salvador	161	151	204
Ethiopia	8.5	7	7.3
France	4.2	15	16
Germany	0	0.2	6.6
Guatemala	33.4	33	52
Iceland	170	322	575
Indonesia	589.5	797	1,197
Italy	785	790	843
Japan	546.9	535	536
Kenya	45	127	167
Mexico	755	953	958
New zealand	437	435	628
Nicaragua	70	77	88
Papua New Guinea	0	39	56
Philippines	1,909	1,931	1,904
Portugal	16	16	29
Russia	23	79	82
Thailand	0.3	0.3	0.3
Turkey	20.4	20.4	82
USA	2,228	2,544	3,093
Total	7,974.1	9,064.1	10,716.7

그림 9.3 뉴질랜드 Wairakei 지열발전소 [6]

그림 9.4 미국에서 가장 큰 지열에너지 발전소로, 15개 발전소를 통해 725 MW 전력생산, Courtesy of Calpine Corporation, [7]

9.1.2 지열시스템

지열 시스템은 따라서 지온증가율이 보통이거나 보통보다 약간 높은 지역, 특히 지온증가율이 평균보다 매우 높을 것으로 예상되는 판의 가장자리에서 찾을 수 있다. 첫 번째 경우, 지열 시스템은 저온으로 특징지어지며 그 온도는 보통 경제적으로 개발 가능한 심도에서 100℃ 이하이나, 두 번째 경우의 온도는 저온에서 고온, 심지어는 400 ℃ 이상까지 넓게 분포한다.

'지열시스템'은 무엇이고 그러한 시스템에서 무엇이 일어나는가? 간단히 말하면 "제한된 공간 내에서 열원으로부터 열싱크(보통은 지표면)로 열을 전달하는, 지구 상부 지각내의 대류하는 물" 이다. 지열시스템은 열원, 지열 저류층 그리고 열전달의 매개체인 유체의 3가지 주요한 요소로 구성되어 있다. 열원은 상대적으로 천부(5-10 km)까지 도달한 매우 높은 온도(〉 600 ℃)의 마그마 관입이거나 저온시스템에서와 같이 앞에서 설명한 심도에 따라 온도가 증가하는 지구의 평균적인 온도증가율이다. 지열 저류층은 고온의 투수성 암체이며 순환하는 액체에 의해 이 곳으로부터 열이 추출된다. 일반적으로 저류층은 불투수성 암석에 의해 덮여 있으며 지표의 함양지역과 연결되어 있다. 빗물은 이 함양지역을 통과하여 온천 또는 시추공에 의해 생산되어 저류층으로부터 빠져나가는 유체의 전체 또는 부분을 다시 채워준다. 지열수의 근원은 대부분의 경우 빗물이며 온도와 압력에 따라 액체(열수) 또는 기체상태(수증기)로 존재한다. 지열수는 종종 다양한 화학물질과 CO_2, H_2S 등의 가스를 함유하고 있는 경우가 많다. 그림 9.5은 이상적인 지열시스템을 매우 단순화시켜 표현한 것이다.

지열시스템에서 작용하는 메커니즘은 주로 유체의 대류에 의해 좌우된다. 그림 9.6은 그러한 메커니즘을 중온 열수시스템(intermediate-temperature hydrothermal system)의 경우에 대해서 설명한 모식도이다. 대류는 가열과 그에 따른 중력장내에서 유체의 열팽창 때문에 발생한다. 즉, 순환시스템의 하부에서 공급되는 열이 이러한 지열 시스템을 구동하는 에너지이다. 가열되어 밀도가 낮은 유체는 상승하려 하고 시스템의 주변부으로부터 들어오는 차고 밀도가 높은 유체가 그 자리를 채우게 된다. 대류는 시스템의 하부에서는 온도를 낮추고, 계의 상부에서는 온도를 상승하게 하려 하는 특징이 있다.

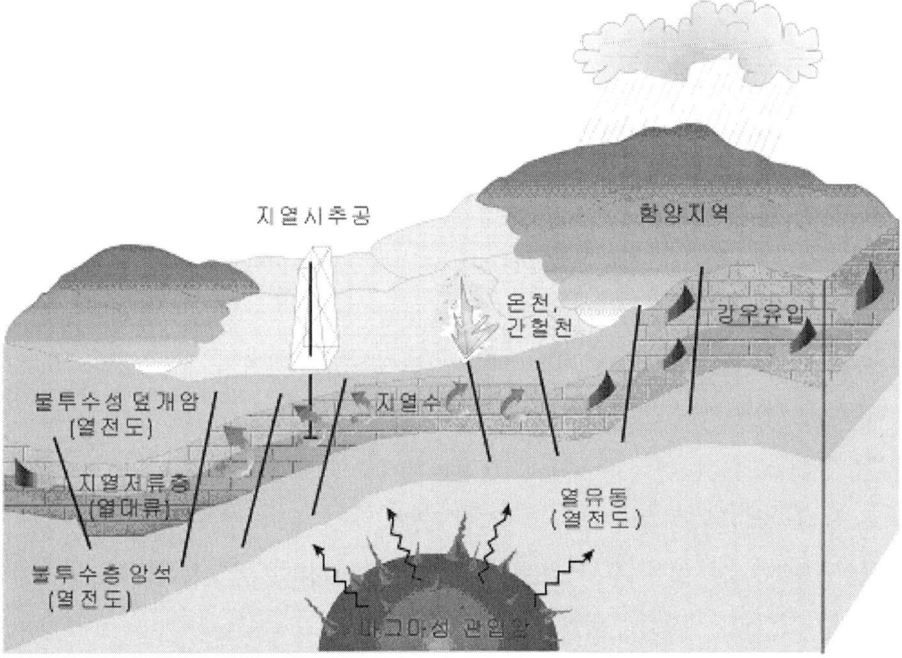

그림 9.5 이상적인 지열시스템의 모식도 [8]

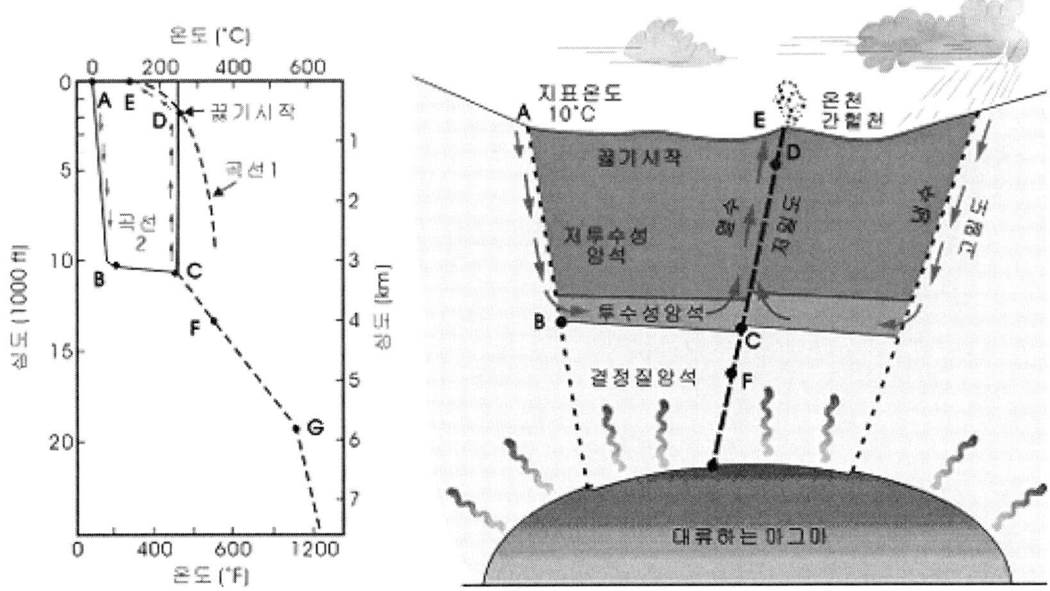

그림 9.6 지열시스템의 모델 [8]

곡선 1은 순수한 물의 끓는 점을 나타내는 기준 곡선, 곡선 2는 A 지점의 유입으로부터 E 지점의 유출까지의 전형적인 순환 루트를 따른 온도변화의 곡선이다.

9.1.3 지열원 열펌프 시스템

일정하게 유지되는 땅속 열을 이용하는 것이 지열에너지의 사업이다. 땅속 열원이 섭씨 10~15℃로 유지되기 때문에 사계절 안정적으로 열을 얻을 수 있다는 장점이 있다. 지열을 이용한 히트 펌프는 일종의 '열 교환기' 이다. 지하 150m 깊이에 U자 모양의 파이프를 설치, 그 속에 물을 흘려 보내고 압축기와 냉매를 이용해 냉난방을 하고 온수를 얻는다. 지열 히트펌프의 가장 큰 장점은 같은 전력을 사용해 일반 전기 난방보다 4배 높은 효율을 낼 수 있다는 것이다. 예를 들어 전기 열풍기의 경우 1 ㎾를 쓰면 860 ㎉의 열을 얻을 수 있는 데 비해 지열 히트펌프는 3400 ㎉의 열을 생산할 수 있다. 초기 설치비용이 비싸 투자 회수기간이 5~7년으로 길지만 장기적으로는 경제성이 있다는 얘기다, 그림 9.7, 9.8 참조 [9].

그림 9.7 지열기술의 이용 [9]

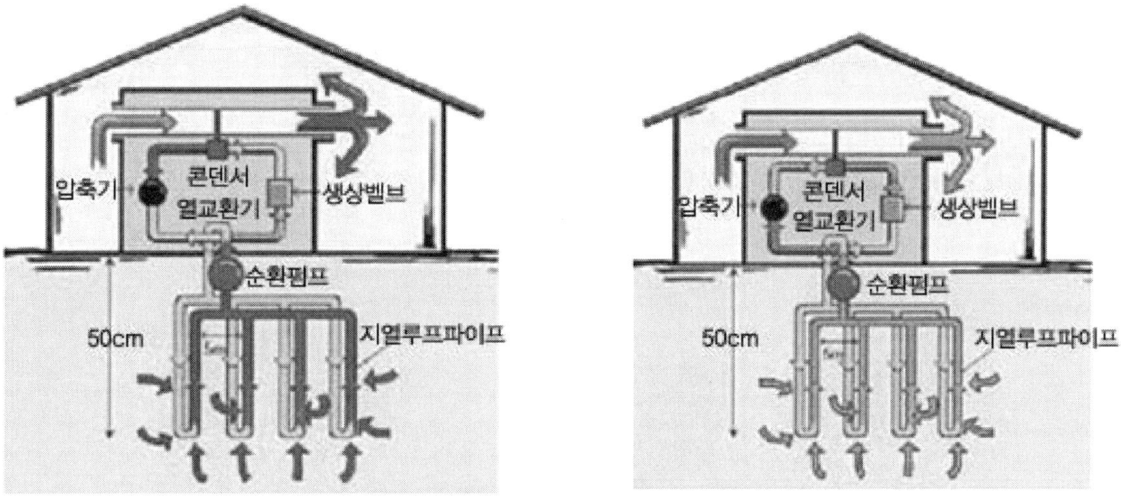

그림 9.8 지열에너지의 시스템 구성도 [9]

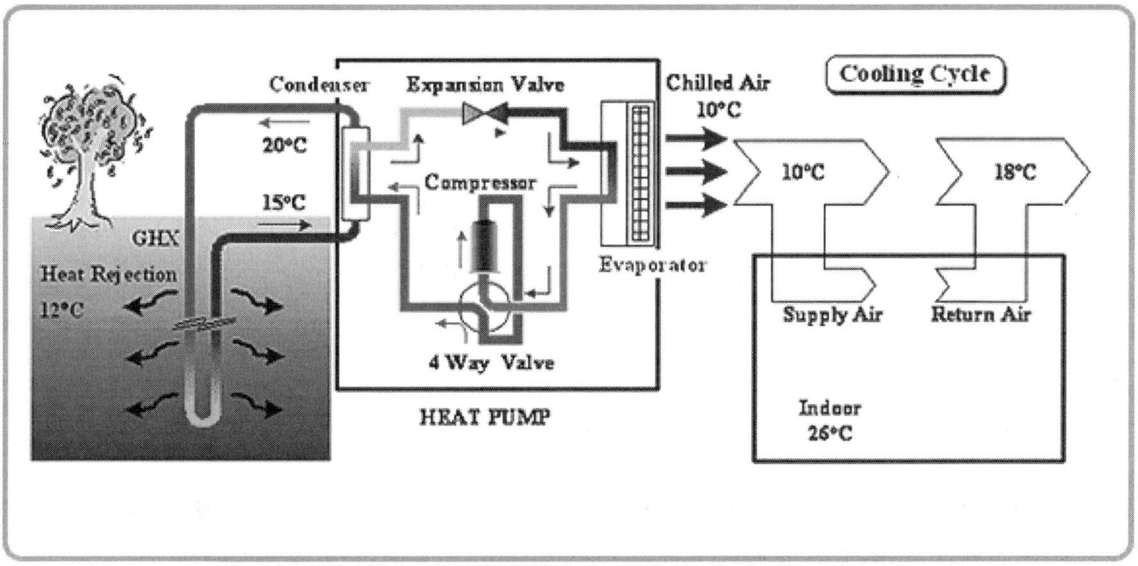

그림 9.9 지열원 열펌프시스템의 원리 [10]

GSHP의 종류

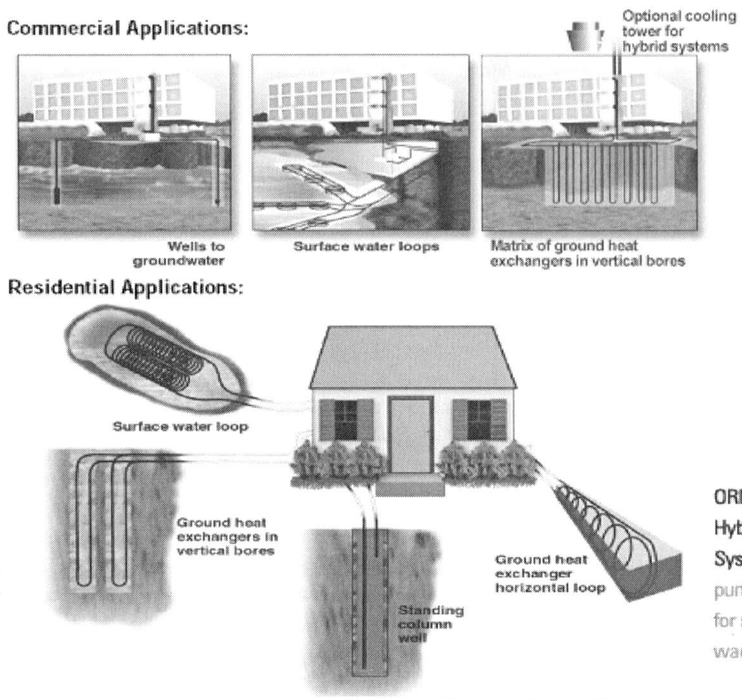

ORNL/DOE, 2001, Assessment of Hybrid Geothermal Heat Pump Systems: Geothermal heat pumps offer attractive choice for space conditioning and waer heating)

그림 9.10 GSHP의 종류 [10]

지열에너지는 물, 지하수 및 지하의 열 등의 온도차를 이용하여 냉·난방에 활용하는 기술. 태양열의 약 47%가 지표면을 통해 지하에 저장되며, 이렇게 태양열을 흡수한 땅속의 온도는 지형에 따라 다르지만 지표면 가까운 땅속의 온도는 대략 10℃~20℃정도 유지해 열펌프를 이용하는 냉난방시스템에 이용. 우리나라 일부지역의 심부(지중 1 ~ 2 km) 지중온도는 80℃ 정도로서 직접 냉난방에 이용 가능하다. 지열에너지의 이용에서 가장 중요한 것이 열펌프이다.

지열원 열펌프가 냉방사이클로 작동할 때 열펌프는 실내에서 열을 흡수하고 그 열을 지중열교환기를 통해 방출한다. 고온·고압의 냉매는 과열증기상태로 압축기를 나와 4축 밸브를 거쳐 응축기로 흡입된다. 응축기에서 고온의 증기냉매는 상대적으로 온도가 낮은 지중열교환기의 순환유체(물 또는 부동액)와 열교환한다. 이 과정에서 부동액의 온도는 상승하며 증기냉매는 기상에서 액상으로 응축상변화를 한다. 온도가 상승한 부동액의 온도는 지중 열교환기 내를 순환하면서 열을 지중으로 방출한다. 응축기로부터 토출된 고온의 냉매는 팽창 밸브를 지나면서 저온·저압 상태가 된다. 저온·저압상태의 액체 냉매는 증발기에서 실내공기와 열교환을 한다.

이 열교환 과정에서 액상 냉매는 증발기로 유입되는 실내 공기를 냉각하면서 증기로 상변화(증발)를 하게 된다. 증발기를 나온 저온 · 저압의 액상 냉매는 4 축 밸브를 지나 압축기로 들어가 압축과정을 겪으면서 다시 고온 · 고압의 냉매(증기)가 된다 [10], 그림 9.9 참조. 어떤 지역은 증기와 뜨거운 물이 충분하여 전기를 생성하는데 지열발전은 그것을 이용한다. 땅속에 구멍을 뚫고서 소다수 속에 빨대를 꽂는 것처럼 파이프를 뜨거운 물속에 꽂으면 뜨거운 증기나 물은 이 파이프들을 통해서 땅 아래에서 위로 나온다. 발전소로부터 솟아나는 하얀 증기는 냉각과정에서 생성된 것이다. 냉각된 물은 땅으로 되돌려지고 지구에 의해서 다시 가열되어 진다. 이러한 과정으로 만들어진 전기는 발전소와 가정, 학교, 그리고 직장을 잇는 거대한 회송 전선으로 보내진다.

지열원 열펌프(Ground Source Heat Pump: GSHP)는 열원의 종류에 따라 토양이용 열펌프(Ground Coupled Heat Pump: GCHP), 지하수이용 열펌프(Ground Water Heat Pump: SWHP), 지표수이용 열펌프(Surface Water Source Heat Pump: SWHP), 복합지열원 열펌프(Hybrid Ground Source Heat Pump) 등으로 구분한다, 그림 9.10 참조.

지열시스템의 종류는 대표적으로 지열을 회수하는 파이프(열교환기) 회구성에 따라 폐회로(Closed Loop, 그림 9.11 참조)와 개방회로(Open Loop, 그림 9.12 참조)로 구분한다. 일반적으로 적용되는 폐회로는 파이프가 밀폐형으로 구성되어 있는데, 파이프 내에는 지열을 회수(열교환)하기 위한 열매가 순환되며, 파이프의 재질은 고밀도 폴리에틸렌이 사용한다. 폐회로시스템은 루프의 형태에 따라 수직, 수평 루프시스템으로 구분되는데, 수직으로 100~150m, 수평으로는 1.2~1.8m 정도 깊이로 묻히게 되며 상대적으로 냉난방부하가 적은 곳에 쓰인다. 개방회로는 수원지, 호수, 강, 우물 등에서 공급받은 물을 운반하는 파이프가 개방되어 있는 것으로 풍부한 수원지가 있는 곳에서 적용가능하다. 폐회로가 파이프내의 열매(물 또는 부동액)와 지열이 열교환 되는데 반해 개방회로는 파이프내에서 직접 지열이 회수되므로 열전달 효과가 높고 설치 비용이 저렴한 장점이 있으나, 폐회로에 비해 운전유지의 보수 주의가 필요하다.

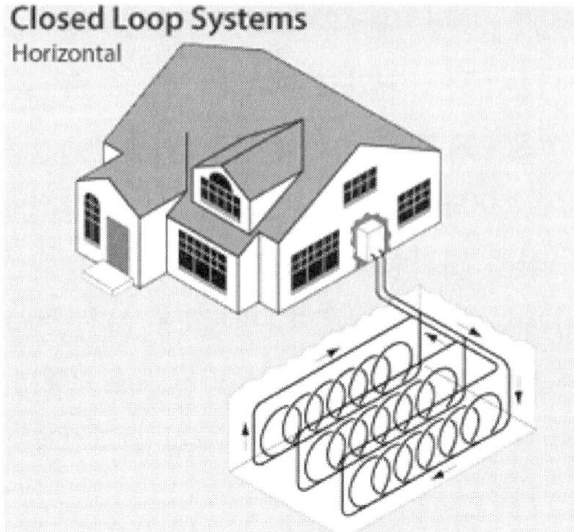

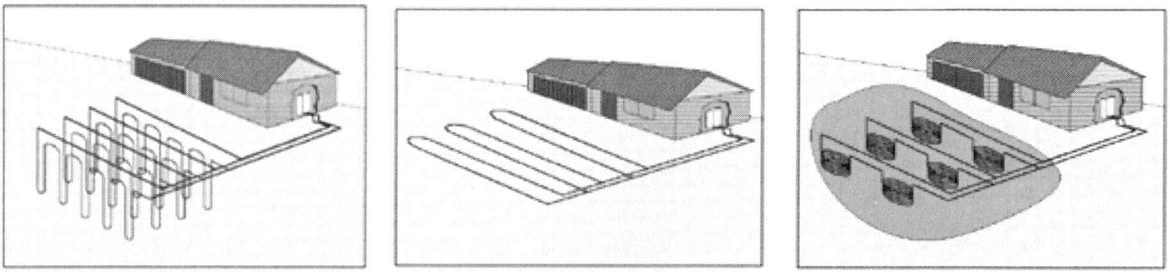

(a) 수직형 (Vertical Type)　　(b) 수평형 (Horizontal Type)　　(b) 수평형 (Horizontal Type)

그림 9.11 수평형과 수직형 폐쇄형 지열시스템의 구성도 [9,11]
(자료원: 1) 상부 그림: U.S. Department of Energy, Energy Efficiency & Renewable Energy, 2) 하부 그림: 참고문헌 [11])

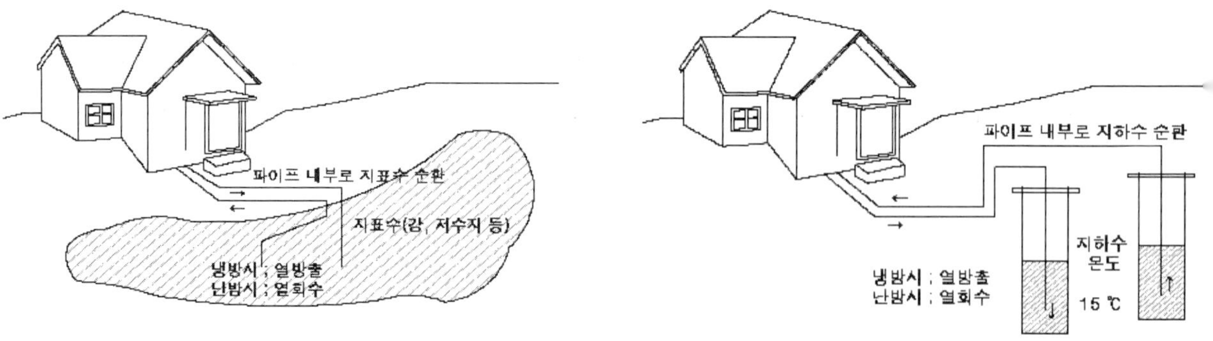

(a) 지표수 형　　(b) 2 우물형

그림 9.12 지표수형과 2개의 우물형 개방형 지열원 열교환장치 [5]

9.1.3 국내외 기술개발 현황 및 동향

해외현황

1912년 스위스의 Heinrich Zoelly가 처음 특허를 출원하면서 지열 열펌프시스템를 소개 하였으며, 1976년 미국 오클라호마 주립대학에서 파이프를 지중에 매설하는 지중열교환기를 개발하여 실용화 기반를 구축하였다. 1996년 오클라호마 주립대학에서 슬린키(slinky) 방식의 지중열교환기를 개발하여, 건물 냉난방에 적용하였다. 미국 IGSHPA나 ASHRAE는 지열 열펌프시스템에 대한 실제 적용성을 검증 후, 매년 고성능, 다기능의 지열 열펌프 및 지중 열교환기 설치방법을 개발하고 있다. 일본은 지열 열펌프시스템의 초기 투자비를 절감시킬 수 있는 분야와 도로제설 분야에 많은 투자를 하고 있다.

현재, 세계적으로 자국의 지중 및 기후조건에 적합한 지열이용 시스템을 개발하여 보급하는데 많은 투자를 하고 있으며, 특히 냉각탑이나 태양열 집열기 등을 지열 시스템과 혼용하여 중대규모 건물에 적용하는 복합 시스템 개발 및 건축물의 하부구조를 활용하는 지중 열교환기의 개발에 주력하고 있다. 미국은 세계 지열산업을 주도하는 선진국으로서 지열 열펌프 제조사와 대학 및 연구소가 초기투자비를 줄이기 위해 많은 노력을 하고 있으며, 고효율 지열 열펌프, 최적 설계, 건물 통합 및 제어 기술, 하이브리드 시스템 및 각종 지중 데이터베이스 구축 등을 적극 전파하고 있다. 유럽은 전반적으로 지열 열펌프시스템이 활성화 되어 있으며 시스템 최적화, 시뮬레이션을 통한 최적 설계 및 지중 열물성 측정기술이 매우 발달하고 각 나라의 지질특성 및 환경에 맞는 다양한 지중열교환 기술을 보유하고 있다.

국내현황

2011년 4월 한국지질자원연구원이 지열발전기술 상용화 기술개발을 위한 지열발전소 부지로 포항 (포항시 북구 흥해읍 성곡리)에 국내 첫 지열 발전소를 건립된다. 이 사업은 지식경제부 산하 한국에너지기술평가원으로부터 `메가와트(MW)급 지열발전 사용화 기술개발과제` 수행주체로 선정됐으며 480억원을 들여 지하의 물을 끌어올려 전기 터빈을 돌리는 방식의 지열발전소를 짓는 사업이다. 국내 첫 지열발전소이며 순발전량이 최소 1.5MW/h로 한 번에 1천여 가구가 동시에 사용할 수 있는 양의 전기를 생산한다. 태양광과 풍력은 하루 발전량이 기상조건의 영향을 많이 받는 반면 지열발전은 24시간, 365일 발전이 가능하고 발전에 필요한 면적이 적은 것이 장점이다. 포항 성곡 지역은 지하 2.5 km의 수온이 92℃에 달해 지열발전소를 건립할 수 있는 최적의 조건을 갖추고 있다.

9.1.4 지열에너지이용의 영향[13)]

경제적인 영향

지열에너지의 경우, 개발 또는 이후 운용에 드는 비용 및 결과로 얻어진 생산물의 가치를 산출하는데 있어서 매우 중요한 요소들이 다른 에너지에 비해 그 가지 수도 많고 더 복잡하다. 그럼에도 불구하고 지열 프로젝트를 시작하기 전에 이런 모든 요소들에 대해 신중하게 평가해야 한다. 여기서는 미래의 투자가들이 지역적인 조건 및 개발 가능한 지열유체의 가치에 대한 정보와 종합해서 결정을 내리는데 도움이 되는 일반적인 특성은 다음과 같다. 지열 생산시설은 지열 시추공, 지열 유체를 운반하는 파이프라인, 생산설비, 그리고 종종 환원 시스템으로 구성된다. 이러한 모든 요소들의 상호작용은 투자비용과 밀접한 관계를 가지며 따라서 신중한 분석이 요구된다. 예를 들면, 발전에 있어서 대기 방출형 시설이 가장 간단한 해법이며, 따라서 같은 용량의 응축형 시설에 비해 값이 싸다. 하지만 이 시스템은 응축형에 비해 두 배에 가까운 증기량을 필요로 하고 따라서 그만한 양을 공급하기 위해서는 두 배의 생산량이 필요하게 된다. 시추에는 많은 비용이 들기 때문에 실제로는 응축형 시스템이 대기 방출형보다 더 싸다. 실제로 대기 방출형이 선택되는 것은 경제적인 측면이 아닌 다른 이유때문이다.

지열유체는 열 절연된 파이프라인을 통하여 꽤 먼 거리까지 보내지며, 이상적인 경우 파이프라인의 길이가 60 km에 달할 수 있다. 그러나 파이프라인, 필요한 보조장치(펌프, 밸브 등), 그리고 이들의 유지 및 보수는 모두 상당히 비싸며 지열발전소의 자본비용이나 운용비용에 큰 비중을 차지하게 된다. 따라서 지열자원과 이용시설의 거리는 가능한 한 가까워야 한다.

지열발전소의 자본비용은 보통 다른 전통적인 연료를 사용하는 비슷한 발전소에 비해 높거나 때로는 매우 높다. 이와는 반대로 지열발전소를 구동하는데 드는 에너지는 전통적인 연료보다 훨씬 비용이 덜 든다. 이때 드는 비용은 결국 발전소의 각 지열요소(파이프라인, 밸브, 펌프, 열교환기 등)를 유지하는 비용이다. 높은 자본비용의 지출은 에너지 비용의 절감에 의해서

13) 9.1.4절의 대부분 내용(pp. 332~336)을 다음의 참고문헌에서 인용하였음을 밝힙니다. http://geothermal.kigam.re.kr/intro/intro2.htm, 이태종, 송윤호 역, 한국지질자원연구원, 지열자원연구팀, 2004 [13].

벌충되어야 하며, 따라서 지열발전 시스템은 초기 투자비용을 회수할 수 있는 기간 또는 가능하면 그 이상 동안 운용할 수 있도록 설계해야 한다.

건물의 냉난방을 함께함으로써 높은 활용계수를 얻을 수 있는 종합 시스템이나 전 단계에서의 폐수를 활용하는 직렬형의 단계별 이용시스템(예를 들어, 발전+온실난방+축사)을 채택하면 눈에 띄게 비용을 절약할 수 있다. 유지비용 및 가동중단을 줄이기 위해서는 시설의 기술적인 복잡성이 지역 기술자나 또는 현장의 전문가가 해결할 수 있는 수준이어야 한다. 고도의 숙련자나 제조업자는 큰 고장이나 대규모의 유지보수 작업이 있을 때만 투입되어야 한다. 마지막으로 지열 생산시설이 상품의 판로를 보장받기 위해서는 본격적인 생산에 앞서 신중한 시장조사가 선행되어야 한다. 최종 상품을 생산지로부터 소비자에게 경제적으로 보낼 수 있는 기반시설이 이미 존재해야 하거나 애초의 프로젝트에 포함되어 있어야 한다.

환경적인 영향

지금보다는 환경이 훨씬 건강했고 환경문제가 지구를 위협하는 사실을 잘 알지 못했던 1960년대에도 지열에너지는 '청정 에너지'로 간주되었다. 실제로 직,·간접적으로 환경에 영향을 주지 않고 에너지를 생산하거나 변환할 방법은 없다. 심지어 열에너지를 만들어 내는 가장 간단하고 오래된 방법인 '나무를 태우는 것' 조차도 해로운 영향을 주며, 현대에는 주요한 문제인 숲의 황폐화는 우리의 조상들이 요리를 하거나 난방을 위해 나무를 자르기 시작하면서 벌써 시작되었다. 지열에너지의 이용도 환경에 영향을 미치지만 가장 오염이 적은 에너지중의 하나라는 것에는 의심의 여지는 없다.

대부분의 경우 지열개발이 환경에 영향을 미치는 정도는 그 개발의 규모에 비례한다. 2개의 발전에 의한 전력생산은 직접이용과 같은 방식으로 환경에 영향을 미친다. 이러한 영향은 전통적인 배압식 또는 응축형 발전소의 경우에, 특히 공기 오염의 측면에서 더 클 가능성이 있지만 용인되는 한계를 넘지는 않는다. 관계법 및 규제(어떤 나라에서는 매우 심함)에 따라, 또한 겉보기에는 심각하지 않은 변화가 미리 완전히 예측하기 어려운 수 많은 연쇄적인 영향에 방아쇠를 당기게 될 수도 있기 때문에 환경을 변화시키는 것은 매우 주의 깊게 검토되어야 한다. 예를 들어, 활용시설에서 벼려지는 폐수에 의해 물의 온도가 단지 2~3 ℃만 증가해도 생태계에 손상을 줄 수 있다. 식물성 및 동물성 유기물들은 온도변화에 극히 민감하여 어류의 먹이인 이들이 점차로 사라질 수 있다. 물의 온도상승은 어류 알의 부화를 어렵게 할 수도 있다. 이러한 어류가 식용이고 어촌 생활의 근본을 제공하고 있다면, 이들의 멸종은 크게는 어부들에게 치명적이 될 것이다.

환경에 상당한 영향을 미치는 처음은 시추이다. 시추가 연구 단계에서 지온 증가율을 측정하기 위한 얕은 것이든 조사/생산 시추공이든지 간에 말이다. 시추기와 다른 모든 보조 장치를 설치하기 위해서는 접근로를 내고 시추를 위한 기초 공사가 수반되어야 한다. 기초 공사는 작은 트럭에 탑재하여 상용하는 경우(최대 심도 300~700 m)는 300~ 500 m^2의 면적이, 중소형 시추기 (최대심도 2 km)의 경우는 1, 200~1,500 m2의 면적이 필요하다. 이러한 공사는 그 지역의 지표지형을 바꾸고 식생 및 야생동물에 해를 끼칠 수 있다. 증기의 급격한 분출은 지표수를 오염시킬 수 있으므로 높은 온도와 압력이 예상되는 지열 시추공을 굴착할 때는 반드시 분출방지기를 설치해야 한다. 굴착할 때나 양수 시험할 때 원치 않는 가스가 대기 중으로 방출될 수도 있다. 시추에 의해 발생하는 환경영향은 시추가 끝나면 대부분 사라진다.

다음 단계로 지열유체를 운반하는 파이프 라인의 설치와 활용 시설의 건설도 동·식물 및 지표지형에 영향을 미친다. 이탈리아의 Larderello에서처럼 파이프라인 네트워크가 발전소의 냉각탑과 시골지역을 십자형으로 가로 지르고 있어서 장관을 이루고 유명한 관광명소가 된 경우도 있기는 하지만, 일반적인 경우는 경관이 망쳐진다. 시설의 가동 중에도 환경문제는 일어나는데 지열유체(증기 또는 열수)에는 보통 이산화탄소(CO_2), 황화수소(H_2S), 암모니아(NH_3), 메탄(CH_4), 그리고 미량의 다른 가스가 포함되어 있다. 또한 용해된 화학 물질도 존재하는데 이들의 농도는 일반적으로 온도에 따라 증가한다. 예를 들어, 소금(NaCl), 붕소(B), 비소(As), 그리고 수은(Hg) 등이 그것인데 이들이 자연환경으로 방출되면 오염원이 된다. 아이슬란드에서 지역난방에 이용된 것과 같이 어떤 지열수는 깨끗한 물인 경우도 있으나 이는 매우 드물다. 지열발전소에서 내보내지는 폐수도 아직 주위 환경보다 높은 온도이므로 오염원이 될 가능성을 지니고 있다.

재래식 발전소에서 발전할 때 공기오염이 문제가 될 수 있다. 황화수소가 주된 오염원인데 냄새 기준치는 공기 중에서 약 5 ppb(부피)로 이보다 약간만 높아도 미세하게 생리적인 영향을 느낄 수 있다. 그러나 이 가스의 방출을 막기 위해 다양한 방법이 사용될 수 있다. 비록 방출하는 양이 다른 화석연료를 사용하는 발전소보다 훨씬 적지만 지열발전소에서 사용하는 유체에는 이산화탄소도 존재하는데, 지열발전소의 경우 생산전력 1 kWh 당 13~380 g, 석탄을 이용하는 발전소의 경우 1,042 g/kWh, 석유를 사용하는 발전소는 906 g/kWh, 천연가스의 경우는 453 g/kWh 이다. 2개의 발전시설 및 지역난방시설도 사소한 문제를 야기하지만 실질적으로 가스 방출을 막아주는 폐회로 시스템을 사용하면 간단하게 극복할 수 있다. 방류되는 폐수도 화학적 오염원이 될 수 있다. 쓰고 난 지열수에는 붕소, 불소, 비소 등의 화학물질이 고농도로 함유되어 있으므로 처리를 거치거나 환원정으로 재주입하거나 또는 처리해서 재주입하거나 해야 한다. 그러나 직접이용에 주로 이용되는 중저온 지열수에는 일반적으로 화학물질이 적게 들어 있어서 사용하고 난 지열수를 그냥 방류해도 큰 문제가 되지는 않는다. 때때로 이러한 물은 냉각한 후에 하천 등의 지표수에 방류하기도 한다. 하천, 호수 그리고 심한 경우 바다에 이르기까지 자연 수중 생태계를 변화시키지 않도록 특별히 설치된 연못이나 탱크에서 식힐 수도 있다.

저류층으로 부터 많은 양의 물을 퍼 올리면 점차로 지표가 가라앉는 지반침하가 일어날 수 있다. 지반침하는 돌이킬 수 없는 현상이지만 비교적 넓은 영역에 걸쳐 천천히 진행되기 때문에 큰 재앙으로 이어지지는 않는다. 많은 해가 지나면 지반침하가 감지할 수 있는 정도까지 진행될 수 있는데, 어떤 경우에는 수십 센티미터에서 수 미터에 이르기도 하여 지열시설들과 주위의 주택의 안정성을 해칠 우려가 있으므로 이에 대한 체계적인 감시가 이루어져야 한다. 많은 경우에 지열폐수를 환원함으로써 지반침하를 줄이거나 또는 막을 수 있다.

어떤 지역에서는 지열수를 생산하고 환원하는 작업이 지진활동을 발생시키거나 또는 그 발생 빈도를 높이기도 하지만 이것은 미소 지진으로 정밀한 장비를 사용해야만 감지가 가능하다. 지열개발이 큰 지진을 야기한다고는 생각되지 않으며 지금까지 그런 예는 없었다. 지열발전소의 가동에 따른 소음은 발전소 주위에 문제가 될 소지가 있다. 생산단계에서 파이프라인을 통해 수증기가 이동할 때나 때때로 증기방출시 높은음의 소음이 발생되지만 이들은 보통 허용가능한 수준이다. 지열발전소에서 주된 소음공해의 원인은 냉각탑의 팬, 증기 배출기, 그리고 터빈의 윙윙대는 소리 등이다. 지열의 직접 이용시설에서 발생하는 소음은 일반적으로 무시할 만하다.

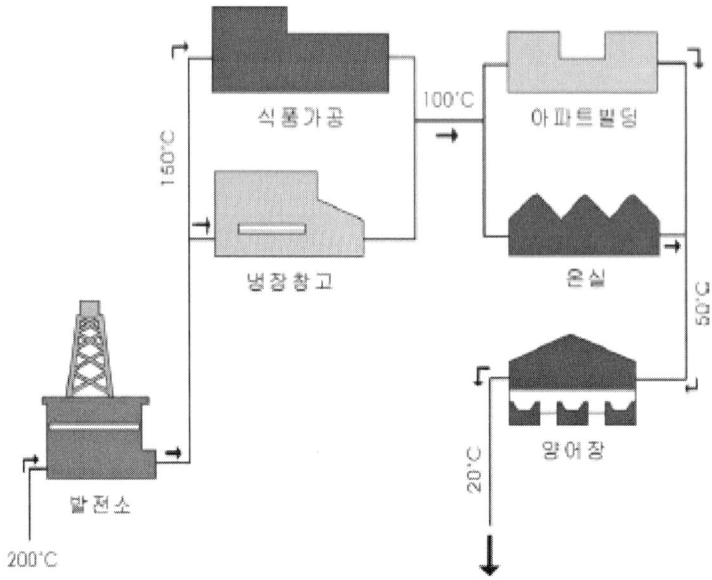

그림 9.13 지열에너지의 단계별 이용 (미국 Geo-Heat Center) [13]

9.2 풍력에너지[14)]

9.2.1 풍력에너지의 개요

최근 인류의 환경과 에너지에 대한 관심은 그 어느 때 보다도 높다고 할 수 있다. 대표적으로 대두되고 있는 문제로는 온실가스 배출과 화석연료의 고갈이라고 할 수 있겠다. 풍력에너지(Wind Energy)는 위에서 언급한 전 세계의 문제를 해결할 수 있는 신재생에너지원 중 하나로서 각광 받고 있으며, 그 이점으로는 기후변화와 환경오염물질의 감소, 고용촉진 및 지역 산업성장, 에너지 공급체계의 다변화 및 에너지 수입 대체효과, 에너지 안보 확보와 천연자원 획득을 위한 국가/지역간의 분쟁 감소 등이다. 이러한 풍력에너지는 신재생에너지원 중 매우 큰 잠재력을 가진 것으로 판단되고 있으며, 경제성 및 기술의 성숙도가 가장 뛰어난 것으로 분석되고 있다. 최근에는 기존의 발전 전원과의 경쟁을 하여도 무방할 정도의 경쟁력을 확보할 가능

14) 9.2절의 대부분 내용을 다음의 참고문헌에서 인용하였음을 밝힙니다. 참고문헌: (1) http://www.konetic.or.kr/?p_name=dbsv&sub_page=konetic_focus&gotopage=1&unique_num=37&menu_idx=3, [14], (2) "2005년 신·재생에너지 백서", 산업자원부, 신재생에너지센터, [15], (3) "풍력발전기술의 동향", 한국과학기술정보연구원 전문연구위원 차종희, [16].

성을 보여주고 있다. 뿐만 아니라 풍력 발전 단지의 면적 중에서 실제로 이용되는 면적은 풍력 발전기의 기초부와 도로, 계측 및 중앙 제어실 등으로 전체 단지 면적의 1%에 불과하며, 나머지 99%의 면적은 목축과, 농업 등의 다른 용도로 이용할 수 있는 장점을 지닌다.

일반적으로 발전 방식에 따른 소요 면적은 풍력 1,335 m^2/GWh, 석탄 3,642 m^2/GWh, 태양열 3,561 m^2/GWh, 태양광 발전 3,237 m^2/GWh로서 풍력발전이 가장 작은 면적을 차지한다. 또한, 풍력 발전은 공해 물질 저감 효과도 매우 커서 200 kW급 풍력 발전기 1대가 1년간 운전하여 400,000 kWh의 전력을 생산한다면 약 120~200톤의 석탄을 대체하게 되며, 줄어드는 공해 물질의 배출량은 연간 SO_2 2~3.2톤, NO_x 1.2~2.4톤, CO_2 300~500톤, 슬래그(slag)와 분진(ash) 16~28톤에 달하며, 부유 물질은 연간 약 160~280 kg 정도 배출이 억제되는 효과가 있다.

풍력 발전의 가치를 다시 정리해 보면, 첫째로 에너지원이 고갈되지 않는 재생 가능한 무공해 에너지원이라는 점, 둘째로 오랜 기술력 축적으로 인한 기술성숙도와 가격경쟁력을 가지고 있다는 점, 셋째로 공해물질 저감비용이 낮고 효과가 높다는 점이다. 이런 이유로 인해 풍력은 에너지 산업 중에서 세계적으로 가장 빠르게 성장하는 분야가 되었으며, 그 단적인 증거로 최근 10년간 전 세계 설치용량이 10배 이상(2004년 말 누계 47,912MW) 증가하게 되었으며, 발전단가는 대형화 및 단지화와 함께 지속적으로 낮아지고 있는 추세이다. 1980년대 중반 95 kW급 풍력발전기의 보급당시 8.8 유로 센트/kWh로부터 MW급 풍력발전기가 보급되고 있는 최근에는 4.1 유로 센트/kWh로 약 20년간 50%가 넘게 감소하게 되었다. 전 세계 풍력 발전 보급량 중 50% 이상을 차지하고 있는 유럽의 경우 덴마크가 자국 내 전력공급량의 22%를 풍력이 담당하고 있으며 스페인은 6%, 독일은 5%를 풍력이 담당하고 있다

2008년말 미국발 금융위기와 경제위기의 해결방안으로 신재생에너지에 대한 투자가 기대되고 있으며 이 중에서 풍력발전의 비중이 높을 것으로 전망된다. 풍력발전기는 규모의 경제를 실현하기 위해 육상에서 해상으로 진출하고 있다. 해상에서는 60m 이상의 크기를 갖는 로터블레이드 사용이 가능하여 발전효율이 더욱 높아지고 있다. 풍력발전의 발전단가는 LNG발전보다 더 낮고, 2015년에는 석탄화력 발전보다도 낮아질 전망이어서 향후 빠른 성장이 전망된다. 또한, 유럽을 중심으로 성장했던 풍력발전 시장은 최근 아시아와 북미시장에서 폭발적 성장으로 2005~8년 연평균 32.9% 성장하였다. 2009년 세계 풍력시장은 금융위기 영향으로 전년대비 12.5% 성장한 30.4 GW 수준으로 전망되나, 이후 2013년까지 16~17% 고성장이 예상된다. 중

국을 중심으로, 아시아와 북미 시장의 성장이 빠르게 진행될 것으로 전망된다. 풍력발전기 주요 제조업체는 Vestas, Gamesa, Eneron, Siemens 등 유럽기업과 GE Wind (미국), Suzlon(인도), Goldwin & Sinovel (중국), Mitsubishi (일본) 등으로 주요 12 개 업체 시장 점유율이 95% 수준이다. 풍력발전 시장이 아직 초기단계로 중국의 대단위 개발의 혜택을 받을 것으로 보이는 중국 업체의 급격한 성장이 전망된다 [17].

2008년 9월 국내 풍력발전규모는 278 MW 수준이나 2012년까지 2,250 MW 규모로 확대될 전망으로 매년 500 MW 수준으로 추가 증설될 전망이다. 해상 풍력발전기가 시장에서 확대될 전망이어서 더욱 제품의 신뢰성이 요구되고 있다. 또한 수급의 타이트함으로 인하여 중단기적으로 기어박스, 주조, 단조 제품군의 시장성이 긍정적일 것으로 전망된다.

표 9.3 세계 10대 풍력 기업 (2010년 기준) [18]

순위	기업(국가)	시장점유율
1	Vestas(덴마크)	14.8%
2	Sinovel(중국)	11.1%
3	GE(미국)	9.6%
4	Goldwind(중국)	9.5%
5	Enercon(독일)	7.2%
6	Suzion(인도)	6.9%
7	Dongfang(중국)	6.7%
8	Gamesa(스페인)	6.6%
9	Simens(독일)	5.9%
10	United Power (중국)	4.2%

9.2.2 풍력에너지의 역사

최초의 풍차는 수직축형으로 단순한 견인 도구였으며, 기원전 7세기부터 아프간의 고원지대에서 곡물을 가는데 사용되었다. 최초의 수평축형 풍차는 서기 1000년경에 페르시아, 티벳, 중국에서 사용되었는데, 이 형식의 풍차는 수평의 축과 블레이드가 수직면내에서 회전한다. 그 후 수평축형 풍차는 1150년에 영국에서, 1190년에 플랑드르에서, 1222년에 독일에서 그리고 1259년에 덴마크에서 볼 수 있었다. 유럽에서 풍차의 성능은 12~19세기동안 꾸준히 향상되었으며, 19세기말의 대표적 유럽형 풍차는 회전체 직경이 25 m에 이르고, 탑의 높이는 30 m에 달하였으며, 곡물의 탈곡뿐만 아니라 물의 펌핑에도 사용되었다. 1800년에 유럽형 풍차가 프랑스에서만 약 20,000대가 가동되었다. 그러나 산업화에 따라 풍차는 점차 유럽에서 감소하기 시작하였다. 이 무렵 유럽에서 미국으로 간 이민자들에 의해 풍차가 북미로 도입되었으며, 물 펌프용으로 급속히 미국내에 보급되었다. 당시 미국의 풍차는 자기제어(Self-Regulate)형으로서, 미국형 풍차로 알려지고 있는데, 자기제어기구는 높은 풍속에서도 사용가능 하였다. 반면 유럽형은 높은 풍속의 경우는 손상을 피하기 위해 정지시켰다. 미국형 풍차는 1920~1930년 동안에 약 600,000대가 미국에서 설치되었는데, 이 미국형 풍차는 아직도 세계적으로 농업용으로 사용되고 있다. 1891년에 덴마크의 Dane Poul LaCour는 처음으로 풍력발전기를 설치하였다. 덴마크의 기술자들은 세계 1 차 및 2 차 대전 중 에너지부족을 극복하기 위해 풍력발전 기술을 향상시켰다. 1941년에 덴마크의 Smidth사는 처음으로 공기역학에 근거하여 현대식 날개를 사용한 풍력발전기를 제작하였다. 같은 해에 미국의 Palmer Putnam은 미국 회사인 Morgan Smith사를 위해 직경이 53 m의 거대한 풍력발전기를 제작하였다. 당시 덴마크의 풍차설계 개념은 실속(失速) 제어에 의한 역풍회전체에 근거하여 저속에서 운전하는 것이었고, 미국 Putnam의 설계개념은 피치(Pitch) 제어에 의한 순풍회전체에 근거한 것이었다. 그러나 Putnam의 풍차는 그다지 성공적이지 않았으며, 1945년에 철거되었다. 2차 세계대전 후 덴마크의 Johannes Juul은 덴마크의 설계개념에 의한 풍력발전기를 덴마크의 Gedser에 건설하여 1956년부터 1967년까지 약 2.2백만Wh의 전력을 생산하였다. 같은 시기에 독일의 Houter는 두 개의 가느다란 섬유 유리로된 블레이드를 앞뒤로 움직이는 허브(Hub)에 역풍으로 장착한 새로운 개념의 풍력발전기를 개발하였는데, 이 풍력발전기는 높은 효율을 얻은 것으로 알려져 있다.

Juul과 Houter의 성공적 풍력 발전기의 제작에도 불구하고, 세계 2차 대전 후 대형 풍력발전은 쇠퇴해갔다. 다만 소규모의 풍력발전이 외딴 곳의 전력공급과 축전지의 충전을 위해 이용될 뿐이었다. 1970년대 초의 석유파동과 더불어, 풍력발전에 대한 관심이 되살아났다. 여러 나라에서는 풍력발전에 대한 연구개발을 위해 재정적 지원이 이루어졌으며, 독일, 미국 및 스웨덴 등에서는 이 자금을 MW급의 대규모 풍력발전기 개발을 위해 사용하였다. 그러나 많은 경우 피치기구와 같은 여러 가지 기술적 문제 때문에 성공적으로 이루어지지 못하였다. 그럼에도 불구하고 덴마크와 같은 국가에서는 특별한 정부의 지원으로 풍력에너지 분야의 개발이 지속되었다. 특기할 일은 1978년 미국 카터 대통령과 미국 의회는 석유 수입을 감소시키기 위해, 에너지의 절약과 효율적 이용을 목적으로 한 공익사업규제 정책법(PURPA: Public Utility Regulatory Policies Act)을 제정한 것이다. 이 법과 재생 가능한 에너지시스템에 대한 특별 세제지원으로 풍력에너지 개발의 붐을 일으켰다. 샌프란시스코의 동부와 로스앤젤레스의 북동부를 지나는 산지에 방대한 풍력발전 단지가 형성되었다.

초기의 풍력단지는 주로 50 W급 풍차로 구성되었으나, 그 후 1980년대에는 200 W급으로 증강되었다. 풍력발전기는 덴마크의 Poul LaCour와 Juul의 설계개념에 의한 역풍, 실속 제어형의 것이 덴마크로부터 수입되었다. 1980년대 말에 미국의 캘리포니아에는 약 15,000대의 풍차가 설치되었고, 총 풍력발전 시설용량은 약 1,500 MW에 달하였다. 이 무렵 미국에서의 풍력에너지에 대한 재정적지원은 감소하기 시작하였다. 그러나 재생가능한 에너지에 의한 발전에 대한 재정적 지원은 유럽과 인도에서 이어졌다. 이 지원으로, 특히 유럽의 독일과 아시아의 인도에서 풍력발전이 급속히 증가하였다. 시장규모의 발전과 기술의 개발로 20세기말의 풍력발전기 용량은 1.5 MW급이 보편화 되고 있다.

9.2.3 풍력발전의 원리와 종류

풍력발전은 바람의 운동에너지를 전기 에너지로 변환하는 에너지 변환 기술로 무공해 발전이 가능한 시스템이다. 즉, 공기의 유동이 가진 운동에너지의 공기력학적 특성을 이용하여 회전자를 회전시켜 기계적 에너지로 변환시키고 이 기계적 에너지로 전기를 얻는 기술이다. 풍력발전기는 지면에 대한 회전축의 방향에 따라 수평형 및 수직형으로 분류되고, 주요 구성 요소로는 날개와 허브로 구성된 회전자와 회전을 증속하여 발전기를 구동시키는 증속 장치(gear box), 발전기 및 각종 안전 장치를 제어하는 제어 장치, 유압 브레이크 장치와 전력 제어 장치 및 철탑 등으로 구성된다. 공기가 익형 위를 지날 때 양력과 항력이 발생되는 공기역학적 특성을 통해 회전자가 회전하게 되는데 이때 발생되는 기계적 회전에너지가 발전기를 통해 전기에너지로 변환되게 된다. 풍력의 동력변환 장치인 풍차는 공기역학적 항력에 의한 것과 공기역학적 양력에 의한 것으로 분류된다. 초기의 수직축형 풍차는 항력에 원리로 사용되었다. 그러나 항력형은 풍차효율이 매우 낮았다. 현대의 풍차는 주로 공기역학적 양력에 근거하고 있다.

양력형 풍차는 들어오는 바람과의 작용에 블레이드를 사용하고 있다. 공기의 흐름과 작용하는 블레이드에는 흐름방향으로 작용하는 항력뿐만 아니라, 항력에 수직인 양력도 작용하는 것이다. 양력은 항력의 배수이며 회전체의 구동력이 된다. 공기의 흐름에 수직으로 회전체 블레이드에 작용하여 필요한 회전력을 일으키는 것이다. 공기역학적 양력을 사용하는 풍차는 회전축의 방위에 따라 수평축형과 수직축형으로 분류된다. 수직축형 풍차로는 1920년대에 프랑스 기술자가 발명한 다류스(Darrieus)형 풍차가 있으며, 곡선형의 대칭날개로 구성되어 있다. 다류스형 풍차는 바람의 방향에 관계없이 작동시킬 수 있고, 기어박스, 발전기 등을 지상에 설치할 수 있는 장점이 있다. 그러나 각 회전수에서 회전력의 변화가 심하고, 자기 시동능력이 없으며, 높은 풍속에서 속도제어의 선택이 한정되는 등의 결점이 있다.

수직축형 풍차는 1970년대에서 1980년대에 걸쳐 상업적으로 개발되었으며, 4,200 kW 규모의 대형 수직축형 풍력발전 시설이 캐나다에서 설치된 바 있다. 그러나 현재 수직축형 풍력발전기의 연구개발은 거의 없는 실정이다. 수평축형, 또는 프로펠러형 풍차가 오늘날 풍력발전의 주류를 이루고 있다. 수평형 풍차는 탑과 탑의 정상에 설치된 나셀로 구성되어있다. 나셀에는 회전체, 기어박스, 발전기가 수용되어 있다. 나셀을 바람방향으로 향하게 하거나, 또 높은 풍속의 경우 바람방향을 벗어나게 하는 여러 가지 기구가 있다. 작은 풍차에서는 회전체와 나셀은 후미깃에 의해 바람방향을 향하도록 되어 있으며, 대형 풍차에서는 풍향기로부터의 신호에 의해 전기적으로 회전체 및 나셀을 바람방향, 또는 다른 방향을 향하도록 하고 있다. 수평축형 풍차는 풍차의 용도에 따라 블레이드의 수가 다르다. 2개, 또는 3개 블레이드 풍차는 보통 풍력발전용으로 사용되며, 20개 이상의 블레이드를 가진 풍차는 기계적 물 펌프용으로 사용되고 있다.

수직축 풍력발전기는 로터의 형태에 따라 H-형과 다리우스형으로 분류되고 1980년대 후반까지 연구개발이 활성화되었으나 상용화에는 실패한 것으로 알려져 있다. 반면 수평축 풍력발전기는 현재 세계 풍력발전기 시장의 대부분을 차지하고 있다. 풍력 발전기는 크게 지면에 대한 회전축의 방향에 따라 수평형 및 수직형으로 분류된다, 표 9.4 참조 [17,19].

표 9.4 풍력 터빈 형식 비교 [17,19]

구분	수평축 풍력터빈	수직축 풍력터빈
설명	• 회전축이 바람의 방향에 대해 수평시스템으로 타워와 로터의 위치에 따라 맞바람(upwind)형식과 뒷바람(downwind)형식으로 구분됨	• 회전축이 바람의 방향에 대해 수직인 풍력발전 시스템 • 상용화된 대형 시스템 없음
장점	• 맞바람형식: 타워에 의한 풍속의 손실 없음, 풍속변동에 의한 피로하중과 소음적음 • 뒷바람형식: 요잉시스템 불필요, 타워와 로터 충돌을 피할 수 있음, 타워의 하중감소, 저렴한 가격으로 인해 주로 소형 풍력발전기에서 사용	• 바람의 방향에 관계없이 운전가능 (요잉 시스템 불필요) • 증속기 및 발전기가 지상에 설치됨
단점	• 맞바람형식: 요잉 시스템이 필요하여 시스템 구성이 복잡, 설계시 로터와 타워의 충돌 고려 필요 • 뒷바람형식 : 타워에 의한 풍속의 손실 발생과 풍속의 변동이 큼, 터빈의 피로하중 및 소음증가, 전력선이 꼬일 수 있음, 에너지 작물 기술	• 종합효율이 낮은 시스템 • 자기동(Self-Starting)불가능,시동토크 필요 • 주 베어링의 분해시 시스템 전체 분해 필요 • 넓은 전용 면적 필요

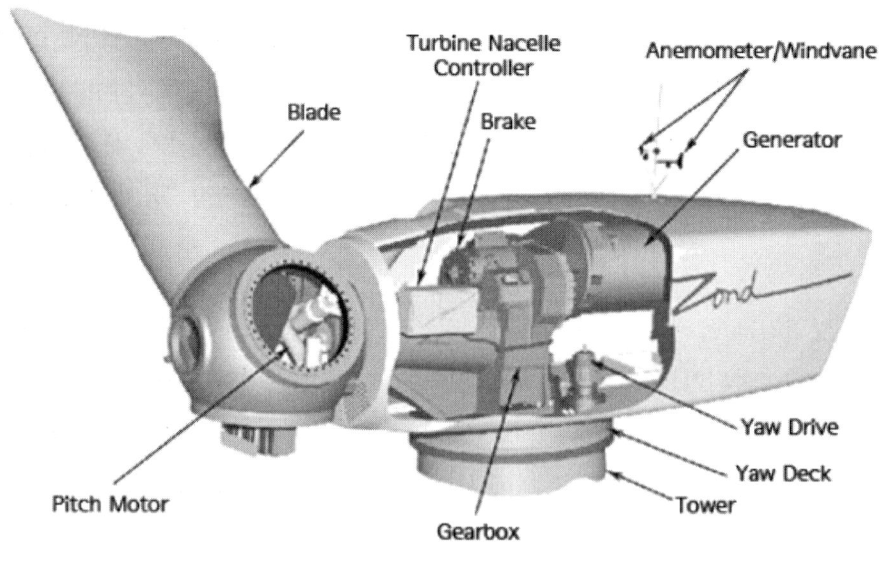

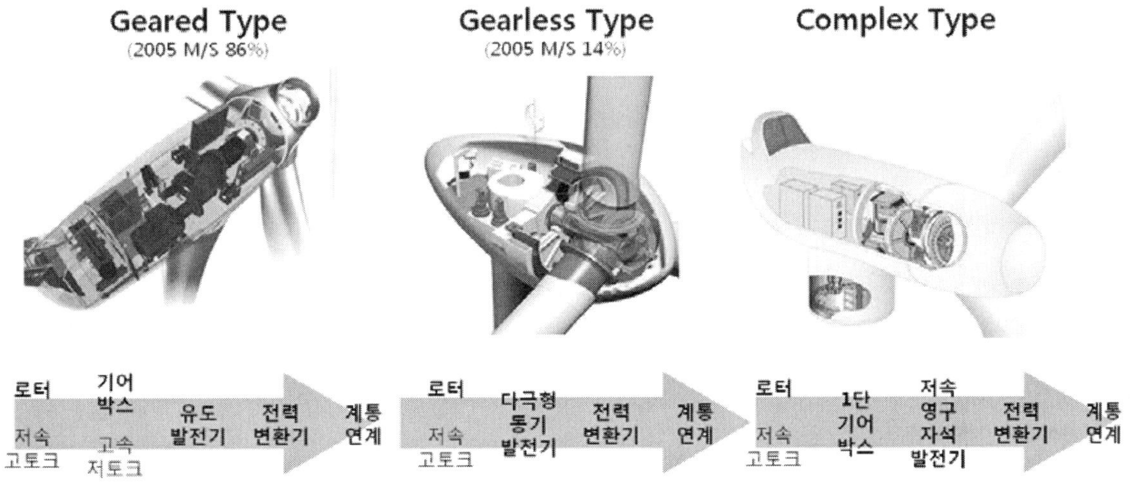

그림 9.14 상부: Geared Type [14], 하부: Horizontal Axis Wind Turbine Type [20]

가. 수직형 풍력터빈(VAWT, Vertical Axis Wind Turbine)

회전축이 지면에 수직한 수직형 풍력터빈은 회전축이 바람의 방향에 대해 수직이며, 현재 실용화된 대형 시스템은 없는 실정이다. 바람의 방향에 관계없이 운전이 가능하며(요잉 시스템 불필요), 증속기 및 발전기가 지상에 설치되어 있어서 유지/보수/점검이 용이하다. 하지만 지표면으로 부터 고도가 증가함에 따라 속도가 증가하는 경계층 효과로 인해 시스템이 불균일한 풍속을 맞이하게 되는데, 이로 인해 시스템이 불안정해질 수 있고 시스템의 종합 효율이 낮아지게 되며, 풍속이 낮을 때 시동 토크가 필요하게 되어 자기동이 불가능하다. 또한 타워를 지지하기 위해 가이드를 해야 되기 때문에 넓은 전용면적이 필요하게 된다. 주베어링의 분해시에는 시스템 전체를 분해해야 하는 단점이 있다. 이러한 문제점으로 인해 연구용과 일부 소형 풍력 발전용으로 사용되고 있으며 현재 상용화된 대부분의 풍력 발전기는 수평축 풍력 발전기이다.

나. 수평축 풍력발전기(HAWT, Horizontal Axis Wind Tubine)

수평축 풍력발전기는 회전축이 바람이 불어오는 방향에 수평인 풍력발전 시스템으로서 현재 가장 안정적인 고효율 풍력 발전 시스템으로 인정되고 있다. 수평축 풍력 발전기로는 바람을 맞이하는 방식에 따라 맞바람 형식(Upwind Type)과 뒷바람 형식(Downwind Type)으로 나눌 수 있다. 맞바람 형식은 바람이 블레이드를 먼저 만나게 되어있는 형태로서 타워에 의한 풍속의 손실이 없고, 풍속 변동에 의한 피로 하중/소음이 뒷바람 형식보다 적지만 바람의 방향이 바뀌었을 때 효율을 증가시키기 위해 로터 회전면과 바람방향이 수직이 되도록 하는 요잉 시스템이 필요하게 되어 시스템 구성이 복잡해지게 되고 로터와 타워의 충돌을 고려하여 설계를 해야 하는 단점이 있다. 뒷바람 형식은 바람이 타워와 나셀을 먼저 만나고 그 다음 블레이드를 만나게 되는 형태로서 자체 요잉 모멘트 발생으로 요잉 시스템이 불필요하게 되며 타워와 로터의 충돌을 피할 수 있지만, 타워와 나셀에 의한 풍속의 손실이 발생하게 되며 주기적인 풍속의 변동으로 인한 피로하중 및 소음이 증가하게 되며 자유 요잉으로 인해 전력선이 꼬일 수 있다는 단점이 있다. 수평축 풍력발전기는 출력제어 방식에 따라 피치제어 방식과 실속제어 방식으로 나눌 수 있다.

(1) 출력제어 방식에 따른 구분

수평축 풍력발전기의 출력제어 방식은 크게 피치제어 방식과 실속제어 방식으로 나눌 수 있다. 현재 대부분의 MW급 이상의 풍력발전기는 대형화에 따른 시스템의 안정적 출력확보를 위해 정격 풍속 이상에서 피치제어를 통해 일정한 출력을 얻고 있으며, 중소형 풍력발전기의 경우는 경제성을 고려하여 실속제어 방식을 채택하고 있다.

(2) 로터 회전수에 의한 분류

회전수에 따른 분류로는 정속회전과 비정속 회전으로 구분할 수 있는데, 과거 덴마크형 풍력발전기는 값싸고 견고한 유도발전기와 전력변환 장치를 적용하기 위해 정속을 유지시키는 방법을 채택해 왔었다. 하지만 최근에 동기식발전기와 슬립을 허용하는 유도발전기 개발과 함께 전력변환 장치의 개발로 인해 비정속회전이 가능하게 되었다. 비정속회전은 풍속의 변화에 따른 출력계수가 최적이 되도록 익단 속도비를 조절 할 수 있기 때문에 정속 회전에 비해 출력이 좋게 되어 대부분의 풍력발전기에 채택되고 있는 방식이다.

Horizontal-Axis WInd Machine

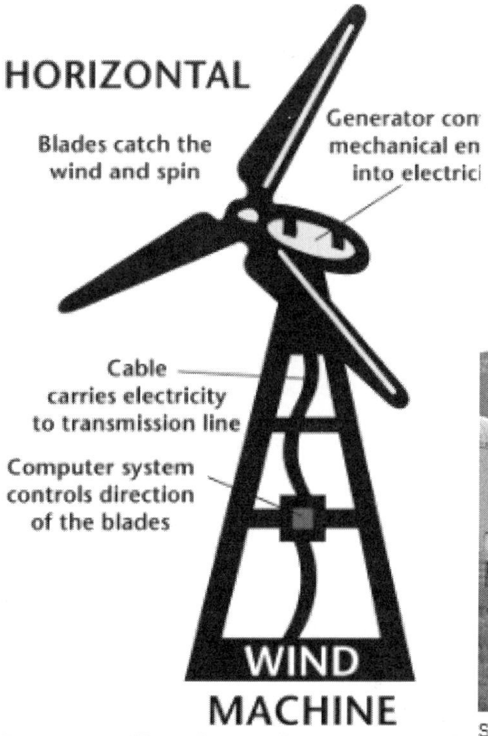

Source: National Energy Education Development Project (Pub Domain)

Darrieus Vertical-Axis Wind Turbine in Martigny, Switzerland

Source: Lysippos, Wikimedia Commons author (GNU Free Documentation License) (Public Domain)

그림 9.15 왼쪽: Horizontal-Axis Wind Machine (Source: National Renewable Energy Laboratory, U.S. Department of Energy (Public Domain), [21]);
오른쪽: Darrieus Vertical-Axis Wind Turbine in Martigny, Switzerland (Source: Lysippos, Wikimedia Commons author (GNU Free Documentation License) (Public Domain), [21])

(3) 파워 트레인 구성 방식에 따른 분류

파워 트레인의 구성 방식에 따라서는 간접 구동형(Geared Type), 직접 구동형(Gearless Type) 및 이 두 가지의 복합 시스템인 하이브리드형(Hybrid Type)으로 나눌 수 있다. 현재 가장 많이 쓰이고 있는 구성 방식은 간접 구동형이다. 견고하면서도 유도발전기가 저렴하다는 등의 여러 이유로 인해 과거부터 많이 사용되어 왔으나 대형화에 따른 기어박스 유지보수 문제, 기계적 손실 증가, 나셀부의 무게 증가 등의 이유로 직접 구동형과 저단의 기어와 동기식 발전기를 결합한 하이브리드형이 개발되어 제품생산 중에 있다.

(4) 발전기에 따른 분류

풍력발전용 발전기에는 직류발전기, 교류 동기 발전기, 교류 유도 발전기 등 3가지 종류의 발전기가 주로 사용되고 있다. 직류발전기는 발전용량이 작으며 축전지의 충전이나 전열용(급탕, 난방 등)에 주로 이용하며, 교류 동기 발전기는 동기 발전기와 일반 권선형 동기 발전기, 영구자석 여자 동기 발전기가 있고, 교류 유도 발전기는 유도 발전기, 농형 유도 발전기, 권선형 유도 발전기가 있다.

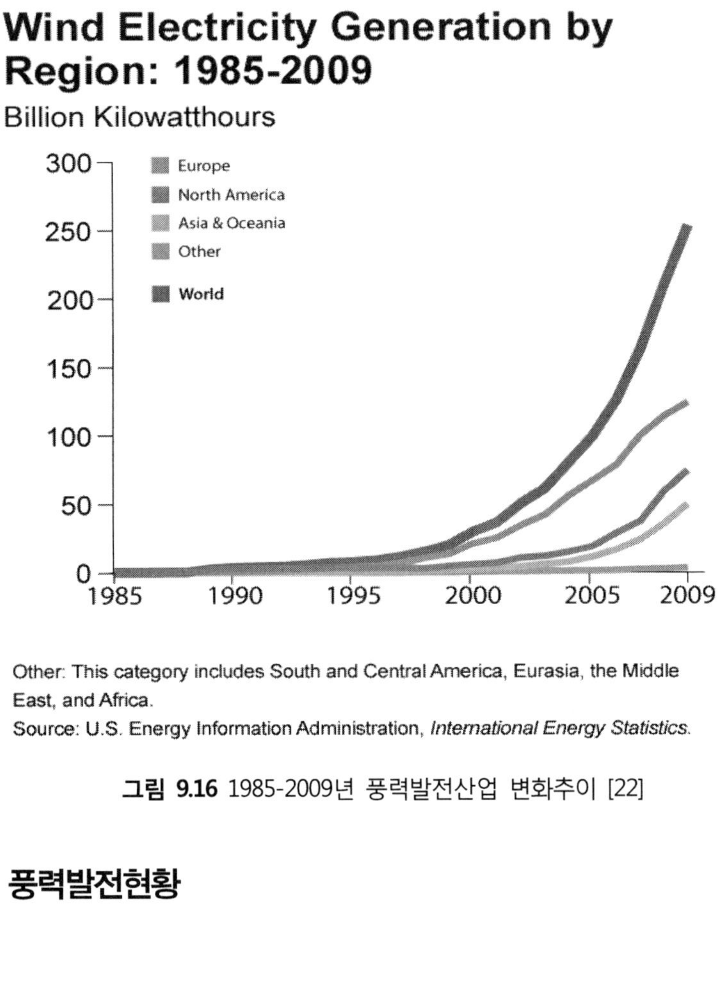

그림 9.16 1985-2009년 풍력발전산업 변화추이 [22]

9.2.4 국내외 풍력발전현황

해외현황

풍력산업은 에너지 산업분야에서 가장 높은 성장을 하고 있다, 그림 9.16 참조. 2009년 한 해에 38,103MW의 용량이 신규로 설치되어 누적 설치용량이 160,084MW에 달하고 있다. 지난 5년간(2004년~2009년) 36.1%의 높은 성장률을 기록하고 있으며, 이전 연도의 설치 용량을 매년 갱신하고 있다. 2008년 이전의 연평균 성장률인 24%에 비해 급격한 변화를 보였다. 이는 2009년 한 해 동안 세계 풍력 시장이 매우 활발한 움직임을 보였다는 것을 알 수 있다. 2009

년 한해의 풍력 시장 규모는 약 510억 달러 정도이며, 5년 후의 2014년에는 시장 규모가 1,240억 달러까지 성장할 것으로 전망된다. 2008년과 2009년에 한 해 동안 전 세계적으로 신규 설치용량을 보면, 각각 28,190MW와 38,103MW 용량의 풍력발전기가 신규로 설치되었으며, 2008년과 2009년 말에각각 122,158MW와 160,084MW의 누적설치용량을 기록하고 있다. 이는 각각 42.4%와 35.2%의 높은 성장률을 나타내는 것으로 매년 신규설치용량의 기록을 계속 갱신하고있고, 최근 5년간 평균성장률도 약 36.1%의 높은 성장률을 보이고 있다. 2008년의 높은 성장률에 비하여 2009년의 성장률은 다소 낮아졌지만 2008년 후반에 시작된 서방 세계의 경제 위기를 감안하면 풍력산업의 시장은 더욱 더 성장할 것으로 전망된다.

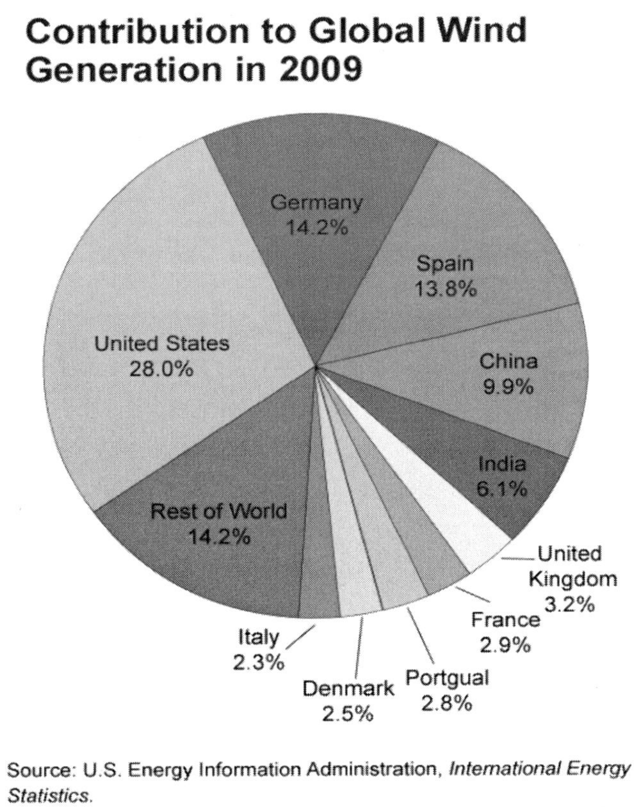

그림 9.17 국가별 풍력발전 비중(2009년) [22]

2009년 기준으로 국가별 풍력발전비중을 살펴보면, 1위는 미국 28%, 2위는 중국 9.9%, 독일 14.2%, 스페인 13.8% 순이다. 이는 전 세계 설치 용량의 65.9%를 차지한다, 그림 9.17 참조. 그림 9.18은 미국 지상 80m에서 연평균 풍속 상태를 나타내고 있다. 미국에서 1MW 터빈은 250 가구에 전력을 공급할 수 있는 전력량이다 [28]. 그림 9.19에서 보는 바와 같이, 2011년 미국에서 설치된 풍력발전용량은 천연가스 다음으로 많다. 즉, 2011년 전력증가율면에서 천연가스는 49%이며, 풍력은 32%이다. 풍력터빈은 클수록 경쟁력이 있으며, 그림 9.20은 미국 오하이오주에서 설치된 가장 큰 풍력터빈인 링컨 전기풍력타워인데, 443 피트이다. 이 높이에 비교를 하기 위하여, 터미널 타워 빌딩 708 피트, 자유 여신상 305 피트 등과 비교하였다. 그림 9.21은 2011년 Frey Farm 매립지역에 설치된 2개 GE 풍력터빈를 보여주고 있으며, 연간 7.5백만 KWh 전력를 생산한다.

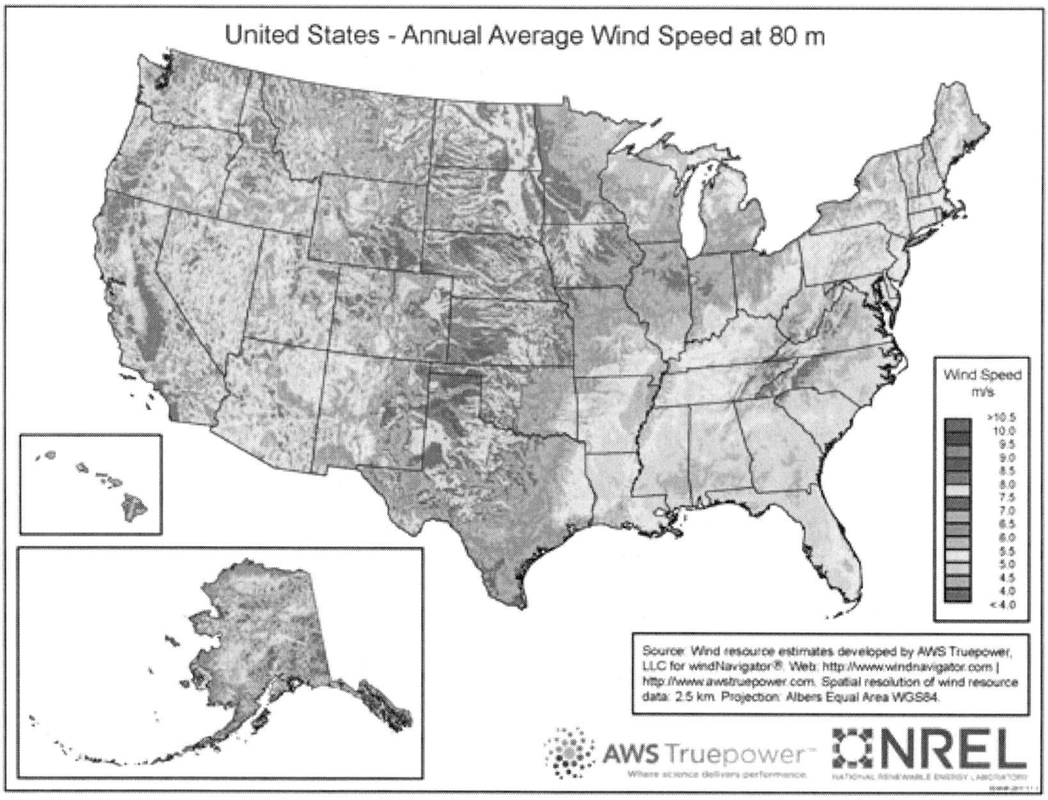

그림 9.18 미국 지상 80m에서 연평균 풍속 (Source: National Energy Education Development Project (Public Domain), [23])

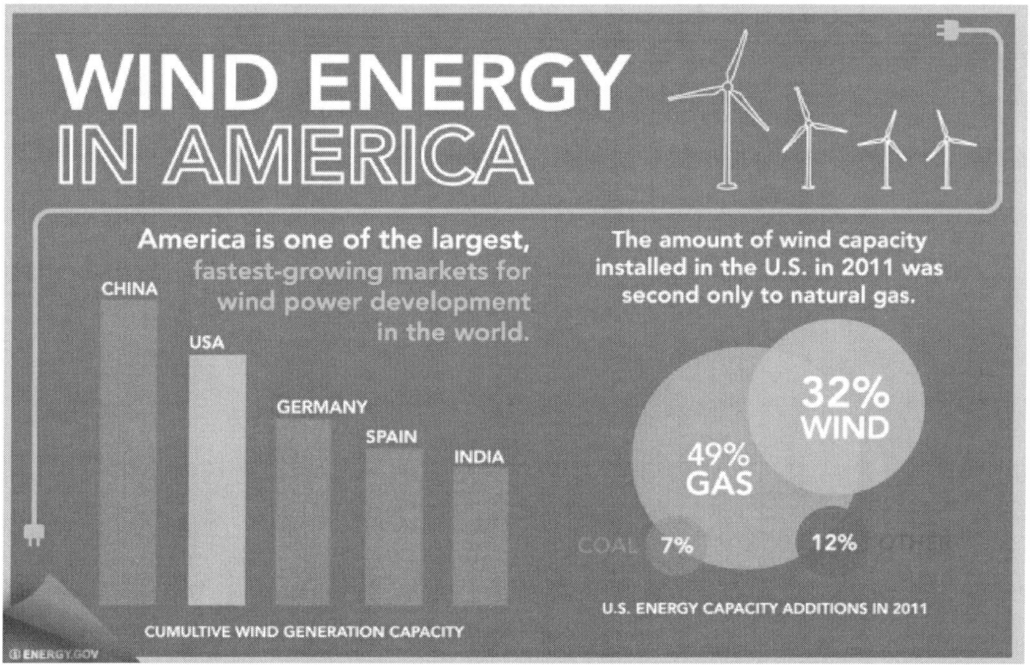

그림 9.19 미국 풍력발전(2011년) [24] (Courtesy of Sarah Gerrity)

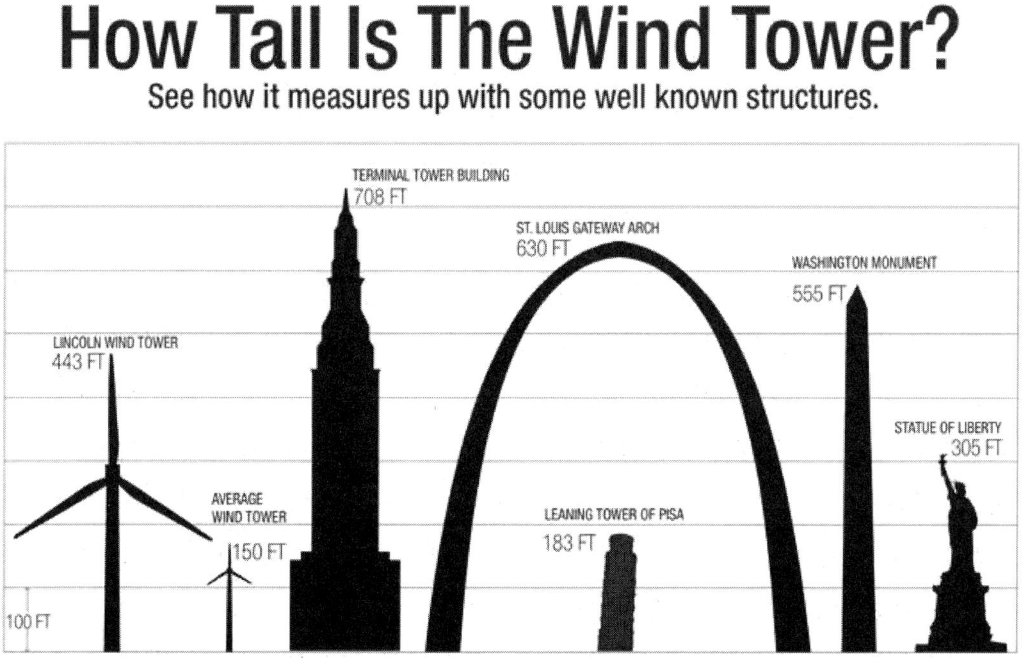

그림 9.20 미국 오하이오주에서 가장 큰 풍력터빈, 링컨 전기 풍력타워의 높이 비교 (Courtesy of Lincoln Electric.) [25]

그림 9.21 2011년 Frey Farm 매립지역에 설치된 2개 GE 풍력터빈, 연간 7.5백만 KWh 전력 생산
(Courtesy of courtesy of Lancaster County Solid Waste Management Authority) [26]

국내현황

기술적 이론 잠재량은 상기 육·해상 풍력발전 잠재량 산정조건을 만족하는 면적에 설치 가능한 풍력터빈의 최대 설비용량 및 발전량이며, 시장적 이용 가능량은 기술적 이론 잠재량 중 현 시점의 기술수준 및 보급실적에 의한 경험적으로 실질적인 개발이 가능한 설비용량 및 발전량이다(풍력발전 선진국의 개발실적 참조하여 기술적 잠재량의 10% 수준으로 가정). 국내 풍력자원 총 잠재량은 161.7백만TOE/년(설비용량 26.4GW)으로 육상과 해상 풍력자원 잠재량의 비율은 29:71이다. 한편 풍력발전 이용 가능량은 풍력발전 잠재량의 10%에 해당하는 16백만 TOE/년으로 산정하였지만, 전 세계적으로 풍력발전 기술개발 및 보급이 지속적으로 증가하는 추세임을 감안한다면 풍력자원의 이용 가능량은 매년 대폭 상향될 것으로 예상된다. 그리고 육상 풍력발전 자원량 산출결과를 보면 이론 잠재량은 46.6백만TOE/년 (설비용량 : 7.6W), 이용

가능량은 4.6백만TOE/년이고, 해상 풍력발전 자원량 산출결과는 이론 잠재량은 115백만TOE/년(설비용량 : 18.8GW), 이용 가능량은 11.5백만TOE/년이다.

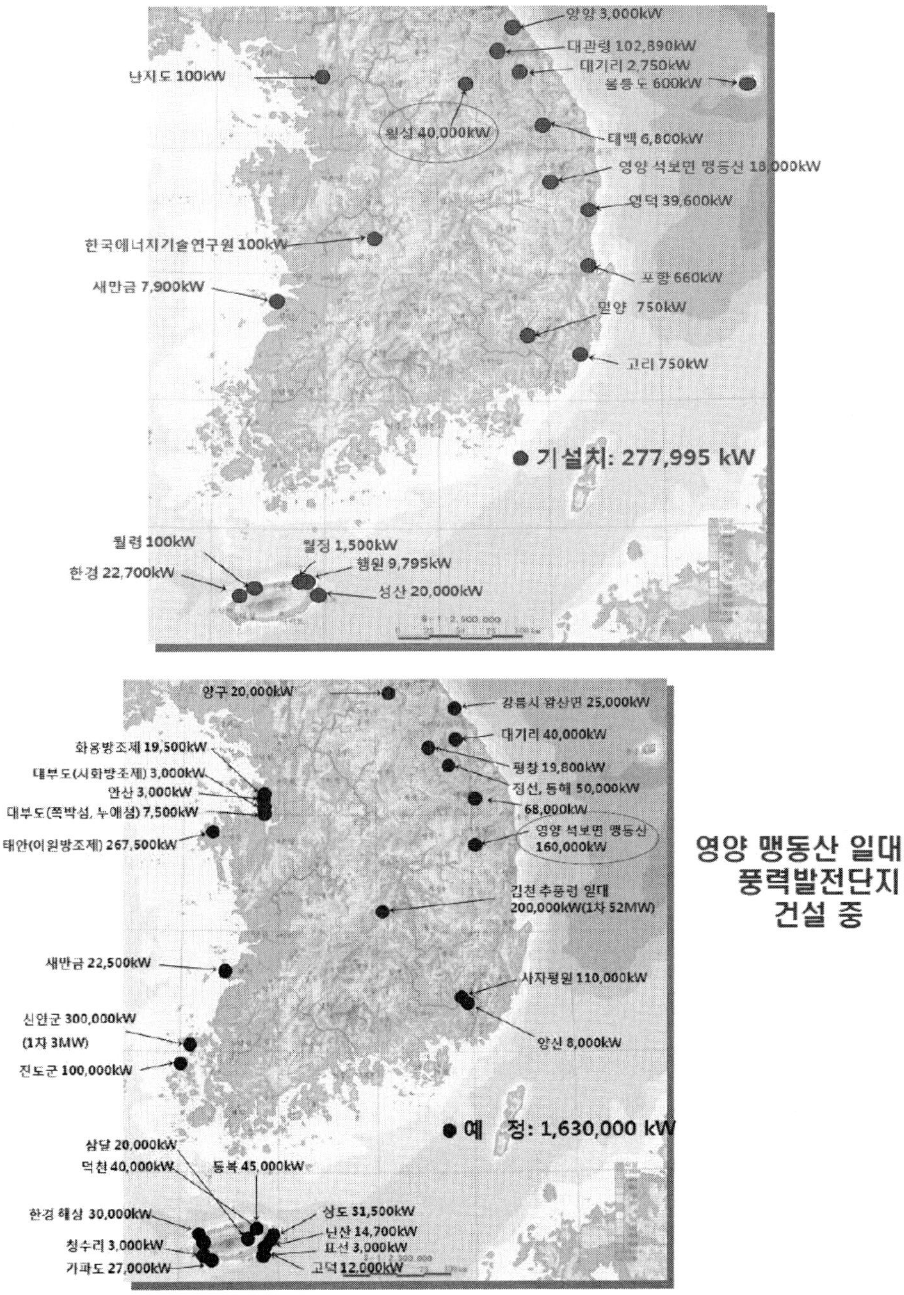

그림 9.22 상부: 국내 풍력발전 단지 현황, 하부: 국내 풍력발전 단지 개발 전망 (2009) [17,20]

풍력발전 자원분포도(또는 바람지도)는 지역별 풍속 및 풍력밀도의 지리정보를 보여주는 것으로 인공위성자료 및 수치고도자료, 토지이용도 등의 지리정보를 입력하여 수치기상 시뮬레이션에 의해 제작된다. 풍력자원 분포도(연평균 풍속분포도)는 한국에너지기술연구원에서 구축하고 있는 국가 바람지도 중 저해상도 중간결과로, 풍력자원량은 풍속등급별 면적에 비례하기 때문에 향후 고해상도 바람지도가 구축되면 정확한 풍력자원 잠재량 및 이용가능량이 제시될 것으로 기대된다, 그림 9.22 참조. 국내 풍력에너지 잠재량은 161.7백만TOE/년이며 이중 이용가능 풍력자원은 16.2백만TOE/년으로서 2005년 12월까지 설치 운영되고 있는 풍력발전 시스템으로서 국가전력망에 연계되는 상업용은 총 79기로 누적설비용량이 약 98MW이다. 이 가운데 2005년 한 해에만 41기의 설비용량 70MW로서 71.5%가 건설되었다. 또한 20MW가 넘는 규모의 규모의 풍력발전 단지로는 영덕풍력 발전단지(1.65MW급 24기)와 평창 횡계의 강원풍력 발전단지(2MW급 14기)가 있으며 이들 발전단지가 담당하는 총 시설용량은 67.6MW로서 국내 풍력에너지 보급량의 약 68%를 담당하고 있다. 지역별로는 경상북도가 약 40MW로 국내에서 가장 많은 용량이 설치되었고 그 다음으로는 강원도(약 36MW)와 제주도(약 16MW)가 그 뒤를 잇고 있다. 기설치 된 풍력발전기는 대부분 Vestas(36기)와 NEG-Mincon(39기)의 시스템이 대부분(전체중 70%)을 이루고 있다.

9.2.5 국내외 기술 현황 및 시장 전망

풍력발전 시스템 산업의 초창기에는 수요시장이 활발하지 않았기 때문에 대규모 자본이 시스템 개발과 생산에 투자되지 않았다. 중소규모의 풍력발전시스템 제작 업체가 대부분을 차지하던 1990년대 초에 비해 1990년대 중후반에는 풍력발전 기술 향상과 각국의 신재생에너지에 대한 정책적 지원을 힘입어 풍력발전 산업의 전망이 좋아지면서 대규모 자본이 풍력산업에 투자되기 시작하였다. 기술개발과 대규모 자본의 투자로 인해 중소 규모의 풍력 발전 시스템 기업체들이 재편되었으며 특히 GE wind, Siemens, Mitsubisi 등이 탄생하게 되었다. 또한 자국의 독특한 풍력 발전 보급 정책과 자국의 고유한 기술 인증·표준 등의 기술 장벽을 통해 Gamesa, SUZOLN등의 회사들이 경쟁력을 갖추기 시작했다. 최근 10년간 풍력 발전 시스템 제작업체의 공급량을 비교해 보면 단연 Vestas의 독주임을 알 수 있고 2004년도에는 세계 5위 기업인 NEG-Micon과 합병하면서 2004년도 전 세계 풍력시장의 약 34%를 점유하게 됨으로써 명실상부한 세계 1위의 기업으로 성장하게 되었다.

Vestas의 독보적인 시장 점유율의 뒤를 이어 Enercon과 Gamesa, GE Wind가 경쟁하고 있다. NEG-Micon은 1997년부터 1999년까지 2위의 공급량을 유지하다가 Enercon에게 뒤쳐지기 시작하면서 Vestas에게 2004년에 합병되었고, Enercon은 2001년과 2002년에 시장 점유율 2위를 지켰지만 자국 시장의 힘을 빌려 급성장한 Gamesa와 새롭게 풍력산업에 진출한 GE Wind에 고전을 하고 있다. Enercon의 경우, 대형 풍력 발전기의 직접구동형 드라이브 트레인을 바탕으로 기존 풍력 발전시스템으로 대표되는 Vestas 등의 기어드형 풍력 발전기와 기술 경쟁을 통해 시장 점유율을 높이기 위해 노력하고 있다.

Gamesa는 Vestas의 기술이전을 통해 스페인과 포르투갈 보급시장에서 급성장하였고, 점유율 6~8%를 유지하고 있는 Bonus는 최근에 Siemens가 경영권을 인수하면서 점유율 10%대 진입하였다. 이외에 5MW급 육상 풍력발전기 개발로 기술 선점을 통해 시장진출을 꾀하고 있는 RePower와 하이브리드 타입의 드라이브 트레인을 채택하고 있는 WINWIND, 풍력 발전 시스템에 여러 개의 작은 발전기를 적용한 Clippers 등이 기존 시스템과의 차별성을 바탕으로 시장 진입을 위해 노력하고 있다.

전 세계적으로 20여개의 풍력발전 시스템 제조업체 중 2004년 한 해 동안 점유율의 96.1%를 상위 10위 회사들이 차지하였다. 2004년 시장 점유율을 살펴보면 Vestas가 NEG-Micon과의 합병 후 34.1%로 2003년도 대비 두 회사의 점유율보다 2.2% 증가하였다. Gamesa가 2003년도 2위를 차지했던 GE Wind를 제치고 2004년 점유율 2위를 차지하였고 GE Wind는 미국 시장의 약화로 인해 주춤한 상태이며 SUZLON은 3.9%의 시장 점유율을 보이며 6위로 10위권에 진입하는 기염을 토했다. 독일의 Enercon는 15.8%로 시장점유율 3위를 기록하였으며, Bonus Energy를 인수한 Siemens Wind는 다섯 번째 시스템 공급업체가 되었다.

2004년도 시장 점유율을 보면 단연 Vestas가 글로벌 공급업체로서 30%이상을 차지하고 있다. 이에 반해 점유율은 낮지만 글로벌 공급업체로서 Siemens가 역할을 하고 있으며, GE Wind사와 Enercon는 일부 지역(유럽, 북미 등)을 담당하는 공급업체로서, Gamesa는 18%대의 높은 점유율을 보이고 있지만 보급지역이 자국 시장으로 국한되어 있는 한계를 지니고 있다. 또한 SUZLON도 자국시장에 국한되어 있는 것을 볼 수 있다. 유럽과 미주지역을 보면 Vestas의 설비는 자국인 덴마크를 비롯한 스칸디나비아 반도와 영국, 이태리에 설치되었으며 Enercon은 독일과 그 주변국, Gamesa는 포르투갈과 스페인, Nordex는 프랑스, Bonus는 영국, Vestas에 합병되기 이전의 NEG-Micon은 그리스 등지에서 시장을 선점하였다. 그리고 미주

지역에서는 단연 GE wind사가 선점한 가운데, Mitsubishi가 2004년 미국시장 점유율 30%이라는 경이로운 기록을 달성 하였다.

해외 시장

지난 5 년간 풍력 시장의 동향을 살펴보면 연평균 28%(누적설치용량대비)의 고성장률을 보여주고 있으며, 연간 설치 용량 대비 연평균 성장률은 15.8%로 높은 성장률을 보이고 있다. 2004년도에만 전 세계적으로 약 8,000MW(핵발전소 8기에 해당)가 증가하였으며 80억유로에 해당하는 풍력 터빈 시장이 형성되었다. 그러나 연간 설치 용량은 2003년도에 비해 2.3% 감소하였다. 이는 1996년 이후 처음 있는 일로서 일시적으로 미국시장이 감소되어 야기된 것이며 유럽등지에서 육상풍력 시장의 정체와 해상풍력의 활성화 전단계가 맞물려 있는 상황에서 비롯된 것이다. 유럽은 2004년 한 해 동안 건설된 설치용량의 73%를 차지하고 있으며 스페인(2,064MW)이 새로운 시장리더로 부상하였고, 독일(2,054MW)이 그 뒤를 잇고 있다. 유럽연합국가 중 오스트리아(192MW)와 이태리(357MW), 네덜란드(199MW), 포르투갈(274MW), 영국(253MW) 등은 최근들어 눈부신 설치용량 증가세를 보이고 있다. 전 세계적으로 가장 풍부한 풍력 자원을 가지고 있는 캐나다의 경우 2004년 말 기준 총 설치량이 444MW로 미약한 수준이지만 대형 프로젝트가 진행 중이므로 풍력시장이 급속히 증가할 것으로 예상하고 있다. 새로운 시장으로는 호주와 인도, 일본, 중국 등으로 대표되는 아시아 시장이 떠오르고 있으며 호주는 2004년 한 해 동안 두 배 가까운 성장률을 기록하였으며(2004년 말 누적설치용량 421MW), 현재 많은 수의 풍력 발전단지가 들어서고 있다. 아시아시장은 2004년 한 해 동안 설치된 용량 중 20.2%를 차지하는 놀라운 성장을 보이고 있다.

아시아시장 중 인도는 1990년대 후반이후로 시장이 다시 살아나고 있는 추세로 2004년 한 해 동안 875MW가 설치되어 세계 3위에 해당하는 시장으로 성장하였으며, 일본 또한 2004년 한 해 동안 230MW로 눈부신 성장을 이루었다. 그 다음으로는 중국(198MW)이 그 뒤를 잇고 있다. 아프리카 시장으로서는 이집트와 모로코가 유럽의 개발자와 국가 계획을 통해 가능성을 확인할 수 있었으며 이집트는 홍해 해변에 독일, 일본, 덴마크 등의 외자유치로 풍력단지를 건설 중이다. 하지만 이러한 눈부신 시장의 성장에도 불구하고 아직까지는 전 세계 보급량의 50% 이상을 독일, 스페인, 인도가 차지하는 바와 같이 전 세계 보급의 불균형이 여전하다는 점이 풍력시장의 한계로 지적되고 있다. 독일은 풍력발전 분야에 있어 두 말할 필요없이 선두를 유지하고 있는 국가이며, 2004년 세계 도입실적의 약 35%(16,649MW)에 이른다. 자국내에

Enercon, Nordex 및 GE Wind 등 주요 제작사를 보유하고 있으며, 최근 3년간도 24%의 시장 성장률을 보이며 꾸준히 발전하고 있다.

풍력발전 관련 기술은 이미 실용화 단계이기 때문에 요소기술의 개발보다는 풍력발전기의 저가화와 대형화 및 보급 확대에 치중하는 경향이다. 많은 국가에서 경쟁적으로 풍력 발전기를 보급하고 있다. 현재 가장 많은 풍력발전기가 운전되고 있는 국가는 미국으로서 캘리포니아의 대규모 풍력단지를 중심으로 현재 총 1,619MW 용량을 지닌 20,000여대의 풍력발전시스템에서 연간 38억KW의 전력을 생산하고 있으며 시설추가에 박차를 가하고 있다. 미국은 풍력발전 산업에 있어 잠깨는 거인에 해당하며 1980년대 중반까지 세계 풍력발전시장을 주도하였으나 정부지원을 줄임으로 인해 1980년대 후반부터 주도권을 유럽에 빼앗겼으며 1990년대 초반부터 DOE(Department of Energy)지원으로 NREL(National Renewable Energy Lab.)과 산업체 공동으로 대형화기술을 개발하고 NASA에서 브레이드(Blade) 개발을 지원하는 등 정부의 지원정책에 힘입어 서서히 증가하다가 2001년에는 16개주에 걸쳐 17억달러에 해당하는 약 1,700MW 정도가 설치되었다. 2004년 말 현재, 누적 설치 용량은 6,750MW에 이르고 있으며, 미국의 풍력발전협회(AWEA)에서는 2020년까지 미국 전력수요의 6%를 풍력발전으로 분담한다는 목표를 가지고 있다.

덴마크는 풍력발전 산업을 상용화하는데 가장 두드러진 역할을 한 국가이며, 덴마크에서의 풍력발전은 1980년대에 걸음마를 시작으로 2001년에 시장규모가 26억달러로 증가하여 이동전화나 인터넷에 버금가는 성장률을 기록하였다. 덴마크의 Vestas, NEG-Micon(Vestas에 합병), Nordex 및 Bonus(현 Siemens) 등 대형 풍력발전기 제작사와, 10여개의 소형 풍력발전기 제작사에서 생산하는 풍력발전기는 세계시장을 지배하는 주요기종으로 자리 잡고 있다. 2004년 세계시장에 신규 설치된 풍력발전기의 34.1%를 생산 하였으며, 현재 세계에서 생산되는 제품의 40~50% 이상이 덴마크의 기술로 생산되고 있다. 인도는 증가하는 화석연료의 대체에너지로서 풍력에너지를 사용하는 개도국 중 선두주자에 해당하는 국가이다. 경제성장과 함께 사용량이 급증하는 석탄, 석유 및 가스 등으로부터 에너지를 다양화할 목적으로 풍력을 도입하기 시작하여, 2001년 236MW, 2002년 220MW, 2003년 423MW, 2004년 875MW를 설치하였고, 2004년 말 3,000MW로 세계 5위의 풍력발전 국가가 되었다.

자국내의 풍력발전 시설은 자국내에서 80%이상의 부품을 생산하여 설치하도록 규제함으로써 자국내 산업화를 이루었으며, 이를 통해 풍력발전 시장을 성장시키는 밑거름을 구축할 수 있게 되었다. 이를 통해 2000년부터 풍력발전시스템을 생산하는 SUZLON은 자국 내 공급뿐만 아니라 덴마크의 SUZLON International A/S사를 통해 2004년 기준 전 세계 풍력시장의 3.9%를 점유하고 있는 등 비약적인 속도로 산업화하고 있다.

국내 시장

우리나라에서는 1970년대부터 시제품이 제작되어 시운전 되었으나 주변 여건의 미성숙으로 인해 지속적인 기술개발 없이 외국사의 시스템을 모방 제작하거나, 시스템의 운전 실험을 통한 특성 연구에 머물러 있는 실정이었다. 이에 1987년 12월 제정된 「대체에너지개발촉진법」을 근거로 하여 1988년에 「대체에너지 기술개발 및 이용·보급 기본계획」이 수립됨으로써 연구개발이 시작되었으며 2004년까지 기술개발투자비로 391억원(정부 259억원)이 지원되었다. 1990년대에 접어 들어서는 외국의 풍력발전 기술개발 추세에 따라 보다 대형화되고 경제성 있는 계통 연계용 풍력발전 시스템이 연구개발되거나 도입·설치되기 시작하였다. 지난 10 여년간의 노력으로 국내의 풍력발전시스템의 보급 여건 조성은 상당히 진전되었다고 할 수 있으나 아직 거의 대부분의 풍력발전 시스템을 수입에 의존하고 있는 실정이다. 이는 발전기와 타워 등의 요소 부품들은 어느 정도의 기술력을 확보하였지만, 아직 블레이드나 제어시스템에 관한 연구는 미비한 실정으로 국내 고유모델의 개발에 한계를 가지고 있기 때문이다.

이러한 이유로 현재 건설되어 있는 풍력 발전 단지의 대부분은 해외 풍력발전기를 그대로 도입해 건설하고 있는 실정이다. 계통연계를 통해 한전에 매전을 하고 있는 풍력 발전단지로는 1997년 정부의 시범사업으로 시작하여 제주도 행원에 시설용량 9,795KW가 설치 · 운영되고 있다. 민간의 주도로는 제주도 한경에 한국남부발전의 주도로 6MW가 설치되었으며, 이외에도 (주)유니슨의 계열사인 (주)영덕풍력발전은 2005년 4월에 경북 영덕에 39.6MW규모의 풍력 발전 단지를 건설하였다. 이는 대규모 외국자본으로 건설된 국내 최초의 발전 단지로서 스페인 아르마다 회사등의 출자를 받아 총 사업비 675억원으로 건설되었다.

2005년 12월에는 유니슨과 강원풍력, 일본의 마루베니 회사가 투자한 강원 풍력발전단지(1차분 2 MW × 14기 = 28 MW)가 상업운전을 시작하였으며 운영은 강원도와 유니슨, 독일의 라마이어 회사가 출자하여 만든 강원풍력이 담당하고 있다. 이와 같은 국내 풍력 발전단지의 건설은 보급 확대 측면에서는 환영할만한 사항이지만, 국내 시스템 개발 업체들에게는 그러하지 못한 상황이다. 앞으로 국내 보급 시장은 확대될 것으로 기대되나 풍력발전 시스템 생산 시장에 있어서는 효성과 유니슨에서 개발한 750kW급 풍력 발전기 실증이 끝난 후 1~2년의 시간이 더 필요하게 되므로 보급시장을 뒤따라가는 형국이 될 가능성이 크며 앞으로 최소 3~4년간은 해외업체의 풍력발전기가 국내시장을 잠식할 것으로 보인다.

9.3 해양에너지

9.3.1 해양온도차에너지

수심에 따른 바닷물의 온도차를 이용한 발전 방식이다. 열대해역에서 해면의 해수 온도는 20 ℃를 넘으나 해면으로 부터 500~1,000 m 정도 깊이의 심해에서는 4 ℃에서 거의 변하지 않는다. 이런 표층수와 심층수의 온도차로부터 프레온과 같은 저온 비등 매체(냉매)를 이용하여 발전하는 기술을 해양 온도차 발전, 줄여서 보통 OTEC(Ocean Thermal Energy Conversion)이라 부른다. 1948년에 '해양에너지개발공단'이 조직되어 서아프리카 상아해안에 세계 최초로 해양온도차발전소가 건설되었다.

열대 부근의 바다는 태양열로 데워진 해수면과 수심 600~700m의 바닷물 사이에 20℃ 이상 온도차가 있다. 가열된 바닷물을 파이프라인으로 끌어 증기를 만드는 장치에 보내면 뜨거운 바닷물이, 끓는점이 낮은 암모니아나 프레온을 증기로 만들고, 이 증기의 힘으로 터빈을 돌려 발전한다. 터빈을 돌리고 난 증기는 심해의 찬 바닷물로 냉각해서 다시 유체로 만들어 계속 사용한다.

해양에너지(Ocean Energy)에 속하는 해양온도차에너지 발전시스템의 원리는 일반 발전소의 가동 원리와 같다. 바다 표면층의 더운물과 심층 냉수간 온도차를 이용해 비등액이 낮은 액체를 증발 냉각시킨 뒤 그 압력차를 이용해 발전하는 것으로 즉, 고온의 열원에서 저온의 열원으로 열이 흘러 들어가 터빈을 구동시켜 전력을 생산하는 방법이다, 표 9.5 참조.

표 9.5 해양온도차 에너지의 특성 [3]

구 분	장 점	단 점
해양온도차 에너지	• 에너지 공급원이 무한하다. • 이산화탄소(CO_2)와 같은 유해물질을 발생시키지 않는 청정 자연에너지이다. • 주·야 구별 없이 전력생산이 가능한 안정적 에너지원으로, 특별한 저장 시설이 필요 없으며 계절적인 변동을 사전에 감안해 계획적인 발전이 가능한 우수한 자원이다.	• 발전설비를 바닷물의 부식성에 영향을 받지 않는 재료로 만들어야 한다. • 생물때문에 생기는 오염을 막기 위한 대책을 필요로 한다. • 실제 OTEC 발전을 통한 전력 생산시 열역학 시스템의 총 효율은 2.5~3.0% 정도이다. OTEC 발전 시스템에서는 그 무엇보다도 적당한 작동유체를 개발하고 이를 향상된 열역학 사이클에 적용하여 그 성능을 측정하고 특성을 연구하는 일이 절대적으로 필요하다. • 기존 화석연료를 전혀 소비하지 않는다.
입지조건	•연중 표층수와 심층수와의 온도차가 17℃ 이상인 기간이 많을 것 •어업 및 선박항행에 방해되지 않을 것	

순환시스템(Cycle System)은 표면온수를 사용하여 오존층을 파괴하지 않는 암모니아나 프로필렌 같은 작동유체를 증발시켜 터빈발생기(Turbine Generator)를 구동시키는 방법이다. 바다 표면의 온수는 작동유체 시스템에 유입되어 열교환기를 통하여 열전달이 일어나며 이 때 비등을 통해 작동 증기가 생성된다. 이 생성된 증기가 터빈을 회전시켜 전력을 생산하는 시스템이다. 그 다음 터빈(Turbine)을 나온 증기는 해저로부터 끌어올린 심층 냉수에 의하여 응축기에서 응축액으로 바뀌며 다시 재순환 된다. 이 시스템은 간단하여 전력 생산만을 위하여 가장 실용적인 방법으로 알려져 있다. 이 때 전력전환 효율은 약 5%이며, 터빈 효율, 펌프 효율 등을 포함한 전체 시스템 효율은 약 2.5%정도 이고 플랜트(Plant) 설비 단가가 저렴하기 때문에 화석연료 시스템과 경쟁력이 있다고 할 수 있다.

개방루프 순환시스템(Open Loop Cycle System)은 해양표면 온수를 작동 유체로 직접 사용하는 방법이다. 표면 온수는 펌프로 증발기에 유입되고, 증발기는 진공펌프로 압력을 낮추어 온수가 상온에서 비등하게 하며, 생성된 증기로 저압터빈을 구동시켜 전력을 생산하게 된다. 이어 터빈을 나온 증기는 심해에서 펌프로 퍼 올려진 냉수로 열교환기에서 응축되어 부산물로 담수를 얻게 한다. 이러한 직접접촉 열교환 방식은 그 효율이 높아 더 많은 전력을 생산하는 장점이 있다. 이 시스템은 현재 선진국에서 테스트 중이며 전력 변환 효율은 약 5.5%이고 전체 시스템의 효율은 약 3.0% 정도로 플랜트의 단가는 폐회로 시스템보다 약간 비싸나, 도서 지방이나 선진국형에 적합할 것이다. 혼합형 순환(Hybrid Cycle)은 폐회로(Closed Loop)와 개회로(Open Loop) 시스템의 장점을 결합한 것으로 열원을 최대로 사용하도록 설계하여 전력과 담수를 동시에 얻게 하는 방법이다. 유입된 표면온수로 일차적으로 전력을 폐회로 순환시스템에서 생산하며 여기서 나오는 온수를 이차적으로 개회로 순환시스템에 보내어 직접 접촉식 증발기를 통과하게 하고 다시 응축기로 보내는 2단계 시스템을 사용함으로써 충분한 담수를 동시에 안정적으로 생산할 수 있게 한다. 아직은 이론적 단계에 있지만 두 시스템의 장점을 조합하였기 때문에 미래의 시스템으로 기대되며, 효율은 개회로 시스템과 거의 같을 것으로 보고되고 있다.

미국은 1980년대 초에 이미 160KW급의 해양온도차 발전에 대한 실증 실험을 마친바 있으며, 하와이에는 50KW급의 상용 발전소가 가동중이고(Mini OTEC) 10만 ㎾급의 대규모 발전소가 건설되고 있다. 하와이 주변해역에 해양온도차 발전소를 건설해 운영중인 미국은 2000년부터 해양온도차 발전을 통해 일부 연안지역에 전력을 공급할 계획이다.

일본은 일찍부터 선사인(Sun-Shine) 계획의 일부로 해양온도차발전 기술의 개발을 추진하여 Tokushima에 50KW급, Saga대학에 75KW급, Toyama에 3.5KW급, 국제협력 사업으로 Nauru 섬에 100KW급 시범 발전소를 건설하여 가동하고 있으며, 1,000KW급에 대한 실증 실험을 수행하고 있으며 동남아국가에 관련기술을 수출까지 하고 있다.

프랑스는 남태평양의 타히티 섬에 5,000KW급 해양온도차발전소 건설을 계획하고 있고, 북구의 핀란드도 스페인과 공동으로 저온도차 OTEC 시스템을 이용한 해수담수화 장치개발을 추진하고 있으며, 자마이카에 MW급 발전소 건설을 추진중이다. 네덜란드도 1980년대 후반부터 개발에 착수하여 인도네시아의 발리 섬에 250 ㎾급 발전소 건설을 추진중이며, 영국은 10 MW급 해상 발전소 건설 사업을 추진하고 있다.

우리나라의 경우도 동해 남부 해역에는 표층수와 심층수 사이에 상당한 온도차가 존재한다고 알려져 있어 해양 온도차 발전 기술의 개발에 관한 전향적인 검토가 필요하다. 그러나 계절적인 편차가 심하여 개발 착수에는 신중한 접근이 요구된다. 국내에서는 아직껏 해양 온도차 발전 기술의 개발이 본격적으로 추진된 바는 없으나 외국의 예에서 보듯이 우리의 경제적, 사회적 활동 무대를 넓히기 위한 국제 협력 사업의 하나로 추진하는 것도 고려할 필요가 있다.

9.3.2 조력 및 조류발전

오늘날 실용화되고 있는 해양에너지는 바다의 밀물과 썰물의 차이를 이용하는 조력 발전 뿐이라고 볼 수 있다. 세계의 어떤 바다에서도 하루 두 번씩 밀물과 썰물을 만난다. 그런데 이런 조석현상은 달이나 태양의 인력만으로 생기는 것은 아니다. 이런 기조력은 지구가 공전할 때 생기는 원심력의 차이에 의해서도 발생한다. 인류는 벌써 오래 전부터 이런 조류를 이용해 왔다. 예컨대 11세기에 프랑스에서는 조류로 수차를 돌려 생기는 동력을 이용하여 옥수수나 밀을 가루로 빻기도 했다. 중세 유럽에서는 조류로 돌리는 수차를 이용하여 제재소를 가동하고 제분소도 운영했다.

조력발전 (Tidal Power)이란 조석이 발생하는 하구나 만을 방조제로 막아 해수를 가두고 수차발전기를 설치하여 외해와 조지내의 해수를 가두고 수차발전기를 설치하여 외해와 조지내의 수위차를 이용하여 발전하는 방식으로서 해양에너지의 수위차를 이용하여 발전하는 방식으로서 해양에너지에 의한 발전방식 중에서 가장 먼저 개발되었다. 현재 개발 가능한 조력자원을 보유한 국가는 세계에서 손꼽을 정도로 한정되어 있기 때문에 이들 국가에서는 조력자원을 미래의 중요한 대안에너지 자원의 하나로 지목하여 이에 대한 조사와 연구를 활발히 진행 중에 있다, 표 9.6 참조.

영불 해협과 이웃한 프랑스의 브르따뉴 지방의 '랑스' 하구에는 밀물과 썰물의 차이가 13.5m나 벌어지고 밀물이 들어오고 나갈 때의 조류의 용량이 매초 5천㎥나 된다. 프랑스는 1966년 이 곳에 일당 최고 24만KW를 발전할 수 있는 조력발전소를 완공했다. 프랑스는 먼저 콘크리트 케이슨으로 랑스강 하구에 댐을 건설하여 우리나라의 팔당댐보다 약간 적은 용량인 18,400백만m^3의 물을 담을 수 있는 저수지를 만들었다. 만조 때 이 저수지를 가득 메운 바닷물은 간조 때 낮아진 해면으로 떨어지면서 24개의 터빈 발전기를 돌린다. 바닷물이 저수지로 밀려들어 올 때도 발전기를 돌려 효율을 높일 수 있다. 조력발전의 효율을 결정하는 가장 큰 요소는 저수지의 저수량이다. 따라서 썰물과 밀물의 차와 함께 넓은 저수지가 들어앉을 수 있는 입지조건이 매우 중요하다. 조수간만의 차가 큰 곳은 황해, 영국해협, 아이리시해의 연안에 있다.

현재 가동중인 조력발전소는 프랑스의 랑스(1967년 완공, 용량 400KW), 소련의 키슬라야(1968년 완공, 용량 800KW), 캐나다의 아나폴리스(1986년 완공, 용량 20,000KW), 중국의 지앙시아(1980년 완공, 용량 3,000KW) 등이다. 현재 캐나다, 중국, 프랑스, 구소련 등에서 조력발전소를 건설해 활용하고 있으며, 우리나라를 비롯해 조력발전이 가능한 지역을 보유하고 있는 미국, 호주, 인도 등의 국가에서도 조사 작업이 한창이다. 1980년대 중반에 완성된 캐나다의 아나폴리스 조력발전소는 20KW급 대형발전소이다. 구 소련은 1968년 실험용 조력 발전소를 준공했는가 하면 일본은 물결이 센 에히메현 내도해협에서 조류발전 실험에 성공했다. 중국은 발해에서 북부만에

표 9.6 조력 및 조류 에너지의 특성 [3]

구 분	장 점	단 점
조력 및 조류 에너지	• 조력발전은 발전을 하는 지점이 결정되면 그 지점에 있어서 조위(潮位)의 변화를 예측 할 수 있다. • 청정에너지이다	• 얻어지는 유효낙차가 적고, 또한 조위의 변화가 연간을 통하여 균일하지 않으며, 조위가 일정한 시간대에서는 발전할 수 없다는 문제점들이 있다. • 간만의 차가 심해야 하므로 지역적으로 한정된 장소에만 적용할 수 있다.
원 리	조력발전의 원리는 간단하다. 바닷물이 가장 높이 올라왔을 때, 물을 가두었다가 물이 빠지는 힘을 이용해 발전기를 돌리는 것이다. 수력발전소와 비슷한 원리인데, 차이점은 수력발전의 낙차가 수십m인 데 비해 조력발전은 낙차가 보통 10m이하라는 점이다. 따라서 효율이 좋은 수차발전기를 개발하는 것이 관건이라고 할 수 있다. 밀물 때 수문을 닫아 두었다가 문을 열면 물이 쏟아져 들어오면서 터빈을 돌려 발전하게 된다. 썰물 때는 터빈의 날개가 반대 방향으로 돌면서 다시 발전하게 된다.	
입지조건	• 조력발전의 경우에는 평균조차가 3m이상, 폐쇄된 만의 형태, 해저의 지반이 견고, 에너지 수요처와 근거리 • 조류의 발전의 경우에는 2m/s 이상인 곳, 조류흐름의 특징이 분명한 곳	

걸쳐 8기의 조석발전소를 보유하고 있는데 그 용량은 모두 합쳐 6,000 KW이다. 현재 영불해협을 비롯하여 남북 아메리카, 중국, 러시아 그리고 우리나라 서해의 인천만, 아산만, 가로림만, 천수만 등을 포함하여 세계 도처에는 조석의 차가 크게 벌어지는 곳이 많다. 이런 곳을 이용하여 조력발전을 한다면 수력발전의 4배가 넘는 10억kW의 전력을 생산할 수 있다. 그러나 아직은 막대한 건설비 때문에 주춤한 상태이지만 21세기 중반경에 화석연료 자원이 바닥이 나면 조력발전은 다시 각광을 받게 될 것으로 전망된다.

조력발전의 우리나라 현황

우리나라 경기만 일대는 세계적으로 드문 조력발전의 최적지로 부상한 곳이다. 1932년 일제시대 때부터 발전소 설계도를 작성한 기록이 있을 정도이며, 1986년 영국의 공식조사 결과에 따르면 가로림만에 조력발전소를 지을 경우 시설용량이 40MW, 연간 발전량은 836GWH까지 가능한 것으로 판명되기도 했다. 국내에서는 현재 시험 조력발전소 건설에 관한 조사사업을 추진 중에 있는데, 앞으로 연구 개발되어야할 주요 대상은 깊은 수심에서의 연안구조물 설계와 시공기술, 조력발전소 수심에서의 연안 구조물 설계와 시공기술, 조력발전소의 주요부분인 수차발전기의 설계제작기술, 발전계통기술, 발전시스템의 자동제어기술, 해수에 의한 소재의 부식방지기술 등이다.

9.3.3 파력(Wave Force) 발전

파력에너지(Wave Energy)를 이용한 발전 기술 연구는 파력 자원이 풍부한 일본, 영국, 노르웨이 등에서 활발하게 추진되고 있다. 파력 발전은 심한 출력 변동과 대규모 발전 플랜트를 해상에 계류시키는데 기술적인 어려움이 있으나 2000년대 초에는 상용 발전이 가능할 것으로 전망되고 있다. 파력발전의 입지조건은 자원량이 풍부한 연안, 육지에서 거리 30km미만, 수심 300m미만의 해상, 항해, 항만 기능에 방해되지 않을 것 등이 있다. 일본은 Kaimei에 240KW급의 해안 고정식 파력 발전 장치를 설치하여 시험 가동하고 있으며, 해양 과학 기술 센터 주관으로 540KW급의 부유식 파력발전소 건설을 진행하고 있다. 영국도 벨파스트의 Queen's 대학에 75KW급 파력발전 장치를 설치하여 가동중이고, 덴마크는 34 ㎾급 발전소에 대한 실증실험을 진행하고 있으며 노르웨이도 500KW급 발전소를 건설하고 있다. 국내에서는 아직 파력에너지의 개발에 관한 구체적인 연구가 시도된 바 없으나, 파랑이 심하다고 알려진 일부 해역을 대상으로 타당성 검토를 선행시킬 필요성은 있다.

참고문헌

[1] http://www.eia.gov/energyexplained/index.cfm?page=geothermal_home

[2] http://astro.kasi.re.kr/Main/ContentViewForm.aspx?MenuID=1283

[3] http://www.kier.re.kr

[4] http://www.korge.org

[5] http://www.geothermal-energy.org/226,installed_generating_capacity.html

[6] http://www.geothermal-energy.org/galeria,galeria,idkat,5.html

[7] http://www.doe.gov/articles/calpine-americas-largest-geothermal-energy-producer

[8] http://geothermal.kigam.re.kr/intro/intro02_04.php

[9] "신재생에너지개요", http://www.knrec.or.kr

[10] http://kredc.kier.re.kr/kier/02_energyInfo/geo_intro.asp

[11] http://www.eia.gov/energyexplained/index.cfm?page=geothermal_heat_pumps

[12] http://www.geothermal-energy.org, What is Geothermal Energy? Mary H. Dickson and Mario Fanelli (2003) Instituto di Geoscienze e Georisorse, CNR, Pisa, Italy

[13] http://geothermal.kigam.re.kr/intro/intro2.htm 이태종, 송윤호 역, 한국지질자원연구원 지열자원연구팀, 2004

[14] http://www.konetic.or.kr/?p_name=dbsv&sub_page=konetic_focus&gotopage=1&unique_num=37&menu_idx=3

[15] "2005년 신·재생에너지 백서", 산업자원부, 신재생에너지센터

[16] "풍력발전기술의 동향", 한국과학기술정보연구원 전문연구위원 차종희

[17] "국내 풍력발전산업의 전망과 경쟁력 분석", 이은창, 모세준, 산업연구시리즈, 하나금융연구소, 제17호, 2009. 5. 30, http://www.hanaif.re.kr

[18] "풍력태양광산업 혹독한 구조조정가운데 중국의 입지강화", 이광우, LG Business Insight", 리포트, 2011. 11. 30

[19] 손충열, "풍력에너지 개발현황 및 원천기술 국산화 방안", 손충열, 2009 재생에너지 유망, 산업기술/전망 세미나, 2009. 02

[20] "풍력발전산업 전망과 시장육성방안", 경남호,, 2009 재생에너지 유망산업 기술전망 세미나, 2009. 02

[21] http://www.eia.gov/energyexplained/index.cfm?page=wind_types_of_turbines

[22] http://www.eia.gov/energy_in_brief/wind_power.cfm

[23] http://www.eia.gov/energyexplained/index.cfm?page=wind_where

[24] http://www.doe.gov/articles/banner-year-us-wind-industry

[25] http://www.doe.gov/articles/state-energy-program-helps-promote-bigger-better-euclid-ohio

[26] http://www.doe.gov/articles/turkey-hill-dairy-where-energy-not-left-flapping-wind

연습문제

1. 다음 두 그림은 2009년 국가별 풍력에너지가 전체전력생산에서 차지하는 비중과 세계 풍력에너지의 국가별의 기여도를 나타내고 있다. 만일 2009년 2,500억 KWh라면 독일과 미국의 풍력에너지는 얼마인가? 그리고, 독일과 미국의 전체 전력은 얼마인가?

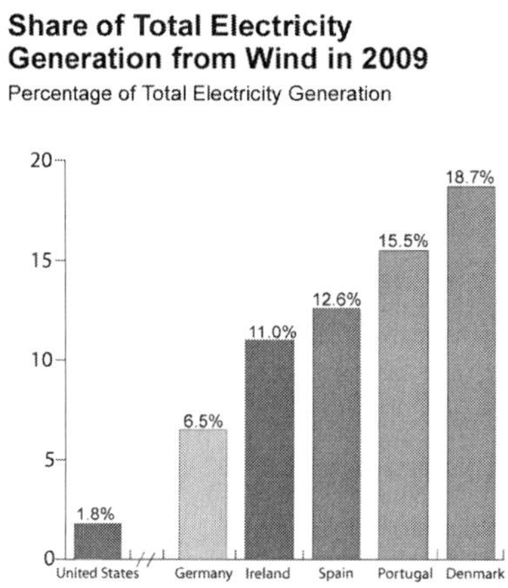

Source: U.S. Energy Information Administration, *International Energy Statistics*.

Note: The United States is shown for comparison purposes only. It does not have the 6th highest level of wind penetration.

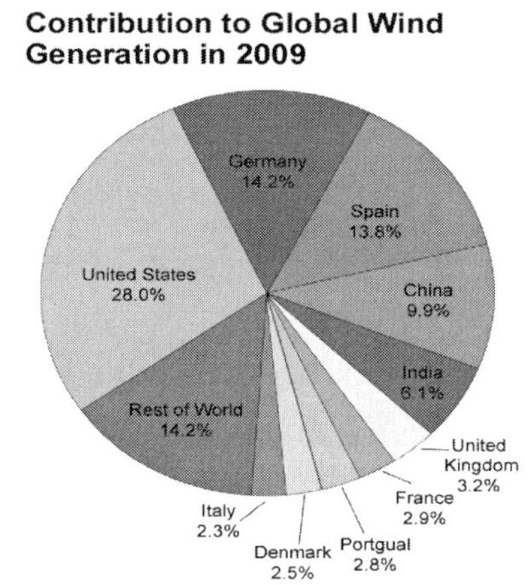

Source: U.S. Energy Information Administration, *International Energy Statistics*.

(자료원: http://www.eia.gov/energy_in_brief/wind_power.cfm)

2. 풍력 터빈("Betz Limit")에 의한 최고에너지출력은 $P = 2.36 \times 10^{-6} D^2 v^3$KW이다. 여기에서, D의 단위는 feet이며, v의 단위는 mph(miles per hour)이다. 만일 풍력터빈에서의 블레이드 반경이 2m이고, 25mph의 속도를 가진 바람이 있다면, 이에 해당하는 최고에너지출력은 얼마인가?

3. 풍력에너지 E[KW]는 바람을 받는 면적 A[m^2], 풍속 v[m/s], $E = 0.00066Av^3$[KW]로 나타낸다. 일반적으로 풍속은 지표로부터 올라갈수록 커지며, 표고 h인 곳에서의 풍속을 v라 하면, 지표의 표고 h_0의 풍속 v_0라고 할 때 실험적으로 다음 식이 성립된다. $v = v_0(h/h_0)^n$ 여기에서, n은 지표의 상태에 따라 1/2~1/9의 값을 가진다. 만일 직경 D = 25ft, 지표 100ft에서 속도가 40 mph(miles per hour)이며, 지표 150ft에서 풍력에너지는 얼마인가?

4. 풍력 터빈(wind turbin)의 동력출력 $P_{turbine}$은 $P_{turbine} \propto \eta D^2 v_{wind}^3$ 여기에서, D는 터빈의 직경이며, v_{wind}는 바람의 속도, η는 효율을 나타낸다. D= 20 m, η= 0.5를 가진 풍력터빈은 v_{wind}= 25m/s를 가진 2.5MW를 생산한다. 만일 v_{wind}= 20m/s를 바람에, D= 44 m, η= 0.5를 가진 풍력 터빈의 풍력출력은 얼마인가?

5. 풍차발전의 경제성이 있으려면, 이에 필요한 조건은 무엇인가?

6. 지열을 이용하여 실생활의 에너이용하는 방법을 설명하시오.

7. 지열에너지의 이용을 환경적 및 경제적측면에서 설명하시오.

8. 2011년 7월 7일 조선일보에 기고한 글에서, 기고자는 신재생에너지인 풍력, 태양광은 너무 자연상황에 의존적이어서 에너지 분야의 주류가 될 수 없다고 본다. 그래서, 하이브리드 원전개발에을 통해 에너지분제를 해결하고자 하는 의견을 제시하였다. 이에 대한 의견을 신재생에너지관점에서 에세이를 제시하시오. 기고한 글은 http://news.chosun.com/site/data/html_dir/2011/07/07/201 1070700085.html에서 얻을 수 있다.

9. 파력에너지, 조류에너지, 조력에너지의 차이점과 특징을 설명하시오.

10. 지열에너지의 환경적 영향은 무엇인 가?

11. 대부분의 지열 장소는 화산활동이 매우 큰 지역에 위치하는 이유는 무엇인가?

12. 지열플랜트가 카르노효율의 1/3정도로 가동되고 있다. 만일 카르노효율이 2/3로 가동되는 화석에너지 플랜트부터 대기로 배출되는 열량보다 얼마만큼 더 많은 열을 배출하게 되는가? 두 시스템 모두의 경우, 콘데서의 온도를 27℃라 한다. 지열플랜트에서 보일러의 온도는 150℃이며, 화석플랜트에서 보일러 온도는 550℃이다. 2개 플랜트에서 나오는 전력은 모두 같다고 가정한다.

13. 지열발전소의 다양한 에너지원의 형태를 설명하시오.

14. 태양과 달 모두는 지구의 해양 조수(밀물과 썰물)를 일으킨다.

1) 태양조수와 달의 조수중에서 어느 조수가 크냐?

2) 태양과 달에 의하여 야기되는 지구의 중격가속도를 계산하시오.

3) 지구에서 태양의 중력장은 달의 중력장보다 엄청나게 크다. 따라서, 조수는 중력장에 비례하지 않다는 결론을 갖는다. 조수를 야기시키는 영향의 본질은 무엇인가? 태양의 영향 대비 달의 영향의 비율을 계산하시오.

15. 우리나라에서 조수간만의 차이를 이용한 조력발전의 건설계획에 대하여 인터넷 website를 통하여 검색하여, 그 지역에서 조력발전소의 설립 타당성을 간략히 설명하시오.

16. 해양의 열에너지로 구동되는 전기발전소가 있다. 이 전기발전소의 터빈의 에너지변환효율은 5%이다. 5,000MW의 출력을 얻기위하여 해양으로부터 추출해야하는 열에너지 동력은 얼마인가?

17. 걸프해안흐름은 $2.2 \times 10^{12} m^3/day$이다. 해수의 온도는 25℃이다. 태양열을 집열하여 이러한 흐름이 되도록하려면, 얼마 만큼의 해양면적이 필요한 가?

화학전지 10장

10.1 전지

10.1.1 전지의 개요

전지는 원리별로 화학에너지를 전기화학적 산화, 환원반응에 의해 전기에너지로 변환시키는 화학전지 (1차전지, 2차전지, 연료전지)와 물리적 방법에 의하여 물리전지(태양전지, 열전소자, 원자력전지)으로 분류할 수 있다. 그림 10.1은 전지를 나무형으로 분류하여 도식화한 것이다. 표 10.1는 원리별로 분류한 전지의 종류와 원리를 간략히 설명하고 있다 [1,2]. 표 10.2는 구성 물질에 따른 화학전지를 분류한 것이다. 일반적으로 전지라 하면 화학전지를 통칭하는 데, 화학전지 중에는 한 번 쓰고 버리는 1차전지(일반 건전지)와 달리 2차전지는 충전을 해서 반영구적으로 사용할 수 있다.

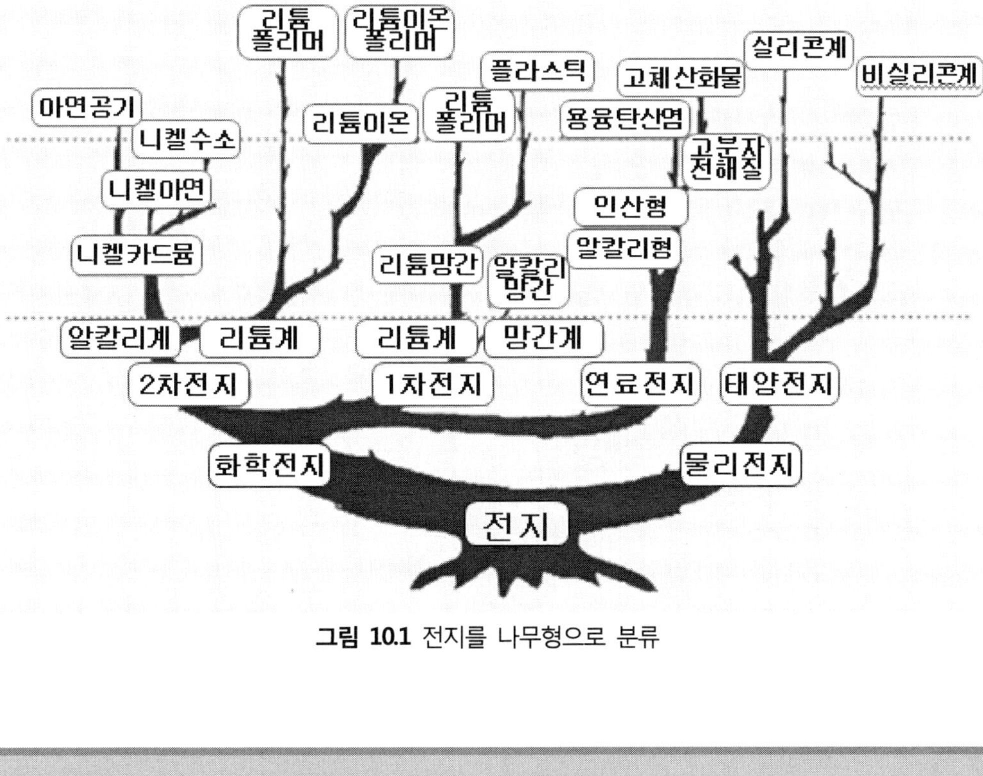

그림 10.1 전지를 나무형으로 분류

표 10.1 원리별로 분류한 전지의 종류와 원리

전 지		원 리
화학전지	1차전지	화학에너지를 전기에너지로 변환시키는 전지로서, 화학반응이 비가역적이거나 가역적이라도 충전이 용이하지 않음
	2차전지	화학에너지와 전기에너지간의 상호변환이 가역적이어서 충전과 방전을 반복할 수 있는 전지
	연료전지	연료(천연가스, 메탄올, 석탄)의 화학에너지를 전기에너지로 직접 변환하는 화학발전 장치로서, 외부에서 연료가 연속 공급되어 발전이 가능한 전지
물리전지	태양전지	반도체의 p-n접합을 이용하여 광전효과에 의해 태양광에너지를 직접 전기에너지로 변환하는 장치
	열전지	반도체의 p-n접합을 이용하여 열에너지를 직접 전기에너지로 변환하는 장치
	원자력전지	방사성 동위원소의 에너지를 전기에너지로 변화

표 10.2 구성 물질에 따른 화학전지의 분류

1차전지	망간전지, 알칼리망간전지, 수은전지, 산화은전지, 리튬일차전지, 공기아연전지	
2차전지	알칼리 축전지	니켈카드뮴축전지
		니켈수소축전지
		니켈아연축전지
		공기아연축전지
	연산계전지	연축전지, 소형봉지 연전지
	유기전해액전지	리튬이온전지(원통형,각형,버튼형)
		금속리튬전지(코인,버튼형)
	폴리머전지	리튬폴리머전지
		리튬이온폴리머전지
		플로톤폴리머전지
	전력자장용전지	나트륨 황전지, Redox Flow 전지, 아연염소전지
연료전지	고분자전해질연료전지(Polymer Electrolyte Membrane Fuel Cell, PEMFC),알카라인형연료전지(Alkaline Fuel Cell), 인산형연료전지(Phosphoric Acid Fuel Cell, PAFC), 용융탄산염연료전지(Molten Carbonate Fuel Cell, MCFC), 고체산화물연료전지(Solid Oxide Fuel Cell, SOFC), 직접메탄올연료전지(Direct Methanol Fuel Cell, DMFC)	
차세대 이차전지	리튬이온이차전지, 리튬이온폴리머전지, 리튬폴리머전지	

10.1.2 전지의 발달 역사

전지는 1794년 이탈리아의 볼타(Volta)에 의하여 세상에 알려졌으며, 모든 전지는 양극(Cathode 또는 Positive Electrode)과 음극 (Anode 또는 Negative Electrode)이라는 활물질들을 가지고 있고, 격리막(Separator)에 의해 분리되어 있으며, 전해질이 양극과 음극사이의 이온 전달을 가능케하여 산화와 환원반응을 일으키게 된다. 표 10.3은 화학전지(1차, 2차 전지)의 역사를 나타내고 있으며, 볼타전자의 발명부터 현재까지 이르고 있다 [3]. 연료전지의 역사는 10.2.2에서 다루게 된다.

표 10.3 전지의 발달과정

1794	볼타(Vota)전지 발명	
1836	다니엘(Daniel)전지 발명	
	일차전지	이차전지
1859		납축전지 발명
1868	망간전지 고안	
1882	알카리망간전지 고안	
1899	망간전지 발명	
1901		Ni/Cd전지 및 Ni/Zn전지 발명
1912		Ni/Fe전지 발명
1917	알카리망간전지 발명	
1941	공기/아연전지 발명	
1942	산화은전지 발명	
1945	수은전지 발명	
1949	알칼리망간전지 실용화	
1970		Ni/Cd전지 실용화
1980 History	CFx리튬일차전지 실용화	
1990		코인형 리튬전지 실용화 상용화 (Ni/MH전지, 리튬이온전지, LPB)
2000		리튬메탈, 리튬황고분자전지, 새로운형태 전지 연구

10.1.3 전지의 특성

10.1.3.1 1차전지

화학에너지를 전기에너지로 변환시키는 전지로서, 화학반응이 비가역적 이거나, 가역적이라도 충전이 용이하지 않은 전지이다. 즉 전지속의 에너지가 소진되면 버리는 1 회용 전지를 의미한다.

표 10.4 1차전지의 특성

망간건전지	1868년 프랑스 르클량셰에 의해 발명된 역사가 오래된 전지 로서, 경부하, 저전력 기기에 적합한 전지 - 주요특징 · 정극재료: 이산화망간 · 부극재료: 아연 · 전해액: 염화암로늄 또는 염화아연 수용액 · 전해질: 염화암모늄, 염화아연 · 격리막: 크라프트지
알칼리 망간건전지	망간건전지와 비교하여 전지용량이 크고 내부저항이 적어서 부하가 큰 장시간 사용에 적합한 전지이며, 원통형과 코인형으로 분류 - 주요특징 · 정극재료: 이산화망간 · 부극재료: 아연 · 전해액: 수산화칼륨 수용액 · 전해질: 수산화칼륨, 수산화나트륨 · 격리막: 부직포(폴리오레핀, 폴리아미드계)
수은전지	1942년 미국의 루벤에 의해 발명되었고, 미국의 PR 말로리사에 의해 생산된 아연을 음극으로 하는 일차전지 가운데서 대단히 높은 에너지 밀도와 전압 안정성으로 60~70년대 소형전자기기의 주전원으로 사용하였으나, 수은의 유해성으로 80년대 이후 사용을 억제 - 주요특징 · 정극재료: 산화수은 · 음극재료: 아연 · 전해액: 수산화칼륨 또는 수산화나트륨 수용액 · 세퍼레이터: 비닐론이나 알파화 펄프계
산화은전지	1883년 프랑스의 클라크와 독일의 돈, 하스랏샤에 의해서 발표되고, 1940년대 군사용 1960년대 민생용으로 개발된 전지로서, 평탄한 방전전압과 소형 뛰어난 부하특성으로 손목시계의 전원으로 사용 - 주요특징 · 정극재료: 산화은(Ag_2O) · 부극재료: 아연 · 전해액: 수산화칼륨 또는 수산화나트륨 수용액 · 세퍼레이터: 비닐론이나 알파화 펄프계
리튬일차전지	리튬일차전지는 60년대들어 미국의 NASA에서 우주개발용 전원으로 연구 개발된 고에너지 밀도의 전지로서, 오늘날 본격적으로 실용화 되는 전지는 플루오르화 흑연・리튬전지와 이산화망간・리튬전지 - 주요특징

	· 정극재료: 플루오르화 흑연, 이산화망간에 탄소 결착 · 부극재료: 리튬 · 전해액: 혼합 유기용매에 보론플루오로와 리튬의 전해질을 용해시킨 액체 · 격리막: 폴리프로필렌, 올레핀계 부직포
공기아연전지	19세기말부터 20세기 초에 걸쳐 거치형 공기전지가 개발되어 항로표지용 전원이나 각종 통신기기에 사용, 단추형으로는 의료기(보청기)용도로 사용, 고에너지 밀도와 큰 전기용량, 평탄한 방전특성 - 주요특징 · 정극재료: 공기 중의 산소 · 부극재료: 아연 · 전해액: 수산화칼륨 수용액 · 세퍼레이터: 폴리오레핀, 폴리아미드계 부직포

10.1.3.2 2차전지

화학에너지와 전기에너지간의 상호변환이 가역적이어서 충전과 방전을 반복할 수 있는 전지를 의미하며, 특히 소형 2차전지는 휴대폰, 노트북컴퓨터, 캠코더, 스마트폰, 아이패드, 전동공구 등에 전원으로 사용된다. 2차전지로는 납축전지, 니켈카드뮴전지, 니켈수소전지, 리튬이온전지, 리튬이온폴리머전지 등이 현재 사용되고 있다.

표 10.5 2차전지의 특성

납축전지	1859년에 발명, 대부분의 자동차 기초전원으로 이용, 저렴한 가격으로 제조가능, 넓은 온도조건에서 고출력 가능, 안정된 성능의 발휘, 비교적 무겁고 에너지 저장밀도가 높지 않음 - 주요특징으로 정극재료(PbO_2), 부극재료(Pb), 전해질(H_2SO_4,수용액), 작동전압 (1.9V)
니켈카드뮴전지	1899년에 발명, 1960년대에 밀폐형 니켈카드뮴전지 양산기술 확립, 철도차량용, 비행기 엔진 시동용등 고출력 산업 및 군사용에 이용, 밀폐형의 경우에는 전동공구 및 휴대용 전자기기의 전원으로 사용, 메모리효과와 유해한 카드뮴의 사용으로 인해 점차 사용기피 추세 - 주요특징으로는 정극재료(NiOOH), 부극재료(Cd), 전해질(KOH 수용액), 작동전압(1.2V)
니켈수소전지	1990년에 실용화, 1992년에 대량 생산이 개시된 2차전지이며, 니켈카드뮴전지와 동작전압이 같고 구조적으로도 비슷하지만 부극에 수소흡장합금을 채용하고 있어, 에너지밀도가 높다. 현재 전기자동차용으로 각광받고 있다. - 주요특징으로는 정극재료(NiOOH), 부극재료(수소흡장합금),전해질(KOH수용액), 작동전압(1.2V)
리튬이온이차전지	1991년 소니 에너지테크가 개발한 이차전지로서, 리튬금속을 전극에 도입한 관계로 안전성면에서는 불완전한 형태로, 보호회로의 사용, 높은 에너지 저장밀도와 소형, 박형화 가능, 소형 휴대용기기용으로 상용화 - 주요특징으로는 전극재료(Li산화물인 코발트산리튬, 망간산리튬, 니켈산

	리튬), 부극재료(C), 전해질(Li-salt유기용액), 작동전압(3.6V)
리튬이온폴리머전지	리튬이온이차전지와 유사, 리튬이온이차전지의 전해액을 고분자물질로 대체하여, 안전성을 높인 것이 다른 점이며, 원천기술의 소유는 미국의 베일런스와 벨코어사 등의 벤처기업이며, 장점으로는 안전하고, 모양을 자유자재로 제작 가능

10.1.4 2차전지의 산업

10.1.4.1 2차전지의 작동원리와 구성

2차전지는 그 에너지변환이 한 번 사용 후 다시 충전하여 계속 사용할 수 있는 재충전식전지로 전류흐름에 의해 물질이 산화/환원되고 물질의 산화/환원에 의해서 전기가 생성되는 과정이 반복적으로 이루어질 수 있게 재료를 조합시킨 것이다. 그림 10.2은 리튬이온전지의 작동원리를 나타내고 있다. 2차전지의 하나인 리튬이온전지를 통해 작동원리를 살펴보면, 이온상태로 존재하는 리튬이온(Li+)이 충전시에는 양극에서 음극으로, 방전시에는 음극에서 양극으로 이동하면서 전기를 생성한다. 리튬이온전지의 핵심기술개발 항목은 에너지밀도 향상과 함께 고수명, 고효율, 저온특성 및 가격절감 등으로서 전지재료의 특성 향상, 새로운 전지구조의 개발, 전극재료 및 극판 제조기술의 향상 그리고 전해액 특성에 크게 좌우된다. 리튬2차전지는 현존하는 2차전지 시스템중에서 단위전지전압 (3.0~3.7V)이 가장 높고 에너지밀도가 우수하며, 단위전지 전압이 높음에 따라 이동기기에 최적화된 특성을 가지고 있으나, 대전류 특성 및 과충・방전에 약하는 단점이 있다.

그림 10.2에서 하부 그림은 원통형 리튬이온전지와 각형 리튬이온전지의 구성도를 나타내고 있다. 내부는 양극과 음극사이에 미세한 공극을 가진 폴리에틸렌 분리막이 위치하고 이것은 두루마리식 또는 나선형으로 감은 구조로 되어 있다. 양극은 집전체인 알루미늄 포일위에 리튬코발트산화물을 코팅하여 구성하고, 음극은 집전체인 구리포위에 흑연화 탄소를 코팅하여 구성한다. 전해액은 $LiPF_6$와 같은 리튬염이 유기용매에 용해한 것을 사용한다. 또, 과충전으로 높아진 내부압을 낮추기 위한 안전벨브가 있고, 양의 온도계수(Positive Temperature Coefficient)와 전류차단디바이스(Current Interrupt Device)소자가 있어 외부 단락에 의한 급격한 전류변화를 정상적인 방전조류로 조정해주는 역할을 한다.

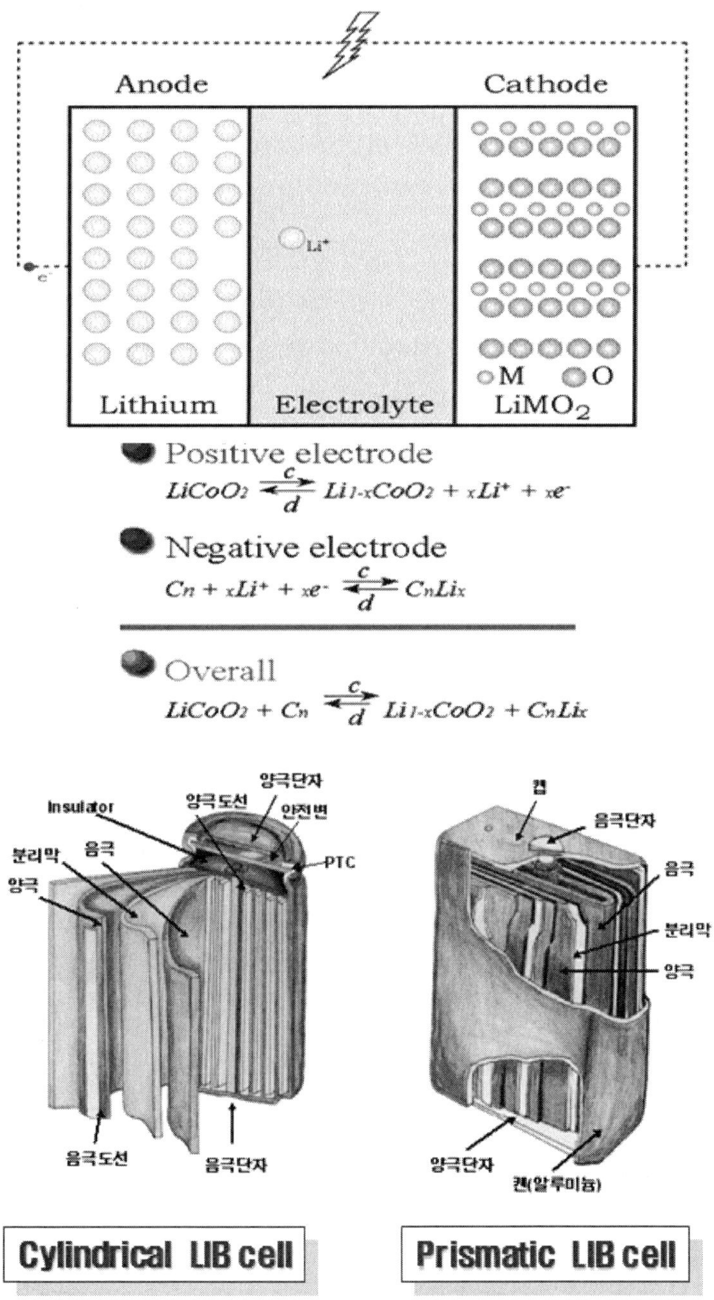

그림 10.2 리튬이온전지의 작동원리 (참고문헌 [3]에서 그림 인용)

10.1.4.1 2차전지의 산업의 변화: 소형에서 중대형 전지 시장으로

차세대 2차전지중 대표적인 리튬이온전지는 1980년대에 연구가 시작되어 10여년이 지난 1991년도에 일본의 소니 에너지 테크(Sony Energy Tec)에서 상용화 보급에 성공한 환경친화적 첨단제품으로서, 극히 일부 선진국에서만 개발 생산되고 있는 3대 핵심 전략부품산업의 하나이며, 선진국에서는 "반도체는 인간의 두뇌", "디스플레이는 인간의 얼굴", "2차전지는 인간의 심장"으로 구분하여 국가기간산업으로 집중 육성하고 있는 국가적 주력제품으로서 일본의 소니 경우 "명성은 전자에서 얻고, 돈은 2차전지에서 번다"고 할 정도의 고부가가치 수출전략상품이다. 아래 그림은 참고문헌 [3]에서 인용된 것이다.

전지산업은 전원을 필요로 하는 모든 휴대용정보통신기기, 전자, 전기기기, 가전제품 등에 필수적으로 사용되는 완제품기기의 기간산업으로서 완제품을 전방산업으로 소재, 부품산업을 후방산업으로 하는 중간산업으로서, 폭넓은 산업연관 효과를 증대시키면서 독자적인 판매도 가능한 산업이며, 국가적으로는 에너지산업이기도 한 중요기간산업이다. 차세대 2차전지 산업은 주요 선진국에서 국가적으로 집중 육성하고 있는 고부가가치산업으로서, 1991년도에 들어와 상용화된 첨단기술제품인 리튬이온 2차전지의 경우, 일본이 세계시장의 60% 이상을 점유하고 있는 주요 수출전략상품이기도 하다.

최근 전지산업에서 소형시장에서 중대형 전지시장으로 이동하는 변화가 나타나고 있다. 그 이유는 고유가시대의 대안, 녹색성장의 기대주로 기대를 모으는 전기자동차의 구동원으로 큰 주목을 받고 있기 때문이다, 그림 10.3 참조. 자동차용 등으로 새로운 중대형전지를 개발하고자 하는 국내외 기업들의 다양한 연구개발 활동이 펼쳐지고 있지만, 성능, 가격 등 점점 더 고도화되고 있는 고객의 니즈에 비해 전지개발 속도가 이를 따라가지 못하고 있어, 전기자동차시대의 도래를 단기간내에 앞당기지는 못하고 있다. 실제로 많은 완성차기업들은 2015년까지 중단기적으로 플러그인 하이브리드 자동차(PHEV), 전기자동차(EV) 도입확대 보다는 기존 내연기관 자동차의 개선을 통한 환경규제 대응과 하이브리드자동차(HEV)적용 확대에 보다 무게를 두고 있는 실정이다. 최근에 에너지소비 절감, 환경규제 등이 갈수록 강조됨에 따라 중장기적으로 자동차에서 xEV의 보급 및 확산은 불가피할 전망이다. 여기에서, xEV는 PHEV, HEV, EV 등 친환경 자동차를 통칭하는 용어이다. 2012년 북경모터쇼에서도 이러한 흐름을 반영하여 다수의 xEV 차량이 출시되었다. 이에 따라 전지시장도 휴대전화와 노트북 등 스마트 기기에서 사용되는 소형 중심에서 xEV 중심으로 성장축이 옮겨가고 있다. 일본 다이와 증권 연구팀의 2020년 리튬이온전지 시장전망에 따르면, 소형시장은 2011년 대비 1.4배 증가한 1조 2,000억엔 규모로 예상되는데, 중대형시장은 10년새 17배 이상 증가한 2조엔 규모를 상회할 것으로 예측되고 있다, 그림 10.4 참조. 전기자동차의 보급에 달렸지만, xEV용 전지시장은 소형전지 시장을 훌쩍 뛰어넘는 거대한 시장으로 성장할 가능성이 크다. 음극재의 경우 노트북용 전지에는 수 십 그램(g)이 사용되었지만, 자동차용으로는 수 킬로그램(kg)이 사용될 정도로 규모가 다른 면만 보더라도 시장의 성장성은 매우 크다. 하지만, 중대형 전지시장은 잠재력에 비해서는 성장속도가 기대에 못 미친다는 것이 일반적인 견해이다. 소형 전지는 현재 시장의 성숙과 재료에 요구되는 특성이 거의 정해져 고객간 사양의 차별화가 그리 크지 않다. 하지만, 중대형전지는 이제 시작하는 단계로 요구성능 수준, 고객 기업간 요구특성이 다양하다 [4].

최근 독일 다국적 화학회사인 바스프(BASF)와 미국의 다우케미컬이 잇따라 전지재료 시장에 진출하였다. 바스프(BASF)는 머크(Merck)의 전해액 사업을 인수하는 등 새로 설립한 글로벌 전지소재 사업부를 통해 '전지재료 토탈 솔루션 파트너' 로서의 입지를 강화하려 하고 있다. 다우케미컬은 우베흥산과의 전해액 합작을 통해 전지재료 사업에 대한 교두보를 확보하는 등 전지재료 분야의 사업 역량 확보에 고심하고 있다. 다음으로, 중국은 국가적인 지원을 등에 업고 최근 중대형 전지재료 분야에 대한 투자를 강화하기 시작했다. 중국 정부에 따르면 2015년까지 전기자동차 50 만대 이상의 판매를 목표로 연 단위 규모로 분리막 1 억㎡, 전해질 1 천톤, 양극재 1 만톤, 음극재 4 천톤을 생산할 계획이다. 특히 음극재에 쓰이는 흑연과 전해액의 주 원료인 불소가 풍부한 중국은 자국의 원재료에 대한 지배력을 바탕으로 전지재료 내 시장 지위를 높인다는 방침이다. 이와 관련 중국 바오안 그룹의 자회사 BTR과 Ningbo Shanshan 등의 기업이 부상하고 있다. 앞으로 중국은 정부 주도의 자동차 산업과 전지재료 산업의 집중 육성을 통해 전후방산업 간의 튼튼한 가치사슬 구조를 만든다는 계획이다. 정부가 밀어주고 시장이 끌어주는 상황 속에서 중국 전지재료 기업들의 빠른 기술 추격과 가격경쟁력 확보는 다른 전지재료 기업 입장에서는 큰 위협 요인이 될 것이다.

독일 완성차 기업 다임러는 전기자동차 사업 역량 확보를 위해 전지재료를 포함한 전지 사업 확대에 힘을 쏟고 있다. 다임러는 2008년 독일 화학 기업 에보닉과의 전략적 제휴를 통해 자동차용 전지 기업 Li-Tec Battery GmbH를 설립하였다. 2013년 300만 규모의 셀 생산을 목표로 설비 투자와 개발을 추진하고 있는 것으로 알려졌다. 특히, 분리막 분야에서 강점을 지닌 다공성 세라믹 코팅 기술을 바탕으로 전지의 안전성 확보, 고용량화 달성 등 전지 재료 기술의 내재화를 통하여, 자사 전지 수요 대응은 물론, 타사 전기자동차의 전지 수요까지 대응하려는 계획을 하고 있다.

미국 A123 Systems는 전지재료 전문기업에서 전지전문기업으로 자리매김하여 전지사업의 수직 전개를 추구하고 있다. 인산철리튬($LiFePO_4$)에 기반을 둔 양극재 제조기업으로, MIT에서 2001년 창업하여 셀 제조사, 모듈/팩 제조사 등을 차례대로 인수하여 기존 전지기업의 아성에 강력하게 도전하고 있다. 특히, 전극을 나노 입자로 코팅하는 기술(Nanophosphate)을 바탕으로 한 차별적 소재 경쟁력으로 올해 A123는 BMW와 Fisker, GM 사에 전지팩을 공급할 예정으로 알려졌다. 양극재의 경우, 인산철외 다른 재료도 적극 개발 및 활용하는 등 전지재료에 대한 경쟁력 확보에 더욱 힘을 쏟고 있는 것으로 알려졌다.

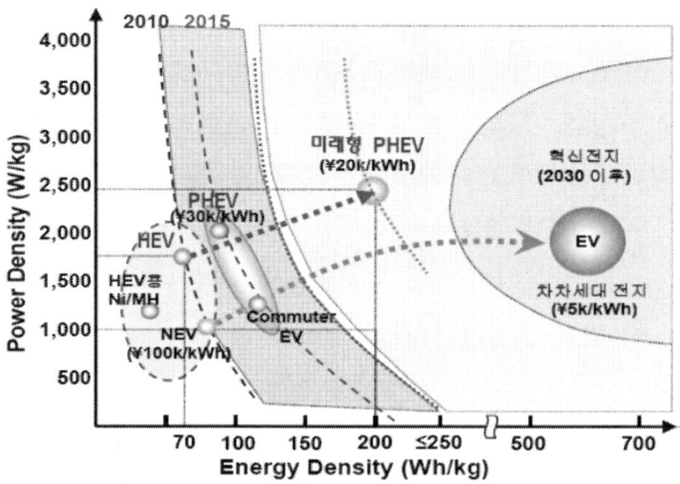

※ NEV : neighborhood EV

그림 10.3 일본 NEDO의 이차전지 개발방향 (참고문헌 [3]에서 그림 인용)

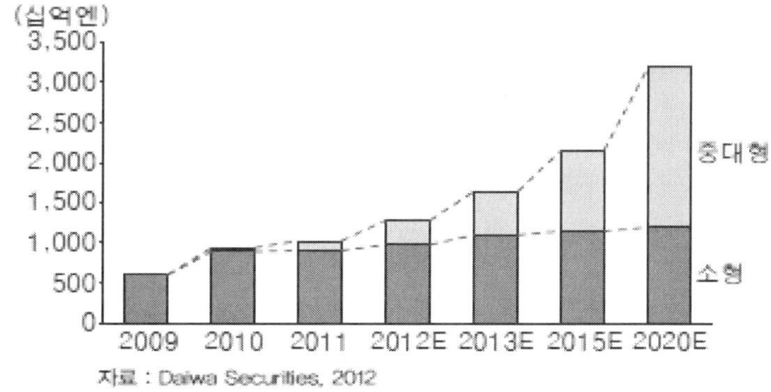

그림 10.4 리튬이온시장의 전망 [4]

10.2 연료전지 (Fuel Cell)

10.2.1 연료전지의 개요

연료전지(Fuel Cell)는 수소를 연료로 하여 전기를 발생시키는 일종의 발전기로서 물의 전기분해반응의 역반응을 이용하여 수소와 산소로부터 전기와 물을 만들어 낸다. 즉, 연료전지는 수소와 산소의 화학반응으로 생기는 화학에너지를 직접 전기에너지로 변환시키는 기술이다: $H_2 + \frac{1}{2}O_2 \rightarrow H_2O$ + 전기. 생성물이 전기와 순수한 H_2O인 발전효율 30~40%, 열효율 40% 이상으로 총 70~80%의 효율을 갖는 신기술이다. 따라서, 연료전지기술은 연소가 없는 공정으로 본질적으로 효율적이며 환경적으로 청정한 기술이다. 연료전지자체에서 생성되는 유일한 생성물은 물과 부산물 열량으로 이는 회수하여 재사용하면 된다. 연료전지는 연료전지 스택, 연료변환장치, 주변보조기기 및 제어기술을포함하는 통합기술이며, 소위 전기화학 엔진으로, 연료가 공급되는 한 전기와 열량을 동시에 공급하게 된다. 연료전지의 기본 구성은 연료극/전해질층/공기극으로 접합되어 있는 셀이며, 다수의 셀을 적층하여 스택을 구성함으로써 원하는 전압 및 전류를 얻을 수 있다.

최근 연료전지의 연구개발은 수소 및 탄화수소 에너지를 가장 효율적으로 활용할 수 있는 핵심기술에 집중되어 있으며, 국가적 차원에서 확보해야할 미래의 에너지 기술분야이다. 왜냐하면 석탄을 에너지원으로 한 동력원으로서 증기기관이 개발되어 산업혁명이 이루어졌고, 석유시대에는 내연기관이 개발되어 20세기의 산업발전을 주도하였듯이, 연료전지는 수소에너지를 전기에너지와 열에너지로 전환시키는 환경친화적이고 에너지효율이 높은 발전장치로서 21세기 수소에너지 시대를 가능하게 할 새로운 동력장치로 평가되고 있다. 또한 자동차 동력원 및 휴대전원용 등 그 응용 범위가 매우 넓어 향후 에너지 시장을 주도할 대표적인 기술로서 경제적인 개발 가치 또한 매우 클 것으로 기대되고 있다.

이미 오래전부터 화학물질속에 저장된 분자 결합 에너지를 3 단계의 에너지 변환과정 (연료의 화학에너지 → 열에너지 → 기계적 에너지 → 전기에너지)를 거치지 않고 직접 전기 에너지로 전환시키는 것은 과학자들의 꿈이었다. 19 세기초에 알레산드로 볼타와 마이클 패러데이의 실험적인 연구에 의해 과학적인 기초가 성립되었고, 그 이후에 마침내 영국의 윌리엄 그로브경 (Sir William R. Grove, 1811~1896)가 그와 같은 꿈은 실현할 수 있었다. 그로브는 1839년 수소와 산소로부터 전기나 물을 직접 만들어 내는 일종의 발전기 즉, 연료전지를 처음으로 발명했다. 그로브경은 본래 법률을 전공하고 재판관으로서 나이트(knight)의 작위를 받은 인물이지만, 병으로 법관의 일을 그만두고는, 1839~1849년의 10년 동안 과학에 흥미를 가졌다. 1960년대 와서야 미국에서는 비로소 우주선 및 군사용 목적으로 그 응용이 시작되었고, 1970년대초 오일 파동이후 미국에서는 미래의 에너지 기술을 확보하는 차원에서 민수용 목적으로 본격적인 개발이 진행되어 왔다.

10.2.2 연료전지의 발달 역사

(1) 고체연료 전지의 아이디어

연료전지의 역사는 연료전지에 관한 구상은 그로브경의 발명보다 약 40년 전에, 1801년에 이미 영국의 데이비경(Sir Humphry Davy)이 그 가능성을 제시한 바 있다. 가장 일반적으로 생각할 수 있는 연료는 숯이나 석탄과 같은 고체 탄소연료이므로, 데이비경도 탄소를 연료로 하는 연료전지의 가능성을 1801년에 학술잡지에 발표하였던 것이다. 그 뒤로 여러 사람이 탄소를 직접 연료로 하는 연료전지를 구성하려고 노력하여 왔지만, 오늘날까지 성공하지 못하고 있다.

(2) 그로브경의 수소–산소 연료전지

그로브경의 연료 전지의 최초의 발명에서는 상부의 작은 전지에 있는 물을 수소와 산소로 분리하는 데 필요한 전기를 만들기 위하여 하부에는 각각 수소와 산소를 포함하는 4개의 대형 전지를 직렬로 연결되어 있다. 이러한 전지의 전극면에서는 작용하는 수소와 산소를 전극활성 물질이라고 하는 데, 화살표는 전류가 흐르는 방향을 나타낸다. 그림 10.5에서 윗부분의 그릇에서는 묽은 황산을 사용한 물의 전기분해로, 수소와 산소가 생성됨을 보여주고 있다. 초기에는 이와 같은 물의 전기분해에 26개의 수소-산소 연료전지가 필요하였으나, 전지의 개량을 위한 노력 끝에 마침내 4개의 물을 전기분해하는 데 성공하였다. 묽은 황산을 전기분해하면, 양극에서는 산소가 발생하고 음극에서는 수소가 발생하므로, 결국 물이 전기분해되는 것이다. 양극과 음극사이의 전압은 직류로서 1.7V 이상이 필요하다.

(3) 다브티얀의 연료전지

제 2차 세계대전 후 남보다 빨리 연구를 시작한 이는 소련의 다브티얀(O.K.Davtjan)이었다. 그는 활성탄에 10%정도의 중금속을 혼합한 것을 연료전지용 극으로 개발하였다. 중금속 중에서, 산소 쪽 전극(양극)용으로는 은이, 수소쪽 전극(음극)용으로는 니켈의 성능이 좋음을 밝혔다. 이러한 전극은, 먼저 은이나 니켈의 질산염 수용액 중에 활성탄을 침적시킨 뒤 일단 350~400℃에서 질산염을 분해하고, 이어서 수소 기류 중에서, 은을 포함하는 전극은 150~200℃, 니켈을 포함하는 전극은 300~350℃에서 소성하여, 은이나 니켈을 금속상태까지 환원시켜서 만든다. 전해액으로 35% 수산화칼륨 용액을 쓰고, 수소와 산소를 사용하여, 상온에서 전류가 흐르지 않는 경우의 전압, 즉 개회로전압 1.12V, 35mA/cm^2 의 전류밀도에서 전류가 흐를 때의 전압, 즉 폐회로전압 0.75V가 되는 전지를 만들었다.

(4) 베이컨 전지의 개발과 실용화

영국의 베이컨은 1952년에, 이른바 베이컨 전지에 관한 영국 특허를 취득하였다. 그는 전극의 "젖음"을 방지하기 위하여, 니켈카르보닐을 열분해하여 얻은 카르보닐 니켈 가루를 소결한 다공성 전극을 사용하였다. 그는 전극의 다공도를 두 가지로 하였다. 즉 전해액에 접하는 쪽은 세공 지름이 16μm인 전극으로 하고, 이 층은 전해액으로 채웠으나, 가스 쪽은 세공 지름이 32μm인 층으로 하여, 이 둘을 접촉시키고, 그 계면에서 전극반응을 진행시키고자 하였다. 이렇게 함으로써, 전극의 "젖음"을 방지함과 동시에, 수소 및 산소를 가압하였을 때 두 기체의 압력이 좀 다르더라도 기체가 전해액 속을 통과하여 폭발을 일으키는 일이 없도록 하였다.

History

1801
Humphry Davy demonstrates the principle of what became fuel cells.

1839
William Grove invents the 'gas battery', the first fuel cell.

1889
Charles Langer and Ludwig Mond develop Grove's invention and name the fuel cell.

1950s
General Electric invents the proton exchange membrane fuel cell.

1959
Francis Bacon demonstrates a 5 kW alkaline fuel cell.

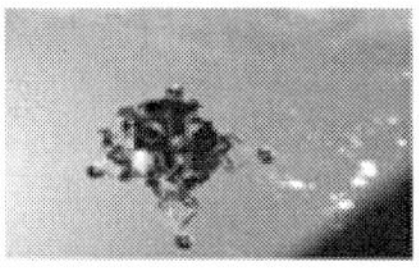

1960s
NASA first uses fuel cells in space missions.

1970s
The oil crisis prompts the development of alternative energy technologies including PAFC.

1980s
US Navy uses fuel cells in submarines.

1990s
Large stationary fuel cells are developed for commercial and industrial locations.

2007
Fuel cells begin to be sold commercially as APU and for stationary backup power.

2008
Honda begins leasing the FCX Clarity fuel cell electric vehicle.

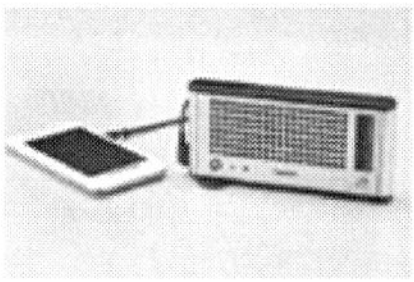

2009
Residential fuel cell micro-CHP units become commercially available in Japan. Also thousands of portable fuel cell battery chargers are sold.

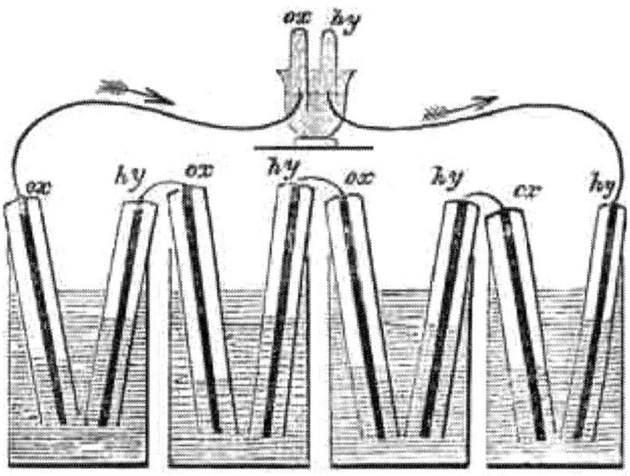

그림 10.5 William R. Groove의 연료전지 4개에 의한 물의 전기분해

(5) 유스티의 DSK전극전지

서독의 유스티(E. Justi)는 DSK 전극(Doppelskellet-Katalysator-Elektrode)을 1954년에 개발하였는데, 전극은 니켈, 몰리브덴, 텅스텐 또는 바나듐의 가루를 소결한 판으로 전극의 뼈대를 만들고, 여기에 래니(Raney) 촉매를 입힌 모양의 것이다. 래니 촉매란 수소나 산소의 활성화에 우수한 특성을 나타내는 촉매로 잘 알려진 것으로서, 수소 활성용으로는 래니 니켈 또는 래니 바나듐이, 산소 활성용으로서는 래니 구리가 우수하다.

(6) 메타놀 연료전지의 시도

수산화칼륨을 전해액으로 하는 연료전지의 연료로서, 1960년대에서는 메타놀과 같은 액체연료를 수소 대신에 사용하는 방법을 검토하였으나, 성능이 좋은 전지를 만들지는 못하였다. 이것은 전해액 중에 메타놀을 녹여서 연료로 사용하고자 하는 것이다. 메타놀은 알칼리성 전해액에서 포름산(개미산)까지는 비교적 간단히 산화되지만, 생성되는 포름산은 메타놀보다도 산화되기 어려운 것이다.

(7) 기체연료를 사용하는 고온 연료전지

탄소가 들어있는 연료를 개질하여 수소가 풍부한 가스를 만들어 사용하는 것이 오늘날 주류를 이루고 있다. 그러나 개질 가스를 사용하는 연료전지도, 인산과 같은 산성 전해액을 사용하는 전지 외에는, 응용 탄산염이나 고체 전해질을 사용하는 고온 연료전지로 발전되고 있다. 가스연료를 사용하는 고온 연료전지 중 응용 탄산염을 전해액으로 하는 전지의 효시로서는, 1958년 암스텔담 대학에서 시험적으로 만든 케일라-브로어즈(J. A .A. Ketelaar-G. H. J. Broers)의 전지, 1959년에 발표된 고린-레히트(E. Gorin-H. L. Recht)의 전지, 그리고 1958년 영국의 특허로서 나타난 체임버즈-탄트람(H. H. Chambers-A. D. S. Tantram)의 전지 등이 있다.

(8) 선진국의 연구 동향

미국의 경우에, 지금까지 가장 적극적으로 연료전지개발 및 상용화에 힘을 기울여 왔다. 1960~1963년에 우주개발용 목적으로 최초의 연료전지인 이온교환막형 연료전지(출력 1KW)를 미국의 GE에서 개발하여 Gemini 5호에 탑재를 시작으로 1966년 Apollo 2호, 10호, 13호에 알칼리형 연료전지를 P&W (Pratt & Wnitney Air Crafe Co.)가 개발하여 13회 운행하는데 성공하였다. 그 후 1978년 후반에 Space Shuttle용으로 GE, P&W Allis Chalmers사들이 참가하여 Mark Ⅰ계획을 수행하였고, 1980년에 들어와서 미국항공우주국(NASA)에서 Mark Ⅱ계획으로 10,000시간의 수명을 갖는 연료전지개발에 착수하였다. 군용으로 히드라진($N_2H_4 \cdot H_2O$)연료전지를 미국 Union Carbide사에서 300KW급을 만들었으며 미국과 프랑스 합작(Alsthom. Exxon)으로 100KW급 히드라진 연료전지를 만들었다. 민수용으로의 기술이전은 1967년에 미국 천연가스 관련업체 27개사가 TARGET (Team to Advance Research for Gas Energy Transformation)계획을 수립하고 UTC (United Technology Co.)회사에서 추진하여 1968~1969년에 PC II A-1형 시험용 인산형 연료전지 개발을 시작하였다. 계속해서 1970~1971년에 총열효율 40%정도 되는 PC II A-2의 설계 및 제작에 성공하여 60기를 만들어 3개월 이상 시험에 성공하였으며 1976년 미국 에너지성(DOE)에서 국책연구로 대규모 지원이 시작되어, 12.5 KW급 PC II 연료전지시스템을 만들었다. 1978년에 미국 전력회사 9개사의 주문으로 UT회사에 의뢰하여 FCG-2 계획에 따른 26 MW급 발전소용 인산형 연료전지 개발에 착수하여 현재 1호기가 뉴욕 맨해탄에 건설되었다.

일본의 경우, 1972년 미국의 TARGET계획에 참여하여 1974년부터 1980년에 Sunshine계획을 수립하여 인산형 연료전지 1000 KW급을 제작 시험하였으며 1986년 통산성공업기술원 Moonlight계획에 의해 미국 UT회사와 합동으로 1MW급을 개발하여 시험운전 하는데 성공하였다. 이후 연료전지를 이용한 발전 시스템은 주로 대형(MW급) 및 소형(KW급)국지적 전력발전용으로 많이 도입되어 왔으며, Ballard Power System, Siemens Westinghouse 등과 같은 많은 전력 회사에서 상용화에 참여하고 있다.

10.2.3 왜 연료전지가 신재생에너지로서 중요한 가?

10.2.3.1 연료전지의 중요성

연료전지는 다음과 같은 에너지원의 변화의 흐름에 중심에 있기 때문에 중요하다 [5].

(1) 증기기관의 발명이 에너지를 동력원으로 사용하게 된 시발점이었으며, 즉, 열에너지를 기계에너지로 전환시키는 증기기관은 각종 기계류의 원동력기 역할을 함으로써 산업혁명을 촉발하게 하였다. 동일한 이유로, 연료전지가 중요한 것은 내연기관이 석유에너지 시대의 핵심이었듯이, 수소에너지 체계의 핵심은 연료전지이기 때문이다.

에너지원 변천과 에너지 변환장치

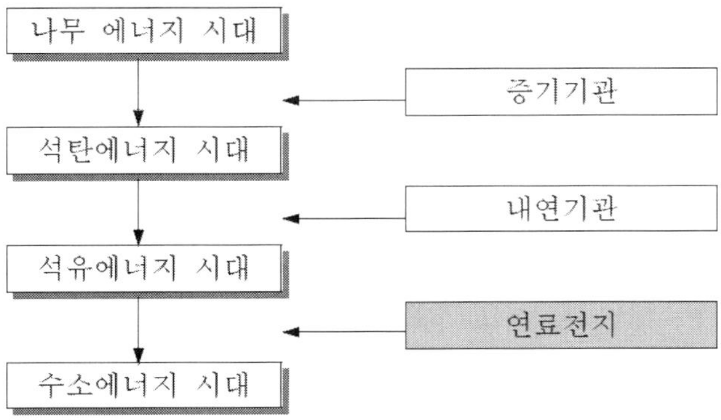

(2) 수소는 거의 무한정하게 사용할 수 있는 에너지 자원이다. 수소는 우주에서 가장 흔한 에너지원으로서 지구표면 물질의 70%이상이 수소로 구성되어 있다. 수소에너지사용은 인류의 에너지원이 화석연료에서 비화석연료로 전환됨을 의미한다. 수소는 단위 질량당 에너지량이 가솔린의 약 4배가 된다. 수소는 기체이면서 탄소비율이 제로(Zero)인 에너지원이다. 풍력, 수력등 자연에너지를 제외한 에너지자원은 고체(나무, 석탄)→액체(석유)→기체(가스)의 형태로 변화되는 흐름에 부합된다. 또한, 주로 탄소와 수소로 구성되어 잇는 화석연료는 '수소대비 탄소비율' 이 낮은 연료를 보다 많이 사용하게 되었다: 수소대비 탄소비율: 나무(10)→석탄(2)→석유(0.5)→천연가스(0.25) 이다.

(3) 니켈수소전지, 리튬이온전지 등을 충전하는 데 3시간 정도 소요되지만, 연료전지는 몇 초정도면 연료주입이 가능하다. 그림 10. 6에서 보는 바와 같이, Kg당 에너지밀도가 1,000 Wh로 리튬폴리머전지의 3배 이상된다. 휴대용, 발전용 등 다양한 분야에 응용할 수 있는 장점이 있다. 셀의 개수를 늘려 출력을 높일 수 있기 때문에, 형태에 따라 수 W~수십 MW의 전력생산이 가능하다.

(4) 연료전지 자동차의 경우에는 가솔린 차량에 비하여 3 배 이상 효율이 높다. 채굴상태의 에너지 100를 투입하였을 때, 가솔린차량은 14, 일본 도요타 하이브리드차량의 프리우스는 29, 연료전지차량은 42가 실제로 에너지로 전환된다.

(5) 가정용으로 연료전지를 사용할 경우에는 투입 에너지량의 16% 절감이 된다, 아래 그림을 참조. 전기를 가정으로 송·배전하는 데 소모되는 손실이 최소화된다.

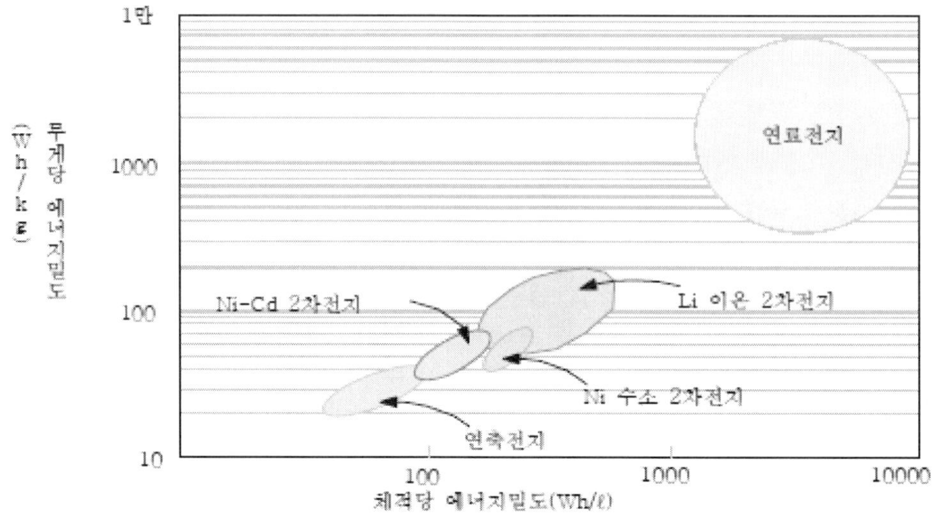

그림 10.6 각 종 연료들의 에너지 밀도의 비교 [6]

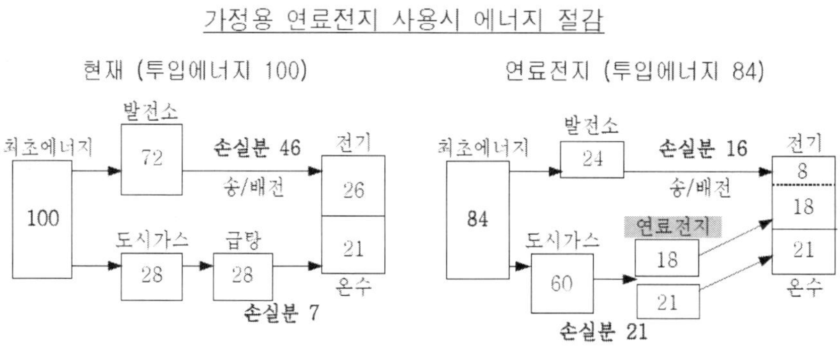

10.2.3.2 연료전지의 문제점

(1) 높은 가격

가정용 연료전지 1KW급 시스템의 경우, 현재 1기당 6천만원 이상으로 정부의 지원 없이는 보급이 어려운 상황이다. 또한 연료전지 단가는 현재 화석연료 대비 수 배에 달하고 있어 가격 경쟁력이 매우 낮은 상황이다. 연료전지의 이러한 높은 가격은 우선 고효율에 반드시 수반되는 고가의 촉매 및 전해질에 기인한다. 연료전지의 주 연료인 수소를 LNG로 부터 추출하여 생산하고 있는데 LNG 가격의 영향을 받는다. 혁신적인 소재 개발 및 연료(수소) 제조단가 개선 등을 통해 가격경쟁력을 확보할 때 연료전지 상용화가 본격적으로 진행될 수 있을 것으로 판단된다. 참고로, 다음 자료는 제조방법에 따른 제조비용을 나타내고 있다 [7].

제 조 방 법		제조 비용(US$/kg)
화석연료이용	천연가스 수증기 개질	0.62 ~ 1.35
	석탄가스화	1.18 ~ 1.39
전기분해	태양광발전	5.02
	풍력발전	2.42

(2) 연료(수소) 인프라 증대

연료전지의 주 연료인 수소를 공급하는 방식은 크게 두 가지로, ① 분산된 스테이션에 천연가스 등으로 수소를 만들어 공급하는 방식, ② 공장 또는 플랜트에서 집중적으로 수소를 생산하여 공급하는 방식이 있다. 특히 연료전지 상용화를 위해서는 석유플랜트, 제철소 등에서 대량의 수소를 저장하여 연료전지에 공급하는 인프라 구축이 필요하다. 다만 이와 같이 제철소, 화학 공장에서 화석연료를 개질하여 수소를 만들 경우 비용은 작지만, 이산화탄소 배출량 증가로 환경오염에 영향을 주기 때문에 상용화에 장애 요소로 작용한다. 향후 태양광, 풍력 등 여타 신재생에너지 생산비용이 절감되어 그리드패러티(Grid Parity)에 도달될 경우 이를 활용한 전기분해 방식으로 수소를 생산하여 환경오염없이 안정적으로 연료 공급이 이뤄질 전망이다.

(3) 혁신적인 기술 개발

연료전지가 상용화되기 위해선 기존 연료전지의 한계를 극복하거나 새로운 시장을 창출할 수 있는 연료전지 기술이 개발되어야 한다. 현재 연구개발 중인 대표적인 예로 고체산화물연료전지(Solid Oxide Fuel Cell, SOFC)가 있는데 이는 다양한 연료전지 종류 중 가장 발전효율이 높고 크기의 제한 없이 광범위한 영역에서 활용이 가능하며, 상대적으로 단순한 구조로 다양한 연료 사용이 가능하다. 이러한 장점들로 인해 이미 전세계적으로 여러 기업들이 연구개발에 참여하고 있으나 현재까지 실증단계로 상용화가 지연되고 있다. 일본의 경우, 고체산화물연료전지(Solid Oxide Fuel Cell, SOFC)의 핵심 부품인 전해질 개발에 교세라, 토토 등이 참여하고 있으며 가정용 연료전지 사업을 영위 중인 오사카가스는 고분자전해질연료전지(Polymer Electrolyte Membrane Fuel Cell, PEMFC)와 함께 고체산화물연료전지(Solid Oxide Fuel Cell, SOFC)개발도 추진하고 있다.

(4) 연료전지의 사용규제

연료전지는 전기를 생산하기 때문에 전기기술자가 시설을 관리해야한다. 그러나, 모든 가정에서 전기기술 자격증을 갖추는 것이 현실적으로 불가능하다. 일본정부의 경우 연료전지 보급

확대를 위해 전기관련 규제를 완화하였다.

(5) 수소에너지 사용의 난제인 용기

자동차에서 수소를 연료를 사용하기 위해서는 고압 수소탱크가 필요하다. 한번 주입으로 가능한 순항거리는 300km가 되려면 탱크내의 압력이 35MPa(백만 파스칼)가 되어야 하고, 가솔린차 수준인 500km가 되기 위해서는 70MPa가 되어야 한다, 여기에서, 1 기압은 1.013×10^5 Pascal이다. 1 MPa는 9.869 atm이다.

10.2.4 연료전지의 작동원리

(1) 연료전지의 작동원리

연료전지란 석탄이나 석유와 같은 화석연료가 가지고 있는 화학에너지를 연료로 하여 물의 역전기분해의 수소-산소 전기화학 반응을 통하여 전기에너지로 변환시키는 전기화학 장치를 말한다. 일반적인 고체산화물 연료전지에서는 기체상태의 연료가 연속적으로 산화극(Anode, 수소 산화반응이 일어나는 전극)으로 공급되고, 산화물(일반적으로 공기중의 산소)은 환원극(Cathode, 산소환원반응이 일어나는 전극)으로 공급된다. 산화극에서는 수소가 전자를 내어놓고 전해질을 통해 이동해 온 산소이온과 만나 물과 열을 생성시키며, 생성된 전자는 외부회로를 통해 직류전류를 만들면서 환원극으로 이동한다. 환원극에서는 산소와 만나 산소이온이 되고 생성된 이온은 전해질을 통해 산화극으로 이동하게 된다. 일반적으로 200℃ 이하에서 작동하는 저온 연료전지의 경우 수소이온이 환원극쪽으로 이동하여 물을 생성시키는 반응을 일으키지만 기본적인 전극 반응의 원리는 동일하다. 수소를 연료로 사용할 때 발생하는 수소-산소의 화학 반응식은 다음과 같다.

$$CH_4 + 2H_2O \rightarrow 4H_2 + CO_2$$

또는

$$H_2O \rightarrow H_2 + \frac{1}{2}O_2$$

- 적절한 가스 분배 구조를 거친 수소와 산소의 연속적인 공급
- 발생한 물이 음극의 가스 분배 구조를 거쳐 연속적으로 배출됨
- 전해질층에 의한 수소와 산소의 분리

• 전해질층을 통한 양성자의 이동
• 외부의 전도체를 통한 전자의 이동

■ 연료전지의 산화-환원 반응

• 산화와 환원

산화는 물질로부터 전자가 제거 되는 과정을 말한다. 전자는 반응에 의하여 유리된다. 환원은 물질에 전자가 첨가되는 과정을 말한다. 전자는 반응에 의하여 소비된다.

• 산화극(Anode)과 환원극(Cathode)반응은 연료극과 공기극에 해당한다.

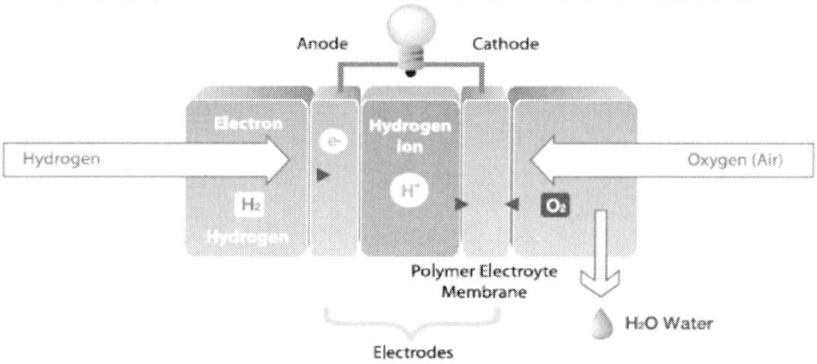

• 연료극(Anode) 반응: $H_2 \rightarrow 2H^+ + 2e^-$
• 공기극(Cathode)반: $\frac{1}{2}O_2 + 2H^+ + 2e^- \rightarrow H_2O$
• 전체반응: $H_2 + \frac{1}{2}O_2 \rightarrow H_2O$

그림 10.7 간단한 수소-산소 연료전지의 작동 원리

이러한 작동원리를 토대로 연료전지시스템은 연료개질장치, 연료전지 본체, 전력변환 장치, 열 회수시스템으로 구성된다. 연료개질장치는 수소를 함유한 탄화수소계 연료를 수소가 농후한 가스로 변환하여 연료전지에 적합하도록 만들고, 연료전지 본체는 수소와 산소 반응을 통해 직류전기, 물 및 열을 발생시킨다. 전력변환장치는 직류를 교류로 변화하며 열회수 시스템은 본체에서 나오는 폐열을 회수하여 연료개질장치를 예열하거나 열병합발전 시스템에 열을 공급한다.

(2) 연료전지차량에서 배출되는 물의 양

수소연료전지차량(Hydrogen Fuel Cell Vehicles, HFCVs)은 가솔린 내연기관차량(Gasoline-Powered Internal Combustion Engines, GPICEs)과 마찬가지로 1마일당 동일한 양의 물을 배출한다. 1갤런의 물을 사용하였을 때, 이들 가솔린 내연기관차량과 수소연료전지차량은 각각 1갤런당, 25마일, 25MPG 과 60마일, 60MPG를 배출한다. 즉,

Gasoline Internal Combustion Engine Vehicle ⟶ 25 mpg

1 gallon gasoline= 2.7 kg of fuel (may be represented approximately as CH_2)

CH_2	+	3/2 O_2	⟶	CO_2	+	H_2O (water)
2.7 kg	+	9.3 kg	⟶	8.5 kg	+	3.5 kg

3.5 kg water/25 miles = .14 kg water/mile

Hydrogen Fuel Cell Vehicle ⟶ 60 mpgge

1 gallon of gasoline equivalent of hydrogen very nearly equals 1.0 kg H_2

H_2	+	1/2 O_2	⟶	H_2O (water)
1.0 kg	+	8.0 kg	⟶	9.0 kg

9.0 kg water/60 miles = .15 kg water/mile

위의 계산은 가솔린내연기관차량이 1 갤런당 평균 25 마일, 수소연료차량으은 가솔린 등가(Equivalent) 수소 1 갤런당, 즉 1GGE 평균 60마일이라고 가정한다. 여기서, 수소 1GGE (Gallon of Gasoline Equivalent)은 가솔린 갤런과 에너지함유량이 같고, 대략 수소 1kg과 같다고 가정한다. 따라서, 수소연료전지는 종래의 연소시스템보다 에너지효율이 2.4배가 높고 가솔린 등가 갤런당 2.4배 마일을 더 주행할 수 있기 때문에 매우 훌륭한 시스템이다.

10.2.5 연료전지의 부품구성

연료전지의 부품구성은 다음과 같다.

(1) 고분자전극장치(Membrane Eletcrode Assembly)

- 전해질

- 고분자전해질막 (PEM)은 (+) 전하된이온만 전도시키고, 전하는 차단시킨다. 고분자전해질막 (PEM)은 연료셀 기술에서 매우 중요한 역할을 한다. PEM은 양극과 음극사이에서 필요한 이온만 투과시킨다. 고분자전해질을 통과하는 다른 물질들은 화학반응이 못 하도록 분리한다. 고분자전해질은막의 두께는 전해질막의 종류에 따라 달라진다. 촉매의 두께는 백금(Pt)가 얼마만큼 각 전극에 사용되느냐에 따라 달라진다. 단위 면적 cm^2당 0.15 milligrams (mg)를 포함하고 있는 촉매층에 대하여, 촉매층의 두께는 대략 10 micrometers (μm)이다. 전해질막/전극장치의 전체 두께는 약 200μm일 때, 0.7V 전압으로 단위 면적(cm^2)당 0.5 암페어 전류 이상으로 흐른다. 연료전지의 전해질은 연료이온이나 산화제 이온의 도전체이지만, 전자의 도전체는

아니어야 하며, 이들 이온의 도전율은 되도록 높은 것이 좋다. 고분자전해질○연료전지의 전해질인 이온교환막인 FSAP(Fluorinated Sulfonic Acid Polymer)계열의 고분자인 Nafion의 구조를 나타내고 있으며, 현재 가장 많이 이용되고 있다. 전해질은 FSAP와 같은 양이온 전도막을 이용하며 촉매전극은 전기화학반응을 위한 다공성 담지촉매와 바인더 및 이온전달체역할을 하는 이오노머(Ionoimer)로 구성된다.

- 전극 구성재: 연료전지에는 연료와 산화제를 연속적으로 공급하는 것이 원칙인데, 대부분이 기체이고 일부 액체가 사용된다. 그러나 전지의 전극은 전자도전체여야 하므로, 기체를 전극 물질로 하려면 특수한 방법이 필요하다. 기체나 액체는 대개 전자도전체가 아닌데도 전해액과 접촉되어 있어야 하므로, 이 접촉 장소에 전자 도전체를 공급함으로써 전자를 주고받을 수 있게 한다. 이 전자 도전체는 전해액이나 전극 활성물질인 기체 및 액체에 의하여 침해되지 않는 것이어야 하므로, 기체가 전극 활성물질인 때에는 다공성 판을 사용한다. 이러한 것을 가스전극(Gas Electrode) 또는 가스확산전극(Gas Diffusion Electrode)이라 한다.

기체는 다공성 판을 통하여 전해액 쪽으로 확산되며 전해액은 다공성 판 속으로 스며 들므로, 이 두 가지 물질이 다공성 판 안에서 만나게 된다. 이 때 전자를 주고받는 반응은, 전자도전체인 다공성 전극구성재, 전해액 및 기체 세 가지가 접촉되는 장소에서 일어나야 한다. 이 장소는, 다공성 판 속의 한 선이 되어야 할 것이지만, 전해액에 용해된 기체도 전자 수수반응에 관여하게 되므로, 실제로는 이 세 가지 물질의 접촉선 부근에서 전자 수수반응이 일어나게 된다. 이러한 장소를 삼상대(Three Phase Zone)라 한다. 즉, 연료전지는 대개 두 개의 가스전극과 이들을 격리하는 전해질로 이루어진다고 할 수 있다.

다공성 전극을 구성하여 가스전극에 전지반응을 일으키게 하는 장소를 제공하는 동시에 집전체가 되어야 하는 경우가 많으므로, 다공도가 적당하고 기계적 강도가 크며 가스나 전해질에 침해받지 않는 양호한 전자 도전체이어야 한다. 이 때문에 알칼리성 전해액일 때에는 탄소, 니켈, 은이, 산성 전해액일 때에는 탄소계통의 재료가 사용된다. 고온 연료전지에서는 환원 분위기의 음극용으로서는 니켈, 니켈-크롬, 니켈-코발트 합금이 쓰이지만, 산화 분위기의 양극용으로서는 재료의 선택이 쉽지 않아 산화물 반도체가 몇 가지 검토되고 있다.

(2) 촉매(Catalyst)

고온 연료전지에서는 촉매가 특별히 필요하지 않으나, 300℃정도 이하에서 작동되는 저온 연료전지에서는 촉매를 사용하여 전지반응을 촉진시켜야 한다. 이 촉매는 전지반응에 대하여 활성이 있을 뿐만 아니라, 전극기체나 전해액에 침해받지 않고 작동온도에서 안정하여 긴 수명이 보증되는 것이어야 한다.

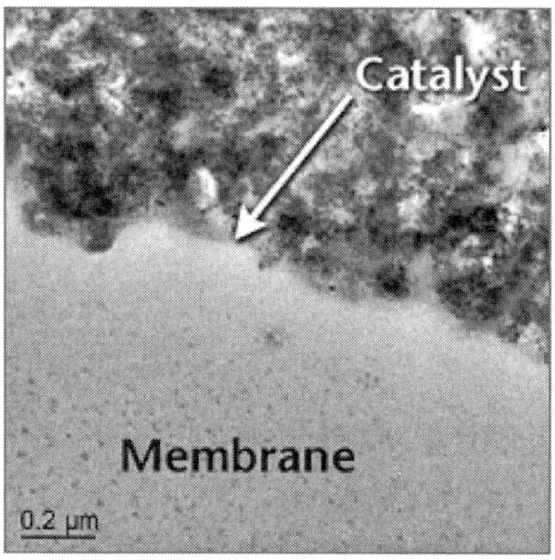

(3) 발전시스템구성

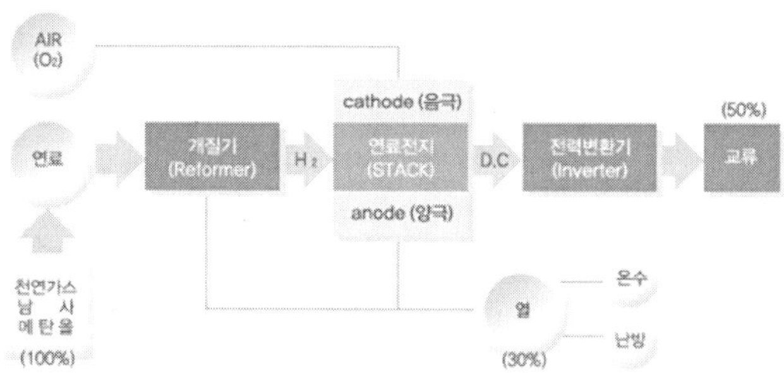

상기 그림은 연료전지의 발전시스템의 구성도를 나타낸 것이다. 발전시스템은 개질기, 단위전지, 스텍, 전류변환기로 구성되어 있다.

- 개질기(Reformer)은 연료인 천연가스, 메탄올, 석탄, 석유 등을 수소가 많은 연료로 변환시키는 장치이다.

- 단위전지(Unit Cell)은 기본적으로 전해질이 함유된 전해질 판, 연료극(Anode), 공기극(Cathode), 이들을 분리하는 분리판 등으로 구성되어 있다. 이 단위전지(Cell)에서 전류를 인출하는 경우 통상 0.6~0.8V의 낮은 전압이 생성된다. 연료전지에서 단위전지는 분리판(Flow Field Plate 혹은 Bipolar Plate)라고 하는 연결체에 의하여 직렬로 연결된다. 분리

판은 연료 혹은 산화제의 공급을 위한 유로를 포함할 수 있으며 반응가스를 전극표면으로 균일하게 분포시키고, 액체 전해질을 사용하는 연료전지에서는 전해질을 저장하여 전지의 작동에 있어서 전해질의 유출을 막는 전해질 저장기(Electrolyte Reservoir) 기능을 하여야 하며, 전극과 분리기 사이를 통하는 전류의 통로를 제공하는 전류 집전체(Current Collector) 역할을 한다.

- 스택(Stack)은 원하는 전기출력을 얻기 위해 단위전지를 수십 장, 수백 장 직렬로 쌓아 올린 본체이다.

- 전력변환기(Inverter)은 연료전지에서 나오는 직류전기(DC)를 우리가 사용하는 교류(AC)로 변환시키는 장치이다.

10.2.6 연료전지의 특징

연료전지는 수소와 산소가 가진 화학적 에너지를 직접 전기 에너지로 변환시키는 전기화학적 장치로서 수소와 산소를 양극과 음극에 공급하여 연속적으로 전기를 생산하는 새로운 발전 기술이다. 연료전지는 다음과 같은 일반적인 특성를 갖는다.

연료전지의 일반적인 특성:

① 기존의 발전 방식은 연료를 투입하여 전기를 얻기까지의 과정에서 열 및 운동에너지를 포함하고 있기 때문에 여러 곳에서 에너지 손실이 발생한다. 연료가 전기화학적으로 반응하여 전기를 생산하는 과정에서 열도 발생하므로 총효율을 80% 정도로 높이는 고효율 발전이 가능하며, 기존의 화력 발전에 비해 효율이 높으므로 발전용 연료의 절감이 가능하고 열병합 발전도 가능하다. 특히, 열병합(Combined Heat and Power: CHP) 발전소는 난방, 냉방, 온수 등을 대형건물에 공급 가능하다. 이들 CHP 단위발전소는 에너지효율이 70%이상, 심지어는 80~90%도 가능하다. 디젤엔진, 가솔린엔진, 가스터빈의 경우 출력 규모가 클수록 발전효율이 높아지는 경향이 있으나 연료전지의 경우 출력 크기에 상관없이 일정하게 높은 효율을 얻는 것도 큰 장점이라고 할 수 있다.

② 또한 연료전지는 기본적으로 수소, 산소의 전기화학 반응으로 전기를 발생하는 발전장치이기 때문에 화력 발전과 같이 연소과정이 없으며 생성물이 전기, 물 그리고 열 뿐이어서

환경오염이 적다. 현재는 천연가스, 석탄 등 화석연료로부터 수소를 얻고 있으나 향후 풍력, 태양광 등의 대체에너지를 통한 물 전기분해로 수소를 얻게 되면 이산화탄소, 질소산화물, 황산화물 등의 배출이 없는 무공해 에너지 시스템이 가능해질 것이다. 소음도 매우 적어 공해 배출 요인이 거의 없는 무공해 에너지 기술이다.

③ 연료전지는 규모에 따른 에너지 전환 효율 차이가 크지 않아 소형에서도 높은 에너지 전환 효율을 기대할 수 있다. 따라서 연료전지는 용도에 따라 다양한 규모로 제작하여 활용할 수 있으며 소음 및 유해가스 배출 감소 효과가 있고 자연환경에 따른 제약이 크지 않아 도심에서도 유용하게 사용될 수 있다. 이와 더불어 모듈화에 의한 건설 기간의 단축, 설비 용량의 증감이 가능하고 입지 선정이 용이하다. 따라서 도심 지역 또는 건물내 설치가 가능하여 경제적으로 에너지를 공급할 수 있으며, 천연가스, 도시가스, 나프타, 메탄올, 폐기물가스 등 다양한 연료를 사용할 수 있으므로 기존의 화력발전을 대체하고, 분산 전원용 발전소, 열병합 발전소, 무공해 자동차 전원 등에 적용될 수 있다.

④ 연료전지 발전시스템은 수소를 함유한 일반 연료(LPG, LNG, 메탄, 석탄가스 메탄올 등)로 부터 연료전지가 요구하는 수소를 많이 포함하는 가스로 변환하는 연료개질 장치, 연료개질 장치에서 들어오는 수소와 공기 중의 산소로 직류 전기와 물 및 부산물인 열을 발생시키는 연료전지본체, 그리고 연료전지에서 나오는 직류를 교류로 변환시키는 전력변환 장치로 구성된다. 이와 같은 기본적인 장치 외에도 플랜트의 효율을 높이기 위해서는 연료전지 반응에서 생기는 반응열과 연료개질 과정에시 나오는 폐열 등을 이용하는 장치가 부수적으로 필요하다.

10.2.7 연료전지의 종류

연료전지는 사용하는 전해질의 종류에 따라 운전온도가 정해지며, 크게 다음과 같이 분류된다. 이들은 작동온도에 따라 다시 고온형과 저온형으로 구분되며, 650℃ 이상의 고온에서 작동하는 고온형 연료전지인 용융탄산염연료전지(Molten Carbonate Fuel Cell, MCFC)와 고체산화물연료전지(Solid Oxide Fuel Cell, SCFC)는, 백금을 전극으로 사용하는 저온형 연료전지와는 달리, 전극촉매로 니켈을 비롯한 일반 금속촉매를 쓸 수 있는 장점이 있다. 고온형은 발전효율이 높고 고출력이이지만 시동 시간이 오래 걸려 발전소나 대형건물 등에 적합하다. 저온형인 인산형연료전지(Phosphoric Acid Fuel Cell, PAFC) 와 고분자전해질연료전지(Polymer Electrolyte

Membrane Fuel Cell, PEMFC), 직접 메탄올연료전지(Direct Methanol Fuel Cell, DMFC)는 상온에서 200℃ 이하의 저온에서도 구동될 수 있으며, 시동시간이 짧고 부하변동성이 뛰어난 특징이 있으나, 고가의 백금 전극이 필요하다. 운전온도는 전해질이외에도 전극, 각 부품의 연결부, 전류 집전체 등의 물리화학적 특성에 의해서 영향을 받는다.

(1) 고분자전해질연료전지(Polymer Electrolyte Membrane Fuel Cell, PEMFC)

(2) 알카라인형연료전지(Alkaline Fuel Cell)

(3) 인산형연료전지(Phosphoric Acid Fuel Cell, PAFC)

(4) 용융탄산염연료전지(Molten Carbonate Fuel Cell, MCFC)

(5) 고체산화물연료전지(Solid Oxide Fuel Cell, SCFC)

(6) 직접 메탄올연료전지(Direct Methanol Fuel Cell, DMFC)

(1) 고분자전해질연료전지(Polymer Electrolyte Membrane Fuel Cell, PEMFC)

고분자전해질연료전지(PEMFC)는 연료와 공기의 이동을 막고, 연료이 산화반응에 의해서서 생성된 이온을 음극(Anode)에서 양극(Cathode)으로 이동시키기 위하여 고분자이온교환막을 사용하며, 일반적으로 양이온교환막을 사용한다. 1990년대에 기술 개발된 4세대 연료전지로 가정용, 자동차용, 이동용 전원으로 이용되고 있다. 가장 활발하게 연구되는 분야이며, 실용화 및 상용화도 타 연료전지보다 빠르게 진행되고 있다. PEMFC의 단위전지는 전해질, 촉매전극, 확산전극으로 구성되며, 전해질로서 현재 가장 많이 이용되고 있는 양이온교환막은 FSAP(Fluorinated Sulfonic Acid Polymer)계열의 고분자인 미국 듀퐁(DuPont)의 내피온 막(Nafion Membrane)이다. 운전온도는 고분자의 특성상 일반적으로 120℃ 이하에서 작동되며, 특히, 양이온 전도막의 성능이 극대화되는 온도 80℃에서 가장 많이 운전이 이루어지므로, 단위전지의 제조공정을 간단하게 할 수 있어 제조비용을 절감할 수 있다. 그림 10.8에서 보는 바와 같이, 다른 연료전지와 비교하여 전력밀도가 높고 중량과 체적이 적다. 공기 중의 산소와 액상의 물이 필요하지만, 액체 전해질을 사용하지 않기 때문에 부식 문제가 없으므로 스텍과 전지의 수명을 증가시키는 장점이 있다.

일반적으로 고온연료전지에서는 촉매가 특별히 필요하지 않으나, 300℃이하에서 작동되는 저온 연료전지에서는 전지반응을 촉진시키기 위하여 촉매를 사용하여야 한다. 수소전자와 양성자를 분리하기 위하여 사용되는 백금, 로듐, 팔라듐과 같은 삼원 귀금속 촉매가 사용되는 데, 일반적으로 귀금속 촉매는 일산화탄소 독성에 상당히 민감하기 때문에, 수소를 알콜이나 탄화수소연료에서 얻기 위해서는 일산화탄소를 감소하기 위한 추가적 반응기가 필요로 하는 단점이 있다. 고분자전해질 연료전지는 주로 자동차나 버스와 같은 수송용과 정치형에 사용된다. 자동차에 이러한 연료전지를 사용하려면 수소저장에 관한 기술적 문제를 해결해야한다. 순수한 수소로 동력을 얻는 대부분의 연료전지자동차는 수소를 차량에 탑재된 압력 탱크에 압축가스로 저장한다. 수소의 낮은 에너지 밀도 때문에, 가솔린차량이 한번 주유하여 갈 수 있는 거리인 300~400마일을 주행하도록 연료전지 차량에 충분히 수소를 탑재하는 것이 어려운 문제이다. 밀도가 높은 액체연료인 메탄올, 천연가스, LPG, 가솔린 등을 연료로 사용할 수 있지만, 차량은 메탄올을 수소로 개질하기 위한 연료처리장치를 탑재해야 한다. 이것은 가격의 상승과 유지 · 보수의 필요를 증가시키며, 현재 가솔린엔진에서 배출하는 온실가스인 이산화탄소의 양과 비교하면 작은 양이지만, 개질기에서도 여전히 이산화탄소가 배출된다.

(2) 알카라인형연료전지(Alkaline Fuel Cell)

그림 10.9은 알카라인형 연료전지(Alkaline Fuel Cell)의 개념도 [8]를 설명하고 있다. 알카라인형 연료전지는 1960년대 군사용(우주선: 아폴로 11호)으로 개발되었으며, 즉, 최초로 개발된 연료전지 기술 중의 하나로 우주선에서 전기와 물을 생산하기 위하여 미국 우주 프로그램에 널리 사용되었다. 순 수소 및 순 산소를 사용한다. 고온 알카라인형 연료전지는 100~250℃ 사이에서 작동하지만, 최근의 알카라인형 연료전지 설계에 따르면 저온인 23~70℃ 에서 작동된다. 알카라인형 연료전지는 전지에서 발생하는 화학작용의 속도로 인하여 성능이 좋으며, 우주에서 적용시 약 60% 정도로 효율이 높다. 단점은 이산화탄소에 의해 쉽게 오염된다는 것으로, 실제로 공기 중에 소량의 이산화탄소가 셀(Cell) 작동에 영향을 주기 때문에 셀(Cell) 중에서 사용되는 수소와 산소 모두를 정제하는 것이 필요하다. 이러한 정제과정은 가격의 상승을 유발하며 오염에 대한 민감성은 전지의 교환주기인 수명에 영향을 미쳐 가격이 더 증가하게 된다. 우주 또는 해저 같은 원격지에서는 성능이 가격보다 더 중요한 인자이지만, 대부분의

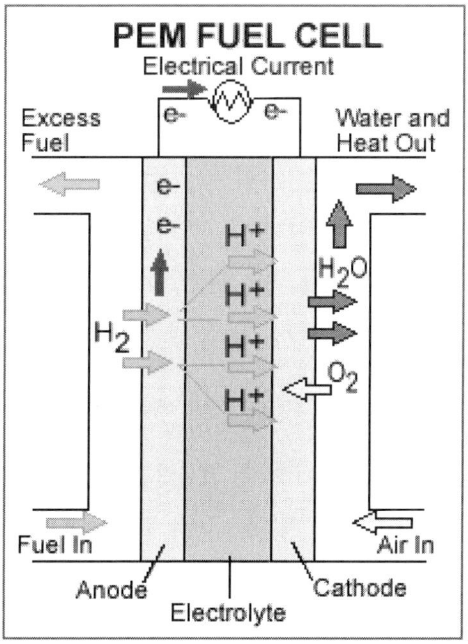

그림 10.8 고분자전해질 연료전지(Polymer Electrolyte Membrane Fuel Cell, PEMFC)의 개념도 [8]

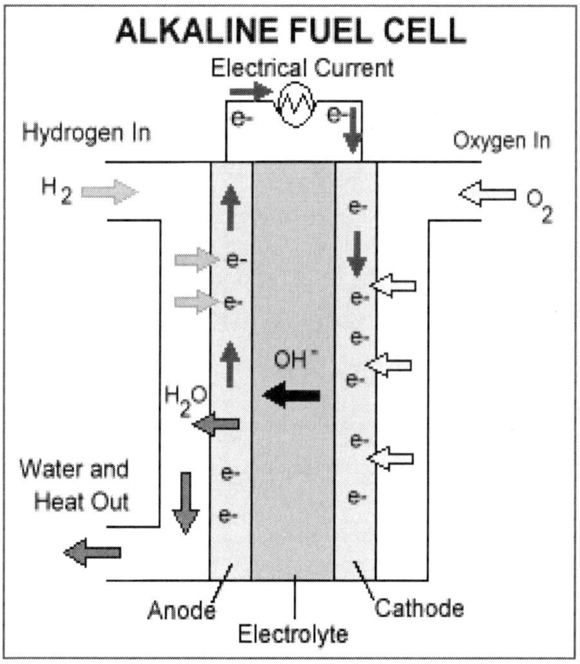

그림 10.9 알카라인형 연료전지(Alkaline Fuel Cell의 개념도 [8]

상업용 시장에서 효과적으로 경쟁하려면 연료전지의 가격이 저렴해야한다. 알카라인형 연료전지 본체는 작동시간이 8,000시간 이상 충분히 안정되게 유지한다는 것을 보여주었다. 대형 규모의 전력용 시장에서 경제적으로 성장하려면 연료전지 작동시간이 40,000시간에 도달해야 함으로, 이러한 기술을 상용화하는 데 가장 심각한 장벽이 될 것이다. 알카라인형 연료전지는 연료전지 중에 제작단가가 가장 싸다. 전극판에 필요한 촉매는 다른 연료전지에 필요한 촉매와 비교하면 값싼 다양한 화학제품의 하나가 될 수 있다. 알카라인형 연료전지는 초기 단극판의 성능보다 뛰어난 최근에 개발된 양극성 판과 함께 상용화 전망이 가장 크다.

(3) 인산형 연료전지(Phosphoric Acid Fuel Cell, PAFC)

인산형 연료전지는 1970년대 민간차원에서 처음으로 기술 개발된 1세대 연료전지로 병원, 호텔, 건물 등 분산형 전원으로 이용되고 있다, 그림 10.10 참조. 현재 가장 앞선 기술로 미국, 일본에서 실용화 단계에 있다. 전해질로 액체 인산을 사용하며, 이 산은 테프론이 결합된 실리콘 탄화물 모체와 백금 촉매를 포함하는 다공성 탄소 전극 내에 존재한다. 촉매는 양극판에서 수소가 농후한 연료로부터 전자를 떼어내고, 양전하의 수소 이온이 전해질을 통과하여 양극판에서 음극판으로 이동한다. 양극판에서 생성된 전자는 외부회로를 통과하여 이동함으로, 직류 전기를 공급하고 음극판으로 돌아간다. 전자, 수소이온, 산소가 순수한 물을 생성하여 셀에서 방출한다. 고분자 전해질 연료전지는 양극판에서 백금촉매에 결합되는 일산화탄소에 의해 쉽게 파괴되고 연료전지의 효율이 감소되기 때문에, 인산형 연료전지는 고분자전해질 연료전지보다 개질시에 불순물에 대한 저항력이 더 크다. 또 전기와 열을 함께 사용하는 열병합발전시 85% 효율을, 전기를 단독으로 생산 시는 낮은 37~42% 효율을 갖는다. 이 값은 33~35% 효율을 갖는 화력발전소보다 약간 높은 수치이다. 인산형 연료전지는 같은 중량과 체적에서 다른 연료전지보다 출력이 작다. 따라서 이러한 연료전지는 일반적으로 대형이고 무거워 그 가격도 고가이다. 고분자전해질 연료전지 같이 인산형 연료전지도 고가의 백금촉매를 필요로 하기 때문에, 연료전지의 가격을 상승시켜 KW당 $4,000~4,500 정도의 비용이 든다. United Technology Corporation(UTC)과 그 자회사는 250KW PC25연료전지를 생산하며, 19개 국가와 85개 시에 인산형 연료전지시스템으로 75MW 이상을 설치하였고, 8백만 시간 이상 운영하고 있다.

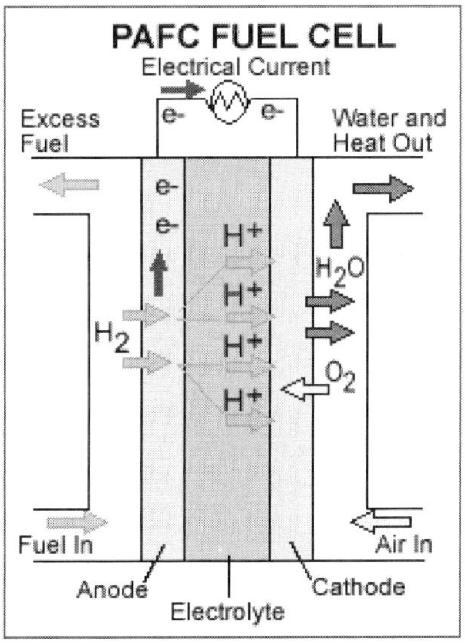

그림 10.10 인산형연료전지(Phosphoric Acid Fuel Cell, PAFC)의 개념도 [8]

(4) 용융탄산염연료전지(Molten Carbonate Fuel Cell, MCFC)

용융탄산염 연료전지는 1980년대에 기술 개발된 2세대 연료전지로 대형발전소, 아파트단지, 대형건물의 분산형 전원으로 이용되고 있다, 그림 10.11 참조. 미국, 일본에서 기술 개발을 완료하고 성능평가 진행중(250KW 상용화, 2MW 실증)이다. 따라서, 전기발전용, 산업용, 군수용에 사용되는 천연가스, 석탄화력발전소를 목표로 현재 개발 중에 있으며, 인산형이나 고분자전해질 연료전지보다 고온에서 작동하도록 설계되어 언급한 저온 연료전지보다 연료 대 전기효율과 전체 에너지 사용 효율이 높다. 용융탄산염 연료전지에서 전해질은 리튬-포타슘(Li-Ka)탄산염으로 구성되며, 약 650℃까지 가열된다. 이 온도에서 염분은 다공성 극판 사이에 이온이라 불리는 전하입자를 전도할 수 있는 용융상태로 된다. 용융탄산염 연료전지는 650℃ 또는 그 이상의 극한 고온에서 작동하기 때문에, 양극과 음극에 인산형 연료전지의 값비싼 백금촉매보다 저렴한 니켈촉매를 사용할 수 있어 가격을 감소시킨다. 개선된 효율로 용융탄산염 연료전지는 인산형 연료전지에 비해 가격이 크게 감소된다. 용융탄산염 연료전지의 효율은 약 50%로, 37~42%의 효율을 갖는 인산형 연료전지 발전소보다 높다. 버리는 열을 회수하여 다시 사용하면, 전체 효율이 약 85%로 높아진다. 알카라인형, 인산형, 고분자전해질 연료전지와는 달리, 용융탄산염 연료전지는 높은 에너지 밀도를 갖는 연료를 수소로 변환시키기 위하여 외부 개질기를 필요로 하지 않는다. 이러한 연료전지는 고온에서 작동하기 때문에, 연료가 내부 개질이라 불리는 과정에 의해 연료전지 자체 내에서 수소로 변환되어 전체 시스템 가격을 감소시킨다. 용융탄산염 연료전지는 연료로 이산화탄소를 사용할 수 있기 때문에 일산화탄소나 이산화탄소에 의해 오염되기가 쉽지 않다.

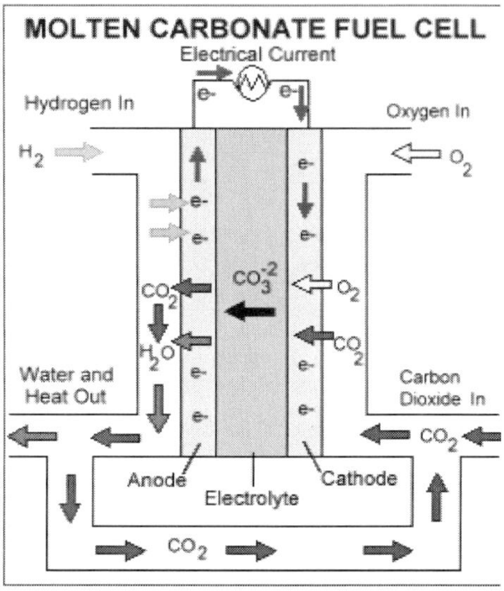

그림 10.11 용융탄산염연료전지(Molten Carbonate Fuel Cell, MCFC)의 개념도 [8]

즉, 석탄에서 추출한 가스를 연료로 만들 수 있기 때문에 더 흥미가 있다. 용융탄산염 연료전지는 다른 연료전지에 비하여 불순물에 대한 저항력이 좋지만, 황이나 미세먼지 등과 같은 석탄 불순물에 대한 저항력을 충분히 갖출 수 있는 방법을 찾고 있다. 현재 용융탄산염 연료전지 기술의 단점은 내구성이다. 이러한 연료전지는 고온에서 작동함으로 부식성의 전해질은 부품의 파손과 부식을 가속화하여 전지 수명을 감소시킨다. 과학자들은 연료전지의 성능 저하 없이 전지수명을 증가하도록 연료전지를 설계하는 것과 부식에 저항할 수 있는 재료에 관하여 연구 중이다. 2003년 용융탄산염 연료전지 개발회사인 Fuel Cell Energy 사는 최초의 상용유닛인 250KW급 DFC3000을 일본의 기린(Kirin) 양조공장에 인도하였다. 천연가스뿐만 아니라, 탄화수소계 연료로 작동이 가능하며, 이 공장에서는 양조시 발생하는 가스로 연료전지를 운용한다. 현재 이 회사의 실증유닛과 상용유닛이 전 세계적으로 50기 이상 작동 중에 있다. 대형 설치용도로 다수의 유닛이 결합되어 있지만, 대부분이 250KW급이다.

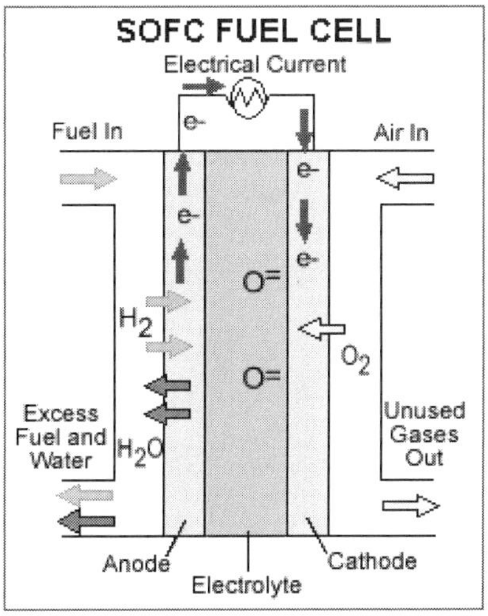

그림 10.12 고체산화물연료전지(Solid Oxide Fuel Cell, SCFC)의 개념도 [8]

(5) 고체산화물연료전지(Solid Oxide Fuel Cell, SCFC)

고체산화물연료전지(그림 10.12 참조)는 1980년대에 본격적으로 기술 개발된 3세대로서, MCFC보다 효율이 우수한 연료전지, 대형발전소, 아파트단지 및 대형건물의 분산형 전원으로 이용된다. 최근 선진국에서는 가정용, 자동차용 등으로도 연구를 진행하고 있으나 우리나라는 다른 연료전지에 비해 기술력이 가장 낮다. 고체산화물 연료전지는 단단하며 비 다공성 요업 혼합물을 전해질로 사용한다. 연료전지 가운데 가장 효율이 높고 공해가 적다. 전해질은 고체이기 때문에 다른 종류의 연료전지와 같이 판과 비슷한 구조로 만들 수 없다. 이 연료전지는 기하학적인 모양에 따라 원통형, 평판형, 일체형 등으로 구분된다. 이 가운데 원통형 연료전지의 기술이 가장 많이 개발되어 있으며, 그 뒤를 이어 평판형의 연구 개발이 진행되고 있는 실정이다. 또한 소형 시스템에서부터 대형시스템까지 여러 분야에서 기술 개발이 진행되고 있는 상황이다. 고체산화물 연료전지는 연료를 전기로 변환하는 효율이 약 50~60% 정도 될 것으로 기대된다. 시스템의 폐열을 회수하여 사용하는 열병합발전의 종합효율은 최고 80~85% 정도가 될 것이다. 고체산화물 연료전지는 아주 높은 온도인 약 1,000℃에서 작동하기 때문에 귀금속 촉매가 필요하지 않아 가격을 낮출 수 있다. 또 연료를 내부적으로 개질하기 때문에, 다양한 연료 사용이 가능하고 시스템에서 개질기와 관련된 비용을 줄일 수 있다. 고체산화물 연료전지는 대부분 황에 대한 저항력을 갖는 연료전지 형태로 다른 연료전지에 비해서 훨씬 더 많은 양의 황이 허용된다. 일산화탄소는 연료로도 사용 가능하기 때문에 연료전지를 오염시키지 않아서 고체산화물 연료전지가 석탄으로부터 추출한 가스를 사용 가능하게 한다. 작동조건이 고온으로 시동이 늦으며 수송용이나 소형 휴대용에는 적절하지 않지만, 전기발전용에 사용하려면 열을 보유하고 사람을 보호하기 위한 중요한 열 차폐가 필요하다. 또한 재료의 엄격한 내구성에 관한 문제도 대두되어 전지의 작동온도에서 높은 내구성을 갖는 저가 재료의 개발이 심각한 기술적인 난제이다. 현재 과학자들은 내구성 문제의 해결과 가격을 감축할 수 있도록, 저온 고체산화물 연료전지의 작동온도를 800℃또는 그 이하에서 작동 여부 가능성에 관하여 연구하고 있다. 저온 고체산화물 연료전지는 전기를 덜 만들어 내지만, 이러한 저온영역에서 작동할 본체의 재료는 아직 확인되지 않고 있다. 고체산화물 연료전지는 액체전해질을 사용하는 저온형 연료전지인 인산형 연료전지와 용융탄산염 연료전지에 존재하는 부식문제, 고가의 촉매, 전해질 제어, 외부 개질기 도입 등의 단점은 없으나 고온에서 작동되기 때문에 구성요소의 대부분이 세라믹 및 내열성 금속으로 이루어져 있다. 따라서 재료간의 반응문제 및 신소재 개발, 전극 특성 향상, 본체 제조, 운전시험평가 등이 주요한 연구 과제들로 대두되고 있다.

고체산화물 연료전지의 가장 대표적인 것은 단전지식 원통형 고체산화물 연료전지로, Siemens-Westinghouse가 1980년에 개발하였다. 현재 미국과 일본에서는 수백KW급 이상의 중대형 시스템이 주로 이러한 구조로 개발되고 있다. 고체산화물 연료전지의 제조순서는 다공성 공기극 지지체의 원통관을 만들고 그 위에 고밀도의 전해질을 수십 ㎛두께로 코팅한다. 이 때 공기극의 일부는 원통관의 길이 방향으로 띠 형태로 남겨두며, 그 위에 연결재를 입히고, 연료극은 전해질 표면 전체로 코팅된다. 주요 구성소재는 전해질인 Y_2O_3로 안정화된 ZrO_2, 연결재로는 Mg가 도핑된 $LaSrCrO_3$를 사용한다. 이 구조를 이용하여 높은 전지전압을 획득하려고 연료극과 연결재를 직렬로 연결하며, 높은 전류를 얻기 위하여 연료극과 연료극을 병렬로 연결한다. 현재 개발된 본체 구조의 배열형식은 병렬 연결된 세 개의 관과 직렬 연결된 여섯 개의 관이 한 묶음으로 되어 있다. 각 묶음은 전지 전압을 증가시키고 모듈을 형성시키기 위해 직렬로 연결된다. 이렇게 만들어진 모듈은 더 큰 규모의 연료전지를 만들기 위해 병렬 또는 직렬로 연결된다.

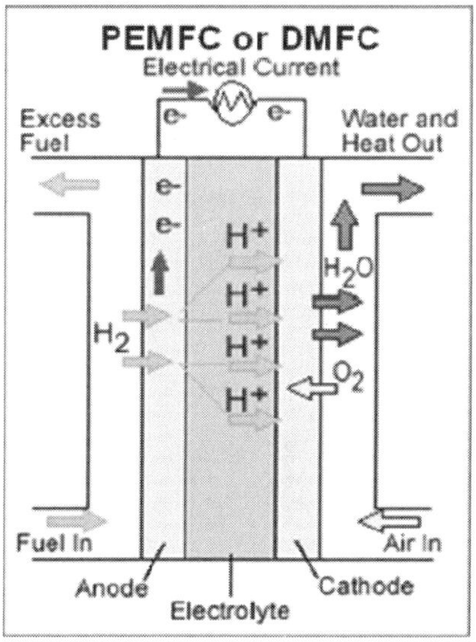

그림 10.13 직접메탄올 연료전지(Direct Methanol Fuel Cell, DMFC)의 개념도 [8]

Mitsubishi는 하나의 원통관 상에 단전지가 직렬로 여러 개 배열된 다전지식 원통형 구조를 갖는 고체산화물 연료전지를 개발하였다. 전지는 얇은 띠 형태로 원통관 주위에 연결되며, 연결재가 연료극과 이웃 공기극 사이의 전기적 이음선 및 밀봉제 역할을 한다. 이 구조에서 연료는 원통관 내부를 통해 근처의 전지 사이로 이동하고, 공기는 관의 바깥쪽으로 흐른다. 현재 이러한 구조로 일본의 전력회사와 협력하여 100KW급 개발을 추진하고 있다. 또한 평판형 및 일체형 고체산화물 연료전지가 개발되고 있으며, 저온형 연료전지와 유사하게 판상의 전지를 적층하여 연료전지 본체를 제조한다. 전류는 공기극, 전해질, 연료극, 연결재 순으로 각 구성요소들의 면에 수직 방향으로 흐르므로 원통형 구조에 비해 전류의 흐름경로가 짧아, 높은 전력밀도를 얻는 것이 가능하다. 그러나 고체산화물 연료전지의 주요 고성요소인 전극과 전해질이 세라믹인 관계로 대형 면적의 전지 제조가 쉽지 않아 주로 소형 시스템으로 개발되고 있으며, 기체 밀봉제, 열충격 저항성, 단전지 간의 전기적 접촉저항 등이 개선되어야 한다. Versa Power System 사는 정치형과 소송용에 적용하기 위한 고체산화물 연료전지 셀, 스택, 발전소를 개발하고 있으며, 현재 예비상용화 시스템을 개발중이고, 2~10KW시제품의 필드시험 중에 있다.

(6) 직접메탄올 연료전지(Direct Methanol Fuel Cell, DMFC)

직접메탄올 연료전지(Direct Methanol Fuel Cell, DMFC) (그림 10.13 참조)는 1990년대 말부터 기술개발된 연료전지로 이동용(핸드폰, 노트북 등) 전원으로 이용되고 있다. DMFC는

250W와 60~90℃에서 운전되는 조건에서 소형 휴대 발전 용으로 전형적으로 사용되는 것으로 PEMFC와 같은 그룹에 속한다고 보면 된다. 고분자전해질형 연료전지와 함께 가장 활발하게 연구되는 분야이다. 소형 휴대용 전원에 일반적으로 사용되는 직접메탄올 연료전지는 고분자전해질 연료전지의 한 부류로, 전기화학적으로 메탄올과 산소를 전기, 열, 이산화탄소, 물로 변환한다. 대부분의 연료전지는 수소를 연료로 사용하며, 수소는 연료전지 시스템에 직접 공급되거나 메탄올, 에탄올, 탄화수소 연료 같이 수소가 농후한 연료를 개질함으로 연료전지 시스템 내에서 생성될 수 있다. 직접메탄올 연료전지는 증기와 혼합되고 연료전지 양극판에 공급되는 순수환 메탄올을 직접 연료로 사용한다. 공기의 산소가 산화제이고, 수소의 산화는 존재하지 않으며, 액체 메탄올이 양극판에서 직접 산화한다. 메탄올은 가솔린이나 디젤연료보다 에너지 밀도가 약간 작지만, 수소보다 에너지 밀도가 높기 때문에, 직접메탄올 연료전지는 연료저장의 문제가 없다. 따라서 크고 무거운 수소 저장장치와 개질장치가 필요하지 않다. 또한 메탄올은 가솔린처럼 액체이기 때문에 현재의 인프라를 사용하면 수송과 공급이 원활하다.

(7) 재생형(Regenerative) 연료전지

재생형 연료전지는 현재 유틸리티(utility)에 적용하기 위하여 개발 중에 있으며, 다른 연료전지와 같이 수소와 산소 또는 공기를 사용하여 전기, 물, 폐열을 생산한다. 그러나 재생형 연료전지는 전기를 사용하여 물을 수소와 산소로 분해하는 연료전지 반응의 역으로도 작용한다. 전해질로 알려진 재생형 연료전지의 역 모드에서, 전기가 전지의 전극판에 인가되어 물을 해리시키는 전기분해를 일으킨다. 재생형 연료전지의 "밀폐" 시스템은 새로운 수소 인프라의 필요 없이 연료전지 발전시스템을 작동할 수 있기 때문에 중요한 장점이 될 수 있다. 재생형 연료전지의 개발에서 강조되는 2가지 관심사항이 있다. 첫 번째는 가역 연료전지를 만드는데 별도의 비용이 유발된다. 재생형 연료전지의 구동에서 두 번째의 결점은 수소를 생산하기 위한 기존 전력선의 사용이다. 미국에서 대부분의 전기는 화석연료의 연소로부터 나온다. 화석연료→전기→수소에너지를 생산하는 방법은 내연기관에서 가솔린을 단순히 연소시키는 것보다 더 많은 온실가스를 생성한다. 재생형 연료전지는 태양, 풍력, 지열 등의 재생에너지로 생산된 전기가 사용 가능할 때, 온실가스 배기를 감축할 수 있을 것이다.

표 10.6는 다양한 연료전지에 대하여 장·단점를 설명하고 있다. 표 10.7는 다양한 연료전지의 특성를 설명하고 있다 [9,10].

표 10.6 다양한 연료전지의 장단점

연료전지	장점	단점
고분자전해질 (PEMFC)	○모든 연료전지 중 가장 높은 전력 밀도 ○좋은 운전-정지 능력 ○ 이동형 전원에 적합한 저온 작동	○고가의 백금 촉매 ○고비용의 고분자 막과 부가적인 요소들 ○ 능동적인 물 관리가 필요 ○ 매우 열악한 CO와 S 저항성
인산형 (PAFC)	○기술적 성숙도 ○뛰어난 신뢰성 및 장시간 성능 안정 ○비교적 저렴한 전해질	○고가의 백금 촉매 ○ CO와 S의 피독에 대한 민감도 ○운전 중에 지속적으로 공급되어야 하는 부식성의 액체 전해질
알칼라인 (AFC)	○향상된 환원극 성능 ○비귀금속 촉매의 이용 가능성 ○낮은 재료 단가와 매우 저렴한 전해질 가격	○순수 $H_2 - O_2$만을 사용 ○ KOH 전해질의 지속적인 공급 필요 ○산화극에서 물을 반드시 제거해야 함
용융탄산염 (MCFC)	○연료의 융통성 ○비귀금속 촉매 ○열병합 발전에 유리한 고온의 폐열	○ CO_2 재순환이 필요함 ○부식성의 용융 전해질 ○장기 성능 저하/수명 문제 ○상대적으로 비싼 재료
고체산화물 (SOFC)	○연료의 융통성 ○비귀금속 촉매 ○열병합을 위한 양질의 폐열 ○고체 전해질 ○상대적으로 높은 전력 밀도	○고온 재료 문제 ○기밀 문제 ○상대적으로 비싼 구성 요소 제작 문제

표 10.7 다양한 연료전지의 특성 [9,10]

구 분	PEMFC	AFC	PAFC	MCFC	SOFC	DMFC
작동온도 (℃)	50-80	60-90	160-220	600-700	800-1,000	90
전력밀도 (mW/cm^2) (현재) 추진	(350)〉600	(100-200)〉300	(200)250	(100)〉200	(240) 300	(230) ?
전해질	수소이온전도막	KOH	H_3PO_4	62% Li_2CO_3, 38% K_2CO_3	YSZ	수소이온전도막
전극재료	Pt/C or Pt	80% Pt, 20% Pd	Pt/C	90% Ni, 10% Cr	Ni	Pt, PtRu or Pt/C
연료	수소	수소	수소	메탄	메탄,프로판,부탄,디젤	메탄올
추진전력 수위 (kW)	0.01-1000	10-100	100-5,000	1,000-100,000	100-100,000	0.001-100
연료효율 (전기 대비 화학물)	60% 수송형, 35% 고정형	40-60	55	60-65	55-65	34
추진수명 (시간)	〉40,000	〉10,000	〉40,000	〉40,000	〉 40,000	〉10,000
추진자본 소요 (U.S.$/$kW$)	〉200	〉200	〉3,000	1,000	1,500	〉200
응용 영역	휴대, 이동형, 공간, 정체	우주선용, 상용화	분산형 전력	대규모 발전분배형 전력생산	기본부하 전력생산	이동용, 소형
향후해결 과제	고비용촉매, 연료불순물에 민감	CO_2에 민감,전해질관리	Pt촉매, 시동시간단축 , 황 민감성	고온 부식,시동시간단축, 낮은 전력밀도	고온부식, 셀부품 손상	고비용촉매, 연료불순물에 민감

10.2.8 연료전지의 발전 프로세스

연료중 산소는 공기로부터 얻으며, 수소는 외부로부터 공급받는다. 주요 수소를 얻기위해서는 다른 에너지를 사용하여 얻을 수 있으며, 장기적으로는 물에서 수소를 추출하는 방법이 사용될 것으로 전망된다.

수소형태 포함 물질	수소추출방법	특 징
화석연료(탄화수소)	수증기 개질 (Steam Reforming)	현재 가장 보편적인 방법 (전체 수소생산의 90%이상 차지)
바이오매스 (메탄 등)	열분해(Pyrolysis), 가스화(Gasification)	생물쓰레기가 많은 농촌지역에 적합
물	전기분해	•상업용 수소생산은 전체의 4%정도 •순도가 높지만, 생산단가가 높음

연료전지의 발전 프로세스는 다음과 같다.

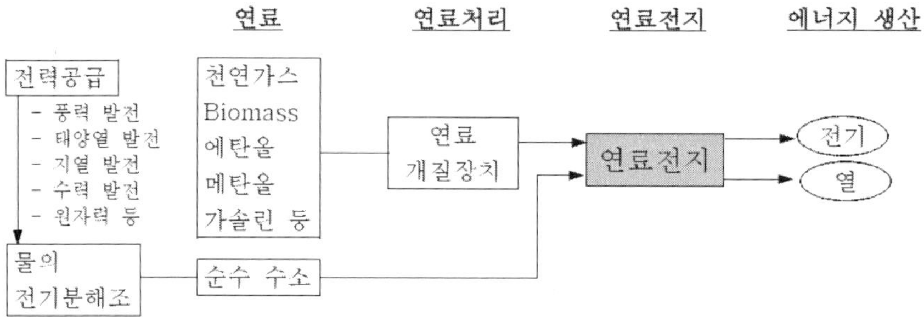

10.2.9 연료전지의 효율

(1) 이상적 열효율과 기전력

연료전지가 E를 유지하며 작동된다면 얻을 수 있는 전기 에너지는 최대값 $-\Delta G$가 된다. 연료의 연소열을 Q라 하면, 이는 $-\Delta H$와 같으므로, 연료전지의 이상적 열효율(또는 최대 열효율) ϵ_T는 다음 식으로 주어진다.

$$\epsilon_T = -\Delta G/Q = 1 - \Delta S/\Delta H$$

따라서, ΔS의 부호에 따라서는 ϵ_T가 1을 넘을 수도 있는데, 이러한 경우는 주위로부터 에너지를 흡수함을 의미한다.

연료전지의 기전력 E는

$E = -\Delta Gn / F$

이다.

(2) 과전압과 방전 특성

분극현상 때문에 연료전지의 작동전압 V는 E보다 과전압 η만큼 낮아진다. 여기서

$$\eta = \eta_a + \eta_c + \eta_r$$

η_a : 활성화 과전압 (Activation Overvoltage)

η_c : 농도 과전압 (Concentration Overvoltage)

η_r : 저항 과전압 (Resistance Overvoltage)

활성화 과전압 η_a는, 전극 반응에서 필요한 활성화 에너지가 전압으로 보상되기 때문에 나타나는 것으로서 전류밀도 i와 η_a는 다음 관계가 있다.

$$i = i_0 \left[\exp\left(\frac{\alpha nFeta_a}{RT} \right) - \left\{ \frac{-(1-\alpha)nFeta_a}{RT} \right\} \right]$$

α : 전이계수 (Transfer Coefficient)

i_0 : 교환 전류밀도 (Exchange Current Density)

전류밀도가 같을 때에는 i_0가 커질수록 η_a는 작아지므로, η_a를 작게 하려면 되도록 i_0를 크게 하는 것이 좋다. 이 i_0를 크게 하려면, 다공성 전극을 사용하여 유효반응 면적을 크게하고, 촉매를 사용하여 전극 활성을 증대시킴으로써 전극반응의 활성화 에너지를 감소시키고, 가능한 한 온도를 높게 하여야 한다.

(3) 전압효율, 전류효율과 실제의 열효율

$E > V$ 이므로, 전압효율 (Voltage Efficiency), 즉

$$\epsilon_V = \frac{V}{E}$$

의 값은 1보다 작다.

또 연료전지 안의 연료가 전부 전지반응에 참여한다고 보고, 연료 공급 속도를 df/dt라 할 때, 얻어지는 전류 i_F는 패러데이의 법칙으로부터 다음과 같다.

$$i_F = nF\left(\frac{df}{dt}\right)$$

그러나 일반적으로 연료전지에서의 연료의 이용률은 100%가 되지 못한다. 따라서 실제로 소비되는 연료의 공급 속도를 $(df/dt)_A$라 하면, 실제전류 i는 다음과 같다

$$i = nF\left(\frac{df}{dt}\right)_A$$

따라서 연료이용률(Fuel Utilization)로부터 전류효율(Current Efficiency)

$$\epsilon_C = \frac{i}{i_F}$$

를 나타낼 수 있는데 이는 1보다 작은 값이 된다. 결국 연료전지의 실제의 열효율 ϵ는 다음과 같아진다.

$$\epsilon = \epsilon_T \cdot \epsilon_V \cdot \epsilon_C$$

단, 이 식은 연료가 전지반응에 대하여 활성이 있는 가스만으로 되어 있을 때에 한하여 성립되는데, 이것을 전기화학효율(Electrochemical Efficiency)이라 한다. 불활성가스가 공존할 때에는 열량효율(Heating Value Efficiency) ϵ_H를 결정하여야 한다.

일반 연료를 개질하여 만드는 연료전지용 가스는, 수소가 많이 들어 있기는 하지만 정제하지 않는 한 일산화탄소(CO), 메탄(CH_4) 등이 섞여 있기 마련이다. 이 CO나 CH_4 는 저온 연료전지에서의 전지반응에는 불활성이다. CH_4 는 고온 연료전지에서도 700℃정도에서는 전지반응에 대하여 활성이 없다. 그러나 연소열이 있으므로 $\epsilon_T = \frac{nFE}{Q}$ 식에서 분모의 Q는 연료가스의 총연소열 Q_T로 나타내어야 한다. 따라서 연료전지 반응에 관여하는 연료가스만의 연소열을 Q라 한다면, 열량효율 ϵ_H는 다음과 같다.

$$\epsilon_H = \frac{Q}{Q_T}$$

이 연료전지의 **열효율** ϵ_F는 결국 다음 식과 같이 된다.

$$\epsilon_F = \epsilon \cdot \epsilon_H = \left(\frac{\Delta G}{\Delta H}\right)\left(\frac{V}{E}\right)\left(\frac{i}{i_F}\right)\left(\frac{Q}{Q_T}\right)$$

10.2.10 연료전지의 응용

10.2.10.1 연료전지의 응용

연료전지는 주거용 열병합발전, 무정전 전원장치(Uninterruptible Power Supply),폐기물에너지변환, 신재생에너지시스템, 1차 에너지세대, 부산물 수소 안정화(Valorising By-Product Hydrogen), 연료전지차량 등에 주로 사용된다 [11].

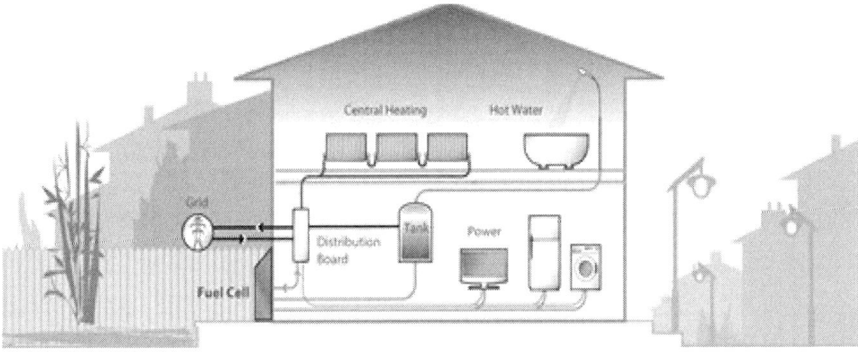

〈주거용 열병합발전〉

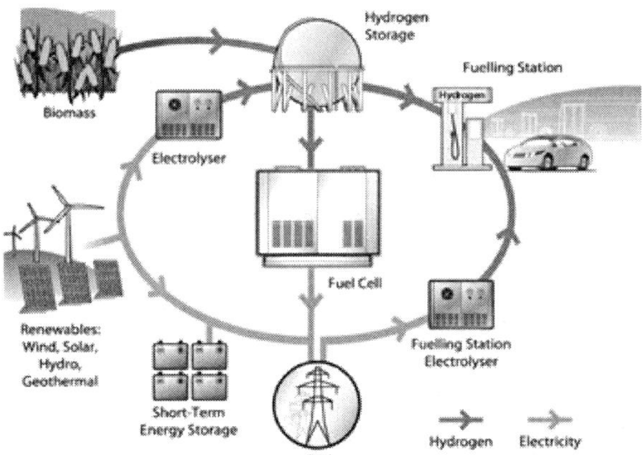

〈신재생에너지시스템〉

10.2.10.2 연료전지 자동차

미래 자동차산업의 시장은 연료전지차와 전기차가 주도하고, 근거리용 전기차와 원거리용 연료전지차가 공존할 전망이다. 전기차는 2012년, 연료전지차는 2015년경에 상용화될 전망이다 [12]. 아래 그림은 향후 자동차 패러다임의 변화를 설명하고 있다.

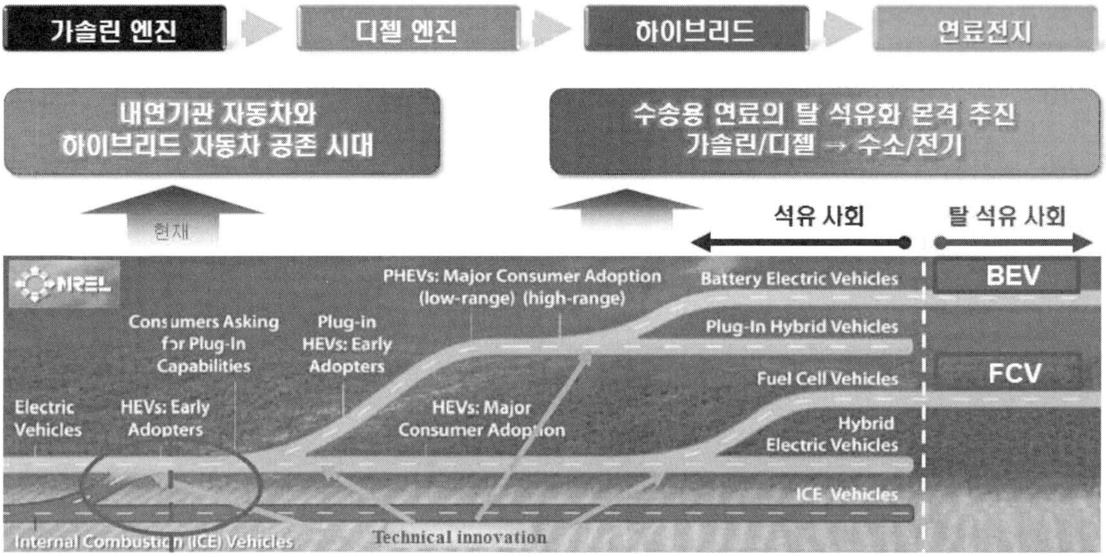

〈자동차 패러다임의 변화〉 [12]

전 세계 주요 자동차 회사들은 연료전지 자동차 개발에 막대한 자금과 인원을 투자하고 있으며, 기본 기술개발은 완료되어 수백여대의 연료전지 차량이 실증 운행 중이다. 수송용 연료전지는 모두 PEMFC를 적용하고 있으며, 현재 가격저감과 내구성 향상 기술개발을 통해 상용화에 이르기 위해 연구개발에 박차를 가하고 있다. GM의 Equinox는 GM의 4세대 연료전지시스템을 장착하였고 저온시동성능을 포함하여 50,000마일 수명을 목표로 개발되었으며, 연방 정부의 자동차 안전 기준(Federal Motor Vehicle Safety Standards, FMVSS) 2007에 맞게 제작되었다. 다임러는2004년부터 약 100 여대의 연료전지차(A class F-Cell, FCBus)를 운행하였고 현재 B class F-Cell을 개발하여 미국, 독일 등지에서 약 100 여대 규모로 시범 운행을 계획 중이다. Toyota는 2000년 FCHV-1을 개발하여 2002년 리스판매를 시작한 후, 2008년 FCHV adv를 개발하여 리스판매를 실시하고 있으며, 2010년에는 미국에 100대 규모의리스 프로그램을 기획 중이다. Honda는 2002년 FCX 연료전지차를 리스 판매한 이후2008년 FCX Clarity를 200대 규모로 생산해 미국과 일본에서 리스 판매를 실시하였다. 우리나라의 자동차 산업은 총

생산액 11%, 고용 9%, 자동차생산 세계 5위, 수출 4위국 차지하는 중요한 산업이다. 그 생산량만 해도 384만대에 달하며, 연 264만대를 수출, 379억불(2005년)에 달하는 수출액을 보이고 있다. 자동차 무역수지 흑자가 전체 무역수지를 흑자로 이끌 수 있는 원동력이며, 국민소득 2만달러 달성을 위해 지속적 성장이 필수인 산업이다. 친환경 자동차기술은 미래형 자동차기술의 핵심이며, 본 기술 개발을 통한 자동차 산업의 도약은 국가경쟁력 향상을 위하여 꼭 필요하다. 과거 자동차 산업은 운전자의 안전과 편익성 증대 위주의 개발을 진행하여 왔으나, 석유의 고갈과 환경규제 심화 등 환경문제가 대두되면서, 친환경자동차에 관한 기술개발이 최근 이슈가 되고 있다. 미국, 일본, 독일 등 자동차 선진국에서는 하이브리드, 연료전지 등 차세대 자동차 개발이 이미 활발하게 진행되어 상용화 되어가고 있는 단계이다. 우리나라의 친환경 자동차 기술은 아직 걸음마 단계이며, 상용화까지는 상당한 시일이 걸릴 것으로 보인다.

〈해외 연료전지 자동차〉 [12]

좌로부터 GM의 Equinox, Daimler의 B-Class F-Cell,
Toyota의 FCHV adv, Honda의 FCX Clarity

연료전지 자동차란 화학에너지를 전기화학 반응에 의해서 직접 전력으로 변환하기 때문에 연소 시 발생하는 유해한 배기가스가 없는 자동차를 말한다. 차세대 에너지원으로 주목받고 있는 연료전지는 수소, 메탄올, 천연가스, 석유 등이 연료전지용의 연료로써 검토되고 있다. 연료전지 자동차용으로 사용하려는 연료전지는 80℃ 정도의 저온에서 작동하는 장점을 갖고 있는 고체고분자형 연료전지(PEMFC: Proton Exchange Membrane Fuel Cell)이며, 연구되고 있는 여러 유형의 연료전지 중 가장 먼저 실용화 단계에 다가서고 있다. 그러나 PEMFC는 고순도의 수소를 연료로 해야 하기 때문에 연료개질장치(Fuel Reformer)가 반드시 필요하며, 저온에서는 활성화가 잘 되지 않기 때문에 고가의 백금촉매를 사용해야 한다는 단점을 가지고 있다. 또한 활성을 유지하기 위해 연료는 반드시 순수한 수소를 사용해야 하며, CO의 농도를 수십 ppm 이하로 억제해야 하는 어려움이 있다

PEMFC에서 수소는 가압수소나 수소흡장합금을 이용하는데, 가압수소의 경우 단위체적당 수소의 저장량이 작아 한 번의 연료공급으로 주행할 수 있는 거리가 짧고, 수소흡장 합금을 이용하는 경우 연료를 공급하는데 너무 많은 시간이 걸린다는 단점이 있다. 이와 더불어, 기존의 주유소에서 연료를 공급하는 정도의 수소공급을 위한 인프라가 구축되어야 하는데, 이 문제는 단기간에 해결될 사항이 아니기 때문에 PEMFC를 연료전지 자동차의 동력원으로 사용하는데 있어서 걸림돌로 작용된다. 이러한 난점을 극복하기 위해서는 순수한 수소연료 대신 인프라가 이미 구축되어 있는 가솔린이나 디젤유 등을 연료전지자동차의 연료로 사용해야 할 필요가 있다. 이 때문에 현재 2010년 이전에 상용화를 목표로 개발하고 있는 미국, 일본 등 선진국 자동차 메이커들은 PEMFC 이후의 차세대 연료전지 모델로 일반 탄화수소계 연료인 가솔린, 디젤유 등을 사용할 수 있는 연료전지인 고체산화물 연료전지를 염두에 두고 있다.

연료전지자동차 시스템은 수소연료를 저장하는 수소 저장장치, 연료전지 스택 및 각종 주변장치, 모터 및 감속기, 보조전지(연료전지 하이드리브 시스템의 경우) 등으로 구분된다. 연료전지자동차는 사용되는 연료의 종류에 따라 순수 수소연료전지 자동차와 연료 개질형 연료전지자동차로 구분할 수 있다.

연료전지 자동차의 특징은 다음과 같다.

연료전지 자동차는 저온에서 작동하기 때문에 NOx를 거의 발생하지 않는다. 수소나 메탄올을 사용할 경우 연료전지는 오염물질을 전혀 혹은 거의 발생하지 않는다. 현재 연료전지자동차의 문제점은 가격이다. 동일한 출력을 갖는 내연 엔진에 비해 연료전지 가격은 적어도 10배는 될 것이라 추산되고 있다. 이러한 비용은 자동차 차체 재질을 경량 재질로 적용하게 될 경우 어느 정도 떨어질 것으로 보인다. 연료전지 시스템은 부품교체 비용이 가솔린 엔진에 비하여

현저히 적기 때문에, 가솔린 엔진차량만큼 가격을 낮출 필요는 없으나 상용화를 위해서는 현 가격의 80% 이상은 인하되어야 할 것이라는 것이 전문가들의 입장이다.

한국에너지기술원은 1996년 정치형 5KW급 고분자 연료전지 시스템을 개발하였다. 2000년에는 한국과학기술연구원에서 5KW급 고분자 연료전지 스택을 개발하고 이를 Golf Cart에 탑재하여 시운전하였다. 2000년 11월에 현대자동차(주)는 자체 프로그램으로 미국의 대표적 연료전지 제조회사인 UTCFC사의 제품을 이용한 75KW급 연료전지자동차를 개발한 다음, CAFCP(California Fuel Cell Partnership)에 참여하여 각종 주행시험과 성능 비교를 통한 기술 표준화에도 협력하였다. 현대자동차(주)는 1990년부터 전기자동차를 개발하여 왔으며 전기자동차 개발 기술을 바탕으로 1998년부터 본격적으로 연료전지자동차 개발을 시작하여 2000년 11월 75KW급 스택을 탑재한 Santafe TM 연료전지차를 UTC FC사와 공동 개발하였다. 현대자동차는 산학연 공동으로 국내 기술 육성 및 해외 유수 업체와 기술제휴 등을 통하여 상기 문제를 해결하기 위해 연구 및 투자를 집중하고 있으며, 연료전지차가 본격 양산될 2010년에는 상기 문제가 해결될 것으로 판단하고 있다. 미국은 연료전지 개발과 인프라 구축을 위해 2002년부터 향후 5년간 17억불을 지원하며, 일본은 '고효율 청정에너지 자동차 개발사업'을 추진하여 저공해 차량 구입시 보조금 지급, 취득세 및 자동차세 면제, 소득세 및 법인세 감면, 저리융자 등의 해택을 주고 있다.

10.2.11 국내외 기술•시장 현황 및 전망

10.2.11.1 국내외 기술 현황 및 전망

연료전지 기술을 선도하고 있는 미국은 1962년 제미니 계획에 의하여 우주 및 군용의 알칼리 연료 전지 연구를 처음 시작하였다. 그 후 1969년 28개 가스회사가 중심이 되어, 주거용 및 상업용 인산염형 연료전지 기술개발을 위한 9년 계획인 TARGET(Team to Advanced Research for Gas Energy Transformation) 프로그램을 수립하고, 이를 UTC(United Technology Corp. 현재 IFC : International Fuel Cell) 사에 개발을 위탁함으로써 시작되었다. 최근에는 FCG-1 계획에 의해 IFC, WH(Westinghouse)사에서 전기 사업용 MW급 연료전지 기술개발 사업을 수행하고 있고, 25~400 KW급의 현지 설치형을 개발하여 200KW급은 이미 상용화되었으며, 제조 단가를 현재의 약 3000$/KW에서 1500~1000$/KW 이하로 낮추고 수명을 40,000 시간 이상 지속시킬 수 있는 발전 시스템을 개발하기 위해 노력하고 있다.

일본은 1981년부터 6년 동안 에너지 절약 기술 개발 계획(Moonlight Project)의 일환으로 연료 전지의 신뢰성 향상과 고효율화 기술의 개발을 추진하였고, 인산염형의 경우 1000KW급 발전 설비의 독자 개발과 실증 실험, 200KW급 현지 설치형의 상용화를 목표로 하여 연구 개발을 추진하였다. 최근에는 New Sunshine 계획에 의해 1996년까지 가압형 5MW, 상압형 1MW급 발전 설비의 실증 실험을 목표로, 9개의 전력 회사와 4개의 가스회사 및 전력 중앙연구소로 구성된 연구조합을 구성하고, NEDO 주관하에 대규모 실용화 연구를 수행하고 있다. 현재의 기술 수준은 화력 대체와 분산 전원용으로 이미 1MW급 실증 플랜트의 운전시험을 완료하였으며, 일본 동경전력은 11MW급 인산염형 연료전지 발전소를 1991년 완공하여 운전시험을 계속하고 있다.

유럽의 연료전지 기술 개발은 미국과 일본의 기술 독점에 대한 방어적 개념에서 개발이 추진되고 있으며, 연료 개질기, 전력 변환 및 System Engineering 관련 기술을 기업이 보유하고 있다. 네덜란드는 1986년부터 PEO주도로 미국의 IGT에서 핵심기술을 도입하여 ECN에서 MCFC를 개발하고 있다. 이태리는 1986년부터 ENEA 주도로 VOLTA 계획을 추진하여 PAFC, MCFC, SOFC를 개발하고 있다. 기타 국가는 기초 연구, 주변 기술(개질, 전력 변환)의 개발을 추진하고 있으며 Siemens, ABB, Haldor Topsoe A/S등이 관련 기술을 보유하고 있다. 캐나다는 자동차용 고분자 전해질형 연료 전지 개발을 주도하고 있으며, Ballard Power System Inc.에서 연료전지 버스와 승용차를 개발하고 있다.

국내의 연료전지 기술 개발은 1985년부터 우리 한국에너지기술연구소와 한전기술연구원 공동으로 5.9KW급 인산염형 연료 전지 본체를 수입하여 국내 최초로 발전 시스템을 구성하여 성능 실험을 실시한 것이 효시이다. 이를 계기로 국내에서도 연료 전지 개발의 중요성을 인식하게 되었으며, 최근에는 연구 개발 사업이 활성화되어 인산염형, 용융 탄산염형, 고체 전해질형 및 고분자 전해질 연료 전지도 개발하고 있다.

국내 한국에너지기술연구원은 1987년부터 6년 동안 과기처 국책 연구 사업을 주관하여 연구소, 대학 등이 공동으로 참여하는 인산염형 연료 전지 개발 연구를 수행하였으며, 1992년도에는 1KW 인산염형 연료 전지 본체를 성공적으로 개발한 바 있다. 이 사업은 1993년부터 시작된 국가 선도 기술 개발 사업으로 연계되어 산·학· 연 공동 참여에 의해 실질적인 50KW

급 인산염형 연료 전지의 실용화를 위한 요소 기술을 개발하고 있으며, 2000년까지 200KW급 인산염형 연료 전지 발전 시스템 개발을 목표로 설정하고 있다.

또한 1989년부터는 통상산업부의 대체 에너지 기술 개발 사업으로 40KW급 인산염형 연료 전지 발전시스템의 개발 사업을 수행하였다. 연료전지 본체 개발은 호남정유, 연료 개질기는 유공, 전력변환 장치는 금성산전(현 LS산전), 계통 연계 기술개발은 한국전기연구소가 담당하고 한국가스공사가 사업을 주관하는 공동연구 체제를 구성하였다.

현재 국내의 기술 수준은 전반적으로 기초 연구단계이나, 연료전지 본체를 포함한 연료개질, 전력 변환 장치 등의 소규모 시제품개발을 목표로 하여 추진 중이며 최근 10KW급 인산염형 발전시스템과 5KW급 고체고분자 발전시스템이 한국에너지기술연구소에 의해 개발되었으므로 이러한 발전 추세로 보아 단기간 내 현재의 선진기술 수준에 근접할 수 있을 것으로 전망된다.

10.2.11.2 국내외 시장 현황 및 전망[15)]

(1) 시장 현황

1839년 윌리엄 그로브 (William Grove)에 의한 발명에서부터 우주 프로그램에 사용되는 20세기 진화는 물론 2007년에 시작된 일부 애플리케이션 등 현재의 기술 상용화까지 연료전지의 역사도 포함하고 있다. '산업 현재 동향' 에서는 2007년에서 2010년 사이 선적 유닛과 메가와트 진행사항과 함께 2011년 전체에 대한 전망을 소개했다. 유닛과 메가와트 선적 총량을 애플리케이션, 지역, 전해질별로 분리했으며 연료와 인프라 발전사항도 분석하였다.

지난 5년간 선적된 유닛과 메가와트가 매년 늘어나는 등 연료전지의 선적량이 20배나 증가했다. 2010년에 총 연료전지 선적량이 전년 대비 40%가 늘어나 최고 기록인 230,000 유닛에 다가가고 있다. 휴대형 연료전지가 이 총 수치의 95%를 차지하지만 다른 부문에서도 상당한 성장세가 있었다. 2010년에 전 세계로 판매된 연료전지의 97% 이상이 고분자 전해질 연료전지 (PEMFC) 기술을 사용했고 대부분 수소 전지였다. 유럽은 2009년부터 연료전지 채택을 주도해 왔고 북미와 아시아 (일본 포함)가 그 뒤를 따르고 4개 모든 지역 (나머지 해외 지역 포함)이 동 기간 동안 큰 폭의 증가세를 보였다. 전 세계 모든 연료전지의 총 선적량을 검토함으로써 지역별 채택 상황 등의 자세한 정보를 얻을 수 있으며, 연료전지 산업을 각기 다른 발전 단계에

15) "10.2.11.2 국내외 시장 현황 및 전망"의 대부분 내용(pp. 428~434)을 인용하였음을 밝힙니다. 인용된 문헌: 퓨어셀투데이 산업분석 2011, http://www.fuelcelltoday.com/analysis/industry-review/2011/the-industry-review-2011

있는 산업부문들의 총체로 보는 것이 훨씬 더 유용함을 알 수 있다. 따라서 날로 늘어나는 연료전지 애플리케이션 종류와 변화무쌍한 채택 속도로 연료전지 산업을 동일한 기술을 공유하고 각기 다른 속도로 발전하는 수많은 이질적인 상용 애플리케이션으로 보는 것이 옳다고 여긴다.

휴대형 애플리케이션

휴대형 부문은 2007년 이후 매년 총 선적량의 최소 75%를 차지하여 선적 부문 중 큰 차이로 가장 많은 양을 차지했다. 검토를 한 5년간의 기간 동안, 휴대형 부문 중 대부분을 차지했던 연료전지 장난감과 교육 장비 선적량이 크게 성장하였다. 가정용 전자제품 영역에서 외부 건전지 충전기에 사용할 소형화 부문이 눈에 띄게 발전하였고 수천 개 유닛이 소비자에게 판매되었다. 가정용 전자제품의 연료전지가 미래를 약속할 만한 기회가 아직 있긴 하지만 일부 업체가 해당 분야의 개발을 중단하는 바람에 이 시장이 빠른 시일이내에 상업적으로 성공할 것이라던 예측이 빗나갔다. 반대로 메탄올을 이용하는 연료전지 '보조 동력장치' 는 건전지 보다 오래 가고 내연기관 발전기보다 깨끗한 대안 제품으로 주로 캠핑과 레저 부문에서의 지난 5년간 누적 판매 수가 수만 개에 이르렀다.

고정형 애플리케이션

고정형 연료전지 시스템 시장은 현재 북미와 아시아가 주도하고 있다. 고정형 부문을 주전원용 메가와트급 유닛, 예비 전원용 소형 무정전 전원 장치 (UPS) 유닛, 가정용 열병합 발전 (CHP) 유닛 등 세 가지 종류로 크게 나눈다. 연료전지는 전기통신 현장과 기타 중요한 인프라에 예비나 대기 전력을 공급하기 위해 사용되는 UPS 애플리케이션에서 상당한 상업적 가능성을 발견했다. 이러한 기술을 판매하는 미국 회사가 선두를 달리고 연료전지 설치에 대한 정부 인센티브로 인해 북미 시장이 해당 선적 유닛을 선점했다. 연료전지 UPS 기술이 애플리케이션 분야에서의 능력을 입증했다. 비상 전력용, 예비 전원 보조용, 독립 작동의 전지구적가능성이 이제 겨우 실현되기 시작했다. 급성장하고 있는 글로벌 모바일 통신 산업용 예비 전력은 연료전지 UPS 분야의 무궁무진한가능성의 일부에 불과하다. 일본 가정의 고정형 연료전지 채택이 특히 성공적이었는데 Ene-Farm 브랜드 micro-CHP 연료전지 유닛이 2007년부터 수만 개가 누적 판매되어 주택의 난방과 전력을 공급했다. 한국, 유럽 일부, 미국 등의 다른 시장에서도 이러한 성공 사례가 반복될 것으로 예상한다. 현재의 일본 사례와 함께 프로젝트 4개만 해외에서 Ene-Farm과 동일한 속도로 실행된다면 2만 개의 micro-CHP 유닛이 2014년부터 매년 판매되고 십만 유닛이 2015년까지 세계 전역에 누적 설치될 것으로 전망된다.

수송애플리케이션

수송연료전지 선적량은 2009년부터 매년 수천 개에 달했고 수백 메가와트가 지난 5년간 누적 선적되었다. 미국 정부 보조로 연료전지가 전동 지게차 시장에서 진정한 상용화 지위를 차지했으며 해당 기술이 세계 여타 지역으로 수출되어 이러한 현상이 지속될 것으로 보인다. 연료전지 버스는 상용화된 지 수년이 지났으며 디젤 제품에 비해 배출량이 적고 효율이 높아서 그 실용성이 세계적으로 입증되었다. 연료전지자동차(FCEV)는 현재 다수의 국가에서 수많은 주요 제조업체에 의해 리스되고 있어 2015년에 계획된 상용화에 앞서 운영상의 노하우를 쌓고 있다. 이 시기부터 주요 자동차 업체 중 3곳만 계획 실행에 성공한다면 2만~3만 개 자동차가 매년 세계에 도입될 것으로 본지는 예측한다. 7천 5백만여 대의 경량 자동차가 현재 전 세계에서 생산되는데 연료전지 선적 측면에서의 해당 시장의 궁극적인 잠재성이 기타 모든 애플리케이션의 잠재성을 웃돌고 있음을 의미한다.

(2) 시장 전망

연료전지는 지금만큼 우리의 일상에 긍정적인 영향을 미치면서 장기간 동안 상업적인 성공을 누리기에 좋은 시기도 없을 것이다. 세계 전역 수십만 개의 연료전지가 자동차와 건물 등에 청정 전력을 공급할 것이며 안전하고 깨끗한 에너지 생산으로 국가 전력망의 탄소 배출량 감소에도 도움이 된다. 연료전지의 지속적인 상용화 성공은 증가하는 세계의 에너지 수요를 지속가능한 방법으로 충족시키는데 중요한 역할을 한다. 연료전지는 수년 간 미래의 기술로 간주되어 왔으나, 현재 지구 전역에서 구매 가능하기 때문에, 더 이상 이러한 개념이 옳지 않음을 입증되고 있다. 연료전지는 다른 어떤 기술보다 더 광범위한 애플리케이션에 사용하여 늘어만 가는 세계의 에너지 수요를 충족시키고 이러한 추세는 계속될 것으로 분석된다. 연료전지 선적량의 증가 가능성에 대한 이해력을 높이기 위해, 각기 다른 촉진제와 장벽을 갖춘 여러 개의 하부 구조로 다시 나눌 수 있는 세 가지 주요 애플리케이션 부문을 차례대로 논의한다.

휴대형

휴대형 연료전지 시장은 장단기 모두 성장 잠재성이 있다. 당장 가까운 시기의 잠재성은 장난감, 교육 유닛, APU 등에 있다. 이러한 부문의 PEMFC 및 DMFC 유닛 판매가 지난 5년간 다른 연료전지 선적을 모두 앞질렀으며 2011년도 선적이 2010년에 비해 25% 성장할 것으로 예상되는 가운데 이러한 추세는 가까운 미래까지 지속될 것 같다. 계속해서 이 부문에 깊은 관심을 보이고 있는 군대가 휴대형 연료전지 발전의 핵심 촉진제 역할을 할 것이다. 궁극적으로 연료전지의 가장 큰 기회는 가정용 전자 제품에 있으며 수 많은 회사가 2011년에 외부 충전기기 상용화를 앞두고 있다. 이러한 유닛이 원격 장소에서 독립형 전원 공급에 성공할 것이 틀림없지만 전력밀도가 크게 향상되어야 연료전지를 가정용 전자제품에 곧바로 부착하는데 필요한 소형화가 가능해지며 휴대폰이나 노트북 등 일상적 이용이 가능하다. 이러한 발전이 실현되고 비용이 절감된다면 시장 기회가 늘어나 2011년에 $9,500억 불에 달할 것으로 미국가전협회가 예상했다.

고정형

총 고정형 선적량이 2011년에 전년 대비 35%가 증가하는 등 고정형 연료전지의 선적 유닛 증가는 가정용 micro-CHP 시장이 주도할 것으로 예상된다. 일본 Ene-Farm 프로젝트가 2005년 이후로 높은 성장세를 보였고 현재는 일본 전역에 13,000여 개가 설치되었다. 원자력의 인기가 사그라들어 일본의 전기 수급이 우려가 되는 가운데 연료전지 micro-CHP 유닛은 일본의 전원 공급망에 어느 정도의 독립성을 부여한다. 한국, 덴마크, 독일, 미국 등의 다른 국가는 micro-CHP 프로젝트의 테스트 및 도입을 다양한 단계로 실시하고 있는 상태이다. 일본에서의 도입으로 이미 알려진 성장률을 이러한 해외 프로젝트 중 단 4개에만 적용시켜도 2014년까지 세계적으로 매년 2만여 개 유닛이 판매되고 2015년까지 누적 설치 유닛이 십만 개가 될 것으로 예상하기에 무난하다. 주로 급속히 확장되고 있는 글로벌 통신 업계의 관심으로 UPS 시스템 배치가 늘어날 것으로 예상된다. 현재 수천 개 유닛이 설치되는 등 지구 전역에서 해당 기술에 대한 지대한 관심을 보이고 있다. 에너지 보안과 전원 공급망 독립의 중요성이 점차 부각되는데 인도와 아프리카의 매출 잠재성이 이제 경우 실현되고 있는 가운데 UPS 부문은 향후 3~5년 사이에 높은 성장세를 보일 것으로 기대된다. 주 전원용 대형 고정 연료전지의 배치는 아시아, 특히 정부의 RPS가 2012년부터 실행될 한국에서 주도할 것이다. 전기 생산 업체는 2022년까지 생산량의10%를 새로운 재생 가능 기술로 생산해야 하는 규정이 있는 만큼 연료전지는 RPS의 모든 재생 가능 에너지 중 가장 비중이 높은 것으로 평가 받고 있으며 연료전지 채택에 대한 가장 큰 촉진제 역할을 한다.

미국 에너지정보청 (EIA)에 따르면 한국은 2007년에 총 66,200MW를 생산하여 전기 생산 능력이 세계 11위를 차지하였다. 2022년까지 총 5,950MW의 신재생 에너지 생산력이 구비되어야 RPS를 준수할 수 있다 (전체 에너지 생산량 증가는 반영하지 않음). 포스코 파워는 최근 100MW BoP 공장을 서울 근교에 건설하였는데 RPS기간동안 완전 가동 상태로 생산하더라도 규정이 요구하는 규모의 20%만을 공급할 수 있다. 따라서 한국의 제조능력이 더욱 확장되고 주 전원 연료전지도 계속해서 채택할 가능성이 있다고 본다.

수송

전년 대비 경량 자동차와 버스 시장의 주문 부족으로 2011년도 수송부문이 전반적으로 성장세를 보이지 않을 것으로 보고 있다. 연료전지 버스는 특수 기종 프로젝트용으로 일괄 구매하는 경향이 있는데 올해는 이러한 구매가 줄어들 것으로 예상된다. 경량 자동차 부문은 제품 개발과 테스트가 마무리되었으며 현재 2015년에 있을 기술 상용화에 초점을 두고 있다. 자재 운반 산업은 주요 연료전지 채택 기업으로 고객이 전통적인 배터리를 이용하는 기술을 예비 전력으로 갖추지 않은 상태에서 연료전지로 가동되는 지게차를 현장의 유일한 전원 공급원으로 활용하는 수준으로까지 기술이 발전했다는 확신을 가지면서 2011년도에도 계속해서 성장세를 보일 분야이다. 프로그램의 자금 지원으로 이러한 유닛 채택에 박차를 가한 북미 지역도 성장폭이 커질 것이지만 다른 지역으로 채택률을 확대하는 것이 관건이다. 보조금 없이도 비즈니스 성공 사례를 보이는 가운데 누적 선적량이 1만 유닛을 초과하는 것이 향후 5년 이내에 가능하다. 연료전지 경량 자동차는 수년간 일반인들에게 관심의 대상이었다. 긍정적인 면에서 본다면 연료전지 기술이 현재 수송부문의 기술과 같이 일상적인 요구사항을 충족시킨다는 메시지는 이해되지만 상용화에 거의 무한대의 시간이 소요되고 있다는 점은 기술에 대한 부정적인 요소로 자리잡았다. 8곳의 세계 주요 자동차 업체가 FCEV를 2015년까지 대량 생산하기로 나선 2009년에 이러한 상황이 바뀌었다. 초기 배치는 수소 재충전 인프라를 갖춘 곳으로만 한정되며 필요한 충전소 건립 프로젝트가 유럽, 일본, 미국에서 진행 중이다. 연료전지 자동차 개발은 기존의 ICE 자동차와 비교 가능한 성능과 수명을 지닐 정도로 발전되어 원활한 이전이 가능하다. 2015년까지 이들 주요 자동차 업체 중 세 곳만 목표를 달성하더라도 2~3만 대의 자동차가 세계에 도입된다. 이는 매년 세계적으로 생산되는 7천 5백만 대의 경량 자동차 수에 비하면 미미하지만 연료전지 선적량으로 따지면 상당히 큰 분량이다.

결론적으로 연료전지 전망이 지난 몇 년간 향상되었다. 연료전지는 수많은 시장에서 보조금 없이 판매되고 있으며 2005년과 2011년 사이에 7십만 개 이상의 연료전지가 누적 판매되었다. 휴대형, 고정형, 수송형 애플리케이션은 각기 다른 전해질이 다양한 부문에서 역할을 맡고 있는 가운데 모두 성장세를 보이고 있다. 2015년까지 고정형과 수송형부문 각각에서 줄잡아 25,000개 이상의 유닛이 매년 팔릴 것이며 그 이상으로 성장할 가능성도 충분히 있다.

5년 기간 전체에 걸쳐 휴대형 선적은 레저 영역의 연료전지 APU 판매로 보강되었다. 휴대형 유닛 선적은 연료전지 장난감과 교육 품목의 소비자 판매 증가로 2009년도 급증하였다. 같은 해에 휴대형 소비자 전자 장비 출시로 선적이 소폭 증가하였다. 고정형 연료전지 선적은 특히 아시아의 micro-CHP와 북미의 UPS 도입으로 2007년부터 꾸준히 늘었다. 교통 부문의 경우 특히 2008, 2009년도의 대규모 시범 프로그램이 시작된 후부터 수백 대의 연료전지 자재운반 차량이 선적되었다. 2009년부터 유럽이 연료전지 채택을 주도해왔다. 이는 APU와 장난감에 설치된 휴대형 연료전지의 주 전원 장치, UPS 선적 등으로 상당한 성장세를 보였다. 아시아의 경우 일본 연료전지 micro-CHP 제품의 상업적 배치가 시작되자 2008/2009년도에 채택률이 크게 늘어났다. 2008년까지 DMFC는 APU에서의 사용 때문에 주도적인 기술 종류였다. 그 이후 PEMFC를 사용하는 애플리케이션이 급증했다. PEMFC 기술은 장난감, 소형 고정 제품과 교통 애플리케이션에서 폭넓게 사용되기 때문에 연료전지 선적에 큰 폭을 차지했다. PAFC, AFC, MCFC 유닛의 선적량이 비교적 적은데다 반올림의 영향으로 상기한 표에는 수치가 반영되지 않았다.

메가와트 선적의 경우 고정형 전원이 가장 큰 폭을 차지하여 대형 고정 설치물의 중요성은 물론 아시아로 선적된 micro-CHP의 높은 수치를 부각시켰다. 자재 운반 및 FCEV 시범 프로그램의 영향은 수송부문에서 메가와트 선적량이 급증한 2009년부터 계속 드러났다. 휴대형 연료전지가 유닛 선적 측면에서는 중요하지만 크기가 작아 메가와트별 상당수를 차지한다. 북미는 2009년부터 FCEV 출시와 자재 운반 시범 차량, 휴대형 연료전지 판매, 고정선적 측면에서는 중요성이 가장 떨어진다. 지난 5년간 북미와 아시아가 메가와트 채택 지역의 선두 다툼을 벌여왔다. 이는 해당 지역의 대형 고정 주전원 장치와 CHP/UPS의 역할에서 이해할 수 있다. 미국과 한국이 최근 몇 년간 대형 멀티 메가와트 고정형 유닛 채택을 주도해왔다.PEMFC 기술은 수송과 고정 애플리케이션 등 다양한 애플리케이션 영역에서 사용되며 최대 수백 킬로와트에 이르는 다양한 전력층을 갖추고 있다. 이 때문에 PEMFC가 2008년 이후로 메가와트 선적을 상당수 차지했다. 수많은 PAFC, MCFC, SOFC 유닛의 크기가 커서 메가와트 선적량이 선적 유닛의 숫자와 불균형을 이룬다.

유용한 화학전지웹사이트

- Fuel Cell & Hydrogen energy Association (FCHEA) http://www.fchea.org
- http://www.battery.or.kr
- 에너지관리공단 신재생에너지센터 http://www.knrec.or.kr
- 한국에너지기술연구원 http://www.kier.re.kr
- 미국신재생에너지연구원 http://www.nrel.gov
- 미국에너지부 (Departemtn of Energy)http://www.doe.gov
- 미국에너지정보기구(U.S. Energy Information Admistration) http://www.eia.gov
- 세계에너지기구(International Energy Agency) http:///www.iea.org
- 연료전지투데이 http://www.fuelcelltoday.com

추가 자료 및 웹사이트 (Further Reading Books and website)

- "태양전지를 익숙하게 다룬다", 구와노 유기노리, 전파과학사, 1994.
- "Renewable Energy", Roland Wengenmayr, Thomas Bührke, Wiley-VCH, 2008.
- "에너지의 미래", 에코리브로 출판사, 이신철 옮김, 2010.
- "연료전지개론", 손재익,정재학, 김혜경, 아진도서출판, 2009.
- "연료전지개론(Fuel Cell Fundamentals)", 차석원 옮김, 한티미디어출판사, 2009.
- "신재생에너지", 윤천석 지음, 인피니티북스, 2009.
- http://ocw.mit.edu

참고문헌

[1] "2차전지 Patent Map", 전자정보센터, http://www.eic.re.kr.

[2] "리튬 2차 전지에 관한 동향 분석", 과학기술부, 한국과학기술정보연구원, 2005.9

[3] "그린카용 이차전지 소재", 교육강의자료, 손종태, 충주대학교 나노고분자공학과

[4] 전지재료시장, 경쟁 구도 재편 시작된다",하일곤, LG Business Insight 2012 5

[5] "수소에너지 혁명을 주도하는 연료전지", 김재윤, CEO Information 432호, 삼성경제연구소, 2003. 12.31

[6] 日經 Electronics, 2001. 10. 22.

[7] "연료전지 시장동향 및 전망", 유준위, 김경훈, 한국기업평가, 2011. 5. 24

[8] http://www1.eere.energy.gov/hydrogenandfuelcells/fuelcells/fc_types.html

[9] "Fuel Cells", Xianguo Li, in Handbook of Energy Efficiency and Renewable Energy (Edited by Frank Kreith, D. Yogi Goswami), CRC Press, p. 28-31,2007

[10] "Comparison of Fuel Cell Technologies", Energy Efficiency & Renewable Energy, U.S. Department of Energy, http://www1.eere.energy.gov/hydrogenandfuelcells/fuelcells/fc_types.html

[11] http://www.fuelcelltoday.com/about-fuel-cells/history

[12] 2010 신재생에너지백서

[13 http://www.konetic.or.kr/?p_name=dbsv&sub_page=konetic_focus&gotopage=1&unique_num=21&menu_idx=3&sort=1&query=past_focus

[14] http://www.energy.or.kr/knrec/11/KNREC110500.asp

[15] http://www.fuelcelltoday.com

[16] http://www.fuelcelltoday.com/analysis/industry-review/2011/the-industry-review-2011

연습문제

1. 연료전지의 발명의 시기는?

2. 연료전지이란?

3. 연료셀 스택(fuel cell stack)이란?

4. 연료전지와 배터리(battery)와 의 차이점은 무엇이나?

5. 연료전지의 종류와 특성은?

6. 연료전지를 사용하는 이유와 연료전지의 작동의 원리는?

7. 수소는 어떻게 제조 되며, 수소는 안전하느냐?

8. 연료셀(fuel cell)의 비용은 얼마이며, 연료셀(fuel cell)을 구입할 수 있는 가?

9. 연료셀에 사용될 수 있는 연료는?

10. 연료전지를 사용하는 대신에 왜 수소를 점화시킬 수 없는 나?

11. 1차전지와 2차전자의 차이점을 비교하여 설명하고, 대표적인 2차전지인 니켈/카드뮴 전지와 니켈/수소전지의 전지반응 및 특성에 대하여 설명하시오 (2005년 행정고등고시(기술직) '공업화학' 출제)

12. 최근 메탄올 연료전지가 차세대연료전지로 주목되고 있다. 이 연료전지의 반응은 다음과 같다. (다만, F = 96,500 C/mol e이다) (2002년 행정고등고시(기술직) '공업화학' 출제)

   1) 위의 반응물에서 산화되는 원소를 포함하는 물질(환원제)과 환원되는 원소를포함하는 물질(산화제)을 각각 명시하시오.
   2) 양극(anode)과 음극(cathode)에서의 반응을 구분하여 각각의 반쪽 반응을 쓰시오.
   3) 이 반응의 ΔG값이 25℃에서 −467KJ/mol일 때 이 연료전지의 E값을 계산하시오.

13. 다음에 열거된 4가지 연료전지(fuel cell) 각각에 대해 연료, 전해질로 어떠한 물질을 사용하는지 밝히고, 작동온도가 높은 연료전지부터 순서대로 나열하시오. (2004년 행정고등고시(기술직) '공업화학' 출제)

   ① 용융탄산염 연료전지 ② 인산형 연료전지 ③ 고체산화물 연료전지 ④ 고분자전해질 연료전지

14. 아래 그림은 PEM 연료전지이다. 전해막은 다공성의 음극판과 양극판 사이에 끼어져 있어 매우 얇은 3층 막 전극조립을 이루고 있다. 양극판에서는 양자와 전자가 생성되고, 음극판에서는 생성된 양자와 전자가 다시 결합하여 물을 생성한다. 전체의 반응은 $2H_2 + O_2 \rightarrow 2H_2O$ 이다. 전해막의 두 가지의 역할은 수소이온을 전달하고 전자전달에 대한 장애물이 되는 것인 데, 연료전지 외부에 있는 전기분해로 전자가 흐르도록 한다. 전해막이 이온을 전달할 수 있으려면 늘 습한

상태를 유지해야 한다. 하지만, 액체상태로 물이 존재하게 되면 음극판이 산소를 차단하여 화학반응이 방해를 받고 연료전지의 역할을 하지 못한다. 그렇기 때문에 음극판이 늘 포화증기만 유지하도록 적절한 온도(T_c)를 유지하는 것이 중요하다. 주어진 수소와 공기유입량에 대하여 크기 50 mm x 50 mm의 MEA로 된 연료전지는 $P = I \cdot E_c = 9\,W$의 출력을 낸다. 이 때 전지의 전압은 0.6 볼트, 전류는 15 암페어이다. 연료전지의 포화증기조건은 $T_c = T_{sat} = 56.4℃$ 이다. 전체 전기화학반응은 발열반응이고, 그에 따라 발생하는 에너지는 11.25W의 열은 대류나 복사의 방법을 통해서 방열되어야 한다. 외부온도(T_{sat})는 25℃이고, 냉각기속도(m/s)와 대류계수의 관계는 다음과 같다. $h = 10.9\,W \cdot s^{0.8}/m^{2.8} \cdot K \times V^{0.8}$, 연료전지의 표면의 방사율(ϵ)은 0.88이다. 정상상태에서 연료전지를 작동시키기 위해 필요한 냉각기 속도를 구하여라. 단, 연료전지의 가장자리는 단열된다고 가정한다. (자료원: Courtesy of F. P. Incoropera and David P. DeWitt, "Fundamentals of Heat and mass Transfer", 6th, Chapter 1)

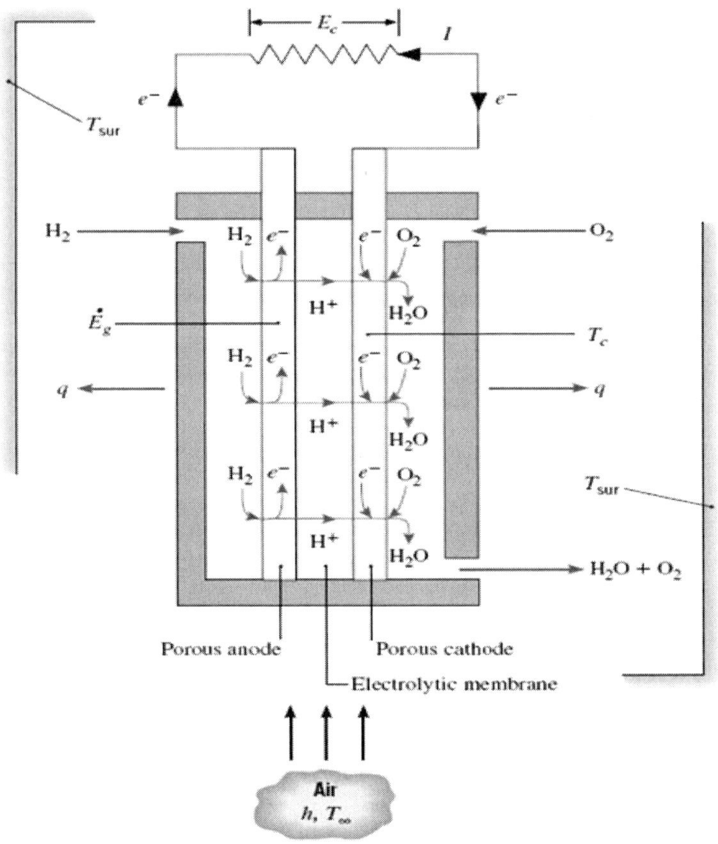

15. PEM 연료전지는 일정한 수준의 온도를 유지하는 것이 중요하다. 자동차에 사용되는 경우에, 동절기에 자동차의 시동을 껏을 때 연료전지 내부가 얼어서 인접해 있는 용기가 손상되지 않도록 하기 위하여 연료전지에 있는 냉각수를 배출하여야한다. 자동차가 운행되지 않을 경우에 생긴 얼음의 질량을 M이라면, 융해온도가 0℃이므로, 얼음이 한 면의 폭이 100mm인 육면체의 용기속에

들어 있다고 가정하자. 용기의 벽두께는 L이고, 열전도계수는 k=0.05W/m·K이다. 벽의 바깥표면의 온도가 용해온도보다 클 경우, 얼음을 완전히 녹여서 연료전지를 활성화하는 데 필요한 시간을 구하시오. 단, 바깥온도는 30℃이고, 얼음의 밀도는 920kg/m^{3}이며 융해의 잠열은 334 KJ/kg이다. (자료원: Courtesy of F. P. Incoropera and David P. DeWitt, "Fundamentals of Heat and mass Transfer", 6th, Chapter 1)

16. 연료전지에 관한 다음 물음에 답하시오. (2009년 행정고등고시(기술직) '공업화학' 출제)

1) 최근 수소를 이용한 청정에너지원으로 각광받고 있는 고분자전해질막 연료전지의 기본구조를 전자 및 이온의 이동경로를 포함하여 도시하고, 양극(Anode)과 음극(Cathode)에서 발생하는 산화, 환원 반쪽 반응 및 전체 반응식을 쓰시오.
2) 연료전지와 내연기관이 각각 같은 연료를 이용하여 전기에너지를 생산할 경우, 어느 것이 에너지효율이 높은 지를 밝히고 그 이유를 설명하시오.
3) 연료전지가 1차, 2차 전지와 차별되는 특성에 대하여 설명하시오.
4) 연료전지의 장·단점에 대하여 설명하시오.

17. 납축전지에는 다음과 같은 두 종류의 반쪽전지 반응이 관여하고 있다. 다음 물음에 답하시오. (2007년 행정고등고시(기술직) '공업화학' 출제)

$$PbO_2 + SO_4^{2-} + 4H^+ + 2e \rightleftarrows PbSO_4 + 2H_2O, \quad E^0 = 1.69\,V\,(vs.\,SHE)$$
$$PbSO_4 + 2e \rightleftarrows Pb + SO_4^{2-}, \quad E^0 = -0.36\,V\,(vs.\,SHE)$$

1) 위의 두 전위결정 평형식으로부터 각 반쪽전지의 전위를 나타내는 Nerst식을 유도하시오.
2) 납축전지가 방전될 때 어느 반쪽전지가 Anode 또는 Cathode인지 구분하고, 방전시 전체반응(Overall Reaction)을 제시하시오.
3) 위의 2)에서와 같이 방전될 때, 전지의 작동전압이 어떻게 변하는지를 유도된 Nernst식에 의거하여 설명하시오.

11장 태양광에너지

11.1 개요

오늘날, 빠르게 고갈되고 있는 화석에너지의 대표적인 석유만으로는 세계의 산업화로 인한 에너지 수요의 충족을 위해 대안적 기술로 전향하는 추세가 전 세계적으로 확산되는 가운데 태양광 산업은 급성장하고 있습니다. 태양은 지구의 1백9배 크기로 지구로부터 1억5천만km 떨어진 곳에 위치하며 수소 73%, 헬륨 24%로 이뤄진 기체덩어리로서 초당 3.8×1023KW의 에너지를 우주에 방출하는 거대한 화염이다. 지구는 태양으로부터 지표면 1㎡당 7백W의 에너지를 받게 되는데, 이는 전 인류 소비 에너지량(1.2×1,010KW)의 약 1만 배에 달하는 것이다, 그림 11.1 참조. 그림 11.2은 열방선대의 파장대, 0.3~2.5μm 파장 영역(UV에는 5%, 가시광선에서는 46%, 근적외선 영역대에서는 49%)에서의 태양에너지강도 즉, 태양에너지스펙트럼을 나타내고 있다. 태양을 이용한 에너지 발전에는 태양열을 이용한 방법(Solar Thermal)과 태양광(Photovoltaic)을 이용한 방법으로 나눌 수 있다. 태양광 발전는 반도체 또는 태양광 전지를 사용하여 태양의 빛에너지를 변환시켜 전기를 생산하는 발전기술이다. 태양광 발전시스템은 태양전지(Solar Cell)로 구성된 모듈(Module)과 축전지 및 전력변환장치로 구성되어 있다. 태양 전지 어셈블리는 습기와 충격으로부터 보호를 위해 방수 모듈안에 밀봉됩니다. 이러한 어셈블리를 태양광 패널 또는 모듈이라고 합니다. 결정질 실리콘 태양광 모듈의 주요 요소들로는 유리 글레이징(Glass Glazing), 교차 연결된 에틸렌비닐 아세테이트(Crosslinked Ethyl Vinyl Acetate Matrix) 밀봉재, 실리콘 웨이퍼 및 관련 배선, 보호 백시트, 정션 박스가 있습니다.

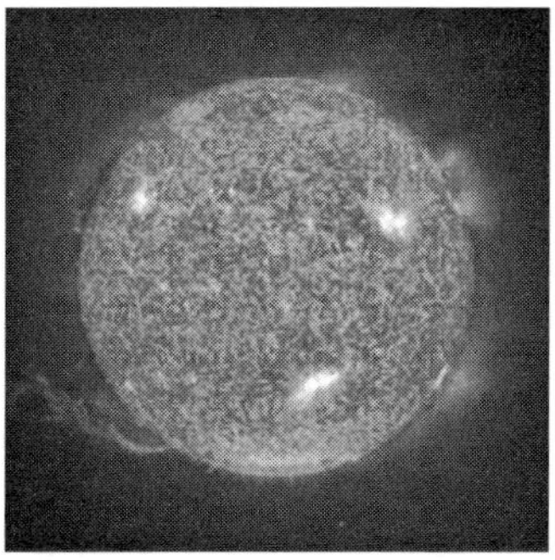

그림 11. 1 미국항공우주국(NASA)에서 촬영한 태양 영상 [1] (Courtesy of NASA)

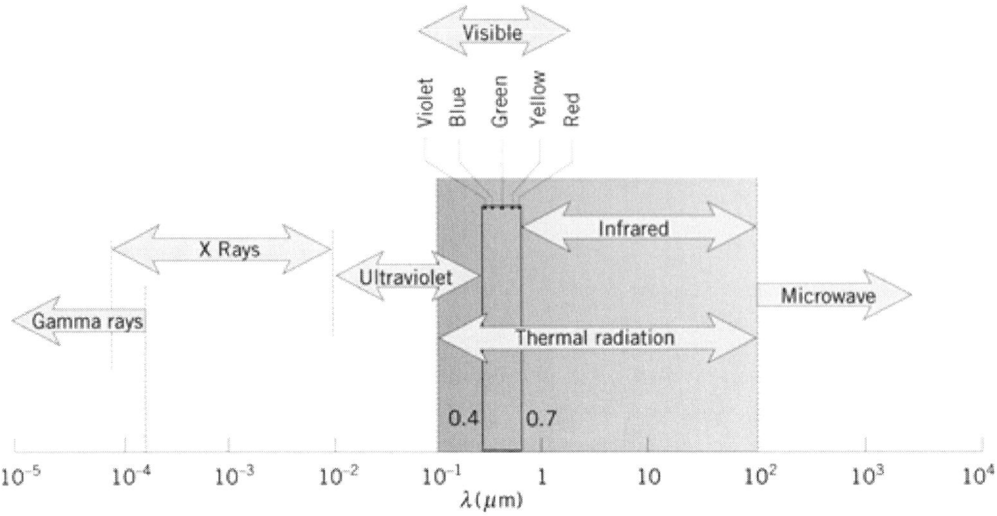

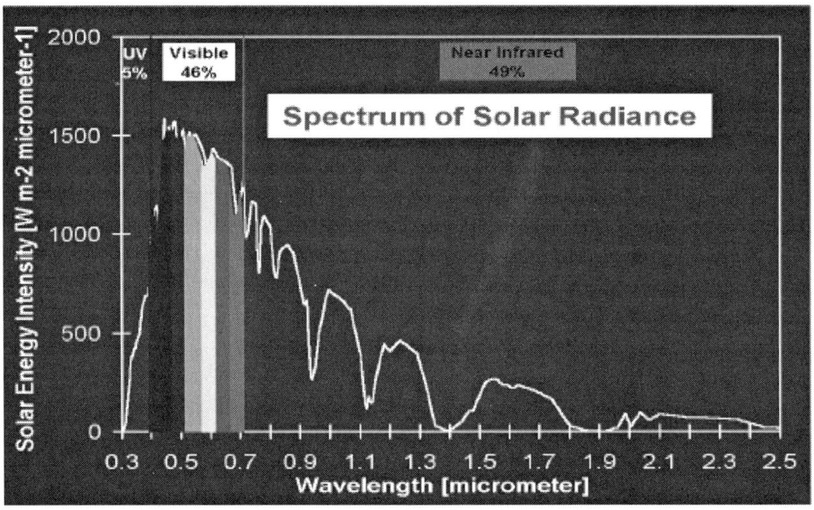

그림 11. 2 태양광의 파장대와 태양에너지 강도 [2]

11.2 태양전지의 원리

1) 태양전지(Solar Cell 또는 Photovoltaics: PV)

태양전지는 태양광에너지를 직접 전기로 변환시키는 반도체화합물 소자이다, 그림 11.3 참조. 태양빛은 광자(Photon)으로 구성되어 있으며, 이들 자들은 태양 다양한 스펙트럼의 파장에 해당하는 에너지를 포함하고 있다. 광자들이 태양광 셀에 접촉했을 때 이들은 반사, 통과, 흡수된다. 흡수된 광자만이 전기에너시를 발생시킨다. 대부분의 반도체들은 광기전력효과(Photo Voltaic Effect)를 나타내는데, 반도체 중 광기전력효과가 큰 실리콘(Si)과 갈륨아세나이드(GaAs)가 높게 나타난다. 태양전지의 다량생산으로 이어지는 반도체들은 주로 실리콘(Si)과 갈륨아세나이드(GaAs) 등이 태양전지로 이용된다. 이중에서 실리콘이 가장 많이 활용되고 있으며, 최근에는 카드뮴 텔러라이드(CdTe)와 카파인디움다이셀레나이드($CuInSe_2$: CIS) 반도체들이 활용되기도 한다. 실리콘이 반도체산업에서 가장 많이 사용되는 이유는 지구상에서 두 번째로 보편화된 화학물질이고, 석영모래로부터 얻을 수 있기 때문이다. 태양전지를 재료에 따라 나누면 다음과 같다. 따라서, 태양전지는 실리콘으로 대표되는 반도체이며 반도체기술의 발달과 반도체 특성에 의해 자연스럽게 개발되었다. 태양광 (Photovoltaic Energy)시스템의 장점과 단점은 표 11.1과 같다.

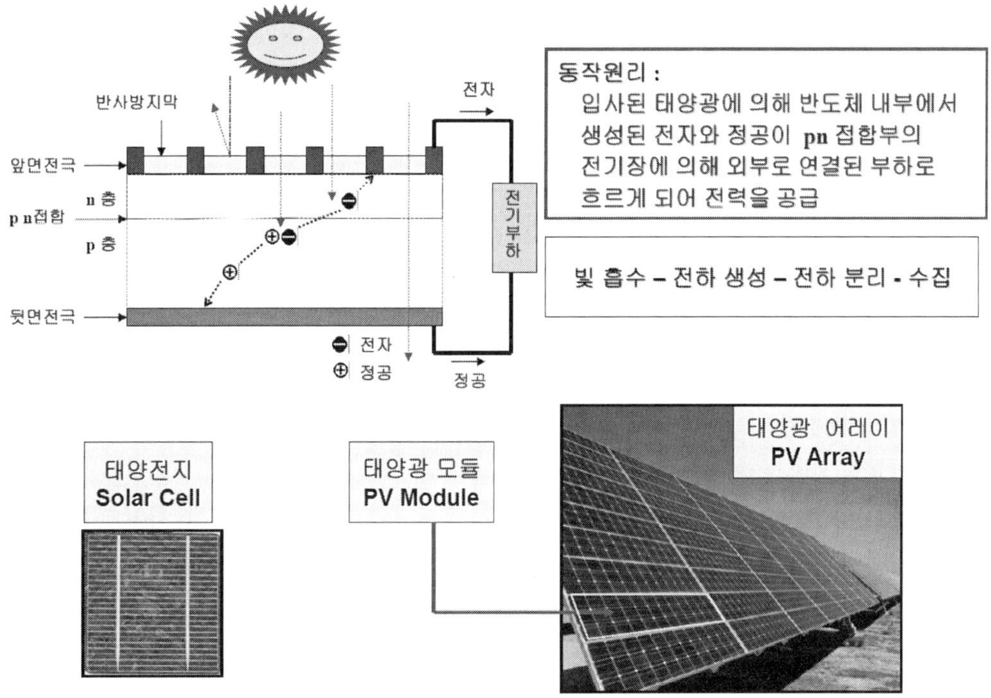

그림 11.3 태양광 전지의 동작원리 [2]

표 11.1 태양광전지의 특징

구 분	장 점	단 점
태양광 에너지	•에너지원이 청정 · 무제한 •필요한 장소에서 필요량 발전가능 •유지보수가 용이, 무인화 가능 •긴수명(20년 이상)	•전력생산량이 지역별 일사량에 의존 •에너지밀도가 낮아 큰 설치면적 필요 •설치장소가 한정적, 시스템 비용이 고가 •초기투자비와 발전단가 높음

2) PN 접합에 의한 발전원리

태양에너지를 전기에너지로 변환할 목적으로 제작된 광전지로서 금속과 반도체의 접촉면 또는 반도체의 pn접합에 빛을 받으면 광전효과에 의해 전기가 발생된다. 금속과 반도체의 접촉을 이용한 것으로는 셀렌광전지, 아황산구리 광전지가 있고, 반도체 PN접합을 사용한 것으로는 태양전지로 이용되고 있는 실리콘광전지가 있다, 그림 11.4은 태양광전지에서 전자와 정공의 흐름를 설명하고 있다 [3]. 그림 11.5은 태양전지와 다른 전지 (2차전지, 연료전지)의 차이점를 나타내고 있다 [4]. 2차전지는 화학에너지와 전기에너지간의 상호변환이 가역적이어서 충전과 방전을 반복할 수 있는 전지이며, 연료전지는 연료(가스, 메탄올, 석탄)의 화학에너지를 전기에너너지로 직접 변환하는 화학발전장치로써, 외부에서 반응물이 공급되고 생성물이 외부로 배출되는 전지이다.

태양전지는 전기적 성질이 다른 N(Negative)형의 반도체와 P(Positive)형의 반도체를 접합시킨 구조를 하고 있으며 2개의 반도체 경계부분을 PN접합(PN-junction)이라한다. 이러한 태양전지에 태양빛이 닿으면 태양빛은 태양전지속으로 흡수되며, 흡수된 태양빛이 가지고 있는 에너지에 의해 반도체내에서 정공(Hole)(+)과 전자(Electron)(-)의 전기를 갖는 입자(정공과 전자)가 발생하여 각각 자유롭게 태양전지속을 움직이게 되는데 전자(-)는 N형 반도체쪽으로, 정공(+)는 P형 반도체쪽으로 모이게 되어 전위가 발생하게 되며 이 때문에 앞면과 뒷면에 붙여 만든 전극에 전구나 모터와 같은 부하를 연결하게 되면 전류가 흐르게 된다. 이것이 태양전지의 PN접합에 의한 태양광발전의 원리이다.

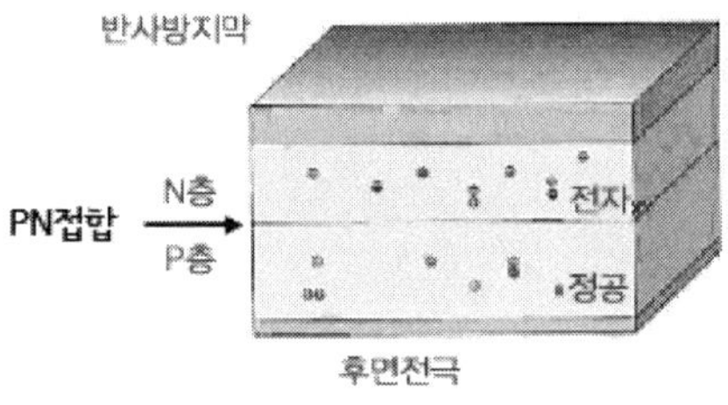

대표적인 결정질 실리콘 태양전지는 실리콘에 보론(Boron:붕소)을 첨가한 P형 실리콘반도체를 기본으로 하여 그 표면에 인(phosphorous)을 확산시켜 N형 실리콘 반도체층을 형성함으로서 만들어지며, 이 PN접합에 의해 전자의 경계가 발생한다.

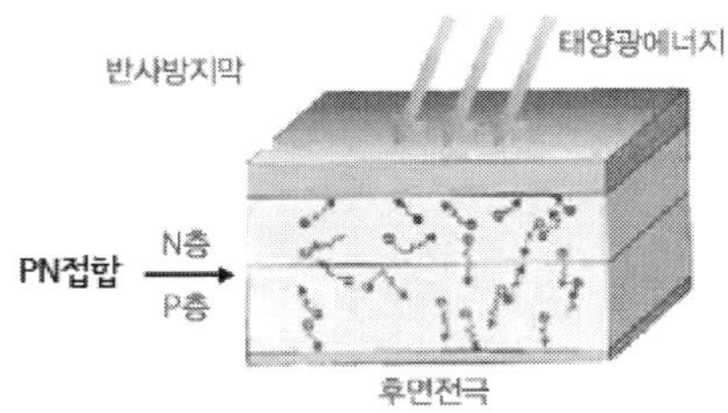

이 태양전지에 빛이 입사되면 반도체내의 전자(-)와 정공(+)이 여기되어 반도체 내부를 자유로이 이동하는 상태가 된다.

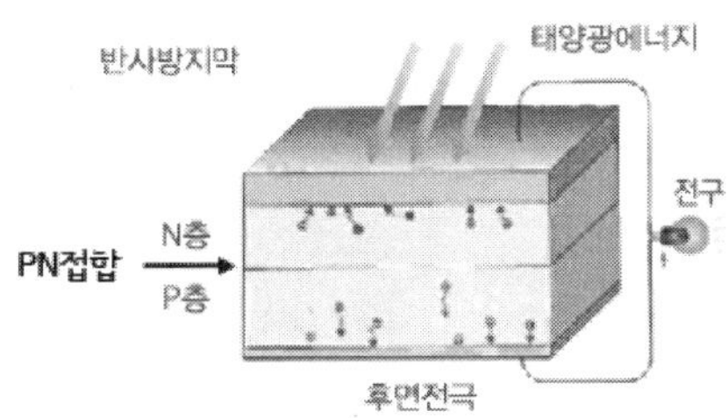

자유로이 이동하다가 PN접합에 의해 생긴 전계에 들어오게 되면 전자(-)는 N형 반도체에, 정공(+)은 P형 반도체에 이르게 된다. P형 반도체와 N형 반도체 표면에 전극을 형성하여 전자를 외부 회로로 흐르게 하면 전류가 발생된다.

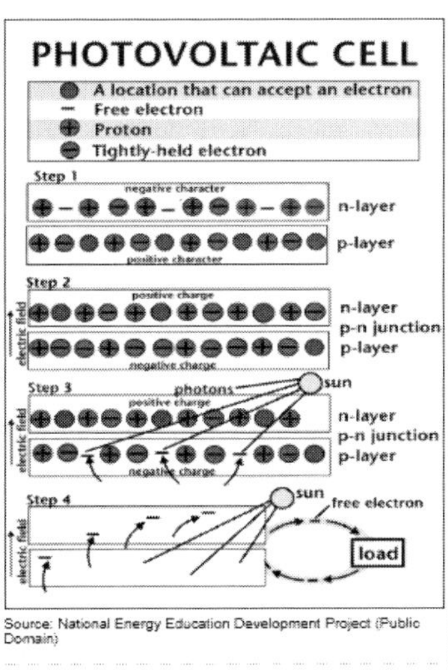

그림 11.4 태양광 전지에서 전자와 정공의 흐름 [3]

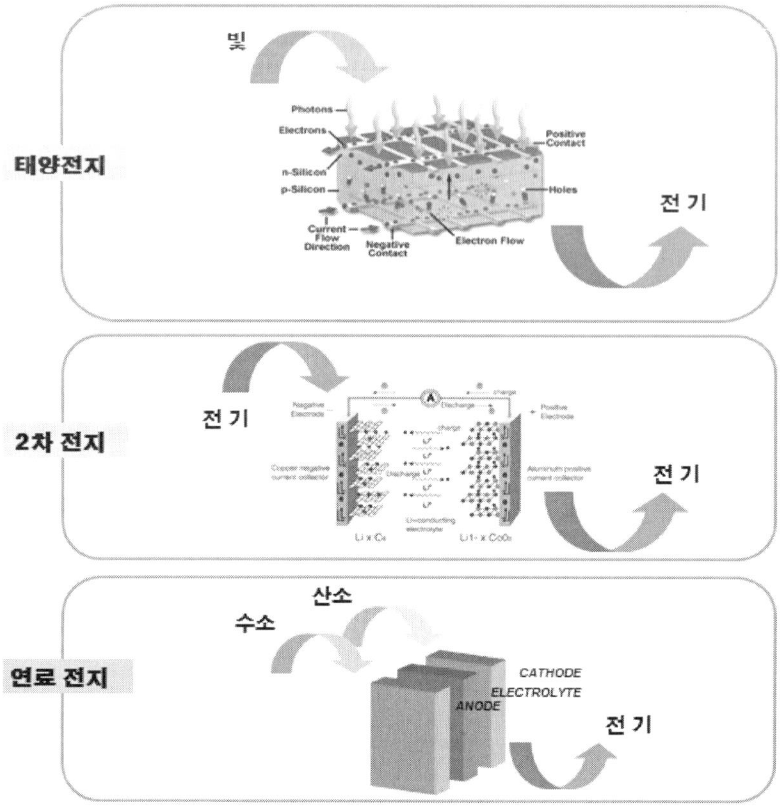

그림 11.5 태양 전지와 다른 전지 (2차전지, 연료전지)의 차이점 [4]

11.3 태양전지의 역사

연도	내 용
1839년	프랑스 물리학자 Alexandre Edmond Becquerel가 최초로 광전효과(photovoltaic effect)를 발견
1870년대	H. Hertz의 Se의 광전효과연구 이후 효율 1~2%의 Se cell이 개발되어 사진기의 노출계에 사용
1883년	미국 발명가 Charles Fritts가 최초 기본 solar cell 발명
1940년대~1950년대	초고순도 단결정실리콘을 제조할 수 있는 초코랄스키 공정(Czochralski process)가 개발됨
1954년	Bell Lab.에서 효율 4%의 실리콘 태양전지를 개발
1958년	미국의 Vanguard 위성에 최초로 태양전지를 탑재한 이후 모든 위성에 태양전지를 사용
1970년대	오일쇼크이후 태양전지의 연구개발 및 상업화에 수십억 달러가 투자되면서 태양전지의 상업화가 급진전
1976년	RCA Laboratories (New Jersey, U.S.A.)가 최초 a-Si를 제조
현재	태양전지효율 7~20%, 수명 20년 이상, 모듈가격 $4/W 내외, 발전단가 $0.2~0.5/kWh

11.4 태양광발전시스템

태양전지는 비, 눈 또는 구름에 의해 햇빛이 비치지 않는 날과 밤에는 전기가 발생하지 않을 뿐만 아니라 일사량의 강도에 따라 균일하지 않은 직류가 발생한다. 따라서 일반적인 태양광발전시스템은 수요자에게 항상 필요한 전지를 공급하기 위하여 모듈을 직·병렬로 연결한 태양전지 배열과 전력 저장용 축전지, 전력 조정기(power controller) 및 직·교류 변환장치(Inverter)등의 주변장치로 구성된다, 그림 11.6 참조. 태양광발전시스템은 독립형과 계통형으로 구분할 수 있다. 독립형은 생산된 전기를 전선망에 연결하지 않고 생산된 장소에서 사용하는 것을 말하며, 계통연계형은 전선을 통하여 전기를 받아들이거나 내보낼 수 있는 형태를 말한다.

□ **태양전지/태양전지**

태양에너지를 통해 전류를 생산시키는 곳이다. 그림 11.7은 태양전지 모듈을 지지하고 보호하는 전형적인 결정질 모듈을 설명하고 있다. 상부 그림은 주요 성분을 포함하고 있는 단면을 나타내고 있다. 실리콘웨이퍼와 관련 전자 연결부는 본질적으로 교차로 연결된 EVA(ethyl vinyl acetate) matrix에 부착되어 있다. 태양광선이 입사되는 모듈의 면은 대부분 유리로 아교풀칠되어 있다. 유리는 내구성과 견고성과 투명성을 가지고 있다. 모듈의 뒷면은 고분자필름과 라미네이트된 지지층 (Backing Layer)으로 되어있다. 지지층은 물리적 보호 기능, 전기적 절연, 수분 차단, 색깔확인 등 역할을 한다.

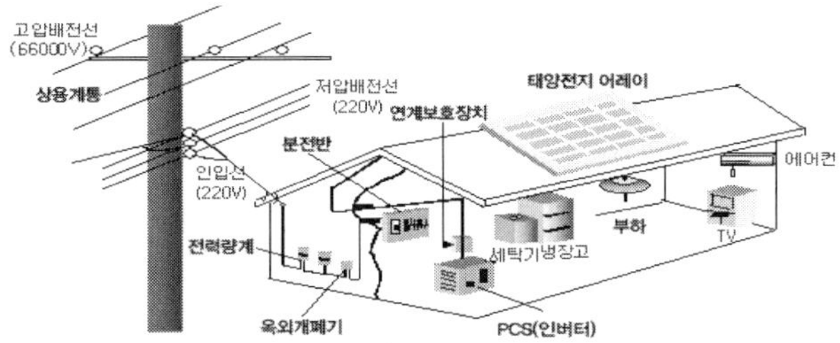

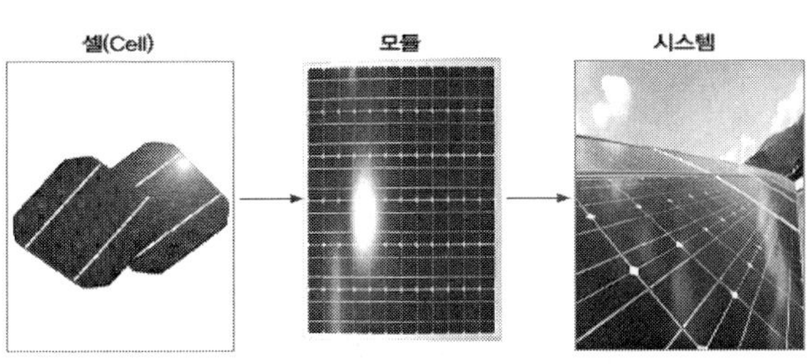

그림 11.6 태양광발전 시스템 구성도 [5] 및 일반 가정/사무실용 시스템 [6]
(Courtesy of National Renewable Energy Laboratory)

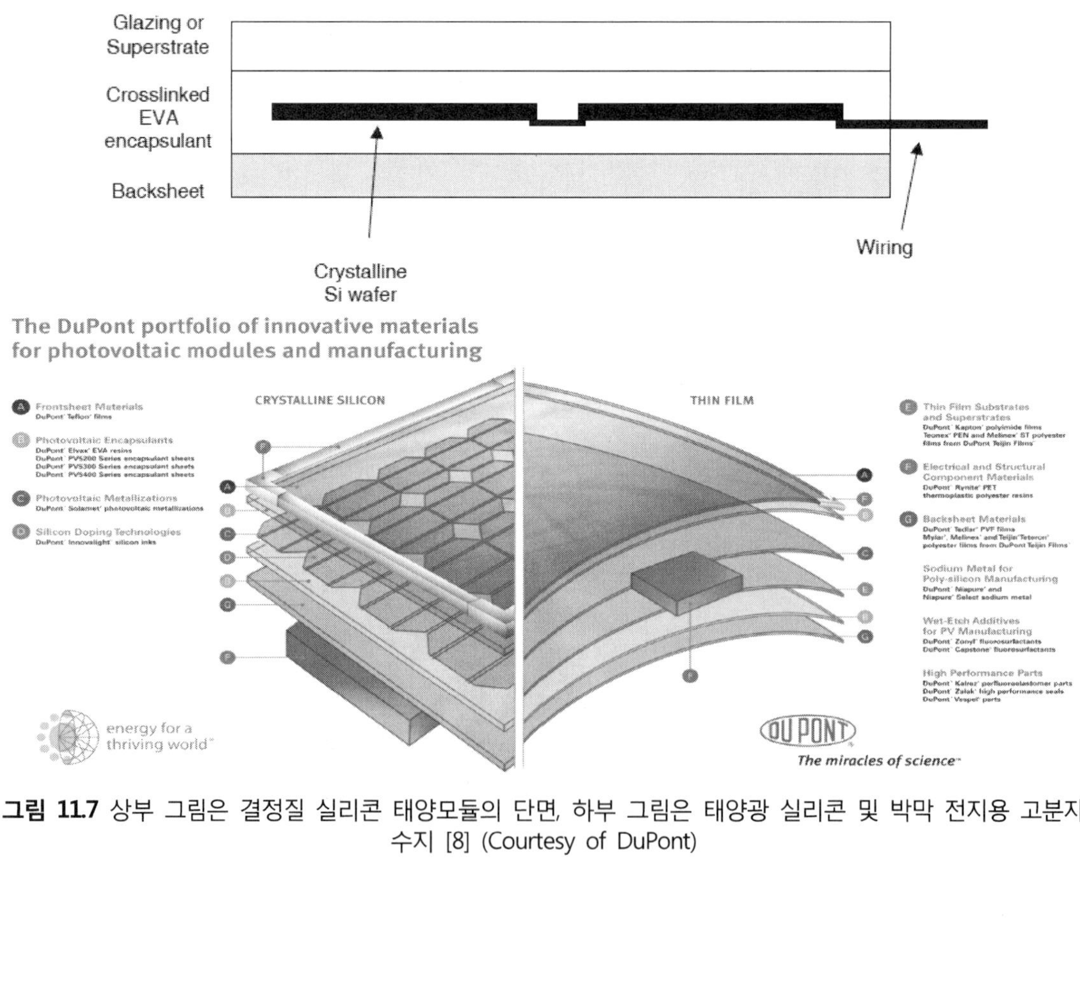

그림 11.7 상부 그림은 결정질 실리콘 태양모듈의 단면, 하부 그림은 태양광 실리콘 및 박막 전지용 고분자 수지 [8] (Courtesy of DuPont)

□ **축전지**

축전지는 햇빛이 비칠 때 태양전지에서 생산된 전기를 저장했다가 햇빛이 비치지 않을 때 내놓는 일을 반복하는 역할을 하는데, 니켈-카드뮴 축전지, 니켈-수소 축전지, 니켈-나트륨 축전지, 납축전지 등 다양한 종류가 있다.

□ **전력조절기**

전력 조절장치는 태양전지로부터 주어진 조건에서 최대의 전력을 낼 수 있도록 하는 장치이다. 조정장치는 축전지와 태양전지 사이에 설치되는 것으로, 축전지가 가득 충전되었을 때 태양전지로부터 전기가 축전지로 더 이상 들어오지 못하도록 막거나 축전지로부터 모듈 쪽으로 전기가 방전되는 것을 방지하는 작용을 한다. 이로써 축전지의 수명을 가능한 한 오래 유지시키는 역할을 한다. 태양전지 출력조절 기능 및 축전지 과방전과 충전기능이 부착되어 있는 시스템이다.

□ **인버터**

태양전지에서 생산되는 전기는 직류(DC)전기이다. 이런 직류전기가 그대로 사용되는 경우도 있으나, 대부분 기기들은 60Hz의 사인파 교류(AC)를 사용하기 때문에 DC를 AC로 바꾸는 인버터가 필요하다.

□ **모니터링 시스템**

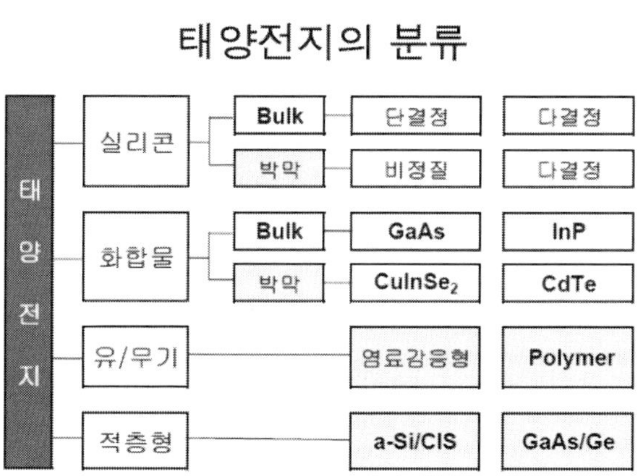

그림 11.8 태양전지의 분류

시스템의 상태를 파악하고 고장 및 이상을 진단한다.

11.5 태양전지의 종류

태양전지은 태양전지재료에 따라 결정질 실리콘, 비정질실리콘, 화합물반도체, 유기/무기, 적층형으로 분류된다, 그림 11.8 참조. 시스템이용에 따라서 계통연계형, 독립형(축전지 이용), 복합발전형으로 분류된다. 박막 PV 기술은 전세계 PV 생산 능력의 10~15%를 차지하고 있으며, 폴리실리콘을 사용하지 않고 비정질 실리콘 (a-Si), CIS($CuInSe_2$:Copper indium diselenide), CIGS($CuInAsSe_2$, Copper indium gallium diselenide), 카드뮴 텔루라이드(Cadmium telluride, CdTe) 와 같은 반도체물질의 박막층을 이용하고 있다. 이들 제조공정은 컴퓨터 모니터, 휴대폰, TV 등의 평판 판넬 디스플레이와 비슷하다. 유리나 튜명 필름 등의 기판 위에 태양광층을 형성하는 것이다. 결정질 모듈 (그림 11.9 참조)과 달리, 박막 모듈은 1 단계 공정으로 제조된다. 일반적으로, 박막 시스템은 결정질 실리콘 시스템보다 비용면에서 저렴하지만, 본질적으로 낮은 효율속도를 가지고 있다. 그림 11.12와 표 11.2 보는 바와 같이, 박막전지는 사되는 태양광의 5%~13% 정도만 전기로 변환시킨다. 그에 반하여, 결정질 실리콘전지는 11%~20%정도 변환시킨다. 농축 실리콘 (Concentrator Silicon)은 34%~38% 에너지변환율을 보여주고 있다. 그림 11.9에서 보는 바와 같이, 결정질 실리콘 태양전지은 7단계 (손상된 부분 절단→텍스터링→3가의 인 확산 → 에지 분리→ 산화물 에칭→스크린-프린팅→점화)를 거친다. 고효율 결정질 실리콘 태양전지기술은 공정ㄴ소요기간이 3일정도이며, 역피라미드표면을 가지고 있어 반상방지와 이중반사방지 기능를 가지고 있다. p+, n+ 접촉저항을 최소한 기술이다. 그림 11.10에서는 후면 접촉 실리콘 태양전지기술은 21.8%의 변환 효율을 제공한다. 그에 반하여, 그림 11.11에서 보는 바와 같이, 박막기술은 비정질수소화합박박은 6%, 카드뮴 텔루라이드 (Cadmium Telluride, CdTe)은 9%, CIGS($CuInAsSe_2$, Copper indium gallium diselenide)은 10%의 변환효율을 준다. 표 11.2에서 보는 바와 같이, 결정질 실리콘에서는 단결정이 가장 효율이 높고, 그 다음에는 캐스트이고, 그 다음에는 리본 순이다. 그림 11.3에서는 단결정성장과정은 초콜라스키 공정에 의해서 제조되며, 다결정 실리콘은 용융과정에 의하여 생성된다. 실리콘웨이퍼→표면에칭→PN 접합공정 →반사방지막→전극형성 공정을 거치면서 실리콘 태양전지 제조공정을 거친다. 그림 11.13은 박막 비정질 실리콘 (a-Si) 태양전지를 보여주고 있다.

Crystalline Silicon Solar Cell

Standard Screen-printed silicon solar cell

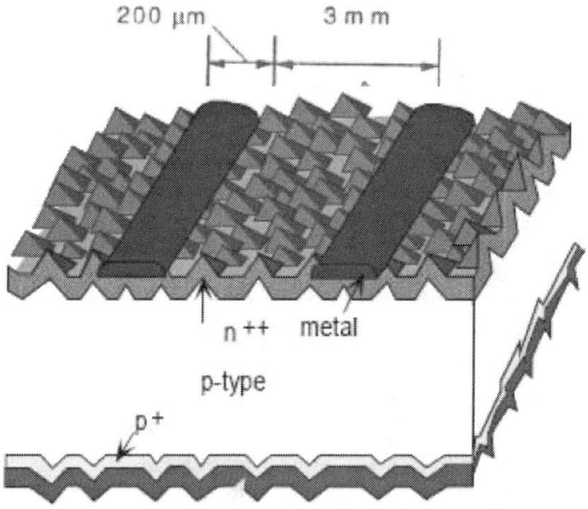

process steps:

- **saw damage removal**
- **texturing**
- **phosphorous diffusion**
- **edge isolation**
- **oxide etching**
- **screen-printing**
- **firing**

(참조 : multi-Si solar cells)

PERL Silicon Solar Cell Technologies

PERL (Passivated Emitter Rear Locally-diffused) cell

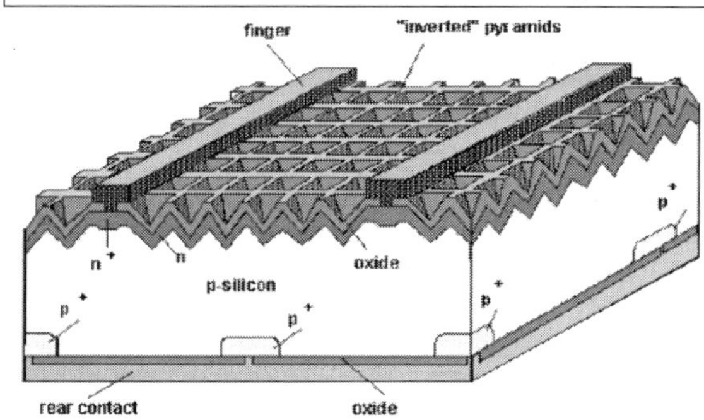

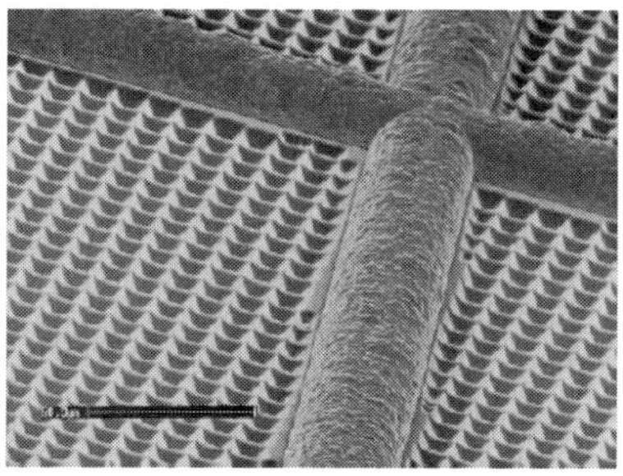

- 역피라미드 표면 : 반사방지 + 이중 반사방지
- 전후면 재결합 방지 산화막 200A
- P+, n+ 접촉저항 최소화
- 공정 소요 : 3일
- IC processing technology gives 24.7%
- 26.7% under concentration

$A = 4\ cm^2$
$J_{sc} = 42.2\ mA/cm^2$
$V_{oc} = 706\ mV$
$FF = 82.8\ \%$
$\eta = 24.7\ \%$

그림 11.9 결정질 실리콘 태양전지 (상부) 와 PERL 기술

Rear Contact Silicon Solar Cell

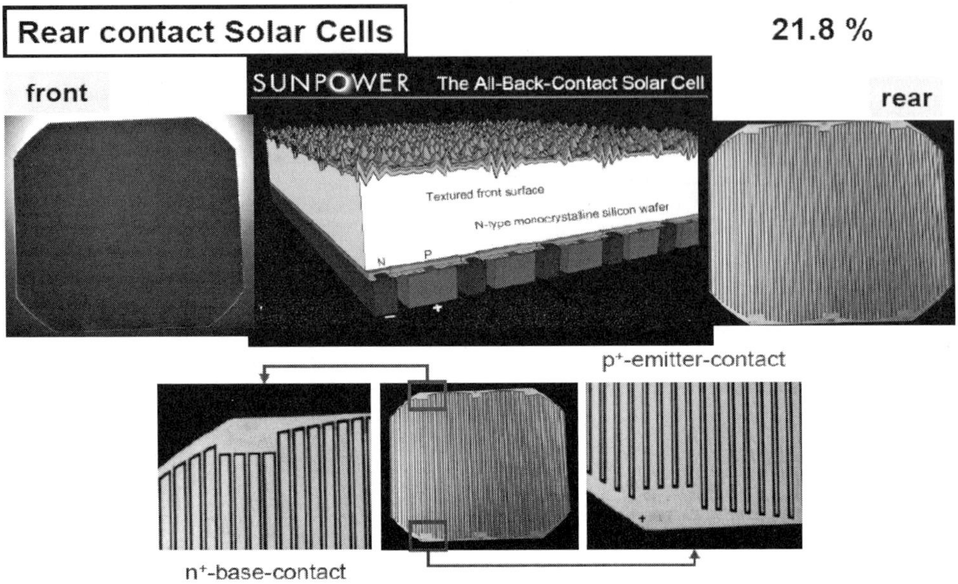

박막 태양전지 구조 비교

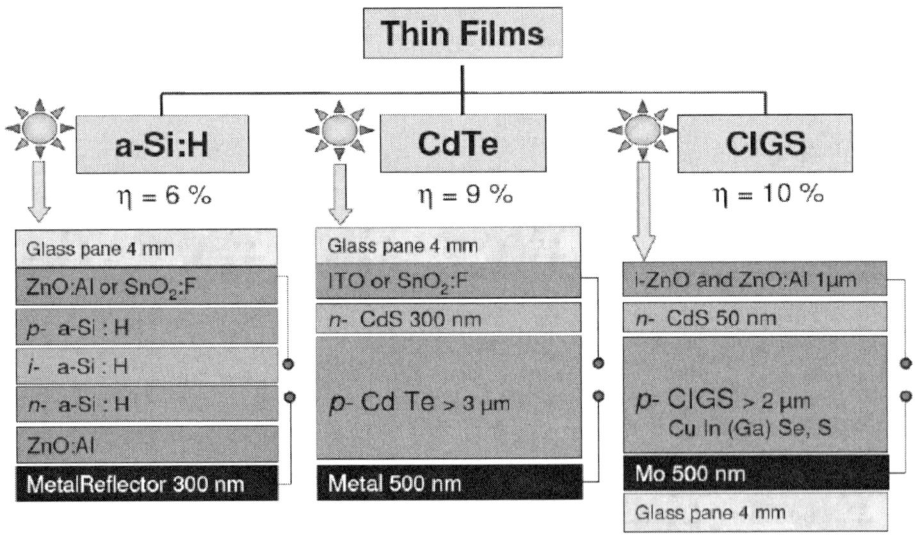

그림 11.11 박막 태양전지 구조 비교

태양전지 종류별 최고 변환효율 (%)

	실험실 전지	모듈 시제품	상업용 모듈
단결정 **Si**	**24.7**	**22.7**	**16.9**
다결정 **Si**	**20.2**	**17.2**	**14.0**
미결정 **Si** 박막	**15.0**	**11.6**	**10.0**
비정질 **Si** 박막	**13.0**	**10.7**	**7.9**
CdTe 박막	**16.5**	**11.0**	**9.0**
$CuInGaSe_2$ 박막	**19.5**	**13.6**	**11.0**
염료감응	**11.1**	**5.0**	
유기 폴리머	**4.8**		

GaAs single : 27.8 % (0.2 cm^2, 216 suns)
GaInP/GaInAs/Ge : 39.3 % (0.378 cm^2, 179 suns), ***40.7% (240 suns)***
GaInP/GaAs/Ge : 27.0 % (34 cm^2, 10 suns)

그림 11.12 태양전지 종류별 최고변환효율(%)

표 11.2 2007-2009 미국 태양전지와 모듈의 평균 에너지변환효율[9]

연 도	결정질 실리콘 (%)			박막 실리콘(%)		농축 실리콘(%)
	단결정	캐스트(cast)	리본	비정질 실리콘	기타	
2007	17	14	12	8	12	35
2008	19	14	13	8	12	34
2009	20	14	13	8	12	38

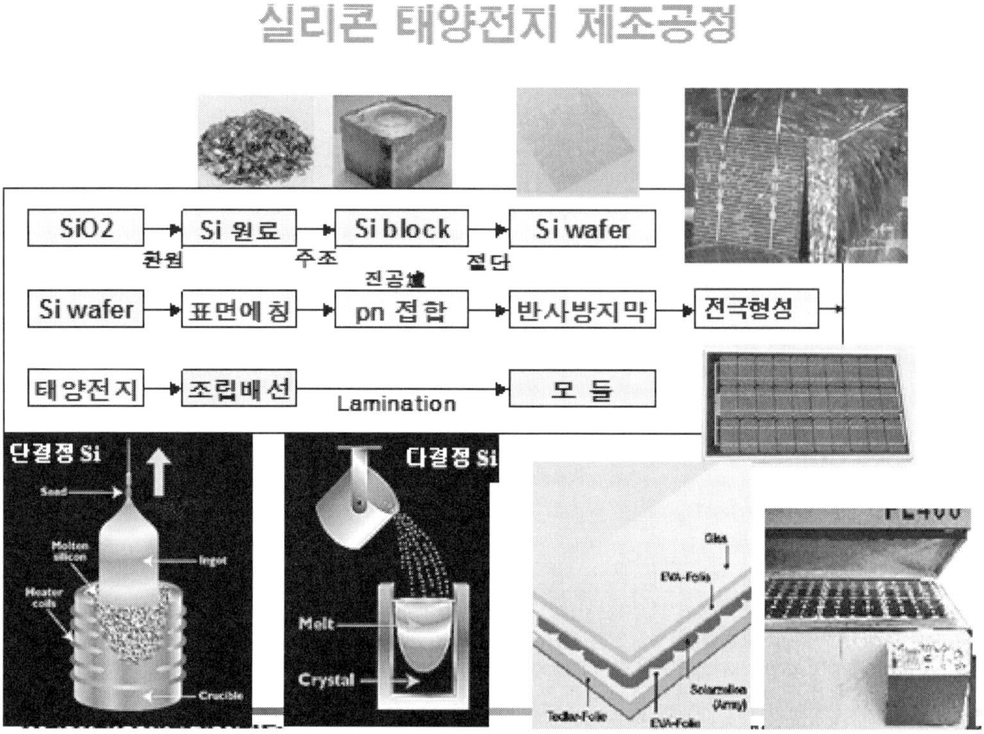

그림 11.13 실리콘 태양전지 제조공정

1) 실리콘 반도체 태양전지

실리콘 반도체 태양전지(Solar cells based on silicon semiconductors)는 2011년 미국 전체 태양전지 생산량(Photovoltaic Products)의 거의 90% 이상을 차지하고 있으며 2011년 미국 연간 생산량이 15 기가와트(Giga watts)를 넘었으며, 다른 PV 기술에 비하여 10배이상 많다. PV에서 사용되는 실리콘은 산업지배형인 단결정 실리콘 (c-Si), 잉곳에서 절삭하여 얻진 다중결정질 실리콘, 용융성장된 리본, 수소화합비정질 실리콘 박막 (thin hydrogenated amorphous silicon, a-Si:H); 가스 반응에서 얻어진 미결정질 실리콘층 등 으로 다양하게 얻어진다. 진보된 기술은 에피택시얼 성장에 의한 박막 c-Si, 결정된 폴리실리콘층, 나노스케일 실리콘 등이 수평 구조에서 이루어진다. 1980년대 이후 태양전지에 가장 먼저 사용된 반도체 재료는 단결정 실리콘이다. 단결정 실리콘은 변환효율이 여타재료에 비해 높기 때문이다. 그러나 제조단가가 높고 대량생산에 한계가 있어 최근에는 변환효율은 낮으나 값이 싸고 대량생산이 용이한 다결정 실리콘을 사용하고 공정개선에 의해 효율을 향상시키는 방법이 연구되고 있다.

고효율 결정질 실리콘 태양전지로는 PERL(Passivated Emitter, Rear Locally-Diffused) 태양전지, 함몰 전극(Buried Contact) 태양전지, 모든 전극을 후면에 가지는 IBC(Intergrated Backside Contact)태양전지 등이 있으며 효율이 18~24%이다. 이들 고효율 태양전지의 특징은 표면에서 재결합을 방지하기 위하여 Passivation을 하고 빛 흡수를 최대화 할 수 있도록 이중 반사막을 형성하였으며 전면전극 면적을 최소화하고 전극과 실리콘 기판과의 접촉저항을 최소화하여 효율을 높였다. 최근 호주에서 개발된 PERL은 24% 이상의 광 변환효율을 나타낸다. 그 특징은 광 흡수 면이 역 피라미드 표면구조를 가지며, 후면이 부분적으로 p+층을 갖고, 태양전지 기판의 전후 면에 200Å의 산화층을 입혀 표면에서의 재결합을 줄이도록 하고 있다. 또 전면전극 아래의 실리콘 층을 n+층으로 처리하여 전극과 실리콘 층과의 접촉 저항을 줄이고자 하였으며, 빛 흡수를 극대화하기 위하여 역피라미드 표면위에 이중반사방지막을 채택하고 있다.

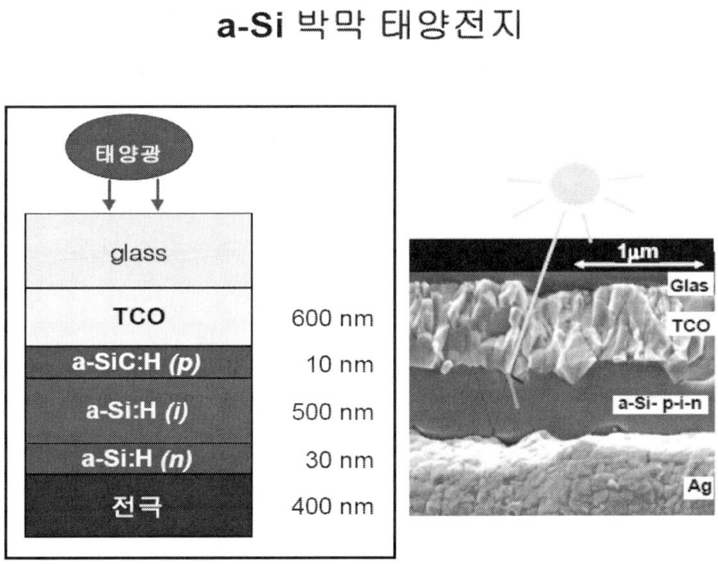

그림 11.14 a-Si 박막 태양전지

2) 화합물 반도체 태양전지

■ I-III-VI족(CIS)태양전지

CIS($CuInSe_2$:Copper indium diselenide) 태양전지와 관련 화합물로 $CuInSe_2$, $CuGaSe_2$, $CuInS_2$와 같은 삼원화합물 반도체 혹은 Cu(In,Ga)$(S,Se)_2$ 등과 같은 다원 화합물을 이용한 태양전지개발이 활발히 진행 중이다, 그림 11.15 참조. 초기의 $CuInSe_2$(CIS) 단결정으로 제조된

전지의 성능은 매우 유망하였으나, 공정의 복잡성으로 인하여 별로 주목을 받지 못하였으나 Kazmerski 등의 노력에 의하여 CIS 기술이 다양한 공정조건에 적용가능함을 입증함으로써, 이후에 보잉, ARCO 등에 의하여 여러 형태의 CIS 셀들이 제작되어 생산 중이다.

그림 11. 15과 11.16에서 보는 바와 같이, 카드뮴 텔루라이드(Cadmium telluride, CdTe) 태양전지는 밴드갭이 1.45eV로 이론적으로는 이상적인 값을 가지고 있으며 물질의 합성이 용이하여 오래전부터 개발이 진행되어 온 태양전지이며 최근에 16%의 변환효율과 10%대의 모듈 효율을 보이고 있다. 수 년간 10가지 이상의 다양한 CdTe셀의 구조에 관한 연구가 진행되다가 1982년에 n-Cds/p-CdTe 헤테로접합을 이용한 셀을 제조하여 효율에 있어서 마의 10%선을 넘었는데, 이는 단순히 CdS층의 청색반응을 개선시켜 얻어낸 효율이며, 또한 National Renewable Laboratory와 University of South Florida(USF)에서 효율을 16%대까지 끌어 올렸다. CdTe 전지의 효율은, 소위 'superstrate' 구조가 제안되고, 동시에 화학적 용액 성장법으로 CdS를 입히는 공정이 개발되어, 그 효율이 획기적으로 증가하였다 [10, 11].

박막 태양전지 시장을 이끌어 온 CdTe 박막 태양전지는 변환 효율 향상의 한계, 수율 확보의 어려움, Cd(카드뮴)의 인체 유해 논쟁 등의 이유로 시장에서의 점유율을 높이기는 어렵다는 전망이다. 반면에 효율은 낮은 수준이지만 규모의 경제 달성으로 원가를 낮추는 데 승부를 건 a-Si 박막 태양전지는 LCD 기업의 진출로 힘을 받을 것으로 보인다. CIGS 박막 태양전지도 기대주다. CIGS형은 박막 태양전지 중 가장 효율이 높아 주목을 받았다. 하지만 구리, 인듐, 갈륨, 셀레늄 네 가지 원료가 사용되기 때문에 제조 공정 관리가 어려워 수율이 낮다는 게 단점이었다. 50%를 밑돌던 수율이 최근 80% 이상으로 높아졌다. 뿐만 아니라 비연속식 공정으로 생산성이 떨어지는 기존의 증착 공정 대신, 연속 공정이 가능한 Roll-to-Roll 기술 등을 채택해 공정 효율화를 꾀하고 있다.

유기태양전지란 반도체 성질을 띤 유기물질을 활용하는 기술이다. 1991년 스위스에서 유기색소와 전도성 고분자를 이용하여 처음 개발되었다. 유기태양전지는 유연한 특성을 가지고 있어 박막 형태의 필름제조가 가능하여 공간 제약 없이 사용이 가능하며, 실리콘이나 화합물 반도체보다 저비용으로 고효율 태양전지의 생산이 가능하다. 아직은 변환효율이 10%로 낮아 변환효율을 증가시키는 기술개발이 이루어져야 할 것이다.

화합물 박막 태양전지

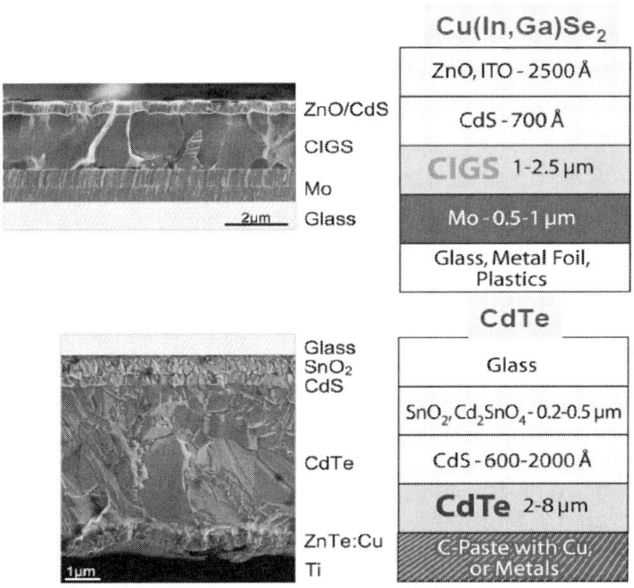

그림 11.15 화합물 박막 태양전지

Module Architecture

Glass–Glass Laminates
Designed for Recycling

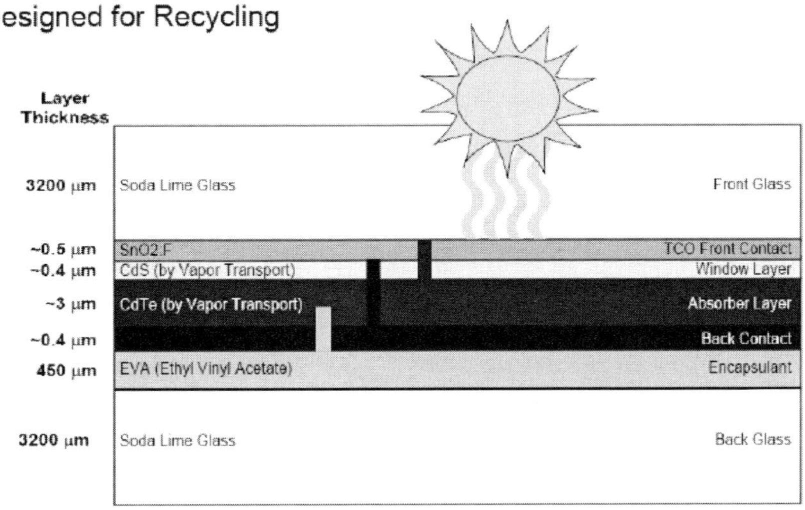

그림 11.16 CdTe PV 모듈 구조

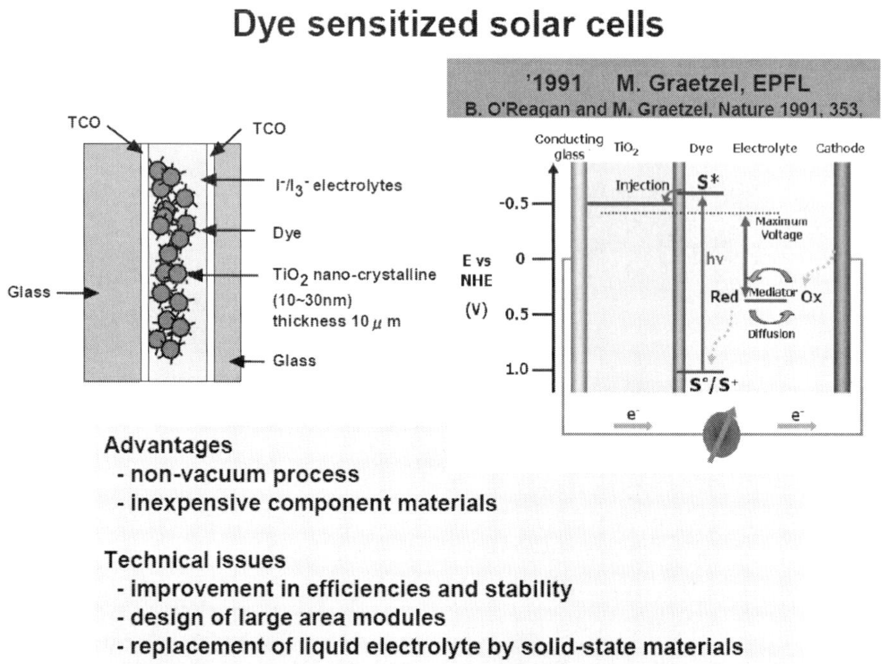

그림 11.17 염료감응태양전지(Dye-Sensitized Solar Cell : DSSC)

4) 염료감응 태양전지

염료감응 태양전지(Dye-Sensitized Solar Cell : DSSC)는 일본에서 색소증감 태양전지라고도 표현하며, 1971년 Tributch가 식물의 광합성 원리를 응용하여 염록소 d-클로로필을 사용하는 방식이 처음 제안되었으나 효율이 낮아 주목받지 못했다. 그 이후 꾸준한 연구가 이루어져 1993년에 변환효율 10.58%를 달성하였고, 염료감응 태양전지에 대한 연구가 각국에서 활발히 진행되고 있다. 염료감응 태양전지는 기존 실리콘 태양전지에 비해 제조원가가 1/4~1/5 수준으로 매우 낮고 원재료인 산화티탄, 색소, 전해질 용액이 자원적인 제약이 없으며, 대기압 하에서 인쇄방식이나 계통 생산방식으로 대량 제조할 수 있어서 저가격, 고성능의 차세대 태양전지로 각광받고 있다.

11.6 국내외 시장 및 기술개발 현황 및 전망

11.6.1 최근 시장 동향

2000년 초반 1GW도 안되던 태양광 시장이 2010년 18GW 이상 성장할 수 있었던 원동력 중의 하나가 각국 정부의 정책적 지원이었다. 태양광 시장은 2004년까지는 일본 주도로, 2004년 이후에는 독일 등 유럽 시장의 주도로 성장해왔다. 독일은 2000년 발효된 신재생에너지법을 통해 발전차액지원 제도와 R&D 투자, 태양광 클러스터 조성 등을 통해 시장을 키워 세계 제1의 태양광 시장이 되었다. 독일뿐 아니라 스페인과 이탈리아도 유럽이 태양광 시장의 중심이 되는 데 일조를 했다. 스페인은 2004년부터 보조금을 지급하여 태양광 산업 육성에 심혈을 기울여 왔다. 제한적인 석탄과 천연가스 자원 때문에 가능한 한 빠른 시일 내에 에너지 자립국이 되려는 목표를 공유하고 있었고, 태양광 산업 육성을 통해 일자리 창출과 투자 유치로 경제 활성화 효과까지 기대했다. 2007년 발전차액지원 제도가 적용되는 설치물의 크기를 100KW에서 10MW로 상한선을 올렸고, 이에 따라 2008년 시장 수요는 최고조에 달했다. 2008년 이후에도 지구 온난화를 억제하고 화석 에너지 제약을 극복하는 등 신성장 동력으로 각광받는 신재생에너지 산업에 성장 탄력이 붙었다. 게다가 2011년 3월에는 일본 원전사고에 따른 탈원전 기류가 일본을 비롯해 독일, 스위스 등을 중심으로 형성되면서 신재생에너지가 더욱 주목을 받았다. 전 세계 주요 태양광발전 시장은 유럽(주로 독일, 이탈이아, 스페인)과 일본이다. 이들 시장규모는 2011년 기준으로, 전 세계 시장규모 70GW의 75%를 차지하였다 [13,14].

미국의 태양광 발전시장은 비교적 크지 않으며, 2011년 기준으로 전세계시장의 7%정도이나, 매우 빠르게 성장하고 있다. 2016년에는 전 세계시장에서 약 14% 시장점유율을 차지할 것으로 예상된다 [14,16]. 그러나, 2011년 미국의 최대 태양광 업체인 First Solar의 엄청난 실적 부진과 3위인 Solyndra가 파산보호신청을 하였다. 2011년 태양광 발전 강국인 독일의 최대 태양광 기업인 Q-Cells도 어려움을 겪었다 (2012년 한화그룹으로 인수되었음). 따라서, 장밋빛 미래가 기대되던 신재생에너지 산업에 먹구름이 드리워진 것이다. 이러한 신재생에너지 산업중에서 태양광산업이 가장 타격을 받았다. 이러한 부진 배경에는 (1) 유럽 재정위기와 세계경기 둔화로 인한 수요위축, (2) 심화되는 중국발 공급과잉 압력, (3) 미국의 부진 등 때문이다.

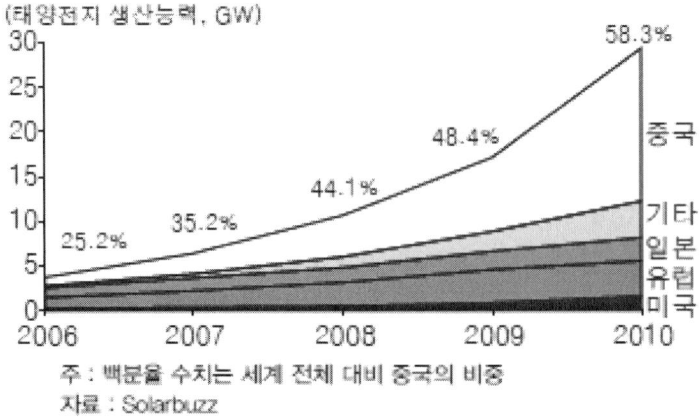

그림 11.18 중국이 세계태양전지 생산능력의 58% [12]

표 11.3 세계 주요 태양광 기업 (2010년기준) [14,15]

순위	기업(국가)	시장점유율
1	Suntech Power(중국)	6.6%
2	JA Solar(중국)	6.1%
3	First Solar(미국)	5.9%
4	Yingli Solar(중국)	4.7%
5	Trina Solar(중국)	4.7%
6	Q-Cells(독일)	3.9%
7	Gintech(대만)	3.3%
8	Sharp(일본)	3.1%
9	Motech(대만)	3.0%
10	Kyocera(일본)	2.7%
11	Hanwha Solar(한국)	2.2%

특히 최근 들어서는 중국과 일본이 태양광에 대한 발전차액 제도를 도입함에 따라 이들 지역에서 태양광 수요 증가세가 가속화될 것으로 예상된다. 중국의 경우 태양광 발전차액 제도를 전국적으로 확대했는데, 일사량이 풍부한 서부지역을 중심으로 태양광 설치 수요가 빠르게 늘어날 것으로 보인다. 일본과 중국의 태양광 수요 증가가 유럽의 수요 감소를 만회할 수 있을 것이다. 태양광의 신재생에너지의 세계 수요는 중국, 인도 등 개도국과 일본을 중심으로 확대될 전망이다.

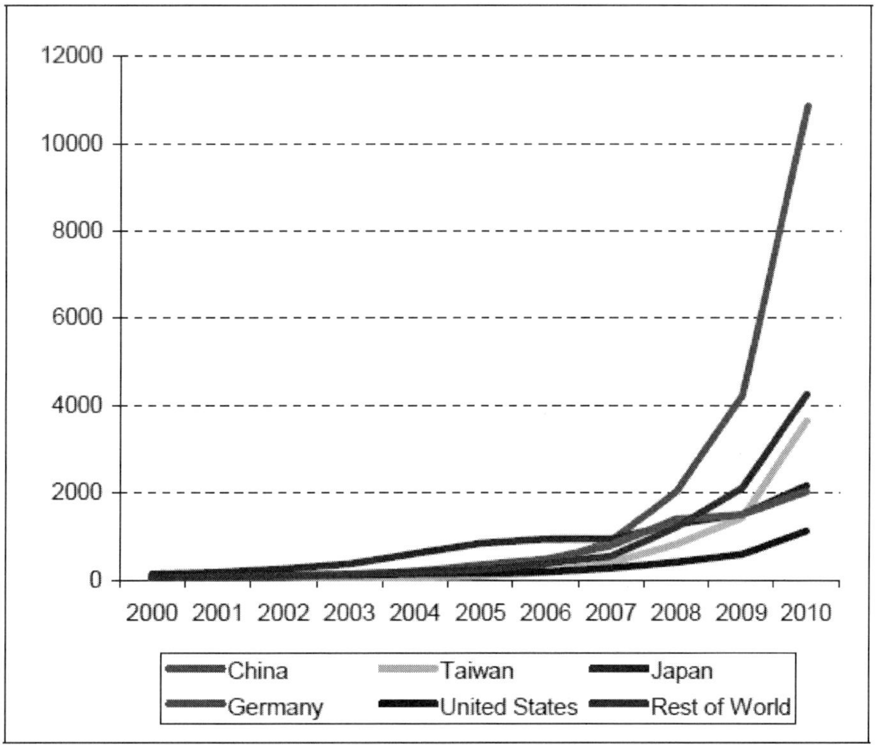

Source: Data compiled by the Earth Policy Institute from GTM Research, http://www.earth-policy.org/indicators/C47.

그림 11.19 주요 국가들의 연도별 태양전지생산량 (단위:MW) [14]

중국의 태양전지 생산량은 전 세계 공급의 절반 이상을 차지한다, 그림 11.18 참조. 그러나, 태양광 발전 원가가 너무 높아 2010년 중국 내 발전 비중은 0.1%로 매우 낮은 수준에 머무르고 있다. 현재 중국이 생산하는 전체의 모듈의 95%를 수출하고 있으며, 이는 2010년 기준으로 중국 전체 설치된 태양광발전능력이 1GW도 되지 않을 정도로 작다. 2011년말 기준으로 2.9 GW까지 성장하였다. 하지만, 중국 국가에너지국은 2020년에는 태양광 발전 비중을 1.3%까지 확대해 총 설비 용량을 60GW까지 늘릴 계획을 발표하였다. 여기에 발맞추어 중국의 태양광 모듈 생산 기업들도 저마다 공격적인 투자 계획을 발표하였다. 현재 정부 지원과 가격 우위를 내세운 중국 기업의 입지 강화되고 있다. 따라서, 이미 결정질 중심으로 시장에서 메이저 10개 기업 중 다수를 차지하고 있는 중국 업체들의 이러한 투자 확대는 곧 태양광 산업의 공급과잉에 대한 우려되고 있다. 이러한 경쟁구도에서 특히 중국 대형기업들의 약진이 두드러질 전망이다. 2010년 기준으로 중국기업이 세계 11대 태양광 기업에 각각 4개씩 포함돼 있다, 표 11.3 참조. 정부지원과 저렴한 인건비를 발판으로 생산설비 확충에 노력한 결과 유럽 기업보다 최대

40% 값싼 제품을 생산하면서 중국이 세계 최대 태양광 모듈 생산국으로 부상한 것이다, 표 11.3 참조. Suntech Power 등 일부 기업들이 셀 효율 18% 이상을 생산하는 등 기술력도 뒤처지지 않은 것으로 평가 받고 있다. 표 11.3에서, 세계 주요 11대 기업이외의 제조회사의 시장점유율은 53.7%에 이른다 [15]. 인도는 정부의 태양정책추진으로 2020년까지 국내 태양광발전 시장규모를 20GW까지 확대한다는 계획이다. 중국과 대만은 빠른 속도로 규모의 경제를 획득하여 단위 생산비용을 줄이고 하여, 전 세계 태양광발전 산업의 공급과잉생산에 잠재적으로 기여하고 있다, 그림 11.19 참조.

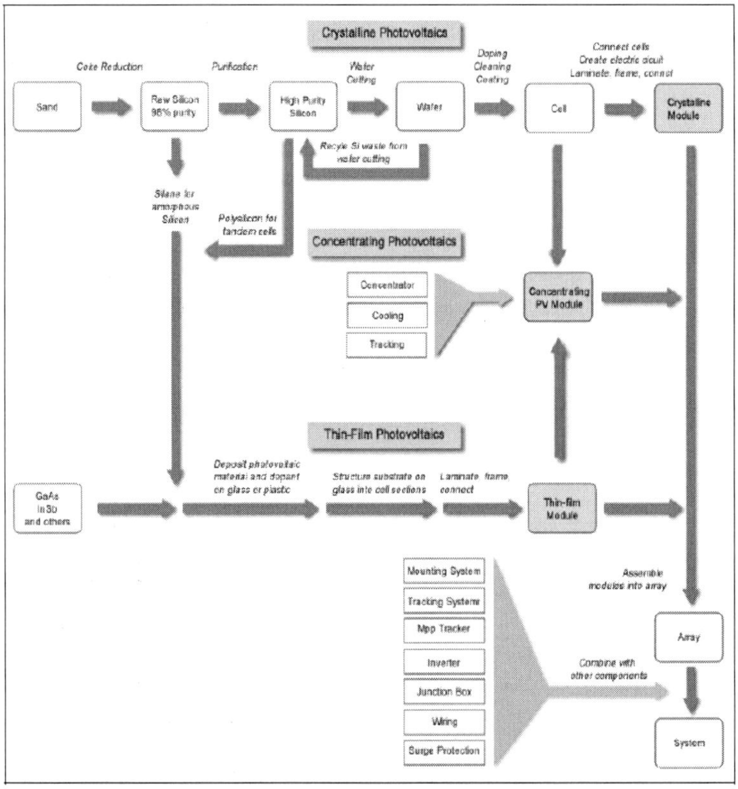

Source: Green Rhino Energy, http://www.greenrhinoenergy.com/solar/technologies/pv_valuechain.php. Reproduced with permission from Green Rhino Energy.

그림 11.20 PV Value Chain [14]

다른 첨단 제조산업과 마찬가지로, 태양광발전 산업도 글로벌 공급 연결구조에 많이 의존하고 있다. 그림 11.20과 11.21은 태양광발전의 각 단계별 전 세계 제조회사 및 중요성을 설명하고 있다. 향후에도 중국 기업들은 정부지원과 내수시장을 발판 삼아 성장세를 이어갈 것으로 예상된다. 특히 국내 태양광시장에서 발전차액지원 제도가 도입됨에 따라 세계 태양광 수요 둔화에 따른 실적부진을 내수에서 보완할 것으로 기대된다. 이러한 내수시장 활성화는 중국 기업들이 생산능력 강화 노력을 유지하게 해 주는 거름이 될 것이다.

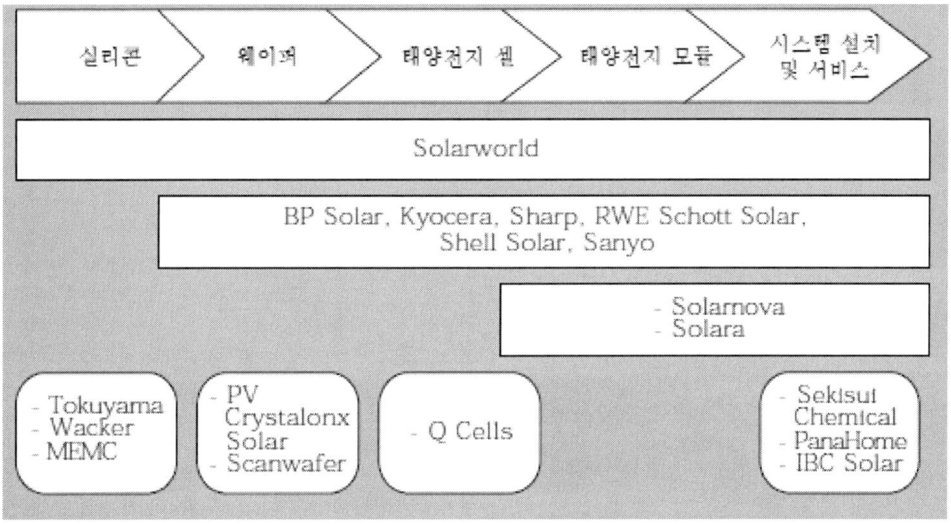

그림 11.21 PV 관련 기업 Chain [17]

11.6.2 최근 기술 동향

그림 11.22은 1975~2015 PV전지 효율성 증가의 추이 변화 및 전망를 나타내고 있다 [18]. 미국 신재생에너지 연구원(National Renewable Energy Laboratories)에서는 에너지변환효율증대를 위하여, Multijunction Cells, Single-junction GaAs, 결정 실리콘 셀, 박막전지기술, 신흥 태양광발전기술 (염료 감홍셀, 유기물 셀, 무기물 셀, 유기물 탄덤 셀, 퀀덤 닷 셀)에 대한 연구개발진행 및 계획하고 있다, 그림 11.22 참조. 표 11.4은 태양전지 기술방식별 특징을 설명하고 있다 [19]. 표 11.5은 박막 태양전지 종류의 장 · 단점를 설명하고 있다 [20]. 그림 11.23은 미국 GE회사의 박막기술로 만들어진 태양전지이다 [21].

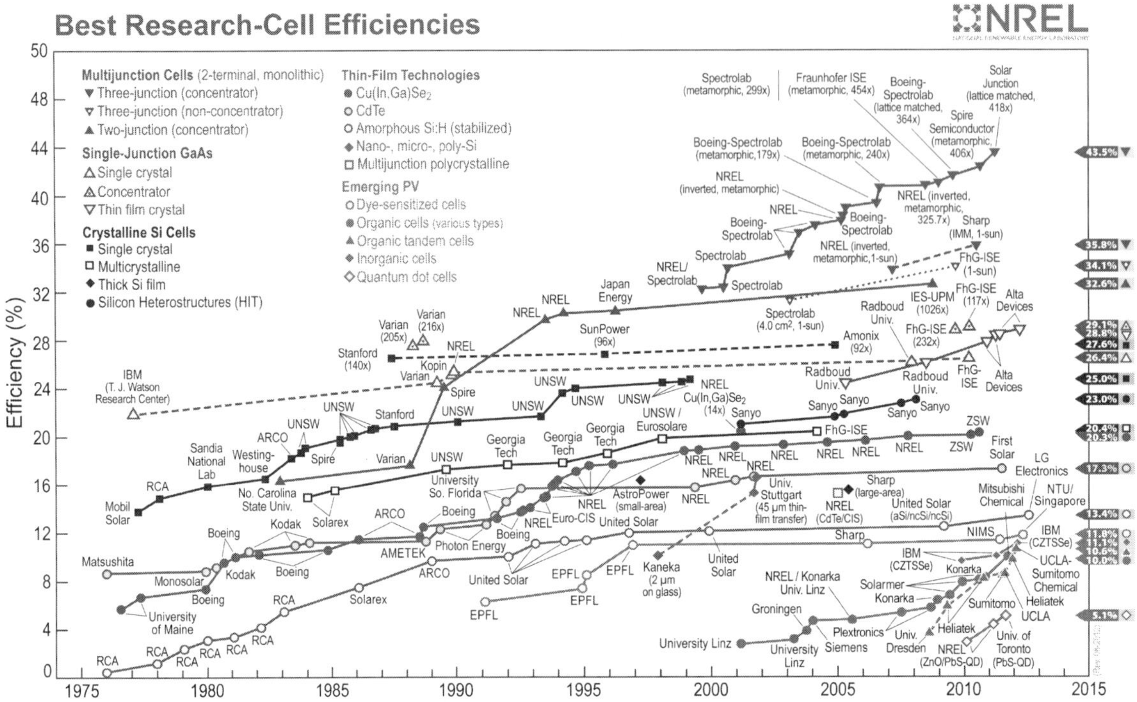

그림 11.22 1975~2015 PV 전지의 효율성 증가 추이 [18]

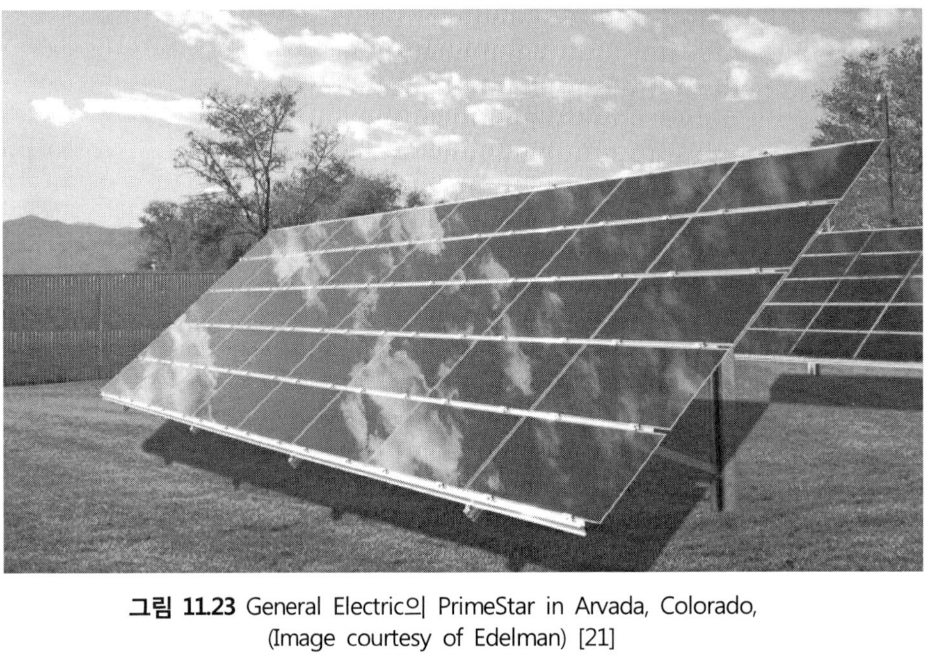

그림 11.23 General Electric의 PrimeStar in Arvada, Colorado, (Image courtesy of Edelman) [21]

지금까지 태양광은 다른 에너지원 대비 단가가 높고, 효율이 낮아 적용될 수 있는 부문에 제한이 있었다. 따라서, 주로 대규모 공장이나 건물, 아파트, 주택 등에 설치된 Rooftop 형식이 대부분이었다, 전형적인 사례는 그림 11.23 [22]과 11.24 [23]와 같다. 그림 11.24은 미국 The National Park Service의 Alcatraz's Cellhouse building에서는 태양광 판넬을 설치하여 종래의 디젤 의존 전력공급을 대체하였으며, 연간 이산화탄소 337,000kg의 감소 효과 및 많은 비용절감을 하고 있다.

그러나 가격도 점점 낮아지고, 효율도 개선되어 대면적이 아니더라도 충분히 효율을 높일 수 있게 되면서 태양광이 적용되는 기기들이 보다 다양해지고 있다. 태양광이 적용된 휴대폰이나, 모바일 충전기와 같은 소형 기기들은 이미 상용화되어 일반 소비자를 대상으로 시장에서 판매되고 있다. 아직, 도로 위에서 쉽게 찾아볼 수는 없지만 하이브리드차나 전기 자동차 등에 대한 높은 관심은 자동차 충전에 태양광을 사용하는 기술 개발을 촉진시키고 있다. 이 밖에도 광합성을 모방해 태양광을 이용해서 수소를 얻어내는 인조 나뭇잎 기술, 아프리카와 같이 일조량이 풍부한 지역에서 인공 태양섬을 활용해 에너지를 발전하는 기술 등도 신기술로 연구되고 있다.

표 11.4 태양전지 기술방식별 특징 [19]

구 분	기술방식		상용화모듈효율	특징	2010년 시장비중
1 세대	결정질	단결정	13～19%	• 상용화된 기술방식중에서 가장 높은 변환 효율이나 제저비용이 높음 • 주거용 시장을 중심으로 사업용 시장까지 확대, 높은 제저비용으로 유틸리티 시장 접근은 제한적	87%
		다결정	11～15%		
2 세대	박막	a-Si	4～8%	• 결정질에 비해 낮은 제조 원가가 강점이나 변환 효율은 비교적 낮음 • 넓은 설치 면적이 필요하기에, 유틸리티 및 상업용 시장 중심으로 성장	13%
		CIGS	7～12%		
		CdTe	10～11%		
3세대	기타	염료감응형	-	• 낮은 제조비용이 강점 • 광발전효율이 높고 의장성이 우수하여 BIPV 등에 적합	-

표 11.5 박막 태양전지 종류의 장단점 [20]

구 분	a-Si	CIGS	CdTe
내용	• 비정질 실리콘(amorphous silicon)을 기판사이에 주입	• 구리, 인듐,칼륨, 셀레늄 화합물을 이용	• 카드뮴과 텔룰라이드 화합물을 이용
장점	• 기술적안정성 • 공정구현용이 • 다양한 기판 이용가능	• 높은전환효율	• 제조비용 저렴
단 점	• 낮은 전환효율	• 제조공정 복잡	• 카드뮴 등 독성 물질

태양광이 적용되는 어플리케이션의 다양화는 두 가지 측면에서 의미가 있다. 우선, 태양광을 적용하는 기기가 다양해지면, 각 분야가 필요로 하는 태양광의 특징, 성질 또한 다양화된다. 이러한 다양화는 기존 결정질이나 박막 기술 이외의 차세대 기술에 대한 니즈를 확대시켜 신기술의 기술 개발을 가속화 시킬 수 있다. 두 번째로는 다양한 기기들에 태양광이 적용되면서, 태양광 시장 규모의 확대를 가져올 수 있다는 것이다. 이는 태양광 관련 기업들의 공격적인 투자에 따른 공급과잉을 극복할 수 있는 또 하나의 요인이 된다는 측면에서 의미가 있다.

1세대 태양전지인 결정질이 여전히 시장의 80% 이상을 차지하고 있는 가운데, 대면적화를 통해 기존의 원가 우위를 더욱 공고히 한 2세대 태양전지인 박막 태양전지가 상업용 시장과 유틸리티 시장을 중심으로 점차 그 비중을 확대해 나가고 있다. 또한, 염료감응형 태양전지와 같은 3세대 태양전지들이, 한국, 일본 기업들을 중심으로 꾸준히 개발되어 10~11%의 효율로 본격적인 상용화를 눈앞에 두고 있다.

염료감응형 태양전지의 경우, 단순한 공정과 저렴한 비용에도 불구하고 아직 효율이나 실제 발전단가가 기존의 1세대와 2세대 태양전지 대비 열위에 있어 직접 경쟁은 어렵다. 그러나, 점점 다양해지는 태양광 적용 기기들이 요구하는 기능들을 기존 1세대, 2세대가 만족시키는 데에 한계가 있기 때문에, 3세대 태양전지들은 차별화된 기능을 바탕으로 시장 확장이 가능하다. 실제로, 염료감응형의 경우 낮은 입사각에서도 발전이 가능하고, 투명하게 제작 가능하다는 측면에서 BIPV((Building Integrated Photovoltaic) 에 가장 적합한 방식으로 평가되고 있다. 3세대 태양전지가 상용화된다고 해서, 현재 1세대, 2세대 태양전지가 차지하고 있는 시장 비중이 크게 흔들리는 것은 아닐 것이다. 그러나, 새로운 기술이 다양한 기기들에 태양광의 적용 가능성을 높여주어 태양광 시장 확대를 기대할 수 있다는 측면에서 의미가 있다. 염료감응형 태양전지가 기존의 결정질이나 박막을 대체하는 주력 기술이 되기에는 효율이나 발전단가 측면에서는 한계가 있겠지만, 투명해서 유리를 대용할 수 있다거나, 플렉서블한 특성으로 건물의 곡선 면에도 적용이 가능하고, 염료를 이용해 다양한 디자인 적용이 가능하다는 점 등은 소비자 측면에서 효용을 줄 수 있다는 점에서 의미가 있을 것이다.

A large silicon solar array installed on the roof of a commercial building.

Thin-film solar tiles installed on the roof of a home in Ohio.

A large solar array in Germany.

그림 11.23 Rooftop 형식의 대규모 및 소규모 PV 전지 [22]

그림 11.24 Alcatraz's Cellhouse building [23]
(Courtesy of the National Park Service)

11.6.3 국가별 태양광산업 동향

태양광 발전 세계 총 발전량은 1990년에 46.5MW에서 2005년에는 1817.7MW로, 이 중 독일 1,429MW(33.3%), 일본 1,422MW(33.1%), 미국 479MW(11.2%) 3개국이 세계 보급량의 78%를 차지하고 있다. 최근 기존의 3개국 이외에 스페인, 포르투갈 등에서 대규모 발전소를 건설하면서 태양광 발전 산업은 각국의 차세대 전략산업으로 급부상되고 있다. 미국, 일본은 2010년 까지 모듈효율 15%이상, 모듈가격 1$/Wp이하의 고효율 저가 박막태양전지를 대량생산함으로써 상용전원과 경쟁가능한 발전단가인 5~7센트/KWp 의 가격목표를 향하여 속도를 내고 있다.

(1) 일본

일본은 정부 주도의 상용화 기술개발과 보급촉진 및 수출시장 확대하고 있다. 태양전지 원료의 저가화 및 신형 태양전지 개발하고 있다. 3KW 주택용 태양광발전시스템 보급사업 등 2006년도까지는 1,708MW 보급하였다.

일본은 에너지·자원 빈국임에도 불구하고 일관된 에너지 정책과 우수한 기술확보를 통하여 안정적인 에너지 수급 구조체계를 갖고 있다. 2005년 5월에는 신고유가에 대응하여 '국가 에너지전략' 을 발표하여 세계 최고수준의 에너지 수급 구조 구축, 자원외고 및 에너지 환경협력의 강화와 위기 대응책 확충 등을 주요내용으로 하는 혁신적인 에너지기술의 개발·도입과 민·관 협력강화를 에너지 현안 해결의 핵심과제로 제시하였다

일본의 태양광 산업은 전 세계시장의 45%를 점유하고 있으며, 일본 내 매출액은 1,500억엔에 달하였다. 태양광 발전은 향후 30년에 걸쳐 본격적으로 시장이 형성되고 주요한 에너지 공급원으로 위치를 확보할 것으로 전망되며, 새로운 산업창출 및 고용창출 효과가 큰 사업으로 자리 잡을 것으로 평가하고 있다. 태양광 발전의 경제성을 향상시키기 위해서 기술개발의 필요성을 인식하고 이를 위한 기술개발 및 실용화 연구개발 로드맵이 산·학·연을 중심으로 6차에 걸친 검토위원회를 통해 수립(태양광 2030로드맵)되었다.

(2) 유럽연합

유럽연합의 태양광발전은 독일시장이 성장을 지속하고 있고 스페인 및 이탈리아 등의 신규 시장이 급속하게 개발되고 있어 2007년에는 전년 보다 57.0%나 증가한 1,541.2MWp의 신규 발전용량을 달성하였다. 2007년 시장점유율은 독일 71.6%, 스페인 22.1%, 이탈리아 3.3%의 순서이며, 이들 3개국이 전체의 97.0%인 1,494MWp를 개발하였다. 2007년 말 기준으로 유럽연합의 총 발전용량은 4,689.5MWp이며, 국가별 비율은 독일 82.0%, 스페인 11.0%, 이탈리아 2.1%의 순서이다. 1인당 발전용량은 8.5Wp(2006년 7.4Wp)가 되었으며, 룩셈부르크가 51.2Wp로 1위를 유지하고 있고 독일이 46.5Wp로서 뒤를 좇고 있다. 2007년 신규 시설의 전력망 접속비율은 99.5%나 된다. 유럽의 태양에너지산업은 시장수요를 충족시키면서 시장 확대를 지속하였다. 2007년 총 매출액은 전년의 57억€에 비해 거의 2배 성장한 92억€로 추정되며, 일자리 수도 4만개에서 7만개로 75%나 증가하였다. 독일은 태양광에너지 분야의 최고 기술보유국으로 태양광발전 관련 사업체 수는 1만개 이상이며, 부품 제조업체의 수도 80개 이상이다. 2007년 매출액은 54.6억€(2006년 44.51억€)이며 종사자 수는 4만 명(설치 50%, 생산 43%, 판매 7%)이다. 연간 시설투자비(신규 및 개량 포함)는 16억€로 추정되며, 연구개발비도 1.6억€ 이상이다.

유럽태양광발전산업협회(EPIA)는 2008년 2월에 발표한 시장전망에서, 낙관적인 시나리오의 신규 발전용량으로 2008년 2,340MWp, 2009년 2,940MWp, 2010년 3,550MWp를 예상하고 2010년

의 총 발전용량으로 13,500MWp이상을 전망하였으며, 비관적인 시나리오에서도 2008년 1,965MWp, 2009년 2,120MWp, 2010년 2,430MWp를 달성하여 2010년에는 총 발전용량이 11,200MWp이 될 것으로 전망하였다. 유럽연합은 에너지백서에서 2010년에 태양광에너지 총 발전용량으로 3,000MWp를 목표로 하였으나 이는 2006년에 이미 달성하였으며, 2010년에는 당초 목표의 최소 3배를 달성할 전망하였다.

(3) 미국

미국은 태양광 발전을 인공위성의 전원으로 1960년대부터 이용해 왔는데 지상용 태양광 발전시스템의 실용화를 위하여 1972년부터 5년 주기의 National Photovoltaic Program을 수립하여 기술개발을 추진해오고 있다. 최근에는 태양전지의 효율 향상과 가격 목표를 달성하기 위한 기술 개발과 병행하여 태양전지의 저가 제조기술을 개발하기 위한 PVMaT(Photovoltaic Manufacturing Technology) Project와 태양광발전의 상업화에 필요한 실증 실험 및 주변장치의 가격을 낮추기 위한 시스템 기술개발을 목적으로 하는 PVUSA(Photovoltaic Utility Scale Application) Project, 태양광 발전기술을 건물에 적용하기 위한 PV:BONUS 계획이 동시에 추진되고 있다. 또한 개발된 제조기술을 상업화하기 위하여 관련 제조업체들로 구성된 Photovoltaic Utility Group이 주관하는 TEAM-UP(Technical Experience to Accelerant Market) Project도 추진되고 있다. 현재 미국은 DOE(Department Of Energy) 주도로 국가 차원의 National Photovoltaic Program (5년주기)를 지속 추진중이며, 첨단기술의 전략적 개발과 시장개척 및 상업화 지원하고 있다. 최근에는 차세대를 겨냥한 "Photovoltaic Beyond the Horizon" 사업으로서 다양한 태양전지소재 및 공정을 광범위하게 연구하고 있다. 미국은 2001년 5월 '국가에너지정책(National Energy Policy)' 을 발표하면서 과거 에너지 공급확대정책에서 기술혁신을 통한 에너지 다변화 및 수요관리 정책으로 전환, 규제보다 자발적 참여와 시장 메커니즘을 활용한 에너지효율 개선을 지향하며 신재생에너지 분야에 확대를 표명하였다. 급격히 팽창하는 세계 태양광에너지산업하에서 미국이 중요한 부분을 차지할 수 있도록 기술개발 및 보급사업 방안을 정부차원에서 제시하고 있으며, 기술개발 및 산업육성을 위한 정책적 지원을 통하여 일본과 유럽에 넘어간 태양광 시장의 주도권을 탈환하기 위한 노력을 다하고 있다. 세계 태양광 시장은 연 35%이상 지속적인 성장을 해 왔으나 미국은 2003년 10% 감소해 시장점유율 14%에 머물렀다. 이를 만회하기 위하여 향후 10년간 미국의 태양광 산업이 새로운 수준에 도달하는 것을 중장기적인 목표로 하여 정부와 업계의 기술개발이 이루어지고 있다. 미국은 2030년까지 누적보급목표 200GWp(연간 설치량 19GWp)를 목표로 정하였다. 그리고 시스템가격 $2.33/Wp, 전력비 3.8센트/KWh의 달성과 고용효과 창출 260,000명(32명/MWp)을 세부사항으로 시행하고 있다.

(4) 한국

우리나라도 2006년말 태양광에너지 생산량은 7,756TOE(Ton of Oil Equivalent : 석유환산톤)이고, 총 신재생에너지 중 0.15% 정도를 차지하고 있다. 정부기관에서 지원하고 많은 연구기관과 대학들이 연구에 참여하고 있고, 또 관련업체들이 생산과 판매에 참가하고 있으나 태양광 발전시스템 및 주변설비와 핵심부품인 태양전지개발 및 생산판매부문에서 선진국과 격차가 커서 계속적인 발전을 위한 관련기관들의 연구개발 노력이 필요한 실정이다. 우리나라는 연간 사용에너지의 98%를 수입에 의존하며 300억 달러를 넘어서고 있으면서도 태양전지 연구개발은 전문 업체의 미비와 가격, 기술 및 정책적 한계로 미국, 독일, 일본 등 태양전지 선진국에 비해 활발하게 이루어지지 못하였다. 1999년말 태양광 발전량은 전국에 3.5MW(1,500만$ 규모)로 시작하여 2000년에 마라도 등 4MW 태양광 발전이 신규 설치되었으나 특수용도에 지나지 않았으며 대체에너지 사업으로서 본격적인 출발은 2003년부터이다. 2003년 처음으로 태양광에너지 연간 보급량이 1MW를 초과한 후 2004년에는 전년보다 세배가 넘는 3.5MW를 보급하였으며 90%가 계통연계형 시스템으로 되어있다. 태양광 발전요금을 낮추기 위하여 2003년 996원/KWh인 것을 2006년에 750원/KWh로 2012년에는 310원/KWh까지 낮추는 계획을 추진 중이다. 모듈가격 역시 평균 6,500원/kWh 수준으로 전년대비 7%가 하락하였다. 독립형은 20,000~22,000원/kWh 수준이나 계통연계형은 11,000~12,000원/kWh로 독립형보다 50% 가까이 저렴하다.

이와 같은 목표를 달성하기 위해서는 실리콘계 태양전지는 다결정 박막형, 비정질 박막형의 효율향상과 대면적화 다양한 셀 구조연구로 효율을 높이고 제조원가를 대폭 낮춰야하며, 실리콘 원료의 저가 대량확보 및 잉곳의 대량생산, 연속생산기술이 확립되어야 한다. 염료감응태양전지(DSSC), 유기 태양전지의 효율은 향상시켜 저가의 셀 제조기술이 개발되어야 한다.

① 실리콘계태양전지: 결정질 실리콘계 태양전지는 시스템화 연구를 통해 상품화단계(선진국 대비 80% 수준): (주)KPE(구, 포톤반도체에너지)에서 생산중이며, 비정질 실리콘 태양전지는 기초연구단계로 요소기술을 확보하였으나, 상품화를 위한 제조설비의 투자비 과다

로 상용화 초기단계

② 화합물계 태양전지: 화합물계(CdTe, CuInSe2, GaAs 등) 태양전지는 효율이 높은 것이 장점이나 저가화, 대면적화가 문제로 이러한 부분을 해결하기 위한 기초 요소연구를 수행하고 있다. 미래 박막형 태양전지 요소 기술확보를 위한 연구개발추진중

③ 모듈(Module): 에스에너지, LS산전, 현대중공업, 쏠라테크, 심포니에너지, 경동쏠라 등에서 생산인버터를 제조생산, 현대중공업, 헥스파워시스템 등에서 태양광발전용 직·교류 변환장치를 생산

④ 산축전지: 세방하이테크(주)에서 태양광발전용 무보수 밀폐형 연축전지 개발

⑤ 실용화시스템 이용: 독립형 태양광발전시스템은 한국에너지기술연구원 및 전력연구원에서 연구

⑥ 개발, 표준화: 계통연계형 태양광발전시스템은 삼성전자에서 개발

11.7 국내 고효율나노 태양전지의 로드맵

화석에너지의 고갈 및 온실가스의 위협 등에 대응하여 장기적인 국가 경제의 안정을 위해서는 친환경 대체에너지 개발이 필수적이며, 향후 국가간 경쟁 우위를 위해서 친환경 제품 개발이 요구되는 상황이다. 대표적 친환경 대체에너지인 태양전지의 경우, 최근 세계 경제침체로 많이 침체되어 있으나, 향후 수요가 점차적으로 증가하리라 전망되며, 그리드패러티(Grid Parity) 기점으로 태양전지의 시장이 폭발적으로 성장할 것으로 예측되기 때문에 저가/고효율 실현을 위해서 다양한 형태의 제품개발 및 연구가 진행되고 있다. 태양전지 시장의 80%를 차지하고 있는 벌크 실리콘 태양전지의 경우 기술력은 독일, 일본을 중심으로, 생산은 중국, 대만 중심으로 경쟁구도가 되어 있기 때문에 태양전지를 이용한 국가 경쟁력 확보를 위해서는 나노 기술과 접목된 태양전지 기술이 요구된다. 따라서 다양한 나노기술이 접목되어 저가/고효율을 구현할 수 있는 태양전지의 개발을 통해 새로운 태양전지의 시장 창출이 가능할 것으로 예상된다. 그

림 11.25은 고효율 나노태양전지의 개념를 나타내고 있다. 그림 11.26은 고효율 나노태양전지의 현재 기술수준과 요소기술를 설명하고 있다.

2011년 우리나라 산업기술로드맵에서는 나노기술을 이용하여 태양광 변환효율을 극대화 시키거나 저가형으로 제품 제조가 가능한 저가형 고효율 유기 태양전지, 광합성 모방 태양전지, 저가형 화합물 태양전지, 플렉시블 유기 태양전지를 핵심타깃 제품으로 도출되었다. 태양전지분야에서, ① 태양전지용 Metal Paste 기술 및 전극인쇄 공정, ② 태양전지용 유리기판의 기술 현황 및 시장 전망 등도 매우 중요한 영역이다.

그림 11.25 고효율 나노태양전지의 개념 [24]

핵심 타깃제품의 구성

연번	핵심타깃제품명	핵심 성능지표	현재수준	중간 요구수준	최종 요구수준
1	저가형 고효율 유기 태양전지	에너지 변환효율(%)	> 6	~8	~10
2	광합성작용 모방 고효율 태양전지	에너지 변환효율(%)	1	5	>10
3	화합물 태양전지	에너지 변환효율(%)	10	11	13
4	플렉시블 유기 태양전지	에너지변환 효율(%)	4	7	>10
		생산단가($/Wp)	1.3	0.9	0.3
		면적(mm, 횡방향)	500	1,000	1,800

핵심타깃제품 도출경위

연번	핵심타깃제품명	산업원천기술후보기술	요소기술
1	저가형 고효율 유기 태양전지	다양한 인쇄공정 적용을 통한 유기태양전지 제조 기술	고효율 유기흡수 소재 설계 및 합성기술
			나노 구조체 합성 및 유기 태양전지 제조 기술
			저가 유기소재 인쇄 장비기술
2	광합성작용 모방 고효율 태양전지	Biomimic 나노튜브 기반 고효율 태양전지	반도체성 나노튜브 분리기술
			나노튜브 복합체 형성기술
3	화합물 태양전지	용액소재기반 도금방식을 이용한 CIGS층 형성과 공정기술을 적용한 태양전지 제작	CIGS 프리커서 잉크 조성 설계 및 공정 개발
			액상소재기반 버퍼층/투명층 형성기술
			유연성 기판 기반박막태양전지 제조 기술
			In-free 범용원소 이용 저가형 흡수층 신물질 개발
4	플렉시블 유기 태양전지	나노소재를 이용한 롤투롤 플렉시블 태양전지	나노소재 임프린트 기술
			나노복합체 형성기술
			유기태양전지 제조기술

그림 11.26 고효율 나노태양전지의 현재 기술수준과 요소기술 [24]

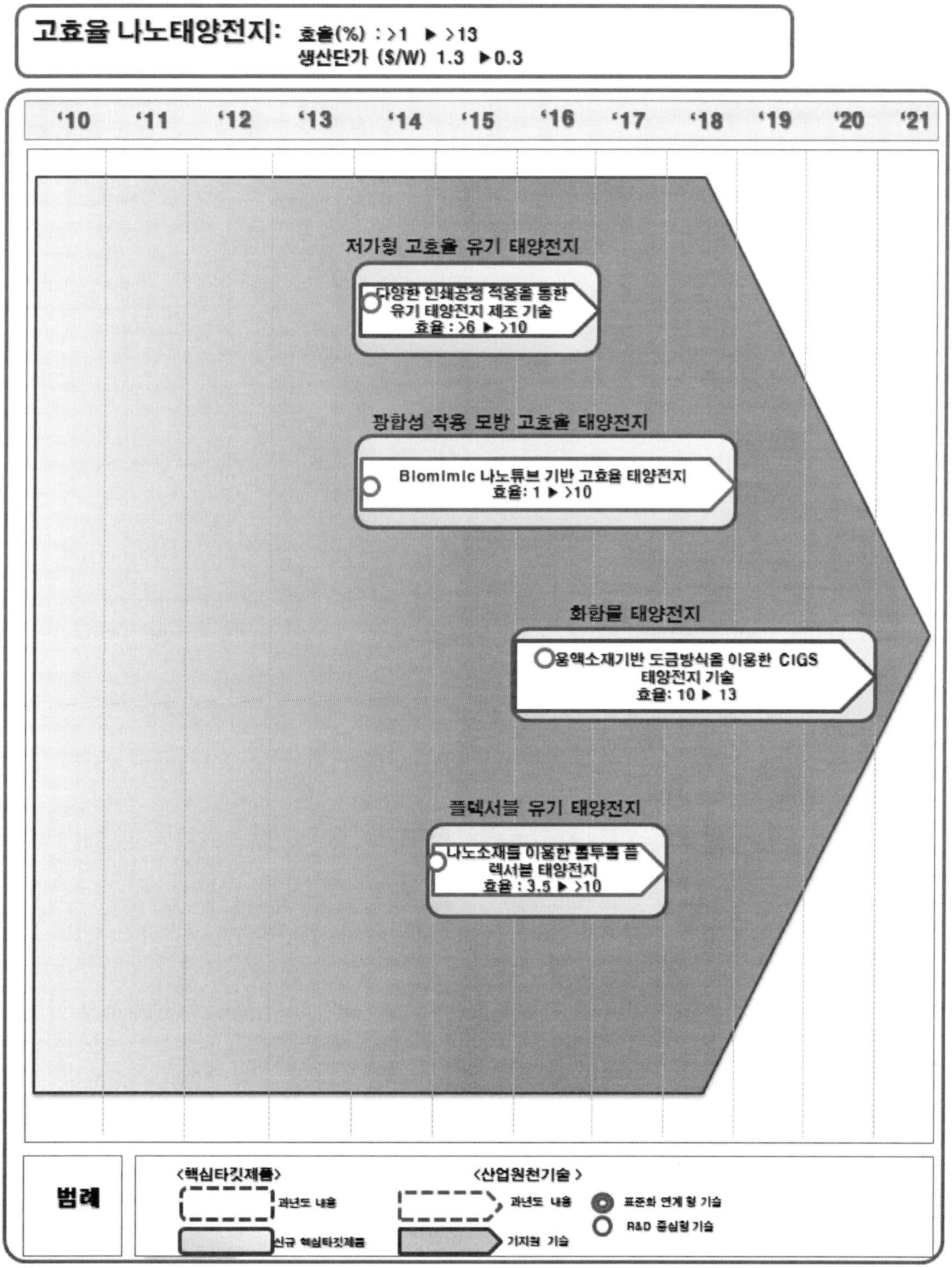

그림 11.27 고효율 나노태양전지의 기술로드맵 [24]

참고문헌

[1] http://www.eia.gov/energyexplained/index.cfm?page=solar_home

[2] "태양전지 기술현황"의 발표자료, 윤경훈, 한국에너지기술연구원, 2007. 9.27, http://solarpv.kier.re.kr

[3] http://www.eia.gov/energyexplained/index.cfm?page=solar_photovoltaics

[4] "태양광 산업 및 기술개발동향"의 발표자료, 김동환, 산업자원부 태양광사업단, 고려대학교 신소재공학부, 2007. 11..5

[5] "신재생에너지개요", http://www.knrec.or.kr

[6] http://www.eia.gov/cneaf/solar.renewables/page/solarphotv/solarpv.html

[7] "Fluoropolymer films in the photovoltaic industry", M. DeBergalis, Journal of Fluorine Chemistry, Vol. 125, pp. 1255-1257, 2004

[8] http://www2.dupont.com/Photovoltaics/en_US/assets/downloads/pdf/DPVS_schematic.pdf

[9] "Annual Photovoltaic Module/Cell Manufacturers Survey", U.S. Energy Information Administration, Form EIA-63B, http://www.eia.gov/cneaf/solar.renewables/page/solarphotv/table3_8.html

[10] http://www.nrel.gov/pv/thinfilm.html

[11] http://www.konetic.or.kr/?p_name=dbsv&sub_page=konetic_focus&unique_num=30&menu_idx=1&sort=1&query=past_focus

[12] "풍력태양광산업 혹독한 구조조정가운데 중국의 입지강화", 이광우, LG Business Insight, 리포트, 2011. 11. 30

[13] "Market Report 2011", European Photovoltaic Industry Association, January 2012, p. 4, http://www.epia.org/publications/photovoltaic-publications-global-market-outlook.html

[14] "U.S. Solar Photovoltaic Manufacturing: Industry Trends, Global Competition, Federal Support", Michaela D. Platzer, CRS Report for Congress, http://www.crs.gov, R42509, June 13, 2012

[15] "2010 Renewable Energy Energy Databook", U.S. Department of Energy

[16] "U.S. Solar Market Insight: 2011 Year in Review", SEIA/GTM Research

[17] "떠오르는 태양광 산업 에너지산업", 장이화, LG Business Insight 2005, p. 25, 2005, http://www.lgeri.com

[18] http://www.nrel.gov/ncpv/

[19] "태양광 산업 혁신의 지평이 넓어지고 있다", 이지홍, LG Business Insight 2011, p. 38, 2011 http://www.lgeri.com

[20] "태양광 산업, 연습게임은 끝났다", 양성진, LG Business Insight 2010, p. 42, 2010 http://www.lgeri.com

[21] http://energy.gov/articles/another-sunshot-success-ge-make-primestar-solar-panels-new-colorado-plant

[22] http://www.nrel.gov/news/features/feature_detail.cfm/feature_id=1943

[23] http://www.nrel.gov/learning/re_photovoltaics.html

[24] "2011 산업기술로드맵-신산업-나노융합", 지식경제부, 한국산업기술진흥원, p.184, 2012. 3

연습문제

1. 태양광발전(Solar Photovoltaic)과 태양열에너지(Solar Thermal)의 차이점을 설명하시오. 그리고 태양광의 발전원리를 설명하시오.

2. 그리디패러티(Grid Parity)에 대하여 설명하시오.

3. 국내외에 설치된 태양광발전시설을 인터넷 웹사이트에서 검색하시오.

4. 태양광전지와 반도체공정과의 유사성과 차이점을 설명하시오.

5. 6000K인 흑체로부터 태양빛이 방사되었을 때의 전력밀도(Power Density)가 1000 W/m^2일 때, 실리콘 밴드갭(Silicon Band Gap)(1.1eV)보다 더 큰 에너지를 가지는 광플럭스(Photon Flux)가 얼마인가?

6. 지구상에 도달하는 태양에너지의 양을 석탄과 석유, 천연가스의 양으로 환산하시오.

7. 염료감응태양전지(Dye-Sensitized Solar Cell)의 원리에 대하여 설명하시오.

8. 이상적인 광다이오드(Photodiode)는 2.35eV의 밴드갭를 가진 물질로 이루어져있다. 운전온도는 300K이고 400nm의 단색성 빛으로 비추었을 때, 이상적인광다이오드의 최고효율은 얼마인가?

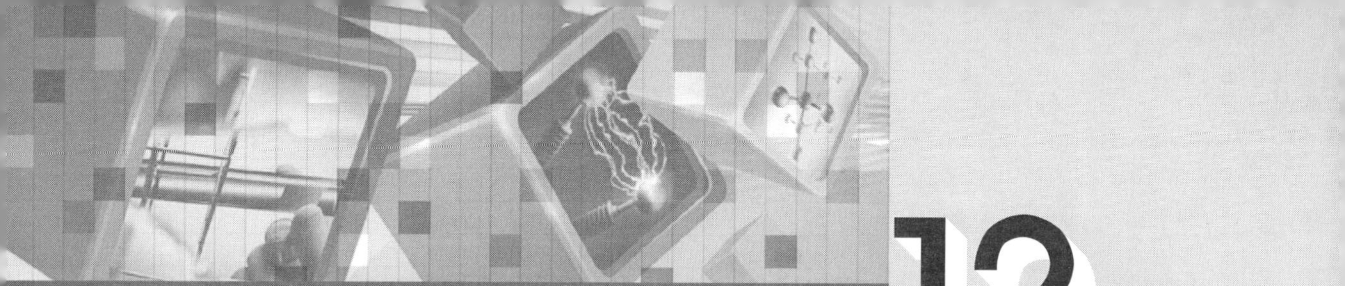

태양열에너지 12장

12.1 개요[16)]

태양은 지구의 109배 크기로 이곳으로부터 1억5천만km 떨어진 곳에 위치해 수소 73%, 헬륨 24%로 이뤄진 기체 덩어리로서 초당 3.8 x 10^{23}KW의 에너지를 우주에 방출하는 거대한 화염이다. 지구는 태양으로부터 지표면 1㎡당 700W의 에너지를 받게 되는데, 이는 다시 말해 지구 전체에 도달하는 태양에너지의 양이 태양자신이 방사하는 에너지량의 22억분의 1이고 그 에너지량(1.2 x 1014KW)은 전 인류의 소비 에너지량(1.2 x 1010KW)의 약 10,000배에 달하는 것이다. 즉, 지구로 유입되는 에너지의 대부분은 태양으로부터 오는 태양 방사선이며, 이 에너지는 열과 전기의 에너지의 형태로 전환될 수 있으며, 그 에너지의 양은 173,000TW (173,000 x 10^{12} W)이다. 한 시간 동안 지표면에 도달하는 태양에너지의 양은 전 인류가 일 년동안 소비하는 에너지의 양과 맞먹을 정도로 많을 것으로 알려지고 있다. 활용방법이 단순하고 에너지원으로서의 잠재성도 우수한 태양열 에너지를 보다 효과적으로 사용할 수는 없을까?

아직까지 전 세계적으로 태양 에너지 연구는 주택의 난방 및 급탕시스템, 온수기, 농·수산물 건조기, 저가 집열기 및 소규모 태양광발전 등이 주류를 이루고 있으며, 태양열 발전에 관한 연구는 발전에 필요한 고온 획득 방법과 고온 재료 개발 등이 문제가 되어 큰 진전을 보지 못하고 있다. 그러나 지난 1980대 중반 미국에서 10MW급의 태양열발전 시스템의 실용화가 이루어진 이후 각국에서 집중적인 개발 투자를 계속하고 있어 2000년대에는 가장 강력한 태양 에너지 이용 방법으로 광범위하게 보급될 전망이다.

역사적으로 고찰해 보면, 1830년대에, 영국 천문학자 John Herschel는 태양열 수집 박스를 사용하여 아프리카로 탐험하는 동안에 음식을 요리하는 데 사용하였다. 태양열 에너지의 사용의 예를 들면, 볼록렌즈의 초점에 햇볕을 집중시킨 다음, 검은색 종이에 구멍을 뚫거나 불을 붙여 보면서 단순히 햇빛을 모으는 것만으로도 물건을 태울 정도의 높은 열에너지를 얻을 수 있다. 태양열은 태양으로부터 오는 복사광선을 흡수해서 열에너지로 변환(필요시 저장)시켜 건물의 냉난방 및 급탕, 산업 공정열, 열발전 등에 활용하는 기술이다.

---

16) "태양열 발전, 미래 태양에너지의 주축 될까"(성낙환, 2009, 9, http://www.lgeri.com)의 대부분의 내용이 본 장에 인용되었음을 밝힙니다, [1].

(Central Receiver Solar Thermal Electric Power System)과 분산형 시스템(Distributed Solar Thermal Electric Power System)과 독립형 시스템으로 구분된다. 중앙 집중형 시스템은 태양 추적 장치(Heliostat)라고 불리는 거대한 태양 추적 반사경에서 반사된 태양광을 중앙에 위치한 탑의 한 점에 모아 고열을 얻고, 이 고열로 열교환기 등을 이용하여 고압 수증기를 발생시켜 전기를 얻는 방식이다.

집광비는 1,000 정도이며 증기 터어빈은 약 600 ℃로 운전된다. 분산형 시스템은 선초점형이나 접시형 등 집광 집열기를 이용한 단위 집광 집열 시스템을 다수 분산 배치하여 배관내를 흐르는 열매체를 가열시키고, 이를 이용하여 Stirling 엔진과 같은 열기관을 구동시켜 발전하는 방식이다. 독립형 시스템(Stand-Alone System)은 앞에서 언급한 집광 집열기를 이용하는 5~25 KWp 급의 시스템으로서 전력 계통으로부터 독립된 소규모 전원으로 이용되는 것을 말한다. 또한 태양열 발전 시스템은 그 규모에 따라 다음과 같이도 구분하기도 한다.

〈소규모 태양열 발전 시스템〉

수십~수백 W 범위의 것으로 열효율이 낮고 가격이 비싸며 열손실이 크다. 따라서 소규모 발전에는 태양광발전 시스템보다 경제성이 없다.

〈중규모 태양열 발전 시스템〉

수십~수백 KW 범위의 것으로 분산형 시스템이 주로 사용되며 다소 경제성이 있다. 태양광 발전 시스템과 특수한 경우에는 경쟁이 될 수 있다.

〈대규모 태양열 발전 시스템〉

수백 KW~수십 MW급으로서 중앙 집중형 시스템이 대부분 여기에 들어간다. 최근까지 수백 KW로부터 수십 MW급의 태양열 발전 시스템이 각국에서 별 문제 없이 운영되고 있으며, 기술적인 문제들이 대부분 해결된 상태이나 아직 대규모 축열 시스템에 대한 연구는 미진한 상태이다. 대표적인 시스템으로는 SEGS(Solar Electric Generating System)을 들 수 있다.

태양열 발전의 발전 단가는 1990년대 중반에 이미 상용 화력 발전 단가보다 약간 높은 수준까지 떨어졌으며 2000년대 초에는 10₵/kWh 이하로 떨어질 전망이다. 대규모 중앙 집중식 타워형이 실용화될 2000년대에는 부하 평준화용으로서는 충분한 경제성을 가질 것으로 보인다. 시스템 설치비용도 현재 2,000 $/kWP 정도에서 2000년경에는 1,000 $/kWP 정도까지 낮아질 것으로 전망되고 있다.

이 발전 시스템에 쓰이는 열기관으로는 대규모 시스템인 경우는 일반 화력발전에 쓰이는 증기터빈 기술이 채택되고 있으며, 소규모 시스템의 경우는 열효율이 높고 크기가 작은 Stirling 엔진이 많이 쓰인다. 태양열발전 시스템의 요체라고 할 수 있는 집광집열기는 선초점형이 상용화되어 있고, 대표적인 분산형 태양열발전 시스템인 미국의 SEGS에도 채택되고 있다. 접시형 집광집열기는 규모가 상대적으로 작은 독립형 시스템과 소규모 분산형 시스템에 적합하며 아직은 본격적인 상용화 단계에는 이르지 못하고 있다. 태양열 발전에 있어 가장 앞서 있는 미국은 1990년대 초부터 태양열 발전 기술 개발 계획 'Solar Thermal Electric Program'을 의욕적으로 추진하고 있으며, 여기에는 Sandia Lab., NREL 등 국립 연구 기관과 Southern California Edison, 3M 등의 기업이 참여하여 대규모 시스템 개발과 집중식 시스템에 쓰이는 반사경을 비롯한 접시형 집광집열기 등에 관한 연구를 수행하고 있다. 이러한 개발투자가 열매를 맺을 21세기에는 태양열발전이 새로운 에너지원으로 각광을 받게될 것으로 보인다. 태양추적 장치가격이 40 $/m²선에 이르면 태양열발전 시스템의 경제성도 크게 향상되어 점차 보급이 활발해질 것으로 전망된다. 우리나라에서는 이러한 아직 이런 대규모 태양열 발전 시스템을 건설하는 것은 재원이라든가 소요 부지 등의 제약 요소가 많아 실현을 기대하기가 어려우나 태양열 발전은 21세기를 대비할 수 있고 실용화의 가능성이 큰 청정 에너지원이기 때문에 기초연구 차원의 소규모 발전 시스템 개발은 국책사업으로 추진할 필요성이 높다.

12.2 태양열발전의 원리와 종류

태양열 이용기술의 핵심은 태양열 집열기술, 축열기술, 시스템 제어기술, 시스템 설계기술 등이 있다. 태양열을 모아 물과 같은 용매를 끓이고, 이 때 나온 증기로 발전 터빈을 돌려 전기를 생산하는 집중형 태양열 발전(CSP: Concentrating Solar Power)은 이러한 인류의 오랜 고민의 산물이다, 그림 12.1 [1,2]참조. 그림 12.2에서 보는 바와 같이, 태양광발전은 광전효과(물질이 빛을 흡수하면 물질의 표면에서 전자가 생겨 전기가 발생하는 효과)를 이용하여 직접적으로 전기를 생성 즉, 태양빛 → 전기를 생성한다. 태양열발전의 경우에는 태양열로 물을 끓여 증기를 발생시키고 이를 이용해 터빈을 돌려 전기를 생성시키다. 즉, 태양열 → 기계에너지

→ 전기를 생성한다. 집중형 태양열발전(CSP)는 전력 생산에 300℃이상 고온의 태양열 에너지를 이용하기 때문에, 건물의 난방 및 온수 공급을 위해 저온의 태양열 에너지를 이용하는 태양열 온수기와는 다르다. 또한 CSP는 전기를 생산하기 위해 기계장치인 발전터빈을 이용하기 때문에, 반도체 소자인 태양전지를 활용하는 태양광 발전과도 차이가 있다. 즉 태양광 발전과는 다르게 빛 대신 열을 사용하여 전기를 생산하는 주목받는 신생에너지 기술 중의 하나가 바로 CSP이다.

CSP의 구조는 크게 집열, 축열, 발전장치(이용부)의 세 부분으로 나뉜다. 반사거울을 넓은 지역에 적절히 배치하여 태양열을 효과적으로 모으는 집열장치, 집열장치에 의해 모인 열을 용매를 통해 저장하는 축열장치, 고온의 열을 사용하여 증기를 만든 다음 터빈날개를 돌려 전기를 생산하는 발전장치로 구성된다.

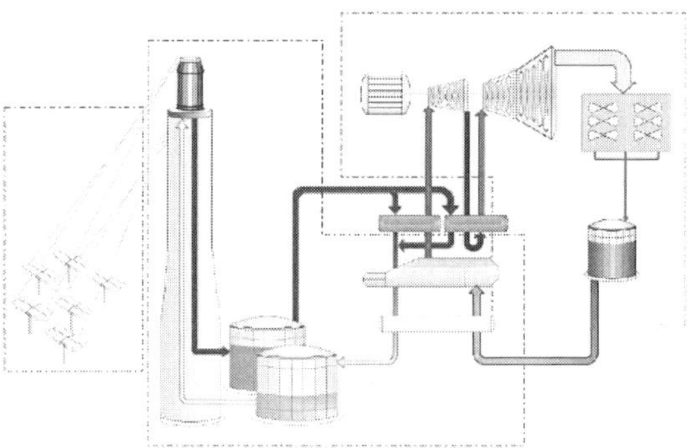

그림 12.1 태양열 발전의 원리 [1,2]

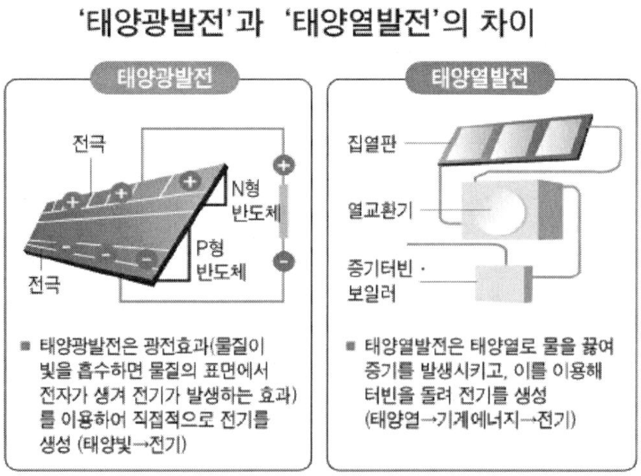

그림 12.2 태양광 발전과 태양열 발전의 차이

표 12.1 태양열 발전의 종류와 특징 [1,3,4]

	구유형	타워형	접시형	프레넬형
집열방식	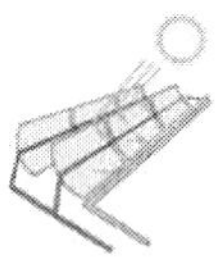		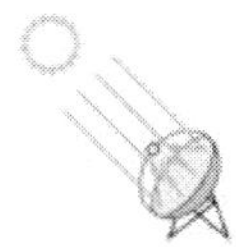	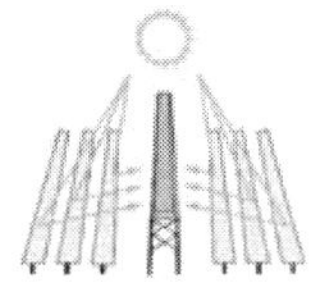
용량(MW)	10~200	10~200	0.1~1	10~200
효율(%)	10~25	10~25	16~29	9~17
온도(℃)	350~415	250~565	750~800	270~500
투자비용(유로/KW)	3,000~6,500	4,000~6,000	4,000~10,000	2,500~5,500
개발상황	상업화	상업화 진행	프로토타입 테스트	프로토타입
장점	시스템 안정성 높은 효율	높은 온도 높은 효율	아주 높은 효율 모듈 방식	낮은 재료비용 효율 향상이 기대
단점	효율 향상이 어려움.	상업화 입증 안됨. 높은 운영비용	신뢰성 입증 안됨. 축열 불가능	낮은 효율

발전장치 부분은 기존의 석탄 화력발전소와 같지만, 열을 화석연료가 아닌 태양에너지으로부터 얻는 차이점이 있다. 차별화된 장점을 가진 신재생에너지 CSP는 집열 방식에 따라 특징이 다르지만, 근본적으로 다른 신재생에너지와는 차별화된 장점이 있다. 즉 전력 생산이 안정적이고 대규모 투자 시 발전비용이 경제적이며, 다른 산업과의 연관성도 높아 미래 신재생에너지 산업으로서 각광을 받고 있다.

CSP의 종류는 집열방법에 따라 구유형(Parabolic Through), 타워형(Solar Tower), 접시형(Dish Stirling), 프레넬형(Frenel)이 있다, 표 12.1 [1,3,4] 참조. 구유형은 단면이 포물선인 반사경을 통해 관형태의 흡수기에 집열시키는 것이고, 타워형은 여러 개의 반사거울이 중앙의 타워 상부의 흡수기에 집열시키는 방법이며, 접시형은 접시형태의 집열기를 사용하여 한 지점에 빛을 집중시키는 방법이다. 프레넬형은 구 유형과 유사한 방식으로 포물선인 반사경 대신 평면의 거울을 사용하여 흡수기에 집열하는 방식이다. 일반적으로 구유형, 프레넬형, 타워형 등은 대용량 발전에, 접시형은 분산형 발전에 사용되고 있다. 현재 운영 중이거나 건설 중인 CSP 발전소의 90% 이상이 구유형으로 대부분을 차지하고 있지만, 방식별로 장단점이 모두 있기 때문에 집열비율 및 발전효율을 높이기 위한 연구가 각각 진행 중에 있다.

표 12.2 신재생에너지별 저장 가능성 [1,5]

구 분	저장 능력(%) (고정 출력 대비 예비 용량의 비율)	평균 연간 사용률(%)
수력	50~90	10~90
지열	90	40~90
풍력	0~30	15~50
태양광 발전	0	5~25
태양열 발전	090	20~90

표 12.3 각 에너지별 발전 규모와 발전단가 [1,3]

구 분	발전 규모(MW)	발전단가(cents/KWh)*
화력발전(무연탄)	150~750	11.25~13.5
원자력	600~1,300	3~8.25
수력	10~18,000	3~4
육상풍력	1~3	5~8
해상풍력	1.5~5	8~12
태양광 발전	0.002~0.005**	25~80
태양열 발전	50~500	12~25

*이산화탄소 배출 가격을 포함한 가격, **건물 옥상의 태양광 발전을 가정

첫째로, CSP는 안정적인 전력공급이 가능하다. 대표적 신재생에너지인 태양광이나 풍력의 경우, 햇빛이 없는 밤이나 바람이 불지 않는 날에는 작동을 할 수 없기 때문에 전기생산량의 편차가 매우 크다. 따라서 수력의 양수발전이나 풍력의 압축공기 저장과 같이 남는 전기를 저장해 놓은 다음 필요할 때 다시 사용하는 방법이 추가돼야 전력 공급의 안정성을 높일 수 있다. CSP는 낮에 열을 저장해 놓았다가 밤에 활용할 수 있기 때문에, 일몰 후 최대 약 7시간 이상 추가적인 발전이 가능하다. 따라서 다른 신재생에너지에 비해 전력 생산의 안정성을 높이고 발전소의 활용시간을 늘릴 수 있다, 표 12.2 [1,5]참조.

둘째로, 대규모 시설투자를 가정할 때 CSP는 경제적이고 효율적인 신재생에너지원이 될 수 있다. 초기 설치비용은 집열장치와 발전터빈 같은 대형 구조물이 필요한 CSP가, 태양전지 모듈

이나 풍력터빈만 설치하면 되는 태양광 및 풍력발전보다 높다. 그러나 50MW이상의 대규모 발전을 가정할 경우, 현재 CSP의 발전단가는 풍력보다는 높지만 태양광 발전보다 낮아 신재생에너지로서 경쟁력이 있다, 표 12.3 [1,3] 참조. 발전효율 측면에서도 태양에너지를 똑같이 사용하는 결정질 태양전지의 효율이 16~17%임을 감안할 때, CSP는 최대 약 30%까지 가능하여 뛰어난 편이다. 이처럼 CSP는 대규모 발전에 특화된 장점을 보유하고 있다.

그림 12.3 스페인의 Andasol 프로젝트

마지막으로 금속가공, 해수담수화, 수소생산과 같은 다른 산업과의 연계가 가능하다. 태양열을 모으면 1,000℃이상의 고열을 얻을 수 있기 때문에 알루미늄 제련이나 각종 고온 화학공정에 유용하게 사용할 수 있다. 특히 건조지역의 부족한 수자원을 보충하고 청정에너지인 수소를 생산하는 데에 CSP 기술의 활용이 늘고 있다. 담수화 처리와 수소 생산에는 열이 필요한데, 기존의 화석연료를 대신하여 CSP 기술인 고온의 태양열을 이용하는 것이다. 물이 부족한 중동 및 북아프리카 지역의 경우 2050년까지 CSP에 의한 해수 담수화 처리가 확산되면서 전체 용량이 20배 이상 확대될 것으로 예상된다. 수소 생산은 CSP에서 생산한 전기로 물을 분해하여 얻을 수도 있지만, 최근에는 고온의 수증기를 금속산화막에 통과시켜 열화학 반응을 통해 직접 수소를 얻는 방식이 연구되고 있다. 이와 같이 원리도 쉽고 신재생에너지로서의 차별화된 장점도 가진 CSP는 오래전부터 과학자들에 의해 연구가 진행돼 왔다. 실제로 CSP는 태양광 발전보다도 더 먼저 개발된 기술이다. 1950년대 발명된 태양전지와는 달리, 20세기 초반에 이미 태양열 에너지를 이용한 동력장치가 설계 및 운영된 적이 있다. 석유파동을 겪은 직후인 1980년대 중반에 미국 캘리포니아의 모하비 사막에 총 9개 354MW 규모의상용 CSP 발전소가 건설되면서 CSP가 본격적으로 부상하는 듯 보였으나, 원유가격 하락과 정부 지원제도의 철폐로 관심이 금새 사그라지고 말았다. 이후 약 20년 동안 신규 CSP발전소 건설이 없다가, 최근 원유가격 변동과 지구 온난화에 대한 관심 증가로 시설이 늘어나면서 2009년 현재 전 세계적으로 560MW 규모의 CSP 발전소가 운영 중에 있다. 최근의 CSP 시장은 미국과 스페인이 전체의 90% 이상을 차지할 정도로 두 국가에 집중되고 있다. 이미 약 400MW 정도의 CSP 발전시설을 운영중인 미국은 2010년과 2011년 사이에 대규모 발전 시설이 추가될 계획이다. 2009년 3월 100MW 규모의 Andasol 프로젝트 (그림 12.3)를 통해 CSP에 본격적으로 뛰어든 스페인은 최근 건설 중인 CSP 발전소만 해도 십 여개에 달한다. 그 밖에 신재생에너지 기술이 발달한 독일과 태양에너지가 풍부한 호주, 이집트, 이탈리아 등도 CSP를 계획하고 있거나 진행 중이다. 그림 12.4 [6]은 미국 하루에 입사되는 집중태양열에너지 [6]를 나타내고 있다. 특히 일사량이 풍부하고 넓은 부지 확보가 용이한 미국의 남서부지역이 대규모 집중형 태양열발전 시스템(CSP)을 공급하기에 가장 좋은 조건을 갖추고 있다. 미국은 국립 재생에너지 연구소(National Renewable Energy Laboratory)를 통해 CSP가 유리한 지역을 지속적으로 탐색하면서, 2010년까지 건조한 서남부 지역에1,000MW의 신규 CSP 시설을 건설하는 프로젝트를 진행하였다. 또한 미국 남가주, 모하비 사막의 CSP 건설에는 캘리포니아의 전력회사뿐만 아니라 구글, 골드만삭스, 모건스탠리 등의 일반기업 투자도 이어지고 있다. 그림 12.5 [7]은 미국 Arizona주 Gila Bend에서 CSP을 설치하고 있는 나타내고 있다. 굴곡 거울은 태양을 향하여 기울어져 있음. 태양빛이 튜브에 집중되어 있다. 반사되는 태양빛이 관을 통과하여 흐르는 유체를 가열하고 있고 있는 데, 뜨거운 유체는 전통적인 스팀-터빈 발생기에 있는 물을 끓여 전기를 발생시키는 시스템이다.

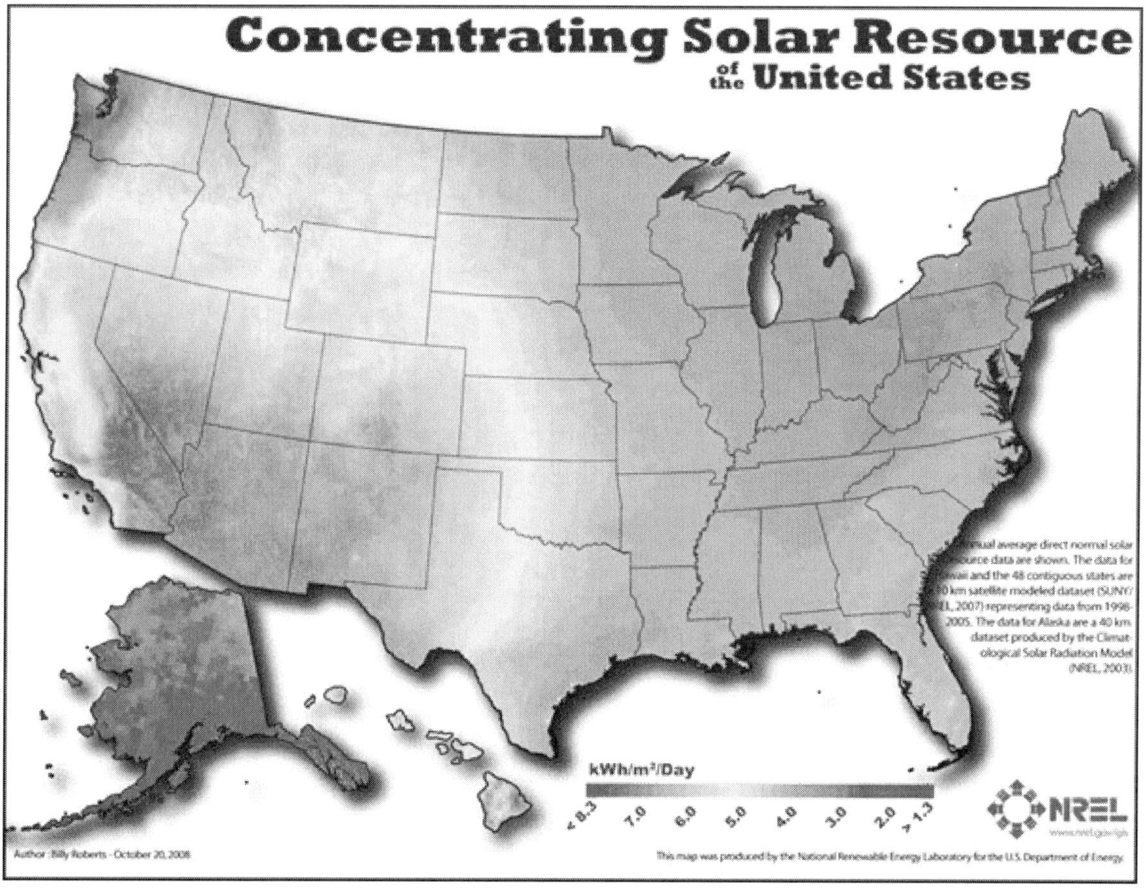

그림 12.4 미국 하루에 입사되는 집중태양열에너지 [6] (자료원: National Renewable Energy Laboratory, U.S. Department of Energy)

그림 12.5 미국 Arizona주 Gila Bend에서 CSP(concentrating solar power system)을 설치 [7]. (상부는 Courtesy of Dennis Schroeder;하부는 Photo courtesy of the town of Gila Bend, Arizona)

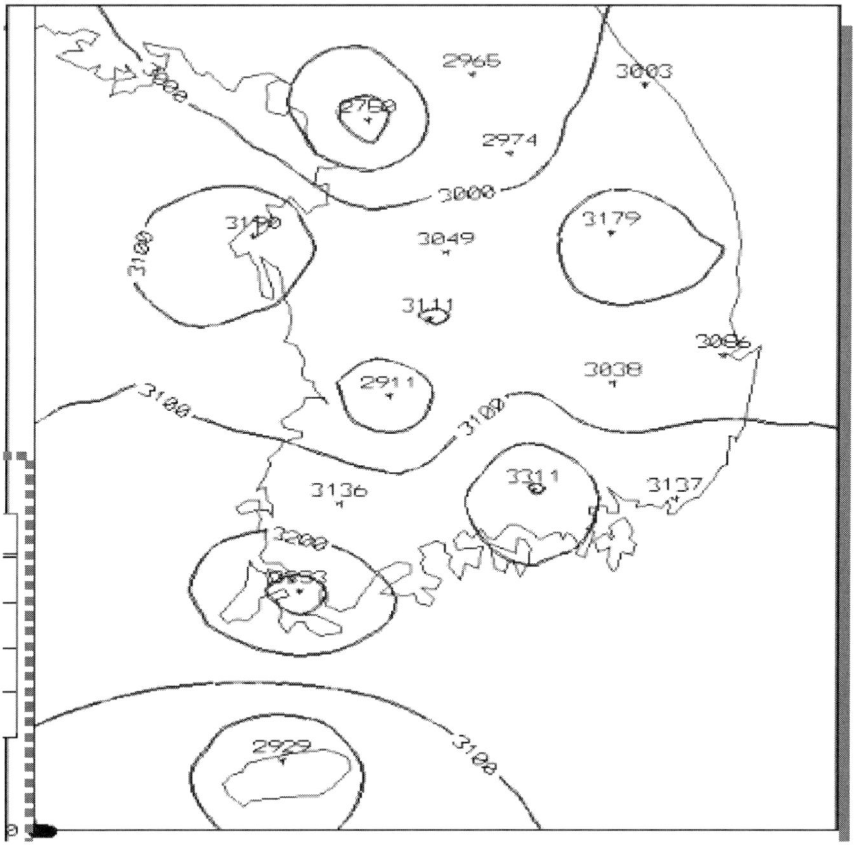

그림 12.6 우리나라 전국 연평균 1일 수평면 전일사량 자원분포도 $(kcal/m^2 \cdot day)$ [8]

그림 12.6은 우리나라 전국 연평균 1일 수평면 전일사량 자원분포도 $(kcal/m^2 \cdot day)$ [8]를 나타내고 있다. 우리나라 연평균 1일 전사량은 3,079$(kcal/m^2)$이며, 태양에너지 자원부존량은 111억 TOE에 해당한다. 연간 가용량 1,017 $(kcal/yr)$의 31.5% (35억 TOE)에 해당한다. 일사조건이 가장 좋은 달은 5월로 4,296$(kcal/m^2)$이며, 일사조건이 가장 낮은 달은 12월로 1,702 $(kcal/m^2)$이다. 남해와 목포지역이 일사량 3,100~3,300$(kcal/m^2)$으로 가장 높으며, 중서부해안(태안반도) 와 영주분지가 3,100$(kcal/m^2)$으로 높으며, 호남과 김해평야가 3,100$(kcal/m^2)$정도가 되며, 중부이남과 중부이북지방은 3,000$(kcal/m^2)$정도가 된다.

유럽의 경우 지리적으로 가까우면서 CSP에 유리한 중동 및 북아프리카(MENA, Middle East and North Africa)와 협력이 활발하다. 구체적으로 2009년에는 독일 민간기업들이 컨소시엄을 통해 MENA에서 CSP로 전기를 생산하여 유럽으로 전송하는 'DESERTEC' 프로젝트를 발표하였다. 약 4,000억 유로를 투자하여 2050년까지 유럽 전력 수요의 15%를 충당할 예정으로, 튀니지에서 생산된 전력을 이탈리아로 옮겨오는 계획은 5년 내 실제 송전이 이루어질 전망이다. 이 프로젝트에는 발전업체뿐만 아니라 지멘스, 도이치뱅크 같이 설비, 금융업체를 망라한 20개 기업이 참여하고 있다. CSP 계획이 활발하지만 아직 해결해야 할 문제는 남아 있다. 경제성이 확보될 때까지 대규모 투자가 지속적으로 이루어져야 하고, 전력수요지까지 전기를 전달하기 위한 송전시설의 투자가 필요하며, 비용을 낮추어 화석에너지를 이용한 발전단가와 CSP 발전단가가 같아지는 그리드 패리티를 달성하기 위해 꾸준한 기술개발이 중요하다.

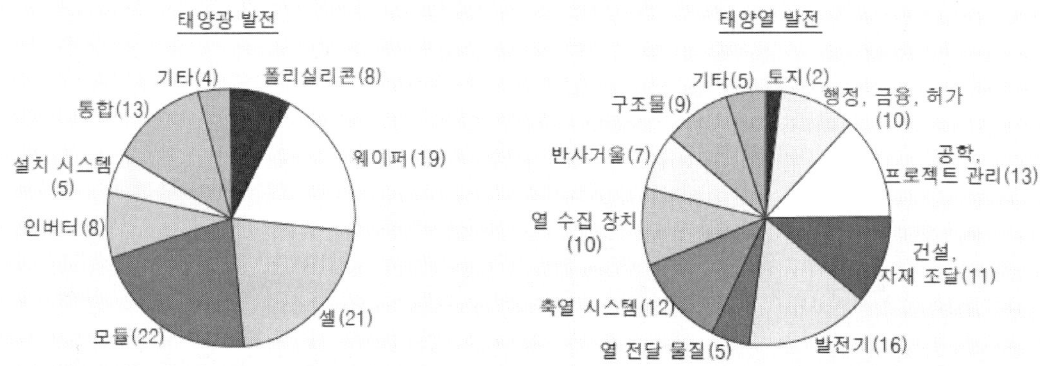

그림 12.7 태양광 발전과 태양열 발전의 비용 구조(%): 태양열 저장 7.5시간 가능한 50MW 구유형 발전소기준 [1,3]

첫째, CSP는 초기 투자 비용이 높은 프로젝트 사업이기 때문에 지속적이고 안정적인 투자가 필요하다. 신규 CSP 발전소의 건설에는 4,200~7,000유로/KW의 비용이 필요하여, 2,700유로/KW가 필요한 원자력보다도 많다. CSP 비용을 구체적으로 살펴보면 설치, 허가, 프로젝트 관리 등의 분야가 30%~40%를 차지하고 있어 웨이퍼, 셀, 모듈과 같이 재료 비용이 60% 이상을 차지하는 태양광 발전과는 다른 특징이 있다, 그림 12.7 [1,3] 참조. 따라서 대규모 시설 투자 및 초기 프로젝트 비용을 줄이기 위해, 기업들이 컨소시엄을 맺거나 정부의 지원 제도를 적극적으로 활용할 필요가 있다.

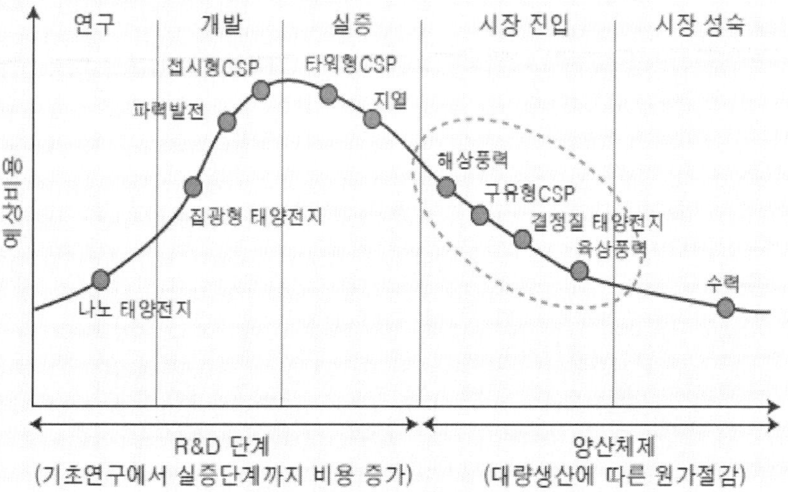

그림 12.8 태양광 발전과 주요 관련 기술의 개발 현황: 태양열 발전 및 주요 관련기술의 현재 기술의 성숙 정도를 나타냄 [1,9]

둘째, CSP 발전소에서 전력 수요지까지 전기를 전달하기 위해 추가적으로 송전시설을 건설해야 한다. 태양열 에너지 자원이 풍부하여 CSP 입지가 좋은 지역은 대부분 전력 수요지와 멀기 때문이다. 일례로 DESERTEC 프로젝트에서는 중동 및 북아프리카(MENA) 지역에서 생산한 전기를 유럽까지 전송하기 위해서, 기존의 교류전송이 아니라 대규모 전력 전송 시 손실이 적은 고압직류 전송(HVDC, High Voltage Direct Current)을 이용한 'EUMENA supergrid' 를 건설할 계획이다. 2050년까지 그리드 시스템 구축에 약 450억 유로를 투자하여 유럽 전역에 연간 700TWh의 전력을 전송한다는 구상이다.

마지막으로 구유형 CSP의 경우 기술 발전 측면에서 태양전지와 마찬가지로 검증을 이미 거쳤지만, 효율 및 운영 비용을 줄이기 위한 기술개발이 꾸준히 이루어져야 한다, 그림 12.8 [1,9] 참조. 우선 집열 효율을 높이기 위한 반사거울 개발과 집열기, 축열 기능을 높이기 위한 용매 등의 개발이 필요하다. 용매의 경우 물을 대신하여 용융 소금을 사용하거나 공기를 이용한 흡수기(Volumetric Air Receiver)를 사용하여 열효율을 높이는 방법이 연구되고 있다. 또한 발전기를 식히거나 반사거울을 청소하기 위해 사용되는 물을 줄이기 위한 방법도 개발되고 있다. CSP 기술이 장기적으로 순조롭게 발전되었을 때, 2050년의 CSP 발전단가는 일사량이 많은 지역의 경우 0.035달러/KWh로 태양광 발전의 0.05달러/KWh보다 저렴하게 전기를 생산할 수 있을 전망이다.

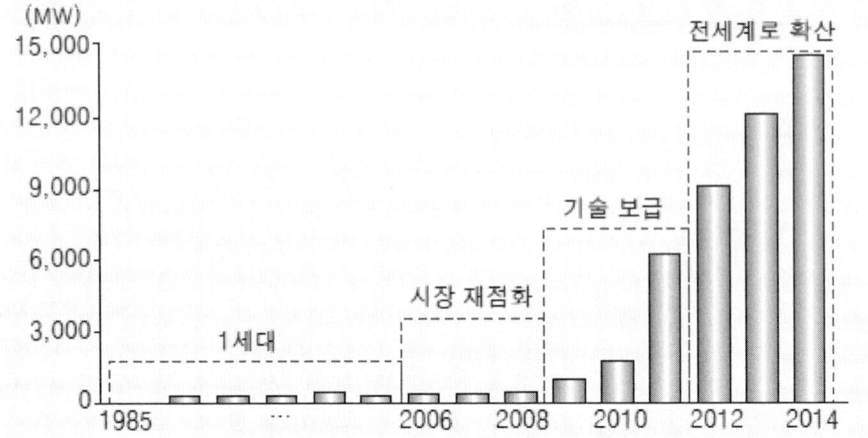

그림 12.9 태양열발전 시장 전망 [1,10]

대규모 투자로 현안 이슈들이 적극적으로 해결된다면 향후 CSP 기술의 확산은 더욱 가속화 될 전망이다. 태양광 발전보다 뒤늦게 출발했지만, 2009년 현재 건설 중인 CSP 발전소만 해도 약 1,000MW로 대규모 투자가 이어지고 있기 때문이다. 미국과 유럽을 시작으로 2012년 이후에는 전세계로 확대 건설되면서, 2020년까지 CSP 시장은 연평균 약 50%씩 성장하여 최대 18GW에 달할 것으로 보인다, 그림 12.9 [1,10]참조.

신재생에너지의 발전단가가 화석에너지를 이용한 발전단가와 같아지는 그리드 패리티 시기도 CSP의 성장과 함께 앞당겨질 전망이다. CSP의 그리드 패리티의 시기는 지역에 따라 다르지만, 일사량이 높은 미국과 스페인의 경우 전기요금이 매년 5% 정도 상승한다고 가정했을 때 2015년 전후에 도달할 것으로 예상된다. 게다가 열저장 장치 및 용매, 반사거울과 같은 CSP의 시설 및 장치부문에서 비용을 줄인다면, 발전단가도 2020년까지 30%~40%정도 낮출 수 있을 것으로 보인다. 장기적으로 CSP는 태양광과 비슷한 수준으로 성장할 전망이다. 2007년 태양에너지는 글로벌 전체 에너지의 1%도 차지하지 못하고 있는데, 그 중 CSP가 차지하는 비율은 단지 6%에 불과하였다. 그러나 2050년에 이르면 CSP는 연간 약 2,300TWh~4,800TWh을 생산하여 태양광 발전과 비슷한 크기를 차지할 전망이다. 또한 2050년 이산화탄소 감축 시나리오에 따른 그린 에너지 역할 비중에 있어서도 태양광 발전과 CSP는4~7%로 서로 같다. 향후 CSP는 태양열 에너지가 풍부한 지역의 대규모 발전 부분에 특화되어 있어, 80% 이상이 100KW 미만으로 도심지의 소규모 발전이 대부분인 기존 태양광 발전의 부족한 부분을 보완하는 형태로 발전해 나갈 것이다. CSP는 대용량 발전에 차별화된 장점을 지닌 신재생에너지로서, 기존 태양에너지 산업의 주류인 난방분야의 태양열 온수기와 전력분야의 태양광 발전기 이외에 새로운 기회가 될 수 있다. 특히 대규모 설비 투자와 건설, 프로젝트 관리 등이 중요시 되는 산업으로 관련 분야의 성장이 기대된다. CSP 발전소 건설에는 발전 장비 및 재료뿐만 아니라 자금 지원, 허가, 자재 조달, 건설 등과 같이 프로젝트 기반 사항이 뒷받침돼야 하기 때문이다. 따라서 일사량이 적어 CSP에 다소 불리한 우리나라의 경우, 눈길을 해외로 돌려 미국과 중동 및 북아프리카(MENA) 지역에서 활발히 이루어지고 있는 대규모 CSP 프로젝트에 관심을 기울여야 할 것이다.

12.2 태양열시스템구성

그림 12.10은 태양열 시스템 구성요소를 설명하고 있다. 태양열시스템은 집열부, 축열부, 이용부로 구성되어 있다, 그림 12.11 참조. 태양열시스템 설치비중 가장 비중을 크게 차지하고 있는 것은 태양열 집열기이며, 또 기능면에서도 가장 중요하다. 집열부은 열 시점과 집열량이 이용시점과 부하량에 일치하지 않기 때문에, 필요한 일종의 버퍼역할을 할 수 있는 열저장 탱크이다. 이용부에서는 태양열 축열조에 저장된 태양열을 효과적으로 공급하고 부족할 경우 보조열원에 의해 공급한다. 제어장치는 태양열을 효과적으로 집열 및 축열하고 공급, 태양열 시스템의 성능 및 신뢰성 등에 중요한 역할을 해주는 장치이다. 집열기의 재질은 구리재, 알미늄재, 철재, 플라스틱재 등이 있는데 이중 동으로 만들어진 제품이 가장 성능이 우수하고 수명이 길다. 태양열 시스템은 열매체의 구동장치 유무에 따라서 자연형(Passive) 시스템과 설비형(Active) 시스템으로 구분된다. 전자는 온실, 트롬월과 같이 남측의 창문이나 벽면 등 주로 건물 구조물을 활용하여 태양열을 집열해서 이용하는 장치이며, 후자는 집열기를 별도로 설치해서 펌프와 같은 열매체 구동장치를 활용해서 태양열을 집열하는 시스템으로 보통 후자를 흔히 태양열 시스템이라 한다. 집열 또는 활용온도에 따른 분류는 일반적으로 저온용, 중온용, 고온용으로 분류하기도 하며, 각 온도별 적정집열기, 축열방법 및 이용분야는 다음과 같다. 또한, 이용분야를 중심으로 분류하면 태양열 온수급탕시스템, 태양열 냉난방 시스템, 태양열 산업공정열 시스템, 태양열 발전 시스템 등이 있다.

그림 12.10 태양열 시스템 구성요소

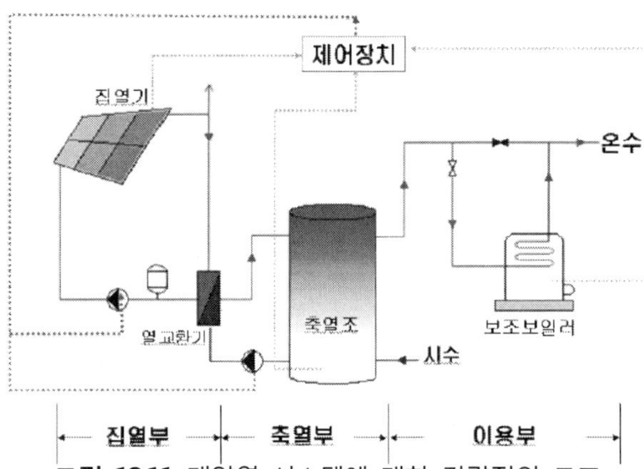

그림 12.11 태양열 시스템에 대한 간략적인 도표

표 12.7 태양열 이용기술에 따른 분류

구분	자연형	설비형		
	저온용	중온용	고온용	
활용온도	60℃ 이하	100℃ 이하	300℃ 이하	300℃ 이상
집 열 부	자연형 시스템 공기식 집열기	평판형 집열기	PTC형 집열기, CPC형 집열기, 진공관형 집열기	Dish형 집열기, Power Tower, 태양로
축 열 부	Tromb Wall (자갈, 현열)	저온축열 (현열, 잠열)	중온축열 (잠열, 화학)	고온축열 (화학)
이용분야	건물공간난방	냉난방 급탕, 농수산(건조, 난방)	건물 및수산분야 냉난방, 담수화, 산업공정열,열발전	산업공정열,열발전,우주용, 광촉매폐수처리, 화학, 신물질제조

주) PTC(parabolic trough solar collector), CPC(compound parabolic collector)

12.3 태양열 집열기의 종류

평판형 집열기는 전 세계적으로 가장 많이 사용되고 있는 집열기로서 집열기은 그림 12.12과 같이 평판형 형태이며, 투과체, 흡수판, 열매체관 단열재로 구성되어 있다. 일사 광선이 투과체를 통해서 흡수판에 도달되면 흡수판에서는 태양 복사광선을 흡수해서 열에너지로 변환. 흡수판의 온도가 높아지게 되면 흡수판에 붙은 열매체관 내의 열매체(보통 부동액)로 전달되어 온도가 상승한다. 열매체는 축열조나 기타 사용부로 순환되어 이용하게 된다. 집열기 각 요소의 기능은 다음과 같다. ①투과체: 태양 복사광선을 투과시키면서 집열기로부터의 열손실을 줄여주고, 흡수판을 보호한다. ②흡수판: 복사광선을 최대한 흡수하여 열에너지로 변환한다. ③지관: 흡수판에서 변환된 열에너지를 열매체로 전달시켜서 축열조나 필요한 곳으로 열을 이동한다. ④단열재: 집열된 열에너지 손실을 줄여주는 단열 역할을 한다.

진공관형 집열기는 투과체 내부를 진공으로 만들어 그 내부에 흡수판을 위치시킨 집열기로서 진공관의 형태에 따라서 단일 진공관과 이중 진공관이 있다, 그림 12.13 참조. 단일진공관은 유리관 내부 전체가 진공으로 된 것이며, 이중 진공관은 유리관이 이중으로 되어 있어 유리관 사이가 진공상태이다. 흡수판은 진공관 내부에 위치한다. 여기서 진공관의 역할은 내부와 외부와의 열손실을 차단시켜 주고, 진공은 진공보온병의 진공 층과 같이 대류 및 전도 열손실을 차단한다. PTC(Parabolic Trough Concentrator)형 집열기는 그림 12.14과 같이 포물선 형상의 반사판(태양의 고도에 따라서 태양을 추적함)이 있고 그 가운데 흡수판의 역할을 하는 집열관이 있다. 반사판에 의해서 집광 (선집광: Line Focus)된 일사광선은 집열관에 집광되어 집열관 내부의 열매체를 가열시킨다. 집열기는 일사광선을 고밀도로 집광되기 때

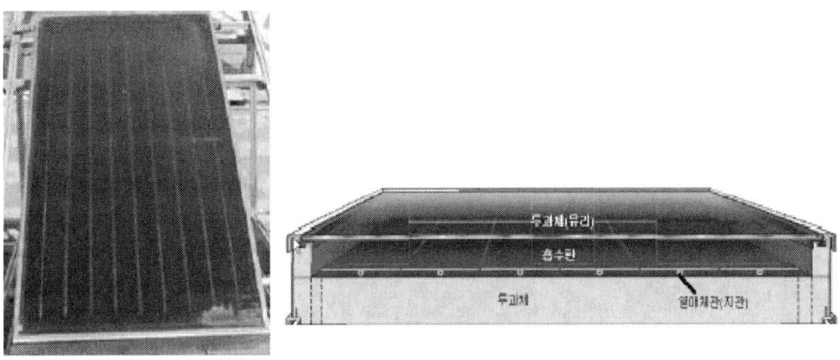

그림 12.12 평판형 집열기

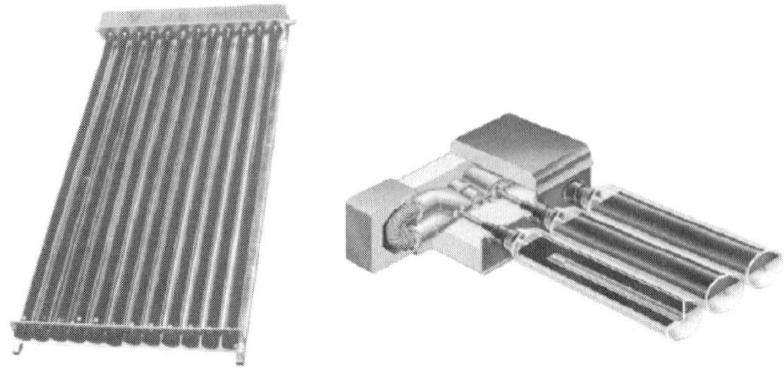

그림 12.13 진공관형 집열기

문에 고온의 온도를 얻을 수가 있으며, 또한 열손실 면적이 집열관에 국한되기 때문에 열손실도 적어지게 된다. 200~250℃ 정도의 온도를 손쉽게 얻을 수 있다. 태양으로부터 직접오는 직달 일사만 집열이 가능하고 집열기에 입사되는 각도가 일정치 않은 산란일사는 집열관에 집광이 되지 않으므로 직달 일사가 많은 청명한 지역에서 사용되는 것이 효과적이다.

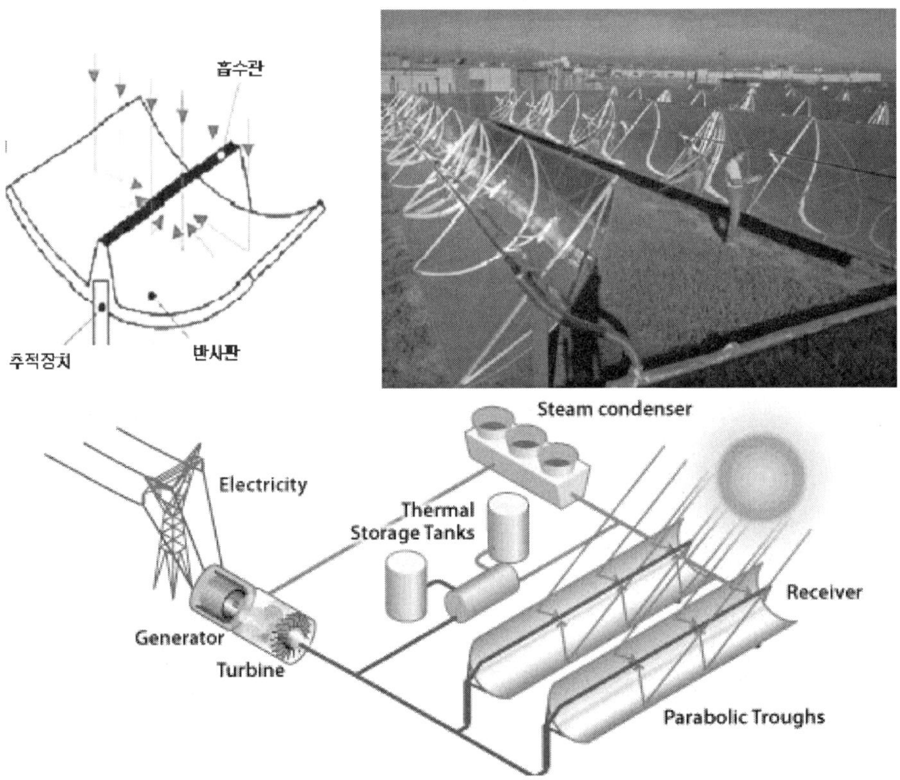

그림 12.14 PTC (Parabolic Trough Concentrator)형 집열기

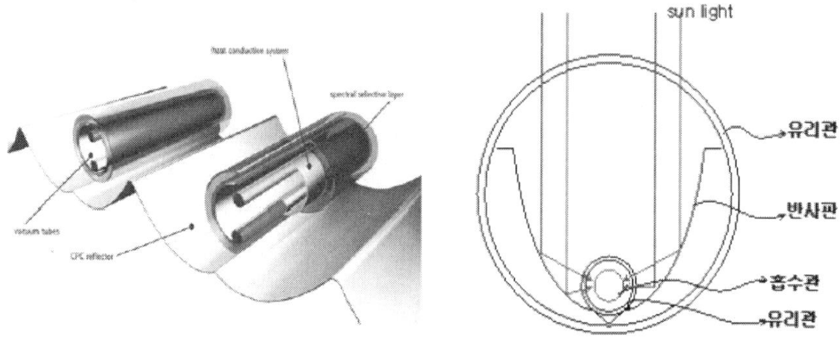

그림 12.15 CPC(Compound Parabolic Concentrator) 집열기

CPC(Compound Parabolic Concentrator) 집열기는 집광비가 아주 적은 그림 12.15과 같은 반사판이 있어서 일사광선을 집광해서 집열하는 집열기로 반사판이 태양추적 없이 직달 및 산란 일사 모두를 집광할 수 있는 집열기이다. 외부의 유리관이 없는 것도 있으며, 내부에 있는 유리관 및 흡수관 대신에 진공관 집열관을 사용하는 것도 있다.

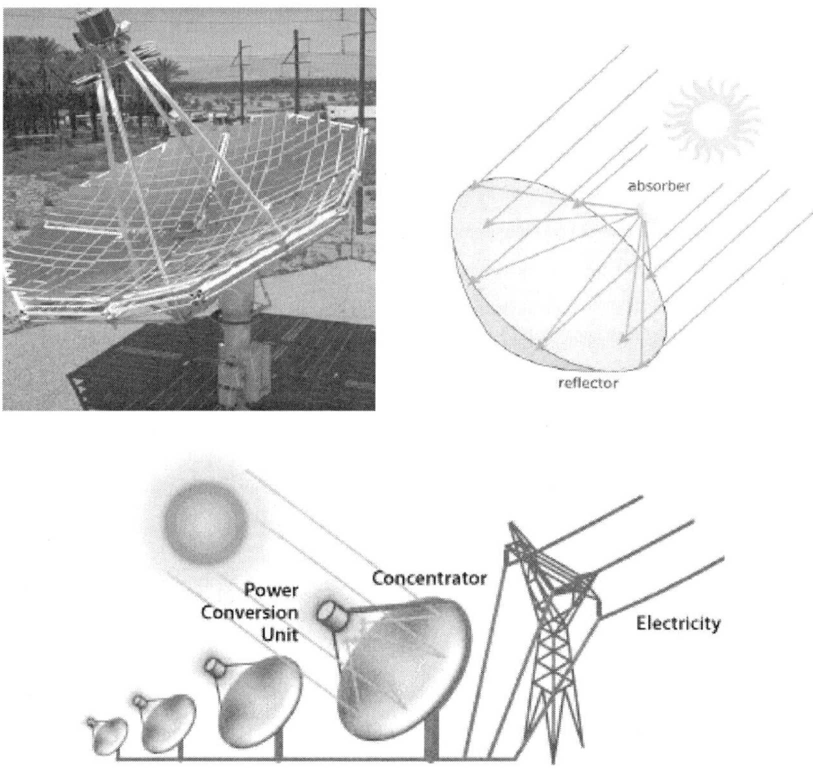

그림 12.16 Dish형 집열기

접시형(Dish) 집열기는 일사광선이 한 점(Point focus)에 집광이 될 수 있는 접시 모양의 반사판이 있는 집광형 집열기로서 태양을 3차원 추적하는 추적장치가 있으며, 적은 면적의 흡수부가 있다, 그림 12.16 참조. 이 집열기는 집광비에 따라서 집열 온도가 달라지며, 주로 수백도의 온도를 집열하는데 사용이 가능하여 태양열 발전용으로도 사용된다.

12.4 국내외 기술개발 현황 및 동향

12.4.1 해외현황

저온 분야의 경우 첨단소재 개발을 통한 시스템의 고효율 저가화에 집중하고 있으며, 최근에는 중고온 분야의 태양열발전, 태양열 화학시스템의 응용 개발에도 연구투자가 증가한다. 태양열 적용분야중 집열효율이 높고 생산단가가 낮은 온수급탕 및 난방분야에 가장 많은 기술개발이 이루어져 시장형성 및 상용화 집중하고 있다. 2004년도에 세계적으로 약 1억1천만m²(열생산용량 기준 77GWth)의 태양열 집열기가 설치되었으며 전 세계 가구수 16억의 2.5%인 4천만가구가 태양열온수기를 사용하고 있다. 태양열 온수급탕 및 난방 기술은 널리 보급되었고 중국은 현재 세계시장의 60%를 점유하고 있고, 유럽이 11%, 터키가 9%, 일본이 7%를 차지한다. 최근에는 다른 신재생에너지 또는 에너지절약기술 등을 포함한 제로에너지 타운, 그린빌리지, 제로에너지 하우스 등과 같이 복합적용을 통해 적용효과를 극대화할 수 있는 방안과 지역난방을 위한 대규모 태양열시스템의 보급 확대를 추진하고 있다. 미국은 DOE를 중심으로 건물용의 Solar Building Technology와 태양열 발전의 Solar Thermal Energy System으로 구분 추진하고 있다. 1970년대 저온 분야(집열기, 온수기, 자연형 시스템)를 주로 개발하였으나 1980년대 이후 자연형 건물과 중고온 분야에 연구개발 투자하고 있다. 캘리포니아에 354MW급 태양열발전소를 운영하고 있다. 일본은 태양열 온수기의 경우 업체 중심으로 개발 및 상용화하고 있으며, 1980~90년대에 생산과 판매가 한해 700,000m²까지 이르렀으나, 이후 생산량은 절반정도로 감소하고 있다. 일본의 태양에너지는 2010년까지 최소 7.8TWh에 해당한 태양열 시스템을 설치하기로 하고 자연채광 및 제어와 대규모 태양열 냉난방, 온수급탕 시스템의 산업이용 개발에 주력하였다. 중국은 세계에서 가장 큰 태양열 온수기 제작국이며 이용국으로 2002년말까지 4천만m²에 이르는 가정용 급탕시스템 설치하고 있다. 2004년의 매출규모는 중국이 13.5백만m²로 전년대비 26% 증가, 현재 진공관형 태양열온수기가 88%의 시장을 차지하고 있다. 향후 중국의 태양열 시장은 연간 17%를 예측하고 있으며, 현재 1,000개의 태양열시스템의 판매 업체가 있으며 80%의 점유율을 가지는 33개의 메이서회사는 직간접적으로 50,000명 이상의 사람을 고용하고 있다.

유럽의 개발과 보급의 핵심은 태양열 난방 및 온수기, 대규모 태양열 시스템, 자연형 태양열건물 등이고, 수출을 목적으로 한 태양열 발전 등 개발 추진 중이다. 유럽에서는 1.6백만㎡가 보급되었으며 꾸준히 증가하는 추세이다. 스웨덴과 오스트리아에서 연간 설치되는 집열기의 50% 이상이 온수와 난방을 겸한 시스템이며, 독일은 25~30%가 온수와 난방 겸용이다. 태양열건물이용프로그램에는 EU의 JOULE(설비형, 자연형 시스템), THERMIE (대형건물, 집단주택의 냉난방) 등이 있다. 특히 제로에너지 하우스나 제로에너지 타운 등 주로 열에너지 자립을 위한 건물태양열 기술이 최근 들어 많은 연구와 시범보급이 이루어지고 있다. 프랑스(Jordano), 영국(Thermomax), 독일(Daimler-BenzAerospace) 등에서 진공관형 집열기 및 메가 집열기 상업화가 이루어지고 있다.

12.4.2 국내현황

과거에는 태양열을 주로 저온형 태양열 설비를 이용한 온수 생산 및 난방에 활용하는 것에 대해 많은 관심과 기술 개발이 이루어져 왔으나, 최근 들어 수년간은 고온형 설비에 대한 관심이 크게 증가하고 있다. 고온형 태양열 설비는 주로 집광장치, 태양추적장치, 그리고 흡수기 등으로 이루어져 있고, 저온형에 비해 상당히 복잡한 설비를 필요로 한다. 태양 추적장치를 활용해서 태양을 추적하고, 이를 집광장치를 이용해서 한 곳으로 모으고, 이 곳에 위치한 흡수기를 이용해서 고온(300℃ 이상)의 열에너지를 얻는다. 이렇게 얻어진 고온을 발전 목적으로 활용하는 것이 일반적인 예이다 [11].

고온형 설비로는 PTC형 시스템(그림 12.14), Dish형 시스템(그림 12.16), Solar Power Tower (그림 12.17) 등이 있다. 이와 같은 장치들은 모두 고온 태양열설비들로서 주로 전기를 생산하는 데 많이 사용되고 있다. 우리나라에서는 아직 이와 같은 시스템을 이용해서 안정적으로 전기를 생산해 본 예가 없다. 그러나 미국과 유럽에서는 20여년 전부터 전기를 생산해 오고 있고, 특히 스페인의 경우, 정부의 적극적인 지원에 힘입어 최근 PS10(그림12.18)과 PS20(그림12.19)같은 태양열발전소를 건설하여 상업발전을 하고 있다.

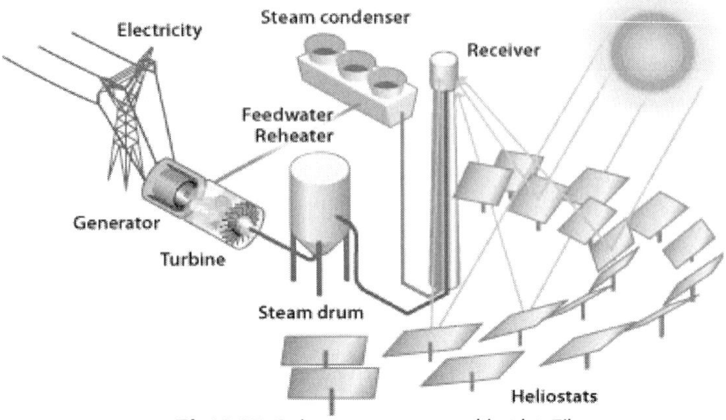

그림 12.17 Solar power tower형 시스템

그림 12.18 PS10 Solar thermal power station

그림 12.19 PS20 Solar thermal power station

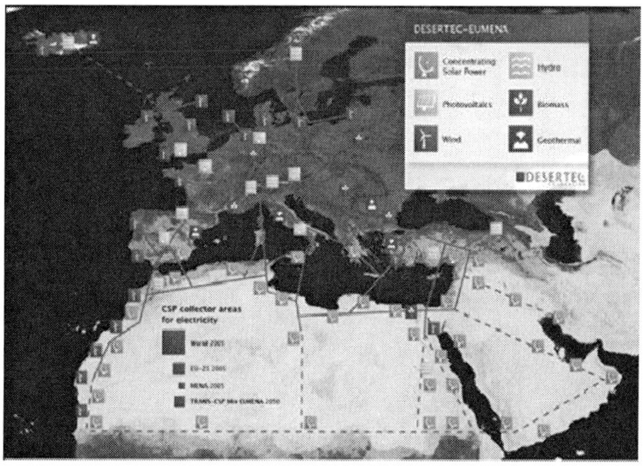

그림 12.20 해저송전케이블을 이용해서 유럽으로 송전하는 Desertech Project

우리나라에서도 정부지원으로 약 10년 전부터 이와 같은 고온 태양열설비에 대한 연구개발을 power tower를 설계, 제작, 설치, 운전을 하려고 하고 있다. 이러한 연구과제는 정부 지원으로 이루어지고 있는 데, 현재 순수한 국내기술로만 연구개발이 진행되고 있다. 선진국에 비해 비교적 짧은 기간에 기술개발을 이룩하고 이를 현장에 적용하고자 하는 연구개발자의 꾸준한 노력의 결실이라고 할 수 있다. 이와 같은 노력에도 불구하고 우리나라에서는 고온태양열을 활용한 발전시스템의 이용이 아직은 이루어지지 않고 있다. 이에 대해 여러 가지 이유가 있을 수 있지만, 가장 큰 이유중의 하나는 일반 대중의 관심부족이다. 우리 모두가 일상생활에서 태양열의 활용에 대해 보다 많은 관심을 갖는다면 현재와 다른 상황을 우리가 현재 맞이하고 있을 것이다. 기술력이 우수한 독일, 스페인 등이 주축이 되어 태양열자원이 풍부한 북부 아프리카에 대규모 태양열발전소를 건설하고 이곳에서 발전된 전기를 해저송전케이블을 이용해서 유럽으로 송전하는 Desertech Project (최근 장기적으로 유럽 및 중동 전력 수요의 15%를 사막의 태양에너지로 대체하려는 Desertech Project)은 좋은 사례이다, 그림 12.20 참조.

우리나라 태양열 집열기의 요소기술 분야에 대해서는 현재 거의 전량 수입에 의존하고 있는 흡열판의 국산화를 위해 기술개발이 필요하다. 흡열판과 동관의 열전달 손실을 최소화하기 위해 「저가형 태양열 집열판 접합시스템 개발」을 추진하여 초음파 용접기의 국산화와 저온 분야 집열기의 손실 최소화를 위해 메가 집열기를 개발 추진하였다. 중고온 활용 분야에 대해서는 기술분야가 다양하고 국내기반 기술이 취약하나 진공관형, 접시형 태양열 집열시스템과 사계절 이용 가능한 시스템 개발시 산업용으로서 실용화에 유리하다. 1990년대부터 꾸준히 중고온 분야에 대한 기술개발을 추진하여 2000년대에 접어들면서 집광시스템에 대한 국내 기술수준은 지속적으로 상승한다. 특히, 진공관형, Dish형, PTC형 집열시스템과 잠열 및 화학 축열시스템 개발하였다.

12.6 태양열의 이용

12.6.1 자연형 태양열주택

자연형 태양열주택이란 아무런 동력없이 태양열을 이용하는 것으로 남측으로 면해 있는 곳의 바깥쪽을 유리창으로 처리하고, 그 안에 집열벽을 두어 낮동안에는 태양에 의해 데워진 공기가 자연대류현상으로 위로 상승하고, 또한 아래에 있는 공기의 구멍으로 순환이 되어 난방이 되고, 밤에는 집열벽에 축열되어 있는 열이 벽체를 통해 방안으로 열전달되어, 난방이 되는 방식을 이용하는 것이다. 또한 거실은 직접 획득형을 사용하여 창을 통해 들어온 태양열이 직접 거실의 공기를 덥히거나 거실바닥에 축열이 이루어지도록 하였다. 자연형 태양열시스템의 특성은 건물 남측면에 태양에너지 집열용 남향창(유리 또는 투명플라스틱)를 설치하며, 건물내부의 구조체(바닥, 벽, 혹은 천장)를 이용하여 태양열을 저장 · 이용하며, 집열부 혹은 축열부로부터의 자연적인 열전달방법(전도, 대류, 복사)에 의해 난방효과가 이루어진다. 유형별로는 직접획득형(Direct Gain), 축열벽형(Trombe Wall), 부착온실형(Attached Sun Space) 등이 있다.

(a) 직접획득형(Direct Gain)

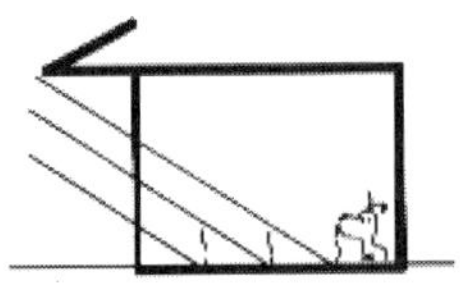

(b) 축열벽형(Trombe Wall)

(c) 부착온실형(Attached Sun Space)

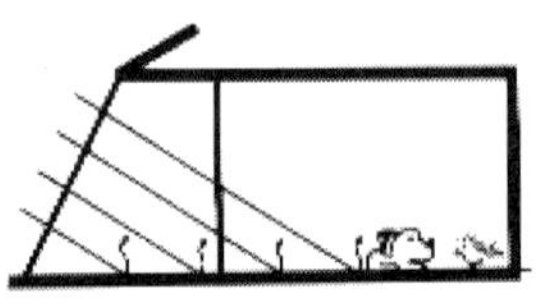

그림 12.17 자연형 태양열주택의 유형

직접 획득형(Direct Gain)은 유입된 태양열을 직접 난방에너지로 이용, 거주공간의 구조체를 축열체로 이용되며, 난방시에는 남측의 집열창을 통해 유입된 태양열 이용하며, 유입된 태양열의 일부를 실내의 바닥 및 내벽에 저장하여 야간이나 흐린 날에 이용한다. 냉방시에는 실내 환기를 위해 통풍용 환기창을 설치하고, 여름에 태양열의 차단을 위한 적정 길이의 차양를 설치한다. 축열벽형(Trombe Wall)는 유입된 태양열 대부분을 축열벽에 저장하여 축열벽 으로부터 복사열을 난방에너지로 이용하며, 축열벽 상하부에 통기구를 설치하여 자연대류를 통한 난방도 가능하다. 난방시에는 집집열창과 상호 연결된 축열벽을 통한 열전달의 효과 및 자연대류 현상를 이용한다. 냉방시에는 축열벽 전면에 개폐용 창문 설치하며, 적정 길이의 차양를 설치한다. 부착 온실형(Attached Sun Space)은 온실의 역할을 겸하면서 주거공간의 온도조절이 가능하며, 난방시에는 부착온실에 태양열을 집열, 축적하여 인접한 실내공간의 난방에너지로 이용한다. 냉방시에는 축열벽 전면에 개폐용 창문 설치-적정 길이의 차양를 설치한다.

12.6.2 설비형태양열주택

설비형태양열 시스템이란 기계적인 동력을 이용하여 강제적으로 태양열을 저장하는 방식으로 지붕에 있는 집열판(Solar Collector)에서 뜨거워진 물을 펌프를 이용하여 지하실에 있는 축열탱크(Storage Tank)로 보내어 열을 저장하는 방식으로 이 축열탱크에 있는 물을 이용하여 난방 및 온수로 사용한다. 맑은 날에 축열탱크에 저장된 이 뜨거운 물로는 약 3일간의 난방 및 온수로 사용이 가능하며, 흐린 날이 계속될 경우나 혹은 열이 충분하지 않을 경우를 대비해 보조열원이 지하실에 설치하고 있다. 물론 이 보조열원은 일반 가정집에 비해 용량이 적은 시스템이 설치된다. 또한 이 주택은 온실형을 채택하므로써 자연형 주택의 거실과 마찬가지로 태양열을 직접 받아 축열을 하며 온실로도 가능하다.

12.6.3 태양연못

태양연못(Solar Pond)은 여름동안에 태양열을 축열시켜 놓았다가 겨울철에 저장되어 있는 열을 이용하여 난방은 물론 높은 바닥온도와 표층의 낮은 온도에 따른 온도차를 이용하여 저온터빈으로 발전을 할 수 있는 특징이 있다. 태양연못은 보통 세 개의 층(Layer)으로 나누어지는데 소금물의 밀도에 따라 맨 윗층은 밀도가 0~5%인 자연대류층, 중간층은 밀도가 포화상태인

23%정도에 이르기까지 약 1m 깊이에 걸쳐 구배되어 비대류특성을 갖는 층, 그리고 맨 아래층은 포화되어 있는 대류층이 그것이다. 바닥층으로 도달하는 일사에너지에 의하여 일단 상당한 부피의 온도구배를 형성하게 되지만, 이 온도구배는 소금물의 밀도구배가 안정할 수 있는 조건을 초과하기 때문에 자연대류가 일어나게 된다. 또한 바닥층은 바로 위에 형성되어 있는 비대류층으로 인하여 외부, 즉 상단으로부터 열적으로 차단되기 때문에 열저장층(Storage Layer)이라고도 불리운다. 따라서 저장층은 태양에너지를 받아 우리에게 열원을 제공해주게 되며 그 깊이 등을 조절하므로써 보다 효과적인 운영을 가능케 한다.

연못의 표면층이 대류작용을 하는 것은 외부현상에 노출되어 있기 때문에 바람이 일어난다거나 기타 다른 여러 가지 원인 즉, 비나 눈이 올 때의 경우 혼합 현상과 물결현상 등으로 불안정한 상태가 일어나기 때문이다. 이 경우 표면층이 두꺼워지면서 전체 시스템의 깊이에 영향을 주게 되기 때문에 일사에너지의 침투율, 시스템의 효율저하를 야기시킨다. 이렇게 세 개의 층으로 나누어져 있는 태양연못은 앞의 설명과 같이 층별로 온도분포가 다르게 형성된다. 즉, 상하 대류층은 깊이에서 일정한 값을 가지게 되지만, 대류작용이 없는 중간층은 깊어질수록 밀도와 함께 온도도 층화되어 구배를 이루고 있다. 이 기술에서는 특히 바닥의 염수가 대류를 일으키기 쉽고 상부 표층에 확산하기 쉬우므로 이것을 억제할 연구를 하여야 한다. 거품의 발생도 대류를 촉진하여 온도차를 교란하기 때문에 바람직하지 못하다.

태양연못는 일종의 태양열 집열체로서 기존의 태양열 시스템과 비교하여 보다 적은 비용으로 저온의 열에너지를 얻을 수 있다는 기대감에서 수 십년 전부터 여러 나라가 연구활동을 전개해 오고 있다. 깊이가 2~3m 정도이고 넓이가 수 천㎡인 연못의 바닥에 농도가 높은 소금물을 담아, 대류를 억제하여 표면수의 온도를 낮추고, 바닥의 온도를 높여 그 열에너지 또는 온도차를 이용하는 것이다. 다시 설명하자면, 연못속에 소금물을 넣어 태양열에 의해 뜨거워진 물이 소금의 농도차에 의해 층이 형성되게 하여 축열을 하는 방식으로 이 물의 온도는 약 70℃ 정도가 되어 계란을 익힐 수 있을 정도의 온도이다. 이 기술은 이스라엘에서 많이 상용화되고 있는데 사막에 수평방 km의 규모로 사해(Dead Sea)의 물을 끌어들여 온도차를 이용하여 발전할 계획이 세워져 이미 5,000KW의 발전소가 가동하고 있으며, 장차 200만KW급의 발전소도 건설이 가능하다.

참고문헌

[1] "태양열 발전, 미래 태양에너지의 주축 될까," 성낙환, 2009. 9, LG Business Insight 2009, pp. 30~35, 2009, http://www.lgeri.com

[2] http://www.solar-reserve.com

[3] "The CSP industry An awakening giant", Deutsche Bank, 2009

[4] "Concentrating solar power global outlook 09", Greenpeace, 2009

[5] "Clean Power From Deserts", DESERTEC Foundation, 2009

[6] http://www.eia.gov/energyexplained/index.cfm?page=solar_where

[7] http://www.doe.gov/articles/top-6-things-you-didnt-know-about-solar-energy, http://www.doe.gov/articles/could-gila-bend-arizona-become-solar-capital-world

[8] "국내 태양에너지 자원분석 및 측정기술연구", 조덕기, 에너지기술, 2000N-S001-P-03, 산업자원부, 에너지관리공단

[9] Solar Energy Handbook, Barclays Capital, 2009

[10] Global Concentrated Solar Power Markets & Strategies 2009-2020, Emerging Energy Research, 2009

[11] "국내 고온 태양열 기술현황", 서태범, 한국태양에너지학회지, 제9권, 제2호, 2010

연습문제

1. 열방사율이 1이고, 외부 환경온도는 20℃이며, 태양열 집열기는 30℃을 갖는다. 스테판-볼츠만(Stefan-Boltzmann)법칙을 이용하여 집열기에 의하여 방사되는 순수 에너지플럭스를 구하시오.

2. 전형적인 평판 태양열집열기에서 흡수판의 뒷면과 잘 접촉하고 있는 관을 통하여 순환되고 있는 작동유체에 의해 에너지는 집열된다. 뒷면은 주위로부터 단열되어 있고, 흡수판은 전면에서 태양열복사를 받는데, 전형적으로 하나 또는 그 이상의 투과판으로 덮여있다. 먼저 덮개판이 없는 흡수판에 대해, 그리고 하나의 덮개판이 있는 흡수판에 대해 관련 열전달현상을 설명하시오.

3. 온실, 곡물 건조장치 또는 저장시스템에 태양열에너지 집열기를 농업용으로 설치하려고 한다. 이중창의 반투과덮개와 검게 페인트 칠한 알루미늄판으로 덮고, 스티로폼 단열층을 사용하여 제작하려고 한다. 이 때 일어나는 열전달현상을 설명하시오.

4. 배기관형 태양열집열기(evacuated-tube solar collector)가 평판 집열기에 비하여 향상된 성능을 가지는 이유는?

5. 700 W/m^2인 태양 열유속이 물을 가열하기 위해 사용되는 평판 태양열 집열기위에 입사된다. 집열기의 면적은 5 m^2이다. 태양열복사의 90%가 덮개유리를 통과하며, 흡수판에 의하여 흡수된다. 남은 10%는 집열기로부터 반사된다. 물은 흡수판 뒷쪽의 관 통로를 통하여 흐른다. 작동시의 온도 40℃인 덮개유리는 방사율이 0.90이며, -10℃의 하늘과 복사열교환을 한다. 덮개유리와 25℃인 대기 사이의 대류열전달계수는 12 $W/m^2 \cdot K$이다. 유량이 0.01kg/s이다. 집열기로 입사된 태양열에너지에 대한 축적된 열률 즉 집열기의 효율을 구하시오.

6. 우주선에 정착된 태양전지판의 면적은 $2m^2$이고, 태양-전기 에너지변환 효율는 12%이다. 광전지 배열로 구성된 판의 옆면의 방사율이 0.8이고 태양흡수율은 0.8이다. 판 뒷면의 방사율은 0.7이다. 그 배열이 1500 W/m^2의 태양조사에 수직방향으로 향한다. 만일 우주선이 지구에 의해 가려진 1500초 후의 태양전지판의 온도를 구하라. 단, 단위면적당 판의 열용량은 9000 $J/m^2 \cdot K$이다.

바이오에너지 13장

13.1 개요

화석연료의 고갈과 지역적 편재로 인한 에너지 체계의 위협 문제는 어제 오늘의 이야기가 아니다. 최근의 고유가 체제가 장기적으로 고착화할 것이라는 견해가 더욱 힘을 얻고 있다. 석유 생산이 집중된 중동의 불안 요인이 감소하기는 커녕 오히려 커지고 있다. 반면, 최근 1973년 이스라엘과 아랍국가들간의 전쟁으로 인한 1차 오일쇼크, 1979년 이란과 이라크의 전쟁으로 인한 2차 오일쇼크의 석유 위기 이후 재생가능한 자원에 대한 관심이 높아졌지만, 아직까지 석유를 대체할 만한 뚜렷한 후보는 등장하지 않고 있다. 1997년 교토의정서가 채택된 이후, 온실가스 감축을 위해 각국 정부 및 기업들은 대체 기술 및 자원 확보에 더욱 발빠른 행보를 보이고 있다. 이러한 가운데 우리 주변에서 흔히 볼 수 있는 쓰레기나 곡물, 농업 부산물 (그림 13.1) 등과 같은 '바이오매스(Biomass)' 자원이 에너지 및 환경 문제를 해결할 현실적 대안으로 부각되고 있다.

그림 13.1 바이오매스인 농작 잔여물

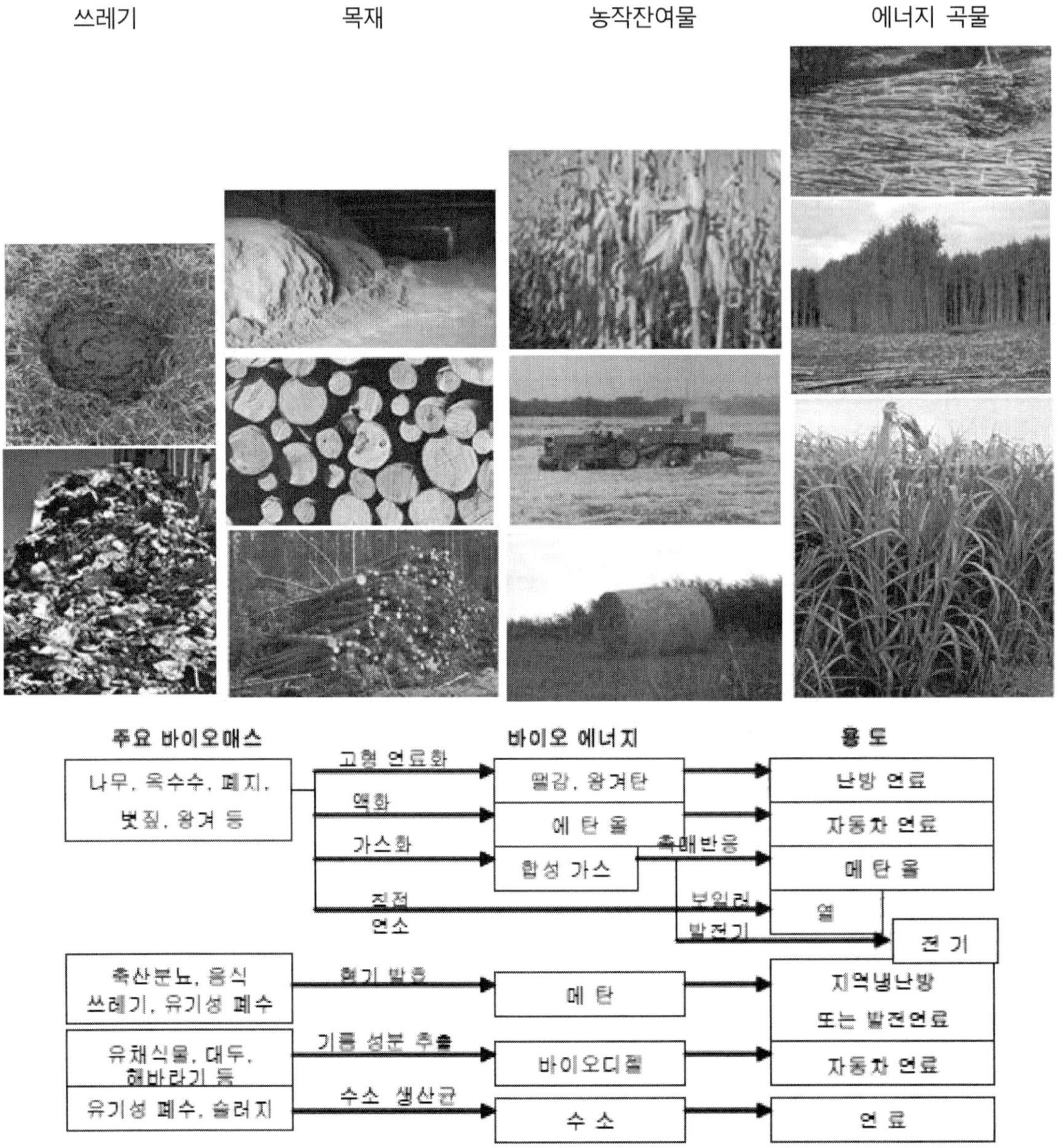

그림 13.2 바이오매스의 종류

바이오매스는 원래 생태학의 용어로서 생물량 또는 생체량이라고 번역되어 있다. 이것은 살아 있는 동물·식물 ·미생물의 유기물량(보통 건조중량 또는 탄소량으로 표시)을 의미한다. 따라서 생태학의 용어법에서는 나무의 줄기 뿌리, 잎 등이 대표적인 바이오매스이며 죽은 유기물인 유기계 폐기물(폐재, 가축 분뇨 등)은 바이오매스가 아니라고 할 수 있다. 그러나 이와 같은 생태학의 용어법과는 달라서 산업계에서는 유기계 폐기물도 바이오매스에 포함시키는 것이 보통이다. 따라서, 바이오매스란 태양에너지를 받은 식물과 미생물의 광합성에 의해 생성되는 식물체·균체와 이를 먹고 살아가는 동물체를 포함하는 생물유기체를 총칭한다. 바이오매스는 인류가 오랫동안 식량이나 에너지, 건축 자재, 생활 용품 (그림 13.2 [1]) 등으로 사용해 온 대표적인 자원이다. 하지만 이용이 편리하고 값싸게 각종 제품이나 서비스를 만들 수 있는 석유와 같은 화석연료에 가려 그 가치를 제대로 평가받지 못해 왔다. 그러나 최근 몇 년 동안 상황이 빠르게 바뀌기 시작하였다. 이미 시장에서는 옥수수나 사탕수수에서 만든 연료용 에탄올의 공급이 부족해지기 시작했고, 곡물의 씨앗이나 폐식용유를 가공하여 얻는 바이오디젤이 유럽을 중심으로 빠르게 성장하고 있다. 또한 바이오매스 유래 플라스틱은 환경과 지속가능성에 대한 소비자 인식이 높아지는 가운데 기술 발달로 가격 경쟁력을 얻기 시작하면서 시장 저변을 넓히고 있다. 바이오매스로부터 생산된 바이오연료는 화석연료 기반의 인프라에 직접 적용될 수 있어 추가적인 설치비용이나 설치기간 없이 기존의 인프라들을 그대로 활용하면서 각종 석유화학 기반의 제품과 수송용 연료을 대체할 수 있는 잠재력을 가진 것으로 평가되고 있다. 또한 바이오매스에서 만들어진 바이오소재의 생산 및 수요는 지속적으로 증가하는 추세이며, 이러한 흐름 속에 세계적인 화학회사들도 기존의 석유 기반의 화학 산업에서 지속 가능한 바이오매스 기반의 바이오 산업(Bio-Refinery)으로 재빠르게 변화하고 있다. 일부에서는 석유나 석탄과 같은 '지하 자원' 을 대체할 수 있는 거의 유일한 '지상 자원' 으로 바이오매스 자원을 꼽을 정도이다. 차세대 대체에너지원으로서 바이오매스의 장점은 다음과 같다 [2].

(1) 바이오매스는 생물체의 생장이나 재배를 통해 지속적으로 생산이 가능하므로 고갈 염려가 없는 지속 가능한 자원이다. 그림 13.3은 미국 옥수수 에탄올공장과 생산량의 추이 변화 (2000년~2009년)를 보이고 있다 [3].

(2) 바이오매스는 생산과 소비과정에서 탄소 중립적이기 때문에 대기 중의 이산화탄소 증가를 억제하여 지구온난화 문제를 해결할 수 있다, 그림 13.3에서 에탄올의 온실효과를 나타내고 있다 [3].

(3) 가까운 미래에 산업적으로 활용이 가능한 경쟁력이 높은 재생에너지를 생산할 수 있다.

(4) 바이오연료뿐만 아니라 바이오소재의 생산도 가능하므로 석유 기반의 화학소재(합성섬유, 산업용 플라스틱, 의약 및 미용용품, 식품 첨가물 등)를 대체할 수 있다.

(5) 바이오매스 에너지를 저장할 수 있다.

(6) 최소의 자본으로 이용기술의 개발이 가능하다.

(7) 그리고 원자력의 이용 등과 비교할 때 환경보전적으로 안전하다.

(8) 물과 온도조건만 맞으면 지구상 어느 곳에서나 가능한 광역분산형의 자원이다.

바이오매스에너지의 이용·개발의 단점은 다음과 같다.

(1) 넓은 면적의 토지가 필요하다.

(2) 토지 이용면에서 농업과 경합한다.

(3) 자원부존량의 지역차가 크다.

(4) 비료, 토양, 물, 그리고 에너지의 투입이 필요하다.

(5) 문란하게 개발하면 환경파괴를 초래한다.

(6) 바이오매스의 생산, 수집, 운반, 변환에 관련한 기술적 문제, 경제성과 에너지수지(투입 에너지에 대한 산출에너지의 비율) 문제 등이 있다.

IEA(International Energy Agency)의 World Energy Outlook 2009의 450시나리오에 의하면 세계 바이오 연료 수요는 2006년에서 2030년 사이 연평균 6.8%의 양호한 성장세를 보일것으로 전망된다. 2015년에는 2006년 대비 수요 규모가 3배나 확대되며, 2030년에는 세계 수요가 1억 톤을 돌파할 것으로 예측하고 있다. 또한 수송용 연료에서 바이오 연료가 차지하는 비중을 살펴보면, 2007년에는 약 2%에 불과했지만, 2030년에는 9.3%에 달할 것으로 예측하고 있다. 석유의 영향력은 점진적으로 약화되는 반면, 바이오 연료의 비중은 지속적으로 확대된다는 것이다. 바이오 연료 시장의 성장을 낙관적으로 보는 가장 큰 이유는 각국의 정부 정책 때문이다. 미국은 2022년까지 수송용 연료에 바이오 에탄올을 20%까지 혼합할 계획을 갖고 있으며, 유럽과 중국도 2020년까지 수송용 연료의 10%를 바이오 연료로 사용하겠다는 정책을 발표하였다. 이산화탄소 감축을 위한 각국의 노력이 본격화됨에 따라 바이오 연료의 중요성은 점점 더 커질 것이고, 이에 따라 시장의 확대도 멈추지 않을 것으로 보인다. 화석연료를 대체할 수 있는 바이오연료는 현재 산업바이오 시장을 주도하고 있으며, 유가상승 및 온실가스 부담 등으로 인하여 지속적인 시장 확대가 전망된다 [4].

바이오연료의 지속 성장 예상에 따라 2030년 최대 대체 연료로 성장할 전망이며, 사탕수수와 2세대 에탄올이 성장 중심이 되고 있다. 표 13.1은 2011년 기준 국내 국내 바이오에너지 기업의 주요 사업내용을 설명하고 있다. 씨엠스엠은 인도네시아 주정부 협약체결 및 2009년부터 바이오에탄올 생산하고 있으며, 창해에탄올도 바이오에탄올을 생산 수출계획이며, 에코솔루션, 씨티씨바이오, SK케미칼, KCI은 바이오디젤을 생산관련 기업들이다.

표 13.1 국내 바이오에너지 기업의 주요 사업내용 [1]

구 분	회사명	주요 사업 내 용
바이오에너지	씨엠스엠	인도네시아 주정부 협약체결 및 2009년부터 바이오에탄올 생산
	창해에탄올	파푸아뉴기니 정부와 협약체결 및 바이오에탄올 수출 계획
	에코솔루션	바이오디젤 325억 원 투자 및 말레이시아 바이오디젤 공장 건설
	씨티씨바이오	3-HP 대량생산 목적이며, 지식경제부 바이오디젤과제 참여기업
	SK케미칼	유화설비(DMT)를 활용한 바이오디젤 생산설비 300억 원 투자
	KCI	유채로부터 바이오디젤 생산을 위한 R&D 진행

선진 경쟁국들의 현황은 다음과 같다. 미국은 선진국 최대의 바이오매스 이용국으로 "바이오매스 R&D법" 제정으로 바이오매스 에너지 개발이 본격화되었고, 농림부 및 에너지부 를 중심으로"National Biofuels for Action Plan" 수립, 2022년까지 바이오매스 연구 개발, 7대 바이오매스 연구개발을 위한 "7대 Board Action Area" (2008년) 마련하였다. EU는 1990년대부터 강력한 바이오매스 이용 촉진 전략 수립을 통한 농업의 에너지 생산 기능을 확대하고, 온실가스 배출을 줄이기 위해 2020년까지 전체 운송 연료의 10%를 재생가능한 연료 (주로 바이오연료)로 대체하자는 목표 설정하고 있다. 일본은 바이오매스 종합 전략을 수립하고, 주력 바이오매스, 폐기물계 바이오매스, 미이용 바이오매스 및 자원 작물, 해양 유래 또는 유전자 조작 신작물을 이용하고 있다. 또한, 브라질 최대 연료용 에탄올 공급 기업인 페트로바라스(Petrobras)와 합작하여 에탄올 공급 체계를 마련하고 있으며, 태국과 에탄올 생산 모델에 대한 기본 협정 체결하고 있다 [4].

"Corn Ethanol" Industry Overview in the U.S.

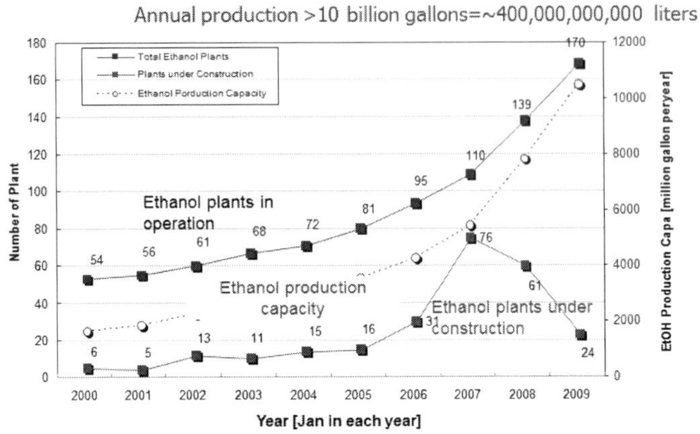

Ethanol can reduce CO_2 emission

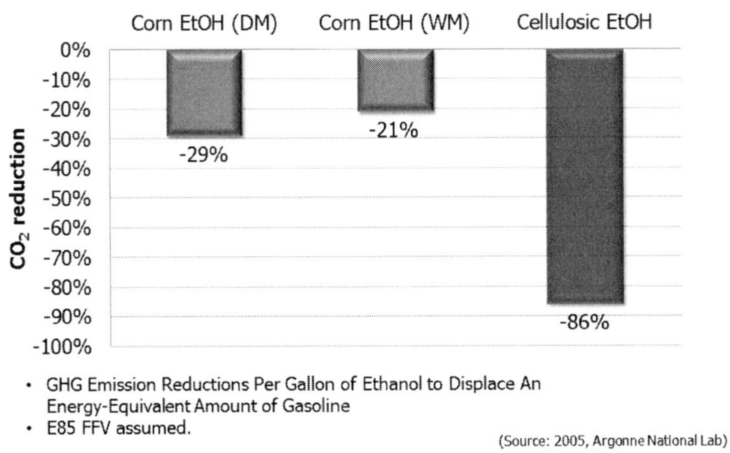

그림 13.3 미국 옥수수 에탄올시장규모과 에탄올의 온실효과
(Courtesy of Prof. Tae Hyun Kim of Iwoa State University) [2]

2008년 350억 달러 규모인 바이오연료 시장은 2018년 1,054억 달러 규모로 3배 이상 성장할 것으로 예측된다 [4,5]. 대표적인 바이오연료로 사용 중인 바이오에탄올 시장은 2009년 270억 달러에서 2015년 530억 달러로 약 2배 증가할 것으로 예측된다. 휘발유 대체연료로 사용 중인 바이오에탄올과 함께 경유 대체연료로 사용 중인 바이오디젤 시장은 2009년 86억 달러에서 2014년 126억 달러로 증가할 것으로 예측된다 [4,6]. 그림 13.4에서 보는 바와 같이, 맥킨지(McKinsey)는 세계 바이오연료 소비량이 2010년 250억 갤런 규모로 전체 액체연료의 2%를

점유할 것으로 전망하고, 2020년에는 650억 갤런을 소비하여 전체 액체연료의 5%를 점유할 것으로 전망하고 있다 [4,7]. 그림 13.5에서 보면, 2010년 화학산업 세계시장규모에서 10~20% 산업반이오로 대체된다 [4,7]. 2010년 세계경제포럼(World Economic Forum) 보고서[8]에 따르면 2020년 바이오매스 가치사슬별 잠재수익은 총 2,950억 달러로, 이 중 바이오 기반 화학제품은 160억 달러, 바이오연료는 800억 달러의 잠재적인 수익을 창출할 것으로 전망하고 있다, 그림 13.6 참조. 맥킨지(McKinsey) [7]는 2008년부터 2020년까지 바이오연료는 매년 11%, 바이오화학제품 은 8~12%의 성장세를 보일 것으로 전망하고 있다, 그림 13.7 참조 [4,7]. 2010 세계경제포럼(World Economic Forum)에서는 2020년에 바이오리파이너리 총 가치가 3,000억 달러에 이를 것으로 전망하였으며, 그중 바이오연료가 800억달러, 바이오화학 분야(원료 및 제품)가 200억 달러를 차지하고 있다, 그림 13.8 참조 [4,8].

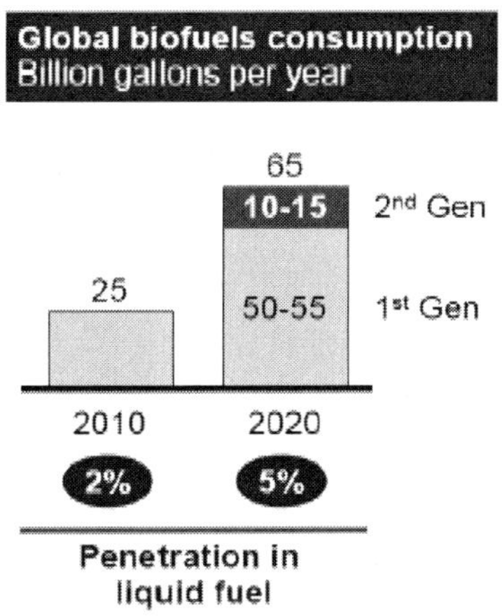

그림 13.4 2010년 및 2020년 연간 세계 바이오화학 연료 소비 전망 [4,7]

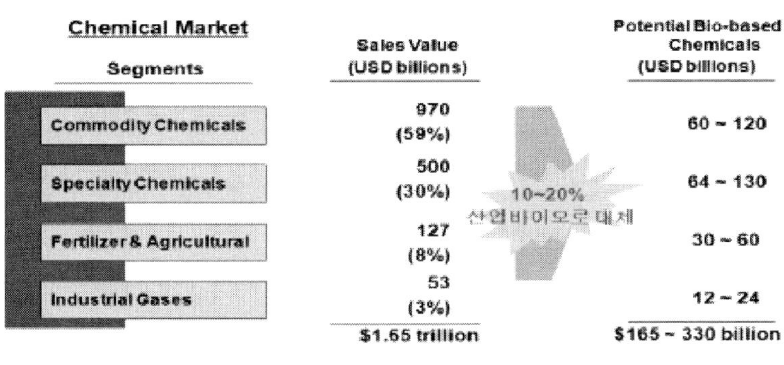

그림 13.5 2010년 화학산업 세계 시장규모 및 바이오화학제품의 시장규모 전망 [4,7]

(단위 : 10억 달러)

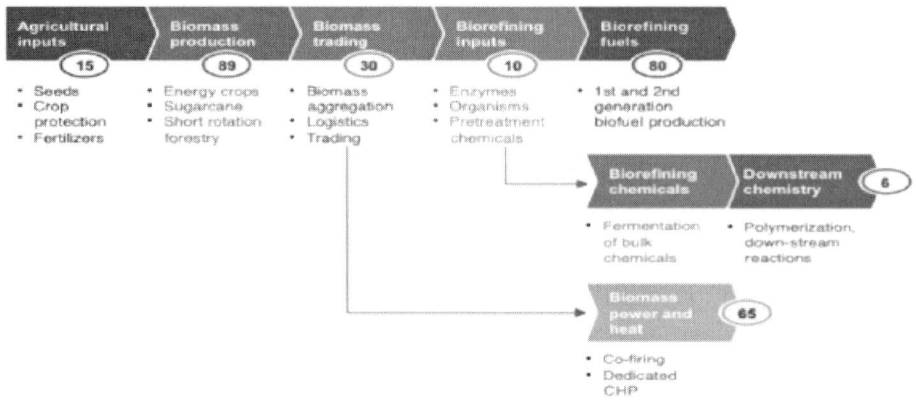

그림 13.6 2020년 바이오매스 가치사슬별 잠재 수익 전망 [4,8]

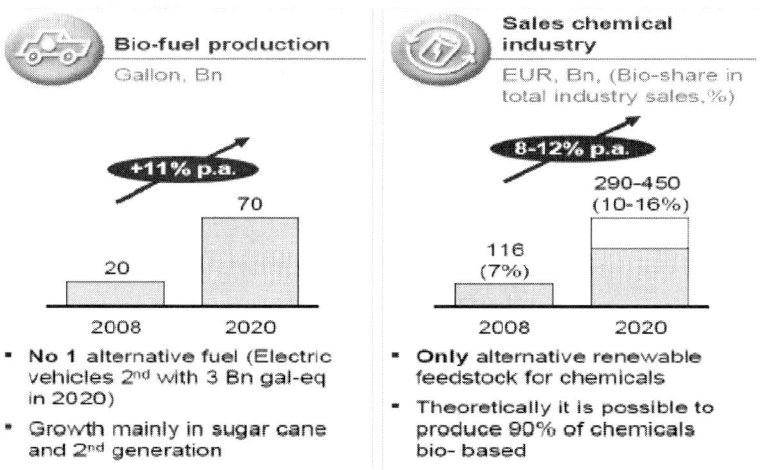

그림 13.7 2008년과 2020년 바이오연료와 바이오화학제품의 성장률 [4,7]

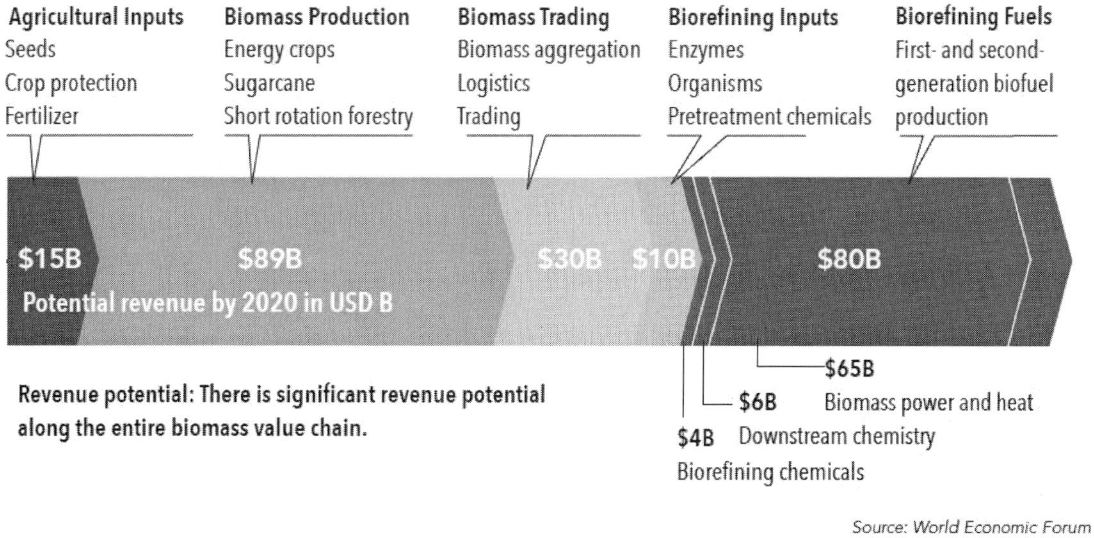

그림 13.8 2020년 바이오리파이너리 시장 현황 예측 [4,9]

13.2 바이오에너지

13.2.1 바이오연료[17)]

그림 13.9은 바이오매스와 바이오에너지의 개념을 도식화한 것이다. 변환 시스템에 따라 유지 작물을 추출·에스테르화하여 생산하는 바이오디젤과 전분작물을 당화·알코올 발효하여 생산하는 바이오에탄올로 구분된다. 바이오에탄올과 바이오디젤은 주로 수송용 연료로 많이 이용되기 때문에 수송용 대체연료라고 할 수 있다 [10]. 그림 13.10은 바이오연료에 의한 탄소순환 개념을 도식화한 것이다. 광합성반응에 의하여 바이오매스가 생성되고 바이오에너지기술에 의하여 바이오연료가 생성되어 자동차 등에 의하여 수송용 연료로 사용되어 이산화탄소와 물이 생성되는 탄소순환이 이루어진다. 바이오연료의 장점은 크게 세 가지로 압축된다. 첫째, 주유 시설, 연료시스템 등에 최소의 변화만을 가해도 이용할 수 있어 화석연료를 쉽게 대체할 수 있다. 둘째, 기후 변화의 주범인 온실가스 배출량이 화석연료에 비해 적고 각종 대기오염물질배출량도 적어 환경친화적이다, 그림 13.3과 13.11 참조. 셋째, 한 번 사용하면 재생 불가능한 화석

17)13.2.1절의 대부분의 내용(pp. 499~503)이 다음의 참고문헌에서 인용되었음을 밝힙니다. 인용된 문헌:"각국의 바이오연료정책과 시사점", 유기돈, p. 22, LG Business Insight 2008, 7.9, http://www.lgeri.com, [10].

연료와 달리 바이오연료는 사용 후 배출된 이산화탄소를 곡물이 흡수하고 그 곡물을 재사용할 수 있으므로 자원 고갈의 문제가 없다. 또한 바이오연료를 사용하는 대부분의 국가들이 자국에서 생산되는 원료 위주로 생산하기 때문에 각국 입장에서 보면 에너지 안보라는 목적도 달성할 수 있다. 하지만 자원이 산재되어 있어 수송이나 수집이 불편하고 비용이 많이 들기 때문에 생산 원가가 비싸다는 단점이 있다. 바이오연료 생산에 주로 이용되는 원료를 살펴보면, 바이오에탄올의 경우 당 또는 당으로부터 전환할 수 있는 녹말이나 섬유소를 포함한 원료로부터 생산된다. 유럽은 사탕무, 밀, 보리 등을, 미국은 옥수수를, 브라질을 포함한 열대 지역 국가들은 사탕수수를 원료로 많이 사용한다. 반면 바이오디젤은 주로 유채(전체의 83%)가 원료로 이용되며 이밖에 해바라기(13%), 대두(2%), 야자(1%), 폐식용유(1%) 등과 어류나 동물성 유지가 사용되기도 한다 [10].

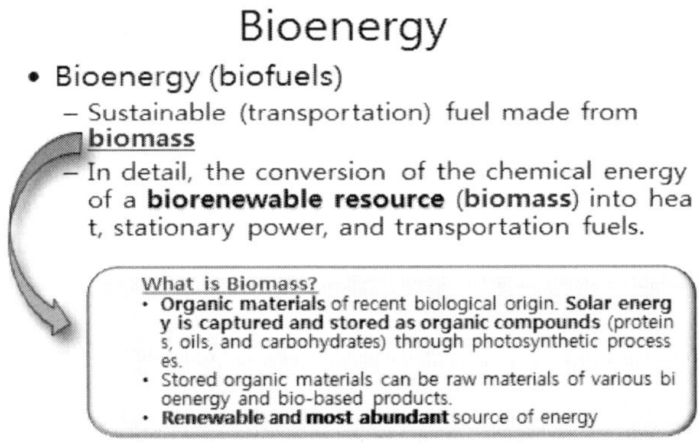

그림 13.9 바이매스와 바이오에너지의 개념 [3]

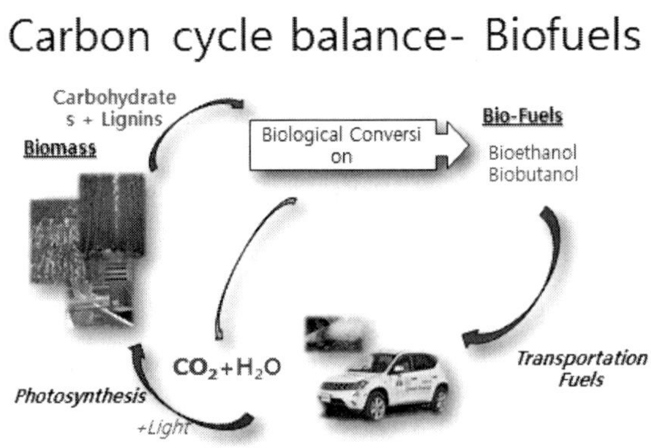

그림 13.10 바이오연료에 의한 탄소순환의 개념 [3]

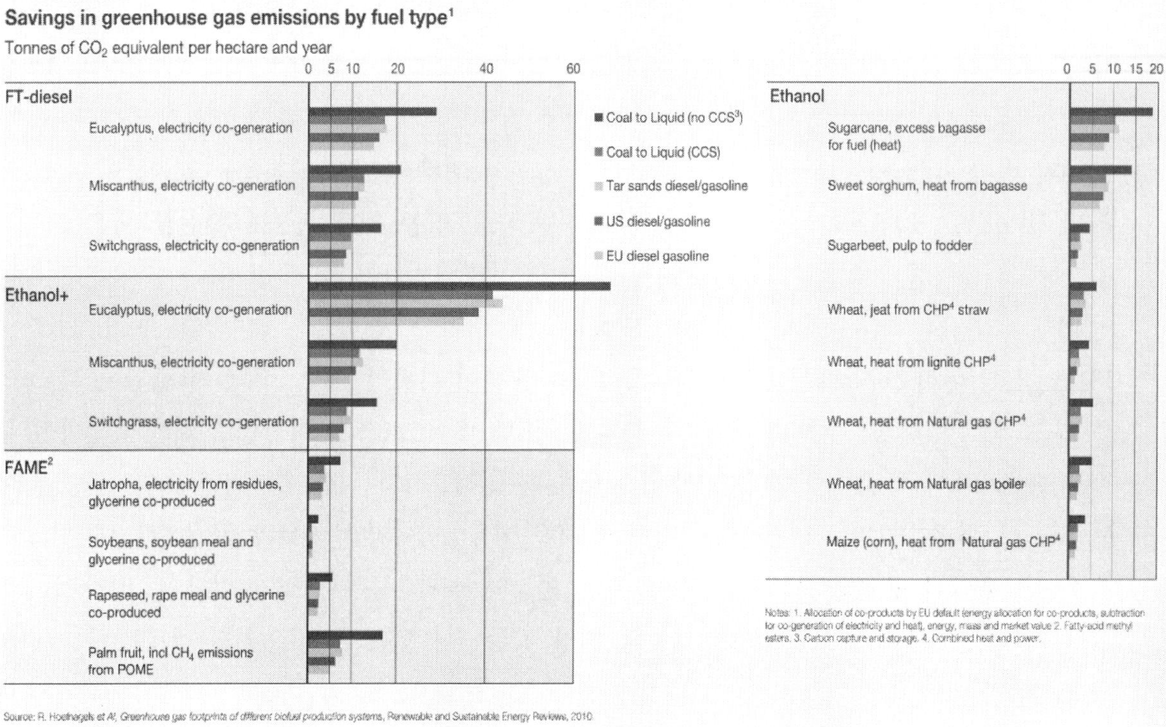

그림 13.11 바이오연료형태에 온실효과 가스배출량의 절감량 [11]

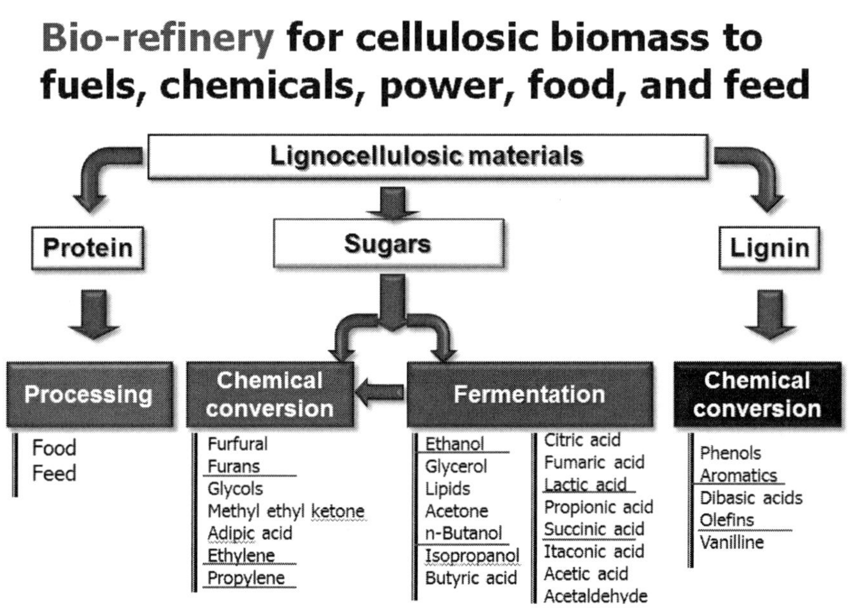

그림 13.12 셀롤로우즈 바이오매스에 의한 바이오가공공정 [3]

바이오매스를 에너지원으로 이용하는 방법에도 여러 가지가 있다. 바이오매스의 직접연소는 바이오매스의 용도중에서 가장 저위의 것이다. 그러나 오늘날세계 연간 에너지공급량의 1/6은 바이오매스로부터 이며 벌채된 수목의 약 절반이 요리용과 난방용으로 이용되고 있는 것도 사실이다. 바이오매스에서 온 유기물을 연료화할 경우의 변환 방법과 생성물을 정리하여 보면 다음과 같다. 바이오매스의 종류로는 미생물에서 동식물, 각종 인간 활동의 부산물 혹은 쓰레기 등 매우 다양하다. 바이오매스는 다양한 처리 및 바이오리파이너리(Biorefinery: 석유 정제와 비교되는 개념)을 거쳐 에너지는 물론 산업 전반의 유용한 제품으로 탈바꿈할 수 있다, 그림 13.13 참조. 바이오매스에서 유래한 제품들은 그 수명이 다하면 다시 지구상의 물질 순환 고리를 타고 새로운 탄생을 준비하게 된다. 이렇게 볼 때 바이오매스가 화석연료 기반의 일방적 물질 순환체계에서 발생하는 에너지, 환경 등의 문제를 해소하기 위한 효과적인 대안이라는 데에는 의문의 여지가 없다. 고형연료는 가장 오래된 이용방법이지만 연료의 균질성과 에너지밀도가 높고, 취급이 용이하다는 점 등에서 보면 연료의 유체화쪽이 이점이 많다. 그러기 위해서 여러 가지의 전환기술이 개발되어 있는데 가장 보급되어 있는 것이 알콜화(액체화)와 메탄의 생성(가스화)이다.

한편, 유럽을 중심으로 지속적인 성장을 해 온 바이오디젤은 2005년만 해도 전년대비 60% 이상의 높은 성장을 기록하였다. 유럽의 경우 2004년 190만톤을 약간 상회하던 것이 2005년에는 320만톤에 육박하였다. 이 중 50% 이상을 차지하는 독일의 바이오디젤 소비량은 2004년 100만톤 가량에서 2005년은 이보다 50% 이상 증가한 것으로 나타났다. 바이오디젤에 미온적이던 미국의 경우, 생산량이 2001년 500만갤런(1만 6,000 톤)에서 2005년 7,500만갤런으로 급증하는 등 적극적인 모습이다. 생산능력도 올해 3억 9,500만갤런에서, 2007년에는 2배 가량 증가한 7억 1,300만 갤런 규모(232만 톤)에 이를 전망이다. 정부의 정책적 지원과 기업들의 생산 및 인프라 참여가 증가하면서 바이오디젤 시장은 향후에도 견조한 성장세를 지속하리라는 예측이다.

현재 바이오매스의 원료 조달에서 가공, 다양한 용도로의 제품 개발 및 생산에 이르기까지 다양한 상업화 기회가 움트고 있다. 특히 Biorefinery를 통해 만들어질 수 있는 제품군 중 향후 가장 주목을 끌 만한 분야가 수소를 비롯한 기초 화학 원료를 생산하는 것이다. 그러나 여기에는 관련 인프라의 구축과 기술적 난제들이 산적해 있어 현실화에는 상당 기간이 소요될 전망이다. 일부 전문가들은 지금의 제반 여건을 고려할 때 적어도 25년 이상은 되어야 실질적인 변화가 나타날 수 있으리라고 본다. 또한 바이오리파이너리관련 기술로 가격 경쟁력을 확보하려는 움직임 또한 활발하다. 대표적인 것이 효소를 활용한 기술이다. 캐나다의 Iogen은 셀룰로오스 분해 효소를 기반으로 하는 대표적인 생명과학 기술 기업이다. Iogen은 지구상에 가장 풍부한 바이오매스라 할 수 있는 셀룰로오스를 고효율로 분해할 수 있는 효소를 만들어내는 곰팡이균을 개발하였다. 볏짚이나 밀짚과 곰팡이균을 혼합, 발효하여 셀룰로오스를 분해, 에탄올을 생산할 수 있다. Iogen은 내년 첫 상업용 플랜트를 가동할 예정이다. 효소 전문 기업인 Novozymes은 다양한 전분의 원료에 따라 최적의 효소를 개발하고 있는데, 이미 2005년에는 기존의 5달러에 이르던 에탄올 갤런당 효소비용을 10~18 센트까지 낮출 수 있는 옥수수 전분 분해 효소 시스템을 개발하였다고 한다. 올 들어서는 곡식의 전분에서 여러 단계의 공정을 거치지 않고 곧바로 에탄올을 만들어낼 수 있는 효소 시스템을 개발하는 등 바이오연료 관련 효소시장의 주도권을 빼앗기지 않으려 하고 있다.

바이오매스 상업화는 원료의 확보에서 제품의 응용에 이르기까지 광범위한 영역에 걸쳐 이루어지고 있다. 바이오매스 상업화는 지역경제 활성화 및 환경개선, 에너지 문제 완화 등을 해결할 수 있는 사업으로 그 가치를 인정받고 있다. 게다가 중앙 집중형이 아닌 지역 분산형의 특성을 지니고 있기 때문에 정부나 자치 단체, 지역 커뮤니티 등과의 긴밀한 협력 관계가 요구된다. 미국의 옥수수 기반 에탄올 산업은 Archer Daniels Midland나 Verasun과 같은 소수 대형 기업을 제외하고는 각 지역에 산재된 수많은 협동조합을 통해 원료의 수집과 가공, 생산이 이루어지고 있다. 바이오디젤의 선두인 독일은 1990년대 초반부터 독일 택시 연합과 공동으로 정책적인 연료 보급 운동을 벌였다. 동시에 아우디, 메르세데스-벤츠, 볼보, 폴크스바겐 등 주요 자동차 메이커들이 바이오디젤의 연료 사용 인증에 앞장섰으며, 인프라 구축도 활발해졌다. 현재는 1,800개 이상의 충전소에서 바이오디젤을 공급받을 수 있게 되었다 [12].

13.2.2 바이오에너지의 기술[18)]

바이오에너지 이용기술이란 바이오매스(Biomass, 유기성 생물체를 총칭)를 직접 또는 생·화학적, 물리적 변환과정을 통해 액체, 가스, 고체연료나 전기·열에너지 형태로 이용하는 화학, 생물, 연소공학 등의 기술을 의미한다. 바이오에너지기술은 표 13.2에서 보는 바와 같이, 바이

18)본 13.2.2절의 대부분의 내용(pp. 503~511)이 다음 참고문헌에서 인용되었음을 밝힙니다. 인용된 문헌:"2010 신재생에너지 백서 Scene 04 바이오", 이진석, p. 418~425, 한국에너지기술연구원, [13].

오액체연료생산기술, 바이오매스가스화기술, 바이오매스 생산, 가공기술로 크게 분류할 수 있다. 바이오액체연료생산기술의 세부내용을 분석하면 다음과 같다. 크게 바이오에탄올(알코올), 바이오디젤, 기타 바이오에너지 등 3개로 분류되고 있다. 이들은 모두 차세대 재생가능 청정연료로 각광을 받고 있으며 생산균주, 발효공정, 정제공정 등 이 중요한 생산 관련 기술이라는 점에서 모두 유사하다. 바이오알코올 생산기술은 3개 관련기술(바이오에탄올 생산공정기술, 바이오부탄올 생산공정기술, C_5이상 바이오알코올 생산공정기술)로 분류되어 있다. 현재 바이오부탄올은 바이오에탄올을 대신하여 휘발유 첨가연료로 각광을 받고 있으며 많은 정유회사들이 이 기술의 개발에 관심을 가지고 있다. 또한 디젤 및 항공유 등에 첨가할 수 있는 탄소수가 많은 바이오알코올은 차세대 연료물질로 주목받고 있다. 하지만 극복해야할 과제로는 알코올이 갖는 균주에 대한 독성과 원료물질에 대한 낮은 수율 및 분리·정제의 어려움이 있다.

바이오디젤 생산기술은 3개 관련기술(바이오디젤 생산공정개발기술, 부산물 글리세롤 전환기술, 바이오디젤생산 미생물 개발기술)로 분류되어 있다. 바이오디젤은 이미 상용화되어 석유유래 디젤과 혼합되어 사용되고 있으며 유채, 팜, 자트로파 등과 같은 식물유에서 생산되고 있다. 대부분 전통적인 산, 염기 촉매를 사용하여 생산되는데 이 경우 중화 및 정제 과정에 많은 양의 물이 사용된다는 단점이 있음. 또한 글리세롤은 바이오디젤 생산 시 중량비로 약 10%가 생산되는데 이를 적절히 처리하지 못하면 다량의 폐기물로 남게 된다. 현재 바이오디젤 생산에 따른 저품위 글리세롤을 고부가가치 화학제품으로 전환시키기 위한 연구가 활발히 진행되고 있다. 이와 함께 미생물 발효를 통한 바이오디젤을 직접 생산하는 기술개발을 통하여 상기에서 언급한 폐기물 및 부산물 생산에 대한 문제를 극복하고자 하는 시도가 일부 선진국에서 진행되고 있다.

기타 바이오에너지 생산 기술은 5개의 관련기술(바이오수소 생산공정 기술, 바이오연료전지 기술, BTL 생산공정 기술, 바이오 합성가스 생산공정 기술, 바이오하이드로카본 생산공정 기술)로 분류되어 있다. 바이오수소는 휘발유나 디젤유를 대체하는 가장 유망한 수송용 연료로 기대되며 연료전지와 결합하여 사용할 경우 수소가 는 청정성뿐 아니라 연소에 따른 효율도 매우 높다고 알려져 있다. 바이오연료전지 기술은 효소나 미생물 등을 전극촉매로 사용하여 바이오매스가 가지고 있는 화학에너지를 연소과정을 거치지 않고 전기에너지로 변환시키는 기술로 연료전지의 상용화에 큰 도움이 될 것으로 기대된다. 비록 바이오수소 생산 및 연료전지 기술은 환경친화적이고 수소 경제시대를 대비한다는 메가트렌드와 잘 부합되지만 상업화를 위하여 극복해야할 기술적인 문제가 많이 존재한다. 따라서 보다 최근에는 기술 장벽이 상대적으로 낮은 BTL과 합성가스 생산공정 기술개발에 기업들이 관심을 나타내며, 미래 기술로 휘발유와 동일한 바이오하이드로카본 생산공정 기술에 주목하고 있다.

표 13.2 바이오에너지 기술의 분류

대분류		중분류	내 용
열전기 생산 기술	고형화 및 열분해	직접연소(고형화) 기술	목재, 땔감, 펠릿, 왕겨탄, 우드칩
		열분해 기술	가스 연료(CO, CH_4, H_2 등)생산기술
	바이오매스 가스화기술	혐기 소화에 의한 메탄가스화 기술	유기성 폐수의 메탄가스화 기술 및 매립지 가스 이용 기술
		바이오매스 가스화기술(열적전환)	바이오매스 열분해, 가스화, 가스화발전 기술
		바이오 수소 생산기술	생물학적 바이오 수소 생산기술
수송용 연료생산기술	바이오 액체 연료 생산 기술	연료용 바이오에탄올 생산기술	당질계, 전분질계, 목질계
		바이오디젤 생산기술	바이오디젤 전환 및 엔진적용기술
		바이오매스 액화기술 (열적전환)	바이오매스 액화, 연소, 엔진이용기술
생산,가공기술	바이오 생산, 가공 기술	에너지 작물 기술	에너지 작물 재배, 육종, 수집, 운반, 가공 기술
		생물학적 CO_2 고정화 기술	바이오매스 재배, 산림녹화, 미세조류 배양기술
		바이오 고형연료 생산,이용기술	바이오 고형연료 생산 및 이용기술 (왕겨탄, 우드칩 등)

고체의 바이오매스를 전기 생성을 위한 주요 연료로 사용하는 세 가지 기본 열화학적 변환 기술인 (1)직접 연소, (2) 열분해, (3) 메탄가스화 등이 있다. 더해서, (4) 혐기성 생물분해에 의한 메탄을 생성하기 위한 액체 바이오매스(하수슬러지)의 사용은 크게 증가하고 있다, 그림 3.2 참조. 고체 바이오매스를 사용한 전기 생산은 여전히 발전 사업이고, 결과적으로 가격측면에서 어떤 종류의 정책적인 국고나 정치적인 지원 없이 화석연료로 전기를 생산하는 것에 비해 경쟁적이지 못하다. 정책적인 지원으로 최근의 영국에서 석탄연소와 결합한 바이오매스는 상품적으로 매우 매력적이다. 장기적으로 바이오매스 발전은 갈수록 경쟁력이 있을 것이다. 가장 큰 잠재력은 고속 스팀엔진이나 가스화나 열분해를 사용하는 작은 규모의 분산발전이다. 단기적으로 100에서 500kWe의 농장이나 지역 경제에 사용되는 작은 규모 공장은 최고의 잠재력을 가진다. 중기적으로 전기에 대한 증가한 수요가 전력계통의 불안전과 초과부하를 일으킬 수 있다. 그때 바이오매스공장이 매력적인 대안이 될 수 있을 것이다.

■ 열 또는 전기 생산기술

(1) 직접연소 기술

과거 우리나라에서는 신탄 또는 왕겨탄 등 고형 바이오연료가 가정, 식당 등 개별 소비처에서 주로 활용된 바 있다. 이러한 고형 바이오연료는 과거에는 생산된 목재를 하지만 임산 자원이 풍부한 북구의 여러 국가들(예: 핀란드, 스웨덴 등)에서는 조림에 의해 생산된 목재를 장작으로 활용하였으나 보일러 기술이 발전함에 따라 고형 바이오연료도 칩(chip)에서 펠렛 또는 성형탄의 형태로 가공하여 보일러 연료로 활용하는 방향으로 기술개발이 이루어지고 있다, 그림 3.2 참조. 생산된 고형 바이오연료는 CO_2 감축과 고유가가 중요 관심사가 됨에 따라 우리나라에서는 가정 및 화훼 농가 등을 중심으로 보일러 연료로 활용이 점차 활성화되고 있다. 또한 미국, 독일 등 여러 선진국에서는 미활용 임산 폐기물뿐만 아니라 도시에서 배출되는 폐목재 등을 펠렛화하여 석탄 화력 발전소에서 석탄과 함께 사용하는 혼소 기술도 개발하여 적용하고 있다.

(2) 열분해기술

고형 연료로 만들어 연소하여 열을 생산하는 방법은 상대적으로 적용이 용이하지만 생산된 에너지의 형태가 부가가치가 가장 낮은 형태이어서 보다 유용한 형태의 에너지로 활용하려는 시도도 이루어졌다. 이러한 시도의 대표적인 예로는 고형 연료를 공기(산소)가 희박한 조건에서 열분해, 가스화하여 가스 연료(CO, CH_4, H_2 등)를 생산하는 기술이다. 생산된 가스는 열과 전기를 동시에 생산하는 열병합 발전에 사용되거나 응축하여 액상 연료로도 사용 가능하다. 열병합 발전 기술의 경우 상용화되었으나 액상 연료로 활용하는 기술은 현재 파일롯 연구를 완료하고 실용화 시작 단계에 있다.

(3) 메탄가스화

유기성 폐기물은 공기가 없는 혐기조건에서 미생물에 의해 분해되어 메탄이 주성분인 바이오가스를 생성한다. 이러한 혐기소화 공정은 에너지를 생산 할 수 있을 뿐만 아니라유기성 폐기물의 감량화 효과가 높아 우리나라와 같이 폐기물 처리 부지의 확보가 어려운 지역에서 특히 유용한 기술이다. 유기성 폐기물의 혐기소화 공정은 불순물 제거를 위한 전처리, 사전 조정 단계(조정조), 메탄으로 전환되는 소화조 등 3단계로 구성된다. 이후바이오가스는 열 또는 전기

생산 에너지로 활용된다. 메탄을 생산하고 남은 잔류물은 퇴비로 활용되거나 매립, 소각 처리된다, 그림 13.13 참조. 최근에는 EU에서 바이오가스를 고순도로 정제하여 도시가스 대체연료 또는 CNG 차량 용 연료로 활용하여 연료 가치를 보다 높이려는 시도도 이루어지고 있다.

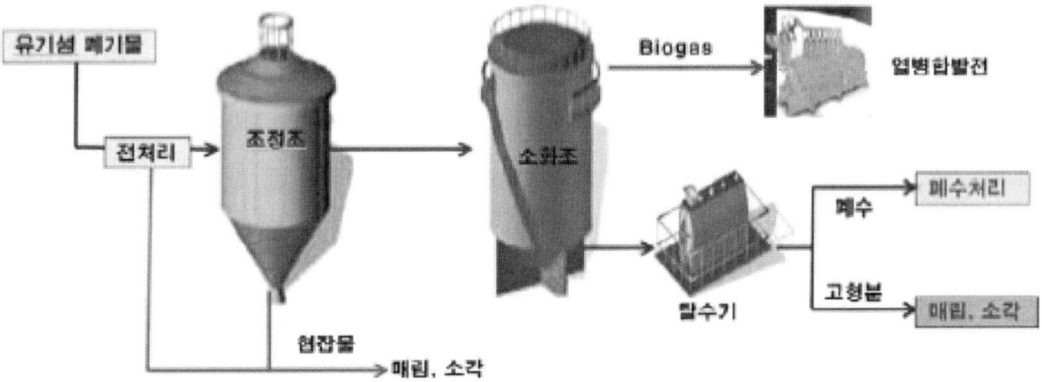

그림 13.13 유기성 폐기물의 바이오가스 전환 공정도 [13]

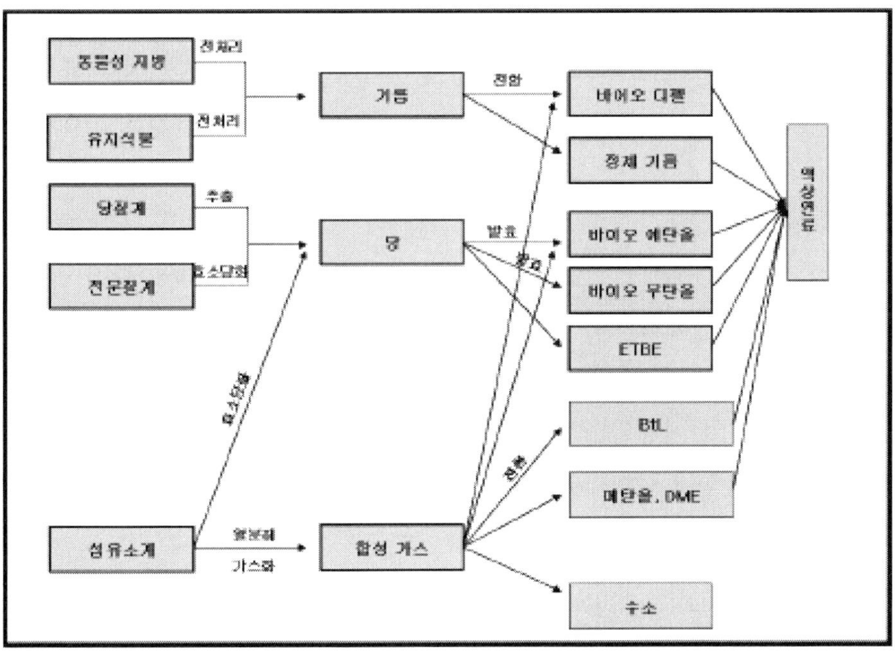

그림 13.14 수송용 바이오연료의 기술 계통도 [13]

■ 수송용 연료 생산 기술

다른 신재생에너지원이 갖지 못하는 바이오에너지의 고유 특성이 바로 수송용 연료로 전환 가능하다는 점이다. 즉 바이오매스로부터 만들어지는 바이오연료는 현재 차량에서 연료로 사용이 가능하며 실제 바이오에탄올, 바이오디젤과 ETBE 등이 이미 보급중이다, 그림 13.14 참조.

(1) 바이오알콜

휘발유와 혼합 또는 대체 사용 가능한 연료인 바이오알콜에는 바이오에탄올과 바이오부탄올 등이 있으며 당을 포함하는 바이오매스로부터 생산 가능하다. 현재 사용되는 바이오알콜연료는 바이오에탄올이 유일하다. 브라질, 미국 등에서는 자국의 풍부한 바이오매스인 사탕수수 또는 옥수수 등의 당질계 또는 전분질계 원료로부터 바이오에탄올을 생산하는 기술을 개발하였다. 그림 13.15에 나타낸 바와 같이 당의 직접 추출이 가능한 사탕수수, 사탕무 등의 원료는 직접 당액을 추출하여 바로 효모를 이용하여 에탄올로 전환한 후 무수에탄올로 농축하면 된다. 하지만 옥수수, 쌀 등의 전분질계 원료는 1차 증자 및 당화를 통해 전분질을 먼저 당으로 변환한 후 당질계 원료와 동일한 과정을 거쳐 연료용 에탄올을 생산하게 된다.

목질계 원료로부터 에탄올 생산 공정은 전분질계 에탄올 생산에 목질계 원료중 당으로 전환 가능한 부분을 선택적으로 분리하는 전처리 과정이 추가된다는 점이 다르다. 즉 목질계 바이오매스는 앞에 언급한 당질계, 전분질계 바이오매스에 비해 매우 견고한 구조를 가지고 있어 이를 분해하여 에탄올을 생산하기 위해서는 여러 단계의 공정을 거쳐야 한다. 목질계 바이오매스로부터 에탄올 생산 과정을 간략히 설명하면 그림 13.15에 나타낸 바와 같이 목질계 바이오매스로부터 당의 고분자인 셀룰로스와 헤미셀룰로스를 먼저 분리하고 효소에 의해 당으로 분해한 다음 앞에 기술한대로 효모에 의해 에탄올을 만들게 된다. 부탄올은 에탄올 생산 기술과 공정 구성은 비슷하지만 공정에 사용되는 생물 촉매가 다르다는 차이점이 있다. 또한 바이오부탄올은 생물 촉매에 대한 독성이 높아 공정의 부탄올 생산성과 최종 생성 농도가 매우 낮아 상용화에 어려움을 겪고 있다.

(2) 경유 대체 바이오연료

경유 대체 친 환경연료로 주목받고 있는 바이오디젤도 기름을 포함한 유지계 바이오매스로부터 생산 가능하다. 바이오디젤은 경유와 달리 약 10%의 산소를 포함하고 있는 함산소 연료로서 연소시 바이오디젤에 포함된 산소로 인해 보다 완전 연소가 일어나 경유에 비해 대기 오염 물질이 40~60% 이상 적게 배출된다. 또한 바이오디젤 사용에 따른 전주기 분석(Life cycle analysis, LCA)에 의하면 바이오디젤 1kg 사용 시 경유에 비해 2.2kg의 이산화탄소 배출 절감 효과가 있는 것으로 밝혀졌다.

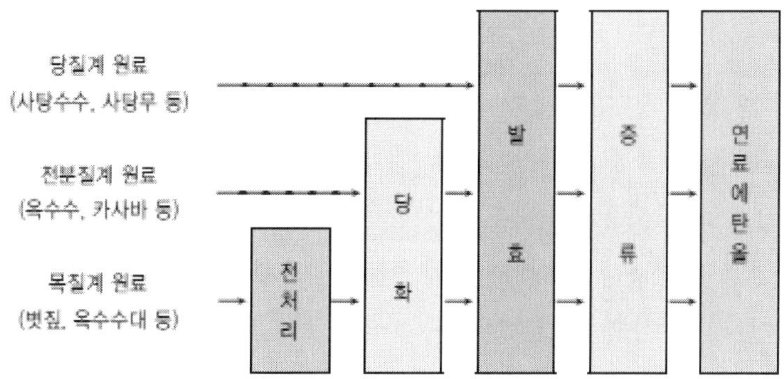

그림 13.15 원료별 바이오에탄올 생산 기술 [13]

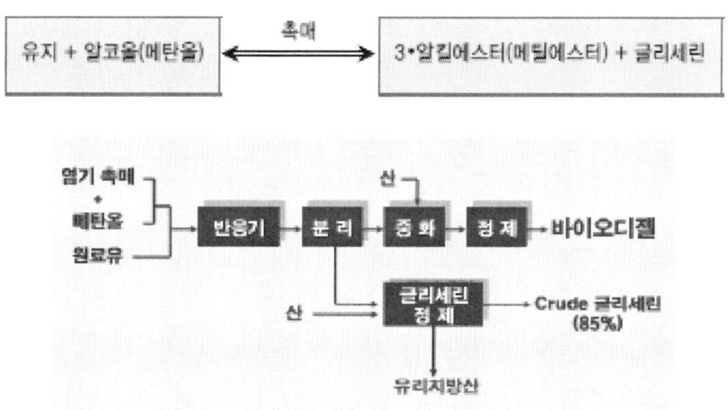

그림 13.16 바이오디젤생산 반응 개략도(상)와 바이오디젤생산반응(하) [13]

동, 식물성 기름을 알콜과 촉매를 넣고 반응시키면 바이오디젤이 만들어진다. 즉 식물성기름은 차량 연료로 사용하기에 충분한 열량을 가지고 있지만 고분자 물질이어서 점도가 너무 높아 차량의 디젤 엔진에 직접 적용이 어렵다는 문제점이 있다. 따라서 화학반응에 의해 식물성 기름을 분해하여 저분자화함으로써 점도를 디젤유와 비슷한 수준으로 낮출수 있다. 즉, 그림 13.16(상)에 나타낸 바와 같이 유지(동 · 식물성 기름)를 촉매를 넣고 알코올과 반응시키면 세 분자의 알킬에스터와 글리세린으로 분해된다. 반응에 의해 생산된 알킬에스터를 바이오디젤이라고 한다. 모든 종류의 알코올이 사용 가능하지만 가장 가격이 저렴한 메탄올을 주로 사용하고 따라서 생산된 알킬에스터도 메틸에스터라고 한다. 반응에 의해 생산된 바이오디젤은 글리세린 분리와 정제 과정을 거친 후 정유사 또는 주유소에 보내져 경유와 혼합 연료 또는 순수 바이오디젤을 차량연료로 사용한다, 그림 13.16(하) 참조. 바이오디젤은 경유와 물성이 다소 달라 함량이 높을 경우에는 차량에 문제를 일으킬 수 있으므로 현재 디젤 차량 제작사들은 5% 이하 바이오디젤이 혼합된 경유를 사용하는 경유에 대해서만 차량 고장시 A/S 보증을 제공한다. 촉매도 마찬가지로 산 또는 염기 촉매가 사용 가능하지만 반응 활성이 우수한 염기 촉매를 주로 사용하고 있다. 에탄올의 경우와 마찬가지로 현재 바이오디젤 생산에 원료로 사용되는 유채, 대두 기름 등은 식용으로도 사용된다. 따라서 바이오디젤의 보급이 전 세계적으로 활성화될 경우 원료의 가격 상승과 수급 불안 문제가 있다. 이러한 문제를 해결하기 위해 식용으로 사용이 어려운 원료를 활용하려는 기술 개발 연구가 진행되고 있다. 이러한 원료의 대표적인 예로서는 폐식용유와 독성이 있어 식용으로 사용이 불가능한 유지 식물의 기름(예: 자트로파 유) 등이 있다. 폐식용유는 현재 상용공정에서 원료로 사용하는 깨끗한 식물성 기름과는 달리 많은 불순물이 있어 여러 단계의 전처리 기술이 필요하다. 이러한 폐식용유를 원료로 바이오디젤을 생산하는 기술은 오스트리아에서 세계 최초로 상용화하였으며 이후 우리나라를 포함한 여러 나라에서 실제 사용하고 있다.

원료로 사용된 식물성 기름에 따라 생산된 바이오디젤의 물성이 달라지므로 바이오디젤의 물성 향상에 대한 기술 개발 및 연료 품질 기준의 제정이 필요하다. EU와 미국은 차량 업체와 공동 작업을 통해 각국의 실정에 맞는 바이오디젤의 품질 기준을 확립한바 있다. 국내에서도 바이오디젤 혼합연료(BD5, BD20)의 차량 장기 주행성능에 대한 실증 연구를 수행하였으며 이 결과를 토대로 국내 바이오디젤 품질기준을 마련하였다. 현재 사용되는 바이오디젤은 식물성 기름을 원료로 사용하므로 경유 대체 바이오연료의 수요가 증가하면 원료 수급 불안정성 문제가 발생할 수 있다. 따라서 이러한 원료 수급 안정성 문제를 해결하기 위해 목질계 원료로부터 경유 대체연료를 생산하는 기술 개발이 이루어지고 있다. 동 기술에서는 목질계 바이오매스를 열분해 가스화하여 합성 가스를 생산한 후 정제하여 화학촉매를 사용하여 경유 대체연료로 합성하는 기술이다. 아래 그림에 나타낸바와 같이 목질계 원료는 열분해에 의해 합성 가스로 전환 및 정제 과정을 거친 후 F/T 촉매에 의해 경유 대체연료인 F/T 디젤유로 전환된다, 그림 13.17 참조.

그림 13.17 열역학적 전환(F/T 반응)에 의한 수송용 연료생산반응 공정도 [13]

(3) 해양 바이오연료

최근 해양 바이오매스를 활용하여 바이오연료를 생산하는 기술 개발이 활발하게 진행되고 있다. 이러한 해양 바이오연료 기술은 크게 식물성 플랑크톤인 미세조류를 활용하는 기술과 홍조류, 다시마 등의 해조류를 활용하는 기술로 분류 가능하다. 이러한 해양 바이오매스로부터는 앞에 언급한 바이오알코올과 경유 대체연료의 생산이 가능하다, 그림 13.18 참조.

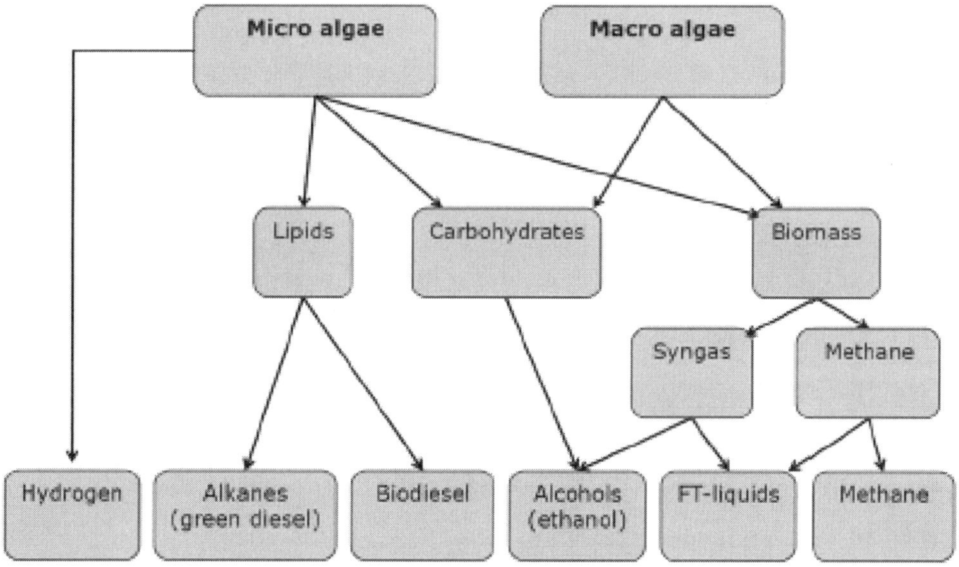

그림 13.18 해양 바이오연료 기술체계도 [13]

13.2.3 목재칩 (Wood Chip)

바이오매스는 산업화된 나라들에게 점점 덜 중요해지고 있고 선진 개발 국가에서는 에너지의 3%미만이다. 반대로 개발도상국들은 에너지의 30%이상을 나무와 다른 자연 바이오매스에 높게 의존하고 있다. 물론 늘어나는 인구로 이 공급은 지속적일 수 없다. 역설적으로 산업화된

나라들이 바이오매스의 사용이 필요하게 되고 있고 미 발달된 지역은 이 자원의 사용량을 제한하고 있다. 바이오에너지는 현재 캐나다 전력수요의 약 3%를 공급하며, 이는 재생가능 에너지원으로는 수력 다음으로, 두 번째이며, 풍력, 태양열, 조력 발전 등 타 에너지원에 비해 비중이 높다. 바이오에너지는 주로 바이오매스를 통해 생산 가능하며 바이오매스를 바이오에너지로 전환하는 과정에서 탄소가 발생하지 않기 때문에 클린에너지로 각광 받고 있다. 특히, 캐나다에서의 바이오매스는 목재부산물, 산불이나 해충으로 다른 용도로 사용가치가 없는 나무, 농산물 수확 과정에서 발생하는 부산물, 축사 부산물 등 다양하나 그 중 우드펠릿이라고 하는 목재부산물이 풍부하며 활용도가 가장 높다. 캐나다내 온실가스배출의 약 13%는 석탄연소에 의해 발생하며, 석탄연소와 비교해 탄소배출이 없는 바이오매스 즉 목재부산물이 유망한 에너지원으로 부각되고 있다. 현재 브리티시 콜롬비아(British Columbia) 주에는 우드펠릿 제조사 11개가 있으며, 2010년 우드펠릿 생산량은 약 110만톤이었다.

기존 공정으로 생산되던 백색펠릿은 방수가 되지 않기 때문에 화물 보호를 위한 화물 커버 사용이 불가피하다. 이러한 점에서 탄화펠릿(Torrefied Pellet)은 흡습성이 낮아 상대적 경쟁우위를 지니고 있으며, 백색펠릿에 비해 더 쉽게 석탄과 함께 연소되기 때문에 석탄생산단가 절감을 위한 추가 전력원으로 사용될 수 있다, 그림 13.13 참조. 탄화펠릿은 기존 우드(백색)펠릿에 비해 22~24%가량 높은 에너지 밀도를 지니기 때문에 수송 및 저장비용 절감효과를 얻을 것으로 기대된다. 연소, 건조, 가스화공정를 비롯한 반응기상용기술을 포함한 탄화펠릿공정과 관련된 혁신적인 기술 예를 들면, US의 CNFBiofuel의 열유체공정, ECN의 Torwash 공정에서 세척과 관련된 탄화펠릿공정을 도입할 수 있다. 반응기 기술도 중요하지만, 탄화펠릿의 성능은 열집적 디자인 (Heat Integration Design)에 따라 좌우된다. 여기에서 가장 중요한 기본적인 개념은 3가지 열집적 디자인이다, 그림 13.14 참조 [14].

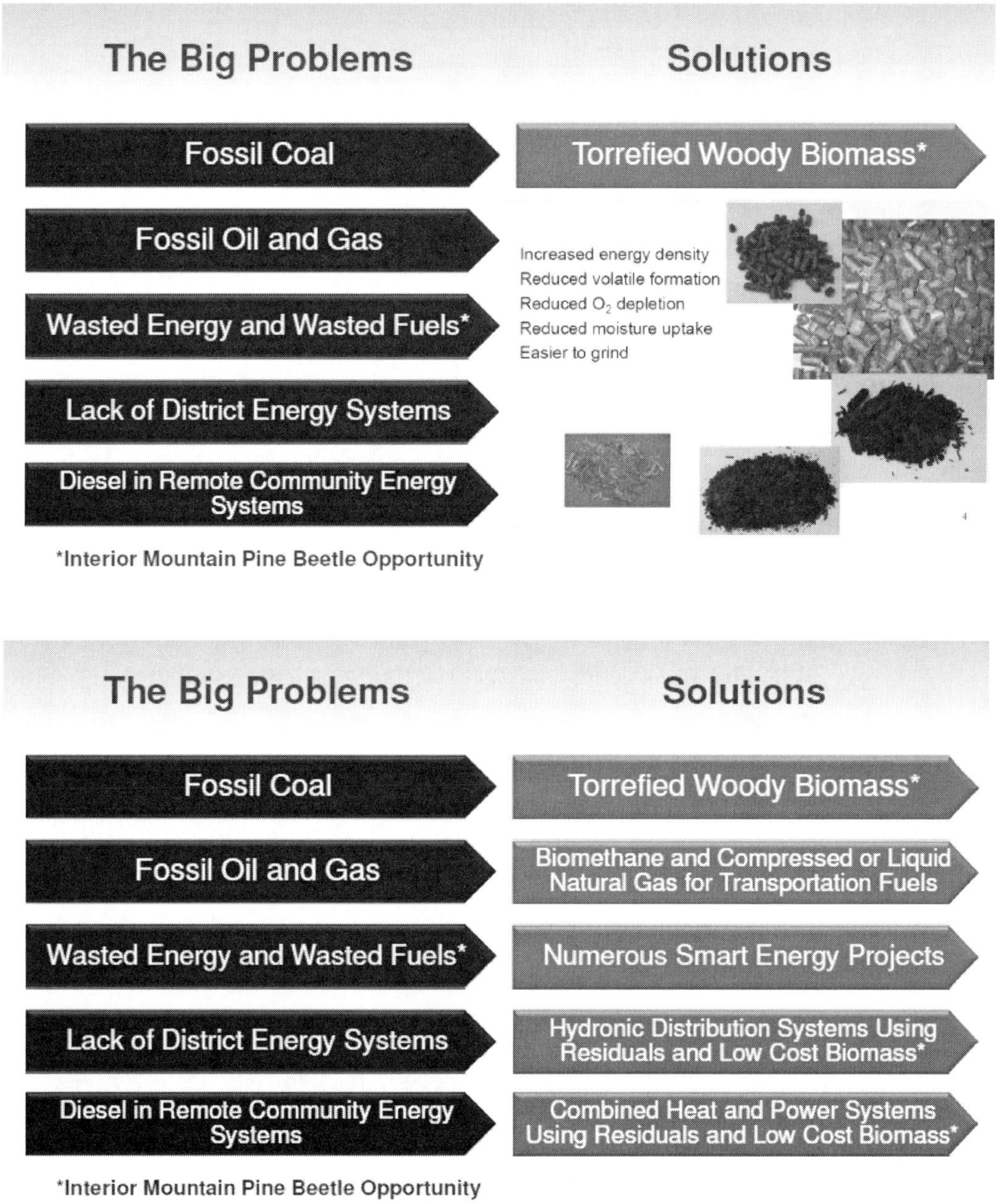

그림 13.13 캐나다 브리티시 콜롬비아주의 바이오에너지 계획 (자료원: private communication)

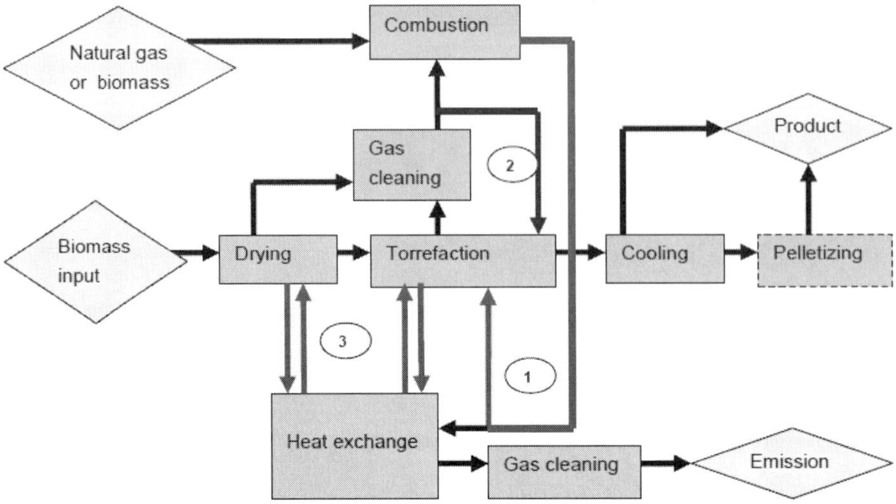

그림 13.14 Torrefaction의 heat design [14]

탄화펠릿기술은 캐나다, 스웨덴, 네덜란드 등에서 활발히 연구됐으며 친환경적인 기술분야로서 신성장동력으로 활황 전망이 예상된다. 탄화펠릿 생산기업인 Global Bio-Coal Energy사는 최근 Terrace 지역의 탄화펠릿 생산설비에 2200만 달러를 투자계획이다. 이번 설비투자를 통해 2012년 중순 완공시 세계 최초의 Bio-Coal 생산시설을 보유하게 되며, 향후 3년내 30개 이상의 공장 신축을 계획하고 있다. 생산시설 완공시 시간당 약 25톤의 탄화펠릿 생산이 가능할 것이며, 이는 연간 12만 톤에 해당하는 수치이다. 탄화펠릿생산을 위해서는 연간 50만m^3의 섬유(fiber)가 필요하다. 목재폐기물을 펠릿형태로 압축해 석탄기능을 대체하는 제품으로 전환이 가능해질 것이며, 이를 석탄연소를 통해 전력을 생산하는 국가에 공급하는 것이 가능할 것으로 전망된다. 현재 캐나다 브리티시컬럼비아주의 우드펠릿 생산업체는 총 5개사로 9개의 생산설비를 보유하며 연간 11억 톤의 펠릿을 생산함(캐나다 전체 연간 생산량은 15억 톤). 주요 수요처는 기존 석탄에 의존했지만 탄소절감비율(량)을 할당받은 유럽 화력발전소 중심이 될 것이다. 캐나다내 화력발전소는 2015년까지 석탄의존비율을 100%에서 40%까지 낮춰야 하기 때문에 효율면에서 기존 우드펠릿에 비해 상대적으로 나은 탄화펠렛 시장성장 가능성은 클 것으로 전망된다. 국가별로 시행하거나 계획중인 신재생에너지 의무할당제도, 발전차액제도 등 지원책이 주요한 요인으로 작용할 것이다. 표 13.3은 세계 탄화펠릿의 공정개발현황을 나타내고 있다 [14].

표 13.3 세계 탄화펠릿 공정개발의 현황 [14]

European torrefaction developers					
Developer	Technology	Supplier	Location(s)	Production capacity (t/a)	Starting operation
Topell Energy B.V. (NL)	Torbed	Torftech Inc (UK)	Duiven (NL)	60,000	Q4 2010
Stramproy Green Investment B.V. (NL)	Oscillating belt conveyor	Stramproy Green Technology (NL)	Steenwijk (NL),	45,000	Q3 2010
4Energy Invest (BE)	Unknown	Stramproy Green Technology (NL)	Amel (BE)	38,000	Q4 2010
Torr-Coal B.V. (NL)	Rotary Drum	Unknown	Dilsen-Stokkem (BE)	35,000	Q3 2010
Thermya (FR)	Moving bed	Lantec group (SP)	San Sebastian (SP)	20,000	2011
ECN (NL), Vattenfall (SWE))	Moving bed	Unknown	Unknown	Unknown	Unknown
FoxCoal B.V. (NL)	Screw conveyor	Unknown	Winschoten (NL)	35,000	2012
BioLake B.V. (NL)	Screw conveyor	Unknown	Eastern Europe	5,000 – 10,000	Q4 2010
EBES AG (AT)	Rotary drum	Andritz (AT)	Frohnleiten (AU)	10,000	2011
Atmosclear SA (CH)	Rotary drum	CDS (UK)	Latvia, New Zealand, US	50,000	Q4 2010
Bio Energy Development North AB (SWE)	Rotary drum	Unknown	Ö-vik (SWE)	25,000 – 30,000	2011 / 2012
Rotawave, Ltd. (UK)	Micro wave reactor	Group's Vikoma	Terrace, British Columbia (CA)	110,000	Q4 2011

13.2.4 조류 바이오연료[19)]

차세대 원료개발로 관심을 끄는 연료는 목질섬유소나 바이오폐기물을 이용한 2세대 바이오연료이다. 하지만 2세대 바이오연료는 식물을 둘러싼 단단한 셀룰로오스를 분해하는 과정을 거침에 따라 수율이 굉장히 낮아지고, 폐목재 등을 채집하는 데 드는 비용이 높아 상용화에 어려움을 겪고 있다. 따라서, 가장 최근에 나온 대안이 해조류나 미세조류로부터 기름을 뽑아내는 3세대 조류 바이오연료이다, 그림 13.14 참조. 3세대 바이오매스인 조류는 다양한 활용가치와 장점을 가지고 있어 석유를 대체할 수 있는 유력한 에너지 원료로 관심을 받고 있다. 거대조류인 김, 다시마 등은 셀룰로오스 성분을 많이 함유하고 있어 바이오에탄올로 전환이 용이하며, 2세대 목질계 바이오매스와 달리 리그닌 성분이 없어 전처리 공정이 필요 없다는 장점이 있다.

19)본 13.2.4절의 대부분의 내용(pp. 515~522)이 다음 참고문헌에서 인용되었음을 밝힙니다. 인용된 문헌:"기지개켜는 조류 바이오연료시장", 정유진, LG Business Insight 2010. 6.9 [15].

한편 미세조류는 생장속도가 빠르고 지질성분을 다량 함유하고 있어 바이오디젤을 생산할 수 있는 자원으로 평가받고 있다. 특히 미세조류는 식물보다 태양에너지이용 효율이 약 25배, 이산화탄소 고정능력도 15배 가량 높다. 또한 생장속도가 빨라 식물에 비하여 5-10배의 바이오매스생산성이 높고, 배양조건에 따라 지질을 체내에 최대 70%까지 축적이 가능하다. 따라서 미세조류를 이용한 단위면적당 지질 생산량은 식물에 비하여 50-100배 이상 높다 [2]. 조류 바이오연료는 미역, 우뭇가사리 등 대형해조류로부터 만든 연료와 식물성플랑크톤, 클로렐라와 같은 미세조류로부터 만든 연료로 구분된다. 대형해조류는 단위 무게당 탄수화물 함유량이 높아 바이오에탄올에 주로 쓰이며, 미세조류는 지질(Lipid) 함유량이 높아 바이오디젤에 주로 쓰인다. 이 밖에 조류는 생산공정에 따라 휘발유와 성능이 거의 유사한 바이오 부탄올이나 높은 고도의 낮은 온도에서도 잘 견디는 항공유를 만들 수도 있다.

차세대 바이오 연료로서 조류바이오연료를 주목하는 이유는 다음과 같다.

(1) 무엇보다도 생산효율성이 높다. 무게의 50%가 기름인 미세조류는 연간 1 헥타르(1만 평방미터) 당 최대 98,500 리터의 바이오 연료를 생산할 수 있다. 1세대 원료 중 가장 효율이 높은 오일 팜보다 약 16배 이상 높은 수준이다. 대형해조류 역시 생산효율성이 높다. 해양 면적 1 헥타르 당 최대 12,000 리터까지 바이오에탄올을 생산할 수 있는데, 이는 사탕수수의 최대 생산능력보다도 1.5배 더 높은 효율성을 보여준다. 또한 해조류는 세계에서 가장 풍부한 자원인 바닷물을 이용하여 키울 수 있는 장점을 지녔다.

(2) 식용자원 가격에 영향을 미치지 않는다. 1세대 바이오 연료가 가장 논란을 일으킨 부분은 농경지 사용으로 인한 곡물 가격 상승이었다. 미세조류는 비식용자원일 뿐만 아니라, 농경지가 아닌 물과 햇빛이 있는 어느 땅에서나 자라며, 우뭇가사리, 다시마 등의 해조류는 일부 식용으로 쓰이기도 하지만, 재배장소인 바다 자체가 거의 무한하기 때문에 식용자원 가격에 미치는 영향이 거의 없다.

(3) 수자원이용과 이산화탄소감소 측면에서 환경에 미치는 효과가 크다. 미세조류는 바닷물, 호수, 폐수 등 거의 모든 물에서 자라며, 폐수를 활용할 경우에는 수질 정화 효과도 기대할 수 있다. 폐수내 질소나 인 등을 조류의 영양분으로 활용할 수 있기 때문이다. 또한 라이프싸이클 분석에서 미세조류는 석유 및 1세대 바이오 연료의 30% 수준에 불과한 이산화탄소를 배출하는데, 이는 2세대 바이오 연료와 유사한 수준이다, 표 13.4 참조 [15].

이와 같이 뛰어난 강점을 지녔기에 조류 바이오연료는 꿈의 바이오 연료라고도 불리지만, 아직 완벽한 제품이 되기에는 부족한 점들이 존재한다. 가장 큰 장애물은 과다한 생산 비용이다. 조류 바이오 연료가 다른 연료 대비 경쟁력을 지니기 위해서는 석유가 배럴당 80 달러 일 때, 생산 비용이 리터당 0.55 달러를 넘으면 안 된다고 보고 있다. 하지만 현재 해조류 에탄올의 생산 비용은 리터당 0.77~1.1 달러, 미세조류는 리터당 1.48~5.38 달러로 추정된다, 그림 13.15 참조. 조류바이오의 경제성을 확보하기 위한 기업들의 기술개발활동은 다음과 같다.

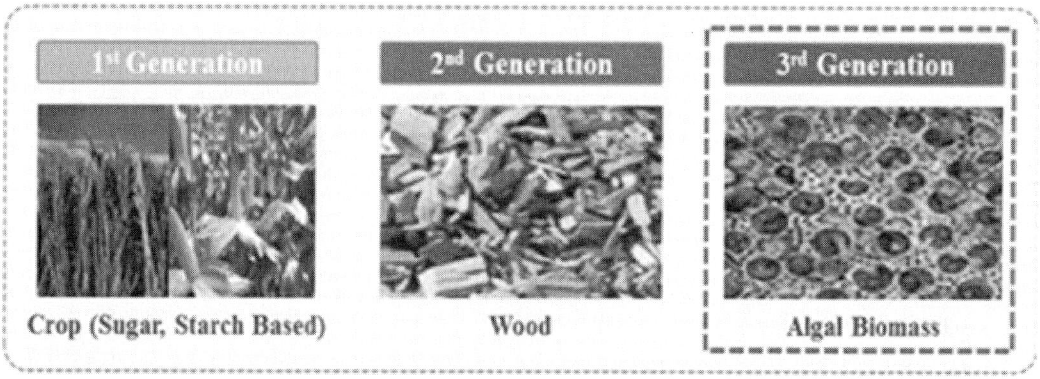

Oil Source	Biomass (Mt/ha/yr)	Oil Content (% drymass)	Biodiesel (Mt/ha/yr)	Energy Content (boe/1000ha/day)
Soya	1-2.5	20%	0.2-0.5	3-8
Rapeseed	3	40%	1.2	22
Palmoil	19	20%	3.7	63
Jatropha	7.5-10	30-50%	2.2-5.3	40-100
Microalgae	140-255	35-65%	50-100	1,150-2,000

mt = metric tons, ha = hectare, boe = barrel of oil equivalents

그림 13.14 3세대 바이오매스

바이오 연료	세대	주원료	단위 면적당 연간 생산능력 (L/ha/year)	재배주기	라이프 사이클 CO_2 발생량[a] (g/MJ)
바이오 디젤	1세대	대두 유채 해바라기 오일 팜	446 952 1,190 5,950	4~8개월	69 n/a n/a n/a
	3세대	미세조류	12,000~98,500[b]	매일	31[c]
바이오 에탄올	1세대	옥수수 사탕수수	3,100~4,000 6,800~8,000	4~8개월	96 n/a
	2세대	목질계 섬유	3,100~7,600	8년	22
	3세대	대형 해조류	5,000~12,000[d]	2~3개월	n/a

a : 곡물 재배부터 바이오 연료의 제조 및 시장 운송에 이르는 전 범위에 걸쳐 소모되는 이산화탄소 배출량으로 석유는 95g/MJ 발생
b : 미세조류 무게의 30% 기름 함유한 경우 ~ 50% 기름 함유한 경우
c : Sapphire Energy예측
d : 건조해조류 5kg당 1L의 바이오 연료 생산된다고 가정

표 13.4 바이오연료의 특성비교 [15]

첫째, 생산능력이 높은 조류를 확보함으로써 원료 경쟁력을 확보하는 방법이다. 지질 또는 탄수화물 함유량이 높은 조류 균주를 유전자 조작 또는 이종교배를 통해 개발하거나, 자연속에서 아직 발견되지 않은 조류를 탐색하여 찾아냄으로써 좋은 종을 확보하는 것이다. 다양한 종의 미세조류를 개발하고 있는 Sapphire Energy가 있으며, 해조류 바이오연료 기업들 역시 홍조류, 녹조류, 갈조류 등 다양한 종을 연구함으로써 생산능력이 높은 해조류를 찾고 있다.

둘째, 생산성이 높은 조류 재배 방식을 개발하여 경쟁력을 확보하는 방법이다. 일조량을 높이는 방법이 이에 속하는데, 이를 위해 기업들은 조류를 일조량이 높은 지역에서 직접 재배하거나, 최적의 개방형 연못 또는 광생물 반응기 모형을 설계하는 등의 방법을 강구하고 있다. Desert Sweet Biofuels는 Sonora 사막에서 미세조류 재배에 대해 연구하며, Solix는 광생물 반응기(Photo Bioreactor)의 표면적을 확대하는 방법을 연구하고 있다, 그림 13.16 참조.

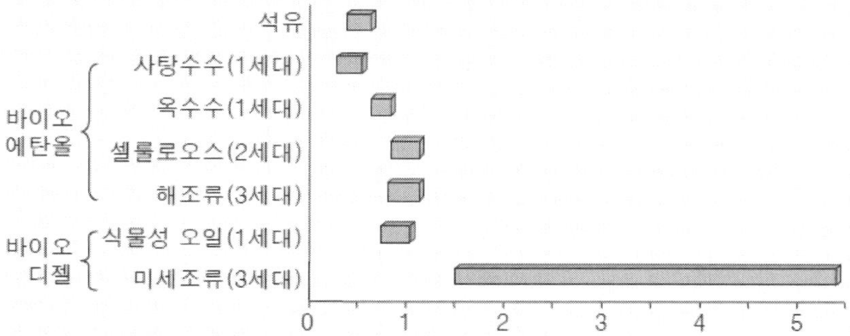

주 : 2세대와 3세대는 기술개발 단계로, 실험 추정값임.
자료 : 해조류는 Oilgae(2009), 미세조류는 한국에너지기술연구원, 나머지는 IEA(2006) 참조

그림 13.15 바이오 연료의 생산비용비교 (달러/리터) [15]

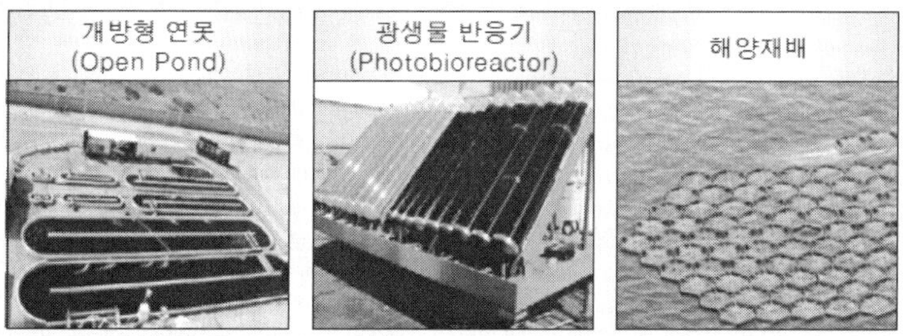

개방형 연못	광생물 반응기	해양재배
- 초기투자 비용과 운영 비용이 낮아 많은 기업들이 선택 - 외부 환경에 노출되어 있어 온도 및 생산성 관리가 어려움	- 폐쇄된 반응기에서 재배함으로써 생산성이 높고, 안정적인 관리가 가능 - 초기투자 및 운영 비용이 높음	- 풍부한 면적을 바탕으로 대량재배 가능 - 외부 환경에 노출되어 있어 생산성 관리가 어려움

그림 13.16 조류재배방식의 사례 [15]

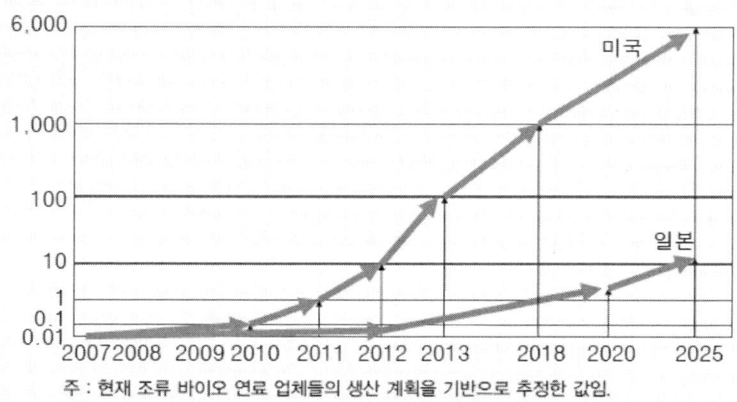

주 : 현재 조류 바이오 연료 업체들의 생산 계획을 기반으로 추정한 값임.
자료 : Algae 2020, Emerging Markets Online(2009), Biofuels Digest

그림 13.17 바이오 연료의 생산비용비교 (달러/리터) [15]

셋째, 직접적으로 생산비용을 낮추어 경쟁력을 확보하는 방법이다. 다른 공장의 이산화탄소를 공급받거나, 폐수 및 하수를 이용하여 재배하는 방법이 이에 속한다. Seambiotic과 Algenol은 근처의 공장으로부터 이산화탄소를 공급받고 있으며, Sunrise Ridge Algae는 미세조류 재배에 폐수를 활용하고 있다. 또한 광생물 반응기 방식의 경우 초기 설치 비용이 많이 들기 때문에 Solix, Valcent 등은 유리 대신 플라스틱이나 비닐 팩을 활용하는 방법도 개발하고 있다. 이 밖에 ExxonMobil은 Synthetic Genomics와 함께 대규모 생산능력 확보를 통해 비용을 낮추는 방안을 개발하고 있다.

이 외에 바이오정유 기술개발을 통해 경쟁력을 확보하는 방법도 연구 중이다. 바이오 정유기술은 바이오 디젤, 바이오 가솔린과 같은 수송용 연료도 생산하고, 부산물로부터 식품, 의약품, 화장품, 세제 등의 기초생활제품뿐만 아니라 고부가가치 바이오 복합소재도 만드는 기술이다. Dow, UOP Honeywell 등이 현재 개발 중에 있으며, 이 기술의 발전은 조류가 다양한 용도로 활용됨으로써 기업들이 안정적인 수익 구조를 가질 수 있도록 도와줄 것이다.

차세대 바이오연료로서 조류가 유망하다면, 향후 전망은 다음과 같다.

첫째, 조류 바이오연료는 점진적으로, 그러나 빠른 속도로 시장에서의 영향력을 확대해갈 것이다. 현재는 기업들이 투자를 시작하고, 파일럿 플랜트를 건설하고 있는 시장 형성 도입기라 볼 수 있다. 이러한 투자의 결과가 나타나는 2~3년 후부터 상용화를 이루는 기업들이 늘어날 것이다. Algenol, Sapphire Energy, Solazyme, PetroAlgae 등은 적은 규모이긴 하지만 2011년에서 2012년 사이 상용화 계획을 갖고 있다. 상용화 기업들이 늘어남에 따라 시장 규모가 빠르게 성장할 것으로 보인다. 미국 조류 바이오연료시장은 2012년에서 2018년 사이 연평균 115%라는 매우 빠른 속도의 성장세를 보일 것으로 추정되며, 일본 조류 바이오연료시장도 2~3년 후부터 본격 성장할 전망이다, 그림 13.17 참조. 물론 상용화 초기 기업들은 정부의 지원에 의존할 수밖에 없고, 셀룰로오스계 바이오연료와도 계속 경쟁하게 될 것이다. 그러나 업계 전문가들의 말처럼 10년 후부터는 비용측면에서도 다른 연료 대비 경쟁력을 확보하면서 그 영향력을 지속적으로 확대해갈 것으로 보인다.

둘째, 조류 바이오연료는 지역의 특색에 따라 영향력 있는 조류의 종류가 다르게 나타날 것이다. 미국, 유럽 등 서구 국가들은 미세조류 바이오연료가 주를 이룰 것이나, 한국, 중국, 일본 등 아시아 국가에서는 해조류 바이오연료의 영향력이 더 빠르게 확대될 것으로 보인다. 지금까지 미국에서 거대 투자를 이끌어 냈던 기업들을 살펴보면 대부분 미세조류로부터 바이오연료를 만드는 업체였다. 서구 국가들은 해조류를 식용으로 이용하지 않기 때문에, 해조류 재배기술이 발달되어 있지 않았던 것이다. 프랑스와 아일랜드의 경우 건조된 해조류의 단위 무게당 비용이 필리핀의 1.2~2배 정도라는 점을 봐도 서구 해조류 기술의 경쟁력이 약하다는 것을 알 수 있다. 반면 아시아 국가들은 해양자원이 풍부하고, 해조류 재배기술이 발달되어 있어 해조류 바이오연료의 성장이 기대된다.

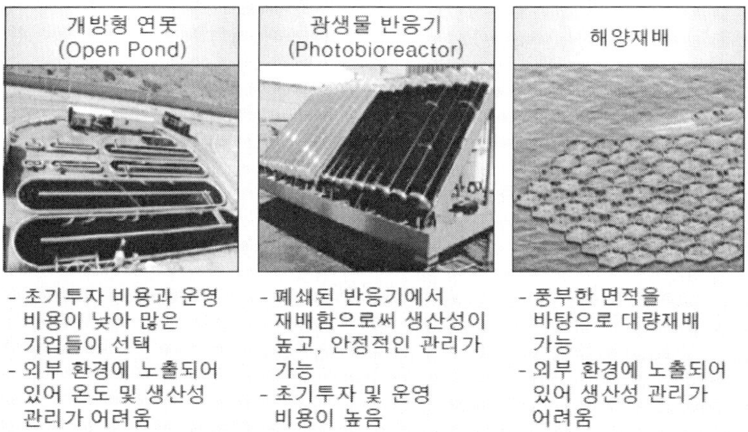

그림 13.16 조류재배방식의 사례 [15]

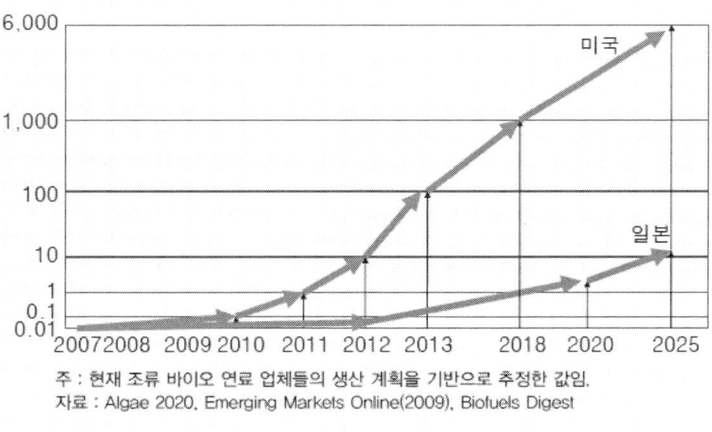

그림 13.17 바이오 연료의 생산비용비교 (달러/리터) [15]

셋째, 장기적으로 국내에서는 조류 바이오연료의 영향력이 1세대 식용 바이오 연료 못지 않게 커질 것으로 보인다. 2010년 국내 바이오연료 시장은 바이오 디젤만이 경유 혼합 비율 2%

로 사용되고 있는데, 현재 사용되는 바이오디젤 원료를 대부분 수입에 의존하고 있어 지속 가능성에 문제점을 드러내고 있다. 원료확보의 어려움은 1세대뿐만 아니라 폐목재나 바이오폐기물을 이용하는 2세대 바이오연료도 동일하게 직면한 문제이다. 이런 상황에서 3세대 조류 바이오연료의 등장은 위와 같은 문제들을 해결해 줄 것으로 보인다. 조류 바이오연료의 생산은 땅의 면적이 많이 필요하지 않으며, 바다를 이용할 경우 바다의 풍부한 자원을 이용할 수도 있어, 땅이 좁고, 삼면이 바다인 한국에 아주 적합하기 때문이다. 또한 한국의 해조류 재배 기술은 세계적인 수준이다. 금호와 SK에너지 등도 조류 바이오연료 연구에 참여하고 있으며, 바이올시스템즈㈜는 2012년까지 연간 120만 리터의 해조류 바이오 에탄올을 생산하기 위해 전남 고흥에 파일럿 플랜트를 구축 중이다. 또한 한국에너지기술연구원에서는 화력발전소의 이산화탄소와 공장의 폐수를 활용하여 2013년 미세조류 바이오연료 첫 생산을 목표로 개발중에 있다. 바이오디젤 혼합 비율은 정부 정책에 의해 중장기적으로 5%까지 끌어올릴 계획이므로 조류 바이오연료의 성장 가능성은 지속될 수 있을 것이다. 기업들은 장기적으로 연료 포트폴리오의 다각화와 대체에너지 개발이라는 관점에서 조류바이오연료의 잠재력과 미래 가능성을 살펴볼 필요가 있다. 선진국도 조류 바이오연료 시장 진입기이므로 기술개발과 상용화를 앞당기면 국내뿐만 아니라 해외에서도 시장기회를 확보할 수 있을 것이다.

13.3.5 바이오연료와 관련된 최근의 이슈들[20)]

유가의 고공행진과 선진국들을 중심으로 한 온실가스감축 노력 등에 힘입어 2000년대 들어 바이오연료 생산이 급증하였다. 세계에너지기구에 따르면 2000~2005년 바이오에탄올 생산량은 연평균 19% 증가하여 2005년 1,707만 TOE에 이르며, 바이오디젤생산은 같은 기간 연평균 60%씩 증가하여 2005년 291만 TOE에 달한다. 그런데 생산량이 빠르게 늘어나면서 여러가지 예상치 못했던 우려와 부작용도 확대되고 있다. 바이오연료와 관련하여 최근 제기되고 있는 이슈들은 다음과 같다.

원료확보 문제

바이오연료 사용이 폭발적으로 증가하고 있는데 과연 원료를 어느 정도까지 확보할 수 있겠

20)본 13.3.5절의 대부분의 내용(pp. 522~527)이 다음의 참고문헌에서 인용되었음을 밝힙니다. 인용된 문헌:"각국의 바이오연료정책과 시사점", 유기돈, , pp. 22~26, LG Business Insight 2008. 7.9, http://www.lgeri.com [10].

느냐는 점이다. 바이오에탄올의 생산증가는 원료인 옥수수에 대한 수요를 증가시켜 옥수수 가격이 거의 2배 가까이 치솟는 결과를 초래했다. 뿐만 아니라 옥수수를 사료로 하는 가축의 육류와 계란, 유제품 등의 가격도 덩달아 급등하고 있다. 지금까지 대두를 재배하던 밭이 옥수수용으로 바뀌면서 대두 생산량이 감소해 대두 가격이 상승하는 등 다른 농작물들에까지 파장이 확산되고 있다. 바이오에탄올 생산경쟁은 개발도상국 빈곤층의 생존을 위협하게 될 것이라는 비난이 많다. 따라서, 바이오에탄올 시장의 급속한 성장은 전반적인 농작물 가격에 영향을 미치고 연료를 위해 식료를 포기하게 되는 등의 문제를 초래하고 있다. 이러한 문제점들은 결국 원료 확보를 제약하는 요인으로 작용할 것으로 예상된다 [10].

온실가스 저감의 실효성 문제

바이오연료의 급속한 성장으로 인해 오히려 삼림파괴가 가속화되는 등 환경에 악영향을 미치고 있으며, 일부 바이오연료는 화석연료보다 온실가스저감 효과가 크지 않다는 점이다. 화석연료의 경우 지하에 있는 석유를 채굴하여 연소시키면 이산화탄소가 방출되어 대기 중 이산화탄소의 농도가 점점 높아지게 된다. 이렇게 배출된 이산화탄소로 인해 기상이변이나 해수면 상승 등 여러가지 환경 문제가 유발되고 있다. 그러나 식물을 원료로 하는 바이오연료의 경우 연소시킬 때 방출되는 이산화탄소는 원래부터 대기 중에 있던 것을 식물이 광합성을 통해 흡수한 것이다. 따라서 이것이 대기 중으로 돌아와도 이산화탄소 농도는 높아지지 않는 셈이며, 교토의정서에서도 바이오연료 연소시 방출되는 이산화탄소를 이산화탄소 배출량에 고려하지 않는다. 이를 '탄소 중립적' 이라고 한다. 그러나 최근 많은 연구자들은 곡물 재배과정 또는 수송과정 등에서 이용되는 화석연료에 의한 이산화탄소 발생량을 감안할 때, 과연 바이오연료가 화석연료에 비해 온실가스 배출량이 적은지에 대해 의문을 제기하고 있다. 현실적으로 곡물에 비해 온실가스 흡수량이 월등히 많은 삼림을 개간해서 작물을 재배하는 경우가 많은 점을 감안한다면 바이오연료의 온실가스저감 효과가 확실하다고 장담할 수 없을 것이다 [10].

근래 들어 여러 학자들이 이러한 온실가스 배출 효과를 정확히 측정하기 위해 라이프 사이클 분석(LCA)를 활용하고 있다. LCA는 그림 13.18에서와 같이 곡물 재배부터 바이오연료의 제조 및 시장 운송에 이르는 전 범위에 걸쳐 소모되는 모든 에너지량 또는 온실가스 배출량을 측정하는 방식으로 이루어진다. 이렇게 구한 총 에너지와 바이오연료가 배출하는 에너지를 비교하면 에너지 효율(바이오연료가 배출하는 에너지량 - 바이오연료 생산 과정에서 소비된 에너지량)을 계산할 수 있다. 또한 화석연료와 동일한 양의 에너지를 발생시키기 위해 배출되는 온실가스량을 구해서 궁극적으로 화석연료에 대비한 온실가스 배출 감소량을 계산할 수 있다. 그러나 재배 작물이 무엇인지, 재배 지역으로 어디를 선정하였는지, 또한 같은 지역이라도 토양 조건이 어떠한지, 그리고 재배기간의 날씨 등 수확량을 좌우하는 많은 조건들을 어떻게 반영하였는지 등에 따라 결과는 달라질 수밖에 없다. 왜냐하면 앞에서 말한 조건들이 다르다면 재배할 때 사용하는 비료의 양이 달라지고, 그에 따라 결국 소비하는 에너지 총량이 달라지기 때문이다. 최근 MIT에서 발표한 보고서는 이러한 문제점을 해결하기 위해 미국 내 여러 지역을 나누어 계산하고 그 밖의 여러조건들을 감안하여 99% 및 67% 확률의 범위 안에서 바이오에탄올의 온실가스 배출량을 계산하였다. 그 결과 그림 13.19에서 보듯이 일부 지역의 바이오에탄올은 동일 에너지 배출 기준으로 온실가스 배출량이 화석연료인 가솔린보다 더 많은 경우가 있었다. 만약 산림을 개간한 경우까지 포함했다면 온실가스 배출량은 더욱 많았을 것이다 [10].

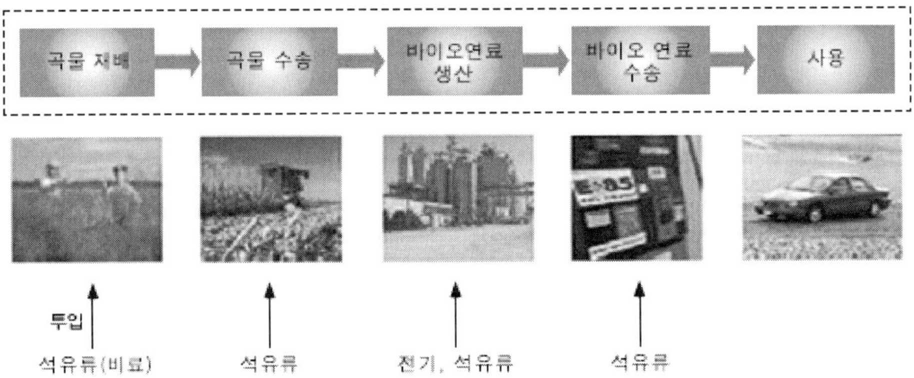

그림 13.18 바이오연료의 라이프사이클과 에너지 투입 [10]

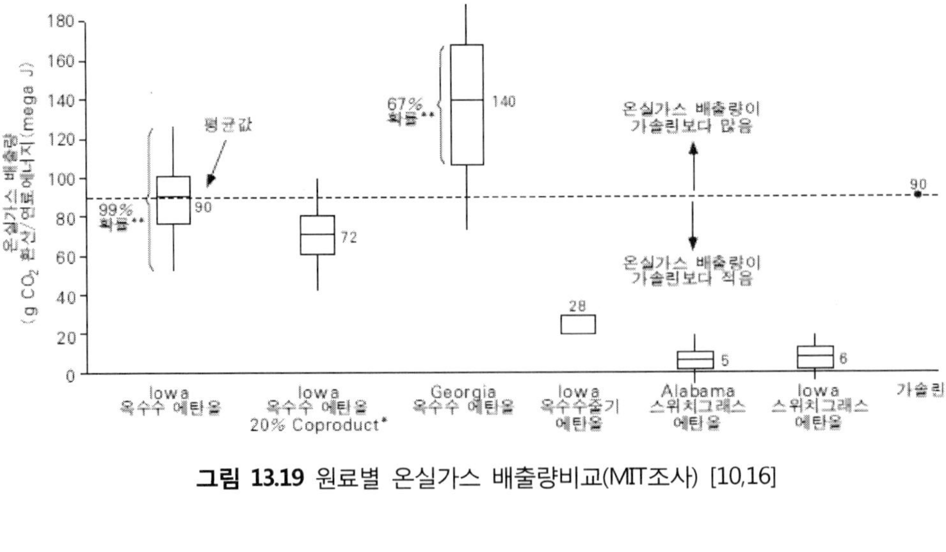

그림 13.19 원료별 온실가스 배출량비교(MIT조사) [10,16]

바이오연료에 대한 정책 지원이 지속될 수 있는지, 만약 그렇지 못하다면 가격 경쟁력을 어떻게 확보할 수 있는지 등에 대한 문제이다. 바이오연료의 생산비는 화석연료 생산비보다 높다. 이에 대다수 국가들에서는 바이오연료 보급을 촉진하기 위해 바이오연료가 화석연료와 비슷한 수준 또는 더 낮은 가격으로 공급될 수 있도록 각종 혜택을 부여하고 있다. 그러나 이러한 정책이 영원히 지속될 수 없고, 지원되는 범위에도 한계가 있을 수밖에 없다. 실제로 최근 유럽 국가들은 세수 감소로 인해 혜택을 점차 줄여나가고 있는 실정이다. 2005년까지만 하더라도 전문가들은 정책적인 혜택이 줄어들더라도 고유가가 지속된다면 바이오연료의 가격 경쟁력이 확보될 것이라고 예상하였다. 그러나 현재 유가가 배럴당 100달러가 넘는 상황이 되었으나 바이오연료의 경제성은 여전히 확보되지 못하고 있다. 바이오연료의 원료인 곡물 가격 역시 폭등하였기 때문이다, 그림 13.20 참조. 최근 조사에 의하면 바이오디젤의 경우 팜유 가격이 급등하여 원유 가격이 배럴당 130달러 이상이 되어야 가격 경쟁력을 확보할 수 있다고 한다. 하지만 이러한 전망도 곡물 가격 상승 속도를 감안할 때 낙관할 수 없는 것으로 보인다. 그림 13.21는 전세계 곡물생산량, 수요량, 기말재고량을 나타내고 있다. 2010년 세계 에탄올 가격은 설탕, 옥수수 등의 원자재 가격이 상승하면서 30%이상 상승하였으며, 2011년 세계 에탄올 및 바이오디젤 가격도 상승세를 유지할 것으로 예상되며, 바이오 디젤 가격의 경우 이러한 상승세가 더욱 뚜렷할 것으로 보인다. 2020년 세계 에탄올 생산원료 중 잡곡과 사탕수수의 비중은 각각 44%, 36%를 차지할 것으로 예상된다. 표 13.5은 2012년 7월 미국 연료 평균가격 총괄표(에너지등가기준)를 나타내고 있다 [20]. GGE(gasoline gallon equivalent), DGE(diesel gallon equivalent)는 가솔린등가, 디젤등가를 나타낸다. E85는 에탄올 85%을 가진 가솔린을 의미한다. B20, B99, B100은 바이오디젤 20%, 99%, 100%를 가진 디젤을 의미한다. 2012년 7월 기준으로, 에탄올(E85), 바이오디젤(B20), 바이오디젤(B99-B100)의 가격이 가솔린에 비하여 결코 저렴하지 않는 것을 보여주고 있다. 그럼에도 불구하고, 미국에서는 계속해서 자동차용 가솔린에서 에탄올의 사용 비중이 서서히 증가하는 추세이다 [21]. 미국에서는 에탄올과 다른 재생연료의 사용량을 2011년 139.5 갤런에서 점차 증가시켜 2022년에는 360억 갤런을 사용하도록 하는 강제조항인 재생에너지기준(Renewable Fuels Stadards)을 맞추려면 가솔린내의 에탄올의 사용비중을 증가시켜야한다. 따라서, 미국 EPA(U.S. Environmental Protection Agency)는 E15의 사용 허가를 준비하고 있다. 그림 13.22은 새로운 펌프 라벨을 나타내고 있다.

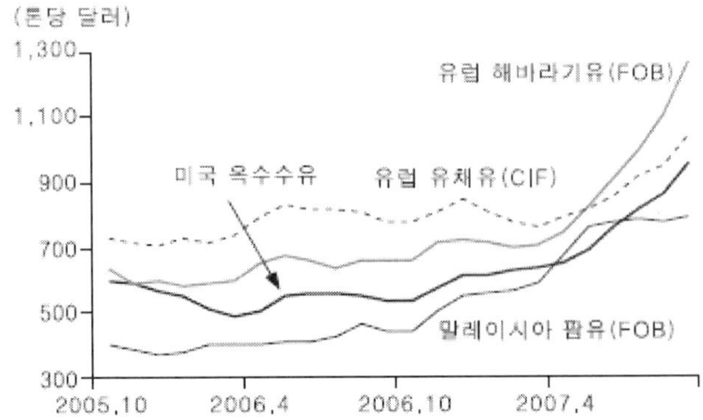

그림 13.20 식물기름 가격 (미국 기준) [10,17]

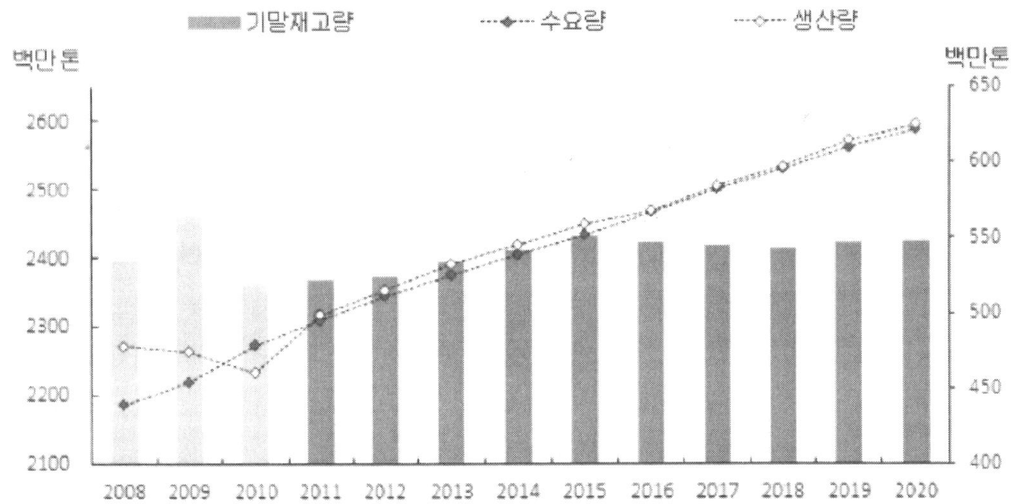

그림 13.21 곡물생산량, 수요량, 기말재고량 [1,18]

환경문제

바이오매스의 핵심사항은 이 에너지는 성장하고 있다는 것이다. 즉, 나무, 물, 곡식의 수확량을 증가하기 위해서 화학물과 농약의 사용은 무시할 수 없다. 특히, 운송을 위한 연료로서 에탄올 생산을 위해, 정유공장들은 수확물을 발효하기 위해 화석 연료를 사용하고 발효물로부터 에탄올을 정제하기 위해 화석연료를 사용한다. 미국 농무부는 옥수수 바이오 에탄올로부터 에너지를 추출하기 위해 입력 생산 에너지의 8%을 초과한 것을 발견하였다. 발효로 부터가 아닌 셀룰로스로부터의 바이오 에탄올을 생산하려는 노력이 현재 이루어지고 있다. 이 방법은 1 헥타르마다 2배의 에탄올 생산을 약속한다. 바이오매스가 전기를 생산하기 위해 사용된다면 특히, 소규모 분산 발전소인 CHP에서 훨씬 좋다. 만약 작물이 유기적으로 길러지면 장점은 배가 된다. 작물의 선택 또한 CO_2저감 효과에 필수적이다. 대규모 생물연료 생산은 에너지집약일 뿐 아니라 좋지 않은 환경과 사회에 반향을 일으킬 수 있다. 그러한 발전은 조밀한 경작면적에서 물 자원은 허용할 수 없는 수준으로 낮춰서 일련의 물 자원을 요구한다. 생물연료 작물의 확장은 또한 CO_2흡수량을 낮춤으로써 산을 황폐화시키고, 동물과 식물 수천종을 파멸시키는 위협을 촉진시킨다. 만일 그러한 수확물이 충분히 확대되어 곡식물의 생산량이 저하되면 식량 부족 현상이 발생할 수도 있다. 바이오매스는 이처럼 현명히 사용하지 못하였을 때 심각한 환경문제를 일으킬 수 있다.

13.3 국내외 기술개발 및 시장현황[21)]

13.3.1 해외현황

(1) 미국

연 료	미국 전역 평균가격GGE	미국 전역 평균가격DGE	미국 전역 평균가격(백만 Btu당 달러)
가솔린	$3.52	$3.93	$30.52
디젤	$3.36	$3.75	$29.13
CNG	$2.05	$2.28	$17.75
에타올(E85)	$4.58	$5.11	$39.69
프로판	$3.64	$4.06	$31.56
바이오디젤(B20)	$3.50	$3.90	$30.30
바이오디젤(B99-B100)	$4.16	$4.64	$36.09

21)본 13.3절의 대부분의 내용(pp. 527~535)이 다음의 참고문헌에서 인용되었음을 밝힙니다. 인용된 문헌:"각국의 바이오연료정책과 시사점", 유기돈, LG Business Insight 2008. 7.9, http://www.lgeri.com [10].

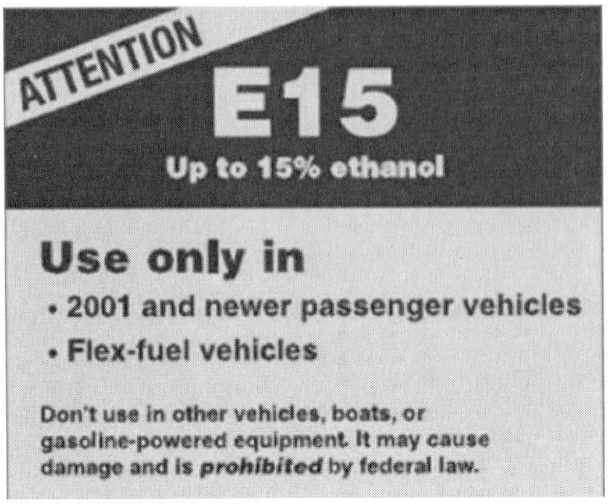

그림 13.22 미국 E15의 펌프 라벨 [20]

1980년대 미국 및 EU는 폐기물의 단순처리 목적으로 소규모 매립장을 다수 설치하였으나 메탄 방출에 의한 지구 온난화 등 환경문제가 심각. 1990년대에는 매립장에서 발생하는 메탄(LFG:Land Fill Gas, 매립지가스)을 회수하여 에너지원으로 활용하는 공정을 상용화하였으며 대규모 매립장을 대상으로 주로 설치하여 전기를 생산하고 있다. 미국은 정부주도의 상용화 기술개발과 보급을 추진하고 있다. 현재는 연료용 알코올 보급 (28.1억 gal, 2003), 바이오디젤 보급(2,000만 gal, 2003), LFG 이용 (1998, 360개소, 730MW)에 주력하고 있다. 부시대통령의 연두교서에서 제기된 석유의존도 완화를 위하여 AEI (Advanced Energy Initiative)(2007. 3)를 통하여 2017년까지 바이오연료를 350억갤런(전체 수송용 에너지의 15%)까지 끌어올린다는 목표를 설정하고 있다. 미국의 바이오연료 시장을 보면 바이오에탄올이 압도적으로 많다. 이는 가솔린 위주의 수송용 연료 정책에 기인한 것이다. 현재 바이오에탄올 시장은 미국이 세계 전체 생산량의 35.2%(185억 리터), 브라질이 34.9%(178억 리터)을 차지하면서 양국이 전세계 에탄올시장의 70.1%를 점유하고 있다. 2000년까지만 하더라도 브라질이 에탄올 산업을 주도해왔으나, 최근 들어 미국의 에탄올 생산이 급증하고 있다. 그 원인은 두 가지로 분석되고 있다. 우선, 2012년까지 바이오연료를 연간 75억갤론(284억 리터) 사용하겠다는 정부정책 (Energy Independence and Security Act of 2005)이다. 또한 공해물질 저감을 위해 가솔린에 섞던 MTBE(화석 휘발유 첨가제)가 지하수 오염문제를 유발하자 2006년부터 MTBE 대신 에탄올의 사용 때문이다. 2007년말 발표된 정부정책을 보면 '재생 가능 연료의 기준'을 수정하고 이와 관련된 조항을 추가로 제정하였다. 수정 내지 추가된 내용을 보면 바이오연료에 대한 보다 정밀하고 신중한 접근이 눈에 띈다. 주요 내용을 요약하면 다음과 같다.

우선, 2022년까지 360억갤론(1,362억 리터)의 바이오연료를 소비한다는 목표를 설정하였고 그 중 210억갤론 (795억 리터)은 '개량 바이오연료(advanced biofuel)', 즉 기존 옥수수 기반 에탄올 이외의 바이오연료로 채워 나간다는 계획이다. 특히 셀룰로오스계 물질로부터 생산된 바이오연료가 2022년까지 약 160억 갤런 (605억 리터)으로 상당한 부분을 차지하게 될 계획이다, 그림 13.23 참조. 셀룰로오스계 바이오에탄올은 기존 옥수수 기반 에탄올의 단점을 보완할 수 있는 차세대 바이오에탄올이다. 그러나 생산 비용이 많이 들고 수집이 어려운데다 수집을 위한 인프라스트럭처가 필요하다는 단점이 있다. 미국 정부는 이러한 점을 감안해서 종합적인 로드맵을 동시에 구축·운영할 계획이다. 표 13.6에서 볼 수 있듯이 원료 재배, 원료 수송, 바이오연료 생산, 바이오연료 수송까지 모든 과정을 감안하여 3단계로 나누었으며 각 분야별 목표를 별도 설정하여 운영할 계획이다. 또한 각 단계에 대해 셀룰로오스계 에탄올의 가격목표를 설정하여 2012년까지는 옥수수 기반 에탄올과 겨룰 수 있는 가격 경쟁력을 갖출 수 있도록 하고 있다, 표 13.7 참조. 이러한 계획들의 가장 기본이 되는 기술 개발을 위해 현재 미국 정부는 적극적인 지원을 펼치고 있다. 자국 원료를 기반으로 생산된 재생 가능 연료를 통해 석유 일변도의 에너지 소비 패턴을 바꾸겠다는 의지를 적극 반영한 것이라 할 수 있다.

LCA를 사용하여 화석연료 대비 바이오연료의 온실가스 배출 허용량 규정을 강화하였다. 이 경우 산림에서 경작지로 전환되는 등 토지 이용 변화로 인한 간접적인 온실가스 배출량도 포함해서 계산할 예정이다. 구체적으로 보면 기존 옥수수 기반 에탄올의 경우 화석연료인 가솔린의 온실가스 배출량보다 20% 이상 저감(바이오에탄올의 온실가스 배출량은 가솔린의 80% 이하)해야 하며 개량 바이오연료는 가솔린의 50% 이상 저감해야 한다.

표 13.7 미국의 셀롤로오스계 에탄올 관련 목표 [10]

구 분	2012년	2017년
목 표	비용 경쟁력 있는 셀롤로오스계 에탄올	2017년까지 수송용연료 20%를 바이오연료로 대체하는 목표에 셀롤로오스계 에탄올이 기여
원료재배 및 수송	비용 $0.37/갤론	비용 $0.33/갤론
제품생산	비용 $0.82/갤론	비용 $0.60/갤론
시장조성	바이오연료 실험(3곳)	바이오연료 생산시험 가동
유통 인프라스트럭쳐 구축	에탄올 15%혼합연료, 에탄올 20%혼합연료	240억 갤런 이용할 수 있도록 유통 인프라 구축

(2) EU

유럽은 EU 차원의 기술개발/실증시험 사업과 이미 상당히 발전되고 있는 바이오 에너지(바이오디젤, 발전사업자) 공급사업자를 중심으로 보급확대가 일어나고 있으며 온실가스 저감 차원에서 기술개발 및 보급확대 천명하고 있다. EU는 현재 바이오디젤 보급이 활발(110만 ton, 프랑스 2003년) LFG 이용 (400개소, 670MW, 1999), 메탄가스발전시설(100개소, 240MW, 2000)의 실적으로 2010년 EU Campaign for Take-off (도약의 캠페인)에 총 대체에너지의 70% 이상을 바이오 에너지 공급예정이다. EU는 2010년까지 1,000 MWe의 메탄가스 발전을 보급하였다. 세계 최초 바이오가스 열차운행(스웨덴, 2005.10)하고 있다. 바이오가스 (늪이나 습지에서 유기물의 micro-bacteria의 분해로 생성)에 대해서는, 2005년 바이오가스 Barometer(2004년 생산량 400만toe 초과)로 생산량은 영국 〉 독일 〉 프랑스 순이며, 열생산(주로 하수처리시설), 발전(주로 쓰레기처리시설), 차량 사용(프랑스, 스웨덴), 천연가스 공급망에 이용(네덜란드)하고 있다.

바이오디젤의 보급이 가장 활성화된 독일은 바이오디젤 보급을 늘리기 위해 100% 바이오디젤 전용차량의 개발 및 BD100에 대한 세금감면 정책 지속하고 있다. 메탄 및 바이오에탄올의 시장규모는 소규모이긴 하지만 1990-1997년간 연 평균 10%의 성장률을 나타내었으며, 지구온난화와 연계하여 앞으로 급격히 성장할 것으로 예상되며 미국과 EU는 모두 현재 총 1차 에너지 소비의 3% 내외를 차지하는 바이오매스 에너지공급을 2010년까지 3배로 늘리는 계획이었다.

EU는 바이오디젤을 가장 많이 생산하는 지역(전세계 생산의 70%이상, 2006년 기준)으로, 바이오연료 시장이 바이오에탄올보다는 바이오디젤 위주로 형성되어 있다. 2002년에 12억 리터의 바이오디젤을 생산하였고 2006년 5배에 달하는 56억 리터의 바이오디젤을 생산하는 등 급속한 증가세를 보이고 있다. 바이오디젤 위주로 발전한 이유는 가솔린에 대한 무거운 세금 부과와 디젤 엔진의 연비 효율 향상 등으로 인해 이 지역 운전자들이 디젤 차량을 선호하기 때문이다. 그러나 이러한 급속한 성장에도 불구하고 EU가 정해놓은 목표는 아직 달성하지 못하고 있다. EU는 2005년까지 전체 수송용 연료의 2%를 바이오연료로 대체할 계획을 세웠으며, 대체 비율을 2010년 5.75%, 2020년까지 10%까지 제고하는 것을 목표로 삼고 있다. 그러나 2005년 목표치를 달성한 국가는 독일(3.8%)과 스웨덴(2.2%)뿐이며, 유럽 전체적으로는 1% 수준에 그치고 있다. 이렇게 유럽 지역의 바이오디젤 보급 수준이 낮은 것은 무엇보다 생산 지역에 한계가 있기 때문이다. 유럽 지역 바이오디젤의 주요 원료인 유채를 예로 들면, 현재 유럽에서 재배되고 있는 유채의 60%가 바이오디젤 생산에 이용되고 있지만, 이는 유럽 총 디젤 수요 물량의 1.7%에 불과한 수준이다. 유럽의 모든 유채 재배 물량을 바이오디젤에 사용한다고 하더라도 유럽 전체의 디젤 수요의 2.5%를 대체할 수 있을 뿐이다. 물론 재배 기술의 발전으로 바이오디젤 생산량이 예상보다 늘어날 수도 있겠지만 현재 EU에서 계획하고 있는 대체 목표, 즉 2010년까지 5.75%, 2020년까지 10% 수준을 달성하기 위해서는 타 지역에서 바이오디젤을 수입하든지 아니면 다른 원료를 이용하여 생산하는 방법을 강구해야 한다. 타 지역에서 바이오디젤을 수입하는 대안은 EU의 바이오연료 정책의 목적이 '환경 보호 및 에너지안보 강화' 임을 감안한다면 채택하기가 쉽지 않을 것으로 예상된다.

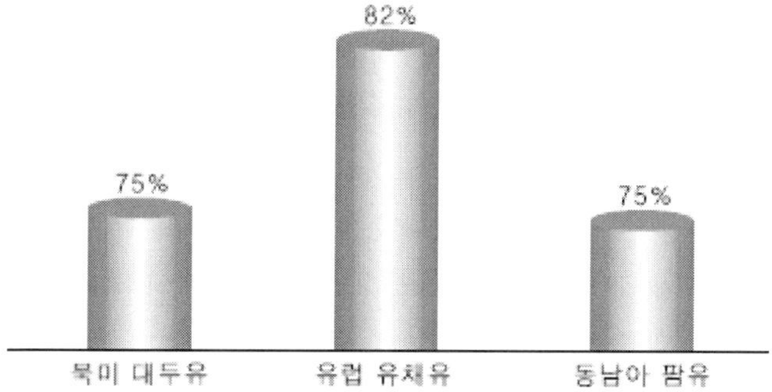

그림 13.24 지역별 바이오디젤 생산비용중 원료가격의 비중(2006년기준) [10,21]

유럽지역의 바이오디젤 보급이 부진한 또다른 원인으로 원료 가격 상승에 따른 생산 원가 상승을 들 수가 있다. 현재 바이오디젤의 생산 원가 중 원료의 비중이 80%를 넘고 있는데 최근 바이오디젤 원료 작물의 가격 폭등으로 인해 기존의 화석연료 디젤과 겨룰만한 가격 경쟁력을 갖기 위해서는 더 많은 세금지원이 필요한 상황이다, 그림 13.24 참조. 최근에 이러한 문제점을 해결하기 위한 방법의 하나로 BTL(Biomass-to-Liquids) 생산기술에 대한 관심이 급증하는 추세이다. BTL이란 셀룰로오스계 에탄올 생산방법에 사용되는 셀룰로오스나 세미셀룰로오스 원료를 사용하면서 셀룰로오스 에탄올 생산공정과 다른 공정을 통해 합성가스를 만드는 과정이다. 그리고, 이때 만들어진 합성가스는 GTL, CTL에서 사용하는 공정인 Fischer-Tropsch공정 방법을 통해 최종적으로 합성디젤로 전환된다. 현재 이러한 방법은 기술적인 부분에서 아직 개선해야 할 점이 많이 있지만, 기존 곡물원료가 갖고 있는 문제점을 해결하기 위한 대안으로서 많은 국가들이 기술개발 노력을 집중하고 있다 [10].

13.3.2 국내현황

(1) 시장 및 정책 현황

국내에서 바이오디젤은 전체 디젤의 1%를 차지하고 있으며 바이오에탄올은 아직 보급이 되지 않고 있다. 2003년 말 발표된 정부의 '신재생 에너지 기술 개발 및 이용 보급 계획'을 보면 정부는 신재생 에너지 중 수소연료전지, 풍력, 태양광에 집중하고, 바이오연료의 경우는 보급 위주 정책에 치중한다는 입장이다. 현재 바이오디젤의 경우 정유사의 자발적 협약 형식으로 경유에 1%를 혼합하고 있으며, 정부는 혼합 비율을 매년 0.5%씩 늘려 2012년에는 3%, 중장기적으로 5%로 끌어올릴 예정이다. 또한 바이오디젤의 가격 경쟁력을 높이기 위해 원액에 대해 면세 혜택을 주고 있지만 언제까지 면세 혜택을 줄 것인지, 그리고 언제부터 바이오연료 혼합을 강제 규정으로 전환할 것인지는 아직 결정된 바가 없다. 바이오디젤을 20% 포함한 수송용 연료도 일부 사용되고 있으나 법적으로 사용 조건 등에 제약조건이 많아 관공서 일부 차량에만 사용되고 있는 실정이다. 그리고 바이오에탄올의 경우 기존 저장 시설과 현재 운행 중인 차량에 문제가 없는지 실험 단계에 있으며, 실제 사용은 준비중이다 [10].

바이오연료는 보급 위주의 정책을 펼치다 보니 신재생 에너지 관련 시설 지원은 중점 추진과제인 태양광 및 풍력 산업의 위주로 진행되고 있으며 바이오연료 사업 지원 실적은 감소 추세에 있다. 또한 바이오연료 관련 로드맵을 보면 다양한 신기술 개발 계획 (폐식용유 및 폐유지 공정 개발, 해외 자원 활용 공정 개발, 목질계 공정 개발, biorefinery 기술 개발 계획)을 갖고 있지만 바이오연료는 상용기술 항목으로 분류되어 있다. 이에 따라 추진 전략도 국제 경쟁력 확보를 위한 산업 육성보다는 바이오연료 보급과 기업의 핵심 애로 기술 개발에 초점을 맞추고 있다[10].

(2) 국내 정책의 나아갈 방향

우선 국내 바이오연료 정책에 대해 논의하기 전에 국내 에너지 소비행태를 알아보고 바이오연료의 파급 효과를 아는 것이 필요하다. 이를 통해 국내 에너지 소비와 신재생 에너지 정책이 균형을 이루고 있는지 알수 있다. 바이오연료는 국내 소비 에너지 중 비중이 높은 수송용을 대체할 수 있다. 실제 국내 석유류 제품의 사용 용도를 보면 수송용이 많은 비중을 차지하고 있으며, 지속적으로 증가하는 추세이다, 그림 13.25 참조. 물론 수소연료전지가 수송용 연료를 대체할 수 있겠지만, 수소연료전지 자동차가 실용화되기 전에 폭발 위험이 있기 때문에, 높은 수소 저장 문제라든지 수소 충전을 위한 인프라 건설 등 많은 시간과 투자를 요하는 문제들이 있어 쉽게 진척되기가 어려울 것으로 보인다. 그렇다면 중기적으로 수송용을 위한 신재생 에너지는 무엇이 될 수 있을까? 기존 인프라와 자동차를 사용할 수 있는 바이오연료가 수소연료전지로 넘어가기 전의 중간단계로서 어느 정도 그 역할을 할 수 있다고 본다. 물론 바이오연료, 특히 국내 원료로 생산된 바이오연료가 전체 수송용 연료의 어느 정도를 대체할 수 있는지는 의문이다 [10].

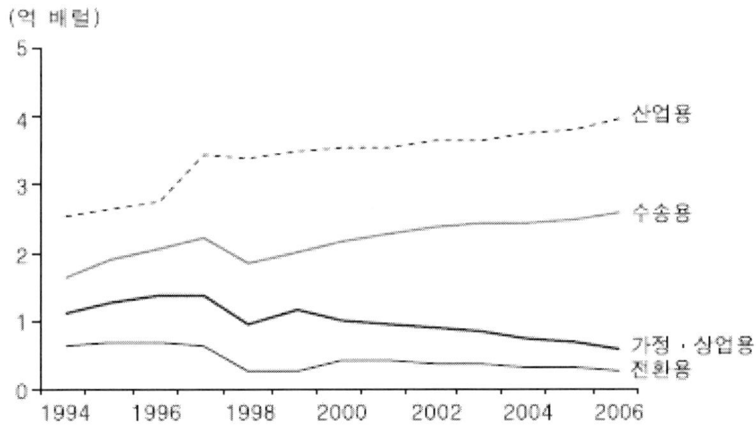

그림 13.25 국내 석유제품의 사용 용도별 소비규모 추이 [10]

표 13.8 대체에너지원별 국내 기술개발수준(2005년) [10,22]

구 분	기술개발수준	구 분	2017년
수소	39	폐기물	56
연료전지	59	태양열	72
태양광	74	석탄이용	53
풍력	87	소수력	84
바이오	57	지열	56
해양	83	평균	65

주) 주요 선진국들의 기술수준을 100으로 기준

그러나 바이오연료는 다른 신재생 에너지와 마찬가지로 기존 화석연료를 완전 대체하기보다는 보완하는 측면이 강하다는 점을 인식해야 하다. 즉 대체하는 물량이 많고 적음을 떠나 해외 석유자원 의존도를 줄여 에너지안보를 강화하고 환경을 보호한다는 신재생 에너지 정책의 기본

취지가 우선되어야 한다. 동시에 국내 에너지 소비에 미치는 파급 효과 및 세계 시장의 확대 가능성을 고려한다면 바이오연료에 대한 관심과 지원을 한층 더 강화해야 할 필요가 있다.

우선 에너지안보 차원에서 자국 내 미이용 자원이나 또는 폐기물 중에서 바이오연료의 원료로서 가장 적합한 것이 무엇인지 조사할 필요가 있다. 전국 단위의 조사뿐만 아니라 지역별 사정까지 조사한다면 일본의 예처럼 자원 순환형 사회구축을 위한 방안으로서 바이오연료를 충분히 이용할 수 있을 것이다. 그리고 이러한 원료들을 사용한 셀룰로오스계 바이오연료 생산 기술 개발 정책이 필요하다고 하겠다. 일본은 셀룰로오스계 기술 개발을 위해 2007년 21억엔의 예산을 확보해 운영하고 있으며, 미국도 15년간의 로드맵을 작성하여 각 단계별 기술 개발 목표까지 설정해 놓은 상태다. 이렇듯 선진국에서는 기술 개발 경쟁이 시작되었지만 국내 기술은 선진국보다 현저히 떨어질 뿐 아니라 앞에서 보았듯이 관련 예산 집행도 점점 줄어드는 상황이다. 미국을 포함한 세계 셀룰로오스계 바이오연료 시장의 엄청난 잠재력을 감안한다면 적극적인 기술개발 정책이 필요하다고 하겠다, 표 13.8 참조.

둘째로 원료재배부터 원료수송, 제품생산, 제품수송 등에 이르는 모든 단계를 고려한 정책이 필요하다. 앞에서 언급했듯이 바이오연료 특히 셀룰로오스계 연료는 생산 지역이 전국에 산재되어 있기 때문에 원료 수집과 수송에 들어가는 막대한 비용을 절감하는 것이 생산비용 절감만큼이나 중요하다고 볼 수 있다. 미국은 원료, 전환과 관련된 기술 개발과 함께 유통 인프라 구축 및 상업화를 위한 전략을 수립하였고, 일본도 지역별 수집부터 생산, 수송까지 모든 포함한 시스템 운영을 위해 이해당사자들로 구성된 협의체를 운영하고 있다. 이렇듯 모든 단계를 총체적으로 관리·운영할 수 있는 정책이 필요하다.

셋째로 미국의 예를 보았듯이 LCA을 이용하여 에너지효율 및 온실가스 배출량을 계산하고 이를 통해 바이오연료 정책의 효과를 정확히 분석할 필요가 있다. 이러한 분석은 국내 바이오연료 정책에 대한 국내 에너지 소비자들의 주의를 환기시킴은 물론 국제사회의 긍정적인 반응을 유도하는데도 작지 않은 도움이 될 것이다.

우리나라에서 발생하는 가축분뇨의 경우 연간 3,200만 톤을 훨씬 상회하나, 이 중 10% 가량이 해양으로 배출되거나 정화 처리된다. 나머지 90% 가량이 퇴비나 액체 비료로 작물 생산에 사용된다. 다른 나라에 비해 과다한 영양이 농지에 투입되고 있는 현실을 감안한다면, 바이오매스자원의 흐름을 에너지원으로 돌린다면 보다 효율적일 것이다.

우리나라의 자원과 기술 현실을 고려할 때 장기적인 관점에서 목표를 정하고 일관되고 지속적인 상업화 노력이 요구될 것으로 보인다. 아울러 효율적인 추진을 위해 바이오매스 상업화에 대한 우선 순위를 정할 필요가 있을 것이다. 도심 폐기물의 활용 극대화, 바이오매스 유래 플라스틱 생산 기술이나 바이오리파이너리관련 기술의 확보, 해외 자원 확보 등을 우선적으로 고려해볼 수 있을 것이다. 더 나아가 바이오매스의 상업화가 절실히 필요하다.

참고문헌

[1] "2010 신재생에너지 백서 Scene 04 바이오", 이진석, p.419, 한국에너지기술연구원.

[2] "바이오매스기술의 발전과 미세조류기반의 바이오에너지 기술전망", 양지원, GS칼텍스의 홈페이지-에너지를 논하다, 2012.9.25., GS칼텍스,

http://www.gscaltex.com/energy/about_1.aspx

[3] "Current Status of Research and Implementation of Bioenergy in the USA",Tae Hyun Kim, Bioenergy Korea Conference 2011, Gwangju, Korea, March 11, 2011

[4] "2011 산업기술로드맵-신산업 바이오", 지식경제부, 한국산업기술진흥원, 2012. 3

[5] Clean Edge, 2009

[6] Frost & Sullivan, 2010

[7] Sustainable Biofuels Growth: Hurdles and Outcomes, McKinsey & Co., June 2010

[8] 바이오매스기반 바이오리파이너리기술 연구기획 최종보고서, 지식경제부, 2008

[9] The Future of Industrial Biorefineries, World Economic Forum, 2010

[10] "각국의 바이오연료정책과 시사점", 유기돈, LG Business Insight 2008. 7.9

[11] http://www.grida.no/publications/vg/biofuels/ebook.aspx

[12] "바이오매스 자원 상업화 어디까지 왔나", 김경연, LG주간경제 2006.8.30

[13] "2010 신재생에너지 백서 Scene 04 바이오", 이진석, p. 418~425, 한국에너지기술연구원

[14] "Overview of international developments in torrefaction" Central European Biomass Conference 2011, C.P. Kleinschmidt,
http://www.ieabcc.nl/workshops/task32_2011_graz_torrefaction/Kleindschmidt_Paper.pdf

[15] "기지개켜는 조류 바이오연료시장", 정유진, LG Business Insight 2010. 6.9

[16] "Biomass to ethanol: potential production and evironmental impacts," Massachusetts Institute of Technology, 2008

[17] U.S. Department of Agriculture, Foreign Agricultural Service.

[18] OECD and FAO Secrelarials, 한국농촌경제연구원-세계농업 130호, 2011.6

[19] http://www.eia.gov/todayinenergy/detail.cfm?id=4230

[20] "Clean Cities Alternative Fuel Price Report", U.S. Department of energy, July 2012, http://www.afdc.energy.gov/

[21] Cambridge Energy Research Associates

[22] "바이오에너지 시장 동향과 대응과제", 산은경제연구소, 2007년 7월

연습문제

1. 우드의 코드(cord of wood)의 부피는 3.6m^3, 밀도는 1.6g/cc, 열량성분 3×10^{10} J/cord이다. 1 kg 우드의 열량을 J/kg로 계산하시오.

2. 다음은 에너지밀도를 나타내고 있다.

Material	Energy Density	
	$MJkg^{-1}$	MJm^{-3}
Crude oil	42	37,000
Coal	32	42,000
Dry wood	12.5	10,000
Hydrogen, gas	120	10
Hydrogen, liquid	120	8,700
Methanol	21	17,000
Ethanol	28	22,000
Methane, gas	53	38
Gasoline, liquid	46	35,000

1) 건조목재(dry wood), 에탄올(ethanol)의 밀도(kg/m^3)를 각각 구하여라.

2) 1 Quad의 에너지를 생산하기위해서는 원유, 석탄, 건조목재, 수소 (가스, 액체), 메탄올, 에탄올, 메탄, 가솔린에 대하여 각각의 질량((kg)과 부피(m^3)를 구하시오.

3. website를 이용하여 브라질 에탄올 프로그램을 검색하여 설명하시오.

4. 에탄올(EtOH)의 열량은 갤런당 76,000Btu를 가지고 있다. 대략 에탄올의 2.5 갤런을 생산하려면 옥수수 1 부셸(bushel)을 필요하며, 농장 1 에이크(acre)는 연간 120 부셸을 생산한다. 매년 옥수수의 1 에이크로부터 생산할 수 있는 에탄올의 에너지(Btu)의 양을 계산하시오. 또 농장 1 에이크에서의 에탄올 에너지생성속도를 W/m^{2}로 표시하시오.

5. 바이오에너지생산기술의 방법에 대하여 요약 설명하시오.

6. 디젤엔진용 연료로 직선형 식물성오일(Straight vegetable oils)보다 바이오디젤을 선호하는 주요원인은 무엇인가?

7. 무산소성(혐기성)소화(digestion)동안에, 글루코스는 여러단계를 거쳐 메탄으로 변환된다. 생성되는 메탄의 비율(%)는 얼마인가? (부피와 질량기준으로). 총괄반응은 $(CH_2O)_6 \rightarrow 3CH_4 + 3CO_2$이다.

폐기물에너지 14장

14.1 폐기물에너지의 종류

폐기물은 쓰레기, 연소재, 오일, 폐유, 폐산, 폐알칼리, 동물의 시체 등 사람의 생활이나 사업 활동에 필요하지 않게 된 물질을 말한다. 따라서, 사업장 또는 가정에서 발생되는 가연성 폐기물 중 에너지 함량이 높은 폐기물을 열분해에 의한 오일화 기술, 성형고체연료의 제조기술, 가스화에 의한 가연성 가스 제조기술 및 소각에 의한 열회수 기술 등의 가공·처리 방법을 통해 고체 연료, 액체 연료, 가스 연료, 폐열 등을 생산하고, 이를 산업생산 활동에 필요한 에너지로 이용될 수 있도록 한 재생에너지이다. 비교적 단기간내에 상용화 가능하며, 폐기물 자원의 적극적인 에너지자원으로의 활용으로 인류 생존권을 위협하는 폐기물 환경문제의 해소가 가능하는 특징이 있다.

폐기물은 우리나라 폐기물관리법에 의하면 폐기물을 생활폐기물과 사업장폐기물로 분류하고 사업장폐기물은 대기환경보전법, 수질환경보전법 또는 소음·진동규제법의 규정에 의하여 배출시설을 설치·운영하는 사업장 기타 대통령령이 정하는 사업장에서 발생되는 폐기물을 말하며, 특히 사업장폐기물 중 폐유·폐산 등 주변환경을 오염시킬 수 있는 유해한 물질로서 대통령령이 정하는 폐기물을 지정폐기물로 정하여 특별관리하고 있다. 사업장폐기물 이외의 폐기물은 생활 폐기물이다. 이들 폐기물 가운데에는 종이, 플라스틱, 나무, 주방쓰레기, 폐타이어, 폐유, 폐용제 등 가연성 성분이 많이 포함되어 있어 발열량이 높고 그 양이 아주 많아 에너지잠재력이 매우 높은 편이다.

폐기물에너지의 종류는 폐기물 상태, 이용하는 방법, 폐기물의 종류에 따라 다음과 같이 분류한다, 그림 14.1 참조.

① 폐기물 상태에 따른 분류

· 고상 폐기물에너지

· 액상 폐기물에너지

· 기상 폐기물에너지

② 이용하는 방법에 따른 분류

· 소각열 회수에너지

· 고체연료에너지

· 열분해 생성물에너지

③ 폐기물의 종류에 따른 분류

· 생활폐기물에너지

· 사업장폐기물에너지(지정폐기물에너지)

④ 폐기물 관리법상에 따른 분류

· 생활폐기물폐기물

· 사업장배출시설계폐기물

· 건설폐기물

그림 14.1 폐기물 관리법상 폐기물 분류와 폐기물 통계 작성상 폐기물 분류 비교 [1]

⑤ 폐기물 통계 작성상 폐기물 분류

· 가정생활폐기물

· 사업장생활폐기물

· 사업장배출시설계폐기물
· 건설폐기물

일반적으로, 지정폐기물을 제외한 폐기물은 크게 발생원에 따라 생활폐기물과 사업장폐기물로 구분하고, 사업장폐기물은 다시 사업장생활계폐기물, 사업장일반폐기물 및 건설폐기물로 구분된다. 가정생활폐기물은 사업장폐기물이외의 폐기물로 가정에서 발생되는 폐기물, 또는 가정에서 일련의 개보수 공사·작업등으로 인하여 5톤 미만으로 발생되는 폐기물이다. 사업장생활폐기물은 폐기물관리법 시행령 제2조 제7호 규정에 의한 사업장에서 발생되는 폐기물, 또는 폐기물관리법 제2조 제3호와 같은 법 시행령 제2조 제1호 내지 제5호 사업장에서 배출시설 등의 운영에 관계되지 아니한 폐기물이다. 사업장배출시설계폐기물은 배출시설의 설치·운영과 관련하여 배출되는 사업장일반폐기물로 수질환경보전법 제25조 제1항의 규정에 의한 폐수종말처리시설, 하수도법 제6조 제1항의 규정에 의한 하수종말처리시설, 오수·분뇨 및 축산폐수의 처리에 관한 법률 제21조 제2항의 규정에 의한 분뇨처리시설, 오수·분뇨 및 축산폐수의 처리에 관한 법률 제30조 제3항의 규정에 의한 축산폐수공공처리시설, 폐기물관리법 제30조의 규정에 의한 폐기물처리시설에서 발생되는 폐기물이다. 건설폐기물은 건설폐기물의 재활용촉진에 관한 법률 제2조에 의해 건설산업기본법 제2조 제4호의 규정에 의한 건설공사로 인하여 발생되는 5톤 이상의 폐기물이다.

고상 폐기물에너지의 대표적인 경우가 성형고체연료(Refuse Derived Fuel, RDF)이며, 이는 종이, 나무, 플라스틱 등의 가연성 폐기물을 파쇄, 분리, 건조, 성형 등의 공정을 거쳐 제조된 고체연료이다. RDF는"쓰레기로부터 얻어지는 연료"라는 뜻으로 최근 리사이클 에너지를 얻는 방법으로서 큰 주목을 받고 있는 에너지 회수시스템이다. 이는 석유 등의 화석연료 고갈에 따른 장래 공급 불안, 지구환경문제, 자원의 효율적 이용의 관점에서, 귀중한 에너지공급의 일익을 담당하는 것으로 기대 되고 있는데 새로운 에너지도입 측면에 있어서도 폐기물에너지원중에서 RDF는 유용한 에너지자원이다.

액상 폐기물에너지원으로서, 자동차 폐윤활유 등의 폐유를 이온정제법, 열분해 정제법, 감압증류법 등의 공정으로 정제하여 생산된 재생유가 있으며, 플라스틱, 합성수지, 고무, 타이어 등의 고분자 폐기물을 열분해하여 생산되는 청정연료유인 플라스틱 열분해 연료유 등이 있다. 이용하는 방법에 따른 예로는, 가연성 폐기물 소각열 회수에 의한 스팀생산 및 발전, 시멘트 킬른 및 철광석소성로 등의 열원으로의 이용 등으로 얻어지는 폐기물 소각열과 같은 소각열 회수에너지가 있다. 아래 그림은 충남계룡 소각열 발생시설과 원주시 RDF 생산시설을 보여주고 있다.

충남계룡 소각열 발생시설 [2]

원주시 RDF 생산시설 [2]

14.2 국내 폐기물 발생 및 처리 현황

14.2.1 국내 폐기물 발생 현황

그림 14.2에서 보는 바와 같이, 2010년의 경우 1일 총 폐기물 발생량(지정폐기물 제외)은 365,154톤이 발생하였다. 그림 16.3에서 나타나는 폐기물 구성비는 생활폐기물 13.4%, 사업장 배출시설계폐기물 37.8%, 건설폐기물 48.8%로서 건설폐기물이 가장 큰 비율을 차지하고 있다. 일반적으로, 이들 폐기물을 부적정 처리시에는 수질, 대기, 토양 등 모든 오염의 근원이 되기

때문에 이들의 보다 위생적이고 안전한 처리가 요구되어 소각과 같은 중간처리가 필수적으로 요구된다. 생활폐기물중 종량제봉투에 의한 폐기물 배출·수거량은 종량제봉투에 의한 20,940 톤/일이며, 이는 재활용을 목적으로 별도 분리배출수거한 재활용품과 남은 음식물의 양을 제외한 수치로, 전체 생활폐기물 총량(49,159톤/일)대비 42.6%를 차지한다. 재활용을 위해 분리배출 수거한 양(28,219톤/일)을 제외한 생활폐기물은 가연성이 82.5%, 불연성이 17.5%이며, 생활폐기물의 조성은 그림 14.4과 같이 음식물이 1.16%, 종이류가 22.8%, 나무류 10.5%, 가연성 기타 47.9%, 유리 1.9%, 금속 1.6%, 불연성 기타 13.9%이다. 연탄재나 일부 금속류가 분리수거될 경우 생활폐기물 조성의 85% 이상이 가연성 성분을 나타내고 있다. 그 발열량도 1,000~2,500kcal/kg으로, 대체에너지(재생에너지)로 이용 가능한 충분한 잠재력을 가지고 있다. 사업장폐기물의 경우 폐타이어, 폐용제, 폐윤활유, 폐플라스틱은 생활폐기물보다 훨씬 더 높은 발열량인 5,000~10,000 kcal/kg을 가지고 있어 더욱 더 에너지 자원으로 가치가 높다. 표 16.1은 2005~2010년 기간 동안에 연도별 폐기물 발생 현황을 나타내고 있다. 2005년과 2009년을 제외하고는 대체로 증가하는 경향이 있으며, 매년 전년대비 조금씩 증가하고 있다. 이는 소득증가와 국민총생산증가에 따른 영향으로 보인다. 생활폐기물의 경우에, 1인당 발생량(kgf/일)에는 크게 변하지 하고 있다 [3].

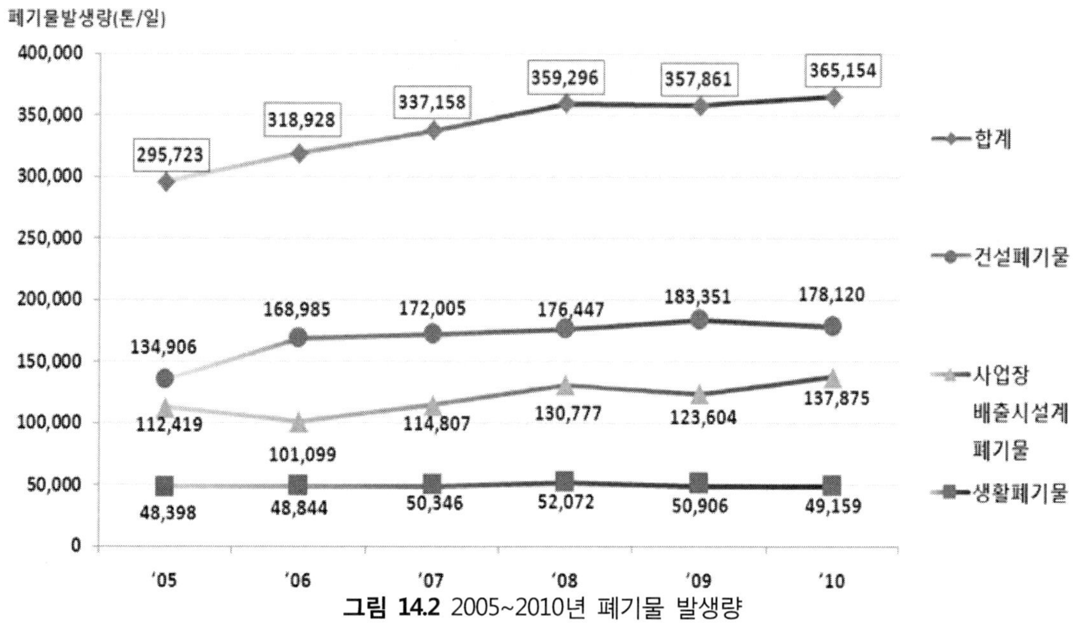

그림 14.2 2005~2010년 폐기물 발생량

(자료원: 2010 전국폐기물발생 및 처리현황, 환경부 및 한국환경공단, 2011, KECO2011-PE16-59, 발간등록번호 11-B552584-000005-10, [1])

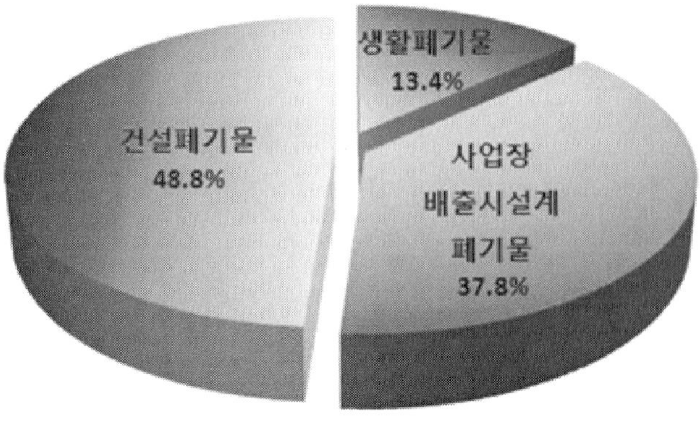

그림 14.3 폐기물 종류별 구성 비율 [1]

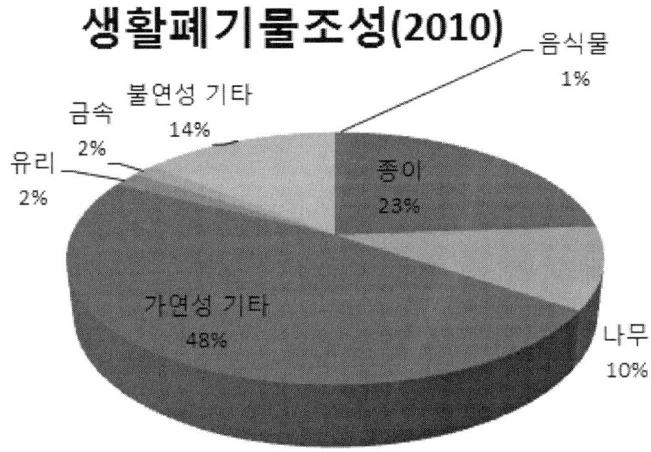

그림 14.4 우리나라 생활폐기물의 조성 (2010년) [1]

그림 14.5은 지역별 총 폐기물발생비율을 설명하고 있으며, 그림 14.4은 지역별 폐기물발생량을 지도 영역으로 나타낸 것이다. 그림 14.5 과 14.6에서 보면, 폐기물 총 발생량은 경기, 경북, 서울 순으로 많았으며, 이들 3개 시·도가 전체 발생량의 39.6%를 차지하고 있다. 생활폐기물 발생량 49,159톤/일 중 23,605톤/일(48.0%)이 인구가 밀집되어 있는 서울, 경기, 부산 지역에서 발생하고, 서울, 인천, 경기 등 수도권의 발생량은 22,700톤/일(46.2%)이다. 서울, 경기, 부산 지역의 인구 점유율 은 51.1%이다. 사업장배출시설계폐기물 발생량 137,875톤/일 중 71,586톤/일(51.9%)이 경북, 전남, 충남 순의 3개 지역에서 발생하고 있다. 건설폐기물 발생량 178,120톤/일 중 79,096톤/일(44.4%)이 경기, 서울, 경북 지역에서 발생하고 있다. 행정구역단위별의 발생량 차지 비율은, 1개 특별시 10.3%, 6개 광역시 19.5%, 9개 도 70.2%이다.

표 14.1. 연도별 폐기물 발생 현황 (단위 : 톤/일)

구 분		'05[22]	'06	'07	'08	'09	'10
총 계	발생량	295,723	318,928	337,158	359,296	357,861	365,154
	전년대비 증감율(%)	-2.6	7.8	5.7	6.6	-0.4	2.0
생활 폐기물[23]	발생량	48,398	48,844	50,346	52,072	50,906	49,159
	전년대비 증감율(%)	-3.2	0.9	3.1	3.4	-2.2	-3.4
	1인당 발생량(Kg/일)	0.99	0.99	1.02	1.04	1.02	0.96
사업장 배출시설계 폐기물[24]	발생량	112,419	101,099	114,807	130,777	123,604	137,875
	전년대비 증감율(%)	7.0	-10.1	13.6	13.9	-5.5	11.5
건설 폐기물	발생량	134,906	168,985	172,005	176,447	183,351	178,120
	전년대비 증감율(%)	-9.1	25.3	1.8	2.6	3.9	-2.9

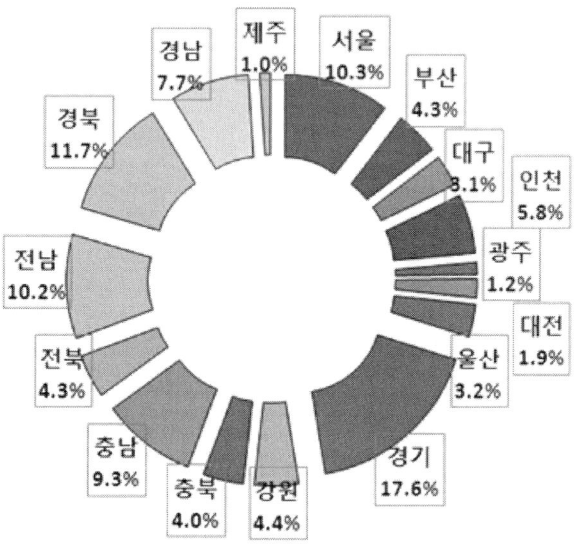

그림 14.5 지역별 총 폐기물 발생 비율 [1]

22) '05년 자료는 서울시 건설폐기물 통계 정정에 의해 수정된 수치임.
23) 생활폐기물은 가정생활폐기물, 사업장생활계폐기물, 공사장생활계폐기물을 함께 포함한 수치임.
24) 사업장배출시설계폐기물은 지정폐기물을 제외한 수치임(지정폐기물은 "지정폐기물 발생 및 처리현황"으로 별도 작성).

표 14. 2 지역별 생활폐기물관리구역내 인구 점유율 [1]

시 도	인구 점유율 (%)	시 도	인구 점유율 (%)
서울	20.3	강원	3.0
부산	7.1	충북	3.1
대구	5.0	충남	4.1
인천	5.4	전북	3.7
광주	2.9	전남	3.7
대전	3.0	경북	5.3
울산	2.2	경남	6.4
경기	23.7	제주	1.1

※ 생활폐기물관리구역 총 인구수로 해당지역 인구수를 나눔

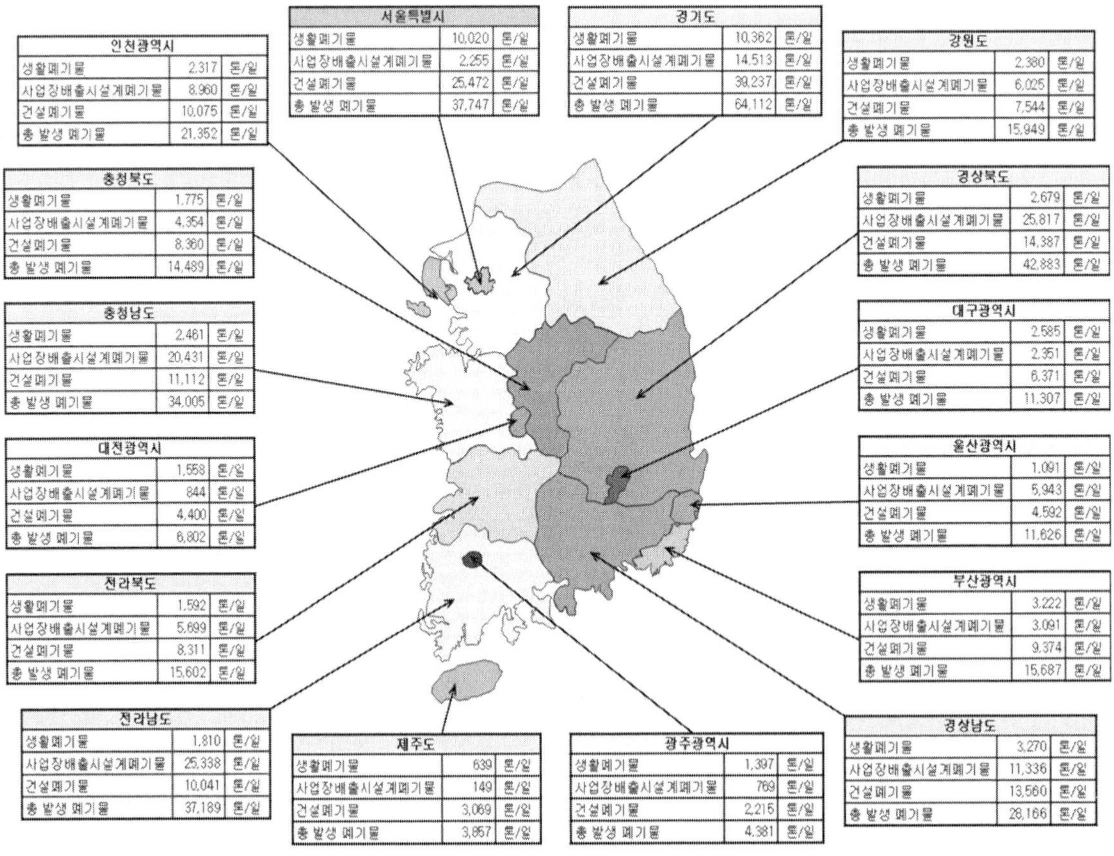

그림 14.6 지역별 폐기물 발생량 [1]

14.2.2 국내 폐기물 처리 현황

폐기물의 처리에 있어 주요 방법은 재활용이며, 2010년도 재활용율은 83.4%로 전년대비 1.7% 증가하였다. 2010년도 매립율은 9.4%로 전년대비 1.7% 감소하였으며, 소각율은 5.3%로 전년대비 0.1% 증가하였다. 표 14.4에 의하면 2010년의 경우에, 이들의 처리현황을 살펴보면 생활폐기물의 경우 17.9%가 매립, 21.6%가 소각, 60.5%가 재활용으로, 재활용위주로 처리되고 있으며, 표 14.5에서 보는 바와 같이 사업장폐기물 역시 소각은 5.8%에 불과하고 재활용이 72.3%로 재활용이 상당한 비중을 차지하고 있다. 결론적으로, 생활폐기물 처리현황 (표 14.4)을 보면, 생활폐기물 매립은 계속 감소하고 있으나, 재활용은 지속적으로 증가하고 있음을 알 수 있다. 매립비율은 2005년 27.7%에서 2010년 17.9%로 대폭 감소한 반면에, 재활용비율은 지속적인 쓰레기종량제 실시 및 재활용정책 등으로 2005년 56.3%에서 2010년 60.5%로 조금 증가하였으며, 매년 지속적으로 증가하는 현상을 보이고 있는 추세이다. 표 14.6는 생활 및 사업장폐기물 소각시설현황을 보여주고 있다. 시설수(개수)는 총 672개이며 시설용량은 28,457(톤/일)이다. 2006년 1월 1일부터 시간당 소각능력 25kg~200kg의 소각시설도 다이옥신 배출기준 적용을 받게 됨에 따라 해당 소각시설의 폐쇄가 이루어져 2008년도 952개소, 2008년도 711개소, 2010년도 672개소로 감소하였다. 표 14.7는 2010년 매립시설 현황을 나타내고 있다. 매립시설은 총 300개이며 2010년도 매립량은 2,238

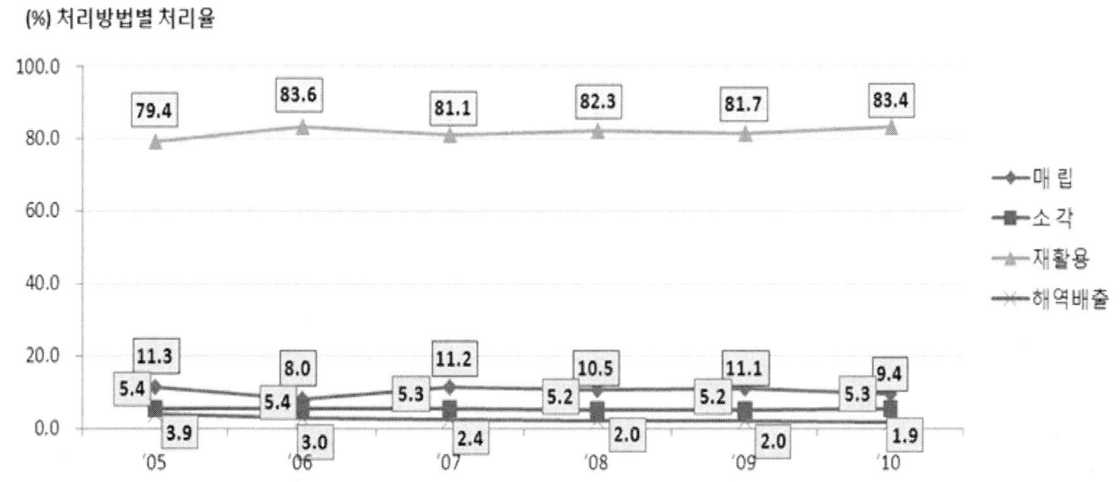

그림 14.7 폐기물 처리방법의 연도별 변화추이 [1]

표 14.3 폐기물의 연도별 처리방법의 변화 [1] (단위 : 톤/일)

구 분	'05		'06		'07		'08		'09		'10	
		%		%		%		%		%		%
계[25]	303,514	100	318,928	100	337,158	100	359,296	100	357,861	100	365,154	100
매 립	42,817	14.1	25,433	8.0	37,554	11.2	37,784	10.5	39,794	11.1	34,306	9.4
소 각	17,217	5.7	17,209	5.4	17,957	5.3	18,709	5.2	18,518	5.2	19,511	5.3
재활용	232,334	76.5	266,554	83.6	273,561	81.1	295,863	82.3	292,557	81.7	304,381	83.4
해역배출	11,146	3.7	9,732	3.0	8,086	2.4	6,940	2.0	6,992	2.0	6,956	1.9

표 14.4 생활폐기물의 처리방법 변화 추이 (단위:톤/일)

구 분	'05		'06		'07		'08		'09		'10	
		%		%		%		%		%		%
계	48,398	100	48,844	100	50,346	100	52,072	100	50,906	100	49,159	100
매 립	13,402	27.7	12,601	25.8	11,882	23.6	10,585	20.3	9,471	18.6	8,797	17.9
소 각	7,753	16.0	8,321	17.0	9,348	18.6	10,349	19.9	10,309	20.3	10,609	21.6
재활용	27,243	56.3	27,922	57.2	29,116	57.8	31,138	59.8	31,126	61.1	29,753	60.5

표 14.5 사업장배출시설계폐기물의 처리방법 변화 추이 (단위:톤/일)

구 분	'05		'06		'07		'08		'09		'10	
		%		%		%		%		%		%
계	112,419	100	101,099	100	114,807	100	130,777	100	123,604	100	137,875	100.0
매 립	16,604	14.8	8,897	8.8	22,503	19.6	24,285	18.6	27,531	22.3	23,309	16.9
소 각	7,326	6.5	7,709	7.6	7,478	6.5	6,937	5.3	6,926	5.6	7,983	5.8
재활용	76,957	68.4	74,761	74.0	76,740	66.9	92,615	70.8	82,155	66.5	99,627	72.3
해역배출	11,532	10.3	9,732	9.6	8,086	7.0	6,940	5.3	6,992	5.6	6,956	5.0

25) 사업장폐기물 중 지정폐기물은 제외함.

표 14.6 소각시설 현황

구 분	시설수(개소)	시설용량(톤/일)
계	672	28,457
자치단체	176	16,081
자가처리	425	6,339
처리업체	71	6,037

표 14.7 매립시설 현황

구 분	시설수 (개소)	총매립용량 (만㎥)	잔여매립용량 (만㎥)	(%)	'10 매립량 (만톤)
계	300	55,969	27,196	100	2,238
지방자치단체	229	41,092	21,016	77.3	758
자가처리업체	38	12,217	5,099	18.7	1,041
최종처리업체	33	2,660	1,081	4.0	439

만톤이다. 2010년말 기준 총매립용량은 55,969만㎥이고, 잔여매립용량은 27,196 만㎥이다. 매립시설 수를 운영주체별로 살펴보면 지방자치단체 229개(잔여용량의 77.3%), 자가처리업체 38개(잔여 용량의 18.7%), 처리업체 33개(잔여용량의 4.0%)이다. 현재 국내 폐기물 관리는 생활폐기물이나 사업장폐기물 모두 발생원이 일차적인 책임을 진다. 생활폐기물의 경우 발생원인 각 가정이 처리시설을 갖출 수 없기 때문에 지방자치단체가 공공처리시설을 설치 · 운영하고 있다. 그러나 사업장폐기물의 경우에는 발생원인 개별사업장이 스스로 소각장을 설치 · 운영하거나 중간처리업자에게 위탁처리할 수 있다. 그림 14.8은 폐기물 종류별 처리주체에 따른 처리비율을 나타내고 있다. 생활폐기물인 경우에는 자치단체의 비중이 59.4%를 차지하고, 사업장 및 건설폐기물은 대부분 처리업체에서 취급하고 있으며, 각각의 비중은 81.8%, 96.1%이다.

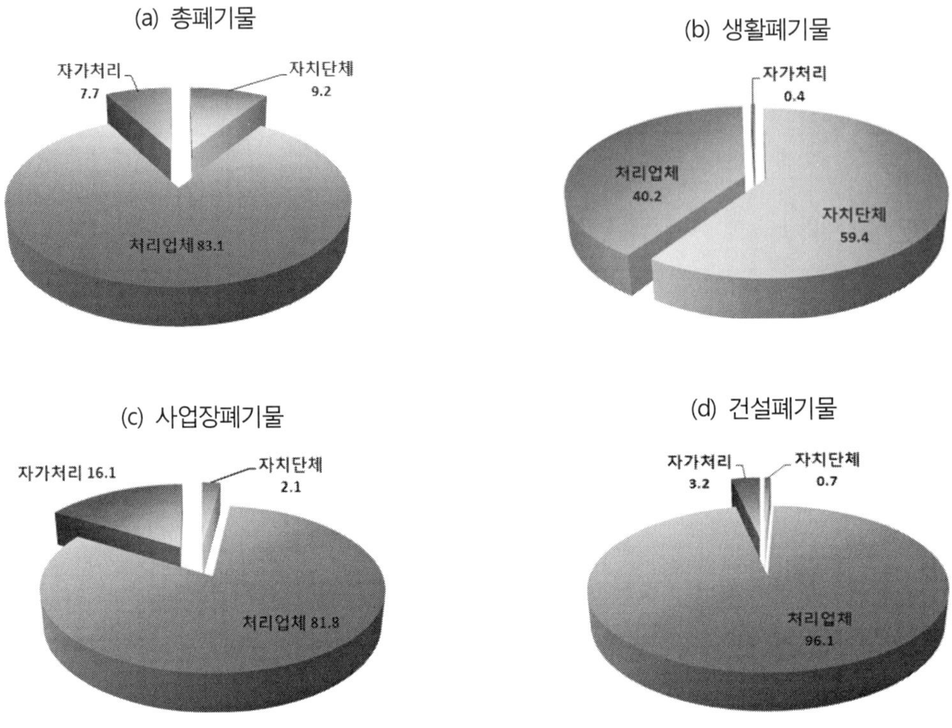

그림 14.8 폐기물 종류별 처리주체에 따른 처리비율 [1]

14.3 폐기물에너지의 활용에 관한 기본이론

1. 소각 기본이론

소각도 연소의 일부이므로 연소에 관한 일반 이론이 소각 [5]에 적용된다. 그러나 폐기물의 소각은 폐기물의 성분이나 조성이 시시각각으로 변화하므로 그 대표치를 사용하여 계산하여야 한다. 특히 생활폐기물의 경우 계절별 발열량의 크기에 따라 저질폐기물, 중질폐기물, 고질폐기물로 분류하여 설계하는 것이 편리하다. 그러나 사업장폐기물의 경우 단위공장에 대하여는 조성변화가 크지 않으므로 균일한 값을 설계치로 정할 수 있다. 소각로 설계에서 가장 중요한 것이 공급 공기량과 연소가스의 양 및 조성을 추정하는 일이다. 이를 간략히 나타내면 다음과 같다.

(1) 연소공기량 계산

혼합폐기물의 성분분석(분율)이 수분 W, 회분 A이고 나머지 휘발성 성분 가운데 원소분석이 탄소 C, 수소 H, 황 S, 염소 Cl, 불소 F, 질소 N일 경우 연소방정식으로부터 폐기물 1kg을 완전연소시키는 데 필요한 이론 산소량은 연소반응의 이론관계에 의하여 식 (14-1)과 같이 얻어진다.

$$O_{OW}(kgO_2/kg) = 2.67C + 8.0(H - O/8) + S - 0.23Cl - 0.42F \quad (14\text{-}1)$$

이들 산소량 식 (14-1)을 이용하여 이론 공기량을 구하면 식(14-2)와 같다

$$\begin{aligned} A_{OW}(kg\text{공기}/kg) &= O_{OW}/0.23 \\ &= 11.6C + 34.8(H - O/8) + 4.3S - 1.0Cl - 1.8F \quad (14\text{-}2) \end{aligned}$$

이를 표준상태에서의 부피로 나타내면 식 (14-3)이 된다.

$$A_O(Nm^3/kg) = 8.96C + 26.9(H - O/8) + 3.32S - 0.77Cl - 1.39F \quad (14\text{-}3)$$

실제로 연소에 있어서 완전연소시키기 위해서는 이론 공기량 A_O보다도 많은 열량을 공급해야 할 필요가 있으므로, 연소에 필요한 실제의 공기량 A는 식(14-4)과 같이 된다.

$$A(Nm^3/kg) = m \times A_O \quad (14\text{-}4)$$

여기서 m은 공기비(Air Ratio)이다. 이 공기비의 값은 폐기물의 질, 연소기나 노의 형식에 따라 각각 별도로 정해진다. 식 (14-4)에서 얻어지는 값은 표준상태(0℃, 1 atm)일때의 값이므로 이를 실제상태(t℃, P atm)로 환산하여야 한다. 즉, 식 (14-5)가 된다.

$$A_{P.T}(m^3/kg) = A\left(\frac{1}{P}\right)\left(\frac{273+t}{273}\right) \quad (14\text{-}5)$$

(2) 연소가스량

연료가 연소하여 발생하는 고온의 가스를 연소가스라 하고, 폐열을 이용하고 난 후 연돌로부터 배출될 때 이 가스를 배기가스라 한다.

폐기물 1kg을 완전 연소할 때의 생성가스는 CO_2, H_2O, SO_2, HCl, O_2, N_2로 구성되며

이의 용적을 화학양론으로 계산할 수 있다. 연료 중의 수소나 탄화수소계통의 연료를 연소하면 수증기가 생성되는데, 이 수증기 양을 포함하는 것을 이론 습폐가스량이라 하고 수증기를 포함하지 않는 것을 이론 건폐가스량이라 한다. 이는 각각 식 (14-5)과 식(14-6)로 나타낼 수 있다.

$$\text{이론 습폐가스량}(G_{ow}, Nm^3/kg) = 8.89C + 32.3H + 3.33S + 7.6N + 1.25W - 2.63O - 0.28Cl - 1.04F \quad (14\text{-}5)$$

$$\text{이론 건폐가스량}(G_{od}, Nm^3/kg) = 8.89C + 21.1H - 2.63O + 3.33S + 8.0N - 0.28Cl - 1.04F \quad (14\text{-}6)$$

실제 습폐가스량이나 건폐가스량은 과잉공기량을 더 포함하고 있으므로 (m-1)A_o를 합하여야 한다. 또한 식 (14-5)과 식 (14-6)에서는 표준상태를 기준으로 하였으므로 소각로 내의 온도는 위치별로 다르기 때문에 그 곳의 온도 t(℃), 압력 $P(atm)$로 환산하여야 한다. 즉, 식 (14-7)와 식 (14-8)이 된다.

$$\text{실제 습폐가스량}(G_{ow}, Nm^3/kg) = [G_{ow} + (m-1)Ao](\frac{1}{P})(\frac{273+t}{273}) \quad (14\text{-}7)$$

$$\text{실제 건폐가스량}(G_d, m^3/kg) = [G_{od} + (m-1)Ao](\frac{1}{P})(\frac{273+t}{273}) \quad (14\text{-}8)$$

(4) 연소가스의 성분별 조성

연소실에서 발생한 이론적 연소가스의 농도는 물질수지식을 이용하여 계산할 수 있다. 이상기체 혼합물의 조성은 몰% = 부피% = 압력%가 성립하므로 완전연소가 일어날 때 기체의 조성을 아래의 식에 의하여 계산할 수 있다.

$$CO_2\text{농도}(\%) = \frac{1.87C}{G_{ow} + (m-1)A_o} \times 100 \quad (14\text{-}9)$$

$$HCl\text{농도}(\%) = \frac{0.63Cl}{G_{ow} + (m-1)A_o} \times 100 \quad (14\text{-}10)$$

$$H_2O\text{농도}(\%) = \frac{1.24W + 11.2H - 0.32Cl}{G_{ow} + (m-1)A_o} \times 100 \quad (14\text{-}11)$$

$$SO_2\text{농도}(\%) = \frac{0.70S}{G_{ow} + (m-1)A_o} \times 100 \quad (14\text{-}12)$$

$$O_2\text{농도}(\%) = \frac{(m-1)A_o \times 0.21}{G_{ow} + (m-1)A_o} \times 100 \quad (14\text{-}13)$$

$$N_2\text{농도}(\%) = \frac{0.79mA_o}{G_{ow} + (m-1)A_o} \times 100 \quad (14\text{-}14)$$

노 내의 온도에 따라 열(thermal) NO_2의 농도에는 차이가 있으므로 NO_2농도를 일률적으로 계산하는 것은 어려운 실정이다. 따라서 이들 이론치를 근거로 설계를 한 뒤, 실제 건설이 완공되고 가도이 될 경우에는 각 부위에서 이들 농도를 연속적으로 측정, 감시 및 자동제어가 이루어지도록 설비를 한다.

2. 열분해 기본이론

(1) 열분해(Pyrolysis)

가연성 폐기물을 오염물질이 극히 적게 발생하는 방법으로 처리하여 에너지를 회수 이용하는 기술의 하나로서 열분해공정이 많이 주목받고 있다. 열분해는 유기물을 무산소 또는 저산소 속에서 고온(500~1000℃)으로 가열하여, ① 수소, 메탄 등의 탄화수소, 일산화탄소 등으로 되는 가연성 가스, ② 상온에서 액상인 식초산, 아세톤, 메탄올과 같은 유기화합물을 함유하는 타르분, 또는 유분, ③ 순탄소와 유리, 금속, 토사를 함유하는 숯의 3가지 군으로 화학적으로 분해되는 공정이다.

열분해기술은 그리 새로운 것은 아니지만 미국에서 EPA가 1970년부터 도시 쓰레기의 가스화 및 유화기술로서 쓰레기의 열분해에 대한 연구를 강력히 추진하여 왔었다. 이러한 열분해기술은 파쇄, 선별을 전제로 하여 열분해공정과 조합하여 소위 저류성 에너지의 회수를 지향하여 개발하여 왔는데, 최근에 와서는 도시 쓰레기의 소각처리가 직면하고 있는 폐가스 및 폐수처리 등의 2차 공해처리 배제 및 매립 처분량의 감소대책이라는 방향으로 이 공정을 개발하고 있는 실정이다. 따라서 앞으로의 열분해공정은 쓰레기의 소각처리에 비하여 ① 배기 가스량이 적은 점, ② 황분, 중금속분이 재 중에 고정될 확률이 큰 점, ③ 환원성 분위기를 유지할 수 있어서 Cr^{3+}가 Cr^{6+}로 변화하지 않은 점, ④ NO_X의 발생량이 적은 점 등, 이런 장점으로 소각처리에 대체할 수 있는 폐기물처리공정으로 기술개발이 기대된다.

열분해반응 공정은 식 (14-15)과 같이 나타낼 수 있다.

$$원료 + 열 \rightarrow G(기체) + L(액체) + S(고체) \tag{14-15}$$

이 과정에서 생성물 수율은 원료의 화학구조, 형상, 열분해 온도와 속도에 의존된다. 도시 쓰레기를 무산소하에서 고온·고속으로 가열시키면 그중에 함유되어 있는 셀룰로오스 분자는 무작위로 분해되어 메탄, 이산화탄소, 수소, 일산화탄소, 물을 함유하는 생성물이 된다. 셀룰로오스의 열분해와 연소과정에 대하여, 저온·저속 가열은 고체생성물을 많이 생성하고 고온·고속 가열에 의해 여러 경로를 거쳐 연소성 있는 휘발성 가스 생성물을 증가시킨다. 셀롤로우스의 열분해와 연소과정은 가열속도, 온도, 시료의 크기에 많은 영향을 받는다. 이러한 것은 저속 가열에 있어서의 분자의 선택 안정성에 의한다. 저속도, 저온으로 가열하면 분자는 가장 약한 위치가 분해하게 되는데 충분한 시간을 줄 뿐 아니라 부분적으로 재결합하여 안정한 고체가 된다. 고온·고속으로 가열하면 분자는 폭발적으로 분해하여 넓은 범위의 유기저분자를 생성하게 됩니다. 또, 입자가 크면 균일한 온도를 갖는 데에 장시간이 필요하므로 중심부근에서는 외측에 비하여 저속가열이 된다. 따라서, 열분해에 의하여 생성한 가스와 액체는 숯의 두터운 층을 통하지 않으면 안되기 때문에 2차 공해가 많이 발생하게 된다.

종래의 생상공정에 있어서의 열분해기술은 투입되는 재료의 균등성이 대전제가 되어 있으며 그 중 목표로 하는 생성물의 수율을 제고하는 것이 큰 과제인데 반하여 생활폐기물을 열분해할 경우에는 투입되는 원료가 물리적, 화학적으로 복잡하고 더욱이 그 조성이 지역적, 계절별, 연도별로 변화가 있기 때문에 그 생성물을 자원으로 이용하는 데 있어서의 안전한 질과 양을 확보해야 하는 어려움이 있다. 예를 들면, 열분해과정의 촉진과 안정화를 위한 전처리로서 원료를 미분화할 경우 복잡한 파쇄분리공정과 막대한 동력을 필요로 하므로 열분해의 단위조작만으로 평가할 수 없다. 특히 우리나라의 생활폐기물중 종이류는 발열량이 낮은 특성을 갖고 있어서 열분해의 전처리공정으로 분별시스템이 꼭 필요하다.

열분해반응에서도 온도, 가열시간, 압력 촉매의 존재 등의 인자에 따라서 가스, 타르, 기름, 숯의 생성량이 변화하는데 열분해생성물의 이용 목표를 가스, 타르, 기름, 숯의 어디에 두느냐는 자원의 수요, 유통기구 등에 대해 다방면으로 고려하여야 한다. 타르나 기름은 응축한 수분에 혼입되어 회수되는 경우가 많기 때문에 그 성분이 너무나도 복잡 다양하므로 이것을 분리정제하여 화학원료로 제공하는 데에는 경제적인 문제가 있고 연료로서 사용할 경우에는 정제의 정도와 생성되는 제품의 품위가 문제된다. 숯을 활성화하여 부가가치가 높은 활성탄으로 이용하는 경우도 고려할 수 있는데 쓰레기 중의 중금속이 농축되는 경향이 있으므로 정화용의 활성탄으로서는 문제가 있다. 오히려 열분해반응은 흡열반응이기 때문에 열공급이 필요하므로 숯을 공정 내에서 연소시켜 열분해 반응원으로서 이용하는 것이 더 현명하고 경제성이 있을지도 모른다. 가스화 경우에 있어서는 가스 중 함유되는 오염물질을 알칼리 처리, 수세 등으로 비교적 용이하게 제거할 수가 있어서 청정연료로서 고압보일러의 공급연료로 사용될 수 있는 장점도 있다.

(2) 플라스틱의 열분해

플라스틱의 약 80%가 열가소성 수지이며 이들 중 약 80%가 LDPE, HDPE, PVC, PP, PS와 같은 5대 범용수지로 구성되어 있다. 플라스틱의 열분해형태는 단량체로의 분해,결합의 임의분열, 곁가지(Side Chain)나 치환체(Substituent)의 분리에 의한 불포화화합물의 생성과 재중합반응, 숯 생성 등이 있다. 단량체로의 분해의 경우에는 초기에 기체생성물이 많고 고분자 물질의 분자량은 매우 서서히 감소하며 단량체는 결합의 끝부분부터 떨어져 나간다. PMMA의 경우는 100% 단량체로 분해된다. 결합의 임의분열에서는 초기 기체생성물의 발생은 매우 더디나 일단 분해가 시작되면 분자량이 급속히 감소되는 데, PE, PP 등이 대표적이다. 또한, 곁가지나 치환체의 분리에 의한 불포화화합물의 생성과 재중합반응, 숯 생성에서는 PVC의 경우 먼저 HCl이 휘발한 후, 나머지 불포화화합물의 분해가 진행된다. 이때 재중합반응도 동시에 일어나 일부는 매우 분해가 어려운 고분자 물질로 변하며 결국 숯으로 남게 된다.

(3) 슬러지 열분해

과거 캐나다를 중심으로 슬러지 열분해에 관한 반응 기구에 대한 연구가 진행되었다. 열분해 오일의 성분분석결과 선형 메탄계 탄화수소(Alkanes), 아세틸렌계 탄화수소(Alkenes), 카르복시산, 에스테르, 아미드류 등이 주성분이었으며, 이 중 주목할 것은 카르복시산의 주류가 hexadecanoic acid(C_{16})와 octadecanoic acid(C_{18})이고 오일 내 탄화수소의 상당부분이 C_{15}와 C_{17}을 가진 탄화수소라는 점이다. 이는 두 카르복시산으로부터 탈카르복실화(decarboxylation)를 거친 후 CO_2가 제거되어 두 종류의 탄화수소가 형성되는 것이라 판단된다. 또한 보코크(Boocock) 등은 원 슬러지의 DSC자료와 열분해오일의 증류곡선과 비교한 결과 슬러지의 액체가 분해되는 시점에서 가장 많은 오일성분들이 함유됨을 발견하고 슬러지오일화 주요 반응기구로 지질의 증류법이 크게 작용한 것이라고 보고하였다. 상세한 열분해 내용에 대해서는 참고문헌 [5]을 참조한다.

14.4 폐기물 연료화

RDF(Refuse Derived Fuel)에 관한 연구는 기본적으로 쓰레기를 처리하여 석탄용 보일러에 사용하기 위한 프로젝트였다. 그러나 연구결과 일반 석탄보일러에는 슬래그화(slagging) 및 오염 문제가 발생되어 최근에는 RDF 플랜트와 전용 연소보일러를 제작하여 연소시키는 방식으로 전환되고 있다. 미국에서는 RDF는 세이트루이스에서 시작하여 매디슨, 아메스 등지에서 정부지원 연구사업으로 건설되었고, 밀워키에서는 대규모 플랜트가 민간자본 등을 동원하여 건설되었다. 또 하와이에서 CE가 다른 유럽지역의 경쟁자를 물리치고 공사를 따냄으로써 미국에서의 매스버닝(mass burning 유럽기술) 시스템과 RDF시스템의 경쟁은 점차 격렬해지고 있으나 미국내에서 개발된 기술과 유럽에서 도입된 기술의 판매경쟁 격차 때문에 유럽업체가 고전하고 있는 실정이다. RDF는 현재는 주로 CE에서 주도하여 제작하고 있으며 이것은 매디슨의 기술과 경험을 토대로 하고 있다. 현재 건설된 RDF시스템 중 가장 큰 아메리컬로지(Americology)의 경우에는 전처리 조작에서 알루미늄 분리장치 등 최신기술들도 응용 되었으나 실제로는 경제성이 거의 없고 RDF만 생산하는 쪽이 더 유리하다고 한다. 배브콕 앤 윌콕스(Babcock & Wilcox)사는 RDF와 비슷한 개념의 시스템을 개발하여 애크런(Akron)에 설치하였다. 이것은 쓰레기를 간단하게 한번 정도 파쇄한 다음 이를 공기로 분리시켜 그대로 전용보일러에 연소시키는 방식이다. 이 시스템은 RDF보다 가공투자비가 적게 들고 운전비용도 절감되는 이점이 있으며 전용 보일러를 설치한 경우 RDF보다 유리한 점도 많다. 일본에서도 여러 가지 가연성 폐기물을 분리할 경우 여러 종류의 고형연료를 제조하여 활용하고 있는 것을 볼 수 있다. 전반적으로 RDF시스템은 대규모 시스템일 경우 전처리된 쓰레기를 태우게 되므로 비교적 농축된 연소를 할 수 있는 장점이 있다. 그러나 쓰레기의 조성이 종이, 플라스틱 등 공기분류가 가능한 성분량이 상당량이 되어야 하며 전처리에 상당한 동력 및 투자비가 소요된다. RDF는 미국과 같이 고발열량의 쓰레기가 발생되는 지역에서는 대규모 시스템일 경우 기존의 유럽방식보다 유리한 점이 많다. 그러나 한국과 같이 종이류가 매우 적은 입장에서는 미국의 경우와 같은 농축연소의 입장보다는 불연성 물질을 제거하고 주방쓰레기 등 높은 수분함량의 물질을 퇴비화 플랜트로 분리하는 편이 더욱 크게 부각될 것이다. 이것은 전반적인 경제성을 평가하여 결정해야 할 사항이겠으나 단순히 발열량 증가를 위한 가공은 유럽기술인 매스 버닝 (Mass Burning)방식보다 중복된 투자가 불가피하므로 오히려 불리해질 가능성이 크다. 우리나라에서는 난지도 청소공장(1일 1,500톤 처리)의 실패로 RDF에 대한 인식이 좋지 못하다.

14.5 혼합폐플라스틱 열분해 유화공정

14.5.1 열분해 유화공정의 중요성

현재 폐기물의 효과적인 처리와 에너지회수 측면에서 국내외적으로 폐기물의 열분해 공법에 대하여 많은 연구가 진행되어 왔다. 그러나 폐플라스틱의 경우 근본적으로 가지고 있는 막대한 잠재적 에너지 가치에도 불구하고 현재 50% 가까이가 매립이나 소각 등의 부적절한 방법으로 처리되고 있으며 따라서 이러한 현실을 감안할 때 본 기술의 개발을 통한 폐플라스틱의 에너지화는 국내에서 발생하는 폐플라스틱의 상당부분을 에너지로 재생산하기 위한 기술적인 문제를 해결해 줄 수 있을 것으로 판단된다. 이러한 기술적 필요성에 의하여 선별 및 전처리된 폐플라스틱을 대상으로 하는 열분해 유화기술의 상용화가 현재 추진 중에 있으나 발생되는 폐플라스틱의 전체 양에 비하여 처리 가능한 대상 폐플라스틱의 양이 한정되어 있어 폐플라스틱으로부터 산업체 대체 연료유 회수비율을 높이는 데에는 한계가 있다. 따라서 종말품 형태의 저급 폐플라스틱을 대상으로 하는 유화기술의 필요성이 증가하고 있다. 그러나 종말품 형태의 폐플라스틱으로부터 열분해에 의해 생성되는 혼합유의 경우에 있어서는 폐플라스틱에 포함된 소량의 고형분과 열분해 과정에서 생성되는 타르 그리고 폐플라스틱에 포함하고 있는 유해한 화학 성분 등이 열분해 후 생성되는 혼합유의 질에 악영향을 주어 대체 연료유로의 사용에는 한계가 있다. 이는 폐플라스틱을 열분해하기 전에 전처리가 잘 이루어져 이물질과 유해한 플라스틱을 제거해야 하지만 대상 원료에 대해 선별, 파쇄 등의 여러 전처리 장치의 추가는 유화 플랜트 이상의 투자비용 상승을 가져와 전체적인 유화 사업의 경제성을 크게 악화시키게 된다. 따라서 이러한 문제점을 해결하기 위하여 지자체 및 재활용 업체에서 발생되는 종말품을 다수의 전처리 공정들이 필요치 않고 간단한 공정에 의해 열분해하여 오일을 생산할 수 있는 소규모 열분해 유화공정의 개발이 절실히 필요한 상황이다.

소규모의 로터리 킬른형 유화공정은 대규모의 유화공정의 기본구성 공정인 전처리공정, 용융공정, 열분해공정 그리고 증류공정 등의 여러 단계적인 처리 공정에 비해 몇 개의 단순공정으로 구성되어 우선 설치비가 저렴하고, 일본의 대규모 유화 업체에서 가장 큰 문제로 작용하고 있는 원료 확보에 있어서도 소규모의 유화공정이기 때문에 지방자치단체나 중소기업체 등에서 발생하는 폐플라스틱을 대상으로 할 수 있어 쉽게 원료 확보가 가능하고, 더욱이 전체 비용 중에 많은 비용이 들어가는 수거에 대한 물류비용이 상당히 감소하게 되어 상용화에 매우 유리한 점이 있다. 표 14.8에 국내의 최신 폐플라스틱 유화기술의 종류별 특징을 나타내었다. 표 14.8에서 보는 바와 같이 현재 개발완료 및 진행 중인 폐플라스틱 유화기술의 활용만으로는 폐플라스틱으로부터 산업체 대체 연료유 회수비율을 높이는 데에는 한계가 있음을 확인할 수 있으며 따라서 이러한 문제점을 해결하기 위해서는 저급 폐플라스틱의 유화가 가능한 킬른형 유화공정의 기술개발이 절실함을 알 수 있다.

그러나, 표 14.8 에서 보는 바와 같이 저급 폐플라스틱을 대상으로 하는 킬른형 반응기의 회분식 열분해공정은 최종 생산 오일 제품의 질이 낮아 산업체 등의 연소 장치에 대체 연료유로 사용할 경우 장애를 발생시키므로 생산 오일 제품의 고급화를 위한 정제 기술 개발이 요구되며 이와 함께 유화공정의 에너지 효율 및 운전성 향상을 위한 킬른형 반응기의 구조 및 운전방법 개선 그리고 킬른형 반응기에 적합한 전처리 방법 등의 기술개발이 절실함을 알 수 있다.

우리나라는 에너지소비량 세계 9위, 에너지소비 증가율 세계 8위, 하루 석유소비량에서는 세계 8위를 차지하고 있을 정도로 에너지소비 대국이다, 표 2.1참조. 특히, 사용 에너지의 96.4% (표 2.2 참조)를 수입에 의존하고 있는 현실을 감안할 때 현재의 에너지 산업구조와 소비구조는 더욱 경제적이고 효율적으로 개편되어야 한다. 즉, 에너지수급의 안정성 및 에너지 형태의 다변화를 추구하여야 한다. 최근 지속적이고 장기적인 유가상승 및 안정적인 원유 공급의 어려움, 연료소비의 증가, 매장량의 한계 등으로 인하여 석탄 및 바이오매스, 폐기물 등의 비재래형 연료의 자원화에 대한 관심 및 연구가 고조되고 있다. 특히 폐기물의 에너지화는 산업에서나 국가적으로 매우 중요한 기술개발사업 분야로 국민의 생활수준이 올라갈수록 그 중요도 또한 높아지고 있다. 특히 폐기물 중 에너지로의 잠재적 가치가 매우 높은 폐플라스틱의 경우 1960년대 이후 산업의 발달에 따라 전 세계적으로 플라스틱의 생산량이 크게 증가하게 되었고 국내의 경우에 있어서도 플라스틱의 생산량은 세계 5대 생산국에 들어갈 정도로 많은 양을 생산하고 있으며 이에 따라 폐플라스틱의 양 또한 큰 폭으로 증가하는 추세에 있다. 따라서 현재 국내의 전체 신재생에너지 중에서 폐기물이 차지하는 비중이 거의 70% 이상으로 아주 높은 비율을 차지하고 있는 현실을 감안할 때 효율적이고 경제적인 방법으로 폐플라스틱을 에너지화하는 기술 개발이 매우 필요한 상황에 있다. 또한, 제 3차 신재생에너지 기본계획(2030)에서 폐기물보급목표를 11,021 천 TOE로 설정되어 있다.

표 14.8 국내 대표적 폐플라스틱 유화기술의 장·단점

대상 원료	장점	단점	비고
전처리된 폐플라스틱	·전 공정의 자동화 ·연속공정 ·생성가스 및 슬러지 활용 ·에너지 효율 향상	·대량의 원료확보 필요 ·전처리비용 추가 ·설치비 및 운송비 증가 ·유화대상 폐플라스틱 한계	
	·단순한 공정 ·연속공정 ·원료량 확보 용이 ·비교적 적은 투자비	·전처리비용 추가 ·유화대상 폐플라스틱 한계	
종말품 형태의 저급 폐플라스틱	·저급 폐플라스틱 유화처리 가능 ·원료량 확보 용이 ·비교적 적은 투자비 ·단순한 공정 ·전처리 비용이 없음	·회분식 공정 ·체계적 운전 및 설계기술의 부재 ·생성오일의 고급화 기술 필요 ·킬른형 반응기의 전처리 기술 필요	

우리나라는 경제성이 매우 낮은 무연탄 외에는 부존자원이 제한되어 있음에도 불구하고 이미 수입에너지 위주로 선진국형의 에너지 수급체계를 갖추고 있어 유가의 변동 등의 변화에 매우 취약한 상태이다. 석유의 의존도가 높아 매장량 한계와 국제적인 정치변화에 따른 유가 급등은 국가전체의 생존을 위협받을 수 있어 장기적으로 석유를 대체할 수 있는 에너지원의 개발이 요구된다. 표 14.9에 국내의 에너지원별 1차 에너지 수요 전망을 나타내었다. 표 14.9에서 보면 국내의 1차 에너지 소비 비중은 50% 이상이 석유에 의존하고 있다. 이는 곧 석유의 수급 현황 및 세계 시장의 유가 변동, 국제 정세 등의 영향에 국내의 에너지 안보가 크게 좌우됨을 의미한다.

표 14.9 국내 에너지원별 1차 에너지 수요 전망 (단위: 백만 TOE, %)

	1995	2000	2010	2020	2030	연평균 증가율			
						1996~2000	2001~2010	2011~2020	2020~2030
석유	94.0 (62.5)	106.6 (55.8)	146.0 (53.9)	169.5 (51.0)	180.9 (48.1)	2.6	3.2	1.5	0.7
석탄	28.1 (18.7)	39.7 (20.8)	52.3 (19.3)	58.7 (17.7)	66.2 (17.6)	7.2	2.8	1.2	1.2
천연가스	9.2 (6.1)	16.7 (8.7)	30.6 (11.3)	42.6 (12.8)	53.7 (14.3)	12.6	6.3	3.3	2.4
수력	1.4 (0.9)	1.1 (0.6)	1.1 (0.4)	1.1 (0.3)	1.1 (0.3)	-5.1	0.2	0.1	0.1
원자력	16.8 (11.1)	25.3 (13.2)	38.0 (14.0)	55.6 (16.7)	68.1 (18.1)	8.6	4.2	3.9	2.0
신재생	1.1 (0.7)	1.8 (0.9)	3.2 (1.2)	4.7 (1.4)	6.3 (1.7)	11.4	5.8	3.9	3.0
합계	150.4	191.1	271.2	332.2	376.3	5.2	3.6	2.1	1.3

표 14.10 국내 가연성 폐기물의 구분 및 발생량 (2007)

폐기물 구분	발생량	에너지 함량	석유수입대체효과
합성수지폐기물 -폐플라스틱 -폐타이어	490만톤/년	490만 TOE/년	3,600만 배럴/년
건조유기성폐기물 (목질계 및 초본계 바이오매스 포함)	981만톤/년 (40만톤/년)	329만 TOE/년 (15만 TOE/년)	2,410만 배럴/년 (110만 배럴/년)
고함수율 유기성 폐기물 -하수 슬러지 -음식 폐기물 -축산 폐기물	5,800만톤/년(습) 1,160만톤/년(건)	348만TOE/년	2,550만 배럴/년
합 계	2,631만톤/년	1,167만 TOE/년	8,560만 배럴/년

국내의 가연성폐기물 중 유화 대상인 합성수지 발생량과 에너지 함량은 표 14.10과 같이 각각 490만톤/년과 490만 TOE/년이고, 석유수입대체 효과는 3,600만 배럴/년으로 CO_2 배출 감축량 1,167만톤/년의 효과를 가진다. 표 14.11에서, 국내의 가연성 폐기물이 보유한 에너지 잠재량은 발생량 기준으로 2030년에 1,470만 TOE/년으로 예측되고 있다. 표 14.12는 폐기물 에너지화 기술별 신재생에너지 보급 기여도를 나타내고 있다. 국내의 가연성 폐기물이 보유한 에너지 잠재량을 기준으로 2030년에 폐기물 분야의 신재생에너지 보급 기여도는 폐가스 기술 분야를 포함할 경우 약 770만 TOE/년으로 전망되고 있으며, 폐가스 기술분야를 제외한 것이다. 현재 유가 급등과 정부의 적극적인 재활용 정책에 의해 중소기업체에서 설치비가 저렴한 저급 폐플라스틱을 대상으로 하는 회분식/반연속식 열분해 유화공정에 대해 많은 관심을 보이고 있을 뿐만 아니라 일부 업체의 경우 킬른형 열분해공정에 대한 실제 사업화를 진행하고 있다. 그러나 열분해 장치의 효율성 문제와 생산되는 혼합유가 저급 오일인 관계로 상용화에 큰 어려움이 있으며, 따라서 킬른형 반연속식 열분해 공정의 체계적인 설계 및 운전기술과 이로부터 생성된 혼합유를 물리적, 화학적 정제를 통하여 환경오염 물질의 제거와 품질 규격에 적합한 고부가가치 제품을 생산하기 위한 연속 정제 기술 그리고 킬른 유화공정용에 적합한 전처리 기술의 개발이 크게 요구되는 실정에 있다.

표 14.11 연도별 국내 폐기물에 대한 에너지 잠재량 예측 [4] (단위: TOE/년)

구 분	2005년(실적)	2012년	2020년	2030년
생활폐기물	3,141,082	2,965,181	2,977,746	2,940,053
사업장배출시설계 폐기물	2,881,745	4,334,144	5,489,724	6,691,411
건설폐기물	906,900	1,363,978	1,727,645	2,105,822
지정폐기물	1,279,710	1,924,684	2,437,848	2,971,487
합 계	8,209,437	10,587,987	12,632,963	14,708,773

표 14.12 연도별 국내 폐기물 분양의 신재생에너지보급 기여도 [4] (단위: TOE/년)

구 분		2006년(실적)	2012년	2020년	2030년
고형연료(RDF,RPF)		100,000	300,000	500,000	800,000
열분해유화	폐플라스틱	5,000	40,000	100,000	150,000
	폐유	302,830	350,000	400,000	450,000
	합계	307,830	390,000	500,000	600,000
가스화		14,200	152,265	238,632	392,605
소각열 회수		1,548,437	2,196,487	3,006,004	3,664,350
합 계		1,970,467	3,038,752	4,244,676	5,456,955

14.5.1 국내 · 외 열분해 유화 기술의 현황

1. 국외 기술현황

국외의 경우 일본과 유럽에서 대용량 플랜트 중심의 폐플라스틱 열분해 공정에 대한 개발 및 실용화 연구가 활발히 진행되어 현재 일부 상용화가 이뤄져 있으며 소용량 중심의 열분해 장치에 있어서는 일본에서 가장 활발히 개발되어 실용화 평가 연구가 진행되고 있다. 그러나 아직까지 저급 폐플라스틱 유화장치의 경우 각 요소기술의 문제점으로 인하여 상용화 단계에 이르지는 못한 상태에 있다. 폐플라스틱 열분해 기술의 실용화 개발연구에 대한 국외 현황을 일본과 독일 및 기타국가로 나누어 보면 다음과 같다.

가. 일본

일본의 경우, 1995년경에 이미 약 20여 개 기업들이 폐플라스틱 유화플랜트를 개발하였고, 2000년 초까지 여러 기의 상용플랜트들이 건설된 바 있다. 일본의 유화기술의 특징을 살펴보면, 우리나라의 경우는 대부분 소기업들이 주도를 하고 있는 반면, 일본은 중소기업뿐만 아니라 대기업들 또한 기술개발과 상용화를 주도하고 있으며 대규모 플랜트와 소규모 플랜트의 개발이 병행되고 있다. 일본의 대표적 기술보유 회사는 후지리싸이클(주), 일본이화학 연구소, (주)구보타, 히다찌조선(주), (주)도시바, 치요다화공건설(주) 등 이다. 1990년대 후반에 들어 포장·용기류 폐플라스틱을 대상으로 한 실증 및 상용플랜트의 보급이 추진되었으며, 3,000~12,000톤급플랜트 수기가 건설되어 가동된 바 있다.

나. 독일 및 기타국가

독일의 경우 1990년대 중반 이미 BASF사가 18,000톤/년 규모의 플랜트를 성공적으로 개발하였고, Kohleol-Anlage Bottrop GmbH사 (4만톤/년) Eckelman 등에서도 상용 규모의 플랜트를 건설하여 운영한 바 있으며, BASF사에서 경제성이 있는 규모의 플랜트 건설을 계획하였었으나 원료확보가 불가능하여 사업을 추진하지 않은 것으로 밝혀졌다. 일본 및 독일을 제외한 여러 국가에서 또한 폐플라스틱 유화공정을 개발 운영한바 있으나 중국 및 동유럽의 경우 기술이 열악하여 정상적인 상용화보급이 이루어지고 있지 못한 것으로 알려져 있으며 미국의 경우 아직까지 매립처리가 가능하고 대량의 원료 확보의 어려움 등 여러 가지의 경제성 문제로 인하여 아직 폐플라스틱 열분해 유화기술이 활성화되지 못하고 있다.

2. 국내기술현황

국내의 경우 폐플라스틱의 열분해에 의한 오일회수기술개발의 중요성을 인식하고 정부의 기술개발자금지원 하에 한국화학연구원, LG화학기술연구원, 한국에너지기술연구원 등에서 장기간에 걸쳐 연구개발을 수행한 바 있으며 LG화학기술연구소의 경우 열분해 반응기를 기초로 하여 실험실적 규모로 시간당 3kg의 폐플라스틱 처리능력과 파이롯트 플랜트 규모로 시간당 20kg의 폐플라스틱 처리능력이 있는 열분해 장치를 개발하였다.

1990년대 후반 들어 대체에너지 개발사업으로 연구소와 기업체들이 주도하여 소규모 공정개발연구를 실시한 사례들이 있으며 일부 관련 기업체들이 자체적으로 기술을 개발하여 플랜트 보급을 시도하기도 하였다. 또한 1990년대 후반부터 지금까지 폐플라스틱 유화사업 참여를 목적으로 약 30개의 중소기업들이 설립되어 사업을 추진하여 왔다. 그러나 국내 유화플랜트 기술 보유 회사들이 영세성, 보유기술 미흡, 원료시장의 불안정 등으로 아직 기술 보급이 이루어지지 않고 있다. 이러한 가운데 한국에너지기술연구원의 경우 파이롯트 플랜트 규모의 오일회수장치를 개발하여 현재에도 꾸준히 관련 연구를 수행 중에 있다. 그러나 열분해 장치의 요소기술들에 대한 기술적 문제점의 보완 및 경제성 문제로 인하여 실용화 평가 단계에서 아직 상업화에 성공하지 못하고 있는 실정에 있다. 또한 폐플라스틱으로부터 연료유 생산을 위한 유화처리 장치의 경우 실질적으로 폐플라스틱의 발생 및 수집과정을 볼 경우 단위사업장에 활용이 가능한 중소형 규모의 유화처리장치가 보다 현실성이 있을 것으로 판단된다.

참고문헌

[1] 2010 전국폐기물발생 및 처리현황, 환경부 및 한국환경공단, 2011, KECO2011-PE16-59, 발간등록번호 11-B552584-000005-10), http://www.index.go.kr/egams/stts/jsp/potal/stts/PO_STTS_IdxMain.jsp?idx_cd=1477&bbs=INDX_001

[2] "신재생에너지의 이해", 2008, 에너지관리공단, 신재생에너지센터, http://www.knrec.or.kr

[3] "전국폐기물 발생 및 처리현황", 환경부, http://www.index.go.kr/egams/stts/jsp/potal/stts/PO_STTS_IdxMain.jsp?idx_cd=1477&bbs=INDX_001

[4] 신재생에너지 RD&D 전략 (폐기물), 산업자원부, 2008.

[5] "에너지공학(7.2 폐기물에너지)", 한국화학공학회저, 교보문고, 1996.

연습문제

1. 가연성폐기물을 이용한 고형연료화 기술과 관련하여 다음 물음에 답하시오. (2008년 행정고등고시(기술직) '폐기물처리' 출제)
   1) RDF와 RPF를 정의하고 그 차이점을 설명하시오.
   2) RDF제조시 중요한 품질항목 및 기준에 대하여 설명하시오.
   3) RDF의 주요 수요처를 제시오.
   4) 펠렛(Pellet)형 RDF제조시 소석회를 첨가하는 이유를 설명하시오.

2. 다음 표는 어느 혼합 폐기물의 성상분석 결과이다. 이와 고나련하여 다음 물음에 답하시오. (단, 물의 응축잠열은 600kcal/kgH_2O이며, 모든 계산값은 소숫점에서 반올림한다) (2008년 행정고등고시(기술직) '폐기물처리' 출제)

혼합 폐기물 성상	습량기준 조성비 (wt.%)	3성분(wt.%)			건조고위 발열량 (kcal/kg)	건조기준(wt.%)			
		수분	가연분	회분		C	H	O	Ash
음식물 쓰레기	20	80	15	5	3,000	40	10	40	10
종이류	40	20	75	5	4,000	45	10	40	5
플라스틱	40	0	100	0	7,000	70	10	20	0

   1) 혼합폐기물의 3성분을 계산하시오.
   2) 혼합폐기물의 원소성분을 계산하시오.
   3) 혼합폐기물의 저위발열량을 계산하시오.
   4) 혼합폐기물의 저위발열량이 2,500kcal/kg이하로 설계된 소각로에 예상되는 문제점을 제시하시오.

3. 폐기물의 열적처리와 관련하여 다음 물음에 답하시오. (2009년 행정고등고시(기술직) '폐기물처리' 출제) -폐기물 열적처리방법인 소각, 열분해 응용 및 탄화의 용어에 대하여 정의 및 특성을 설명하시오.

4. 폐기물자원화의 필요성과 문제점에 대하여 설명하시오. (2002년 행정고등고시(기술직) '폐기물처리' 출제)

부록A

유용한 웹사이트

- Energy Information Administration-official energy statistics from the United states government http://www.eia.doe.gov/
- Energy efficiency and renewable energy information from the United States Department of Energy http://www.eere.energy.gov/
- United States Environment Protection Agency http://www.epa.gov/
- World Resources Institute http://www.wri.org/
- International Energy Agency http://www.iea.org/
- American Society of Heating, Refrigeration, and Air-Conditioning Engineers http://www.ashrae.org/
- American Petroleum Institute http://www.api.org/
- Portal site for gas and oil industry information http://www.gasandoil.com/
- Renewable Energy Policy Project and the Center for Renewable Energy and Sustainable technology http://www.crest.gov/
- American Council for an Energy-Efficient Economy http://www.aceee.gov/
- American Wind Energy Association http:///www.awea.org/
- American Solar Energy Society http://www.ases.org/
- Electric vehicles information with a weekly email newsletter http://www.evworld.com/
- Worldwatch Institute-publisher of State of the World annuals http://www.worldwatch.org/
- American Bioenergy Association http://www.biomass.org/
- Environmental Energy Technologies division of Lawrence Berkeley National Laboratory http://www.eande.lbl.gov/

- Florida Solar Energy Center at the University of Central Florida http://www.fsec.ucf.edu/
- United States Nuclear Regulatory Commission http://www.nrc.gov/
- American Nuclear Society http://www.ans.org
- Union of Concerned Scientists http://www.ucsusa.org
- National Renewable Energy Laboratory http://www.nrel.gov/
- 미국재생연료협회(Renewable Fuel Association) http://www.ethanolrfa.org/
- 캐나다재생연료협회(Canadian Renewable Fuels Association) http://www.greenfuels.org
- 한국신재생에너지센터 http://www.knrec.or.kr
- 한국에너지기술연구원 http://www.kier.re.kr
- 한국국가환경기술정보센터 http://www.konetic.or.kr
- 한국태양광산업협회 http://www.kopia.asia
- 한국석유화학협회 http://www.kpia.or.kr
- 미국신재생에너지연구원 http://www.nrel.gov
- 미국에너지부 (Departemtn of Energy)http://www.doe.gov
- 미국에너지정보청(U.S. Energy Information Admistration) http://www.eia.gov
- 세계에너지기구(International Energy Agency) http:///www.iea.org
- 태양에너지산업협회 (SEIA) http://www.seia.org/
- 유럽태양광산업협회 (EPIA) http://www.epia.org/
- 일본태양에너지 협회(JPEA) http://www.jpea.gr.jp/
- 태양 전력 협회 (SEPA) http://www.solarelectricpower.org/
- http://www.bp.com
- 지식경제부 http://www.mke.go.kr
- 에너지경제연구원 http://www.keei.re.kr/

- http://www.greencarcongress.com
- http://www.adventuresinenergy.org
- 한국석유공사 http://www.knoc.co.kr
- U.S. Energy Information Administration home page http://www.eia.gov
- Annual Energy Outlook http://www.eia.gov/forecasts/aeo
- Short-Term Energy Outlook http://www.eia.gov/forecasts/steo
- International Energy Outlook http://www.eia.gov/forecasts/ieo
- Monthly Energy Review http://www.eia.gov/totalenergy/data/monthly
- Annual Energy Review http://www.eia.gov/totalenergy/data/annu

유용한 참고서적

[1] 환경에너지공학, 김재용, 김영해, 박수길, 안송엽, 이시진, 이진석, 동화기술, 2009

[2] 에너지공학, 한국화학공학회, 교보문고, 1996

[3] 에너지학개론, 박종웅,김석완, 동화기술, 2010

[4] 신재생에너지, 윤천석, 인피니티북스, 2009

[5] 최신에너지공학개론, 하백현,남인식, 이영무, 청문각, 2011

[6] 에너지, 박이동, 대영사, 1994

[7] 신재생에너지-전력시스템연계(Renewable energy in power systems, Leon Freris, David Infield, John Wiley, 2008), 차준민,국경수, 김진오, 박한석, 안미ㄴ철, 오용택, 최장영, 최준호, 허견 공역, 그린 도서출판

[8] 연료전지개론, 손재익, 정재학, 김혜경 공저, 아진 도서출판, 2009.

[9] Energy:Principles, Problems, Alternatives, 4th Edition, Joseph Priest, Addision-Wesley Publishing Company, 1991

[10] Fundamentals of renewable energy processes, 2nd edition, Aldo Vieira da Rosa,Academic press, 2009

[11] Energy- its use and the environment, 4th edition, Roger A. Hinrichs, Merlin Kleinbach, 2006

[12] Renewable energy engineering and technology-principles and practice, VVN Kishore, Teripress, 2009

[13] Energy Thechnology and directions for the future, John R. Franchi, Elsvier Academic Press, 2004

[14] Renewable energy-sustainable energy concepts for the future, Roland Wengenmayr and Thomas Bührke, Wiley-VCH Verlag GmbH & Co, KGaA, 2008

[15] Handbook of Energy Efficiency and Renewable Energy, Edited by Frank Kreith, D. Yogi Goswami, CRC Press, 2007

부록B

에너지밀도 (Energy Density)

Material	Energy Density	
	$MJkg^{-1}$	MJm^{-3}
Crude oil	42	37,000
Coal	32	42,000
Dry wood	12.5	10,000
Hydrogen, gas	120	10
Hydrogen, liquid	120	8,700
Methanol	21	17,000
Ethanol	28	22,000
Methane, gas	53	38
Gasoline, liquid	46	35,000

(source: "Energy Technology and Directions for the Future" , John R. Fanchi, p. 466, Elsevier Academic Press, 2004)

에너지 단위 환산 I

에너지 단위환산 배수

to:	TJ	Gcal	Mtoe	MBtu	Gwh
From:	multiply by:				
TJ	1	238.8	2.388×10^{-5}	947.8	0.2778
Gcal	4.1868×10^{-3}	1	10^{-7}	3.968	1.163×10^{-3}
Mtoe	4.1868×10^{4}	10^{7}	1	3.968×10^{7}	11630
MBtu	1.0551×10^{-3}	0.252	2.52×10^{-8}	1	2.931×10^{-4}
GWh	3.6	860	8.6×10^{-5}	3412	1

질량 단위환산 배수

to:	kg	t	lt	st	lb
From:	multiply by:				
kilogramme (kg)	1	0.001	9.84×10^{-4}	1.102×10^{-3}	2.2046
tonne (t)	1000	1	0.984	1.1023	2204.6
long ton (lt)	1016	1.016	1	1.120	2240.0
short ton (st)	907.2	0.9072	0.893	1	2000.0
pound (lb)	0.454	4.54×10^{-4}	4.46×10^{-4}	5.0×10^{-4}	1

부피 단위환산 배수

to:	gal U.S	gal U.K	bbl	ft^3	l	m^3
From:	multiply by:					
U.S. gallon (gal)	1	0.8327	0.02381	0.1337	3.785	0.0038
U.K. gallon (gal)	1.201	1	0.02859	0.1605	4.546	0.0045
barrel (bbl)	42.0	34.97	1	5.615	159.0	0.159
cubic foot (ft3)	7.48	6.229	0.1781	1	28.3	0.0283
liter (l)	0.2642	0.220	0.0063	0.0353	1	0.001
cubic metre (m3)	264.2	220.0	6.289	35.3147	1000.0	1

Unit abbreviations

bcm	billion cubic metres	kWh	kilowatt hour
Gcal	gigacalorie	MBtu	million British thermal units
GCV	gross calorific value	Mt	million tonnes
GW	gigawatt	Mtoe	million tonnes of oil equivalent
GWh	gigawatt hour	PPP	purchasing power parity
kb/cd	thousand barrels per calendar day	t	metric ton = tonne = 1000 kg
kcal	kilocalorie	TJ	terajoule
kg	kilogramme	toe	tonne of oil equivalent = 107 kcal

에너지 단위 환산 II

1) 에너지단위(Energy Units)

1Btu = 1055 J = 778ft-lb = 252 cal

1ft-lb = 1.356 J = 0.33 cal

1 calorie = 4.184J

1 food calorie = 1000 cal = 1kcal

1 ton of oil equivalent (toe) = 40 million Btu (Mbtu) = 42GJ

1 hp-hr = 2.65 $\times$ 10^6 J = 0.746 kWh

1 kWh = 3.61 $\times$ 10^6 J = 3413 Btu = 2.65 $\times$ 10^6 ft-lb

1 quad = 10^{15} Btu

1 GJ = 10^9 = 948,000 Btu

2) 동력단위(Power Units)

1 watt = 1 J/s = 3.24 Btu/h

1 hp = 550 ft-lb/s = 2545 Btu/h = 746 watts

3) 연료관계(Fuel relationships)

1 barrel (bbl) crude oil = 42 gal = 5.8 × 10^6 Btu = 6.12 × 10^9 J

1 standard cubic ft natural gas (SCF) = 1000 Btu

1 therm = 100,000 Btu

1 gal gasoline = 1.24 × 10^5 Btu

10^6 cu ft natural gas = 172 bbl crude oil

1 ton bituminous coal = 25 × 10^6 Btu

1 ton 235U = 70 × 10^{12} Btu

1000 bbl/day of oil = 2.117 × 10^{12} Btu/yr

1 million bbl/day of oil (1 MBPD)

= 5.8 × 10^{12} Btu/day

= 80 million tons per year of coal

= $\frac{1}{5}$ ton per year of uranium oxide

4) 1000-MWe동력발전소에 필요한 연료량 (Fuel Requirements for a 1000-MWe Power Plant (2.4 × 10^{11} Btu/day input))

- Coal : 9000 tons/day of 1 unit train load (100 90-ton cars)/day
- Oil : 40,000 bbl/day or 1 tanker per week
- Natural gas : 2.4 × 10^8 SCF/day
- Uranium (as 235U) : 3 kg/day

5) 미국 에너지요구량(Energy Needs)

- U.S total energy consumption (2003)
  = 98 × 10^{15} Btu (98 quads) = 45 MBPD oil equivalent = 103 × 10^9 GJ
- U.S. population (2000 census) : 281,422,000

6) 에너지사용량과 상응한 에너지량 (Energy usage and Energy Equivalent)

- 1 barrel of oil = driving 1400 km (840 miles) in average car
- Electricity for city of 100,000 takes 4000 bbl per day of oil
- State of California energy needs for 8 hours = 1 million barrels of oil

- 1 gal gasoline = 11 kWh electricity (@ 30% generation efficiency)
  = 5 hours of operation of standard air conditioner
  = 200 days for electric clock
  = 48 hours for color TV
  = average summer day' s solar energy incident on 2m2 (22 ft2)

7) 백만 Btu와 동일한 에너지량(One Million Btu Equals Approximately)

= 90lb of coal
= 125 lb of oven-dried wood
= 8 gal of motor gasoline
= 10 therms of natural gas
= 1 day energy consumption per capita in the United States
= 100 kWh of electricity produced at a power plant

8) 동력데이터(Power Data)

- 1000 MWe utility, at 80% load factor, generates 5.3×10^9 kWh/year, enough for a city of about 1 millionn people.
- U.S per capita power use = 12 kW
- Human, sitting = 60 watts
- Human, running = 400 watts
- Automobile at 65 mph = 33 kW

부록 D

D.1 에너지절감량/온실가스배출저감량 계산예 및 환산계수

▶ 에너지 절감량

- 해당 R&D사업을 통해 개발된 기술이 실제 활용되어 에너지절감을 달성한 양
- R&D를 통해 실현된 효과를 산출하고자 하며, "실용화 1건당 R&D에 의한 성능향상을 통해 저감된 에너지 소비저감량(기술적 요소)"과 "실용화 수(성과활용 요소)"의 두 가지 요소를 통해 산출

> 에너지 절감량 [TOE/year]
> = (개발된 기술적용을 통해 얻을 수 있는 에너지 절감량) × (실용화 수)

※ 기술 분야에 따라 계산방법이 상이할 수 있음

▶ 온실가스(CO_2) 배출 저감량

- 해당 R&D사업을 통해 개발된 기술이 실제 활용되어 CO2 배출을 저감한 량
- 동 성과지표는 R&D를 통해 실현된 효과를 산출하고자 하며, "실용화 1건당 R&D에 의한 성능향상을 통해 저감된 CO2량(기술적 요소)"와 "실용화 수(성과활용 요소)"의 두 가지 요소를 통해 산출

> R&D를 통한 에너지 절감량 [TOE/year]
> = (개발된 기술적용을 통해 얻을 수 있는 CO_2 배출 저감량) × (실용화 수)

※ 기술 분야에 따라 계산방법이 상이할 수 있음

1.에너지절감량/온실가스배출저감량 계산예

a. 에너절감량 계산 (에너지자원기술개발사업 및 전력·원자력·방사성폐기물기술개발사업)

에너지 절감량[TOE/year] = Σ{(기존시스템의 년간 에너지소비량 -개발시스템의 년간 에너지소비량 [Wh/year·unit]) × 실수요량[unit] × 환산인자[TOE/Wh]}	
계산 예	
에너지 소비 시스템 (전력기기, 전력계통)	에너지소비 저감량[TOE/year] = (기존시스템의 소비전력[W/unit] - 개발된 시스템의 소비전력[W/unit]) × 년간 가동시간[hr/year]× 실수요량[unit] × 환산인자 = (642[W/unit] - 464[W/unit]) × 7[hr/day](가동시간) × 30[day/month] × 3[month/year] × 530[unit] × 0.215[TOE/MWh] = 12.8[TOE/year]
에너지 손실 저감형 시스템 (단열 창호)	에너지소비 저감량[TOE/year] = (기존시스템의 열손실량[Kcal/h·℃·unit]- 개발된 시스템의 열손실량[Kcal/h·℃·unit]) × (평균 온도차[℃]) × 년간 가동시간[hr/year] × 실수요량[unit] × 환산인자 = (9.37[Kcal/h·℃·unit] - 5.35[Kcal/h·℃·unit]) × 5[℃] × 17[hr/day] × 150[day/year] × 3,000[unit] × 10^{-7}[TOE/Kcal] = 14.688[TOE/year]
폐에너지의 재활용 시스템 (보일러-폐열회수)	에너지소비 저감량[TOE/year] = (개발된 시스템의 보충수온도[℃]- 기존 시스템의 보충수온도[℃]) × 비열1[Kcal/℃·L]× 급수량[L/hr·unit] × 연간가동시간[hr/year] ÷ 보일러 효율 × 실수요량[unit]× 환산인자 = (35[℃] - 25[℃]) × 1[Kcal/℃·L] × 300[L/hr·unit] × 15[hr/day] × 300[day/year] ÷ 0.85[보일러 효율] × 4[unit] × 10^{-7}[TOE/Kcal] = 6.3[TOE/year]
에너지 전환효율향상 시스템 (2차전지)	에너지소비 저감량[TOE/year] = (개발된 시스템의 coulumb효율[%]- 기존 시스템의 coulumb효율[%]) × 전지(충전)전력량[KWh/Cycle·unit] × 연간 cycle 횟수[Cycle/year]× 실수요량[unit]× 환산인자 = (90[%] - 80[%]) × 100[KWh/Cycle·unit] × 100[Cycle/year] × 100[unit] × 0.215[TOE/MWh] = 21.5[TOE/year]
에너지 전환효율 향상 시스템 (화력발전소)	에너지소비 저감량[TOE/year] = (개발된 시스템의 발전효율[TOE/T연료]- 기존 시스템의 발전효율[TOE/T연료]) × 년간 연료사용량[T연료/year · unit] × 실수요량[unit]× 환산인자 = (90[TOE/T연료] - 80[TOE/T연료]) × 100[T연료/year · unit] × 100[unit] = 100,000[TOE/year]

b. 온실가스배출저감량 계산 (에너지자원기술개발사업 및 전력·원자력·방사성폐기물기술개발사업)

<table>
<tr><td colspan="2">온실가스배출 저감량[TC/year]
= Σ{(기존기술의 단위 에너지 당 CO_2 배출량 - 개발기술의 단위 에너지당 CO_2 배출량[TC/Wh]) × 년간 에너지 생산량 [Wh/unit·year] × 실수요량[unit]}
+ Σ{에너지 소비 저감량[TOE/year] × 환산인자[TC/TOE]}</td></tr>
<tr><td colspan="2">계산 예</td></tr>
<tr><td>CO_2 배출 처리

(CCS, 화력발전소)</td><td>CO_2 배출 저감량[TC/year]
= (기존기술의 단위 에너지 당 CO_2 배출량 - 개발기술의 단위 에너지당 CO_2 배출량[TC/Wh]) × 년간에너지 생산량[Wh/unit·year] × 실수요량[unit]
= (0.642[TC/Wh] - 0.464[TC/Wh]) × 12[Wh/unit·day] × 30[day/month] × 3[month/year] × 530[unit]
= 101.88[TC/year]</td></tr>
<tr><td>에너지 절감에 따른 온실가스 저감량</td><td>에너지 절감량(TOE/year) × 해당연료의 순발열량(환산계수)/총발열량(환산계수) × 해당연료의 탄소배출계수(TC/TOE) = 온실가스 저감량(TC/year)
※ 전력기기, 전력계통, 단열창호, 2차전지의 경우
에너지 절감량(TOE/year) × 0.5642 (TC/TOE) =온실가스 저감량(TC/year)</td></tr>
<tr><td>온실가스 저감량

(청정연료)</td><td>(합성연료 TOE - 기준원료 TOE)/단위 합성연료량(TON) × 연간 합성연료 생산량(TON/year) × 해당연료의 순발열량(환산계수)/총발열량(환산계수) × 해당연료의 탄소배출계수(TC/TOE) = 온실가스 저감량(TC/year)</td></tr>
</table>

2. 환산계수

(1) TOE (Ton of Oil Equivalent) 계산법

- TOE는 국제에너지기구(IEA)에서 만든 단위로 석유 환산톤
- TOE는 10^7kcal로 정의하며 **에너지열량 환산기준(표 1)의 총발열량을 적용함**

$$\text{TOE} = \text{연료발열량 (kcal)}/(10^7\text{kcal})$$

예) 경유 200L를 사용했을 경우 TOE는 경유 1L는 9,050kcal의 총발열량을 가지므로 200L의 발열량은 1,810,000kcal 따라서, TOE는

$$1{,}810{,}000\ \text{kcal}/10^7\text{kcal}=0.181\text{TOE}$$

표 1. 에너지 열량환산기준 (총발열량, 에너지 기본법 제 5조 제1항 관련)

에너지종별	단위	총발열량		석유환산계수
		kcal	MJ 환산	
원유	kg	10,750	45.0	1.075
휘발유	ℓ	8,000	33.5	0.800
실내등유	ℓ	8,800	36.8	0.880
보일러등유	ℓ	8,950	37.5	0.895
경유	ℓ	9,050	37.9	0.905
B-A유	ℓ	9,300	38.9	0.930
B-B유	ℓ	9,650	40.4	0.965
B-C유	ℓ	9,900	41.4	0.990
프로판	kg	12,050	50.4	1.205
부탄	kg	11,850	49.6	1.185
나프타	ℓ	8,050	33.7	0.805
용제	ℓ	7,950	33.3	0.795
항공유	ℓ	8,750	36.6	0.875
아스팔트	kg	9,900	41.4	0.990
윤활유	ℓ	9,250	38.7	0.925
석유코크	kg	8,100	33.9	0.810
부생연료1호	ℓ	8,850	37.0	0.885
부생연료2호	ℓ	9,700	40.6	0.970
천연가스(LNG)	kg	13,000	54.5	1.300
도시가스(LNG)	Nm^3	10,550	44.2	1.055
도시가스(LPG)	Nm^3	15,000	62.8	1.500
국내무연탄	kg	4,650	19.5	0.465
수입무연탄	kg	6,550	27.4	0.655
유연탄(연료용)	kg	6,200	26.0	0.620
유연탄(원료용)	kg	7,000	29.3	0.700
아역청탄	kg	5,350	22.4	0.535
코크스	kg	7,050	29.5	0.705
전력	kWh	2,150	9.0	0.215
신탄	kg	4,500	18.8	0.450

주) 1. "총발열량"이라 함은 연료의 연소과정에서 발생하는 수증기의 잠열을 포함한 발열량을 말한다.
2. "석유환산계수"라 함은 에너지원별 열량을 석유환산량(TOE)로 환산하기 위한 계수임, TOE(Ton of Oil Equivalent)는 원유1톤에 해당하는 열량으로 약10^7 kcal를 말함. 즉 1kg=10,000kcal 임
3. 최종에너지사용기준으로 전력량을 환산하는 경우에는 1kWh=860kcal를 적용한다.
4. 에너지원별 실측결과는 50kcal에서 반올림한다.
5. 석탄의 발열량은 인수식 기준을 적용하여 측정한다.
6. 1cal=4.1868 J로한다.
7. MJ=10^6 J로한다.
8. Nm^3은 0℃, 1기압 상태의 체적을 말한다.

(2) TC, TCO_2 계산

- 우리나라는 국가고유 배출계수를 현재 개발 중에 있어 IPCC에서 만든 **배출계수**(표2와 3)**를 사용하여 계산**
- 이산화탄소 배출량 계산시 IPCC에서 순발열량을 적용하도록 권고

$$TC = \text{해당연료의 TOE(순발열량기준)} * \text{탄소배출계수}$$

$$TCO_2 = TC * (CO_2\text{분자량}/C\ \text{원자량}) = TC * (44/12)$$

표 2. 에너지 열량 환산기준 (이산화탄소 배출량 계산시 순발열량 적용)

제품	단위	순발열량		석유환산계수
		kcal	MJ 환산	
원유	kg	10,100	42.3	1.010
휘발유	ℓ	7,400	31.0	0.740
실내등유	ℓ	8,200	34.3	0.820
보일러등유	ℓ	8,350	35.0	0.835
경유	ℓ	8,450	35.4	0.845
B-A유	ℓ	8,750	36.6	0.875
B-B유	ℓ	9,100	38.1	0.910
B-C유	ℓ	9,350	39.1	0.935
프로판	kg	11,050	46.3	1.105
부탄	kg	10,900	45.7	1.090
나프타	ℓ	7,450	31.2	0.745
용제	ℓ	7,350	30.8	0.735
항공유	ℓ	8,200	34.3	0.820
아스팔트	kg	8,350	39.1	0.835
윤활유	ℓ	8,650	36.2	0.865
석유코크	kg	7,850	32.9	0.785
부생연료1호	ℓ	8,350	35.0	0.835
부생연료2호	ℓ	9,200	38.5	0.920
천연가스(LNG)	kg	11,750	49.2	1.175
도시가스(LNG)	Nm³	9,550	40.0	0.955
도시가스(LPG)	Nm³	13,800	57.8	1.380
국내무연탄	kg	4,600	19.3	0.460
수입무연탄	kg	6,400	26.8	0.640
유연탄(연료용)	kg	5,950	24.9	0.595
유연탄(원료용)	kg	6,750	28.3	0.675
아역청탄	kg	5,000	20.9	0.500
코크스	kg	7,000	29.3	0.700
전력	kWh	2,150	9.0	0.215
신탄	kg	-	-	-

주) 1. "순발열량"이라 함은 총발열량에서 수증기의 잠열을 제외한 발열량을 말한다.
2. "석유환산계수"라 함은 에너지원별 열량을 석유환산량(TOE)로 환산하기 위한 계수이며, TOE(Ton of Oil Equivalent)는 원유1톤에 해당하는 열량으로 약10^7 kcal를 말한다. 즉 1kg=10,000kcal
3. 최종에너지사용기준으로 전력량을 환산하는 경우에는 1kWh=860kcal를 적용한다.
4. 에너지원별 실측결과는 50kcal에서 반올림한다.
5. 석탄의 발열량은 인수식 기준을 적용하여 측정한다.
6. 1cal=4.1868 J로한다.
7. MJ=10^6 J로한다.
8. Nm³은 0℃, 1기압 상태의 체적을 말한다.

표 3. IPCC의 탄소배출계수

연료구분				탄소배출계수	
				(Kg C/GJ)	Ton C/TOE
액체화석연료	1차연료		원유	20.00	0.829
			천연액화가스(NGL)	17.20	0.630
	2차연료		휘발유	18.90	0.783
			항공가솔린	18.90	0.783
			등유	19.60	0.812
			항공유	19.50	0.808
			경유	20.20	0.837
			중유	21.10	0.875
			LPG	17.20	0.713
			납사	20.00	0.829
			아스팔트(Bitumen)	22.00	0.912
			윤활유	20.00	0.829
			Petroleum Coke	27.50	1.140
			Refinery Feedstock	20.00	0.829
고체화석연료	1차연료		무연탄	26.80	1.100
		유연탄	원료탄	25.80	1.059
			연료탄	25.80	1.059
			갈탄	27.60	1.132
			Peat	28.90	1.186
	2차연료		BKB &Patent Fuel	25.80	1.059
			Coke	29.50	1.210
기체화석연료			LNG	15.30	0.637
바이오매스	0.4448		고체바이오매스	29.90	1.252
			액체바이오매스	20.00	0.837
			기체바이오매스	30.60	1.281

※ 전력의 탄소배출계수 0.1213 TC/MWh(0.4448 TCO_2e/MWh)을 사용

D.2 신재생에너지원 에너지생산량 계산 및 환산 계수

□ 전력 분야

- 사업용: 실제 발전량(MWh)×0.215 toe/MWh = toe 환산 에너지생산량
- 자가발전용: 개별 환산계수 적용

□ 열 분야

- 개별 환산계수 열량의 석유환산계수

※ 환산계수

에너지원	세부구분	환산계수	비고
태양열		0.064 toe/㎡·년	-
태양광	사업용	실제 발전량(MWh)	-
	자가용	0.292 toe/kW	이용율 15.5%
바이오	바이오가스(전기)	실제 발전량(MWh)	-
	바이오가스(열)	실제 발생열량(Gcal)	-
	매립지가스(전기)	실제 발전량(MWh)	-
	매립지가스(열)	실제 발생열량(Gcal)	-
	바이오디젤	9,050 kcal/L	경유 발열량 기준
	우드칩	실제 발생열량(Gcal)	-
	성형탄	0.42 toe/ton	평균 발열량 기준
	임산연료	흑탄, 백탄 : 7,000 kcal/kg 장작, 지엽 : 2,800 kcal/kg	
	목재펠릿	1.470 천kcal/h	부하율 70%
풍력	사업용	실제 발전량(MWh)	-
	자가용	0.377 toe/kW	이용율 20%
수력	사업용	실제 발전량(MWh)	-
	자가용	실제 발전량(MWh)	-
연료전지	사업용	실제 발전량(MWh)	-
	자가용	1.789 toe/kW	이용율 95%
폐기물	폐가스	539,000 kcal/ton	증기발생량 기준
	산업폐기물	539,000 kcal/ton	증기발생량 기준
	폐목재	539,000 kcal/ton	증기발생량 기준
	생활폐기물	539,000 kcal/ton	증기발생량 기준
	대형도시쓰레기	실제 발생열량(Gcal)	-
	시멘트킬른보조연료	7,650 kcal/kg	폐타이어, 폐고무 등
	RDF/RPF	실제 발생열량(Gcal)	-
	정제연료유	정제유 : 9,900 kcal/L 재생유 : 4,000 kcal/L	벙커 C유 기준
지열	냉방	0.174 toe/RT	부하율 60%
	난방	0.444 toe/RT	부하율 70%

주1) 전기의 석유환산계수 : 0.215 toe/MWh

주2) 열량의 석유환산계수 : 10^7 kcal/toe

1. 총발열량 기준

에너지원	제품	단위	총발열량		석유환산	
			표준단위(Kcal)	동MJ 환산	단위	환산계수
석유류	원유	kg	10,750	45.0	kg/kg	1.075
	휘발유	l	8,000	33.5	kg/l	0.800
	실내등유	l	8,800	36.8	kg/l	0.880
	보일러등유	l	8,950	37.5	kg/l	0.895
	경유	l	9,050	37.9	kg/l	0.905
	B-A유	l	9,300	38.9	kg/l	0.930
	B-B유	l	9,650	40.4	kg/l	0.965
	B-C유	l	9,900	41.4	kg/l	0.990
	프로판	kg	12,050	50.4	kg/kg	1.205
	부탄	kg	11,850	49.6	kg/kg	1.185
	나프타	l	8,050	33.7	kg/l	0.805
	용제	l	7,950	33.3	kg/l	0.795
	항공유	l	8,750	36.6	kg/l	0.875
	아스팔트	kg	9,900	41.4	kg/kg	0.990
	윤활유	l	9,250	38.7	kg/l	0.925
	석유코크	kg	8,100	33.9	kg/kg	0.810
	정제가스	l	7,000	29.3	kg/l	0.700
	부생연료1호	l	8,850	37.0	kg/l	0.885
	부생연료2호	l	9,700	40.6	kg/l	0.970
석탄류	국내무연탄	kg	4,650	19.5	kg/kg	0.465
	수입무연탄	kg	6,550	27.4	kg/kg	0.655
	연료탄	kg	6,200	26.0	kg/kg	0.620
	원료탄	kg	7,000	29.3	kg/kg	0.700
	아역청탄	kg	5,350	22.4	kg/kg	0.535
	코크스	kg	7,050	29.5	kg/kg	0.705
가스류	천연가스(LNG)	kg	13,000	54.5	kg/kg	1.300
	도시가스(LNG)	N㎥	10,550	44.2	kg/N㎥	1.055
	도시가스(LPG)	N㎥	15,000	62.8	kg/N㎥	1.500
기타	전력	kWh	2,150	9.0	kg/kWh	0.215
	신탄	kg	4,500	18.8	kg/kg	0.450

비고 : 1. "총발열량" 이라 함은 연료의 연소과정에서 발생하는 수증기의 잠열을 포함한 발열량을 말한다.

2. "석유환산계수" 라 함은 에너지원별 열량을 석유환산톤(toe)으로 환산하기 위한 계수

이며, toe(Ton of Oil Equivalent)는 원유1톤에 해당하는 열량으로 약10^7kcal를 말한다. 즉 1kg=10,000kcal

3. 최종에너지사용기준으로 전력량을 환산하는 경우에는 1kWh=860kcal를 적용한다.
4. 에너지원별 실측결과는 50kcal에서 반올림한다.
5. 석탄의 발열량은 인수식 기준을 적용하여 측정한다.
6. 1cal=4.1868 J로한다. 7. MJ=10^6J로한다. 8. N㎥은 0℃, 1기압 상태의 체적을 말한다.

2. 순발열량 기준

에너지원	제품	단위	순발열량		석유환산	
			표준단위(Kcal)	동MJ 환산	단위	환산계수
석유류	원유	kg	10,100	42.3	kg/kg	1.010
	휘발유	l	7,400	31.0	kg/l	0.740
	실내등유	l	8,200	34.3	kg/l	0.820
	보일러등유	l	8,350	35.0	kg/l	0.835
	경유	l	8,450	35.4	kg/l	0.845
	B-A유	l	8,750	36.6	kg/l	0.875
	B-B유	l	9,100	38.1	kg/l	0.910
	B-C유	l	9,350	39.1	kg/l	0.935
	프로판	kg	11,050	46.3	kg/kg	1.105
	부탄	kg	10,900	45.7	kg/kg	1.090
	나프타	l	7,450	31.2	kg/l	0.745
	용제	l	7,350	30.8	kg/l	0.735
	항공유	l	8,200	34.3	kg/l	0.820
	아스팔트	kg	8,350	39.1	kg/kg	0.835
	윤활유	l	8,650	36.2	kg/l	0.865
	석유코크	kg	7,850	32.9	kg/kg	0.785
	정제가스	l	6,300	26.4	kg/l	0.630
	부생연료1호	l	8,350	35.0	kg/l	0.835
	부생연료2호	l	9,200	38.5	kg/l	0.920
석탄류	국내무연탄	kg	4,600	19.3	kg/kg	0.460
	수입무연탄	kg	6,400	26.8	kg/kg	0.640
	연료탄	kg	5,950	24.9	kg/kg	0.595
	원료탄	kg	6,750	28.3	kg/kg	0.675
	아역청탄	kg	5,000	20.9	kg/kg	0.500
	코크스	kg	7,000	29.3	kg/kg	0.700
가스류	천연가스(LNG)	kg	11,750	49.2	kg/kg	1.175
	도시가스(LNG)	N㎥	9,550	40.0	kg/N㎥	0.955
	도시가스(LPG)	N㎥	13,800	57.8	kg/N㎥	1.380
기타	전력	kWh	2,150	9.0	kg/kWh	0.215
	신탄	kg	-	-	-	-

비고 : 1. “순발열량” 이라 함은 총발열량에서 수증기의 잠열을 제외한 발열량을 말한다.

2. “석유환산계수” 라 함은 에너지원별 열량을 석유환산톤(toe)으로 환산하기 위한 계수이며, toe(Ton of Oil Equivalent)는 원유1톤에 해당하는 열량으로 약10^7kcal를 말한다. 즉 1kg=10,000kcal

3. 최종에너지사용기준으로 전력량을 환산하는 경우에는 1kWh=860kcal를 적용한다.

4. 에너지원별 실측결과는 50kcal에서 반올림한다.

5. 석탄의 발열량은 인수식 기준을 적용하여 측정한다.

6. 1cal=4.1868 J로한다.

7. MJ=10^6J로한다.

8. Nm³은 0℃, 1기압 상태의 체적을 말한다.

IPCC 탄소배출계수(CARBON EMISSION FACTOR: CEF)

연 료 구 분			탄소배출계수		
			kg C/GJ	*(ton C/toe)	(TJ/10³TON)
액체화석연료	1차연료	원유	20.00	0.829	-
		천연액화가스(NGL)	17.20	0.630	-
	2차연료	휘발유	18.90	0.783	44.80
		항공가솔린	18.90	0.783	44.59
		등 유	19.60	0.812	44.75
		항공유	19.50	0.808	-
		경 유	20.20	0.837	43.33
		중 유	21.10	0.875	40.19
		LPG	17.20	0.713	47.31
		납 사	(20.00)(a)	0.829	45.01
		아스팔트(Bitumen)	22.00	0.912	40.19
		윤활유	(20.00)(a)	0.829	40.19
		Petroleum Coke	27.50	1.140	31.0
		Refinery Feedstock	(20.00)(a)	0.829	44.80
고체화석연료	1차연료	무연탄	26.80	1.100	
		원료탄	25.80	1.059	
		연료탄	25.80	1.059	
		갈 탄	27.60	1.132	
		Peat	28.90	1.186	
	2차연료	BKB & Patent Fuel	(25.80)(a)	1.059	
		Coke Oven/Gas Coke	29.50	1.210	
		Coke Oven Gas	13.0(b)		
		Blast Furnace Gas	66.0(b)		
기체화석연료		LNG(dry)	15.30	0.637	
바이오매스 (CO_2배출량 계산 시 불 포함)		고체바이오매스	29.90	1.252	
		액체바이오매스	(20.00)(a)	0.837	
		기체바이오매스	(30.60)(a)	1.281	

주) 41,868 TJ/10^6 toe 적용하여 계수환산

*에너지원별 IPCC Guideline에서 제시하고 있는 용도별 연소율 적용

▶석유환산톤(toe, Ton of Oil Equivalent)"이란 다양한 에너지간의 열량 비교를 단순히 용이하게 하기 위하여 사용하는 단위로, 비교대상 에너지를 동일열량 상당의 원유량으로 환산한 값을 말합니다. 이때, 원유 1ton의 기준열량은 10 7 kcal(=10,000,000kcal)로 합니다. 전력분야에 사용되는 예를 보면, 전력 1kWh를 생산하기 위해서는 발전효율을 40%로 계산시, 2,150kcal의 열량에 상당한 1차 에너지가 필요합니다. 따라서, 전력 1kWh를 석유환산톤으로 변환시 0.000215toe가 됩니다. 이때, 주의하셔야 할 점은 생산된 전력 1kWh의 자체열량은 860kcal라는 것입니다. (전력생산에 투입된 에너지는 1차 에너지, 생산된 전력은 최종에너지임). 즉, 전력 1kWh를 생산하기 위해 투입된 1차 에너지 열량을 기준으로 석유환산톤으로 변환시에는 0.000215toe이지만, 단순히 최종생산된 전력 1kWh를 열량으로 변환하면 860kcal (석유환산톤 0.000086toe)입니다. 향후 발전분야의 기술이 향상되면, 발전효율은 더 좋아지게 되어, 전력량에 대한 1차 에너지 기준 석유환산톤(toe)는 점점 더 감소하게 됩니다. 참고로, 정부에서는 약 5년 주기로 발전효율 실적치를 반영하여 에너지 열량 환산기준을 발표하고 있습니다.
※ 1차 에너지 : 전력을 생산하기 위해 투입된 에너지
※ 최종 에너지 : 생산된 전력 에너지

▶총발열량(Gross Calorific Value): 시료를 열량계로 연소할 경우 연소가스 중의 수증기가 가지는 응축잠열 및 현열을 포함한 발열량, KSM 2057, KSM ISO 6976 참조.
순발열량(Net Calorific Value): 총발열량에서 연소가스 중의 수증기가 갖는 응축잠열 및 현열을 제외한 발열량

에너지공학의 이해

부록 E

신에너지 및 재생에너지 개발 · 이용 · 보급 촉진법

[시행 2012.1.1] [법률 제10445호, 2011.3.9, 타법개정]

제1조(목적) 이 법은 신에너지 및 재생에너지의 기술개발 및 이용 · 보급 촉진과 신에너지 및 재생에너지 산업의 활성화를 통하여 에너지원을 다양화하고, 에너지의 안정적인 공급, 에너지 구조의 환경친화적 전환 및 온실가스 배출의 감소를 추진함으로써 환경의 보전, 국가경제의 건전하고 지속적인 발전 및 국민복지의 증진에 이바지함을 목적으로 한다.

[전문개정 2010.4.12]

제2조(정의) 이 법에서 사용하는 용어의 뜻은 다음과 같다.

1. "신에너지 및 재생에너지"(이하 "신 · 재생에너지"라 한다)란 기존의 화석연료를 변환시켜 이용하거나 햇빛 · 물 · 지열(地熱) · 강수(降水) · 생물유기체 등을 포함하는 재생 가능한 에너지를 변환시켜 이용하는 에너지로서 다음 각 목의 어느 하나에 해당하는 것을 말한다.
   가. 태양에너지
   나. 생물자원을 변환시켜 이용하는 바이오에너지로서 대통령령으로 정하는 기준 및 범위에 해당하는 에너지
   다. 풍력
   라. 수력
   마. 연료전지
   바. 석탄을 액화 · 가스화한 에너지 및 중질잔사유(重質殘渣油)를 가스화한 에너지로서 대통령령으로 정하는 기준 및 범위에 해당하는 에너지
   사. 해양에너지
   아. 대통령령으로 정하는 기준 및 범위에 해당하는 폐기물에너지
   자. 지열에너지
   차. 수소에너지
   카. 그 밖에 석유 · 석탄 · 원자력 또는 천연가스가 아닌 에너지로서 대통령령으로 정하는 에너지
2. "신 · 재생에너지 설비"란 신 · 재생에너지를 생산하거나 이용하는 설비로서 지식경제부령으로 정하는 것을 말한다.
3. "신 · 재생에너지 발전"이란 신 · 재생에너지를 이용하여 전기를 생산하는 것을 말한다.
4. "신 · 재생에너지 발전사업자"란 「전기사업법」 제2조제4호에 따른 발전사업자 또는 같은 조 제19호에 따른 자가용전기설비를 설치한 자로서 신 · 재생에너지 발전을 하는 사업자를 말한다.

[전문개정 2010.4.12.]

제3조 삭제 <2010.4.12>

제4조(시책과 장려 등) ① 정부는 신 · 재생에너지의 기술개발 및 이용 · 보급의 촉진에 관한 시책을 마련하여야 한다.

② 정부는 지방자치단체, 「공공기관의 운영에 관한 법률」 제4조에 따른 공공기관(이하 "공공기관"이라 한다), 기업체 등의 자발적인 신 · 재생에너지 기술개발 및 이용 · 보급을 장려하고 보호 · 육성하여야 한다.

[전문개정 2010.4.12]

제5조(기본계획의 수립) ① 지식경제부장관은 관계 중앙행정기관의 장과 협의를 한 후 제8조에 따른 신·재생에너지정책심의회의 심의를 거쳐 신·재생에너지의 기술개발 및 이용·보급을 촉진하기 위한 기본계획(이하 "기본계획"이라 한다)을 수립하여야 한다.

② 기본계획의 계획기간은 10년 이상으로 하며, 기본계획에는 다음 각 호의 사항이 포함되어야 한다.

1. 기본계획의 목표 및 기간
2. 신·재생에너지원별 기술개발 및 이용·보급의 목표
3. 총전력생산량 중 신·재생에너지 발전량이 차지하는 비율의 목표
4. 「에너지법」 제2조제10호에 따른 온실가스의 배출 감소 목표
5. 기본계획의 추진방법
6. 신·재생에너지 기술수준의 평가와 보급전망 및 기대효과
7. 신·재생에너지 기술개발 및 이용·보급에 관한 지원 방안
8. 신·재생에너지 분야 전문인력 양성계획
9. 그 밖에 기본계획의 목표달성을 위하여 지식경제부장관이 필요하다고 인정하는 사항

③ 지식경제부장관은 신·재생에너지의 기술개발 동향, 에너지 수요·공급 동향의 변화, 그 밖의 사정으로 인하여 수립된 기본계획을 변경할 필요가 있다고 인정하면 관계 중앙행정기관의 장과 협의를 한 후 제8조에 따른 신·재생에너지정책심의회의 심의를 거쳐 그 기본계획을 변경할 수 있다.

[전문개정 2010.4.12]

제6조(연차별 실행계획) ① 지식경제부장관은 기본계획에서 정한 목표를 달성하기 위하여 신·재생에너지의 종류별로 신·재생에너지의 기술개발 및 이용·보급과 신·재생에너지 발전에 의한 전기의 공급에 관한 실행계획(이하 "실행계획"이라 한다)을 매년 수립·시행하여야 한다.

② 지식경제부장관은 실행계획을 수립·시행하려면 미리 관계 중앙행정기관의 장과 협의하여야 한다.

③ 지식경제부장관은 실행계획을 수립하였을 때에는 이를 공고하여야 한다.

[전문개정 2010.4.12]

제7조(신·재생에너지 기술개발 등에 관한 계획의 사전협의) 국가기관, 지방자치단체, 공공기관, 그 밖에 대통령령으로 정하는 자가 신·재생에너지 기술개발 및 이용·보급에 관한 계획을 수립·시행하려면 대통령령으로 정하는 바에 따라 미리 지식경제부장관과 협의하여야 한다.

[전문개정 2010.4.12]

제8조(신·재생에너지정책심의회) ① 신·재생에너지의 기술개발 및 이용·보급에 관한 중요 사항을 심의하기 위하여 지식경제부에 신·재생에너지정책심의회(이하 "심의회"라 한다)를 둔다.

② 심의회는 다음 각 호의 사항을 심의한다.

1. 기본계획의 수립 및 변경에 관한 사항. 다만, 기본계획의 내용 중 대통령령으로 정하는 경미한 사항을 변경하는 경우는 제외한다.
2. 신·재생에너지의 기술개발 및 이용·보급에 관한 중요 사항
3. 신·재생에너지 발전에 의하여 공급되는 전기의 기준가격 및 그 변경에 관한 사항
4. 그 밖에 지식경제부장관이 필요하다고 인정하는 사항

③ 심의회의 구성·운영과 그 밖에 필요한 사항은 대통령령으로 정한다.

[전문개정 2010.4.12]

제9조(신·재생에너지 기술개발 및 이용·보급 사업비의 조성) 정부는 실행계획을 시행하는 데에 필요한 사업비를 회계연도마다 세출예산에 계상(計上)하여야 한다.

[전문개정 2010.4.12]

제10조(조성된 사업비의 사용) 지식경제부장관은 제9조에 따라 조성된 사업비를 다음 각 호의 사업에 사용한다.

1. 신 · 재생에너지의 자원조사, 기술수요조사 및 통계작성
2. 신 · 재생에너지의 연구 · 개발 및 기술평가
3. 신 · 재생에너지 이용 건축물의 인증 및 사후관리
4. 신 · 재생에너지 공급의무화 지원
5. 신 · 재생에너지 설비의 성능평가 · 인증 및 사후관리
6. 신 · 재생에너지 기술정보의 수집 · 분석 및 제공
7. 신 · 재생에너지 분야 기술지도 및 교육 · 홍보
8. 신 · 재생에너지 분야 특성화대학 및 핵심기술연구센터 육성
9. 신 · 재생에너지 분야 전문인력 양성
10. 신 · 재생에너지 설비 설치전문기업의 지원
11. 신 · 재생에너지 시범사업 및 보급사업
12. 신 · 재생에너지 이용의무화 지원
13. 신 · 재생에너지 관련 국제협력
14. 신 · 재생에너지 기술의 국제표준화 지원
15. 신 · 재생에너지 설비 및 그 부품의 공용화 지원
16. 그 밖에 신 · 재생에너지의 기술개발 및 이용 · 보급을 위하여 필요한 사업으로서 대통령령으로 정하는 사업

[전문개정 2010.4.12]

제11조(사업의 실시) ① 지식경제부장관은 제10조 각 호의 사업을 효율적으로 추진하기 위하여 필요하다고 인정하면 다음 각 호의 어느 하나에 해당하는 자와 협약을 맺어 그 사업을 하게 할 수 있다. <개정 2011.3.9>

1. 「특정연구기관 육성법」에 따른 특정연구기관
2. 「기초연구진흥 및 기술개발지원에 관한 법률」 제14조제1항제2호에 따른 기업연구소
3. 「산업기술연구조합 육성법」에 따른 산업기술연구조합
4. 「고등교육법」에 따른 대학 또는 전문대학
5. 국공립연구기관
6. 국가기관, 지방자치단체 및 공공기관
7. 그 밖에 지식경제부장관이 기술개발능력이 있다고 인정하는 자

② 지식경제부장관은 제1항 각 호의 어느 하나에 해당하는 자가 하는 기술개발사업 또는 이용 · 보급 사업에 드는 비용의 전부 또는 일부를 출연(出捐)할 수 있다.

③ 제2항에 따른 출연금의 지급 · 사용 및 관리 등에 필요한 사항은 대통령령으로 정한다.

[전문개정 2010.4.12]

제12조(신 · 재생에너지사업에의 투자권고 및 신 · 재생에너지 이용의무화 등) ① 지식경제부장관은 신 · 재생에너지의 기술개발 및 이용 · 보급을 촉진하기 위하여 필요하다고 인정하면 에너지 관련 사업을 하는 자에 대하여 제10조 각 호의 사업을 하거나 그 사업에 투자 또는 출연할 것을 권고할 수 있다.

② 지식경제부장관은 신 · 재생에너지의 이용 · 보급을 촉진하고 신 · 재생에너지산업의 활성화를 위하여 필요하다고 인정하면 다음 각 호의 어느 하나에 해당하는 자가 신축 · 증축 또는 개축하는 건축물에 대하여 대통령령으로 정하는 바에 따라 그 설계 시 산출된 예상 에너지사용량의 일정 비율 이상을 신 · 재생에너지를 이용하여 공급되는 에너지를 사용하도록 신 · 재생에너지 설비를 의무적으로 설치하게 할 수 있다.

1. 국가 및 지방자치단체
2. 「공공기관의 운영에 관한 법률」 제5조에 따른 공기업(이하 "공기업"이라 한다)

3. 정부가 대통령령으로 정하는 금액 이상을 출연한 정부출연기관
4. 「국유재산법」 제2조제6호에 따른 정부출자기업체
5. 지방자치단체 및 제2호부터 제4호까지의 규정에 따른 공기업, 정부출연기관 또는 정부출자기업체가 대통령령으로 정하는 비율 또는 금액 이상을 출자한 법인
6. 특별법에 따라 설립된 법인

③ 지식경제부장관은 신 · 재생에너지의 활용 여건 등을 고려할 때 신 · 재생에너지를 이용하는 것이 적절하다고 인정되는 공장 · 사업장 및 집단주택단지 등에 대하여 신 · 재생에너지의 종류를 지정하여 이용하도록 권고하거나 그 이용설비를 설치하도록 권고할 수 있다.

[전문개정 2010.4.12]

제12조의2(신 · 재생에너지 이용 건축물에 대한 인증 등) ① 대통령령으로 정하는 일정 규모 이상의 건축물을 소유한 자는 그 건축물에 대하여 지식경제부장관이 지정하는 기관(이하 "건축물인증기관"이라 한다)으로부터 총에너지사용량의 일정 비율 이상을 신 · 재생에너지를 이용하여 공급되는 에너지를 사용한다는 신 · 재생에너지 이용 건축물인증(이하 "건축물인증"이라 한다)을 받을 수 있다.

② 제1항에 따라 건축물인증을 받으려는 자는 해당 건축물에 대하여 건축물인증기관에 건축물인증을 신청하여야 한다.

③ 지식경제부장관은 제31조에 따른 신 · 재생에너지센터나 그 밖에 신 · 재생에너지의 기술개발 및 이용 · 보급 촉진사업을 하는 자 중 건축물인증 업무에 적합하다고 인정되는 자를 건축물인증기관으로 지정할 수 있다.

④ 건축물인증기관은 제2항에 따른 건축물인증의 신청을 받은 경우 지식경제부와 국토해양부의 공동부령으로 정하는 건축물인증 심사기준에 따라 심사한 후 그 기준에 적합한 건축물에 대하여 건축물인증을 하여야 한다.

⑤ 지식경제부장관은 제27조제1항에 따른 보급사업을 추진하는 데에 있어 건축물인증을 받은 자를 우대하여 지원할 수 있다.

⑥ 건축물인증기관의 업무 범위, 건축물인증의 절차, 건축물인증의 사후관리, 그 밖에 건축물인증에 관하여 필요한 사항은 지식경제부와 국토해양부의 공동부령으로 정한다.

[본조신설 2010.4.12]

제12조의3(건축물인증의 표시 등) ① 제12조의2에 따라 건축물인증을 받은 자는 해당 건축물에 건축물인증의 표시를 하거나 건축물인증을 받은 것을 홍보할 수 있다.

② 건축물인증을 받지 아니한 자는 제1항에 따른 건축물인증의 표시 또는 이와 유사한 표시를 하거나 건축물인증을 받은 것으로 홍보하여서는 아니 된다.

[본조신설 2010.4.12]

제12조의4(건축물인증의 취소) 건축물인증기관은 건축물인증을 받은 자가 다음 각 호의 어느 하나에 해당하는 경우에는 그 인증을 취소할 수 있다. 다만, 제1호에 해당하는 경우에는 그 인증을 취소하여야 한다.

1. 거짓이나 그 밖의 부정한 방법으로 건축물인증을 받은 경우
2. 건축물인증을 받은 자가 그 인증서를 건축물인증기관에 반납한 경우
3. 건축물인증을 받은 건축물의 사용승인이 취소된 경우
4. 건축물인증을 받은 건축물이 제12조의2제4항에 따른 건축물인증 심사기준에 부적합한 것으로 발견된 경우

[본조신설 2010.4.12]

제12조의5(신 · 재생에너지 공급의무화 등) ① 지식경제부장관은 신 · 재생에너지의 이용 · 보급을 촉진하고 신 · 재생에너지산업의 활성화를 위하여 필요하다고 인정하면 다음 각 호의 어느 하나에 해당하

는 자 중 대통령령으로 정하는 자(이하 "공급의무자"라 한다)에게 발전량의 일정량 이상을 의무적으로 신·재생에너지를 이용하여 공급하게 할 수 있다.

1. 「전기사업법」 제2조에 따른 발전사업자
2. 「집단에너지사업법」 제9조 및 제48조에 따라 「전기사업법」 제7조제1항에 따른 발전사업의 허가를 받은 것으로 보는 자
3. 공공기관

② 제1항에 따라 공급의무자가 의무적으로 신·재생에너지를 이용하여 공급하여야 하는 발전량(이하 "의무공급량"이라 한다)의 합계는 총전력생산량의 10% 이내의 범위에서 연도별로 대통령령으로 정한다. 이 경우 균형 있는 이용·보급이 필요한 신·재생에너지에 대하여는 대통령령으로 정하는 바에 따라 총의무공급량 중 일부를 해당 신·재생에너지를 이용하여 공급하게 할 수 있다.

③ 공급의무자의 의무공급량은 지식경제부장관이 공급의무자의 의견을 들어 공급의무자별로 정하여 고시한다. 이 경우 지식경제부장관은 공급의무자의 총발전량 및 발전원(發電源) 등을 고려하여야 한다.

④ 공급의무자는 의무공급량의 일부에 대하여 대통령령으로 정하는 바에 따라 다음 연도로 그 공급의무의 이행을 연기할 수 있다. 이 경우 그 이행을 연기한 의무공급량은 다음 연도에 우선적으로 공급하여야 한다.

⑤ 공급의무자는 제12조의7에 따른 신·재생에너지 공급인증서를 구매하여 의무공급량에 충당할 수 있다.

⑥ 지식경제부장관은 제1항에 따른 공급의무의 이행 여부를 확인하기 위하여 공급의무자에게 대통령령으로 정하는 바에 따라 필요한 자료의 제출 또는 제5항에 따라 구매하여 의무공급량에 충당하거나 제12조의7제1항에 따라 발급받은 신·재생에너지 공급인증서의 제출을 요구할 수 있다.

[본조신설 2010.4.12]

제12조의6(신·재생에너지 공급 불이행에 대한 과징금) ① 지식경제부장관은 공급의무자가 의무공급량에 부족하게 신·재생에너지를 이용하여 에너지를 공급한 경우에는 대통령령으로 정하는 바에 따라 그 부족분에 제12조의7에 따른 신·재생에너지 공급인증서의 해당 연도 평균거래 가격의 100분의 150을 곱한 금액의 범위에서 과징금을 부과할 수 있다.

② 제1항에 따른 과징금을 납부한 공급의무자에 대하여는 그 과징금의 부과기간에 해당하는 의무공급량을 공급한 것으로 본다.

③ 지식경제부장관은 제1항에 따른 과징금을 납부하여야 할 자가 납부기한까지 그 과징금을 납부하지 아니한 때에는 국세 체납처분의 예를 따라 징수한다.

④ 제1항 및 제3항에 따라 징수한 과징금은 「전기사업법」에 따른 전력산업기반기금의 재원으로 귀속된다.

[본조신설 2010.4.12]

제12조의7(신·재생에너지 공급인증서 등) ① 신·재생에너지를 이용하여 에너지를 공급한 자(이하 "신·재생에너지 공급자"라 한다)는 지식경제부장관이 신·재생에너지를 이용한 에너지 공급의 증명 등을 위하여 지정하는 기관(이하 "공급인증기관"이라 한다)으로부터 그 공급 사실을 증명하는 인증서(전자문서로 된 인증서를 포함한다. 이하 "공급인증서"라 한다)를 발급받을 수 있다. 다만, 제17조에 따라 발전차액을 지원받거나 신·재생에너지 설비에 대한 지원 등 대통령령으로 정하는 정부의 지원을 받은 경우에는 대통령령으로 정하는 바에 따라 공급인증서의 발급을 제한할 수 있다.

② 공급인증서를 발급받으려는 자는 공급인증기관에 대통령령으로 정하는 바에 따라 공급인증서의 발급을 신청하여야 한다.

③ 공급인증기관은 제2항에 따른 신청을 받은 경우에는 신·재생에너지의 종류별 공급량 및 공급기간 등을 확인한 후 다음 각 호의 기재사항을 포함한 공급인증서를 발급하여야 한다. 이 경우 균형

있는 이용 · 보급과 기술개발 촉진 등이 필요한 신 · 재생에너지에 대하여는 대통령령으로 정하는 바에 따라 실제 공급량에 가중치를 곱한 양을 공급량으로 하는 공급인증서를 발급할 수 있다.

1. 신 · 재생에너지 공급자
2. 신 · 재생에너지의 종류별 공급량 및 공급기간
3. 유효기간

④ 공급인증서의 유효기간은 발급받은 날부터 3년으로 하되, 제12조의5제5항 및 제6항에 따라 공급의무자가 구매하여 의무공급량에 충당하거나 발급받아 지식경제부장관에게 제출한 공급인증서는 그 효력을 상실한다. 이 경우 유효기간이 지나거나 효력을 상실한 해당 공급인증서는 폐기하여야 한다.

⑤ 공급인증서를 발급받은 자는 그 공급인증서를 거래하려면 제12조의9제2항에 따른 공급인증서 발급 및 거래시장 운영에 관한 규칙으로 정하는 바에 따라 공급인증기관이 개설한 거래시장(이하 "거래시장"이라 한다)에서 거래하여야 한다.

⑥ 지식경제부장관은 다른 신 · 재생에너지와의 형평을 고려하여 공급인증서가 일정 규모 이상의 수력을 이용하여 에너지를 공급하고 발급된 경우 등 지식경제부령으로 정하는 사유에 해당할 때에는 거래시장에서 해당 공급인증서가 거래될 수 없도록 할 수 있다.

[본조신설 2010.4.12]

제12조의8(공급인증기관의 지정 등) ① 지식경제부장관은 공급인증서 관련 업무를 전문적이고 효율적으로 실시하고 공급인증서의 공정한 거래를 위하여 다음 각 호의 어느 하나에 해당하는 자를 공급인증기관으로 지정할 수 있다.

1. 제31조에 따른 신 · 재생에너지센터
2. 「전기사업법」 제35조에 따른 한국전력거래소
3. 제12조의9에 따른 공급인증기관의 업무에 필요한 인력 · 기술능력 · 시설 · 장비 등 대통령령으로 정하는 기준에 맞는 자

② 제1항에 따라 공급인증기관으로 지정받으려는 자는 지식경제부장관에게 지정을 신청하여야 한다.

③ 공급인증기관의 지정방법 · 지정절차, 그 밖에 공급인증기관의 지정에 필요한 사항은 지식경제부령으로 정한다.

[본조신설 2010.4.12]

제12조의9(공급인증기관의 업무 등) ① 제12조의8에 따라 지정된 공급인증기관은 다음 각 호의 업무를 수행한다.

1. 공급인증서의 발급, 등록, 관리 및 폐기
2. 거래시장의 개설
3. 공급인증서 관련 정보의 제공
4. 그 밖에 공급인증서의 발급 및 거래에 딸린 업무

② 공급인증기관은 업무를 시작하기 전에 지식경제부령으로 정하는 바에 따라 공급인증서 발급 및 거래시장 운영에 관한 규칙(이하 "운영규칙"이라 한다)을 제정하여 지식경제부장관의 승인을 받아야 한다. 운영규칙을 변경하거나 폐지하는 경우(지식경제부령으로 정하는 경미한 사항의 변경은 제외한다)에도 또한 같다.

③ 지식경제부장관은 공급인증기관에 제1항에 따른 업무의 계획 및 실적에 관한 보고를 명하거나 자료의 제출을 요구할 수 있다.

④ 지식경제부장관은 다음 각 호의 어느 하나에 해당하는 경우에는 공급인증기관에 시정기간을 정하여 시정을 명할 수 있다.

1. 운영규칙을 준수하지 아니한 경우
2. 제3항에 따른 보고를 하지 아니하거나 거짓으로 보고한 경우
3. 제3항에 따른 자료의 제출 요구에 따르지 아니하거나 거짓의 자료를 제출한 경우

[본조신설 2010.4.12]

제12조의10(공급인증기관 지정의 취소 등) ① 지식경제부장관은 공급인증기관이 다음 각 호의 어느 하나에 해당하는 경우에는 지식경제부령으로 정하는 바에 따라 그 지정을 취소하거나 1년 이내의 기간을 정하여 그 업무의 전부 또는 일부의 정지를 명할 수 있다. 다만, 제1호 또는 제2호에 해당하는 때에는 그 지정을 취소하여야 한다.

1. 거짓이나 그 밖의 부정한 방법으로 지정을 받은 경우
2. 업무정지 처분을 받은 후 그 업무정지 기간에 업무를 계속한 경우
3. 제12조의8제1항제3호에 따른 지정기준에 부적합하게 된 경우
4. 제12조의9제4항에 따른 시정명령을 시정기간에 이행하지 아니한 경우

② 지식경제부장관은 공급인증기관이 제1항제3호 또는 제4호에 해당하여 업무정지를 명하여야 하는 경우로서 그 업무의 정지가 그 이용자 등에게 심한 불편을 주거나 그 밖에 공익을 해칠 우려가 있으면 그 업무정지 처분을 갈음하여 5천만원 이하의 과징금을 부과할 수 있다.

③ 제2항에 따라 과징금을 부과하는 위반행위의 종별 · 정도 등에 따른 과징금의 금액과 그 밖에 필요한 사항은 대통령령으로 정한다.

④ 지식경제부장관은 제2항에 따른 과징금을 납부하여야 할 자가 납부기한까지 그 과징금을 납부하지 아니한 때에는 국세 체납처분의 예를 따라 징수한다.

[본조신설 2010.4.12]

제13조(신 · 재생에너지 설비의 인증 등) ① 신 · 재생에너지 설비를 제조하거나 수입하여 판매하려는 자는 지식경제부장관이 신 · 재생에너지 설비의 인증을 위하여 지정하는 기관(이하 "설비인증기관"이라 한다)으로부터 신 · 재생에너지 설비에 대하여 인증(이하 "설비인증"이라 한다)을 받을 수 있다.

② 제1항에 따라 설비인증을 받으려는 자는 설비인증기관에 그 신 · 재생에너지 설비에 대한 설비인증을 신청하여야 한다.

③ 제2항에 따라 설비인증을 신청하는 경우에는 대통령령으로 정하는 지정기준에 따라 지식경제부장관이 지정하는 성능검사기관(이하 "성능검사기관"이라 한다)에서 성능검사를 받은 후 그 기관이 발행한 성능검사결과서를 설비인증기관에 제출하여야 한다.

④ 지식경제부장관은 제31조에 따른 신 · 재생에너지센터나 그 밖에 신 · 재생에너지의 기술개발 및 이용 · 보급 촉진사업을 하는 자 중 설비인증 업무에 적합하다고 인정되는 자를 설비인증기관으로 지정한다.

⑤ 설비인증기관은 제2항에 따라 설비인증을 신청받으면 성능검사기관이 발행한 성능검사결과서에 의하여 지식경제부령으로 정하는 설비인증 심사기준에 따라 심사한 후 그 기준에 적합한 신 · 재생에너지 설비에 대하여 설비인증을 하여야 한다.

⑥ 설비인증기관의 업무 범위, 설비인증의 절차, 설비인증의 사후관리, 성능검사기관의 지정 절차, 그 밖에 설비인증에 관하여 필요한 사항은 지식경제부령으로 정한다.

⑦ 지식경제부장관은 지식경제부령으로 정하는 바에 따라 제3항에 따른 성능검사에 드는 경비의 일부를 지원하거나, 제4항에 따라 지정된 설비인증기관에 대하여 지정 목적상 필요한 범위에서 행정상의 지원 등을 할 수 있다.

[전문개정 2010.4.12]

제14조(신 · 재생에너지 설비 인증의 표시 등) ① 제13조에 따라 설비인증을 받은 자는 그 신 · 재생에너지 설비에 설비인증의 표시를 하거나 설비인증을 받은 것을 홍보할 수 있다.

② 설비인증을 받지 아니한 자는 제1항에 따른 설비인증의 표시 또는 이와 유사한 표시를 하거나 설비인증을 받은 것으로 홍보하여서는 아니 된다.

[전문개정 2010.4.12]

第15조(설비인증의 취소 및 성능검사기관 지정의 취소) ① 설비인증기관은 설비인증을 받은 자가 거짓이나 부정한 방법으로 설비인증을 받은 경우에는 설비인증을 취소하여야 하며, 설비인증을 받은 후 제조하거나 수입하여 판매하는 신·재생에너지 설비가 제13조제5항에 따른 설비인증 심사기준에 부적합한 것으로 발견된 경우에는 설비인증을 취소할 수 있다.

② 지식경제부장관은 성능검사기관이 다음 각 호의 어느 하나에 해당하는 경우에는 대통령령으로 정하는 바에 따라 그 지정을 취소하거나 1년 이내의 기간을 정하여 업무의 전부 또는 일부의 정지를 명할 수 있다. 다만, 제1호에 해당하는 경우에는 그 지정을 취소하여야 한다.

1. 거짓이나 부정한 방법으로 지정을 받은 경우
2. 정당한 사유 없이 지정을 받은 날부터 1년 이상 성능검사 업무를 시작하지 아니하거나 1년 이상 계속하여 성능검사 업무를 중단한 경우
3. 제13조제3항에 따른 지정기준에 적합하지 아니하게 된 경우

[전문개정 2010.4.12]

第16조(수수료) ① 건축물인증기관, 설비인증기관 또는 성능검사기관은 건축물인증, 설비인증 또는 성능검사를 신청하는 자로부터 지식경제부령으로 정하는 바에 따라 수수료를 받을 수 있다.

② 공급인증기관은 공급인증서의 발급을 신청하는 자 또는 공급인증서를 거래하는 자로부터 지식경제부령으로 정하는 바에 따라 수수료를 받을 수 있다.

[전문개정 2010.4.12]

第17조(신·재생에너지 발전 기준가격의 고시 및 차액 지원) ① 지식경제부장관은 신·재생에너지 발전에 의하여 공급되는 전기의 기준가격을 발전원별로 정한 경우에는 그 가격을 고시하여야 한다. 이 경우 기준가격의 산정기준은 대통령령으로 정한다.

② 지식경제부장관은 신·재생에너지 발전에 의하여 공급한 전기의 전력거래가격(「전기사업법」 제33조에 따른 전력거래가격을 말한다)이 제1항에 따라 고시한 기준가격보다 낮은 경우에는 그 전기를 공급한 신·재생에너지 발전사업자에 대하여 기준가격과 전력거래가격의 차액(이하 "발전차액"이라 한다)을 「전기사업법」 제48조에 따른 전력산업기반기금에서 우선적으로 지원한다.

③ 지식경제부장관은 제1항에 따라 기준가격을 고시하는 경우에는 발전차액을 지원하는 기간을 포함하여 고시할 수 있다.

④ 지식경제부장관은 발전차액을 지원받은 신·재생에너지 발전사업자에게 결산재무제표(決算財務諸表) 등 기준가격 설정을 위하여 필요한 자료를 제출할 것을 요구할 수 있다.

[전문개정 2010.4.12]

[법률 제10253호(2010.4.12) 부칙 제2조제1항의 규정에 의하여 이 조는 2011년 12월 31일까지 유효함]

第18조(지원 중단 등) ① 지식경제부장관은 발전차액을 지원받은 신·재생에너지 발전사업자가 다음 각 호의 어느 하나에 해당하면 지식경제부령으로 정하는 바에 따라 경고를 하거나 시정을 명하고, 그 시정명령에 따르지 아니하는 경우에는 발전차액의 지원을 중단할 수 있다.

1. 거짓이나 부정한 방법으로 발전차액을 지원받은 경우
2. 제17조제4항에 따른 자료요구에 따르지 아니하거나 거짓으로 자료를 제출한 경우

② 지식경제부장관은 발전차액을 지원받은 신·재생에너지 발전사업자가 제1항제1호에 해당하면 지식경제부령으로 정하는 바에 따라 그 발전차액을 환수(還收)할 수 있다. 이 경우 지식경제부장관은 발전차액을 반환할 자가 30일 이내에 이를 반환하지 아니하면 국세 체납처분의 예에 따라 징수할 수 있다.

[전문개정 2010.4.12]

第19조(재정 신청) 신·재생에너지 발전사업자는 신·재생에너지 발전에 의하여 생산된 전기를 송전용 또는 배전용 설비를 통하여 「전기사업법」 제35조에 따른 한국전력거래소 또는 전기사용자에게

공급하는 경우 같은 법 제2조제6호에 따른 송전사업자 또는 같은 조 제8호에 따른 배전사업자와 협의가 이루어지지 아니하거나 협의를 할 수 없을 때에는 같은 법 제53조에 따른 전기위원회에 재정(裁定)을 신청할 수 있다.
[전문개정 2010.4.12]

제20조(신 · 재생에너지 기술의 국제표준화 지원) ① 지식경제부장관은 국내에서 개발되었거나 개발 중인 신 · 재생에너지 관련 기술이 「국가표준기본법」 제3조제2호에 따른 국제표준에 부합되도록 하기 위하여 설비인증기관에 대하여 표준화기반 구축, 국제활동 등에 필요한 지원을 할 수 있다.
② 제1항에 따른 지원 범위 등에 관하여 필요한 사항은 대통령령으로 정한다.
[전문개정 2010.4.12]

제21조(신 · 재생에너지 설비 및 그 부품의 공용화) ① 지식경제부장관은 신 · 재생에너지 설비 및 그 부품의 호환성(互換性)을 높이기 위하여 그 설비 및 부품을 지식경제부장관이 정하여 고시하는 바에 따라 공용화 품목으로 지정하여 운영할 수 있다.
② 다음 각 호의 어느 하나에 해당하는 자는 신 · 재생에너지 설비 및 그 부품 중 공용화가 필요한 품목을 공용화 품목으로 지정하여 줄 것을 지식경제부장관에게 요청할 수 있다.
1. 제31조에 따른 신 · 재생에너지센터
2. 그 밖에 지식경제부령으로 정하는 기관 또는 단체
③ 지식경제부장관은 신 · 재생에너지 설비 및 그 부품의 공용화를 효율적으로 추진하기 위하여 필요한 지원을 할 수 있다.
④ 제1항부터 제3항까지의 규정에 따른 공용화 품목의 지정 · 운영, 지정 요청, 지원기준 등에 관하여 필요한 사항은 대통령령으로 정한다.
[전문개정 2010.4.12]

제22조(신 · 재생에너지 설비 설치전문기업의 신고 등) ① 신 · 재생에너지 설비의 설치를 전문으로 하려는 자는 자본금 · 기술인력 등 대통령령으로 정하는 신고기준 및 절차에 따라 지식경제부장관에게 신고할 수 있다.
② 지식경제부장관은 제1항에 따라 신고한 신 · 재생에너지 설비 설치전문기업(이하 "신 · 재생에너지 전문기업"이라 한다)에 지식경제부령으로 정하는 바에 따라 지체 없이 신고증명서를 발급하여야 한다.
③ 지식경제부장관은 제27조에 따른 보급사업을 위하여 필요하다고 인정하면 신 · 재생에너지 설비의 설치 및 보수에 드는 비용의 일부를 지원하는 등 신 · 재생에너지전문기업에 대통령령으로 정하는 바에 따라 필요한 지원을 할 수 있다.
[전문개정 2010.4.12]

제23조 삭제 <2010.4.12>

제24조(청문) 지식경제부장관은 다음 각 호에 해당하는 처분을 하려면 청문을 하여야 한다.
1. 제12조의10제1항에 따른 공급인증기관의 지정 취소
2. 제15조제2항에 따른 성능검사기관의 지정 취소
[전문개정 2010.4.12]

제25조(관련 통계의 작성 등) ① 지식경제부장관은 기본계획 및 실행계획 등 신 · 재생에너지 관련 시책을 효과적으로 수립 · 시행하기 위하여 필요한 국내외 신 · 재생에너지의 수요 · 공급에 관한 통계자료를 조사 · 작성 · 분석 및 관리할 수 있으며, 이를 위하여 필요한 자료와 정보를 제11조제1항에 따른 기관이나 신 · 재생에너지 설비의 생산자 · 설치자 · 사용자에게 요구할 수 있다.
② 지식경제부장관은 지식경제부령으로 정하는 바에 따라 전문성이 있는 기관을 지정하여 제1항에 따른 통계의 조사 · 작성 · 분석 및 관리에 관한 업무의 전부 또는 일부를 하게 할 수 있다.

[전문개정 2010.4.12]

제26조(국유재산 · 공유재산의 임대 등) ① 국가 또는 지방자치단체는 신 · 재생에너지 기술개발 및 이용 · 보급에 관한 사업을 위하여 필요하다고 인정하면 「국유재산법」 또는 「공유재산 및 물품 관리법」에도 불구하고 수의계약(隨意契約)에 따라 국유재산 또는 공유재산을 신 · 재생에너지 기술개발 및 이용 · 보급에 관한 사업을 하는 자에게 대부계약의 체결 또는 사용허가(이하 "임대"라 한다)를 하거나 처분할 수 있다.

② 국가 또는 지방자치단체가 제1항에 따라 국유재산 또는 공유재산을 임대하는 경우에는 「국유재산법」 또는 「공유재산 및 물품 관리법」에도 불구하고 자진철거 및 철거비용의 공탁을 조건으로 영구시설물을 축조하게 할 수 있다. 다만, 공유재산에 영구시설물을 축조하려면 조례로 정하는 절차에 따라 지방의회의 동의를 받아야 한다.

③ 제1항에 따른 국유재산 및 공유재산의 임대기간은 10년 이내로 하되, 국유재산은 종전의 임대기간을 초과하지 아니하는 범위에서 갱신할 수 있고, 공유재산은 지방자치단체의 장이 필요하다고 인정하는 경우 1회에 한하여 10년 이내의 기간에서 연장할 수 있다.

④ 제1항에 따라 국유재산 또는 공유재산을 임차하거나 취득한 자가 임대일 또는 취득일부터 2년 이내에 해당 재산에서 신 · 재생에너지 기술개발 및 이용 · 보급에 관한 사업을 시행하지 아니하는 경우에는 대부계약 또는 사용허가를 취소하거나 환매할 수 있다.

[전문개정 2010.4.12]

제27조(보급사업) ① 지식경제부장관은 신 · 재생에너지의 이용 · 보급을 촉진하기 위하여 필요하다고 인정하면 대통령령으로 정하는 바에 따라 다음 각 호의 보급사업을 할 수 있다.

1. 신기술의 적용사업 및 시범사업
2. 환경친화적 신 · 재생에너지 집적화단지(集積化團地) 및 시범단지 조성사업
3. 지방자치단체와 연계한 보급사업
4. 실용화된 신 · 재생에너지 설비의 보급을 지원하는 사업
5. 그 밖에 신 · 재생에너지 기술의 이용 · 보급을 촉진하기 위하여 필요한 사업으로서 지식경제부장관이 정하는 사업

② 지식경제부장관은 개발된 신 · 재생에너지 설비가 설비인증을 받거나 신 · 재생에너지 기술의 국제표준화 또는 신 · 재생에너지 설비와 그 부품의 공용화가 이루어진 경우에는 우선적으로 제1항에 따른 보급사업을 추진할 수 있다.

③ 관계 중앙행정기관의 장은 환경 개선과 신 · 재생에너지의 보급 촉진을 위하여 필요한 협조를 할 수 있다.

[전문개정 2010.4.12]

제28조(신 · 재생에너지 기술의 사업화) ① 지식경제부장관은 자체 개발한 기술이나 제10조에 따른 사업비를 받아 개발한 기술의 사업화를 촉진시킬 필요가 있다고 인정하면 다음 각 호의 지원을 할 수 있다.

1. 시험제품 제작 및 설비투자에 드는 자금의 융자
2. 신 · 재생에너지 기술의 개발사업을 하여 정부가 취득한 산업재산권의 무상 양도
3. 개발된 신 · 재생에너지 기술의 교육 및 홍보
4. 그 밖에 개발된 신 · 재생에너지 기술을 사업화하기 위하여 필요하다고 인정하여 지식경제부장관이 정하는 지원사업

② 제1항에 따른 지원의 대상, 범위, 조건 및 절차, 그 밖에 필요한 사항은 지식경제부령으로 정한다.

[전문개정 2010.4.12]

제29조(재정상 조치 등) 정부는 제12조에 따라 권고를 받거나 의무를 준수하여야 하는 자, 신 · 재생

에너지 기술개발 및 이용·보급을 하고 있는 자 또는 제13조에 따라 설비인증을 받은 자에 대하여 필요한 경우 금융상·세제상의 지원대책이나 그 밖에 필요한 지원대책을 마련하여야 한다.
[전문개정 2010.4.12]

제30조(신·재생에너지의 교육·홍보 및 전문인력 양성) ① 정부는 교육·홍보 등을 통하여 신·재생에너지의 기술개발 및 이용·보급에 관한 국민의 이해와 협력을 구하도록 노력하여야 한다.
② 지식경제부장관은 신·재생에너지 분야 전문인력의 양성을 위하여 신·재생에너지 분야 특성화대학 및 핵심기술연구센터를 지정하여 육성·지원할 수 있다.
[전문개정 2010.4.12]

제31조(신·재생에너지센터) ① 지식경제부장관은 신·재생에너지의 이용 및 보급을 전문적이고 효율적으로 추진하기 위하여 대통령령으로 정하는 에너지 관련 기관에 신·재생에너지센터(이하 "센터"라 한다)를 두어 신·재생에너지 분야에 관한 다음 각 호의 사업을 하게 할 수 있다.
1. 제11조제1항에 따른 신·재생에너지의 기술개발 및 이용·보급사업의 실시자에 대한 지원·관리
2. 제12조의2에 따른 건축물인증에 관한 지원·관리
3. 제12조의9에 따른 공급인증기관의 업무에 관한 지원·관리
4. 제13조에 따른 설비인증에 관한 지원·관리
5. 이미 보급된 신·재생에너지 설비에 대한 기술지원
6. 제20조에 따른 신·재생에너지 기술의 국제표준화에 대한 지원·관리
7. 제21조에 따른 신·재생에너지 설비 및 그 부품의 공용화에 관한 지원·관리
8. 제22조에 따른 신·재생에너지전문기업에 대한 지원·관리
9. 제25조에 따른 통계관리
10. 제27조에 따른 신·재생에너지 보급사업의 지원·관리
11. 제28조에 따른 신·재생에너지 기술의 사업화에 관한 지원·관리
12. 제30조에 따른 교육·홍보 및 전문인력 양성에 관한 지원·관리
13. 국내외 조사·연구 및 국제협력 사업
14. 제1호부터 제6호까지의 사업에 딸린 사업
15. 그 밖에 신·재생에너지의 이용·보급 촉진을 위하여 필요한 사업으로서 지식경제부장관이 위탁하는 사업

② 지식경제부장관은 센터가 제1항의 사업을 하는 경우 자금 출연이나 그 밖에 필요한 지원을 할 수 있다.
③ 센터의 조직·인력·예산 및 운영에 관하여 필요한 사항은 지식경제부령으로 정한다.
[전문개정 2010.4.12]

제32조(권한의 위임·위탁) ① 이 법에 따른 지식경제부장관의 권한은 그 일부를 대통령령으로 정하는 바에 따라 소속 기관의 장, 특별시장·광역시장·도지사 또는 특별자치도지사(이하 "시·도지사"라 한다)에게 위임할 수 있다.
② 이 법에 따른 지식경제부장관 또는 시·도지사의 업무는 그 일부를 대통령령으로 정하는 바에 따라 센터 또는 「에너지법」 제13조에 따른 한국에너지기술평가원에 위탁할 수 있다.
[전문개정 2010.4.12]

제33조(벌칙 적용 시의 공무원 의제) 다음 각 호에 해당하는 사람은 「형법」 제129조부터 제132조까지의 규정을 적용할 때에는 공무원으로 본다.
1. 건축물인증 업무에 종사하는 건축물인증기관의 임직원
2. 공급인증서의 발급·거래 업무에 종사하는 공급인증기관의 임직원
3. 설비인증 업무에 종사하는 설비인증기관의 임직원

4. 성능검사 업무에 종사하는 성능검사기관의 임직원
[전문개정 2010.4.12]

제34조(벌칙) ① 거짓이나 부정한 방법으로 제17조에 따른 발전차액을 지원받은 자와 그 사실을 알면서 발전차액을 지급한 자는 3년 이하의 징역 또는 지원받은 금액의 3배 이하에 상당하는 벌금에 처한다.
② 거짓이나 부정한 방법으로 공급인증서를 발급받은 자와 그 사실을 알면서 공급인증서를 발급한 자는 3년 이하의 징역 또는 3천만원 이하의 벌금에 처한다.
③ 제12조의7제5항을 위반하여 공급인증기관이 개설한 거래시장 외에서 공급인증서를 거래한 자는 2년 이하의 징역 또는 2천만원 이하의 벌금에 처한다.
④ 법인의 대표자나 법인 또는 개인의 대리인, 사용인, 그 밖의 종업원이 그 법인 또는 개인의 업무에 관하여 제1항부터 제3항까지의 어느 하나에 해당하는 위반행위를 하면 그 행위자를 벌하는 외에 그 법인 또는 개인에게도 해당 조문의 벌금형을 과(科)한다. 다만, 법인 또는 개인이 그 위반행위를 방지하기 위하여 해당 업무에 관하여 상당한 주의와 감독을 게을리하지 아니한 경우에는 그러하지 아니하다.
[전문개정 2010.4.12]

제35조(과태료) ① 다음 각 호의 어느 하나에 해당하는 자에게는 1천만원 이하의 과태료를 부과한다.
1. 거짓이나 부정한 방법으로 설비인증을 받은 자
2. 건축물인증기관으로부터 건축물인증을 받지 아니하고 건축물인증의 표시 또는 이와 유사한 표시를 하거나 건축물인증을 받은 것으로 홍보한 자
3. 설비인증기관으로부터 설비인증을 받지 아니하고 설비인증의 표시 또는 이와 유사한 표시를 하거나 설비인증을 받은 것으로 홍보한 자
② 제1항에 따른 과태료는 대통령령으로 정하는 바에 따라 지식경제부장관이 부과 · 징수한다.
[전문개정 2010.4.12]

부칙 <제10445호, 2011.3.9> (기초연구진흥 및 기술개발지원에 관한 법률)

제1조(시행일) 이 법은 공포 후 3개월이 경과한 날부터 시행한다.

제2조(다른 법률의 개정) ①부터 ⑩까지 생략
⑪ 신에너지 및 재생에너지 개발 · 이용 · 보급 촉진법 일부를 다음과 같이 개정한다.
제11조제1항제2호 중 "기술개발촉진법에 따른"을 "「기초연구진흥 및 기술개발지원에 관한 법률」 제14조제1항제2호에 따른"으로 한다.
⑫부터 <24>까지 생략

제3조 및 제4조 생략

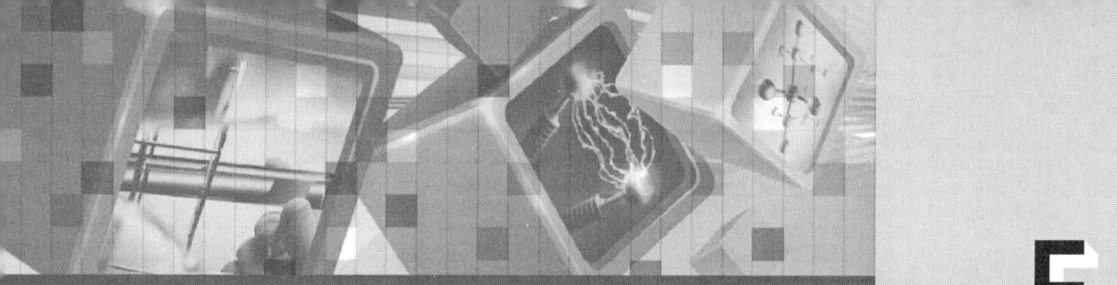

에너지공학의 이해

부록F

용어 해설

ABS (Acrylonitrile Butadiene Styrene) : 엷은 아이보리색의 고체, 아크릴로니트릴과 부타디엔, 스티렌을 중합하여 얻어지는 공중합체, 착색이 용이하고 표면광택이 아름다움. 기계적, 전기적 성질 및 내약품성이 우수. 가정용, 사무실용 전자제품 및 자동차의 표면 소재로 주로 사용된다.

CIF: 운임·보험료 포함가격(Cost, Insurance and Freight)으로, 무역거래의 기본조건으로서 가장 넓게 채용되고 있다. 이 조건으로 수출계약을 체결한 판매자는 화물을 수출항의 본선에 선적할 때까지의 위험과 비용을 부담하는 이외에도 목적까지의 운임과 보험료를 부담해야만 한다.

D. D 원유 : Direct Deal Crude Oil의 약자로 직접거래 원유를 말한다. 산유국이 개발한 원유, 합병·청부·PS방식에 의한 원유, 로얄티의 현물 지불원유 등을 메이저를 비롯 외국의 석유회사를 통하지 않고 소비국의 석유회사와 직접 거래하는 것을 말한다.

DME (dimethyl ether) 합성가스의 생산과 응용 기술에 관한 고효율 공정기술. DME는 석탄, 천연가스, 바이오매스와 같은 많은 자원으로부터 생성될 수 있어서 많은 합성 공정이 개발되어 있는데 바이오매스에 관한 적합한 DME 합성 기술 개발이 요구된다.

FOB : free on board의 약어. 본선인도가격이라고 불리며 CIF와 더불어 가장 많이 이용되는 무역조건이다. 이 조건에서는 구매자의 본선에 화물을 적재할 때까지의 비용과 위험을 판매자가 부담한다.

G.G 원유 : Government to Government Crude Oil의 약자로서 정부간의 거래원유를 말한다. 산유국의 지분원유에 대하여 산유국 정부 내지 국영석유회사와 소비국정부 또는 국영석유회사가 메이저 등의 석유회사를 개입시키지 않고 직접 거래를 행하는
경우의 대상원유이다.

GDP : Gross Domestic Product의 약어로 국내 총생산, 국민소득의 크기를 측정하는 데에는 2가지 방법이 있다. 그 나라의 거주자가 소유한 생산요소로부터 발생한 소득인 국민 총생산(GNP)을 이용하는 경우와 그 나라의 영역내에서 생산된 소득의 국내총생산(GDP)을 이용하는 경우가 있다. 대외투자가 많이 차지하는 나라에서는 이자, 배당, 이윤 등 해외로부터의 요소소득이 큰 경우 GNP는 GDP보다 크다.

GNP : Gross national Product의 약어로 국민 총생산, 국민경제가 일정기간에 생산한 최종생산물의 가치액의 합계이다. 이중계산을 피하기 위해 총생산으로부터 원재료, 중간생산물의 가치액을 공제한 것으로 현실의 시장가격으로 표시.

GNP=GDP-[해외로부터의 순소득(국민의 해외로부터의 소득-국민의 해외로의 지출)]

IEA : International Energy Agency(국제 에너지기구)의 약칭. 제1차 석유위기 후의 국제에너지 정세에 대응해 가기 위해 미국의 제창에 의해 1974년 11월에 설립된 석유소비국의 국제기구. 사무국은 파리의 경제협력 개발기구 본부내에 있으며, 현재 가맹국은 26개국. 설립당초는 OPEC의 원유공급 삭감과 가격인상에 대응하는 것이 큰 목적이지만, 최근에는 비상시의 석유유통과 대체에너지 개발협력 등에 중점을 둔다.

IPCC : Intergovernmental Panel on Climate Change(기후변동에 관한 정부간 패널)의 약칭. 인간활동의 확대에 수반된 대기환경의 변화가 기후, 식량, 에너지, 수자원등 사회 모든분야에 중대한 영향을 미치고, 경제의 지속적 성장을 저해할 지도 모른다는 공통인식하에 구체적 대처를 검토하는 정부간 회의. 1988년 11월 제1회가 제네바에서 개최되어 3개의 위원회가 설치되었다. 이 활동은 21세기 에너지정책과 환경정책의 지침이 된다.

MDI(Methylene Diphenyl Diisocyanate) : 백색 또는 미황색의 고체. 아닐린에 포르말린을 반응시켜 산성축합을 한 후 포스겐과 반응시켜 제조. PPG와 섞어서 주로 경질폴리우레탄폼(건축용, 냉장고용단열제)으로 사용되고, 자동차범퍼(RIM)나 합성피혁, 스판덱스의 원료로도 사용된다.

NEDO : New Energy and Industrial Technology Development Organization의 약어로 일본의 신에너지 산업기술종합 개발기구를 말한다. 두 차례의 석유위기로 탈석유대책의 필요성이 고양되었으며, 원자력이외의 에너지중 실용화 전망이있는 석유대체에너지의 효율적인 연구개발과 재정적인 지원을 목적으로 1980년 정부출자를 중심으로 설립되었다. 석탄의 가스화 · 액화, 태양광발전, 풍력, 연료전지, 신형전지저장시스템, 지열 등의 기술개발 이외에 석탄광업합리화사업, 알콜제조사업을 하고 있다. 1993년 3월 에너지절약법 개정에 따라 에너지사용합리화를 위한 기술개발, 기술보급에 필요한 보조금의 교부, 정보 수집 · 제공 및 기술지도 등의 업무가 추가되었다.

OECD : Organization for Economic Cooperation and Development(경제협력개발기구)의 약칭. 구주부흥계획(마샬플랜)을 담당했던 구주경제협력기구(OEEC)의 뒤를 이어 OEEC 18개국에 미국, 캐나다가 참가해 1961년 9월에 발족되었다. 주요목적은 가맹국의 협력에 의한 경제성장, 무역확대, 개발도상국 원조를 추진하는데 있으며 현재 30개국이 가입해 있다.

OPEC : Organization of Petroleum Exporting Countries(석유수출기구)의 약칭. 1960년 9월 이라크, 쿠웨이트, 사우디아라비아, 베네수엘라, 이란의 5개국에 의해 설립되었으며, 본부는 빈에 있다. OPEC설립의 직접적인 원인은 1959년과 1960년 2회에 걸친 원유공시가격의 대폭적인 인하가 메이저에 의해 일방적으로 행해진 데에 있는데 산유국간의 석유정책협조와 이를 위한 정보수집, 의견교환 등에 목적을 두고 있다. 현재의 가맹국은 위 5개국 이외에 카타르, 인도네시아, 리비아, 아랍에미레이트 연방, 알제리아, 나이지리아, 에쿠아도르, 가봉으로 13개국이다.

PPG(Polypropylene Glycol) : 무색의 휘발성이 없는 액체, 주로 산화프로필렌(PO)을 중합하여 제조. 폴리우레탄, 계면활성제, 브레이크유, 부동액, 알키드수지등의 원료

RPS(Renewable Portfolio Standards · 신재생에너지 공급 의무화 제도)
설비규모 500MW 이상(신재생에너지설비 제외)인 발전사업자가 총 발전량의 일정비율 이상을 신재생에너지를 통한 전력으로 공급하도록 의무화하는 제도다. 2012년 의무비율은 총 발전량의 2%로 이 비율은 오는 2022년까지 10%로 단계적으로 증가한다.

TDI(Toluene Diisocyanate) : 백색 또는 담황색의 액체 또는 고체. 톨루엔을 원료로 하는 톨루엔디아민(TDA)을 포스겐과 반응시켜 제조. PPG와 섞여서 주로 연질폴리우레탄폼(스펀지류) 또는 페인트, 접착제, 실란트의 원료로 사용된다.

UN기후변화협약(UNFCCC : United Nations Framework Convention on Climate Change) : 이 협약은 1992년 5월 9일에 뉴욕에서 채택되었고, 1992년 리오데자네이로 지구 정상회담에서 150개 이상의 국가와 EC가 승인하였다. 이 협약의 궁극적 목적은 '대기의 온실가스 농도가 기후계를 인위적으로 간섭하지 못할 수준으로 안정화시키는 것' 이며, 모든 당사국이 헌신할 것을 포함하고 있다. 이 협약은 1994년 3월부터 발효되었다.

WTI : West Texas Intermediate의 약자로. 미국에서 생산되는 대표적인 원유를 말한다. 뉴욕상품거래소에서 이루어지는 선물거래의 주요상품의 하나로 북해 브랜트원유와 함께 구미 석유시장의 지표가 됨. 가격의 인상이 잇달았기 때문에, 1980년초에는 석유의 공시가격이 전년에 비해 두배 이상이 되었다. 이를 제2차 석유위기라 한다.

가스터빈 : 터빈기관으로서 압축된 뜨거운 연소가스가 터빈을 작동시키고, 다음으로 이 터빈은 연소공기의 압력을증가시키기 위하여 압축기(콤프레샤)를 작동시키는 것이다.

가스화 (Gasification) : 가스화용 매체(공기, 산소, 증기 등)와 고체연료를 반응시켜 연료가스를 제조하는 공정이다.

가스화복합발전 (IGCC : Integrated Gasfication Combined Cycle) : 석탄, 중질잔사유 등의 저급원료를 고온, 고압하에서 가스화 시켜 일산화탄소(CO)와 수소(H_2)가 주성분인 가스를 조제하여 정제한 후 가스터빈 및 증기터빈을 구동하는 발전기술이다.

가채년수 : 확인매장량(R : Reserve)을 그 해의 생산량(P : Production)으로 나눈 수치로, 통상 R/P로 나타낸다. 현상태로 향후 몇 년 생산이 가능한가를 나타낸다.

간접에너지(Indirect Energy) : 가솔린, 등유, 전기, 가스 등 직접적으로 소비하는 에너지에 대하여 석유화학 제품이나, 운수, 통신, 서비스 등을 통하여 간접적으로 소비하는 에너지를 말한다.

갈탄(Brown coal/lignite) : 가연성, 고체, 검은색을 띤 갈색, 화석 탄화물의 침강성 퇴적물. 갈탄, 경성탄의 구분에 필요한 확실한 근거가 연구되어 확인되기 전까지는 각국에서 여러 다른 특성을 근거로하여 갈탄으로 분류되던 석탄은 열량에 관계없이(30℃, 96% 상대습도의 공기와 평형을 이룬

석탄의 총열량이 24 MJ/Kg을 넘는 경우도 포함된) 갈탄으로 분류된다.

감축목표 (QELROs : Quantified Emission Limitation and Reduction Objectives) : 기준년도의 온실가스 배출량과 대비, 양적으로 설정된 배출목표를 의미함. 현행 교토의정서는 각국의 사정에 EK라 1990년 배출량 대비 8% 감축에서부터 10% 증가까지 허용하고 있다. 개질시설(Reformer)을 통해 휘발유 제조나 B.T.X. 생산에 사용된다.

경유(Light Oil) : 원유를 증유로 얻을 수 있는 비점 200℃이상, 인화점50℃이상, 90% 유출온도 350℃이하의 디젤엔진용

경질원유(Light Crude Oil) : 휘발유분이 상대적으로 많고 비중이 작은 원유를 말하며, 원유는 비중이 작을수록 가솔린과 나프타등 이용가치가 높은 성분을 많이 얻을 수 있기 때문에 고품질로 여겨진다.

고갈(Depletion) : 무엇인가의 양이 줄어드는 것. 유전개발에 따라 유전에 가치가 떨어지는 것이다.

고밀도폴리에틸렌(High Density Polyethylene, HDPE) : 반투명 고체(분말 또는 입상), 대표적인 합성수지로 에틸렌을 중합하여 제조, 밀도가 0.94 이상인 것으로, 강도가 우수하나 유연성, 가공성은 떨어짐. 일회용 쇼핑백, 각종 용기, 컨테이너, 파이프 등의 원료.

고분자태양전지 (Polymer solar cells): 공액고분자 (conjugated polymers) 를 기반으로 제작되는 박막형 태양전지로, 인듐주석산화물 전극위상 광활성층으로서 공액고분자와 플러렌 복합체를 코팅하여 이질접합 (heterojuncions)을 형성하고, 알루미늄 전극을 증착한 형태로 구성된다.

고에너지연료(High Energy Fuel) : 종래의 석유계 탄화수소 연료에 비해 발열량 및 연소온도가 높고 추진력이 큰 연료, 수소, 베릴리움, 붕소, 리튬 등은 단위 질량당 연소열이 크며, 알루미늄, 마그네슘, 규소등은 고온화염을 내기 때문에 액체수소나 상기 원소의 수소화물 및 단체의 비분말을 탄화수소 연료에 현탁시키거나 고체연료에 섞어서 속에 넣은 것 등이 고에너지 연료이다.

고체연료 (Solid Fuel) : 석탄, 코크스 등 고체형태의 연료를 마랗ㄴ다. 그중 석탄은 가스화 또는 액화해서 유체로 사용하려는 연구개발이 활발하다. 코크스는 오늘날 제철용등으로 중요한데, 강점결성의 원소탄 부족으로 석탄배합에 의한 성형 코크스의 제조가 중요하게 되었다.

고효율에너지기자재인증제도 : 고효율에너지기자재 보급을 활성화하기 위하여 일정
기준 이상 제품에 대하여 인증하여 주는 효율보증제도이다.

공급인증서(REC · Renewable Energy Certificates) : 민간 발전회사가 신재생에너지 설비를 이용해 전력을 생산했다는 것을 입증하는 증명서다. RPS를 적용받는 발전회사는 신재생에너지 의무 공급량을 채우지 못할 경우 시장에서 거래되는 공급인증서를 구입해 의무량을 채워야 한다.

공동이행(Joint Implementation) : 기후변화협약은 지구온실효과가스에 의한 기후변화를 방지하기 위하여 참가국들이 협조하여 공약사항(Commitment)을 공동으로 이행할 수 있도록 규정하고 있다. 기후변화 후속 협상시 각국의 온실가스 의무감축량이 결정되고, 공동이행이 인정될 경우 감축실적 이전(한 국가가 다른 국가에 투자하여 온실가스 배출을 감소시키고 그 실적을 자국 감축분으로 인정해줌)을 인정하는 것이 된다. 따라서 감축비용이 높은 국가는 감축비용이 낮은 국가의 온실가스 배출감축사업에 투자하게 되어 온실가스를 일정 수준으로 감축시는데 소요되는 비용을 줄이고자 함. 공동이행은 배출권 거래제와 달리 전체 감축량의 한도(Ceiling)가 없다는 것이 특징임. 기후변화협약 1차 당사국회의(1994년 베를린)에서는 2000년까지 시범기간을 설정하여 자발적 참여국가간에 시범사업을 실시한 후, 구체적 기준을 결정키로 합의하였으나 공동이행의 핵심요소인 감축실적 이전(Crediting)은 시범기간 중 적용을 배제하기로 결정하였다.

광물연료와 화석연료(Mineral and Fossil Fuels) : 화학적 또는 물리적 반응(혹은 핵 전환)에 의해 방출되어진 에너지를 포함하고 있는 천연 광물 자원으로부터 추출되었거나 추출할 수 있는 원료로 고체연료, 액체연료, 가스 화석연료, 핵연료 등이 광물연료

광발전(Photovoltaic) : 빛에너지를 전기에너지로 변환시켜 주는 기술이다.

교토메커니즘(Kyoto Mechanism) : 국제 배출권 거래제, 청정개발체제, 공동이행체제를 포함하는 교토의정서 하의 메커니즘. 유연성체제(Flexible Mechanism)라고도 불리며 의정서 4조의 선진국 국가내의 교역을 통한 의무분담(Bubble) 등을 수행하기 위한 핵심적인 시스템이다.

교토의정서(Kyoto Protocol) : 온실가스 배출을 줄이기 위한 구체적인 계획과 의무들이 명기한 기후변화협약의 의정서로 1997년 일본의 교토에서 채택된 의정서로 법적 구속력을 갖는 국제적 합의서로, 총 27조와 부속서로 구성되어 있다.

국가보고서(National Communication) : 기후변화협약상 모든 국가들은 온실가스 감축노력을 객관적으로 평가받기 위해 온실가스 통계량, 온실가스 저감정책의 현황 및 향후 계획 등을 담은 국가보고서를 제출토록 되어 있다.

국내에너지총생산(Primary Production of Energy) : 천연에너지원의 획득과(수력발전등 1차 전력을 포함하는) 일부 전환 에너지의 생산. 즉, 연료의 일차적 생산분(채탄, 채굴 등)에서 연료 정제과정의 불활성물을 차감한 양(천연가스의 경우 생산공정에서 태워버리거나 지하로 재주입시킨 에너지분을 제외시켜야 함). 2차 에너지로의 전환공정을 거치지 않은 재생에너지와 열발생 목적으로 이용된 동식물로부터의 에너지도 포함된다. 1차 전력생산은 수력발전, 지열발전과 원자력발전을 주로 지칭하나(세계동력회의의 에너지발란스에서는 수력과 원자력발전분을 등가 1차 에너지로의 환산을 권장함), 추가로 태양광발전, 풍력발전도 포함시킴이 바람직한다.

국제벙커링(Bunkers) : 국적이나 선박종류에 구분없이, 외항선박에 공급되는 연료유의 양.

국제환경협약(International Environmental Agreement) : 환경을 보호하기 위해 체결되는 양자간

• 다자간 국제협약으로서 주로 지구적 차원의 환경을 보전하기 위한 국가별 의무 또는 노력을 규정하고 있음. 현재 170여개의 국제환경협약이 체결되어 있으며 주요한 협약으로는 기후변화협약, 멸종위기에 처한 동식물보호협약(CITES), 바젤협약, 몬트리올 의정서, 생물다양성협약 등이 있다.
궁극가채매장량 : 석유와 가스가 지하 저유암층에 존재하는 양을 매장량이라 하지만, 실제로 유전을 개발한 경우, 지표로 추출해 낼 수 있는 가채매장량은 실존하는 석유 총매장량의 일부에 지나지 않는다. 이 중에서 채취의 경제적 기술적 조건을 무시하고 물리적으로 추출이 가능한 매장량을 궁극가채매장량이라 부르고 있다.

궁극매장량(Ultimate Reserves) : 일정시점을 기준으로 존재했거나 존재하고 있는 자원의 매장량으로 소비된 양과 발견되어 있는 나머지, 그리고 향후 발전될 양의 합.

근원암(Source Rocks) : 석유가 생성된 것으로 간주되는 암석. 점토질 퇴적암 또는 탄산염암 퇴적암으로 어두운 색깔을 띠며, 유기물의 함량이 풍부함.

기준 배출량(Baseline) : 당사국의 배출량 추이(Trends)를 의미함. 기준 배출량은 경제 성장률, 에너지 사용 증가율, 그리고 에너지 효율개선 및 에너지 절약 등의 요인에 의해 증가, 감소 혹은 일정한 추세를 보임. 특히 공동이행, 청정개발체제 프로젝트 수행 결과가 추가적인 점을 증명하기 위해 프로젝트 이행 이전의 기준 배출량이 결정되어야 한다.

기준년도(Base Year) : 감축목표 설정시 이용되는 특정연도를 지칭함. 선진국의 경우 1990년을 기준년도로 사용함. 단, 교토의정서가 제안하는 세 가지 산업가스-수소불화탄소($HFCs$), 과불화탄소($PFCs$), 육불화황(SF_6) ; 이 세 가지는 자연계에 존재하지 않고 인공적으로 만들어지고 있으므로 이에 대해서는 1995년을 기준년도로 선택할 수 있다.

기체연료(Gas Fuel) : 기체형태의 연료로서 천연가스, 프로판 가스, 석탄 및 석유의 가스화 연료가 있다. 기체연료의 발열량에 따라 고열가스(9,400kcal/㎥, 천연가스 등), 증열가스(2,800~3,800kcal/㎥, 수성가스 등) 및 저열가스 (1,300kcal/㎥, 발생로 가스, 용광로 가스 등)로 나뉘어진다.

기체연료(Gas Fuel) : 기체형태의 연료로서 천연가스, 프로판가스, 석탄 및 석유의 가스화 연료가 있다. 기체연료의 발열량에 따라 고열가스(9,400 $kcal/m^3$, 천연가스 등), 중열가스(2,800~3,800 $kcal/m^3$, 수성가스 등) 및 저열가스(1,300 $kcal/m^3$, 발생로 가스, 용광로 가스 등)로 나누어진다. 고열가스는 최근 액화천연가스로서 대량 수입되어, 발전용 및 도시가스로서 중요하게 되었으며 석탄, 석유의 가스화에 의한 합성 천연가스(SNG)가 연구개발중 이다. 중열가스인 수성가스는 메탄올로 이는 합성석유의 원료로서 중요한데 수성가스의 변성, 증열에 의한 합성 천연가스의 원료로도 된다. 저열가스는 공업용 및 발전용으로 중요하다. 장래의 크린가스로서 수소연료가 큰 연구과제로 되어있다. 기체연료는 고체 및 액체연료에 의해 탈류, 탈화되기 때문에 연소성, 취급 등의 점에 있어서 우수하다.

기후변화(Climate Change) : 기후변화협약상 기후변화의 개념은 비교 가능한 기간 동안 관측된 자연적 기후가변성에 추가하여 직간접적인 인간활동으로 지구대기 구성이 변화되어 발생하는 기후변화를 의미한다.

기후변화에 관한 정부간 협의체(IPCC : Intergovernmental Panel on Climate Change)
: 1998년 WMO(세계기상기구)와 UNEP(UN환경계획)에 의해 설립됨. 기후변화에 관련된 과학적·기술적 사실에 대한 평가를 제공하고 있다.

기후변화협약(UNFCCC : United Nations Framework Convention on Climate Change) : CO_2, CH_4, N_2O 등 온실효과를 나타내는 가스에 의해 지구온난화현상이 심각한 지구환경문제로 대두되면서 체결된 국제협약으로 각국의 온실가스 배출을 규제하기 위한 기본협약이다. 각국은 기후변화를 방지하는 전략 및 계획을 수립하여 시행하도록 해야 하며, 선진국은 CO_2 등 온실가스의 배출량을 2000년까지 1990년 수준으로 억제토록 노력할 것을 규정하고 있다. 1991년 UNCED 회의시 채택되어 2005년 8월 현재 189개국 가입하였으며, 우리나라는 1993년 12월 14일 가입하였다.

난방일수(Heating Degree Day) : 24시간 동안의 평균외부 온도가 기본온도보다 낮아질 경우 두 온도간의 차이로 나타낸 실험적인 단위. 난방일수는 건물의 난방 수용을 예측하는 데 쓰인다.

납사 분해시설(NCC : Naphtha Cracking Center) : 납사를 스팀과 혼합하여 800℃ 정도의 고온에서 열분해함으로써 석유화학의 기초원료인 에틸렌(Ethylene, 폴리에틸렌의 원료), 프로필렌(Propylene, 폴리프로필렌의 원료), 부틸렌(Butylene, 합성고무의 원료)을 생산하는 시설로, 부산물로는 B.T.X.도 생산됨. Naphtha Cracker 또는 Steam Cracker라 불리기도 하며 규모를 말할 때 보통 에틸렌 생산 기준으로 말한다.

납사, 나프타(Naphtha) : 넓은 의미로는 휘발성 석유류를 총칭하며, 좁은 의미로는 원유에서 직접 생산되는 유분으로 증류 범위 30~210℃ 에 있는 유분으로써 이중 끓는점이 100℃ 이하인 것을 경질납사(Light Straight Run Naphtha, HSR)라 함. 경질납사는 주로 용제 및 석유화학의 원료로 사용되며(NCC의 원료), 중질납사는 개질시설을 통해 휘발유 제조나 B.T.X. 생산에 사용된다.

녹색가격제도(Creen Pricing) : 소비자가 신재생에너지를 사용함으로써 인상되는 추가적인 에너지 비용을 자발적으로 부담하는 제도를 의미한다.

녹색경영(Green Management) : 기업이 경영활동에서 자원과 에너지를 절약하고 효율적으로 이용하며 온실가스 배출 및 환경오염의 발생을 최소화하면서 사회적, 윤리적 책임을 다하는 경영을 말한다.

녹색기술(Green Technology) : 온실가스 감축기술, 에너지 이용 효율화 기술, 청정생산기술, 청정에너지기술, 자원순환 및 친환경기술(관련 융합기술을 포함) 등 사회·경제 활동의 전 과정에 걸쳐 에너지와 자원을 절약하고 효율적으로 사용하여 온실가스 및 오염물질의 배출을 최소화하는 기술을 말한다.

녹색산업(Green Lndustry) : 경제 · 금융 · 건설 · 교통물류 · 농림수산 · 관광 등 경제활동 전반에 걸쳐 에너지와 자원의 효율을 높이고 환경을 개선할 수 있는 재화의 생산 및 서비스의 제공 등을 통하여 저탄소 녹색성장을 이루기 위한 모든 산업을 말한다.

녹색생활(Green Life) : 기후변화의 심각성을 인식하고 일상생활에서 에너지를 절약하여 온실가스와 오염물질의 발생을 최소화하는 생활을 말한다.

녹색성장(Green Growth) : 에너지와 자원을 절약하고 효율적으로 사용하여 기후변화와 환경훼손을 줄이고 청정에너지와 녹색기술의 연구개발을 통하여 새로운 성장동력을 확보하며 새로운 일자리를 창출해 나가는 등 경제와 환경이 조화를 이루는 성장을 말한다.

녹색제품(Green Product) : 에너지 · 자원의 투입과 온실가스 및 오염물질의 발생을 최소화 하는 제품을 말한다.

당사국총회(COP : Conference of the Parties) : 교토의정서를 발효시킨 국가들 간에 당사국회의를 의미하며 협약관련 최종 의사 결정 기구로서의 대체로 협약의 진행을 전반적으로 검토하기 위해 1년에 한번 모임을 개최한다.

대기대순환모델(GCM : General Circulation Model) : 전 지구적의 기후를 3차원 컴퓨터 시뮬레이션을 통해 구현하는 시스템이며 이를 인간의 활동이 기후에 어떤 영향을 미치는지 알아보는 데 활용하고 있다. GCM_c은 수증기나 온실가스, 구름, 태양복사에너지, 해양온도, 빙권 등 기후에 영향을 주는 다양한 요소들을 반영하는 복잡한 시스템이다.

대류권(Troposphere) : 지상으로부터 중위도에서 고도 약 $10km$까지 대기의 가장 낮은 부분(평균적으로 고위도 상에서의 고도 $9km$부터 적도 상에서의 고도 $16km$까지 분포)으로서 구름과 '날씨' 현상이 일어나는 곳이다. 대류권에서는 일반적으로 고도에 따라 온도가 감소한다.

도시가스(Town Gas, City Gas) : 도시의 중앙공급원에서 도관에 의하여 각 수요자에게 보내지는 연료가스. 근년에는 액화가스기술의 발전에 의해 천연가스를 공급하며, 천연가스는 석탄가스와 달라 유독한 일산화탄소 성분이 없고, 고열가스이므로 저장 및 수송에 있어 유리하다. 도시가스 성분은 단순화의 경향을 보이며, 수소연료가 개발되는 장래에는 도시가스도 그 주류가 될 것이다.

등유(Kerosene) : 비점 150~260℃의 원유분으로 일찍부터 등화용으로 쓰여졌기 때문에 등유라 쓰여짐. 용도로는 난방용, 주방용연료, 석유발동기용 연료, 용제, 기계세제용, 신호등유, 솔벤트 등유, 가스 터빈, 엔진용 연료등.

매립지가스(LFG : Land Fill Gas) : 쓰레기 매립지에 매립된 폐기물 중 유기물질이 혐기성 분해과정에 의해 분해되어 발생되는 가스를 말하며 그 성분은 주로 메탄(CH_4 : 40~60%)과 이산화탄소(CO_2 : 30~50%)로 구성되어 있다.

매장량(Reserves) : 생산을 중단하게 되는 날까지의 누적 생산량(지질학적 정의), 해당시점의 경제적 · 기술적 조건에서 채굴이 가능한 자원의 양(미국증권거래위원회 경제학적 정의)

메이저(International Oil Majors) : 거대자본을 배경으로 채유에서 판매에 이르는 각 단계를 세계적인 규모로 완전히 장악하여 종합경영을 하는 석유회사를 메이저 또는 국제석유자본이라 한다. 예를 들면, 엑슨 모빌 등.

메탄발효(Methane Fermentation) : 일반적으로 대부분의 유기물은 혐기성균의 공동작용에 의하여 분해되며, 메탄과 이산화탄소를 생성하는 발효를 말함. 제1단계는 복잡한 화합물이 간단한 화합물 특히 저급지방산으로의 분해이고 제2단계는 메탄과 이산화탄소의 분해이다. 메탄발효는 제2단계 분해를 말하며 이것에 관여하는 세균을 메탄세균이라고 총칭한다.

몬트리올 의정서(Nontreal Protocol) : 오존층 파괴 물질에 관한 몬트리올 의정서는 1987년에 몬트리올에서 채택되었고, 이후로 런던(1990), 코펜하겐(1992), 비엔나(1995), 몬트리올(1997), 베이징(1999)에서 조성되고 수정되었다. 몬트리올 의정서는 성층권 오존을 파괴하는 염소계 화학물질과 브롬계 화학물질, 이를테면 CFC, 염화메틸, 4염화탄소 등의 소비와 생산을 통제한다.

무수말레인산(Maleic Anhydride, MA) : 백색 바늘모양 또는 입상의 결정, 벤젠을 접촉산화시켜 제조하거나, C4유분(부탄 또는 부타디엔)을 산화시켜 제조. 불포화폴리에스터수지, PVC안정제, 도료, 가소제 등의 원료

무수프탈산(Phthalic Anhydride, PA) : 순백색 바늘모양의 결정으로 독특한 냄새가 있음. 올소자일렌(O-Xylene)을 기화시킨 후 공기의 산소와 반응시켜 제조. 가소제(DOP, DBP 등), 폴리에스터수지, 염안료중간체 등의 원료

바이오가스(Biogas) : 혐기성 소화작용으로 바이오매스에서 생성되는 메탄과 이산화탄소의 혼합 형태인 기체를 말한다. 이러한 혼합기체로부터 분리된 메탄을 바이오 메탄가스라고 한다. 그 외 바이오가스의 형태는 퇴비가스, 습지가스, 폐기물 등으로부터 자연적으로 생성되는 것과 제조된 가스도 있다.

바이오디젤(Biodiesel) : 자연에 존재하는 각종 기름(fat, lipid)성분을 물리적 화학적 처리과정(에스테르공정)을 거쳐 석유계 액체연료로 변환시킨 것을 말한다. 특히 BIODIESEL이란 용어는 오스트리아 "BIOENERGID회사" 에서 개발한 등록상표로서 일반적으로 각종 동식물류부터 전환된 디젤을 자칭하는 일반용어로 사용되고 있으나 상표명에 대한 법적 권리는 등록회사에 귀속하고 있다.

바이오매스(Biomass) : 바이오매스란 원래 "생물량"이라는 생태학적 용어였으나 현재는 에너지화할 수 있는 생물체량이란 의미로 사용되고 있음. 녹색식물은 태양에너지를 받아 물과 탄산가스를 이용하여 전분, 당 또는 섬유소를 합성하고 이를 식물에 저장함. 동물은 식물을 먹고 자라며 동식물은 미생물에 의하여 종국적으로 탄산가스와 물 등의 무기물로 분해되어 하나의 순환과정을 형성한다. 이러한 생태계의 순환과정 중에 관련된 모든 "유기체"를 일컬어 바이오매스라 하며 이중에서 가장

많은 것이 식물 자원이다.

바이오매스 가스화 (Biomass gasification) :농작물, 도시 목재 폐기물 등 유기 폐기물을 이용한 가스화 공정을 통해 합성가스를 생산하는 공정으로 유기 물질로부터 유해 성분이나 GHG(온실가스)의 생성 없이 CO, H_2, 탄화수소 가스의 합성 가스를 생산하는 기술이다.

바이오매스연소 (Biomass combustion) : 유기 물질이나 유기 혼합물로부터 열에너지를 생산하거나 공해물질이나 온실가스의 배출을 감소시키는 연소 기술. 고정층 및 유동층 시스템과 같은 기존의 연소 시스템에 바이오매스를 이용하기 위한 진보된 기술을 포함한다.

바이오에너지(Bioenergy) : 동 · 식물 또는 파생자원(바이오매스)을 직접 또는 생 · 화학적, 물리적 변환과정을 통해 액체, 기체, 고체연료나 전기 · 열에너지 형태로 이용하는 것. 연료용 알코올, 메탄가스, 매립지가스(LFG), 바이오디젤 등을 생산하여 에너지원으로 활용하는기술로서 차량용, 난방용 연료 및 발전분야 등에 이용이 가능하다.

바이오에탄올(Bioethanol) : 에탄올은 화학적 합성도 가능하지만 생물공정으로도 생산되고 있다. 술을 제조하는 공정에서와 마찬가지로 당을 생성하는 작물로부터 추출된 당을 효모나 박테리아로 발효를 통하여 생산되는 것이다. 옥수수와 같은 전분을 원료로 하는 경우에는 산이나 아밀라아제로 불리는 효소로 먼저 전분을 포도당으로 전환하여 발효하게 된다.

반감기 (half life) : 발열량 : 단위량의 연료가 일정조건 하에서 완전 연소한 경우에 내는 열량. 가열성 연료의 경우 발열량은 두 가지로 정의 된다. 첫째는 총발열량으로서 완전연소시의 이론적 최대방출열량을 의미하고(연소 중에 발생하는 수증기의 증발에 의한 잠열을 포함) 둘째로는 (회수할 수 없는 것으로 간주되는) 총발열량에서 연료의 연소시 생성된 물의 증발 잠열을 제외환 순발열량이다. 세계동력회의 권고안을 포함하여 IFA와 IPPC의 경우 에너지 밸런스에서는 순발열량이 통상적으로 사용된다.

발열량(Heating Value) : 단위량의 연료가 일정조건하에서 완전 연소한 경우에 내는 열량.

배럴(Barrel) : 석유 용량의 단위이지만, 본래는 「중간부분이 부풀은 통」을 의미. 미국 펜실베이니아주의 E.L.도르크가 1859년 처음으로 석유의 기계 채유에 성공해 50갤론의 나무통에 채워 판매했다. 당시는 수송중의 취급이 어려웠기 때문에 도중에 석유가 새어 42갤론 정도가 되는 경우가 많아, 이것이 현재 1배럴=42갤론의 기원이 되었으며 환산율은 1배럴=42갤론=5.6146ft^3=159L이다.

배사(Anticline) : 탄화수소 자원을 함유한 대표적인 지질구조. 지층이 습곡작용에 의해 오목한 바가지를 뒤집어 놓은 모양.

배출감소단위(ERU : Emission Reduction Unit) : 공동이행(JI)계획에서 부속서 I의 투자 국가들은 각각의 프로젝트가 줄이는 온실가스 감축량에 비례해 ERU_s를 받게 된다. 투자 국가들은 교토의정서하에서 할당된 양에 이 ERU_s 만큼 할당량에서 빼게 된다.

배출권거래(ET : Emission Trading) : 교토의정서 제17조에 규정되어, 온실가스 의무가 있는 선진 국가 배출 쿼터를 부여한 후, 동 국가간 배출쿼터의 거래를 허용하는 제도이다.

배출한도량(AA : Assigned Amount) : 의무이행 기간 동안 각국이 배출할 수 있는 온실가스 총량을 의미하고 있으며, 현행 교토의정서는 1990년 배출량×감축목표×의무이행 기간(5년)으로 각국의 배출 한도량을 계산하고 있다.

벤젠(Benzene) : 방향족계 탄화수소의 대표적 제품으로 방향(냄새)이 있는 액체, 납사분해설비(NCC)에서 에틸렌 등의 기초유분과 함께 병산되거나, 납사개질유(Reformate Naphtha)로부터 톨루엔, 자일렌과 함께 추출되어 생산됨. 톨루엔의 탈알킬방법으로도 생산 가능. SM, 카프로락탐, 알킬벤젠, 의약품, 농약, 유기약품, 등의 원료

부생가스 : 석탄에 열을 가했을 때 부산물로 생성되는 가스로 주로 제철공장의 공정 등에서 많이 생성된다.

부속기구(SB : Subsidiary Body) : 당사국 총회를 보조하기 위한 위원회를 일컬으며 기후변화협약에 의해 규정된 2개의 영구적인 부속기구로 이행을 위한 부속기구(SBI)와 과학기술적 자문을 위한 부속기구(SBSTA)가 있다.

부속서 I 국가(Annex I) : 기후변화협약에서 구속력 있는 감축의무를 부담하는 국가를 의미하며, 기후변화협약 채택 당시에는 35개국이었으나, 1997년 제3차 당사국 총회시에는 크로아티아, 슬로바키아, 슬로비니아, 모나코, 리히텐스타인 등 5개국이 추가되어 현재는 40개국에 이르고 있다.

부속서 II 국가(Annex II) : 개발도상국의 재정적, 기술적 지원 의무를 가지고 있는 부유한 나라들의 명단이다. 24개 OECD국가와 유럽연합이 여기에 포함된다.

부속서A(Annex A) : 교토의정서가 지정하는 여섯 가지 온실가스와 그 가스들을 배출하는 분야 및 배출원 목록. CO_2(이산화탄소), CH_4(메탄), N_2O(아산화질소), HFC_s(수소불화탄소), PFC_s(과불화탄소), SF_6(육불화황).

부속서B(Annex B) : 교토의정서가 제시하는 부속서 I 국가들의 첫 의무이행 기간 동안의 기준년도에 대한 배출한도 및 감축 목표 목록을 의미한다.

부속서I(Annex I)국가들의 재정 • 기술지원이 충분히 이루어진 후에 제출하도록 되어 있다.

부타디엔(Butadiene) : 상온에서 독특한 냄새가 있는 기체, 납사 분해시 부생하는 C4유분으로부터 추출하거나 부탄을 탈수소하여 제조. SBR, BR 등 여러 종류의 합성고무와 ABS, 1, 4-BDO 등의 원료

부탄올(Butanol) : 무색투명한 액체, 프로필렌을 옥소 반응시킬 때 옥탄올과 병산됨. 아크릴레이트, 가소제의 원료, 용제로도 사용

분해정제시설(Cracking Refinery) : Hydroskimming Refinery에 분해시설을 추가한 형태의 정유시설을 말하며, 분해시설은 주로 RFCC 나 FCC를 말한다. 분해시설을 통해 부가가치가 낮은 연료유를 고부가가치의 경질제품으로 전환시킬 수 있어 수익성이 증대하며, 동시에 원유에 대한 의존도도 낮아져 안정적인 운전이 가능하다.
브리티시 페트롤리엄(BP), 로얄 더취셀의 7개사를 7대 메이저(세븐 시스터즈)라 부르고 있다.

비 · 티 · 유(BTU / British Thermal Unit) : 열량을 나타내는 단위의 하나로 1BTU=252cal

비 · 피 · 시 · 디(BPCD / Barrel Per Calender Day) : 년간 총 처리물량을 365일로 나눈 값으로 시설의 생산능력보다는 제품의 수요 등을 표시할 때 사용한다.

비 · 피 · 에스 · 디(BPSD / Barrel Per Stream Day) : 년간 총 처리물량을 년간 실지 가동일수로 나눈 값으로 시설의 규모를 표시할 때 주로 사용함. 일반적으로 모든 시설은 1-2년에 한 번씩 정기보수를 위해 가동을 중지하며 1년중 평균 가동일수를 계산하여 처리용량을 산출함으로써 하루에 실질적으로 처리가능한 규모를 표시함. 보통 연간 가동일수는 330일 또는 365일의 90%를 기준으로 한다.

비닐클로라이드모노머(Vinyl Chloride Monomer, VCM) : 무색으로 약간의 감미가 있는 기체, EDC를 열분해하여 제조. 대부분의 PVC의 원료로 사용

비당사국(Non-Party) : 기후변화협약을 비준하지 아니한 국가로 업저버로 회의에 참가할 수는 있다.

비연료유(Non-Fuel Oil) : 에너지발생을 위한 연료가 아닌 연료 등으로 사용되는 유종을 말하며 납사, 용재, 아스팔트 등이 있다.

비준(Ratification) : 협약 혹은 의정서의 채택사항을 확인하는 절차에 불과한 서명(Signature)과는 달리 협약 혹은 의정서에 따른 법적 의무를 부담하겠다는 선언을 의미한다.

비티엑스(BTX : Benzene Toluene Xylene) : 납사의 접촉개질 등을 통하여 생산된 방향족 화합물로 벤젠, 톨루엔, 자일렌을 말한다.

비 · 티 · 유(BTU : British Thermal Unit) : 열량을 나타내는 단위로 하나로 $1\,BTU = 252\,cal$이다.

사막화(Desertification) : 건조, 반건조, 및 건조한 저습 지역에서 기후변동과 인간활동을 포함한 여러 인자로 인해 토지가 황폐화된 것을 말한다.

UNCCD(United Nations Convention to Combat Desertification; 사막화 방지 UN 협약)가 정의한 토지 황폐화는 건조, 반건조 및 건조한 저습 지역에서 생물학적 혹은 경제적 생산성과 천수답 경작지, 관개수 경작지, 방목지, 목초지, 산림의 복잡성이 감소되거나 소실되는 것으로서, 토지 사용으로 인해 또는 인간활동 및 서식지 패턴에서 기인한 과정들을 비롯해 하나 또는 복합적 과정으로 인해 (i) 바람이나 물에 의해 야기된 토양 침식, (ii) 토양의 물리적, 화학적, 생물학적 혹은 경제적 퇴화, (iii) 자연 식생의 장기적 소실이 일어난 것을 말한다.

상업에너지(Commercial Energy) : 소비자가 사용하기 전에 상업적인 경로를 거치는 에너지로 개발도상국에서 사용하는 임산연료(장작)는 포함되지 않는다.

석유(Petroleum) : 石油(돌기름), 탄화수소로 이루어진 광물성 기름으로 지하에서 채굴되며, 정제과정을 거친후에 에너지원으로 사용된다.

석유대체에너지(Substitute Energy for Petroleum) : 석유를 대신하는 에너지의 총칭으로 원자력, 석탄, LNG, 태양에너지, 지열에너지, 바이오매스 에너지, 수소에너지 등이 있다.

석유대체에너지(Substitute Energy for Petroleum) : 석유를 대신하는 에너지의 총칭으로 원자력, 석탄, LNG, 태양에너지, 지열에너지, 바이오매스 에너지, 수소에너지 등이 있다.

석유수지(Petroleum Resin) : 흰색(수첨)또는 노란색의 무취고체입상. 납사분해시 생산되는 분해잔사를 합성하는 열가소성 수지로, C5계와 C9계, C5/C9공중합, DCPD, Water white수지가 있음. 페인트, 잉크, 접착제등의 원료

석유환산톤(TOE : Ton of Oil Equicalent) : 열량의 비교를 위한 것으로 타 연료의 열량을 원유기준으로 환산한 양으로 원유 $1kg = 10,000\,kcal$로 환산하여 기준한 것이고 1toe는 $10^7\,kcal$이다. 동 단위는 무게가 환신기준이므로 통상 부피로 계량하는 석유제품, 도시가스 등은 부피를 무게로 환산하는 과정이 선행되어야 한다. 예: 휘발유 1 bbl의 석유환산톤으로의 전환과정 1 bbl=158,988 liter, 1 liter=8,300$kcal$이므로 휘발유 1 liter는 원유 0.83kg에 해당된다. 따라서 1 bbl=0.83kg/liter, 158.998 liter/bbl=132 kg(석유환산) 즉, 1 bbl=0.132toe이다. 석유제품 중 프로판과 부탄은 무게와 부피의 고나계가 다음과 같다. 프로판 1톤=12.38 bbl, 부탄 1톤=10.88 bbl이다.

석유환산톤(toe, Ton of Oil Equivalent) : 에너지의 가치를 석유를 기준으로 환산할 때 쓰는 단위로 서로 다른 형태의 에너지를 비교할 수 있게 해 줌. 즉, 열량 비교를 위해 타 연료의 열량을 원유기준으로 환산한 양으로 원유 1㎏=10,750㎉로 환산하며, 1 toe는 107㎉임. 동 단위는 무게가 환산기준이므로 통상 부피로 계량하는 석유제품, 도시가스 등은 부피를 무게로 환산하는 과정이 선행되어야 함.(예:휘발류 1bbl의 석유환산톤으로의 전환과정 1bbl=158.988 liter, 1liter=8,300kcal이므로 휘발류 1liter는 원유 0.83kg에 해당. 따라서 1bbl=0.83kg/liter 158.988 liter/bbl=132kg(석유환산) 즉, 1bbl=0.132toe이다.) 석유제품중 프로판과 부탄은 무게와 부피의 관계가 다음과 같다. 프로판 1톤=12.38bbl, 부탄 1톤=10.88bbl

석탄가스화복합발전(Integrated Gasification Combined) : 석탄을 가스화하여 정제한후 가스터빈연료로 사용하여 발전하고 그 배열을 이용하여 증ㄱmf 발생시킴으로서 증기터빈을 구동하는 복합발전시스템이다.

성층권(Stratosphere) : 대류권 위의 층으로 오존층에 의해 고도에 따라 온도가 증가한다. 고도 상으로 약 10km(평균적으로 고위도 상에서의 고도 9km부터 적도 상에서의 고도 16km까지 분포)부터 약 50km까지 뻗어있다.

세일가스(shale gas) 오랜 세월 모래 · 진흙이 쌓여 단단하게 굳은 암석의 미세한 틈새에 넓게 분포돼 있는 가스. 난방 · 발전용으로 쓰이는 메탄 70~90%, 석유화학 원료인 에탄 5%, LPG 제조에 쓰이는 콘덴세이트 5~25%로 구성돼 화학적 성질은 기존 가스와 동일하다.

소수력발전 : 설비용량이 10,000kW 이하의 수력발전. 여타 신재생에너지원에 비해 에너지 밀도가 높고 경제성이 우수한 에너지원이며, 소수력발전 시스템은 수차, 발전기 및 전력 변환장치 등으로 구성되어 있다.

소수화 분해공정(Hydrocracking) : 나프타에서 잔사유에 이르는 각종 탄화수소를 촉매를 첨가하여 고온, 고압하에 수소기류 속에서 분해하여 수소화하고, 보다 경질인 탄화수소로 전환시키는 것. LPG, 휘발유, 등유, 제트연료, 경유 등의 제품을 얻을 수 있으며 그 품질도 좋아 후처리 등이 불필요하다.

수입의존도(Rate of Dependence on Imports) : 한나라의 경제가 외국으로부터의 수입에 의존하고 있는 정도를 나타내는 지표로, 평균 수입성향이라고도 함. 일반적으로 국민소득 혹은 국민총생산중 차지하는 수입액의 비율로 표시되지만, 기준시 가격에 의한 경우는 명목 수입의존도라 한다.

스틸렌모노머(Strene Monomer, SM) : 방향이 있는 무색의 액체, 벤젠과 에틸렌을 원료로 합성한 에틸벤젠을 반응시켜 제조. 폴리스틸렌(PS), SBR, ABS, 도료 등의 원료

스포트가격(Spot Price) : 일반적으로는 상품을 현물거래하는 경우의 가격을 말함. 장기계약 등에 의하지 않기 때문에 수급의 상태에 따라 가격이 변한다. 최근에는 원유가격에 대해 쓰이는 일이 많으며 원유의 현물시장에서 거래되는 원유가격이다.

습성가스(Wed Gas) : 응축된 탄화수소물을 포함하고 있는 미정제 천연가스, 주:특성사양으로서, 가스정에서 $75m^3$가스당 1리터 이상의 응축액을 포함한 천연가스이다.
시 · 아이 · 에프(CIF / Cost, Insurance and Freight) : 수출입 상품의 비용 및 선적시부터 도착시까지의 운임, 보험료를 포함한 가격을 말하며 공급자가 운임, 보험료를 전부 부담하는 무역거래 조건의 하나.

신·재생에너지(New & Renewable Energy) : 우리나라에서 신재생에너지는 『신에너지 및 재생에너지개발·이용·보급 촉진 법 제2조』에 의해 기존의 화석연료를 변환시켜 이용하거나(신에너지) 햇빛·물·지열·강수·생물유기체 등을 포함하는 재생가능한 에너지를 변환시켜 이용하는 에너지(재생에너지)로서, 태양, 바이오, 풍력, 수력, 연료전지, 석탄 액화·가스화 및 중질잔사유 가스화, 해양, 폐기물, ㅈ열, 수소 등 11개 분야를 말한다.

신재생에너지 공급 협약(RPA : Renewable Portfolio Agreement) : 발전자회사별로 중장기 신재생에너지 개발 공급계획을 수립하여 정부와 협의 후, 자발적으로 협약 체결·시행하는 제도이다.

신재생에너지발전 의무 할당제(RPS : Renewable Portfolio Standards) : 발전사업자의 총발전량, 판매사업자의 총판매량의 일정비율을 신재생에너지원으로 공급 또는 판매하도록 의무화하는 제도(미국, 영국, 일본, 호주, 덴마크 등이 최근 도입 운영)이다.

아라비안 라이트(Arabian Light) : 사우디아라비아산 원유중 API도(미국 석유협회가 규정한 비중측정단위)가 34도인 원유를 말한다. 중동 각 원유중에서 생산량이 많으며, 표준적인 상태에서 원유가격을 설정할 시의 기준원유로서 채용되고 있었지만 1985년 1월의 OPEC 제73회 임시총회에서 기준원유 가격제도로 변경된다.

아세톤(Acetone) : 무색유동성의 액체, 특유의 방향이 있음. 벤젠과 프로필렌을 반응시켜 큐멘을 제조한 다음, 큐멘을 산화·분해하여 페놀과 함께 제조(생성비율은 페놀1: 아세톤0.61). 주로 도료·페인트의 용제로 사용, 왁스·락커·고무에도 사용
아세트알데히드(Acetaldehyde) : 자극적인 냄새를 지닌 무색의 액체로 에틸렌을 산소로 산화하여 제조, 화학적 반응성이 매우 활발함. 펜타에리스리톨, 초산, 초산에테르 등의 원료

알베도 피드백(Albedo Feedback) : 지구의 알베도 변화가 관련있는 기후 피드백(Climate Feedback) 보통은 빙권(Cryoshpere)의 변화를 말한다. 빙권의 알베도는 지구 알베도 평균(~0.3)보다 훨씬 크다(~0.8). 온난화되는 기후에서는 빙권이 축소될 것으로 예상되므로, 지구의 전반적 알베도는 감소하고 태양복사는 더 많이 흡수되어 지구가 더욱 온난화될 것이다.

알베도(Albedo) : 표면이나 물체에 반사된 태양복사(Solar Radiation) 분율이며, %로 표현한다. 눈에 덮인 표면은 알베도가 높고, 토양의 표면 알베도는 높은 것부터 낮은 것까지 다양하다. 식생으로 덮인 표면과 해양은 알베도가 낮다. 지구의 알베도는 다양한 운량, 눈, 얼음, 활엽지역, 토지피복에 일어난 변화에 따라 달라진다.

알킬벤젠(Alkyl Benzene) : 무색무취의 투명한 액체, 노말파라핌(Normal Paraffin)과 벤젠을 합성해 제조. 계면활성제의 우너료로 합성 세제와 농약 유화제 등으로 사용된다.
압축 천연가스(CNG / Compressed Natural Gas) : 천연가스를 냉동, 압축하여 액화한 LNG(액화천연가스)와는 달리 고압으로 압축하여 압력 용기에 저장한 형태를 말한다.

액성 천연가스(Natural Gas Liquid : NGL) : 가스전설비에서 액체상태로 회수되는 천연가스의 일부, 액성 천연가스는 에탄, 프로판, 부탄, 펜탄, 천연가솔린 및 응축액을 포함하나 이에 국한하지는 않으며, 소량의 비탄화수소 성분도 포함하는 경우도 있다.

액화(Liquefaction) : 수소화 반응법. 고체연료를 이용한 기체 합성법, 또는 용매추출법등 방법으로 고체연료를 액화 탄화수소 및 기타성분들로 전환시키는 것이다.

액화석유가스(LPG, Liquefied Petroleum Gas) : 석유생산, 석유정제 또는 석유화학공업의 과정에서 부생되는 탄화수소를 분리 추출해, 상온상압에서 가스상태의 프로판, 부탄 등의 혼합기체를 가압 또는 냉각해 액화한 것. 가정용, 공업용, 내연기관용 연료, 도시가스의 원료로서 사용되고 있다.

액화천연가스(LNG : Liquefied Natural Gas) : 지하 또는 해저의 가스전(석유광상)에서 뽑아내는 가스 중 상온에서 액화하지 않은 성분이 많은 건성가스(Dry Gas)를 수송 및 저장의 용이성을 위해 액화한 것으로 보통 "천연가스" 라 불린다. 주성분은 메탄(CH_4)으로 -162℃ 로 액화하면 체적은 원래의 1/600로 되어, 그 상태로 전용탱크에 수송되어 반지하 또는 지상의 대형 단열탱크에 저장된다. 우리나라의 경우 해외 천연가스 산지의 LNG공장에서 액화하는 것을 LNG선으로 도입하여 이를 국내 LNG공장에서 기체화한 후 파이프를 통해 발전소나 수용가에 공급하고 있다.

양수발전 : 고지대에 저수지를 만들고 전력의 비수요기인 밤에 잉여전력을 이용하여 여기에 물을 모터펌프로 퍼올려 놓았다가 수요기에 저수지물을 낙하시켜 발전하는 방식으로 우리나라의 양수발전은 무주, 청평, 삼랑진, 산청, 양양 등에 있음.

에너지 시큐어리티(Energy Security) : 에너지는 국가경제를 뒷바침하는 데 불가결한 것이며, 국가의 안정보장과 깊이 결부되어 있기 때문에 에너지의 안정적이고도 합리적인 공급이 중요하다는 인식을 의미하며 에너지안보라고 한다.

에너지 탄성치(Energy Elasticity) : 에너지의 수요규모와 경제성장률은 한나라의 경제규모, 산업구조, 국민생활등과 밀접한 연관이 있음. 에너지탄성치는 경제성장률과 에너지소비증가율의 비이다. 따라서 일반적으로 에너지사용의 효율이 높을수록 이 수치는 작게 된다.

에너지 회수율(Energy Gain Factor) : 설비 수명기간중의 총에너지생산량에서 총소비량을 차감한 양과 설비 건설기간중에 소요된 에너지량의 비율.

에너지밸런스(Energy Balance) : 에너지 수급통계 작성에서의 "에너지밸런스"는 플로우(Flow)의 개념으로 일정기간동안 일정 지역 내 에너지의 투입과 산출간의 균형을 나타내는 표를 말한다. 에너지밸런스의 작성대상지역 및 시간대는 일률적이 아니다. 대부분 한 나라를 대상으로 하는 연간 에너지밸런스 또는 인접국가들을 동시에 포함시키는 권역에너지밸런스가 작성되기도 한다. 에너지밸런스의 형태는 통상에너지원을 가로축, 에너지수급량을 세로축에 나타내는 행렬(Matrix)방식을 채택하고 있다.

에너지보존(Energy Conservation) : 유한 에너지자원을 가장 효율적으로 사용하기 위해 취해야할 행동을 구체화시킨 정책을 의미함. 이러한 행동의 예로는 에너지절약, 에너지의 합리적 이용, 서로 다른 형태의 에너지간의 대체 등이 좋은 예이다. 에너지 보존을 위해 통제적, 보조적, 정치적, 경제적 수단이 사용된다.

에너지소비효율등급표시제도 : 에너지를 많이 소비하고 보급률이 높은 제품을 대상으로 1~5등급으로 에너지소비효율등급라벨을 부착토록 하고 최저효율기준 미달제품에 대한 생산 · 판매를 금지하는 제도로서 모든 제조업체들이 지켜야 하는 의무적인 제도이다.

에너지수입의존도(Dependence of Energy on Overseas) : 일반적으로 에너지수입 의존도는 1차 에너지공급량에서 순수입에너지의 비중을 의미하나, 국내 수입의존도는 1차 에너지소비중 수입에너지의 비중을 의미.

에너지원(Energy Resources) : 에너지로 가능한 자원을 뜻하며 열에너지, 빛에너지, 운동에너지를 얻을 수 있는 화석연료나 핵분열 및 대체에너지로서 수력발전, 태양에너지, 풍력에너지, 조력에너지, 지열에너지 등을 말한다.

에너지원단위 : 단위량의 제품과 액수를 생산하는데 필요한 전력 · 열(연료)등 에너지 소비량의 총량, 일반적으로 에너지 생산성의 향상, 즉 에너지절약의 진척상황을 나타내는 지표로서 사용한다.

에너지의 형태(Forms of Energy) : 고체연료(Solid Fuels), 액체연료(Liquid Fuels), 가스연료(Gaseous Fuels), 수력전기(Hydropower), 핵에너지(Nuclear Energy), 전기에너지(Electrical Energy), 태양에너지(Solar Energy), 생물에너지(Biomass Energy), 풍력에너지(Wind Energy), 해양에너지(Ocean Energy), 지열에너지(Geothermal Energy), 핵융합(Nuclear Fusion)

에너지절약(Energy Saving) : 에너지 공급자와 사용자가 에너지의 낭비를 줄이기 위해 채택한 수단 또는 그로 인한 효과. 여기에서는 소극적인 방법(예:단열)과 적극적인 방법(예:폐열이나 가스의 활용) 또는 조직적인 방법(예:수송수단의 변화)등이 있다.

에너지탄성치(Energy Elasticity) : 에너지의 수요규모와 경제성장률은 일국의 경제규모, 산업구조, 국민생활등과 밀접하게 연결되어 있다. 에너지탄성치는 경제성장률과 에너지 소비증가율의 비이다. 따라서 일반적으로 에너지사용의 효율이 높을수록 이 수치는 작게 된다.

에너지효율(Energy Efficiency) : 에너지변환기(엔진, 녹색식물, 터빈 등)에 있어서 소비된 에너지에 비해 실질적인 유효에너지로 사용된 부분은 얼마나 되는가이며, 이는 에너지의 변환, 이차에너지의 수송율(손실율을 뺀 것), 이용계에 있어서 변환용의 3단계에 의해 결정된다.

에너토피아(Enertorpia) : 에너지와 유토피아의 합성어로, 일반적으로는 어떤 거주지역을 체계화하여 에너지나 자원의 자급성을 갖고, 에너지절약 사고방식에 기초한 설비를 갖춘 에너지적 유토피아를 말한다. 주위의 생태계를 파괴하지 않는 태양 등의 자연에너지 이용이나 폐기물의 재이용을 말한다.

에이 · 피 · 아이 온도(API Degree / API Number) : 원유나 석유제품의 비중을 나타내기 위한 지표로서, 미국석유협회(API : American Petroleum Institute)가 제정한 화학적 석유비중 표시방법. 일반적으로 탄화수소가 많을수록 비중이 커지는데, 보통 API 34도 이상의 원유를 경질원유, API 30-34도의 원유를 중질원유, API 30도 이하의 원유를 중질원유로 분류한다.

에탄올(Ethanol) : 무색투명한 휘발성 액체, 에틸렌과 물을 반응시키는 합성법과 천연곡물을 발효시키는 발효법이 있음. 전 세계 에탄올의 90%이상이 발효법으로 생산. 합성법 에탄올은 화장품, 향료 등의 원료, 용제

에틸렌(Ethylene, C2) : 무색의 기체, 고압저온(− 104.5℃ >)환경에서 액상석유 또는 천연가스 등 탄화수소(납사, 에탄, LPG, Gas oil, NGL 등)를 열분해하여 제조. 폴리에틸렌(PE), 에틸렌글리콜(EG), PVC, SM, 아세트알데히드 등 에틸렌 계열제품의 원료로서 석유화학공업의 대표적인 기초유분이다.

엘 · 에스 · 더블유 · 알(LSWR / Low Sulfur Waxy Residue) : 저유황 고유동점의 연료유(B-C)를 말함. 유황함량은 보통 0.3wt%이하로 초저유황이나 왁스성분을 다량 함유하고 있어 상온에서는 고체로 굳어지기 때문에 사용 또는 저장하기 위해서는 별도의 보온시설이 필요하다.

엘니뇨(El Nino) : 엘니뇨는 불규칙하게 나타나는 기후 현상으로서 대게 3~5년이 주기가 된다. 엘니뇨는 보통 그 징후가 크리스마스 기간에 페루 연안 바닷물 온도가 올라가는 것으로 나타나면서 이 지역 주민들이 "아기 예수" 란 뜻의 El Nino로 불렀다. 이 현상은 열대 태평양의 무역풍이 주기적 변화에 뜨라 약해지면서 비정상적인 기후 시스템에 영향을 미쳐 세계 곳곳에 이상기상현상으로 인한 피해를 증가시킨다.

엠 · 티 · 비 · 이(MTBE / Methyl Tertialry Butyl Ether) : 이소부틸렌(iso-Butylene) 형태의 올레핀과 메탄올을 반응시켜 생산되는 화합물로 분자에 산소원자를 함유하고 있어 질소산화물, 일산화탄소 등의 발생을 줄일 목적으로 휘발유 Blending에 사용됨. 옥탄가가 약118로 매우 높아 휘발류의 옥탄가 향상에도 기여한다.

엠 · 티 · 비 · 이(MTBE : Methyl Tertialry Butyl Ether) : 아이소부틸렌(iso-Butylene) 형태의 올레핀과 메탄올을 반응시켜 생산되는 화합물로 분자에 산소원자를 함유하고 있어 질소산화물, 일산화탄소 등의 발생을 줄일 목적으로 휘발유 Blending에 사용됨. 옥탄가가 약 118로 매우 높아 휘발유의 옥탄가 향상에도 기여한다.

역청탄(Tar Sand / Oil Sand) : 역청이나 높은 점성의 다른 원유를 함유하고 있는 퇴적암. 일반적인 생산방법은 함유된 원유를 채유할 수 없다.

연료가스(Fuel Gas) : 연료가스는 환경이 허용할 수 있는 연료로서 석유와 석탄 등을 원료로 해서 가스화에 의하여 얻어진다.

연료유(Fuel Oil) : 석유제품중 에너지발생을 위한 연료로 사용되는 유종을 말하며 이에는 휘발류, 등유, 경유, B-C유, 제트류가 포함된다. 통상 석유제품은 연료유, LPG, 비연료유로 구분된다.

연료전지(Fuel Cell) : 연료(주로 수소)와 산화제(주로 산소)를 전기화학적으로 반응시켜 그 반응에너지를 전기로 직접 빼내는 직류발전장치이다. 연료의 연소에너지를 열로서가 아니고, 전기에너지로 이용하는 것으로서, 전기자동차용 연료전지나 연료전지발전소 등의 고성능이고 경제성이 뛰어난 연료전지의 개발이 추진되고 있다.

열량(Heat Quantity of Heat) : 고온의 물체에서 저온의 물체로 이동하는 에너지의 일종으로, 역학적 일과 구별하여 내부에너지의 변화를 가져오는 에너지를 열이라고 하고, 그 출입량을 열량이라 한다.

열병합발전(Co-Gen : Cogeneration) : 발전을 통하여 력을 생산함과 동시에 고압 스팀 및 온수를 생산하는 시설을 말함. 단순히 전력만을 생산하는 것과 비교해 보면 2배 가까운 열효율(약60~70%)을 얻을 수 있다.

열병합발전(Cogeneration / Co-Gen) : 발전을 통하여 전력을 생산함과 동시에 고압 스팀 및 온수를 생산하는 시설을 말함. 단순히 전력만을 생산하는 것과 비교해 보면 2배 가까운 열효율(약 60% ~70%)을 얻을 수 있다.

열분해(Pyrolysis) : 혐기상태와 고온 상태(200℃ 이상)에서 바이오매스를 열로 분해하는 것을 말한다. 이 분해에 의한 생성물로는 일반적으로 산, 알코올, 알데하이드, 페놀 등의 복잡한 혼합액체가 얻어지는 데, 이 혼합액체는 적절한 공정에 의해 분리되어진다. 고체형태의 생성물질은 목탄 등을 얻을 수 있는데 이는 제철공정에서 코크스 대용으로 사용되기도 한다. 기체형태의 생성물질은 열량이 약 $15MJ/m^3$정도의 CO, 수소, 메탄 그리고 그 외 기체의 혼합 상태로 얻어진다.

열분해공정(Thermal Cracking) : 고옥탄 가솔린 제조공정. 비등점 315~560℃의 가스오일을 원료로 사용하여 제올라이트 촉매상에서 반응시켜 가솔린을 얻는다. 최근에는 금속성분에 강인한 촉매들이 개발되어 잔사유를 원료로 사용하는 공정이 상업화 되었다. 이 공정에서 사용되는 반응기는 유동상(Fluidized Bed)반응기로서 고체촉매를 사용하는 기체 반응에 사용되는 특수한 형태의 반응기이다. 따라서 접촉분해공
정을 유동접촉분해(FCC : Fluidized Catalytic Cracking)라고 부른다.

열에너지(Thermal Energy) : 에너지 형태의 하나로서 열에너지의 대부분은 증기기관과 내연기관과 같은 열기관에 의하여 역학적 에너지로 바뀌어 이용되는 외에 난방, 조리, 온수 등의 가장 많이 이용되고 있는 기본적인 에너지이다. 역학적 에너지는 마찰열 등의 방법으로 100% 모두 열에너지로 바뀐다. 모든 에너지는 최종적으로 열에너지로 전환되어 방출된다.

열효율(Thermal Efficiency) : 공급된 열에너지에 대한 열에너지의 비율을 열효율이라고 함. 보일러 등의 여열 이용설비에서의 흡수열량, 소각에 의한 발생열량에 대한 비율을 %로 나타내어 열효율로 한다.

예상매장량(Probable Reserves) : 물리탐사와 탐사정 시추에 의해 확인된 저류암과 석유의 특성에 의해서 계산된 매장량. 개발기술이나 장비의 발달에 따라 변동함.
오일 셸(Oil Shale) : 해모공암이라고 하며, 역청질의 고분자화합물을 포함한 공암으로 건류에 의해 석유와 같은 성질의 기름이 얻어진다. 미국에 특히 많이 매장되어 있고 세계도처에 비교적 널리 분포되어 있다. 원유회수와 잔해의 처리에 비용이 많이 들기 때문에 실용화되지 않았지만 최근 기술 진보와 석유위기 이후의 원유가격 폭등으로 주목받고 있다.

오일샌드(Oil Sand) : 원유를 포함한 다공질의 사암으로, 원유가 천연아스팔트화되어 있는 것은 타르샌드라고도 한다. 열처리 또는 기타 방법으로 원유를 추출해 정제하면 보통의 석유에 가까운 것이 얻어진다. 종래 개발비용이 비쌌었기 때문에 그다지 실용화되지 않았었지만 석유위기 후 원유가격 급등에 의해 실용화가 추진된다.

오존(Ozone) : 3원자 형태의 산소(O_3). 가스상 대기 성분이다. 대류권에서 자연적으로도 생성되고 인간활동에서 생긴 가스의 광화학반응(스모그)에 의해서도 생성된다. 대류권 오존은 온실가스로서 작용한다. 성층권에서는 태양 자외복사와 산소분자(O_2)의 상호작용에 의해 생성된다. 성층권 오존은 성층권 복사균형에서 주도적인 역할을 한다.

오존층(Ozone layer) : 성층권에느 오존 농도가 가장 높은 층 소위 오존층이라 불리는 층이 있다. 오존층은 지표 위 12km부터 40km까지 이어진다. 오존 농도는20~25km 높이에서 최대이다. 이 층이 인간에 의해 배출된 염소 및 브롬화합물에 의해 파괴되는 중이다. 해마다, 남반구의 본철에 남극 지역에서는 인위적 염소화합물과 브롬화합물이 그 지역의 특정 기상조건과 결합하여 일으키는 매우 심한 오존층 고갈 현상이 발생한다. 이 현상을 오존구멍이라고 부른다.

옥탄가(Octane Number) : 휘발류에 있어서 안티노크성이 고저를 표시하는 상대적인 척도를 말함. 옥탄가는 이소옥탄(Iso-Octane)의 옥탄가를 100, 노말헵탄(n-Heptane)의 옥탄가를 0으로 정한후, 휘발류와 같은 안티노크성을 갖는 표준연료(이소옥탄과 노말헵탄의 혼합물)에 함유된 이소옥탄의 부피%로 표시함. 옥탄가가 높을수록 안티노크성이 높은 것을 의미한다.

옥탄올(Octanol, 2-Ethyl Hexanol, 2-EH) : 무색 액체, 프로필렌에 일산화탄소와 수소를 반응시켜 제조. 주로 PVC 가소제 원료로 사용, 합성윤활제 · 계면활성제의 중간원료

온도차발전 : 해양 표면층의 온수(예: 25~30℃)와 심해 500~1000m 정도의 냉수(예: 5~7℃)의 온도차를 이용하여 열에너지를 기계적 에너지로 변환시켜 발전하는 기술이다.

온실가스(GHG : Greenhouse Gas) : 온실가스는 지표, 대기, 구름에 의해 방출된 열적외 복사 스펙트럼 내 특정 파장의 복사를 흡수하고 배출하는 가스상 대기성분이며, 인위적으로도, 자연적으로도 발생한다, 열적외 복사를 흡수하고 방출하는 이 속성이 온실가스 효과를 야기한다. 대기의 주요 온실가스는 수증기(H_2O), 이산화탄소(CO_2), 아산화질소(N_2O), 메탄(CN_4), 오존(O_3)이다. 대기에는 할로카본, 염소 함유물질, 브롬 함유물질 등 전적으로 인위적으로 생성되는 온실가스도 있는데, 이것들은 몬트리올 의정서(Montreal Pretocol)에 따라 통제된다. 교토의정서 온실가스는 CO_2, N_2O, CH_4 외에도 $SF6, HFC_s\,(hydrofluoro\,car-bons), PFC_s\,(perfluoro\,carbons)$ 등이다.

온실효과(Greenhouse Effect) : 온실가스는 지표, 대기, 구름에 의해 배출된 열적외 복사를 효과적으로 흡수한다. 대기복사는 지표 방향을 포함해 사방으로 배출된다. 따라서 온실가스는 지표-대류권 시스템 안에 있는 열을 가두게 되는데 이것을 온실효과라고 부른다. 대류권의 열적외 복사는 그 열적외 복사가 배출된 고도의 대기 온도와 강하게 연관되어 있다. 대류권에서는 일반적으로 고도가 높아질수록 기온이 감소한다. 우주로 배출되는 적외 복사는 평균온도가 -19℃ 인 고도에서 기원하여 태양복사의 순입사량과 균형을 이루는 반면에, 지표는 그보다 훨씬 높은 온도, 평균적으로 +14℃ 의 온도를 유지한다. 온실가스 농도 증가는 대기의 적외선 불투명도를 증가시키게 되고 그리하여 온도가 더 낮은 더 높은 고도에서 유효복사가 우주로 배출되게 한다. 이것은 온실효과를 강화시키는, 소위 강화된 온실효과(Enhanced Green-house Effect)를 일으키는 복사강제력을 야기한다.

올소 자일렌(Ortho-Xylene, OX) : 무색의 투명한 액체, (혼합)자일렌을 증류하거나 양성화하여 제조. 무수프탈산(PA) 등의 원료

원유(Crude Oil) : 천연산 광물성 기름으로서, 다양한 종류의 탄화수소로 되어있다. 상압증류 후에 잔류하는 파라핀 왁스나 역청의 함유량에 따라 파라핀계, 아스팔트계, 혼합계로 나누어진다. 현재의 전문용어상으로 원유(Petroleum)는 액체탄화수소뿐만 아니라 기체나 고체 탄화수소도 포함.

유기 폐기물 자원 (Organic waste resources): 음식물 쓰레기, 폐농작물, 인간 및 동물에 의한 폐기물과 같은 유기 폐자원의 사용 및 재생 기술. 열에너지, 화학물질, 유용한 양분을 추출할 수 있음. 보다 높은 효율과 환경에 기여할 수 있는 시스템이나 기술이 요구됨.

유연성체계(Flexidle mechanisms) : 교토프로토콜은 유연성을 증대시키고, 온실가스 배출 감축 비용을 줄이기 위해 배출권거래제(ET), 공동이행제도(JI), 청정개발체제(CDM)와 같은 세 가지 메커니즘을 인정하고 있다.

유효에너지(Useful Energy) : 최종소비자가 자신이 가지고 있는 장치를 통해 마지막 변환을 거친 다음 사용하는 에너지로 열, 동력, 빛 등임이다.

의무구매제도(FIT : Feed-In Tariff) : 전력판매사가 정부가 정한 기준가격으로 신재생에너지 전력을 의무 구매하고, 이를 전기요금에 흡수하는 제도이다.

의무이행기간(Commitment Period) : 감축목표를 달성하는 기간을 의미하며, 현행 교토의정서의 경우 5년 단위로 의무이행기간을 설정하였으며, 2008~2012년을 1차 의무이행기간으로 규정하고 있으며, 2차 의무이행기간과 3차 의무이행기간은 각각 2013~2017, 2018~2022이다.

의정서(Protocol) : 법률과 시행령의 관계와 마찬가지로 협약을 구체적으로 이행하기 위한 내용을 담은 문서로 이미 존재하는협약 내에 포함된다. 협약에 의해 지켜져야 할 세부적인 조항들은 첨가하며 일반적으로 의정서에 각국이 비준하고 발효시키는 과정을 거치면서 협약의 힘을 강화시켜 나간다.

이산화탄소 환산(CDE : Carbon Dioxide Equivalent) : 다양한 온실가스 배출을 지구온난화지수(GWP)에 기준하여 비교 가능하도록 만든 측정수단으로 이산화탄소 배출량으로 환산하여 나타낸다.

이염화에틸렌(Ethylene Dichloride, EDC) : 무색 유상의 액체, 에틸렌과 염소(Cl)와의 반응으로 제조. 대부분 VCM의 원료로 사용

일차에너지(Primary Energy) : 가공되지 않은 상태에서 공급되는 에너지 즉, 석유, 석탄, 원자력, 천연가스, 수력, 지열, 태양열 등을 말한다. 이에 반해 일차에너지를 전환 가공해 얻을 수 있는 전력, 도시가스, 석유제품 등을 이차에너지라 부른다.
일차에너지소비(Primary Energy Consumption) : 에너지 국내생산 및 순수입, 재고의 증감을 포함한 소비량으로 최종에너지소비와 전환손실을 합한 양과 같다.

자발적 이행(Voluntary commitments) : 교토협상과정에서 개도국들이 자발적으로 구속력 있는 배출 목표를 설정하도록 한 초안의 내용으로 협상의 마지막에 제외되었다. 이 문제는 COP4에서 까지도 논의되었으며 여전히 중요한 과제로 남아 있다.

자발적 협약(VA : Voluntary Agreement) : 에너지를 생산, 공급, 소비하는 기업과 정부가 상호 신뢰를 바탕으로 에너지절약 및 온실가스 배출 감축목표를 달성하기 위한 협약으로서, 기업은 실정에 맞는 목표를 설정하여 이를 이행하고 정부는 기업의 목표 이행을 위하여 자금 · 세제지원 등 인센티브를 제공하여 기업의 노력을 적극 지원하는 비규제적 제도이다.

자일렌(Xylene, 크실렌) : 방향이 있는 무색의 액체, 납사분해설비나 납사개질유로부터 벤젠, 톨루엔 등과 함께 생산, 톨루엔의 탈알킬방법으로도 생산 가능. 주로 파라
자일렌(PX)으로 분류 · 정제되어 사용한다.

잠재적 개발가능 매장량(Potentially Exploitable Deposit / Potentially Exploitable Resource) : 장래에 경제적으로 개발할 가치가 있다고 추정되어지는 매장물이나 자원재생에너지자원은 끊임없이 재생가능하고(끝없는 변화), 짧은 주기에서 재생할 수 있으며 (예를 들어 1년, 한세대 혹은 여러 세대에 걸치기도 하며 부분적으로나 전체적으로 재생이 될 수 있다. "유동에너지" 그리고 "저장에너지" 등의 명칭은 때로는 "재생에너지"와 "비재생에너지를 구별하는 애매함과 같이 언급된다. 또한 "soft energy source"와 그 반대인 "hard energy source"라는 용어들은 공학적이나 경제적인 것

보다는 오히려 사회학적인 의미를 내포하고 있다. 이러한 모든 일반적인 용어들은 매우 직설적이고 질적인 방법에 단지 유용하게 사용되어 질 수 있도록 해야 한다. 이러한 것들이 양으로 표시될 때, 그것들이 포함하고 있는 것이 무엇인지를 정확히 알아야 한다.

저밀도폴리에틸렌 (Low Density Polyethylene, LDPE): 상온에서 투명한고체(분말 또는 입상), 대표적인 합성수지로, 에틸렌을 중합하여 제조. 밀도가 0.91~0.94인 것으로, 결정화가 낮아 가공성과 유연성, 투명성이 우수. 농업용 · 포장용 투명필름, 전선피복, 각종 랩 등의 원료

저온 코우크스(반성 코우크스)(Low Temperature Coke(semi coke) : 500-800℃사이의 저온에서 석탄을 건류하고 남은 고체 잔유물 갈탄의 경우 건류온도는 400-600℃이며 토탄의 경우는 350-550℃를 최저온도로 잡는다.

저유황 중유(중유, B-C유, 연료유)(LS B-C / Low Sulfur B-C) : 유황성분 1.0wt% 이상의 B-C유를 말하며 주로 보일러 연료, 발전소 연료등으로 사용한다.

저탄소(Low Carbon) : 화석연료에 대한 의존도를 낮추고 청정에너지의 사용 및 보급을 확대하며 녹색기술 연구개발, 탄소흡수원 확충 등을 통하여 온실가스를 적정수준 이하로 줄이는 것을 말한다.

전과정평가(LCA : Life Cycle Assessment) : 물품의 생산에서 폐기에 이르기까지의 자원 소비량, 환경오염량 등을 조사, 분석해 평가하는 방법이다.

전략비축유(Strategy Petroleum Reserve) : 공급중단(경제봉쇄, 금수조치, 사고 등)에 일시적으로 대처하기 위해 비축해 두는 석유로 선진국의 경우 약 3개월분의 전략비축유로 보유한다.

접촉개질공정 : 상압증류공정으로부터 생산되는 나프타 중에는 주로 노말 파라핀이나 측쇄가 적은 파라핀과 나프텐 성분이 포함되어 있기 때문에 이들을 방향족이나 측쇄가 많은 탄화수소로 변환하면 옥탄가가 높은 휘발유를 얻는 것을 접촉개질공정이라 한다. 접촉개질공정에서는 촉매독의 원인이 되는 황분과 금속(특히 비소)을 제거하기 위해 연료유(나프타)를 나프타 수소화 탈황장치에 의해 전처리하여 반응기로 보낸다. 반응이 완결된 반응생성물은 냉각되어 가스분리조에서 액체와 가스로 분리되며 분리된 가스는 수소를 주성분으로 하는 가스로서 공정자체에 사용 후 잉여가스는 나프타 수소화 탈황장치 등 수소 사용공정으로 공급하거나 연료로 사용하는 경우도 있다. 한편 분리조에서 분리된 액상반응생성물은 수소, 메탄, 에탄, 프로판, 부탄 등의 경질 탄화수소유분을 안정탑 상부로부터 분리하여 경질가스와 LPG연료를 부산물로 생산하고 안정탑 하부로부터는 증기압이 조정된 제품(개질휘발유)을 추출한다. 촉매재생방식에서는 촉매를 유동상태에서 사용하는데 사용 중인 촉매의 일부를 독립된 재생탑에서 연속재생시켜 반응기로 순환시킬 경우 촉매의 활성을 양호한 생태로 유지시킬 수 있기 때문에 옥탄가가 높은 개질 휘발유를 생산할 수 있다.

접촉개질시설(Reformer) : CDU에서 생산되는 납사(Naphtha)는 화학적 성질상 휘발유 유분에 속하나 옥탄가가 낮아(RON 60~70)휘발유로 사용하지 못한다. 따라서 탄소수가 6개인 중질납사(HSRN : Heavy Straight Run Naphtha)를 귀금속 촉매를 사용하여 고온, 고압(약 450~530℃, 약

7~35기압)에서 개질시킴으로써(포화 탄화수소를 방향족 탄화수소 중심의 불포화 탄화수소로 개질) 옥탄가가 높은 (RON 94~104) Reformate를 생산하여 휘발유 Blending에 사용한다. Reformer에서 생산되는 제품을 Reformate라 하며 주요 성분이 방향족 탄화수소이므로 여기에서 방향족 화합물인 B.T.X.(Benzene, Toluene, Xylene)을 추출하기도 한다. 즉, Reformate 는 휘발유 Blendion 또는 B.T.X. 생산에 사용도며 Reformer에서는 부산물로 LPG와 수소가 다량 발생한다.

정제(분리)(Cleaning(separation)) : 석탄의 광물질(회분) 함량을 줄이기 위한 처리. 석탄의 정제과정에서 원료물질은 그들이 갖는 물리적 혹은 물리화학적 특성에 따라 (기본)성분별로 분리됨.

제1차석유위기(The First Oil Crisis) : 1978년 당시 세계 제2의 석유수출국인 이란 국내에 정국불안이 일어나, 석유수급이 어려워졌음. 1979년 초에는 이란에 신정권이 탄생하여 원유생산의 억제정책을 폈고 이에 다른 아랍제국도 추종하여 동시에
제트유, 여객기용(JA-1 / Jet A-1) : 주로 민간 여객기에 사용하는 연료유로 등유유분에 여러 가지 첨가제를 넣어 제조한다.

제트유, 전투기용(JP-4) : 주로 군용 전투기에 사용하는 연료유로 등유와 납사를 각각 50%씩 혼합한 유분에 여러 가지 첨가제를 넣어 제조한다.

제트유, 전투기용(JP-8) : 주로 군용 전투기에 사용하는 연료유로 JA-1과 같이 등유유분에 여러 가지 첨가제를 넣어 만들며, JP-4에 비해 안정성이 우수함.
조력발전 : 조석을 동력원으로 하여 해수면의 상승하강 운동을 이용하여 전기를 생산하는 발전기술이다.

중간유분 : 원유에서 정제된 각 제품중 가솔린, 나프타를 경질유분, B, C, 중유를 중질유분이라고 말하는 데 대하여 등유, 경유, A중유를 중간유분이라고 말한다.

중수(Heavy Water) : D_2O 또는 수소의 동위원소인 중수소로 이루어진 물. 모통 물에는 1/6000정도의 비율로 존재하며 어떤 원자로에서는 순수 중수를 감속재로 사용한다.

중유(B-B / Bunker-B) : 경유유분 30%, B-C 유분 70%를 혼합시킨 연료유.

중유(Heavy Oil) : 원유를 증류해 가솔린과 등유, 경유 등을 추출한 후에 남는 상압잔사유에서 얻어진다. 인화점이 높은 연료유.
중질원유(Heavy Distillate) : 원유는 비중에 따라 경질, 중간질, 중질원유로 구분되되 불린다. 중질원유로서는 아라비아헤비를 포함한 이란 헤비, 쿠웨이트, 카프지원유를 들 수 있음.

중질잔사유 : 원유를 정제하고 남은 최종 잔재물로서, 감압증류 과정에서 나오는 감압잔사유 및 아스팔트와 열분해공정에서 나오는 코크, 타르, 피치 등을 말한다.

중질중유(B-A / Bunker-A) : 경유유분 70%, B-C 유분 30%를 혼합시킨 연료유.

쥴(Joule) : 에너지, 일, 열량의 정도를 나타내는 기본 단위로 1J=0.239007cal

지구온난화지수(GWP : Global Warming Potential) : 지구온난화지수는 각각의 기체들을 기준이 되는 기체들과 비교했을 때 대기하층에서 성층권까지의 상대적 가열정도의 척도로서 나타내어진 것이다. 이산화탄소 1kg과 비교하였을 때 어떤 온실기체가 대기로 방출된 후 특정기간 동안 그 기체 1kg의 가열효과가 어느 정도인가를 평가하는 척도이다. 1995년 발간한 IPCC 2차 보고서에 의하면 100년을 기준으로 CO_2를 1로 볼 때 CH_4가 21, N_2O가 310, HFC_s가 1,300, PFC_s가 7,000, SF_6가 23,900이다.

지역냉난방(District Heat and Cooling) : 일정지역의 다수의 건물에 동시에 냉난방을 하는 방식. 가정의 집중난방이나 빌딩의 공기조절을 지역적으로 확대한 것으로 중앙에 냉난방 플랜트를 만들어 거기서 파이프를 통하여 주변의 빌딩에 냉난방 기능을 공급한다.

지열에너지 : 지열은 지하의 물체가 갖는 열을 말한다. 지열은 지구가 생성될 때있던 열로 아직 방열되지 않은 상태이거나 우라늄이나 토륨 같은 방사선원소의 붕괴에 의하여 생기는 것이라고 생각할 수가 있다. 일본과 같이 화산이 많은 고온지열지대는 지하에 용융암석의 활동에 의한 것으로 여기에 물을 주입하여 증기를 생산하고 이것으로 증기터빈을 돌려서 발전에 이용할 수가 있고 이런 시스템을 지열발전소라고 한다. 보통 화산이 없는 지대에서는 약 3000미터 지하로 들어가면 약 섭씨 100도가 된다. 지역에 따라서는 이보다 온도가 높을 수도 있다. 파리 같은 곳에서는 약 1500미터 정도에서 약70도 전후의 열을 퍼올려 지역난방에 이용된다.

천연가솔린(NGL / Natural Gas Liquid) : 거의 납사로만 구성된 원유로 천연가솔린이라고 불리기도하며 주로 천연가스전에서 천연가스를 생산하는 가운데 생산됨. 납사가 주성분이면서 소량의 LPG유분, 등유 유분, 경유 유분을 포함하고 있는Condensate와는 달리 거의 납사로만 구성되어 있어 아주 간단한 처리를 거치거나 또는 처리를 거치지 않고 바로 납사로 사용할 수 있다.

천연가스(Natural Gas) : 주로 메탄으로 구성되며, 지하 저장층에 천연으로 부존함.

천연에너지(Natural Energy) : 기술적 혹은 경제적 개발의 가능성을 고려하지 않는 천연적으로 발생하는 모든 에너지형태와 원천.
청정개발체제(CDM : Clean Development Mechanism) : 교토의정서 제 12조에 규정되어, 선진국인 A국이 개도국인 B국에 온실가스 배출을 저감할 수 있도록 재정적이고, 기술적인 투자를 하고 이로 발생된 온실가스 배출량 감축분(CERs)을 자국의 감축 실적에 반영할 수 있는 제도이다.

청정기술(Clean Technology) : 저오염 및 저공해 공정기술(Low Pollution Technology)로 통칭되며, 사후처리기술의 상대적 개념으로 사용되고 있다.

초산(Acetic Acid) : 자극성 냄새가 있는 무색투명한 액체, 메탄올과 일산화탄소의 카르보닐레이션 반응으로 제조, 주로 TPA와 VAM(초산비닐모노머)의 원료로 사용

초산에틸(Ethyl Acetate) : 무색투명의 가연 액체, 방향(과실향)이 있음. 에탄올과 초산의 에스테르 반응에 의해 제조. 도료, 인쇄잉크, 접착제등의 원료 용제

최대전력수요 : 전력예비율은 당시 쓰이고 있는 전기보다 얼마나 추가전력을 더 공급할 수있느냐를 보여주는 수치로 예컨데 현재 100만큼의 전기를 생산해 공급할 수 있는데 소비되고 있는 전력은 80이라고 치면 이때 20 만큼의 전기공급 시설은 쓰이지 않고 남아 있는 것으로, 전력 예비율 25%임.

최종 에너지소비(Final Energy Consumption) : 최종에너지 소비자에게 공급된 에너지양으로 전환손실 및 에너지산업체의 자체소비는 제외한다.

최종에너지(Final Energy) : 유효에너지로 변환되기 위해 소비자에게 제공되는 에너지.

추정매장량(Possible Reserves) : 생산성 시험에 의해 석유의 부존이 확인되지는 않았지만, 현재까지의 자료에 의하면 석유의 부존과 생산이 가능한 곳의 매장량.

카본블랙(Carbon Black) : 흑색이나 진회색의 분말. 석탄계의 크레오소트류(Creosote) 혹은 석유계의 중질유(FCC-Oil)을 불완전 연소시켜 제조. 주 용도는 고무보강제의 원료로서 타이어의 마찰, 마손, 피로에 대한 저항력과 탄력성을 높이는 역할을 함. 기타 벨트, 자동차와이퍼, 잉크, 전선 등에도 보강제나 착색제로 사용된다.

코크 오븐 가스(Coke-oven Gases) : 코오크 오븐에서 생성되는 가스

코크스(Coke) : 석탄을 공기가 없는 상태에서 열을 가함으로써 얻는 고체연료.

콘덴세이트(Condensate) : 일부 천연가스에 섞여 나오는 경질의 휘발성 액체 탄화수소로 여러 가지 의미가 혼용되고 있으나 일반적으로 콘덴세이트라 함은 API 40-50도 이상의 초경질 원유를 말하며 주 성분은 납사이고 소량의 중간유분(등유유분 및 경유유분) 및 잔사유분을 함유하고 있음.

킬로와트시(Kilowatt-hour, kWh) : 1,000W(1kW)의 전력을 한시간 동안 제공하거나 소비했을때의 전력량에 해당하는 에너지.
탄력성(Elasticity) : 동일기간에 독립변수의 변화에 대한 종속변수의 관련된 변화간의 관계.

탄소 포집 및 저장(CCS) : 탄소 포집 및 저장(CCS)은 화석연료 발전 공장과 같은 대규모 배출원으로부터 이산화탄소를 포집하고 대기로부터 격리하여 영구적으로 저장하는 방식으로 지구온난화를 완화하는 접근방식입니다.

탄소환산(CE : Carbon Equivalent) : 다양한 온실가스 배출을 지구온난화지수(GWP)에 기준하여

비교 가능하도록 이산화탄소 배출량을 기준으로 할 때 이를 탄소의 무게만으로 다시 환산하여 비교하도록 만든 측정수단으로써 탄소환산톤(TC : Ton of Carbon Equivalent)라고도 한다. 이산화탄소는 탄소원자 1개와 산소원자 2개가 결합하여 생기므로 이 중 탄소만의 무게를 구하기 위해 이산화탄소 환산치에 44/12를 곱하면 된다. (온실가스 배출량×지구온난화지수(GWP)×44/12)

탄소환산톤(TC : Ton of Carbon Equivalent) : 다양한 온실가스 배출을 지구온난화지수(GWP)에 기준하여 비교 가능하도록 이산화탄소 배출량을 기준으로 할 때 이를 탄소의 무게만으로 다시 환산하여 비교하도록 만든 측정수단으로써 이산화탄소는 탄소원자 1개와 산소원자 2개가 결합하여 생기므로 이 중 탄소만의 무게를 구하기 위해 이산화탄소 환산치에 12/44를 곱하면 된다. (온실가스 배출량×지구온난화지수(GWP)×44/12)

탄화(건류)(Carbonization(drying)) : 공기가 없는 상태에서 유기원료를 가열하여 코우크스와 조 석탄 가스 및 조 타르를 얻는 것.

탄화(건류)(Carbonization(drying)) : 공기가 없는 상태에서 유기원료를 가열하여 코우크스와 조 석탄가스 및 조 타르를 얻는 것이다.

태양광모듈(Photovoltaic Modules) : 태양전지를 실제 사용시에는 모듈의 형태로 제조하는데, 태양전지를 직병렬로 연결하여 장기간 자연환경 및 외부 충격에 견딜 수 있는 구조로 만들어진 형태이다. 전면에는 투과율이 좋은 강화유리, 뒷면에는 Tedlar를 사용하고, 태양전지와 앞뒷면의 유리, 테들러는 EVA를 사용하여 접합시키는데 이를 Lamination공정이라 한다.

태양광발전(Solar Power) : 태양광을 흡수하여 기전력을 발생시키는 광전효과(Photovoltaic Effect)를 이용하여 태양광에너지를 직접 전기에너지로 변환시키는 발전방식을 의미한다.

태양복사(Solar Radiation) : 태양에 의해 방출되는 복사. 단파복사라고도 부른다. 태양복사는 태양의 온도에 의해 결정되는 특징적인 번위의 파장(스펙트럼)을 가지고 있다. 지구상에 들어오는 태양복사 에너지는 식물의 광합성작용을 통해 지구상 모든 생물들의 삶의 원천을 만들고 기상현상 등의 각종 지구상의 운동들을 유발함으로써 수력, 풍력 등의 에너지의 근원이 되기도 하며 우리가 많이 쓰고 있는 화석연료들도 이 태양에너지의 집적물이라고 할 수 있다.

태양열발전소(Solar Theraml Power Station) : 태양열에 열매체에 전달하여 수집된 열에너지를 전기에너지로 바꾸도록 설계된 발전시설을 말한다. 즉 태양열 탑 발전소(Solar Tower Power Station)란 태양열을 집열하기 위한 탑을 세우고 다수의 거울로 태양광을 탑에 반사시켜 집열된 고온의 열에너지를 전기에너지로 바꾸는 태양열 발전소의 일종이다.

태양열에너지(Solar Energy) : 태양으로부터 방사되는 복사에너지를 흡수, 저장 및 열변환 등을 통해 얻어지는 무공해, 무한정의 청정에너지원을 말하며 태양열 이용시스템은 집열부, 축열부 및 이용부로 구성되어 있다.

태양열 에너지 시스템: 태양에너지를 흡수하여 열에너지로 전환시켜주는 태양열 수집기로 저, 중, 고온 열 수집기로 분류된다. 저온 열수집기는 평판형으로서 수영장의 물을 가열시키는데 이용되고, 중온 열수집기 또한 평판형으로 주택 또는 상업용 물과 공기를 가열시키는데 이용된다. 고온 열수집기는 거울 또는 렌즈를 이용하여 태양열을 집약시키고 일반적으로 전기생산에 이용된다.

태양열집열기(Solar collector) : 태양으로부터 오는 에너지를 흡수하여 열에너지로 전환하여 열전달매체에 전달될 수 있도록 고안된 장치이다.

태양전지(Solar Photovoltaic Cell) : 광기전력효과(photovoltaic effect)를 응용함으로써 태양에너지를 직접 전기에너지로 변환할 수 있는 소자. 광기전력효과에서와 같이 태양광에 의해서 발생된 전하운반자(Carrier)는 내부전기장에 의하여 외부회로를 통하여 흐르게 됨.

비정질 실리콘 태양전지 (Amorphous silicon solar cells) : 불규칙적인 원자배열을 가지고 있고 결정화되지 않은 비정질 실리콘 물질을 이용하여 제작된 박막형 태양전지 기술이다. 비정질 구조물질은 구조 내에 화학 결합각에서의 미세한 무질서한 변화가 규칙적인 격자구조의 형성을 막고 있는 물질이다.

CIGS태양전지 (CIGS solar cells) : 구리, 인듐, 갈륨, 세레늄 원소들로 구성된 반도체화합물을 이용한 박막형 태양전지 기술 이다. 이때 CuInxGa(1-x)Se2 의 화학구조에서 x는 1~0의 범위를 가지는 네 가지 원소의 고체용액 물질이다.

염료감응형 태양전지 (Dye-sensitized solar cells) : 광감응형 양극, 전해질, 음극으로 구성된 박막형 태양전지로, 광감응 유기염료가 티타늄산화물 나노입자에 결합된 다공성 박막이 코팅된 양극이 전해질 용액에 담겨있고 음극으로서 백금 전극을 사용하는 광전기화학 시스템이다.

양자점과 무기물 나노막대를 포함하는 유기-무기 하이브리드 태양전지 (Organic-inorganic hybrid solar cells including quantum dots and nano rods) : 유기와 무기 반도체의 이점들을 결합한 박막형 태양전지로, 빛을 흡수하여 전달하는 전자공여체(donor)로서 공액고분자(conjugated polymers) 또는 양자점을 이용하고 전자수용체(acceptor)로서 무기물 나노막대를 이용하는 하이브리드 태양전지 기술이다.

탱크로리(Road tanker / Tank truck) : 석유제품과 같은 액체화물의 수송을 위한 차량.

터빈(Turbine) : 기관의 하나로서 작동 매체를 터빈축차의 회전 날개에 부딪치게 함으로써 동력축에 동력을 공급하는데 필요한 회전동작을 얻는 것.

토탄(Peat) : 가연성, 연성, 다공성이거나 압축성, 수분함량이 높은 식물성의 화석 퇴적물(최고 90%까지의 높은 수분함량). 쉽게 부서지고 연한 갈색에서 짙은 갈색.

톨루엔(Toluene) : 방향이 있는 액체, 납사분해설비나 납사개질유로부터 벤젠, 자일렌 등과 함께

생산. 향료, 화학, TDI, 사카린 등의 원료, 용제 등

파라 자일렌(Para-Xylene, PX) : 무색의 투명한 액체, (혼합)자일렌을 증류하거나 양성화하여 제조. TPA/DMT의 원료로 대규모 소비된다.

파력발전(Wave Power) : 입사하는 파랑에너지를 터빈 같은 원동기의 구동력으로 변환하여 발전하는 기술이다.

페놀(Phenol) : 백색 결정상, 벤젠과 프로필렌을 반응시켜 큐멘을 제조한 다음, 큐멘을 산화·분해하여 아세톤과 함께 제조(생성비율은 페놀1: 아세톤0.61). 비스페놀A(폴리카보네이트수지의 원료), 페놀수지의 원료로 주로 사용되며, 기타 PCB 산화방지제, 농약, 안정제의 원료로도 사용된다.

폐기물고형연료(RDF : Refuse Derived Fuel) : 종이, 나무, 플라스틱 등의 가연성 폐기물을 파쇄, 건조, 성형 등의 공정을 거쳐 제조한 연료이다.

폐기물에너지(Refuse Energy) : 사업장, 가정에서 발생되는 가연성 폐기물 중 에너지 함량이 높은 폐기물을 열분해, 고형화, 연소 등의 가공처리를 통해 고체연료, 액체연료, 가스연료, 폐열 등으로 생산하여 생산 활동에 재이용 할 수 있는 재생에너지이다.

폐열의 이용(Utilization of Waste Heat) : 쓰레기 소각로의 폐기이용은 폐열보일러에서 발생되는 증기 또는 온수의 열로 쓰인다. 증기이용법으로는 발전, 냉·난반용, 공장프로세스 증기용등, 또 온수이용법으로는 공장내의 급탕, 목욕탕용, 냉난방용, 온수풀용, 온수용 등이 있다.

폐플라스틱고형연료(RPF : Refused Plastic Fuel) : 가연성 폐기물(지정폐기물 및 감염성 폐기물을 제외)을 선별·파쇄·건조·성형을 거쳐 일정량 이하의 수분을 함유한 고체상태의 연료로 제조한 것으로서 중량기준으로 폐플라스틱의 함량이 60% 이상 함유된 것을 말한다.

폴리스틸렌(Polystyrene, PS) : 스틸렌모노머(SM)를 중합하여 제조하는 열가소성 수지로서 고체, 일반용(GP), 내충격성(HI), 발포성(EPS) 등이 있음. 가전제품의 케이스 및 부품, 유지품 용기, 담열재나 발포포장제·충격완충제(EPS) 등의 원료로 사용

폴리염화비닐(Polyvinyl-Chloride, PVC) : VCM의 중합으로 얻어지는 수지로 무취의 분말, 내약품성, 난연성, 전기절연성이 양호하지만 열이나 자외선에 안정하지 못하여 안정제가 첨가돼야 함. 유연성이 요구되는 용도에서는 가소제와 함께 사용됨. 바닥재와 창틀, 파이프 등 주택·건설용으로 주로 사용, 농업용 필름 및 인조피혁 등의 원료

폴리프로필렌(Polypropylene, PP) : PE와 더불어 석유화학제품을 대표하는 열가소성 수지로 고체, 프로필렌을 중합하여 제조, 인장강도와 충격강도, 표면강도가 우수하고, 내열·내약품성이 좋음. 포대용 백, 필름, 섬유, 자동차 및 전기·전자부품, 컨테이너, 일용품 등의 원료로 가장 폭넓게 사용된다.

풍력발전(Wind Power) : 바람의 힘을 회전력으로 전환시켜 발생되는 전력을 전력 계통이나 수요자에 직접 전력을 공급하는 기술로서, 시스템은 풍차, 동력전달장치, 발전기, 축전지 및 전력변환장치로 구성되고 있다.

프로판(Propane) : 분자식 C3H8의 파라핀계 탄화수소로, 일반적으로 석유정제나 천연가스 생산시 부산물로 얻어지는 가스이며 부탄가스와 함께 LPG로 불리며, 중질유 분해나 접촉개질, 천연가스 생산시 부산물로 생산되기도 함. 프로판은 주로 가정에서 취사나 난방에 사용하는 LPG로 천연가스가 공급되지 않는 지역에서는 도시가스로도 사용된다.

프로필렌(Propylene, C3) : 무색의 기체, 납사 등 분해 시 에틸렌과 병산되거나 FCC의 부생가스로부터 추출, 또는 프로판을 탈수소하여 제조. 폴리프로필렌, AN, PG, EPR, 옥탄올 등 프로필렌 계열 제품의 원료로서 에틸렌과 함께 석유화학공업의 대표적인 기초유분임

프로필렌옥사이드(Propylene Oxide, PO) : 무색의 휘발성 액체, 프로필렌과 염소를 원료로 제조, 또는 프로필렌을 과초산이나 에틸벤젠의 과산화물로 직접 산화하여 제조. PG, PPG 등의 원료

하이브리드카(Hybrid car) : 두가지 에너지 발생방법을 결합한 차량으로 현재는 내연기관과 전기배터리를 결합한 형태를 선호한다.

항공휘발유(Aviation Gas / Aviation Gasoline) : 제트엔진을 사용하지 않는 소형경량 항공기의 엔진은 자동차의 휘발유엔진(피스톤 엔진)과 같은 구조로 되어있으며 이 엔진에 사용되는 휘발유를 말함. 항공기의 엔진은 자동차의 엔진에 비해 압축비가 높고, 고속으로 회전하며, 지상보다 조건이 까다로운 고공에서 운전되므로 이에 사용되는 휘발유는 고옥탄가가 요구될 뿐만 아니라 기타 출력, 휘발성, 산화안정성, 어는점 등의 규격이 일반 자동차용 휘발유보다 까다롭다.

해양에너지(Sea Energy) : 조석, 조류, 파랑, 해수 수온 밀도차 등 여러 가지 형태로 해양에 부존하는 에너지원이다.

해양 바이오매스 대량생산 (Ocean biomass mass production) : 대량의 바이오매스에 대한 지속가능한 생산 및 농작 기술. 해양과 육상에서 생산되는 다양한 바이오매스에 대한 진보된 농작 기술이 요구됨. 환경, 생물 다양성, 식량 안보에 타격을 줄이는 방안이 요구된다.

핵연료 사이클(Nuclear Fuel Cycle) : 천연우라늄의 채광에서 제련, 농축, 성형가공, 원자로내의 연소, 전환, 사용된 연료의 재처리(감손우라늄이나 플루토늄 등을 떼어내서 다시 핵연료로서 재이용함)까지의 일련의 순환을 말한다. 핵연료 사이클의 확립은 핵연료의 안전공급과 효율적 이용면으로 보아 극히 중요한 일이다.

핵연료(Nuclear Fuel) : 우라늄이나 플라토늄 등 중성자에 의한 핵분열을 일으켜 에너지를 발생하는 물질을 함유하는 것을 말한다. 이들을 원자로 안에 넣어서 핵분열 연쇄반응에 의하여 에너지를

발생시킨다.

핵융합(Nuclear Fusion) : 수소, 중수소, 삼중수소 등 질량이 가벼운 원자핵 2개가 융합해 무거운 원자핵이 생기는 반응을 말하며, 이때 방출되는 에너지를 이용해 발전 등을 하는 것을 핵융합로라고 한다. 핵분열과 달리 방사선 폐기물이 발생하지 않는 특징이 있지만, 종래의 열핵융합형의 노에서는 고온고밀도의 플라즈마(원자핵과 전자가 혼재되어 있는 상태)를 만드는 것이 기술적으로 어려워 실현은 21세기 후반에 이루어질 전망이다.

화석연료(Fossil Fuel) : 태고의 생물이 지각층에 매장되어 연료로 되어 사용되어지는 천연자원을 총칭해 화석연료라 부른다. 통상 석탄, 석유, 천연가스의 탄수화물을 지칭하며, 1차 에너지원으로서의 수력, 지열, 우라늄 등과 구분한다.

확인매장량(Confirmed Reserves) : 현재의 기술로써 채굴할 수 있고, 소재가 명백하고, 경제적으로 균형이 맞는 매장량을 말한다. 물, 가스의 주입등 2차적 수단에 의한 회수가능분까지도 포함하는 것이 보통이다.

흡수원(Sink) : 대기중 온실가스를 흡수하여 지구온난화 현상을 줄이는 행동으로 교토의정서에서는 신규조림, 수종 갱신 등으로 흡수원을 규정하고 있다.

히트펌프(Heat Pump) : 냉동기의 응축기로부터 방열되는 열을 난방용으로 사용하도록 한 장치를 히트펌프라고 한다. 히트펌프는 증발기 측에서 프레온이 증발하면서 저온으로부터 열을 빨아들이고 증발된 증기가 압축기에 의하여 압축되면서 고온부인 응축기에서 응축한다. 이때 발생되는 열을 이용하며 열을 빨아들이는 저온부로는 자연에너지인 대기가 될 수도 있고 폐열원, 태양에너지가 될 수도 있다. 저온부를 땅에 묻으면 지열을 이용할 수도 있다.

저자소개

김 극태
- 한양대학교 화학공학과(학사)
- 미국 Rensselaer Polytechnic Instittue 화학공학과 (석사,박사)
- 현재 국비유학한림원 정회원
- 현재 한국결정성장학회 평의원 및 편집위원
- 현재 국가공무원 화공기술직 시험출제위원
- 현재 한남대학교 나노생명화학공학과 교수

김 래현
- 한양대학교 화학공학과(학사)
- 서울대학교 화학공학과 (석사,박사)
- 한국화학공학회 이동현상부문회장 역임
- 제15대 한국에너지공학회장 역임
- 현재 서울과학기술대학교 에너지기술인력양성센터장
- 현재 서울과학기술대학교 에너지바이오대학장

에너지 공학의 이해

A-JIN

지은이와 협의 인지 생략

인 쇄 : 2013년 1월 3일
발 행 : 2013년 1월 5일
저 자 : 김극태 · 김래현
발 행 처 : 도서출판 아진
135-010
서울시 강남구 논현동 148-19 한미빌딩 201호
TEL:02-737-0663 FAX:02-737-0664
Homepage:ajin.to
E-mail:kgb@ajin.to
발 행 인 : 김 근 배
기 획 처 : 서울과학기술대학교 에너지기술인력양성센터
등록번호 : 제300-1995-56호
I S B N : 978-895761-347-4 93530

가격 30,000원